Redaktion: Dr. Jürgen Wolff
Layout: Klein und Halm Grafikdesign, Berlin
Bildrecherche: Stephanie Charlotte Benner, Dieter Ruhmke

Grafik: Dr. Anton Bigalke, Waldmichelbach; Christian Böhning, Berlin
(32-2, 33-1, 74-1, 74-2, 74-3, 74-4, 75-1, 86-1, 94-1, 94-2, 94-3, 94-4, 95-1, 97-1, 98-1, 220-1, 220-2, 220-3, 221-1, 221-2, 221-3, 222-1, 222-2, 222-3, 224-1, 224-2, 225-1, 225-2, 225-3, 226-1)
Illustration: Detlev Schüler †, Berlin; Gudrun Lenz, Berlin
Umschlaggestaltung: Klein und Halm Grafikdesign, Hans Herschelmann, Berlin
Technische Umsetzung: CMS – Cross Media Solutions GmbH, Würzburg

www.cornelsen.de

Die Webseiten Dritter, deren Internetadressen in diesem Lehrwerk angegeben sind, wurden vor Drucklegung sorgfältig geprüft. Der Verlag übernimmt keine Gewähr für die Aktualität und den Inhalt dieser Seiten oder solcher, die mit ihnen verlinkt sind.

1. Auflage, 5. Druck 2024

Alle Drucke dieser Auflage sind inhaltlich unverändert
und können im Unterricht nebeneinander verwendet werden.

© 2014 Cornelsen Schulverlag GmbH, Berlin
© 2017 Cornelsen Verlag GmbH, Berlin

Das Werk und seine Teile sind urheberrechtlich geschützt.
Jede Nutzung in anderen als den gesetzlich zugelassenen Fällen bedarf der vorherigen schriftlichen Einwilligung des Verlages.
Hinweis zu §§ 60a, 60b UrhG: Weder das Werk noch seine Teile dürfen ohne eine solche Einwilligung an Schulen oder in Unterrichts- und Lehrmedien (§ 60b Abs. 3 UrhG) vervielfältigt, insbesondere kopiert oder eingescannt, verbreitet oder in ein Netzwerk eingestellt oder sonst öffentlich zugänglich gemacht oder wiedergegeben werden.
Dies gilt auch für Intranets von Schulen und anderen Bildungseinrichtungen.

Druck: Mohn Media Mohndruck, Gütersloh

ISBN 978-3-464-56162-1

PEFC-zertifiziert
Dieses Produkt stammt aus nachhaltig bewirtschafteten Wäldern und kontrollierten Quellen
PEFC/04-31-1033 www.pefc.de

Vorwort

Fachlehrplan
In diesem Buch wird der Fachlehrplan Mathematik konsequent umgesetzt und eine intensive Vorbereitung der Schüler auf das Abitur gewährleistet. Der modulare Aufbau des Buches und der einzelnen Kapitel ermöglichen dem Lehrer individuelle Schwerpunktsetzungen. Die Schüler können sich aufgrund des beispielbezogenen und selbsterklärenden Konzeptes problemlos orientieren und zielgerichtet vorbereiten.

Druckformat
Das Buch besitzt ein weitgehend zweispaltiges Druckformat, was die Übersichtlichkeit deutlich erhöht und die Lesbarkeit erleichtert.
Lehrtexte und Lösungsstrukturen sind auf der linken Seitenhälfte angeordnet, während Beweisdetails, Rechnungen und Skizzen in der Regel rechts platziert sind.

Beispiele
Wichtige Methoden und Begriffe werden auf der Basis anwendungsnaher, vollständig durchgerechneter Beispiele eingeführt, die das Verständnis des klar strukturierten Lehrtextes instruktiv unterstützen. Diese Beispiele können auf vielfältige Weise als Grundlage des Unterrichtsgesprächs eingesetzt werden. Im Folgenden werden einige Möglichkeiten skizziert:

- Die Aufgabenstellung eines Beispiels wird problemorientiert vorgetragen. Die Lösung wird im Unterrichtsgespräch oder in Stillarbeit entwickelt, wobei die Schülerbücher geschlossen bleiben. Im Anschluss kann die erarbeitete Lösung mit der im Buch dargestellten Lösung verglichen werden.

- Die Schüler lesen ein Beispiel und die zugehörige Musterlösung. Anschließend bearbeiten sie eine an das Beispiel anschließende Übung in Einzel- oder Partnerarbeit. Diese Vorgehensweise ist auch für Hausaufgaben gut geeignet.

- Ein Schüler wird beauftragt, ein Beispiel zu Hause durchzuarbeiten und als Kurzreferat zur Einführung eines neuen Begriffs oder Rechenverfahrens im Unterricht vorzutragen.

Übungen
Im Anschluss an die durchgerechneten Beispiele werden exakt passende Übungen angeboten.

- Diese Übungsaufgaben können mit Vorrang in Stillarbeitsphasen eingesetzt werden. Dabei können die Schüler sich am vorangegangenen Unterrichtsgespräch orientieren.

- Eine weitere Möglichkeit: Die Schüler erhalten den Auftrag, eine Übung zu lösen, wobei sie mit dem Lehrbuch arbeiten sollen, indem sie sich am Lehrtext oder an den Musterlösungen der Beispiele orientieren, die vor der Übung angeordnet sind.

- Weitere Übungsaufgaben auf zusammenfassenden Übungsseiten finden sich am Ende der meisten Abschnitte. Sie sind für Hausaufgaben, Wiederholungen und Vertiefungen geeignet.

- In erheblichem Umfang sind die Formate des Zentralabiturs berücksichtigt, vor allem auch solche mit einfachen Anwendungsbezügen und mit Modellierungen. Allerdings muss man sich die ohnehin knappe Zeit gut einteilen, da Anwendungsaufgaben zeitaufwendig sind.

Mathematik
Sachsen-Anhalt
Einführungsphase
10

Herausgegeben von
Dr. Anton Bigalke   Dr. Norbert Köhler

Erarbeitet von
Dr. Anton Bigalke, Thomas Brill, Dr. Wolfram Eid, Dr. Norbert Köhler, Dr. Horst Kuschnerow, Dr. Gabriele Ledworuski, Dr. Manfred Pruzina
unter Mitarbeit der Verlagsredaktion

Vorwort

Mathematische Streifzüge, Überblick und Test
An jedem Kapitelende sind in einem Überblick die wichtigsten mathematischen Regeln, Formeln und Verfahren des Kapitels in knapper Form zusammengefasst.
Auf der letzten Kapitelseite findet man einen Test, der Aufgaben zum Standardstoff des Kapitels beinhaltet. So kann der Lernerfolg überprüft oder vertieft werden. Der Test kann auch zur Selbstkontrolle verwendet werden. Die Lösungen findet man im Buch ab Seite 224.
Zur Vertiefung dienen die gelegentlich eingestreuten „Mathematischen Streifzüge".

Inhalte und Kapitelfolge
Der Lehrstoff für das 10. Schuljahr ist auf fünf Kapitel verteilt: I. Trigonometrie, II. Reelle Funktionen, III. Lineare Gleichungssysteme, IV. Vektorrechnung, V. Zufallsgrößen.
Eine Sonderstellung nimmt das Kapitel I ein. Die Trigonometrie ist im Fachlehrplan bereits für das 9. Schuljahr vorgesehen. Aufgrund der Übergangsphase bei der schrittweisen Einführung des Fachlehrplans besteht die Möglichkeit, dass dieses wichtige Stoffgebiet vor dem Beginn des 10. Schuljahrs noch nicht behandelt wurde. Das Buch hilft über diese Situation hinweg.
Kapitel VI hat den Charakter eines Anhangs, der als Anregung und zum Nachschlagen bei der Verwendung verschiedener digitaler Mathematikwerkzeuge dient. Von zentraler Bedeutung sind dagegen die beiden Abschnitte zum Aufgabenpraktikum im Anschluss an die Kapitel II und V.

Zur Verwendung digitaler Mathematikwerkzeuge (DMW)
Neue Technologien wie Tabellenkalkulation (TK), Funktionsplotter (FP), dynamische Geometriesoftware (DGS), Graphik-Taschenrechner (GTR) und Computeralgebrasysteme (CAS), bereichern heute die Palette der Hilfsmittel für den Mathematikunterricht. Im Kapitel VI des Buches wird die Verwendung verschiedener digitaler Mathematikwerkzeuge anhand von Beispielen dargestellt. Bei dieser Konzeption kann von Fall zu Fall entschieden werden, ob und ab wann welches DMW genutzt werden soll. Dies kann bereits bei der Einführung der mathematischen Begriffsbildungen günstig sein, oder auch erst im Anschluss an eine hinreichende Einübung und Festigung von mathematischen Verfahren ohne Hilfsmittel.

Kompetenzschwerpunkte
Alle Lehrbuchabschnitte orientieren sich an den allgemeinen und inhaltsbezogenen mathematischen Kompetenzen der Bildungsstandards für die Allgemeine Hochschulreife.

inhaltsbezogene (mathemat.) Kompetenzen allgemeine (mathemat.) Kompetenzen

 Zahlen und Größen   Probleme mathematisch lösen

 Raum und Form   Mathematisch modellieren

 Zuordnungen und Funktionen   Mathematisch argumentieren und kommunizieren

 Daten und Zufall   Mathematische Darstellungen und Symbole verwenden

Teilkompetenzen der allgemeinen mathematischen Kompetenzen

Probleme mathematisch lösen **P**

Aufgabentexte inhaltlich erschließen, diese analysieren und aufgabenrelevante Informationen entnehmen	P1
Heuristische Regeln, Strategien oder Prinzipien (vor allem Vorwärts- und Rückwärtsarbeiten, Probleme in Teilprobleme zerlegen und Zurückführen auf Bekanntes, systematisches Probieren) nutzen	P2
Lösungsverfahren auswählen und unter den Aufgabenbedingungen anwenden	P3
Ergebnisse kontrollieren und interpretieren	P4
Lösungswege reflektieren und ggf. alternative Lösungswege angeben	P5
Hilfsmittel (wie Lineal, Geodreieck, Zirkel, Kurvenschablonen, Formel- und Tabellensammlungen, digitale Mathematikwerkzeuge) angemessen nutzen	P6

Mathematisch modellieren **M**

Strukturen und Beziehungen in inner- und außermathematischen Kontexten erkennen und diese mithilfe mathematischer Begriffe und Relationen (Modellieren im engeren Sinne) beschreiben	M1
Fachsprachliche und umgangssprachliche Formulierungen sachgerecht in Terme, Gleichungen und Ungleichungen übersetzen bzw. umgekehrt Terme, Gleichungen und Ungleichungen verbalisieren	M2
Ergebnisse im Kontext prüfen und interpretieren	M3
Mathematischen Modellen Anwendungssituationen zuordnen	M4

Mathematisch argumentieren und kommunizieren **A**

Begriffe, Sätze und Verfahren erläutern	A1
Logische Bestandteile der Sprache sachgerecht gebrauchen	A2
Lösungswege begründen	A3
Aussagen umgangssprachlich oder beispielgebunden begründen und unter Verwendung der mathematischen Fachsprache argumentieren	A4
Wahrheit von Existenzaussagen, „Wenn …, so …"-Aussagen und Allaussagen (über schulmathematisch relevante Sachverhalte) nachweisen	A5
Aussagen zu mathematischen Inhalten verstehen und überprüfen	A6

Mathematische Darstellungen und Symbole verwenden **D**

Verfahren zur Darstellung geometrischer Objekte des Raumes anwenden und umgekehrt aus derartigen Darstellungen Vorstellungen von diesen Objekten gewinnen	D1
Informationen aus grafischen Darstellungen entnehmen und interpretieren sowie Informationen in grafischer Form darstellen	D2
Symbolsprachliche Darstellungen verstehen und verwenden	D3
Überlegungen und Lösungswege darstellen	D4
Unterschiedliche Darstellungsformen auswählen	D5

Vorwort

Vorschlag für eine Planung von Zeitrichtwerten (ZRW)[1]

Zugrunde gelegt werden 30 Unterrichtswochen à 4 Wochenstunden. Verbleibende Zeit kann für ausgewählte Kompetenzentwicklungen, für Projekte, Vorbereitung und Durchführung von Kontrollen genutzt werden.

In jedem Abschnitt ist das Trainieren allgemeiner mathematischer Kompetenzen bzw. zugehöriger Teilkompetenzen möglich. Spalte 3 stellt lediglich einen Vorschlag für besonders durch den Inhalt im jeweiligen Abschnitt akzentuierte Kompetenzen dar. Ein formales Zuordnen einzelner Teilkompetenzen ist i. Allg. jedoch ohne Berücksichtigung des Entwicklungsstandes der Lernenden nicht sinnvoll. Daher sind zu den einzelnen Abschnitten weitere Überlegungen zu Konkretisierungen oder abweichenden Schwerpunktsetzungen unter Berücksichtigung von Differenzierungsmöglichkeiten hinsichtlich der Kompetenzentwicklung ratsam.

Kapitel/Abschnitt	ZRW	Kompetenzschwerpunkte	Seiten
Reelle Funktionen	50	P M A D	**39–92**
Funktionen und ihre Eigenschaften	4	$A_{1/2}$, $D_{2/3}$	40–47
Umkehrfunktionen/Wurzelfunktionen	8	P_1, $M_{1/2}$, A_6, $D_{4/5}$	48–57
Potenzfunktionen	8	P_2, M_1, D_2	58–64
Exponential- u. Logarithmusfunktionen	16	P_6, $M_{3/4}$, A_6	65–77
Trigonometrische Funktionen	8	P_2, A_4, $D_{2/3}$	78–85
Wurzel-, Exponential-, Log.-Gleichungen	6	$P_{3/4/5}$, A_3	86–89
Aufgabenpraktikum I	5	$P_{1/2/6}$, M_1, D_2	**93–102**
Vektorrechnung	40	P M A D	**103–168**
Lineare Gleichungssysteme	8	$P_{3/4/6}$, M_2	104–120
Punkte eines Raumes, Vektoren	4	$A_{1/3}$, $D_{2/3}$	122–131
Rechnen mit Vektoren	12	$P_{3/4}$, $D_{4/5}$, A_5	132–149
Skalarprodukt/Anwendungen	8	$P_{1/2}$, $M_{2/3/4}$, A_4, D_5	150–159
Vektorprodukt/Anwendungen	8	$P_{1/2}$, $M_{2/3/4}$, A_4, D_5	160–165
Zufallsgrößen	20	P M A D	**169–188**
Zufallsgrößen/Wahrschenlktsverteilung	6	P_2, $M_{1/3/4}$	170–172
Erwartungswert einer Zufallsgröße	6	$P_{1/5/6}$, $A_{1/6}$	173–176
Varianz einer Zufallsgröße	6	P_4, M_2, $D_{2/3}$	177–182
Stetige Zufallsgrößen	2	M_4, $A_{4/6}$, D_2	183–185
Aufgabenpraktikum II	5	P_2, M_2, A_3	**189–198**

---

[1] Die Übergangsphase bei der schrittweisen Einführung des Fachlehrplans wird hier nicht berücksichtigt.

Beispiel für eine Konkretisierung für den Schwerpunkt Umkehrfunktionen/Wurzelfunktionen

inhaltsbezogene mathematische Kompetenzen	allgemeine mathematische Kompetenzen	Differenzierung bezüglich Kompetenzentwicklung	Bemerkungen
→ Zusammenhänge zwischen zueinander inversen Funktionen herstellen → zueinander inverse Funktionen auf unterschiedlichen Wegen bilden → Wurzelfunktionen als inverse Funktionen einfacher Potenzfunktionen erläutern → Wurzelfunktionen zur Lösung inner- und außermathematischer Aufgaben anwenden	**P 2:** heuristische Regeln, Strategien und Prinzipien nutzen **P 3:** Lösungsverfahren auswählen **M 1:** Strukturen in innermathematischen Kontexten erkennen und beschreiben **M 2:** Fachsprachliche Formulierungen sachgerecht in Gleichungen umsetzen und umgekehrt	*basal:* Invertierbarkeit einer Funktion am Funktionsgraphen erkennen Schülerbuch S. 51 Gleichungen inverser Funktionen aus gegebenen Funktionsgleichungen entwickeln Schülerbuch S. 57 *erweitert:* Invertierbarkeit durch Beschränkungen des Definitionsbereichs herstellen Schülerbuch S. 51 Gleichungen inverser Funktionen über das geometrische Verständnis des Spiegelns entwickeln Schülerbuch S. 49, 57 *vertieft:* Parametereinflüsse auf Definitions- und Wertebereiche zueinander inverser Funktionen erläutern und daraus Aussagen auf die Graphen ableiten Schülerbuch S. 51, 56	Vorbereitend Tägliche Übungen planen (Geradenspiegelung) Einbeziehung digitaler Mathematikwerkzeuge

I. Trigonometrie

1. Längen und Winkel im rechtwinkligen Dreieck

Juli 1974. Die amerikanische Marssonde Viking-1 fotografiert aus ihrer Umlaufbahn die auf der nördlichen Marshalbkugel gelegene Wüstenregion Cydonia.
Auf einem der Fotos ist ein ca. 2 km großes Objekt zu erkennen, das stark einem senkrecht ins All blickenden Gesicht ähnelt.
Es kommen Spekulationen auf, dass es sich hierbei um ein monumentales Symbol einstiger Marsbewohner handelt.
Im Frühjahr 1998 werden von der NASA-Sonde Global Surveyor aus 444 km Höhe weitere Nahaufnahmen geschossen, die den Schluss nahelegen, dass es sich um eine tafelbergartige Geländestruktur handelt.

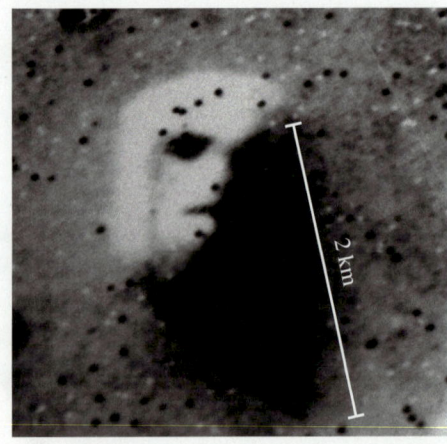

Interessanterweise ist es mithilfe des Fotos möglich, die Höhe des Marstafelberges zu bestimmen, und zwar aufgrund der abgebildeten Schatten. Mit der gleichen Methode bestimmte man auch die Tiefe der Krater auf der Mondoberfläche, wobei allerdings mit Teleskopen gearbeitet wurde.

▶ **Beispiel:** Zum Zeitpunkt der obigen Aufnahme stand die Sonne ca. 12° über dem westlichen Marshorizont. Der Tafelberg warf einen Schatten, dessen Länge von ca. 2 km man dem Foto entnehmen konnte. Wie hoch ist der Berg?

Lösung:
Wir können die Aufgabe zeichnerisch lösen, indem wir eine Skizze im Maßstab 1 : 50 000 anfertigen.
Berghöhe h und Schattenlänge s bilden dabei die Katheten eines rechtwinkligen Dreiecks.
Hieraus lässt sich h durch Ablesen ermitteln. Wir erhalten h ≈ 0,85 cm, was maßstäblich umgerechnet einer realen Berghöhe von h ≈ 0,425 km entspricht.

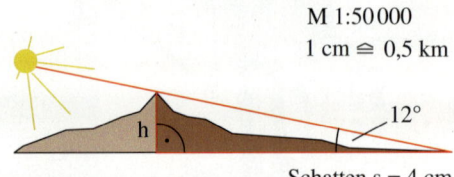

M 1 : 50 000
1 cm ≙ 0,5 km

Schatten s = 4 cm

Ablesung: h ≈ 0,85 cm
Umrechnung: h ≈ 0,85 · 0,5 km
≈ 0,425 km

▶ Der Marsberg ist also ca. 425 m hoch.

Durch solche maßstäblichen Zeichnungen lassen sich zahlreiche praktische Aufgabenstellungen zufriedenstellend lösen. Zeichnungen stellen für viele geometrische Probleme eine sehr gute Lösungsmethode dar. In einigen Fällen ist es jedoch günstiger, rechnerisch vorzugehen, z. B. dann, wenn eine besonders hohe Genauigkeit benötigt wird oder wenn der relativ hohe Zeitaufwand für das Anfertigen genauer Zeichnungen eingespart werden soll. Im Folgenden entwickeln wir rechnerische Methoden für Dreiecksberechnungen, sodass wir zukünftig in der Regel stets *zwei verschiedene Lösungswege* zur Verfügung haben.

A. Seitenverhältnisse in rechtwinkligen Dreiecken
Sinus, Kosinus und Tangens

Für Längen- und Winkelbestimmungen in rechtwinkligen Dreiecken gibt es rechnerische Verfahren, die auf der Tatsache beruhen, dass in zwei ähnlichen rechtwinkligen Dreiecken die Verhältnisse einander entsprechender Seiten stets gleich sind.

▶ **Beispiel:** Die abgebildeten rechtwinkligen Dreiecke stimmen in ihrem spitzen Winkel $\alpha = 25°$ überein. Begründen Sie, weshalb die Dreiecke ähnlich sind.
Überprüfen Sie sodann durch Ausmessen, dass die Verhältnisse von je zwei entsprechenden Seiten in allen Dreiecken übereinstimmen.

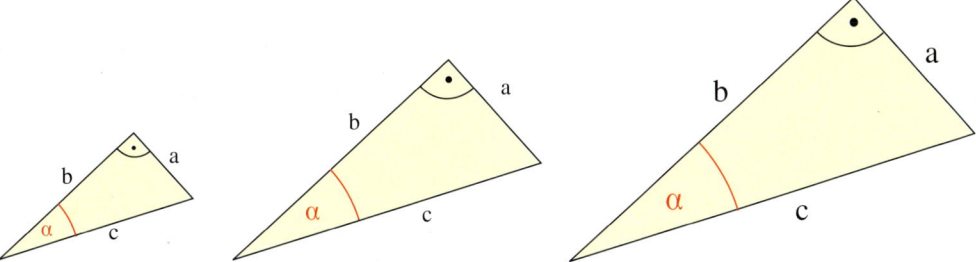

Lösung:
Die Dreiecke sind zwar unterschiedlich groß, aber ähnlich, da sie im spitzen Winkel α und im rechten Winkel $\gamma = 90°$ und daher auch im zweiten spitzen Winkel β übereinstimmen.

Wir messen in jedem der Dreiecke die beiden Katheten a und b sowie die Hypotenuse c aus.
Anschließend bilden wir rechnerisch die Seitenverhältnisse $\frac{a}{c}$, $\frac{b}{c}$ und $\frac{a}{b}$.

Diese Verhältnisse stimmen nach der rechts abgebildeten Ergebnistabelle in allen Dreiecken gut überein, wodurch die Theorie
▶ bestätigt wird.

Dreieck	Seitenverhältnisse		
	$\frac{a}{c}$	$\frac{b}{c}$	$\frac{a}{b}$
Nr. 1	$\frac{1,2\,cm}{2,8\,cm} \approx 0,43$	$\frac{2,5\,cm}{2,8\,cm} \approx 0,89$	$\frac{1,2\,cm}{2,5\,cm} \approx 0,48$
Nr. 2	$\frac{1,9\,cm}{4,4\,cm} \approx 0,43$	$\frac{4,0\,cm}{4,4\,cm} \approx 0,91$	$\frac{1,9\,cm}{4,0\,cm} \approx 0,48$
Nr. 3	$\frac{2,5\,cm}{5,8\,cm} \approx 0,43$	$\frac{5,3\,cm}{5,8\,cm} \approx 0,91$	$\frac{2,5\,cm}{5,3\,cm} \approx 0,47$

Wegen ihrer mathematischen Bedeutung hat man den drei Seitenverhältnissen im rechtwinkligen Dreieck feste Namen gegeben, nämlich Sinus, Kosinus und Tangens. Wir erläutern die verwendeten Bezeichnungen etwas genauer.

Ist α ein spitzer Winkel im rechtwinkligen Dreieck, so bezeichnet man das Verhältnis der Längen der *Gegenkathete* von α (kurz Gk) und der *Hypotenuse* des Dreiecks (kurz Hyp) als *Sinus** des Winkels α. Man verwendet die symbolische Abkürzung $\sin\alpha$, gelesen „Sinus von α".

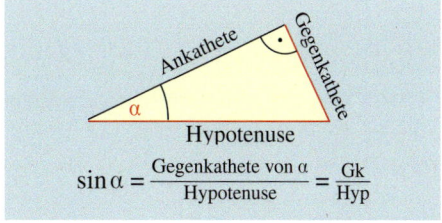

$$\sin\alpha = \frac{\text{Gegenkathete von }\alpha}{\text{Hypotenuse}} = \frac{Gk}{Hyp}$$

---
* ursprüngliche Bezeichnung *jiva* (ind.): (halbe Bogen-)Sehne; dann im Arabischen *dschiba*, dort mit dem Wort *dschaib* (arab.) verwechselt, das „Bucht" bedeutete; übersetzt mit *sinus* (lat.).

In Analogie hierzu werden die beiden weiteren Seitenverhältnisse am rechtwinkligen Dreieck definiert, die man als *trigonometrische Verhältnisse** bezeichnet.

Der *Kosinus* des Winkels α ist das Seitenverhältnis von *Ankathete* des Winkels und Hypotenuse, Kurzform **cos α**.

Der *Tangens* des Winkels α ist das Seitenverhältnis von Gegenkathete und Ankathete des Winkels, Kurzform **tan α**.

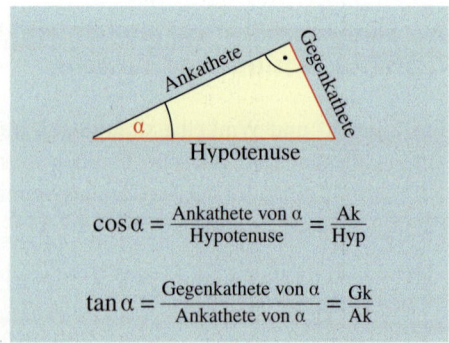

$$\cos\alpha = \frac{\text{Ankathete von }\alpha}{\text{Hypotenuse}} = \frac{\text{Ak}}{\text{Hyp}}$$

$$\tan\alpha = \frac{\text{Gegenkathete von }\alpha}{\text{Ankathete von }\alpha} = \frac{\text{Gk}}{\text{Ak}}$$

Übungen

1. Bestimmen Sie durch eine Zeichnung $\sin 50°$, $\cos 50°$ und $\tan 50°$.

2. Begründen Sie mithilfe der Definition.
   a) $\sin 90° = 1$
   b) $\cos 90° = 0$
   c) Für $\tan 90°$ gibt es keinen Zahlenwert.

3. Betrachten Sie ein gleichseitiges Dreieck mit der Seitenlänge 1. Halbieren Sie es durch die Höhe auf einer Seite. Bestimmen Sie anschließend aus der entstandenen Figur $\cos 30°$ exakt.

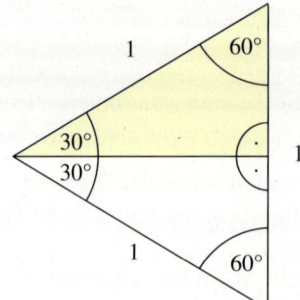

4. Berechnen Sie mithilfe des Taschenrechners.
   a) $\alpha = 30°$, $\sin\alpha = ?$
   b) $\alpha = 60°$, $\cos\alpha = ?$
   c) $\alpha = 60°$, $\tan\alpha = ?$
   d) $\sin\alpha = 0{,}5$, $\alpha = ?$
   e) $\cos\alpha = 0{,}866$, $\alpha = ?$
   f) $\tan\alpha = 0{,}5$, $\alpha = ?$
   g) $\sin\alpha = 1{,}215$, $\alpha = ?$
   h) $\cos\alpha = 0{,}2430$, $\alpha = ?$
   i) $\sin\alpha = \cos\alpha$, $\alpha = ?$

5. Stellen Sie die Gleichungen für Sinus, Kosinus und Tangens der Winkel α, β, γ_1 und γ_2 auf.

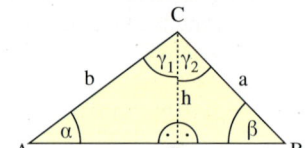

---

* Trigonometrie von *tri-* (griech.): drei, *gōnia* (griech.): Winkel, *metrein* (griech.): messen; Tangens von *tangere* (lat.): berühren; Kosinus: Abk. von *complementi sinus* (lat.): Sinus des Komplementwinkels (vgl. S. 22)

B. Sinus, Kosinus und Tangens am Einheitskreis

Im Folgenden wird eine besonders anschauliche Darstellung von $\sin\alpha$, $\cos\alpha$ und $\tan\alpha$ eingeführt, die außerdem den Vorteil hat, dass man diese trigonometrischen Werte auch für stumpfe und überstumpfe Winkel α definieren kann. Man verwendet hierzu einen um den Ursprung O eines Koordinatensystems liegenden Kreis mit dem Radius 1, den sogenannten *Einheitskreis*.

> **Definition: Sinus, Kosinus und Tangens am Einheitskreis**
> $P(x; y)$ sei ein beliebiger Punkt auf dem Einheitskreis. α sei der Winkel zwischen der positiven x-Achse und dem vom Ursprung O durch den Punkt P gehenden Strahl. Dann trifft man folgende Vereinbarung:
> $$\sin\alpha = y, \quad \cos\alpha = x, \quad \tan\alpha = \frac{\sin\alpha}{\cos\alpha} = \frac{y}{x} \text{ (für } x \neq 0\text{)}.$$

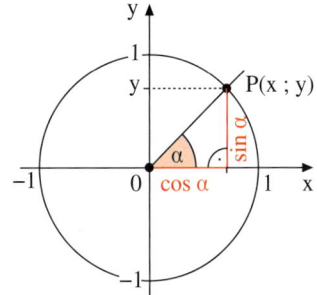

Für spitze Winkel stimmt dies mit der Definition im rechtwinkligen Dreieck überein, da das im Einheitskreis liegende rechtwinklige Dreieck die Kathetenlängen $\sin\alpha$ und $\cos\alpha$ besitzt und seine Hypotenuse die Länge 1 hat:

$$\sin\alpha = \frac{Gk}{Hyp} = \frac{Gk}{1} = Gk = y, \quad \cos\alpha = \frac{Ak}{Hyp} = \frac{Ak}{1} = Ak = x, \quad \tan\alpha = \frac{Gk}{Ak} = \frac{\sin\alpha}{\cos\alpha} = \frac{y}{x}$$

Aber auch für stumpfe Winkel können wir $\sin\alpha$ und $\cos\alpha$ errechnen.

▶ **Beispiel: Stumpfe Winkel**
Bestimmen Sie mithilfe der Definition von Sinus und Kosinus am Einheitskreis die Werte $\sin 120°$, $\cos 120°$ und $\tan 120°$.

Lösung:
Für $\alpha = 120°$ liegt der Punkt $P(x; y)$ mit $x = \cos 120°$ und $y = \sin 120°$ im II. Quadranten des Koordinatensystems. Durch Spiegelung an der y-Achse entsteht der Punkt $P'(x'; y')$ mit $x' = \cos 60°$ und $y' = \sin 60°$. Offensichtlich gilt $x = -x'$, also $\cos 120° = -\cos 60°$ und $y = y'$, d.h. $\sin 120° = \sin 60°$.
$\tan 120°$ errechnen wir als Quotienten von $\sin 120°$ und $\cos 120°$.
▶ Alle Resultate sind rechts aufgeführt.

$\sin 120° = \sin 60° \approx 0{,}8660$
$\cos 120° = -\cos 60° = -0{,}5$
$\tan 120° = \frac{\sin 120°}{\cos 120°} \approx \frac{0{,}866}{-0{,}5}$
$ = -1{,}732$

Übung 6
a) Gesucht sind $\sin 135°$ und $\cos 135°$.
b) Gesucht sind $\tan 115°$ und $\tan 135°$.
c) Berechnen Sie $\sin 150°$, $\cos 150°$ und $\tan 150°$.

Übung 7
Es gelte $0° \leq \alpha \leq 90°$.
Begründen Sie die Formel
$\tan(180° - \alpha) = -\tan\alpha$.

> **Beispiel: Überstumpfe Winkel**
> Bestimmen Sie am Einheitskreis sin 225°, cos 225°, tan 225° sowie die Werte sin 330°, cos 330°, tan 330°.

Lösung:

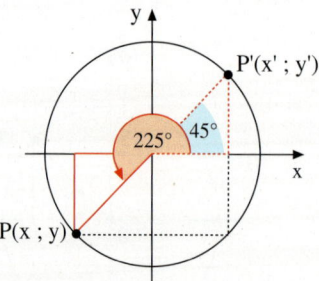 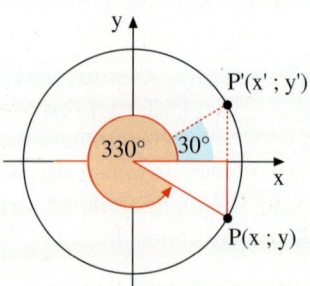

Hier liegt der Punkt P im III. Quadranten. Seine Koordinaten x = cos 225° und y = sin 225° sind daher beide negativ.
Um eine Zurückführung auf die spitzen Winkel des ersten Quadranten zu erreichen, spiegeln wir P am Ursprung.
Die Koordinaten des Spiegelpunktes P' sind x' = cos 45° und y' = sin 45°.
Also gilt: cos 225° = −cos 45° ≈ −0,7071
sin 225° = −sin 45° ≈ −0,7071

> Weiter ist tan 225° = $\frac{\sin 225°}{\cos 225°}$ = 1.

Hier liegen die Koordinaten von P im IV. Quadranten: x = cos 330° ist also positiv und y = sin 330° ist negativ.
Durch Spiegelung an der x-Achse ergibt sich folgende Zurückführung auf spitze Winkel:

cos 330° = cos 30° ≈ 0,8660
sin 330° = −sin 30° = −0,5000
tan 330° = $\frac{0,5000}{-0,8660}$ ≈ −0,5774

Bemerkungen:
- Diese definitorischen Erweiterungen sind auf den Taschenrechnern schon berücksichtigt, sodass wir dort z. B. sin 225° ≈ −0,7071 auch durch direktes Eintippen erhalten.
- Man kann die trigonometrischen Verhältnisse auch für Winkel definieren, die 360° übertreffen. Drehen wir einen Winkel α über den Vollwinkel von 360° hinaus, so wiederholt sich das Ganze. So werden z. B. 750° wegen 750 = 360 + 360 + 30 als zwei volle Umläufe am Einheitskreis gefolgt von einer 30°-Drehung interpretiert.
Daher gilt: sin 750° = sin 30° = 0,5.
- Man kann auch negative Winkel betrachten. Die Drehung erfolgt dann am Einheitskreis rückwärts, also im Uhrzeigersinn. Dem negativen Winkel α = −60° entspricht der positive Winkel α = 300°. Daher gilt z. B. sin(−60°) = sin 300° = −sin 60° ≈ −0,8660.

Übung 8
Errechnen Sie die folgenden trigonometrischen Werte analog zum obigen Beispiel.
Überprüfen Sie sodann direkt mithilfe des Taschenrechners.
a) sin 100° b) cos 220° c) tan 150° d) sin 195°
e) cos 250° f) sin 315° g) tan 315° h) cos 120°
i) sin 1000° k) cos 720° l) sin 585° m) sin(−120°)

C. Berechnungen in rechtwinkligen Dreiecken

Sind zwei Seiten eines rechtwinkligen Dreiecks oder eine Seite und einer der spitzen Winkel gegeben, so sind alle anderen Stücke eindeutig bestimmt und können zeichnerisch-konstruktiv oder rechnerisch mittels Tangens, Sinus und Kosinus ermittelt werden.

▶ **Beispiel:** Gegeben seien die beiden Kathetenlängen a = 6 und b = 4 eines rechtwinkligen Dreiecks. Gesucht sind die Maße für c, α, β.

Lösung:
Die Hypotenuse c errechnen wir mithilfe des Satzes von Pythagoras.

$c = \sqrt{a^2 + b^2} = \sqrt{36 + 16} = \sqrt{52}$
$c \approx 7{,}21$

α bestimmen wir mithilfe des Tangens.
β bestimmen wir mithilfe des Winkelsummensatzes *oder* alternativ hierzu ebenfalls mithilfe des Tangens.

$\tan \alpha = \dfrac{\text{Gk von } \alpha}{\text{Ak von } \alpha} = \dfrac{a}{b} = \dfrac{6}{4} = 1{,}5$
$\alpha \approx 56{,}31°$
$\beta = 180° - 90° - \alpha \approx 180° - 90° - 56{,}31°$
$\beta \approx 33{,}69°$

Völlig analog gehen wir vor, wenn zwei andere Seiten gegeben sind, z. B. eine Kathete und die Hypotenuse. Es bleibt also noch darzustellen, wie man vorgeht, wenn nur eine Seite und dazu ein Winkel gegeben sind.

▶ **Beispiel:** Gegeben seien die Hypotenuse c = 9 und der Winkel β = 60° eines rechtwinkligen Dreiecks. Gesucht sind die Maße für Teile a, b, α.

Lösung:
Den zweiten spitzen Winkel α bestimmen wir mit dem Winkelsummensatz.

$\alpha = 180° - 90° - \beta = 180° - 90° - 60°$
$\alpha = 30°$

a errechnen wir mit dem Sinus.

$\sin \alpha = \dfrac{\text{Gk von } \alpha}{\text{Hyp}} = \dfrac{a}{c}$
$a = c \cdot \sin \alpha = 9 \cdot \sin 30° = 9 \cdot 0{,}5 = 4{,}5$

b errechnen wir mithilfe des Pythagoras. Alternativ hierzu wäre die Berechnung mittels Sinus oder Kosinus möglich.

$b = \sqrt{c^2 - a^2} = \sqrt{81 - 20{,}25} = \sqrt{60{,}75}$
$b \approx 7{,}79$

Übung 9
Errechnen Sie die fehlenden Größen im rechtwinkligen Dreieck. Verwenden Sie
– soweit möglich – den Satz des Pythagoras und den Winkelsummensatz.
a) b = 5, c = 7
b) α = 40°, a = 5
c) α = 20°, c = 10
d) a = 2,5, β = 50°

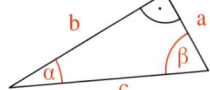

Auch in Anwendungssituationen sind die trigonometrischen Berechnungsmöglichkeiten sehr hilfreich.

> **Beispiel:**
> Eine Seilbahn steigt mit einer Geschwindigkeit von $5\,\frac{km}{h}$ von 300 m Höhe auf 800 m Höhe.
> Das Seil ist ca. 8° gegen die Horizontale geneigt.
> Wie lange dauert die Fahrt?

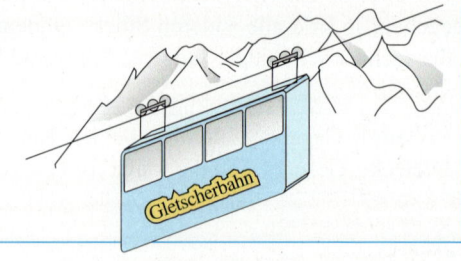

Lösung:
Wir fertigen zunächst eine Planskizze an, in die wir die gegebenen Größen $\alpha = 8°$ und a = 800 m − 300 m = 500 m = 0,5 km einzeichnen.
Gesucht ist die Hypotenuse c des entstandenen rechtwinkligen Dreiecks, denn c ist die Entfernung vom Startpunkt zum Zielpunkt.
Wir berechnen c mithilfe des Sinus.
Resultat:
Die Fahrstrecke beträgt c = 3593 m.

Hierzu benötigt man bei einer Geschwindigkeit von $5\,\frac{km}{h}$ ca. 0,7185 h.

▶ Die Fahrt dauert also ca. 43 Minuten.

Planskizze (nicht maßstabsgetreu):

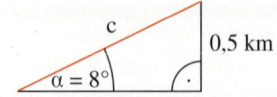

$\sin \alpha = \dfrac{\text{Gk von }\alpha}{\text{Hyp}}$

$\sin 8° = \dfrac{0{,}5\,km}{c}$

$c = \dfrac{0{,}5\,km}{\sin 8°} \approx \dfrac{0{,}5\,km}{0{,}1393} \approx 3{,}593\,km$

Geschwindigkeit $= \dfrac{\text{Weg}}{\text{Zeit}}$

Zeit $= \dfrac{\text{Weg}}{\text{Geschwindigkeit}}$

$= \dfrac{3{,}593\,km}{5\,\frac{km}{h}} \approx 0{,}7185\,h \approx 43\,min$

Übung 10
Die beiden jeweils 21 m langen Hälften einer über einen Kanal führenden Zugbrücke können 40° gegen die Horizontale geneigt werden.
Wie breit ist die freie Durchfahrt?

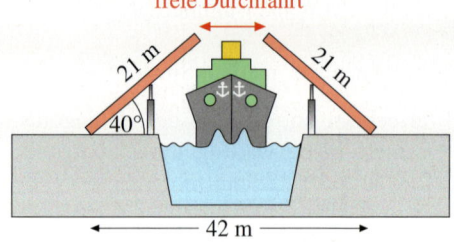

Übung 11
Der Hund Pedro – Augenhöhe 40 cm über dem Erdboden – kann seinen Blick um 80° gegen die Horizontale erheben.
Wie dicht kann er an Herrchen (Augenhöhe 1,70 m) herantreten, ohne den Blickkontakt zu verlieren?
Lösen Sie die Aufgabe auf zwei verschiedene Arten (zeichnerisch/rechnerisch).

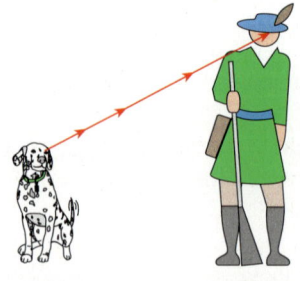

1. Längen und Winkel im rechtwinkligen Dreieck

Die bisherigen Längen- und Winkelberechnungen wurden direkt am rechtwinkligen Dreieck vorgenommen. Die meisten Anwendungssituationen sind etwas komplizierter, weil ein für die trigonometrischen Berechnungen geeignetes rechtwinkliges Dreieck erst aufgefunden werden muss.

▶ **Beispiel:** Die Kanten einer Pyramide können besonders leicht gemessen werden, z. B. mit einem Maßband. Die Cheopspyramide besaß ursprünglich eine nahezu quadratische Grundfläche mit einer Seitenlänge von ca. 230,4 m. Die ansteigenden Eckkanten der Pyramide waren ca. 219,2 m lang.
Unter welchem Winkel steigen die schrägen Pyramidenkanten gegen die Horizontale an? Wie hoch war die Pyramide ursprünglich?

Lösung:
Wir berechnen zunächst die Länge der Diagonalen d im Grundflächenquadrat.
Dann betrachten wir das rechtwinklige Dreieck, dessen Hypotenuse die Seitenkante s ist und dessen Katheten die Halbdiagonale $\frac{d}{2}$ sowie die Pyramidenhöhe h sind. Hieraus lässt sich $\cos\alpha$ errechnen. Mithilfe des Taschenrechners bestimmen wir nun den Winkel α.
Resultat: α ≈ 42°, also recht steil.
Die gesuchte Höhe h bestimmen wir mit
▶ dem Tangens. Resultat: h ≈ 146,7 m.

Berechnung von d: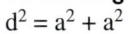
$d^2 = a^2 + a^2$
$d = \sqrt{2} \cdot a$
$d = \sqrt{2} \cdot 230{,}4\,\text{m} \approx 325{,}83\,\text{m}$

Berechnung von α und h: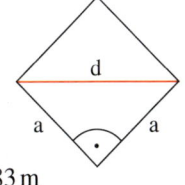
$\cos\alpha = \frac{\text{Ak von }\alpha}{\text{Hyp}}$
$\cos\alpha = \frac{d/2}{s}$
$\cos\alpha = \frac{162{,}92}{219{,}2} \approx 0{,}7432;\ \alpha \approx 41{,}99° \approx 42°$
$\tan\alpha = \frac{h}{d/2} \Rightarrow h \approx \frac{325{,}8\,\text{m}}{2} \cdot \tan 42°$
$\approx 146{,}7\,\text{m}$

Übung 12
Ein Heißluftballon hat einen Durchmesser von 16 m. Ein Beobachter sieht den Ballon unter dem Sehwinkel α = 1°.
Wie groß ist der Abstand des Ballonmittelpunktes vom Beobachter? Ist eine zeichnerische Lösung sinnvoll?

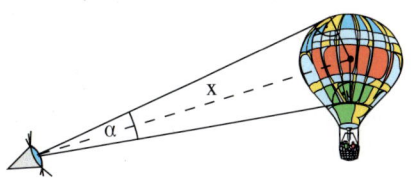

Übung 13
Innerhalb eines regelmäßigen Pentagons sollen zwei Fahnenstangen gesetzt werden. Ihr Abstand soll möglichst groß sein. Wo könnten die Stangen gesetzt werden? Wie groß ist dieser maximale Abstand?

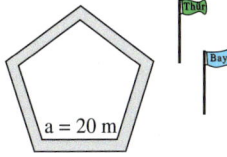

Übungen

14. Berechne Sie die fehlenden Größen für ein rechtwinkliges Dreieck ABC mit dem rechten Winkel γ = 90°.

	a	b	c	α	β	h_c	u	A
a)		4 cm		60°				
b)	5 cm		8 cm					
c)				53,1°			24 cm	
d)				$\frac{1}{2}\gamma$				
e)			5√10 cm					51,4 cm²
f)	x cm	x cm				6 cm		

15. a) Ermitteln Sie Näherungswerte für sin 40°, cos 40° und tan 40° zeichnerisch durch Ausmessen eines Dreiecks und Verhältnisbildung.
b) Bestimmen Sie mit dem Taschenrechner auf vier Nachkommastellen genau folgende Werte: sin 50°, cos 50°, tan 50°, sin 1°, cos 1°, tan 1°.
c) Begründen Sie am rechtwinkligen Dreieck: $\sin 45° = \frac{1}{\sqrt{2}}$, $\cos 45° = \frac{1}{\sqrt{2}}$, $\tan 45° = 1$.
d) Begründen Sie: sin 0° = 0, cos 0° = 1, tan 0° = 0.

16. Berechnen Sie mithilfe des Taschenrechners den Winkel α auf zwei Nachkommastellen.
a) sin α = 0,9397   b) cos α = 0,9848   c) tan α = 2   d) tan α = 14,3

17. Der Neigungswinkel α des schiefen Turms von Pisa soll relativ genau bestimmt werden. Hierzu wird ein Seil bis zum Boden herabgelassen. Es ist 32 m lang. Der Abstand des Seilfußpunktes zum Turm wird gemessen. Er beträgt 2,47 m. Bestimmen Sie den Neigungswinkel auf zwei verschiedene Arten.

18. Ein quaderförmiges Metallstück hat eine Grundfläche von 12 cm × 20 cm. Wie hoch muss das Stück sein, damit es mit einer Bohrung längs der Raumdiagonalen versehen werden kann, die einen Winkel von 30° zur Grundfläche aufweist? Lösen Sie die Aufgabe rechnerisch und zeichnerisch.

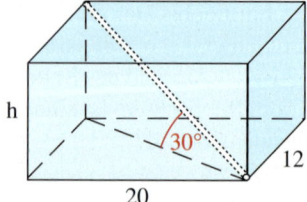

1. Längen und Winkel im rechtwinkligen Dreieck

19. Eine Leiter darf nicht zu steil angestellt werden, weil sie sonst kippen kann, aber auch nicht zu flach, weil sie sonst rutscht oder bricht.
Für eine 4 m lange Leiter wird ein zulässiger Neigungsbereich von α = 68° bis α = 75° angegeben.
Ein Winkel ist aber schwer zu kontrollieren. Besser ist es, den Abstand d des Leiterfußpunktes von der Anstellwand zu berechnen. Dieser kann beim Anstellen leicht gemessen werden.
Welche Werte sind für d zulässig?
Wie hoch reicht die Leiter maximal?

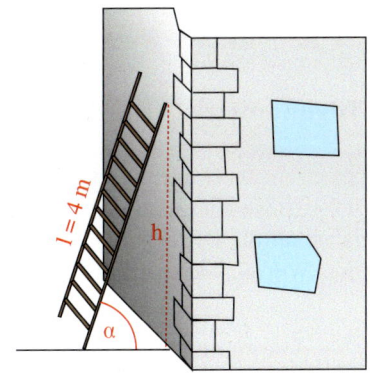

20. Der Schatten eines Aussichtsturmes ist bei einem Sonnenstand von 60° über dem Horizont 50 m lang. Wie hoch ist der Turm?

21. Ein Parallelogramm besitzt einen Innenwinkel α von 50°. Die Seitenlängen betragen 6 cm und 10 cm. Welchen Flächeninhalt besitzt das Parallelogramm?

22. Unter welchem Winkel steigt die Raumdiagonale eines Würfels gegen die horizontale Ebene an?
    a) Lösen Sie durch eine Rechnung.   b) Lösen Sie zeichnerisch.

23. Ein Pfadfinder peilt von einer Klippe aus einen durch die Schlucht tosenden Fluss an. Seine Ufer beobachtet er unter einem Sehwinkel α = 25°. Die Strecke Klippenfuß–Fluss erscheint unter β = 30°. Die Höhe der Schlucht stellt er mithilfe eines durch einen Stein beschwerten Seiles fest. Sie beträgt 35 m. Wie breit ist der Fluss?

24. Gesucht ist die Länge der abgebildeten Fahrradkette. Die Zahnräder haben die Durchmesser D = 17,8 cm und d = 10,2 cm. Der Abstand ihrer Mittelpunkte beträgt l = 45,7 cm.
  a) Lösen Sie die Aufgabe durch eine maßstäbliche Zeichnung.
  b) Lösen Sie die Aufgabe mittels Pythagoras und trigonometrischer Berechnungen.

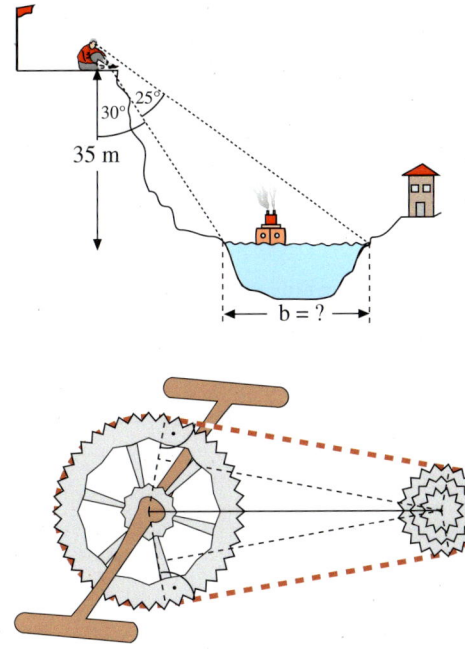

2. Eigenschaften von Sinus und Kosinus

A. Trigonometrische Beziehungen

Wir beweisen nun einige trigonometrische Beziehungen, die häufig gebraucht werden, z. B. beim Lösen von Anwendungsaufgaben oder bei anderen trigonometrischen Beweisen. Wir beschränken uns dabei auf die Betrachtung spitzer Winkel. Die Formeln gelten jedoch uneingeschränkt für beliebige Winkel, was man am Einheitskreis nachweisen kann.

> **Der Komplementwinkelsatz**
> α sei ein spitzer Winkel ($0° \leq \alpha \leq 90°$). Dann gelten folgende Beziehungen:
> $$\sin\alpha = \cos(90° - \alpha), \qquad \cos\alpha = \sin(90° - \alpha).$$

Beweis:
Im rechtwinkligen Dreieck gilt nach nebenstehender Rechnung: $\sin\alpha = \cos\beta$.
Da α und β dort Komplementwinkel sind, sich also zu $90°$ ergänzen, gilt $\beta = 90° - \alpha$, sodass insgesamt $\sin\alpha = \cos(90° - \alpha)$ folgt.
Die zweite Komplementwinkelbeziehung $\cos\alpha = \sin(90° - \alpha)$ beweist man völlig analog.

$\alpha + \beta = 90°$
$\beta = 90° - \alpha$

$\left.\begin{array}{l}\sin\alpha = \dfrac{\text{Gk von }\alpha}{\text{Hyp}} = \dfrac{a}{c} \\[4pt] \cos\beta = \dfrac{\text{Ak von }\beta}{\text{Hyp}} = \dfrac{a}{c}\end{array}\right\} \Rightarrow \sin\alpha = \cos\beta$

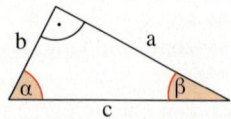

> **Der trigonometrische Pythagoras**
> α sei ein spitzer Winkel ($0° \leq \alpha \leq 90°$). Dann gilt die nebenstehende Formel, die als trigonometrischer Pythagoras bezeichnet wird.
> $$\sin^2\alpha + \cos^2\alpha = 1$$
> d. h.
> $$(\sin\alpha)^2 + (\cos\alpha)^2 = 1$$

Beweis:
In einem rechtwinkligen Dreieck mit der Hypotenuse $c = 1$ sind die Kathetenlängen exakt gleich $\sin\alpha$ und $\cos\alpha$.
Daher gilt nach dem Satz des Pythagoras die Formel $(\sin\alpha)^2 + (\cos\alpha)^2 = 1$

$\sin\alpha = \dfrac{a}{c} = a$
$\cos\alpha = \dfrac{b}{c} = b$

$(\sin\alpha)^2 + (\cos\alpha)^2 = a^2 + b^2 = 1^2 = 1$

Übung 1
Beweisen Sie die Formeln.

a) $\sin(180° - \alpha) = \sin\alpha \quad (0° \leq \alpha < 90°)$
b) $\cos(180° - \alpha) = -\cos\alpha \quad (0° \leq \alpha \leq 90°)$
c) $\tan(90° - \alpha) = \dfrac{1}{\tan\alpha}$

Übung 2
Vereinfachen Sie die Terme $\cos\alpha \cdot (1 + (\tan\alpha)^2)$ und $\dfrac{\cos(90° - \alpha) - 1}{1 + \sin(-\alpha)}$.

B. Die Bestimmung einiger trigonometrischer Werte

Für einige Winkel α können die Werte sin α, cos α und tan α durch trigonometrische Betrachtungen am Dreieck bestimmt werden.

> **Beispiel:** Gesucht sind die Werte von sin 30° und cos 30°.

Lösung:
Berechnung von sin 30°:
Wir betrachten ein beliebiges gleichseitiges Dreieck. Alle Innenwinkel haben das gleiche Maß von 60°. Wir halbieren das Dreieck durch eine Höhe h. Es entstehen rechtwinklige Teildreiecke mit spitzen Winkeln von 30° und 60°.
Es gilt: $\quad \sin 30° = \frac{Gk}{Hyp} = \frac{a/2}{a} = \frac{1}{2}$.
Analog folgt: $\cos 60° = \frac{Ak}{Hyp} = \frac{a/2}{a} = \frac{1}{2}$.

Berechnung von cos 30°:
Der Wert von cos 30° kann mit der gleichen Herleitungsfigur gewonnen werden. Zunächst berechnen wir die Höhe h nach dem Satz des Pythagoras: $h = \frac{\sqrt{3}}{2} a$.
Nun gilt $\cos 30° = \frac{Ak}{Hyp} = \frac{h}{a} = \frac{\frac{\sqrt{3}}{2}a}{a} = \frac{\sqrt{3}}{2}$.
sin 60° hat den gleichen Wert:
▶ $\sin 60° = \frac{Gk}{Hyp} = \frac{h}{a} = \frac{\sqrt{3}}{2}$.

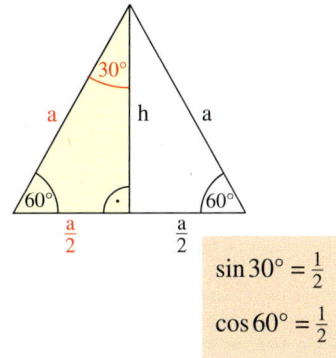

$h^2 = a^2 - \left(\frac{a}{2}\right)^2 = \frac{3}{4}a^2$

$h = \frac{\sqrt{3}}{2} a$

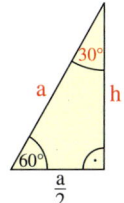

$\sin 30° = \frac{1}{2}$
$\cos 60° = \frac{1}{2}$

$\cos 30° = \frac{\sqrt{3}}{2}$
$\sin 60° = \frac{\sqrt{3}}{2}$

Übung 3
a) Betrachten Sie ein beliebiges gleichschenklig-rechtwinkliges Dreieck, um die exakten Werte von sin 45° und cos 45° zu bestimmen.
b) Gesucht sind die exakten Werte von tan 30°, tan 45° und tan 60°.

Übung 4
Gesucht sind die exakten Seitenlängen der abgebildeten Dreiecke.

a)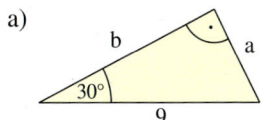
b)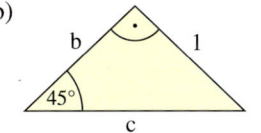
c)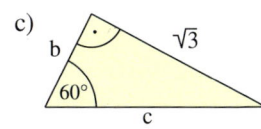

Übung 5
Gegeben ist ein Rhombus mit der Seitenlänge 2.
Der kleinere der Innenwinkel beträgt 60°.
Wie lang sind die Diagonalen des Rhombus?
Wie groß ist der Flächeninhalt des Rhombus?

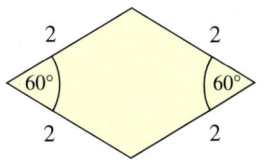

3. Längen und Winkel in beliebigen Dreiecken

A. Der Sinussatz

Auch in nicht rechtwinkligen Dreiecken kann man trigonometrische Berechnungen vornehmen, indem man sie durch eine Höhe in zwei rechtwinklige Dreiecke zerlegt.

▶ **Beispiel:** Gegeben sind die Seiten a = 6 cm und b = 4 cm eines Dreiecks sowie der a gegenüberliegende Winkel α = 40°.
Gesucht ist der Winkel β.

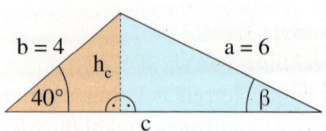

Lösung:
Durch Einzeichnen der Höhe h_c wird das Dreieck in zwei rechtwinklige Teildreiecke zerlegt. In diesen Teildreiecken stellen wir die Formeln für $\sin\alpha$ bzw. $\sin\beta$ auf und lösen diese nach h_c auf. Wir erhalten zwei Darstellungen für h_c, die wir gleichsetzen.
Es entsteht die Gleichung $b \cdot \sin\alpha = a \cdot \sin\beta$, aus der wir zunächst $\sin\beta$ und sodann den gesuchten
▶ Winkel β errechnen können, da die restlichen Größen a, b und α gegeben sind.
Man kann die oben angewandte Methode verallgemeinern und erhält dann eine sehr brauchbare Formel, den sogenannten *Sinussatz*.

$\sin\alpha = \frac{h_c}{b}$ | $\sin\beta = \frac{h_c}{a}$
$h_c = b \cdot \sin\alpha$ | $h_c = a \cdot \sin\beta$

$b \cdot \sin\alpha = a \cdot \sin\beta$

$\sin\beta = \frac{b \cdot \sin\alpha}{a}$

$\sin\beta = \frac{4 \cdot \sin 40°}{6}$

$\sin\beta \approx 0{,}4285$

$\beta \approx 25{,}37°$

$\frac{a}{\sin\alpha} = \frac{b}{\sin\beta}$

Analog: $\frac{a}{\sin\alpha} = \frac{c}{\sin\gamma}$

In einem beliebigen Dreieck sind die drei Verhältnisse aus einer Seite und dem Sinus des dieser Seite gegenüberliegenden Winkels gleich.

Der Sinussatz
$$\frac{a}{\sin\alpha} = \frac{b}{\sin\beta} = \frac{c}{\sin\gamma}$$

Übung 1
In einem Dreieck LMN heißen die Innenwinkel λ (Lambda), μ (My) und ν (Ny). Vervollständigen Sie die Gleichung gemäß Sinussatz.
a) $\frac{n}{\sin\nu} = \frac{...}{\sin\lambda}$ b) $\frac{...}{...} = \frac{...}{\sin\mu} = \frac{...}{...}$
d) $\frac{m}{n} = \frac{...}{...}$ d) $\sin\mu \cdot \ell = \sin\lambda \cdot ...$

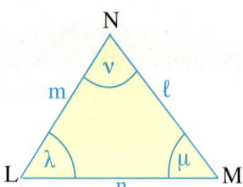

Übung 2
Gegeben sei ein Dreieck RST mit den Innenwinkeln ϱ (Rho), σ (Sigma) und τ (Tau). Untersuchen Sie, ob die Aussage wahr ist. Korrigieren Sie im Fall einer Falschaussage.
a) $\frac{r}{\sin\varrho} = \frac{s}{\sin\sigma}$ b) $\frac{t}{s} = \frac{\tau}{\sigma}$ c) $\frac{\sin\tau}{\sin\sigma} = \frac{t}{s}$
d) $\sin\tau = \frac{t}{r \cdot \sin\sigma}$ e) $\frac{s}{\sin\sigma} = \frac{t}{\cos(90° - \tau)}$ f) $\frac{r}{\cos(180° - \varrho)} = \frac{s}{\sin\sigma}$

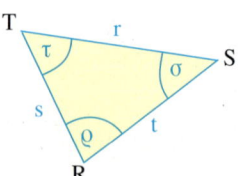

B. Anwendungen des Sinussatzes

Der Sinussatz kann sehr häufig zu innermathematischen und zu praktischen Berechnungen an beliebigen Dreiecken herangezogen werden.
Er ist immer dann anwendbar, wenn in einer seiner Verhältnisgleichungen drei der vier Dreiecksgrößen gegeben oder bekannt sind.
Das ist im Prinzip dann der Fall, wenn einer der rechts aufgeführten Dreieckskonstruktionsfälle vorliegt.

> Wenden Sie den **Sinussatz** an, wenn folgende Dreiecksgrößen gegeben oder bekannt sind:
> 1. Zwei Winkel und eine Seite
>   (**WWS** oder **WSW**)
> 2. Zwei Seiten und der Gegenwinkel einer der Seiten (**SSW**)

▶ **Beispiel:** An einer Küste stehen zwei Stationen A und B der Seewacht im Abstand von 20,5 km. Sie peilen ein vor der Küste liegendes Segelschiff C an. Die Beobachter auf A sehen das Schiff $\alpha = 30°$ nordwestlich von B liegen. Die Beobachter auf der Station B messen einen Winkel $\beta = 50°$ zwischen der Station A und dem Schiff.
Wie weit ist das Schiff von den Stationen entfernt?

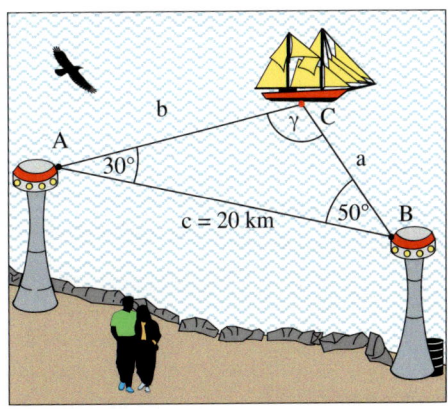

Lösung:
Zwei Winkel ($\alpha = 30°$, $\beta = 50°$) und eine Seite (c = 20,5 km) sind gegeben. Der Sinussatz ist also anwendbar (WSW). Allerdings muss zuerst noch der dritte Winkel γ erschlossen werden.
Nach dem Winkelsummensatz ist
$\gamma = 180° - 30° - 50° = 100°$.
Nun ist der Sinussatz $\frac{a}{\sin\alpha} = \frac{c}{\sin\gamma}$ anwendbar, um a zu errechnen.
Resultat: a ≈ 10,4 km
Analog kann b mit dem Sinussatz
$\frac{b}{\sin\beta} = \frac{c}{\sin\gamma}$ errechnet werden.
▶ Resultat: b ≈ 15,9 km

geg.: $\alpha = 30°$, $\beta = 50°$, c = 20,5 km
zusätzlich erschließbar: $\gamma = 100°$

Formel: $\frac{a}{\sin\alpha} = \frac{c}{\sin\gamma}$

Rechnung:
$$a = \frac{c \cdot \sin\alpha}{\sin\gamma}$$
$$= \frac{20{,}5 \cdot \sin 30°}{\sin 100°} \approx \frac{20{,}5 \cdot 0{,}5}{0{,}9848} \approx 10{,}4 \text{ km}$$

Übung 3
Berechnen Sie die fehlenden Größen in einem Dreieck ABC, dessen folgende Größen gegeben sind.
a) $\alpha = 30°$, $\beta = 40°$, b = 6 cm
b) $\gamma = 110°$, $\alpha = 50°$, b = 5 cm
c) $\alpha = 60°$, $\beta = 50°$, c = 6 cm

Übung 4
Gesucht ist der Flächeninhalt des Dreiecks.

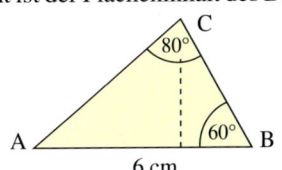

▶ **Beispiel:**
Alphacity und Betatown sind durch eine Bahnlinie verbunden, die über den Knotenpunkt Gammaville führt. Gammaville liegt 40 km exakt südwestlich von Betatown. Alphacity liegt genau westlich von Betatown und ist 60 km von Gammaville entfernt. Ein neuer Tunnel macht eine Direktverbindung von Alphacity nach Betatown möglich.
Wie lang ist diese Verbindungsstrecke?

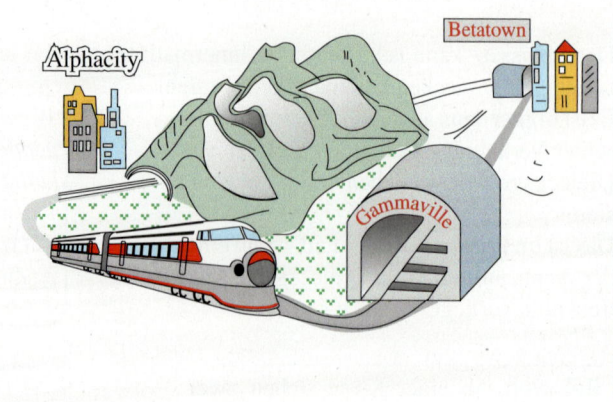

Lösung:
Gegeben sind zwei Seiten a = 40 km und b = 60 km. Da Gammaville exakt im Südwesten von Betatown liegt, ist auch β = 45° gegeben. Es liegt der Fall SSW vor. Daher ist der Sinussatz anwendbar.

Die gesuchte Streckenlänge c kann jedoch nicht unmittelbar errechnet werden, da der Winkel γ nicht bekannt ist. Wir errechnen daher zunächst den Winkel α mithilfe des Sinussatzes: α ≈ 28,13°.

Nun bestimmen wir den Winkel γ nach dem Winkelsummensatz. Resultat: γ ≈ 106,87°.

Jetzt endlich können wir die gesuchte Entfernung c bestimmen, wiederum mithilfe des Sinussatzes.

Die gesuchte Streckenlänge der Direktverbindung von Alphacity und Betatown beträgt danach ca. c ≈ 81,20 km.

Dies spart knapp 19 km gegenüber der alten
▶ Streckenführung.

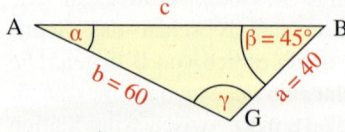

1. Berechnung von α:
$$\frac{a}{\sin\alpha} = \frac{b}{\sin\beta}$$
$$\sin\alpha = \frac{a}{b} \cdot \sin\beta$$
$$\sin\alpha = \frac{40}{60} \cdot \sin 45° \approx 0{,}4714$$
$$\alpha \approx 28{,}13°$$

2. Berechnung von γ:
$$\gamma = 180° - \alpha - \beta \approx 106{,}87°$$

3. Berechnung von c:
$$\frac{c}{\sin\gamma} = \frac{b}{\sin\beta}$$
$$c = \frac{b}{\sin\beta} \cdot \sin\gamma$$
$$c \approx \frac{60\,\text{km}}{\sin 45°} \cdot \sin 106{,}87°$$
$$c \approx \frac{60\,\text{km}}{0{,}7071} \cdot 0{,}9570 \approx 81{,}20\,\text{km}$$

Übung 5
Bei einem Bergrennen müssen die Radfahrer zunächst einen 5 km langen Anstieg überwinden, dessen mittlere Steigung ca. 21,26 % beträgt, was einem Anstiegswinkel von 12° entspricht. Die anschließende Abfahrt ist 8 km lang.
Wie groß ist die Steigung der Abfahrtsstrecke? Wie groß ist die Luftlinienentfernung von Start und Ziel?

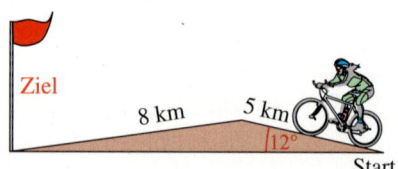

3. Längen und Winkel in beliebigen Dreiecken

Im vorhergehenden Beispiel waren im Fall SSW zwei Seiten und der Gegenwinkel der größeren Seite gegeben. Sind zwei Seiten und der Gegenwinkel der kleineren Seite gegeben, so muss man mit etwas mehr Überlegung vorgehen, da es dann sowohl *eine Lösung* als auch *zwei Lösungen* oder gar *keine Lösung* geben kann.

▶ **Beispiel:** Von einem Dreieck sind die Seiten a = 5, c = 4 sowie der Winkel γ = 50° bekannt. Wie lauten die fehlenden Winkel?

Lösung:
Mithilfe des Sinussatzes können wir zunächst den Sinus des Winkels α bestimmen. Es ergibt sich sin α ≈ 0,9576.
Errechnen wir nun hieraus mit dem Taschenrechner den Winkel α, so erhalten wir α = 73,25°.
Es gilt jedoch die Beziehung
$$\sin(180° - \alpha) = \sin \alpha.$$
Also besitzt der Winkel
α' = 180° − 73,25° = 106,75°
exakt den gleichen Sinuswert wie der Winkel α = 73,25°, nämlich 0,9576.
Daher gibt es zwei Lösungen für α, woraus sich dann jeweils ein zugehöriger Wert für β ergibt.
Wir erhalten also hier keine eindeutige Lösung, sondern es gibt zwei Lösungsdreiecke, die sich stark unterscheiden: Ein Dreieck ist spitzwinklig, das andere dagegen stumpfwinklig. Rechts werden die Dreiecke zum Zwecke der Veranschaulichung
▶ dargestellt.

Berechnung von α:
$\frac{a}{\sin \alpha} = \frac{c}{\sin \gamma}$, $\sin \alpha = \sin \gamma \cdot \frac{a}{c}$
$\sin \alpha = \sin 50° \cdot \frac{5}{4} \approx 0{,}9576$
α ≈ 73,25° (Taschenrechner)
oder
α' ≈ 180° − 73,25° ≈ 106,75°

Berechnung von β:
β = 180° − γ − α
 ≈ 180° − 50° − 73,25° ≈ 56,75°
oder
β' = 180° − γ − α'
 ≈ 180° − 50° − 106,75° ≈ 23,25°

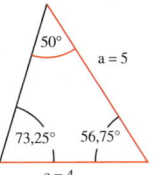
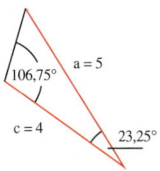

Übung 6
In den folgenden Aufgaben zur Dreiecksbestimmung kann es vorkommen, dass nicht nur eine Lösung existiert, sondern gegebenenfalls auch zwei Lösungsdreiecke oder keines.
Lösen Sie die Aufgaben im Zweifelsfall zusätzlich auch zeichnerisch.
a) a = 4, b = 8, α = 20°
b) a = 4, b = 8, α = 50°
c) Wie muss der Winkel α in einem Dreieck mit a = 4 und b = 8 gewählt werden, damit das Dreieck *eindeutig bestimmt* ist? Welche Maße hat es dann? Lösen Sie zeichnerisch und rechnerisch.

Übung 7
An einem Kai ist ein 8 m langer feststehender Ausleger montiert, an dem ein vertikal frei drehbarer 6 m langer Schwenkarm angebracht ist. Der Ausleger steht 40° gegenüber der Horizontalen geneigt. Für welche Winkel γ berührt der Schwenkarm die Wasseroberfläche (zeichnerisch/rechnerisch)?

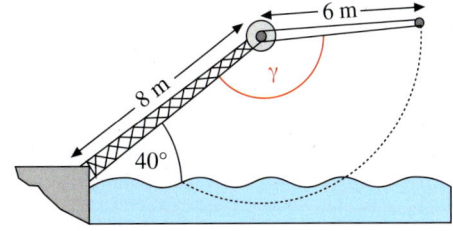

Übungen zum Sinussatz

8. Bestimmen Sie die fehlenden Größen im Dreieck ABC.

a) 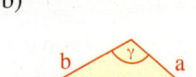 b) 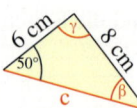 c) d)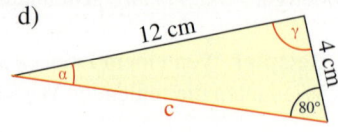

9. In welchen der folgenden Konstruktionsfälle (Kongruenzsätze) ist der Sinussatz direkt anwendbar: WWS, WSW, SSS, SWS, SSW?

10. Bestimmen Sie die fehlenden Größen im Dreieck ABC.

a) $a = 8\,\text{cm}$
  $\beta = 40°$
  $\gamma = 60°$

b) $\alpha = 60°$
  $\gamma = 70°$
  $a = 10\,\text{cm}$

c) $a = 8\,\text{cm}$
  $b = 12\,\text{cm}$
  $\beta = 120°$

d) $a = 4\,\text{cm}$
  $c = 6\,\text{cm}$
  $\gamma = 80°$

11. Sind zwei Seiten und der Gegenwinkel der kleineren Seite gegeben, so kann es *keine*, *eine* oder *zwei* Lösungen geben. Untersuchen Sie dies für die folgenden Fälle zeichnerisch und rechnerisch.

a) $a = 9\,\text{cm}$
  $b = 10\,\text{cm}$
  $\alpha = 60°$

b) $b = 6\,\text{cm}$
  $c = 8\,\text{cm}$
  $\beta = 80°$

c) $\beta = 30°$
  $b = 3\,\text{cm}$
  $a = \sqrt{27}\,\text{cm}$

d) $b = 4\,\text{cm}$
  $c = 6\,\text{cm}$
  $\beta = 25°$

12. Die Entfernung des Berges C von den beiden Expeditionslagern A und B soll bestimmt werden.
Die Lager sind 300 m voneinander entfernt. Der Winkel ∡BAC wird mit 60° und der Winkel ∡CBA mit 110° gepeilt.

13. Die Ortschaften A und C sind durch eine 8 km lange Straße verbunden.
Vom Kirchturm von A kann man den Kirchturm von C sehen.
Der Winkel ∡CAD wird gemessen. Er beträgt 30°. Analog werden die Winkel ∡BAC = 40°, ∡ACB = 25° und ∡DCA = 50° gemessen.

Bestimmen Sie die Entfernungen zwischen den Ortschaften.

3. Längen und Winkel in beliebigen Dreiecken

C. Der Kosinussatz

Mit dem Sinussatz sind nur Dreiecksberechnungen möglich, die den Konstruktionsfällen WWS, WSW und SSW entsprechen. Im Folgenden wird der sog. Kosinussatz bewiesen, der Berechnungen in den noch fehlenden Fällen SSS und SWS gestattet, wenn also von einem Dreieck alle drei Seiten bzw. zwei Seiten und der von ihnen eingeschlossene Winkel gegeben sind.

> **Der Kosinussatz**
> a, b, c seien die Seiten eines beliebigen Dreiecks, γ der von a und b eingeschlossenen Winkel.
> Dann gilt: $c^2 = a^2 + b^2 - 2ab \cdot \cos\gamma$.

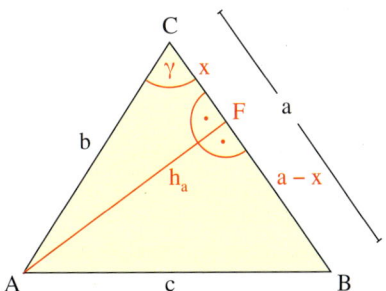

Wir beweisen den Satz zunächst für spitzwinklige Dreiecke. Hierzu verwenden wir die rechts abgebildete Beweisfigur.

Die Höhe h_a teilt das Dreieck in die beiden rechtwinkligen Dreiecke AFC und ABF auf. Die Seite a wird durch den Fußpunkt F der Höhe h_a in die beiden Teilstrecken x und a − x geteilt.

Im Dreieck ABF gilt nach Pythagoras die Formel (1): $c^2 = h_a^2 + (a - x)^2$.

Im Dreieck AFC gilt ebenfalls nach Pythagoras (2): $b^2 = h_a^2 + x^2$.

Außerdem gilt im Dreieck AFC die trigonometrische Beziehung $\cos\gamma = \frac{x}{b}$, d. h. Formel (3).

Setzen wir nun zunächst (2) in (1) ein, so erhalten wir (4): $c^2 = a^2 + b^2 - 2ax$.
Setzen wir (3) in (4) ein, so erhalten wir den Kosinussatz.

(1) $c^2 = h_a^2 + (a - x)^2$

(2) $b^2 = h_a^2 + x^2$

(3) $x = b \cdot \cos\gamma$

Einsetzen von (2) in (1):
$c^2 = (b^2 - x^2) + (a - x)^2$
$c^2 = b^2 - x^2 + a^2 - 2ax + x^2$

(4) $c^2 = a^2 + b^2 - 2ax$

Einsetzen von (3) in (4):
$c^2 = a^2 + b^2 - 2ab \cos\gamma$

Übung 14
Beweisen Sie den Kosinussatz für stumpfwinklige Dreiecke.
Führen Sie den Beweis anhand der rechts abgebildeten Beweisfigur für das stumpfwinklige Dreieck ABC.
Betrachten Sie die beiden rechtwinkligen Dreiecke ABF und ACF. Verwenden Sie die Formel $\cos(180° - \gamma) = -\cos\gamma$.

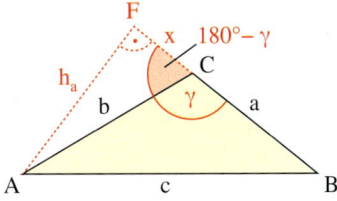

Übung 15
Betrachten Sie den Kosinussatz $c^2 = a^2 + b^2 - 2ab\cos\gamma$ für ein Dreieck, das bei C den rechten Winkel $\gamma = 90°$ besitzt. Was ergibt sich?

Übung 16

In einem Dreieck LMN heißen die Innenwinkel λ (Lambda), μ (My) und ν (Ny). Vervollständigen Sie die Gleichung gemäß Kosinussatz.

a) $m^2 = \ldots$
b) $\ldots = \ldots \cdot \cos\lambda$
d) $\cos\mu = \ldots$
d) $\cos\ldots = \dfrac{n^2 - \ell^2 - m^2}{-2\ell m}$

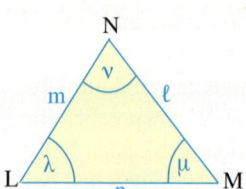

Übung 17

Gegeben sei ein Dreieck RST mit den Innenwinkeln ϱ (Rho), σ (Sigma) und τ (Tau). Untersuchen Sie, ob die Aussage wahr ist. Korrigieren Sie im Fall einer Falschaussage.

a) $r^2 = s^2 + t^2 - 2st \cdot \cos\varrho$
b) $\cos\tau = \dfrac{t^2 - r^2 - s^2}{-2rs}$
c) $t^2 = r^2 + s^2 - 2rs \cdot \cos\sigma$
d) $\cos\varrho = \dfrac{r^2 - s^2 - t^2}{2st}$
e) $t^2 = s^2 - r^2 + 2rt \cdot \cos\sigma$
f) $\cos\sigma = \dfrac{r^2 + t^2 - s^2}{2rt}$

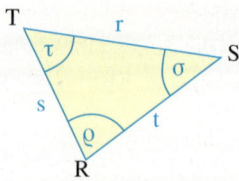

D. Anwendungen des Kosinussatzes

Wenden Sie den Kosinussatz an, wenn folgende Dreiecksgrößen gegeben oder bekannt sind:
*1. Drei Seiten (**SSS**)*
*2. Zwei Seiten und der von ihnen eingeschlossene Winkel (**SWS**).*

▶ **Beispiel:** Ein Hubschrauber soll einen Versorgungsflug von der Basis C zu einer 400 km westlich gelegenen Oase A durchführen. Zunächst soll er den Bohrturm B anfliegen, der 20° südwestlich der Basis liegt, 300 km von dieser entfernt. Die Reichweite des Hubschraubers beträgt 950 km.
Schafft er den Rundflug sicher?

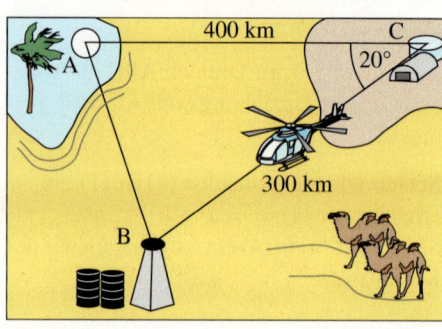

Lösung:
Im Dreieck ABC sind die drei unabhängigen Teile a = 300 km, γ = 20°, b = 400 km gegeben. Es liegt also der Fall SWS vor, sodass der Kosinussatz angewandt werden kann.
Wir errechnen c nach dem Kosinussatz und erhalten c ≈ 156 km.
Der Hubschrauber hat also die Gesamtstrecke a + b + c ≈ 856 km zurückzulegen, was noch innerhalb seiner Reichweite liegt.
▶ Eine Sicherheitsreserve ist also vorhanden.

Berechnung von c:
$c^2 = a^2 + b^2 - 2ab \cdot \cos\gamma$
$c^2 = 300^2 + 400^2 - 2 \cdot 300 \cdot 400 \cdot \cos 20°$
$c^2 \approx 24\,473{,}77$
$c \approx 156{,}44$

Gesamtstrecke:
$s = a + b + c$
$\approx 300 + 400 + 156{,}44 \approx 856{,}44$

Übungen zum Kosinussatz

18. Berechnen Sie die fehlenden Größen (Seiten, Winkel) im abgebildeten Dreieck.

a) 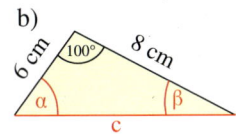 b) 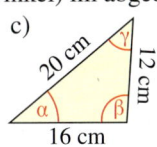 c) 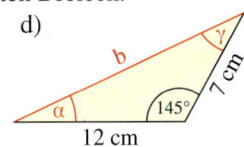 d)

19. Bestimmen Sie die fehlenden Größen sowohl zeichnerisch-konstruktiv als auch rechnerisch.
a) a = 6 cm, b = 7 cm, c = 10 cm
b) b = 8 cm, c = 12 cm, α = 30°
c) a = 10 cm, b = 9 cm, c = 2 cm
d) a = 4 cm, c = 2 cm, β = 60°
e) a = 1,5 cm, b = 2 cm, c = 2,5 cm
f) a = 4 cm, b = 7 cm, γ = 30°
g) c = 2√2 cm, b = 2 cm, α = 45°
h) a = 12 cm, c = 12 cm, γ = 30°

20. Berechnen Sie die fehlenden Größen im Dreieck ABC.
a) A(0; 0), B(3; 5), C(7; 1)
b) A(−3; 5), B(1; 1), C(3; 3)
c) A(0; 2), B(7; −1), C(0; 10)
d) A(4; 5), B(7; 6), C(5; 8)

21. Gesucht sind die fehlenden Seiten und Winkel im Viereck ABCD.
a) a = 8 cm, b = 3 cm, c = 6 cm, d = 4 cm, Diagonalenlänge $\overline{AC}$ = e = 7 cm
b) a = 6 cm, b = 4 cm, c = 5 cm, β = 60°, γ = 100°

22. Ein Parallelogramm ABCD besitzt die Diagonalen e = 10 cm und f = 8 cm, die sich unter einem Winkel von 45° schneiden.
Bestimmen Sie die Seitenlängen und die Winkel des Parallelogramms.

23. Zwei Segelboote A und B bewegen sich auf geradlinigen Kursen vom gemeinsamen Startpunkt auf Mallorca in Richtung Menorca. Die Kurse laufen um 20° auseinander. Die Geschwindigkeiten der Boote betragen 6 Knoten für A bzw. 4 Knoten für B.
(1 Knoten = 1 Seemeile (1852 m) pro Std.)
Wie groß ist der Abstand der Boote voneinander 265 Minuten nach dem Start?

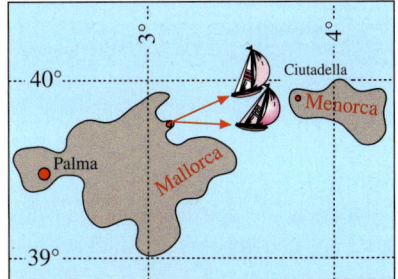

24. Der Querschnitt einer optischen Linse wird durch den Schnitt zweier Kreise mit den Radien r = 6 cm und R = 8 cm konstruiert. Der Abstand der Kreismittelpunkte beträgt 12 cm.
a) Welche Höhe hat die Linse?
b) Wie groß ist die Querschnittsfläche der Linse?

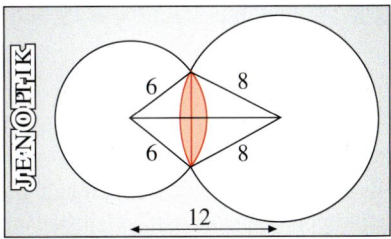

4. Flächeninhaltssatz

Für die Berechnung des Flächeninhalts A eines Dreiecks ABC mit der Grundseite c und der Höhe h gilt:

$$A = \tfrac{1}{2} \cdot c \cdot h$$

Häufig kennt man aber nur Seiten und Winkel des Dreiecks.

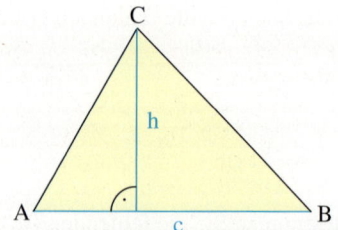

> **Beispiel: Flächeninhalt eines Dreiecks**
> Gegeben ist das Dreieck ABC mit den Seitenlängen b = 2,8 cm und c = 3,8 cm sowie dem von b und c eingeschlossenen Winkel α = 60°. Berechnen Sie den Flächeninhalt A des Dreiecks.

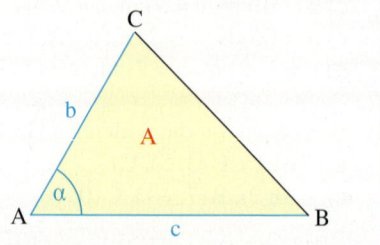

Lösung:
Zerlegt man das gegebene Dreieck ABC durch die Höhe h, so gilt in dem rechtwinkligen Teildreieck ADC die Gleichung $\sin \alpha = \tfrac{h}{b}$, also $h = b \cdot \sin \alpha$. Mit der obigen Flächeninhaltsformel ergibt sich damit:

$$A = \tfrac{1}{2} \cdot c \cdot b \cdot \sin \alpha$$
$$= \tfrac{1}{2} \cdot 3{,}8 \,\text{cm} \cdot 2{,}8 \,\text{cm} \cdot \sin 60°$$
$$\approx 4{,}6 \,\text{cm}^2$$

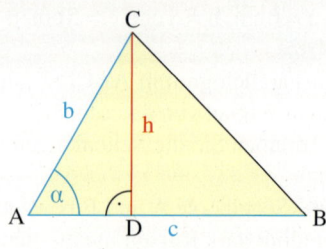

Übung 1
Berechnen Sie den Flächeninhalt des Dreiecks ABC aus den gegebenen Stücken.
a) b = 4,5 cm, c = 5,4 cm, α = 70°
b) a = 3,5 cm, c = 4,7 cm, β = 30°
c) a = 2,8 cm, b = 3,2 cm, γ = 45°

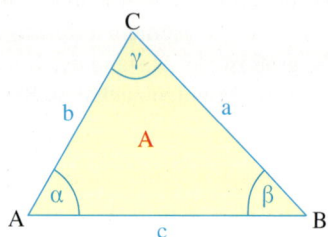

Übung 2
Berechnen Sie den Flächeninhalt des stumpfwinkligen Dreiecks ABC. Gegeben sind die Stücke b = 1,7 cm, c = 2,5 cm und α = 130°.

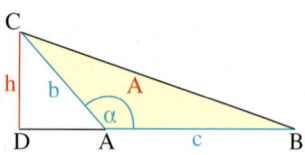

4. Flächeninhaltssatz

Bei der Bearbeitung der Übung 2 ergibt sich zunächst ebenfalls die Formel $A = \frac{1}{2} \cdot c \cdot h$. Für die Höhe erhält man hier aber $h = b \cdot \sin(180° - \alpha)$. Nun gilt (vgl. S. 20, Übung 1) die Beziehung $\sin(180° - \alpha) = \sin\alpha$. Wir erhalten also auch für das stumpfwinklige Dreieck die Flächeninhaltsformel $A = \frac{1}{2} \cdot b \cdot c \cdot \sin\alpha$.

Allgemein gilt:

> **Der Flächeninhaltssatz**
> Der Flächeninhalt eines beliebigen Dreiecks ist gleich dem halben Produkt der Längen zweier Seiten und dem Sinus des eingeschlossenen Winkels der beiden Seiten.
> $A = \frac{1}{2} \cdot a \cdot b \cdot \sin\gamma = \frac{1}{2} \cdot a \cdot c \cdot \sin\beta = \frac{1}{2} \cdot b \cdot c \cdot \sin\alpha$

Übung 3

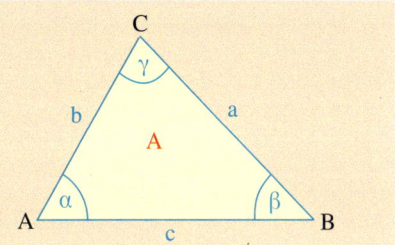

In einem Dreieck LMN heißen die Innenwinkel λ (Lambda), μ (My) und ν (Ny). Vervollständigen Sie die Gleichung gemäß Flächeninhaltssatz.

a) $A = \frac{1}{2} \cdot l \cdot m \cdot \ldots$
b) $A = \frac{1}{2} \cdot l \cdot \ldots \cdot \sin\mu$
c) $A = \frac{1}{2} \cdot \ldots \cdot \ldots \cdot \sin\lambda$
d) $A = \frac{1}{2} \cdot n \cdot \ldots \cdot \ldots$

Übung 4

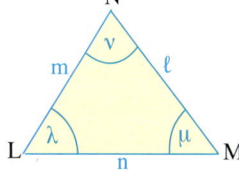

Gegeben sei ein Dreieck RST mit den Innenwinkeln ϱ (Rho), σ (Sigma) und τ (Tau). Untersuchen Sie, ob die Aussage wahr ist. Korrigieren Sie im Fall einer Falschaussagen.

a) $A = s \cdot t \cdot \sin\varrho$
b) $A = \frac{1}{2} \cdot s \cdot t \cdot \sin\varrho$
c) $A = \frac{1}{2} \cdot r \cdot t \cdot \sin\tau$
d) $A = \frac{1}{2} \cdot r \cdot t \cdot \cos(90° - \sigma)$
e) $A = \frac{rs}{2} \sin(180° - \varrho - \sigma)$
f) $\sin\tau = \frac{A}{2rs}$

Übung 5

Berechnen Sie den Flächeninhalt A des Dreiecks.

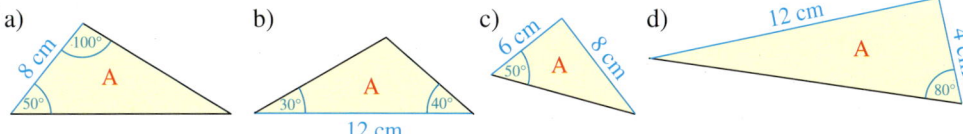

Übung 6

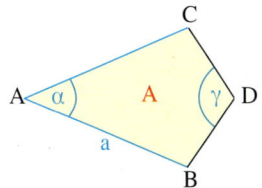

Von einem Drachenviereck sind α = 45° und γ = 110° sowie a = 50 cm gegeben. Berechnen Sie den Flächeninhalt des Drachenvierecks.

5. Körperberechnungen

Bei Problemen zur Berechnung von Volumina und Oberflächen geometrischer Körper sind häufig nicht die Stücke gegeben, die in den Formeln auftreten. Diese Stücke müssen folglich zunächst aus anderen gegebenen Stücken bestimmt werden. So kann man beispielsweise die Länge sämtlicher Kanten einer dreiseitigen Pyramide leicht messen. Für die Berechnung der Grundfläche sind aber trigonometrische Beziehungen erforderlich.

> **Beispiel: Volumen einer dreiseitigen Pyramide**
> Von einer dreiseitigen Pyramide ABCD sind die Längen aller sechs Kanten gegeben:
> $\overline{AB} = c = 10$ cm, $\overline{BC} = a = 9$ cm, $\overline{AC} = b = 6$ cm, $\overline{AD} = d = 7$ cm, $\overline{BD} = e = 4$ cm und $\overline{CD} = f = 6$ cm.
> a) Skizzieren Sie ein Schrägbild der Pyramide.
> b) Zeichnen Sie das Netz der Pyramide mithilfe einer Geometrie-Software.
> c) Bestimmen Sie das Volumen V der Pyramide.

Lösung zu a:
Aufgrund der gegebenen Kantenlängen handelt es sich um eine sehr flache Pyramide, die etwa die nebenstehende Gestalt besitzt.

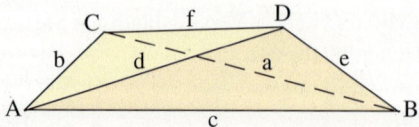

Lösung zu b:
Das nebenstehende Bild zeigt das Netz der Pyramide. Es entstand durch Konstruktion der Teildreiecke. Die Anzeige der dabei verwendeten Kreise wurden „ausgeschaltet". Druckt man das Bild aus, so lässt sich daraus die Pyramide basteln.

Das Computerprogramm leistet auch die Berechnung der Winkel. Hier soll darauf verzichtet werden, denn es geht uns schließlich um die Anwendung von trigonometrischen Beziehungen.

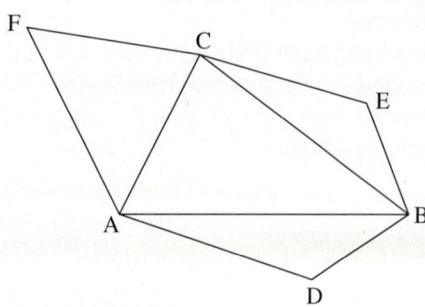

Lösung zu c:
Zunächst soll der Inhalt A_G der Grundfläche ABC mithilfe des Flächeninhaltssatzes $A = \frac{1}{2}ab \cdot \sin\gamma$ berechnet werden.
Dies erfordert die Kenntnis von γ. Deshalb kommt vorher der Kosinussatz zur Anwendung.
Für den Flächeninhaltssatz wird nicht $\cos\gamma$ sondern $\sin\gamma$ benötigt. Hier hilft der trigonometrische Pythagoras. Man erhält das Resultat: $A_G \approx 26{,}66$ cm².

$c^2 = a^2 + b^2 - 2ab \cdot \cos\gamma$

$\Rightarrow \cos\gamma = \dfrac{a^2 + b^2 - c^2}{2ab} = \dfrac{81 + 36 - 100}{2 \cdot 9 \cdot 6} = \dfrac{17}{108}$

$\Rightarrow \cos\gamma \approx 0{,}1574 \Rightarrow \gamma \approx 80{,}9°$
Zwischenergebnis: $\cos\gamma = \dfrac{17}{108}$

$A_G = \frac{1}{2}ab \cdot \sin\gamma = \frac{1}{2}ab \cdot \sqrt{1 - \cos^2\gamma}$
$= \frac{1}{2} \cdot 9 \cdot 6 \sqrt{1 - \left(\dfrac{17}{108}\right)^2}$ cm²
$\approx 26{,}66$ cm²

5. Körperberechnungen

Bei der Berechnung des Volumens ist die Höhe der Pyramide erforderlich. Zu deren Bestimmung soll das bereits verwendete Geometriewerkzeug dienen.

Dazu fällt man das Lot von F auf AC sowie von E auf BC; die Lote schneiden sich im Fußpunkt G der Pyramidenhöhe. Der Kreis um H mit dem Radius $\overline{HF}$ schneidet die Senkrechte auf FG durch G im Punkt J.

Für die Strecke $\overline{GJ}$ gibt das Werkzeug die Länge 1,85 cm an. Begründen Sie, dass dies die gesuchte Höhe h ist!

Nun kann das Pyramidenvolumen mit der Formel $V = \frac{1}{3} \cdot A_G \cdot h$ berechnet werden.

▶ Man erhält das Resultat $V \approx 16{,}44 \text{ cm}^3$.

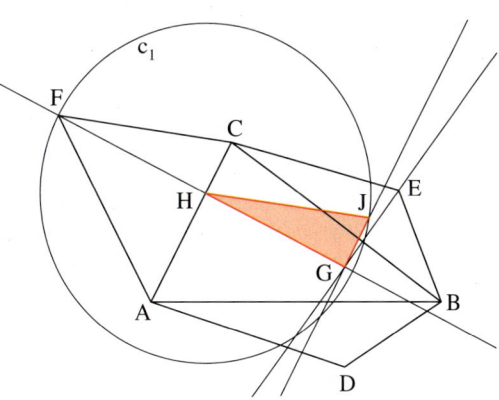

$V = \frac{1}{3} \cdot A_G \cdot h$
$\approx \frac{1}{3} \cdot 26{,}66 \text{ cm}^2 \cdot 1{,}85 \text{ cm}$
$\approx 16{,}44 \text{ cm}^2$

Übung 1
Das nebenstehende Bild zeigt einen Quader, dem eine Ecke abgeschnitten wurde. (Angaben in cm)
a) Berechnen Sie die Oberfläche des Restkörpers.
b) Berechnen Sie das Volumen des Restkörpers.

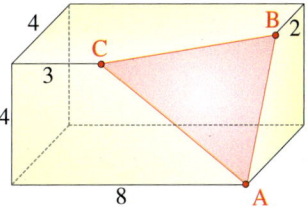

Übung 2
Von einem schiefen Prisma sind folgende Maße bekannt: $\overline{AB} = 6$ cm; $\overline{AD} = 5$ cm; $\overline{AP} = 4$ cm; $\sphericalangle BAD = 60°$; $\sphericalangle APF = 30°$.
Dabei ist $\overline{FP}$ die Höhe des Prismas zur Grundfläche ABCD.
Berechnen Sie das Volumen des Prismas.

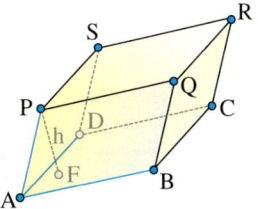

Übung 3
Einer Halbkugel mit dem Radius r wurde ein „passender" Kreiskegel aufgesetzt.
a) Ermitteln Sie eine Formel für das Volumen des Körpers im Fall $\alpha = 45°$.
b) Berechnen Sie das Volumen und die Oberfläche des Körpers für $r = 5$ cm und $\alpha = 30°$.

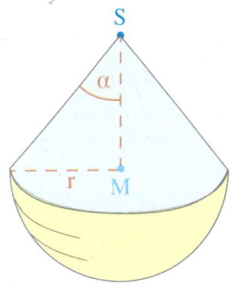

Vermischte Übungen zur Trigonometrie

1. Gesucht sind die fehlenden Größen im rechtwinkligen Dreieck.
   a) a = 5 cm, b = 2 cm   b) a = 8 cm, α = 60°   c) c = 12 cm, β = 70°   d) b = 7 cm, α = 30°

2. Gegeben ist ein gleichschenkliges Dreieck.
   I) Konstruieren Sie das Dreieck.
   II) Berechnen Sie die fehlenden Stücke.
   a) a = 5 cm, α = 30°   b) c = 3 cm, γ = 100°
   c) a = 8 cm, γ = 60°   d) c = 7 cm, α = 40°

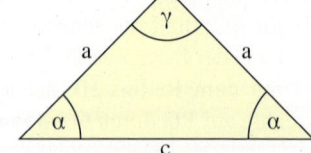

3. Ein an der Straße liegendes Grundstück wird durch Alleebäume beschattet. Diese sind 20 m hoch und stehen auf der dem Grundstück gegenüberliegenden Seite der 12 m breiten Straße. Auf dem Grundstück steht ein Haus, 40 m von der Straße entfernt. Erreichen die Schatten das Haus, wenn die abendliche Sonne hinter den Bäumen 20° über dem Horizont steht?
   Lösen Sie die Aufgabe durch maßstäbliche Zeichnung und rechnerisch.

4. Von einer 4 m hohen Hafenmauer betrachtet ein Tourist den Wasserturm. Die Augenhöhe des Hafenbesuchers beträgt 165 cm. Er sieht die Turmspitze unter einem Höhenwinkel von 40° und den Fußpunkt an der Wasseroberfläche unter einem Tiefenwinkel von 5°.
   a) In welcher Entfernung vom Kai steht der Turm?
   b) Geben Sie zwei Möglichkeiten zur Berechnung der Turmhöhe an.

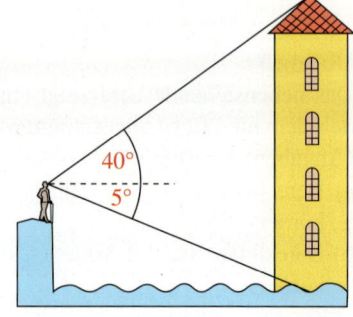

5. Ein Materiallift für die Dachdecker soll unter einem maximalen Anstiegswinkel von 70° an ein 35 m hohes Dach führen. Da es für die Handwerker in der Praxis schwierig ist, Winkel zu messen, gibt ihnen der Bauleiter den Mindestabstand des Liftfußteils vom Gebäude an. Wie groß ist dieser?

6. Ein Trapezwalmdach hat die Basismaße 10 m × 8 m. Die horizontal laufende Firstlinie ist 1,6 m lang. Der First liegt 3 m über der Bodenfläche des Daches.
   Für das bevorstehende Eindecken des Daches werden folgende Angaben benötigt:
   a) Wie groß sind die Winkel und die Höhe der dreieckigen Dachflächen?
   b) Wie groß sind die Winkel und die Höhe der Trapezflächen?
   c) Wie viele Ziegel werden insgesamt gebraucht, wenn ein Ziegel ca. 30 cm × 40 cm abdeckt?
   d) Berechnen sie das Volumen des Dachbodens.

I. Trigonometrie

7. Errechnen Sie die fehlenden Seiten und Winkel sowie den Flächeninhalt in dem beliebigen Dreieck.
   a) a = 6 cm, b = 4 cm, γ = 100°
   b) a = 8 cm, b = 5 cm, α = 30°
   c) a = 4 cm, b = 5 cm, c = 7 cm
   d) a = 12 cm, α = 40°, β = 70°
   e) c = 5 cm, α = 30°, β = 100°
   f) b = 10 cm, c = 10 cm, α = 80°

8. Ermitteln Sie die fehlenden Seiten und Winkel sowie den Flächeninhalt des Dreiecks.
   a) a = 6 cm, b = 8 cm, α = 40°
   b) c = 8 cm, β = 30°, b = 5 cm
   c) c = 8 cm, β = 80°, b = 5 cm
   d) a = 12 cm, c = 11 cm, γ = 70°

9. Das Weitwinkelobjektiv eines Fotoapparats überblickt einen 85°-Sektor. Kann damit ein Bergpanorama eingefangen werden? Die beiden Berge sind von der Aussichtsplattform 8 km bzw. 6 km entfernt. Ihr Abstand voneinander beträgt 12 km. Lösen Sie die Aufgabe auf zwei verschiedenen Wegen.

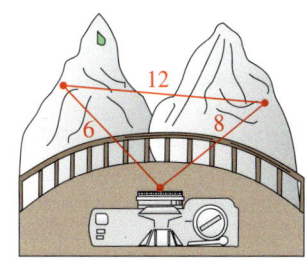

10. Die Entfernung von Adelaide nach Melbourne beträgt 630 km. Von Melbourne nach Sydney sind es 720 km und von Adelaide nach Broken Hill 440 km. Wie lange dauert der Direktflug von Broken Hill nach Sydney bei einer Reisegeschwindigkeit von 500 mph? (1 engl. Meile ≙ 1609,3 m) (mph: miles per hour)

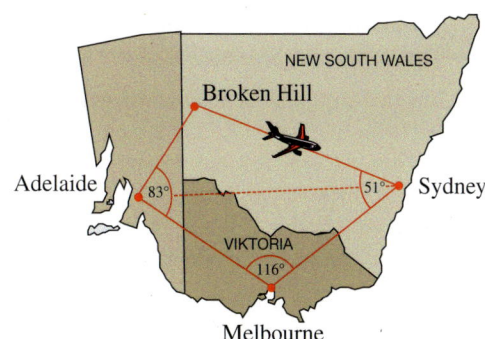

11. Berechnen Sie die rot markierten Größen und den Flächeninhalt der abgebildeten Figur (Längen in cm).

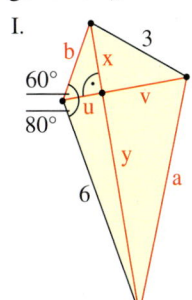
I.

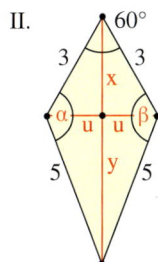
II.

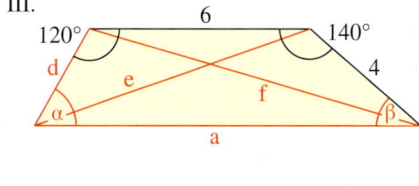
III.

12. a) Gesucht ist der Flächeninhalt eines Rhombus mit einer Seitenlänge von a = 4 cm, der einen Innenwinkel von 60° besitzt.
    b) In einem gleichschenkligen Trapez sind die beiden parallelen Seiten a = 20 cm und b = 10 cm lang, während die nicht parallelen Seiten einen Winkel von 60° mit der Seite a bilden. Welchen Flächeninhalt hat das Trapez?

13. Der Punkt P befindet sich 10 cm vom Mittelpunkt M eines Kreises mit dem Radius r = 6 cm entfernt.
Die Kreistangenten durch den Punkt P berühren den Kreis in den Punkten A und B.
a) Berechnen Sie die Länge des Tangentenabschnitts $\overline{PA}$.
b) Wie groß ist der Winkel α zwischen den Tangentenabschnitten $\overline{PA}$ und $\overline{PB}$?
c) Bestimmen Sie die Länge der Kreissehne $\overline{AB}$.

14. In einer kegelförmigen Mulde wird ein Gasbehälter eingelassen.
Der Öffnungswinkel des Kegels beträgt α = 60°. Die Spitze S des Kegels liegt 6,10 m unter der Erdoberfläche. Der Kugelradius ist r = 2 m.
Liegt die Kugel vollständig unterhalb des Niveaus der Erdoberfläche?
Lösen Sie die Aufgabe zeichnerisch und rechnerisch.

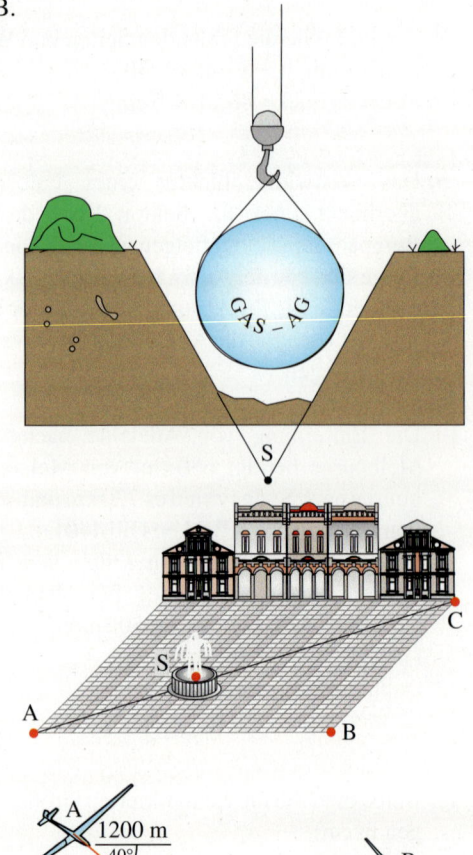

15. Auf einem quadratischen Platz der Größe 200 m × 200 m wird auf dessen Diagonalen AC ein Springbrunnen S gebaut, 100 m von A entfernt. Auf welcher Länge muss das Pflaster aufgerissen werden, wenn die Stromleitung von B aus gelegt werden soll?

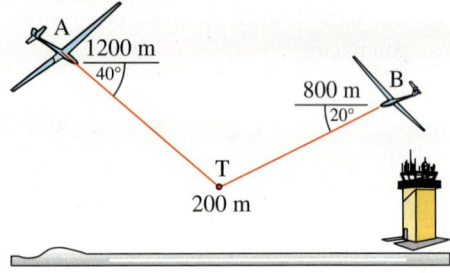

16. Zwei Segelflugzeuge A und B befinden sich auf Kollisionskurs.
A fliegt aus 1200 m Höhe mit einem Sinkwinkel von 40° mit 20 m/s auf den Punkt T zu, der 200 m über dem Boden liegt.
B nähert sich dem Punkt T aus 800 m Höhe unter einem Sinkwinkel von 20° mit der Geschwindigkeit 23 m/s. Besteht tatsächlich Kollisionsgefahr?

17. Eine dreieckige Obstplantage ABC wird von Punkt T aus vermessen.
Die Ergebnisse sind in der Skizze enthalten. Berechnen Sie hieraus den Flächeninhalt der Plantage.

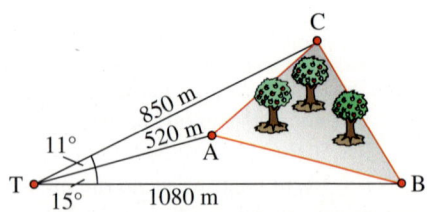

I. Trigonometrie

Überblick

Sinus, Kosinus und Tangens am rechtwinkligen Dreieck

$\sin \alpha = \dfrac{\text{Gegenkathete von } \alpha}{\text{Hypotenuse}} = \dfrac{\text{Gk}}{\text{Hyp}}$

$\cos \alpha = \dfrac{\text{Ankathete von } \alpha}{\text{Hypotenuse}} = \dfrac{\text{Ak}}{\text{Hyp}}$

$\tan \alpha = \dfrac{\text{Gegenkathete von } \alpha}{\text{Ankathete von } \alpha} = \dfrac{\text{Gk}}{\text{Ak}}$

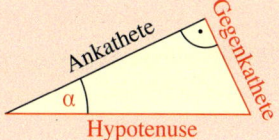

Sinus, Kosinus und Tangens am Einheitskreis

P(x, y) sei ein beliebiger Punkt auf dem Einheitskreis. α sei der Winkel zwischen der positiven x-Achse und dem vom Ursprung O durch den Punkt P gehenden Strahl. Dann trifft man folgende Vereinbarung:

$\sin \alpha = y, \quad \cos \alpha = x, \quad \tan \alpha = \dfrac{\sin \alpha}{\cos \alpha} = \dfrac{y}{x}$ (für $x \neq 0$).

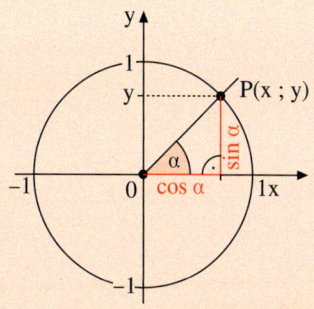

Der Komplementwinkelsatz

α sei ein spitzer Winkel ($0° \leq \alpha \leq 90°$). Dann gelten folgende Beziehungen:

$$\sin \alpha = \cos(90° - \alpha), \qquad \cos \alpha = \sin(90° - \alpha):$$

Der trigonometrische Pythagoras

α sei ein spitzer Winkel ($0° \leq \alpha \leq 90°$). Dann gilt die nebenstehende Formel, die als trigonometrischer Pythagoras bezeichnet wird.

$$\sin^2 \alpha + \cos^2 \alpha = 1$$

d.h.

$$(\sin \alpha)^2 + (\cos \alpha)^2 = 1$$

Der Sinussatz

In einem beliebigen Dreieck sind die drei Verhältnisse aus einer Seite und dem Sinus des gegenüberliegenden Winkels gleich.

$\dfrac{a}{\sin \alpha} = \dfrac{b}{\sin \beta} = \dfrac{c}{\sin \gamma}$

Der Kosinussatz

a, b, c seien die Seiten eines beliebigen Dreiecks, γ sei der von a und b eingeschlossene Winkel.
Dann gilt:

$$c^2 = a^2 + b^2 - 2ab \cdot \cos \gamma.$$

Der Flächeninhaltssatz

Der Flächeninhalt eines beliebigen Dreiecks ist gleich dem halben Produkt der Längen zweier Seiten und dem Sinus des eingeschlossenen Winkels der beiden Seiten.

$A = \tfrac{1}{2} \cdot a \cdot b \cdot \sin \gamma = \tfrac{1}{2} \cdot a \cdot c \cdot \sin \beta = \tfrac{1}{2} \cdot b \cdot c \cdot \sin \alpha$

Test

Trigonometrie

1. Betrachtet wird ein spitzer Winkel α in einem rechtwinkligen Dreieck. Vervollständigen Sie die Tabelle.

α		10°			
sin α			0,5	$\frac{1}{2}\sqrt{2}$	
cos α					0,309
tan α				$\sqrt{3}$	

2. Ermitteln Sie den Wert von tan 30°. Begründen Sie Ihr Vorgehen.

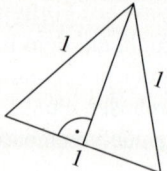

3. Berechnen Sie die fehlenden Werte im rechtwinkligen Dreieck mit den Katheten a und b und der Hypotenuse c sowie den spitzen Winkeln α und β.
   a) a = 4 cm, b = 7 cm b) a = 3 cm, c = 8 cm c) a = 5 cm, β = 40° d) c = 8 cm, α = 30°

4. Das Vogelnest in einem hohen Baum soll mit einer Leiter inspiziert werden. Der Förster, dessen Augenhöhe etwa 1,72 m beträgt, peilt das Nest von einem 32 m vom Baum entfernten Standpunkt an. Er stellt fest, dass es 20° über seinem Augenhorizont steht.
   a) In welcher Höhe liegt das Nest?
   b) Welche Länge muss die Leiter erhalten, wenn ihr Neigungswinkel 70° betragen soll?

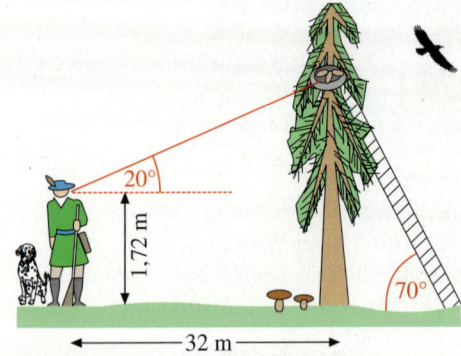

5. Berechnen Sie die Winkel in einem Dreieck mit den Seiten a = 4, b = 6, c = 8.

6. Ein Schwimmer möchte die Entfernung zu der inmitten des Sees gelegenen Insel bestimmen.
   Hierzu steckt er sich am Strand eine 100 m lange Strecke $\overline{AB}$ ab und peilt von ihren Endpunkten aus den Turm auf der Insel an. Die Peillinien bilden mit der Strecke $\overline{AB}$ die beiden Winkel α = 80° und β = 95°.
   Wie weit ist es von B bis zur Insel?

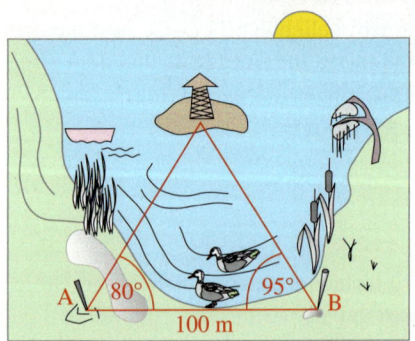

Lösungen: S. 224

II. Reelle Funktionen

1. Funktionen und ihre Eigenschaften

A. Der Funktionsbegriff

Die beiden folgenden Beispiele bereiten die exakte Definition des Begriffs der *Funktion* vor.

▶ **Beispiel:** Die Tabelle zeigt das Resultat einer Klassenarbeit als Zensurenspiegel. Jeder Zensur ist eine Anzahl zugeordnet.

Zensur	1	2	3	4	5	6
Anzahl	1	7	9	3	2	2

Die Abbildung zeigt das Pfeildiagramm dieser Zuordnung.

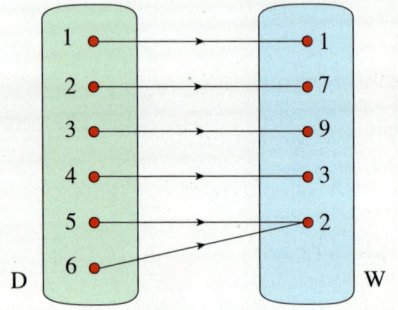

Jeder Zahl aus der Menge D ist genau eine Zahl aus der Menge W zugeordnet.

Eine solche eindeutige Zuordnung nennt
▶ man eine *Funktion*.

▶ **Beispiel:** Jeder Zahl aus der Menge {2; 15; 23} werden ihre von 1 verschiedenen positiven Teiler zugeordnet.

Zahl	2	15	23
Teiler	2	3 ; 5 ; 15	23

Auch diese Zuordnung lässt sich in einem Pfeildiagramm anschaulich darstellen.

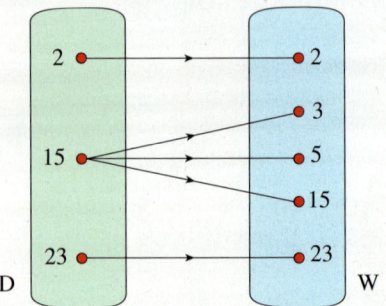

Es gibt eine Zahl aus der Menge D, der mehrere Zahlen aus der Menge W zugeordnet sind.
Die Zuordnung ist nicht eindeutig. Sie ist
▶ keine Funktion.

Erlaubte Situationen	
$x_1 \to y_1$ $x_2 \to y_2$	$x_1 \to y$ $x_2 \to y$

Verbotene Situation
$x \to y_1, y_2$

Übung 1
Prüfen Sie, ob die gegebene Zuordnung eine Funktion ist.
a) Es sei D = {2; 4; 6; 7; 10; 12}. Jedem $x \in D$ werden die geraden Zahlen aus $\{x-1; x; x+1\}$ zugeordnet.
b) Es sei D = $\mathbb{N}$. Jedem $x \in D$ werden diejenigen der drei auf x folgenden Zahlen zugeordnet, die durch 3 teilbar sind.

1. Funktionen und ihre Eigenschaften

Die Abbildung rechts dient zur Veranschaulichung der Begriffe, die wir nun noch einführen.

Definition: Eine Zuordnung f, die jedem x einer Menge D genau ein Element f(x) einer Menge W zuordnet, heißt *Funktion*.

Jeder Zahl $x \in \{1; 2; 3\}$ wird die Zahl $2x$ zugeordnet.

x heißt *Argument*, f(x) heißt *Funktionswert* von x. Die Menge D heißt *Definitionsbereich*, die Menge aller Funktionswerte heißt *Wertebereich* der Funktion.
Eine Funktion, deren Definitionsbereich und deren Wertebereich Teilmengen von $\mathbb{R}$ sind, heißt *reelle Funktion*.

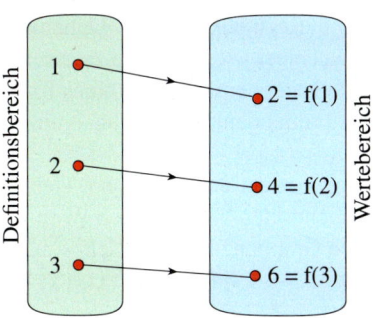

Im Folgenden werden nur reelle Funktionen betrachtet. Auf die Angabe des Definitionsbereichs wird meistens verzichtet, insbesondere wenn $D = \mathbb{R}$ ist.

B. Zuordnungsvorschrift und Funktionsgraph

Jede Funktion besitzt eine *Zuordnungsvorschrift*. Gemeint ist damit das Gesetz, mit dem man zu jedem x-Wert den zugehörigen Funktionswert finden kann.

Zuordnungsvorschrift:
Jeder Zahl $x \in \mathbb{R}$ wird die Zahl $0,5x$ zugeordnet.

Häufig ist die Darstellung des Gesetzes mithilfe einer *Funktionsgleichung* möglich, z. B. $f(x) = 0,5x, x \in \mathbb{R}$.

Funktionsgleichung:
$f(x) = 0,5x, x \in \mathbb{R}$

Neben der Darstellung durch eine Funktionsgleichung benutzt man gelegentlich die *Pfeilschreibweise* $f: x \mapsto 0,5x, x \in \mathbb{R}$.

Pfeilschreibweise:
$f: x \mapsto 0,5x, x \in \mathbb{R}$

Man kann die Funktion in einer *Wertetabelle* darstellen. Zu einigen x-Werten bestimmt man dann die zugehörigen y-Werte.

Wertetabelle:

x	−1	0	1	2	3	5	10
f(x)	−0,5	0	0,5	1	1,5	2,5	5

Man kann eine Funktion f auch als Punktmenge in einem kartesischen Koordinatensystem darstellen. Erfasst werden alle *Zahlenpaare* (x|y), die aus einem x-Wert sowie dem zugehörigen Funktionswert $y = f(x)$ bestehen. So entsteht der *Graph der Funktion*.
Am Graphen kann man oft schon Eigenschaften der Funktion erkennen.
Symbol für den Graphen: f oder G_f.

Funktionsgraph:

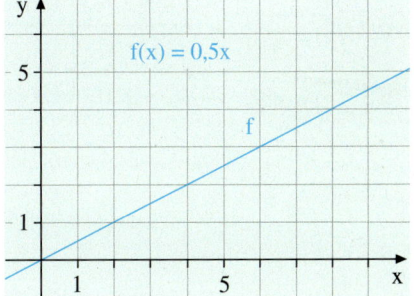

Übungen

2. Geben Sie jeweils die Gleichung der Funktion f an sowie den Definitions- und Wertebereich.
  a) f ordnet der Seitenlänge x eines Quadrates seinen Flächeninhalt zu.
  b) Ein Rechteck hat den Flächeninhalt 10. Seine Länge sei die Zahl x. f ordnet der Länge des Rechtecks seine Breite zu.
  c) f ordnet dem Radius r eines Kreises seinen Umfang zu.
  d) f ordnet dem Flächeninhalt eines Kreises seinen Radius zu.

3. Gegeben sei die Funktion f. Geben Sie den größtmöglichen Definitionsbereich D sowie den zugehörigen Wertebereich W an. Legen Sie außerdem eine Wertetabelle an und zeichnen Sie den Graphen von f in einem sinnvollen Bereich.
  a) $f(x) = 2x - 4$
  b) $f(x) = x^2 - 2x$
  c) $f(x) = \frac{1}{x}$
  d) $f(x) = \sqrt{x}$
  e) $f(x) = \frac{1}{x-2}$
  f) $f(x) = \frac{1}{x^2}$
  g) $f(x) = \sqrt{\frac{1}{2}x - 2}$
  h) $f(x) = |x|$

4. Abgebildet ist die Profilkurve f eines Gebirges.
  a) Wie lang ist das gesamte Gebirge?
  b) Wie viele Höhenmeter sind beim Aufstieg von der westlichen Ebene auf Gipfel A zu überwinden?
  c) Welche Höhendifferenz weisen die beiden Gipfel A und B auf? Wie groß ist ihre direkte Entfernung (Luftlinie)?
  d) Wie lautet der Wertebereich von f, wenn das Intervall [2000; 11 000] der Definitionsbereich ist?
  e) Wie groß ist die mittlere Steigung in Prozent beim Aufstieg von A auf den Gipfel B?

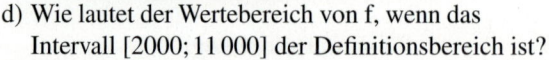

5. Entscheiden Sie argumentativ, welche Gleichung zu welchem Graphen gehört. Kontrollieren Sie ihr Ergebnis durch Zeichnen mit dem GTR:

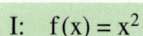 I: $f(x) = x^2$

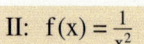 II: $f(x) = \frac{1}{x^2}$

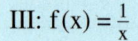 III: $f(x) = \frac{1}{x}$

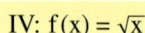 IV: $f(x) = \sqrt{x}$

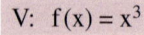 V: $f(x) = x^3$

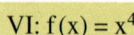 VI: $f(x) = x^4$

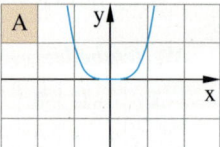
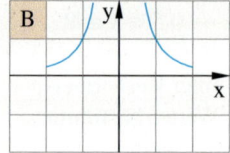
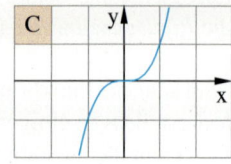
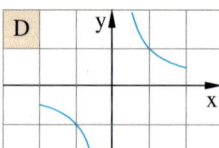
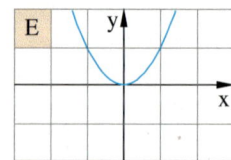
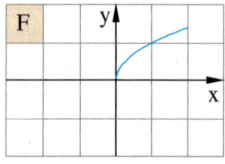

1. Funktionen und ihre Eigenschaften

6. Mit dem *Linientest* kann man feststellen, ob ein Graph eindeutig ist und daher eine Funktion darstellt.

> Schneidet jede zur x-Achse senkrechte Linie den Graphen stets höchstens einmal, so liegt eine Funktion vor, sonst nicht.

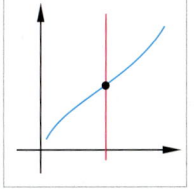

Funktion

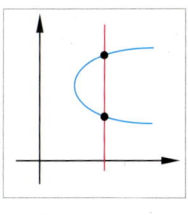

keine Funktion

Prüfen Sie mit dem Linientest, ob die folgenden Graphen Funktionen darstellen.

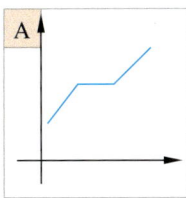 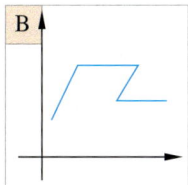 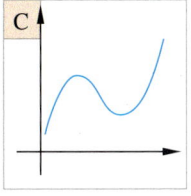 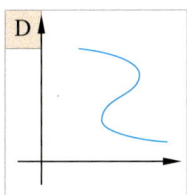

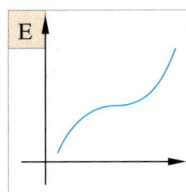 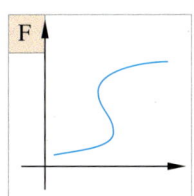 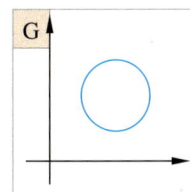 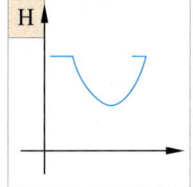

7. Mit dem Fahrtenschreiber wurde die Geschwindigkeit eines Schwertransporters in Abhängigkeit von der Zeit aufgezeichnet. Die Fahrt soll nun ausgewertet werden.

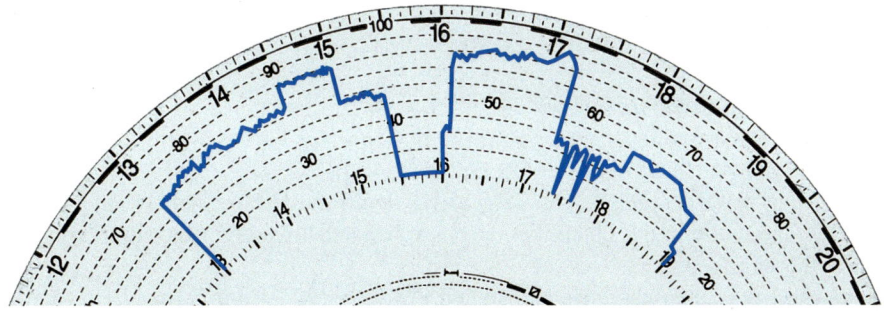

a) Wann begann die Fahrt? Wie lange dauerte sie insgesamt? Welche Höchstgeschwindigkeit wurde erreicht? Wie lang war die Pause, die der Fahrer einlegte?
b) In welchem Zeitraum durchquerte das Fahrzeug eine Großstadt? Wurde dabei die zulässige Höchstgeschwindigkeit von 50 km/h überschritten?
c) Bestimmen Sie die Länge der zwischen 13 Uhr und 15 Uhr zurückgelegten Strecke angenähert. Schätzen Sie grob ab, welche Durchschnittsgeschwindigkeit das Fahrzeug zwischen 14 Uhr und 17.30 Uhr erzielte.

C. Funktionseigenschaften

Vor dem 10. Schuljahr wurden bereits lineare und quadratische Funktionen untersucht.
Bevor in den folgenden Abschnitten weitere Funktionenklassen behandelt werden, soll an einige Eigenschaften erinnert werden, die bei Funktionsuntersuchungen eine wichtige Rolle spielen.
Das folgende Bild zeigt den Graphen und charakteristische Punkte einer Funktion f.

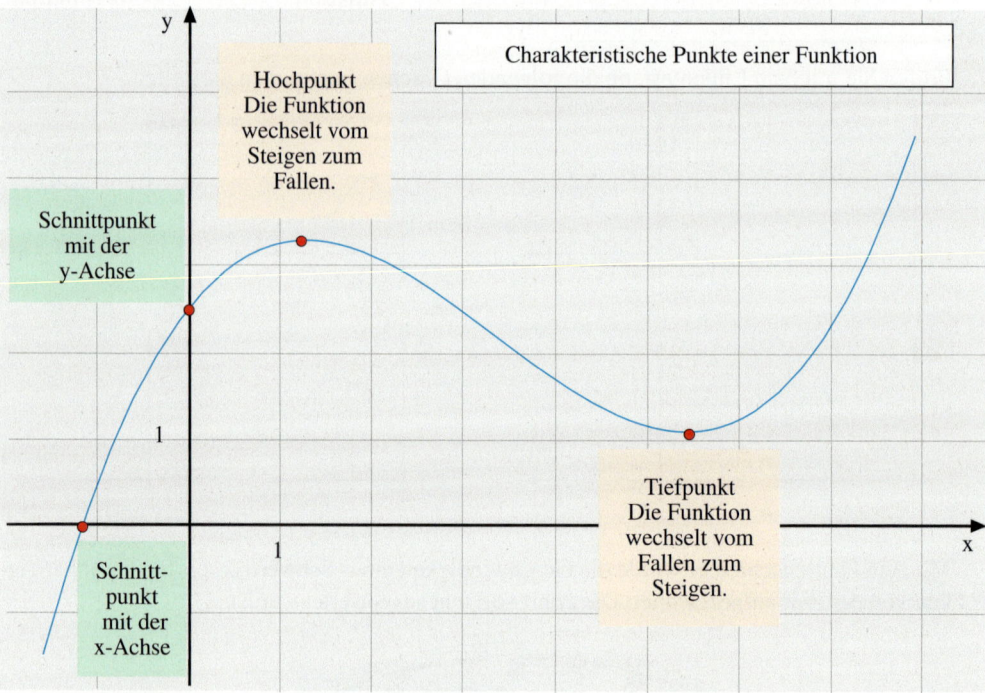

Die y-Koordinate des *Schnittpunktes mit der y-Achse* ist der Funktionswert an der Stelle 0, ist also gleich f(0). Die x-Koordinate eines *Schnittpunktes mit der x-Achse* – eine sog. *Nullstelle* der Funktion – ergibt sich als Lösung der Gleichung f(x) = 0.
Für die Ermittlung der *Hochpunkte* und *Tiefpunkte* liefert die Differentialrechnung effektive analytische Verfahren, die in der Qualifikationsphase behandelt werden. Bis dahin ist man auf Näherungsverfahren angewiesen.
Für quadratische Funktionen kann das Nullstellen-Problem mit der p-q-Formel gelöst und der Hoch- bzw. Tiefpunkt durch Berechnung der Scheitelpunktkoordinaten ermittelt werden.

Weisen die Graphen von Funktionen eine bestimmte *Symmetrie* auf, so vereinfacht dies die Untersuchung.

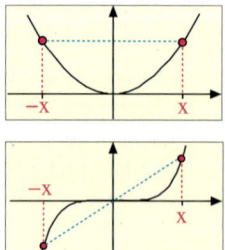

> **Definition: Symmetrie**
> Eine Funktion f heißt *gerade* und ihr Graph *achsensymmetrisch zur y-Achse*, wenn für alle x ∈ D gilt: f(−x) = f(x).
> Eine Funktion f heißt *ungerade* und ihr Graph *punktsymmetrisch zum Ursprung*, wenn für alle x ∈ D gilt: f(−x) = −f(x).

1. Funktionen und ihre Eigenschaften

Das Steigungsverhalten einer Funktion, in der Fachsprache als *Monotonieverhalten* bezeichnet, prägt den Kurvenverlauf besonders. Man unterscheidet zwei Arten des Steigens und Fallens.

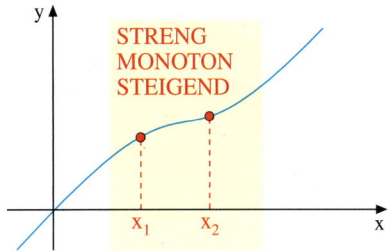
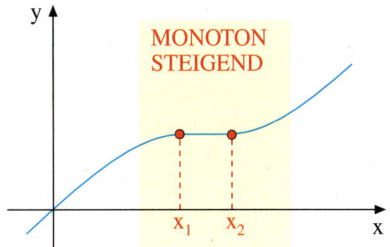

Definition: Strenge Monotonie
Gilt für zwei beliebige Stellen x_1 und x_2 des Intervalls I mit $x_1 < x_2$ stets $f(x_1) < f(x_2)$, so wird die Funktion f als *streng monoton steigend* auf dem Intervall I bezeichnet.

Gilt für zwei beliebige Stellen x_1 und x_2 des Intervalls I mit $x_1 < x_2$ stets $f(x_1) > f(x_2)$, so wird die Funktion f als *streng monoton fallend* auf dem Intervall I bezeichnet.

Definition: Monotonie
Gilt für zwei beliebige Stellen x_1 und x_2 des Intervalls I mit $x_1 < x_2$ stets $f(x_1) \leq f(x_2)$, so wird die Funktion f als *monoton steigend* auf dem Intervall I bezeichnet.

Gilt für zwei beliebige Stellen x_1 und x_2 des Intervalls I mit $x_1 < x_2$ stets $f(x_1) \geq f(x_2)$, so wird die Funktion f als *monoton fallend* auf dem Intervall I bezeichnet.

▶ **Beispiel: Graphische Monotonieuntersuchung**
Untersuchen Sie das Monotonieverhalten von $f(x) = x^2 - 2x$ und $g(x) = x^2(x - 2)$.

Lösung:
Wir zeichnen den Graphen mithilfe einer Tabelle und lesen die Monotoniebereiche direkt ab.

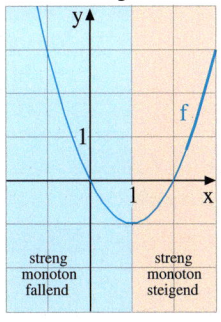
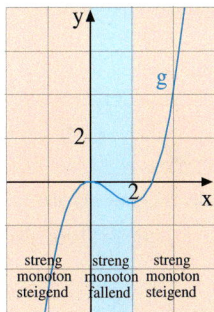

▶

Übung 8
Bestimmen Sie die Achsenschnittpunkte sowie den Hoch- bzw. Tiefpunkt der Funktion f und beschreiben Sie das Monotonieverhalten.
a) $f(x) = 2x^2 + 4x$ b) $f(x) = x^2 + x + 12$ c) $f(x) = -3x^2 - 6x + 9$

D. Streckung, Verschiebung und Spiegelung reeller Funktionen

VERTIKALE STRECKUNG/STAUCHUNG

Gleichung	Operation	Graph
$y = a \cdot f(x)$ $a > 1$	Vertikale *Streckung* des Graphen von f mit dem Faktor a: Jeder Funktionswert wird mit a multipliziert.	$a \cdot f(x)$ / $f(x)$
$y = a \cdot f(x)$ $0 < a < 1$	Vertikale *Stauchung* des Graphen von f mit dem Faktor a: Jeder Funktionswert wird mit a multipliziert.	$f(x)$ / $a \cdot f(x)$

VERTIKALE VERSCHIEBUNG

Gleichung	Operation	Graph
$y = f(x) + c$ $c > 0$	Vertikale *Verschiebung* des Graphen von f um c Einheiten **nach oben**.	$f(x)+c$ / $f(x)$
$y = f(x) - c$ $c > 0$	Vertikale *Verschiebung* des Graphen von f um c Einheiten **nach unten**.	$f(x)$ / $f(x)-c$

HORIZONTALE VERSCHIEBUNG

Gleichung	Operation	Graph
$y = f(x - c)$ $c > 0$	Horizontale *Verschiebung* des Graphen von f um c Einheiten **nach rechts**.	$f(x)$ / $f(x-c)$
$y = f(x + c)$ $c > 0$	Horizontale *Verschiebung* des Graphen von f um c Einheiten **nach links**.	$f(x+c)$ / $f(x)$

SPIEGELUNG

Gleichung	Operation	Graph
$y = -f(x)$	*Spiegelung* des Graphen von f an der x-Achse.	$f(x)$ / $-f(x)$
$y = f(-x)$	*Spiegelung* des Graphen von f an der y-Achse.	$f(-x)$ / $f(x)$

Übungen

9. Zeichnen Sie den Graphen der Funktion g und bestimmen Sie die Funktionsgleichung.
 a) Der Graph von g entsteht aus dem Graphen von $f(x) = x^2$ durch vertikale Stauchung mit dem Faktor 0,25, Rechtsverschiebung um +3 und Spiegelung an der x-Achse.
 b) Der Graph von g entsteht aus dem Graphen von $f(x) = 0{,}5\,x^2 - 1$ durch vertikale Streckung mit dem Faktor 2, Linksverschiebung um 2 und Spiegelung an der y-Achse.
 c) Der Graph von g entsteht aus dem Graphen von $f(x) = (x-1)^2$ durch horizontale Stauchung auf die „halbe Breite" und anschließende Verschiebung um eine Einheit nach rechts.

10. Ordnen Sie die Funktionsgleichungen und die Graphen einander zu.
 I. $y = 0{,}5\,f(x) - 4$
 II. $y = 0{,}5\,f(x)$
 III. $y = -f(x+7)$
 IV. $y = f(x-5) - 1$
 V. $y = f(-x)$

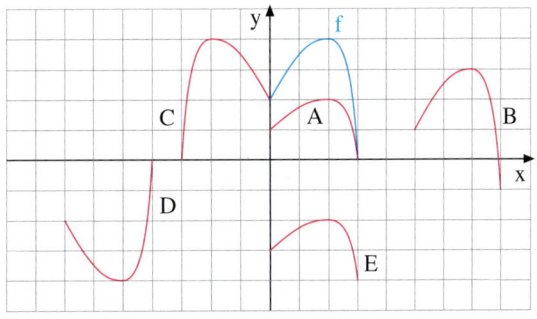

11. Betrachtet wird eine Funktion f. Beurteilen Sie dazu die Aussage, wenn a eine beliebige reelle Zahl ungleich null und ungleich 1 ist.
 a) Die Funktionen g mit $g(x) = a \cdot f(x)$ haben die gleichen Nullstellen wie f.
 b) Die Funktionen g mit $g(x) = f(x+a)$ haben die gleichen Nullstellen wie f.
 c) Die Funktionen g mit $g(x) = f(x) + a$ haben die gleichen Nullstellen wie f.
 d) Die Funktionen g mit $g(x) = a \cdot f(x)$ haben das gleiche Monotonieverhalten wie f.
 e) Die Funktionen g mit $g(x) = f(x+a)$ haben das gleiche Monotonieverhalten wie f.
 f) Die Funktionen g mit $g(x) = f(x) + a$ haben das gleiche Monotonieverhalten wie f.
 g) Die Graphen der Funktionen g mit $g(x) = a \cdot f(x)$ haben das gleiche Symmetrieverhalten wie die Graphen der Funktion f.
 h) Die Graphen der Funktionen g mit $g(x) = f(x+a)$ haben das gleiche Symmetrieverhalten wie die Graphen der Funktion f.
 i) Die Graphen der Funktionen g mit $g(x) = f(x) + a$ haben das gleiche Symmetrieverhalten wie die Graphen der Funktion f.

12. Begründen Sie, dass die Aussage falsch ist, und korrigieren Sie.
 a) Der Graph der Funktion g mit $g(x) = -(x-2)^2 + 3$ geht aus der Normalparabel hervor, indem diese um 2 Einheiten in Richtung der positiven x-Achse, danach um 3 Einheiten in Richtung der positiven y-Achse verschoben und letztlich an der x-Achse gespiegelt wird.
 b) Der Graph der Funktion g mit $g(x) = (2x+6)^2 - 1$ geht aus der Normalparabel hervor, indem diese um 6 Einheiten in Richtung der negativen x-Achse, danach um 1 Einheit in Richtung der negativen y-Achse verschoben und mit dem Faktor 2 in Richtung der y-Achse gestreckt wird.
 c) Der Graph der Funktion g mit $g(x) = x^2 - 16x$ geht aus der Normalparabel lediglich durch eine Verschiebung in Richtung der positiven x-Achse hervor, weil im Funktionsterm das Absolutglied null ist.

2. Umkehrfunktionen

A. Begriff der Umkehrfunktion

▶ **Beispiel: Temperaturskalen**
Bei der von dem deutschen Physiker *Fahrenheit* 1714 eingeführten, in den USA und Großbritannien verwendeten Temperaturskala ist der Temperaturunterschied zwischen dem Gefrierpunkt und dem Siedepunkt von Wasser in 180 gleichmäßige Abstände unterteilt. Somit entspricht der Temperaturdifferenz von 1 Grad auf der bei uns üblichen Celsius-Skala (vom schwedischen Astronomen *Celsius* 1742 eingeführt) 1,8 Grad auf der Fahrenheit-Skala. Wasser gefriert bei 32 °F (Fahrenheit).

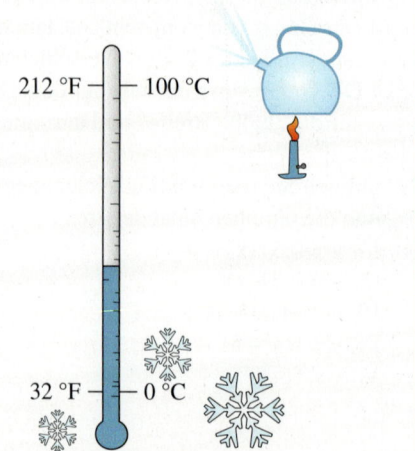

Ein Amerikaner, der in Europa in Urlaub ist, muss die Celsius-Grade in Fahrenheit umrechnen. Geben Sie eine Funktionsgleichung an, die x °C die entsprechenden y °F zuordnet, und zeichnen Sie den Graphen.
Ein Europäer, der in Amerika Urlaub macht, muss jedoch eine umgekehrte Umrechnung vornehmen und die °F in °C umrechnen. Versuchen Sie, auch hierfür einen Umrechnungsgraphen in das schon bestehende Koordinatensystem des obigen Beispiels einzuzeichnen.
Können Sie auch für diese Umrechnung die Funktionsgleichung angeben?

Lösung:
0 °C entsprechen nach den obigen Angaben 32 °F. 1 Grad auf der Celsius-Skala entspricht 1,8 Grad auf der Fahrenheit-Skala. Um also z. B. x °C umzurechnen, muss man zu 32 °F noch 1,8 x °F addieren. Wir erhalten also die lineare Umrechnungsfunktion
    $f(x) = 32 + 1,8 x$ (x in °C).
Deren Graph ist rechts dargestellt auf der Grundlage einer Wertetabelle.

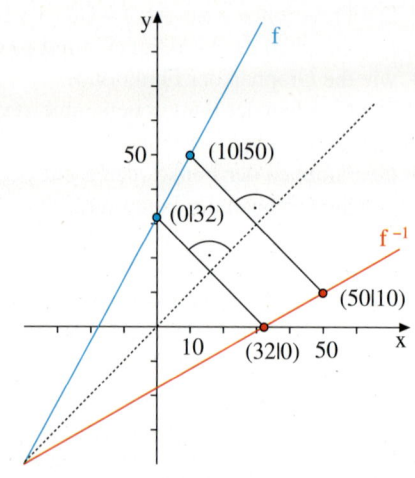

°C	0	5	10	−5	−10	−15
°F	32	41	50	23	14	5

50 °F entspricht, wie wir der Tabelle entnehmen können, 10 °C. Wir erhalten eine Umrechnungstabelle von °F in °C durch Vertauschung der Eingangs- und Ausgangsgröße der Zuordnung.

°F	32	41	50	23	14	5
°C	0	5	10	−5	−10	−15

2. Umkehrfunktionen

Durch Vertauschung der x- und y-Werte geht der Punkt (0|32) nun in den Punkt (32|0) über, ebenso der Punkt (5|41) in den Punkt (41|5). Tragen wir die Punkte der neuen Tabelle in das Koordinatensystem ein, so erhalten wir als Umrechnungsgraphen ebenfalls eine Gerade. Der Vertauschung der x- und y-Werte entspricht eine Spiegelung an der Winkelhalbierenden des 1. Quadranten $g(x) = x$. Der neue Graph geht durch Spiegelung des Graphen von f an der Winkelhalbierenden hervor. Die zugehörige Funktionsgleichung ordnet nun umgekehrt den ursprünglichen y-Werten von f die ursprünglichen x-Werte zu. Diese umgekehrte Zuordnung wird als **Umkehrfunktion** f^{-1} von f bezeichnet. (f^{-1} wird als „f oben -1" gelesen.)

Wir wollen nun die Funktionsgleichung von f^{-1} rechnerisch bestimmen.
Hierzu lösen wir die Gleichung nach x auf. Da wir nun aber die Fahrenheit-Grade (die ursprünglichen y-Werte) auf der x-Achse eintragen, müssen wir eine Vertauschung der Variablen x und y vornehmen. Nun erhalten wir, wie gewohnt, den Funktionsterm in Abhängigkeit von x.

Rechnerische Bestimmung:
Auflösen nach x:
$$32 + 1{,}8\,x = y = f(x) \quad | -32$$
$$1{,}8\,x = y - 32 \quad | :1{,}8$$
$$x = \frac{y - 32}{1{,}8}$$

Vertauschung der Variablen:
$$y = \frac{x - 32}{1{,}8}$$

Dieser Funktionsterm ist die gesuchte Funktionsgleichung von f^{-1}.

Umkehrfunktion:
$$f^{-1}(x) = \frac{x - 32}{1{,}8}$$

Wir können nun als Resultat festhalten:

> **Definition:**
> Eine Funktion, die jedem y-Wert der ursprünglichen Funktion f in eindeutiger Weise den zugehörigen x-Wert zuordnet, wird als **Umkehrfunktion** f^{-1} von f bezeichnet. Der Graph von f^{-1} geht aus dem Graphen von f durch Spiegelung an der Winkelhalbierenden des 1. Quadranten hervor, d.h. an der Geraden $g(x) = x$.

Übung 1
Skizzieren Sie den Graphen von f auf dem angegebenen Intervall und konstruieren Sie den Graphen der Umkehrfunktion f^{-1} durch Spiegelung an der Winkelhalbierenden $g(x) = x$.
a) $f(x) = 2x - 3$, $I = [-1; 4]$
b) $f(x) = x^2 + 1$, $I = [0; 3]$
c) $f(x) = x^3$, $I = [-2; 2]$

Übung 2
Ordnen Sie den Graphen f_1 bis f_4 jeweils den Graphen der Umkehrfunktion zu.

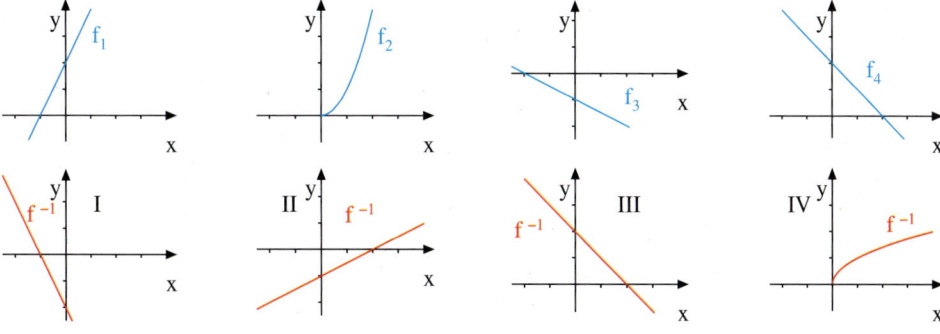

B. Die Umkehrbarkeit einer Funktion

Es stellt sich nun die Frage, ob jede Funktion eine Umkehrfunktion besitzt. Nach der Definition des Funktionsbegriffs kann man zu einem gegebenen x-Wert in eindeutiger Weise einen y-Wert zuordnen. Die Umkehrung gilt aber oft nicht, wie das folgende Beispiel zeigt.

▶ **Beispiel:** Die Rechnung auf dem abgebildeten Protokoll lässt nicht mehr erkennen, wie a definiert ist.
Kann man den Zahlenwert von a wiedergewinnen?

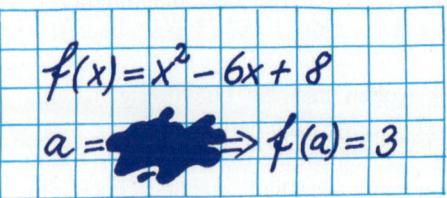

Lösung:
Wir zeichnen den Graphen der Funktion f. Da der Funktionswert von a gleich 3 ist, ziehen wir eine horizontale Gerade durch y = 3. Diese schneidet den Graphen von f bei x = 1 und x = 5.
Es ist nicht entscheidbar, ob a = 1 oder a = 5 gesetzt wurde.
Eine derartige Funktion, bei der zwar der Schluss von einem beliebigen x-Wert ihres Definitionsbereichs auf den zugeordneten y-Wert in eindeutiger Weise möglich ist, nicht jedoch der Rückschluss von einem y-Wert des Wertebereichs auf den x-Wert,
▶ ist *nicht umkehrbar*.

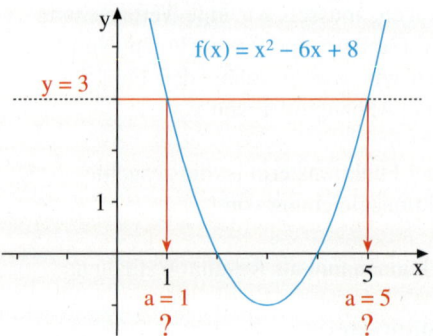

Ganz anders verhält es sich etwa bei der Funktion $f(x) = \frac{1}{4}x^3$.
Hier schneidet jede Parallele zur x-Achse den Graphen der Funktion nur genau einmal, da zu jedem Element y des Wertebereichs nicht mehr als ein Element x des Definitionsbereichs existiert, für das $f(x) = y$ gilt.
Eine Funktion mit dieser Eigenschaft nennt man *umkehrbar* auf dem Definitionsbereich D_f. Sie besitzt eine Umkehrfunktion f^{-1}.

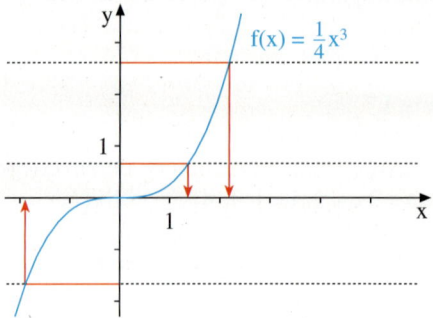

Funktionen, die keinen Funktionswert mehr als einmal annehmen, sind also umkehrbar. Dieses Kriterium erfüllen streng monotone Funktionen. Daher gilt:

Satz: Jede auf ihrem Definitionsbereich streng monotone Funktion ist umkehrbar.

Die Umkehrung des vorstehenden Satzes gilt allerdings nicht. Dies zeigt das nebenstehend abgebildete Beispiel eines Graphen einer zwar umkehrbaren, aber keinesfalls streng monotonen Funktion.

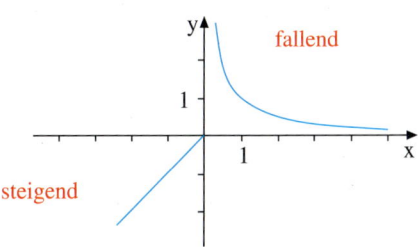

Übung 3
Entscheiden Sie, ob die Funktionen, deren Graphen abgebildet sind, umkehrbar sind.

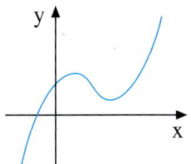 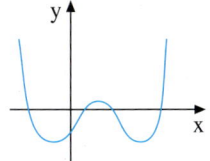 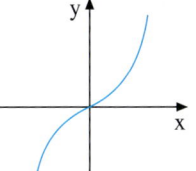 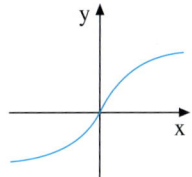

Übung 4
Skizzieren Sie den Graphen der Funktion f und geben Sie an, ob f auf I umkehrbar ist.
a) $f(x) = x^2$, $I = [-2; 2]$ b) $f(x) = x^3 + x - 2$, $I = [-2; 2]$ c) $f(x) = x^2 - 2x + 2$, $I = [1; 5]$

Oftmals ist es jedoch möglich, ein Intervall zu finden, auf dem eine Funktion streng monoton und somit umkehrbar ist.

Übung 5
Schränken Sie den Definitionsbereich von f so ein, dass strenge Monotonie und somit Umkehrbarkeit von f auf diesem Bereich vorliegt.
a) $f(x) = x^2$ b) $f(x) = \frac{1}{x}$ c) $f(x) = |x|$ d) $f(x) = x^2 = -4x + 4$

C. Zusammenhang zwischen einer Funktion und ihrer Umkehrfunktion

Wichtig ist der folgende Satz, der im Wesentlichen besagt, dass Funktion und Umkehrfunktion sich in ihrer Zuordnungsvorschrift aufheben, wenn man sie miteinander verkettet.

Satz: f sei eine umkehrbare Funktion mit dem Definitionsbereich D_f und dem Wertebereich W_f. f^{-1} sei die Umkehrfunktion von f. Dann gelten folgende Aussagen:
(1) $W_{f^{-1}} = D_f$ (2) $f^{-1}(f(x)) = x$ (3) $f(f^{-1}(x)) = x$
    $D_{f^{-1}} = W_f$ für $x \in D_f$ für $x \in W_f$

Übung 6
Erläutern Sie die Aussagen des Satzes am Beispiel der Funktion $f(x) = 32 + 1{,}8x$, $D_f = \mathbb{R}$ sowie ihrer Umkehrfunktion $f^{-1}(x) = \frac{x - 32}{1{,}8}$.

D. Rechnerische Bestimmung der Umkehrfunktion

Oft ist es möglich, den Funktionsterm der Umkehrfunktion f^{-1} auf rechnerischem Weg aus dem Funktionsterm der gegebenen, umkehrbaren Funktion f zu gewinnen.

▶ **Beispiel:** Gegeben ist die auf $\mathbb{R}$ umkehrbare Funktion $f(x) = 2x + 4$. Bestimmen Sie den Funktionsterm der Umkehrfunktion f^{-1} rechnerisch.

Lösung:
1. Wir notieren die Funktionsgleichung von $f(x)$.
2. Wir ersetzen $f(x)$ abkürzend durch y.
3. Wir lösen die Gleichung nach x auf, da die Umkehrfunktion jedem y-Wert der Funktion den zugehörigen x-Wert zuordnet.
4. Wir vertauschen die Variablen, um wie gewohnt x als unabhängige Variable zu erhalten.
5. Wir ersetzen y durch $f^{-1}(x)$.

Wir unterziehen das Resultat $f^{-1}(x)$ einer Probe, indem wir die Gültigkeit von (2) und
▶ (3) aus dem Satz von S. 51 überprüfen.

Bestimmung der Umkehrfunktion	
$f(x) = 2x + 4$ $y = 2x + 4$	Funktion
$x = \frac{1}{2}y - 2$	Auflösen nach x Übergang zur Umkehrfunktion
$y = \frac{1}{2}x - 2$	Umbenennen der Variablen
$f^{-1}(x) = \frac{1}{2}x - 2$	Umkehrfunktion

Probe:
$$f^{-1}(f(x)) = \frac{1}{2}(2x + 4) - 2 = x$$
$$f(f^{-1}(x)) = 2\left(\frac{1}{2}x - 2\right) + 4 = x$$

Übung 7
Bestimmen Sie rechnerisch den Funktionsterm der Umkehrfunktion f^{-1}.
a) $f(x) = 2x + 9$ b) $f(x) = 2 - \frac{1}{2}x$ c) $f(x) = \frac{3}{2}x + 1$ d) $f(x) = -\frac{1}{3}x + 1$

▶ **Beispiel:** Bestimmen Sie zur Funktion $f(x) = \frac{1}{x} + 1$, $x \neq 0$, die Gleichung der Umkehrfunktion und skizzieren Sie deren Graphen.

Lösung:
f ist für alle $x \neq 0$ umkehrbar, da jedes Element des Wertebereichs $W_f = \mathbb{R}\setminus\{1\}$ genau einmal als Funktionswert angenommen wird.

$y = \frac{1}{x} + 1$, $x \neq 0$

$y - 1 = \frac{1}{x}$

$x = \frac{1}{y-1}$

▶ $f^{-1}(x) = \frac{1}{x-1}$, $x \neq 1$

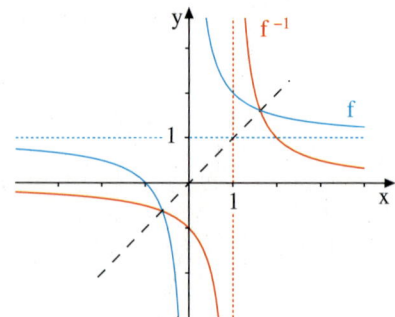

E. Wurzelfunktionen

Die Quadratwurzelfunktion

Bisher kennen wir lineare Funktionen und quadratische Funktionen. Die Umkehrfunktion einer streng monotonen linearen Funktionen ist wieder eine lineare Funktion.
Im Folgenden sollen Umkehrfunktionen von quadratischen Funktionen gebildet und untersucht werden. Wir wissen bereits: Die Umkehroperation des Quadrierens besteht in der Berechnung der *Quadratwurzel*.

> **Definition: Quadratwurzel**
> Die Quadratwurzel aus einer nichtnegativen Zahl a ist diejenige nichtnegative Zahl b, die mit sich selbst multipliziert die Zahl a ergibt. Es gilt: $\sqrt{a} = b$, da $b^2 = a$.

Aus einer negativen Zahl kann keine Quadratwurzel gezogen werden.
Im folgenden Beispiel wird die Umkehrfunktion zu $f(x) = x^2$, $D_f = \mathbb{R}_0^+$, gebildet.

▶ **Beispiel:** Zeichnen Sie den Graphen von $f(x) = x^2$ für $x \geq 0$ und konstruieren Sie den Graphen der Umkehrfunktion f^{-1}. Ermitteln Sie für die Umkehrfunktion einen Funktionsterm.

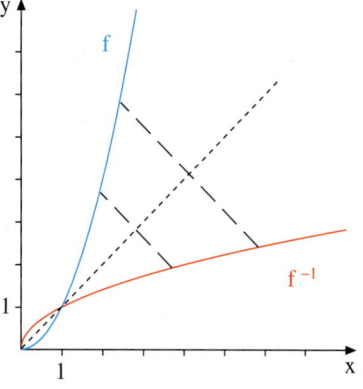

Zeichnerische Lösung:
Spiegelung des Graphen von f an der Winkelhalbierenden des 1. Quadranten liefert den Graphen der Umkehrfunktion f^{-1}.

Rechnerische Lösung:
Beim Auflösen der Gleichung nach x erhalten wir durch Wurzelziehen zwei Lösungen. Da der Wertebereich von f^{-1} aber mit dem Definitionsbereich $D_f = \mathbb{R}_0^+$ von f übereinstimmt, kommt nur die nicht negative Lösung in Frage. $\sqrt{x}$ ist also der gesuch-
▶ te Funktionsterm.

Funktion f: $\quad f(x) = x^2$ für $x \geq 0$
$\qquad\qquad\qquad y = x^2 \quad | \sqrt{}$

Auflösen nach x: $\quad x = \pm\sqrt{y}$

Vertauschung: $\quad y = \pm\sqrt{x}$

Umkehrfunktion: $f^{-1}(x) = \sqrt{x}$, $x \geq 0$

Man bezeichnet die Umkehrfunktion $f^{-1}(x) = \sqrt{x}$, $x \geq 0$, der Funktion $f(x) = x^2$ für $x \geq 0$, als *Quadratwurzelfunktion*.

Am oben dargestellten Graphen lassen sich die folgenden Eigenschaften ablesen:
Der Graph der Quadratwurzelfunktion liegt nur im 1. Quadranten, d.h., dass der Wertebereich $\mathbb{R}_0^+$ ist. Sie ist für $x \geq 0$ streng monoton steigend, wobei der Graph mit zunehmendem x immer flacher wird und nur noch wenig ansteigt. In der Umgebung von 0 wächst der Graph jedoch zunächst steil an.

▶ **Beispiel: Sichtweite**
Gulliver steigt mit seinem Ballon in die Höhe. Dabei nimmt die Sichtweite (Entfernung zum Horizont) in Abhängigkeit von der Ballonhöhe zu.
Stellen Sie die Sichtweite s in Abhängigkeit von der Ballonhöhe h als Funktion dar (unter Berücksichtigung des Erdradius R = 6370 km). Zeichnen Sie anschließend den zugehörigen Funktionsgraphen.

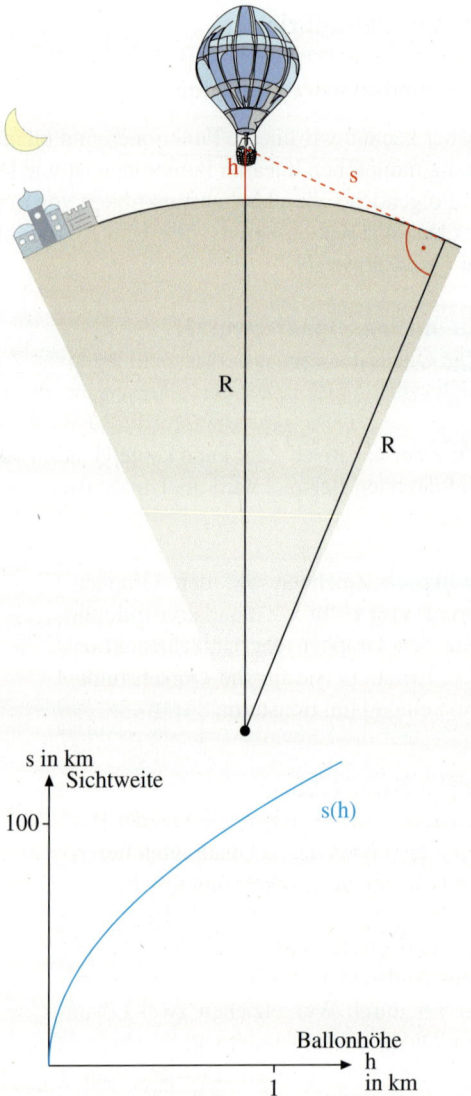

Lösung:
Die Sichtweite s steht senkrecht auf dem Erdradius R, da sie tangential auf den Erdkreis trifft. Somit ergibt sich zusammen mit dem Erdmittelpunkt ein rechtwinkliges Dreieck, für das nach dem Satz von Pythagoras gilt: $s^2 + R^2 = (h + R)^2$.
Löst man die Gleichung nach s auf und setzt R = 6370 ein, so erhält man die gesuchte Funktionsgleichung nach folgender Rechnung:

$$s^2 + R^2 = (h + R)^2$$
$$s^2 = (h + R)^2 - R^2$$
$$s^2 = h^2 + 2Rh$$
$$s^2 = h^2 + 12740h$$
$$s = \sqrt{h^2 + 12740h}$$

▶ Resultat: $s(h) = \sqrt{h^2 + 12740h}$, $h \geq 0$

Übung 9 (zum vorstehenden Beispiel)
a) Wie groß ist die Sichtweite in 300 m Höhe? Lösen Sie graphisch.
b) Wie hoch muss der Ballon steigen, bis eine Sichtweite von 40 km erreicht ist?
   Lösen Sie zunächst näherungsweise graphisch und dann rechnerisch.
c) Der Ballon befindet sich in 20 m Höhe. Welcher Sichtweitenzuwachs ergibt sich, wenn er nun um 10 m steigt?
d) Welcher Sichtweitenzuwachs ergibt sich in 500 m Höhe, wenn der Ballon dort um weitere 10 m steigt?
e) Welche Höhe müsste ein Ballon erreichen, der in Hamburg (bei 53,5° nördlicher Breite) startet, damit er in München (bei 48° nördlicher Breite) theoretisch zu sehen ist?

Beispiel einer Kubikwurzelfunktion

Durch Umkehrung von Funktionen mit Potenzen höheren als zweiten Grades ergeben sich ebenfalls Wurzelfunktionen mit entsprechend höherem Grad.

▶ **Beispiel: Ein Füllproblem**
Ein kegelförmiger Behälter mit der Höhe 10 dm und dem Radius 2 dm sowie ein zylinderförmiger Behälter mit der Höhe 10 dm und dem Radius 1 dm werden gleichzeitig mit Wasser gefüllt. Pro Minute läuft jeweils 1 Liter Wasser zu.

Geben Sie die Füllhöhe H als Funktion des eingefüllten Volumens V für jeden Behälter an.

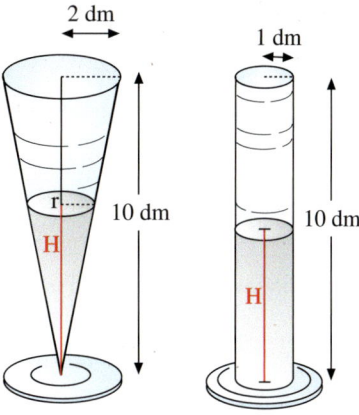

Lösung:
Um die gesuchten Funktionsgleichungen zu ermitteln lösen wir die jeweilige Volumenformel nach H auf. Wie nebenstehende Detailrechnung zeigt, ergibt sich dabei für die Füllhöhe des Kegels eine *Kubikwurzelfunktion*, die wie die Quadratwurzelfunktion nur für nicht negative Radikanden definiert ist ($V \geq 0$).

Resultate: Kegel: $H(V) = \sqrt[3]{\frac{75V}{\pi}}$
Zylinder: $H(V) = \frac{1}{\pi} \cdot V$

Rechnung:

Kegel:
$V = \frac{r^2 \pi \cdot H}{3}$ (1)
$\frac{r}{H} = \frac{2}{10}$
$r = \frac{1}{5} H$, einsetzen in (1)
$V = \frac{\pi H}{3} \cdot \frac{1}{25} H^2 = \frac{\pi H^3}{75}$
$H(V) = \sqrt[3]{\frac{75V}{\pi}}$

Zylinder:
$V = \pi \cdot H$
$H = \frac{V}{\pi}$
$H(V) = \frac{1}{\pi} \cdot V$

Übung 10 (zum vorstehenden Beispiel)
a) Beschreiben Sie den qualitativen Verlauf der Füllung für jeden der beiden Behälter im obigen Beispiel.
b) Skizzieren Sie die Füllfunktionen für den kegelförmigen und den zylinderförmigen Behälter (Maßstab: x-Achse: 1 Einheit ≙ 5 Liter, y-Achse: 1 Einheit ≙ 5 dm).
c) Der Wasserstand im kegelförmigen Behälter nimmt zunächst schneller zu als im zylinderförmigen Behälter. Ab welchem Zeitpunkt übersteigt die Füllhöhe des Zylinders die des Kegels? Die Aufgabe kann zeichnerisch und rechnerisch gelöst werden.
Hinweis: Argumentieren Sie mit Hilfe der Graphen der Füllfunktionen. Da das Volumen um 1 Liter pro Minute zunimmt, verhält sich das Volumen proportional zur Zeit.

Übung 11
Skizzieren Sie den Graphen der Kubikwurzelfunktion $f(x) = \sqrt[3]{x}$, $x \geq 0$, und konstruieren Sie den Graphen der zugehörigen Umkehrfunktion. Welcher Punkt ist beiden Graphen gemeinsam?

Streckung, Verschiebung und Spiegelung von Wurzelfunktionen

Durch Streckungen/Stauchungen, Verschiebungen und Spiegelungen kann man Modifikationen der Quadrat- und der Kubikwurzelfunktion erzeugen.

> **Beispiel: Eine Wurzelfunktion**
> Gegeben ist die Funktion $g(x) = \frac{1}{2}\sqrt{x+2} + 1$.
> a) Wie entsteht der Graph von g aus dem Graphen von $f(x) = \sqrt{x}$?
> b) Zeichnen Sie den Graphen von g. Verwenden sie zur Kontrolle einen Funktionsplotter.
> c) Wie lauten Definitions- und Wertebereich von g?

Lösung zu a:
Folgende Modifikationen von f sind nötig:
① $f(x) = \sqrt{x}$ Ausgangslage
② $f_1(x) = \frac{1}{2}\sqrt{x}$ Stauchung, Faktor: $\frac{1}{2}$
③ $f_2(x) = \frac{1}{2}\sqrt{x+2}$ x-Verschiebung: -2
④ $g(x) = \frac{1}{2}\sqrt{x+2} + 1$ y-Verschiebung: $+1$

Lösung zu b:

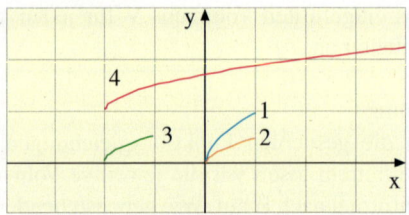

Lösung zu c:
g ist nur dort definiert, wo der Radikand der Wurzel nicht negativ ist, also für $x \geq -2$.
▶ Für die Funktionswerte gilt $g(x) \geq 1$.

Definitions- und Wertebereich von g
$D = \{x \in \mathbb{R}: x \geq -2\}$
$W = \{y \in \mathbb{R}: x \geq 1\}$

Übung 12
Zeichnen Sie die Graphen von f. Bestimmen Sie außerdem Definitions- und Wertebereich von f.
a) $f(x) = 2\sqrt{x-3}$ b) $f(x) = \sqrt{-x}$ c) $f(x) = \frac{1}{2}\sqrt{2x+4}$ d) $f(x) = 2 - \sqrt{x+4}$

Übung 13
Bestimmen Sie die Schnittpunkte der Funktionsgraphen aus Übung 12 mit den Koordinatenachsen. An welcher Stelle haben die Funktionen den Funktionswert 1 bzw. den Funktionswert 4?

Übung 14
Zeichnen Sie die Graphen von $f(x) = \sqrt{x}$ und $g(x) = 3 - \frac{1}{2}\sqrt{x}$ und bestimmen Sie ihren gemeinsamen Schnittpunkt.

Übung 15
Die abgebildete Halfpipe wird aus drei Funktionen f, g und h zusammengesetzt.
a) Bestimmen Sie die Parameter a, b und c aus den Daten der Skizze.
b) In welchem Bereich beträgt die Höhe der Bahn mindestens 1,50 m?

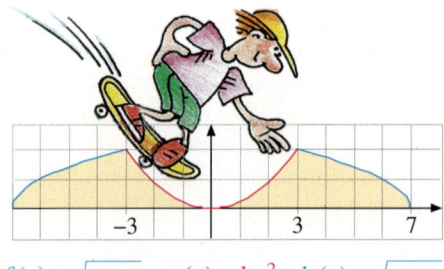

$f(x) = \sqrt{a+x}$ $g(x) = bx^2$ $h(x) = \sqrt{c-x}$

Übungen

16. Skizzieren Sie den Graphen von f über dem angegebenen Intervall und konstruieren Sie den Graphen der Umkehrfunktion durch Spiegelung des Graphen an der Winkelhalbierenden des 1. Quadranten. Welche Graphenpunkte bleiben beim Spiegeln unverändert?
 a) $f(x) = 0{,}5x^2 + 2x + 2$, $I = [-2; 2]$
 b) $f(x) = x^2 - 2x + 1$, $I = [-2; 1]$
 c) $f(x) = -\frac{1}{3}x^3 + 1$, $I = [-3; 3]$
 d) $f(x) = -x^4 + 2$, $I = [0; 1]$

17. Ordnen Sie jeweils der Funktion f ihre Umkehrfunktion f^{-1} zu.
 A. $f(x) = -3x + 5$ B. $f(x) = x + 9$ C. $f(x) = 0{,}5x + 0{,}5$ D. $f(x) = 2x - 4$
 I. $f^{-1}(x) = 2x - 1$ II. $f^{-1}(x) = 0{,}5x + 2$ III. $f^{-1}(x) = x - 9$ IV. $f^{-1}(x) = -\frac{1}{3}x + \frac{5}{3}$

18. Geben Sie eine Formel zur Berechnung der Innenwinkelsumme s eines Polygons in Abhängigkeit von der Eckenzahl n an. Geben Sie hierzu die Umkehrfunktion an. Wie viele Ecken hat ein Polygon mit der Innenwinkelsumme von 1800°?

19. Bestimmen Sie rechnerisch die Gleichung der Umkehrfunktion von f.
 a) $f(x) = -4x + 8$ b) $f(x) = 2x + 3$ c) $f(x) = 12x - 6$ d) $f(x) = -5x + 9$

20. Für welche Funktionen gilt $f(x) = f^{-1}(x)$?

21. Bestimmen Sie rechnerisch die Gleichung der Umkehrfunktion von f.
 a) $f(x) = \sqrt[3]{x-5}$, $x \geq 5$
 b) $f(x) = x^2 - 1$, $x \leq 0$
 c) $f(x) = -\frac{1}{3}x^2 + 1$, $x \geq 0$
 d) $f(x) = -x^4 + 4$, $x \leq 0$

22. Geben Sie eine Funktionsgleichung an, die den Radius r einer Kugel in Abhängigkeit von dem Volumen V beschreibt, und skizzieren Sie deren Graphen für $0\,\text{cm}^3 \leq V \leq 1000\,\text{cm}^3$.

23. Aus der Länge der Bremsspur eines Fahrzeugs auf trockener Fahrbahn lässt sich die Mindestgeschwindigkeit des Fahrzeugs zu Beginn des Bremsvorgangs näherungsweise berechnen.
Bestimmen Sie eine Funktion, mit der sich aus der Länge der Bremsspur näherungsweise die gefahrene Geschwindigkeit ermitteln lässt.

Hinweis: Bei der Notbremsung eines Fahrzeugs liegt eine gleichmäßig verzögerte Bewegung vor mit dem Weg-Zeit-Gesetz $s = \frac{a}{2}t^2$ und dem Geschwindigkeit-Zeit-Gesetz $v = at$. Durch Kombination der Formeln erhält man für den Bremsweg $s = \frac{v^2}{2a}$, wobei v die Geschwindigkeit des Fahrzeugs in m/s ist und für die Verzögerung eines Fahrzeugs bei Notbremsung $a \approx 8\,\text{m/s}^2$ gilt. Lösen Sie die Gleichung nach v auf und multiplizieren Sie den so entstandenen Funktionsterm mit einem geeigneten Faktor, da die Geschwindigkeit in km/h angegeben werden soll.

3. Potenzfunktionen

A. Die Funktion $f(x) = x^n$ ($n \in \mathbb{N}$)

Eine Galeere zählte zu den gefährlichsten Schiffstypen der Antike. Sie konnte auch bei Windstille hohe Geschwindigkeiten erreichen und Segelschiffe angreifen. An Nachbauten zeigte sich, dass für eine Geschwindigkeit von v (in km/h) die Leistung $P(v) = 0{,}004 \cdot v^3$ (in kW) erforderlich war.

Definition: Potenzfunktionen
Die Funktion $f(x) = x^n$ ($n \in \mathbb{N}$)* heißt Potenzfunktion vom Grad n.

▶ **Beispiel: Potenzfunktionen mit geradem Grad**
Zeichnen Sie die Graphen von $f(x) = x^2$, $f(x) = x^4$ und $f(x) = x^6$ und notieren Sie gemeinsame Eigenschaften.

Lösung:

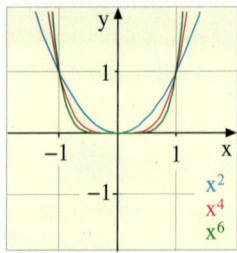

1. **Gemeinsame Punkte/Graph:**
   $P(-1|1)$, $S(0|0)$ und $Q(1|1)$
   Graphen liegen im I. und II. Quadranten

2. **Monotonieverhalten:**
   $x \leq 0$: fallend
   $x \geq 0$: steigend
   $S(0|0)$ ist ein Tiefpunkt

3. **„Verhalten an den Rändern":**
   Für $x \to -\infty$ strebt $f(x)$ gegen ∞.
   Für $x \to \infty$ strebt $f(x)$ gegen ∞.

4. **Symmetrie:**
   Achsensymmetrie zur y-Achse.

▶ **Beispiel: Potenzfunktionen mit ungeradem Grad**
Zeichnen Sie die Graphen von $f(x) = x$, $f(x) = x^3$ und $f(x) = x^5$. Notieren Sie die gemeinsamen Eigenschaften.

Lösung:

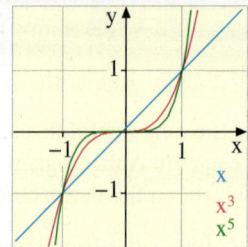

1. **Gemeinsame Punkte/Graph:**
   $P(-1|-1)$, $W(0|0)$ und $Q(1|1)$
   Graphen liegen im I. und III. Quadranten

2. **Monotonieverhalten:**
   Durchgängig steigend

3. **„Verhalten an den Rändern":**
   Für $x \to -\infty$ strebt $f(x)$ gegen $-\infty$.
   Für $x \to \infty$ strebt $f(x)$ gegen ∞.

4. **Symmetrie:**
   Punktsymmetrie zum Ursprung.

---

* Man kann auch $f(x) = 1$ als Potenzfunktion $f(x) = x^0$ betrachten.

3. Potenzfunktionen

B. Symmetrie der Potenzfunktionen

Eine wichtige Rolle bei der Beschreibung der Potenzfunktionen $f(x) = x^n$ ($n \in \mathbb{N}$) spielt das *Symmetrieverhalten*. Diese Eigenschaft kann man am Graphen gut ablesen, aber man benötigt natürlich auch exakte und allgemeine Nachweismethoden.

▶ **Beispiel: Rechnerische Symmetrieuntersuchung**
Die Funktionen f, g und h sind durch ihre Funktionsgleichungen gegeben:
$f(x) = x^2$, $g(x) = x^3$; $h(x) = \frac{1}{2}x^3 + \frac{3}{2}x^2$. Untersuchen Sie rechnerisch, ob die Graphen von f, g und h achsensymmetrisch zur y-Achse oder punktsymmetrisch zum Ursprung sind.

Lösung:
Die Parabel $f(x) = x^2$ ist achsensymmetrisch zur y-Achse, denn es gilt nach nebenstehender Rechnung $f(-x) = f(x)$.

$g(x) = x^3$ ist punktsymmetrisch zum Ursprung, denn es gilt $g(-x) = -g(x)$.

$h(x) = \frac{1}{2}x^3 + \frac{3}{2}x^2$ weist keine der beiden Symmetrien auf, da weder $h(-x) = h(x)$ noch $h(-x) = -h(x)$ generell gilt.
Dennoch ist die Funktion h zu einem Punkt P punktsymmetrisch, was wir am Graphen
▶ sehen können. Es ist der Punkt $P(-1|1)$.

Symmetrie von $f(x) = x^2$:
$f(-x) = (-x)^2 = x^2 = f(x)$

Symmetrie von $g(x) = x^3$:
$g(-x) = (-x)^3 = -x^3 = -g(x)$

Symmetrie von $h(x) = \frac{1}{2}x^3 + \frac{3}{2}x^2$
$h(-x) = \frac{1}{2}(-x)^3 + \frac{3}{2}(-x)^2 = -\frac{1}{2}x^3 + \frac{3}{2}x^2$
$h(x) = \frac{1}{2}x^3 + \frac{3}{2}x^2$
$-h(x) = -\frac{1}{2}x^3 - \frac{3}{2}x^2$
$\Rightarrow$ keine Übereinstimmung

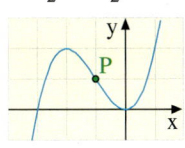

Übung 1
Geben Sie das Symmetrieverhalten der gegebenen Funktion an und veranschaulichen Sie Ihre Aussage mit einer Skizze des Funktionsgraphen.
a) $f(x) = x^4 - 3$ b) $f(x) = (x-3)^4$ c) $f(x) = 3 \cdot x^4$ d) $f(x) = (3x)^4$
e) $f(x) = x^3 - 4$ f) $f(x) = (x-4)^3$ g) $f(x) = 4 \cdot x^3$ h) $f(x) = (4x)^3$

Übung 2
Petra und Paul untersuchen das Symmetrieverhalten der Funktion f mit $f(x) = x^8$ und $D = [-4; 6]$.
Petra sagt: „Der Graph der Funktion f ist achsensymmetrisch zur y-Achse, weil es eine Potenzfunktion mit geradem Exponenten ist."
Paul meint: „Der Graph der Funktion f ist nicht achsensymmetrisch zur y-Achse, weil nicht für jedes $x \in D$ gilt: $f(-x) = f(x)$."
Beurteilen Sie die Aussagen von Petra und Paul.

Übung 3
Beurteilen Sie die Aussage.
a) Die Graphen aller Potenzfunktionen f mit $f(x) = x^n$ und $n \in \mathbb{N}$ sind symmetrisch zur y-Achse.
b) Die Graphen aller Potenzfunktionen g mit $g(x) = x^{2k+1}$ und $k \in \mathbb{N}$ sind punktsymmetrisch zum Ursprung.
c) Es gibt Potenzfunktionen h mit $h(x) = x^n$ und $n \in \mathbb{N}$, deren Graphen weder symmetrisch zur y-Achse noch punktsymmetrisch zum Ursprung sind.
d) Jede quadratische Funktion ist eine gerade Funktion.

C. Monotonie der Potenzfunktionen

Die Potenzfunktionen $f(x) = x^n$ ($n \in \mathbb{N}$) sind für ungerades n streng monoton steigend. Für gerades n sind sie dagegen streng monoton fallend für $x \leq 0$ und streng monoton steigend für $x \geq 0$.

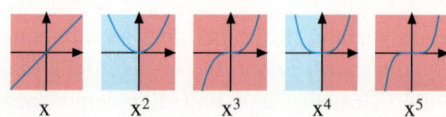

▶ Beispiel: Steigen und Fallen
Gegeben sind die Funktionen $f(x) = \frac{1}{2}x^2 + 1$ und $g(x) = -x^3$ aufgrund einer Zeichnung des Graphen. Bestimmen Sie die Bereiche des Steigens und Fallens.

Lösung:
$f(x) = \frac{1}{2}x^2 + 1$ hat zwei Monotoniebereiche. f fällt für $x \leq 0$ und steigt für $x \geq 0$. Bei $x = 0$ liegt ein Tiefpunkt T, der die beiden Bereiche trennt.

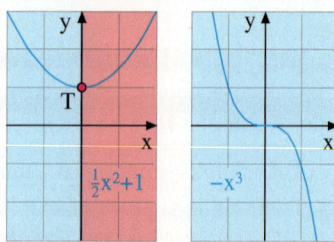

▶ $g(x) = -x^3$ verläuft durchgehend fallend.

Übung 4
Untersuchen Sie f auf Steigen und Fallen.
a) $f(x) = x^5$ b) $f(x) = x^2 - 4x$
c) $f(x) = 1 - x^3$ d) $f(x) = x^3 - 4x$
e) $f(x) = 1$ f) $f(x) = x^3 - x^2$
g)

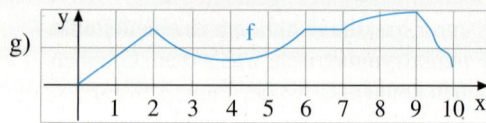

Übung 5
Beurteilen Sie folgende Argumentation. Die Funktion f mit $f(x) = x^2$ ist streng monoton wachsend, denn es gilt: Wenn $x_1 < x_2$, so $x_1^2 < x_2^2$.

Übung 6
Zeichnen Sie den Graphen der abschnittsweise definierten Funktion f und geben Sie die Monotonieintervalle an.

a) $f(x) = \begin{cases} -1 & \text{für } x < 1 \\ x - 1{,}5 & \text{für } x \geq 1 \end{cases}$ b) $f(x) = \begin{cases} x^2 - 2 & \text{für } x < \sqrt{2} \\ -x + \sqrt{2} & \text{für } x \geq \sqrt{2} \end{cases}$

Übung 7
Beurteilen Sie die Aussage.
a) Jede Potenzfunktion f mit $f(x) = x^n$ mit $n \in \mathbb{N}$ und $n \geq 1$ ist monoton wachsend.
b) Es gibt lineare Funktionen, die streng monoton fallend sind.
c) Wenn eine Potenzfunktion $f(x) = x^n$ mit $n \in \mathbb{N}$ und $n \geq 1$ für $x \leq 0$ streng monoton fallend und für $x \geq 0$ streng monoton steigend ist, so ist n eine gerade Zahl.
d) Wenn eine Funktion f streng monoton fallend ist, so ist $-f$ streng monoton wachsend.

Übung 8
Ermitteln Sie das Monotonieverhalten und veranschaulichen Sie Ihre Aussagen mit einer Skizze.
a) $f(x) = x^4 - 3$ b) $f(x) = (x-3)^4$ c) $f(x) = 3 \cdot x^4$ d) $f(x) = (3x)^4$
e) $f(x) = x^3 - 4$ f) $f(x) = (x-4)^3$ g) $f(x) = 4 \cdot x^3$ h) $f(x) = (4x)^3$

D. Anwendungen

Potenzfunktionen haben zahlreiche Anwendungen, z. B. in technischen Zusammenhängen.

▶ **Beispiel: Höchstgeschwindigkeit eines Autos**

Die Geschwindigkeit eines Autos hängt von der Motorleistung und vom Luftwiderstand ab, der mit zunehmender Geschwindigkeit steigt und dazu führt, dass das Fahrzeug dann nicht weiter beschleunigt. Die Formel $P(v) = 10^{-5} \cdot v^3$ gibt an, welche Leistung P in kW ein normales Auto aufbringen muss, um die Höchstgeschwindigkeit v (in km/h) zu erreichen.

a) Zeichnen Sie P für $0 \leq v \leq 400$.
b) Wie viel kW bzw. PS benötigt man für 250 km/h?
c) Vergleichen Sie: Ein VW-Käfer (1959) mit 30 PS schaffte eine Spitze von ca. 115 km/h.
d) Wie schnell kann ein 100 PS starkes Auto fahren?

1 kW = 1,36 PS

Lösung:
a) Der Graph zeigt den mit zunehmender Geschwindigkeit kubisch ansteigenden Leistungsbedarf.

b) Aus der Zeichnung lässt sich die Frage nur ungenau beantworten, also vielleicht ca. 150 kW.
Durch Einsetzen in die Formel erhält man:
$P(250) = 10^{-5} \cdot 250^3 \approx 156$ kW ≈ 212 PS

c) Durch Einsetzen der Höchstgeschwindigkeit in die Formel erhält man:
$P(115) = 10^{-5} \cdot 115^3 \approx 15{,}21$ kW $\approx 20{,}68$ PS
Damals waren Motoren und Windschnittigkeit noch nicht optimal, weshalb man für 115 km/h mehr Leistung brauchte, als die Formel ansagt.

d) 100 PS entsprechen ca. 74 kW. Der Zeichnung entnehmen wir, dass man damit unter 200 km/h liegt. Zum exakten Berechnen muss die Formel $P = 10^{-5} \cdot v^3$ nach v aufgelöst werden. Wir erhalten so die „Umkehrfunktion" $v(P) = \sqrt[3]{10^5 \cdot P}$.
▶ Einsetzen von P = 74 kW liefert ca. 195 km/h.*

Leistung und Höchstgeschwindigkeit:

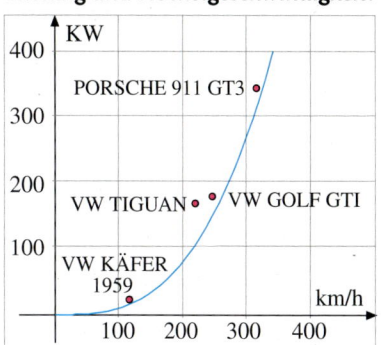

Auflösen der Formel nach v:
$P = 10^{-5} \cdot v^3 \qquad | \cdot 10^5$
$10^5 \cdot P = v^3 \qquad | \sqrt[3]{}$
$\sqrt[3]{10^5 \cdot P} = v$
$v(P) = \sqrt[3]{10^5 \cdot P}$

Übung 9

Ein Schlitten erreicht bei der Abfahrt von einem Hügel der Höhe h die Geschwindigkeit $v(h) = \sqrt{20h}$, wenn man von Reibungsverlusten absieht (h in m, v in m/s).
a) Welche Geschwindigkeit erreicht man bei der Abfahrt von einem 20 m hohen Hügel?
b) Stellen Sie h als Funktion von v dar und zeichnen Sie den Graphen von h.
c) Welche Hügelhöhe wird benötigt, um auf 100 km/h Geschwindigkeit zu kommen?

---
* Zum Vergleich: Tragen Sie Daten von aktuellen Autos in die Graphik als Punkte ein.

E. Potenzfunktionen mit negativen Exponenten: $f(x) = x^{-n}$ ($n \in \mathbb{N}$)

In vielen Anwendungen der Mathematik – z. B. bei indirekt proportionalen Zuordnungen – kommen Funktionen vom Typ $f(x) = \frac{1}{x^n}$ bzw. $f(x) = x^{-n}$ ($n \in \mathbb{N}$) vor, d. h. Potenzfunktionen mit negativen Exponenten. Die Prototypen sind die Funktionen $f(x) = \frac{1}{x}$ und $f(x) = \frac{1}{x^2}$. Die Graphen der Funktionsklasse heißen *Hyperbeln.* Ihre Eigenschaften stellen wir nun zusammen.

$f(x) = \frac{1}{x^n}$ (n ungerade)

Wertetabelle von $f(x) = \frac{1}{x}$:

x	−10	−2	−1	−0,1	0	0,1	1	2	10
y	−0,1	−0,5	−1	−10	−	10	1	0,5	0,1

Graphen:

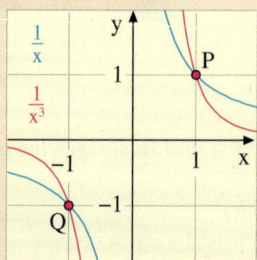

Eigenschaften:

1. f ist für x = 0 nicht definiert.
2. f verläuft im 1. und 3. Quadranten.
3. f ist punktsymmetrisch zum Ursprung.
4. f verläuft überall fallend.
5. $x \to \pm\infty$: Anschmiegung an x-Achse.
6. $x \to 0$: Anschmiegung an y-Achse.
7. P(1|1) und Q(−1|−1) liegen auf f.

$f(x) = \frac{1}{x^n}$ (n gerade)

Wertetabelle von $f(x) = \frac{1}{x^2}$:

x	−10	−2	−1	−0,1	0	0,1	1	2	10
y	0,01	0,25	1	100	−	100	1	0,25	0,01

Graphen:

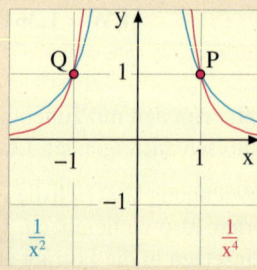

Eigenschaften:

1. f ist für x = 0 nicht definiert.
2. f verläuft im 1. und 2. Quadranten.
3. f ist achsensymmetrisch zur y-Achse.
4. f ist steigend für x < 0 und fallend für x > 0.
5. $x \to \pm\infty$: Anschmiegung an x-Achse.
6. $x \to 0$: Anschmiegung an y-Achse.
7. P(1|1) und Q(−1|1) liegen auf f.

Einige der Eigenschaften weisen wir in den folgenden Übungen rechnerisch nach.

Übung 10
Zeichnen Sie die Graphen von $f(x) = \frac{1}{x^n}$ und beschreiben Sie Gemeinsamkeiten.
a) n = 1, n = 3 und n = 5　　　　b) n = 2, n = 4 und n = 6

Übung 11
Untersuchen Sie die Funktion $f(x) = \frac{1}{x^n}$ rechnerisch auf das Vorliegen der Grundsymmetrien.
a) n = 1, n = 3　　　　b) n = 2, n = 4

Übung 12
Wo sind die Funktionswerte von $f(x) = \frac{1}{x^n}$ größer als 400 bzw. kleiner als 0,05?
a) n = 1, n = 3　　　　b) n = 2, n = 4

Übung 13
Zeichnen Sie den Graphen von f. Untersuchen Sie f rechnerisch auf Achsensymmetrie zur y-Achse und Punktsymmetrie zum Ursprung.
a) $f(x) = x^2$ b) $f(x) = x^{-4}$ c) $f(x) = x^2 + x^6$ d) $f(x) = x^{-5} + x^3 + \frac{1}{x}$ e) $f(x) = \sqrt{x}$

Verschiebungen und Streckungen

Mithilfe von Verschiebungen, Streckungen und Spiegelungen lässt sich die Klasse der Potenzfunktionen mit negativen ganzzahligen Exponenten beträchtlich erweitern.

> **Beispiel: Manipulation einer Hyperbel**
> Strecken Sie den Graphen von $f(x) = \frac{1}{x^2}$ mit dem Faktor 0,5 und verschieben Sie ihn anschließend um 2 nach rechts und 1 nach oben.
> Wie lautet die Gleichung der resultierenden Funktion $g(x)$? Beschreiben Sie Eigenschaften.

Lösung:
Wir führen die Operationen nacheinander aus.

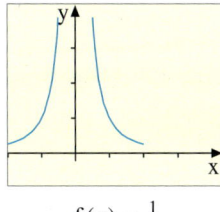 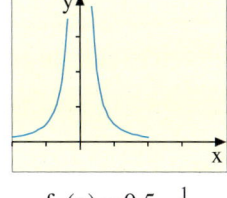 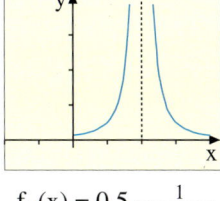 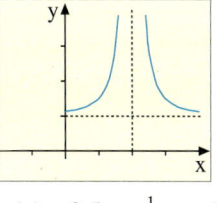

$f(x) = \frac{1}{x^2}$ $f_1(x) = 0{,}5 \cdot \frac{1}{x^2}$ $f_2(x) = 0{,}5 \cdot \frac{1}{(x-2)^2}$ $g(x) = 0{,}5 \cdot \frac{1}{(x-2)^2} + 1$

Durch Eingabe des letzten Funktionsterms g in einen Funktionsplotter können wir unser Resultat auch optisch noch einmal auf Richtigkeit kontrollieren.

Die Ergebnisfunktion g bezeichnet man übrigens als eine gebrochen-rationale Funktion. Sie ist bei x = 2 nicht definiert, sondern schmiegt sich dort an die Gerade x = 2, die man auch als *Polgerade* bezeichnet, beliebig dicht an. Für x → ±∞ nähern sich die Funktionswerte von g immer mehr der Geraden y(x) = 1, die man auch als *Asymptote* bezeichnet.

Übung 14
Welche Verschiebungen und Streckungen von $f(x) = \frac{1}{x}$ führen zum Graphen von $g(x)$?
a) $g(x) = \frac{2}{x+1} - 3$ b) $g(x) = \frac{1}{2(x-1)} + 1$ c) $g(x) = \frac{2}{2x-6}$ d) $g(x) = \frac{x+2{,}5}{x+2}$

Übung 15
Der Graph von $f(x) = \frac{1}{x^2}$ wird längs der x-Achse so verschoben, dass er durch $P(1|4)$ geht.
Wie lautet die Gleichung der resultierenden Funktion $g(x)$?

Übung 16
$f(x) = \frac{1}{x^2}$ wird an der x-Achse gespiegelt. Wie lautet die neue Funktionsgleichung?

$f(x) = \frac{1}{x-2}$ wird an der y-Achse gespiegelt. Wie lautet die neue Funktionsgleichung?

Übungen

17. Ein Bauer besitzt 60 ha Hektar Land, auf dem er Milchkühe züchten möchte. Die Funktion $A(x) = \frac{60}{x}$ (x: Anzahl der Kühe) gibt an, wie viel Hektar Weideland pro Kuh zur Verfügung stehen.
a) Zeichnen Sie den Graphen von A.
b) Wie viel Weideland pro Kuh ergibt sich bei 20 Kühen?
c) Die biologische Nutzung des Landes ist nur gewährleistet, wenn man mit einem Bedarf von 1,5 bis 2,5 Hektar pro Kuh rechnet. Wie viele Kühe kann der Bauer halten?

18. Das Hangprofil eines Vulkankegels kann grob durch die Funktion $f(x) = \frac{25}{x^2}$ beschrieben werden.
($2 \leq |x| \leq 6$, 1 LE = 100 m)
a) Der Krater ist 400 m breit. Wie hoch ist der Vulkanberg?
b) In welcher Höhe hat der Vulkanberg einen Durchmesser von 1 km?
c) Ein weiterer Vulkan hat das Profil $g(x) = \frac{100}{|x^3|}$ ($3 \leq |x| \leq 9$). Der Kraterdurchmesser ist 600 m.
Welcher Vulkan ist höher?
In welcher Höhe haben beide Vulkane den gleichen Durchmesser?
d) Zeichnen Sie beide Berge im Schnitt.

19. Die Entwicklung des Bestandes einer Kängurupopulation wird durch die Funktion $K(t) = \frac{2000 \cdot t}{t+1}$ beschrieben.
t: Zeit in Monaten; [K(t)]: Zahl der Kängurus
a) Zeichnen sie den Graphen von K für $0 \leq t \leq 12$.
b) Zeigen Sie $K(t) = 2000 - \frac{2000}{t+1}$
c) Berechnen Sie: [K(5)].
d) Wann gibt es 1800 Kängurus?
e) Welche Anzahl von Kängurus wird auch langfristig nicht überschritten?

[K] bezeichnet das größte Ganze von K.
Beispiel: $[100\pi] = 314$

4. Exponential- und Logarithmusfunktionen

A. Funktionen der Form $f(x) = c \cdot a^x$

Euglena gracilis
In grün verfärbten Tümpeln lebt ein erstaunliches Wesen, nur 50 µm groß, halb Tier und halb Pflanze. Das sogenannte Augentierchen, lat. Euglena, ernährt sich von Bakterien, aber auch durch Fotosynthese. Mithilfe einer Geißel peitscht es sich nach dem Propellerprinzip voran, wobei es sich um seine Längsachse dreht. Obwohl es keinerlei Denkorgan besitzt, kann es fototaktisch reagieren. Es erkennt Lichteinfall mithilfe eines Fotorezeptors, der aus den lichtempfindlichen Zellen einer Geißelverdickung besteht, die im Geißelsäckchen liegt. Der rote Augenfleck – der der Mikrobe ihren Namen gab – verschattet den Fotorezeptor bei jeder Drehung, wodurch Euglena sich zum Licht hin orientieren kann.

Euglena ist ein Einzeller, der sich durch Teilung vermehrt. Wenn es eine gewisse Größe erreicht hat, schnüren Zellkern und Zelle sich ab. Zwei Tochterzellen entstehen auf diese Weise. Diese teilen sich nach etwa der gleichen Zeit wiederum, sodass ein starkes Populationswachstum entsteht, das erst endet, wenn Licht, Nahrung oder Raum ausgehen.

▶ **Beispiel: Das Wachstum einer Euglena-Kolonie**
Im Labor wurde eine Euglena-Kolonie angelegt. Deren Populationswachstum wurde durch Auszählen unter dem Mikroskop über einen Zeitraum von 5 Tagen beobachtet und in einer Tabelle protokolliert. Modellieren Sie mit diesen Daten das Wachstum der Kolonie durch eine geeignete Funktion N. Skizzieren Sie den Graphen von N.

t:	Zeit seit Beobachtungsbeginn in Tagen	0	1	2	3	4	5
N:	Anzahl der Augentierchen	300	388	510	670	870	1125

Lösung:
Es liegt exponentielles Wachstum vor. Dies erkennt man durch *Quotientenbildung*:
$\frac{N(1)}{N(0)} \approx 1{,}29; \frac{N(2)}{N(1)} \approx 1{,}31; \frac{N(3)}{N(2)} \approx 1{,}31$ usw.
Die Quotienten aufeinander folgender Funktionswerte bleiben relativ konstant gleich 1,3. Jeder Funktionswert entsteht daher aus dem Vorhergehenden durch Multiplikation mit dem Faktor 1,3.
▶ Der Bestand N kann daher durch die Funktion $N(t) = 300 \cdot 1{,}3^t$ erfasst werden.

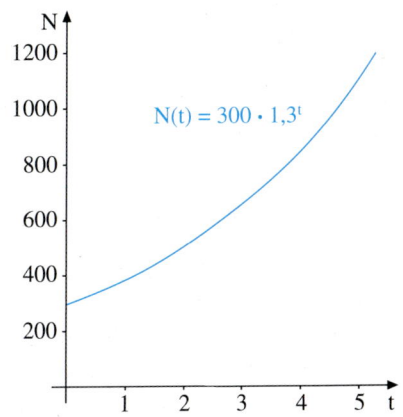

Viele Wachstumsprozesse und Zerfallsprozesse besitzen die Eigenschaft, dass die *Quotienten aufeinanderfolgender Bestände* konstant sind. Man spricht dann von *exponentiellem Wachstum* bzw. *Zerfall* und kann eine *Exponentialfunktion* zur Modellierung des Prozesses verwenden.

Definition: Exponentialfunktion
c und a seien reelle Zahlen, $a > 0$, $a \neq 1$.
Dann bezeichnet man die Funktion
$$f(x) = c \cdot a^x$$
als Exponentialfunktion zur Basis a.

Wachstum	Zerfall
$a > 1$	$a < 1$

▶ Beispiel: Radioaktiver Zerfall
In einem Experiment zerfallen minütlich 30% der noch vorhandenen Stoffmenge eines radioaktiven Elementes. Zu Beobachtungsbeginn sind 3 mg des Stoffes vorhanden. Stellen Sie die noch nicht zerfallene Stoffmenge als Funktion der Zeit t in Minuten dar.

Lösung:
Wir verwenden den Ansatz $f(x) = c \cdot a^x$. In einer Zeiteinheit zerfallen 30% der gerade vorhandenen Stoffmenge, 70% bleiben erhalten.
Daher ist der Wachstumsfaktor $a = 0{,}70 < 1$.
Für die Exponentialfunktion ergibt sich die Gleichung $f(x) = 3 \cdot 0{,}7^x$.

Für $0 \leq x \leq 7$ legen wir nun eine Wertetabelle an.

Diese Tabelle erlaubt uns die Zeichnung des Graphen von f, der bei $x = 0$ den Anfangsbestand 3 aufweist, streng monoton fällt und sich für $x \to \infty$ zunehmend dichter an die x-Achse anschmiegt.

Bestimmung der Funktionsgleichung:
$f(x) = c \cdot a^x$, $a < 1$ (Ansatz)
$f(0) = 3 \Rightarrow c = 3 \Rightarrow f(x) = 3 \cdot a^x$
$\left. \begin{array}{l} f(1) = 3 \cdot 0{,}7 \\ f(1) = 3 \cdot a^1 \end{array} \right\} \Rightarrow a = 0{,}7$
$\Rightarrow f(x) = 3 \cdot 0{,}7^x$

Wertetabelle:
Graph:

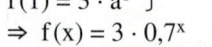

x	y
0	3
1	2,1
2	1,47
3	1,03
4	0,72
5	0,50
6	0,35
7	0,25

Übung 1
Billy legt einen Geldbetrag von 20000 € zu jährlichen Zinsen von 5% an, Jonas erhält bei seiner Bank nur 4% auf den gleichen Betrag. Wie lauten die Funktionen f und g, welche die Kontostände beschreiben? Zeichnen Sie deren Graphen. Welcher Unterschied ergibt sich nach 10 bzw. 50 Jahren?

Übung 2
Ein neues Auto der Marke A kostet 20000 € und hat einen jährlichen Wertverlust von 16%. Das Modell B kostet 24000 € bei 20% Wertverlust. Wie lauten die Gleichungen der Funktionen f und g, die den Wert der Autos darstellen? Zeichnen Sie die Graphen. Welchen Wert haben die Autos nach 10 Jahren? Wann sind sie etwa gleich viel wert?

4. Exponential- und Logarithmusfunktionen

Übungen

3. Zeichnen Sie den Graphen von f mithilfe eines DMW.
   a) $f(x) = 0{,}5 \cdot 2^x$, $-2 \leq x \leq 4$
   b) $f(x) = 6 \cdot 0{,}5^x$, $-1 \leq x \leq 6$
   c) $f(x) = 1{,}1^x + 3$, $-2 \leq x \leq 10$
   d) $f(x) = 4 \cdot 0{,}9^x + 3$, $-2 \leq x \leq 10$

4. Welchen Wertebereich hat die Funktion f? Welche Werte nimmt f auf dem Intervall $0 \leq x \leq 4$ an?
   a) $f(x) = 2 \cdot 1{,}2^x$ b) $f(x) = 8 \cdot 0{,}5^x$
   c) $f(x) = 4 + 2^x$ d) $f(x) = 6 - \left(\frac{1}{2}\right)^x$

5. Geben Sie das Monotonieverhalten der Funktion f an.
   a) $f(x) = \frac{1}{10} \cdot 1{,}5^x$ b) $f(x) = 3 \cdot 0{,}8^x$
   c) $f(x) = 2 + 1{,}2^{-x}$ d) $f(x) = 4 - 1{,}1^{-x}$

6. Ordnen Sie jeder Funktion den zugehörigen Graphen zu.

   $f_1(x) = 4 \cdot 0{,}5^x$ $f_2(x) = 2 \cdot \left(\frac{3}{4}\right)^x$

   $f_3(x) = 0{,}5 \cdot 2^x$ $f_4(x) = 0{,}5 \cdot 1{,}5^x$

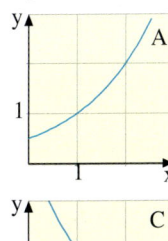
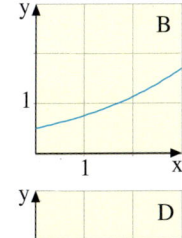
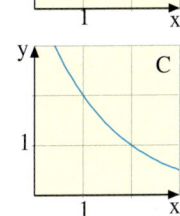
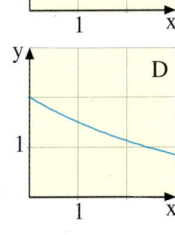

7. Welche Funktionen liegen bezüglich der y-Achse symmetrisch zueinander?

   $f_1(x) = 5^x$ $f_5(x) = 0{,}25 \cdot 3^x$
   $f_2(x) = 2 \cdot 0{,}5^x$ $f_6(x) = 0{,}2^x$
   $f_3(x) = 0{,}25 \cdot \left(\frac{3}{4}\right)^x$ $f_7(x) = 4 \cdot 4^x$
   $f_4(x) = 2 \cdot 2^{1-2x}$ $f_8(x) = 2 \cdot 2^x$

8. Stellen Sie eine Exponentialfunktion der Form $f(x) = c \cdot a^x$ auf.
   a) Die Bevölkerung eines Landes erhöht sich jährlich um 2%. Zu Beobachtungsbeginn sind es 25 Mio.
      Zusatz: Um wie viele Einwohner ist das Land nach 10 Jahren gewachsen?
   b) Tritium (^{3}H) ist ein instabiles (radioaktives) Element. Jährlich zerfallen 5,5 % der vorhandenen Substanz. Zu Beginn sind es 100 mg.
      Zusatz: Nach welcher Zeit sind nur noch 50 mg Tritium vorhanden?
   c) 1000 Euro auf einem Sparbuch werden jährlich mit 3 % verzinst.
      Zusatz: Wie hoch ist der Zugewinn im 5. Jahr?

9. Zeichnen Sie die Graphen von f und g mit einem DMW. Stellen Sie fest, wo sich die Graphen schneiden.
   a) $f(x) = 3 \cdot 1{,}1^x$, $g(x) = 1{,}3^x$
   b) $f(x) = 2 \cdot 1{,}2^x$, $g(x) = 8 \cdot 0{,}9^x$
   c) $f(x) = 2^x$, $g(x) = 2 \cdot 3^x$

B. Standardaufgaben

Im Folgenden werden vier typische Standardaufgaben behandelt, die nicht nur für Exponentialfunktionen von Bedeutung sind. Bei der *Punktprobe* wird überprüft, ob ein durch seine Koordinaten gegebener Punkt auf dem Graphen einer Funktion liegt. Häufig ergibt sich das Problem der *Berechnung von Argumenten zu einem gegebenen Funktionswert.* Bei Modellierungen entsteht oft die Aufgabe, die *Schnittpunkte zweier Funktionsgraphen* zu berechnen.
Unter der *Rekonstruktion einer Funktion* verstehen wir die Bestimmung des Funktionsterms einer bestimmten Funktionenklasse – beispielsweise der Exponentialfunktionen – aus gegebenen Eigenschaften, z. B. einzelnen Punkten des Funktionsgraphen, also aus einem „Steckbrief".

Punktprobe

▶ **Beispiel: Punktprobe**
Gegeben ist die abgebildete Exponentialfunktion $f(x) = 2 \cdot 1{,}5^x$.
Liegen die Punkte $P(2|4{,}5)$ und $Q(6|20)$ auf dem Graphen von f?

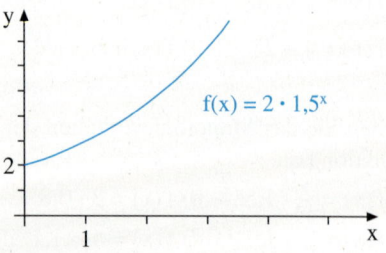

Lösung:
Der Punkt P scheint auf g zu liegen. Der Punkt Q wird vom Graph nicht mehr erfasst. Wollen wir es genauer wissen, müssen wir rechnerisch vorgehen. Durch Einsetzen in die Funktionsgleichung ergibt
▶ sich, dass P auf f liegt, nicht aber Q.

Untersuchung von $P(2|4{,}5)$:
$f(2) = 2 \cdot 1{,}5^2 = 4{,}5 \quad \Rightarrow \quad P \in f$

Untersuchung von $Q(6|20)$:
$f(6) = 2 \cdot 1{,}5^6 \approx 22{,}78 \quad \Rightarrow \quad Q \notin f$

Berechnung von Argumenten zu einem gegebenen Funktionswert

▶ **Beispiel: Gegeben y, gesucht x.**
Gegeben ist die Exponentialfunktion $f(x) = 4 \cdot 0{,}8^x$.
Für welchen Wert von x nimmt die Funktion den Wert $y = 2$ an?

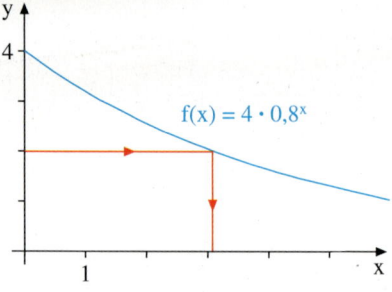

Lösung:
Man kann diese Aufgabe angenähert lösen, indem man den Graphen zeichnet und abliest, an welcher Stelle die horizontale Gerade $y = 2$ geschnitten wird. Dies ist etwa bei $x = 3$ der Fall.
Rechnerisch verwendet man den Ansatz $f(x) = 2$. Dieser führt auf eine Exponentialgleichung, die im Abschnitt 6 (s. S. 88 f.) ausführlicher behandelt werden.
Resultat: $x \approx 3{,}11$
▶

Berechnung des Arguments:
$$f(x) = 2$$
$$4 \cdot 0{,}8^x = 2$$
$$0{,}8^x = 0{,}5$$
$$\lg 0{,}8^x = \lg 0{,}5$$
$$x \cdot \lg 0{,}8 = \lg 0{,}5$$
$$x = \frac{\lg 0{,}5}{\lg 0{,}8}$$
$$x \approx 3{,}11$$

Schnittpunktberechnung

▶ **Beispiel: Schnittpunkt**
Gegeben sind die Exponentialfunktionen $f(x) = 4 \cdot 1{,}2^x$ und $g(x) = 2 \cdot 1{,}5^x$.
Bestimmen Sie den Schnittpunkt S der Funktionen.

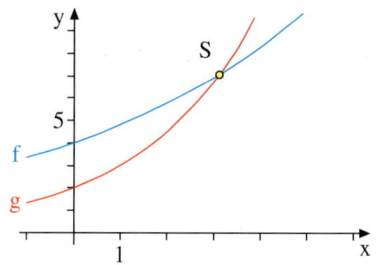

Lösung:
Die Funktionsgraphen schneiden sich im Punkt S(x|y). Zur Berechnung der Schnittstelle x setzen wir f und g gleich.

Rechnerisch verwenden wir also den Ansatz $f(x) = g(x)$. Dieser führt auf eine Exponentialgleichung, die durch beidseitiges Logarithmieren gelöst werden kann. Dabei werden mehrere logarithmische Rechengesetze angewandt.

▶ Resultat: $x \approx 3{,}1$, $y \approx 7{,}0$

Berechnung der Schnittstelle:
$$f(x) = g(x)$$
$$4 \cdot 1{,}2^x = 2 \cdot 1{,}5^x$$
$$\lg(4 \cdot 1{,}2^x) = \lg(2 \cdot 1{,}5^x)$$
$$\lg 4 + x \cdot \lg 1{,}2 = \lg 2 + x \cdot \log 1{,}5$$
$$x \cdot (\lg 1{,}5 - \lg 1{,}2) = \lg 4 - \lg 2$$
$$x \approx 3{,}1$$
$$f(3{,}1) = g(3{,}1) \approx 7{,}0$$

Rekonstruktion von Funktionen

▶ **Beispiel: Rekonstruktion**
Gesucht ist eine Funktion der Gestalt $f(x) = c \cdot a^x$ ($a > 0$) mit folgenden Eigenschaften:
a) f geht durch P(2|7,2) und f(x) wächst um 20%, wenn x um eins wächst.
b) f geht durch die Punkte P(−1|5) und Q(2|15).

Lösung zu a:
Ein Wachstum von 20% bedeutet, dass man den aktuellen Bestand von 100% auf 120% erhöht, d.h. mit dem Faktor 1,20 multipliziert.
Der Wachstumsfaktor beträgt also $a = 1{,}20$.
Daher hat f die Gestalt $f(x) = c \cdot 1{,}20^x$.
Setzt man hier die Koordinaten von P ein, so erhält man $7{,}2 = 1{,}44 c$.
Daraus folgt $c = 5$.
▶ Resultat: $f(x) = 5 \cdot 1{,}2^x$

Lösung zu b:
Wir setzen die Koordinaten beider Punkte in die Funktionsgleichung ein und erhalten ein Gleichungssystem:
I $f(-1) = 5$ ⇒ $c \cdot a^{-1} = 5$
II $f(2) = 15$ ⇒ $c \cdot a^2 = 15$
Aus I folgt $c = 5a$.
Einsetzen in II ergibt:
$5a^3 = 15$, also $a = \sqrt[3]{3} \approx 1{,}44$.
Einsetzen in I ergibt: $c \approx 7{,}2$.
Resultat: $f(x) = 7{,}2 \cdot 1{,}44^x$

Übung 10

Gegeben sind die Funktion $f(x) = \frac{1}{32} \cdot 4^x$ sowie die Funktion $g(x) = c \cdot a^x$ ($a > 0$).

a) Für welchen Wert von x nimmt die Funktion f den Wert 8 an?

b) Die Funktion g geht durch die Punkte P(2|1) und Q(4|4). Bestimmen Sie a und c. Berechnen Sie außerdem den Schnittpunkt der Graphen der Funktionen f und g.

Übungen

11. Liegen die Punkte P und Q auf f?
  a) $f(x) = 9 \cdot 1{,}5^x$, $P(-2|4)$, $Q(2|20)$
  b) $f(x) = 4 \cdot 0{,}5^x$, $P(3|0{,}25)$, $Q(-2|16)$
  c) $f(x) = \frac{9}{4} \cdot \left(\frac{1}{3}\right)^x$, $P\left(3|\frac{1}{8}\right)$, $Q(-2|20{,}25)$
  d) $f(x) = 1{,}6 \cdot 0{,}8^x$, $P(2|2{,}5)$, $Q\left(-3|\frac{25}{8}\right)$

12. Bestimmen Sie die Stelle x, an welcher die Funktion f den Wert y annimmt.
  a) $f(x) = 2 \cdot 4^x$, $y = 4$
  b) $f(x) = 0{,}2 \cdot 5^x$, $y = 25$
  c) $f(x) = 2 \cdot 1{,}5^x$, $y = 4{,}5$

13. Wo schneiden sich f und g?
  a) $f(x) = \frac{1}{3} \cdot 3^x$, $g(x) = \frac{1}{27} \cdot 9^x$
  b) $f(x) = 2 \cdot \left(\frac{1}{2}\right)^x$, $g(x) = 16 \cdot \left(\frac{1}{4}\right)^x$
  c) $f(x) = \frac{3}{2} \cdot \left(\frac{2}{3}\right)^{-x}$, $g(x) = 6 \cdot 3^x$

14. Die Funktion $f(x) = c \cdot a^x$ geht durch die Punkte P und Q. Bestimmen Sie a und c.
  a) $P(-1|4)$, $Q(0|0{,}25)$
  c) $P(-1|6)$, $Q(1|24)$
  e) $P(-2|16)$, $Q(2|1)$

15. Zwei Bakterienpopulationen I und II bestehen zu Beobachtungsbeginn aus 200 bzw. aus 400 Bakterien. Population I vermehrt sich um 16% am Tag, Population II nur um 12%.
  a) Wie groß sind die Bestände nach 10 Tagen?
  b) Wann haben die Bestände die Größe 1000 erreicht?
  c) Wann sind die Bestände gleich stark?

16. Stellen Sie fest, ob die Tabellen einen exponentiellen Prozess wiedergeben. Wie lautet die jeweilige Funktionsgleichung?
Wann wird der Wert 1000 erreicht?

Tabelle 1:

x	0	1	2	3	4
f(x)	100	120	144	173	207

Tabelle 2:

x	0	1	2	3	4
f(x)	50	90	162	291	525

Tabelle 3:

x	0	2	4	6	8
f(x)	100	196	384	753	1476

17. Rund um den Nordpol leben 20 000 Eisbären. Sie sind zu Symbolen für die Gefahren des Klimawandels geworden. Es könnte sein, dass die Population kleiner wird und um 1% jährlich schrumpft. Wir nehmen einmal an, dass die Population sich nach der folgenden Formel entwickelt:
$N(t) = c \cdot a^t$ (t in Jahren).
  a) Wie lautet die Gleichung von N?
  b) Um welche Zahl nimmt die Population in den ersten beiden Jahren ab?
  c) Wann beträgt die Zahl der Bären nur noch 15 000?

C. Logarithmusfunktionen

Logarithmusfunktion zur Basis 10

Bestimmt man mithilfe des rechnerischen Verfahrens die Umkehrfunktion der Exponentialfunktion $f(x) = 10^x$, so erkennt man, dass dies $f^{-1}(x) = \log_{10} x$ ist.
Diese Funktion bezeichnet man als die *Logarithmusfunktion* zur Basis 10. Ihr Funktionssymbol lautet *lg x*.

Umkehrfunktion von $f(x) = 10^x$
$f(x) = 10^x$
$y = 10^x$
$x = 10^y$
$\lg x = \lg 10^y$
$\lg x = y$
$f^{-1}(x) = \lg x$

Die Funktionswerte kann man mithilfe eines Taschenrechners bestimmen. Den lg-Wert erhält man mit der Taste $\boxed{\text{LOG}}$.

x	0,1	1	2	5	10
lg x	−1	0	0,30	0,70	1

Ihren Graphen kann man durch Spiegelung des Graphen von 10^x an der Winkelhalbierenden des ersten Quadranten gewinnen. Er ist streng monoton steigend. Er weist keine Symmetrien auf. Bei x = 1 hat er eine Nullstelle. Links davon sind die Funktionswerte negativ, rechts davon sind sie positiv. Links schmiegt er sich mit kleiner werdenden x-Werten an die negative y-Achse an. Nach rechts steigt er zunehmend langsamer an.

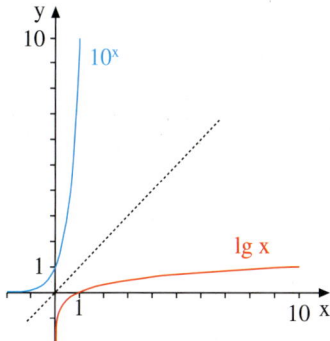

▶ **Beispiel: Logarithmusfunktion zur Basis 10**
Betrachtet wird die Funktion $f(x) = \lg x$.
a) Berechnen Sie die Funktionswerte $f(5)$ und $f(1000)$.
b) An welcher Stelle hat die Funktion f den Wert 5,5?

Lösung zu a:
Der Taschenrechner liefert $f(5) \approx 0{,}70$ und $f(1000) = 3$.

Lösung zu b:
Der Ansatz $\lg x = 5{,}5$ führt auf die Lösung
▶ $x \approx 316\,227{,}77$

Rechnung zu b)
$f(x) = 5{,}5$
$\lg x = 5{,}5$ 10 hoch anwenden
$10^{\lg x} = 10^{5,5}$ $f^{-1}(f(x)) = x$ anwenden
$x \approx 316\,227{,}77$

Übung 18
Lösen Sie die Gleichung.
a) $\lg x = -2$ b) $\lg x = 10$ c) $\lg x = 1{,}5$ d) $\lg x = 2{,}5$

Übungen

19. Die Funktion $f(x) = \lg x$ wächst unglaublich langsam an. Man kann das durch den folgenden Vergleich gut veranschaulichen. Wir denken uns den Graphen der Funktion auf einem Papierbogen aufgetragen, der die Erde auf der Höhe des Äquators so umspannt, dass dieser die x-Achse bildet (s. Abb.).
Eine Längeneinheit sei 1 cm.

a) Welche Höhe hat der Graph von f nach einer Umrundung der Erde? Der Erdradius beträgt 6370 km.
b) In welcher Höhe verläuft er nach 2 Umrundungen?
c) Welcher Höhengewinn ergibt sich bei der 11. Umrundung?

20. *Beispiel einer Kurvenuntersuchung:* Der Graph von $f(x) = \lg(1 - x)$ ist für $1 - x > 0$ definiert, d.h. für $x < 1$. Er ist streng monoton fallend. Wenn x sich von links der Stelle 1 nähert, streben die Funktionswerte gegen $-\infty$. Der Graph schmiegt sich an die Gerade $x = 1$. Er hat eine Nullstelle bei $x = 0$.

Beschreiben und zeichnen Sie den Graphen von f nach diesem Muster.

a) $f(x) = \lg(x^2)$ b) $f(x) = \lg(x + 2)$ c) $f(x) = \lg(x^2 - 4)$ d) $f(x) = \lg\left(\frac{1}{x}\right)$

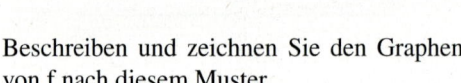

e) $f(x) = \lg(x) + 1$ f) $f(x) = -\lg(2 - x)$ g) $f(x) = 4 + \lg(x - 3)$ h) $f(x) = \lg(2^x)$

21. Eine Tasse Kaffee kühlt nach dem Gesetz $T(t) = 21 + 74 \cdot 10^{-0,04\,t}$ ab.
Dabei ist t die Zeit in Minuten und T die Temperatur in °Celsius.
a) Gesucht ist die Umkehrfunktion von T.
b) Skizzieren Sie den Graphen der Umkehrfunktion.
c) Nach welcher Zeit ist der Kaffee auf die ideale Trinktemperatur von 65 °C abgekühlt?

22. Ein Superball fällt aus 2 m Höhe. Seine maximale Sprunghöhe gehorcht dem Gesetz $h(n) = 2 \cdot 0,95^n$ (n: Nummer des Sprungs, h: Sprunghöhe in m). Wie lautet die Umkehrfunktion von h? Nach welcher Zahl von Sprüngen erreicht der Superball nur noch 10 cm Höhe?

Logarithmusfunktion zur Basis a

Die Exponentialfunktion $f(x) = a^x$ ($a > 0$, $a \neq 1$) besitzt eine Umkehrfunktion. Diese nennt man *Logarithmusfunktion zur Basis a*. Ihr Funktionssymbol ist $\log_a x$.

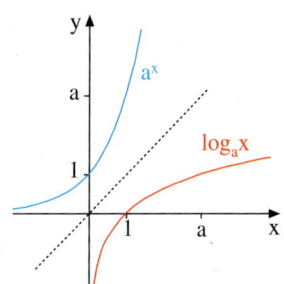

Ihr Graph entsteht durch Spiegelung des Graphen von $f(x) = a^x$ an der Winkelhalbierenden des ersten und dritten Quadranten.

Zwischen den Logarithmen zur Basis a und den Logarithmen zur Basis 10 besteht folgender Zusammenhang:

$$\log_a x = \frac{\lg x}{\lg a} \qquad \text{Beweis:} \quad \log_a x = \frac{\log_a x \cdot \lg a}{\lg a} = \frac{\lg a^{\log_a x}}{\lg a} = \frac{\lg x}{\lg a}$$

▶ **Beispiel: Logarithmusfunktion zur Basis 2**
Betrachtet wird die Funktion $f(x) = \log_2 x$.
a) Stellen Sie eine Wertetabelle auf und skizzieren Sie den Graphen von f.
b) An welcher Stelle hat f den Funktionswert 3,5?

Lösung zu a:
Zum Aufstellen der Wertetabelle verwenden wir die obige Umrechnungsformel.

Beispiel: $\log_2 3 = \frac{\lg 3}{\lg 2} \approx \frac{0{,}4771}{0{,}3010} \approx 1{,}58$

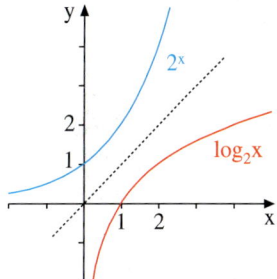

x	0,1	1	2	3	5
$\log_2 x$	−3,32	0	1	1,58	2,23

Lösung zu b:
Der Ansatz $f(x) = 3{,}5$, also $\log_2 x = 3{,}5$, führt nach nebenstehender Rechnung auf das Resultat $x \approx 11{,}3$.

$\log_2 x = 3{,}5$
$2^{\log_2 x} = 2^{3{,}5}$
$x \approx 11{,}31$

Übung 23
Gegeben ist die Exponentialfunktion $f(x) = \left(\frac{1}{3}\right)^x$.
a) Skizzieren Sie die Graphen von f und von f^{-1}.
b) Bestimmen Sie die Gleichung der Umkehrfunktion f^{-1} rechnerisch.
c) Wo schneidet der Graph von f die horizontale Gerade zu $y = 5$?
d) Wo schneidet der Graph von f^{-1} die horizontale Gerade zu $y = 5$?

Übung 24
Gegeben sind die Funktionen $f(x) = \log_2 x$ und $g(x) = \log_3 (x - 3)$.
a) Skizzieren Sie die Graphen von f und von g für $0 < x \leq 10$.
b) Wo schneiden sich die Graphen von f und g?

Natürliche Exponential- und Logarithmusfunktion

Für alle reellen Basen $a > 0$ ist $a^0 = 1$. Die Graphen aller Exponentialfunktionen zu $f(x) = a^x$ verlaufen folglich durch den Punkt $A(0|1)$. Die Gerade zu $g(x) = 1 + x$ verläuft ebenfalls durch diesen Punkt. Im Allgemeinen wird die Gerade g die Kurve f noch in einem weiteren Punkt B schneiden. Wir untersuchen den Sachverhalt mithilfe eines digitalen Mathematikwerkzeugs. Dabei kann mithilfe eines Schiebereglers die Basis a variiert werden.

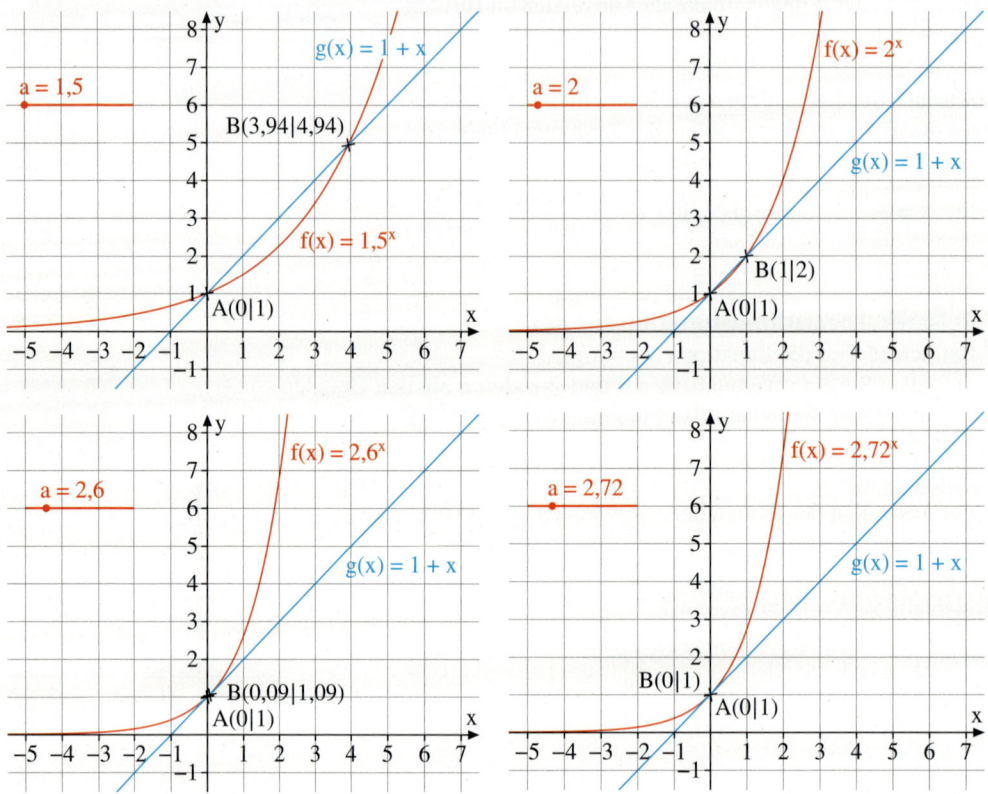

Im ersten Bild ist $a \approx 1{,}5$ und der zweite Schnittpunkt hat (näherungsweise) die Koordinaten $B(3{,}94|4{,}94)$, im zweiten Bild ist $a = 2$ und der zweite Schnittpunkt hat die Koordinaten $B(1|2)$. Im dritten Bild ist $a \approx 2{,}6$ und der zweite Schnittpunkt $B(0{,}09|1{,}09)$ liegt schon nahe beim Schnittpunkt $A(0|1)$. Im vierten Bild schließlich ist $a \approx 2{,}72$ und B stimmt mit A überein; es gibt also in diesem Fall nur einen gemeinsamen *Berührungspunkt* von f und g. Man nennt g in diesem Fall *Tangente von f im Punkt A*.

Bei dem angegebenen Wert 2,72 für die Basis mit der „besonderen Eigenschaft" handelt es sich nur um einen Näherungswert. Bei dem exakten Wert mit dieser Eigenschaft handelt es sich um eine Irrationalzahl, die nach dem Mathematiker Leonhard Euler (1707–1783) benannte *Euler'sche Zahl e*. Sie wird also durch einen unendlichen nichtperiodischen Dezimalbruch dargestellt.

> ### Eulersche Zahl und natürliche Exponentialfunktion
> Die Funktion f mit $f(x) = e^x$ mit der Euler'schen Zahl $e = 2{,}718\,281\,828\,459\,045\,\ldots$ als Basis heißt *natürliche Exponentialfunktion*. Dabei ist $D = \mathbb{R}$ und $W = \mathbb{R}^+$.

4. Exponential- und Logarithmusfunktionen

Wissenschaftliche Taschenrechner bieten die Möglichkeit der Berechnung von Funktionswerten e^x zu gegebenen Argumenten x.

Übung 25
Ermitteln Sie den Funktionswert $f(x) = e^x$.
a) x = 2,5   b) x = −0,3   c) x = −5,4   d) x = 20   e) x = −20

Die Umkehrfunktion der natürlichen Exponentialfunktion ist die sog. natürliche Logarithmusfunktion.

> **Natürliche Logarithmusfunktion**
> Die Funktion h mit $h(x) = \log_e x = \ln x$ heißt *natürliche Logarithmusfunktion*.
> Der Definitionsbereich ist $D = \mathbb{R}^+$ und der Wertebereich $W = \mathbb{R}$.

▶ **Beispiel: Graphen zu $f(x) = e^x$ und $h(x) = \ln x$**
Zeichnen Sie die Graphen der natürlichen Exponential- und Logarithmusfunktion mithilfe eines digitalen Mathematikwerkzeugs in einem Koordinatensystem.

Lösung:
Es wird wieder das bereits auf der vorstehenden Seite verwendete digitale Mathematikwerkzeug genutzt. Dasselbe Ergebnis erhält man auch mit einem GTR, einem CAS oder einem anderen DMW.

Beide Graphen verlaufen – wie es für Umkehrfunktionen zu erwarten ist – spiegelbildlich zur Geraden y = x.

Auch die ln-Funktion wächst nur langsam; es gilt:
ln 10   ≈ 2,302 585
ln 100 ≈ 4,605 170
▶ ln 1000 ≈ 6,907 755

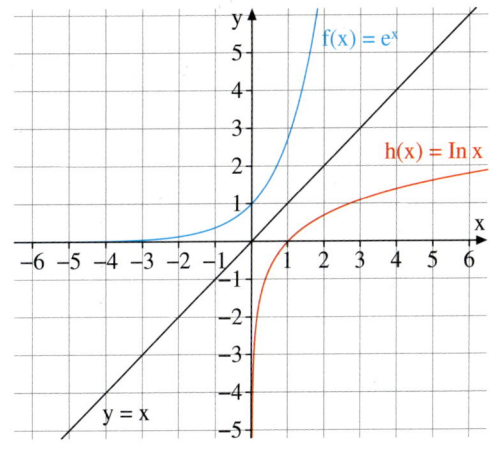

Übung 26
Skizzieren Sie den Graphen der Funktion f. Geben Sie den Definitions- und Wertebereich, die Nullstellen sowie das Monotonieverhalten an.
a) $f(x) = \ln x + 1$ b) $f(x) = \ln(x + 1)$

Übung 27
Ermitteln Sie das Argument x zum gegebenen Funktionswert.
a) $e^x = 7,2$ b) $e^x = 10^{10}$ c) $e^x = 2 \cdot 10^{-2}$ d) $e^x = 0$ e) $e^x = e^{200}$ f) $e^x = -1,01$
g) $\ln x = 7,2$ h) $\ln x = e$ i) $\ln x = 0$ j) $\ln x = -200$ k) $\ln x = 1$ l) $\ln x = 200$

Wie Euler Logarithmen berechnete

Heute ist es sehr einfach, den Logarithmus einer Zahl zu ermitteln. Jeder wissenschaftliche Taschenrechner verfügt über entsprechende Tasten. Bevor es Taschenrechner gab, wurden Logarithmen aus Tabellen – sogenannten Logarithmentafeln – abgelesen. Aber wie wurden diese Tafeln aufgestellt?

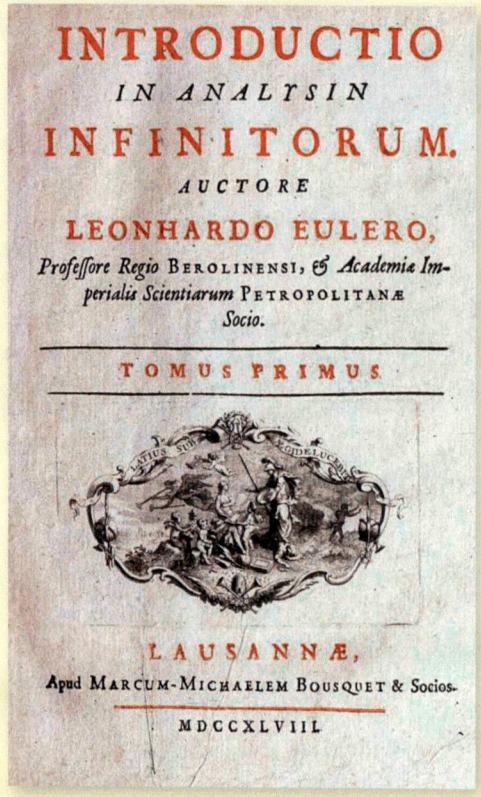

Es sind verschiedene historische Verfahren zur Berechnung von Logarithmen bekannt. Eines beschreibt **Leonhard Euler** (1707–1783) in seinem berühmten Werk **Introductio in Analysin Infinitorum**.

Die Schöpfer der ersten Logarithmentafeln mussten ihr Werk allein mithilfe der vier Grundrechenarten erledigen. Außerdem beherrschten sie die Berechnung von Quadratwurzeln beispielsweise mit dem Verfahren von Heron, bei dem nach der Vorschrift $x_{n+1} = \frac{1}{2}\left(x_n + \frac{a}{x_n}\right)$ ausgehend von einem beliebigen Startwert x_0 iterativ eine Zahlenfolge $x_1, x_2, x_3, \ldots$ erzeugt wird, die gegen die gesuchte Zahl $\sqrt{a}$ strebt.

Das von Euler beschriebene Verfahren zur Berechnung von Logarithmen verwendet nur Multiplikationen und das Quadratwurzelziehen sowie die Bildung des arithmetischen Mittels zweier Zahlen. Es beruht im Wesentlichen auf der Anwendung zweier Rechengesetze für Logarithmen: $\ln(a \cdot b) = \ln a + \ln b$ und $\ln \sqrt{c} = \ln c^{\frac{1}{2}} = \frac{\ln c}{2}$.

Demnach gilt für zwei positive Zahlen A und B: $\ln \sqrt{A \cdot B} = \frac{\ln A + \ln B}{2}$.

Diese Beziehung bildet die Grundlage für Eulers Berechnungsverfahren für Logarithmen.

Wie Euler Logarithmen berechnete

Die Beziehung sagt aus: Kennt man die Logarithmen zweier Zahlen A und B, dann ist das arithmetische Mittel der beiden Logarithmen ln A und ln B gleich dem Logarithmus der Quadratwurzel aus dem Produkt der beiden Zahlen.

Soll nun der Logarithmus einer Zahl Z berechnet werden, die zwischen A und B liegt, dann kann man den Logarithmus einer weiteren Zahl C = $\sqrt{AB}$ bestimmen durch die Mittelbildung $\frac{\ln A + \ln B}{2}$. Anschließend wählt man von den drei Zahlen A, B, C diejenigen beiden Zahlen aus, zwischen denen Z liegt, und verfährt in gleicher Weise.

Der nebenstehende Ausschnitt aus einer Seite der Introductio zeigt die Vorgehensweise von Euler bei der Berechnung des dekadischen Logarithmus von 5. Die Berechnung von $\log_{10} 5$ beginnt Euler mit den Zahlen A = 1 und B = 10, deren Logarithmen bekannt sind; Euler schreibt daneben *l*A = 0 und *l*B = 1, setzt C = $\sqrt{AB}$ und notiert in der dritten Zeile den Wert dieser Wurzel. *l*C berechnet er als arithmetisches Mittel von *l*A und *l*B, usw.

Als Ergebnis erhält Euler schließlich $\log_{10} 5 = 0{,}698\,9700$.

Abschließend soll der natürlichen Logarithmus der Zahl 2 ermittelt werden. Als erste Näherungszahl wird A = 1 gewählt, als zweite B = e ≈ 2,718 281 828, denn ln e = 1 ist bekannt und 2 liegt zwischen 1 und e. Die Quadratwurzeln der ersten Spalte (ab Zeile 3) werden der Einfachheit halber nicht mit „Heron", sondern mit einem zehnstelligen Taschenrechner bestimmt. Die Zahlen in der zweiten Spalte (ab Zeile 3) sind die Mittelwerte von zwei bereits berechneten Logarithmen.

		Es sei:
A = 1,000 000 000	ln A = 0,000 000 000	
B = 2,718 281 828	ln B = 1,000 000 000	C = $\sqrt{AB}$
C = 1,648 721 271	ln C = $\frac{\ln A + \ln B}{2}$ = 0,500 000 000	D = $\sqrt{BC}$
D = 2,117 000 017	ln D = $\frac{\ln B + \ln C}{2}$ = 0,750 000 000	E = $\sqrt{CD}$
E = 1,868 245 958	ln E = $\frac{\ln C + \ln D}{2}$ = 0,625 000 000	F = $\sqrt{DE}$
F = 1,988 737 470	ln F = $\frac{\ln D + \ln E}{2}$ = 0,687 500 000	G = $\sqrt{DF}$
G = 2,051 866 774	ln G = $\frac{\ln D + \ln F}{2}$ = 0,718 750 000	H = $\sqrt{FG}$
H = 2,020 055 528	ln H = $\frac{\ln F + \ln G}{2}$ = 0,703 125 000	I = $\sqrt{FH}$
I = 2,004 335 331	ln I = $\frac{\ln F + \ln H}{2}$ = 0,695 312 500	J = $\sqrt{FI}$
J = 1,996 521 168	ln J = $\frac{\ln F + \ln I}{2}$ = 0,691 406 250	K = $\sqrt{IJ}$

Setzen Sie das Verfahren fort, bis in der ersten Spalte 2,000 000 000 steht. Vergleichen Sie Ihren Wert für ln 2 mit dem Näherungswert, den Ihr Taschenrechner liefert.

5. Trigonometrische Funktionen

A. Gradmaß und Bogenmaß

Es gibt mehrere Möglichkeiten, den bei einer Drehbewegung überstrichenen Drehwinkel zu erfassen.

> **Beispiel:** Das abgebildete Riesenrad hat einen Durchmesser von 40 m.
> a) Welcher Drehwinkel entspricht einer vollen Umdrehung? Welchen Weg auf dem Kreisbogen legt die Gondel A dabei zurück?
> b) Das Riesenrad dreht sich um 70°. Welchen Weg auf dem Kreis legt Gondel A nun zurück?

Lösung:
a) Der vollen Umdrehung entspricht ein Drehwinkel von 360°. Die Gondel legt dabei auf dem Kreis, der ihre Bahn darstellt, den Weg $s = 2r\pi = 2 \cdot 20 \cdot \pi \, m \approx 125{,}66 \, m$ zurück.
b) Wenn der Drehwinkel nur 70° beträgt, legt die Gondel $\frac{70°}{360°} \cdot 125{,}66 \, m \approx 24{,}43 \, m$ zurück.

Man kann also das Ausmaß der Drehbewegung außer durch den Drehwinkel auch durch den auf dem Kreis zurückgelegten Weg erfassen. Allerdings hängt dieser außer vom Winkel auch von der Größe des Rades ab. Man vereinfacht das Problem, indem man ein Rad mit dem Radius 1 zugrunde legt, also den Einheitskreis.

Jedem Winkel α kann auf dem Einheitskreis ein Bogenstück $\widehat{AP}$ zugeordnet werden, den die Schenkel des Winkels aus dem Einheitskreis herausschneiden.
Die Länge x dieses Bogenstückes wird als *Bogenmaß* des Winkels α definiert.
Man erhält die rechts dargestellte Umrechnungsformel, da x sich zum Umfang 2π des Einheitskreises so verhält, wie α zum Vollwinkel 360°.
Hinweis: Für das Bogenmaß zum Gradmaß α sind die Bezeichnungen $\widehat{α}$ und arc α (Arkus α) üblich.

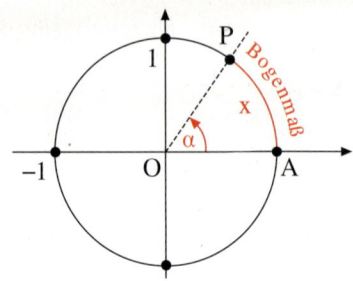

$$\frac{x}{2\pi} = \frac{α}{360°} \qquad \begin{array}{l} α = \text{Gradmaß} \\ x = \text{Bogenmaß} \end{array}$$

Dreht man nicht gegen den Uhrzeigersinn (mathematisch positive Drehrichtung), sondern im Uhrzeigersinn, so macht man dies kenntlich, indem man Gradmaß und Bogenmaß mit negativem Vorzeichen versieht.

5. Trigonometrische Funktionen

▶ **Beispiel:** Rechnen Sie das Gradmaß des Winkels α in das Bogenmaß x um bzw. umgekehrt.
  a) α = 40°   b) α = −30°   c) x = 1,12

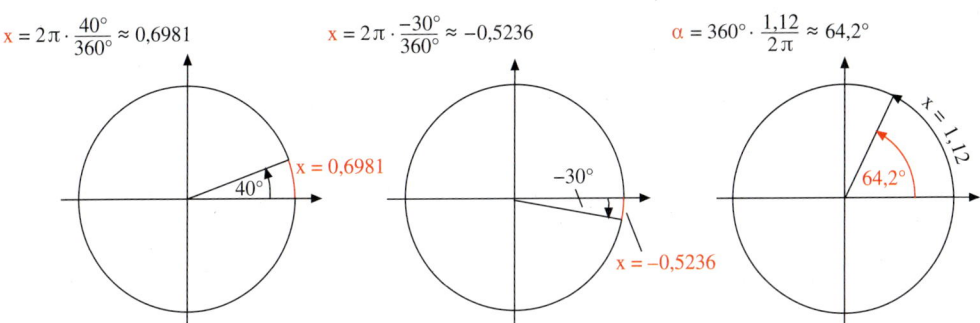

$x = 2\pi \cdot \frac{40°}{360°} \approx 0,6981$ $x = 2\pi \cdot \frac{-30°}{360°} \approx -0,5236$ $\alpha = 360° \cdot \frac{1,12}{2\pi} \approx 64,2°$

Übung 1
Vervollständigen Sie die Tabelle.

Gradmaß α	10°	15°		36°	45°		90°		180°	270°		360°
Bogenmaß x			$\frac{\pi}{6}$			$\frac{\pi}{3}$		$\frac{3}{4}\pi$			$\frac{5}{3}\pi$	

Übung 2
a) Rechnen Sie das gegebene Bogenmaß in das Gradmaß um.
   $\frac{1}{8}\pi, \frac{4}{3}\pi, \frac{3}{8}\pi, \frac{5}{6}\pi, \frac{1}{12}\pi, \frac{7}{8}\pi, 4{,}71, 0{,}2, 6{,}28, 1$
b) Geben Sie das Bogenmaß als Anteil von π an.
   60°, 15°, 45°, 135°, 270°, 320°, 120°, 240°, 100°, −45°, −300°, −72°

Übung 3
Ordnen Sie die Winkel der Größe nach an.
40°; 0,55; 30°; 0,7; 80°; 1,36; 0,92; 55°

Kreisbewegungen sind *periodische* Bewegungen. Nach einer Umdrehung wiederholt sich das Ganze. Der Drehwinkel übersteigt dann 360° (Bogenmaß 2π). Zwei Umdrehungen entsprechen 720° (Bogenmaß 4π) usw.

Übung 4
a) Ein Fahrrad legt $5\frac{1}{4}$ Umdrehungen zurück. Geben Sie den Drehwinkel im Gradmaß und im Bogenmaß an.
b) Ein Fahrrad mit einem Raddurchmesser von 64 cm fährt eine Strecke von exakt 500 m. Welchen Winkel zur Horizontalen nimmt nun die markierte Speiche ein?
c) Wie hoch steht die Markierungsmarke nach 500 m über der Straße?

B. Sinusfunktion und Kosinusfunktion

Tragen wir auf der x-Achse eines Koordinatensystems das Bogenmaß und auf der y-Achse den zugehörigen, am Einheitskreis gewonnenen Sinuswert ab, so erhalten wir den Graphen der Sinusfunktion. Analog erhalten wir den Graphen der Kosinusfunktion.

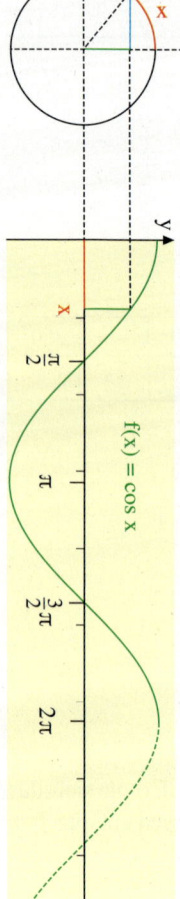

Den abgebildeten Graphen können wir einige wichtige Eigenschaften der beiden Funktionen entnehmen.

1. Sinus- und Kosinusfunktion haben den Definitionsbereich $\mathbb{R}$ und den Wertebereich $[-1; 1]$.

2. Sinus- und Kosinusfunktion sind periodisch mit der Periode 2π. Für alle $x \in \mathbb{R}$, $k \in \mathbb{Z}$ gilt daher:
$$\sin(x + k \cdot 2\pi) = \sin x$$
$$\cos(x + k \cdot 2\pi) = \cos x$$

3. Der Graph der Kosinusfunktion und der Sinusfunktion sind um $-\frac{\pi}{2}$ in x-Richtung verschoben
$$\cos x = \sin\left(x + \frac{\pi}{2}\right)$$
$$\sin x = \cos\left(x - \frac{\pi}{2}\right)$$

4. Der Graph der Sinusfunktion ist symmetrisch zum Ursprung. Der Graph der Kosinusfunktion ist symmetrisch zur y-Achse.
$$\sin(-x) = -\sin x$$
$$\cos(-x) = \cos x$$

5. Die Nullstellen der Sinusfunktion liegen bei $x = k\pi$ und die Nullstellen der Kosinusfunktion liegen bei $x = \frac{\pi}{2} + k\pi$ ($k \in \mathbb{Z}$).

Übung 5
a) Begründen Sie die aus den Graphen gewonnenen Eigenschaften 1 bis 5 mithilfe der Darstellung von Sinus und Kosinus am Einheitskreis.
b) Berechnen Sie die folgenden Funktionswerte mithilfe des Taschenrechners. Stellen Sie den korrekten Modus ein (RAD für Winkel in Bogenmaß, DEG für Winkel in Gradmaß).

$\sin(30°)$ $\sin(\pi/3)$ $\sin(60°)$ $\sin(2)$ $\sin(8{,}3\pi)$ $\cos(0{,}5)$ $\cos(-\pi/3)$ $\cos(35°)$

5. Trigonometrische Funktionen

Eigenschaften der Sinusfunktion

In der folgenden Tabelle sind die typischen Eigenschaften der Sinusfunktion zusammengefasst.

Definitionsbereich	$\mathbb{R}$	
Wertebereich	$[-1; 1]$	
Periode	2π	$\sin(x + k \cdot 2\pi) = \sin(x) \quad (k \in \mathbb{Z})$
Symmetrie	Punktsymmetrie zum Koordinatenursprung	$\sin(-x) = -\sin(x)$
Nullstellen	$x = k \cdot \pi \quad (k \in \mathbb{Z})$	

Übung 6

a) Erläutern Sie die Inhalte der obigen Tabelle anhand des Graphen der Sinusfunktion.
b) Beweisen Sie die Symmetrieeigenschaft $\sin(-x) = -\sin(x)$ am Einheitskreis.

Berechnung von Funktionswerten und Argumenten

▶ **Beispiel:**
a) Bestimmen Sie den Funktionswert von $f(x) = \sin x$ für $x = 2$ mit einem Taschenrechner.
b) Ermitteln Sie alle $x \in \mathbb{R}$ für die gilt: $\sin x = 0{,}8$.

Lösung zu a:
Man schaltet zunächst den RAD-Modus ein. Dann wird die SIN-Taste betätigt und 2 eingegeben. Man erhält: $\sin 2 \approx 0{,}909\,297$.

Lösung zu b:
Zunächst betrachten wir die Situation anhand des Graphen von $f(x) = \sin x$.

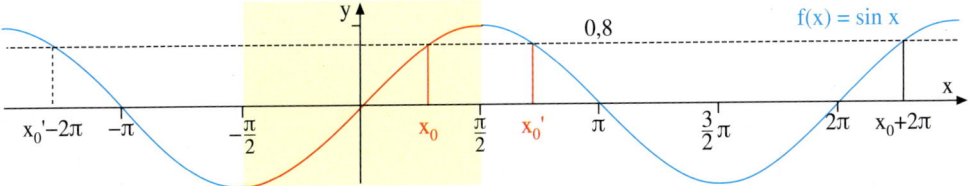

Wir erkennen, dass es unendlich viele Lösungen gibt, da die Sinusfunktion periodisch ist mit der Periodenlänge 2π. Interessant sind die beiden sog. **Basislösungen** x_0 im aufsteigenden und x_0' im absteigenden Teil des Sinusbogens, denn alle anderen Lösungen ergeben sich durch Addition eines ganzzahligen Vielfachen der Periode 2π zu diesen Basislösungen. Es reicht aus, mit dem Taschenrechner $x_0 = \sin^{-1} 0{,}8 \approx 0{,}927\,295$ zu bestimmen, da x_0' und x_0 symmetrisch zur Stelle $\frac{\pi}{2}$ liegen, sodass die Symmetrie $\frac{\pi}{2} - x_0 = x_0' - \frac{\pi}{2}$ gilt. x_0' ergibt sich daher aus x_0 nach der Gleichung
▶ $x_0' = \pi - x_0 \approx 2{,}214\,297$. Schließlich folgt: $x \approx 0{,}927\,295 + 2k\pi$ und $x' \approx 2{,}214\,297 + 2k\pi$.

Übung 7

a) Berechnen Sie mit dem Taschenrechner $\sin x$ für $x = -2{,}25; -2{,}25\pi; 1{,}33; 1{,}33\pi$.
b) Informieren Sie sich darüber, wie Sie mit Ihrem Taschenrechner die Argumente zu gegebenen Funktionswerten der Sinusfunktion ermitteln können, und bestimmen Sie alle Argumente $x \in [-2\pi; 2\pi]$ mit der Eigenschaft $\sin x = -1; -0{,}75; -0{,}5; -0{,}25; 0; 0{,}25; 0{,}5; 0{,}75; 1$.

Eigenschaften der Kosinusfunktion

Definitionsbereich	$\mathbb{R}$	
Wertebereich	$[-1; 1]$	
Periode	2π	$\cos(x + k \cdot 2\pi) = \cos(x)$ ($k \in \mathbb{Z}$)
Symmetrie	Achsensymmetrie zur y-Achse	$\cos(-x) = \cos(x)$
Nullstellen	$x = \frac{\pi}{2} + k \cdot \pi$ ($k \in \mathbb{Z}$)	
Verwandschaft mit der Sinusfunktion	Ihr Graph entsteht aus dem Graphen der Sinusfunktion durch Verschiebung um $\frac{\pi}{2}$ nach links.	$\cos x = \sin\left(x + \frac{\pi}{2}\right)$

Übung 8
Bestimmen Sie den Funktionswert $f(x) = \cos x$ bzw. die Argumente $x \in [-2\pi; 2\pi]$.
a) $x = \frac{\pi}{4}$ b) $x = -\pi$ c) $x = 1$ d) $x = -8$ e) $x = 7{,}5\pi$ f) $x = 3$
g) $\cos x = -1$ h) $\cos x = -\frac{1}{2}$ i) $\cos x = 0$ j) $\cos x = \frac{1}{3}$ k) $\cos x = \frac{1}{2}$ l) $\cos x = 1$

C. Tangensfunktion

$f(x) = \tan x$

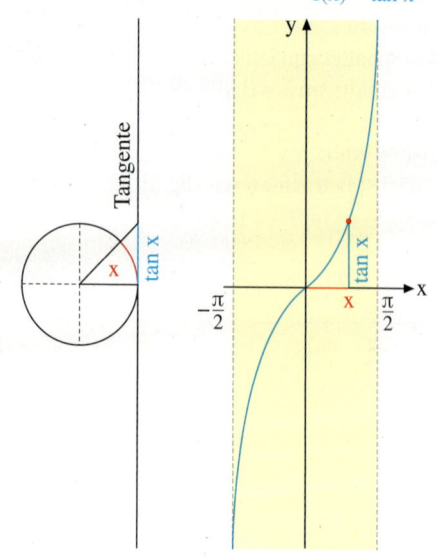

Eine weitere wichtige trigonometrische Funktion ist die Tangensfunktion. Der Tangens des Winkels x lässt sich geometrisch als Tangentenabschnitt interpretieren, wie rechts dargestellt. Das Vorzeichen ist positiv, wenn der Bogen x im ersten oder dritten Quadranten endet, ansonsten negativ. Die Periode beträgt π. Für ungerade Vielfache von $\frac{\pi}{2}$ ist der Tangens nicht definiert.

Aus den Definitionen von sin, cos und tan (vgl. S. 11 und 12) folgt:

$\tan x = \frac{\sin x}{\cos x}$, $x \neq (2k + 1)\frac{\pi}{2}$, $k \in \mathbb{Z}$.

Eigenschaften der Tangensfunktion

Definitionsbereich	$\mathbb{R}\setminus\left\{(2k + 1)\frac{\pi}{2}\right\}$ ($k \in \mathbb{Z}$)	
Wertebereich	$\mathbb{R}$	
Periode	π	$\tan(x + k \cdot \pi) = \tan(x)$ ($k \in \mathbb{Z}$)
Symmetrie	Punktsymmetrie zum Koordinatenursprung	$\tan(-x) = -\tan(x)$
Nullstellen	$x = k \cdot \pi$ ($k \in \mathbb{Z}$)	

5. Trigonometrische Funktionen

Anstiegswinkel einer Geraden

Definition: Der *Anstiegswinkel* α einer Geraden ist der im mathematisch positiven Sinne gemessene Winkel zwischen der x-Achse und der Geraden.

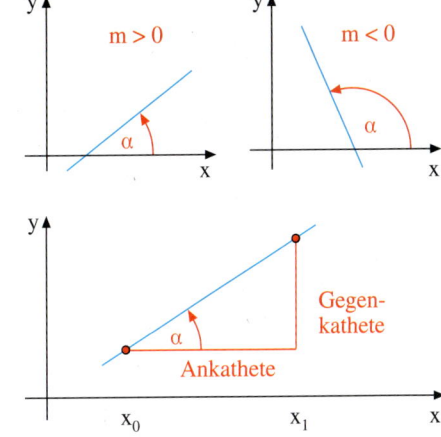

Satz:
Der Anstieg einer Geraden ist gleich dem Tangens ihres Steigungswinkels.

$$m = \tan\alpha \quad (\alpha \neq 90°)$$

Beweis für $0° < \alpha < 90°$: $\tan\alpha = \dfrac{\text{Gegenkathete}}{\text{Ankathete}} = \dfrac{f(x_1) - f(x_0)}{x_1 - x_0} = m$

▶ **Beispiel:** Eine Gerade hat den Anstiegswinkel α. Berechnen Sie den Anstieg m für α = 30° sowie für α = 110° mit dem Taschenrechner.

Lösung:
Wir bestimmen $\tan\alpha$ und erhalten nebenstehende Resultate.

Rechnung:
$m = \tan\alpha = \tan 30° \approx 0{,}5774$
$m = \tan\alpha = \tan 110° \approx -2{,}7475$

▶ **Beispiel:** Berechnen Sie den Anstiegswinkel der Geraden zu f.
a) $f(x) = 3x - 1$ b) $f(x) = -2x + 3$

Lösung:
Zur Lösung dieser Aufgabe benötigen wir die Umkehrfunktion des Tangens. Hierzu wenden wir die Tasten (inv)(tan), (2nd)(tan) oder $(\tan^{-1})$ an.

Der Taschenrechner liefert hier den negativen Winkel $\alpha' \approx -63{,}4°$. Bilden wir den Ergänzungswinkel zu 180°, also $\alpha = 180 - \alpha'$, so erhalten wir den positiven Winkel $\alpha \approx 116{,}6°$.

Rechnung zu a:

$\tan\alpha = m$
$\Rightarrow \tan\alpha = 3$
$\Rightarrow \alpha \approx 71{,}6°$

Rechnung zu b:

$\tan\alpha = -2$
$\Rightarrow \alpha' \approx -63{,}4°$
$\Rightarrow \alpha \approx 180° - 63{,}4°$
$\Rightarrow \alpha \approx 116{,}6°$

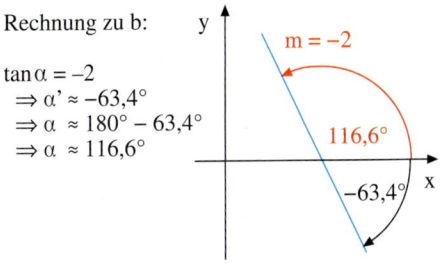

Übung 9
Berechnen Sie den Anstiegswinkel der Geraden zu $f(x) = \dfrac{3}{2}x + 1$.

D. Sinusfunktionen: f(x) = a sin (x + b) + c

Mit einem Oszilloskop können elektrische und akustische Signale visualisiert und analysiert werden.
Häufig handelt es sich um sinusartige Schwingungen, die durch Variation der Grundfunktionen erfasst und modelliert werden können.

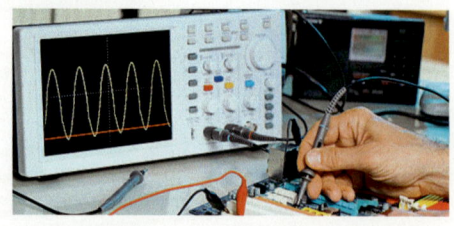

Viele dieser Funktionen besitzen Funktionsgleichungen der Gestalt f(x) = a sin (x + b) + c. Der Graph einer solchen Funktion kann durch Verschiebungen und Streckungen aus dem Graphen des Standardsinus f(x) = sin x gewonnen werden.

▶ **Beispiel:** Die Graphen der Funktionen g(x) = sin (x − 2), h(x) = sin x + 1 und k(x) = 2 sin x sollen aus dem Graphen der Sinusfunktion f(x) = sin x gewonnen werden. Welche Operationen sind erforderlich?

Lösung:
Der Graph von g(x) = sin (x − 2) geht aus dem Graphen von f(x) = sin x durch eine *Verschiebung* um den Wert +2 hervor.
Die Verschiebung erfolgt nach rechts, d. h. in Richtung der positiven x-Achse.
Bei der Funktion g(x) = sin (x + 2) dagegen wäre eine Verschiebung um den Wert 2 nach links erforderlich gewesen.

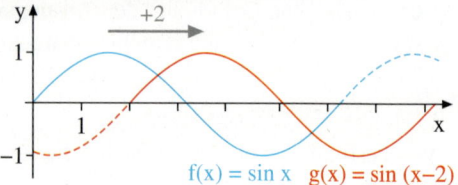

Der Graph von h(x) = sin x + 1 entsteht aus dem Graphen von f(x) = sin x durch eine *Verschiebung* um den Wert 1 in Richtung der positiven y-Achse.
Hätte die Funktionsgleichung dagegen h(x) = sin x − 1 gelautet, so wäre eine *Verschiebung* um den Wert 1 in Richtung der negativen y-Achse erforderlich gewesen.

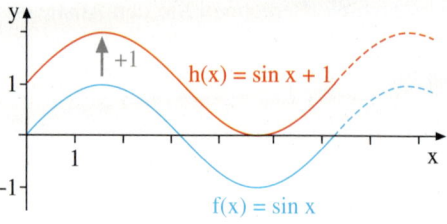

Der Graph von k(x) = 2 sin x geht aus dem Graphen von f(x) = sin x durch eine Verdopplung aller Funktionswerte hervor.
Dabei verdoppelt sich insbesondere die *Amplitude*, d. h. die Größe des Maximalausschlags der Sinusschwingung.
Hätte die Funktionsgleichung dagegen k(x) = −2 sin x gelautet, so wäre es neben der Amplitudenverdopplung außerdem zu einer Spiegelung an der x-Achse gekommen. ◀

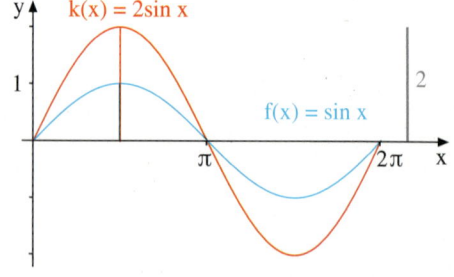

5. Trigonometrische Funktionen

Die im Beispiel beschriebenen Transformationen können in gleicher Weise für die Kosinusfunktion oder die Tangensfunktion durchgeführt werden.

Übung 10
Skizzieren Sie den Graphen der Funktion g im Intervall $[-2\pi; 2\pi]$. Beachten Sie dabei, dass die Tangensfunktion nicht für alle Argumente dieses Intervalls definiert ist.
a) $g(x) = \sin(x + 3)$ b) $g(x) = \cos(x - \pi)$ c) $g(x) = \sin\left(x + \frac{\pi}{2}\right)$ d) $g(x) = \tan\left(x + \frac{\pi}{2}\right)$
e) $g(x) = \cos x + 1$ f) $g(x) = -\cos x + 3$ g) $g(x) = 2 - \sin x$ h) $g(x) = 1{,}5 + \tan x$
i) $g(x) = 3\cos x$ j) $g(x) = -\sin x$ k) $g(x) = -\frac{5}{2}\cos x$ l) $g(x) = \frac{1}{2}\tan x$

Abschließend verallgemeinern wir unsere Betrachtungen auf Funktionen, bei denen alle drei Parameter a, b und c auftreten:

$$f(x) = a\sin(x + b) + c$$

- Verschiebung um $+c$ in y-Richtung
- Verschiebung um $-b$ in x-Richtung
- Amplitude $= a$

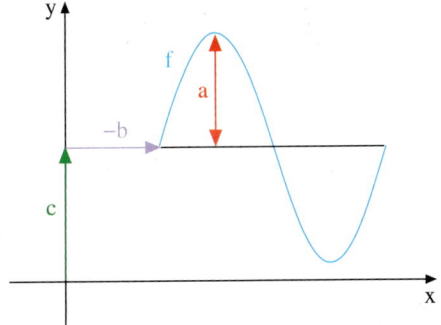

Übung 11
Skizzieren Sie den Graphen der Funktion f im Intervall $[-2\pi; 2\pi]$.
a) $f(x) = 3\sin(x - 2) - 1$ b) $f(x) = -2\sin(x + 1) + 2$ c) $f(x) = 1{,}5\sin(x - \pi) - 2$
d) $f(x) = 3\cos(x - 2) - 1$ e) $f(x) = -2\cos(x + 1) + 2$ f) $f(x) = 1{,}5\cos(x - \pi) - 2$

Übung 12
Ordnen Sie jedem Graphen den passenden Funktionsterm zu. Begründen Sie Ihre Wahl.

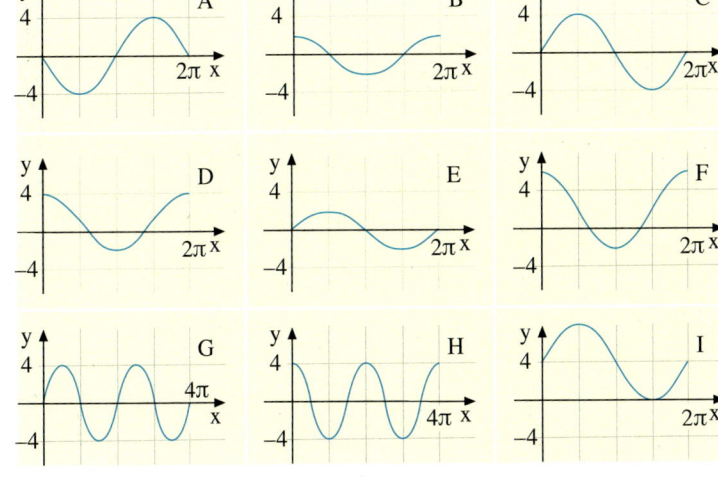

$f_1(x) = -4\cos(x - \pi)$
$f_2(x) = 4\cos(x - 0{,}5\pi)$
$f_3(x) = 2\cos(x)$
$f_4(x) = 3\cos(x) + 1$
$f_5(x) = 4\sin(x + \pi)$
$f_6(x) = 4\sin(x)$
$f_7(x) = 2\sin(x)$
$f_8(x) = 4\cos(x - 0{,}5\pi) + 4$
$f_9(x) = 4\cos(x) + 2$

Übung 13
Bestimmen Sie $f(x) = a\sin(x + b)$ zu den Wertepaaren $(1|0)$, $\left(\frac{\pi}{2} + 1 \big| 3\right)$ und $\left(\frac{3\pi}{2} + 1 \big| -3\right)$.

6. Wurzel-, Exponential- und Logarithmusgleichungen

Bei Funktionsuntersuchungen und Modellierungen sind häufig Gleichungen zu lösen, d. h. im Folgenden geht es um die Lösung von Gleichungen, in denen Wurzelterme, Exponentialterme oder Logarithmusterme vorkommen.

A. Graphisches Lösen

Gleichungen können graphisch gelöst werden, indem man sie auf die Form $f(x) = g(x)$ bringt und die Graphen der beiden Funktionen f und g in einem Koordinatensystem darstellt. Wenn die Graphen der Funktionen f und g gemeinsame Punkte besitzen, so hat die Gleichung Lösungen. Das sind die Abszissen der gemeinsamen Punkte.

Graphisches Lösen liefert Näherungslösungen. Wenn bestimmte Funktionseigenschaften – wie beispielsweise das Monotonieverhalten von f und g – bekannt sind, kann man auch eine Aussage über die Anzahl der Lösungen treffen.

> **Beispiel: Graphisches Lösen einer Gleichung**
> Gesucht ist die Lösung der Gleichung $\sqrt{x+2} - 2^x = 0$.

Lösung:
Die Gleichung $\sqrt{x+2} - 2^x = 0$ wird auf die Form $\sqrt{x+2} = 2^x$ gebracht.

Das nebenstehende Bild zeigt die Graphen von $f(x) = \sqrt{x+2}$ und $g(x) = 2^x$, die sich im dargestellten Bereich in zwei Punkten schneiden, deren Koordinaten von dem verwendeten digitalen Mathematikwerkzeug auch recht genau ausgegeben werden. Die Gleichung hat also die Näherungslösungen $x_1 \approx -1{,}93$ und $x_2 \approx 0{,}72$.

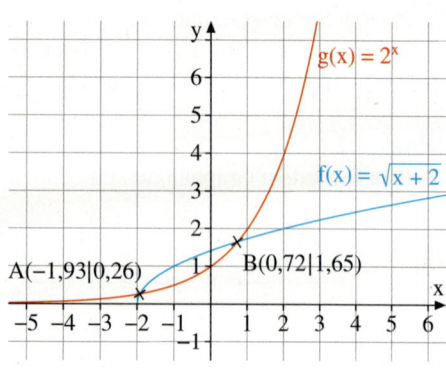

Aufgrund der Monotonie der Funktionen f und g gibt es höchstens zwei Schnittpunkte der beiden Graphen; folglich hat die Gleichung $\sqrt{x+2} - 2^x = 0$ keine weiteren Lösungen.

Übung 1
a) $\sqrt{x-2} - x + 1{,}5 = 0$
b) $x^2 - \sqrt{x} - 2 = 0$
c) $x - \sqrt{x-1} + 2 = 0$
d) $2^x - x^2 = 0$
e) $\left(\frac{1}{2}\right)^x - x^2 = 0$
f) $x^{x+1} - \left(\frac{1}{3}\right)^x - 2 = 0$
g) $\lg x - x^2 + 2 = 0$
h) $x - \ln x = e$
i) $\sqrt{x+1} - 2\log_2 x = 1$

Übung 2
Ermitteln Sie Näherungswerte für alle Lösungen der Gleichung $10^{-x} - \cos x = 0$.

B. Wurzelgleichungen

Bei der Lösung von Gleichungen, die Quadratwurzeln enthalten, wird man zunächst versuchen, diese durch Quadrieren zu entfernen. Die einfache Wurzelgleichung $\sqrt{x-1} = 1$, die offensichtlich die Lösung $x = 2$ besitzt, führt nach dem beidseitigen Bilden des Quadrats auf die Gleichung $x - 1 = 1$, die ebenfalls die Lösung $x = 2$ hat. Es geht aber nicht immer so „reibungslos".

> **Beispiel: Lösung einer Wurzelgleichung**
> Bestimmen Sie alle rellen Zahlen x, die Lösung der Gleichung $x - 2 = \sqrt{7 - 2x}$ sind.

Lösung:
Zunächst werden beide Seiten der Gleichung quadriert. Nach dem Zusammenfassen erhält man eine quadratische Gleichung mit den Lösungen 3 und −1.
Setzt man in die Wurzelgleichung für x die Zahl 3 ein, so ergibt sich eine wahre Aussage. Bei $x = -1$ entsteht ein Widerspruch.
▶ Also ist nur $x = 3$ Lösung.

$$x - 2 = \sqrt{7 - 2x} \quad |()^2$$
$$\Rightarrow \quad x^2 - 4x + 4 = 7 - 2x$$
$$\Leftrightarrow \quad x^2 - 2x - 3 = 0$$
$$\Leftrightarrow \quad x = 1 \pm \sqrt{1 + 3} = 1 \pm 2$$
$$\Leftrightarrow \quad x = 3 \quad \text{oder} \quad x = -1$$

Probe: $\quad 1 = 1 \text{ (w)}; \quad -3 = 3 \text{ (f)}$

Beim obigen Beispiel hat sich durch das Quadrieren eine Lösung „eingeschlichen", die gar nicht Lösung der gegebenen Wurzelgleichung ist. Das Quadrieren ist keine Äquivalenzumformung, was wir auch bereits durch Verwendung des Folgerungspfeils „⇒" angedeutet haben.
Beim Lösen von Wurzelgleichungen ist also die Probe unabdingbar. Es geht nicht nur um die Feststellung, dass man fehlerfrei umgeformt und gerechnet hat; es geht insbesondere um die Überprüfung der Gültigkeit der berechneten Ergebnisse. Es macht auch Sinn, vor dem Umformen der gegebenen Gleichung zu untersuchen, für welche reellen Zahlen x die Terme der Gleichung überhaupt definiert sind.

Übung 3
Gegeben sind vier Gleichungen, die sich nur geringfügig voneinander unterscheiden:
$\sqrt{x-1} = x-1, \quad \sqrt{x-1} = 1-x, \quad \sqrt{1-x} = 1-x, \quad \sqrt{1-x} = x-1$.

a) Bestimmen Sie alle reellen Lösungen der einzelnen Gleichungen.
b) Veranschaulichen Sie die Lösungen durch den Schnitt der zugehörigen Funktionsgraphen.
c) Vergleichen und bewerten Sie die Ergebnisse.

Übung 4
Bestimmen Sie die Lösungen.
a) $\sqrt{5x - 10} = \sqrt{10 - 5x}$
b) $\sqrt{2x + 7} = \sqrt{3x - 3}$
c) $\sqrt{5x + 6} = \sqrt{2x - 9}$
d) $\sqrt{2x + 5} = x - 1$
e) $\sqrt{2 - 2x} = x + 3$
f) $\sqrt{x^2 + 8} = x - 2$
g) $x - 3\sqrt{x} = \sqrt{x}$
h) $\sqrt{2 - 2x} = 1 + \sqrt{2 - x}$
i) $\sqrt{1 - 4x} + \sqrt{2x - 4} = 3$

Übung 5
Begründen Sie, dass die Gleichung $\sqrt{1 - x} = \sqrt{x - 2}$ keine reelle Lösung besitzt.

Übung 6
Stellen Sie eine Wurzelgleichung auf, die keine (genau eine; mehr als eine) Lösung hat.

C. Exponential- und Logarithmusgleichungen

Die Auflösung von Exponential- und Logarithmusgleichungen erfolgt wesentlich durch *Logarithmieren* und *Potenzieren*. Beim Logarithmieren bildet man von beiden Gleichungsseiten, sofern es sich um positive Zahlen handelt, den Logarithmus mit geeigneter Basis. Da Taschenrechner die Bestimmung dekadischer Logarithmen gestatten (Taste: LOG), logarithmieren wir meist mit „lg". Beim Potenzieren werden beide Gleichungsseiten zur selben Potenz erhoben. Sowohl das Logarithmieren als auch das Potenzieren sind Äquivalenzumformungen, da die entsprechenden Funktionen streng monoton sind.

Wir demonstrieren das Auflösungsverfahren für Exponentialgleichungen bzw. Logarithmusgleichungen jeweils anhand eines Beispiels, wobei auf die Probe verzichtet wird.

▶ **Beispiel: Exponentialgleichung**
Lösen Sie die Exponentialgleichung $2 \cdot 3^x - 9 = 25$.

Lösung:
Zunächst wird in den ersten beiden Schritten die Potenz 3^x auf der linken Seite isoliert.
Dann werden beide Seiten der Gleichung logarithmiert.
Durch Anwendung des logarithmischen Gesetzes $\lg(a^b) = b \cdot \lg a$ entsteht eine lineare Gleichung, die nach x aufgelöst wird.

$$2 \cdot 3^x - 9 = 25 \quad | +9$$
$$\Leftrightarrow \quad 2 \cdot 3^x = 34 \quad | :2$$
$$\Leftrightarrow \quad 3^x = 17 \quad | \text{Logarithmieren}$$
$$\Leftrightarrow \quad \lg(3^x) = \lg 17 \quad | \text{log. Gesetz}$$
$$\Leftrightarrow \quad x \cdot \lg 3 = \lg 17 \quad | :\lg 3$$
$$\Leftrightarrow \quad x = \frac{\lg 17}{\lg 3} \approx 2{,}5789$$

Übung 7
Lösen Sie die Exponentialgleichung.
a) $2 + 3 \cdot 4^x = 98$ b) $2 \cdot 5^x = 3 \cdot 4^x$ c) $2^{x^2 + 5} = \frac{1}{4}$

▶ **Beispiel: Logarithmusgleichung**
Lösen Sie die Logarithmusgleichung $5 + 2 \cdot \lg(2x - 4) = 10$.

Lösung:
In den ersten beiden Schritten wird der Term $\lg(2x - 4)$ auf der linken Seite isoliert. Anschließende wird auf beiden Seiten zur Basis 10 potenziert, wodurch sich auf der linken Seite der Term $2x - 4$ und rechts $10^{2,5}$ ergibt, also eine lineare Gleichung, die schließlich nach x aufgelöst wird.

$$5 + 2 \cdot \lg(2x - 4) = 10 \quad | -5$$
$$\Leftrightarrow \quad 2 \cdot \lg(2x - 4) = 5 \quad | :2$$
$$\Leftrightarrow \quad \lg(2x - 4) = 2{,}5 \quad | \text{Potenzieren}$$
$$\Leftrightarrow \quad 2x - 4 = 10^{2,5} \quad | +4$$
$$\Leftrightarrow \quad 2x = 10^{2,5} + 4 \quad | :2$$
$$\Leftrightarrow \quad x = \frac{10^{2,5} + 4}{2} \approx 160{,}1139$$

Übung 8
Lösen Sie die Logarithmusgleichung.
a) $2 + 3 \cdot \lg(x + 5) = 8$ b) $13 + 4 \cdot \lg(2x + 3) = 1$ c) $1 + 3\log_2(x^2 + 1) = 4$

6. Wurzel-, Exponential- und Logarithmusgleichungen

Übungen

9. Wahr oder falsch?
a) $\log_a(3x) = 3 \cdot \log_a x$
b) $\log_a(x-y) = \log_a x - \log_a y$
c) $\frac{\lg a}{\lg b} = \lg\left(\frac{a}{b}\right)$
d) $\log_a x^{10} = 10 \cdot \log_a x$
e) $\lg a \cdot \lg b = \lg(a+b)$
f) $\lg(\sqrt[n]{a}) = \frac{1}{n} \lg a$

10. Lösen Sie die Exponentialgleichung.
a) $5^x = 12$
b) $7^y = 3$
c) $64^x = 4096$
d) $625^z = 125$
e) $0{,}8^x = 8$
f) $12^{x+1} = 1000$
g) $3^{-2x} = 51$
h) $11^{6x-5} = 80$
i) $6^{x+1} = 17^{6-2x}$
j) $3 \cdot 4^{2x} = 9^{3x+1}$
k) $\frac{1}{4} \cdot 2^{-x-1} = 6 \cdot 3^{x+2}$
l) $2 \cdot 8^{-3x} + 4 + 8^x = 7$
m) $13 \cdot 7^{2x} - 24 = 3 \cdot 7^x + 112$
n) $16 \cdot 0{,}5^{3x-2} = 7 \cdot 3^{x-1}$

11. Lösen Sie die Logarithmusgleichung.
a) $\log_5(6x-1) - 2\log_5 x = 1$
b) $\log_9(3x) - \log_9(x+10) = 0$
c) $\log_7(x-2) + \log_7(x-8) = 1$
d) $\log_2(6x-1) - \log_2 x = 2$
e) $\log_5 x = 1 - \log_5(x+2)$
f) $2\log_3 x = \log_3(2x-5) + 2$

12. Wie lange muss man ein Kapital von 40 000 € bei einem Zinssatz von 4 % pro Jahr festlegen, damit es auf ca. 50 000 € anwächst.

13. Das exponentielle Wachstum einer Bakterienkultur wird im Labor experimentell untersucht. Nach einer Stunde hat sich die Bakterienkultur von 510 auf 840 vermehrt.
a) Stellen Sie das Wachstumsgesetz auf.
b) Bestimmen Sie die Zeit, in der sich die Bakterienanzahl jeweils verdoppelt.
c) Wann sind 5000 Bakterien vorhanden?

14. Die Frau des TV-Stars Mr. Been wird tot in der Hotelsuite aufgefunden. Die Körpertemperatur der toten Mrs. Been beträgt um 22:00 Uhr 33 °C. Eine Stunde später ist diese auf 31 °C gefallen. Die Klimaanlage des Hotels hält die Raumtemperatur kontinuierlich auf 20 °C. Man geht zum Zeitpunkt des Todes von Mrs. Been von einer normalen Körpertemperatur von 36,5 °C aus. Sherlock Holmes glaubt, dass Mr. Been seine Frau ermordet hat.

Mr. Been hat für den Mordabend ein Alibi. Er war von 20:15 Uhr bis 21:00 Uhr Gast in einer Talk-Show, wie die Video-Aufzeichnungen beweisen. Kann Mr. Been der Mörder sein?
Hinweis: Die Differenz zwischen der Körper- und der Raumtemperatur nimmt mit der Zeit exponentiell ab. Wählen Sie x = 0 für 22:00 Uhr und berechnen Sie den Zeitpunkt des Todes.

Überblick

Funktionsbegriff (s. Seite 41)
Eine Zuordnung f, die jedem $x \in D$ genau ein Element $f(x) \in W$ zuordnet, heißt **Funktion**. Dabei heißt x **Argument** und $f(x)$ **Funktionswert**.

Die Menge D heißt **Definitionsbereich**, die Menge W heißt **Wertebereich** der Funktion f. Eine Funktion mit $D \subseteq \mathbb{R}$ und $W \subseteq \mathbb{R}$ heißt **reelle Funktion**.

Symmetrie (s. Seite 44)
Eine Funktion f heißt **gerade** und ihr Graph **achsensymmetrisch zur y-Achse**, wenn für alle $x \in D$ gilt: $f(-x) = f(x)$.

Eine Funktion f heißt **ungerade** und ihr Graph **punktsymmetrisch zum Ursprung**, wenn für alle $x \in D$ gilt: $f(-x) = -f(x)$.

Monotonie (s. Seite 45)
Gilt für zwei beliebige Stellen x_1 und x_2 des Intervalls I mit $x_1 < x_2$ stets $f(x_1) \leq f(x_2)$, so wird die Funktion f als **monoton steigend** auf dem Intervall I bezeichnet. Gilt sogar stets $f(x_1) < f(x_2)$, so wird die Funktion f als **streng monoton steigend** auf dem Intervall I bezeichnet.

Gilt für zwei beliebige Stellen x_1 und x_2 des Intervalls I mit $x_1 < x_2$ stets $f(x_1) \geq f(x_2)$, so wird die Funktion f als **monoton fallend** auf dem Intervall I bezeichnet. Gilt sogar stets $f(x_1) > f(x_2)$, so wird die Funktion f als **streng monoton fallend** auf dem Intervall I bezeichnet.

Streckung, Verschiebung, Spiegelung von Funktionsgraphen (s. Seite 46)
Der Graph zu $g(x) = a \cdot f(x)$ mit $a > 1$ entsteht aus dem Graphen von $f(x)$ durch **vertikale Streckung** mit den Faktor a. Ist $0 < a < 1$, so spricht man von einer **vertikalen Stauchung**.

Der Graph zu $g(x) = f(x) + c$ entsteht aus dem Graphen von $f(x)$ durch **vertikale Verschiebung** um c in Richtung der positiven y-Achse, falls $c > 0$ ist. Für $c < 0$ erfolgt die Verschiebung um $|c|$ in Richtung der negativen y-Achse. Der Graph zu $g(x) = f(x + c)$ entsteht aus dem Graphen von $f(x)$ durch **horizontale Verschiebung** um c in Richtung der negativen x-Achse, falls $c > 0$ ist. Für $c < 0$ erfolgt die Verschiebung um $|c|$ in Richtung der positiven x-Achse.

Der Graph zu $g(x) = -f(x)$ entsteht aus dem von $f(x)$ durch **Spiegelung an der x-Achse**.
Der Graph zu $g(x) = f(-x)$ entsteht aus dem von $f(x)$ durch **Spiegelung an der y-Achse.**

Umkehrfunktion einer Funktion (s. Seite 49)
Eine Funktion, die jedem y-Wert der ursprünglichen Funktion f in eindeutiger Weise den zugehörigen x-Wert zuordnet, wird als **Umkehrfunktion** f^{-1} von f bezeichnet. Der Graph von f^{-1} geht aus dem Graphen von f durch Spiegelung an der Winkelhalbierenden des I. Quadranten hervor, d. h. an der Geraden zu $y = x$.

Jede auf ihrem Definitionsbereich streng monotone Funktion ist dort umkehrbar.

Ist f eine umkehrbare Funktion mit der Definitionsmenge D_f und der Wertemenge W_f und f^{-1} die Umkehrfunktion von f. Dann gelten folgende Aussagen:
(1) $D_{f^{-1}} = W_f$, $W_{f^{-1}} = D_f$ (2) $f^{-1}(f(x)) = x$ für $x \in D_f$ (3) $f(f^{-1}(x)) = x$ für $x \in D_{f^{-1}}$

Potenzfunktionen mit ganzzahligen Exponenten (s. Seite 58 ff.)

Die Funktion zu $f(x) = x^n$, $D = \mathbb{R}$, $n \in \mathbb{N}$ heißt **Potenzfunktion** vom Grad n.

Potenzfunktion mit negativen Exponenten: $f(x) = x^{-n}$, $D = \mathbb{R}\setminus\{0\}$, $n \in \mathbb{N}$

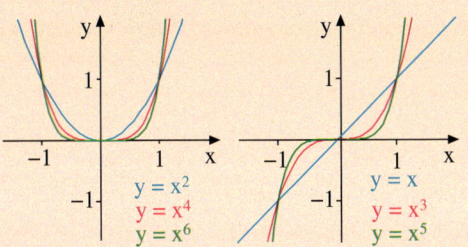
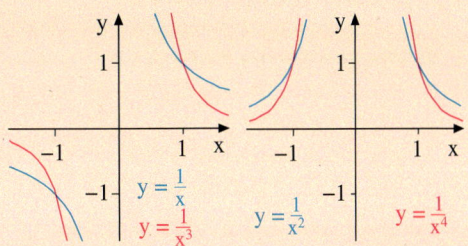

Wurzelfunktionen (s. Seite 53 ff.)

Potenzfunktionen zu $f(x) = x^{\frac{1}{n}} = \sqrt[n]{x}$, $D = \mathbb{R}^+$, $n \in \mathbb{N}$, heißen **Wurzelfunktionen**; es ist $W = \mathbb{R}^+$. Die Wurzelfunktionen sind Umkehrfunktionen der Potenzfunktionen (mit $D = \mathbb{R}^+$) mit natürlichen Exponenten.

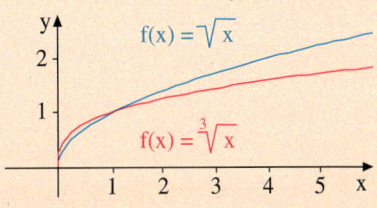

Exponential- und Logarithmusfunktionen (s. Seite 65 ff.)

Die Funktion zu $f(x) = a^x$ mit der reellen Basis $a > 0$, $a \neq 1$, $D = \mathbb{R}$ und $W = \mathbb{R}^+$ heißt **Exponentialfunktion zur Basis a**. Ihre Umkehrfunktion ist die **Logarithmusfunktion zur Basis a**: $g(x) = \log_a$ mit $D = \mathbb{R}^+$ und $W = \mathbb{R}$. Häufig verwendete Basen sind $a = 10$ und $a = e \approx 2{,}72$ (Euler'sche Zahl; $f(x) = e^x$ heißt **natürliche Exponentialfunktion**).
– **dekadischer Logarithmus:** $\log_{10} x = \lg x$
– **natürlicher Logarithmus:** $\log_e x = \ln x$

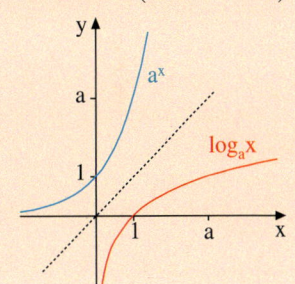

Trigonometrische Funktion (s. Seite 78 ff.)

Sinusfunktion
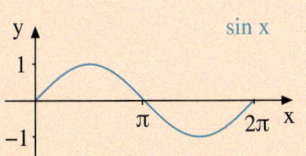

$D = \mathbb{R}$
$W = [-1; 1]$
Periodenlänge: 2π
Punktsymmetrie zum Ursprung
Nullstellen: $x = k\pi$, $k \in \mathbb{Z}$

Kosinusfunktion
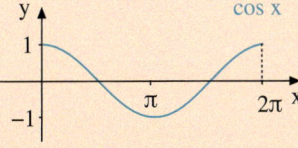

$D = \mathbb{R}$
$W = [-1; 1]$
Periodenlänge: 2π
Achsensymmetrie zur y-Achse
Nullstellen: $x = \frac{\pi}{2} + k\pi$, $k \in \mathbb{Z}$

Tangensfunktion
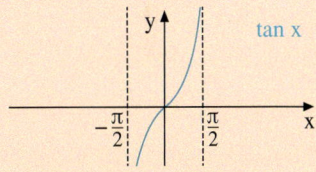

$D = \mathbb{R}\setminus\{\frac{\pi}{2} + k\pi\}$, $k \in \mathbb{Z}$
$W = \mathbb{R}$
Periodenlänge: π
Punktsymmetrie zum Ursprung
Nullstellen: $x = k\pi$, $k \in \mathbb{Z}$

Zusammenhang von Bogenmaß x und Gradmaß a: $\frac{x}{2\pi} = \frac{\alpha}{360°}$

Test

Reelle Funktionen

1. Bestimmen Sie den Definitions- und den Wertebereich von f und zeichnen Sie den Graphen.
   a) $f(x) = 2\sqrt{x-1}$ b) $f(x) = 1 + \sqrt{9-x}$ c) $f(x) = \frac{1}{2}\sqrt{4x+3}$ d) $f(x) = 5 - \sqrt{2x+3}$

2. Zeichnen Sie den Graphen einer stückweise definierten Funktion, der den Koordinatenursprung mit dem Punkt P(10|10) verbindet und aus mindestens drei Graphenstücken von verschiedenen Potenzfunktionen mit Exponenten aus $\{2; \frac{1}{2}; 3; \frac{1}{3}; ...\}$ zusammengesetzt ist.

3. Eine Medikament baut sich im Körper des Menschen nach dem Gesetz $f(t) = 50 \cdot 0{,}8^t$ ab. Dabei ist t die seit der Zuführung des Medikaments verstrichene Zeit in Stunden und f(t) die Masse des Wirkstoffes in mg.
   a) Welche Bedeutung haben die Zahlenwerte 50 und 0,8 in der Funktionsgleichung?
   b) Welcher Prozentsatz des Wirkstoffes wird pro Stunde abgebaut?
   c) Wann ist der Wirkstoff unter die Minimaldosis von 10 mg gefallen?

4. Gegeben ist die Funktion $f(x) = \lg(2x-4) + 1$. Skizzieren Sie den Graphen von f für $2 \leq x \leq 7$. Bestimmen Sie den Definitionsbereich und den Wertebereich von f. Wie lautet die Gleichung der Umkehrfunktion von f?

5. Gegeben ist die abgebildete Funktion f.
   a) Stellen Sie eine passende Funktionsgleichung auf.
   b) Im Intervall $0 \leq x \leq \frac{\pi}{2}$ schneidet der Graph von f die horizontale Gerade y = 1. Bestimmen Sie die x-Koordinate des Schnittpunktes.
   c) Wie viele Schnittpunkte haben der Graph von f und die Gerade $g(x) = \frac{1}{3}x$?

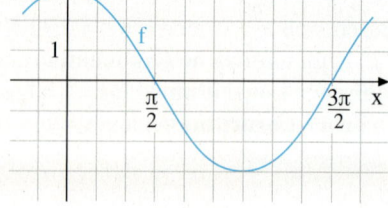

6. Lösen Sie die Gleichung.
   a) $2^x = 20$ b) $4 \cdot 10^{x-1} + 8 = 20$ c) $3^{x-1} \cdot 5^x = 90$ d) $2 \lg x + 12 = 15$

Die Lösungen finden Sie auf Seite 224

Aufgabenpraktikum I

In diesem Abschnitt sollen komplexe Aufgaben zu Funktionen bearbeitet und die Darstellung der Lösungen so aufbereitet werden, dass sie gut nachvollziehbar in einem Vortrag präsentiert werden können. Die Nutzung von Hilfsmitteln, insbesondere auch von digitalen Mathematikwerkzeugen, kann dabei zweckmäßig sein.

A. Beispielaufgabe

> **Beispiel: Verallgemeinerte Wurzelfunktion**
> Die Funktionen f mit der Gleichung $f(x) = a\sqrt{bx + c} + d$, wobei x, a, b, c, d reelle Zahlen sind und a, b $\neq$ 0 gilt, werden in ihrem jeweils größtmöglichen Definitionsbereich betrachtet. Es sind Aussagen über die Existenz und Anzahl der Nullstellen in Abhängigkeit der Parameter zu erarbeiten. Ggf. sind auch die Nullstellen anzugeben.

Mögliche Herangehensweisen:

Adam: „Die Lösung an sich ist ganz einfach."
Aus der Bedingung für Nullstellen folgt: $0 = a\sqrt{bx + c} + d$
Lösung dieser Gleichung: $x = \frac{d^2 - a^2 c}{a^2 b}$
Alle solche Funktionen f haben genau eine Nullstelle.

Bea: „Ich verschaffe mir erst mal eine Vorstellung mithilfe von Beispielen."

Beispiel-Nr.	a	b	c	d	Funktionsgleichung
(1)	2	−2	3	4	$y = 2\sqrt{-2x + 3} + 4$
(2)	−2	2	−3	−4	$y = -2\sqrt{2x - 3} - 4$
(3)	2	3	−2	−4	$y = 2\sqrt{3x - 2} - 4$
(4)	−2	−2	3	4	$y = -2\sqrt{-2x + 3} + 4$

Dazu gehören folgende Graphen (mit Graphikwerkzeug eines DMW erzeugt):

Beispiel (1)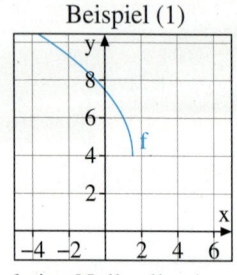

Beispiel (2)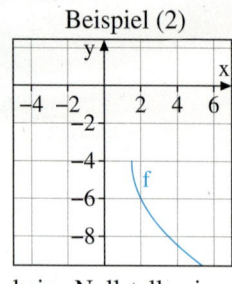

Beispiel (3)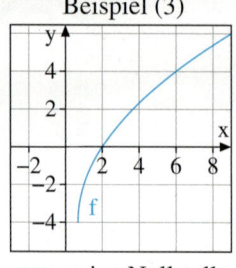

Beispiel (4)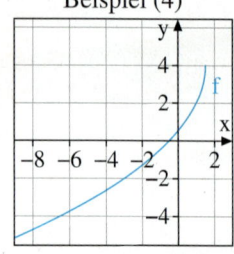

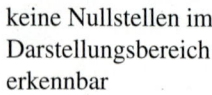

keine Nullstellen im Darstellungsbereich erkennbar

keine Nullstellen im Darstellungsbereich erkennbar

genau eine Nullstelle im Darstellungsbereich erkennbar

genau eine Nullstelle im Darstellungsbereich erkennbar

Damit ist klar, dass Adams Lösung so nicht richtig ist. Eine Regel erkennt Bea aber nicht.

Chris: „Beispiele sind nicht schlecht. Man kann sich erste Vorstellungen verschaffen. Beispiele helfen auch, um solche Aussagen wie von Adam auf Wahrheit zu testen. Aber allein mit Beispielen findet man auch keine allgemeingültige Aussage. Deswegen betrachte ich zunächst die Parameter einzeln und überlege, welchen Einfluss diese auf den Graphen haben. Wenn ich unsicher bin, prüfe ich das mit dem Graphikwerkzeug."

- Zunächst ist jeweils der größtmögliche Definitionsbereich von den Parametern b und c abhängig, denn der Radikand muss stets nichtnegativ sein; also $bx + c \geq 0$. Es folgt: $x \geq -\frac{c}{b}$ für $b > 0$ und $x \leq -\frac{c}{b}$ für $b < 0$. Die Beispiele (1) bis (4) veranschaulichen dies.

- Der Graph der einfachsten Wurzelfunktion f_0 mit $y = \sqrt{x}$ ($x \geq 0$) ist streng monoton steigend; f_0 hat genau eine Nullstelle, und zwar $x_N = 0$.

- Der Parameter d in der Funktion f_d mit $y = \sqrt{x} + d$ bewirkt eine Verschiebung des Graphen entlang der y-Richtung. Ist d positiv, dann gibt es keinen Schnittpunkt mit der x-Achse, also auch keine Nullstelle. Ist d negativ, dann gibt es genau einen Schnittpunkt mit der x-Achse, also genau eine Nullstelle. In diesem Falle ist $x_N = d^2$.

- Der Parameter c in der Funktion f_c mit $y = \sqrt{x + c}$ bewirkt eine Verschiebung des Graphen in x-Richtung. Ist c positiv, so wird der Graph um c nach links verschoben. Ist c negativ, so wird der Graph um |c| nach rechts verschoben. In diesen Fällen ist $x_N = -c$.

- Der Parameter b in der Funktion f_b mit $y = \sqrt{bx}$ bewirkt, dass für $|b| > 1$ der Graph steiler wird im Vergleich zum Graphen von $y = \sqrt{x}$ (Streckung), während für $|b| < 1$ der Graph flacher wird (Stauchung). In diesen Fällen ist $x_N = 0$.

- Der Parameter a in der Funktion f_a mit $y = a\sqrt{x}$ bewirkt, dass für $0 < a < 1$ der Graph flacher wird im Vergleich zum Graphen von $y = \sqrt{x}$ und für $a > 1$ wird der Graph steiler als der Graph von $y = \sqrt{x}$. Die Wirkung ist im Prinzip mit der von b für $b > 0$ vergleichbar.
Für $a < 0$ erfolgt zusätzlich zur Stauchung oder Streckung eine Spiegelung des Graphen an der x-Achse (siehe Beispiele (2) und (4)). In diesen Fällen ist $x_N = 0$.

Die Befunde aus diesen drei Herangehensweisen führen zu einem Gesamtergebnis:
Grundsätzlich hat eine solche Wurzelfunktion f wegen der strengen Monotonie höchstens eine Nullstelle. Die Parameter a und d haben Einfluss darauf, ob eine Nullstelle existiert. Alle Parameter haben Einfluss auf den Wert der Nullstelle.
- f hat keine Nullstelle, wenn $a > 0$ und $d > 0$ oder wenn $a < 0$ und $d < 0$ ist.
- Sie hat genau eine Nullstelle, wenn $a < 0$ und $d > 0$ oder wenn $a > 0$ und $d < 0$ ist.
  Nur dann gilt: $x_N = \frac{d^2 - a^2 c}{a^2 b}$.

Auf dieser Basis kann eine Präsentation vorbereitet werden.

Mit dem Graphikwerkzeug eines DMW gelingt ein dynamisches Veranschaulichen.

Mit den Schiebereglern können die Einflüsse der Parameter auf die Existenz von Nullstellen demonstriert werden.

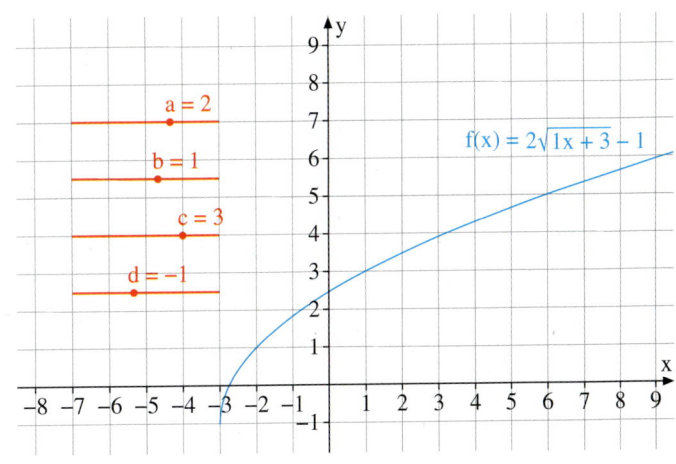

Lösungsstrategien beim Lösen von komplexen Aufgaben

- **Vorwärtsarbeiten**

Adam hat diese Strategie verwendet. Er orientiert sich am Begriff Nullstelle und wendet diese auf die gegebene Funktionsgleichung an.
Er hat allerdings beim Lösen der Gleichung einen Fehler gemacht. Das führte zu einer falschen Schlussfolgerung. Welcher Fehler wurde begangen?

- **Induktives Arbeiten**[1]

Bea hat diese Strategie verwendet. Sie hat überlegt verschiedene Beispiele gewählt und dadurch schon ein im Prinzip richtiges Bild von der Lösung der Aufgabe erhalten. Allerdings bedarf es zusätzlicher Überlegungen, um zu einer Allgemeinaussage zu kommen.

- **Systematische Fallunterscheidung**

Chris hat diese Strategie angewendet. Er hat systematisch den Einfluss jedes einzelnen Parameters auf die Existenz und Anzahl der Nullstellen untersucht. Dadurch hat er das sehr komplexe Problem in Teilprobleme zerlegt („Teile und herrsche!").

Zur Verwendung von Graphikwerkzeugen

Das Veranschaulichen von Beispielen mit einem Graphikwerkzeug ist sehr nützlich. Es ist aber zu beachten, dass der Graph immer nur in einem begrenzten Bereich dargestellt wird.
Daher sind stets zusätzliche Betrachtungen erforderlich, um das Bild richtig zu deuten.
Bei den Beispielen (1) bis (4) können dazu Definitions- und Wertebereich sowie die Eigenschaft der Monotonie verwendet werden, z. B. bei (1):
Auch außerhalb des Darstellungsbereiches kann es keine Nullstellen geben, weil die Funktion für alle $x \leq \frac{3}{2}$ streng monoton fallend und der Wertebereich $y \geq 4$ ist.

B. Aufgaben zu Funktionseigenschaften

Aufgabe 1
Es werden die Funktionen g mit $g(x) = 2^{ax+b} + c$ in ihrem größtmöglichen Definitionsbereich betrachtet, wobei x, a, b, c reelle Zahlen sind und der Parameter a ungleich 0 ist.
Es sind die Eigenschaften Wertebereich, Monotonie und Nullstellen dieser Funktionen in Abhängigkeit der Parameter a, b und c zu untersuchen und systematisch darzustellen.

Aufgabe 2
Es werden die Funktionen h mit $h(x) = a \cdot \log_2(bx + c) + d$ in ihrem größtmöglichen Definitionsbereich betrachtet, wobei x, a, b, c, d reelle Zahlen und die Parameter a und b ungleich 0 sind.
Es sind die Eigenschaften Wertebereich, Monotonie und Nullstellen dieser Funktionen in Abhängigkeit der Parameter a, b, c und d zu untersuchen und systematisch darzustellen.

Aufgabe 3
Es werden die Funktionen k mit $k(x) = a \cdot (b \cdot x + c)^4 + d$ in ihrem größtmöglichen Definitionsbereich betrachtet, wobei x, a, b, c, d reelle Zahlen und die Parameter a und b ungleich 0 sind.
Diese Funktionen sind auf Nullstellen zu untersuchen. Die Anzahl und der Wert der Nullstellen sollen in Abhängigkeit der Parameter a, b, c und d systematisch dargestellt werden.

---

[1] Induktion: wissenschaftliche Methode, vom Einzelfall auf das Allgemeine zu schließen

Aufgabe 4
Es werden die Funktionen ℓ mit $\ell(x) = a \cdot \cos(bx) + c$ im Intervall $-7 \leq x \leq 7$ betrachtet, wobei x, a, b, c reelle Zahlen und die Parameter a und b ungleich 0 sind.
Diese Funktionen sind auf Nullstellen zu untersuchen. Die Anzahl und Größe der Nullstellen soll in Abhängigkeit der Parameter a, b und c systematisch dargestellt werden.

C. Aufgaben zum graphischen Lösen von Gleichungen

Aufgabe 5
Gegeben ist die Gleichung $0{,}1\,x + 20 - 5^x = 0$ mit $x \in \mathbb{R}$.
a) Begründen Sie, dass diese Gleichung nicht durch äquivalentes Umformen nach x umgestellt werden kann.
b) Daniel löst diese Gleichung mit einem CAS. Er gibt ein: `SOLVE(0.1*x+20-5^x=0,x)`
   Das CAS gibt dazu folgende Ergebnisse an: `x=1.86713 or x=-200`
   – Führen Sie eine Probe durch.
   – Daniel behauptet: Die erste Lösung 1.86713 ist eine Näherungslösung, die zweite Lösung $x = -200$ ist eine genaue Lösung. Beurteilen Sie diese Behauptung.
c) Lösen Sie die Gleichung $0{,}1\,x + 20 - 5^x = 0$ graphisch.
d) Weisen Sie mithilfe von Funktionseigenschaften nach, dass die Gleichung $0{,}1\,x + 20 - 5^x = 0$ keine weiteren Lösungen haben kann.
e) Es wird nun die Gleichung $a \cdot x + b - 5^x = 0$ betrachtet. Ermitteln Sie jeweils drei Beispiele für a und b, so dass diese Gleichung
   – keine,
   – genau eine Lösung hat.

Aufgabe 6
Gegeben ist die Gleichung $x^4 - 22 - 4^x = 0$ mit $x \in \mathbb{R}$.
a) Begründen Sie, dass diese Gleichung nicht durch äquivalentes Umformen nach x umgestellt werden kann.
b) Elisa löst diese Gleichung mit einem Grafikwerkzeug wie folgt.
Sie fasst den linken Term der Gleichung als Funktionsterm einer Funktion f mit $f(x) = x^4 - 22 - 4^x$ auf und stellt diese Funktion grafisch dar.
Sie erhält die nebenstehende Darstellung und folgert daraus: Die Gleichung hat genau zwei Lösungen.

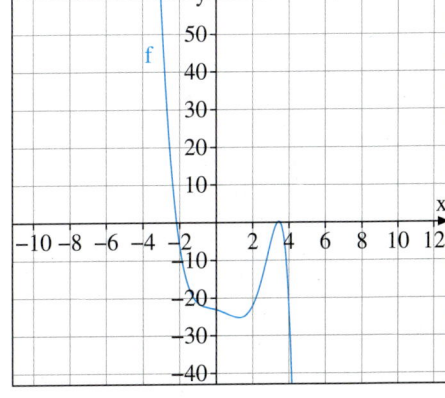

Lösen Sie diese Gleichung ebenfalls auf diesem Wege grafisch, ermitteln Sie die Lösungen und beurteilen Sie die Folgerung von Elisa.
c) Untersuchen Sie die Gleichung $a \cdot x^4 - b - 4^x = 0$ in Abhängigkeit von den Parametern a und b auf Lösbarkeit. Geben Sie für alle möglichen Lösbarkeitsfälle jeweils drei Beispiele für die Parameter a und b an.

Aufgabe 7

Gegeben ist die Gleichung
$5\sqrt{x+5} - 2^x = 0$ mit $x \in \mathbb{R}$.

a) Frank formt die Gleichung zunächst wie folgt um:
$$5\sqrt{x+5} = 2^x$$
Nun löst er die Gleichung mit einem Grafikwerkzeug, indem er die die Funktionen f_1 mit $f_1(x) = 5\sqrt{x+5}$ und f_2 mit $f_2(x) = 2^x$ grafisch darstellt.
Erklären Sie, wie er auf diesem Wege diese Gleichung grafisch lösen kann.

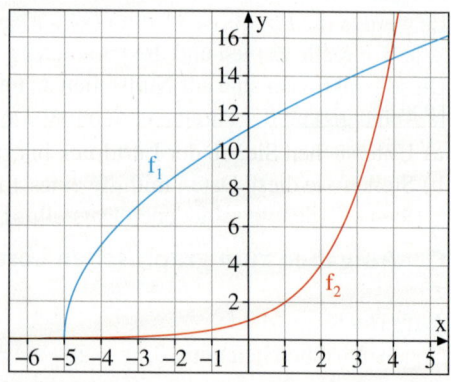

b) Ermitteln Sie mit diesem Vorgehen die Lösungen der gegebenen Gleichung auf Tausendstel genau.
c) Untersuchen Sie die Lösbarkeit der Gleichung $a\sqrt{x+b} - 2^x = 0$. Geben Sie für alle möglichen Lösbarkeitsfälle jeweils drei Beispiele für die Parameter a und b an.
d) Begründen Sie, warum mit diesem Lösungsverfahren bei Gleichungen der betrachteten Art trotz des grafischen Lösens sichere Aussagen über Lösbarkeit und Anzahl der Lösungen möglich sind.

Aufgabe 8

Gegeben ist die Gleichung $3\sin x - x + 2 = 0$ mit $x \in \mathbb{R}$ und $-7 \leq x \leq 7$.
Diese Gleichung wird mit einem CAS gelöst.
     Eingabe: `SOLVE(3*sin(x)-x+2=0,x)`
     Ausgabe: `x=2.85321`

a) Untersuchen Sie, ob mit dieser Lösung die Aufgabe vollständig gelöst ist. Ermitteln Sie ggf. die weiteren Lösungen.
b) Untersuchen Sie die Lösbarkeit der Gleichung $a\sin x - bx + 2 = 0$ in Abhängigkeit von den Parametern a und b im angegebenen Intervall. Geben Sie für einige Lösbarkeitsfälle jeweils zwei Beispiele für die Parameter a und b an.

D. Aufgaben zu Wachstumsprozessen

Aufgabe 9

Familie Schreiber möchte ein neues Fernsehgerät mit großer Bildschirmdiagonale kaufen. Das Gerät, das ihnen gefällt, kostet 699,95 €.
Der Verkäufer bietet ihnen 6 Monatsraten zu je 125 € an. Ist dieses Angebot günstiger als ein Bankkredit über 700 € und einem Jahreszinssatz von 9,5 % und ebenfalls einer Laufzeit von 6 Monaten?

a) Vergleichen Sie die zu zahlenden Zinsen mithilfe einer Überschlagsrechnung.
b) Ermitteln Sie mithilfe eines Tabellenkalkulationsprogramms den Zinssatz bei Ratenzahlung nach dem Angebot des Verkäufers.
c) Der Vater behauptet: Bei Zahlung einer Rate pro Monat nehmen die zu zahlenden Zinsen von Monat zu Monat linear ab. Die Mutter widerspricht mit folgender Behauptung: Bei der Zahlung der Monatsraten nehmen die Zinsen von Monat zu Monat exponentiell ab. Untersuchen Sie, welche Behauptung wahr ist und geben Sie dann dafür eine Funktionsgleichung an.

III. Lineare Gleichungssysteme

1. Grundlagen

A. Der Begriff des linearen Gleichungssystems

Die Bedeutung *linearer Gleichungssysteme* als Hilfsmittel bei der Lösung komplexer naturwissenschaftlicher, technischer und vor allem auch wirtschaftlicher Problemstellungen hat rasant zugenommen. Die Entwicklung hat sich weiter verstärkt, seit es leistungsfähige Computer gibt. Inzwischen sind bereits auf speziellen Taschenrechnern *Computeralgebrasysteme (CAS)* verfügbar, die mehrere Möglichkeiten zur automatischen Umformung und Lösung linearer Gleichungssysteme gestatten (vgl. Seite 216 f.).

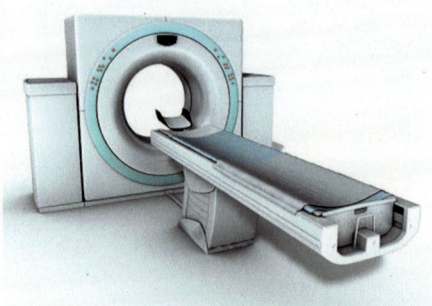

Die Computertomographie ist nur mithilfe der Mathematik möglich. Denn die dabei erzeugten Schnittbilder des menschlichen Körpers entstehen nicht optisch, sondern werden aus Messergebnissen mithilfe der Computerlösung großer linearer Gleichungssysteme erzeugt.

In diesem ersten Abschnitt behandeln wir einige einfache Grundlagen, die beim Lösen linearer Gleichungssysteme eine Rolle spielen. In der Regel beschränken wir uns zunächst auf Gleichungssysteme mit nur zwei Variablen.

Ein **l**ineares **G**leichungs**s**ystem (*LGS*) besteht aus einer Anzahl linearer Gleichungen. Nebenstehend ist ein lineares Gleichungssystem mit vier Gleichungen und drei Variablen (x|y|z) dargestellt. Man spricht hier von einem (4, 3)-LGS.
Die Darstellung ist in der sogenannten *Normalform* gegeben: Die variablen Terme stehen auf der linken Seite, die konstanten Terme bilden die rechte Seite.

Ein (4, 3)-LGS in Normalform:

$$\begin{array}{rcrcrcr} 3x & + & 2y & - & 2z & = & 9 \\ 2x & + & 3y & + & 2z & = & 6 \\ 4x & - & 2y & + & 3z & = & -3 \\ 5x & + & 4y & + & 4z & = & 9 \end{array}$$
↑   ↑   ↑   ↑
Koeffizienten des LGS   rechte Seite des LGS

Die allgemeine Form eines (m, n)-LGS ist nebenstehend abgebildet.
Die n Variablen heißen $x_1, x_2, \ldots, x_n$.
Die konstanten Terme, welche die rechten Seiten der m linearen Gleichungen bilden, sind mit $b_1, b_2, \ldots, b_m$ bezeichnet. a_{ij} bezeichnet denjenigen Koeffizienten des LGS, der in der i-ten Gleichung steht und zur Variablen x_j gehört.
Eine Lösung des LGS gibt man als *n-Tupel* $(x_1|x_2|\ldots|x_n)$ an.

(m, n)-LGS:

$$a_{11}x_1 + a_{12}x_2 + \ldots + a_{1n}x_n = b_1$$
$$a_{21}x_1 + a_{22}x_2 + \ldots + a_{2n}x_n = b_2$$
$$\vdots \qquad\qquad \vdots$$
$$a_{m1}x_1 + a_{m2}x_2 + \ldots + a_{mn}x_n = b_m$$

B. Das Additionsverfahren bei Gleichungssystemen mit zwei Variablen

Zunächst zeigen wir ein elementares Verfahren zur Lösung linearer Gleichungssysteme anhand eines Beispiels.

> **Beispiel:** Lösen Sie das nebenstehende lineare Gleichungssystem.
>
> I $\quad 2x - 4y = 2$
> II $\quad 5x + 3y = 18$

Lösung:
Wir verwenden das sogenannte Additionsverfahren. Zunächst multiplizieren wir Gleichung I mit -5 und Gleichung II mit 2, sodass die Koeffizienten der Variablen x den gleichen Betrag, aber verschiedene Vorzeichen erhalten.

I $\quad 2x - 4y = 2 \qquad \to (-5) \cdot I$
II $\quad 5x + 3y = 18 \qquad \to 2 \cdot II$

So entsteht ein neues Gleichungssystem. Es ist zum Ursprungssystem äquivalent, d.h. lösungsgleich.

I $\quad -10x + 20y = -10$
II $\quad10x + 6y = 36 \qquad \to I + II$

Nun addieren wir Gleichung I zu Gleichung II. Bei diesem Additionsvorgang wird die Variable x eliminiert. Das entstehende Gleichungssystem ist wiederum äquivalent zum vorhergehenden.

I $\quad -10x + 20y = -10$
II $\quad26y = 26$

Gleichung II enthält nun nur noch eine Variable, nämlich y. Auflösen der Gleichung nach y liefert $y = 1$ als Lösungswert.

Aus II folgt $\quad y = 1$.

Setzen wir dieses Teilresultat in Gleichung I ein, so folgt $x = 3$.

Einsetzen in I liefert: $x = 3$.
Lösungsmenge: $\quad L = \{(3\,|\,1)\}$.

Die Lösungsverfahren für lineare Gleichungssysteme beruhen darauf, dass die Anzahl der Variablen pro Gleichung durch Umformungen schrittweise reduziert wird, bis nur noch eine Variable übrig bleibt, nach der sodann aufgelöst werden kann.
Die verwendeten Umformungen dürfen die Lösungsmenge des Gleichungssystems nicht verändern. Umformungen mit dieser Eigenschaft werden als *Äquivalenzumformungen* bezeichnet.
Die drei wesentlichen Äquivalenzumformungen sind nebenstehend aufgeführt.

> **Äquivalenzumformungen eines Gleichungssystems**
>
> Die Lösungsmenge eines linearen Gleichungssystems ändert sich nicht, wenn
>
> (1) zwei Gleichungen vertauscht werden,
>
> (2) eine Gleichung mit einer reellen Zahl $k \neq 0$ multipliziert wird,
>
> (3) eine Gleichung zu einer anderen Gleichung addiert wird.

Zur Pfeilschreibweise: $A \to B$ bedeutet: A wird durch B ersetzt.

Übung 1
Lösen Sie die linearen Gleichungssysteme rechnerisch. Prüfen Sie Ihre Lösung gegebenenfalls mit einem digitalen Mathematikwerkzeug (DMW).

a) $2x - 3y = 5$
   $3x + 4y = 16$

b) $6x - 4y = -2$
   $4x + 3y = 10$

c) $\frac{1}{2}x - 2y = 1$
   $3x + 4y = 14$

d) $5x = y - 3$
   $2y = 7 + 9x$

C. Die Anzahl der Lösungen eines Gleichungssystems mit zwei Variablen

Die Gesamtheit der Lösungen (x|y) jeder einzelnen Gleichung eines (2, 2)-LGS bildet eine Gerade im $\mathbb{R}^2$. Damit kann die Frage nach der Anzahl der Lösungen eines (2, 2)-LGS in sehr anschaulicher Weise beantwortet werden.
Die Lösungen eines solchen Gleichungssystems sind die Koordinaten der gemeinsamen Punkte der den Gleichungen zugeordneten Geraden.

Übung 2
Lösen Sie die linearen Gleichungssysteme zeichnerisch.

a) $3x + 2y = 12$
   $4x - 2y = 2$

b) $2x - 3y = -9$
   $4x + 6y = -6$

Geraden haben entweder keine gemeinsamen Punkte oder sie haben genau einen gemeinsamen Punkt oder sie haben unendlich viele gemeinsame Punkte. Entsprechend ist ein lineares Gleichungssystem entweder *unlösbar* oder es ist *eindeutig lösbar* oder es hat *unendlich viele Lösungen*, ist also *nicht eindeutig lösbar*.
Dies gilt nicht nur für Gleichungssysteme mit zwei Variablen, sondern für alle lineare Gleichungssysteme.

I $2x - 2y = -2$ II $-3x + 3y = 6$	I $2x - y = 2$ II $3x + 3y = 12$	I $8x + 4y = 16$ II $-6x - 3y = -12$
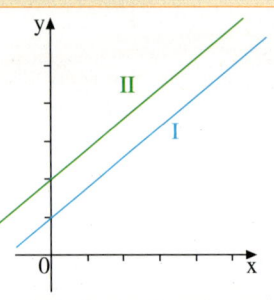	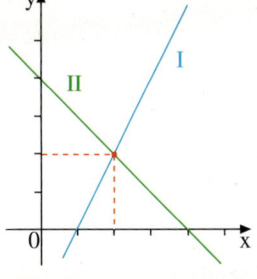	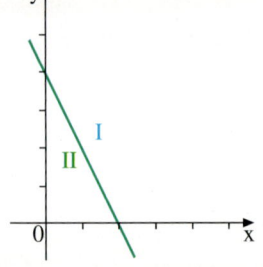
Die Geraden sind parallel. Sie haben keine gemeinsamen Punkte.	Die Geraden schneiden sich in einem Punkt.	Die Geraden sind identisch. Sie haben unendlich viele gemeinsame Punkte.
Das Gleichungssystem ist unlösbar.	**Das Gleichungssystem hat genau eine Lösung.**	**Das Gleichungssystem hat unendlich viele Lösungen.**

1. Grundlagen

Auch mithilfe des Additionsverfahrens kann man erkennen, welcher der drei bezüglich der Lösbarkeit möglichen Fälle vorliegt. Den Fall der eindeutigen Lösbarkeit haben wir bereits geübt (vgl. Seite 105). Die restlichen Fälle behandeln wir nun exemplarisch.

▶ **Beispiel:** Untersuchen Sie die Gleichungssysteme mithilfe des Additionsverfahrens auf Lösbarkeit.

a) $2x - 2y = -3$
$-3x + 3y = 9$

b) $8x + 4y = 16$
$-6x - 3y = -12$

Lösung zu a:

I $\quad 2x - 2y = -3 \quad \rightarrow 3 \cdot I$
II $\quad -3x + 3y = 9 \quad \rightarrow 2 \cdot II$

I $\quad 6x - 6y = -9$
II $\quad -6x + 6y = 18 \quad \rightarrow I + II$

I $\quad 6x - 6y = -9$
II $\quad 0x + 0y = 9$

Die Äquivalenzumformungen führen auf ein Gleichungssystem, dessen Gleichung II für kein Paar (x|y) lösbar ist, da sie 0 = 9 lautet.
Sie stellt einen Widerspruch in sich dar.

Da eine Gleichung des Systems keine Lösung besitzt, hat das Gleichungssystem als Ganzes erst recht keine Lösungen.
Man spricht von einem unlösbaren Gleichungssystem. Die Lösungsmenge des Systems ist die leere Menge:
L = { }.

Lösung zu b:

I $\quad 8x + 4y = 16 \quad \rightarrow 3 \cdot I$
II $\quad -6x - 3y = -12 \quad \rightarrow 4 \cdot II$

I $\quad 24x + 12y = 48$
II $\quad -24x - 12y = -48 \quad \rightarrow I + II$

I $\quad 24x + 12y = 48$
II $\quad 0x + 0y = 0$

Die Umformungen führen auf ein äquivalentes System, dessen Gleichung II für alle Paare (x|y) trivialerweise erfüllt ist, da sie 0 = 0 lautet. Sie kann also auch weggelassen werden.

In der verbleibenden Gleichung I kann eine der Variablen frei gewählt werden. Sei etwa x = c (c ∈ ℝ).
Dann folgt y = −2c + 4. Für jeden Wert des Parameters c ergibt sich eine Lösung. Man spricht von einer einparametrigen unendlichen Lösungsmenge:
L = {(c|−2c + 4); c ∈ ℝ}.

Übung 3
Untersuchen Sie das Gleichungssystem auf Lösbarkeit. Geben Sie die Lösungsmenge an.
Prüfen Sie Ihre Lösung gegebenenfalls mit einem digitalen Mathematikwerkzeug.

a) $8x - 3y = 11$
$5x + 2y = 34$

b) $3x + 2y = 13$
$2x - 5y = -4$

c) $8x - 6y = 2$
$2x + 3y = 2$

d) $-4x + 14y = 6$
$6x - 21y = 8$

e) $12x + 16y = 28$
$15x + 20y = 35$

f) $3x - 4y = 14$
$2x + 3y = -2$
$x + 10y = -18$

g) $4x - 2y = 8$
$3x + y = 11$
$6x - 8y = 1$

h) $3x - 6y = 9$
$-2x + 4y = -6$
$x - 2y = 3$

Übung 4
Für welche Werte des Parameters a ∈ ℝ liegt eindeutige Lösbarkeit vor?

a) $2x - 5y = 9$
$4x + ay = 5$

b) $3x + 4y = 7$
$2x - 6y = a + 12$

c) $ax + 2y = 5$
$8x + ay = 10$

d) $ax - 2y = a$
$2x - ay = 2$

Übungen

5. Lösen Sie das lineare Gleichungssystem mithilfe des Additionsverfahrens.

a) $2x - 3y = 5$
$3x + 2y = 1$

b) $-3x + 4y = -1$
$4x - 2y = 8$

c) $1{,}2x - 0{,}5y = 5$
$3{,}4x - 1{,}5y = 14$

d) $\frac{1}{4}x - \frac{5}{4}y = 3$
$-\frac{3}{4}x + 2y = -\frac{11}{2}$

e) $2 - 2x = 2y - 4$
$6x - 4 = 6y + 2$

f) $y - 3x - 3 = 2y$
$4 - 4x + y = 8 - 3y$

g) $13 - x + 4y = 0$
$24 - 2(x - y) = 10$

h) $12x - 4y = x + 2y + 36$
$33 - (y - x) = 8y - x$

6. Untersuchen Sie das LGS auf Lösbarkeit. Bestimmen Sie die Lösungsmenge.

a) $x - \frac{1}{3}y = 3$
$x + 2y = -4$

b) $2x + 4y = -4$
$-0{,}5x - y = 1$

c) $-6x + 3y = 3$
$4x - 2y = 2$

d) $x + y = -3$
$\frac{1}{6}x - \frac{1}{2}y = \frac{1}{2}$

e) $-2x + 6y = -2$
$x - 3y = 1$

f) $3x - 3y = 0$
$6x + 3y = 18$
$-2x + 4y = 4$

g) $-2x + y = -1$
$4x + 2y = -10$
$-6x + 3y = -2$

h) $2x - 2y = 14$
$3x + 6y = 3$
$4x - 12y = 44$

7. Für welche Werte des Parameters $a \in \mathbb{R}$ liegt eindeutige Lösbarkeit vor?

a) $3x - 5y = 4$
$ax + 10y = 5$

b) $4x - 2y = a$
$3x + 4y = 7$

c) $ax + 3y = 8$
$3x + ay = 4$

d) $5x - ay = a$
$ax - 5y = 5$

8. Eine zweistellige Zahl ist siebenmal so groß wie ihre Quersumme. Vertauscht man die beiden Ziffern, so erhält man eine um 27 kleinere Zahl. Wie heißt diese zweistellige Zahl?

9. Aus 6 Liter blauer Farbe und 10 Liter gelber Farbe sollen zwei grüne Farbmischungen hergestellt werden. Die Mischung „Hellgrün" besteht zu 30% aus blauer und zu 70% aus gelber Farbe, während die Mischung „Dunkelgrün" zu 60% aus blauer und zu 40% aus gelber Farbe besteht. Wie groß sind die Mengen hellgrüner bzw. dunkelgrüner Farbe, die sich aufgrund dieser Mischungsverhältnisse ergeben?

10. Wie alt sind Max und Moritz jetzt?

2. Das Lösungsverfahren von Gauß

Carl Friedrich Gauß (1777–1855) war ein deutscher Mathematiker und Astronom, der sich bereits in frühester Jugend durch überragende Intelligenz auszeichnete. Fast 50 Jahre lang war er als Mathematikprofessor an der Uni Göttingen tätig. Neben der Mathematik beschäftigte er sich vor allem mit der Astronomie. Durch eine neue Berechnung der Umlaufbahnen von Himmelskörpern konnte der 1801 entdeckte und gleich wieder aus dem Blick verlorene Planet Ceres wieder aufgefunden werden. Hierbei entwickelte er auch das nach ihm benannte Lösungsverfahren für Gleichungssysteme, das er 1809 in seinem Buch „Theoria motus corporum coelestium" (Theorie der Bewegung der Himmelskörper) veröffentlichte.

A. Dreieckssysteme

▶ **Beispiel:** Das gegebene Gleichungssystem hat eine besondere Gestalt, denn die von null verschiedenen Koeffizienten sind in Gestalt eines Dreiecks angeordnet.
Lösen Sie dieses Dreieckssystem.

Ein Dreieckssystem

I $\quad 3x - 2y + 4z = 11$
II $\qquad 4y + 2z = 14$
III $\qquad\quad 5z = 15$

Lösung:
Dreieckssysteme sind wegen ihrer besonderen Gestalt sehr einfach zu lösen:

Lösen eines Dreieckssystems durch *Rückeinsetzung*:

1. Wir lösen Gleichung III nach z auf und erhalten z = 3.

Auflösen von III nach z: $\quad 5z = 15$
$\qquad\qquad\qquad\qquad\qquad\quad z = 3$

2. Dieses Ergebnis setzen wir in Gleichung II ein, die sodann nach y aufgelöst werden kann. Wir erhalten y = 2.

Einsetzen in II: $\quad 4y + 2z = 14$
Auflösen nach y: $\quad 4y + 6 = 14$
$\qquad\qquad\qquad\quad 4y = 8$
$\qquad\qquad\qquad\quady = 2$

3. Nun setzen wir z = 3 und y = 2 in Gleichung I ein, die anschließend nach x aufgelöst werden kann: x = 1.

Einsetzen in I: $\quad 3x - 2y + 4z = 11$
Auflösen $\qquad\quad 3x - 4 + 12 = 11$
nach x: $\qquad\quad 3x = 3$
$\qquad\qquad\qquadx = 1$

Resultat: Das gegebene Dreieckssystem ist *eindeutig lösbar*.
▶ Die Lösung ist (1|2|3).

Lösungsmenge: L = {(1|2|3)}

B. Gauß'sches Eliminationsverfahren

Im Folgenden zeigen wir das besonders systematische Verfahren zur Lösung linearer Gleichungssysteme von Gauß, das als Gauß'sches Eliminationsverfahren bezeichnet wird. Wegen seiner algorithmischen Struktur ist es hervorragend für die numerische Bearbeitung mittels Computer geeignet.

Die Grundidee von Gauß war sehr einfach: Mithilfe von Äquivalenzumformungen (vgl. S. 105) wird das lineare Gleichungssystem in ein Dreieckssystem umgewandelt. Dieses wird anschließend durch „Rückeinsetzung" gelöst.

▶ **Beispiel:** Formen Sie das lineare Gleichungssystem (LGS) in ein Dreieckssystem um und lösen Sie dieses.

I $\quad 3x + 3y + 2z = 5$
II $\quad 2x + 4y + 3z = 4$
III $-5x + 2y + 4z = -9$

Lösung:
Die außerhalb des blauen Dreiecks stehenden Terme stören auf dem Weg zum Dreieckssystem. Sie sollen durch Äquivalenzumformungen schrittweise eliminiert werden.

Als Darstellungsmittel verwenden wir den Umformungspfeil, der angibt, wodurch die Gleichung ersetzt wird, von welcher dieser Pfeil ausgeht.

1. Wir eliminieren die Variable x aus den Gleichungen II und III.
   Wir erreichen dies, indem wir zu geeigneten Vielfachen dieser Gleichung geeignete Vielfache von Gleichung I addieren oder subtrahieren.

2. Wir eliminieren die Variable y aus der Gleichung III des neu entstandenen Systems in entsprechender Weise.

3. Es ist nun wieder ein Dreieckssystem entstanden, das wir leicht durch „Rückeinsetzung" lösen können.

▶ **Resultat:** $L = \{(1 \mid 2 \mid -2)\}$

Umformen des LGS:

I $\quad 3x + 3y + 2z = 5$ 1. Elimination
II $\quad 2x + 4y + 3z = 4$ von x
III $-5x + 2y + 4z = -9$ $\to 3 \cdot II - 2 \cdot I$
  $\to 3 \cdot III + 5 \cdot I$

I $\quad 3x + 3y + 2z = 5$ 2. Elimination
II $\quad 6y + 5z = 2$ von y
III $\quad 21y + 22z = -2$ $\to 2 \cdot III - 7 \cdot II$

I $\quad 3x + 3y + 2z = 5$ Dreiecks-
II $\quad 6y + 5z = 2$ system
III $\quad 9z = -18$

Auflösen von III nach z: 3. Lösen durch
$\quad 9z = -18$ Rück-
$\quad z = -2$ einsetzung

Einsetzen in II, Auflösen nach y:
$\quad 6y + 5z = 2$
$\quad 6y - 10 = 2$
$\quad y = 2$

Einsetzen in I, Auflösen nach x:
$\quad 3x + 3y + 2z = 5$
$\quad 3x + 6 - 4 = 5$
$\quad x = 1$

In entsprechender Weise lassen sich auch lineare Gleichungssysteme mit größerer Anzahl von Gleichungen und Variablen lösen. Es kommt darauf an, die störenden Terme in systematischer Weise, z. B. spaltenweise, zu eliminieren, sodass eine *Dreiecksform* bzw. *Stufenform* entsteht.

2. Das Lösungsverfahren von Gauß

Übungen

1. Lösen Sie das LGS. Formen Sie das LGS ggf. zunächst in ein Dreieckssystem um.

   a) $2x + 4y - z = -13$
      $2y - 2z = -12$
      $3z = 9$

   b) $2x + 4y - 3z = 3$
      $-6y + 5z = 7$
      $2z = 4$

   c) $3x - 2y + 2z = 6$
      $2x - z = 2$
      $-3x = -6$

   d) $x - 3y + 5z = -2$
      $y + 2z = 8$
      $y + z = 6$

   e) $x + y + 4z = 10$
      $2y - 5z = -14$
      $y + 3z = 4$

   f) $2x + 2y - z = 8$
      $-2x + y + 2z = 3$
      $4z = 8$

2. Lösen Sie das LGS mithilfe des Gauß'schen Eliminationsverfahrens.

   a) $4x - 2y + 2z = 2$
      $-2x + 3y - 2z = 0$
      $3x - 5y + z = -7$

   b) $x + 2y - 2z = -4$
      $2x + y + z = 3$
      $3x + 2y + z = 4$

   c) $2x + 2y - 3z = -7$
      $-x - 2y - 2z = 3$
      $4x + y - 2z = -1$

   d) $2x + y - z = 6$
      $5x - 5y + 2z = 6$
      $3x + 2y - 3z = 0$

   e) $x - 2y + z = 0$
      $3y + z = 9$
      $2x + y = 4$

   f) $2x + 2y + 3z = -2$
      $x + z = -1$
      $y + 2z = -3$

3. Lösen Sie das LGS mithilfe des Gauß'schen Eliminationsverfahrens.

   a) $x - 2y + z + 2t = 8$
      $2x + 3y - 2z + 3t = 14$
      $4x - y + 3z - t = 7$
      $3x + 2y - 4z + 5t = 15$

   b) $x + 2y - z + t = -2$
      $2x + y + 2z - 2t = -2$
      $3x + 3y + 3z + 2t = 14$
      $x + y + 2z + t = 9$

   c) $2x + 2y - 3z + 4t = 13$
      $4x - 3y + z + 3t = 9$
      $6x + 4y + 2z + 2t = 8$
      $2x - 5y + 3z + t = 1$

4. Lösen Sie das LGS mithilfe des Gauß'schen Eliminationsverfahrens. Bringen Sie das LGS zunächst auf Normalform. (Erzeugen Sie zweckmäßigerweise auch ganzzahlige Koeffizienten.)

   a) $2y = 4 - z$
      $3z = x - 10$
      $9 + z = x + y$

   b) $2y - 5 = z + 2x$
      $-2z = x - 2y$
      $4x = y - 10$

   c) $3z = 2y + 7$
      $x - 4 = y + z$
      $2x + 2y = x - 1$

   d) $\frac{1}{4}x - \frac{1}{2}y + \frac{3}{4}z = 4$
      $\frac{3}{2}x - \frac{2}{3}y - \frac{1}{2}z = -2$
      $y - \frac{1}{2}z = 2$

   e) $-0{,}2x + 1{,}5y + 0{,}4z = -9$
      $1{,}1x + 2{,}2z = 8{,}8$
      $0{,}8x - 0{,}2y = 4{,}4$

   f) $\frac{1}{2}x + \frac{1}{5}y + \frac{2}{3}z = 7$
      $\frac{3}{8}x + \frac{1}{10}y + \frac{1}{12}z = \frac{5}{2}$
      $4{,}5x - 0{,}5y + \frac{1}{3}z = 17{,}5$

5. Eine dreistellige natürliche Zahl hat die Quersumme 14. Liest man die Zahl von hinten nach vorn und subtrahiert 22, so erhält man eine doppelt so große Zahl. Die mittlere Ziffer ist die Summe der beiden äußeren Ziffern. Wie heißt die Zahl?

6. Eine Parabel zweiten Grades besitzt bei $x = 2$ eine Nullstelle und verläuft durch die Punkte $P(-2|12)$ und $Q(4|-3)$. Bestimmen Sie die Gleichung der Parabel.

Chemische Reaktionsgleichungen

Dem italienischen Chemiker SOBRERO gelang im Jahre 1846 die Herstellung der hochexplosiven Flüssigkeit *Nitroglycerin* ($C_3H_5N_3O_9$). Schon durch kleine mechanische Erschütterungen wurde die Explosion ausgelöst, was die praktische Anwendbarkeit als Sprengstoff stark einschränkte.

Alfred NOBEL (1833–1896) hatte die Idee, dieses Sprengöl in porösem Kieselgut aufzusaugen, sodass ein erschütterungsfester, transportabler, kontrolliert zündbarer Sprengstoff entstand, der den Namen *Dynamit* erhielt.

$$H_2C-O-NO_2$$
$$|$$
$$HC-O-NO_2$$
$$|$$
$$H_2C-O-NO_2$$

Nitroglycerin

Chemische Reaktionen lassen sich durch *Reaktionsgleichungen* beschrieben. Dabei muss berücksichtigt werden, dass bei allen chemischen Reaktionen die Gesamtmasse aller Stoffe unverändert bleibt. Vor und nach der Reaktion müssen also gleich viele Atome desselben Elements vorhanden sein. Beim Aufstellen chemischer Reaktionsgleichungen müssen die Koeffizienten vor den an der Reaktion beteiligten Stoffen (Molekülen) bestimmt werden. Wir zeigen dies im folgenden Beispiel.

Bestimmung einer chemischen Reaktionsgleichung

Bei der Explosion von *Nitroglycerin* ($C_3H_5N_3O_9$) entstehen unter Hitzeentwicklung die Gase Kohlendioxid (CO_2), Wasserdampf (H_2O), Stickstoff (N_2) und Sauerstoff (O_2). Bestimmen Sie die chemische Reaktionsgleichung für den Explosionsvorgang.

Lösung:
Wir verwenden den nebenstehenden Ansatz für die Reaktionsgleichung. Die Koeffizienten $x_1, \ldots, x_5$ geben die Anzahl der Moleküle an. Man verwendet in der chemischen Reaktionsgleichung möglichst kleine natürlichen Zahlen $x_1, \ldots, x_5$, für die die chemische Reaktion möglich ist.
Da vor und nach der Reaktion von jedem Element gleich viele Atome vorhanden sein müssen, erhalten wir für jedes Element eine Gleichung.

Ansatz:

$$x_1 \cdot C_3H_5N_3O_9 \rightarrow$$
$$x_2 \cdot CO_2 + x_3 \cdot H_2O + x_4 \cdot N_2 + x_5 \cdot O_2$$

Für C: $\quad 3x_1 = x_2$

Für H: $\quad 5x_1 = 2x_3$

Für N: $\quad 3x_1 = 2x_4$

Für O: $\quad 9x_1 = 2x_2 + x_3 + 2x_5$

Chemische Reaktionsgleichungen

Somit ergibt sich ein LGS aus 4 Gleichungen mit 5 Variablen, das wir zunächst in Normalform umstellen und dann mithilfe des Gauß'schen Eliminationsverfahren auf Stufenform bringen.

Das LGS besitzt unendlich viele Lösungen, eine Variable ist frei wählbar.
Wir wählen $x_5 = c \in \mathbb{R}$.
Nun bestimmen wir durch Rückeinsetzung die Lösungsmenge.

Für die chemische Reaktionsgleichung ist nun die kleinste positive Zahl c gesucht, für die sich eine Lösung ergibt, die nur aus natürlichen Zahlen besteht. Diese erhalten wir in diesem Fall für c = 1.

$$\begin{array}{ll} \text{I} & 3x_1 - x_2 = 0 \\ \text{II} & 5x_1 - 2x_3 = 0 \\ \text{III} & 3x_1 - 2x_4 = 0 \\ \text{IV} & 9x_1 - 2x_2 - 2x_3 - 2x_5 = 0 \end{array}$$

$$\begin{array}{ll} \text{I} & 3x_1 - x_2 = 0 \\ \text{II} & 5x_2 - 6x_3 = 0 \\ \text{III} & -6x_3 + 10x_4 = 0 \\ \text{IV} & -2x_4 + 12x_5 = 0 \end{array}$$

$$L = \{(4c\,|\,12c\,|\,10c\,|\,6c\,|\,c);\ c \in \mathbb{R}\}$$

Für c = 1: (4|12|10|6|1)

Reaktionsgleichung:
$$4\,C_3H_5N_3O_9 \rightarrow 12\,CO_2 + 10\,H_2O + 6\,N_2 + O_2$$

Übungen

Übung 1
Ermitteln Sie für die folgenden chemischen Reaktionen die Koeffizienten.

a) $x_1 CuO + x_2 C \rightarrow x_3 Cu + x_4 CO_2$ (Gewinnung von Kupfer aus Kupferoxid)

b) $x_1 FeS_2 + x_2 O_2 \rightarrow x_3 SO_2 + x_4 Fe_2O_3$ (Entstehung von Schwefeldioxid aus Pyrit)

c) $x_1 P_4O_{10} + x_2 H_2O \rightarrow x_3 H_3PO_4$ (Entstehung von Phosphorsäure)

d) $x_1 C_6H_{12}O_6 \rightarrow x_2 C_2H_5OH + x_3 CO_2$ (alkoholische Gärung)

e) $x_1 KMnO_4 + x_2 HCl \rightarrow x_3 MnCl_2 + x_4 Cl_2 + x_5 H_2O + x_6 KCl$ (Herstellung von Chlorgas)

Übung 2
Die Bildung von *Tropfsteinhöhlen* lässt sich im Wesentlichen auf folgende chemische Reaktionen zurückführen:
Wasser (H_2O) und Kohlendioxid (CO_2) haben im Verlaufe von Jahrtausenden den Kalkstein ($CaCO_3$ Calciumcarbonat) gelöst. Bei der chemischen Reaktion entstehen zunächst Ca- und HCO_3-Ionen, die sich dann zu wasserlöslichem Calciumhydrogencarbonat ($Ca(HCO_3)_2$) verbinden. Die Rückreaktion (Entzug von CO_2) führt wieder zu unlöslichem $CaCO_3$ und damit zur Tropfsteinbildung.
Bestimmen Sie die Reaktionsgleichung für die Anfangsreaktion.

3. Lösbarkeitsuntersuchungen

A. Unlösbare und nicht eindeutig lösbare LGS

> **Beispiel:** Untersuchen Sie das LGS mithilfe des Gauß'schen Eliminationsverfahrens auf Lösbarkeit.
>
> a) $x + 2y - z = 3$
> $2x - y + 2z = 8$
> $3x + 11y - 7z = 6$
>
> b) $2x + y - 4z = 1$
> $3x + 2y - 7z = 1$
> $4x - 3y + 2z = 7$

Lösung zu a:

I	$x + 2y - z = 3$	
II	$2x - y + 2z = 8$	$\to$ II $- 2 \cdot$ I
III	$3x + 11y - 7z = 6$	$\to$ III $- 3 \cdot$ I

I	$x + 2y - z = 3$	
II	$-5y + 4z = 2$	
III	$5y - 4z = -3$	$\to$ III $+$ II

I	$x + 2y - z = 3$	
II	$5y - 4z = -2$	
III	$0 = -1$	

↑ Widerspruchszeile

Gleichung III des Dreieckssystems wird als *Widerspruchszeile* bezeichnet. Sie ist unlösbar ($0x + 0y + 0z = -1$ ist für **kein** Tripel $(x|y|z)$ erfüllt).

Damit ist das Dreieckssystem als Ganzes unlösbar.
Es folgt: Das ursprüngliche LGS ist ebenfalls *unlösbar*, die Lösungsmenge ist daher leer: $L = \{\}$.

Die Unlösbarkeit eines LGS wird nach Anwendung des Gauß'schen Eliminationsverfahrens stets auf diese Weise offenbar:

▶ Wenigstens in einer Gleichung des resultierenden Dreieckssystems tritt ein offensichtlicher Widerspruch auf.

Lösung zu b:

I	$2x + y - 4z = 1$	
II	$3x + 2y - 7z = 1$	$\to 2 \cdot$ II $- 3 \cdot$ I
III	$4x - 3y + 2z = 7$	$\to$ III $- 2 \cdot$ I

I	$2x + y - 4z = 1$	
II	$y - 2z = -1$	
III	$-5y + 10z = 5$	$\to$ III $+ 5 \cdot$ II

I	$2x + y - 4z = 1$	
II	$y - 2z = -1$	
III	$0 = 0$	

↑ Nullzeile

Gleichung III des Gleichungssystems wird als *Nullzeile* bezeichnet. Sie ist für jedes Tripel $(x|y|z)$ erfüllt, stellt keine Einschränkung dar und könnte daher auch weggelassen werden.

Es verbleiben 2 Gleichungen mit 3 Variablen, von denen daher eine Variable frei wählbar ist. Wir setzen für diese „überzählige" Variable einen Parameter ein.

Wählen wir $z = c$ $(c \in \mathbb{R})$,
so folgt aus II $y = 2c - 1$
und dann aus I $x = c + 1$.

Wir erhalten für jeden Wert des freien Parameters c genau ein Lösungstripel x, y, z. Das Gleichungssystem hat eine *einparametrige unendliche Lösungsmenge*:
$L = \{(c + 1 | 2c - 1 | c); c \in \mathbb{R}\}$.

3. Lösbarkeitsuntersuchungen

Übung 1
Untersuchen Sie das LGS auf Lösbarkeit. Bestimmen Sie die Lösungsmenge.

a) $2x + 2y + 2z = 6$
$2x + y - z = 2$
$4x + 3y + z = 8$

b) $3x + 5y - 2z = 10$
$2x + 8y - 5z = 6$
$4x + 2y + z = 8$

c) $4x - 3y - 5z = 9$
$2x + 5y - 9z = 11$
$6x - 11y - z = 7$

d) $2x - y + 3z + 2t = 7$
$x + 4z + 3t = 13$
$x + 2y + 2z - t = 3$
$2x - 3y + 5z + 6t = 17$

B. Unter- und überbestimmte LGS

Alle bisher durchgeführten Überlegungen zur Lösbarkeit bezogen sich meist auf den Sonderfall, dass die Anzahl der Gleichungen mit der Anzahl der Variablen übereinstimmt. Im Folgenden zeigen wir exemplarisch, dass sie jedoch sinngemäß für jedes beliebige LGS gelten.

Enthält ein LGS nach der Anwendung des Gauß'schen Eliminationsverfahrens weniger Gleichungen als Variablen, so reichen die Informationen für eine eindeutige Lösung nicht aus, d. h., es ist *unterbestimmt*. Enthält ein LGS hingegen mehr Gleichungen als Variablen, so würden für eine eindeutige Lösung bereits weniger Gleichungen genügen. In diesem Fall ist das LGS *überbestimmt*. Wir zeigen die Vorgehensweisen bei derartigen LGS an zwei Beispielen.

▶ **Beispiel:** Untersuchen Sie das LGS auf Lösbarkeit.

a) $x + y = 1$
$2x - y = 8$
$x - 2y = 5$

b) $x - 2y + z + t = 1$
$-2x + 5y - 4z + 2t = -2$

Lösung zu a:

I $x + y = 1$
II $2x - y = 8$ → $(-2) \cdot I + II$
III $x - 2y = 5$ → $I - III$

I $x + y = 1$
II $-3y = 6$
III $3y = -4$ → $II + III$

I $x + y = 1$
II $-3y = 6$
III $0 = 2$ Widerspruch

Wendet man das Gauß'sche Eliminationsverfahren an, erhält man die obige *Stufenform*. Da die Gleichung III einen Widerspruch enthält, ist das gesamte LGS unlösbar, obwohl das Teilsystem aus den ersten beiden Gleichungen eine eindeutige Lösung (x = 3, y = −2) besitzt. Diese erfüllt jedoch die Gleichung III nicht. Somit erhalten wir als Resultat:
▶ $L = \{\ \}$.

Lösung zu b:

I $x - 2y + z + t = 1$
II $-2x + 5y - 4z + 2t = -2$ → $2 \cdot I + II$

I $x - 2y + z + t = 1$
II $y - 2z + 4t = 0$

Das LGS ist *unterbestimmt*. Da die Anwendung des Gauß'schen Eliminationsverfahrens auf keinen Widerspruch führt, besitzt das LGS unendlich viele Lösungen. Da das LGS in *Stufenform* nur 2 Gleichungen, aber 4 Variablen enthält, ersetzen wir die „überzähligen" Variablen durch Parameter. Hier können sogar 2 Variablen frei gewählt werden.

Wählen wir $z = c$ und $t = d$ ($c, d \in \mathbb{R}$), so folgt aus II $y = 2c - 4d$ und dann aus I $x = 1 + 3c - 9d$.

Das Gleichungssystem hat eine *zweiparametrige unendliche Lösungsmenge*:

$L = \{(1 + 3c - 9d \,|\, 2c - 4d \,|\, c \,|\, d); \ c, d \in \mathbb{R}\}$.

Übung 2
Untersuchen Sie das LGS auf Lösbarkeit. Bestimmen Sie die Lösungsmenge.

a) $\quad 3x - 3y = 0$
$\quad\quad 6x + 3y = 18$
$\quad\quad -2x + 4y = 4$

b) $\quad -2x + y = -1$
$\quad\quad 4x + 2y = -10$
$\quad\quad -6x + 3y = -2$

c) $\quad 2x - 2y = 14$
$\quad\quad 3x + 6y = 3$
$\quad\quad 4x - 12y = 44$

d) $\quad 3x - 4y + z = 5$
$\quad\quad 2x - y - z = 0$
$\quad\quad 4x - 2y - z = 12$
$\quad\quad x - y + z = 10$

e) $\quad x + z = -1$
$\quad\quad y + z = 4$
$\quad\quad x + y = 5$
$\quad\quad x + y + z = 4$

f) $\quad 4x + y - 2z + t = 1$
$\quad\quad 2x + y + 3z - 2t = 3$

g) $\quad 3x + 2y + z = 5$
$\quad\quad -6x - 4y - 2z = 8$

h) $\quad 2x + 3z + 2t = 4$
$\quad\quad y + 3z + 2t = 4$

i) $\quad 2x - 4y + 2z = 6$
$\quad\quad x - 8y + 4z = 12$
$\quad\quad -x + 2y - z = -3$

Die Lösbarkeitsuntersuchungen haben gezeigt, dass Nullzeilen (triviale Zeilen) noch nichts über die Lösbarkeit des gesamten LGS aussagen, während aus einer Widerspruchszeile sofort die Unlösbarkeit des gesamten LGS folgt. Wir können zusammenfassend folgendes Lösungsschema zum Gauß'schen Eliminationsverfahren angeben:

1.	LGS in die **Normalform** überführen, **ganzzahlige** Koeffizienten erzeugen, sofern möglich.
2.	**Gauß'sches Eliminationsverfahren** auf das LGS anwenden. Es entsteht eine **Dreiecks-** bzw. **Stufenform**.
3.	Prüfen, welche der folgenden Eigenschaften das aus 2. resultierende LGS besitzt.

Widerspruch	Es existiert **kein Widerspruch**.	
Wenigstens eine Gleichung stellt einen offensichtlichen **Widerspruch** dar.	Die **Anzahl der Variablen ist gleich der Anzahl der nichttrivialen Zeilen**.	Es gibt **mehr Variable als nichttriviale Zeilen**.
⬇	⬇	⬇
Das LGS ist **unlösbar**.	Das LGS ist **eindeutig lösbar**.	Das LGS hat **unendlich viele Lösungen**.
	Die einzige Lösung wird durch „**Rückeinsetzung**" **aus dem Stufenform-LGS** bestimmt.	Die freien Parameter werden festgelegt. Die Parameterdarstellung der Lösungsmenge wird bestimmt.

(Schritt 4.)

3. Lösbarkeitsuntersuchungen

C. Gleichungssysteme mit Parametern

Enthält das gegebene lineare Gleichungssystem einen Parameter, so hängt die Lösbarkeit des Systems ggf. vom Wert dieses Parameters ab.
Ein LGS mit Parameter bringen wir zunächst mit dem Gauß'schen Eliminationsverfahren auf Dreiecks- bzw. Stufenform. Mithilfe von Fallunterscheidungen für den Parameterwert lässt sich dann die Lösbarkeit des LGS untersuchen. Wir zeigen die Vorgehensweise exemplarisch.

▶ **Beispiel: LGS mit Parameter**
Für welche Werte des Parameters a besitzt das LGS eine Lösung, keine Lösung bzw. unendlich viele Lösungen?

$$-x - y + 2z = 5$$
$$x - 6y - az = a$$
$$2x + 4y - 2z = -5$$

Lösung:
Wir wenden zunächst das Gauß'sche Eliminationsverfahren an, um das LGS auf Dreiecksform zu bringen.

I $\quad -x - y + 2z = 5$
II $\quad x - 6y - az = a \qquad \to \text{I} + \text{II}$
III $\quad 2x + 4y - 2z = -5 \qquad \to 2\text{I} + \text{III}$

Bei diesen Umformungen bereitet der Parameter keine Probleme.

I $\quad -x - y + 2z = 5$
II $\quad -7y + (2-a)z = 5 + a$
III $\quad 2y + 2z = 5 \qquad \to 2\text{II} + 7\text{III}$

Wir erhalten schließlich die nebenstehende äquivalente Dreiecksform des LGS.

I $\quad -x - y + 2z = 5$
II $\quad -7y + (2-a)z = 5 + a$
III $\quad (18 - 2a)z = 45 + 2a$

Wollen wir die letzte Gleichung nach z auflösen, so müssen wir durch $18 - 2a$ teilen, was für $a = 9$ nicht geht.

1. Fall:
$a = 9: \Rightarrow$ unlösbar
$L = \emptyset = \{\}$

Für $a = 9$ lautet die Gleichung III: $0 = 63$. Dieser Widerspruch bedeutet: Das LGS ist in diesem Fall unlösbar.

2. Fall:
$a \neq 9: \Rightarrow$ eindeutig lösbar
$L = \left\{ \frac{21a}{18-2a}; \frac{-7a}{18-2a}; \frac{45+2a}{18-2a} \right\}$

Für $a \neq 9$ ist das LGS eindeutig lösbar. Die eindeutige Lösung kann durch Rückeinsetzung ermittelt werden.

Resultat:
Für $a \neq 9$ ist das LGS eindeutig lösbar.
Für $a = 9$ ist es unlösbar.

Für keinen Wert von a hat das LGS unend-
▶ lich viele Lösungen.

Übung 3
Für welche Werte von a hat das LGS eine, keine bzw. unendlich viele Lösungen?

a) $x + 2y - z = 4$
$3x + y + 2z = -3$
$2x + 3y + az = 3$

b) $2x + y - 2z = a$
$x + ay - 2z = 1$
$x + 3y = 6$

c) $2x - ay + 5z = a$
$-x + 3y - 2z = 1$
$x + y + 4z = -3$

d) $x + y + z = 2$
$x - z = -1$
$ax + 2y + z = a$

e) $ax + z = a$
$x - ay = 1$
$y - z = a$

f) $x + ay - 4z = 0$
$x + 2y - az = 0$
$x - z = 0$

Übungen

4. Lösen Sie das LGS. Geben Sie die Lösungsmenge an.

a) $2x - y + 6z = 5$
$2y - 3z = 10$
$4z = 8$

b) $3x + y + 7z = 2$
$y + 2z = 1$
$3y + 5z = 4$

c) $3x - y + z = 3$
$2y - 2z = 0$
$-5x + z = -2$

d) $x + 2y - z = -3$
$2x + 4y - 2z = -1$
$3x + y + 5z = 6$

e) $-2x + 2y - 4z = -2$
$x + 3z = 0$
$x - y + 2z = 1$

f) $x + y + z = 5$
$x - y + z = 1$
$-2x - 3z = -3$

5. Untersuchen Sie das LGS auf Lösbarkeit. Bestimmen Sie die Lösungsmenge.

a) $3x - 8y - 5z = 0$
$2x - 2y + z = -1$
$x + 4y + 7z = 2$

b) $2x - 2y - 3z = -1$
$ - 2y + z = -3$
$-x + y - 3z = -4$

c) $4x - y + 2z = 6$
$x + 2y - z = 6$
$6x + 3y = 18$

d) $2x - 3y - 8z = 8$
$6y + 4z = -8$
$6x + 8y - 8z = 6$

e) $3x - y + 2z = 4$
$4x - 6y + 4z = 10$
$-x - 2y = 1$

f) $3x - 4y + z = 5$
$2x - y - z = 0$
$4x - 2y - 2z = 12$

g) $2x + 3y = 10$
$4x + 5y = 18$
$3x - y = 4$

h) $4x - 2y = 12$
$-x + 0{,}5y = -3$
$2x - y = 5$

i) $4x - 2y + z = -8$
$9x - 3y = 0$
$2x + z = 12$
$-3x + y + 3z = 6$

j) $3x - 5y + 3z = -2$
$x - 5y + z = 1$

k) $3x + 4y - 2z - 2t = 0$
$x + y + z + t = 0$

l) $4x - 2y + 2z = 6$
$-2x + y - z = 6$

6. Robert, Alfons und Edel finden einen Sack voller Münzen. Es sind 3 große, 16 mittlere und 40 kleine Münzen im Gesamtwert von 30 €. Die Münzen werden gerecht aufgeteilt. Robert erhält 2 große und 30 kleine Münzen, Alfons erhält 8 mittlere und 10 kleine Münzen. Den Rest erhält Edel. Wie groß sind die einzelnen Münzwerte?

7. Im Garten sitzen Schnecken, Raben und Katzen. Großvater zählt die Köpfe und die Füße der Tiere. Er kommt auf insgesamt 39 Köpfe und 57 Füße. Die Raben haben zusammen 6 Füße mehr als die Katzen. Wie viele Katzen sind es?

III. Lineare Gleichungssysteme

Überblick

Lösungen eines linearen Gleichungssystems:
Eine Lösung eines (m, n)-LGS gibt man als n-Tupel $(x_1|x_2|\ldots|x_n)$ an.

Äquivalenzumformungen eines lin. Gleichungssystems:
Die Lösungsmenge eines LGS ändert sich nicht, wenn
(1) zwei Gleichungen vertauscht werden,
(2) eine Gleichung mit einer reellen Zahl $k \neq 0$ multipliziert wird,
(3) eine Gleichung zu einer anderen Gleichung addiert wird.

Anzahl der Lösungen eines lin. Gleichungssystems:
Es können drei Fälle eintreten:
Fall 1: Das LGS ist unlösbar.
Fall 2: Das LGS hat genau eine Lösung.
Fall 3: Das LGS hat unendlich viele Lösungen.

Das Gauß'sche Eliminationsverfahren:
Man bringt das LGS mithilfe des Additionsverfahrens in ein Dreieckssystem. Anschließend bestimmt man die Lösungsmenge.
Fall 1: Wenigstens eine Gleichung stellt einen Widerspruch dar.
Dann ist das LGS unlösbar.
Fall 2: Die Anzahl der Variablen ist gleich der Anzahl der nichttrivialen Zeilen.
Dann ist das LGS eindeutig lösbar.
Fall 3: Es gibt mehr Variable als nichttriviale Zeilen.
Dann hat das LGS unendlich viele Lösungen.
Es werden die freien Parameter festgelegt. Die Lösungsmenge wird mithilfe dieser Parameter dargestellt.

Unterbestimmtes LGS:
Das LGS hat mehr Variable als Gleichungen.
Wenn das Gauß'sch Eliminationsverfahren zu keinem Widerspruch führt, hat das LGS unendlich viele Lösungen.

Überbestimmtes LGS:
Das LGS hat mehr Gleichungen als Variable.
Ergibt sich ein Widerspruch, so ist das LGS unlösbar.
Gibt es genau eine Lösung, so muss diese für alle Gleichungen gelten.
Gibt es keinen Widerspruch und hat das LGS mehr Variable als nicht-triviale Gleichungen, so hat das LGS unendlich viele Lösungen.

Test

Lineare Gleichungssysteme

1. Untersuchen Sie das Gleichungssystem auf Lösbarkeit und bestimmen Sie gegebenenfalls die Lösung.

   a) $3x - y + 2z = 1$
   $-x + 2y - 3z = -7$
   $2x - 3y + 4z = 7$

   b) $x + y + 2z = 5$
   $3x - 2y + z = 0$
   $x + 6y + 7z = 18$

   c) $x + y + 2z = 5$
   $2x - y + 3z = 3$
   $4x + y + 7z = 13$

2. Untersuchen Sie das LGS auf Lösbarkeit und geben Sie die Lösungsmenge an.

   a) $2x - 2y = 10 - 2z$
   $4z - 4x = 2 - 6y$
   $z = 3x - 4y - 4$
   $5 - z = x - y$

   b) $x + y + z = 9$
   $-2x + y + 2z = 12$

3. Untersuchen Sie, für welche Werte der Parameter a und b das LGS keine, genau eine oder unendlich viele Lösungen hat. Geben Sie die Lösungsmenge an.

   a) $x + 3ay = b$
   $2x + 6y = 10$

   b) $x + 3y - 2z = 1$
   $2x + 5y - z = 1$
   $3x + ay + 3z = a$

4. Auf dem Geflügelmarkt werden an einem Stand Gänse für 5 Taler, Enten für 3 Taler und Küken zu je dreien für einen Taler angeboten. Der Standbetreiber hat insgesamt 100 Tiere und hat sich 100 Taler als Gesamteinnahme errechnet, wenn er alle Tiere verkaufen kann.
Wie viele Gänse, Enten und Küken hatte er zunächst?

5. Eine dreistellige natürliche Zahl hat die Quersumme 16. Die Summe der ersten beiden Ziffern ist um 2 größer als die letzte Ziffer. Addiert man zum Doppelten der mittleren Ziffer die erste Ziffer, so erhält man das Doppelte der letzten Ziffer. Wie heißt die Zahl?

6. Ein pharmazeutischer Betrieb verwendet als Basis für Knoblauchpräparate Ölauszüge aus drei Knoblauchsorten A, B und C, die die Hauptwirkstoffe K und G des Knoblauchs in unterschiedlichen Konzentrationen enthalten:
A: 3% K,   9% G,
B: 5% K, 10% G,
C: 13% K,   4% G.
Welche Mengen von jeder Sorte benötigt man für die Herstellung von 100 g eines Präparates, das 5 g von K und 9 g von G enthalten soll?

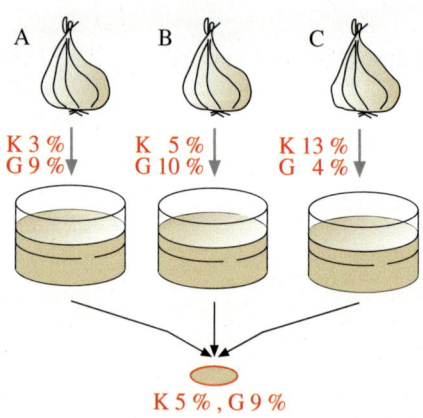

Lösungen: S. 226

IV. Vektorrechnung

1. Punkte eines Raumes im Koordinatensystem

Im Folgenden wird das räumliche kartesische Koordinatensystem eingeführt. Dabei wird analog zum bereits bekannten ebenen kartesischen Koordinatensystem vorgegangen.

A. Punkte in der Ebene

Man kann Punkte in der Ebene durch Koordinaten in einem zweidimensionalen kartesischen Koordinatensystem darstellen.

Der Abstand $d(A; B) = |AB|$ der Punkte $A(a_1|a_2)$ und $B(b_1|b_2)$ wird mithilfe des Satzes von Pythagoras errechnet.

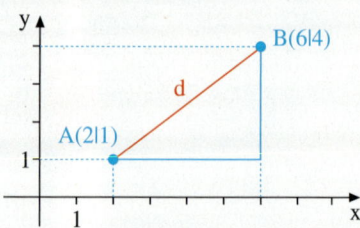

Die Abstandsformel in der Ebene
Die Punkte $A(a_1|a_2)$ und $B(b_1|b_2)$ besitzen den Abstand
$d(A; B) = \sqrt{(b_1 - a_1)^2 + (b_2 - a_2)^2}$.

$$\begin{aligned} d(A; B) &= \sqrt{(b_1 - a_1)^2 + (b_2 - a_2)^2} \\ &= \sqrt{(6-2)^2 + (4-1)^2} \\ &= \sqrt{4^2 + 3^2} \\ &= \sqrt{25} \\ &= 5 \end{aligned}$$

B. Koordinaten im Raum

Punkte und geometrische Figuren im Anschauungsraum werden im *dreidimensionalen kartesischen Koordinatensystem*[1] dargestellt. Ein solches System wird in der Regel als *Schrägbild* gezeichnet.
y-Achse und z-Achse werden auf dem Zeichenblatt rechtwinklig zueinander dargestellt, während die x-Achse in einem Winkel von 135° zu diesen beiden Achsen gezeichnet wird, um einen räumlichen Eindruck zu erzeugen, der durch die Verkürzung der Einheit auf der x-Achse mit dem Faktor $\frac{1}{\sqrt{2}}$ noch realistischer wird.

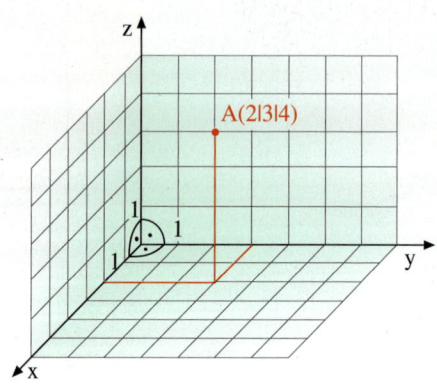

Solche Koordinatensysteme lassen sich auf Karopapier besonders gut darstellen. Die Lage von Punkten wird durch Koordinaten angegeben. Beispielsweise bezeichnet A(2|3|4) einen Punkt mit dem Namen A, dessen x-Koordinate 2 beträgt, während die y-Koordinate den Wert 3 und die z-Koordinate den Wert 4 hat.

---

[1] Das kartesische Koordinatensystem wurde nach dem französischen Mathematiker René Descartes (lat. Cartesius) benannt, dem Begründer der analytischen Geometrie.

Übungen

1. Gegeben ist ein Dreieck ABC mit den Eckpunkten A(1|3|2), B(3|2|4) und C(−1|1|3).
   a) Zeichnen Sie ein räumliches kartesisches Koordinatensystem. Tragen Sie die Punkte A, B und C ein und zeichnen Sie das Dreieck ABC.
   b) Weisen Sie rechnerisch nach, dass das Dreieck ABC gleichschenklig ist.

2. Ein Würfel besitzt als Grundfläche das Quadrat ABCD und als Deckfläche das Quadrat EFGH.
   Dabei gelte: A(3|2|1), B(3|6|1), G(−1|6|5).
   a) Zeichnen Sie in ein räumliches Koordinatensystem ein Schrägbild des Würfels.
   b) Bestimmen Sie die Koordinaten von C, D, E, F und H.
   c) Wie lauten die Koordinaten des Mittelpunktes der Seitenfläche BCGF?
   d) Wie lauten die Koordinaten des Würfelmittelpunktes?
   e) Wie lang ist eine Raumdiagonale des Würfels?

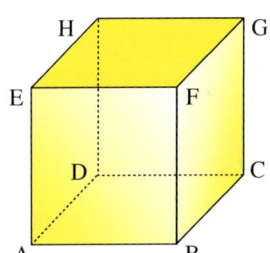

3. Gegeben sind die Punkte A(5|6|1), B(2|6|1), C(0|2|1), D(3|2|1) und S(2|4|5). Das Viereck ABCD ist die Grundfläche einer Pyramide mit der Spitze S.
   a) Zeichnen Sie die Pyramide in ein kartesisches räumliches Koordinatensystem ein (Schrägbild).
   b) Welche Länge besitzt die Seitenkante AS?
   c) Welcher Punkt F ist der Höhenfußpunkt der Pyramide? Wie hoch ist die Pyramide?

4. Ein Würfel ABCDEFGH hat die Eckpunkte A(2|3|5) und G(x|7|13).
   Wie muss x gewählt werden, wenn die Diagonale AG die Länge 12 besitzen soll?

5. Der Punkt A(3|0|1) wird an einem Punkt P gespiegelt.
   A′(3|6|3) ist der Spiegelpunkt von A.
   a) Wie lauten die Koordinaten von P?
   b) Spiegeln Sie den Punkt B(0|0|4) ebenfalls an P und stellen Sie beide Spiegelungen im Schrägbild dar.

6. Gegeben ist das abgebildete Schrägbild eines Hauses.
   a) Bestimmen Sie die Koordinaten der Punkte B, C, D, E, F, H und I.
   b) Das Dach soll eingedeckt werden. Welchen Inhalt hat die Dachfläche?
   c) Das Haus soll verputzt werden. Wie groß ist die zu verputzende Außenfläche des Hauses?
   d) Welches Volumen hat das Haus?
   e) Zwischen welchen der eingetragenen Punkte des Hauses liegt die längste Strecke? Wie lang ist diese Strecke?

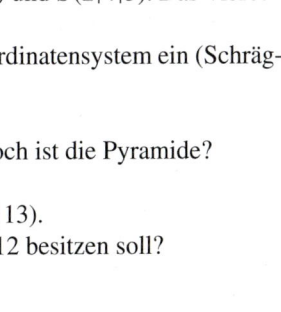

1. Punkte eines Raumes im Koordinatensystem

Der *Abstand von zwei Punkten* im Raum $A(a_1|a_2|a_3)$ und $B(b_1|b_2|b_3)$ wird mit dem Symbol $d(A;B)$ bezeichnet. Man kann ihn mithilfe der folgenden Formel bestimmen, die auf zweifacher Anwendung des Satzes von Pythagoras beruht.

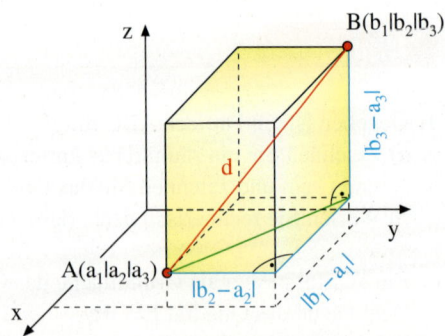

Die Abstandsformel im Raum
Die Punkte $A(a_1|a_2|a_3)$ und $B(b_1|b_2|b_3)$ haben den Abstand
$$d(A;B) = \sqrt{(b_1 - a_1)^2 + (b_2 - a_2)^2 + (b_3 - a_3)^2}.$$

▶ **Beispiel: Koordinaten im Raum**
Die Graphik zeigt die Planskizze eines Gebäudes. Der Ursprung des Koordinatensystems liegt wie eingezeichnet in der Hausecke unten links. Das Haus ist 9 m hoch.
Bestimmen Sie die Koordinaten der Punkte A, B, C, D, E und F.

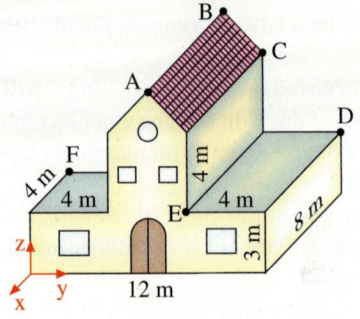

Lösung:
$A(0|6|9)$, $\quad B(-8|6|9)$, $\quad C(-8|8|7)$,
▶ $D(-8|12|3)$, $\quad E(0|8|3)$, $\quad F(-4|0|3)$

▶ **Beispiel: Gleichschenkligkeit**
Gegeben ist ein Dreieck ABC im Raum mit den Ecken $A(1|-1|-2)$, $B(5|7|6)$ und $C(3|1|4)$.
Ist das Dreieck gleichschenklig? Welchen Umfang hat das Dreieck?

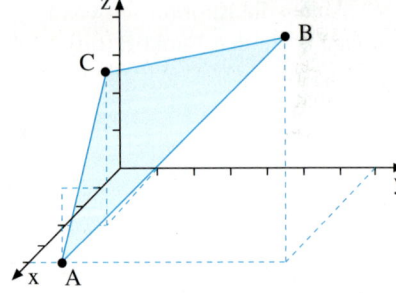

Lösung:
Wir errechnen die Abstände (Seitenlängen) mithilfe der Abstandsformel für Punkte im Raum.
$d(A;B) = \sqrt{(5-1)^2 + (7-(-1))^2 + (6-(-2))^2} = \sqrt{16 + 64 + 64} = \sqrt{144} = 12$
Analog erhalten wir $d(A;C) = \sqrt{4 + 4 + 36} = \sqrt{44} \approx 6{,}63$; $d(B;C) = \sqrt{4 + 36 + 4} = \sqrt{44} \approx 6{,}63$.
▶ Das Dreieck ist also gleichschenklig. Die Maßzahl des Umfangs ist ungefähr 25,26.

2. Vektoren

A. Vektoren als Pfeilklassen

Bei Ornamenten und Parkettierungen entsteht die Regelmäßigkeit oft durch *Parallelverschiebungen* einer Figur, wie auch bei dem abgebildeten Pflaster.

Eine Parallelverschiebung kann man durch einen Verschiebungspfeil oder durch einen beliebigen Punkt A_1 und dessen Bildpunkt A_2 kennzeichnen.

Bei einer Seglerflotte, die innerhalb eines gewissen Zeitraumes unter dem Einfluss des Windes abtreibt, werden alle Schiffe in gleicher Weise verschoben.
Die Verschiebung wird schon durch jeden einzelnen der gleich gerichteten und gleich langen Pfeile $\overrightarrow{A_1A_2}$, $\overrightarrow{B_1B_2}$, $\overrightarrow{C_1C_2}$ eindeutig festgelegt.

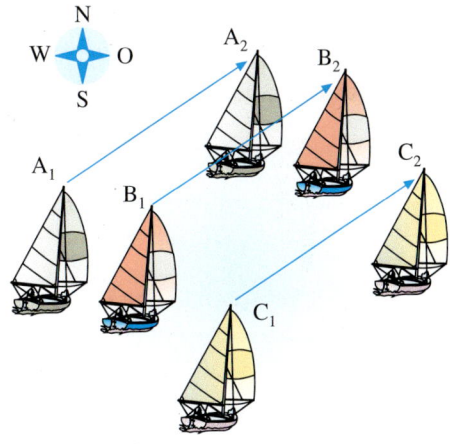

> Wir fassen daher alle Pfeile der Ebene (des Raumes), die gleiche Länge, gleiche Richtung und gleichen Richtungssinn haben, zu einer Klasse zusammen. Eine solche Pfeilklasse bezeichnen wir als einen *Vektor* in der Ebene (im Raum).

Vektoren stellen wir symbolisch durch Kleinbuchstaben dar, die mit einem Pfeil versehen sind: $\vec{a}$, $\vec{b}$, $\vec{c}$, ...
Jeder Vektor ist schon durch einen einzigen seiner Pfeile festgelegt.
Daher bezeichnen wir beispielsweise den Vektor $\vec{a}$ aus nebenstehendem Bild auch als Vektor $\overrightarrow{P_1P_2}$. Eine vektorielle Größe ist also durch eine Richtung, einen Richtungssinn und eine Länge gekennzeichnet, im Gegensatz zu einer reellen Zahl, einer sog. skalaren Größe.

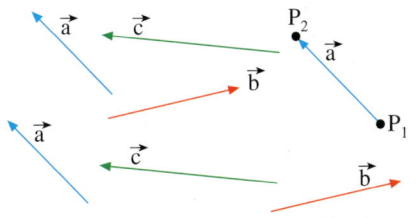

Übung 1
Welche der auf dem Quader eingezeichneten Pfeile gehören zum Vektor $\vec{a}$?

a) $\vec{a} = \overrightarrow{AB}$ b) $\vec{a} = \overrightarrow{EH}$ c) $\vec{a} = \overrightarrow{DH}$
d) $\vec{a} = \overrightarrow{CD}$ e) $\vec{a} = \overrightarrow{HG}$ f) $\vec{a} = \overrightarrow{AH}$

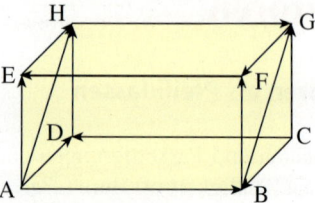

B. Spaltenschreibweise von Vektoren/Koordinaten eines Vektors

Im Koordinatensystem können Vektoren besonders einfach dargestellt werden, indem man ihre Verschiebungsanteile in Richtung der Koordinatenachsen erfasst. Man verwendet dazu die sogenannte *Spaltenschreibweise von Vektoren*.

Rechts ist ein Vektor $\vec{v}$ dargestellt, der eine Verschiebung um +4 in Richtung der positiven x-Achse und eine Verschiebung um +2 in Richtung der positiven y-Achse bewirkt.

Man schreibt $\vec{v} = \binom{4}{2}$ und bezeichnet $\vec{v}$ als einen Vektor mit den Koordinaten 4 und 2.

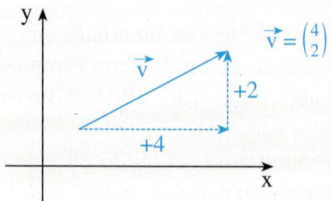

Vektoren in der Ebene	Vektoren im Raum
$\vec{v} = \binom{v_1}{v_2}$	$\vec{v} = \begin{pmatrix} v_1 \\ v_2 \\ v_3 \end{pmatrix}$

v_1, v_2 bzw. v_1, v_2 und v_3 heißen Koordinaten von $\vec{v}$. Sie stellen die Verschiebungsanteile des Vektors $\vec{v}$ in Richtung der Koordinatenachsen dar.

Übung 2
Der in der Übung 1 dargestellte Quader habe die Maße 6 × 4 × 3 (Tiefe × Breite × Höhe). Der Koordinatenursprung liege im Punkt D. Die Koordinatenachsen seien parallel zu den Quaderkanten.
Stellen Sie den Vektor dar.

a) $\overrightarrow{CB}$ b) $\overrightarrow{BC}$ c) $\overrightarrow{AE}$
d) $\overrightarrow{AH}$ e) $\overrightarrow{BH}$ f) $\overrightarrow{BG}$
g) $\overrightarrow{DG}$ h) $\overrightarrow{DC}$ i) $\overrightarrow{AC}$

Übung 3
Dargestellt ist eine regelmäßige Pyramide mit der Höhe 6. Stellen Sie die eingezeichneten Vektoren in Spaltenform dar.

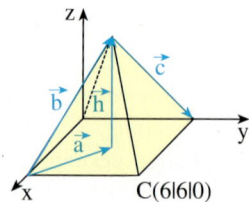

C(6|6|0)

2. Vektoren

Sind von einem Vektor $\vec{v}$ Anfangspunkt P und Endpunkt Q eines seiner Pfeile bekannt, so lässt sich $\vec{v}$ besonders leicht darstellen.

Man errechnet dann einfach die *Koordinatendifferenzen* von Endpunkt und Anfangspunkt, um die Koordinaten des Vektors zu bestimmen. Im Beispiel rechts gilt also:

$\vec{v} = \overrightarrow{PQ} = \binom{7-2}{1-4} = \binom{5}{-3}$

Analog kann man im Raum vorgehen, um den Vektor $\overrightarrow{PQ}$ zu bestimmen, wenn P und Q bekannt sind.

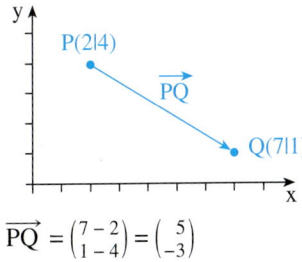

$\overrightarrow{PQ} = \binom{7-2}{1-4} = \binom{5}{-3}$

Der Vektor $\overrightarrow{PQ}$

Ebene: $P(p_1|p_2), Q(q_1|q_2)$

$\overrightarrow{PQ} = \binom{q_1 - p_1}{q_2 - p_2}$

Raum: $P(p_1|p_2|p_3), Q(q_1|q_2|q_3)$

$\overrightarrow{PQ} = \begin{pmatrix} q_1 - p_1 \\ q_2 - p_2 \\ q_3 - p_3 \end{pmatrix}$

Übung 4
Bestimmen Sie die Koordinaten von $\overrightarrow{PQ}$.
a) $P(2|1)$
   $Q(6|4)$
b) $P(2|-3)$
   $Q(-2|1)$
c) $P(1|2|-3)$
   $Q(5|6|1)$
d) $P(-4|-3|5)$
   $Q(2|3|-1)$
e) $P(3|4|7)$
   $Q(2|6|2)$
f) $P(1|4|a)$
   $Q(a|-3|2a+1)$

Übung 5
Eine dreiseitige Pyramide hat die Grundfläche ABC mit $A(1|-1|-2)$, $B(5|3|-2)$, $C(-1|6|-2)$ und die Spitze $S(2|3|4)$.
a) Zeichnen Sie die Pyramide.
b) Bestimmen Sie die Vektoren der Seitenkanten $\overrightarrow{AB}$, $\overrightarrow{AC}$ und $\overrightarrow{AS}$.
c) M sei der Mittelpunkt der Kante $\overline{AB}$. Wie lautet der Vektor $\overrightarrow{AM}$?

C. Der Ortsvektor $\overrightarrow{OP}$ eines Punktes

Auch die Lage von Punkten im Koordinatensystem lässt sich vektoriell erfassen.
Dazu verwendet man den Pfeil $\overrightarrow{OP}$, der vom Ursprung O des Koordinatensystems auf den gewünschten Punkt P zeigt. Dieser Vektor heißt *Ortsvektor* von P. Seine Koordinaten entsprechen exakt den Koordinaten des Punktes P. Man geht in der Ebene und im Raum analog vor.

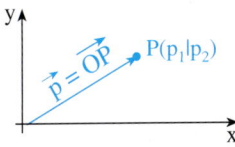

$\vec{p} = \overrightarrow{OP} = \binom{p_1}{p_2}$ bzw. $\vec{p} = \overrightarrow{OP} = \begin{pmatrix} p_1 \\ p_2 \\ p_3 \end{pmatrix}$

D. Der Betrag eines Vektors

Jeder Pfeil in einem ebenen Koordinatensystem hat eine Länge, die sich mithilfe des Satzes von Pythagoras errechnen lässt.

Alle Pfeile eines Vektors $\vec{a}$ haben die gleiche Länge. Man bezeichnet diese Länge als *Betrag des Vektors* und verwendet die Schreibweise $|\vec{a}|$.

Länge eines Pfeils in der Ebene:

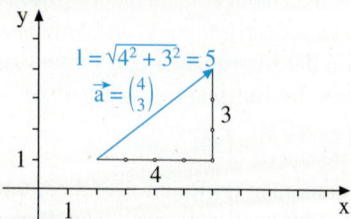

Betrag eines Vektors in der Ebene:
$$\left|\binom{4}{3}\right| = \sqrt{4^2 + 3^2} = \sqrt{25} = 5$$

Betrag eines Vektors im Raum:
$$\left|\begin{pmatrix}1\\2\\5\end{pmatrix}\right| = \sqrt{1^2 + 2^2 + 5^2} = \sqrt{30} \approx 5{,}48$$

Definition: Der Betrag eines Vektors
Der Betrag $|\vec{a}|$ eines Vektors ist die Länge eines seiner Pfeile.

Betrag eines Vektors in der Ebene:

$\vec{a} = \binom{a_1}{a_2} \Rightarrow |\vec{a}| = \sqrt{a_1^2 + a_2^2}$

Betrag eines Vektors im Raum:

$\vec{a} = \begin{pmatrix}a_1\\a_2\\a_3\end{pmatrix} \Rightarrow |\vec{a}| = \sqrt{a_1^2 + a_2^2 + a_3^2}$

▶ **Beispiel: Betrag eines Vektors**
Bestimmen Sie $|\vec{a}|$.

a) $\vec{a} = \binom{2}{4}$ b) $\vec{a} = \binom{a}{-3}$

c) $\vec{a} = \begin{pmatrix}2\\3\\6\end{pmatrix}$ d) $\vec{a} = \begin{pmatrix}-3\\0\\4\end{pmatrix}$

Lösung:
a) $|\vec{a}| = \sqrt{2^2 + 4^2} = \sqrt{20} \approx 4{,}48$
b) $|\vec{a}| = \sqrt{a^2 + (-3)^2} = \sqrt{a^2 + 9}$
c) $|\vec{a}| = \sqrt{2^2 + 3^2 + 6^2} = \sqrt{49} = 7$
d) $|\vec{a}| = \sqrt{(-3)^2 + 0^2 + 4^2} = \sqrt{25} = 5$

Übung 6
Bestimmen Sie den Betrag des gegebenen Vektors.

a) $\binom{1}{a}$ b) $\binom{5}{12}$ c) $\binom{-3}{-5}$ d) $\begin{pmatrix}5\\-2\\12\end{pmatrix}$ e) $\begin{pmatrix}4\\6\\12\end{pmatrix}$ f) $\begin{pmatrix}3a\\0\\4a\end{pmatrix}$

Übung 7
Stellen Sie fest, für welche $t \in \mathbb{R}$ die folgenden Bedingungen gelten.

a) $\vec{a} = \binom{t}{2t}$, $|\vec{a}| = 1$ b) $\vec{a} = \binom{2}{t}$, $|\vec{a}| = t + 1$ c) $\vec{a} = \begin{pmatrix}-2t\\t\\2t\end{pmatrix}$, $|\vec{a}| = 5$

E. Geometrische Anwendungen

Mithilfe von Vektoren kann man geometrische Objekte erfassen, z. B. Seitenkanten und Diagonalen von Körpern. Man kann geometrische Operationen durchführen, beispielsweise Spiegelungen. Wir behandeln hierzu exemplarisch zwei Aufgaben.

▶ **Beispiel: Diagonalen in einem Körper**
Ermitteln Sie die Koordinatendarstellung der Vektoren $\overrightarrow{AK}$, $\overrightarrow{BL}$ und $\overrightarrow{CM}$.
Bestimmen Sie außerdem die Länge der Diagonalen $\overline{CM}$.

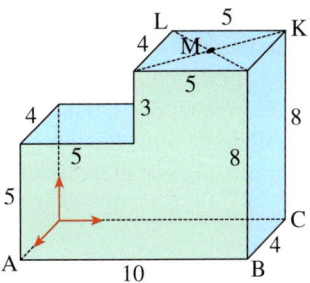

Lösung:
Wir verwenden ein Koordinatensystem, dessen Achsen parallel zu den Kanten des Körpers verlaufen.
Dann können wir die achsenparallelen Verschiebungsanteile der gesuchten Vektoren aus der Figur direkt ablesen. Damit erhalten
▶ wir die rechts aufgeführten Resultate.

$$\overrightarrow{AK} = \begin{pmatrix} -4 \\ 10 \\ 8 \end{pmatrix}, \overrightarrow{BL} = \begin{pmatrix} -4 \\ -5 \\ 8 \end{pmatrix}, \overrightarrow{CM} = \begin{pmatrix} 2 \\ -2,5 \\ 8 \end{pmatrix}$$

$$|\overrightarrow{CM}| = \sqrt{2^2 + (-2,5)^2 + 8^2} \approx 8,62$$

▶ **Beispiel: Spiegelung eines Punktes**
Der Punkt A (2|2|4) wird am Punkt P (4|6|3) gespiegelt. Auf diese Weise entsteht der Spiegelpunkt A′. Bestimmen Sie die Koordinaten von A′.

Lösung:
Wir bestimmen den Vektor $\vec{v} = \overrightarrow{AP}$, der den Punkt A in den Punkt P verschiebt.

Er lautet $\overrightarrow{AP} = \begin{pmatrix} 4-2 \\ 6-2 \\ 3-4 \end{pmatrix} = \begin{pmatrix} 2 \\ 4 \\ -1 \end{pmatrix}$.

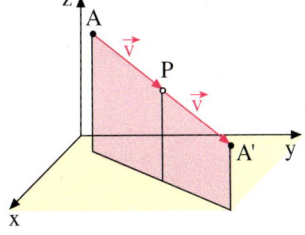

Diesen Vektor können wir verwenden, um den Punkt P nach A′ zu verschieben.
Daher gilt für den Punkt A′:
▶ A′(4 + 2|6 + 4|3 − 1) = A′(6|10|2).

Übung 8
Ein achsenparalleler Quader ABCDEFGH ist durch die Angabe der drei Punkte B (2|4|0), C (−2|4|0), H (−2|0|3) gegeben. Bestimmen Sie die restlichen Punkte, zeichnen Sie ein Schrägbild des Quaders und berechnen Sie die Länge der Raumdiagonale $\overline{BH}$ des Quaders.

Übung 9
Gegeben ist das Raumdreieck ABC mit A (4|−2|2), B (0|2|2) und C (2|−1|4). Stellen Sie die Seitenkanten des Dreiecks als Vektoren dar. Berechnen Sie den Umfang des Dreiecks. Spiegeln Sie jeden der Punkte A, B und C am Punkt P (4|4|3). Fertigen Sie ein Schrägbild des Dreiecks ABC und des Bilddreiecks A′B′C′ an.

Mithilfe von Vektoren kann man Nachweise führen, die sonst schwierig wären, vor allem bei geometrischen Figuren im dreidimensionalen Raum.

> **Beispiel: Dreieck/Parallelogramm**
> Gegeben ist das Dreieck ABC mit den Eckpunkten A(6|2|1), B(4|8|−2) und C(0|5|3) (siehe Abb.).
> a) Zeigen Sie, dass das Dreieck gleichschenklig ist, aber nicht gleichseitig.
> b) Der Punkt D ergänzt das Dreieck zu einem Parallelogramm. Bestimmen Sie die Koordinaten von D.

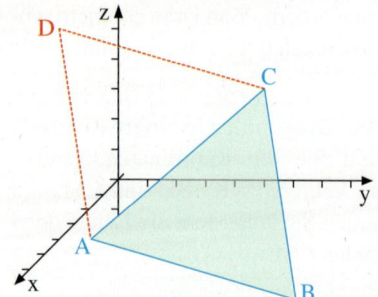

Lösung zu a:
Wir bestimmen die Beträge der drei Seitenvektoren und vergleichen diese.
Das Dreieck ist gleichschenklig, da die Vektoren $\overrightarrow{AB}$ und $\overrightarrow{AC}$ gleich lang sind.
Es ist nicht gleichseitig, da $\overrightarrow{BC}$ länger ist.
Ein direktes Abmessen im Schrägbild ist wegen der Verzerrung nicht sinnvoll und führt zu falschen Ergebnissen.

$$\overrightarrow{AB} = \begin{pmatrix} 4-6 \\ 8-2 \\ -2-1 \end{pmatrix} = \begin{pmatrix} -2 \\ 6 \\ -3 \end{pmatrix} \Rightarrow |\overrightarrow{AB}| = 7$$

$$\overrightarrow{AC} = \begin{pmatrix} 0-6 \\ 5-2 \\ 3-1 \end{pmatrix} = \begin{pmatrix} -6 \\ 3 \\ 2 \end{pmatrix} \Rightarrow |\overrightarrow{AC}| = 7$$

$$\overrightarrow{BC} = \begin{pmatrix} 0-4 \\ 5-8 \\ 3+2 \end{pmatrix} = \begin{pmatrix} -4 \\ -3 \\ 5 \end{pmatrix} \Rightarrow |\overrightarrow{BC}| \approx 7{,}1$$

Lösung zu b:
Die Koordinaten des Punktes D erhalten wir durch eine Parallelverschiebung des Punktes A mit dem Vektor $\overrightarrow{BC}$.
Resultat: D(2|−1|6)

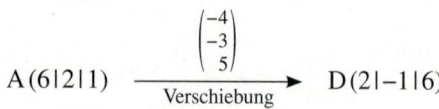

Übung 10
Ein Viereck ABCD ist genau dann ein Parallelogramm, wenn die Vektorgleichungen $\overrightarrow{AB} = \overrightarrow{DC}$ und $\overrightarrow{AD} = \overrightarrow{BC}$ gelten. Begründen Sie diese Aussage anschaulich anhand einer Skizze. Prüfen Sie, ob die folgenden Vierecke Parallelogramme sind. Fertigen Sie jeweils eine Zeichnung an und rechnen Sie anschließend.

a)	b)	c)	d)
A(−2|1)	A(2|1)	A(0|0|3)	A(10|10|5)
B(4|−1)	B(5|2)	B(7|6|5)	B(6|17|7)
C(7|2)	C(5|5)	C(11|7|5)	C(1|10|9)
D(1|4)	D(2|4)	D(4|4|3)	D(5|3|7)

Übung 11
Das Viereck ABCD ist ein Parallelogramm. Es gilt A(0|3|1), B(6|5|7) und C(4|1|3). Bestimmen Sie die Koordinaten von D. Handelt es sich um einen Rhombus?

Übungen

12. Der abgebildete Körper setzt sich aus drei gleich großen Würfeln zusammen.
a) Welche der eingezeichneten Pfeile gehören zum gleichen Vektor?
b) Begründen Sie, weshalb die Pfeile $\overrightarrow{JH}$, $\overrightarrow{KL}$ und $\overrightarrow{GL}$ nicht zu dem gleichen Vektor gehören, obwohl sie parallel zueinander sind.

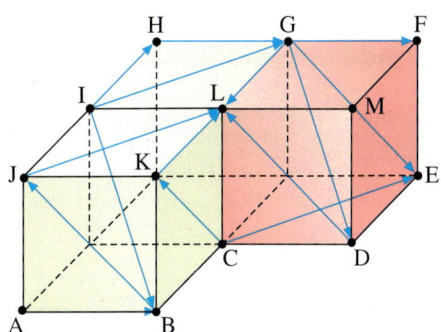

13. Die Pfeile $\overrightarrow{AB}$ und $\overrightarrow{CD}$ sollen zum gleichen Vektor gehören. Bestimmen Sie die Koordinaten des jeweils fehlenden Punktes.
a) A(−3|4), B(5|−7), D(8|11)
b) A(3|2), C(8|−7), D(11|15)
c) B(3|8), C(3|−2), D(8|5)
d) A(3|a), B(2|b), C(4|3)
e) A(−3|5|−2), C(1|−4|2), D(3|3|3)
f) A(3|3|4), B(−1|4|0), D(2|1|8)
g) A(1|8|−7), B(0|0|0), D(3|3|7)
h) A(a|a|a), B(a + 1|a + 2|3), D(a|2|a − 1)

14. Bestimmen Sie die Koordinatendarstellung des Vektors $\vec{a} = \overrightarrow{PQ}$.
a) P(2|4) Q(3|8)
b) P(−3|5) Q(7|−2)
c) P(1|a) Q(3|2a + 1)
d) P(4|4|−2) Q(1|5|5)
e) P(1|−3|7) Q(4|0|−3)

15. Der Vektor $\vec{a} = \begin{pmatrix} -1 \\ 2 \\ -3 \end{pmatrix}$ verschiebt den Punkt P in den Punkt Q. Bestimmen Sie P bzw. Q.
a) P(3|2|1)
b) Q(0|0|0)
c) P(3|−2|4)
d) Q(1|0|2)
e) P(4|−3|0)
f) P(0|0|0)
g) P(1|a|1)
h) Q(a|3|0)
i) Q(q_1|q_2|q_3)
j) P(p_1|p_2|p_3)

16. Der abgebildete Quader habe die Maße 4 × 2 × 2. Bestimmen Sie die Koordinatendarstellung zu allen angegebenen Vektoren sowie ihre Beträge.
$\overrightarrow{AB}$, $\overrightarrow{AD}$, $\overrightarrow{AE}$, $\overrightarrow{AF}$, $\overrightarrow{AG}$, $\overrightarrow{AH}$, $\overrightarrow{BC}$,
$\overrightarrow{BH}$, $\overrightarrow{CD}$, $\overrightarrow{CH}$, $\overrightarrow{DA}$, $\overrightarrow{DB}$, $\overrightarrow{DC}$, $\overrightarrow{EB}$,
$\overrightarrow{EC}$, $\overrightarrow{ED}$, $\overrightarrow{EG}$, $\overrightarrow{FD}$, $\overrightarrow{FG}$, $\overrightarrow{FH}$, $\overrightarrow{HG}$.

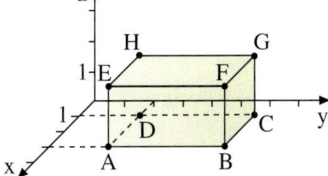

17. a) Bestimmen Sie die Beträge der Vektoren $\begin{pmatrix} 4 \\ 1 \\ 8 \end{pmatrix}$, $\begin{pmatrix} 32 \\ 8 \\ 1 \end{pmatrix}$, $\begin{pmatrix} 2 \\ -6 \\ 5 \end{pmatrix}$, $\begin{pmatrix} 0 \\ -15 \\ -20 \end{pmatrix}$.

b) Für welchen Wert von a hat der Vektor $\begin{pmatrix} 2a \\ 2 \\ 5 \end{pmatrix}$ den Betrag 15?

3. Rechnen mit Vektoren

A. Addition und Subtraktion von Vektoren

Der Punkt P(1|1) wird zunächst mithilfe des Vektors $\vec{a} = \binom{4}{1}$ in den Punkt Q(5|2) verschoben. Anschließend wird der Punkt Q(5|2) mithilfe des Vektors $\vec{b} = \binom{2}{3}$ in den Punkt R(7|5) verschoben.

Offensichtlich kann man mithilfe des Vektors $\vec{c} = \binom{6}{4}$ eine direkte Verschiebung des Punktes P in den Punkt R erzielen.

In diesem Sinne kann der Vektor $\vec{c}$ als Summe der Vektoren $\vec{a}$ und $\vec{b}$ betrachtet werden.

$\binom{4}{1} + \binom{2}{3} = \binom{6}{4}$

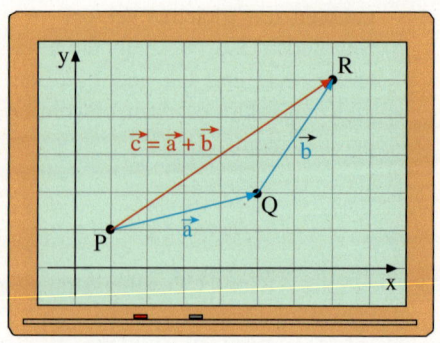

Addition von Vektoren:

P(1|1) $\xrightarrow{\binom{4}{1}}$ Q(5|2) $\xrightarrow{\binom{2}{3}}$ R(7|5)

$\binom{6}{4}$

Definition: Unter der *Summe* zweier Vektoren $\vec{a}$, $\vec{b}$ versteht man den Vektor, der entsteht, wenn man die einander entsprechenden Koordinaten von $\vec{a}$ und $\vec{b}$ addiert:

Addition in der Ebene:

$\vec{a} + \vec{b} = \binom{a_1}{a_2} + \binom{b_1}{b_2} = \binom{a_1 + b_1}{a_2 + b_2}$

Addition im Raum:

$\vec{a} + \vec{b} = \begin{pmatrix} a_1 \\ a_2 \\ a_3 \end{pmatrix} + \begin{pmatrix} b_1 \\ b_2 \\ b_3 \end{pmatrix} = \begin{pmatrix} a_1 + b_1 \\ a_2 + b_2 \\ a_3 + b_3 \end{pmatrix}$

Geometrisch lässt sich die Addition zweier Vektoren mithilfe von Pfeilrepräsentanten nach der folgenden Dreiecksregel ausführen.

Dreiecksregel
Addition durch Aneinanderlegen
Ist $\vec{a} = \overrightarrow{PQ}$ und $\vec{b} = \overrightarrow{QR}$, so ist die Summe $\vec{a} + \vec{b}$ der Vektor $\overrightarrow{PR}$.

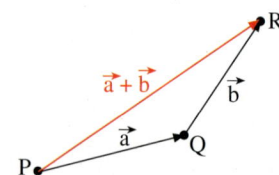

3. Rechnen mit Vektoren

Offensichtlich spielt die Reihenfolge bei der Hintereinanderausführung von Parallelverschiebungen keine Rolle, da die resultierende Verschiebung in x-, y- bzw. z-Richtung gleich bleibt. Die Addition von Vektoren ist also *kommutativ*. Hieraus ergibt sich eine weitere geometrische Deutung des Summenvektors, die sog. *Parallelogrammregel*.

Parallelogrammregel
Der Summenvektor $\vec{a} + \vec{b}$ lässt sich als Diagonalenvektor in dem durch $\vec{a}$ und $\vec{b}$ aufgespannten Parallelogramm darstellen.

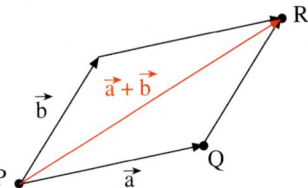

Übung 1
Berechnen Sie die Summe der beiden Vektoren, sofern dies möglich ist.

a) $\binom{2}{3}, \binom{3}{-4}$ b) $\begin{pmatrix}2\\1\\3\end{pmatrix}, \begin{pmatrix}3\\-4\\1\end{pmatrix}$ c) $\begin{pmatrix}3\\-3\\2\end{pmatrix}, \begin{pmatrix}-3\\3\\-2\end{pmatrix}$ d) $\begin{pmatrix}4\\0\\2\end{pmatrix}, \begin{pmatrix}0\\0\\0\end{pmatrix}$ e) $\begin{pmatrix}2\\3\\1\end{pmatrix}, \binom{3}{-4}$

Übung 2
Bestimmen Sie zeichnerisch und rechnerisch die angegebene Summe.

a) $\vec{u} + \vec{v}$ b) $\vec{u} + \vec{w}$ c) $\vec{v} + \vec{w}$
d) $(\vec{u} + \vec{v}) + \vec{w}$ e) $\vec{v} + \vec{u}$
f) $\vec{u} + (\vec{v} + \vec{w})$ g) $\vec{u} + \vec{u}$

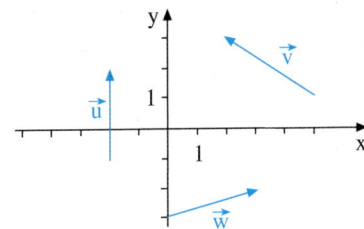

Übung 3
Was fällt Ihnen auf, wenn Sie die Resultate von Übung 2 a) und 2 e) bzw. von 2 d) und 2 f) vergleichen?

Neben dem Kommutativgesetz gelten bei der Addition von Vektoren auch noch einige weitere Rechengesetze, die Rechnungen erheblich erleichtern können, wie das Assoziativgesetz.

Satz: $\vec{a}, \vec{b}$ und $\vec{c}$ seien Vektoren in der Ebene bzw. im Raum. Dann gilt:
$$\vec{a} + \vec{b} = \vec{b} + \vec{a} \quad \textbf{Kommutativgesetz}$$
$$(\vec{a} + \vec{b}) + \vec{c} = \vec{a} + (\vec{b} + \vec{c}) \quad \textbf{Assoziativgesetz}$$

Die folgenden, mithilfe der Definition der Summe zweier Vektoren trivial zu beweisenden Sätze führen auf die wichtigen Begriffe „Nullvektor" und „Gegenvektoren".

Satz: Es gibt sowohl in der Ebene als auch im Raum genau einen Vektor $\vec{0}$, für den gilt: $\vec{a} + \vec{0} = \vec{a}$ für alle Vektoren $\vec{a}$. Er heißt *Nullvektor*.

Nullvektor in der Ebene $\quad \vec{0} = \binom{0}{0}$ $\qquad$ Nullvektor in Raum $\quad \vec{0} = \begin{pmatrix}0\\0\\0\end{pmatrix}$

Satz: Zu jedem Vektor $\vec{a}$ der Ebene bzw. des Raumes gibt es genau einen Vektor $-\vec{a}$, sodass gilt:
$\vec{a} + (-\vec{a}) = \vec{0}$.
$\vec{a}$ und $-\vec{a}$ heißen *Gegenvektoren*.
$\begin{pmatrix} a_1 \\ a_2 \end{pmatrix} + \begin{pmatrix} -a_1 \\ -a_2 \end{pmatrix} = \begin{pmatrix} 0 \\ 0 \end{pmatrix}$ $\begin{pmatrix} a_1 \\ a_2 \\ a_3 \end{pmatrix} + \begin{pmatrix} -a_1 \\ -a_2 \\ -a_3 \end{pmatrix} = \begin{pmatrix} 0 \\ 0 \\ 0 \end{pmatrix}$

Gegenvektoren

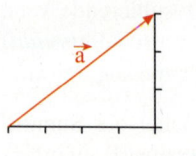

$\vec{a} = \begin{pmatrix} 4 \\ 3 \end{pmatrix}$ $-\vec{a} = \begin{pmatrix} -4 \\ -3 \end{pmatrix}$

Geometrisch bedeutet $(-\vec{a})$ diejenige Parallelverschiebung, die eine Verschiebung mittels $\vec{a}$ bei der Hintereinanderausführung wieder rückgängig macht.
Mithilfe des Begriffs der Gegenvektoren lässt sich die Subtraktion von Vektoren definieren.

Definition: Die Differenz $\vec{a} - \vec{b}$ zweier Vektoren $\vec{a}$ und $\vec{b}$ sei gegeben durch:
$$\vec{a} - \vec{b} = \vec{a} + (-\vec{b}).$$

Beispiel:
$\begin{pmatrix} 1 \\ 4 \\ 5 \end{pmatrix} - \begin{pmatrix} 3 \\ 1 \\ 3 \end{pmatrix} = \begin{pmatrix} 1 \\ 4 \\ 5 \end{pmatrix} + \begin{pmatrix} -3 \\ -1 \\ -3 \end{pmatrix} = \begin{pmatrix} -2 \\ 3 \\ 2 \end{pmatrix}$

Geometrisch kann man die Differenz der Vektoren $\vec{a}$ und $\vec{b}$ ähnlich wie deren Summe als Diagonalenvektor in dem von $\vec{a}$ und $\vec{b}$ aufgespannten Parallelogramm interpretieren.
Wegen $\vec{a} - \vec{b} = \vec{a} + (-\vec{b})$ wird diese Differenz durch den Pfeil repräsentiert, der von der Pfeilspitze eines Repräsentanten des Vektors $\vec{b}$ zur Pfeilspitze des Repräsentanten von $\vec{a}$ geht, der den gleichen Anfangspunkt wie der Repräsentant von $\vec{b}$ hat.

Parallelogrammregel für die Subtraktion

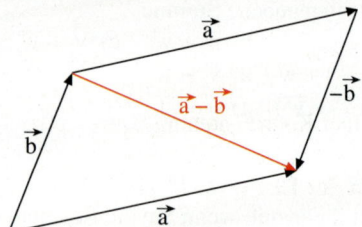

Übung 4
Gegeben sind die Vektoren $\vec{a} = \begin{pmatrix} 2 \\ 1 \\ 3 \end{pmatrix}$, $\vec{b} = \begin{pmatrix} -1 \\ 4 \\ 2 \end{pmatrix}$, $\vec{c} = \begin{pmatrix} 3 \\ 1 \\ 5 \end{pmatrix}$, $\vec{d} = \begin{pmatrix} 0 \\ 0 \\ 1 \end{pmatrix}$, $\vec{e} = \begin{pmatrix} 2 \\ 4 \end{pmatrix}$, $\vec{f} = \begin{pmatrix} 1 \\ -5 \end{pmatrix}$.

Berechnen Sie den angegebenen Vektorterm, sofern dies möglich ist.
a) $\vec{a} - \vec{b}$ b) $\vec{c} - \vec{d}$ c) $\vec{e} - \vec{f}$ d) $\vec{a} - \vec{b} - \vec{c}$ e) $\vec{a} - \vec{e}$
f) $\vec{a} + \vec{c} - \vec{d}$ g) $\vec{d} + \vec{d} - \vec{b} + \vec{a} - \vec{c} - \vec{b}$ h) $\vec{0} - \vec{a}$ i) $\vec{a} - \vec{a}$

Übung 5
Bestimmen Sie den Vektor $\vec{x}$.

a) $\begin{pmatrix} 5 \\ 3 \end{pmatrix} + \vec{x} = \begin{pmatrix} 8 \\ 7 \end{pmatrix}$ b) $\begin{pmatrix} 2 \\ 5 \end{pmatrix} + \begin{pmatrix} 1 \\ 4 \end{pmatrix} - \begin{pmatrix} 3 \\ 1 \end{pmatrix} = \begin{pmatrix} 2 \\ 4 \end{pmatrix} - \begin{pmatrix} 8 \\ 2 \end{pmatrix} + \vec{x}$ c) $\begin{pmatrix} 3 \\ 5 \end{pmatrix} + \begin{pmatrix} 2 \\ 1 \end{pmatrix} - \begin{pmatrix} 3 \\ 5 \end{pmatrix} = \begin{pmatrix} 1 \\ 4 \end{pmatrix} + \vec{x} - \begin{pmatrix} 2 \\ 5 \end{pmatrix}$

d) $\begin{pmatrix} 3 \\ 3 \\ 2 \end{pmatrix} + \vec{x} = \begin{pmatrix} 1 \\ 4 \\ 1 \end{pmatrix}$ e) $\begin{pmatrix} 3 \\ 2 \\ 1 \end{pmatrix} + \vec{x} - \begin{pmatrix} 1 \\ 1 \\ 3 \end{pmatrix} + \begin{pmatrix} 2 \\ 4 \\ 5 \end{pmatrix} = \begin{pmatrix} 2 \\ 3 \\ 5 \end{pmatrix}$ f) $\begin{pmatrix} 1 \\ 4 \\ -1 \end{pmatrix} + \begin{pmatrix} -8 \\ -5 \\ -2 \end{pmatrix} = \begin{pmatrix} 2 \\ 1 \\ 3 \end{pmatrix} + \begin{pmatrix} 0,5 \\ 1 \\ 2 \end{pmatrix} + \vec{x} - \begin{pmatrix} 3 \\ 4 \\ -1 \end{pmatrix}$

Geometrische Figuren können oft durch einige wenige ausgewählte Vektoren festgelegt bzw. aufgespannt werden. Weitere in den Figuren auftretende Vektoren können dann mithilfe der ausgewählten Vektoren als Vektorzug dargestellt werden.

▶ **Beispiel: Vektoren im Trapez**
Ein Trapez wird durch die Vektoren $\vec{a}$ und $\vec{b}$ aufgespannt. Die Decklinie des Trapezes ist halb so lang wie die Grundlinie.
Stellen Sie die Vektoren $\overrightarrow{AC}$ und $\overrightarrow{BC}$ mithilfe der Vektoren $\vec{a}$ und $\vec{b}$ dar.

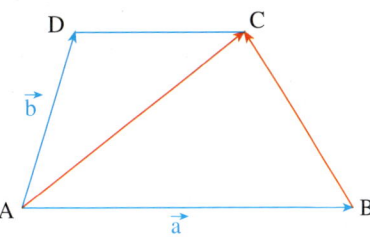

Lösung:
Wir arbeiten zur Darstellung mit Vektorzügen, die $\vec{a}$ und $\vec{b}$ enthalten. Dabei beachten wir, dass $\overrightarrow{DC} = \frac{1}{2}\vec{a}$ gilt, denn $\overrightarrow{DC}$ ist parallel zu $\vec{a}$ und halb so lang.
Die Rechenwege und Resultate sind rechts
▶ aufgeführt.

$\overrightarrow{AC} = \overrightarrow{AD} + \overrightarrow{DC}$
$\phantom{\overrightarrow{AC}} = \vec{b} + \frac{1}{2}\vec{a}$

$\overrightarrow{BC} = \overrightarrow{BA} + \overrightarrow{AD} + \overrightarrow{DC} = -\vec{a} + \vec{b} + \frac{1}{2}\vec{a}$
$\phantom{\overrightarrow{BC}} = \vec{b} - \frac{1}{2}\vec{a}$

Übung 14
Der abgebildete Quader wird durch die Vektoren $\vec{a}$, $\vec{b}$ und $\vec{c}$ aufgespannt. Der Vektor $\vec{x}$ verbindet die Mittelpunkte M und N zweier Quaderkanten.
Stellen Sie den Vektor $\vec{x}$ mithilfe der aufspannenden Vektoren $\vec{a}$, $\vec{b}$ und $\vec{c}$ dar.

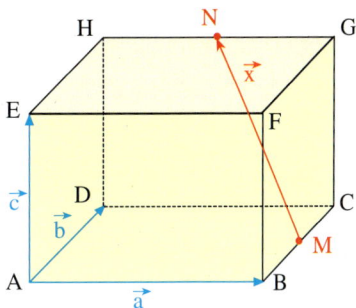

Übung 15
Die Vektoren $\vec{a}$, $\vec{b}$ und $\vec{c}$ definieren ein Sechseck. Stellen Sie die Transversalenvektoren $\overrightarrow{AE}$, $\overrightarrow{DA}$ und $\overrightarrow{CF}$ mithilfe von $\vec{a}$, $\vec{b}$ und $\vec{c}$ dar.

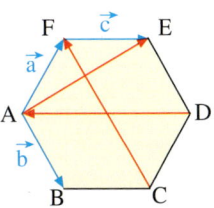

Übung 16
Eine gerade Pyramide hat eine quadratische Grundfläche ABCD und die Spitze S. Sie wird von den Vektoren $\vec{a}$, $\vec{b}$ und $\vec{h}$ wie abgebildet aufgespannt. Stellen Sie die Seitenkantenvektoren $\overrightarrow{AS}$, $\overrightarrow{BS}$, $\overrightarrow{CS}$ und $\overrightarrow{DS}$ mithilfe von $\vec{a}$, $\vec{b}$ und $\vec{h}$ dar.

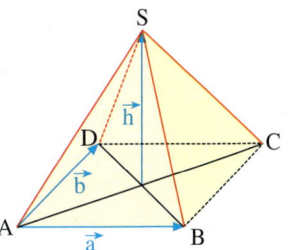

B. Skalare Multiplikation

Die nebenstehend durchgeführte zeichnerische Konstruktion (Addition durch Aneinanderlegen) legt es nahe, die Summe $\vec{a} + \vec{a} + \vec{a}$ als *Vielfaches* von $\vec{a}$ aufzufassen. Man schreibt daher:

$$3 \cdot \vec{a} = \vec{a} + \vec{a} + \vec{a}.$$

Rechnerisch ergibt sich mithilfe koordinatenweiser Addition für $\vec{a} = \begin{pmatrix} a_1 \\ a_2 \end{pmatrix}$:

$$3 \cdot \begin{pmatrix} a_1 \\ a_2 \end{pmatrix} = \begin{pmatrix} a_1 \\ a_2 \end{pmatrix} + \begin{pmatrix} a_1 \\ a_2 \end{pmatrix} + \begin{pmatrix} a_1 \\ a_2 \end{pmatrix} = \begin{pmatrix} 3a_1 \\ 3a_2 \end{pmatrix}.$$

Diese koordinatenweise Vervielfachung eines Vektors lässt sich sogar auf beliebige reelle Vervielfältigungsfaktoren ausdehnen, z. B. $2{,}5 \cdot \begin{pmatrix} a_1 \\ a_2 \end{pmatrix} = \begin{pmatrix} 2{,}5\, a_1 \\ 2{,}5\, a_2 \end{pmatrix}.$

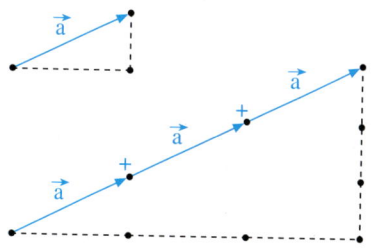

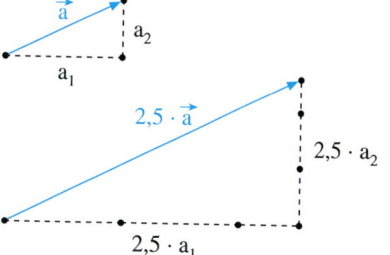

Definition: Ein Vektor wird mit einer reellen Zahl s (einem sog. Skalar) multipliziert, indem jede seiner Koordinaten mit s multipliziert wird.

In der Ebene: $s \cdot \begin{pmatrix} a_1 \\ a_2 \end{pmatrix} = \begin{pmatrix} s \cdot a_1 \\ s \cdot a_2 \end{pmatrix}$ $\qquad$ **Im Raum:** $s \cdot \begin{pmatrix} a_1 \\ a_2 \\ a_3 \end{pmatrix} = \begin{pmatrix} s \cdot a_1 \\ s \cdot a_2 \\ s \cdot a_3 \end{pmatrix}$

Für die skalare Multiplikation gelten folgende Rechengesetze:

Satz: r und s seien reelle Zahlen, $\vec{a}$ und $\vec{b}$ Vektoren. Dann gelten folgende Regeln:

(I) $r \cdot (\vec{a} + \vec{b}) = r \cdot \vec{a} + r \cdot \vec{b}$ $\qquad$ (II) $(r + s) \cdot \vec{a} = r \cdot \vec{a} + s \cdot \vec{a}$ $\qquad$ (III) $(r \cdot s)\vec{a} = r \cdot (s \cdot \vec{a})$
Distributivgesetz $\qquad\qquad\qquad\qquad$ Distributivgesetz

Wir beschränken uns auf den Beweis zu (I) für Vektoren im Raum.

$$r\left(\begin{pmatrix} a_1 \\ a_2 \\ a_3 \end{pmatrix} + \begin{pmatrix} b_1 \\ b_2 \\ b_3 \end{pmatrix}\right) = r\begin{pmatrix} a_1 + b_1 \\ a_2 + b_2 \\ a_3 + b_3 \end{pmatrix} = \begin{pmatrix} r(a_1 + b_1) \\ r(a_2 + b_2) \\ r(a_3 + b_3) \end{pmatrix} = \begin{pmatrix} ra_1 + rb_1 \\ ra_2 + rb_2 \\ ra_3 + rb_3 \end{pmatrix} = \begin{pmatrix} ra_1 \\ ra_2 \\ ra_3 \end{pmatrix} + \begin{pmatrix} rb_1 \\ rb_2 \\ rb_3 \end{pmatrix} = r\begin{pmatrix} a_1 \\ a_2 \\ a_3 \end{pmatrix} + r\begin{pmatrix} b_1 \\ b_2 \\ b_3 \end{pmatrix}$$

Übung 6
Beweisen Sie (II) des obigen Satzes sowohl für Vektoren in der Ebene als auch für Raum.

Übungen

7. Vereinfachen Sie den Term zu einem einzigen Vektor.

a) $5 \cdot \begin{pmatrix} 1,2 \\ 0,6 \\ 3,4 \end{pmatrix}$
b) $5 \cdot \begin{pmatrix} 3 \\ 2 \\ 1 \end{pmatrix} + 3 \cdot \begin{pmatrix} -1 \\ 0 \\ 2 \end{pmatrix}$
c) $3 \cdot \begin{pmatrix} 8 \\ -1 \\ 0 \end{pmatrix} + 2 \cdot \begin{pmatrix} -10 \\ 1 \\ 2 \end{pmatrix} - 2 \cdot \begin{pmatrix} 2 \\ 0,5 \\ 2 \end{pmatrix}$

8. Stellen Sie den gegebenen Vektor in der Form $r\vec{a}$ dar, wobei $\vec{a}$ nur ganzzahlige Koordinaten besitzen soll und r eine reelle Zahl ist.

a) $\begin{pmatrix} 0,5 \\ 1,5 \\ -1,5 \end{pmatrix}$
b) $\begin{pmatrix} 3,5 \\ 1 \\ 2,5 \end{pmatrix}$
c) $\begin{pmatrix} 0,25 \\ 0,5 \\ -2 \end{pmatrix}$
d) $\begin{pmatrix} 1 \\ 0,4 \\ 0,6 \end{pmatrix}$
e) $\begin{pmatrix} 0,5 \\ -0,25 \\ 0,125 \end{pmatrix}$
f) $\begin{pmatrix} 1,5 \\ 3 \\ 0,75 \end{pmatrix}$

9. Bestimmen Sie das Ergebnis des gegebenen Rechenausdrucks als Vektor in Koordinatenschreibweise.

a) $-\vec{a} + \vec{e}$
b) $\vec{d} - \vec{b}$
c) $3\vec{a} + 2\vec{c} + \vec{d}$
d) $2(\vec{a} + \vec{b}) - (\vec{a} - \vec{c}) - 2\vec{b}$
e) $\frac{1}{2}\vec{c} + \frac{1}{4}\vec{b} - \vec{a}$
f) $\vec{a} + \vec{b} + \vec{c} - \vec{d} + 3\vec{f}$

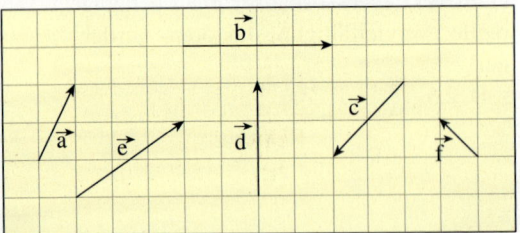

10. Vereinfachen Sie den Term so weit wie möglich.

a) $3\vec{a} + 5\vec{a} - 7\vec{a} - (-2\vec{a}) - \vec{a}$
b) $\vec{a} - 4(\vec{b} - \vec{a}) - 2\vec{c} + 2(\vec{b} + \vec{c})$
c) $2(\vec{a} + 4(\vec{b} - \vec{a})) + 2(\vec{c} + \vec{a}) - 6\vec{b}$
d) $2(\vec{a} - \vec{c}) + 0,5(\vec{c} - \vec{b}) + 1,5(\vec{b} + \vec{c}) - \vec{a}$

e) $-(\vec{a} - 2\vec{b} - (7\vec{a} - (-2) \cdot (-\vec{a}))) - (\vec{a} - (-\vec{b}))$
f) $\vec{c} - (\vec{a} - 2\vec{b} + (7\vec{c} - (4\vec{b} - 2\vec{c})) - 2\vec{c}$
g) $(4\vec{b} - \vec{a} - (-2\vec{b})) \cdot 3 - 3(-4\vec{a} - (\vec{b} - \vec{a}) \cdot (-1))$
h) $5\vec{b} - (\vec{a} - 4\vec{b} + 3(\vec{a} - 7\vec{b})) \cdot (-2) - 5(-9\vec{b} + 1,6\vec{a})$

11. Berechnen Sie den Wert der Variablen u, sofern eine Lösung existiert.

a) $u \cdot \begin{pmatrix} 3 \\ 5 \\ 1 \end{pmatrix} = \begin{pmatrix} 1 \\ 2 \\ 1 \end{pmatrix} - \begin{pmatrix} 7 \\ 12 \\ -1 \end{pmatrix}$
b) $\begin{pmatrix} 20 \\ 4 \\ -14 \end{pmatrix} = u \cdot \begin{pmatrix} 12 \\ 4 \\ 4 \end{pmatrix} - 2u \cdot \begin{pmatrix} 1 \\ 1 \\ 3 \end{pmatrix}$
c) $\begin{pmatrix} 4 \\ u \\ 2 \end{pmatrix} + 2 \begin{pmatrix} 1 \\ 2 \\ 3 \end{pmatrix} = \begin{pmatrix} u \\ 10 \\ u+2 \end{pmatrix}$
d) $u \cdot \begin{pmatrix} u+1 \\ 5 \\ -1 \end{pmatrix} = u \cdot \begin{pmatrix} 1 \\ 2 \\ -2 \end{pmatrix} - 3 \begin{pmatrix} 3 \\ 3 \\ 1 \end{pmatrix} + \begin{pmatrix} 6u \\ 18 \\ 2u \end{pmatrix}$

12. Prüfen Sie, ob die angegebene Gleichung richtig ist.

a) $\vec{a} + 2\vec{b} = 3\vec{d} - 2\vec{c}$
b) $\vec{a} - \vec{c} = \vec{d} - 3\vec{c}$
c) $\vec{a} - \vec{b} = -\frac{1}{2}\vec{c}$
d) $-(\vec{c} - \vec{a}) = \vec{0}$
e) $\vec{d} = 2\vec{b} + \vec{d}$

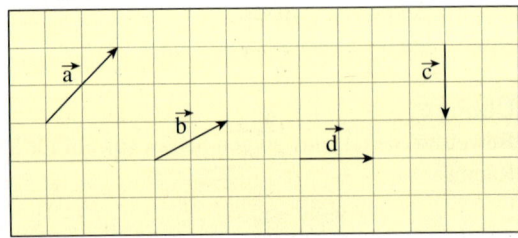

C. Kombination von Rechenoperationen/Vektorzüge

Die Addition bzw. Subtraktion und die skalare Multiplikation von mehr als zwei Vektoren kann mithilfe von sogenannten Vektorzügen vereinfacht und sehr effizient durchgeführt werden.

▶ **Beispiel: Addition durch Vektorzug**
Gegeben sind die rechts dargestellten Vektoren $\vec{a}$, $\vec{b}$ und $\vec{c}$.
Konstruieren Sie zeichnerisch den Vektor $\vec{x} = \vec{a} + 2\vec{b} + 1,5\vec{c}$. Führen Sie eine rechnerische Ergebniskontrolle durch.

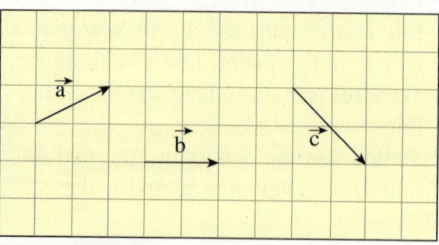

Lösung:
Wir setzen die Vektoren $\vec{a}$, $2\vec{b}$ und $1,5\vec{c}$ wie abgebildet aneinander.

Es entsteht ein *Vektorzug*.

Der gesuchte Vektor führt vom Anfang zum Ende des Vektorzugs. Er bewirkt die gleiche Verschiebung wie die drei Einzelvektoren insgesamt, ist also deren Summe.

Rechnerisch erhalten wir das gleiche Resultat, indem wir $\vec{a}$, $\vec{b}$ und $\vec{c}$ in Spaltenschreibweise darstellen.

Zeichnerische Lösung:

Rechnerische Lösung:
$\vec{x} = \vec{a} + 2\vec{b} + 1,5\vec{c}$
$= \begin{pmatrix} 2 \\ 1 \end{pmatrix} + 2\begin{pmatrix} 2 \\ 0 \end{pmatrix} + 1,5\begin{pmatrix} 2 \\ -2 \end{pmatrix} = \begin{pmatrix} 9 \\ -2 \end{pmatrix}$

▶ **Beispiel: Drittelung einer Strecke**
Gegeben ist die Strecke $\overline{AB}$ mit den Endpunkten $A(2|4)$ und $B(8|1)$. Punkt C teilt die Strecke im Verhältnis $2:1$.
Bestimmen Sie die Koordinaten von C.

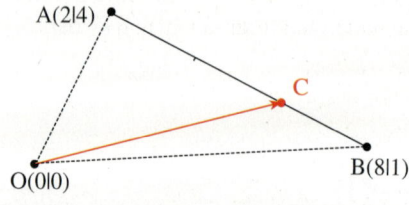

Lösung:
Der Ortsvektor $\overrightarrow{OC}$ des gesuchten Punktes C lässt sich durch den Vektorzug $\overrightarrow{OA} + \frac{2}{3}\overrightarrow{AB}$ darstellen, wie dies aus der Skizze zu erkennen ist.
Die rechts aufgeführte Rechnung führt auf
▶ das Resultat $C(6|2)$.

Berechnung des Ortsvektors von C:
$\overrightarrow{OC} = \overrightarrow{OA} + \overrightarrow{AC}$
$= \overrightarrow{OA} + \frac{2}{3}\overrightarrow{AB}$
$= \begin{pmatrix} 2 \\ 4 \end{pmatrix} + \frac{2}{3}\begin{pmatrix} 6 \\ -3 \end{pmatrix} = \begin{pmatrix} 6 \\ 2 \end{pmatrix}$

Übung 13

Bestimmen Sie durch Zeichnung und Rechnung die Vektoren $\vec{x} = \vec{a} + 2\vec{b}$, $\vec{y} = \vec{a} + \vec{b} - \vec{c}$ und $\vec{z} = \vec{a} - 0,5\vec{b} + 2\vec{c}$.

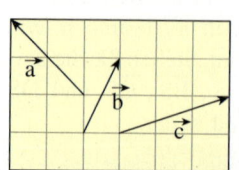

D. Linearkombination von Vektoren

Sind zwei Vektoren $\vec{a}$ und $\vec{b}$ gegeben, lassen sich weitere Vektoren $\vec{x}$ der Form $r \cdot \vec{a} + s \cdot \vec{b}$ aus den gegebenen Vektoren $\vec{a}$ und $\vec{b}$ erzeugen. Eine solche Summe nennt man *Linearkombination* von $\vec{a}$ und $\vec{b}$. Man kann den Begriff folgendermaßen verallgemeinern.

Definition: Eine Summe der Form $r_1 \cdot \vec{a}_1 + r_2 \cdot \vec{a}_2 + \ldots + r_n \cdot \vec{a}_n$ ($r_i \in \mathbb{R}$) nennt man *Linearkombination* der Vektoren $\vec{a}_1, \vec{a}_2, \ldots, \vec{a}_n$.

Beispiel: Darstellung eines Vektors als Linearkombination (LK)

Gegeben sind die Vektoren $\vec{a} = \begin{pmatrix} 2 \\ 1 \\ 1 \end{pmatrix}$, $\vec{b} = \begin{pmatrix} 1 \\ 1 \\ 2 \end{pmatrix}$ sowie $\vec{c} = \begin{pmatrix} 3 \\ 1 \\ 0 \end{pmatrix}$ und $\vec{d} = \begin{pmatrix} 3 \\ 1 \\ 2 \end{pmatrix}$.

a) Zeigen Sie, dass $\vec{c}$ als LK von $\vec{a}$ und $\vec{b}$ dargestellt werden kann.

b) Zeigen Sie, dass $\vec{d}$ **nicht** als LK von $\vec{a}$ und $\vec{b}$ dargestellt werden kann.

Wir versuchen, die Vektoren $\vec{c}$ bzw. $\vec{d}$ als Linearkombination von $\vec{a}$ und $\vec{b}$ darzustellen. Dies führt jeweils auf ein lineares Gleichungssystem mit 3 Gleichungen und 2 Variablen. Wenn es lösbar ist, ist die gesuchte Darstellung gefunden, andernfalls ist sie nicht möglich.

Lösung zu a:

Ansatz: $\begin{pmatrix} 3 \\ 1 \\ 0 \end{pmatrix} = r \cdot \begin{pmatrix} 2 \\ 1 \\ 1 \end{pmatrix} + s \cdot \begin{pmatrix} 1 \\ 1 \\ 2 \end{pmatrix}$

Gl.-system:
I $\quad 2r + s = 3$
II $\quad r + s = 1$
III $\quad r + 2s = 0$

Lösungsversuch:
IV $\quad$ I − II: $\quad r = 2$
V $\quad$ IV in I: $\quad s = -1$

Überprüfung: IV, V in III: $0 = 0$ ist wahr

Ergebnis:

$r = 2, s = -1$

$\vec{c}$ ist als Linearkombination von $\vec{a}$ und $\vec{b}$ darstellbar: $\vec{c} = 2\vec{a} - \vec{b}$.

Lösung zu b:

Ansatz: $\begin{pmatrix} 3 \\ 1 \\ 2 \end{pmatrix} = r \cdot \begin{pmatrix} 2 \\ 1 \\ 1 \end{pmatrix} + s \cdot \begin{pmatrix} 1 \\ 1 \\ 2 \end{pmatrix}$

Gl.-system:
I $\quad 2r + s = 3$
II $\quad r + s = 1$
III $\quad r + 2s = 2$

Lösungsversuch:
IV $\quad$ I − II: $\quad r = 2$
V $\quad$ IV in I: $\quad s = -1$

Überprüfung: IV, V in III: $0 = 2$ ist falsch

Ergebnis:

Das Gleichungssystem ist unlösbar.

$\vec{d}$ ist **nicht** als Linearkombination von $\vec{a}$ und $\vec{b}$ darstellbar.

Übung 17

Überprüfen Sie, ob die Vektoren $\vec{c} = \begin{pmatrix} 6 \\ 4 \\ 1 \end{pmatrix}$ bzw. $\vec{d} = \begin{pmatrix} 2 \\ 3 \\ 4 \end{pmatrix}$ als Linearkombination der Vektoren $\vec{a} = \begin{pmatrix} 2 \\ 1 \\ -1 \end{pmatrix}$ und $\vec{b} = \begin{pmatrix} 2 \\ 2 \\ 3 \end{pmatrix}$ dargestellt werden können.

Übungen

18. Stellen Sie den angegebenen Vektor als Linearkombination der Vektoren $\vec{a}$, $\vec{b}$ und $\vec{c}$ dar.
$\vec{a} = \overrightarrow{AB}$, $\vec{b} = \overrightarrow{AD}$, $\vec{c} = \overrightarrow{MS}$
a) $\overrightarrow{AS}$ b) $\overrightarrow{BS}$
c) $\overrightarrow{SC}$ d) $\overrightarrow{BD}$

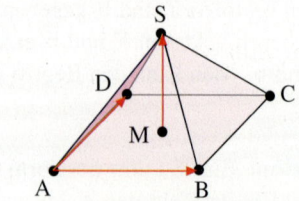

19. Stellen Sie den angegebenen Vektor als Linearkombination von $\vec{a}$, $\vec{b}$ und $\vec{c}$ dar.
$\vec{a} = \overrightarrow{AB}$, $\vec{b} = \overrightarrow{AD}$, $\vec{c} = \overrightarrow{AE}$
a) $\overrightarrow{AM}$ b) $\overrightarrow{BM}$
c) $\overrightarrow{GN}$ d) $\overrightarrow{FD}$ bzw. $\overrightarrow{EC}$

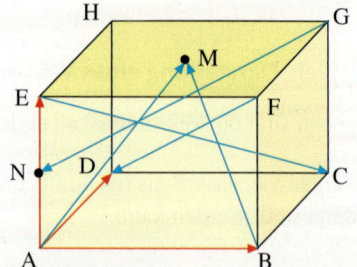

20. Stellen Sie den angegebenen Vektor als Linearkombination von $\vec{a}$, $\vec{b}$ und $\vec{c}$ dar.
$\vec{a} = \overrightarrow{AB}$, $\vec{b} = \overrightarrow{AD}$, $\vec{c} = \overrightarrow{AH}$
a) $\overrightarrow{AE}$ b) $\overrightarrow{AF}$
c) $\overrightarrow{HS}$ d) $\overrightarrow{TG}$
F und G sind Seitenmitten.

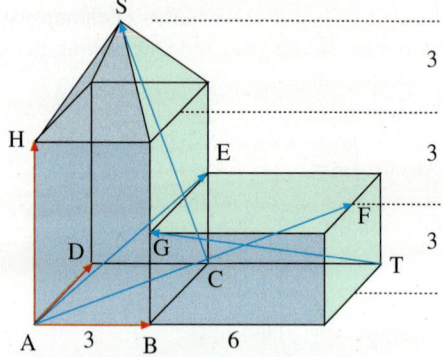

21. Rechts ist ein regelmäßiges zweidimensionales Sechseck abgebildet.
a) Stellen Sie die Vektoren $\vec{c}$, $\vec{d}$ und $\vec{e}$ als Linearkombination der Vektoren $\vec{a}$ und $\vec{b}$ dar.
b) Stellen Sie den Vektor $\overrightarrow{PQ}$ als Linearkombination von $\vec{a}$ und $\vec{b}$ dar.

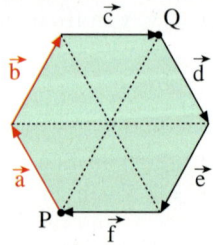

22. Gegeben sind die Vektoren $\vec{a} = \begin{pmatrix}1\\0\\1\end{pmatrix}$, $\vec{b} = \begin{pmatrix}0\\1\\1\end{pmatrix}$ und $\vec{c} = \begin{pmatrix}1\\1\\1\end{pmatrix}$ sowie $\vec{d} = \begin{pmatrix}2\\1\\4\end{pmatrix}$ und $\vec{e} = \begin{pmatrix}-2\\0\\-3\end{pmatrix}$.
Stellen Sie die Vektoren $\vec{d}$ und $\vec{e}$ als Linearkombination der Vektoren $\vec{a}$, $\vec{b}$ und $\vec{c}$ dar.

3. Rechnen mit Vektoren

E. Lineare Abhängigkeit und lineare Unabhängigkeit von Vektoren

Durch eine Linearkombination gegebener Vektoren ergibt sich ein neuer Vektor. Wir befassen uns nun mit dem Problem, ob und wie ein gegebener Vektor aus einem oder mehreren anderen Vektoren linear kombiniert werden kann. Der Einfachheit halber betrachten wir zunächst nur Vektoren in der Ebene und gehen von sehr einfachen Beispielen aus.

▶ **Beispiel:**
Gegeben sind die Vektoren $\vec{a} = \binom{2}{4}$ und $\vec{b} = \binom{-3}{-6}$. Wie kann man $\vec{a}$ durch $\vec{b}$ darstellen?

Lösung:
Es gilt: $-3 \cdot \left(-\frac{2}{3}\right) = 2$. Multipliziert man also die erste Koordinate von $\vec{b}$ mit $-\frac{2}{3}$, so erhält man die erste Koordinate von $\vec{a}$. Da auch $-6 \cdot \left(-\frac{2}{3}\right) = 4$ gilt, ergibt sich die nebenstehende Darstellung.

Es gilt die Darstellung:
$-\frac{2}{3} \cdot \vec{b} = -\frac{2}{3} \cdot \binom{-3}{-6} = \binom{2}{4} = \vec{a}$,
also $\vec{a} = -\frac{2}{3} \cdot \vec{b}$.

Aus der so gewonnenen Darstellung $\vec{a} = -\frac{2}{3} \cdot \vec{b}$ folgt unmittelbar die Beziehung $3\vec{a} + 2\vec{b} = \vec{0}$. Es gibt also zwei von null verschiedene Zahlen r und s, nämlich r = 3 und s = 2, sodass gilt
▶ $r \cdot \vec{a} + s \cdot \vec{b} = \vec{0}$.

Gibt es also eine Darstellung der Form $r \cdot \vec{a} + s \cdot \vec{b} = \vec{0}$ mit r, s ≠ 0, so kann stets $\vec{a}$ durch $\vec{b}$ und ebenso $\vec{b}$ durch $\vec{a}$ ausgedrückt werden: $\vec{a} = \left(-\frac{s}{r}\right) \cdot \vec{b}$ und $\vec{b} = \left(-\frac{r}{s}\right) \cdot \vec{a}$.

Man sagt: Die Vektoren $\vec{a}$ und $\vec{b}$ sind *linear abhängig*, wenn es reelle Zahlen r und s gibt, von denen wenigstens eine ungleich 0 ist, sodass gilt: $r \cdot \vec{a} + s \cdot \vec{b} = \vec{0}$.

Wir betrachten ein weiteres Beispiel.

▶ **Beispiel:**
Man bestimme alle reellen Zahlen r und s, sodass gilt: $r \cdot \binom{1}{2} + s \cdot \binom{2}{3} = \binom{0}{0}$.

Lösung:
Die Vektorgleichung $r \cdot \binom{1}{2} + s \cdot \binom{2}{3} = \binom{0}{0}$ führt auf das nebenstehende lineare Gleichungssystem. Das LGS enthält auf der rechten Seite nur Nullen; man spricht von einem *homogenen* LGS. Das Gauß'sche Eliminationsverfahren ergibt nur die sog. *triviale Lösung* r = s = 0.

I $r + 2s = 0$
II $2r + 3s = 0$
III $r + 2s = 0$
IV: II − 2 · I $-s = 0$
⇒ r = 0 und s = 0

Das Ergebnis bedeutet: Aus $r \cdot \binom{1}{2} + s \cdot \binom{2}{3} = \vec{0}$ folgt r = s = 0. Daraus folgt unmittelbar, dass man
▶ die beiden Vektoren $\binom{1}{2}$ und $\binom{2}{3}$ nicht durcheinander ausdrücken kann.

Man sagt: Die Vektoren $\vec{a}$ und $\vec{b}$ sind *linear unabhängig*, wenn die Vektorgleichung $r \cdot \vec{a} + s \cdot \vec{b} = \vec{0}$ nur die triviale Lösung r = s = 0 hat.

Übung 23

Die vorstehenden Beispiele zeigen: Zwei zweidimensionale Vektoren $\vec{a}$ und $\vec{b}$ können linear unabhängig oder linear abhängig sein. Begründen Sie, dass drei zweidimensionale Vektor $\vec{a}$, $\vec{b}$, $\vec{c}$ stets linear abhängig sind, dass es also stets drei relle Zahlen r, s, t gibt, die nicht alle null sind, sodass gilt: $r \cdot \vec{a} + s \cdot \vec{b} + t \cdot \vec{c} = \vec{0}$.

Im Folgenden werden die Begriffe der linearen Abhängigkeit und der linearen Unabhängigkeit auf dreidimensionale Vektoren erweitert.

> **Kriterium zur linearen Abhängigkeit:**
> Drei Vektoren $\vec{a}$, $\vec{b}$ und $\vec{c}$ sind genau dann linear abhängig, wenn es drei reelle Zahlen r, s, t gibt, die nicht alle null sind, sodass gilt: $r \cdot \vec{a} + s \cdot \vec{b} + t \cdot \vec{c} = \vec{0}$.

> **Kriterium zur linearen Unabhängigkeit:**
> Drei Vektoren $\vec{a}$, $\vec{b}$, $\vec{c}$ sind genau dann linear unabhängig, wenn die Gleichung $r \cdot \vec{a} + s \cdot \vec{b} + t \cdot \vec{c} = \vec{0}$ nur die triviale Lösung $r = s = t = 0$ hat.

Im folgenden Beispiel wird die Leistungsfähigkeit der Kriterien exemplarisch dargestellt.

> **Beispiel: Lineare Abhängigkeit bzw. Unabhängigkeit**
> Untersuchen Sie, ob die Vektoren linear abhängig oder linear unabhängig sind.
> a) $\vec{a} = \begin{pmatrix} 2 \\ 1 \\ 0 \end{pmatrix}$, $\vec{b} = \begin{pmatrix} 0 \\ 1 \\ 0 \end{pmatrix}$, $\vec{c} = \begin{pmatrix} 1 \\ 1 \\ 1 \end{pmatrix}$
> b) $\vec{a} = \begin{pmatrix} 2 \\ 1 \\ 0 \end{pmatrix}$, $\vec{b} = \begin{pmatrix} 3 \\ 1 \\ -1 \end{pmatrix}$, $\vec{c} = \begin{pmatrix} 1 \\ 1 \\ 1 \end{pmatrix}$

Lösung zu a:

Ansatz: $r\begin{pmatrix} 2 \\ 1 \\ 0 \end{pmatrix} + s\begin{pmatrix} 0 \\ 1 \\ 0 \end{pmatrix} + t\begin{pmatrix} 1 \\ 1 \\ 1 \end{pmatrix} = \begin{pmatrix} 0 \\ 0 \\ 0 \end{pmatrix}$

I $2r+t=0$
II $r+s+t=0$
III $t=0$

Aus III folgt $t = 0$. Aus I folgt damit $r = 0$.
Nun folgt aus II auch noch $s = 0$. Insgesamt
$r = s = t = 0$
▶ Die Vektoren sind also linear unabhängig.

Lösung zu b:

Ansatz: $r\begin{pmatrix} 2 \\ 1 \\ 0 \end{pmatrix} + s\begin{pmatrix} 3 \\ 1 \\ -1 \end{pmatrix} + t\begin{pmatrix} 1 \\ 1 \\ 1 \end{pmatrix} = \begin{pmatrix} 0 \\ 0 \\ 0 \end{pmatrix}$

I $2r + 3s + t = 0$
II $r + s + t = 0$
III $- s + t = 0$

$I - 2 \cdot II$: $s - t = 0$; entspricht III
Daher: $t = 1$ frei wählen
$\Rightarrow s = 1 \Rightarrow r = -2$
Die Vektoren sind also linear abhängig.

Übung 24

Sind die Vektoren linear abhängig oder linear unabhängig?

a) $\begin{pmatrix} 1 \\ 7 \\ 2 \end{pmatrix}, \begin{pmatrix} 1 \\ 2 \\ 2 \end{pmatrix}, \begin{pmatrix} 2 \\ -1 \\ 1 \end{pmatrix}$
b) $\begin{pmatrix} 1 \\ 0 \\ 0 \end{pmatrix}, \begin{pmatrix} 0 \\ 1 \\ 0 \end{pmatrix}, \begin{pmatrix} 2 \\ 1 \\ 2 \end{pmatrix}$
c) $\begin{pmatrix} 2 \\ 2 \\ 4 \end{pmatrix}, \begin{pmatrix} 4 \\ 6 \\ 5 \end{pmatrix}, \begin{pmatrix} 1 \\ 2 \\ 2 \end{pmatrix}$

3. Rechnen mit Vektoren

Sind nur zwei Vektoren zu untersuchen, so ist es nicht erforderlich, ein LGS zu betrachten.

> **Beispiel: Untersuchung von zwei Vektoren auf lineare Unabhängigkeit**
> Untersuchen Sie die Vektoren. a) $\vec{a} = \begin{pmatrix} 6 \\ 5 \\ 3 \end{pmatrix}, \vec{b} = \begin{pmatrix} 2 \\ 4 \\ 1 \end{pmatrix}$ b) $\vec{a} = \begin{pmatrix} 4 \\ -12 \\ 8 \end{pmatrix}, \vec{b} = \begin{pmatrix} 3 \\ -9 \\ 6 \end{pmatrix}$

Lösung zu a:
Wir suchen ein $r \in \mathbb{R}$ so, dass $\vec{a} = r \cdot \vec{b}$.
Für die x-Koordinaten gilt: $6 = 3 \cdot 2$; also kommt nur $r = 3$ infrage. Wegen
$r \cdot \vec{b} = 3 \cdot \begin{pmatrix} 2 \\ 4 \\ 1 \end{pmatrix} = \begin{pmatrix} 6 \\ 12 \\ 3 \end{pmatrix} \neq \begin{pmatrix} 6 \\ 5 \\ 3 \end{pmatrix} = \vec{a}$
sind $\vec{a}$ und $\vec{b}$ linear unabhängig.

Lösung zu b:
Wir suchen ein $r \in \mathbb{R}$ so, dass $\vec{a} = r \cdot \vec{b}$.
Für die x-Koordinaten gilt: $4 = \frac{4}{3} \cdot 3$; also kommt nur $r = \frac{4}{3}$ infrage. Wegen
$r \cdot \vec{b} = \frac{4}{3} \cdot \begin{pmatrix} 3 \\ -9 \\ 6 \end{pmatrix} = \begin{pmatrix} 4 \\ -12 \\ 8 \end{pmatrix} = \begin{pmatrix} 4 \\ -12 \\ 8 \end{pmatrix} = \vec{a}$
sind $\vec{a}$ und $\vec{b}$ linear abhängig.

Übung 25
Sind die Vektoren linear abhängig oder linear unabhängig?
a) $\begin{pmatrix} -1 \\ 3 \\ -2 \end{pmatrix}, \begin{pmatrix} 4 \\ -12 \\ 8 \end{pmatrix}$ b) $\begin{pmatrix} 4 \\ -3 \\ 1 \end{pmatrix}, \begin{pmatrix} 8 \\ -6 \\ 4 \end{pmatrix}$ c) $\begin{pmatrix} 2,5 \\ 2,4 \\ 0,1 \end{pmatrix}, \begin{pmatrix} 7,5 \\ 7,2 \\ -0,3 \end{pmatrix}$

Übung 26
Für welchen Wert von u sind $\vec{a} = \begin{pmatrix} 3 \\ 2 \end{pmatrix}$ und $\vec{b} = \begin{pmatrix} 5 \\ 1+u \end{pmatrix}$ linear abhängig?

Übung 27
Vervollständigen Sie den Lückentext.
a) Drei Vektoren im Raum sind linear ...., wenn sie nicht alle in einer Ebene liegen.
b) Zwei Vektoren in der Ebene/im Raum sind linear ...., wenn sie parallel zueinander sind.
c) Zwei Vektoren erkennt man als linear abhängig, wenn der eine Vektor ein .... des anderen ist.
d) Man benötigt ...... linear .... Vektoren, um jeden beliebigen Vektor des Raumes durch Linearkombination zu erzeugen.
e) Man benötigt ...... linear .... Vektoren, um jeden beliebigen Vektor der Ebene zu erzeugen.
f) Drei Vektoren in der Ebene bzw. vier Vektoren im Raum sind stets linear ....
g) In der Ebene können maximal ...... Vektoren, im Raum maximal ...... Vektoren linear unabhängig sein.
h) „Sind von drei Vektoren im Raum jeweils zwei paarweise linear unabhängig, so sind die drei Vektoren linear unabhängig." ist eine .... Aussage.
i) „Sind von drei Vektoren bereits zwei Vektoren linear abhängig, dann sind die drei Vektoren linear abhängig." ist eine .... Aussage.

F. Untersuchung von Figuren und Körpern

Mithilfe von Vektoren kann sowohl die Länge von Strecken ermittelt als auch die Parallelität von Strecken nachgewiesen werden. Daher sind Vektoren gut geeignet, Eigenschaften von Figuren in der Ebene und von Körpern im Raum nachzuweisen.

> **Beispiel: Klassifizierung eines Vierecks**
> Das Viereck ABCD hat die Eckpunkte A(1|3|6), B(3|7|3), C(8|7|5) und D(6|3|8). Ermitteln Sie, welche besondere Art von Viereck vorliegt.

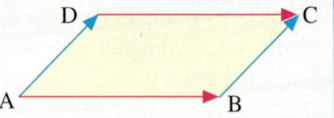

Lösung:
Zunächst bestimmen wir die Seitenvektoren $\vec{AB}$, $\vec{BC}$, $\vec{AD}$ und $\vec{DC}$ des Vierecks. Die Vektoren $\vec{AB}$ und $\vec{DC}$ sowie die Vektoren $\vec{BC}$ und $\vec{AD}$ sind parallel. Das Viereck ABCD ist daher ein Parallelogramm.

Seitenvektoren des Vierecks:
$$\vec{AB} = \begin{pmatrix} 2 \\ 4 \\ -3 \end{pmatrix} = \vec{DC}, \quad \vec{BC} = \begin{pmatrix} 5 \\ 0 \\ 2 \end{pmatrix} = \vec{AD}$$

Als nächstes werden die Seitenlängen untersucht. Dabei zeigt sich, dass alle Seiten die gleiche Länge $\sqrt{29}$ haben. Daher ist das Viereck ABCD sogar ein Rhombus.

Seitenlängen des Vierecks:
$$|\vec{AB}| = \sqrt{4+16+9} = \sqrt{29} = |\vec{DC}|$$
$$|\vec{BC}| = \sqrt{25+0+4} = \sqrt{29} = |\vec{AD}|$$

Abschließend werden die Diagonalenvektoren $\vec{AC}$ und $\vec{BD}$ betrachtet. Da ihre Längen nicht übereinstimmen, ist das Viereck ABCD kein Quadrat.

Diagonalen des Vierecks:
$$\vec{AC} = \begin{pmatrix} 7 \\ 4 \\ -1 \end{pmatrix}, \quad \vec{BD} = \begin{pmatrix} 3 \\ -4 \\ 5 \end{pmatrix}$$
$$|\vec{AC}| = \sqrt{66}, \quad |\vec{BD}| = \sqrt{50}$$

Übung 28
a) Zeigen Sie, dass das Viereck ABCD mit A(1|−2|4), B(5|2|0), C(9|3|0) und D(7|1|2) ein Trapez ist.
b) Zeigen Sie: ABCD mit A(−3|1|2), B(1|6|4), C(4|8|1) und D(0|3|−1) ist ein Parallelogramm.
c) Gegeben ist das Dreieck ABC mit A(−3|1|2), B(1|3|4) und C(3|5|8). Gesucht ist ein Punkt D, der das Dreieck ABC zu einem Parallelogramm ABCD ergänzt.

Übung 29
a) Weisen Sie nach, dass das Dreieck ABC mit A(1|4|2), B(3|2|4) und C(6|5|1) gleichschenklig ist.
b) Welche Koordinaten hat der Mittelpunkt der Seite AB?
c) Bestimmen Sie die Winkelgrößen des Dreiecks ABC.

Übung 30
a) Zeigen Sie mithilfe der Umkehrung des Satzes von Pythagoras, dass das Dreieck ABC mit A(1|4|2), B(3|2|4) und C(5|6|6) rechtwinklig ist.
b) Zeigen Sie, dass das Viereck ABCD mit A(1|4|2), B(3|2|4) und C(9|5|1) und D(7|7|−1) ein Rechteck ist, d.h. ein Parallelogramm mit rechten Winkeln.

Beispiel: Längen und Winkel in einer Pyramide

Eine Pyramide ist im Lauf der Jahrtausende im Sand etwas abgekippt. Das Viereck ABCD mit A(13|0|0), B(13|12|5), C(0|12|5) und D(0|0|0) ist die Grundfläche der Pyramide. Die Spitze ist S(6,5|1|14,5), 1 LE = 10 m.

a) Zeigen Sie: Die Grundfläche ist ein Quadrat.
b) Wie lautet der Mittelpunkt M des Quadrats? Welche Höhe hat die Pyramide?
c) Welchen Winkel bildet die Kante AS mit der Grundfläche der Pyramide?

Lösung zu a):
Wir überprüfen die Seitenlängen und Diagonalen im Viereck ABCD, denn beim Quadrat sind typischerweise die vier Seiten gleich und die beiden Diagonalen ebenfalls. Wir bestimmen also die vier Seitenvektoren der Grundfläche und berechnen ihren Betrag. Sie sind alle gleich lang.
Das Gleiche gilt für die beiden Diagonalenvektoren. Damit ist klar: Die Grundfläche ABCD ist ein Quadrat.

Lösung zu b):
Den Ortsvektor des Punktes M erhält man, indem man zum Ortsvektor $\vec{O}$ des Ursprungs die Hälfte des Diagonalvektors $\vec{DB}$ addiert.
Ergebnis: M(6,5|6|2,5).
Der Höhenvektor $\vec{MS}$ hat den Betrag $|\vec{MS}| = \sqrt{0^2 + (-5)^2 + 12^2} = 13$. Dies ist die Höhe der Pyramide.

Lösung zu c)
Der Winkel α zwischen der Seitenkante AS und der Grundfläche ABCD entspricht dem Winkel zwischen der Seitenkante AS und der Strecke AM.
Der Kantenvektor $\vec{AS}$ hat den Betrag $|\vec{AS}| = \sqrt{(-6,5)^2 + 1^2 + 14,5^2} \approx 15,92$.

Wir kennen nun die Längen von Gegenkathete MS und Hypotenuse AS im rechtwinkligen Dreieck AMS und können somit den Winkel α = 54,7° berechnen.

Seitenlängen ders Grundfläche:

$$\vec{AB} = \begin{pmatrix} 0 \\ 12 \\ 5 \end{pmatrix} = \vec{DC}, \quad \vec{AD} = \begin{pmatrix} -13 \\ 0 \\ 0 \end{pmatrix} = \vec{BC}$$

$|\vec{AB}| = |\vec{DC}| = \sqrt{0^2 + 12^2 + 5^2} = 13$
$|\vec{AD}| = |\vec{BC}| = \sqrt{13^2 + 0^2 + 0^2} = 13$

Diagonalenlängen der Grundfläche:

$$\vec{AC} = \begin{pmatrix} -13 \\ 12 \\ 5 \end{pmatrix} \quad \vec{BD} = \begin{pmatrix} -13 \\ -12 \\ -5 \end{pmatrix}$$

$|\vec{AD}| = |\vec{BD}| = \sqrt{338}$

Ortsvektor des Mittelpunktes M, Höhenvektor $\vec{MS}$:

$$\vec{OM} = \tfrac{1}{2}\vec{DB} = \tfrac{1}{2}\begin{pmatrix} 13 \\ 12 \\ 5 \end{pmatrix} = \begin{pmatrix} 6,5 \\ 6 \\ 2,5 \end{pmatrix}$$

$$\vec{MS} = \vec{OS} - \vec{OM} = \begin{pmatrix} 0 \\ -5 \\ 12 \end{pmatrix}$$

Winkel α:

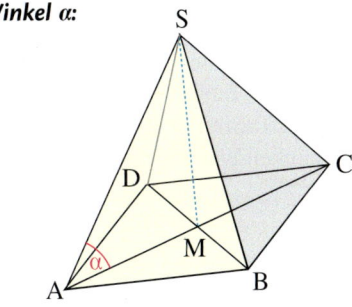

$\sin \alpha = \dfrac{\text{GK}}{\text{HYP}} = \dfrac{|\vec{MS}|}{|\vec{AS}|} = \dfrac{13}{15,92} \approx 0,8166$

$\Rightarrow \alpha \approx 54,7°$

G. Anwendungen der Vektorrechnung in Physik und Technik

Das Rechnen mit Vektoren hat praktische Anwendungsbezüge. Vektoren sind gut geeignet, gerichtete Größen wie Kräfte und Geschwindigkeiten zu modellieren. Wir behandeln exemplarisch zwei einfache Beispiele.

▶ **Beispiel: Die resultierende Kraft**
Ein Lastkahn K wird von zwei Schleppern auf See wie abgebildet gezogen. Schlepper A zieht mit einer Kraft von 10 kN in Richtung N60°O. Schlepper B zieht mit 15 kN in Richtung S80°O. Wie groß ist die resultierende Zugkraft? In welche Richtung bewegt sich die Formation insgesamt?

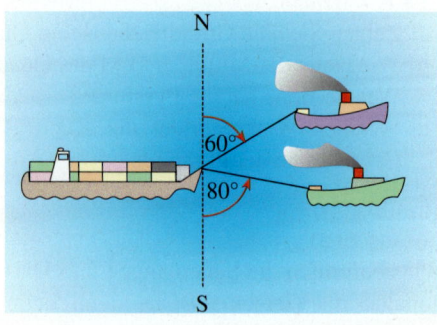

Lösung:
Wir zeichnen die beiden Zugkräfte $\vec{F}_1$ und $\vec{F}_2$ maßstäblich (z. B. 1 kN = 1 cm), bilden ihre vektorielle Summe $\vec{F}$ (Resultierende) und messen deren Betrag und Richtung. Wir erhalten eine Kraft von $|\vec{F}| = 23{,}5$ kN
▶ in Richtung N84°O.

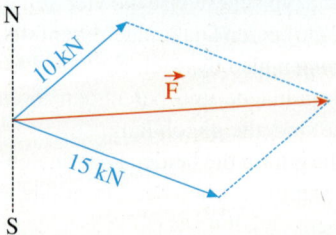

▶ **Beispiel: Die wahre Geschwindigkeit**
Ein Hubschrauber X bewegt sich mit einer Geschwindigkeit von 300 km/h relativ zur Luft. Der Pilot hat Kurs N50°O eingestellt, als Wind mit 100 km/h in Richtung N20°W aufkommt. Bestimmen Sie den wahren Kurs und die wahre Geschwindigkeit des Hubschraubers.

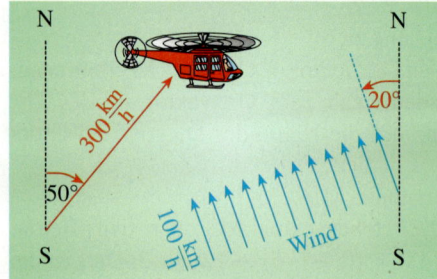

Lösung:
Wir addieren die beiden Geschwindigkeiten $\vec{v}_X$ und $\vec{v}_W$ mithilfe einer maßstäblichen Zeichnung (z. B. 100 km/h = 2 cm) und erhalten als Resultat, dass sich das Flugzeug mit einer Geschwindigkeit von ca. 350 km/h relativ zum Boden in Richtung N34°O bewegt. Der Wind erhöht also die
▶ Geschwindigkeit und verändert den Kurs.

Übung 31
Drei Pferde ziehen wie abgebildet nach rechts, zwei Stiere ziehen nach links. Ein Stier ist doppelt so stark wie ein Pferd. Wer gewinnt den Kampf?

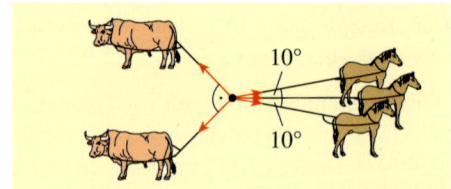

Die Angabe N60°O bedeutet: Das Objekt bewegt sich nach Norden mit einer Abweichung von 60° nach Osten.

3. Rechnen mit Vektoren

Im Folgenden ist im Gegensatz zu den vorhergehenden Beispielen die resultierende Kraft gegeben. Gesucht sind nun Komponenten dieser Kraft in bestimmte vorgegebene Richtungen.

▶ **Beispiel: Antriebskraft am Hang**
Welche Antriebskraft muss ein 1200 kg schweres Auto mindestens aufbringen, um einen 15° steilen Hang hinauffahren zu können?

Lösung:
Wir fertigen eine Zeichnung an. Die Gewichtskraft des Autos beträgt ca. 12 000 N. Sie zeigt senkrecht nach unten. Wir zerlegen sie additiv in eine zum Hang senkrechte Normalkraft und eine zum Hang parallele Hangabtriebskraft $\vec{F}_H$.
Maßstäbliches Ausmessen ergibt die Beträge $|\vec{F}_N| = 11\,600\,N$ und $|\vec{F}_H| = 3100\,N$. Die Antriebskraft des Autos muss nur den Hangabtrieb ausgleichen, d.h. sie muss
▶ mindestens 3100 N betragen.

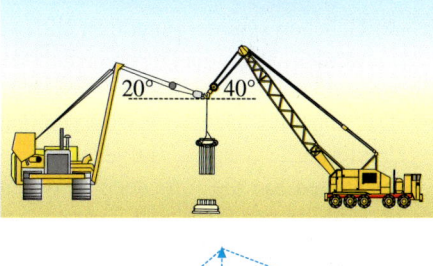

▶ **Beispiel: Seilkräfte**
Zwei Kräne heben ein 10 000 kg schweres Bauteil mithilfe von Drahtseilen. Wie groß sind die Seilkräfte?

Lösung:
Die Gewichtskraft beträgt ca. 100 000 N. Sie muss durch eine gleich große, nach oben gerichtete Gegenkraft ausgeglichen werden. Mithilfe eines Parallelogramms konstruieren wir zwei längs der Seile wirkende Kräfte, deren resultierende Summe genau diese Gegenkraft ergibt.
Durch maßstäbliches Zeichnen und Ablesen erhalten wir $|\vec{F}_1| = 108\,500\,N$ und
▶ $|\vec{F}_2| = 88\,500\,N$.

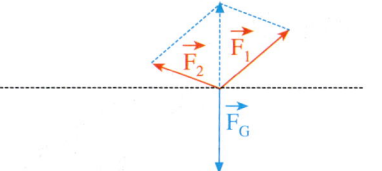

Übung 32
Ein Gärtner schiebt einen Rasenmäher wie abgebildet auf einer ebenen Wiese. Er muss eine Schubkraft von 200 N in Richtung der Schubstange aufbringen. Welche Antriebskraft müsste ein gleich schwerer motorisierter Rasenmäher besitzen, um die gleiche Wirkung zu erzielen?

Übungen

33. a) Bestimmen Sie den Abstand der Punkte A und B.
A(3|1) und B(6|5), A(1|2|3) und B(3|5|9), A(−1|2|0) und B(1|6|4)
b) Wie muss a gewählt werden, damit A(2|1|2) und B(3|a|10) den Abstand 9 besitzen?

34. Gegeben sind die Punkte A(0|4|2), B(6|4|2), C(10|8|2), D(4|8|2) und S(5|6|8). Sie bilden eine Pyramide mit der Grundfläche ABCD und der Spitze S.
a) Zeichnen Sie ein Schrägbild der Pyramide. Bestimmen Sie den Fußpunkt F der Höhe.
b) Zeigen Sie, dass ABCD ein Parallelogramm ist. Bestimmen Sie das Pyramidenvolumen.

35. Das abgebildete Objekt besteht aus Quadern der Größe 8 × 4 × 4 und 4 × 2 × 2. Stellen Sie die folgenden Vektoren als Spaltenvektoren dar.
$\overrightarrow{AB}$, $\overrightarrow{AC}$, $\overrightarrow{BC}$, $\overrightarrow{CJ}$, $\overrightarrow{IJ}$, $\overrightarrow{AE}$, $\overrightarrow{JM}$, $\overrightarrow{ED}$
$\overrightarrow{LM}$, $\overrightarrow{GM}$, $\overrightarrow{AG}$, $\overrightarrow{HB}$, $\overrightarrow{AM}$, $\overrightarrow{GJ}$, $\overrightarrow{GI}$

36. a) Gegeben sind die Spaltenvektoren $\vec{a} = \begin{pmatrix}4\\4\\3\end{pmatrix}$, $\vec{b} = \begin{pmatrix}0\\1\\4\end{pmatrix}$ und $\vec{c} = \begin{pmatrix}6\\0\\5\end{pmatrix}$.
Bestimmen Sie den Betrag von $\vec{x}$.
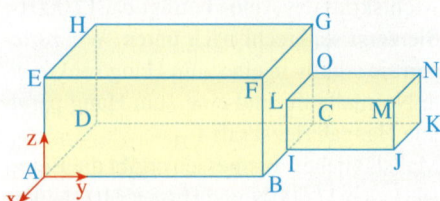
$\vec{x} = \vec{a}$, $\vec{x} = \vec{b} - \vec{c}$, $\vec{x} = \vec{a} + 2\vec{b}$, $\vec{x} = \vec{b} - 2\vec{a} + \vec{c}$, $\vec{x} = \vec{a} + \vec{b} + \vec{c}$, $\vec{x} = 2\vec{a} - \vec{b} - 2\vec{c}$
b) Gegeben sind die Punkte P(2|2|1), Q(5|10|15), R(3|a|0), S(4|6|5). Wie muss a gewählt werden, wenn die Differenz der Vektoren $\overrightarrow{PQ}$ und $\overrightarrow{RS}$ den Betrag 11 besitzen soll?

37. Das abgebildete Viereck wird von den Vektoren $\vec{a}$, $\vec{b}$ und $\vec{c}$ aufgespannt.
a) Stellen Sie die folgenden Vektoren mithilfe von $\vec{a}$, $\vec{b}$ und $\vec{c}$ dar.
$\overrightarrow{DA}$, $\overrightarrow{DB}$, $\overrightarrow{AC}$, $\overrightarrow{DC}$, $\overrightarrow{CB}$, $\overrightarrow{BD}$
b) Es sei A(4|0|0), B(2|4|2), C(0|2|3) und D(4|−6|−1). Bestimmen Sie den Umfang des Vierecks und begründen Sie, dass es ein Trapez ist.

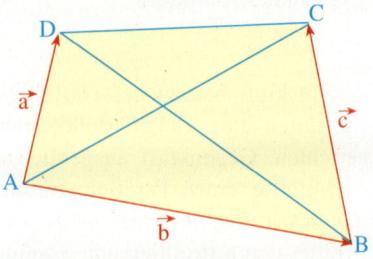

38. Ein Dreieck ABC kann durch Hinzunahme eines weiteren Punktes D zu einem Parallelogramm ergänzt werden. Es gibt stets drei Möglichkeiten für die Konstruktion eines solchen Punktes D. Bestimmen Sie diese Möglichkeiten für folgende Dreiecke:
a) A(2|4), B(8|3), C(4|6)
Lösen Sie die Aufgabe im Koordinatensystem zeichnerisch.
b) A(4|6|3), B(2|8|5), C(0|0|4)
Lösen Sie die Aufgabe rechnerisch mithilfe von Spaltenvektoren.

39. a) Stellen Sie den Vektor $\vec{x}$ als Linearkombination der Vektoren $\begin{pmatrix}2\\0\\1\end{pmatrix}$, $\begin{pmatrix}1\\1\\1\end{pmatrix}$ und $\begin{pmatrix}0\\1\\-1\end{pmatrix}$ dar.

$\vec{x} = \begin{pmatrix}5\\0\\4\end{pmatrix}$, $\vec{x} = \begin{pmatrix}1\\2\\0\end{pmatrix}$, $\vec{x} = \begin{pmatrix}0\\0\\0\end{pmatrix}$

b) Untersuchen Sie, ob $\vec{x} = \begin{pmatrix}1\\0\\1\end{pmatrix}$ als Linearkombination von $\begin{pmatrix}0\\1\\1\end{pmatrix}$, $\begin{pmatrix}2\\3\\3\end{pmatrix}$ und $\begin{pmatrix}1\\1\\1\end{pmatrix}$ darstellbar ist.

c) Sind die Vektoren $\begin{pmatrix}1\\2\\-1\end{pmatrix}, \begin{pmatrix}1\\0\\3\end{pmatrix}, \begin{pmatrix}3\\2\\5\end{pmatrix}$ bzw. $\begin{pmatrix}1\\2\\-1\end{pmatrix}, \begin{pmatrix}1\\0\\1\end{pmatrix}, \begin{pmatrix}2\\4\\1\end{pmatrix}$ linear unabhängig?

40. Ein Gasballon mit einem Gewicht von 5000 N ist wie abgebildet an einem Seil befestigt. Das Gas erzeugt eine Auftriebskraft von 10 000 N. Durch Seitenwind wird der Ballon um 15° aus der Vertikalen gedrängt. Mit welcher Kraft wirkt der Wind auf den Ballon? Wie groß ist die Kraft im Halteseil? Zeichnen Sie zur Lösung der Aufgabe ein Kräftediagramm.

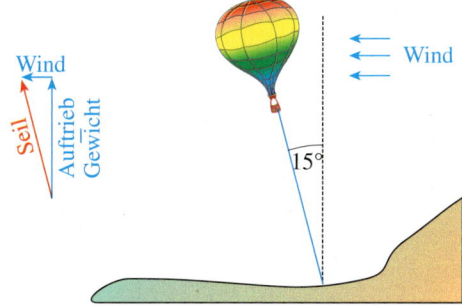

41. Abgebildet ist der Erfinder der Vektorrechnung Hermann Günther Grassmann (1809–1877), ein Gymnasiallehrer aus Stettin. Das Bild hat eine Masse von 5 kg. Welche Zugkräfte wirken in den beiden Schnüren, an denen das Bild hängt?

42. Ein Fluss hat eine Strömungsgeschwindigkeit von 15 km/h. Ein Motorboot hat in stehendem Wasser eine Höchstgeschwindigkeit von 40 km/h. Der Steuermann überquert den Fluss, indem er sein Boot wie abgebildet auf 45° nach Norden stellt.
Durch die Strömung werden Geschwindigkeit und Richtung verändert.
Ermitteln Sie zeichnerisch die wahre Geschwindigkeit und die wahre Richtung des Bootes.

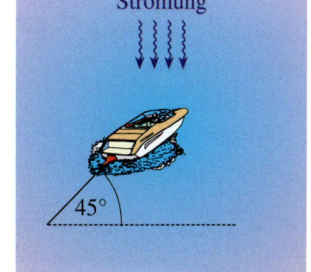

4. Skalarprodukt

A. Definition des Skalarproduktes

Ein Wagen wird gleichmäßig von einem Pferd über einen Sandweg gezogen. Dabei wird eine Kraft in Richtung der Deichsel aufgebracht, die sich durch den Kraftvektor $\vec{F}$ darstellen lässt.
Der zurückgelegte Weg lässt sich ebenfalls vektoriell durch den Wegvektor $\vec{s}$ darstellen. Beide seien im Winkel γ gegeneinander geneigt.

Die hierbei verrichtete Arbeit W errechnet sich als Produkt aus Kraft und Weg, genauer gesagt als Produkt aus Kraft in Wegrichtung F_s und Weglänge s.
F_s lässt sich im rechtwinkligen Dreieck mithilfe des Kosinus darstellen als $|\vec{F}| \cdot \cos\gamma$, und s lässt sich darstellen als Betrag des Vektors $\vec{s}$, d. h. als $|\vec{s}|$. Dies führt auf die Formel $W = |\vec{F}| \cdot |\vec{s}| \cdot \cos\gamma$, deren rechte Seite eine gewisse Art von Produkt der Vektoren $\vec{F}$ und $\vec{s}$ darstellt.

Das Ergebnis dieses Produktes ist die Arbeit W, die kein Vektor, sondern eine reine Zahlengröße ist. In der Physik bezeichnet man eine Zahlengröße auch als Skalar und deshalb nennt man das Produkt $|\vec{F}| \cdot |\vec{s}| \cdot \cos\gamma$ auch *Skalarprodukt* der Vektoren $\vec{F}$ und $\vec{s}$. Man verwendet für den Term $|\vec{F}| \cdot |\vec{s}| \cdot \cos\gamma$ die symbolische Schreibweise $\vec{F} \cdot \vec{s}$.

„Arbeit = Kraft · Weg"

Arbeit = Kraft in Wegrichtung · Weglänge

$W = F_s \cdot s$

$W = |\vec{F}| \cdot \cos\gamma \cdot |\vec{s}|$

$W = |\vec{F}| \cdot |\vec{s}| \cdot \cos\gamma$

Das Skalarprodukt (Kosinusform)

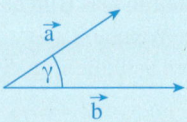

$\vec{a}$ und $\vec{b}$ seien zwei Vektoren und γ der Winkel zwischen diesen Vektoren ($0° \leq \gamma \leq 180°$).
Dann bezeichnet man den Ausdruck

$$\vec{a} \cdot \vec{b} = |\vec{a}| \cdot |\vec{b}| \cdot \cos\gamma$$

als *Skalarprodukt* von $\vec{a}$ und $\vec{b}$.

Übung 1
Bestimmen Sie das Skalarprodukt der Vektoren $\vec{a}$ und $\vec{b}$. Messen Sie die benötigten Längen und Winkel aus oder errechnen Sie diese mit dem Satz des Pythagoras und Trigonometrie.

a)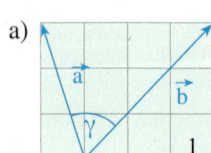

b)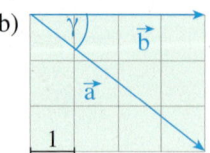

c) $\vec{a} = \begin{pmatrix} -3 \\ 5 \end{pmatrix}$, $\vec{b} = \begin{pmatrix} 5 \\ 6 \end{pmatrix}$

d) $\vec{a} = \begin{pmatrix} 4 \\ 2 \end{pmatrix}$, $\vec{b} = \begin{pmatrix} 4 \\ 6 \end{pmatrix}$

4. Skalarprodukt

Ziel der folgenden Überlegungen ist die Gewinnung einer vektor- und winkelfreien Darstellung des Skalarproduktes von Spaltenvektoren.

Wir betrachten zwei Vektoren $\vec{a}$ und $\vec{b}$, die ein Dreieck aufspannen, wie abgebildet. In einem allgemeinen Dreieck gilt der Kosinussatz der Trigonometrie, von dem unsere Rechnung ausgeht:

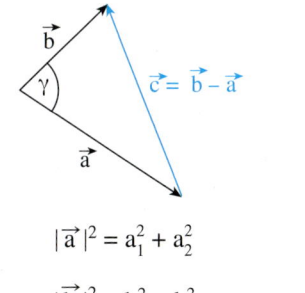

$c^2 = a^2 + b^2 - 2 \cdot a \cdot b \cdot \cos \gamma$ Kosinussatz

$|\vec{c}|^2 = |\vec{a}|^2 + |\vec{b}|^2 - 2 \cdot |\vec{a}| \cdot |\vec{b}| \cdot \cos \gamma$

$|\vec{c}|^2 = |\vec{a}|^2 + |\vec{b}|^2 - 2 \cdot \vec{a} \cdot \vec{b}$ Def. des Skalarproduktes

$2 \cdot \vec{a} \cdot \vec{b} = |\vec{a}|^2 + |\vec{b}|^2 - |\vec{c}|^2$ Umformung

$\vec{a} = \begin{pmatrix} a_1 \\ a_2 \end{pmatrix}$ $|\vec{a}|^2 = a_1^2 + a_2^2$

$\vec{b} = \begin{pmatrix} b_1 \\ b_2 \end{pmatrix}$ $|\vec{b}|^2 = b_1^2 + b_2^2$

$\vec{c} = \begin{pmatrix} b_1 - a_1 \\ b_2 - a_2 \end{pmatrix}$ $|\vec{c}|^2 = (b_1 - a_1)^2 + (b_2 - a_2)^2$

Durch Einsetzen der rechts aufgeführten Darstellungen für die Beträge der Vektoren $\vec{a}$, $\vec{b}$ und $\vec{c}$ folgt:

$2 \cdot \vec{a} \cdot \vec{b} = a_1^2 + a_2^2 + b_1^2 + b_2^2 - (b_1 - a_1)^2 - (b_2 - a_2)^2$

$2 \cdot \vec{a} \cdot \vec{b} = 2 a_1 b_1 + 2 a_2 b_2$

$\vec{a} \cdot \vec{b} = a_1 b_1 + a_2 b_2$

Analog ergibt sich für dreidimensionale Vektoren die Formel

$\vec{a} \cdot \vec{b} = a_1 b_1 + a_2 b_2 + a_3 b_3$.

Das Skalarprodukt von Vektoren lässt sich also als Produktsumme von Koordinaten darstellen.

Das Skalarprodukt (Koordinatenform)

$\vec{a} \cdot \vec{b} = \begin{pmatrix} a_1 \\ a_2 \end{pmatrix} \cdot \begin{pmatrix} b_1 \\ b_2 \end{pmatrix} = a_1 b_1 + a_2 b_2$

$\vec{a} \cdot \vec{b} = \begin{pmatrix} a_1 \\ a_2 \\ a_3 \end{pmatrix} \cdot \begin{pmatrix} b_1 \\ b_2 \\ b_3 \end{pmatrix} = a_1 b_1 + a_2 b_2 + a_3 b_3$

Beispiele: $\vec{a} = \begin{pmatrix} 1 \\ 2 \end{pmatrix}$, $\vec{b} = \begin{pmatrix} 3 \\ 2 \end{pmatrix}$ $\Rightarrow$ $\vec{a} \cdot \vec{b} = \begin{pmatrix} 1 \\ 2 \end{pmatrix} \cdot \begin{pmatrix} 3 \\ 2 \end{pmatrix} = 1 \cdot 3 + 2 \cdot 2 = 7$

$\vec{a} = \begin{pmatrix} 1 \\ 2 \\ 1 \end{pmatrix}$, $\vec{b} = \begin{pmatrix} 2 \\ 3 \\ -4 \end{pmatrix}$ $\Rightarrow$ $\vec{a} \cdot \vec{b} = \begin{pmatrix} 1 \\ 2 \\ 1 \end{pmatrix} \cdot \begin{pmatrix} 2 \\ 3 \\ -4 \end{pmatrix} = 1 \cdot 2 + 2 \cdot 3 + 1 \cdot (-4) = 4$

$\vec{a} = \begin{pmatrix} 2 \\ -1 \\ 4 \end{pmatrix}$, $\vec{b} = \begin{pmatrix} 3 \\ -2 \\ -2 \end{pmatrix}$ $\Rightarrow$ $\vec{a} \cdot \vec{b} = \begin{pmatrix} 2 \\ -1 \\ 4 \end{pmatrix} \cdot \begin{pmatrix} 3 \\ -2 \\ -2 \end{pmatrix} = 2 \cdot 3 + (-1) \cdot (-2) + 4 \cdot (-2) = 0$

Im Folgenden werden wir sehen, dass viele Probleme durch Anwendung des Skalarproduktes vereinfacht gelöst werden können. Oft benötigt man dabei beide Darstellungen des Skalarproduktes, die winkelbezogene Form $\vec{a} \cdot \vec{b} = |\vec{a}| \cdot |\vec{b}| \cdot \cos \gamma$ sowie die koordinatenbezogenen Formen $\vec{a} \cdot \vec{b} = a_1 b_1 + a_2 b_2$ bzw. $\vec{a} \cdot \vec{b} = a_1 b_1 + a_2 b_2 + a_3 b_3$.

Übungen

2. Berechnen Sie in den abgebildeten Figuren das Skalarprodukt $\vec{a} \cdot \vec{b}$.
  a) Verwenden Sie die Kosinusform des Skalarproduktes. Die benötigten Längen und Winkel können mit dem Geodreieck gemessen werden.
  b) Verwenden Sie die Koordinatenform des Skalarproduktes.

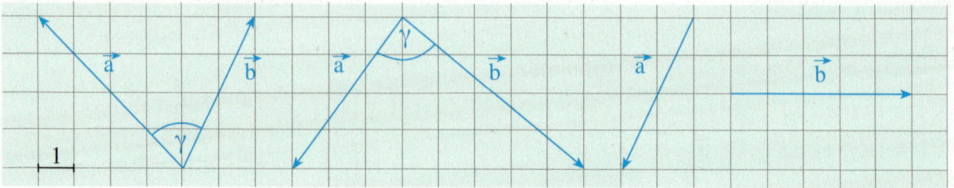

3. Berechnen Sie die angegebenen Skalarprodukte.

a)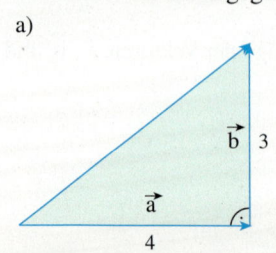
$\vec{a} \cdot \vec{b}, \vec{a} \cdot \vec{c}, \vec{b} \cdot \vec{c}$

b)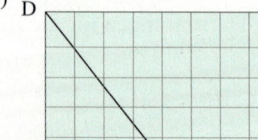
$\overrightarrow{DA} \cdot \overrightarrow{DF}, \overrightarrow{FB} \cdot \overrightarrow{FD},$
$\overrightarrow{AF} \cdot \overrightarrow{AD}, \overrightarrow{DC} \cdot \overrightarrow{DF}$

c)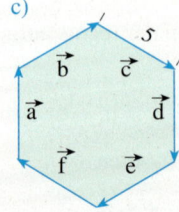
$\vec{a} \cdot \vec{b}, \vec{a} \cdot \vec{c}, \vec{a} \cdot \vec{d},$
$(\vec{a} + \vec{b}) \cdot \vec{c},$
$(\vec{a} + \vec{b} + \vec{c}) \cdot (\vec{d} + \vec{e} + \vec{f})$

4. Errechnen Sie die folgenden Skalarprodukte.

a) $\begin{pmatrix} 8 \\ -1 \\ 2 \end{pmatrix} \cdot \begin{pmatrix} 0 \\ 4 \\ 1 \end{pmatrix}$
b) $\begin{pmatrix} 2a \\ a \\ 1 \end{pmatrix} \cdot \begin{pmatrix} a \\ -a \\ a \end{pmatrix}$
c) $\begin{pmatrix} a \\ b \\ a \end{pmatrix} \cdot \begin{pmatrix} b \\ -a \\ 0 \end{pmatrix}$
d) $\begin{pmatrix} 4 \\ 2 \\ 1 \end{pmatrix} \cdot \begin{pmatrix} 8 \\ 3a \\ 3 \end{pmatrix} + \begin{pmatrix} 12 \\ -a \\ 2a \end{pmatrix} \cdot \begin{pmatrix} -3 \\ 2 \\ -2 \end{pmatrix}$

5. Wie muss a gewählt werden, wenn die folgenden Gleichungen gelten sollen?

a) $\begin{pmatrix} a \\ 2 \\ 4 \end{pmatrix} \cdot \begin{pmatrix} 2a \\ 1 \\ a \end{pmatrix} = 0$
b) $\begin{pmatrix} 1 \\ 2 \\ 1 \end{pmatrix} \cdot \begin{pmatrix} a \\ 2a \\ a \end{pmatrix} = 1$
c) $\begin{pmatrix} a-1 \\ 1 \\ 2 \end{pmatrix} \cdot \left(\begin{pmatrix} 1 \\ 1 \\ 2 \end{pmatrix} + \begin{pmatrix} 1 \\ 2 \\ a \end{pmatrix} \right) = 6$

6. Die Abbildung zeigt eine quadratische Pyramide mit den Seitenlängen $\overline{AB} = 6$, $\overline{BC} = 6$ sowie der Höhe h = 3.
  a) Berechnen Sie die Skalarprodukte $\overrightarrow{SB} \cdot \overrightarrow{SC}, \overrightarrow{AD} \cdot \overrightarrow{DC}, \overrightarrow{AC} \cdot \overrightarrow{BD},$ $\overrightarrow{BA} \cdot \overrightarrow{BS}$.
  b) Errechnen Sie das Skalarprodukt $\overrightarrow{SA} \cdot \overrightarrow{SB}$ mit der Koordinatenform. Errechnen Sie die Längen $\overline{SA}$ und $\overline{SB}$. Können Sie nun den Winkel $\alpha = \sphericalangle ASB$ bestimmen?

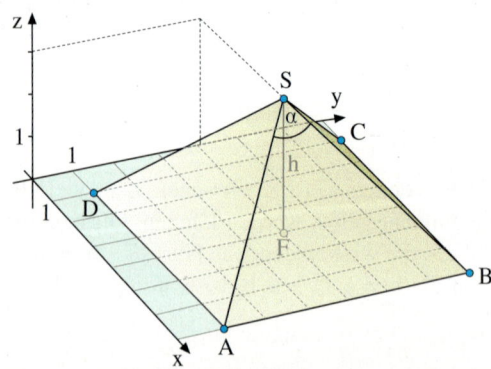

B. Rechengesetze für das Skalarprodukt

Für das Skalarprodukt von Vektoren gelten einige Rechengesetze, die wir nun auflisten und gelegentlich anwenden werden, vor allem bei theoretischen Herleitungen.

Rechengesetze für das Skalarprodukt

$\vec{a} \cdot \vec{b} = \vec{b} \cdot \vec{a}$ Kommutativgesetz

$(r\vec{a}) \cdot \vec{b} = r(\vec{a} \cdot \vec{b})$ für $r \in \mathbb{R}$

$(\vec{a} + \vec{b}) \cdot \vec{c} = \vec{a} \cdot \vec{c} + \vec{b} \cdot \vec{c}$ Distributivgesetz

$\vec{a}^2 = \vec{a} \cdot \vec{a} > 0$ für $\vec{a} \neq \vec{0}$

$\vec{a}^2 = \vec{a} \cdot \vec{a} = 0$ für $\vec{a} = \vec{0}$

Exemplarischer Beweis des Kommutativgesetzes:

1. Methode: Kosinusform des SP

$\vec{a} \cdot \vec{b} = |\vec{a}| \cdot |\vec{b}| \cdot \cos\gamma = |\vec{b}| \cdot |\vec{a}| \cdot \cos\gamma = \vec{b} \cdot \vec{a}$

2. Methode: Koordinatenform des SP

$\vec{a} \cdot \vec{b} = \begin{pmatrix} a_1 \\ a_2 \\ a_3 \end{pmatrix} \cdot \begin{pmatrix} b_1 \\ b_2 \\ b_3 \end{pmatrix} = a_1 b_1 + a_2 b_2 + a_3 b_3$

$= b_1 a_1 + b_2 a_2 + b_3 a_3 = \begin{pmatrix} b_1 \\ b_2 \\ b_3 \end{pmatrix} \cdot \begin{pmatrix} a_1 \\ a_2 \\ a_3 \end{pmatrix} = \vec{b} \cdot \vec{a}$

Rechts sind exemplarisch zwei Beweise für das Kommutativgesetz aufgeführt. Analog lassen sich die übrigen Gesetze beweisen.

Darüber hinaus gelten weitere Rechenregeln für das Skalarprodukt, die sich aber alle aus den obigen grundlegenden Rechengesetzen sowie der Definition des Skalarproduktes herleiten lassen, wie z. B. die binomischen Formeln (vgl. Übung 9). Andere „wohlvertraute" Rechenregeln wie z. B. das Assoziativgesetz gelten für das Skalarprodukt nicht.

Übung 7
Beweisen Sie das Rechengesetz $(r\vec{a}) \cdot \vec{b} = r(\vec{a} \cdot \vec{b})$ für $r \in \mathbb{R}$ auf zwei Arten.

Übung 8
Zeigen Sie anhand eines Gegenbeispiels, dass das „Assoziativgesetz" für das Skalarprodukt nicht gilt. Widerlegen Sie also $\vec{a} \cdot (\vec{b} \cdot \vec{c}) = (\vec{a} \cdot \vec{b}) \cdot \vec{c}$.

Übung 9
Weisen Sie nur mithilfe der obigen Rechengesetze die Gültigkeit folgender Formeln nach.
a) $(\vec{a} + \vec{b})^2 = \vec{a}^2 + 2\vec{a}\vec{b} + \vec{b}^2$ \qquad b) $(\vec{a} + \vec{b}) \cdot (\vec{a} - \vec{b}) = \vec{a}^2 - \vec{b}^2$

Übung 10
Widerlegen Sie folgende „Rechenregeln", die beim Zahlenrechnen eine große Rolle spielen.
a) $(\vec{a} \cdot \vec{b})^2 = \vec{a}^2 \cdot \vec{b}^2$ \qquad b) $\vec{a} \cdot \vec{b} = \vec{0} \Rightarrow \vec{a} = \vec{0}$ oder $\vec{b} = \vec{0}$

Übung 11
Zeigen Sie:
a) Sind zwei Vektoren gleich, so sind auch ihre Skalarprodukte mit einem 3. Vektor gleich.
b) Aus Skalarprodukten von Vektoren darf man im Allgemeinen nicht kürzen.
 (Aus $\vec{x} \cdot \vec{c} = \vec{y} \cdot \vec{c}$ folgt nicht zwingend $\vec{x} = \vec{y}$.)

5. Winkelberechnungen

A. Der Winkel zwischen zwei Vektoren

Mithilfe des Skalarproduktes zweier Vektoren können sowohl *Längen* als auch *Winkel* auf vektorieller Basis gemessen werden. Die Grundlage bilden hierbei die beiden folgenden Sätze.

Bildet man das Skalarprodukt eines Vektors mit sich selbst, so erhält man das Quadrat des Betrages des Vektors:

$$\vec{a} \cdot \vec{a} = |\vec{a}| \cdot |\vec{a}| \cdot \cos 0° = |\vec{a}|^2.$$

Der Betrag eines Vektors

Für den Betrag (die Länge) eines Vektors $\vec{a}$ gilt die Formel

$$|\vec{a}|^2 = \vec{a} \cdot \vec{a} \quad \text{bzw.} \quad |\vec{a}| = \sqrt{\vec{a} \cdot \vec{a}}.$$

Beispielsweise hat der Vektor $\vec{a} = \begin{pmatrix} 2 \\ 6 \\ -3 \end{pmatrix}$ die Länge 7, denn es gilt:

$$|\vec{a}|^2 = \vec{a} \cdot \vec{a} = \begin{pmatrix} 2 \\ 6 \\ -3 \end{pmatrix} \cdot \begin{pmatrix} 2 \\ 6 \\ -3 \end{pmatrix} = 4 + 36 + 9 = 49 \Rightarrow |\vec{a}| = \sqrt{49} = 7.$$

Zwei Vektoren $\vec{a}$ und $\vec{b}$ bilden stets zwei Winkel. Der kleinere der beiden Winkel wird als *Winkel zwischen den Vektoren* bezeichnet. Er kann mittels Skalarprodukt berechnet werden. Löst man die Skalarproduktgleichung $\vec{a} \cdot \vec{b} = |\vec{a}| \cdot |\vec{b}| \cdot \cos \gamma$ nach $\cos \gamma$ auf, so erhält man die sogenannte *Kosinusformel*, die zur Winkelberechnung verwendet wird.

Die Kosinusformel

$\vec{a}$ und $\vec{b}$ seien vom Nullvektor verschiedene Vektoren und γ sei der Winkel zwischen ihnen. Dann gilt:

$$\cos \gamma = \frac{\vec{a} \cdot \vec{b}}{|\vec{a}| \cdot |\vec{b}|}.$$

▶ **Beispiel: Winkel zwischen zwei Vektoren**

Errechnen Sie den Winkel zwischen den Vektoren $\vec{a} = \begin{pmatrix} 4 \\ 5 \\ 3 \end{pmatrix}$ und $\vec{b} = \begin{pmatrix} 7 \\ 5 \\ 1 \end{pmatrix}$.

Lösung:
Wir errechnen zunächst die Beträge von $\vec{a}$ und $\vec{b}$: $|\vec{a}| = \sqrt{\vec{a} \cdot \vec{a}} = \sqrt{50}, |\vec{b}| = \sqrt{75}.$

Nun wenden wir die Kosinusformel an:
$$\cos \gamma = \frac{\vec{a} \cdot \vec{b}}{|\vec{a}| \cdot |\vec{b}|} = \frac{56}{\sqrt{50} \cdot \sqrt{75}} \approx 0{,}9145.$$

Mit dem Taschenrechner ($\cos^{-1}$-Taste) folgt
▶ $\gamma \approx 23{,}87°.$

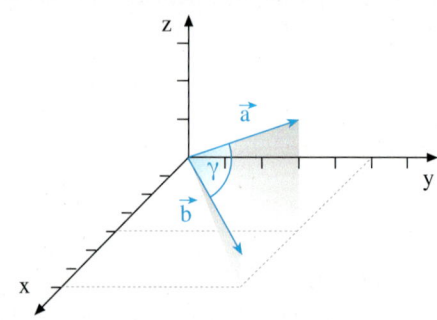

5. Winkelberechnungen

▶ **Beispiel: Winkel im Dreieck**
Gegeben sei das Dreieck mit den Ecken P(5|5|1), Q(6|1|2), R(1|0|4). Bestimmen Sie die Größe des Innenwinkels γ am Punkt R des Dreiecks.

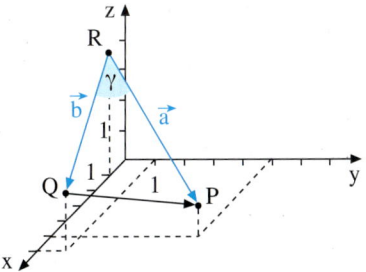

Lösung:
Wir stellen die beiden Dreiecksseiten, die am Winkel γ anliegen, zunächst durch die Vektoren $\vec{a} = \overrightarrow{RP}$ und $\vec{b} = \overrightarrow{RQ}$ dar.

γ lässt sich als Winkel zwischen diesen Vektoren $\vec{a}$ und $\vec{b}$ auffassen.
Nun können wir mithilfe der Kosinusformel den Kosinus des Winkels γ bestimmen. Wir erhalten cos γ ≈ 0,8004.

▶ Hieraus folgt unmittelbar γ ≈ 36,83°

$\vec{a} = \overrightarrow{RP} = \overrightarrow{OP} - \overrightarrow{OR} = \begin{pmatrix}5\\5\\1\end{pmatrix} - \begin{pmatrix}1\\0\\4\end{pmatrix} = \begin{pmatrix}4\\5\\-3\end{pmatrix}$

$\vec{b} = \overrightarrow{RQ} = \overrightarrow{OQ} - \overrightarrow{OR} = \begin{pmatrix}6\\1\\2\end{pmatrix} - \begin{pmatrix}1\\0\\4\end{pmatrix} = \begin{pmatrix}5\\1\\-2\end{pmatrix}$

$\cos\gamma = \dfrac{\vec{a}\cdot\vec{b}}{|\vec{a}|\cdot|\vec{b}|} = \dfrac{20+5+6}{\sqrt{50}\cdot\sqrt{30}} \approx 0{,}8004$

γ ≈ 36,83°.

Übung 1
Bestimmen Sie die Größe des Winkels zwischen den Vektoren $\vec{a}$ und $\vec{b}$.

a) $\vec{a} = \begin{pmatrix}3\\1\end{pmatrix}, \vec{b} = \begin{pmatrix}3\\-3\end{pmatrix}$
b) $\vec{a} = \begin{pmatrix}1\\2\\-3\end{pmatrix}, \vec{b} = \begin{pmatrix}-2\\-4\\0\end{pmatrix}$
c) $\vec{a} = \begin{pmatrix}4\\3\\4\end{pmatrix}, \vec{b} = \begin{pmatrix}2\\-4\\1\end{pmatrix}$

Übung 2
Bestimmen Sie die Größe des Winkels α mithilfe von Vektoren.

a)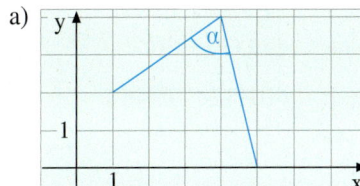
b)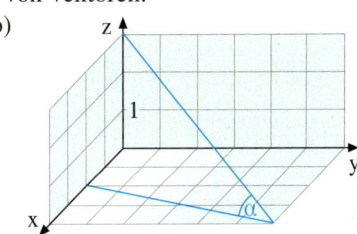

Übung 3
Bestimmen Sie alle Winkel im Dreieck PQR.
a) P(3|4), Q(6|3), R(3|0)
b) P(3|4|1), Q(6|3|2), R(3|0|3)
c) P(6|3|8), Q(7|4|3), R(4|4|2)
d) P(1|2|2), Q(3|4|2), R(2|3|2+√3)

Übung 4
Gegeben sind die Vektoren $\vec{a} = \begin{pmatrix}4\\4\\2\end{pmatrix}$ und $\vec{b} = \begin{pmatrix}6\\0\\z\end{pmatrix}$. Wie muss die Koordinate z gewählt werden, damit der Winkel zwischen $\vec{a}$ und $\vec{b}$ eine Größe von 45° hat?

B. Zueinander orthogonale Vektoren

Zwei Vektoren $\vec{a}$ und $\vec{b}$ ($\vec{a}, \vec{b} \neq \vec{0}$) werden als *zueinander orthogonale Vektoren* bezeichnet, wenn sie senkrecht aufeinander stehen. Man verwendet hierfür die symbolische Schreibweise $\vec{a} \perp \vec{b}$.
Mithilfe des Skalarproduktes kann man besonders einfach überprüfen, ob zwei Vektoren orthogonal sind. Das Skalarprodukt der Vektoren ist dann nämlich gleich null, weil für $\gamma = 90°$ gilt:
$\vec{a} \cdot \vec{b} = |\vec{a}| \cdot |\vec{b}| \cdot \cos 90°$
$= |\vec{a}| \cdot |\vec{b}| \cdot 0 = 0$.

Orthogonalitätskriterium

Zwei Vektoren $\vec{a}$ und $\vec{b}$ ($\vec{a}, \vec{b} \neq \vec{0}$) sind genau dann orthogonal (senkrecht), wenn ihr Skalarprodukt null ist.

$$\vec{a} \perp \vec{b} \Leftrightarrow \vec{a} \cdot \vec{b} = 0$$

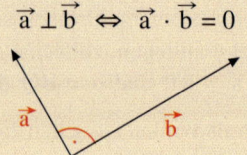

▶ **Beispiel: Orthogonale Vektoren**
Prüfen Sie, ob zwei der drei Vektoren orthogonal sind.

$\vec{a} = \begin{pmatrix} 1 \\ 2 \\ 4 \end{pmatrix}, \vec{b} = \begin{pmatrix} 1 \\ 2 \\ -1 \end{pmatrix}, \vec{c} = \begin{pmatrix} 8 \\ 2 \\ -3 \end{pmatrix}$

Lösung:
$\vec{a} \cdot \vec{b} = 1 \Rightarrow \vec{a}, \vec{b}$ sind nicht orthogonal.
$\vec{a} \cdot \vec{c} = 0 \Rightarrow \vec{a}, \vec{c}$ sind orthogonal.
$\vec{b} \cdot \vec{c} = 15 \Rightarrow \vec{b}, \vec{c}$ sind nicht orthogonal.

▶ **Beispiel: Rechtwinkliges Dreieck**
Prüfen Sie, ob das Dreieck mit den Eckpunkten A(0|0|4), B(2|2|2), C(0|3|1) rechtwinklig ist (Schrägbild anfertigen).

Lösung:
Im Schrägbild ist die Rechtwinkligkeit des Dreiecks nicht erkennbar.
Bilden wir jedoch rechnerisch die Seitenvektoren und berechnen dann deren Skalarprodukte, so stellt sich heraus, dass das
▶ Dreieck bei B rechtwinklig ist.

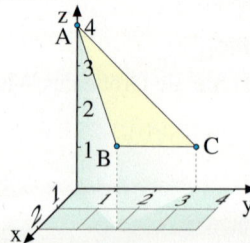

$\overrightarrow{AB} = \begin{pmatrix} 2 \\ 2 \\ -2 \end{pmatrix}, \overrightarrow{AC} = \begin{pmatrix} 0 \\ 3 \\ -3 \end{pmatrix}, \overrightarrow{BC} = \begin{pmatrix} -2 \\ 1 \\ -1 \end{pmatrix}$

$\overrightarrow{AB} \cdot \overrightarrow{AC} = 12, \overrightarrow{BA} \cdot \overrightarrow{BC} = 0, \overrightarrow{CB} \cdot \overrightarrow{CA} = 6$

▶ **Beispiel: Termvereinfachung**
Gegeben sind zwei Vektoren $\vec{a}$ und $\vec{b}$ mit den Eigenschaften $|\vec{a}| = 2, |\vec{b}| = 1$ und $\vec{a} \perp \vec{b}$. Vereinfachen Sie den Term $(\vec{a} + \vec{b}) \cdot (2\vec{a} - 3\vec{b})$.

Lösung:
$(\vec{a} + \vec{b}) \cdot (2\vec{a} - 3\vec{b}) =$
$= 2\vec{a}^2 - 3\vec{a} \cdot \vec{b} + 2\vec{b} \cdot \vec{a} - 3\vec{b}^2$
$= 2\vec{a}^2 - \vec{a} \cdot \vec{b} - 3\vec{b}^2$
$= 2 \cdot 4 - 0 - 3 \cdot 1$
$= 5$

5. Winkelberechnungen

Das Skalarprodukt wird häufig zur Bestimmung eines *Normalenvektors* verwendet. Das ist ein Vektor, der auf zwei gegebenen Vektoren bzw. auf der von diesen Vektoren aufgespannten Fläche senkrecht steht.

> **Beispiel: Normalenvektor**
> Gegeben sind die abgebildeten Vektoren $\vec{a}$ und $\vec{b}$.
> Gesucht ist ein Vektor $\vec{x}$, der sowohl auf $\vec{a}$ als auch auf $\vec{b}$ senkrecht steht.

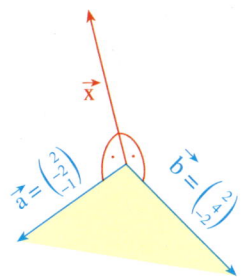

Lösung:
Wir verwenden den Ansatz $\vec{x} = \begin{pmatrix} x \\ y \\ z \end{pmatrix}$.

Da $\vec{a}$ und $\vec{b}$ orthogonal zu $\vec{x}$ sein sollen, müssen die Bedingungen $\vec{a} \cdot \vec{x} = 0$ und $\vec{b} \cdot \vec{x} = 0$ gelten.
Durch Einsetzen von Vektoren erhalten wir ein lineares Gleichungssystem mit zwei Gleichungen in drei Variablen.
Der Wert einer Variablen kann also frei gewählt werden (hier z. B. $y = 1$).
Die Werte der beiden anderen Variablen werden dann durch sukzessive Rückeinsetzung gewonnen.

Resultat: z. B. $\vec{x} = \begin{pmatrix} 4 \\ 1 \\ 6 \end{pmatrix}$

Orthogonalitätsbedingungen:

$\vec{a} \cdot \vec{x} = 0: \begin{pmatrix} 2 \\ -2 \\ -1 \end{pmatrix} \cdot \begin{pmatrix} x \\ y \\ z \end{pmatrix} = 0$

$\vec{b} \cdot \vec{x} = 0: \begin{pmatrix} 2 \\ 4 \\ -2 \end{pmatrix} \cdot \begin{pmatrix} x \\ y \\ z \end{pmatrix} = 0$

lineares Gleichungssystem:
I: $2x - 2y - z = 0$
II: $2x + 4y - 2z = 0$

Lösung des Gleichungssystems:
III = II − I: $6y - z = 0$
$y = 1$ (frei gewählt)
$z = 6$ (durch Rückeinsetzung in III)
$x = 4$ (durch Rückeinsetzung in I)

Übung 5
Suchen Sie unter den gegebenen Vektoren alle Paare orthogonaler Vektoren.

$\vec{a} = \begin{pmatrix} 3 \\ 2 \\ 0 \end{pmatrix}$ $\quad \vec{b} = \begin{pmatrix} 0 \\ 4 \\ 2 \end{pmatrix}$ $\quad \vec{c} = \begin{pmatrix} 2 \\ -3 \\ 6 \end{pmatrix}$ $\quad \vec{d} = \begin{pmatrix} 4 \\ 1 \\ 1 \end{pmatrix}$ $\quad \vec{e} = \begin{pmatrix} 1 \\ a \\ 1 \end{pmatrix}$ $\quad \vec{f} = \begin{pmatrix} -a \\ 2a \\ 0 \end{pmatrix}$

Übung 6
Untersuchen Sie, ob das Dreieck ABC rechtwinklig ist.
a) $A(2|2|0)$, $B(1|4|2)$, $C(-1|4|0,5)$ \qquad b) $A(5|1|2)$, $B(2|4|2)$, $C(-1|1|2)$
c) $A(3|4|-1)$, $B(5|5|1)$, $C(3|7|2)$ \qquad d) $A(2|1|0)$, $B(3|3|2)$, $C(a|0|-1)$

Übung 7
Gesucht ist jeweils ein Vektor $\vec{x}$, der sowohl zu $\vec{a}$ als auch zu $\vec{b}$ orthogonal ist.

a) $\vec{a} = \begin{pmatrix} 1 \\ 1 \\ -1 \end{pmatrix}, \vec{b} = \begin{pmatrix} 3 \\ 3 \\ 2 \end{pmatrix}$ \qquad b) $\vec{a} = \begin{pmatrix} 2 \\ 3 \\ 1 \end{pmatrix}, \vec{b} = \begin{pmatrix} -2 \\ 3 \\ 3 \end{pmatrix}$ \qquad c) $\vec{a} = \begin{pmatrix} 4 \\ 5 \\ -3 \end{pmatrix}, \vec{b} = \begin{pmatrix} 2 \\ 5 \\ 1 \end{pmatrix}$

C. Elementargeometrische Beweise

Das Skalarprodukt wird häufig für Winkelberechnungen verwendet. Aber es kann auch zum Nachweis elementargeometrischer Eigenschaften und Sätze eingesetzt werden, die mit Orthogonalität zu tun haben, was im Folgenden angesprochen wird.

▶ **Beispiel: Beweis des Höhensatzes**
Gegeben sei ein rechtwinkliges Dreieck ABC mit der Höhe h und den Hypotenusenabschnitten p und q.
Beweisen Sie: $h^2 = p \cdot q$.

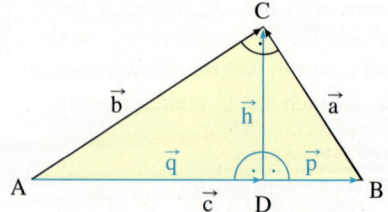

Lösung:
Wir belegen zunächst die Seiten, Höhe und die Hypotenusenabschnitte mit Vektoren, wie abgebildet. Dann nehmen wir alle Voraussetzungen in eine Sammlung auf zum Zweck des späteren Gebrauchs. Schließlich weisen wir durch eine Kettenrechnung $h^2 = p \cdot q$ nach.

Beweis:

$h^2 = |\vec{h}|^2 = \vec{h} \cdot \vec{h}$ Rechengesetz
$= (\vec{b} - \vec{q}) \cdot \vec{h}$ nach (3)
$= \vec{b} \cdot \vec{h} - \vec{q} \cdot \vec{h}$ Rechengesetz
$= \vec{b} \cdot \vec{h}$ nach (8)
$= \vec{b} \cdot (\vec{a} + \vec{p})$ nach (4)
$= \vec{b} \cdot \vec{a} + \vec{b} \cdot \vec{p}$ Rechengesetz
$= \vec{b} \cdot \vec{p}$ nach (5)
$= (\vec{q} + \vec{h}) \cdot \vec{p}$ nach (3)
$= \vec{q} \cdot \vec{p} + \vec{h} \cdot \vec{p}$ Rechengesetz
$= \vec{q} \cdot \vec{p}$ nach (7)
$= |\vec{q}| \cdot |\vec{p}| \cdot \cos 0°$ Definition des SP
$= |\vec{q}| \cdot |\vec{p}|$ da $\cos 0° = 1$ ist
▶ $= p \cdot q$

Vektorbelegungen:

$\vec{a} = \overrightarrow{BC},\ \vec{b} = \overrightarrow{AC},\ \vec{c} = \overrightarrow{AB},\ \vec{h} = \overrightarrow{DC},$
$\vec{q} = \overrightarrow{AD},\ \vec{p} = \overrightarrow{DB}$

Sammlung der Voraussetzungen:

(1) $\vec{c} = \vec{q} + \vec{p}$
(2) $\vec{c} = \vec{b} - \vec{a}$
(3) $\vec{h} = \vec{b} - \vec{q}$
(4) $\vec{h} = \vec{a} + \vec{p}$
(5) $\vec{a} \perp \vec{b}$, d.h. $\vec{a} \cdot \vec{b} = 0$
(6) $\vec{h} \perp \vec{c}$, d.h. $\vec{h} \cdot \vec{c} = 0$
(7) $\vec{h} \perp \vec{p}$, d.h. $\vec{h} \cdot \vec{p} = 0$
(8) $\vec{h} \perp \vec{q}$, d.h. $\vec{h} \cdot \vec{q} = 0$

Übung 8
Im rechtwinkligen Dreieck gelten die Beziehungen $a^2 = p \cdot c$ und $b^2 = q \cdot c$ (Kathetensatz). Beweisen Sie diese mithilfe des Skalarproduktes.

Übung 9
Erläutern Sie den folgenden Kurzbeweis des Höhensatzes schrittweise (siehe Zeichnung oben):
$0 = \vec{a} \cdot \vec{b} = (\vec{h} - \vec{p}) \cdot (\vec{q} + \vec{h}) = \vec{h} \cdot \vec{q} + \vec{h} \cdot \vec{h} - \vec{p} \cdot \vec{q} - \vec{p} \cdot \vec{h} = \vec{h} \cdot \vec{h} - \vec{p} \cdot \vec{q} = h^2 - p \cdot q$.

D. Die physikalische Arbeit

Abschließend wenden wir das Skalarprodukt zur Berechnung der physikalischen Arbeit entsprechend den Ausführungen zu dessen Einführung auf Seite 150 an.

> **Beispiel:** Ein Wagen wird auf ebener Strecke 250 Meter weit gezogen, wobei die Deichsel in einem Winkel von 30° gegen die Horizontale geneigt ist.
> In Richtung der Deichsel wird mit einer Kraft von 150 N gezogen.
> Welche Arbeit wird dabei verrichtet?

Lösung:
Arbeit = Kraft · Weg
$$W = \vec{F} \cdot \vec{s} = |\vec{F}| \cdot |\vec{s}| \cdot \cos 30° = 150\,\text{N} \cdot 250\,\text{m} \cdot \frac{\sqrt{3}}{2} \approx 32\,476\,\text{Nm}$$

> **Beispiel:** Ein UFO bewegt sich unter dem Einfluss seiner drei Antriebsdüsen und des Windes vom Punkt $A(10|10|20)$ zum Punkt $B(800|200|500)$.
> Welche Arbeit wird dabei von den Düsen verrichtet, wenn diese Kräfte $\vec{F}_1 = \begin{pmatrix} 100 \\ 100 \\ 2000 \end{pmatrix}$, $\vec{F}_2 = \begin{pmatrix} 200 \\ 300 \\ 2000 \end{pmatrix}$, $\vec{F}_3 = \begin{pmatrix} 100 \\ 200 \\ 2000 \end{pmatrix}$ bewirken?

Lösung:
Wir bestimmen zunächst durch Addition von $\vec{F}_1$, $\vec{F}_2$ und $\vec{F}_3$ die resultierende Gesamtkraft $\vec{F}$ sowie durch Subtraktion der Ortsvektoren von B und A den Wegvektor $\vec{s}$: $\vec{F} = \begin{pmatrix} 400 \\ 600 \\ 6000 \end{pmatrix}$, $\vec{s} = \begin{pmatrix} 790 \\ 190 \\ 480 \end{pmatrix}$.

Nun bilden wir das Skalarprodukt und erhalten als Resultat: $W = \vec{F} \cdot \vec{s} = 3\,310\,000\,\text{Nm}$.

Übung 10

Ein Segelboot wird so gesteuert, dass der Wind mit einem Winkel von 40° zur Fahrtrichtung einfällt.
Der Wind übt auf das Segel eine Kraft von 2500 N aus.
Wie groß ist die vom Wind nach einer Fahrtstrecke von 10 km am Boot verrichtete Arbeit?

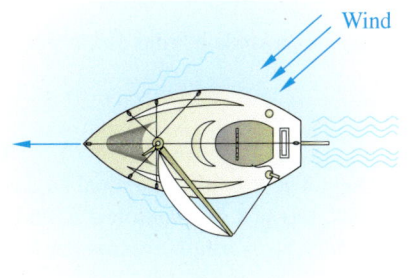

6. Vektorprodukt

A. Die Definition des Vektorprodukts

Im vorigen Abschnitt haben wir auf Seite 157 zu zwei gegebenen, linear unabhängigen Vektoren einen orthogonalen Vektor durch Lösen des zugehörigen Gleichungssystems ermittelt. Solche orthogonale Vektoren sind in der Geometrie und Technik häufig gesucht und werden im folgenden Kapitel benötigt. Daher entwickeln wir im Folgenden eine Formel, mit der man zu zwei gegebenen Vektoren des Raums schnell einen orthogonalen Vektor bestimmen kann.

Gesucht ist ein Vektor $\vec{x}$, der zu zwei gegebenen Vektoren $\vec{a}$ und $\vec{b}$ des Raums orthogonal ist. Daher müssen die Skalarprodukte $\vec{a} \cdot \vec{x}$ und $\vec{b} \cdot \vec{x}$ null ergeben. Das zugehörige Gleichungssystem, das sich durch Einsetzen der Spaltenvektoren ergibt, hat unendlich viele Lösungen.

I $\quad \vec{a} \cdot \vec{x} = \begin{pmatrix} a_1 \\ a_2 \\ a_3 \end{pmatrix} \cdot \begin{pmatrix} x_1 \\ x_2 \\ x_3 \end{pmatrix} = 0$

II $\quad \vec{b} \cdot \vec{x} = \begin{pmatrix} b_1 \\ b_2 \\ b_3 \end{pmatrix} \cdot \begin{pmatrix} x_1 \\ x_2 \\ x_3 \end{pmatrix} = 0$

Der Vektor $\vec{x} = \begin{pmatrix} a_2 b_3 - a_3 b_2 \\ a_3 b_1 - a_1 b_3 \\ a_1 b_2 - a_2 b_1 \end{pmatrix}$ ist eine Lösung, wie sich leicht beweisen lässt:

I $\quad a_1 x_1 + a_2 x_2 + a_3 x_3 = 0$
II $\quad b_1 x_1 + b_2 x_2 + b_3 x_3 = 0$

I $\quad a_1(a_2 b_3 - a_3 b_2) + a_2(a_3 b_1 - a_1 b_3) + a_3(a_1 b_2 - a_2 b_1) =$
$a_1 a_2 b_3 - a_1 a_3 b_2 + a_2 a_3 b_1 - a_1 a_2 b_3 + a_1 a_3 b_2 - a_2 a_3 b_1 = 0$
II $\quad b_1(a_2 b_3 - a_3 b_2) + b_2(a_3 b_1 - a_1 b_3) + b_3(a_1 b_2 - a_2 b_1) =$
$a_2 b_1 b_3 - a_3 b_1 b_2 + a_3 b_1 b_2 - a_1 b_2 b_3 + a_1 b_2 b_3 - a_2 b_1 b_3 = 0$

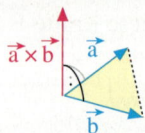

Der obige Lösungsvektor $\vec{x}$ ist aus Koordinatenprodukten der Vektoren $\vec{a}$ und $\vec{b}$ aufgebaut. Er wird als *Vektorprodukt* der Vektoren $\vec{a}$ und $\vec{b}$ bezeichnet und symbolisch als $\vec{a} \times \vec{b}$ dargestellt. Im Gegensatz zum Skalarprodukt ist das Vektorprodukt nur im dreidimensionalen Raum definiert.

Definition des Vektorprodukts

Für zwei Vektoren $\vec{a} = \begin{pmatrix} a_1 \\ a_2 \\ a_3 \end{pmatrix}$ und $\vec{b} = \begin{pmatrix} b_1 \\ b_2 \\ b_3 \end{pmatrix}$ des Raums heißt $\vec{a} \times \vec{b} = \begin{pmatrix} a_2 b_3 - a_3 b_2 \\ a_3 b_1 - a_1 b_3 \\ a_1 b_2 - a_2 b_1 \end{pmatrix}$

(gelesen: „a kreuz b") das *Vektorprodukt* von $\vec{a}$ und $\vec{b}$.

Der Vektor $\vec{a} \times \vec{b}$ ist orthogonal zu den beiden Vektoren $\vec{a}$ und $\vec{b}$. Er liegt daher senkrecht zum Dreieck, das von den Vektoren $\vec{a}$ und $\vec{b}$ aufgespannt wird. Man bezeichnet den Vektor $\vec{a} \times \vec{b}$ daher auch als *Normalenvektor* der Ebene, in der das von $\vec{a}$ und $\vec{b}$ aufgespannte Dreieck liegt.

6. Vektorprodukt

Beispiel: Gegeben sind die Vektoren $\vec{a} = \begin{pmatrix} 3 \\ 2 \\ -1 \end{pmatrix}$ und $\vec{b} = \begin{pmatrix} 1 \\ 1 \\ 2 \end{pmatrix}$. Berechnen Sie $\vec{a} \times \vec{b}$.

Lösung:
$$\begin{pmatrix} 3 \\ 2 \\ -1 \end{pmatrix} \times \begin{pmatrix} 1 \\ 1 \\ 2 \end{pmatrix} = \begin{pmatrix} a_1 \\ a_2 \\ a_3 \end{pmatrix} \times \begin{pmatrix} b_1 \\ b_2 \\ b_3 \end{pmatrix} = \begin{pmatrix} a_2 b_3 - a_3 b_2 \\ a_3 b_1 - a_1 b_3 \\ a_1 b_2 - a_2 b_1 \end{pmatrix} = \begin{pmatrix} 2 \cdot 2 - (-1) \cdot 1 \\ (-1) \cdot 1 - 3 \cdot 2 \\ 3 \cdot 1 - 2 \cdot 1 \end{pmatrix} = \begin{pmatrix} 5 \\ -7 \\ 1 \end{pmatrix}$$

Das nebenstehende Schema dient als Merkregel für das Vektorprodukt. Man erhält die 1. Koordinate des Vektorprodukts, indem man die 1. Koordinaten der gegebenen Vektoren streicht, die übrigen Koordinaten über Kreuz multipliziert und die Differenz der Produkte bildet. Analog erhält man die 2. und 3. Koordinate. Bei der Kreuzmultiplikation für die 2. Koordinate muss allerdings zusätzlich das Vorzeichen umgekehrt werden.

Merkregel:

1. Koordinate $\begin{pmatrix} -3 \\ 2 \\ -1 \end{pmatrix} \times \begin{pmatrix} 1 \\ 1 \\ 2 \end{pmatrix}$ $2 \cdot 2 - (-1) \cdot 1 = 5$

2. Koordinate $\begin{pmatrix} 3 \\ -2 \\ -1 \end{pmatrix} \times \begin{pmatrix} 1 \\ 1 \\ 2 \end{pmatrix}$ $-(3 \cdot 2 - (-1) \cdot 1) = -7$

3. Koordinate $\begin{pmatrix} 3 \\ 2 \\ -1 \end{pmatrix} \times \begin{pmatrix} 1 \\ 1 \\ 2 \end{pmatrix}$ $3 \cdot 1 - 2 \cdot 1 = 1$

Übung 1
Berechnen Sie für die Vektoren $\vec{a}$ und $\vec{b}$ das Vektorprodukt $\vec{a} \times \vec{b}$.

a) $\vec{a} = \begin{pmatrix} 2 \\ 1 \\ 5 \end{pmatrix}, \vec{b} = \begin{pmatrix} 3 \\ 4 \\ 2 \end{pmatrix}$
b) $\vec{a} = \begin{pmatrix} -1 \\ 3 \\ 7 \end{pmatrix}, \vec{b} = \begin{pmatrix} 2 \\ 0 \\ 1 \end{pmatrix}$
c) $\vec{a} = \begin{pmatrix} 1 \\ 8 \\ 0 \end{pmatrix}, \vec{b} = \begin{pmatrix} -2 \\ -1 \\ 1 \end{pmatrix}$
d) $\vec{a} = \begin{pmatrix} 2 \\ 1 \\ 3 \end{pmatrix}, \vec{b} = \begin{pmatrix} 4 \\ 2 \\ 6 \end{pmatrix}$

Der Vektor $\vec{a} \times \vec{b}$ ist, wie oben bereits bewiesen, orthogonal zu $\vec{a}$ und zu $\vec{b}$.
Die Vektoren $\vec{a}$, $\vec{b}$ und $\vec{a} \times \vec{b}$ bilden ein sog. „Rechtssystem" wie auch die Koordinatenachsen im räumlichen kartesischen Koordinatensystem. Die abgebildete „Rechte-Hand-Regel" veranschaulicht diesen Begriff. Diese Eigenschaft ist in physikalischen Zusammenhängen wichtig.

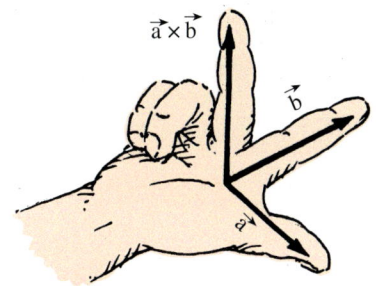

Eigenschaften des Vektorprodukts:
Für linear unabhängige Vektoren $\vec{a}$ und $\vec{b}$ im Raum gilt:
(1) $\vec{a} \times \vec{b}$ ist orthogonal zu $\vec{a}$ und zu $\vec{b}$.
(2) Die Vektoren $\vec{a}$, $\vec{b}$ und $\vec{a} \times \vec{b}$ bilden ein „Rechtssystem".

Übung 2
Gegeben sind die Vektoren $\vec{a} = \begin{pmatrix} 1 \\ 1 \\ -3 \end{pmatrix}, \vec{b} = \begin{pmatrix} 5 \\ -2 \\ 3 \end{pmatrix}$ und $\vec{c} = \begin{pmatrix} -2 \\ 3 \\ 0 \end{pmatrix}$.

Bilden Sie   a) $\vec{a} \times \vec{b}$,   b) $\vec{a} \times \vec{c}$,   c) $\vec{b} \times \vec{c}$,   d) $\vec{c} \times \vec{a}$,   e) $\vec{a} \times (\vec{b} \times \vec{c})$.

B. Rechengesetze für das Vektorprodukt

Eine wichtige Anwendung des Vektorprodukts ist die Bestimmung von Normalvektoren.

▶ **Beispiel: Bestimmung eines Normalenvektors**
Bestimmen Sie einen Normalenvektor der Ebene E, in der das von den Vektoren $\vec{a} = \begin{pmatrix} 2 \\ 2 \\ 1 \end{pmatrix}$ und $\vec{b} = \begin{pmatrix} 1 \\ 2 \\ 2 \end{pmatrix}$ aufgespannte Parallelogramm liegt.

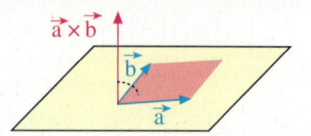

Lösung:
Der Vektor $\vec{n} = \vec{a} \times \vec{b}$ ist orthogonal zu beiden Vektoren $\vec{a}$ und $\vec{b}$. Die nebenstehende Rechnung ergibt:

$\vec{n} = \vec{a} \times \vec{b} = \begin{pmatrix} 1 \\ -3 \\ 4 \end{pmatrix}$.

Das Skalarprodukt des Ergebnisvektors mit beiden gegebenen Vektoren ergibt null, wie man leicht nachrechnet.

Normalenvektor als Vektorprodukt:

$\vec{a} \times \vec{b} = \begin{pmatrix} 2 \cdot 2 - 1 \cdot 3 \\ -(2 \cdot 2 - 1 \cdot 1) \\ 2 \cdot 3 - 2 \cdot 1 \end{pmatrix} = \begin{pmatrix} 1 \\ -3 \\ 4 \end{pmatrix}$

Probe:

$\begin{pmatrix} 2 \\ 2 \\ 1 \end{pmatrix} \cdot \begin{pmatrix} 1 \\ -3 \\ 4 \end{pmatrix} = 2 - 6 + 4 = 0$

$\begin{pmatrix} 1 \\ 3 \\ 2 \end{pmatrix} \cdot \begin{pmatrix} 1 \\ -3 \\ 4 \end{pmatrix} = 1 - 9 + 8 = 0$

▶

Auch für das Vektorprodukt gelten einige Rechengesetze, von denen wir die wichtigsten auflisten und exemplarisch beweisen.

Rechengesetze für das Vektorprodukt

(1) $\vec{a} \times \vec{b} = -(\vec{b} \times \vec{a})$ **Anti-Kommutativgesetz**
(2) $(r \cdot \vec{a}) \times \vec{b} = r \cdot (\vec{a} \times \vec{b})$ für $r \in \mathbb{R}$ **Assoziativgesetz**
(3) $\vec{a} \times (\vec{b} + \vec{c}) = \vec{a} \times \vec{b} + \vec{a} \times \vec{c}$ **Distributivgesetz**

Exemplarischer Beweis zu (1):

$-(\vec{b} \times \vec{a}) = -\begin{pmatrix} b_2 a_3 - b_3 a_2 \\ b_3 a_1 - b_1 a_3 \\ b_1 a_2 - b_2 a_1 \end{pmatrix} = \begin{pmatrix} -b_2 a_3 + b_3 a_2 \\ -b_3 a_1 + b_1 a_3 \\ -b_1 a_2 + b_2 a_1 \end{pmatrix} = \begin{pmatrix} a_2 b_3 - a_3 b_2 \\ a_3 b_1 - a_1 b_3 \\ a_1 b_2 - a_2 b_1 \end{pmatrix} = \vec{a} \times \vec{b}$

Übung 3
a) Beweisen Sie die Aussagen (2) und (3) im obigen Kasten.
b) Beweisen Sie: Für jeden Vektor $\vec{a}$ des Raumes gilt: $\vec{a} \times \vec{a} = \vec{0}$.
c) Beweisen Sie: Sind die Vektoren $\vec{a}$ und $\vec{b}$ linear abhängig, dann gilt: $\vec{a} \times \vec{b} = \vec{0}$.
d) Gilt für das Vektorprodukt das Assoziativgesetz $(\vec{a} \times \vec{b}) \times \vec{c} = \vec{a} \times (\vec{b} \times \vec{c})$?
e) Wahr oder falsch? $(\vec{a} + \vec{b}) \times (\vec{a} + \vec{b}) = \vec{a} \times \vec{a} + \vec{b} \times \vec{b}$

C. Anwendungen des Vektorprodukts

Auch mithilfe des Vektorprodukts lässt sich der Flächeninhalt eines Parallelogramms im dreidimensionalen Raum berechnen. Er ist der Betrag des Vektorproduktes der Seitenvektoren.

> **Flächeninhalt eines Parallelogramms**
> Für den Flächeninhalt des von den Vektoren $\vec{a}$ und $\vec{b}$ im Raum aufgespannten Parallelogramms gilt:
> $$A = |\vec{a} \times \vec{b}| = |\vec{a}| \cdot |\vec{b}| \cdot \sin\gamma.$$

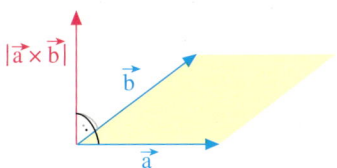

Beweis:
Wir gehen von der Flächeninhaltsformel für Parallelogramme $A = g \cdot h = |\vec{a}| \cdot h$ aus und setzen für die Höhe $h = |\vec{b}| \cdot \sin\gamma$ ein, wobei γ der von den Vektoren $\vec{a}$ und $\vec{b}$ eingeschlossene Winkel ist. Dann erhalten wir sofort den zweiten Term.
Es bleibt zu zeigen: $|\vec{a} \times \vec{b}| = |\vec{a}| \cdot |\vec{b}| \cdot \sin\gamma$.
Hierzu betrachten wir $|\vec{a} \times \vec{b}|^2 = (\vec{a} \times \vec{b})^2$.

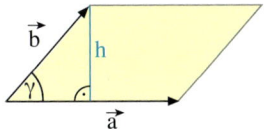

Flächeninhalt des Parallelogramms:
$A = |\vec{a}| \cdot h = |\vec{a}| \cdot |\vec{b}| \cdot \sin\gamma$

$$(\vec{a} \times \vec{b})^2 = \begin{pmatrix} a_2 b_3 - a_3 b_2 \\ a_3 b_1 - a_1 b_3 \\ a_1 b_2 - a_2 b_1 \end{pmatrix}^2 = (a_2 b_3 - a_3 b_2)^2 + (a_3 b_1 - a_1 b_3)^2 + (a_1 b_2 - a_2 b_1)^2$$

$$= a_2^2 b_3^2 - 2 a_2 b_3 a_3 b_2 + a_3^2 b_2^2 + a_3^2 b_1^2 - 2 a_3 b_1 a_1 b_3 + a_1^2 b_3^2 + a_1^2 b_2^2 - 2 a_1 b_2 a_2 b_1 + a_2^2 b_1^2$$

$$= a_2^2 b_3^2 + a_3^2 b_2^2 + a_3^2 b_1^2 + a_1^2 b_3^2 + a_1^2 b_2^2 + a_2^2 b_1^2 - 2 a_2 a_3 b_2 b_3 - 2 a_1 a_3 b_1 b_3 - 2 a_1 a_2 b_1 b_2$$
$$\quad + a_1^2 b_1^2 + a_2^2 b_2^2 + a_3^2 b_3^2 - a_1^2 b_1^2 - a_2^2 b_2^2 - a_3^2 b_3^2$$

$$= (a_1^2 + a_2^2 + a_3^2) \cdot (b_1^2 + b_2^2 + b_3^2) - (a_1 b_1 + a_2 b_2 + a_3 b_3)^2$$

$$= |\vec{a}|^2 \cdot |\vec{b}|^2 - (\vec{a} \cdot \vec{b})^2$$

$$= |\vec{a}|^2 \cdot |\vec{b}|^2 - |\vec{a}|^2 \cdot |\vec{b}|^2 \cdot \cos^2\gamma$$

$$= |\vec{a}|^2 \cdot |\vec{b}|^2 \cdot (1 - \cos^2\gamma)$$

$$= |\vec{a}|^2 \cdot |\vec{b}|^2 \cdot \sin^2\gamma$$

Da $\sin\gamma \geq 0$ für $0° \leq \gamma \leq 180°$ ist, folgt nun durch Wurzelziehen $|\vec{a} \times \vec{b}| = |\vec{a}| \cdot |\vec{b}| \cdot \sin\gamma$.

Übung 4
Berechnen Sie mithilfe des Vektorprodukts den Flächeninhalt
a) des Parallelogramms ABCD mit A(3|0|4), B(4|6|0), C(0|7|1), D(−1|1|5),
b) des Dreiecks ABC mit A(5|0|0), B(0|4|0), C(0|0|6).

Übungen

5. Berechnen Sie für die Vektoren $\vec{a}$ und $\vec{b}$ das Vektorprodukt $\vec{a} \times \vec{b}$.

a) $\vec{a} = \begin{pmatrix} 0 \\ 3 \\ -5 \end{pmatrix}, \vec{b} = \begin{pmatrix} 2 \\ 1 \\ -1 \end{pmatrix}$
b) $\vec{a} = \begin{pmatrix} -3 \\ 1 \\ 2 \end{pmatrix}, \vec{b} = \begin{pmatrix} 2 \\ -2 \\ 4 \end{pmatrix}$
c) $\vec{a} = \begin{pmatrix} 4 \\ -1 \\ 2 \end{pmatrix}, \vec{b} = \begin{pmatrix} -2 \\ 1 \\ -2 \end{pmatrix}$

6. Gegeben sind die Vektoren $\vec{a} = \begin{pmatrix} -6 \\ 1 \\ -1 \end{pmatrix}, \vec{b} = \begin{pmatrix} 3 \\ -2 \\ 1 \end{pmatrix}, \vec{c} = \begin{pmatrix} 0 \\ 4 \\ 1 \end{pmatrix}$.

  a) Bilden Sie $\vec{a} \times \vec{b}$, $\vec{b} \times \vec{a}$, $\vec{c} \times \vec{a}$, $(\vec{a} \times \vec{b}) \times \vec{c}$, $(\vec{a} \times \vec{b}) \cdot \vec{c}$.
  b) Weisen Sie für die gegebenen Vektoren nach, dass $\vec{a} \times \vec{b}$ senkrecht zu $\vec{a}$ und zu $\vec{b}$ ist.
  c) Beschreiben Sie die Gemeinsamkeiten und die Unterschiede der Vektoren $\vec{a} \times \vec{b}$ und $\vec{b} \times \vec{a}$ geometrisch-anschaulich.

7. Beweisen Sie:
Für die Vektoren $\vec{a}$ und $\vec{b}$ des Raums gilt: $(r \cdot \vec{a}) \times (s \cdot \vec{b}) = r \cdot s \cdot (\vec{a} \times \vec{b})$, $r, s \in \mathbb{R}$.

8. Beweisen Sie:
Für alle Vektoren $\vec{a}, \vec{b}$ und $\vec{c}$ des Raums gilt: $(\vec{a} \times \vec{b}) \cdot \vec{c} = (\vec{b} \times \vec{c}) \cdot \vec{a} = (\vec{c} \times \vec{a}) \cdot \vec{b}$.

9. Berechnen Sie den Flächeninhalt des Dreiecks ABC.
  a) A(3|0|2), B(1|4|–1), C(1|3|2)
  b) A(4|1|0), B(2|4|3), C(1|1|5)

10. Gegeben sind die Punkte A(–1|–3|6), B(5|–1|8), C(3|5|–2) und D(–3|3|–4).
  a) Zeigen Sie, dass ABCD ein Parallelogramm bilden.
  b) Berechnen Sie den Flächeninhalt des Parallelogramms ABCD.

11. Begründen Sie zunächst: Für den von den Vektoren $\vec{a}$ und $\vec{b}$ eingeschlossenen Winkel γ gilt:

$$\sin \gamma = \frac{|\vec{a} \times \vec{b}|}{|\vec{a}| \cdot |\vec{b}|}$$

Ermitteln Sie mit der obigen Formel den durch die gegebenen Vektoren aufgespannten Winkel. Überprüfen Sie Ihr Ergebnis mithilfe des Skalarprodukts.

a) $\vec{a} = \begin{pmatrix} 0 \\ 3 \\ -5 \end{pmatrix}, \vec{b} = \begin{pmatrix} 2 \\ 1 \\ -1 \end{pmatrix}$
b) $\vec{a} = \begin{pmatrix} -3 \\ 1 \\ 2 \end{pmatrix}, \vec{b} = \begin{pmatrix} 2 \\ -2 \\ 4 \end{pmatrix}$
c) $\vec{a} = \begin{pmatrix} 4 \\ -1 \\ 2 \end{pmatrix}, \vec{b} = \begin{pmatrix} -2 \\ 1 \\ -2 \end{pmatrix}$

12. Bestimmen Sie einen Vektor $\vec{a}$, für den gilt: $\vec{a} \times \vec{b} = \vec{c}$.

a) $\vec{b} = \begin{pmatrix} 2 \\ 1 \\ -2 \end{pmatrix}, \vec{c} = \begin{pmatrix} 1 \\ 2 \\ 2 \end{pmatrix}$
b) $\vec{b} = \begin{pmatrix} 5 \\ 0 \\ -2 \end{pmatrix}, \vec{c} = \begin{pmatrix} 2 \\ -1 \\ 5 \end{pmatrix}$
c) $\vec{b} = \begin{pmatrix} -2 \\ 3 \\ 1 \end{pmatrix}, \vec{c} = \begin{pmatrix} 4 \\ 3 \\ -1 \end{pmatrix}$

Ein schneller Test für lineare Abhängigkeit und lineare Unabhängigkeit

Mithilfe des Kreuz- und des Skalarproduktes kann man besonders einfach feststellen, ob drei Vektoren $\vec{a}, \vec{b}, \vec{c}$ des dreidimensionalen Raumes linear abhängig oder unabhängig sind. Man muss dazu lediglich den Term $(\vec{a} \times \vec{b}) \cdot \vec{c}$ berechnen. Ist er null, liegt lineare Abhängigkeit vor, andernfalls lineare Unabhängigkeit.

Test für lineare Abhängigkeit/Unabhängigkeit

$\vec{a}, \vec{b}, \vec{c}\ (\neq \vec{0})$ seien Vektoren des dreidimensionalen Anschauungsraumes. Dann gilt:
I $(\vec{a} \times \vec{b}) \cdot \vec{c} = 0 \Leftrightarrow \vec{a}, \vec{b}, \vec{c}$ **sind linear abhängig.**
II $(\vec{a} \times \vec{b}) \cdot \vec{c} \neq 0 \Leftrightarrow \vec{a}, \vec{b}, \vec{c}$ **sind linear unabhängig.**

Begründung zu I:

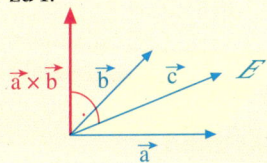

$\vec{a}, \vec{b}, \vec{c}$ linear abhängig

Sind $\vec{a}, \vec{b}, \vec{c}$ linear abhängig, so liegt $\vec{c}$ in der von $\vec{a}$ und $\vec{b}$ aufgespannten Ebene. Der Winkel γ zwischen $\vec{a} \times \vec{b}$ und $\vec{c}$ ist folglich 90°, was mit $(\vec{a} \times \vec{b}) \cdot \vec{c} = 0$ gleichbedeutend ist.

Begründung zu II:

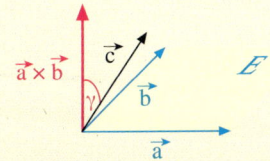

$\vec{a}, \vec{b}, \vec{c}$ linear unabhängig

Sind $\vec{a}, \vec{b}, \vec{c}$ linear unabhängig, so liegt $\vec{c}$ nicht in der von $\vec{a}$ und $\vec{b}$ aufgespannten Ebene. Der Winkel γ zwischen $\vec{a} \times \vec{b}$ und $\vec{c}$ ist folglich nicht 90°, was äquivalent ist zu $(\vec{a} \times \vec{b}) \cdot \vec{c} \neq 0$.

Lineare Abhängigkeit/Unabhängigkeit

Testen Sie, ob $\vec{a}, \vec{b}, \vec{c}$ linear abhängig oder linear unabhängig sind.

a) $\vec{a} = \begin{pmatrix} 2 \\ 3 \\ 1 \end{pmatrix}, \vec{b} = \begin{pmatrix} 1 \\ -2 \\ 1 \end{pmatrix}, \vec{c} = \begin{pmatrix} 2 \\ -5 \\ 1 \end{pmatrix}$

b) $\vec{a} = \begin{pmatrix} 1 \\ 2 \\ 2 \end{pmatrix}, \vec{b} = \begin{pmatrix} -2 \\ 1 \\ 3 \end{pmatrix}, \vec{c} = \begin{pmatrix} 4 \\ 3 \\ 1 \end{pmatrix}$

Lösung:

a) $(\vec{a} \times \vec{b}) \cdot \vec{c} = \left[\begin{pmatrix} 2 \\ 3 \\ 1 \end{pmatrix} \times \begin{pmatrix} 1 \\ -2 \\ 1 \end{pmatrix} \right] \cdot \begin{pmatrix} 2 \\ -5 \\ 1 \end{pmatrix} = \begin{pmatrix} 5 \\ -1 \\ -7 \end{pmatrix} \cdot \begin{pmatrix} 2 \\ -5 \\ 1 \end{pmatrix} = 8 \neq 0 \Leftrightarrow \vec{a}, \vec{b}, \vec{c}$ linear unabhängig

b) $(\vec{a} \times \vec{b}) \cdot \vec{c} = \left[\begin{pmatrix} 1 \\ 2 \\ 2 \end{pmatrix} \times \begin{pmatrix} -2 \\ 1 \\ 3 \end{pmatrix} \right] \cdot \begin{pmatrix} 4 \\ 3 \\ 1 \end{pmatrix} = \begin{pmatrix} 4 \\ -7 \\ 5 \end{pmatrix} \cdot \begin{pmatrix} 4 \\ 3 \\ 1 \end{pmatrix} = 0 \Leftrightarrow \vec{a}, \vec{b}, \vec{c}$ linear abhängig

Übung

Untersuchen Sie $\vec{a}, \vec{b}, \vec{c}$ auf lineare Abhängigkeit/Unabhängigkeit.

a) $\vec{a} = \begin{pmatrix} 1 \\ 2 \\ 4 \end{pmatrix}, \quad \vec{b} = \begin{pmatrix} -2 \\ 3 \\ 1 \end{pmatrix}, \quad \vec{c} = \begin{pmatrix} -2 \\ 3 \\ 1 \end{pmatrix}$

b) $\vec{a} = \begin{pmatrix} 2 \\ 2 \\ 1 \end{pmatrix}, \quad \vec{b} = \begin{pmatrix} 1 \\ 4 \\ -1 \end{pmatrix}, \quad \vec{c} = \begin{pmatrix} 2 \\ 0 \\ 1 \end{pmatrix}$

Überblick

Der Abstand von zwei Punkten
Ebene: Abstand von $A(a_1|a_2)$ und $B(b_1|b_2)$: $\quad d(A;B) = \sqrt{(b_1 - a_1)^2 + (b_2 - a_2)^2}$
Raum: Abstand von $A(a_1|a_2|a_3)$ und $B(b_1|b_2|b_3)$: $d(A;B) = \sqrt{(b_1 - a_1)^2 + (b_2 - a_2)^2 + (b_3 - a_3)^2}$

Der Betrag eines Vektors
Der Betrag eines Vektors ist die Länge eines seiner Pfeile.

Ebene: $\vec{a} = \begin{pmatrix} a_1 \\ a_2 \end{pmatrix} \Rightarrow |\vec{a}| = \sqrt{a_1^2 + a_2^2}$ $\qquad$ **Raum:** $\vec{a} = \begin{pmatrix} a_1 \\ a_2 \\ a_3 \end{pmatrix} \Rightarrow |\vec{a}| = \sqrt{a_1^2 + a_2^2 + a_3^2}$

Die Summe zweier Vektoren
Die Summe zweier Vektoren $\vec{a}$ und $\vec{b}$:
Man legt die Pfeile wie abgebildet aneinander. Der Summenvektor führt vom Pfeilanfang von $\vec{a}$ zum Pfeilende von $\vec{b}$.

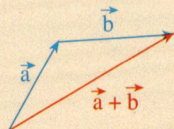

Die Differenz zweier Vektoren
Die Differenz zweier Vektoren $\vec{a}$ und $\vec{b}$:
Man legt die Pfeile wie abgebildet aneinander. Der Differenzvektor führt vom Pfeilende von $\vec{b}$ zum Pfeilende von $\vec{a}$.

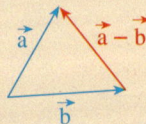

Die skalare Multiplikation eines Vektors mit einer reellen Zahl
Der Vektor $\vec{a}$ wird mit der Zahl k multipliziert, indem seine Länge mit dem Faktor $|k|$ multipliziert wird. Ist k negativ, so kehrt sich zusätzlich die Pfeilorientierung um.

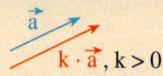 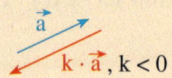

Linearkombination von Vektoren
Eine Summe der Form $r_1 \cdot \vec{a}_1 + r_2 \cdot \vec{a}_2 + \ldots + r_n \cdot \vec{a}_n$ ($r_i \in \mathbb{R}$) wird als Linearkombination der Vektoren $\vec{a}_1, \vec{a}_2, \ldots, \vec{a}_n$ bezeichnet.

Kriterium zur Linearen Abhängigkeit
Drei Vektoren $\vec{a}$, $\vec{b}$ und $\vec{c}$ sind genau dann linear abhängig, wenn es drei reelle Zahlen r, s und t (mit $(r|s|t) \neq (0|0|0)$) gibt, sodass gilt: $r \cdot \vec{a} + s \cdot \vec{b} + t \cdot \vec{c} = \vec{0}$.

Kriterium zur Linearen Unabhängigkeit
Drei Vektoren $\vec{a}$, $\vec{b}$ und $\vec{c}$ sind genau dann linear unabhängig, wenn die Gleichung $r \cdot \vec{a} + s \cdot \vec{b} + t \cdot \vec{c} = \vec{0}$ nur die triviale Lösung $r = s = t = 0$ hat.

Skalarprodukt:

Kosinusformel: $\vec{a} \cdot \vec{b} = |\vec{a}| \cdot |\vec{b}| \cdot \cos\gamma \quad (0° < \gamma < 180°)$

Koordinatenform: $\vec{a} \cdot \vec{b} = \begin{pmatrix} a_1 \\ a_2 \end{pmatrix} \cdot \begin{pmatrix} b_1 \\ b_2 \end{pmatrix} = a_1 b_1 + a_2 b_2$

$\vec{a} \cdot \vec{b} = \begin{pmatrix} a_1 \\ a_2 \\ a_3 \end{pmatrix} \cdot \begin{pmatrix} b_1 \\ b_2 \\ b_3 \end{pmatrix} = a_1 b_1 + a_2 b_2 + a_3 b_3$

Rechengesetze für das Skalarprodukt:

$\vec{a} \cdot \vec{b} = \vec{b} \cdot \vec{a}$ Kommutativgesetz

$(r\vec{a}) \cdot \vec{b} = r(\vec{a} \cdot \vec{b})$ für $r \in \mathbb{R}$

$(\vec{a} + \vec{b}) \cdot \vec{c} = \vec{a} \cdot \vec{c} + \vec{b} \cdot \vec{c}$ Distributivgesetz

$\vec{a}^2 = \vec{a} \cdot \vec{a} > 0$ für $\vec{a} \neq \vec{0}$

$\vec{a}^2 = \vec{a} \cdot \vec{a} = 0$ für $\vec{a} = \vec{0}$

Der Betrag eines Vektors:

Für den Betrag (die Länge) eines Vektors $\vec{a}$ gilt die Formel

$|\vec{a}|^2 = \vec{a} \cdot \vec{a}$ bzw. $|\vec{a}| = \sqrt{\vec{a} \cdot \vec{a}}$.

Orthogonale Vektoren:

$\vec{a} \perp \vec{b} \iff \vec{a} \cdot \vec{b} = 0$

Vektorprodukt:

$\vec{a} \times \vec{b} = \begin{pmatrix} a_2 b_3 - a_3 b_2 \\ a_3 b_1 - a_1 b_3 \\ a_1 b_2 - a_2 b_1 \end{pmatrix}$ (nur im dreidimensionalen Raum!)

Rechengesetze für das Vektorprodukt:

(1) $\vec{a} \times \vec{b} = -(\vec{b} \times \vec{a})$ Anti-Kommutativgesetz

(2) $(r \cdot \vec{a}) \times \vec{b} = r \cdot (\vec{a} \times \vec{b})$ für $r \in \mathbb{R}$ Assoziativgesetz

(3) $\vec{a} \times (\vec{b} + \vec{c}) = (\vec{a} \times \vec{b}) + (\vec{a} \times \vec{c})$ Distributivgesetz

Flächeninhalt eines Parallelogramms:

$A = \sqrt{\vec{a}^2 \cdot \vec{b}^2 - (\vec{a} \cdot \vec{b})^2}$ oder $A = |\vec{a} \times \vec{b}| = |\vec{a}| \cdot |\vec{b}| \cdot \sin\gamma$

Flächeninhalt eines Dreiecks:

$A = \frac{1}{2}|\vec{a} \times \vec{b}| = \frac{1}{2} \cdot |\vec{a}| \cdot |\vec{b}| \cdot \sin\gamma$

Test

Vektoren

1. Stellen Sie die abgebildeten Vektoren als Vektoren in Koordinatenform dar. Bestimmen Sie anschließend das Ergebnis der folgenden Rechenausdrücke.
   a) $\vec{a} + \vec{b} + \vec{d}$
   b) $\frac{1}{2}\vec{a} - 2(\vec{b} - 2\vec{d})$
   c) $\vec{a} + 2\vec{b} - 4\vec{c} + \vec{d}$

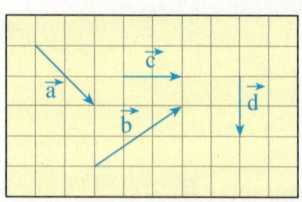

2. a) Stellen Sie den Vektor $\begin{pmatrix} 6 \\ -2 \\ -1 \end{pmatrix}$ als Linearkombination von $\begin{pmatrix} 3 \\ 1 \\ 2 \end{pmatrix}$ und $\begin{pmatrix} 2 \\ 2 \\ 3 \end{pmatrix}$ dar.
   b) Untersuchen Sie, ob die Vektoren $\begin{pmatrix} 2 \\ 1 \\ -3 \end{pmatrix}, \begin{pmatrix} 1 \\ 2 \\ 4 \end{pmatrix}$ und $\begin{pmatrix} 5 \\ 4 \\ 1 \end{pmatrix}$ linear unabhängig sind.

3. Gegeben ist das Dreieck ABC mit A(6|7|9), B(4|4|3) und C(2|10|6).
   a) Zeigen Sie, dass das Dreieck gleichschenklig ist. Ist es sogar gleichseitig?
   b) Fertigen Sie ein Schrägbild des Dreiecks an.
   c) Gesucht ist ein weiterer Punkt D, so dass das Viereck ABCD ein Parallelogramm ist.

4. Vom abgebildeten Quader (Länge 8, Breite 4, Höhe 4) wurde ein Eckteil abgetrennt.
   a) Gesucht sind die Innenwinkel und der Flächeninhalt der Schnittfläche ABC.
   b) Welches Volumen hat das abgetrennte Eckstück?

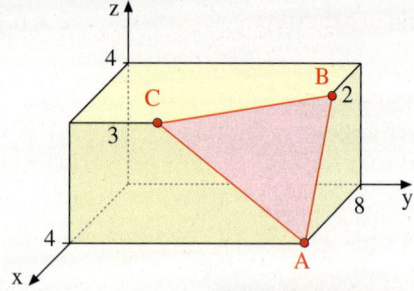

5. a) Prüfen Sie, ob das Dreieck ABC mit A(3|0|0), B(5|4|1) und C(0|6|3) rechtwinklig ist.
   b) Bestimmen Sie einen Normalenvektor zum Dreieck ABC.

6. Gegeben sind die Vektoren $\vec{a}_t = \begin{pmatrix} 3 \\ 4 \\ t \end{pmatrix}$, $\vec{b} = \begin{pmatrix} 2 \\ -2 \\ 1 \end{pmatrix}$, $\vec{c} = \begin{pmatrix} 0 \\ 0 \\ 1 \end{pmatrix}$, $t > 0$.
   a) Wie muss t gewählt werden, damit $\vec{a}_t \perp \vec{b}$ gilt?
   b) Wie muss t gewählt werden, damit $\vec{a}_t$ und $\vec{c}$ einen Winkel von 45° bilden?
   c) Bilden Sie einen zu $\vec{a}_1$ und zu $\vec{b}$ orthogonalen Vektor auf zwei Arten.

Lösungen: S. 227

V. Zufallsgrößen

1. Zufallsgrößen und Wahrscheinlichkeitsverteilung

Ein Glücksspieler interessiert sich nicht nur für die Gewinnwahrscheinlichkeiten, sondern auch für die den einzelnen Ergebnissen zugeordneten „Wertigkeiten", die den Gewinn und Verlust zahlenmäßig beschreiben.
Der Spieler wird eine geringere Gewinnchance nur dann in Kauf nehmen, wenn er im Gewinnfall einen großen Geldbetrag erwarten kann.

Es kann also sinnvoll sein, jedem Ergebnis eines Zufallsversuchs eine Zahl zuzuordnen, die den „Wert" dieses Ergebnisses unter einem bestimmten Gesichtspunkt darstellt.

> **Beispiel: Das Würfelspiel „Einserwurf"**
> Ein Spieler wirft gleichzeitig zwei Würfel. Fällt keine Eins, muss er 1 € zahlen. Ansonsten erhält er für jede Eins genau 1 €.
> a) Ordnen Sie jedem möglichen Ergebnis den entsprechenden Gewinn/Verlust in € zu.
> b) Fassen Sie diejenigen Ergebnisse, die zum gleichen Gewinn/Verlust führen, zu jeweils einem Ereignis zusammen.
> c) Bestimmen Sie die Wahrscheinlichkeiten der Ereignisse aus Aufgabenteil b.

Lösung zu a:
In Abhängigkeit von der Anzahl der gewürfelten Einsen wird jedem der 36 möglichen Ergebnisse der entsprechende Gewinn X zugeordnet.

Es hängt vom Zufall ab, welchen der drei möglichen Zahlenwerte $x_1 = -1$, $x_2 = 1$ und $x_3 = 2$ die Größe X bei der Durchführung des Zufallsversuchs annimmt.
Man bezeichnet eine solche Größe daher als *Zufallsgröße* oder *Zufallsvariable*.

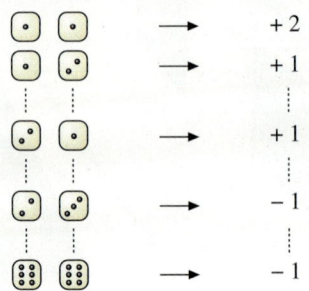

Ergebnisse: Zugeordneter Gewinn:

+ 2
+ 1
+ 1
− 1
− 1

Lösung zu b:
Man kann alle Ergebnisse des Zufallsexperimentes „Einserwurf", deren Eintreten zum gleichen Zahlenwert x_i für die Zufallsgröße X (Gewinn) führt, zu einem Ereignis zusammenfassen, das man durch die Gleichung $X = x_i$ beschreiben kann.

Man erhält auf diese Weise eine sinnvolle Zusammenfassung der 36 Ergebnisse zu 3 Ereignissen.

Zusammenfassung zu Ereignissen:

$X = -1$: $\{(2;2), (2;3), …, (6;6)\}$

$X = 1$: $\{(1;2), (1;3), …, (2;1), …, (6;1)\}$

$X = 2$: $\{(1;1)\}$

1. Zufallsgrößen und Wahrscheinlichkeitsverteilung

Lösung zu c:
Mithilfe des abgebildeten Baumdiagramms kann man die Wahrscheinlichkeiten der drei Ereignisse ermitteln.

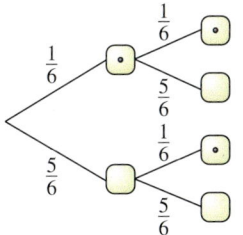

Beispielsweise ist die Wahrscheinlichkeit dafür, dass genau eine Eins fällt, gleich $\frac{10}{36}$. Man kann dies auch folgendermaßen ausdrücken: Die Zufallsgröße X (Gewinn) nimmt den Wert 1 mit der Wahrscheinlichkeit $\frac{10}{36}$ an.

$P(X = -1) = \left(\frac{5}{6}\right)^2 = \frac{25}{36}$

$P(X = 1) = 2 \cdot \frac{1}{6} \cdot \frac{5}{6} = \frac{10}{36}$

$P(X = 2) = \left(\frac{1}{6}\right)^2 = \frac{1}{36}$

Hierfür schreibt man kurz: $P(X = 1) = \frac{10}{36}$.

Auf diese Weise kann man jedem der drei Werte der Zufallsgröße X die Wahrscheinlichkeit zuordnen, mit der dieser Wert angenommen wird.

Wahrscheinlichkeitsverteilung von X:

x_i	-1	1	2
$P(X = x_i)$	$\frac{25}{36}$	$\frac{10}{36}$	$\frac{1}{36}$

Die nebenstehende Tabelle zeigt zusammenfassend, wie sich diese Wahrscheinlichkeiten auf die verschiedenen Werte der Zufallsgröße X verteilen.

Man bezeichnet die so definierte funktionale Zuordnung daher auch als *Wahrscheinlichkeitsverteilung* der Zufallsgröße X.

Graphische Darstellung:

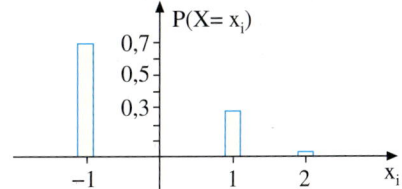

Wir fassen die im Beispiel erarbeiteten Begriffe allgemein zusammen:

Definition: Zufallsgröße und Wahrscheinlichkeitsverteilung

1. Eine Zuordnung **X**: $\Omega \to \mathbb{R}$, die jedem Ergebnis eines Zufallsversuchs eine reelle Zahl zuordnet, heißt *Zufallsgröße* oder *Zufallsvariable*.

2. Mit **X = x_i** wird das Ereignis bezeichnet, zu dem alle Ergebnisse des Zufallsversuchs gehören, deren Eintritt dazu führt, dass die Zufallsgröße X den Wert x_i annimmt.

3. Ordnet man jedem möglichen Wert x_i, den die Zufallsgröße X annehmen kann, die Wahrscheinlichkeit $P(X = x_i)$ zu, mit der sie diesen Wert annimmt, so erhält man die *Wahrscheinlichkeitsverteilung* der Zufallsgröße X.

Übungen

1. Aus der abgebildeten Urne wird dreimal mit Zurücklegen gezogen.
   X sei die Anzahl der insgesamt gezogenen roten Kugeln. Welche Werte kann X annehmen? Geben Sie die Wahrscheinlichkeitsverteilung von X an.

2. Die beiden Glücksräder drehen sich unabhängig voneinander.
   Stellen Sie die Wahrscheinlichkeitsverteilung der Zufallsgröße X (Gewinn/Verlust) auf.

   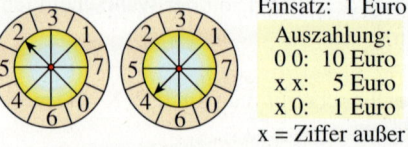

   Einsatz: 1 Euro
   Auszahlung:
   0 0: 10 Euro
   x x: 5 Euro
   x 0: 1 Euro
   x = Ziffer außer 0

3. In einem Karton sind 8 Lose, davon sind 4 Gewinne und 4 Nieten. Es wird ohne Zurücklegen gezogen. Jemand zieht drei Lose. X sei die Anzahl der dabei gezogenen Gewinne.
   a) Legen Sie ein Baumdiagramm an.
   b) Stellen Sie die Wahrscheinlichkeitsverteilung der Zufallsgröße X auf.

4. Ein Glücksrad wird zweimal gedreht. Gespielt wird nach nebenstehendem Gewinnplan. X sei der Gewinn.
   a) Welche Werte kann X annehmen?
   b) Stellen Sie die Wahrscheinlichkeitsverteilung von X auf.

   Zweimal Drehen
   Einsatz pro Spiel: 0,50 Euro
   Auszahlung bei
   10 Punkten: 4 Euro
   9 Punkten: 2 Euro
   8 Punkten: 1 Euro

5. Otto und Egon vereinbaren folgendes Spiel: Otto wirft eine Münze so lange, bis Kopf fällt, jedoch höchstens dreimal. Für jeden Wurf muss er Egon 1 € zahlen. Wenn Kopf fällt, erhält Otto von Egon 3 €.
   Die Zufallsgröße X ordnet jedem möglichen Spielergebnis den Gewinn/Verlust von Otto zu. Untersuchen Sie, welche Werte X annehmen kann, und stellen Sie die Wahrscheinlichkeitsverteilung von X tabellarisch und graphisch dar.

6. Die Wahrscheinlichkeit für eine Knabengeburt beträgt ca. 0,51. Betrachtet werden die Familien mit exakt zwei Kindern. X sei die Anzahl der Mädchen der Familie.
   a) Welche Werte kann die Zufallsgröße X annehmen? Mit welchen Wahrscheinlichkeiten werden diese Werte angenommen?
   b) Lösen Sie die Fragestellung aus a) für Familien mit drei Kindern.

7. Ein Würfel wird dreimal hintereinander geworfen. X sei die Anzahl aufeinanderfolgender Sechsen in dieser Wurfserie. Welche Werte kann X annehmen? Wie lautet die Wahrscheinlichkeitsverteilung von X?

2. Der Erwartungswert einer Zufallsgröße

Führt man ein Zufallsexperiment mehrfach durch, so nimmt eine für dieses Experiment definierte Zufallsgröße X mit bestimmten Wahrscheinlichkeiten Werte aus ihrer Wertemenge an. Bei sehr häufiger Durchführung des Experimentes kann es sinnvoll sein, den Durchschnitt aller von X angenommenen Werte unter Berücksichtigung der Häufigkeit ihres Auftretens zu bestimmen.

▶ **Beispiel:** Auf einem Jahrmarkt wird der Wurf mit zwei Würfeln als Glücksspiel angeboten, wobei der nebenstehend aufgeführte Gewinnplan gelte.
Welche langfristige Gewinnerwartung ergibt sich bei den offenbar günstigen Gewinnmöglichkeiten?

Einsatz 1 €	
Augensumme	Auszahlung
2–9	0 €
10	2 €
11	5 €
12	15 €

Lösung:
Die Zufallsgröße X = „Gewinn pro Spiel" hat die rechts dargestellte Wahrscheinlichkeitsverteilung.
Diese kann man folgendermaßen interpretieren: In 36 Spielen nimmt X im Durchschnitt 30-mal den Wert –1, dreimal den Wert 1, zweimal den Wert 4 und einmal den Wert 14 an.

Die Gewinn-/Verlusterwartung für 36 Spiele erhält man, indem man jeden der vier möglichen Werte von X durch Multiplikation mit der Häufigkeit seines Auftretens gewichtet und sodann die Summe der gewichteten Werte bildet.

Wir erhalten eine Verlusterwartung von durchschnittlich 5 € in 36 Spielen. Division durch 36 ergibt ca. 0,14 € Verlust pro Spiel. Das Spiel lohnt nicht.

Zum gleichen Resultat gelangt man, wenn man die vier möglichen Werte von X mit ihren Wahrscheinlichkeiten als Gewicht multipliziert und die Produkte summiert. Diese Größe wird als *Erwartungswert* der Zufallsgröße X bezeichnet. Man benutzt
▶ die Schreibweise $E(X) \approx -0{,}14$.

Zufallsgröße:

X = „Gewinn/Verlust pro Spiel"

Wahrscheinlichkeitsverteilung von X:

x_i	–1	1	4	14
$P(X = x_i)$	$\frac{30}{36}$	$\frac{3}{36}$	$\frac{2}{36}$	$\frac{1}{36}$

Gewinn-/Verlust-Rechnung für 36 Spiele:

$$\begin{aligned}(-1\,€) \cdot 30 &= -30\,€ \\ (1\,€) \cdot 3 &= 3\,€ \\ (4\,€) \cdot 2 &= 8\,€ \\ \underline{(14\,€) \cdot 1} &= \underline{14\,€} \\ \text{Summe} &= -5\,€\end{aligned}$$

Gewinn/Verlust pro Spiel:

$$\tfrac{-5}{36}\,€ \approx -0{,}14\,€$$

Erwartungswert von X:

$$E(X) = (-1) \cdot \tfrac{30}{36} + 1 \cdot \tfrac{3}{36} + 4 \cdot \tfrac{2}{36} + 14 \cdot \tfrac{1}{36}$$
$$= -\tfrac{5}{36} \approx -0{,}14$$

Definition X sei eine Zufallsgröße mit der Wertemenge $x_1, \ldots, x_m$.
Dann heißt die Zahl

$\mu = E(X)$
$= x_1 \cdot P(X = x_1) + \ldots + x_m P(X = x_m)$

Erwartungswert der Zufallsgröße X.

Der Erwartungswert von X ist das gewichtete arithmetische Mittel der Elemente der Wertemenge von X.

Als Gewichte dienen die den Elementen x_i der Wertemenge zugeordneten Wahrscheinlichkeiten $P(X = x_i)$.

▶ **Beispiel:** Der Betreiber eines Spielautomaten möchte höchstens 80 % der Einsätze als Spielgewinn wieder ausschütten. Wie hoch muss der Einsatz sein, damit diese Forderung erfüllt wird?

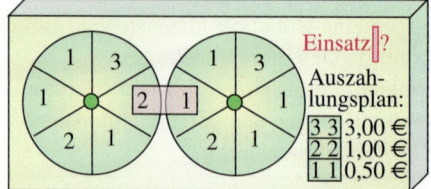

Lösung:
X sei die Ausschüttung pro Spiel in €. Die Wahrscheinlichkeitsverteilung von X bestimmen wir mithilfe eines reduzierten Baumdiagramms.

Die Berechnung des Erwartungswertes von X ergibt $E(X) = \frac{11}{36} \approx 0{,}31$.

Werden a € als Einsatz festgelegt, muss zur Erfüllung der Forderung die Ungleichung $\frac{11}{36} \leq 0{,}8\,a$ gelten.

Diese führt auf $a \geq \frac{55}{144} \approx 0{,}38$. Also muss der Einsatz pro Spiel mindestens 0,38 €
▶ betragen.

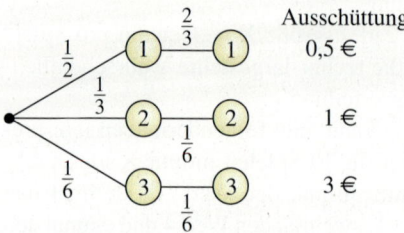

Wahrscheinlichkeitsverteilung von X:

x_i	0	0,5	1	3
$P(X = x_i)$	$\frac{21}{36}$	$\frac{12}{36}$	$\frac{2}{36}$	$\frac{1}{36}$

Erwartungswert von X:

$E(X) = 0{,}5 \cdot \frac{12}{36} + 1 \cdot \frac{2}{36} + 3 \cdot \frac{1}{36} = \frac{11}{36}$
$\approx 0{,}31$

Übung 1
Otto und Egon vereinbaren folgendes Spiel. Otto zahlt 1 € Einsatz an Egon. Dann wirft er zweimal ein Tetraeder, dessen vier Flächen die Ziffern 1 bis 4 tragen. Als Augenzahl wird die Ziffer auf der Standfläche betrachtet. Fällt bei keinem der beiden Würfe die 1, erhält Otto von Egon 6 €. Fällt mindestens einmal die 1, zahlt Otto weitere 6 € an Egon.
Wer wird auf lange Sicht gewinnen?
Berechnen Sie den Erwartungswert des Gewinns von Otto pro Spiel.

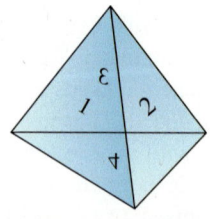

Übungen

2. Gegeben ist die Wahrscheinlichkeitsverteilung einer Zufallsgröße X durch die nebenstehende Tabelle. Bestimmen Sie den Erwartungswert von X.

x_i	−5	0	11	50	100
$P(X = x_i)$	$\frac{1}{8}$	$\frac{3}{8}$	$\frac{5}{16}$	$\frac{1}{6}$	$\frac{1}{48}$

3. a) Wie groß ist der Erwartungswert für die Augenzahl beim Werfen eines Würfels?
   b) Es werden zwei Würfel geworfen. Berechnen Sie den Erwartungswert für Zufallsgröße X = „Anzahl der geworfenen Sechsen".

4. Eine Münze wird fünfmal geworfen. Die Zufallsgröße X ist die Anzahl der Kopfwürfe.
   a) Stellen Sie die Wahrscheinlichkeitsverteilung von X auf.
   b) Bestimmen Sie den Erwartungswert von X.

5. Ein Spiel geht folgendermaßen. Man wirft einen Würfel. Wirft man eine Primzahl, erhält man die doppelte Augenzahl ausgezahlt. Andernfalls muss man einen Betrag in Höhe der Augenzahl an die Bank zahlen.
   a) Ist das Spiel für die Bank profitabel?
   b) Welchen Einsatz pro Spiel müsste die Bank verlangen, um das Spiel fair zu gestalten?

6. Für einen Einsatz von 8 € darf man an folgendem Spiel teilnehmen:
   Eine Urne enthält 6 rote und 4 schwarze Kugeln. Es werden drei Kugeln mit einem Griff gezogen. Sind unter den gezogenen Kugeln mindestens zwei rote Kugeln, so erhält man 10 € ausgezahlt. Es soll geprüft werden, ob das Spiel fair ist.
   a) X sei die Anzahl der gezogenen roten Kugeln. Stellen Sie die Wahrscheinlichkeitsverteilung der Zufallsgröße X auf.
   b) Y sei der Gewinn pro Spiel (Auszahlung − Einsatz). Stellen Sie die Wahrscheinlichkeitsverteilung von Y auf und berechnen Sie den Erwartungswert von Y.
   c) Wie muss der Einsatz verändert werden, damit ein faires Spiel entsteht?

7. Otto schlägt folgendes Spiel vor: Gegen einen von Egon zu leistenden Einsatz e stellt er drei Geldstücke (1 Cent, 2 Cent, 5 Cent) zur Verfügung, die Egon gleichzeitig werfen darf. Alle Zahl zeigenden Münzen fallen an Egon. Den Einsatz erhält in jedem Fall Otto.
   Von welchem Einsatz an ist das Spiel für Otto günstig?

8. Ein Tontaubenschütze schießt solange, bis er eine Tontaube getroffen hat, maximal jedoch sechsmal. Er trifft pro Schuss mit einer Wahrscheinlichkeit von 50%. Die Zufallsgröße X beschreibt die Anzahl seiner Schüsse.
   a) Stellen Sie die Wahrscheinlichkeitsverteilung von X auf.
   b) Wie groß ist der Erwartungswert von X?
   c) Wie groß ist der Erwartungswert von X, wenn die Treffsicherheit des Schützen nur 25% beträgt?

9. In einer Urne liegen drei Kugeln mit den Ziffern 1, 2, 3. Der Spieler darf 1 bis 3 Kugeln ohne Zurücklegen ziehen. Er muss aber vor dem Ziehen der ersten Kugel festlegen, wie viele Kugeln er ziehen will. Für jede gezogene Kugel ist der Einsatz e zu zahlen. Ausgezahlt wird die Augensumme der gezogenen Kugeln. Zeigen Sie, dass es einen Einsatz e gibt, für den das Spiel fair ist, unabhängig davon, wie viele Kugeln der Spieler zieht.

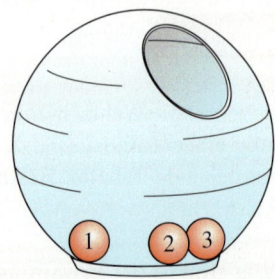

10. Ein Schütze schießt auf eine Scheibe, bis er das Zentrum trifft oder 5 Schüsse abgegeben hat. Die Zufallsgröße X beschreibe die Anzahl der abgegebenen Schüsse.
    a) Der Schütze trifft mit der Wahrscheinlichkeit 75 % bei jedem Schuss. Bestimmen Sie den Erwartungswert von X.
    b) Der Schütze trifft beim 1. Schuss mit der Wahrscheinlichkeit 0,9 das Zentrum der Scheibe. Mit jedem Fehlschuss wächst seine Nervosität und die Trefferwahrscheinlichkeit reduziert sich um 0,1 pro Schuss. Bestimmen Sie den Erwartungswert von X.

11. In einer Urne liegen 4 Kugeln mit den Ziffern 1, 2, 3, 4. Der Spieler darf 1 bis 4 Kugeln ohne Zurücklegen ziehen. Er muss aber vor dem Ziehen der ersten Kugel festlegen, wie viele Kugeln er ziehen will. Für jede gezogene Kugel ist der Einsatz e zu zahlen. Ausgezahlt wird die Augensumme der gezogenen Kugeln. Zeigen Sie, dass es einen Einsatz e gibt, für den das Spiel fair ist, unabhängig davon, wie viele Kugeln der Spieler zieht.

12. Bei vier Würfeln sind jeweils 5 Seitenflächen ohne Kennzeichnung (blind), auf der sechsten Seitenfläche hat der erste Würfel eine Eins, der zweite Würfel eine Zwei, der dritte Würfel eine Drei und der vierte Würfel eine Vier. Bei einem Einsatz von 1 € werden die Würfel einmal geworfen. Ausgezahlt wird nach folgendem Plan:

Augensumme	0	1–5	6–7	8–9	10
Auszahlung in €	0	1	5	10	100

Ist das Spiel für den Spieler günstig?

13. Aus der abgebildeten Urne werden 2 Kugeln mit einem Griff gezogen. Bei zwei Dreien erhält man 10 €, bei einer Drei 5 €.
Bei welchem Einsatz ist das Spiel fair?

14. (CHUCK A LUCK) Der Einsatz bei diesem amerikanischen Glücksspiel beträgt 1 $. Der Spieler setzt zunächst auf eine der Zahlen 1, …, 6. Anschließend werden drei Würfel geworfen. Fällt die gesetzte Zahl nicht, so ist der Einsatz verloren. Fällt die Zahl einmal, zweimal bzw. dreimal, so erhält der Spieler das Einfache, Zweifache bzw. Dreifache des Einsatzes ausgezahlt und zusätzlich seinen Einsatz zurück.
    a) Ist das Spiel fair?
    b) Wenn die gesetzte Zahl dreimal fällt, soll das a-fache des Einsatzes ausgezahlt werden. Wie muss a gewählt werden, damit das Spiel fair ist?

▶ **Beispiel:** Vergleichen Sie die beiden folgenden Strategien beim Roulette. Berechnen Sie dazu den Erwartungswert der Zufallsgröße „Gewinn/Verlust pro Spiel" sowie die Varianz dieser Zufallsgröße und interpretieren Sie die Ergebnisse.

Strategie 1: Spieler A setzt stets 10 € auf seine Lieblingsfarbe ROT.

Strategie 2: Spieler B setzt stets 10 € auf seine Glückszahl 22.

Lösung:
X bzw. Y seien der Gewinn/Verlust pro Spiel unter Strategie 1 bzw. unter Strategie 2.

Kommt die gesetzte Farbe – die Wahrscheinlichkeit für dieses Ereignis ist $\frac{18}{37}$ (da es 18 rote, 18 schwarze Felder und die Null gibt) –, so wird der doppelte Einsatz ausgezahlt. Daher hat X die folgende Verteilung:

x_i	−10	10
$P(X = x_i)$	$\frac{19}{37}$	$\frac{18}{37}$

X besitzt also den Erwartungswert:

$E(X) = -\frac{10}{37} \approx -0{,}27$.

Für die Varianz von X ergibt sich:

$V(X) = \left(-10 - \left(-\frac{10}{37}\right)\right)^2 \cdot \frac{19}{37}$
$+ \left(10 - \left(-\frac{10}{37}\right)\right)^2 \cdot \frac{18}{37} \approx 99{,}93$.

Kommt die gesetzte Zahl – die Wahrscheinlichkeit hierfür ist $\frac{1}{37}$ –, so wird das 36-Fache ausgezahlt.

Hieraus folgt für die Verteilung von Y:

y_i	−10	350
$P(Y = y_i)$	$\frac{36}{37}$	$\frac{1}{37}$

Der Erwartungswert von Y ist daher:

$E(Y) = -\frac{10}{37} \approx -0{,}27$.

Die Varianz von Y errechnet sich zu:

$V(Y) = \left(-10 - \left(-\frac{10}{37}\right)\right)^2 \cdot \frac{36}{37}$
$+ \left(350 - \left(-\frac{10}{37}\right)\right)^2 \cdot \frac{1}{37} \approx 3408{,}04$.

Beide Strategien haben also den gleichen Gewinnerwartungswert. Dennoch unterscheiden sie sich erheblich. Spieler B spielt deutlich risikofreudiger als der eher vorsichtige Spieler A. Der Spieler B hat eine kleine Chance auf einen großen Gewinn, aber auch eine hohe Wahrscheinlichkeit für sich ansammelnde Verluste, während Spieler A nur kleine Gewinne und kleine Verluste hat und dies mit annähernd gleicher Wahrscheinlichkeit von rund 0,5. Der Grund ist die Streuung der Werte der Zufallsgröße Y um ihren Erwartungswert, erkennbar an der sehr viel größeren Varianz von Y.

▶ Auch die Standardabweichungen $\sigma(X) \approx 10{,}00$ und $\sigma(Y) \approx 58{,}38$ zeigen dies an.

Übung 1

Ein weiterer Roulettespieler setzt stets auf das dritte Dutzend (die Zahlen 25 bis 36). Fällt eine Zahl aus dem dritten Dutzend, so erhält der Spieler das Dreifache seines Einsatzes ausgezahlt. Auch dieser Spieler setzt stets 10 €.
Berechnen Sie Erwartungswert und Varianz der Zufallgröße „Gewinn/Verlust pro Spiel" und vergleichen Sie anhand der Ergebnisse die Strategie dieses Spielers mit den Roulettestrategien aus obigem Beispiel.

3. Varianz und Standardabweichung

Die Werte x_i, die eine Zufallsgröße X bei der Durchführung eines Zufallsversuchs tatsächlich annimmt, streuen im Allgemeinen mehr oder weniger stark um den Erwartungswert $\mu = E(X)$ der Zufallsgröße.

Die folgende Grafik zeigt die Wahrscheinlichkeitsverteilungen zweier Zufallsgrößen X und Y mit dem gleichen Erwartungswert, aber unterschiedlicher *Streuung*.

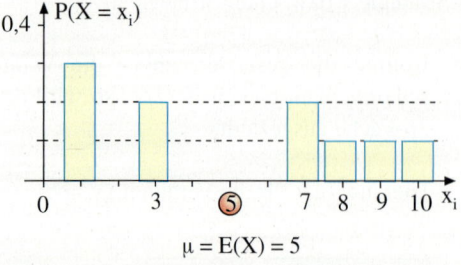
$\mu = E(X) = 5$

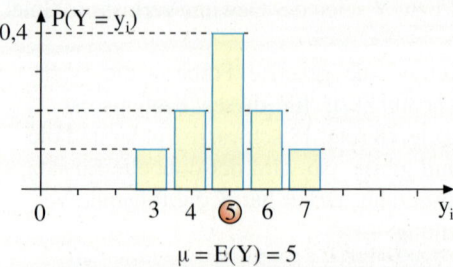
$\mu = E(Y) = 5$

Während die Werte x_i stark vom Erwartungswert abweichen, liegen die Werte y_i in der näheren Umgebung des Erwartungswertes $E(Y)$.

Charakteristisch für das Streuungsverhalten einer Zufallsgröße X mit dem Erwartungswert $\mu = E(X)$ sind offenbar die Abweichungen $|x_1 - \mu|, |x_2 - \mu|, \ldots, |x_n - \mu|$. An Stelle der Abweichungen $|x_i - \mu|$ verwendet man in der Praxis deren Quadrate $(x_1 - \mu)^2, (x_2 - \mu)^2, \ldots, (x_n - \mu)^2$.

Dabei ist jede einzelne quadratische Abweichung $(x_i - \mu)^2$ mit der Wahrscheinlichkeit ihres Eintretens – d.h. mit $P(X = x_i)$ – zu wichten. Die Summe dieser „gewichteten quadratischen Abweichungen" stellt das gesuchte *Streuungsmaß* dar. Es wird als *Varianz* bezeichnet. Die Wurzel aus der Varianz, die sogenannte *Standardabweichung*, ist ebenfalls ein gebräuchliches Streuungsmaß.

Definition: X sei eine Zufallsgröße mit der Wertemenge $x_1, x_2, \ldots, x_n$ und dem Erwartungswert $\mu = E(X)$. Dann wird die folgende Größe als *Varianz* der Zufallsgröße X bezeichnet:

$$V(X) = (x_1 - \mu)^2 \cdot P(X = x_1) + \ldots + (x_n - \mu)^2 \cdot P(X = x_n).$$

Die Wurzel aus der Varianz $V(X)$ heißt *Standardabweichung* der Zufallsgröße X:

$$\sigma(X) = \sqrt{V(X)}.$$

Für die Zufallsgrößen X und Y aus der oben dargestellten Graphik erhalten wir die Varianzen
$V(X) = (1-5)^2 \cdot 0{,}3 + (3-5)^2 \cdot 0{,}2 + (7-5)^2 \cdot 0{,}2 + (8-5)^2 \cdot 0{,}1 + (9-5)^2 \cdot 0{,}1 + (10-5)^2 \cdot 0{,}1 = 11{,}4$
und $V(Y) = (3-5)^2 \cdot 0{,}1 + (4-5)^2 \cdot 0{,}2 + (5-5)^2 \cdot 0{,}4 + (6-5)^2 \cdot 0{,}2 + (7-5)^2 \cdot 0{,}1 = 1{,}2$.
Der anschauliche Eindruck wird bestätigt: X streut erheblich stärker als Y.

3. Varianz und Standardabweichung

Übungen

2. X sei die Augenzahl beim Werfen eines Würfels. Berechnen Sie Varianz und Standardabweichung von X.

3. X sei die Augensumme beim Werfen zweier Würfel. Berechnen Sie Erwartungswert, Varianz und Standardabweichung von X.

4. Ein Roulettspieler setzt seinen Einsatz von 10 € auf eine waagerechte Reihe von drei Zahlen. Fällt die Kugel auf eine dieser Zahlen, so wird der 12-fache Einsatz ausgezahlt. Berechnen Sie den Erwartungswert, die Varianz und die Standardabweichung der Zufallsgröße „Gewinn".

5. Eine Urne enthält 4 rote und 3 weiße Kugeln. 2 Kugeln werden nacheinander ohne Zurücklegen gezogen. X sei die Anzahl der roten Kugeln unter den gezogenen Kugeln. Stellen Sie die Wahrscheinlichkeitsverteilung von X auf und berechnen Sie E(X), V(X) und σ(X).

6. Ein Fabrikant lässt zwei Abfüllautomaten M_1 und M_2 überprüfen, die möglichst genau Kunststoffflaschen mit 1000 ml physiologischer Kochsalzlösung füllen sollen. Die empirische Überprüfung ergibt die unten dargestellte Verteilung für die tatsächliche Füllmenge X. Welche Maschine streut beim Füllen weniger?

Füllmenge in ml	996	997	998	999	1000	1001	1002	1003	1004
Automat M_1	1 %	2 %	8 %	18 %	45 %	16 %	4 %	4 %	2 %
Automat M_2	2 %	4 %	4 %	16 %	49 %	14 %	6 %	2 %	3 %

7. Drei Kandidaten bewerben sich um den letzten freien Platz in der Olympiamannschaft der Sportschützen. Die Schießleistungen in Serien von 50 Schüssen sind das entscheidende Auswahlkriterium (maximale Punktzahl der Serie: 500).
Entscheiden Sie sich für den am besten geeigneten Kandidaten. Das ist derjenige Kandidat, der die größte Trefferquote bei den geringsten Schwankungen in der Leistung erreicht.

Punkte	492	493	494	495	496	497	498	499	500
Kandidat X	5 %	7 %	12 %	23 %	31 %	12 %	5 %	3 %	2 %
Kandidat Y	4 %	9 %	13 %	19 %	27 %	20 %	6 %	1 %	1 %
Kandidat Z	3 %	8 %	11 %	26 %	32 %	13 %	3 %	2 %	2 %

8. Eine Sendung elektronischer Bauteile enthält 10 % defekte Stücke. Ein Bauteil wird zufällig ausgewählt. Die Zufallsgröße X ist wie folgt definiert:
$$X(e) = \begin{cases} 1 \text{ falls e ein defektes Bauteil ist;} \\ 0 \text{ falls e ein nicht defektes Bauteil ist.} \end{cases}$$
a) Ermitteln Sie die Verteilung von X.
b) Berechnen Sie den Erwartungswert, die Varianz und die Standardabweichung von X.
c) Die Sendung enthält p % defekte Stücke. Berechnen Sie E(X), V(X) und σ(X).

Vermischte Übungen

1. Für den Wurf von 3 Würfeln wird an der Würfelbude der nebenstehende Gewinnplan verwendet. Die Zufallsgröße X gibt die Auszahlung pro Wurf an.

Wurf	Auszahlung
1-mal 6	3 €
2-mal 6	11 €
3-mal 6	a €

   a) Der Betreiber der Würfelbude plant, im Durchschnitt 2 € pro Spiel auszuzahlen. Welche Auszahlung a muss er für einen Wurf von 3 Sechsen festlegen? Wie groß sind dann die Varianz und die Standardabweichung von X?
   b) Der Betreiber möchte das Spiel mit 2 € Einsatz pro Spiel anbieten. Mindestens 30 % des Einsatzes soll als Gewinn verbucht werden. Stellen Sie mit diesen Vorgaben einen Gewinnplan für das Spiel auf. Berechnen Sie für Ihren Vorschlag den Erwartungswert und die Standardabweichung.

2. Aus der Urne werden 2 Kugeln ohne Zurücklegen gezogen. Ausgezahlt wird die Augensumme der gezogenen Kugeln (Zufallsgröße X = Auszahlung).

   a) Geben Sie den Erwartungswert von X an.
   b) Die Kugel mit der Aufschrift 10 wird durch eine zweite Kugel mit der Aufschrift 5 ersetzt. Prüfen Sie, ob der Erwartungswert von X immer noch über 5 liegt.
   c) Geben Sie für die zweite Variante die Standardabweichung von X an.

3. Von der rechts dargestellten Wahrscheinlichkeitsverteilung einer Zufallsgröße X ist der Erwartungswert E(X) = 3 bekannt.

x_i	–10	0	10	20
$P(X = x_i)$	0,2	a	b	0,1

   a) Bestimmen Sie die Werte a und b der Wahrscheinlichkeitsverteilung.
   b) Berechnen Sie die Varianz und die Standardabweichung.

4. Peter schlägt vor, auf dem anstehenden Wohltätigkeitsfest das nebenstehende Glücksrad zu verwenden. Pro Spiel wird das Rad dreimal gedreht. Die Augensumme wird in € ausgezahlt. Die Zufallsgröße X gibt die Auszahlung pro Spiel an.

   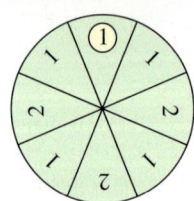

   a) Ermitteln Sie die Wahrscheinlichkeitsverteilung und den Erwartungswert von X.
   b) Berechnen Sie die Standardabweichung von X.
   c) Thomas hat einen Verbesserungsvorschlag: „Wir ändern das Glücksrad so ab, dass ein Feld mit 1 und ein Feld mit 2 nunmehr mit einer 0 beschriftet wird. Das senkt den Auszahlungsbetrag pro Spiel um mindestens einen € und wir machen mit 4 € Einsatz mehr Gewinn." Hat Thomas Recht?

3. Varianz und Standardabweichung

5. Die Seitenfläche zweier Würfel sind entsprechend den angegebenen „Würfelnetzen" mit Ziffern versehen. Beide Würfel werden gleichzeitig geworfen. Die Zufallsgröße X gibt die Augensumme der Würfel an.

a) Bestimmen Sie die Wahrscheinlichkeitsverteilung von X.
b) Berechnen Sie den Erwartungswert, die Varianz und die Standardabweichung von X.
c) Entwerfen Sie ein eigenes Würfelnetz und lösen Sie die Aufgabenteile a und b.

6. Für das Winterfest des Schützenvereins wird eine Tombola vorbereitet. Unter den 2000 Losen sind 1600 Nieten, 200 Lose mit 5 € Gewinn, 150 Lose mit 10 € Gewinn und 50 Lose mit 20 € Gewinn. Der Lospreis beträgt 2 €. Die Zufallsgröße X beschreibt den Gewinn bzw. Verlust eines Loskäufers.

a) Geben Sie die Wahrscheinlichkeitsverteilung von X an.
b) Bestimmen Sie für die Zufallsgröße X den Erwartungswert und die Varianz.
c) Der Vorsitzende des Festausschusses schlägt eine vereinfachte Variante vor: Es soll 1500 Nieten und 500 Gewinne mit a € Auszahlung geben. Welche Auszahlung a muss für ein Gewinnlos festgelegt werden, wenn der zu erwartende Reingewinn der Tombola so hoch sein soll wie bei der ersten Spielvariante?

7. Der Hersteller von Windkraftanlagen plant die Ausgabe neuer Aktien an der Börse. Das neue Papier ist sehr gefragt, es werden wesentlich mehr Aktien geordert als ausgegeben werden sollen. Deshalb wird beschlossen: Nur Anleger, die mindestens 200 Aktien geordert haben, werden berücksichtigt. Unter diesen Anlegern werden Aktienpakete zu 50 und zu 100 Aktien ausgelost. Die Zufallsgröße X gibt an, wie viele Aktien ein Käufer dieser Gruppe erhält.

a) Die Firma erwägt, nach dem nebenstehenden Plan die Aktien zu verteilen. Wie groß ist der Erwartungswert von X, wie groß ist die Standardabweichung?

x_i	0	50	100
$P(X = x_i)$	0,3	0,5	0,2

b) Der Vorstand berät als Alternative, den Anteil der Anleger, die mindestens 200 Aktien geordert haben und keine Aktien in der Verlosung erhalten, auf 20 % zu senken. Da die Gesamtzahl der auszugebenden Aktien unverändert bleiben soll, müssen die Zuteilungskontingente für 50 und 100 Aktien geändert werden. Machen Sie einen Vorschlag.

8. Das Albert-Einstein-Gymnasium bestellt für alle 81 Schüler und die 3 Mathematiklehrer der 7. Klassen neue Taschenrechner. Durch eine Störung in der Produktion sind ein Drittel der Taschenrechner ohne Batterien geliefert worden. Die Zufallsgröße X gibt an, wie viele Taschenrechner ohne Batterien an Lehrer gegeben wurden.
   a) Geben Sie die Wahrscheinlichkeitsverteilung der Zufallsgröße X an.
   b) Berechnen Sie den Erwartungswert und die Standardabweichung der Zufallsgröße X.

9. Björn ist Sportschütze mit der Schnellfeuerpistole. Er ist noch in der Ausbildung und trifft mit einer Wahrscheinlichkeit von p = 0,8 bei einem Schuss.
   a) Eine Serie besteht aus 3 Schüssen. Bestimmen Sie die Wahrscheinlichkeitsverteilung der Zufallsgröße X: „Anzahl der Treffer in einer Serie".

   b) Wie viele Treffer von Björn sind bei 20 Serien zu jeweils 3 Schuss zu erwarten?
   c) Wie groß ist die Standardabweichung der Zufallsgröße X?

10. Bei dem abgebildeten Spielautomaten drehen sich die drei Räder unabhängig voneinander und bleiben zufällig stehen. Der Einsatz beträgt 1 € pro Spiel.
    a) Bei drei Einsen werden 50 € ausgezahlt, bei 2 Einsen 15 €, bei einer Eins 2 €. Die Zufallsgröße X gibt den Gewinn des Betreibers an. Welchen Erwartungswert hat X?

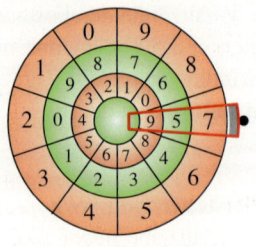

    b) Der Betreiber möchte mehr einnehmen: Er veranschlagt 20 % für Unkosten, dazu sollen 7,5 % des Umsatzes als Gewinn bleiben. Auf welchen Betrag muss die Auszahlung für das Ereignis „2 Einsen" gesenkt werden, um diese Vorgaben zu erfüllen? Wie groß ist nun die Standardabweichung?

11. In den Schafherden einer Region ist eine neue Infektionskrankheit aufgetreten, die nur durch aufwändige Bluttests nachgewiesen werden kann. Dazu wird allen Schafen eine Blutprobe entnommen. Anschließend werden die Proben von jeweils 50 Schafen gemischt und das Gemisch wird getestet. Angenommen in einer Herde von 100 Schafen befinden sich im Mittel ein infiziertes Tier.

    a) Mit welcher Wahrscheinlichkeit enthält eine der gemischten Proben den Erreger?
    b) Die Zufallsgröße X gibt die Anzahl der Gruppen an, in denen bei Untersuchung der Blutgemische der Erreger gefunden wurde. Geben Sie die Wahrscheinlichkeitsverteilung von X an.
    c) Berechnen Sie den Erwartungswert sowie die Standardabweichung der Zufallsgröße X.

4. Stetige Zufallsgrößen

Bei den bisher behandelten Beispielen für Zufallsgrößen hat das zugehörige Zufallsexperiment endlich viele Ergebnisse. Die betrachtete Zufallsgröße nimmt damit nur endlich viele diskrete Werte an. Man spricht deshalb von einer *diskreten Zufallsgröße*. Es sind aber auch andere Fälle denkbar, wie das folgende Beispiel einer sog. *stetigen Zufallsgröße* zeigt.

▶ **Beispiel: Fehlerstreuung**
In einem Produktionsprozess werden Bohrungen von 1,7 mm Durchmesser ausgeführt. Alle Produkte mit Bohrlochdurchmesser $1{,}6 \leq X \leq 1{,}8$ genügen den Qualitätsanforderungen, andernfalls handelt es sich um Ausschuss.
Das Bild rechts zeigt die Verteilung der Zufallsgröße X. Kann man darin den Wert $P(1{,}6 \leq X \leq 1{,}8)$ deuten?

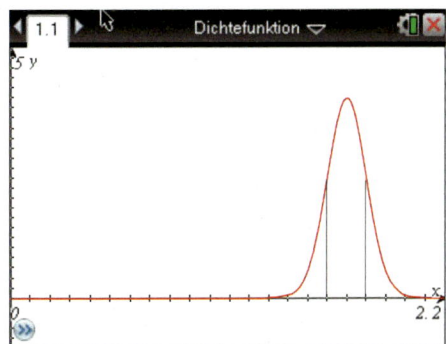

Lösung:
Das Bild zeigt eine sog. *Glockenkurve* φ, die charakteristisch ist für die Streuung von Messwerten um ihren „Mittelwert", dessen Maßzahl hier x = 1,7 beträgt. Die Fläche unter der Kurve hat den Inhalt 1 und repräsentiert damit das sichere Ereignis. Einzelwahrscheinlichkeiten kann man nicht ablesen, denn für jede Realisierung x hat das Ereignis X = x die Wahrscheinlichkeit 0.
Man kann aber Intervallwahrscheinlichkeiten wie z. B. $P(X < 1{,}7)$ sowie $P(X \leq 1{,}7)$ aufgrund der Symmetrie der Fläche ablesen, beide Wahrscheinlichkeiten sind gleich $\frac{1}{2}$. Entsprechend stellt die Maßzahl des Inhalts der Fläche unter der Kurve φ über dem Intervall $1{,}6 \leq x \leq 1{,}8$ die Wahrscheinlichkeit $P(1{,}6 \leq X \leq 1{,}8)$ dar. φ heißt *Dichtefunktion* der stetigen Zufallsgröße X.

Der nebenstehende Funktionsgraph gehört zu einer Funktion Φ, die jeder reellen Zahl x den Flächeninhalt Φ(x) unter der obigen Glockenkurve φ über dem Intervall (−∞; x] zuordnet. Φ heißt *Verteilungsfunktion* der stetigen Zufallsgröße X.

Es gilt: $P(X \leq x) = \Phi(x)$

Damit kann man bei bekannter Verteilungsfunktion Φ(x) direkt Wahrscheinlichkeiten berechnen, z. B.:
▶ $P(1{,}6 \leq X \leq 1{,}8) = \Phi(1{,}8) - \Phi(1{,}6)$.

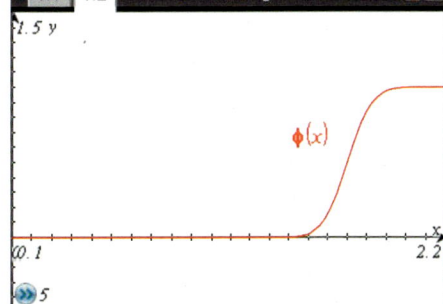

Übung 1
Die stückweise definierte Funktion f ist die Dichtefunktion einer stetigen Zufallsgröße X.
a) Ermitteln Sie die Verteilungsfunktion F.
b) Berechnen Sie $P(1{,}5 \leq X \leq 2{,}5)$.

$$f(x) = \begin{cases} 0 & \text{für } x \leq 1 \\ x - 1 & \text{für } 1 < x \leq 2 \\ 3 - x & \text{für } 2 < x \leq 3 \\ 0 & \text{für } x > 3 \end{cases}$$

Gauß'sche Glockenkurve und Normalverteilung

Carl Friedrich Gauss (1777–1855) gilt als einer der größten Mathematiker aller Zeiten. Der in Braunschweig geborene Sohn einfacher Leute entdeckte schon im Alter von 17 Jahren das nach ihm benannte Gauß'sche Fehlergesetz, welches er vier Jahre später mithilfe der Wahrscheinlichkeitsrechnung auch theoretisch absichern konnte. Die zugehörige **Gauß'sche Glockenkurve**

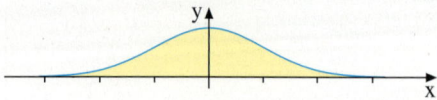

ist der Graph der Dichtefunktion φ mit

$$\varphi(x) = \frac{1}{\sqrt{2\pi}} \cdot e^{-1/2 x^2}$$

der sog. **Normalverteilung**, *die zahlreiche stetige Zufallsgrößen beschreibt.*

Stetige Zufallsgrößen sind oft von Natur aus *normalverteilt*. Man stellt dies durch empirische Messreihen fest. Aus den Messwerten kann man dann auch den Erwartungswert $\mu = E(X)$ und die Standardabweichung σ bestimmen. Anschließend kann man mithilfe eines Taschenrechners, mit dem man Werte $\Phi(x) = P(X \leq x)$ der Verteilungsfunktion Φ der Normalverteilung berechnen kann, diverse Problemstellungen lösen.

▶ **Beispiel: Körpergröße**
Die Körpergröße X der Oberstufenschüler einer Schule sei normalverteilt mit $\mu = 1{,}70$ m und $\sigma = 0{,}1$ m. Bestimmen Sie die Wahrscheinlichkeit, dass ein zufällig ausgewählter Schüler höchstens 1,65 m groß ist.

Lösung mit CAS-TR:
$\Phi(1{,}65) = \text{normCdf}(-\infty, 1{,}65, 1{,}7, 0{,}1)$
▶ Der Rechner liefert: $P(X \leq 1{,}65) \approx 31\,\%$.

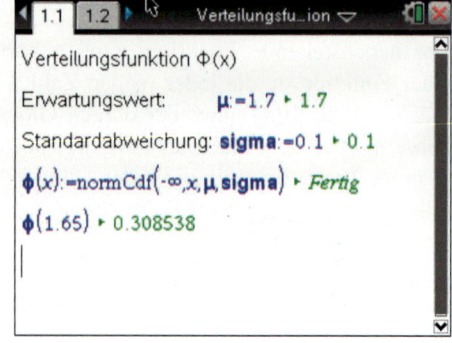

Übung 2
Die Abfüllmenge X (in l) von Orangensaft sei normalverteilt mit $\mu = 1$ l und $\sigma = 0{,}01$ l.
a) Wie groß ist der prozentuale Anteil der Flaschen mit einer Abfüllmenge zwischen 0,99 l und 1,01 l sowie zwischen 0,98 l und 1,02 l?
b) Um wie viel darf die Abfüllung vom Mittelwert $\mu = 1$ l abweichen, damit man einen Ausschuss von höchstens 3 % erhält?

Übungen

3. Entscheiden Sie, ob es sich jeweils um diskrete oder stetige Zufallsgrößen handelt. Begründen Sie kurz Ihre Auffassung.
a) X: Anzahl der geworfenen „Zahl" beim 10-fachen Münzwurf
b) X: Lufttemperatur (in °C) im Juni um jeweils 12.00 Uhr in Halle
c) X: Augensumme beim Werfen von 3 Würfeln
d) X: Dauer (in h) der Reparatur einer Waschmaschine

4. Dargestellt ist jeweils die Wahrscheinlichkeitsverteilung einer Zufallsgröße X. Untersuchen Sie, ob es sich um eine diskrete oder eine stetige Zufallsgröße handelt. Begründen Sie kurz Ihre Auffassung.

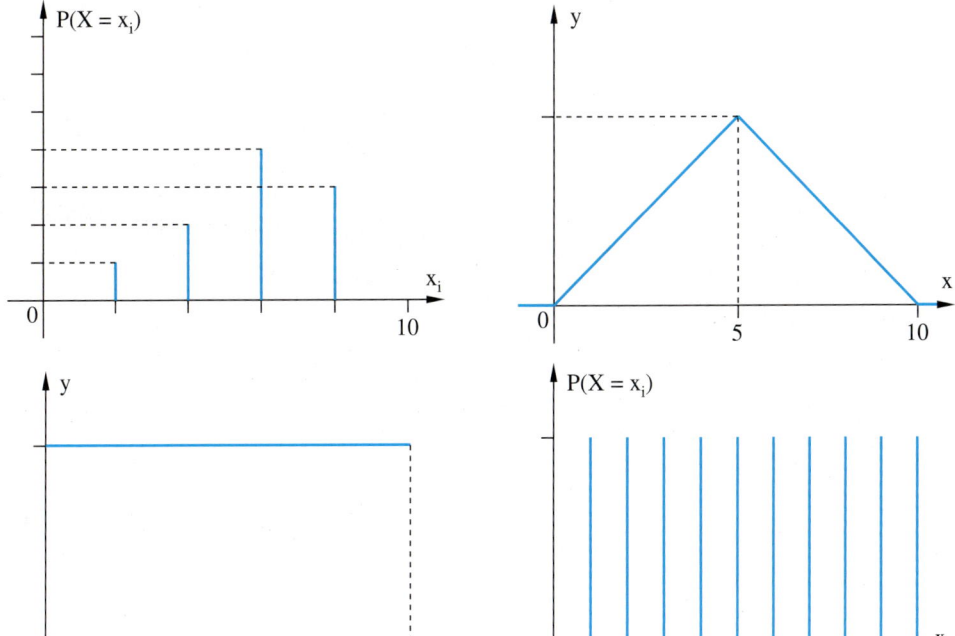

5. Übertragen Sie Skizzen der graphischen Darstellungen der Wahrscheinlichkeitsverteilungen von Übung 4 und nehmen Sie jeweils eine Skalierung der Ordinatenachse vor.

6. Sophie behauptet: „Bei vorgegebener und möglicher Messgenauigkeit sind stetige Zufallsgrößen letztlich doch nur diskrete Zufallsgrößen." Beurteilen Sie Sophie's Aussage.

7. Geben Sie selbst Beispiele für diskrete und stetige Zufallsgrößen an. Verwenden Sie auch graphische Darstellungen für Wahrscheinlichkeitsverteilungen der Zufallsgrößen.

Erwartungswert und Spielstrategien

Mithilfe des Erwartungswertes lässt sich die langfristige Gewinnerwartung in Glücksspielen bestimmen. Darüber hinaus ist es sogar möglich, Strategien bei Spielen zu beurteilen, die Elemente des Zufalls enthalten.

In einer Urne befinden sich zwei blaue und drei weiße Kugeln. Ein Spieler zieht aus dieser Urne der Reihe nach Kugeln, und zwar ohne Zurücklegen. Nach jedem Zug hat er die Wahl, weiterzuziehen oder das Spiel abzubrechen.

Für jede im Verlauf des Spiels gezogene blaue Kugel erhält er 1 €. Für jede weiße Kugel muss er zu seinem Leidwesen 1 € zahlen.
Gibt es eine Strategie, die für den Spieler günstig ist?

Lösung:
Es gibt eine solche Strategie, auch wenn der Inhalt der Urne mit drei ungünstigen weißen Kugeln und nur zwei günstigen blauen Kugeln dies zunächst auszuschließen scheint.

Kommt im ersten Zug eine blaue Gewinnkugel, so wird das Spiel mit Gewinn abgebrochen. Kommt im ersten Zug eine weiße Verlustkugel, so wird weitergespielt.

Kommt anschließend im zweiten Zug eine blaue Kugel, so kann ohne Verlust abgebrochen werden.

Kommt auch im zweiten Zug Weiß, so lohnt sich das Weiterspielen.

Bei Blau im dritten Zug kann man weiterspielen, da dann jede weitere Verschlechterung vermeidbar ist (siehe Baumdiagramm).

Bei Weiß auch im dritten Zug sind nur noch Verbesserungen möglich. Der vierte und der fünfte Zug werden dann ausgeführt und liefern Blau.

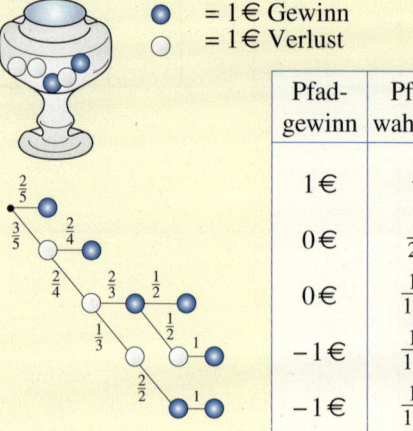

Pfadgewinn	Pfadwahrsch.
1 €	$\frac{2}{5}$
0 €	$\frac{6}{20}$
0 €	$\frac{12}{120}$
−1 €	$\frac{12}{120}$
−1 €	$\frac{12}{120}$

Erwartungswert für den Gewinn X pro Spiel:

$$E(X) = 1 \cdot \frac{2}{5} + 0 \cdot \left(\frac{6}{20} + \frac{12}{120}\right)$$
$$+ (-1) \cdot \left(\frac{12}{120} + \frac{12}{120}\right) = 0{,}20 \, €$$

Das abgebildete Baumdiagramm zeigt die Strategie als Wahrscheinlichkeitsbaum. Pfad 1 (Wahrscheinlichkeit $\frac{2}{5}$) liefert 1 € Gewinn. Die Pfade 2 und 3 liefern weder Gewinn noch Verlust, die Pfade 4 und 5 (Wahrscheinlichkeit $\frac{1}{10}$) liefern jeweils 1 € Verlust.
Insgesamt ergibt sich so pro Spiel ein durchschnittlich zu erwartender Gewinn von 20 Cent, ein überraschendes Ergebnis.

Überblick

Zufallsgröße: Eine Zuordnung X, die jedem Ergebnis eines Zufallsversuchs eine reelle Zahl zuordnet, heißt Zufallsgröße.

Ereignis $X = x_i$: Mit $X = x_i$ wird das Ereignis bezeichnet, zu dem alle Ergebnisse des Zufallsversuchs gehören, deren Eintritt dazu führt, dass die Zufallsgröße X den Wert x_i annimmt.

Wahrscheinlichkeitsverteilung der Zufallsgröße X: Ordnet man jedem möglichen Wert x_i, den die Zufallsgröße X annehmen kann, die Wahrscheinlichkeit $P(X = x_i)$ zu, mit der sie diesen Wert annimmt, so erhält man die Wahrscheinlichkeitsverteilung der Zufallsgröße X.

Erwartungswert von X: X sei eine Zufallsgröße mit der Wertemenge $x_i, ..., x_m$. Dann heißt die Zahl $\mu = E(X) = x_1 \cdot P(X = x_1) + ... + x_m \cdot P(X = x_m)$ Erwartungswert der Zufallsgröße X.

Varianz von X: X sei eine Zufallsgröße mit der Wertemenge $x_i, ..., x_m$ und dem Erwartungswert $\mu = E(X)$. Dann heißt die Zahl
$V(X) = (x_1 - \mu)^2 \cdot P(X = x_1) + ... + (x_m - \mu)^2 \cdot P(X = x_m)$
die Varianz der Zufallsgröße X.

Standardabweichung von X: Die Größe $\sigma(X) = \sqrt{V(X)}$ heißt Standardabweichung der Zufallsgröße X.

Diskrete und stetige Zufallsgrößen: Ein diskrete Zufallsgröße ist dadurch gekennzeichnet, dass beim zugehörigen Zufallsexperiment nur endlich viele Ergebnisse möglich auftreten können. Eine diskrete Zufallsgröße nimmt damit nur endlich viele Werte an.
Eine stetige Zufallsgröße kann dagegen die unendlich vielen reellen Werte eines Intervalls annehmen. Eine stetige Zufallsgröße ist durch ihre Dichtefunktion charakterisiert. Ist die Dichtefunktion einer stetigen Zufallsgröße eine Gauß'sche Glockenkurve, so liegt eine Normalverteilung vor.

Test

Zufallsgrößen

1. a) Aus der abgebildeten Urne wird eine Kugel gezogen. Die Zufallsgröße X gibt die Zahl auf der gezogenen Kugel an. Bestimmen Sie den Erwartungswert und die Standardabweichung von X.

   b) Es werden ohne Zurücklegen zwei Kugeln aus der Urne gezogen. Die Zufallsgröße Y ist die Augensumme der Zahlen auf den gezogenen Kugeln. Bestimmen Sie den Erwartungswert und die Standardabweichung von Y.

   c) Es werden mit einem Griff Kugeln aus der Urne gezogen, wobei nur die Farbe der Kugeln eine Rolle spielt. Für eine gezogene gelbe Kugel erhält der Spieler 2 €, für eine gezogene rote Kugel sind von ihm 5 € zu zahlen. Vor Beginn der Ziehung muss der Spieler festlegen, wie viele Kugeln er ziehen wird. Die Zufallsgröße Z beschreibt den Gewinn bzw. Verlust des Spielers.
   Peter ist vorsichtig. Er entscheidet sich, nur eine Kugel zu ziehen. Berechnen Sie den Erwartungswert von Z bei dieser Strategie.
   Sven ist der Meinung, dass seine Chancen besser sind, wenn er 3 Kugeln zieht. Beurteilen Sie seine Strategie.

2. Peter würfelt gegen die Bank. Bei einem beliebigen Einsatz bekommt er den 2-fachen Einsatz ausbezahlt, wenn die gewürfelte Zahl gerade ist, und er geht leer aus, wenn die gewürfelte Zahl ungerade ist. Peter möchte sein Glück erzwingen und spielt nach folgender Verdoppelungsstrategie:
   Er setzt 1 € und will im Gewinnfall aufhören. Gewinnt er beim ersten Spiel noch nicht, so will er im zweiten Spiel den Einsatz auf 2 € verdoppeln und dann wieder im Gewinnfall aufhören und im Verlustfall bei wiederum verdoppeltem Einsatz (4 €) abermals sein Glück versuchen. Da irgendwann eine gerade Zahl gewürfelt wird, glaubt Peter, so einen Gewinn erzwingen zu können.
   a) Peter hat 63 €. Wie oft kann er maximal spielen?
   b) Bestimmen Sie seinen Gewinn bzw. Verlust, wenn er im ersten, erst im zweiten, erst im dritten, ..., in keinem Spiel gewinnt.
   c) Bestimmen Sie den Erwartungswert für Peters Gewinn/Verlust.

3. Felix besitzt 4 € und spielt folgendes Spiel: Er wirft zweimal eine Laplace-Münze. Jedes Mal, wenn Kopf fällt, wird sein Guthaben halbiert; fällt Zahl, so wird sein Guthaben verdoppelt.
   a) Bestimmen Sie Erwartungswert und Varianz für sein Guthaben am Spielende.
   b) Das Spiel soll fair bleiben. Daher wird für Zahl das Guthaben nicht verdoppelt, sondern es wird um den Faktor a vervielfacht. Bestimmen Sie a.

Lösungen: S. 229

Aufgabenpraktikum II

In diesem Abschnitt sollen komplexe Aufgaben zur Vektorrechnung bearbeitet und die Darstellung der Lösungen so aufbereitet werden, dass sie gut nachvollziehbar in einem Vortrag präsentiert werden können.

Mit Vektoren argumentieren

Im Unterabschnitt **Elementargeometrische Beweise** (S. 158) wurde die Nutzung des Skalarproduktes und seiner Eigenschaften zum Nachweis mathematischer Beziehungen verwendet. Das mathematische Argumentieren unter Nutzung von Vektoreigenschaften soll in diesem Aufgabenpraktikum aufgegriffen werden. Neben der zielgerichteten Nutzung von Eigenschaften des Skalarproduktes soll das Arbeiten mit geschlossenen Vektorzügen eine Rolle spielen.

Orthogonalität und Skalarprodukt

Der **Höhensatz** benötigt als wichtige Voraussetzung für seine Gültigkeit die Rechtwinkligkeit des betrachteten Dreiecks. Auch die Lage einer Höhe im Dreieck zu ihrer Grundseite trägt diese Eigenschaft, weshalb bei der vektoriellen Beweisführung insbesondere die Eigenschaft des Skalarproduktes, für einen Wert des eingeschlossenen Winkels von 90° den Wert null anzunehmen, durchgehend Verwendung findet.

Der auf Seite 158 angegebene **Beweis des Höhensatzes** nutzt diese Eigenschaft:

(1) $0 = \vec{a} \cdot \vec{b}$

Die Vektoren $\vec{a}$ und $\vec{b}$ beschreiben die Lage der orthogonal aufeinander stehenden Katheten, weshalb das aus den Vektoren gebildete Skalarprodukt null ist.

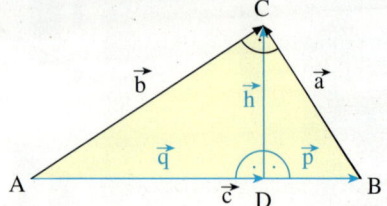

(2) $0 = \vec{a} \cdot \vec{b} = (\vec{h} - \vec{p}) \cdot (\vec{q} + \vec{h})$

Im Dreieck DBC lässt sich der Vektor $\vec{a}$ als die Differenz $\vec{h} - \vec{p}$ und im Dreieck ADC der Vektor $\vec{b}$ als die Summe $\vec{q} + \vec{h}$ darstellen.

(3) $0 = \vec{h} \cdot \vec{q} + \vec{h} \cdot \vec{h} - \vec{p} \cdot \vec{q} - \vec{p} \cdot \vec{h}$

Die Beziehung folgt durch Ausmultiplizieren der rechten Seite der Gleichung aus (2).

(4) $0 = \vec{h} \cdot \vec{h} - \vec{p} \cdot \vec{q}$

Die Produkte $\vec{h} \cdot \vec{q}$ und $\vec{p} \cdot \vec{h}$ sind wegen der Orthogonalität der jeweils beteiligten Vektoren jeweils null und entfallen daher.

(5) $\vec{h} \cdot \vec{h} = \vec{p} \cdot \vec{q}$, also $h^2 = pq$

Die Gleichung folgt durch Umstellen von Gleichung (4) und Übergang zu den Beträgen.

Aufgaben

1. Begründen Sie, weshalb die Vektoren wie in der obigen Abbildung eingeführt worden sind.

2. Welche Auswirkungen hätte es, wenn die Vektoren $\vec{q}$ und $\vec{b}$ so festgelegt würden, dass gilt: $\vec{b} = \vec{h} - \vec{q}$?

Aufgabenpraktikum II

• **Strategie 1**
Der gegebene Sachverhalt oder die zu Grunde liegende geometrische Figur ist zunächst auf bereits bekannte Eigenschaften zu analysieren. Tritt unter diesen Eigenschaften Rechtwinkligkeit bzw. Orthogonalität (vielleicht sogar gehäuft) auf, dann lohnt es, die Beweisführung auf einer durchgängigen Verwendung des Skalarproduktes aufzubauen. Dazu müssen Vektoren geeignet eingeführt werden.

▶ **Beispiel: Raumdiagonalen eines Würfels**
Stehen die Raumdiagonalen eines Würfels senkrecht aufeinander?

Lösung:
1. Skizze anfertigen:
Man skizziert einen Würfel ABCDEFGH mit den Diagonalen AG und BH.

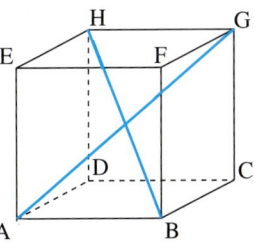

2. Vektoren einführen:
Es werden Zusammenhänge zu den Größen gesucht, über die etwas ausgesagt wird; deshalb:
– Diagonalen als Vektoren (naheliegend, da hierüber eine Aussage gemacht werden soll),
– Körperkanten als Vektoren (bestimmen die äußere Form des Körpers und die Diagonalen).

$\vec{a} = \overrightarrow{AB}, \quad \vec{b} = \overrightarrow{AD}, \quad \vec{c} = \overrightarrow{AE}, \quad \vec{u} = \overrightarrow{AG}, \quad \vec{v} = \overrightarrow{BH}$

3. Bekanntes oder Nachzuweisendes vektoriell ausdrücken:
Die Würfelkanten sind gleich lang, also:
$|\vec{a}| = |\vec{b}| = |\vec{c}|.$

Die Würfelkanten sind paarweise orthogonal, also:
$\vec{a} \cdot \vec{b} = \vec{a} \cdot \vec{c} = \vec{b} \cdot \vec{c} = 0.$

Fragestellung: Stehen $\vec{u} = \overrightarrow{AG}$ und $\vec{v} = \overrightarrow{BH}$ senkrecht aufeinander? Gilt also $\vec{u} \perp \vec{v}$, also $\vec{u} \cdot \vec{v} = 0$?

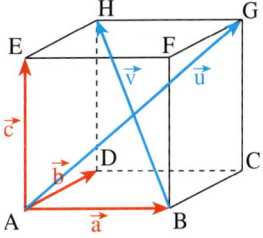

4. Nachweisen: (hier durch rückwärts schließen)
$\vec{v} \cdot \vec{u} = 0$ mit $\vec{v} = -\vec{a} + \vec{b} + \vec{c}$ und $\vec{u} = \vec{a} + \vec{b} + \vec{c}$

$\vec{v} \cdot \vec{u} = (-\vec{a} + \vec{b} + \vec{c}) \cdot (\vec{a} + \vec{b} + \vec{c}) =$
$-\vec{a} \cdot \vec{a} - \vec{a} \cdot \vec{b} - \vec{a} \cdot \vec{c} + \vec{b} \cdot \vec{a} + \vec{b} \cdot \vec{b} + \vec{b} \cdot \vec{c} + \vec{c} \cdot \vec{a} + \vec{c} \cdot \vec{b} + \vec{c} \cdot \vec{c} = 0$

$\Leftrightarrow \vec{u} \cdot \vec{v} = -\vec{a} \cdot \vec{a} \underbrace{- \vec{a} \cdot \vec{b}}_{0} \underbrace{- \vec{a} \cdot \vec{c}}_{0} + \underbrace{\vec{a} \cdot \vec{b}}_{0} + \vec{b} \cdot \vec{b} + \underbrace{\vec{b} \cdot \vec{c}}_{0} + \underbrace{\vec{a} \cdot \vec{c}}_{0} + \underbrace{\vec{b} \cdot \vec{c}}_{0} + \vec{c} \cdot \vec{c} = 0$

$\Leftrightarrow \vec{u} \cdot \vec{v} = \underbrace{-|\vec{a}|^2 + |\vec{b}|^2}_{0} + |\vec{c}|^2 = 0$

▶ $\Leftrightarrow |\vec{c}|^2 = 0 \quad$ Falsche Aussage, denn nach Voraussetzung gilt $|\vec{c}|^2 \neq 0$; deshalb stehen die Diagonalen nicht senkrecht aufeinander.

Aufgaben

3. Die Vektoren $\vec{a}$, $\vec{b}$ und $\vec{c}$ definieren ein regelmäßiges Sechseck. Stellen Sie die Transversalenvektoren $\overrightarrow{AE}$, $\overrightarrow{DA}$ und $\overrightarrow{CF}$ mithilfe von $\vec{a}$, $\vec{b}$ und $\vec{c}$ dar.

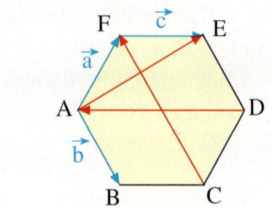

4. Für den vektoriellen Beweis der Gültigkeit des Satzes von Pythagoras bestimmen naheliegenderweise die Eckpunkte des betrachteten Dreiecks drei Vektoren. Übertragen Sie die Abbildung und ergänzen Sie diese durch Pfeilspitzen so, dass gilt: $\vec{c} \cdot \vec{c} = \vec{a} \cdot \vec{a} - 2\vec{a} \cdot \vec{b} + \vec{b} \cdot \vec{b}$. Stellen Sie danach die Kette der Begründungen vollständig dar.

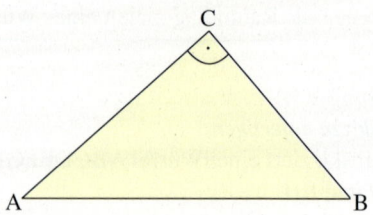

5. a) Zeigen Sie mithilfe der Umkehrung des Satzes von Pythagoras, dass das Dreieck ABC mit A(1|4|2), B(3|2|4) und C(5|6|6) rechtwinklig ist.
   b) Zeigen Sie, dass das Viereck ABCD mit A(1|4|2), B(3|2|4), C(9|5|1) und D(7|7|-1) ein Rechteck ist, d. h. ein Parallelogramm mit rechten Winkeln.

6. a) Formulieren Sie den Satz des Thales, zeichnen Sie den abgebildeten Halbkreis und ergänzen Sie die Skizze so, dass sie die Aussage des Satzes widerspiegelt.

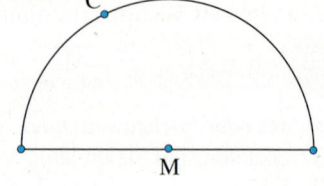

   b) Durch geeignete Einführung von Punkten kann für den vektoriellen Nachweis des Satzes die Vektorgleichung $(\overrightarrow{AM} + \overrightarrow{MC}) \cdot (\overrightarrow{MB} - \overrightarrow{MC}) = 0$ verwendet werden. Interpretieren Sie die Gleichung. Ergänzen Sie die Skizze entsprechend der Gleichung um geeignete Punkte. Formulieren Sie die Behauptung des Satzes vektoriell unter Verwendung von genau zwei verschiedenen Vektoren.
   c) Vervollständigen Sie die nebenstehend lückenhaft dargestellte Beweiskette.

$$\vec{} \cdot \vec{} = (\overrightarrow{AM} + \overrightarrow{MC}) \cdot (\overrightarrow{MB} - \overrightarrow{MC})$$
$$= (\overrightarrow{AM} + \overrightarrow{MC}) \cdot (- \overrightarrow{MC})$$
$$= \overrightarrow{AM} \cdot \overrightarrow{AM} - \overrightarrow{MC} \cdot \overrightarrow{MC}$$
$$= - $$
$$= 0$$

7. a) Veranschaulichen Sie an einem rechtwinkligen Dreieck ABC mit c als Hypotenuse die Aussagen des Kathetensatzes geometrisch und drücken Sie diese in Form einer geeigneten Gleichung aus.
   b) Führen Sie an dem von Ihnen skizzierten Dreieck geeignete Vektoren ein und formulieren Sie sowohl die Voraussetzungen als auch die Behauptung dieses Satzes in Form vektorieller Gleichungen.
   c) Entwickeln Sie eine vollständige Schlusskette.

8. Zeichnen Sie ein beliebiges Dreieck. Formulieren Sie die Aussage des Kosinussatzes für Dreiecke unter Zuhilfenahme geeignet eingeführter Vektoren. Wie kann man aus dieser Darstellung die Aussage des pythagoräischen Lehrsatzes ableiten?

9. Stellen Sie die Aussage in einer repräsentativen Zeichnung dar und entwickeln Sie vermittels geeignet eingeführter Vektoren Gleichungen, die die jeweiligen Aussage widerspiegeln.
    a) Schneiden die Diagonalen eines Parallelogramms einander senkrecht, so ist das Parallelogramm ein Rhombus.
    b) In einem Rhombus stehen die Diagonalen senkrecht aufeinander und halbieren die jeweiligen Innenwinkel.
    c) Wenn in einem Parallelogramm die Diagonalen gleich lang sind, dann ist das Parallelogramm ein Rechteck.
    d) Die Diagonalen im Drachenviereck stehen senkrecht aufeinander.

10. Führen Sie zu den Aussagen aus Aufgabe 9 jeweils vektoriell die Begründungen bis zum Nachweis der Richtigkeit der getroffenen Aussagen zu Ende.

11. Betrachtet werden die Diagonale der Seitenfläche eines Würfels und jene Raumdiagonale desselben Würfels, die mit dieser keinen gemeinsamen Punkt hat.
    a) Ermitteln Sie vektoriell das Maß jenes Winkels, unter dem beide Diagonalen gegeneinander verlaufen.
    b) Durch Veränderung der Höhe wird der Würfel zu einem Quader mit quadratischer Grundfläche. Gilt dann das in a) ermittelte Gradmaß auch? Begründen Sie Ihre Auffassung allein durch Diskussion Ihres vektoriellen Ansatzes aus Aufgabe a).
    c) Gilt die Aussage für Quader im Allgemeinen?

12. Zeigen Sie: Die Summe der Abstände eines inneren Punktes zu den Seiten eines gleichseitigen Dreiecks ist gleich der Höhe des Dreiecks.

13. Behauptet wird, dass die Höhen eines Tetraeders (die Lote von je einem Eckpunkt auf die jeweils gegenüberliegende Tetraederseite) einander dann und nur dann in einem gemeinsamen Punkt schneiden, wenn je zwei „Gegenkanten" orthogonal zueinander liegen.
    a) Begründen Sie, dass insgesamt zwei Nachweise zu führen sind und formulieren Sie jeweils Voraussetzung und Behauptung.
    b) Stellen Sie unter Verwendung der Eigenschaft, dass zwei „Gegenkanten" orthogonal zueinander stehen, einen geeigneten Grundriss eines Tetraeders so dar, dass aus der Darstellung auf den gemeinsamen Schnittpunkt der Höhen geschlossen werden kann.
    c) Schließen Sie vektoriell aus der Existenz des gemeinsamen Höhenschnittpunktes auf die Orthogonalität entsprechender „Gegenkanten".

14. Betrachtet wird ein gleichseitiges Dreieck ABC.
    a) Zeichnen Sie (vorzugsweise mit einer dynamischen Geometriesoftware) ein beliebiges gleichseitiges Dreieck nebst seines Umkreises.
    b) Legen Sie auf dem Umkreis einen beliebigen Punkt P fest und messen Sie dessen Abstände zu den Eckpunkten des Dreiecks. Variieren Sie die Lage der Punkte und äußern Sie eine Vermutung über bestehende Zusammenhänge.
    c) Prüfen Sie vektoriell die Richtigkeit Ihrer Vermutung.

Das Skalarprodukt in der Wirtschaft

Das Skalarprodukt wurde in diesem Buch aus einer physikalischen Anwendung als Produkt aus den Beträgen zweier Vektoren und dem Kosinus des eingeschlossenen Winkels entwickelt. Es konnte gezeigt werden (vgl. Seite 151), dass dieses Produkt gleich der Summe der Produkte der Koordinaten der beiden Vektoren ist. Solche Produktsummen spielen auch in der Wirtschaftsmathematik eine Rolle.

Bereits das einfache Beispiel eines Einkaufszettels führt auf ein Skalarprodukt. Sollen beispielsweise zwei Flaschen Apfelsaft zu 1,99 €, drei Stück Butter zu 1,19 € und eine Tüte Chips zu 2,40 € gekauft werden, so ergibt sich der Gesamtpreis in € durch die Rechnung

$$2 \cdot 1{,}99 + 3 \cdot 1{,}19 + 1 \cdot 2{,}40 = 9{,}95.$$

Dies ist das Skalarprodukt zweier Vektoren:

$$\begin{pmatrix}2\\3\\1\end{pmatrix} \cdot \begin{pmatrix}1{,}99\\1{,}19\\2{,}40\end{pmatrix} = 9{,}95.$$

Im Folgenden wird anhand eines etwas komplexeren ökonomischen Problems eine Anwendung des Skalarprodukts in der Wirtschaft aufgezeigt.

Teilebedarfsrechnung

In einem zweistufigen Produktionsprozess werden in der ersten Stufe aus den Rohstoffen R_1 und R_2 die Zwischenprodukte Z_1, Z_2 und Z_3 erzeugt. In der zweiten Produktionsstufe werden die Zwischenprodukte zu den Endprodukten E_1 und E_2 weiterverarbeitet. Der nebenstehende Graph beschreibt die Materialverflechtung. Er gibt an, welcher Materialbedarf für ein Zwischenprodukt oder für ein Endprodukt anfällt.

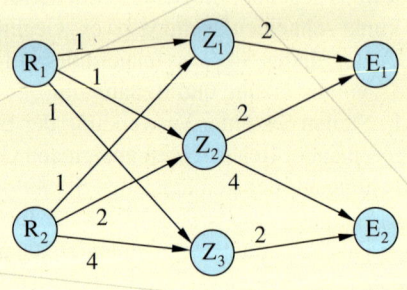

Es soll der Rohstoffbedarf der Endprodukte berechnet werden.

Für ein Teil E_1 benötigt man:
Zwei Teile Z_1 mit jeweils einem Teil R_1,
zwei Teile Z_2 mit jeweils einem Teil R_1,
null Teile Z_3 mit jeweils einem Teil R_1.

Bedarf an R_1 für ein Teil E_1:

$$1 \cdot 2 + 1 \cdot 2 + 1 \cdot 0 = \begin{pmatrix}1\\1\\1\end{pmatrix} \cdot \begin{pmatrix}2\\2\\0\end{pmatrix} = 4$$

Das Skalarprodukt in der Wirtschaft

Der Bedarf an R_1 für ein Teil E_1 ist also gerade das Skalarprodukt aus dem Vektor $\begin{pmatrix}1\\1\\1\end{pmatrix}$ des Bedarfs an dem Rohstoffs R_1 für die Zwischenprodukte Z_1, Z_2, Z_3 und dem Vektor $\begin{pmatrix}2\\2\\0\end{pmatrix}$ des Bedarfs des Endprodukts E_1 an den Zwischenprodukten Z_1, Z_2 und Z_3.

Entsprechend ergibt sich
- der Bedarf an R_2 für ein Teil E_1: $1 \cdot 2 + 2 \cdot 2 + 4 \cdot 0 = \begin{pmatrix}1\\2\\4\end{pmatrix} \cdot \begin{pmatrix}2\\2\\0\end{pmatrix} = 6$,

- der Bedarf an R_1 für ein Teil E_2: $1 \cdot 0 + 1 \cdot 4 + 1 \cdot 2 = \begin{pmatrix}1\\1\\1\end{pmatrix} \cdot \begin{pmatrix}0\\4\\2\end{pmatrix} = 6$,

- der Bedarf an R_2 für ein Teil E_2: $1 \cdot 0 + 2 \cdot 4 + 4 \cdot 2 = \begin{pmatrix}1\\2\\4\end{pmatrix} \cdot \begin{pmatrix}0\\4\\2\end{pmatrix} = 16$.

Die rechts dargestellte Tabelle gibt den Rohstoffbedarf der Endprodukte wieder.

Jedes Element dieser Tabelle ergibt sich als Skalarprodukt von Vektoren, deren Koordinaten man direkt vom Graphen der Materialverflechtung ablesen kann.

	E_1	E_2
R_1	$\begin{pmatrix}1\\1\\1\end{pmatrix} \cdot \begin{pmatrix}2\\2\\0\end{pmatrix} = 4$	$\begin{pmatrix}1\\1\\1\end{pmatrix} \cdot \begin{pmatrix}0\\4\\2\end{pmatrix} = 6$
R_2	$\begin{pmatrix}1\\2\\4\end{pmatrix} \cdot \begin{pmatrix}2\\2\\0\end{pmatrix} = 6$	$\begin{pmatrix}1\\2\\4\end{pmatrix} \cdot \begin{pmatrix}0\\4\\2\end{pmatrix} = 16$

Ausblick: Das Schema $\begin{pmatrix}4 & 6\\6 & 16\end{pmatrix}$, das den Zusammenhang zwischen den Rohstoffen und den Endprodukten beschreibt, nennt man Rohstoffmatrix. Auch den Zusammenhang zwischen den Rohstoffen und den Zwischenprodukten kann man durch ein rechteckiges Zahlenschema – eine sogenannte *Matrix* – beschreiben, ebenso den Zusammenhang zwischen den Zwischenprodukten und den Endprodukten. Durch eine spezielle Verknüpfung der Matrizen – die Matrizenmultiplikation – kann direkt die obige Rohstoffmatrix erzeugt werden. Man kann sich denken, dass bei dieser Verknüpfung die Bildung von Skalarprodukten eine besondere Rolle spielt.

Übung

Der abgebildete Graph beschreibt einen zweistufigen Produktionsprozess zur Herstellung eines Regenbogenfisches (E_1) und eines Stachelfisches (E_2). Die Rohstoffe sind Chemikalien, die Zwischenprodukte daraus hergestellte Kunststoffe. Welcher Rohstoffbedarf besteht für die Produktion jeweils eines der beiden Fische?

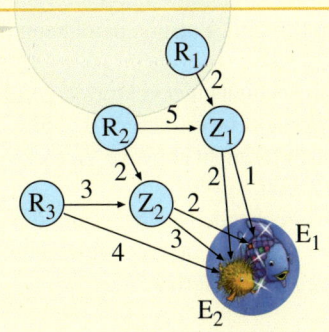

Im ersten Beispiel wurde als Strategie deutlich, eine zielgerichtete Nutzung des Skalarproduktes zu verfolgen, insbesondere bezüglich seiner Eigenschaft für orthogonale Vektoren.
Im Folgenden soll als eine zweite Strategie die zielgerichtete Nutzung linear abhängiger Vektoren zum Tragen kommen.

Linear abhängige Vektoren und Vektorzüge

Welche Eigenschaften hat das **Seitenmittenviereck** eines (beliebigen) Vierecks?

Zunächst erscheint es nützlich, sich vermittels eines Beispiels eine Vorstellung vom Sachverhalt zu verschaffen. Der Einsatz dynamischer Geometriesoftware kann hierbei helfen. Nach Ausmessen der Seiten des Vierecks EFGH ist festzustellen, dass offenbar im speziellen Fall das **Seitenmittenviereck ein Parallelogramm** ist.

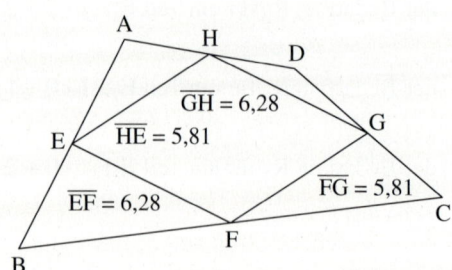

Die Generalisierung der Aussage bedarf einer allgemeingültigen Schlusskette. Dabei sind Größen des gegebenen Vierecks ABCD mit denen des neu gebildeten Vierecks EFGH in geeigneter Weise zu verbinden.

(1) **Vektorielle Aussagen über das Viereck ABCD:**
Die Vektoren $\vec{AB}$, $\vec{BC}$, $\vec{CD}$ und $\vec{DA}$ beschreiben die Seiten des Vierecks.
Die genannten Vektoren bilden einen geschlossenen Vektorzug, denn es gilt:
$\vec{AB} + \vec{BC} + \vec{CD} + \vec{DA} = \vec{0}$

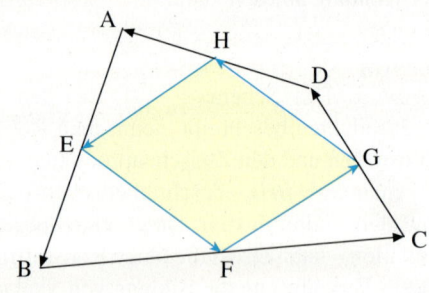

(2) **Vektorielle Aussagen, die Stücke der Vierecke miteinander verknüpfen:**
$\vec{FG} = \frac{1}{2}\vec{BC} + \frac{1}{2}\vec{CD}$, $\vec{HE} = \frac{1}{2}\vec{DA} + \frac{1}{2}\vec{AB}$.

(3) **Schlussfolgerungen über die Stücke im Viereck EFGH:**
Nun gilt wegen (2) und (1): $\vec{FG} = \frac{1}{2}(\vec{BC} + \vec{CD}) = -\frac{1}{2}(\vec{DA} + \vec{AB}) = -\vec{HE}$, also $\vec{FG} = -\vec{HE}$, woraus folgt, dass die beiden Seiten $\overline{FG}$ und $\overline{HE}$ des Seitenmittenvierecks gleich lang und parallel sind. Entsprechend kann die Gleichheit für das andere Seitenpaar gezeigt werden.

Die Universalität einer vektoriell geführten Schlusskette zeigt in diesem Beispiel, dass diese auch für nicht konvexe Vierecke Gültigkeit behält.
Der entsprechende Nachweis auf dem herkömmlichen elementargeometrischen Weg ist hingegen schwierig.

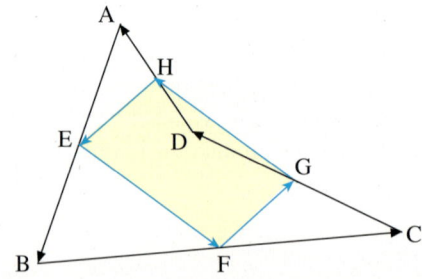

• **Strategie 2**
Der gegebene Sachverhalt oder die zu Grunde liegende geometrische Figur ist zunächst auf bereits bekannte Eigenschaften zu analysieren. Größen mit bekannten Eigenschaften werden in geschlossenen Vektorzügen (das sind Linearkombinationen von Vektoren, die den Nullvektor ergeben) mit denen verbunden, deren Eigenschaften zu zeigen sind. Durch geeignetes Ersetzen von Vektoren des Vektorzuges werden die zu zeigenden Eigenschaften abgeleitet. Mitunter sind mehrere Vektorzüge zu betrachten.

▶ **Beispiel: Seitenhalbierenden eines Dreiecks**
Beweisen Sie den Satz: Der Schnittpunkt S zweier Seitenhalbierenden eines Dreiecks schneidet von jeder Seitenhalbierenden $\overrightarrow{XM_x}$ eine Strecke $\overrightarrow{SM_x}$ so ab, dass gilt: $\overrightarrow{SM_x} = \frac{1}{3} \overrightarrow{XM_x}$.

Lösung:
1. Anfertigen einer Skizze:
Das nebenstehende Bild zeigt ein Dreieck ABC. Betrachtet werden die beiden Seitenhalbierenden BM_b und CM_c sowie deren Schnittpunkt S. Es ist zu zeigen:
$\overrightarrow{SM_c} = \frac{1}{3} \cdot \overrightarrow{CM_c}$ sowie $\overrightarrow{SM_b} = \frac{1}{3} \cdot \overrightarrow{BM_b}$.
Hinweis: In Aufgabe 14 ist zu beweisen, dass auch die dritte Seitenhalbierende $\overrightarrow{AM_a}$ durch den Schnittpunkt S verläuft.

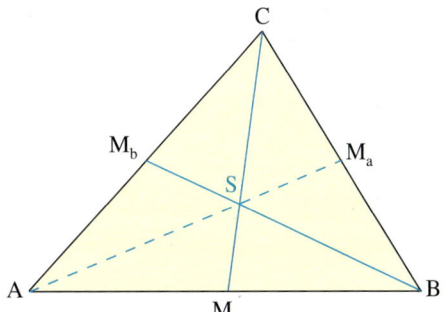

2. Bilden eines geschlossenen Vektorzuges:
(1) $\overrightarrow{AM_c} + \overrightarrow{M_cS} + \overrightarrow{SM_b} + \overrightarrow{M_bA} = \vec{0}$

3. Bezug auf Vektoren herstellen, die direkt angegeben werden können:
(2) Ansatz: $\overrightarrow{M_cS} = r \cdot \overrightarrow{M_cC}$ und $\overrightarrow{SM_b} = s \cdot \overrightarrow{BM_b}$ mit r, s ∈ ℝ. Damit folgt aus (1):
(3) $\overrightarrow{AM_c} + r \cdot \overrightarrow{M_cC} + s \cdot \overrightarrow{BM_b} + \overrightarrow{M_bA} = 0$

4. Bilden weiterer geschlossener Vektorzüge, die den Bezug zu den Dreiecksseiten herstellen:
$\overrightarrow{M_cC} = \overrightarrow{M_cA} + \overrightarrow{AC}$, $\overrightarrow{M_bB} = \overrightarrow{M_bA} + \overrightarrow{AB}$

5. Reduktion auf zwei Seitenvektoren:
Es gilt: $\overrightarrow{AM_c} = \frac{1}{2}\overrightarrow{AB}$, $\overrightarrow{M_cC} = -\frac{1}{2}\overrightarrow{AB} + \overrightarrow{AC}$, $\overrightarrow{BM_b} = -\overrightarrow{AB} + \frac{1}{2}\overrightarrow{AC}$, $\overrightarrow{M_bA} = -\frac{1}{2}\overrightarrow{AC}$.
Damit folgt aus (3): $\frac{1}{2}\overrightarrow{AB} + r\left(-\frac{1}{2}\overrightarrow{AB} + \overrightarrow{AC}\right) + s\left(-\overrightarrow{AB} + \frac{1}{2}\overrightarrow{AC}\right) - \frac{1}{2}\overrightarrow{AC}$ bzw.
(4) $\left(\frac{1}{2} - \frac{r}{2} - s\right)\overrightarrow{AB} + \left(r + \frac{s}{2} - \frac{1}{2}\right)\overrightarrow{AC} = \vec{0}$

6. Lösen des Gleichungssystems:
Die Vektoren $\overrightarrow{AB}$ und $\overrightarrow{AC}$ sind stets linear unabhängig. Damit folgt aus der Vektorgleichung (4) das lineare Gleichungssystem $\frac{1}{2} - \frac{r}{2} - s = 0$ und $r + \frac{s}{2} - \frac{1}{2} = 0$, also:
$\left.\begin{array}{r}\frac{1}{2}r + s = \frac{1}{2} \\ r + \frac{1}{2}s = \frac{1}{2}\end{array}\right\}$ mit der Lösung $r = s = \frac{1}{3}$.

7. Schlussfolgerung:
▶ Mit $r = s = \frac{1}{3}$ und dem Ansatz (2) gilt: $\overrightarrow{M_cS} = \frac{1}{3} \cdot \overrightarrow{M_cC}$ und $\overrightarrow{SM_b} = \frac{1}{3} \cdot \overrightarrow{BM_b}$.

Aufgaben

15. Zeigen Sie, dass auch die dritte Seitenhalbierende durch S geht, indem Sie die Lage des Schnittpunktes der Geraden AS mit der Strecke $\overline{BC}$ untersuchen. Bilden Sie zunächst wieder einen geeigneten geschlossenen Vektorzug.

16. Begründen Sie die Parallelität und Gleichheit von $\overrightarrow{GH}$ und $\overrightarrow{EF}$ im Mittenviereck von S. 196.

17. Rechnerisch ist zu begründen, dass die Vektoren $\binom{2}{3}$, $\binom{3}{-6}$, $\binom{-5}{3}$ einen geschlossenen Vektorzug bilden. Kann dies zeichnerisch geprüft werden?

18. Gesucht sind reelle Zahlen r, s, t, u, für welche die gegebenen Vektoren einen geschlossenen Vektorzug bilden.

    a) $\vec{a} = r \cdot \begin{pmatrix} 2 \\ 3 \\ 1 \end{pmatrix}$, $\quad \vec{b} = s \cdot \begin{pmatrix} 1 \\ 0 \\ 1 \end{pmatrix}$, $\quad \vec{c} = t \cdot \begin{pmatrix} 0 \\ 1 \\ 1 \end{pmatrix}$, $\quad \vec{d} = u \cdot \begin{pmatrix} -1 \\ 0 \\ 1 \end{pmatrix}$

    b) $\vec{a} = r \cdot \begin{pmatrix} 1 \\ 3 \\ 1 \end{pmatrix}$, $\quad \vec{b} = s \cdot \begin{pmatrix} 1 \\ 2 \\ 3 \end{pmatrix}$, $\quad \vec{c} = t \cdot \begin{pmatrix} 0 \\ 1 \\ 1 \end{pmatrix}$, $\quad \vec{d} = u \cdot \begin{pmatrix} 0 \\ 0 \\ 3 \end{pmatrix}$

19. Zeichnen Sie mit einer Geometriesoftware ein Parallelogramm ABCD mit seinen Diagonalen $\overline{AC}$ und $\overline{BD}$
    a) Konstruieren Sie sowohl über den Diagonalen des Parallelogramms die jeweiligen Quadrate als auch über seinen Seiten.
    b) Vergleichen Sie die Summe der Flächeninhalte der Diagonalenquadrate mit der der Seitenquadrate und formulieren Sie eine diesbezügliche Vermutung über einen Zusammenhang zwischen beiden Summen.
    c) Ändern Sie die Gestalt des Parallelogramms ABCD. Gibt es Auswirkungen auf die von Ihnen formulierte Vermutung?
    d) Überprüfen Sie vektoriell die Wahrheit Ihrer Vermutung.

20. Formulieren Sie ein stereometrisches Analogon zu Aufgabe 18 und prüfen Sie dieses auf seinen Wahrheitsgehalt.

21. In einem Dreieck ABC liege ein Punkt D auf der Seite b und ein Punkt E auf der Seite a so, dass gilt: $\overrightarrow{AD} = \frac{2}{3} \cdot \overrightarrow{AC}$ und $\overrightarrow{BE} = \frac{3}{5} \cdot \overrightarrow{BC}$. Veranschaulichen Sie den Sachverhalt in einer Skizze und geben Sie einen geeigneten geschlossenen Vektorzug so an, dass daraus auf das Verhältnis geschlussfolgert werden kann, unter dem die Strecken $\overline{AE}$ und $\overline{BD}$ einander teilen.

22. Gegeben sind in der Ebene ein Punkt P(4|7) sowie eine Gerade g durch A(1|1) und B(7|7).
    a) Die geometrischen Objekte sind zeichnerisch darzustellen.
    b) Der Abstand des Punktes P zur Geraden g ist der Zeichnung zu entnehmen.
    c) Für die rechnerische Bestimmung der Abstandsmaßzahl ist ein geeigneter geschlossener Vektorzug einzuzeichnen.
    d) Wie kann der Abstand des Punktes zur Geraden berechnet werden?

23. Gegeben sei ein Trapez ABCD mit $\overrightarrow{AB} = \vec{u}$, $\overrightarrow{AD} = \vec{v}$ und $\overrightarrow{DC} = r \cdot \vec{u}$.
    a) Zeichnen Sie das Trapez für A(2|0), B(5|0), D(1|5) und r = 3.
    b) Die Diagonalen schneiden einander in einem Punkt S. Bezeichnen Sie unter Verwendung von S geeignete Vektoren so, dass diese mit $\vec{u}$ einen geschlossenen Vektorzug bilden.
    c) Entwickeln Sie eine vektorielle Gleichung, die nur noch Vielfache von u und v enthält.
    d) Zeigen Sie durch geeignete Interpretation der erhaltenen Gleichung, dass $\overrightarrow{SC} = r \cdot \overrightarrow{AS}$ gilt.

VI. Zur Verwendung digitaler Mathematikwerkzeuge

1. Graphik-Taschenrechner

Graphische Darstellung von Funktionen

Die wichtigste GTR-Anwendung besteht in der Darstellung von Funktionsgraphen.

> **Beispiel: Untersuchung von Funktionsgraphen**
> Gegeben sind die Funktionen $f(x) = x^2 - 2x - 1$ und $g(x) = \frac{x}{2} + 1$.
> Stellen Sie die Graphen von f und g mit dem GTR dar. Ermitteln Sie Näherungswerte für die Koordinaten der Schnittpunkte der beiden Graphen sowie für die Nullstellen von f und g. Welche Koordinaten hat der Scheitelpunkt des Graphen von f näherungsweise?

Lösung:
Vom **Hauptmenü** (s. linkes Bild), das man mit der Taste MENU erreicht, wählt man mit der Taste 5 die Graph-Anwendung und gelangt damit zu einem Editor, der die Eingabe der beiden gegebenen Funktionsterme $x^2 - 2x - 1$ und $\frac{x}{2} + 1$ gestattet. Dabei ist zu beachten, dass für die Variable x die Taste X,Θ,T verwendet werden muss.

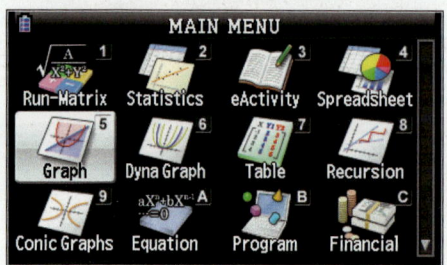
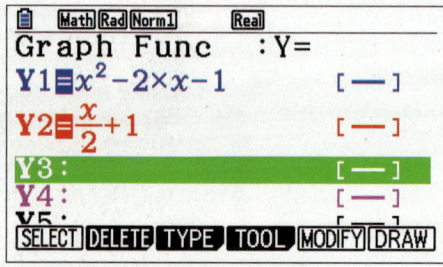

Aus dem Editor wird mit F6 der Menüpunkt DRAW ausgewählt, worauf beide Funktionsgraphen erscheinen.
Man kann nun mit F3 das V-Window-Menü aufrufen, um den Darstellungsbereich anzupassen. Mit der Tastenfolge F1 EXIT F6 erscheint die hier geeignete Standarddarstellung INITIAL.

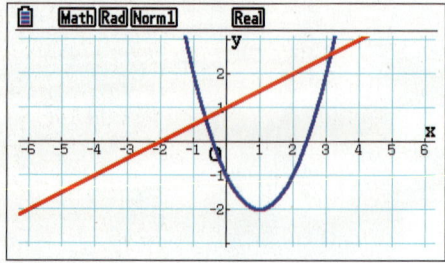

Da es nur um eine näherungsweise Bestimmung von Koordinaten geht, bietet sich die Verwendung der Trace-Funktion an, die mit F1 gestartet wird. Auf dem Graphen von f = Y1 erscheint ein Cursor, der mit ◄ und ► auf dem Graphen bewegt werden kann. Mit ▼ und ▲ wechselt man zwischen den Graphen Y1 und Y2.

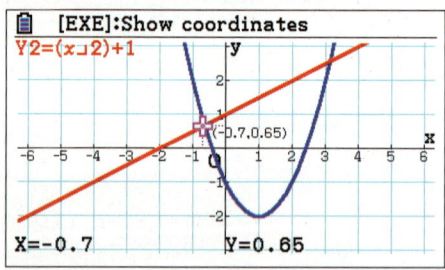

Man kann nun unmittelbar Näherungswerte für die Schnittpunkte, Nullstellen und den Scheitelpunkt der Parabel ablesen.

Lösen von Gleichungen

Bei der Untersuchung von Problemen, die kompliziertere Potenzterme, exponentielle oder trigonometrische Terme beinhalten, sind häufig Gleichungen zu lösen, für die keine exakten Verfahren bekannt sind. GTR ermöglichen die näherungsweise *Lösung von Gleichungen*.

> **Beispiel: Lösung von Gleichungen mit einer Variablen**
> Bestimmen Sie Näherungslösungen der Gleichung $2^x = x + 2$ mit dem GTR.

Lösung:
Vom Hauptmenü (Taste MENU) wählt man mit den Tasten A die Gleichung-Anwendung und gelangt damit zu einem Untermenü, das die Auswahl zwischen der Lösung von linearen Gleichungssystemen (F1: SIMUL), von Polynomgleichungen (F2: POLY) und einem Näherungsverfahren (F3: SOLVER) gestattet. Hier muss das Näherungsverfahren des GTR gewählt werden, d.h. SOLVER.

Nach der Auswahl F3 (SOLVER) erscheint ein Fenster, in dem hinter Eq: die zu lösende Gleichung einzugeben ist. Dabei ist zu beachten, dass für die Variable x die Taste X,Θ,T verwendet werden muss. Außerdem ist ein Startwert für x einzugeben. Wir wählen x = 0. Nach ENTER können noch die untere und die obere Grenze des Intervalls festgelegt werden, in dem eine Lösung der Gleichung gesucht werden soll.

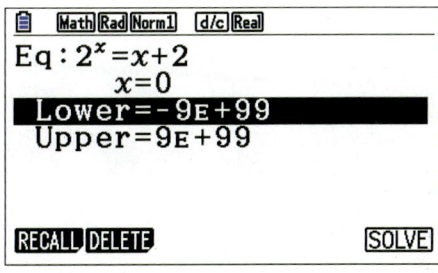

Nach dem abschließenden ENTER (oder vorher mit der Taste F3 (SOLVE)) startet das Verfahren und liefert die Näherungslösung x = −1,690093068.
Außerdem werden als Probe mit Lft = 0,3099069324 und Rgt = 0,3099069324 die Werte der linken und der rechten Seite der Gleichung ausgegeben.

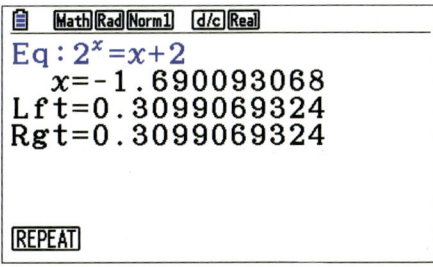

Mit F1 (REPEAT) kann ein neuer Startwert (beispielsweise x = 1) gewählt werden. Damit erhält man die (offensichtlich exakte) Lösung x = 2. Mit Lft = 4 und Rgt = 4 werden wieder die Werte der linken und der rechten Seite der Gleichung ausgegeben. Weitere Lösungen existieren offensichtlich nicht.

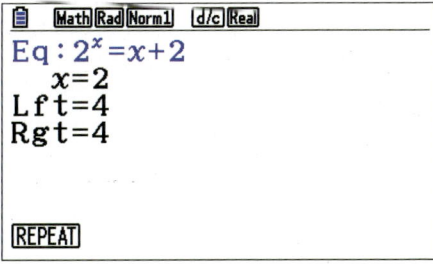

Wertetabellen von Funktionen

Eine Funktion kann durch ihre Zuordnungsvorschrift, ihren Graphen und durch *Wertetabellen* beschrieben werden.

> **Beispiel: Wertetabelle einer Funktion**
> Gegeben sind die Funktionen $f(x) = x^2 - 2x - 1$ und $g(x) = \frac{x}{2} + 1$.
> Erstellen Sie Wertetabellen von f und g für $x = -6; -5; -4; \ldots; 5; 6$.

Lösung:
Im Hauptmenü (Taste $\boxed{\text{MENU}}$, linkes Bild) wählt man mit der Taste $\boxed{7}$ die Tabellen-Anwendung, worauf sich ein Editor öffnet (rechtes Bild), in den die Funktionsterme $x^2 - 2x - 1$ und $\frac{x}{2} + 1$ eingegeben werden können (bzw. von der Graph-Anwendung bereits eingetragen sind).

Dabei ist zu beachten, dass für die Variable x die Taste $\boxed{\text{X},\Theta,\text{T}}$ verwendet werden muss.

 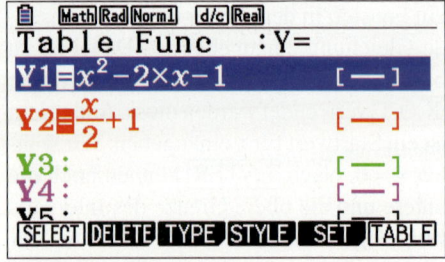

Aus dem Editor wird mit (F5) der Menüpunkt SET ausgewählt, wo der Start- und der Endwert von x sowie die Schrittweite (Step) eingetragen werden.

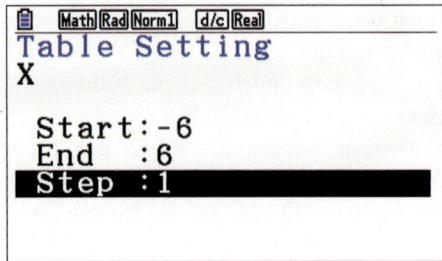

Mit $\boxed{\text{EXIT}}$ gelangt man wieder in den Editor und mit (F6) (TABLE) werden die Wertetabellen für Y1 und Y2 ausgegeben.
Mit ◄ und ► wechselt man in den Spalten, mit ▲ und ▼ kann man die Zeilen scrollen.

1. Graphik-Taschenrechner

Variieren von Parametern von Funktionstermen

Enthält ein Funktionsterm außer der Variablen x eine weitere Variable A, so kann der Einfluss dieses sog. *Parameters* A auf den Funktionsgraphen untersucht werden.

> **Beispiel: Funktion mit Parameter**
> Gegeben ist die Funktionenschar $f_A(x) = x^3 + 2Ax^2$, $x \in \mathbb{R}$, mit dem reellen Parameter A. Zeichnen Sie die Graphen von f_A für $A = -1; 0; 1{,}5$.

Lösung:
Im Hauptmenü (Taste MENU) wählt man mit der Taste 5 die Graphik-Anwendung, worauf sich ein Editor öffnet, in den der Funktionsterm $x^3 + 2 \cdot A \cdot x^2$ eingetragen wird. Dabei ist zu beachten, dass für die Variable x die Taste X,Θ,T verwendet werden muss.

Mit F5 wird der Menüpunkt MODIFY ausgewählt. Für die gezeigte Funktion wurde für den Parameter A eine feste Zahl gewählt, die im linken unteren Eck im nebenstehenden Bild zu sehen ist.

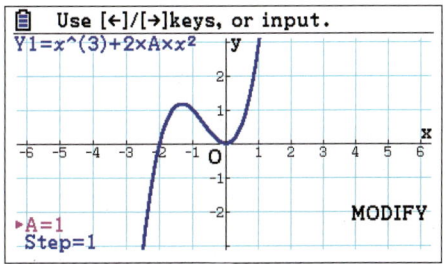

Durch ▶ wird der Wert von A um den Wert von Step erhöht, durch ◀ wird der Wert von A entsprechend gesenkt. Man kann auch einen konkreten Wert für A eingeben. z. B.: 1.5 EXE.

Der GTR kann für mehrere Parameterwerte von A gleichzeitig die Graphen der Funktionenschar anzeigen, indem im Editor hinter dem Funktionsterm, getrennt durch ein Komma, die gewünschten Parameterwerte in einer Liste der Form

$$[A = -1, 0, 1{,}5]$$

eingetragen werden.

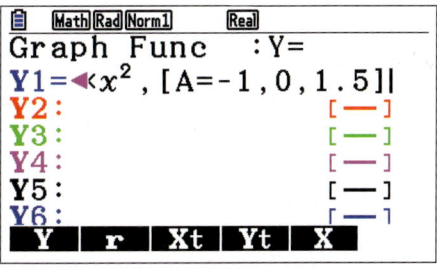

Die Eingabe im Editor wird wieder mit EXE abgeschlossen.

Mit F6 (DRAW) wird die Funktionenschar für diejenigen Werte abgebildet, die für den Parameter A in der Liste eingegeben wurden.

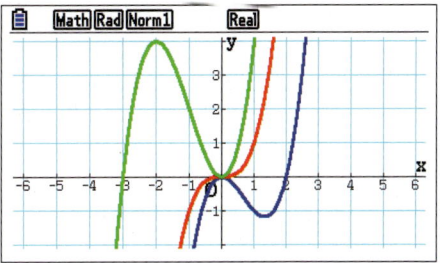

Näherungsfunktion eines Wachstumsprozesses

Bei der Untersuchung von Wachstumsprozessen ergeben sich zunächst Tabellen, die beispielsweise die Entwicklung einer Population beschreiben. Gesucht ist schließlich eine passende Exponentialfunktion.

> **Beispiel: Näherungsfunktion eines Wachstumsprozesses**
> Die Tabelle beschreibt einen exponentiellen Wachstumsprozess. Man bestimme eine passende Funktion $f(x) = a \cdot b^x$.
>
> | x | 0 | 1 | 2 | 3 | 4 | 5 |
> |---|---|---|---|---|---|---|
> | y | 300 | 388 | 510 | 670 | 870 | 1 125 |

Lösung:
Aus dem Hauptmenü gelangt man mit der Taste [2] zur Statistik-Anwendung. In der Liste 1 des Statistik-Editors werden die x-Werte 0, 1, …, 5 eingetragen. Mithilfe der Cursor-Taste wechselt man in die Liste 2 und trägt dort die zugehörigen y-Werte 300, 388, …, 1 125 ein. In der Zeile SUB kann der Variablenname notiert werden.

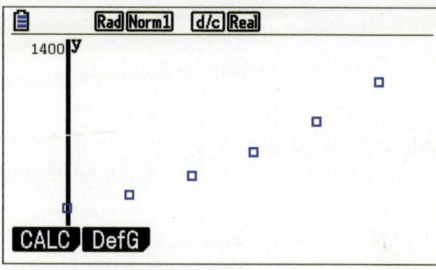

Man kann nun die Wertepaare graphisch darstellen. Dazu wählt man den Menüpunkt GRAPH mit (F1) und kann zunächst unter SET (Taste (F6)) die Graphik-Einstellungen festlegen. Mit [EXIT] gelangt man wieder zur Tabelle und von dort mit (F1) zur graphischen Darstellung.

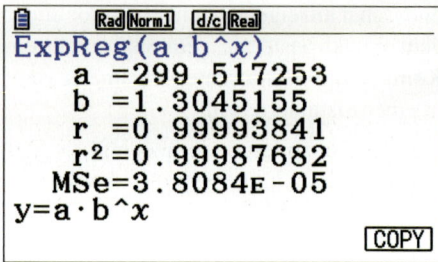

Mit [EXIT] wechselt man wieder zur Tabelle, wählt mit (F2) den Menüpunkt CALC, mit (F3) REG und mit (F6) (F2) schließlich EXP, also die exponentielle Regression. Dort entscheiden wir uns mit (F2) für den Funktionstyp $a b^x$. Man erhält den Faktor $a = 299{,}51\cdots \approx 300$ und die Basis $b = 1{,}3045\cdots \approx 1{,}3$.

Mit (F6) (COPY) kann man den Funktionsterm in den Graphik-Editor kopieren. Mit [MENU] [5] wechselt man ins Graphik-Menü, wählt den Funktionsterm mit (F1) aus und zeichnet mit (F6) den Graphen.
Mit [SHIFT] (F3) kann schließlich noch das Graphik-Fenster modifiziert werden.

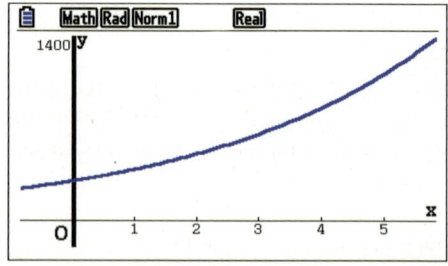

1. Graphik-Taschenrechner

Elementare Rechenoperationen mit Vektoren

Wählt man im Hauptmenü die 1, also Run-Matrix, so gelangt man mit (F3) (MAT/VCT) in das Matrix-Menü. Das Vektor-Menü wird dann mit (F6) (M ↔ V) ausgewählt. Mit EXE legt man für jeden einzugebenden Vektor die Dimensionen fest. Mit m = 3 und n = 1 wird ein Spaltenvektor des $\mathbb{R}^3$ definiert m = 1 und n = 3 ein Zeilenvektor bzw. ein Punkt.

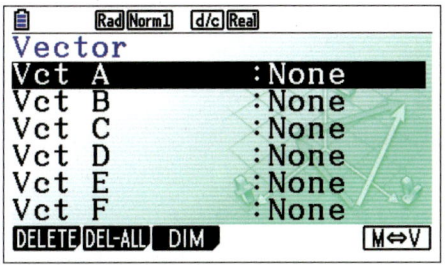 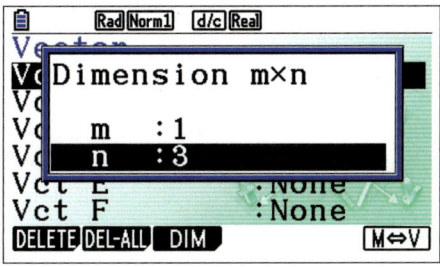

Die erzeugten Vektoren füllt man mit den gegebenen Koordinaten. Über EXIT gelangt man zurück in den Editor. Im folgenden Beispiel werden einfache *Vektoroperationen* durchgeführt.

> **Beispiel: Eingabe von Vektoren und einfache Operationen**
> Gegeben sind die Punkte A(1|−2|−3), B(−1|4|2). Definieren Sie dazu Ortsvektoren im GTR.
> a) Bilden Sie die Summe $\vec{a} + \vec{b}$, die Differenz $\overrightarrow{AB} = \vec{b} - \vec{a}$ und die Linearkombination $\vec{a} + 4\vec{b}$.
> b) Bestimmen Sie die Länge des Ortsvektors $\vec{b}$ von B.

Lösung zu a:
Man wählt über OPTIN zwei Vektoren aus, benennt sie und verbindet sie mit dem Additionszeichen. Nach Bestätigung der Eingabe mit EXE erscheint das Ergebnis [0 2 −1] in Zeilenform, da wir oben die Vektoren in dieser Form definiert haben. Die Differenzbildung erfolgt analog, die Linearkombination entsprechend.

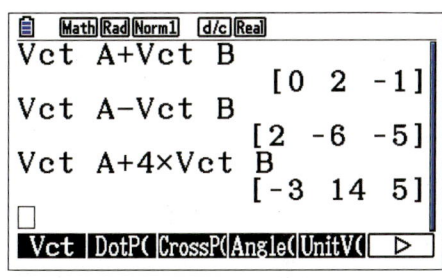

Lösung zu b:
Über OPTIN (F2) wählt man mit dreimaligem (F6) und anschließendem (F1) Norm() aus. Man gibt aus demselben Menü (Vct) mit (F1) ein. Anschließend bestimmt man den Buchstaben des Vektors, dessen Länge zu berechnen ist, im Beispiel mit der Tastenfolge ALPHA log den Buchstaben B. Nach) und EXE erhält man $\sqrt{21}$.

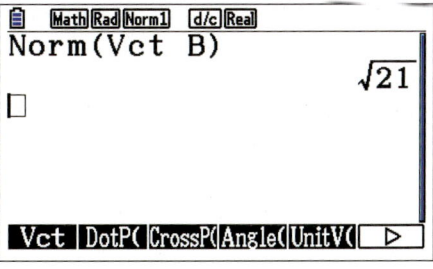

Bestimmung der Lösungsmenge von linearen Gleichungssystemen

Der GTR kann *lineare Gleichungssysteme* mit 2, 3, 4, 5 oder 6 Variablen exakt lösen.

> **Beispiel: Lösung eines linearen Gleichungssystems (3 × 3)**
> Ermitteln Sie die Lösung des LGS:
> $$\begin{aligned} 4x + y - 2z &= -1 \\ x + 6y + 3z &= 1 \\ -5x + 4y + z &= -7 \end{aligned}$$

Lösung:
Im Hauptmenü (Taste MENU) wählt man mit ALPHA X,Θ,T (also A) den Gleichungs-Editor und dort mit F1 (Simultaneous) die Lösung von linearen Gleichungssystemen.

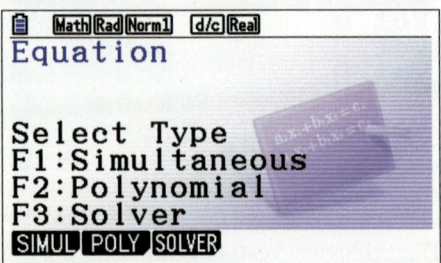

Zunächst wird man vor die Wahl gestellt, wie viele Unbekannte das Gleichungssystem hat. Unser Beispiel hat 3 Variable. Diese Festlegung wird über F2 getätigt.

Anschließend erscheint eine Eingabemaske mit drei Zeilen und vier Spalten zur Eingabe der Spaltenvektoren des LGS:
$a_n = \begin{pmatrix} 4 \\ 1 \\ -5 \end{pmatrix}$, $b_n = \begin{pmatrix} 1 \\ 6 \\ 4 \end{pmatrix}$, $c_n = \begin{pmatrix} -2 \\ 3 \\ 1 \end{pmatrix}$ und $d_n = \begin{pmatrix} -1 \\ 1 \\ -7 \end{pmatrix}$

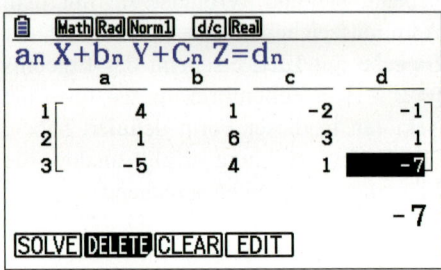

Ist die Tabelle gefüllt, wird mit F1 (SOLVE) die Lösung des Gleichungssystems berechnet und sofort ausgegeben. Man erhält die folgende Lösung:
$x = 1$; $y = -1$; $z = 2$.

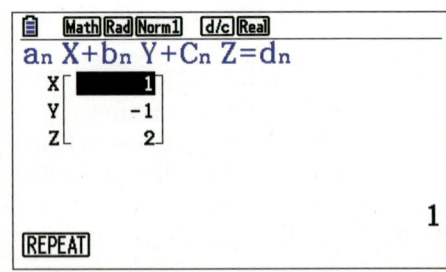

Lösungsmengen von unterbestimmten linearen Gleichungssystemen

Der GTR kann auch *unterbestimmte lineare Gleichungssysteme* mit 2, 3, …, 6 Variablen lösen.

▶ **Beispiel: Lösung eines unterbestimmten linearen Gleichungssystems (3 × 2)**
Ermitteln Sie die Lösung des LGS: $4x + y - 2z = -1$
$x + 6y + 3z = 1$

Lösung:
Im Hauptmenü (Taste MENU) wählt man mit ALPHA X,Θ,T (also A) den Gleichungs-Editor und dort mit F1 (Simultaneous) die Lösung von linearen Gleichungssystemen.

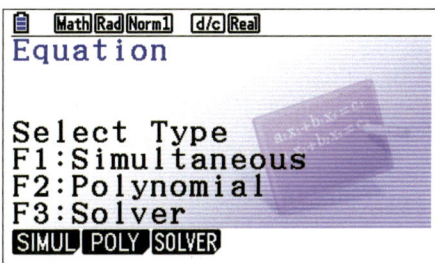

Zunächst erfolgt die Wahl der Anzahl der Unbekannten des Gleichungssystems. Unser Beispiel hat 3 Variable. Diese Festlegung wird über F2 getätigt.

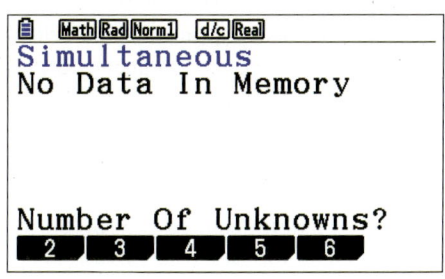

Anschließend erscheint eine Eingabemaske mit drei Zeilen und vier Spalten zur Eingabe der Spaltenvektoren des LGS:
$a_n = \binom{4}{1}$, $b_n = \binom{1}{6}$, $c_n = \binom{-2}{3}$ und $d_n = \binom{-1}{1}$.
Die dritte Zeile der Eingabemaske wird durch Nullen aufgefüllt.

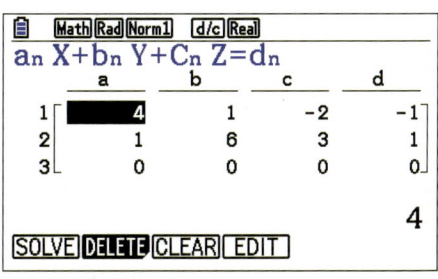

Ist die Tabelle gefüllt, wird mit F1 (SOLVE) die Lösung des Gleichungssystems berechnet und sofort ausgegeben. Dabei werden die ersten beiden Variablen X und Y in Abhängigkeit der dritten dargestellt. Z tritt also als Parameter auf. Man erhält die folgende Lösung:

▶ $x = -\frac{7}{23} + \frac{15}{23}z$, $y = \frac{5}{23} - \frac{14}{23}z$, $z \in \mathbb{R}$.

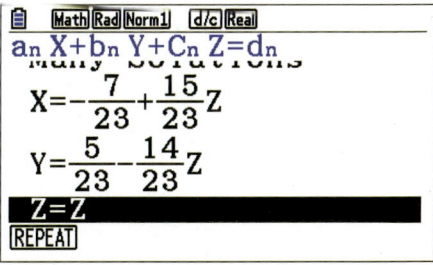

Simulation eines Zufallsexperiments

GTR verfügen über Möglichkeiten, *Pseudozufallszahlen* über einen fest installierten Algorithmus zu erzeugen. Mit dem Add In Zufalsg können *Zufallsexperimente* simuliert werden.

▶ **Beispiel: Simulation eines Münzwurfes**
Simulieren Sie das Werfen einer idealen Münze mithilfe der ProbSim-Funktion des GTR. Erzeugen Sie dazu eine Tabelle für 100 Münzwürfe, in der das Ereignis „Kopf" gezählt wird. Veranschaulichen Sie die Stabilisierung der relativen Häufigkeit in einem Streudiagramm.

Lösung:
Zunächst wählt man die Zufallsg-Funktion aus dem Hauptmenü. (F1) (Münzwurf) simuliert den Wurf einer idealen Münze. Über (F2) (+n) wird eine bestimmte Anzahl an Würfen festgelegt. Bestätigt wird die Anzahl 100 der Würfe durch [EXE].
Um die generierten Werte in einer Tabelle zu speichern wird (F3) (STORE) gedrückt. Voreingestellt wird die Anzahl der Würfe in List1 gespeichert. List2 beinhaltet für das Ergebnis „Kopf" eine 1, sonst eine 0. In List3 ist die Anzahl der Kopfwürfe kumuliert gespeichert. Die Bestätigung erfolgt mit [EXE].
Man wählt nun im Hauptmenü [2] (Statistik) und erhält die zuvor erzeugte Tabelle. Um die Stabilisierung zu veranschaulichen, muss List4 mit dem Quotienten aus List3 und List1 gefüllt werden. Dazu den Cursor auf das Feld List4 bewegen. Mit [SHIFT] [1] (List) [3] [÷] [SHIFT] [1] (List) [1] [EXE] füllt sich die Liste. Man wählt nun über die Funktionstasten GRAPH; mit (F6) (SET) werden die Einstellungen (vgl. drittes Bild) für den Graphen vorgenommen.
Man verlässt das SET-Menü mit [EXIT] und kann nun den Graphen mit (F1) (GRAPH1) zeichnen lassen. Das Bild zeigt die Stabilisierung der relativen Häufigkeit.

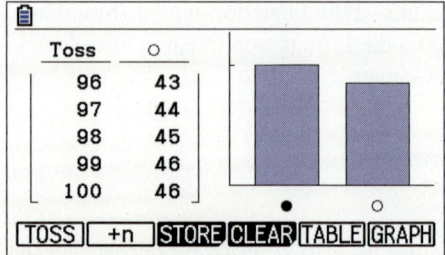

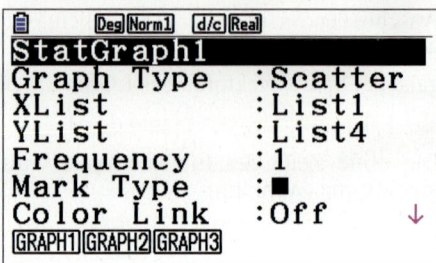

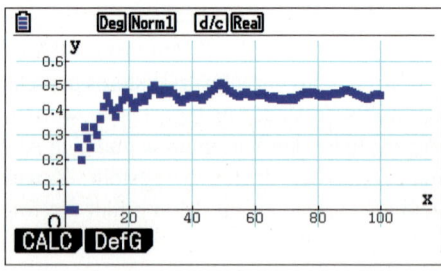

▶

Graphische Darstellung einer Wahrscheinlichkeitsverteilung

Mit der Tabellenkalkulation und den Graphikausgaben des GTR können *Wahrscheinlichkeitsverteilungen* berechnet und tabelliert sowie graphisch veranschaulicht werden.

> **Beispiel: Wahrscheinlichkeitsverteilung der Augensumme beim Wurf zweier Würfel**
> Die Augensumme beim Wurf zweier Laplace-Würfel kann die Werte 2, 3, 4, …, 12 annehmen. Bestimmen Sie die Tabelle der Wahrscheinlichkeitsverteilung und veranschaulichen Sie die Verteilung graphisch.

Lösung:
Die Augensumme beim Wurf zweier Laplace-Würfel ist – wie das folgende Bild zeigt – nicht gleichverteilt. Man kann die Einzelwahrscheinlichkeiten der Summenwerte 2, 3, 4, …, 12 unmittelbar ablesen.

Aus dem Hauptmenü wählt man mit $\boxed{4}$ die Spreadsheet-Anwendung und erhält eine leere Tabellenkalkulation. In die Spalte A werden die Werte 2, 3, 4, 5, 6, 7, 8, 9, 10, 11, 12 der Wahrscheinlichkeitsverteilung eingetragen. In die Spalte B kommen die zugeordneten Wahrscheinlichkeiten:
$\frac{1}{36}, \frac{2}{36}, \frac{3}{36}, \frac{4}{36}, \frac{5}{36}, \frac{6}{36}, \frac{5}{36}, \frac{4}{36}, \frac{3}{36}, \frac{2}{36}, \frac{1}{36}$.

Nachdem alle Werte der Verteilung und die zugehörigen Wahrscheinlichkeiten in die Tabelle eingetragen sind, wählt man F1 (GRAPH), dann F6 (SET) und dann die links unten angegebenen Einstellungen.

Mit der Taste EXE gelangt man wieder in das Tabelle-Fenster (s. Bild rechts oben). Dort wählt man F1 (GRAPH1) und erhält das rechts unten stehende Balkendiagramm der Wahrscheinlichkeitsverteilung.

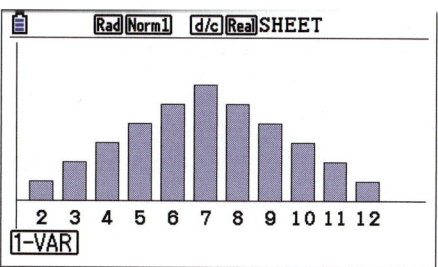

2. Computeralgebrasystem

Graphische Darstellung von Funktionen

Eine wichtige CAS-Anwendung besteht in der *Darstellung von Funktionsgraphen*.

> **Beispiel: Untersuchung von Funktionsgraphen**
> Gegeben sind die Funktionen $f(x) = x^2 - 2x - 1$ und $g(x) = \frac{x}{2} + 1$.
> Stellen Sie die Graphen von f und g mit dem CAS dar. Ermitteln Sie Näherungswerte für die Koordinaten der Schnittpunkte der beiden Graphen sowie für die Nullstellen von f und g. Welche Koordinaten hat der Scheitelpunkt des Graphen von f näherungsweise?

Lösung:
Nach dem Einschalten des Rechners erscheint der **Hauptbildschirm** (s. nebenstehendes Bild). Man kann nun unter Scratchpad [B] direkt die Graph-Funktion aufrufen oder unter Dokumente [1] den Menüpunkt 2: Graphs hinzufügen wählen oder direkt das Graphs-Symbol unten auswählen.

Es erscheint ein Koordinatensystem und die Aufforderung zur Eingabe des Funktionsterms f1(x). Hier wird zunächst der Term von f eingegeben, also $x^2 - 2 \cdot x - 1$. Nach Betätigung der Taste [enter] erscheint die zugehörige Parabel.
Mit [ctrl] [G] kann man die Eingabezeile erneut aufrufen und weitere Funktionen f2(x), f3(x), ... eingeben. Mit den Kursortasten ▲ und ▼ wechselt man zwischen den Eingabezeilen.

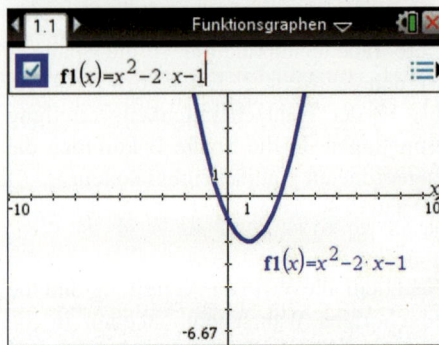

Nach nochmaligem Einblenden der Eingabezeile wird unter f2(x) der Term x/2 + 1 der linearen Funktion g übergeben.

Im Koordinatensystem ergibt sich das nebenstehende Bild.

Wird ein anderer Ausschnitt gewünscht, so kann mit der Taste [menu] und der Auswahl 4: Fenster die Darstellung geändert werden.

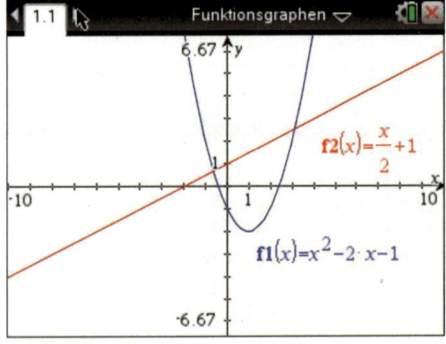

Mit der Auswahl 5: Spur wird die Trace-Funktion gestartet. Auf einem der Graphen erscheint ein Cursor, der mit ◄ und ► auf dem Graphen bewegt werden kann.
Mit ▲ und ▼ wechselt man zwischen den Graphen f1 und f2. Im unteren Teil des Bildschirms werden die Koordinaten des entsprechenden Punktes ausgegeben. Damit kann man näherungsweise die Schnittpunkte, die Nullstellen sowie den Scheitelpunkt der Parabel bestimmen.

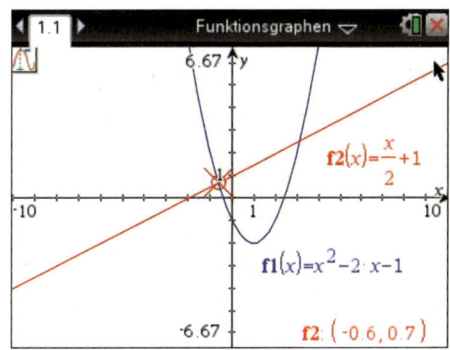

Lösen von Gleichungen

Bei der Untersuchung von Problemen, die kompliziertere Potenzterme, exponentielle oder trigonometrische Terme beinhalten, sind häufig Gleichungen zu lösen, für die keine exakten Verfahren bekannt sind. CAS ermöglichen die exakte und die näherungsweise *Lösung von Gleichungen*.

► **Beispiel: Lösung von Gleichungen mit einer Variablen**
Bestimmen Sie Näherungslösungen der Gleichung $2^x = x + 2$ mit dem CAS.

Lösung:
Aus dem Hauptmenü wird Applikation Calculator gewählt und dort der Befehl nSolve($2^x = x + 2$,x) eingegeben. Beim nSolve-Befehl wird also zunächst die zu lösende Gleichung eingetragen und nach dem Komma die Lösungsvariable x.
Das Näherungsverfahren liefert die Lösung x = −1,69009.
Man kann nach weiteren Lösungen suchen lassen, indem man dem nSolve-Befehl Bedingungen für x anfügt.

Im Folgenden soll noch eine graphische Lösung mit der Applikation Graphs gefunden werden. Dabei werden die beiden Seiten der Gleichung als Funktionsterme von f1 und f2 eingegeben und die Graphen gezeichnet.

Nun betätigt man die Taste menu und wählt 6: Graph analysieren und darunter 4: Schnittpunkt.
Das nebenstehende Bild zeigt für x die Näherungslösung −1,69 sowie die offensichtlich exakte Lösung 2. Außerdem kann man als y-Koordinate den jeweilig übereinstimmenden Wert 0,31 bzw. 4 der linken und rechten Seiten der Gleichung ablesen.

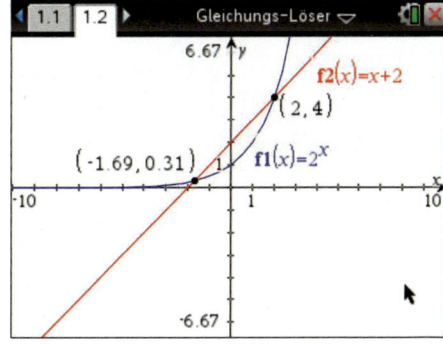

Wertetabellen von Funktionen

Eine Funktion kann durch ihre Zuordnungsvorschrift, ihren Graphen und durch *Wertetabellen* beschrieben werden.

> **Beispiel: Wertetabelle einer Funktion**
> Gegeben sind die Funktionen $f(x) = x^2 - 2x - 1$ und $g(x) = \frac{x}{2} + 1$.
> Erstellen Sie Wertetabellen von f und g für $x = -6; -5; -4; \ldots ; 5; 6$.

Lösung:
Wurden mit dem CAS Graphen von Funktionen dargestellt, so kann man mit [ctrl] [T] aus dem linken Bild unmittelbar die Wertetabelle(n) erzeugen (rechtes Bild). Der Bildschirm wird dabei geteilt. Mit [ctrl] [T] ergibt sich wieder das linke Bild.

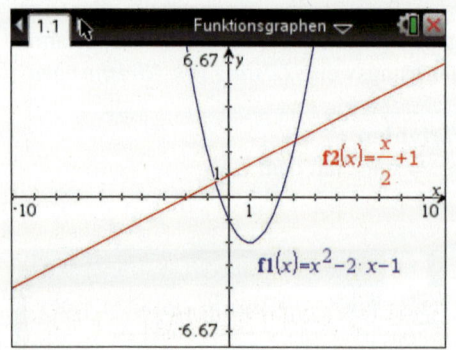 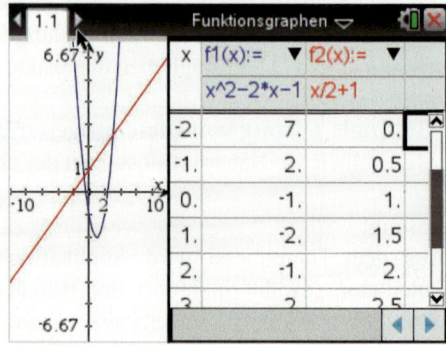

Eine zweite Möglichkeit ist durch die Applikation Lists & Spreadsheet gegeben. Der Aufruf erfolgt wie beim ersten Beispiel aus dem Hauptmenü (s. unten, linkes Bild). Man erhält eine Tabelle mit ähnlichen Eigenschaften und Rechenmöglichkeiten, wie man sie von Computer-Tabellenkalkulationen her kennt.

Im Tabellenkopf kann man zunächst Namen für die einzelnen Spalten eintragen.
In die Zelle A1 wurde zunächst −6 eingetragen und in A2 die „Formel" = a1 + 1. Diese Zelle wird nun in die darunterliegenden Zellen in üblicher Weise kopiert.
In die Zelle B1 kommt die Formel = a1² − 2 · a1 − 1, in die Zelle C1 kommt = a1/2 + 1. Beide Zellen werden jeweils in die darunterliegenden kopiert, womit die Tabelle fertig ist.

Variieren von Parametern von Funktionstermen

Enthält ein Funktionsterm außer der Variablen x eine weitere Variable a, so kann der Einfluss dieses sog. *Parameters* a auf den Funktionsgraphen untersucht werden.

▶ **Beispiel: Funktion mit Parameter**
Gegeben ist die Funktionenschar $f_a(x) = x^3 + 2ax^2$, $x \in \mathbb{R}$, mit dem reellen Parameter a. Zeichnen Sie den Graphen von f_a für verschiedene Werte von a.

Lösung:
Wir verwenden eine Notes-Seite, um in Math-Boxen zunächst den Parameter a, dann die Funktion $f_a(x)$ zu definieren. In weiteren Math-Boxen kann man dann den Funktionsterm für verschiedene x-Werte berechnen lassen.

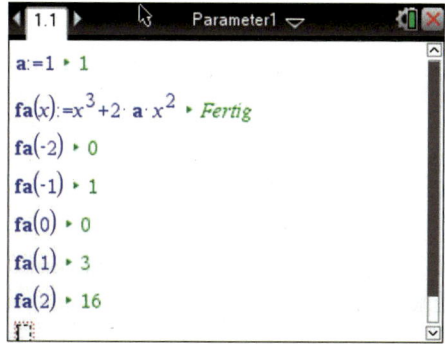

Nach Aufruf des Hauptmenüs wählt man nun die Applikation Graphs und definiert die Funktion f1 durch f1(x) = fa(x), wonach der Funktionsgraph für den auf der Notes-Seite festgelegten Parameterwert gezeichnet wird.

Möchte man den Parameterwert ändern, so erledigt man dies auf der Notes-Seite und wechselt anschließend wieder zur Graphs-Seite.

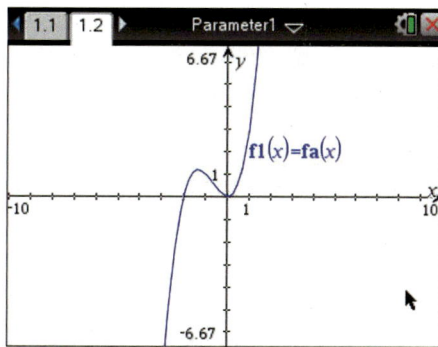

Eine elegante Lösung ermöglicht die Verwendung eines Schiebereglers, wobei man ausschließlich die Applikation Graphs mit $f1(x) = x^3 + 2 \cdot a \cdot x^2$ verwendet und über Menü, 1: Aktionen, B: Schieberegler einfügen den Regler aufruft. Dabei ist v1 durch a zu ersetzen, wonach der Graph erscheint. Mit ctrl menu kann man die Schiebereinstellungen anpassen und schließlich Graphen für verschiedene Wer-
▶ te von a betrachten.

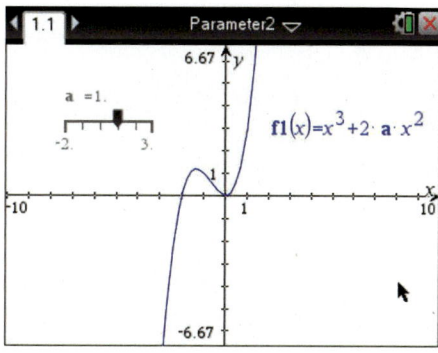

Näherungsfunktion eines Wachstumsprozesses

Bei der Untersuchung von Wachstumsprozessen ergeben sich zunächst Tabellen, die beispielsweise die Entwicklung einer Population beschreiben. Gesucht ist schließlich eine passende Exponentialfunktion.

▶ **Beispiel: Näherungsfunktion eines Wachstumsprozesses**

Die Tabelle beschreibt einen exponentiellen Wachstumsprozess. Man bestimme eine passende Funktion $f(x) = a \cdot b^x$.

x	0	1	2	3	4	5
y	300	388	510	670	870	1 125

Lösung:
Die gegebene Wertetabelle erfasst man mit der Applikation Lists & Spreadsheet. Um Konflikte zu vermeiden, werden die Spalten mit xw und yw bezeichnet. Die Wertepaare können zunächst als Streudiagramm mit der Applikation Graphs veranschaulicht werden, wobei die nebenstehende Zuweisung erfolgt. Der Rechner bietet zunächst ein ungeeignetes Fenster an, das noch entsprechend angepasst werden muss. Dazu drückt man menu , wählt 4: Fenster und 1: Fenstereinstellungen.

$s1 \begin{cases} x \leftarrow xw \\ y \leftarrow yw \end{cases}$

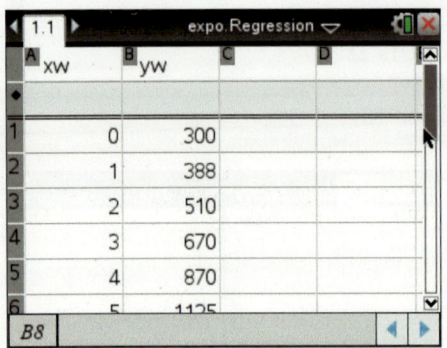
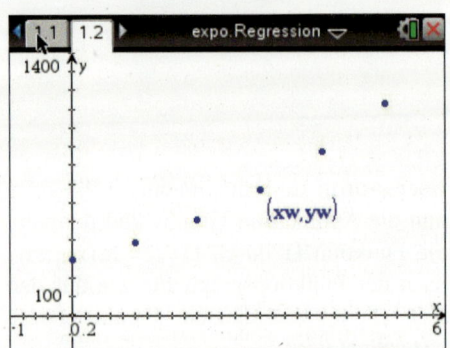

Zur Bestimmung einer passenden Funktion $f(x) = a \cdot b^x$ wird wieder zur Tabellenkalkulation gewechselt und mit menu 4 1 A Statistik>Statistische Berechnungen>Exponentielle Regression mit xw (x-Liste) und yw (y-Liste) gewählt. Nach enter erscheint das Bild unten links. Uns interessieren die beiden Werte 299.517 und 1.30452. Der erste Wert ist der Faktor a, der zweite ist die Basis b der gesuchten Exponentialfunktion. In einem neuen Graphs-Fenster wird schließlich die Exponentialfunktion mit gerundeten Werten a und b dargestellt.

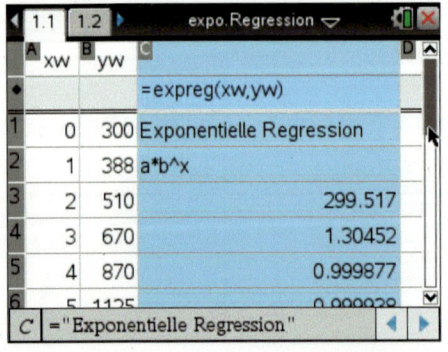
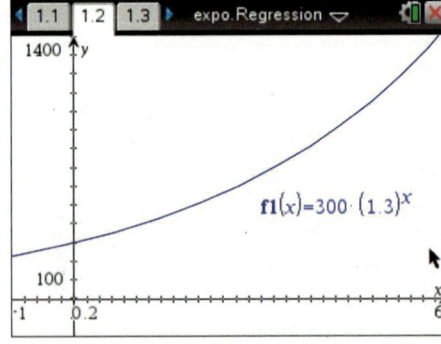

Elementare Rechenoperationen mit Vektoren

Die Notation weicht bei der Vektorrechnung teilweise von derjenigen ab, die beim Aufschreiben zu verwenden ist. Es ist sinnvoll, mit dem ersten Buchstaben eines Namens die Art des Objektes anzugeben, also p für einen Punkt, v für einen Vektor usw. Mehrere Eingaben können in einer Zeile durch einen Doppelpunkt getrennt werden; gerade bei Vektoren ist das übersichtlicher.

Möglichkeiten zur Eingabe von Vektoren:
1. Die Koordinaten werden in eckigen Klammern in mehreren Zeilen eingetragen. Dazu wird nach der linken Klammer und ersten Koordinate mit der Taste ⏎ rechts unten auf der Nspire-Tastatur eine weitere Zeile erzeugt. In die neue Zeile gelangt man mit dem Cursor.
2. Im Katalog bei 5 die Vorlage für eine Matrix auswählen und den Vektor als Matrix mit der Zeilenzahl 3 und Spaltenzahl 1 vorgeben.
3. Den Vektor als Zeilenvektor eingeben, dann mit menu Matrix und Vektor ▶ Transponieren in einen Spaltenvektor umwandeln.

> **Beispiel: Eingabe von Vektoren und einfache Operationen**
> Gegeben sind die Punkte A(1|−2|−3) und B(−1|4|2).
> a) Definieren Sie im CAS den Punkt A unter dem Namen pa und die Ortsvektoren $\vec{a} = \overrightarrow{OA}$ und $\vec{b} = \overrightarrow{OB}$ unter den Namen va und vb.
> Bestimmen Sie die Länge des Ortsvektors $\vec{b}$ mithilfe der Funktion norm.
> b) Bilden Sie die Summe $\vec{a} + \vec{b}$, die Differenz $\overrightarrow{AB} = \vec{b} - \vec{a}$ und die Linearkombination $\vec{a} + 4\vec{b}$.

Lösung zu a:
Punkte werden als Zeile, Vektoren als Spalte in eckigen Klammern geschrieben. Bei der Eingabe werden die Werte durch Kommata getrennt, in der Anzeige erscheinen stattdessen größere Zwischenräume. Durch Transponieren (Zeile wird zur Spalte) erhält man den zum Punkt gehörigen Ortsvektor. Mit der Eingabe norm(vb) erfolgt p die Berechnung von $\sqrt{(-1)^2 + 4^2 + 2^2}$ mit dem Ergebnis $\sqrt{21}$.

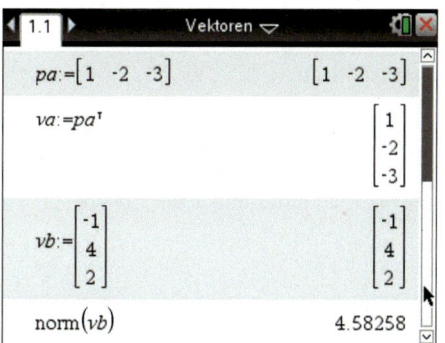

Lösung zu b:
Für die Vektoraddition wird die übliche Taste + verwendet.
Der Verbindungsvektor vom Punkt A zum Punkt B wird sinnvollerweise mit vab bezeichnet und durch die Eingabe vb − va berechnet.
Die Skalar-Multiplikation (Vielfaches des Vektors) erfolgt mit der Taste ×.

Bestimmung der Lösungsmenge von linearen Gleichungssystemen

Das CAS bietet mehrere Möglichkeiten zur Lösung *linearer Gleichungssysteme*.

> **Beispiel: Lösung eines linearen Gleichungssystems (3 × 3)**
> Ermitteln Sie die Lösung des LGS:
> $$\begin{aligned} 4x + y - 2z &= -1 \\ x + 6y + 3z &= 1 \\ -5x + 4y + z &= -7 \end{aligned}$$

Lösung:
Auf einer Notes-Seite erhält man mit menu
6 3 2 also der Auswahl Berechnung >
Algebra > System linearer Gleichungen
lösen (mit der Anzahl der Gleichungen = 3)
das Eingabeschema für den linSolve-Befehl und damit die Lösung $x = 1$, $y = -1$, $z = 2$.
Eine weitere Möglichkeit bietet der simult-Befehl, bei dem die Koeffizientenmatrix des linearen Gleichungssystems und der Vektor der rechten Seite einzugeben sind.

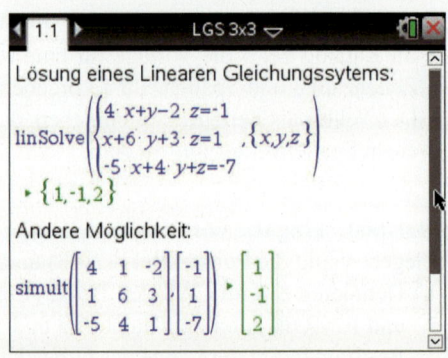

Mit dem rref-Befehl liefert das CAS eine Umformung des LGS in die sog. reduzierte Diagonalform,
$$\begin{aligned} 1 \cdot x + 0 \cdot y + 0 \cdot z &= 1 \\ 0 \cdot x + 1 \cdot y + 0 \cdot z &= -1 \\ 0 \cdot x + 0 \cdot y + 1 \cdot z &= 2 \end{aligned}$$
aus der man unmittelbar die Lösung
$x = 1$, $y = -1$, $z = 2$
ablesen kann.

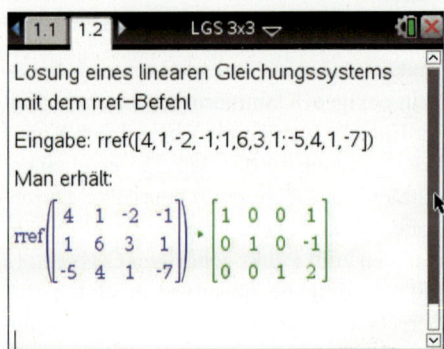

▶

Wenn die Spaltenvektoren der Koeffizientenmatrix – wie im nebenstehenden Fall – linear abhängig sind, so kommt man mit dem simult-Befehl nicht weiter. Anders ist es mit dem rref-Befehl: Beim LGS
$\begin{cases} x + 2y = 1 \\ 2x + 4y = 2 \end{cases}$ folgt $\begin{cases} x + 2y = 1 \\ 0x + 0y = 0 \end{cases}$,
also die Lösung $x = 1 - 2y$, $y \in \mathbb{R}$ bei
$\begin{cases} x + 2y = 1 \\ 2x + 4y = 1 \end{cases}$ folgt $\begin{cases} x + 2y = 0 \\ 0x + 0y = 1 \end{cases}$,
also ein Widerspruch.

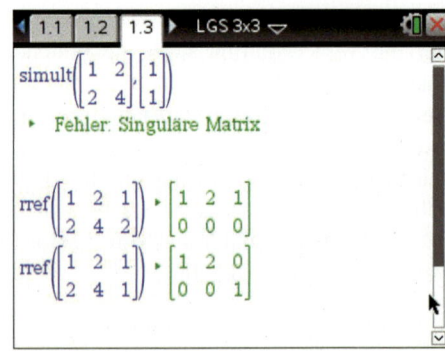

Lösungsmengen von unterbestimmten linearen Gleichungssystemen

Mit dem CAS kann auch die Lösungsmenge von *unterbestimmten linearen Gleichungssystemen* ermittelt werden.

(*Hinweis:* Zu den Eingaben vgl. Lösung des vorstehenden Beispiels.)

▶ **Beispiel: Lösung eines unterbestimmten linearen Gleichungssystems (3 × 2)**
Ermitteln Sie die Lösung des LGS: $\quad 4x + y - 2z = -1$
$\qquad\qquad\qquad\qquad\qquad\qquad\quad x + 6y + 3z = 1$

Lösung:
Der linSolve-Befehl (vgl. S. 216) liefert eine einparametrige Lösung, wobei der Parameter c1 für die Variable z steht. Aus der im Screenshot angegebenen Lösung kann abgelesen werden:

$x = -\frac{7}{23} + \frac{15}{23}z, \quad y = \frac{5}{23} - \frac{14}{23}z, \quad z \in \mathbb{R}$

Der simult-Befehl führt zu einer Fehlermeldung. Er ist nur geeignet für eindeutig lösbare lineare Gleichungssysteme.

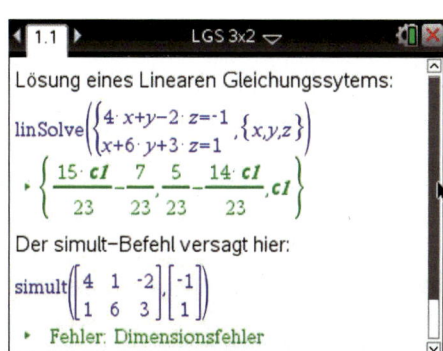

Mit dem rref-Befehl liefert das CAS eine Umformung des LGS in die sog. reduzierte Diagonalform,

$1 \cdot x + 0 \cdot y - \frac{15}{23} \cdot z = -\frac{7}{23}$

$0 \cdot x + 1 \cdot y + \frac{14}{23} \cdot z = \frac{5}{23}$

aus der man unmittelbar die Lösung

$x = -\frac{7}{23} + \frac{15}{23}z, \quad y = \frac{5}{23} - \frac{14}{23}z \quad (z \in \mathbb{R})$

ablesen kann.

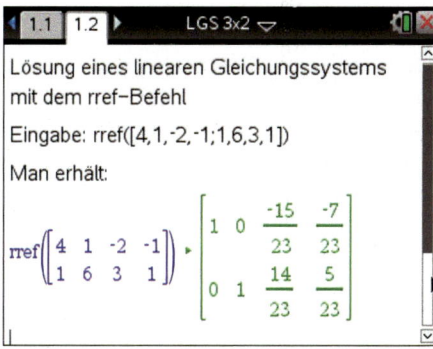

Der rref-Befehl versagt auch nicht bei den Gleichungssystemen

a) $\begin{cases} 4x + y - 2z = -1 \\ 4x + y - 2z = -1 \end{cases}$ und

b) $\begin{cases} 4x + y - 2z = -1 \\ 4x + y - 2z = 1 \end{cases}$.

Im Fall a) liefert rref die Lösung

$x = -\frac{1}{4} - \frac{1}{4}y + \frac{1}{2}z \; (y, z \in \mathbb{R})$,

▶ im Fall b) folgt der Widerspruch 0 = 1.

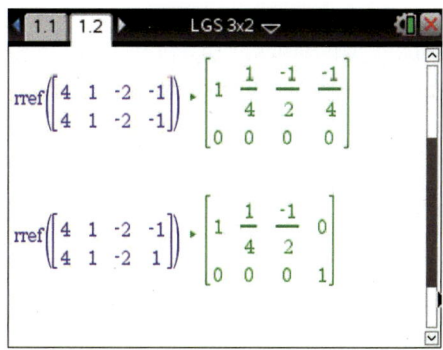

Simulation eines Zufallsexperiments

CAS verfügen über Möglichkeiten, *Pseudozufallszahlen* über einen fest installierten Algorithmus zu erzeugen. Damit können *Zufallsexperimente* simuliert werden.

> **Beispiel: Simulation eines Münzwurfes**
> Simulieren Sie das Werfen einer idealen Münze mithilfe der rand-Funktion des CAS. Erzeugen Sie dazu eine Tabelle für 100 Münzwürfe, in der das Ereignis „Kopf" gezählt wird. Veranschaulichen Sie die Stabilisierung der relativen Häufigkeit in einem Streudiagramm.

Lösung:
Wir verwenden die rand-Funktion des CAS. Sie liefert eine Pseudozufallszahl zwischen 0 und 1.

In einer Lists & Spreadsheet-Tabelle werden in der Spalte A die Zahlen von 1 bis 100 erzeugt, in Spalte B durch den Befehl when(rand()<0.5,1,0) zufällig 1 oder 0 für „Kopf" bzw. „Zahl" bestimmt, in Spalte C wird die Anzahl für „Kopf" aufsummiert und in Spalte D die relative Häufigkeit für „Kopf" berechnet. Dazu wird eingegeben:
Zelle A1: $\boxed{1}$, Zelle A2: $\boxed{=a1+1}$,
Zelle B1: $\boxed{=\text{when}(\text{rand}()<0.5,1,0)}$,
Zelle C1: $\boxed{=b1}$, Zelle C2: $\boxed{=c1+b2}$,
Zelle D1: $\boxed{=c1 \div a1 \cdot 1.0}$.
Anschließend werde über $\boxed{\text{menu}}$ 3: Daten und 3: Füllen die Zellen A2, B1, C2 und D1 jeweils bis zur Zeile 100 kopiert.

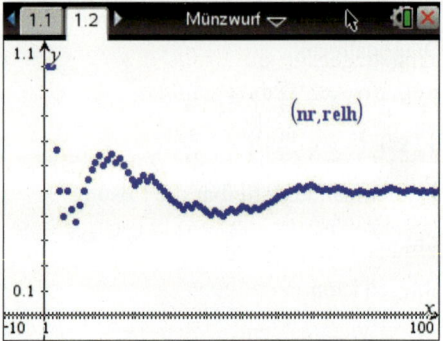

Unter Graphs wird über die Taste $\boxed{\text{menu}}$ 3: Graph-Eingabe/Bearbeitung der Punkt 5: Streudiagramm gewählt

und $\begin{cases} x \leftarrow nr \\ y \leftarrow relh \end{cases}$ festgelegt sowie das Fenster geeignet angepasst.

Kehrt man in die Lists & Spreadsheet-Tabelle 1.1 zurück, so kann man mit $\boxed{\text{ctrl}}$ $\boxed{\text{R}}$ eine Neuberechnung starten.

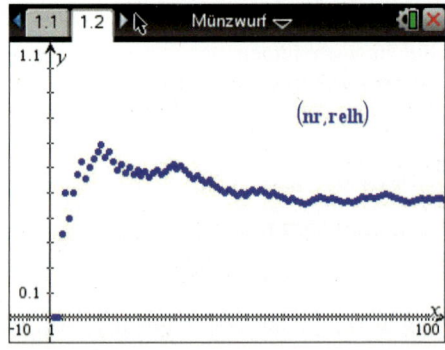

Wechselt man wieder zu Graphs 1.2, so wird ein neues Streudiagramm der relativen Häufigkeit des Ereignisses „Kopf" beim Münzwurf und deren Stabilisierung dargestellt. Die Simulation kann man in der Lists & Spreadsheet-Tabelle 1.1 beliebig
▶ oft wiederholen.

Graphische Darstellung einer Wahrscheinlichkeitsverteilung

Mit der Tabellenkalkulation und den Graphikausgaben des CAS können *Wahrscheinlichkeitsverteilungen* berechnet und tabelliert sowie graphisch veranschaulicht werden.

▶ **Beispiel: Wahrscheinlichkeitsverteilung der Augensumme beim Wurf zweier Würfel**
Die Augensumme beim Wurf zweier Laplace-Würfel kann die Werte 2, 3, 4, …, 12 annehmen. Bestimmen Sie die Tabelle der Wahrscheinlichkeitsverteilung und veranschaulichen Sie die Verteilung graphisch.

Lösung:
Die Augensumme beim Wurf zweier Laplace-Würfel ist – wie das folgende Bild zeigt – nicht gleich verteilt. Man kann die Einzelwahrscheinlichkeiten der Summenwerte 2, 3, 4, …, 12 unmittelbar ablesen.

In einer Lists & Spreadsheet-Tabelle werden in der Spalte A die Werte der Wahrscheinlichkeitsverteilung 2, 3, 4, …, 12 eingetragen. In die Spalte B kommen die zugehörigen Wahrscheinlichkeiten $\frac{1}{36}$, $\frac{2}{36}$, $\frac{3}{36}$, $\frac{4}{36}$, $\frac{5}{36}$, $\frac{6}{36}$, $\frac{5}{36}$, $\frac{4}{36}$, $\frac{3}{36}$, $\frac{2}{36}$ und $\frac{1}{36}$.
Durch die Multiplikation mit 1.0 werden die Wahrscheinlichkeiten in der Tabelle der Wahrscheinlichkeitsverteilung als Dezimalzahlen ausgegeben.

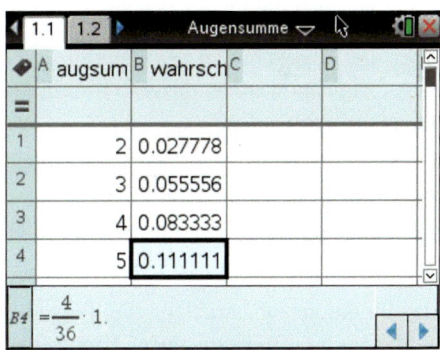

Über menu und 3: Daten wählt man 8: Ergebnisdiagramm mit den Vorgaben

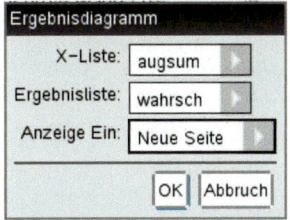

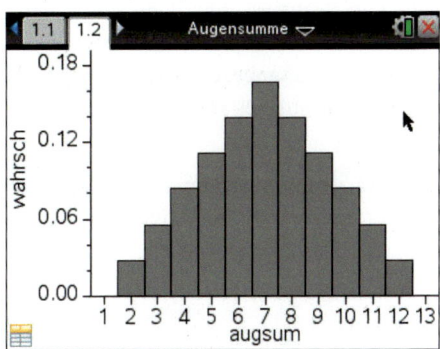

▶ und erhält das nebenstehende Diagramm

3. Dynamische Geometriesoftware

Graphische Darstellung einer Funktion

Dynamische Geometriesoftware bietet vielerlei Hilfsmöglichkeiten, mathematische Aufgabenstellungen zu veranschaulichen und zu visualisieren.

> **Beispiel: Graphische Darstellung einer Funktion und der Tangente an einer Stelle**
> Stellen Sie die Funktion $f(x) = 0.1\,x^3 + 0.5\,x^2 - 3\,x$ graphisch dar. Lassen Sie sich anschließend die Tangente an der Stelle $x = 3$ zeigen und bestimmen Sie ihren Funktionsterm.

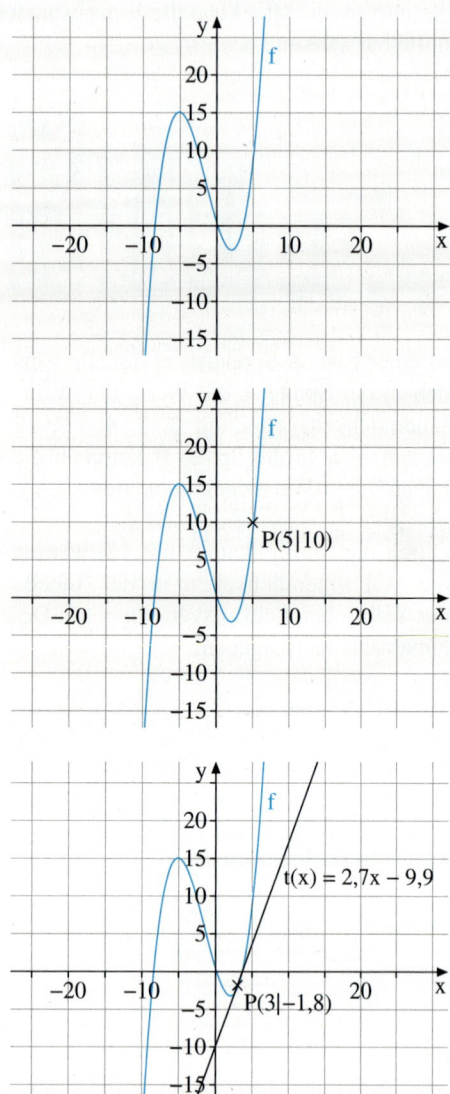

Lösung:
In das Eingabefeld wird die Funktion $f(x) = 0.1\,x^3 + 0.5\,x^2 - 3\,x$ eingetragen. Dabei muss beachtet werden, dass Dezimalzahlen mit einem Punkt getrennt werden. Die Funktion wird mit [Enter] gezeichnet.

Als nächstes wird ein beweglicher Punkt definiert. Dazu wird das Menü zum Zeichnen eines Punktes aktiviert. Durch Anklicken des Graphen mit der Maus wird der Punkt auf dem Graphen gezeichnet.

Über die Eigenschaften des Punktes kann auch festgelegt werden, dass die Koordinaten angezeigt werden.

Im Zugmodus kann der Punkt auf dem Graphen bewegt werden. Nach korrekter Eingabe kann der Punkt nur auf dem Graphen bewegt werden.

Die Funktionsvorschrift für die Tangente wird mit t(x) = bezeichnet. Hinter das Gleichzeichen wird „Tangente" geschrieben. Die Software gibt dann an, welche Angabe an welcher Stelle zur Vervollständigung der Eingabe erforderlich sind. In diesem Fall sind es der Punkt P und die Funktion f.

Mit dem Zugmodus kann jetzt die Position von P gewählt und die Tangentenfunktion hinter t(x) abgelesen werden.

Ermitteln von Nullstellen und Extrema

Dynamische Geometriesoftware bietet einige Funktionen, die die Bestimmung von *Nullstellen* sowie *Extrema* deutlich erleichtern.

> **Beispiel: Ermitteln von Nullstellen und Extrema**
> Untersuchen Sie die Funktion $f(x) = 0.1\,x^3 + 0.5\,x^2 - 3\,x$ auf Nullstellen und Extrempunkte.

Lösung:
In das Eingabefeld wird die Funktion $f(x) = 0.1\,x^3 + 0.5\,x^2 - 3\,x$ eingetragen. Dabei muss beachtet werden, dass Dezimalzahlen mit einem Punkt anstelle des Kommas geschrieben werden. Die Funktion wird mit Enter gezeichnet.

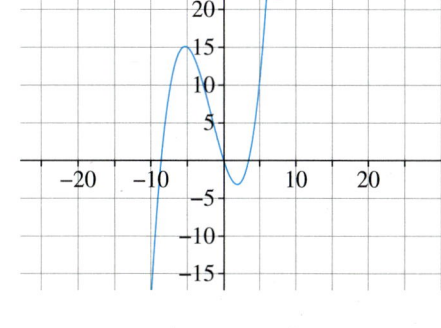

Über das Eingabefeld wird der Befehl „Nullstelle" eingegeben. In eckigen Klammern wird die Bezeichnung der Funktion eingetragen, deren Nullstellen bestimmt werden sollen, z. B. „Nullstelle[f]". Die Punkte der Nullstellen werden mit den Buchstaben „A; B; …" bezeichnet.

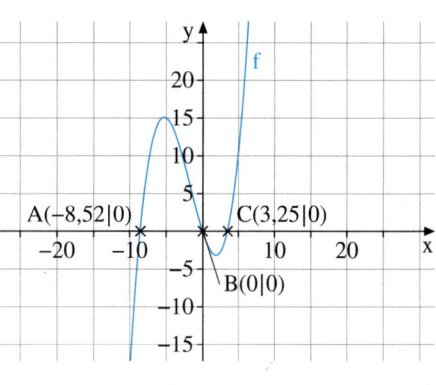

Mit der Eingabe von „Extremum" und in eckigen Klammern der Bezeichnung der Funktion „Extremum[f]" werden die Extrema der Funktion am Graphen und in der Ansicht gezeigt.

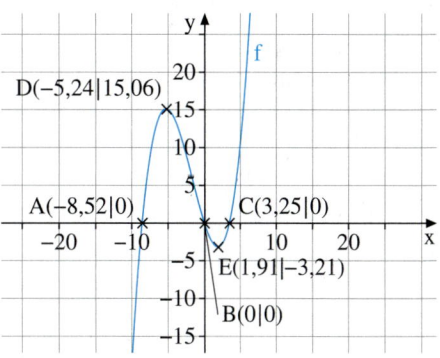

Lösen von Gleichungen

Komplexere *Gleichungen* können mit DGS veranschaulicht und graphisch gelöst werden.

> **Beispiel: Graphisches Lösen von komplexeren Gleichungen**
> Bestimmen Sie die Lösungen der Gleichung $0{,}5^x + 0{,}5 = \sin x$ im Intervall $[0, 4]$.

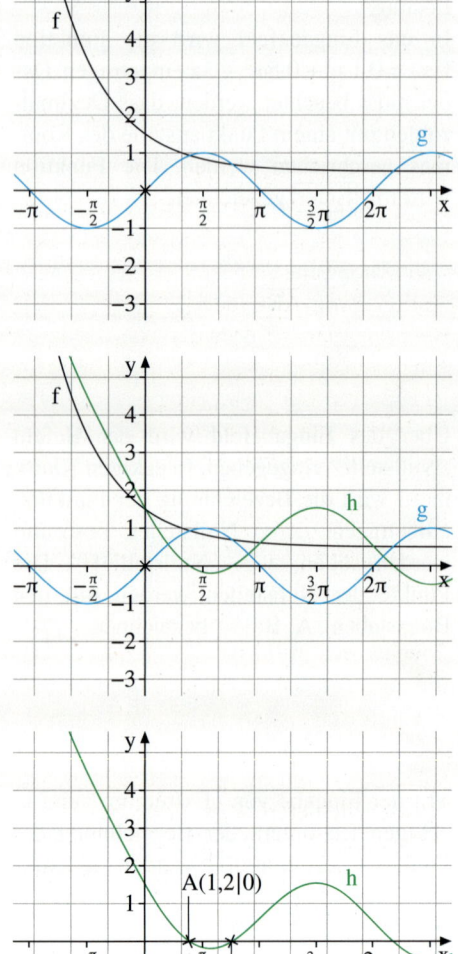

Lösung:
Es werden beide Formeln getrennt in das Eingabefeld eingetragen.
f(x) = 0.5^x+0.5
g(x) = sin(x)
Die Abszissen der Schnittpunkte beider Funktionen sind die Lösungen der Gleichung.

Zunächst wird die Differenzfunktion von f und g gebildet. Dazu muss im Eingabefeld die neue Funktion h(x)=f(x)−g(x) notiert werden.
Es wird eine dritte Funktion h(x) generiert, deren Nullstellen den x-Werten der Schnittpunkte von f(x) und g(x) entsprechen. Der Graph von h(x) ist hier grün dargestellt

Die Nullstellen werden durch den Befehl „Nullstellen" bestimmt. In eckigen Klammern wird die Bezeichnung der Funktion und durch Kommata abgetrennt jeweils der Startwert und der Endwert des gewünschten Intervalls geschrieben, in dem Nullstellen gesucht werden.
Nullstellen[h(x),0,4]

Die x-Werte der beiden berechneten Punkte entsprechen den Lösungen der gegebenen Gleichung.

▶ Zu beachten ist, dass das Ergebnis nur numerisch angenähert wird und die Lösungen somit auch nur genähert berechnet werden.

4. Tablet-Computer

Man kann die TI-Nspire™ CAS-App auf einem iPad® meist wie einen GTR oder die Software mit einem PC verwenden.

> **Beispiel: Untersuchung einer Funktion**
> Gegeben ist die Funktion $f(x) = 2^x - x - 2$.
> Stellen Sie den Graphen von f dar.
> Bestimmen Sie die Nullstellen.
> Bestimmen Sie die Ableitung an der Stelle $x = a$.

Lösung:

a) Im Graphikfenster gibt man den Funktionsterm ein: Man tippt auf $\boxed{+}$, dann in die Zeile hinter $\boxed{f1(x)=}$ und bestätigt mit Return bzw. Eingabe. Man könnte auch eine Funktion wie f(x) auf einer Notes- oder Calculator-Seite eingeben. Hinweis: Durch Antippen von $\boxed{ABC}$ oder $\boxed{.?123}$ oder $\boxed{,+=}$ wechselt man zwischen den verschiedenen Eingabefeldern; durch Antippen kann man das Tastaturfeld ausblenden. „2^x" liefert 2^x. Hinein- und Hinauszoomen kann man mithilfe zweier Finger.

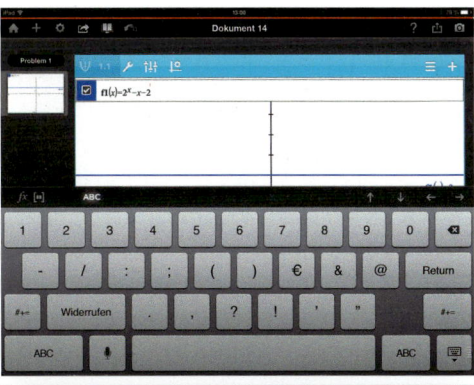

b) Unter dem $\boxed{\text{Werkzeugsymbol}}$ findet sich Graph analysieren. Für die Nullstelle muss man noch den Bereich durch Verschieben der Parallelen zur y-Achse auf dem Touchscreen wählen. Ebenso kann man die Anzeige der Schnittpunkte gut lesbar positionieren. Man erhält zwei Nullstellen $x_1 \approx -1{,}69$ und $x_2 = 2$. Auch solve(f1(x)=0,x) auf einer Calculator- oder Notes-Seite liefert diese Werte.

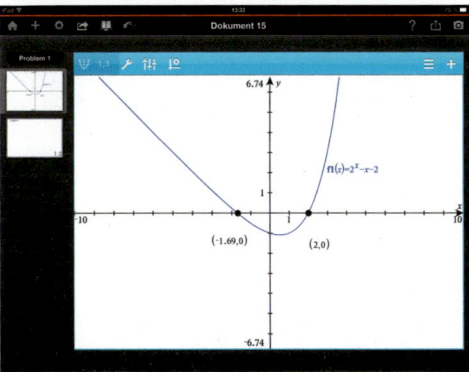

c) Unter dem $\boxed{\text{Werkzeugsymbol}}$ wählt man Geometry, dann Punkte und Geraden und Punkt auf, tippt die Gerade an und kann dann diesen Punkt auf dem Graphen verschieben. Unter dem $\boxed{\text{Werkzeugsymbol}}$ wählt man Graph analysieren und dann dy/dx. Die Anzeigen positioniert man gut lesbar. Verschiebt man den Punkt auf dem Graphen, so erhält man verschiedene Steigungen, von −1 über 0 (etwa bei 0,53) bis hin zu größeren positiven Werten.

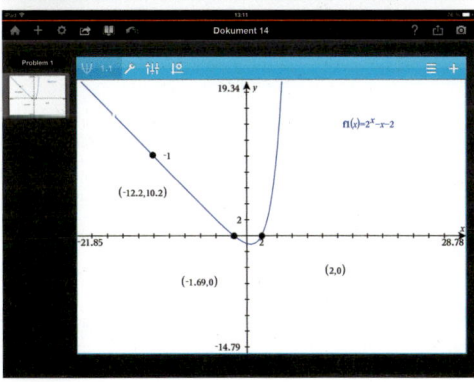

Testlösungen

Testlösungen zum Kapitel I (Seite 38)

1.
α	10°	30°	45°	60°	72°
sin α	0,173648	$\frac{1}{2}$	$\frac{1}{2}\sqrt{2}$	$\frac{1}{2}\sqrt{3}$	0,951057
cos α	0,984808	$\frac{1}{2}\sqrt{3}$	$\frac{1}{2}\sqrt{2}$	$\frac{1}{2}$	0,309017
tan α	0,173627	$\frac{1}{3}\sqrt{3}$	1	$\sqrt{3}$	3,077684

2. $h^2 = 1 - \left(\frac{1}{2}\right)^2 = \frac{3}{4} \Rightarrow h = \frac{1}{2}\sqrt{3}$

   $\tan 30° = \frac{\frac{1}{2}}{h} = \frac{1}{\sqrt{3}} = \frac{1}{3}\sqrt{3}$

3. a) $c = \sqrt{65}$ cm ≈ 8,06 cm, α ≈ 29,8°, β ≈ 60,2°
   b) $b = \sqrt{55}$ cm ≈ 7,42 cm, α ≈ 22°, β ≈ 68°
   c) α = 50°, b = 4,2 cm, c = 6,53 cm
   d) β = 60°, b = 6,93 cm, a = 4 cm

4. a) $\tan 20° = \frac{h_1}{32} \Rightarrow h_1 = 11,65$ m $\Rightarrow h = h_1 + 1,72$ m $= 13,37$ m

   b) Leiterlänge $l = \frac{h}{\sin 70°} ≈ 14,22$ m

5. $\cos \gamma = \frac{c^2 - a_2 - b^2}{-2ab} \Rightarrow \gamma ≈ 104,45°$, α ≈ 28,96°, β ≈ 46,57°

6. $a = \frac{100}{\sin 5°} \cdot \sin 80° ≈ 1129,94$ m

Testlösungen zum Kapitel II (Seite 92)

1. a) $D = \{x \in \mathbb{R}: x \geq 1\}$
   $W = \{y \in \mathbb{R}: y \geq 0\}$

   b) $D = \{x \in \mathbb{R}: x \leq 9\}$
   $W = \{y \in \mathbb{R}: y \geq 1\}$

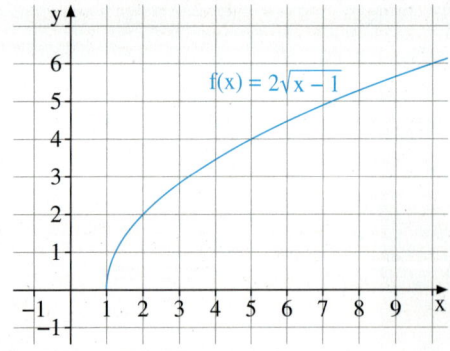

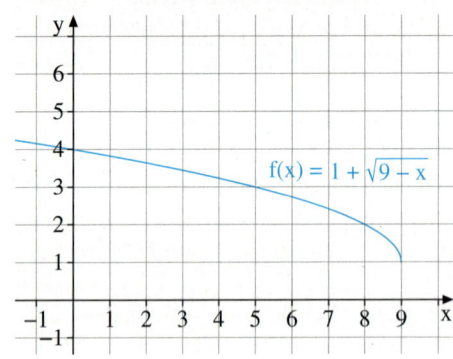

Testlösungen

1. c) $D = \left\{x \in \mathbb{R}: x \geq -\frac{3}{4}\right\}$
   $W = \{y \in \mathbb{R}: y \geq 0\}$

   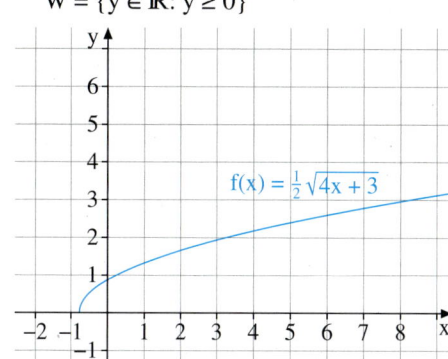

   d) $D = \left\{x \in \mathbb{R}: x \geq -\frac{3}{2}\right\}$
   $W = \{y \in \mathbb{R}: y \leq 5\}$

   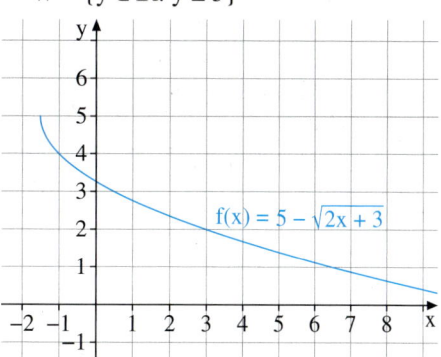

2. Das folgende Bild zeigt eine mögliche Lösung.

   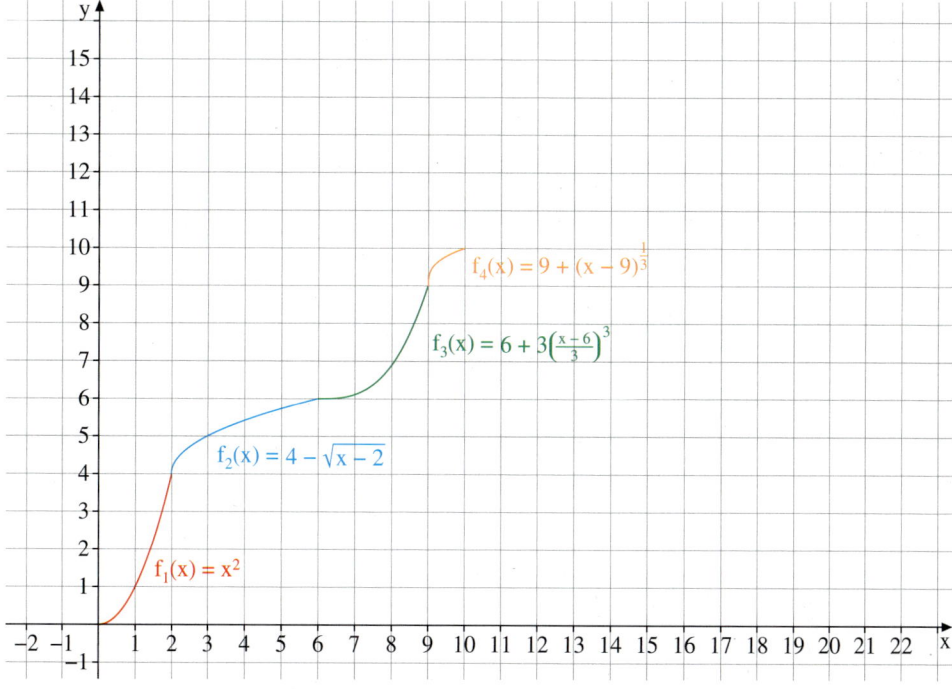

3. a) 50 ist der Anfangswert, d. h., zum Zeitpunkt t = 0 waren 50 mg des Medikaments im Körper. 0,8 ist der Zerfallsfaktor, d. h., mit diesem Faktor verringert sich stündlich die im Körper verbliebene Medikamentenmenge.
   b) Pro Stunde werden 20 % des noch vorhandenen Wirkstoffs abgebaut.
   c) Ansatz: $10 = 50 \cdot 0,8^t$, $t = \frac{\lg 0,2}{\lg 0,8} \approx 7,21$
   Nach ca. 7,21 Stunden wird die 10-mg-Marke unterschritten.

4. Das nebenstehende Bild zeigt den Graphen zu $f(x) = \lg(2x-4)+1$. Es gilt:
$D = \{x \in \mathbb{R}: x > 2\}$, $W = \{y \in \mathbb{R}\}$.
Umkehrfunktion:

$$\begin{array}{ll} y = \lg(2x-4)+1 & |\text{ Variablentausch} \\ x = \lg(2y-4)+1 & |-1 \\ x-1 = \lg(2y-4) & |\text{ Potenzieren} \\ 10^{x-1} = 2y-4 & |\text{ Aufösen nach y} \\ y = \tfrac{1}{2} \cdot 10^{x-1} + 2 & \end{array}$$

$f^{-1}(x) = \tfrac{1}{2} \cdot 10^{x-1} + 2$

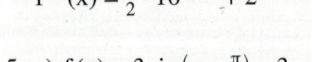
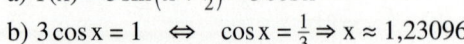

5. a) $f(x) = 3\sin\left(x + \tfrac{\pi}{2}\right) = 3\cos x$

b) $3\cos x = 1 \Leftrightarrow \cos x = \tfrac{1}{3} \Rightarrow x \approx 1{,}23096$

c) Für $x > 9$ gilt: $g(x) = \tfrac{1}{3}x > 3$; für $x < -9$ gilt: $g(x) = \tfrac{1}{3}x < -3$.
Anhand einer Skizze erkennt man, dass für $0 \leq x \leq 9$ die Graphen von f und g drei Schnittpunkte und für $-9 \leq x \leq 0$ zwei Schnittpunkte besitzen.
Resultat: Es gibt fünf Schnittpunkte.

6. a) $x = \tfrac{\lg 20}{\lg 2} \approx 4{,}322$

b) $x = 1 + \lg\tfrac{20-8}{4} \approx 1{,}477$

c) $\tfrac{1}{3} \cdot 3^x \cdot 5^x = 90 \Leftrightarrow 15^x = 270 \Rightarrow x = \tfrac{\lg 270}{\lg 15} \approx 2{,}067$

d) $\lg x = \tfrac{15-12}{2} = 1{,}5$, $x = 10^{1,5} \approx 31{,}62$

Testlösungen zum Kapitel III (Seite 120)

1. a) Das LGS ist eindeutig lösbar: $x = -2$, $y = 3$, $z = 5$.
   b) Das LGS hat keine Lösung.
   c) Das LGS hat unendlich viele Lösungen; genauer: es gibt eine einparametrige Lösung:
   $x = \tfrac{8-5c}{3}$, $y = \tfrac{7-c}{3}$, $z = c \in \mathbb{R}$.

2. a) $L = \{(16 - 5c | 11 - 4c | c); c \in \mathbb{R}\}$
   b) $L = \left\{\left(-1 + \tfrac{1}{3}c \,\middle|\, 10 - \tfrac{4}{3}c \,\middle|\, c\right); c \in \mathbb{R}\right\}$

3. a) Äquivalenzumformungen führen auf $(-6a+6)y = -2b+10$.
   Für $a = 1$ und $b \neq 5$ unlösbar; $L = \{\}$
   Für $a = 1$ und $b = 5$ unendlich viele Lösungen; $L = \{(5-3c|c); c \in \mathbb{R}\}$
   Für $a \neq 1$ eindeutig lösbar; $L = \left\{\left(\tfrac{b-5a}{1-a} \,\middle|\, \tfrac{5-b}{3-3a}\right)\right\}$

   b) Äquivalenzumformungen führen auf $(-6+a)y = a$.
   Für $a = 6$ unlösbar; $L = \{\}$
   Für $a \neq 6$ eindeutig lösbar; $L = \left\{\left(\tfrac{-2-2a}{a-6} \,\middle|\, \tfrac{a}{a-6} \,\middle|\, \tfrac{2}{a-6}\right)\right\}$

4. $\left.\begin{array}{r}g+e+k=100\\5g+3e+\frac{1}{3}k=100\end{array}\right\}$ führt auf $4k=3g+300$. Damit muss g durch 4 teilbar sein.

Es gibt folgende drei Möglichkeiten:

g	4	8	12
e	18	11	4
k	78	81	84

5. Die Ziffern der gesuchten Zahl seien x, y, z.
$\left.\begin{array}{r}x+y+z=16\\x+y\quad=z+2\\x+2y\quad=2z\end{array}\right\}$ Lösung: $x=4;\ y=5;\ z=7$. Die gesuchte Zahl ist 457.

6. Die gesuchten Mengen seien A, B, C.
$\left.\begin{array}{r}3A+5B+13C=500\\9A+10B+4C=900\\A+B+C=100\end{array}\right\}$ Lösung: $A=40;\ B=50;\ C=10$ (Einheit von A, B, C: g)

Testlösungen zum Kapitel IV (Seite 168)

1. $\vec{a}=\binom{2}{-2},\ \vec{b}=\binom{3}{2},\ \vec{c}=\binom{2}{0},\ \vec{d}=\binom{0}{-2}$

a) $\binom{2}{-2}+\binom{3}{2}+\binom{0}{-2}=\binom{5}{-2}$

b) $\binom{1}{-1}-\binom{6}{4}+\binom{0}{-8}=\binom{-5}{-13}$

c) $\binom{2}{-2}+\binom{6}{4}-\binom{8}{0}+\binom{0}{-2}=\binom{0}{0}=\vec{0}$

2. a) $\begin{pmatrix}6\\-2\\-1\end{pmatrix}=4\begin{pmatrix}3\\1\\2\end{pmatrix}-3\begin{pmatrix}2\\2\\3\end{pmatrix}$

b) Die Vektoren sind linear unabhängig, denn das homogene Gleichungssystem
$\left\{\begin{array}{r}2x+y+5z=0\\x+2y+4z=0\\-3x+4y+z=0\end{array}\right\}$ hat nur die triviale Lösung $(0|0|0)$.

3. a) $\overrightarrow{AB}=\begin{pmatrix}-2\\-3\\-6\end{pmatrix},\ \overrightarrow{AC}=\begin{pmatrix}-4\\3\\-3\end{pmatrix},\ \overrightarrow{BC}=\begin{pmatrix}-2\\6\\3\end{pmatrix}$

$|\overrightarrow{AB}|=7,\ |\overrightarrow{AC}|=\sqrt{34},\ |\overrightarrow{BC}|=7$

$\triangle ABC$ ist gleichschenklig, aber nicht gleichseitig.

b) $\triangle ABC$ zeigt nebenstehendes Bild.

c) $\vec{d}=\vec{c}+\overrightarrow{AB}=\begin{pmatrix}2\\10\\6\end{pmatrix}+\begin{pmatrix}-2\\-3\\-6\end{pmatrix}=\begin{pmatrix}0\\7\\0\end{pmatrix}$

Weiterer Punkt: $D(0|7|0)$
bzw. $D(4|13|12)$ bzw. $D(8|1|6)$

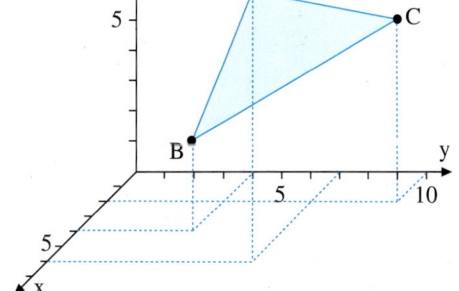

4. a) Innenwinkel der Schnittfläche ABC:

$$\alpha = \cos^{-1}\frac{\begin{pmatrix}-2\\0\\4\end{pmatrix}\cdot\begin{pmatrix}0\\-5\\4\end{pmatrix}}{\left|\begin{pmatrix}-2\\0\\4\end{pmatrix}\right|\cdot\left|\begin{pmatrix}0\\-5\\4\end{pmatrix}\right|} = \cos^{-1}\frac{16}{\sqrt{20}\cdot\sqrt{41}} = \cos^{-1}\frac{16}{\sqrt{820}} \approx 56{,}0°,$$

$$\beta = \cos^{-1}\frac{\begin{pmatrix}2\\-5\\0\end{pmatrix}\cdot\begin{pmatrix}2\\0\\-4\end{pmatrix}}{\left|\begin{pmatrix}2\\-5\\0\end{pmatrix}\right|\cdot\left|\begin{pmatrix}2\\0\\-4\end{pmatrix}\right|} = \cos^{-1}\frac{4}{\sqrt{29}\cdot\sqrt{20}} = \cos^{-1}\frac{4}{\sqrt{580}} \approx 80{,}4°,$$

$$\gamma = \cos^{-1}\frac{\begin{pmatrix}0\\5\\-4\end{pmatrix}\cdot\begin{pmatrix}-2\\5\\0\end{pmatrix}}{\left|\begin{pmatrix}0\\5\\-4\end{pmatrix}\right|\cdot\left|\begin{pmatrix}-2\\5\\0\end{pmatrix}\right|} = \cos^{-1}\frac{25}{\sqrt{41}\cdot\sqrt{29}} = \cos^{-1}\frac{25}{\sqrt{1189}} \approx 43{,}5°,$$

Inhalt der Schnittfläche ABC:

$$A = \tfrac{1}{2}\cdot\left|\begin{pmatrix}-2\\0\\4\end{pmatrix}\times\begin{pmatrix}0\\-5\\4\end{pmatrix}\right| = \tfrac{1}{2}\cdot\left|\begin{pmatrix}20\\8\\10\end{pmatrix}\right| = \tfrac{1}{2}\cdot\sqrt{400+64+100} = \tfrac{1}{2}\cdot\sqrt{564} \approx 11{,}87$$

b) Bei dem abgetrennten Eckstück handelt es sich um eine dreiseitige Pyramide. Der Einfachheit halber betrachten wir nicht die Schnittfläche ABC als Grundfläche, sondern das rechtwinklige Dreieck BCE, wobei E die „abgetrennte Ecke" des Quaders ist. Diese dreieckige Grundfläche ist rechtwinklig und hat den Inhalt $\frac{(8-3)\cdot(4-2)}{2}$. Die auf dem Kopf stehende dreiseitige Pyramide BCEA mit der Spitze A hat die Höhe 4.

$$V = \tfrac{1}{3}\cdot G\cdot h = \tfrac{1}{3}\cdot\frac{(8-3)\cdot(4-2)}{2}\cdot 4 = \tfrac{1}{3}\cdot 5\cdot 4 = \tfrac{20}{3} \approx 6{,}67$$

5. a) $\vec{AB} = \begin{pmatrix}2\\4\\1\end{pmatrix}$, $\vec{AC} = \begin{pmatrix}-3\\6\\3\end{pmatrix}$, $\vec{BC} = \begin{pmatrix}-5\\2\\3\end{pmatrix}$, $\vec{AB}\cdot\vec{AC} = 21$, $\vec{AB}\cdot\vec{BC} = 0 \Rightarrow \sphericalangle ABC = 90°$

b) $\vec{n} = \begin{pmatrix}-2\\3\\-8\end{pmatrix}$

6. a) $\begin{pmatrix}3\\4\\t\end{pmatrix}\cdot\begin{pmatrix}2\\-2\\1\end{pmatrix} = 6-8+t = 0 \Rightarrow t = 2$

b) $\begin{pmatrix}3\\4\\t\end{pmatrix}\cdot\begin{pmatrix}0\\0\\1\end{pmatrix} = \left|\begin{pmatrix}3\\4\\t\end{pmatrix}\right|\left|\begin{pmatrix}0\\0\\1\end{pmatrix}\right|\cos 45° \Rightarrow t = \sqrt{25+t^2}\cdot 1\cdot\frac{1}{\sqrt{2}} \Rightarrow t = 5\ (t>0)$

c) 1. Art: $\vec{n} = \begin{pmatrix}3\\4\\1\end{pmatrix}\times\begin{pmatrix}2\\-2\\1\end{pmatrix} = \begin{pmatrix}6\\-1\\-14\end{pmatrix}$

2. Art: Ansatz $\begin{pmatrix}3\\4\\1\end{pmatrix}\cdot\begin{pmatrix}x\\y\\z\end{pmatrix} = 0$ und $\begin{pmatrix}2\\-2\\1\end{pmatrix}\cdot\begin{pmatrix}x\\y\\z\end{pmatrix} = 0 \Rightarrow \begin{cases}3x+4y+z=0\\2x-2y+z=0\end{cases}$

Das unterbestimmte homogene LGS wird erfüllt beispielsweise von $\begin{pmatrix}x\\y\\z\end{pmatrix} = \begin{pmatrix}-6\\1\\14\end{pmatrix} = \vec{n}$.

Testlösungen zum Kapitel V (Seite 188)

1. a)

x_i	1	2	5
$P(X = x_i)$	$\frac{4}{6}$	$\frac{1}{6}$	$\frac{1}{6}$

$E(X) = \frac{11}{6} \approx 1{,}83$; $\sigma(X) \approx 1{,}46$

b)

y_i	2	3	6	7
$P(Y = y_i)$	$\frac{12}{30}$	$\frac{8}{30}$	$\frac{8}{30}$	$\frac{2}{30}$

$E(Y) = \frac{11}{3} \approx 3{,}67$; $\sigma(X) \approx 1{,}85$

c) 1 Kugel:

z_i	–5	2
$P(Z = z_i)$	$\frac{1}{3}$	$\frac{2}{3}$

$E(Z) = -\frac{1}{3} \approx -0{,}33$

3 Kugeln:

z_i	–8	–1	6
$P(Z = z_i)$	$\frac{1}{5}$	$\frac{3}{5}$	$\frac{1}{5}$

$E(Z) = -1{,}00$

Die Strategie von Sven ist schlechter als die Strategie von Peter.

2. a) Da $1 + 2 + 4 + 8 + 16 + 32 = 63$ ist, kann Peter höchstens 6-mal spielen.
   b) Wenn im n-ten Spiel (n ≤ 6) gewonnen wird, so beträgt der Einsatz
   $(2^0 + 2^1 + \ldots + 2^{n-1})$ €$= 2^n - 1$ €, sodass in jedem Fall 1 € Gewinn erzielt wird.
   Wird bei keinem Spiel gewonnen, entstehen 63 € Verlust.

G: Gewinn/Verlust

g_i	–63	1
$P(G = g_i)$	$\left(\frac{1}{2}\right)^6$	$1 - \left(\frac{1}{2}\right)^6$

   c) $E(G) = (-63) \cdot \frac{1}{64} + 1 \cdot \frac{63}{64} = 0$

3. a) G: Guthaben/Verlust

g_i	1	4	16
$P(G = g_i)$	$\frac{1}{4}$	$\frac{1}{2}$	$\frac{1}{4}$

$E(G) = \frac{1}{4} + 2 + 4 = \frac{25}{4} = 6{,}25$; $\sigma(G) \approx 33{,}19$

b) Das Spiel ist fair, wenn $E(G) = 4$ gilt.

g_i	1	2a	$4a^2$
$P(G = g_i)$	$\frac{1}{4}$	$\frac{1}{2}$	$\frac{1}{4}$

$E(G) = \frac{1}{4} + a + a^2 = 4$ (mit $a > 0$)

$\frac{1}{4} + a + a^2 = 4 \Leftrightarrow a^2 + a - \frac{15}{4} = 0 \Leftrightarrow a = -\frac{1}{2} + \sqrt{\frac{1}{4} + \frac{15}{4}} = -\frac{1}{2} + \frac{4}{2} = \frac{3}{2} = 1{,}5$

Für den Faktor a muss gelten: $a = 1{,}5$.

Stichwortverzeichnis

Abstand zweier Punkte 122 f., 166
achsensymmetrisch 44, 90
Addition durch Vektorzug 137
Additionsverfahren 105
Amplitude 84
Ankathete 12, 37
Anti-Kommutativgesetz 162
Anwendung digitaler Mathematikwerkzeuge (DMW) 199 ff.
Anwendungen
– des Kosinussatzes 28 ff.
– des Rechnens mit Vektoren 146 ff.
– des Sinussatzes 23 ff.
– des Skalarprodukts 154 ff.
– des Vektorprodukts 163 ff.
Anzahl der Lösungen eines LGS 106, 119
Äquivalenzumformungen 105, 119
Arbeit 150, 159
Argument 41, 90
Assoziativgesetz 133, 162
Aufgaben
– zu Funktionseigenschaften 96
– zu Wachstumsprozessen 98
– zum graphischen Lösen von Gleichungen 97
– zur Vektorrechnung 192 f., 198
Aufgabenpraktikum 93 ff., 189 ff.

Basislösung 81
Berechnung
– von Argumenten zu einem gegebenen Funktionswert 68, 81
– von Logarithmen 76 f.
Berechnungen in rechtwinkligen Dreiecken 15 ff.
Berührungspunkt 74
Betrag eines Vektors 128, 154, 166 f.
Bierschaumexperiment 101
Bogenmaß und Gradmaß 78

charakteristische Punkte einer Funktion 44
chemische Reaktionsgleichungen 112 f.
Computeralgebrasystem 104, 210 ff.

Definitionsbereich 41, 90
dekadischer Logarithmus 71
Dichtefunktion 183
Differenz von Vektoren 132, 134, 166
digitale Mathematikwerkzeuge (DMW) 199 ff.
diskrete Zufallsgröße 183, 187
Distributivgesetz 153, 162
Dreiecksregel 132
Dreieckssytem, Dreiecksform 109 f.
Drittelung einer Strecke 137
dynamische Geometriesoftware 220 ff.

Eigenschaften
– der Kosinusfunktion 82, 91
– der Sinusfunktion 81, 91
– der Tangensfunktion 82, 91
– des Vektorprodukts 161
– von Funktionen 44 ff.
– von Sinus und Kosinus 20 f.
eindeutig lösbar 106, 119
eindeutige Zuordnung 40, 90
Einheitskreis 13
einparametrige unendliche Lösung 114
elementargeometrische Beweise mit dem Skalarprodukt 158, 190
Erwartungswert 173 f., 187
– und Spielstrategie 186
Euler, Leonhard 74, 76 f.
Euler'sche Zahl 74
Experimente 100 ff.
Exponentialfunktionen 65 ff., 91
Exponentialgleichungen 88

fallend 45, 90
Feuerbohnenexperiment 100
Flächeninhalt eines Parallelogramms/Dreiecks 163, 167
Flächeninhaltssatz 31, 37
Frequenz 242
Funktionen 40 ff.
Funktionsbegriff 40 f., 90
Funktionseigenschaften 44 ff.
Funktionsgleichung 41
Funktionswert 41, 90

Gauss, Carl Friedrich 109, 184
Gauß'sche Glockenkurve 184

Gauß'sches Eliminationsverfahren 110, 119
Gegenkathete 11, 37
Gegenvektor 134
gerade Funktion 44, 90
Gleichungssysteme 103 ff.
Glockenkurve 183
Grad einer Potenzfunktion 58, 91
Gradmaß und Bogenmaß 78
Graph einer Funktion 41
Graphik-Taschenrechner 200 ff.
graphische Monotonieuntersuchung 45
graphisches Lösen von Gleichungen 86

Hochpunkt 44
Höhensatz 158, 190
homogenes lineares Gleichungssystem 141
Hyperbel 163
Hypotenuse 11, 37

kartesische Koordinaten 120
Kommutativgesetz 133, 153
Komplementwinkelsatz 20, 37
Kondensatorexperiment 102
Koordinaten 120
– eines Vektors 126
Koordinatendifferenz 127
Koordinatenform des Skalarprodukts 151
Körperberechnungen 32
Kosinus 12 f., 37
– am Einheitskreis 13 ff., 37
– im rechtwinkligen Dreieck 12 ff., 37
Kosinusform des Skalarprodukts 150
Kosinusformel 150, 154, 167
Kosinusfunktion 80 ff., 91
Kosinussatz 27, 37
Kriterium für lineare Abhängigkeit/Unabhängigkeit 142, 165 f.
Kubikwurzelfunktion 55, 91

Längen und Winkel
– im rechtwinkligen Dreieck 11 ff.
– in beliebigen Dreiecken 22 ff.

lineare Abhängigkeit und Unabhängigkeit 141 ff., 165 f., 196
lineares Gleichungssystem (LGS) 103 ff.
– mit Parameter 117
Linearkombination von Vektoren 139, 166
Linientest 43
Logarithmieren 88
Logarithmus 71
Logarithmusfunktionen 71 ff., 91
– zur Basis 10 71, 91
– zur Basis a 73, 91
Logarithmusgleichungen 88
lösbar 106
Lösbarkeitsuntersuchungen 114 ff.
Lösung eines LGS 104, 119
Lösungsstrategien beim Lösen komplexer Aufgaben 96, 191, 197
Lösungsverfahren von Gauß 109 ff.

Mathematische Streifzüge 76, 112, 165, 186, 194
Matrix 195
monoton steigend/fallend 45, 90
Monotonie 45, 90
Münzexperiment 100

natürliche Exponentialfunktion 74, 91
natürliche Logarithmusfunktion 75, 91
nicht eindeutig lösbar 106
nicht umkehrbar 50
Normalenvektor 157, 160, 162
Normalform 104
Normalverteilung 184
n-Tupel 104, 119
Nullstelle 44
Nullvektor 133
Nullzeile 114

orthogonale Vektoren 156, 167
Orthogonalität und Skalarprodukt 156, 190
Orthogonalitätskriterium 156
Ortsvektor 127

Parallelogrammregel 133
Pfeilschreibweise 41
physikalische Anwendungen von Vektoren 146 ff.
physikalische Arbeit 150, 159
Potenzfunktionen 58 ff., 91
– mit negativen Exponenten 62, 91
Potenzieren 88
Punktprobe 68
punktsymmetrisch 44, 90

Quadratwurzel 53
Quadratwurzelfunktion 53, 91

radioaktiver Zerfall 65
Rechengesetze
– für das Skalarprodukt 153, 167
– für das Vektorprodukt 162
Rechnen mit Vektoren 132 ff.
rechnerische Bestimmung der Umkehrfunktion 52
rechtwinkliges Dreieck 156
reelle Funktionen 39 ff., 90
Rekonstruktion von Funktioen 69
Rückeinsetzung 109

Schnittpunktberechnung 69
Schnittpunkte mit den Koordinatenachsen 44
Schrägbild 122
Seitenhalbierende 197
Seitenmittenviereck 196
Seitenverhältnisse im rechtwinkligen Dreieck 11 ff.
Sinus 11 f., 37
– am Einheitskreis 13 ff., 37
– im rechtwinkligen Dreieck 11 ff., 37
Sinusfunktion 80 f., 84, 91
Sinussatz 22, 37
skalare Multiplikation 135, 166
Skalarprodukt 150 ff., 167
– in der Wirtschaft 194 f.
– und Orthogonalität 156, 190
Spiegelung 46, 90
Spielstrategie 186
Standardabweichung 177 f., 187
Standardaufgaben 68 f.
Stauchung 46, 90
steigend 45, 90
Steigungswinkel einer Geraden 83
stetige Zufallsgröße 183, 187
Strategien beim Lösen von komplexen Aufgaben 96, 191, 197
Streckung 46, 90

streng monoton steigend/fallend 45, 90
Streuung 177
Streuungsmaß 177
Stufenform 110
stumpfe Winkel 13
Summe von Vektoren 132, 166
Superballexperiment 101
Symmetrie 44, 90

Tablet-Computer 223
Tangens 12 f., 37
– am Einheitskreis 13 ff., 37
– im rechtwinkligen Dreieck 12 ff., 37
Tangensfunktion 82, 91
Tangente 74
Test für lineare Abhängigkeit/Unabhängigkeit 165
Tiefpunkt 44
Trigonometrie 9 ff.
trigonometrische Funktionen 78 ff., 91
trigonometrische Gleichung 81
trigonometrische Verhältnisse 12
trigonometrischer Pythagoras 20, 37
triviale Lösung 141

überbestimmte LGS 115, 119
überstumpfe Winkel 14
Umkehrbarkeit einer Funktion 50
Umkehrfunktionen 48, 90
Umrechnung: Gradmaß/Bogenmaß 78
unendlich viele Lösungen 106, 119
ungerade Funktion 44, 90
unlösbar 106, 114, 119
unterbestimmte LGS 115, 119

Varianz 177 f., 187
Vektoren 125 ff.
– in physikalischen Aufgaben 146 ff.
Vektorprodukt 160 ff., 167
Vektorrechnung 121 ff.
Vektorzug 137, 196
verallgemeinerte Sinusfunktion 84 f.
verallgemeinerte Wurzelfunktion 94
Verschiebung 46, 84, 90
Verteilungsfunktion 183

Verwendung digitaler Mathematikwerkzeuge (DMW) 199 ff.
Vielfaches eines Vektors 135

Wachstumsprozess 65
Wahrscheinlichkeitsverteilung 170 f., 187
Wertebereich 41, 90
Wertetabelle 41
Widerspruchszeile 114
Winkel im Dreieck 155
Winkel und Längen
– im rechtwinkligen Dreieck 11 ff.
– in beliebigen Dreiecken 22 ff.
Winkel zwischen Vektoren 154, 167
Winkelberechnungen 154 ff.
Wurzelfunktionen 53 ff., 91
Wurzelgleichungen 87

Zahlenpaar 41
Zehnerlogarithmus 71
Zerfallsprozess 65
Zufallsgröße/-variable 169 ff., 187
Zuordnung 40 f.
Zuordnungsvorschrift 41
Zusammenhang zwischen Funktion und Umkehrfunktion 51, 90
zweiparametrige unendliche Lösung 115

Bildnachweis

Titelfoto picture alliance/dpa; **9** shutterstock/Roman Sigaev; **10** corbis/NASA/1989 Roger Ressmeyer; **18** picture alliance/nordphoto; **34** Fotolia/Ralf Gosch; **39** mauritius images/imageBROKER/Michael Nitzschke; **58** shutterstock/Michael Rosskothen; **61** shutterstock/Dashenzia; **64-1** shutterstock/2xSamara.com; **64-2** shutterstock/suronin; **64-3** shutterstock/Kjuuurs; **65** shutterstock/BlueRingMedia; **70** shutterstock/FloridaStock; **72** shutterstock/Sergey Mironov; **76** Interfoto /Sammlung Rauch; **78** imago; **84** shutterstock/motorolka; **93** Fotolia/Uwe Graf; **100** Clip Dealer/Knut Niehus; **103** shutterstock/ArTono; **104** Fotolia/Lucianus; **109** akg-images; **112** akg-images; **113** mauritius images/imageBROKER/fotosol; **121** shutterstock/tkachuk; **125** Brandl, Maya, Berlin; **145** Fotolia/Michael Rosskothen; **149** laif/SZ Photo/Scherl; **169** picture alliance/Bildagentur-online/Klein; **175** corbis/Photo & Co./Eddy Lemaistre; **181** shutterstock/suphakit73; **182-1** picture alliance / Sven Simon; **182-2** shutterstock/MilousSK; **184** akg-images; **189** Interfoto/imageBROKER/Michael Nitzschke; **199** Fotolia/Daniel Kühne

Navid Kermani

Entlang den Gräben

Eine Reise durch das östliche Europa
bis nach Isfahan

C.H.Beck

Mit 1 Karte
© Peter Palm, Berlin

1.–4. Auflage. 2018

5., durchgesehene Auflage. 2020

© Verlag C.H.Beck oHG, München 2018
Umschlaggestaltung: Rothfos & Gabler, Hamburg
unter Verwendung einer Karte von Peter Palm, Berlin
Satz: Janß GmbH, Pfungstadt
Druck und Bindung: CPI – Ebner & Spiegel, Ulm
Gedruckt auf säurefreiem, alterungsbeständigem Papier
(hergestellt aus chlorfrei gebleichtem Zellstoff)
Printed in Germany
ISBN 978 3 406 71402 3

www.chbeck.de
www.navidkermani.de

INHALT

Köln 9

Erster Tag: Schwerin 13

Zweiter Tag: Von Berlin nach Breslau 19

Dritter Tag: Auschwitz 23

Vierter Tag: Krakau 28

Fünfter Tag: Von Krakau nach Warschau 34

Sechster Tag: Warschau 37

Siebter Tag: Warschau 45

Achter Tag: Von Warschau nach Masuren 49

Neunter Tag: Kaunas 51

Zehnter Tag: Vilnius und sein Umland 54

Elfter Tag: Über Paneriai nach Minsk 60

Zwölfter Tag: Minsk und Chatyn 69

Dreizehnter Tag: In die Sperrzone von Tschernobyl 76

Vierzehnter Tag: Kurapaty und Minsk 83

Fünfzehnter Tag: In die Sperrzone hinter Krasnapolle 98

Sechzehnter Tag: Von Minsk nach Kiew 104

Siebzehnter Tag: Kiew 112

Achtzehnter Tag: Von Kiew nach Dnipro 117

Neunzehnter Tag: An die Front im Donbass 124

Zwanzigster Tag: Über Mariupol ans Schwarze Meer 129

Einundzwanzigster Tag: Am Schwarzen Meer entlang nach Odessa   134

Zweiundzwanzigster Tag: Odessa   137

Dreiundzwanzigster Tag: Abflug aus Odessa   145

Vierundzwanzigster Tag: Über Moskau nach Simferopol   146

Fünfundzwanzigster Tag: Über Bachtschyssarai nach Sewastopol   148

Sechsundzwanzigster Tag: Entlang der Krimküste   158

Siebenundzwanzigster Tag: Von der Krim aufs russische Festland   168

Achtundzwanzigster Tag: Nach Krasnodar   177

Neunundzwanzigster Tag: Von Krasnodar nach Grosny   181

Dreißigster Tag: Grosny   192

Einunddreißigster Tag: In den tschetschenischen Bergen   201

Zweiunddreißigster Tag: Von Grosny nach Tiflis   209

Dreiunddreißigster Tag: Tiflis   217

Vierunddreißigster Tag: Tiflis   224

Fünfunddreißigster Tag: Nach Gori und an die georgisch-ossetische Waffenstillstandslinie   231

Sechsunddreißigster Tag: Von Tiflis nach Kachetien   239

Siebenunddreißigster Tag: Von Kachetien nach Aserbaidschan   245

Achtunddreißigster Tag: Entlang der aserisch-armenischen Waffenstillstandslinie   251

Neununddreißigster Tag: Mit dem Nachtzug nach Baku   260

Vierzigster Tag: Baku   269

Einundvierzigster Tag: Baku und Qubustan   281

Zweiundvierzigster Tag: Abflug aus Baku   287

Dreiundvierzigster Tag: Eriwan   289

Vierundvierzigster Tag: Eriwan   304

Fünfundvierzigster Tag: Zum Sewansee und weiter nach Bergkarabach 321

Sechsundvierzigster Tag: Durch Bergkarabach 332

Siebenundvierzigster Tag: An die armenisch-aserische Waffenstillstandslinie und weiter nach Iran 340

Achtundvierzigster Tag: Über Dscholfa nach Täbris 347

Neunundvierzigster Tag: Über Ahmadabad zur Festung Alamut 357

Fünfzigster Tag: Ans Kaspische Meer und weiter nach Teheran 368

Einundfünfzigster Tag: Teheran 374

Zweiundfünfzigster Tag: Teheran 378

Dreiundfünfzigster Tag: Teheran 384

Vierundfünfzigster Tag: Abflug aus Teheran 391

Mit der Familie in Isfahan 393

Aufbruch 435

Ich laufe jeden Tag durch mein Viertel hinterm Bahnhof. Ich höre hier etwas Arabisches, dort Polnisch, links etwas, was nach Balkan klingt, Türkisch sowieso, vereinzelt Persisch, das mich aufhorchen läßt, Französisch von Afrikanern, asiatische Sprachen, auch Deutsch, gesprochen in den unterschiedlichsten Färbungen und Qualitäten, von Blonden ebenso wie von Orientalen, Schwarzen oder Gelben. Das ist nicht immer nur angenehm, die Penner, die vielen schwarzen Kunstlederjacken (vielleicht auch aus echtem Leder, was weiß ich denn), o Gott, die goldenen Vorderzähne der schwarzhaarigen Frauen, die lange bunte Röcke und ein Baby im Tuch tragen, die zweiten und dritten Kinder an der Hand und vorneweg, die Jugendlichen, die herumlungern, die Drogenabhängigen und die mit einem Hau, die ihr Wohnheim «Unter Krahnenbäumen» haben, wie die Straßen in meinem Viertel wirklich heißen, dazwischen einige Muslime mit verdächtig langen Bärten. Nicht nur hinterm Kölner Bahnhof breitet sich diese Wirklichkeit aus. Wahrscheinlich in allen großen Städten Westeuropas findet man die Mischung aus türkischen Gemüseläden, chinesischen Lebensmitteln, die iranischen Spezialitäten beim Händler, der vor der Revolution Regisseur beim iranischen Staatsfernsehen war, die traditionellen und Selbstbedienungsbäckereien, die Aneinanderreihung von Handyshops und Internetcafés, Iran neunzehn Cent, Türkei neun, Bangladesch vierundzwanzig, die Billighotels, Sexshops, Brautmoden, die Szenekneipen und Tee- oder Kaffeehäuser für Türken, Albaner, Afrikaner, Türken mit und ohne Alkohol, die schicken und die schäbigen Restaurants, Thaimassageläden, Wettbüros mit und ohne Alkohol, zwischen Im- und Export das eine oder andere Uraltgeschäft für Haushaltswaren oder Stempel, an der Hauptstraße das Flüchtlingshaus mit Roma, die die Glasscheiben abmontiert haben, um Satellitenschüsseln in die offenen Fenster zu stellen, dazwischen im Winter immer wieder ein Stoßtrupp blau oder rot uniformierter älterer Herren mit Spitzhut und Degen, eine Schar von Indianern oder eine Horde halbnackter Hunnen – Karnevalsgesellschaften. Von was leben die Händler, die in ihren überdimensionierten Läden alle die gleichen zwanzig Batterien für einen Euro fünfzig anbieten? Bestimmt nicht von den Batterien, wenn gleichzeitig die alten, gutbesuchten Fachgeschäfte eines nach dem anderen die steigenden Mieten nicht mehr bezahlen können. Die Völkerverständigung findet am Anfang und Ende des Viertels statt bei Humba und Täterä an vier langen Theken, an denen die erprobtesten Nutten Kölns bei immer offenen Fenstern mit dicken Deutschen genauso wie mit trunkenen Türken singen. Das sind die neuen Zentren, hinterm Kölner Bahnhof weit weniger aggressiv als anderswo, nein, oft sogar idyllisch übers Sagbare und hier Gesagte hinaus. Sie sind nichts weniger als rein. Sie haben mit der Geschichte des Ortes nichts zu tun, doch radieren sie die Geschichte auch nicht aus, schon gar nicht die zweitausendjährige von Köln. Als wollten sie den Namen Colonia auf seine wörtliche Bedeutung zurückführen, sind sie wie Kolonien von Fremden, aber von vielen unterschiedlichen Fremden, die sich auch gegenseitig fremd sind, wie sie in den Internetcafés zwischen zwei Sichtblenden sitzen oder in Gruppen vor den Callshops stehen. Oft denke ich, ob sie wohl ebenfalls nahe Tanger ins Boot gestiegen sind, nachts unterhalb einer Böschung, nur daß ihr Boot weder untergegangen ist noch abgefangen wurde – lauter Erfolgsgeschichten also, auch wenn sie immer noch zu fünft ein Zimmer teilen und Angst haben vor der Polizei? Iran neunzehn Cent, Türkei neun, Bangladesch vierundzwanzig. Das sind keine Randgesellschaften. Sie wabern aus von der Mitte der Stadt. Die Ränder sind es, die noch den Anschein der Gleichartigkeit wecken. Dort ist die Stadt aufgeteilt nach Einkommen. In der Mitte ist alles übereinandergestürzt. Ich gehe durch das Viertel, ich höre hier etwas Arabisches, dort Polnisch, links eine Sprache, die nach dem Balkan klingt, Türkisch sowieso, vereinzelt Persisch, das mich aufhorchen läßt, sonst Französisch von Afrikanern, Asiatisch, Deutsch in den unterschiedlichsten Färbungen und Qualitäten. Ich verstehe die Hälfte nicht, wirklich die Hälfte. Und von der Hälfte, die ich verstehe, versteh ich meist nur die Hälfte, weil es schon wieder hinterm Fenster oder der Ladentür verschwunden ist, schlecht artikuliert oder zu weit entfernt, *ich zu schnell vorbei oder die anderen zu schnell vorbei an mir. Ich führe die Sätze selbst zu Ende oder denke mir ihren Anfang, ich stelle mir Geschichten vor, die nicht in Deutz oder im Zweiten Weltkrieg spielen, sondern in chinesischen Provinzstädten, an nigerianischen Universitäten, in Booten, Containern und Abflughallen, in denen das Herz rast.*

Aus *Dein Name*

Erster Tag

«Gibt es denn überhaupt keine Probleme?» frage ich ungläubig die Frau, die in der Plattenbausiedlung die Sonntagsschule für syrische Kinder leitet. «Nein», antwortet die Frau, «nicht wirklich.» Ab und zu mal ein unschönes Wort wegen ihres Kopftuchs, aber was sei das schon gegen das, was ihre Familie in Syrien durchgemacht habe, im Krieg. Das Kind, das sie im Bauch trage, werde in Frieden geboren.

Vierzig Jahre alt ist Ghadia Ranah und war bereits in Syrien Lehrerin von Beruf. Jetzt ist sie für einhundertsechsunddreißig syrische Kinder verantwortlich, die jedes Wochenende auf dem Dreesch, der größten Plattenbausiedlung Schwerins, Arabisch üben, um mit der Heimat verbunden zu bleiben. Die Kinder, die ich in der Pause auf dem Spielplatz des Sozialzentrums befrage, denken allerdings nicht daran zurückzukehren. Ich kann es kaum fassen, wie gut sie bereits Deutsch beherrschen, acht, neun Monate hier und verwenden bereits den Konjunktiv, um zu erklären, wie ihr Alltag aussähe, wenn sie noch immer in Syrien lebten, keine Schule, keine Spiele draußen, Angst vor Bomben, Panzern, Kämpfern. Hier in Deutschland seien alle nett zu ihnen.

Kaum hat meine Reise im September 2016 begonnen, bemerke ich bereits meine Scheuklappen: Meine Idee war, mit den Flüchtlingen selbst zu sprechen, bevor ich nachmittags höre, wie bei der AfD über sie gesprochen wird. Natürlich nahm ich an, wer weiß wie schreckliche Zustände kennenzulernen, als Westdeutscher stellt man sich die ehemalige DDR schließlich als Strafe für jeden Flüchtling vor: ausländerfeindliche Nachbarn, überforderte Behörden, Isolation, womöglich Übergriffe. Tatsächlich treffe ich auf gut aufgelegte Helfer, strebsame Flüchtlinge, spielende Kinder, als würde mir die Willkommensgesellschaft ausgerechnet in der Plattenbausiedlung einen Werbefilm vorführen.

Es habe sich unter den Syrern herumgesprochen, erklärt mir einer der freiwilligen Arabischlehrer, daß die Verhältnisse in Schwerin besonders günstig für Flüchtlinge seien. Wie bitte? Ja, nach zwei, drei Monaten erhalte man hier seine Papiere und könne arbeiten, vielleicht noch nicht im gelernten Beruf, noch nicht als Apotheker oder Ingenieur, aber etwa als Übersetzer bei der Arbeiterwohlfahrt oder auf dem Bau. Außerdem würden die Flüchtlinge bei so viel leerstehenden Wohnungen nicht in Heimen untergebracht, seien die Sprachkurse nicht überfüllt und bildeten sich vor den Ämtern keine Schlangen. Demnächst böte der Verein, den die Syrer gegründet haben, interessierten Nachbarn kostenlosen Arabisch-Unterricht an; auch in der Kleingärtnersiedlung hätten sie schon ausgeholfen, um ihre Dankbarkeit zu zeigen.

So einfach sei es mit den Nachbarn dann doch nicht, berichtet Claus Oellerking, der in seinem früheren Leben selbst Schuldirektor war und auf dem Dreesch die Flüchtlingshilfe mitgegründet hat. Die Syrer seien schon sehr speziell, Mittelschicht, hochmotiviert, gute Ausbildung, da gehe die Eingewöhnung schneller als bei den Problemfällen, die es unter den Flüchtlingen natürlich auch gebe, erst recht, wenn der Zustrom völlig unkontrolliert sei, weil keine regulären Fluchtmöglichkeiten existierten. Einerseits hätten die meisten Bewohner der Plattenbausiedlung selbst einmal ihre Heimat aufgegeben, als Vertriebene, als Rußlanddeutsche oder als Arbeiter, die nach Schwerin zogen, als in den siebziger Jahren die Fabriken gebaut wurden. Entsprechend sei die Bereitschaft zu helfen durchaus ausgeprägt, gerade bei den Älteren – anfangs hätte sich die Flüchtlingshilfe kaum retten können vor Geschenken. Andererseits hätten viele Deutsche hier den Eindruck, abgehängt worden zu sein, die plötzliche Arbeitslosigkeit, als die Industriebetriebe nach der Einheit dichtmachten, eine karge Rente oder Hartz IV, die Zahl der Single-Haushalte überproportional hoch, das Alter vierzig aufwärts, zu wenige Kinder, dazu die Versorgungsmentalität noch aus der DDR – und nun zögen Hunderte Syrer in die Siedlung ein, junge Männer und vor allem junge Familien, die ihr Leben entschlossen in die Hand nehmen, nachdem sie es so glücklich gerettet haben, und vielleicht auch etwas temperamentvoller sind, andere Sitten haben, eine andere Sprache sprechen, dazu die Kopftücher. Natürlich erzeuge das Ablehnung, wenn auch eher im stillen. Gewalt gebe es auf dem Dreesch so gut wie nicht, egal was die Zeitungen über den sogenannten Brennpunkt schrieben, nicht einmal Graffiti oder demolierte Spielplätze. Aber ob jemand zum Arabisch-Unterricht kommt oder auch nur zum Internationalen Grillen – da hat Herr Oellerking doch Zweifel.

Ich frage nach den Kleingärtnern. Ja, das sei lustig gewesen, erinnert sich Herr Oellerking sofort, lustig und ein wenig traurig. Wie so viel anderes Leben hier gingen auch die Kleingärten allmählich ein; die alten Gartenfreunde stürben, neue kämen nicht ausreichend hinzu, so daß die Gebühren stiegen, was wiederum junge Familien abhalte, einen Garten zu übernehmen – ein Teufelskreis. Schlimmer noch, das Gemeinschafsgefühl lasse nach, der Zusammenhalt. Früher habe ein Aushang genügt, dann hätten zur angegebenen Zeit die Nachbarn mit angepackt. Doch nun habe der Vorstand dazu aufgerufen, den Garten eines kranken Rentners auf Vordermann zu bringen – und außer einem einzigen Kleingärtner, der auch noch AfD-Mitglied war, seien nur die syrischen Flüchtlinge angerückt, die seit der Kölner Silvesternacht jede Gelegenheit ergriffen, um sich auf dem Dreesch nützlich zu machen. Der Mann von der AfD habe unglücklich umhergeschaut, dann habe er hektisch telefoniert, um deutsche Helfer zu finden, aber die deutschen Kleingärtner, die hülfen sich nicht mehr. Dem kranken Rentner freilich seien die Syrer schon recht gewesen, Hauptsache, das Laub wurde gekehrt, die Äste geschnitten.

Durch die blumengeschmückte Altstadt, in der jeder Ziegel sorgsam restauriert scheint, fahre ich an den großen Plakaten der AfD vorbei, die vor der «Zerstörung Deutschlands» warnen. Kaum habe ich den holzgetäfelten Festsaal des Restaurants «Lindengarten» betreten, in dem die Partei zu «Kaffee und Kuchen zum Thema Rente» einlädt, höre ich eine Frau klagen, daß deutsche Mädchen «entweiht» würden. Das geht ja schon mal gut los, denke ich und schaue mich um. Etwa fünfzig, vielleicht sechzig Menschen stehen in dem Saal oder sitzen bereits an den Tischen, die an die beiden Längswände gerückt sind, als solle die Mitte freibleiben zum Tanz. Nichts Außergewöhnliches an ihnen, keine Embleme, keine Glatzen, keine Stiefel, auch das Alter buntgemischt. Eine junge Frau, die als einzige deutsche Tracht trägt, sieht eher verloren aus. Als ich mich an einen der Tische setze, wird mir ebenfalls Kaffee und Kuchen gereicht.

Zunächst stellen sich die Direktkandidaten für die anstehende Landtagswahl vor, die der Reihe nach versichern, ganz normale Bürger zu sein. Am häuslichsten gibt sich die blonde Dame, die bis vor kurzem einen Escort-Service für arabische Kunden betrieb, wie wohl jeder im Saal weiß, weil sie deswegen von der Landesliste gestrichen worden ist. Im Wahlkreis hat sie sich dennoch durchgesetzt und lächelt nun auf den Plakaten, die auch auf dem Dreesch hängen, im Trachtenrock oder von einem prächtigen Pferd herab, womöglich einem Araber. Der Redner, Andreas Kalbitz, stellvertretender Fraktionschef in Brandenburg, soll am rechten Rand der AfD stehen, Burschenschafter; auch Verbindungen zu einem rechtsextremen Verein sagt ihm die Lügenpresse nach. Ich selbst habe ihn bereits am Telefon kennengelernt, als wir uns in Schwerin verabredeten, da wirkte er – sorry, meine lieben linken Freunde, das schreiben zu müssen – kein bißchen aggressiv.

Auch in seiner Rede betont Kalbitz ein ums andere Mal, daß man natürlich differenzieren müsse – allerdingst folgt dann keine Differenzierung, vielmehr die nächste pauschale Aussage über die Systemparteien, die Medien und die Asylanten. Auch die Beispiele beleuchten strikt nur eine Seite der Wirklichkeit: der Plattenbau in seinem Wahlkreis, der für die Flüchtlinge saniert würde, während die Deutschen weiter in ihren verfallenen Wohnungen hausten, die zweihundert Millionen jährlich, die zur Angleichung der Renten im Osten fehlten, während für den Asylwahnsinn 90 Milliarden Euro bereitgestellt würden, die zwölftausend Euro Rente der Rundfunkintendantin und die Hilflosigkeit der Behörden im Umgang mit schwarzfahrenden Flüchtlingen, die in Berlin jetzt kostenlose Fahrscheine erhielten, während Rentner und Hartz IV-Bezieher ihre Sozialtickets kaufen müßten. Und so weiter: die Parallelgesellschaften, islamischen Friedensrichter und unsere deutschen Frauen, die sich nachts nicht mehr auf die Straße trauten, aber natürlich müsse man differenzieren. Ausgangspunkt für jedes Argument ist die Rente: In Würde altern möchte jeder, gleich, wo er sonst politisch steht. Und die Schlußfolgerung ist jedesmal: Irgendwer bekommt das Geld, das euch im Alter fehlt. Offen gesagt kommt mir das ein bißchen zu simpel vor, so einfach gestrickt sehen die Zuhörer gar nicht aus.

Erst in der Fragestunde geht mir auf, was die neue Partei aus dem Stand auf 20 Prozent bei den Landtagswahlen bringen wird – nicht das, was sie sagt, sondern das, was hier Menschen endlich sagen dürfen. Jeder im «Lindengarten» hat eine eigene Sorge, der eine seine Rente, der andere die private Krankenversicherung, die er im Alter nicht mehr kündigen darf, ein dritter die Fremden im Straßenbild, außerdem die hohen Gebühren im Kleingärtnerverein, und alle lesen die gleichen Bestseller, die vor dem Islam warnen. Nicht Haß, Furcht ist es, die aus den Sätzen spricht, Furcht, daß sie Verlierer sind im eigenen Land und wie nach der Wende alles über sie hereinbricht. Das hier ist nicht die NPD; ein Skinhead würde mehr auffallen und wahrscheinlich mehr stören als jemand mit schwarzen Haaren wie ich. Das hier sind tatsächlich ganz normale Bürger mit ganz normalen Berufen oder zu geringen Renten, soweit ich nach der Veranstaltung mit ihnen ins Gespräch komme, Handwerksmeister, Computerfachleute, gar ein ehemaliger Wahlbeobachter der OSZE mit internationaler Erfahrung; ein älterer Herr, der es zuletzt bei den Piraten versucht hat, sieht mit seinem langen Bart mehr wie ein Hippie aus. Allenfalls Andreas Kalbitz hat etwas, nein, nicht von einem Nazi, sondern mit der kleinen Nickelbrille, dem blonden Schnurrbart und der schneidigen Diktion mehr etwas Wilhelminisches. Und dieses Deutschland, das alte Deutschland, das nationalbewußt war, aber nicht von Adolf Hitler ins Verderben getrieben, ist es vielleicht am ehesten, was für einen Burschenschafter ein Bezug wäre, als alles noch seine Ordnung hatte.

«Wir wollen, daß alles so bleibt», sagt mir ein junger Mann mit Trekkinghose, der genauso freundlich, neugierig ist wie alle anderen, die nach der Veranstaltung mich ansprechen statt umgekehrt ich sie. «Sie können sich wünschen, was Sie wollen», erwidere ich, «Sie können für Ihre Vorstellungen kämpfen – aber ich kann das genauso, Sie haben kein Vorrecht vor mir.» Da fällt ihm die Kinnlade herunter, dieser Punkt, daß der, dessen Eltern zugezogen sind, das gleiche Recht haben soll wie ein Einheimischer, das leuchtet ihm nicht ein. Dem Herrn, der früher bei der OSZE war, freilich schon, und sofort ergibt sich eine Diskussion unter den Anhängern der AfD selbst. Sogar das Recht auf politisches Asyl wird nun verteidigt und wiederholt daran erinnert, daß Deutschland ein Einwanderungsgesetz benötige, so stehe es schließlich auch im Parteiprogramm. Nur wie im letzten Herbst, so chaotisch, das gehe doch nicht, sind sich alle einig, auch mit Herrn Oellerking von der Flüchtlingshilfe Schwerin. Daß offenbar niemand je mit einem Flüchtling gesprochen, geschweige denn einmal die Sonntagsschule besucht hat, so nahe sie auch liegt, das versteht sich allerdings von selbst. Aber gut, wer aus meinem eigenen, dem «links-rot-grün versifften 68er-Deutschland», wie es der AfD-Vorsitzende nannte, spricht je mit den Anhängern seiner Partei?

Als sich der Saal leert, setze ich mich zu Kalbitz an den Tisch; er ist erschöpft, die Hitze, die vielen Auftritte im Wahlkampf, jetzt auch noch eine Erkältung im Anflug – er wäre an einem sonnigen Sonntag auch lieber bei seiner Familie, bei seinen drei Kindern, aber zu sehr treibe ihn die Passivität der Menschen um, die Resignation, die geringe Wahlbeteiligung. Mit der AfD führe man die Leute zurück in die Politik, gebe ihnen eine Stimme, darüber müsse sich doch jeder Demokrat freuen, oder etwa nicht? Komme es ihm denn nicht selbst absurd vor, frage ich, wenn die AfD groß plakatiert, daß Deutschlands Zerstörung droht? In Deutschland wisse man schließlich, was Zerstörung bedeutet, und wenn man es vergessen habe, könne man sich die Bilder aus Syrien oder dem Irak anschauen. Aber hier in der schmucken Altstadt Schwerins, im holzgetäfelten Veranstaltungssaal – Deutschlands Zerstörung? Ehrlich gesagt wüßte ich gerade nicht, welches Land so viel sicherer, wohlhabender und freier sei, Schweden vielleicht oder Norwegen.

Der Slogan sei nicht von ihm, sagt Kalbitz, und drücke außerdem nur eine Sorge aus, kein bereits eingetretenes Faktum. Ach so? frage ich. Ja, natürlich, beteuert Kalbitz, eine Sorge, kein Faktum, und beginnt dann im Gespräch tatsächlich eine Differenzierung nach der anderen, die im Vortrag nur eine Ankündigung blieb. Plötzlich gibt es nicht mehr nur die Silvesternacht, sondern die wirklich Verfolgten, die selbstverständlich ein Recht auf Asyl hätten, nicht nur die Terroranschläge, sondern auch die vielen gut integrierten Muslime. Am Ende ist vom schwarzen Nationalspieler Boateng, den Deutsche nicht gern als Nachbarn hätten, bis zum Schießbefehl an den deutschen Außengrenzen all das abgeräumt, was am meisten provoziert, und bleibt mehr oder weniger nur das Minarettverbot als Alleinstellungsmerkmal, obwohl Kalbitz mir nicht recht begreiflich machen kann, wie sich Menschen mit einem Land identifizieren sollen, wenn sie nicht auch mit ihrem Glauben heimisch werden.

Genau dieser Vorwurf ist der AfD oft gemacht worden: daß ihre Vertreter provozieren, um anschließend zu beteuern, es sei alles nicht so gemeint; die Grenzen zum Skandalösen würden so Stück für Stück nach hinten verschoben. Aber da ich Andreas Kalbitz gegenübersitze, wüßte ich tatsächlich nicht zu sagen, ob der echt ist, der in seiner Rede Flüchtlingshelfer wie Claus Oellerking als «Kuscheltierwerfer» verhöhnt, oder jener, der kein Problem mit einem türkischstämmigen Vizekanzler hätte, sofern er gut integriert sei – Cem Özdemir lehne er aus rein politischen Gründen ab. Neulich hätten ihm ein paar kroatische Geschäftsleute gesagt, daß sie eigentlich alles gut fänden, was die AfD vertrete, aber die Partei schlecht unterstützen könnten, weil sie doch gegen Ausländer sei. Irgendwie habe er den Eindruck – der wohlgemerkt ganz falsch sei! – dennoch nachvollziehen können, meint Kalbitz und wünscht mir eine gute Weiterreise.

Zweiter Tag

Am Rosa-Luxemburg-Platz leuchten drei Buchstaben auf dem Dach der Volksbühne in riesigen Lettern rot auf: «OST». Das allein ist bereits eine Aussage, nein, soll ein Widerspruch sein im wiedervereinigten Berlin, vielleicht sogar im einigen Europa: «OST». Viele der großen, aufgrund ihrer Länge – fünf, sechs, sieben Stunden – schon physisch kraftraubenden Aufführungen der letzten zwei Jahrzehnte waren Adaptionen russischer Romane, und die Diskussionsreihe hieß «Kapitalismus & Depression», später «Politik & Verbrechen». Gerade hat der Senat beschlossen, aus dem bedeutendsten Sprechtheater Deutschlands eine multimediale Spielstätte des internationalen Festspielbetriebs zu machen, in der vornehmlich Englisch gesprochen wird. Bestimmt wird es auch um Flüchtlinge gehen.

Das Taxi Richtung Hauptbahnhof fährt an einem Kubus aus Plastik vorbei, der alle anderen Gebäude Unter den Linden an Größe übertrifft, den Dom, die Universität, die Oper, das Brandenburger Tor. Immer noch fällt es schwer zu glauben, daß hinter den Planen Ziegel für Ziegel die Fassade des Hohenzollernschlosses nachgebaut wird, als könne man Geschichte revidieren. «Do Bigger Things» fordert die Reklame auf, die gesamte Vorderfront bedeckt. Ob die Werbeagentur das Poster mit Bedacht gewählt hat? Geradezu subversiv zeigt es eine Landschaft, die durch den Bildschirm eines Smartphones eingerahmt wird, darauf ein Stift, um die Wirklichkeit zu frisieren. Künftig sollen ausgerechnet in einem Imitat preußischer Herrlichkeit die Weltkulturen präsentiert werden, und niemand weiß, wie's geht. Eine Etage wurde bereits umgewidmet, um viel passender die eigene Lokalgeschichte zu feiern. Jetzt müßte nur noch das goldene Kreuz, das nach der gescheiterten Revolution von 1848 das Gottesgnadentum des Königs demonstrieren sollte, wieder aufs Schloß gestellt werden, also wie eine Fahne aus den kolonialen Sammlungen herausragen, dann wäre die Weltläufigkeit vollends demaskiert.

Vor dem Reichstag, dessen Kuppel nach dem Fall der Mauer ebenfalls nachgebaut wurde, aber nicht rückwärtsgewandt als eine Kopie, steige ich aus dem Taxi. Weil ich ein paar Minuten zu früh bin, rolle ich meinen Koffer nicht rechts zum Hauptbahnhof, sondern links zum Denkmal für die ermordeten Juden Europas. So richtig ich den zentralen Ort, auch die Dimensionen fand, so fatal erschien mir die begehbare Landschaft aus Betonquadern, weil sie eine Einfühlung herzustellen sucht, die es niemals geben kann. Nun nähere ich mich erstmals vom Norden dem Denkmal und bin überrascht, wie sich die Stelen zu einem schwarzgrauen Hügel aus Gräbern erheben, hinter dem der Tiergarten zu einem Friedhofsgarten wird, die umliegenden Bürogebäude sich in Verwaltungstrakte verwandeln, deren Linien und Farben mit den Betonquadern kongruieren, das Brandenburger Tor plötzlich ein Portal ist, durch das man nicht aus freien Stücken gegangen ist. Der Blick, der das Verbrechen in die Abstraktion überführt, da es die Vorstellungskraft übersteigt, versöhnt mich ein paar Minuten lang mit dem Denkmal. Dann jedoch trete ich zwischen die Stelen und bin sofort wieder konsterniert. Je höher sie werden, je ferner die Stadt rückt, je verlorener ich mich fühlen soll, desto mehr ärgere ich mich über den billigen Effekt. Geradezu unverfroren erscheinen mir die betont unebenen Böden, die wohl das schwankende Lebensgefühl der Opfer simulieren sollen, aber zumal mit Rollkoffer das denkbar banalste Erschwernis sind. Ehrlicher erscheinen mir da schon die Sicherheitszäune, wo steile Treppen zu unterirdischen Türen führen, auf denen «Notausgang» steht.

Sind die Züge nach Osten immer so leer? Peinlich es zu gestehen, aber ich war noch nie in Polen. Tief im Westen Deutschlands geboren und aufgewachsen, schauten wir immer nach Frankreich, Italien, zu den Vereinigten Staaten; selbst den Orient kannten wir besser als den Osten des eigenen Landes. Jetzt fährt der Zug über die Oder, die noch ein richtiger Fluß zu sein scheint, nicht so verbaut und begradigt, die Ufer sich selbst überlassen. Keine dreißig Sekunden in Polen, und schon sieht der Osten urwüchsig aus wie in den Büchern von Andrzej Stasiuk. Aber klar, die Plattenbauten kommen auch sofort, dreißig Sekunden später.

In Posen verpasse ich beinah den Anschluß nach Breslau, weil ich mich trotz aller Reiseerfahrung am Bahnhof nicht zurechtfinde und niemanden verstehe, dem ich mein Ticket hinhalte. Und dann bleibe ich auch noch an der Bahnhofsbäckerei stehen: Wenn ich etwas für typisch deutsch hielt, war es das Vollkornbrot, und nun geht mir auf, daß die Polen oder jedenfalls die Posener das Brot genauso dunkel backen und Deutschland kulinarisch mehr dem Osten angehört als dem Westen oder gar dem Süden Europas, der erst in den letzten Jahrzehnten in die deutsche Küche Einzug gehalten hat. Nicht die Weißwurst-, sondern die Weißbrotgrenze ist es, die den Kontinent historisch teilt. Vor den Weltkriegen ordnete man Deutschland zusammen mit Polen, Tschechien oder Ungarn wie selbstverständlich Mitteleuropa zu und legten deutsche Intellektuelle Wert darauf zu erklären, was ihr Land vom Westen trennt. Als ich endlich wieder im Zug sitze, wundere ich mich, daß selbst in der ersten Klasse kein Platz frei ist, als ob die Polen sich nur innerhalb des eigenen Landes bewegten.

In Breslau erklärt mir der Leiter des Willy-Brandt-Zentrums, der Historiker Krzysztof Ruchniewicz, Helmut Kohl sei in Polen weitaus beliebter als das Vorbild meiner westdeutschen, friedensbewegten Generation. Richtig, Brandt habe zwar die Oder-Neiße-Grenze anerkannt, aber später die antikommunistische Opposition nicht unterstützt und sich beim Polenbesuch 1985 geweigert, den Friedensnobelpreisträger Lech Wałęsa zu treffen. Würde ich mich auf dem Platz vor der Synagoge umhören, wo wir in einem der Cafés sitzen, wüßte kaum jemand etwas mit dem Namen des Bundeskanzlers anzufangen, und das wären die Gebildeten. Von dem Kniefall hatte 1970 schließlich kaum ein Pole gehört, merkt Ruchniewicz an; das Photo wurde ein einziges Mal in einer jüdischen Zeitung und danach nur retuschiert oder zur Hälfte veröffentlicht – Brandt ohne Knie.

Überhaupt, so elementare Tatsachen, die man nicht im Kopf hat, wenn man ein paar Kilometer weiter westlich aufgewachsen ist –, daß ausnahmslos jeder Breslauer den ominösen «Migrationshintergrund» hat und es 1945 zu einem vollständigen Bevölkerungsaustausch kam, alle sechshunderttausend Deutsche vertrieben wurden oder genaugenommen mehr, weil Schlesien als Luftschutzkeller Deutschlands galt und viele Flüchtlinge aus den Westgebieten hier lebten. Die Juden wurden gleich zweimal vertrieben, nein, dreimal: das erste Mal von den Deutschen in die Züge gepfercht, die nach Auschwitz, Theresienstadt oder Majdanek fuhren; die wenigen Juden, die in Breslau überlebt hatten, nach dem Krieg als Deutsche; schließlich diejenigen, die mit den anderen Polen in die Stadt umgesiedelt wurden, wiederum als Juden. Man weiß das alles nur vage, weil wir im Schulunterricht, wenn überhaupt, nur verschämt über die Gebiete sprachen, die nicht mehr deutsch sind. Aber auch in Polen selbst, bemerkt Ruchniewicz, erinnere man sich an die eigene Vergangenheit nur schemenhaft und sehe Polen ausschließlich als Opfer. Zumal die neue, konservative Regierung vermeide jedes Wort über die Vertreibung der Juden, geschweige denn der Deutschen.

Ich versuche mir vorzustellen, wie die Polen, die ihrerseits zum größten Teil aus der heutigen Ukraine vertrieben worden waren, in Breslau eintrafen, wie sie die eilig verlassenen Wohnungen der Deutschen betraten, die Kleiderschränke und Schubladen öffneten, wie der Schuster nach einer Schusterwerkstatt Ausschau hielt, der Arzt sich eine passende Praxis suchte, in den Schulen vielleicht noch die Zeichnungen der vorigen Klassen hingen, der Kittel des Hausmeisters, der Hut des Direktors, mit deutschem Etikett – und wenn er dem neuen Direktor paßte? Man denkt, das Leben kann gar nicht weitergehen, wenn eine Stadt alle ihre Bewohner und mit den Bewohnern ihre Geschichte verliert, und dann sieht es ein paar Jahrzehnte später doch so aus, als hätten niemals andere Menschen in Breslau gelebt.

Krzysztof Ruchniewicz erzählt, wie einmal deutsche Vertriebene im Dorf seiner Frau in der Nähe von Habelschwerdt vorfuhren, eine weitverzweigte Familie oder vielleicht auch mehrere Familien im Bus. Die deutsche Großmutter, die sich hartnäckig nach den Preisen für Immobilien erkundigte, wurde jedes Mal von ihren Töchtern nach hinten gezogen und schließlich in den Bus gedrängt. Der Bus drehte eine Runde, bevor er wieder vor dem Haus von Ruchniewiczs Schwiegereltern anhielt. Jemand reichte ein kleines Präsent aus der Fahrertür, ein Päckchen Kaffee, bevor der Bus davonfuhr. «Das war ein seltsames Gefühl», sagt der Leiter des Willy-Brandt-Zentrums, «ganz komisch: Hätten wir ihnen auch etwas geben müssen, fragten wir uns – aber wofür?»

Als ich abends eine Mail an Andreas Kalbitz schicke, um mich für die freundliche Aufnahme zu bedanken, grüße ich – zugegeben etwas naseweis, aber manchmal sind die Finger schneller als der Verstand – «aus Breslau, wo nicht die Weltoffenheit, sondern der Nationalismus dazu geführt hat, daß kein Deutscher mehr hier lebt».

Dritter Tag

Der Vorgang, der mich ohne Wenn und Aber zum Deutschen macht, dauert keine Sekunde. Aufgrund des Andrangs kann man Auschwitz nur in einer Gruppe besuchen, muß sich vorher anmelden, am besten online, und sich für eine Sprache entscheiden, Englisch, Polnisch, Deutsch et cetera. Die Prozedur ist nicht viel anders als auf einem Flughafen: Die Besucher, die meisten mit Backpacks, kurzen Hosen oder anderen Signalen, auf der Durchreise zu sein, halten den Barcode hin, um einzuchecken, nehmen einen Aufkleber für ihre Sprache in Empfang und passieren eine Viertelstunde vor Beginn ihrer Führung eine Sicherheitsschleuse. In einer engen Halle verteilen sie sich auf zu wenige Sitzbänke, bis ihre Gruppe aufgerufen wird. Nachdem ich das Ticket unter einen weiteren Scanner gehalten habe, stehe ich von einem Schritt auf den anderen im Konzentrationslager, vor mir die Baracken, die Wachtürme, die Zäune, die jeder von Photos, Dokumentationen, Filmen kennt.

Die Gruppen haben sich bereits gesammelt, obwohl die Führer noch nicht da sind. Während die israelischen Jugendlichen – oder bilde ich mir das nur ein? – etwas lauter und selbstbewußter sind, drücken sich die Deutschen – nein, das bilde ich mir nicht nur ein – stumm an die Mauer des Besucherzentrums. Und dann hefte ich den Aufkleber an die Brust, auf dem schwarz auf weiß ein einziges Wort steht: deutsch. Das ist es, diese Handlung, von da an wie ein Geständnis der Schriftzug auf meiner Brust: deutsch. Ja, ich gehöre dazu, nicht durch die Herkunft, durch blonde Haare, arisches Blut oder so einen Mist, sondern schlicht durch die Sprache, damit die Kultur. Ich gehe zu meiner Gruppe und warte ebenfalls stumm auf unsere Führerin. Im Tor, über dem «Arbeit macht frei» steht, stellen sich nacheinander alle Gruppen zu einem bizarren Photo auf. Nur wir schämen uns.

Die dreistündige Führung ist so angelegt, daß sich der Schrecken kontinuierlich steigert, von den Wohntrakten über die verschiedenen Hinrichtungsstätten, Folterkammern, Labors für die Menschenversuche bis in die Gaskammern hinein, an deren Wänden sich die Kratzer von den Fingernägeln abzeichnen. Wenn nach zwanzig Minuten die Gaskammer wieder geöffnet wurde, seien die Leichen häufig ineinander verkeilt gewesen, erklärt die Führerin im Kopfhörer, den jeder Besucher trägt – als hätten sich die Lebenden zum Schluß noch einmal umarmt, denke ich. Tatsächlich dürfte selbst im Gedränge nichts einsamer sein als der Todeskampf und hatten die Körper wohl in Schmerz, Panik und Trauer unkontrolliert in alle Richtungen ausgeschlagen. Aber auch das ist nur eine Vermutung, denn wer immer Auschwitz überlebte, hat das tiefste Schwarz nicht selbst geschaut. Die jüdischen Arbeiter, die die Kammer nach jeder Vergasung als erste betraten, wateten durch Blut, Kot und Urin. Sie zerrten die Leichen auseinander und legten sie auf den Rücken, um die Goldzähne zu entfernen, die das Deutsche Reich als sein Eigentum betrachtete. Die Münder zu öffnen war harte körperliche Arbeit, bedurfte Werkzeuge sogar, so fest waren viele Kiefer zusammengepreßt – als hätten die Sterbenden mit ihrer letzten Regung zu schweigen beschlossen. Daß nach Auschwitz kein Gedicht mehr geschrieben werden könne, ist so häufig mißverstanden, verlacht, abgetan worden; dabei hat Adorno selbst sich nach dem Krieg vehement für die avancierte Poesie eingesetzt. In der Gaskammer bekommt der Satz eine natürliche Evidenz, nicht als Bannstrahl, vielmehr als Ausdruck der unmittelbaren Empfindung – wie soll Zivilisation nach so etwas überhaupt noch weitergehen, was hat sie für einen Wert? Was soll der Mensch noch sagen, wo er solches Menschenwerk sieht? Es ist auch der eigene Kiefer, der sich zusammenpreßt. Und gerade als wir meinen, die Dimensionen des Lagers einigermaßen zu erfassen, werden wir mit dem Bus ein paar Kilometer weiter nach Birkenau gefahren, dessen Ausmaße schier unübersehbar sind. Himmler hatte Auschwitz zu einem Modell für so etwas wie eine Sklavenökonomie machen wollen, das Besucher beeindrucken sollte; es weckte zumindest den Anschein eines Arbeitslagers, von Ordnung und Funktionalität. In Birkenau hingegen war klar, daß man sich in einer Todesfabrik befand.

Die Wege der einzelnen Besuchergruppen kreuzen sich immer wieder, aber zu Wartezeiten vor den verschiedenen Gebäuden kommt es trotz des Andrangs so gut wie nie. Ziemlich routiniert fügt sich Auschwitz in die Reihe der europäischen Top-Besucherziele ein und bietet die obligatorischen Stellplätze für Selfies. Natürlich habe ich ständig den Eindruck des Unangemessenen, ohne daß mir einfällt, wie man die Massen anders durch das Lager schleusen könnte. Es gibt nun einmal keinen touristischen Umgang mit der industriellen Vernichtung von Menschenleben, der angemessen wäre. Gern möchte ich einmal aus der Gruppe ausscheren, möchte allein sein und den Kopfhörer ablegen, so hilfreich die Erklärungen unserer Führerin auch sind. Nur muß sich jeder halbwegs an die Ordnung halten, damit sie nicht zusammenbricht. Und man muß sich doch wünschen, daß Auschwitz von möglichst vielen Menschen besucht wird.

Am hinteren Ende des ehemaligen Vernichtungslagers Birkenau entdecke ich die israelischen Gruppen zu einer Versammlung vereint, mehrere hundert Jugendliche in weißen T-Shirts mit ihren Betreuern auf einer Freilichttreppe. Breitschultrige Wachleute, die wohl mitgeflogen sind, sorgen dafür, daß kein Außenstehender zu nah herantritt. Einzelne Jugendliche stellen sich vor einer wandgroßen Israelflagge auf, um Lieder zu singen oder Texte zu rezitieren. Am Ende steht ein gemeinsames Gebet.

Als die Jugendlichen Richtung Ausgang gehen, komme ich mit einigen ins Gespräch. Acht Tage dauere die Reise, die zu den wichtigsten Stätten der europäischen Judenvernichtung führt. Sie sei nicht obligatorisch, werde aber bezuschußt und von den meisten Israelis gegen Ende ihrer Schulzeit einmal absolviert.

«Und macht das etwas mit euch?» frage ich etwas ungeschickt.

«Natürlich macht das etwas mit uns», antwortet ein junges Mädchen, siebzehn oder achtzehn Jahre alt: «Vorher war der Holocaust nur eine Schullektüre wie andere. Ehrlich gesagt hat mich das nicht mehr interessiert als Algebra. Aber hier wird es für uns real.»

Die ersten drei, vier Tage sei es noch eine fast normale Klassenfahrt gewesen, da habe sie das alles gar nicht richtig kapiert. Aber dann habe es irgendwann Klick gemacht, und sie habe begriffen, wo ihre Wurzeln liegen, wie wenige ihrer Vorfahren überlebten und welche Rettung Israel ist.

«Ich begreife einfach, was es bedeutet, Jüdin zu sein, Israelin zu sein; das war mir vorher gar nicht richtig bewußt.»

Als die Jugendlichen ihrerseits fragen, was Auschwitz mit mir gemacht habe, erzähle ich von dem Aufkleber, auf dem nur das eine Wort steht: «deutsch». Es fällt ihnen schwer nachzuvollziehen, daß ich mich in dem Moment schuldig fühlte, oder vielleicht nicht schuldig, aber doch den Tätern zugehörig, nicht den Opfern. Ich versuche ihnen zu erklären, was für mich der Kniefall bedeutet, muß allerdings erst einmal referieren, wer Willy Brandt war. Die Geschichte zu tragen, von ihrer Last auf die Knie zu sinken, sei keine Frage der persönlichen Täterschaft – Brandt habe gegen Hitler gekämpft –, sondern der Verantwortung für den Ort, an dem man nun einmal lebt.

Auschwitz, wendet einer der Jugendlichen ein, Auschwitz verpflichte doch jeden Menschen, egal welchem Land er angehört. Erst recht wundert er sich, als ich erwähne, daß meine Eltern nicht einmal deutsch sind. In Auschwitz ist auf deutsch gemordet worden, antworte ich; alle Befehle, die an die Wände geschrieben wurden, und alle Dienstpläne, die in den Vitrinen ausgestellt sind, selbst die Gebrauchsanweisungen auf den Chemikalien, die vor den Gaskammern stehen, seien deutsch. Wer diese Sprache spricht, als Schriftsteller gar von ihr, mit ihr, dank ihr lebt, verstumme instinktiv, wenn er die Aushänge der damaligen Lagerleitung – «Ihr seid hier in einem deutschen Konzentrationslager» – liest. Und er begreife, warum keines der heutigen Hinweisschilder auf deutsch ist. Man werde als Deutscher in Auschwitz niemals ein unbeteiligter Besucher sein. In Gedanken füge ich hinzu, daß der Satz über die Gedichte, die nach Auschwitz nicht mehr geschrieben werden können, für diejenige Literatur noch einmal eine andere, eigene Bedeutung hat, die in der Tätersprache geschrieben ist. Bei Primo Levi las ich, daß es selbst für die Häftlinge existentiell gewesen sei, Deutsch zu sprechen, damit sie die Vorschriften, herausgebrüllten Befehle und sonderbaren Anordnungen auf Anhieb verstanden. «Es ist keine Übertreibung, wenn ich sage, daß die sehr hohe Sterblichkeitsrate unter Griechen, Franzosen und Italienern in Konzentrationslagern auf deren Mangel an Sprachkenntnissen zurückzuführen ist», schreibt Levi. «So war es zum Beispiel nicht leicht zu erraten, daß der Hagel von Fausthieben und Tritten, der einen plötzlich zu Boden streckte, auf die Tatsache zurückzuführen war, daß man vier oder sechs Knöpfe an der Jacke hatte statt fünf, oder daß man mitten im Winter mit der Mütze auf dem Kopf im Bett erwischt wurde.»

Die Jugendlichen fragen, warum sie keine einzige deutsche Schulklasse angetroffen hätten. Die Jahreszeit, die Entfernung, irgendeinen Grund werde es geben, antworte ich. Wenn Auschwitz selbst für sie, die israelischen Jugendlichen, nur eine Schullektüre war, könnten sie sich vorstellen, wie das in deutschen Klassen sei, da heute so viele Jugendliche aus anderen Ländern stammten. Das mache es natürlich noch leichter, Auschwitz nicht als Teil der eigenen Geschichte zu sehen.

Ich denke zurück an meinen Besuch in Schwerin, die zuversichtlichen Flüchtlinge und die aufgebrachten Bürger: Wenn etwas spezifisch deutsch wäre an der Leitkultur, die alle Jahre wieder eingefordert wird, wären es nicht Menschenrechte, Gleichberechtigung, Säkularismus und so weiter, denn diese Werte sind alle europäisch, wenn nicht universal. Es wäre das Bewußtsein seiner Schuld, das Deutschland nach und nach gelernt und auch rituell eingeübt hat – aber just die eine Errungenschaft, die nicht Frankreich oder die Vereinigten Staaten, sondern die Bundesrepublik für sich reklamieren darf neben guten Autos und Mülltrennung, möchte das nationale Denken abschaffen. Umgekehrt gilt allerdings auch: Wer sich gegen ein völkisches Verständnis der Nation wendet, kann die historische Verantwortung nicht ethnisch engführen. Wenn sie ankommen möchten, werden die Syrer oder zumindest ihre Kinder, die im Deutschen bereits den Konjunktiv beherrschen, auch die Last tragen müssen, Deutsche zu sein. Spätestens in Auschwitz werden sie die Last spüren, sobald sie aus dem Besucherzentrum treten.

Vierter Tag

Im Krakauer Museum für Moderne Kunst, das auf dem Gelände der ehemaligen Emaillefabrik von Oskar Schindler steht, ist das Photo einer sympathischen, auch sehr schönen jungen Besucherin ausgestellt, die am Zaun des ehemaligen Vernichtungslagers Birkenau frohgemut lacht. In ihrem Gesicht zeichnet sich der Schatten des Stacheldrahtes ab.

Das Photo rief einen lokalen Skandal hervor; die jüdische Gemeinde forderte, es abzuhängen. Dabei zeigt es eine Situation, wie man sie jeden Tag in Birkenau beobachten kann: Besucher, die vor dem Zaun, den Wachtürmen oder dem Eisenbahnwaggon in die Kamera lächeln, wenn sie sich nicht gleich selbst photographieren. Ist es ein Triumph über die Barbarei oder Verhöhnung ihrer Opfer, wenn heute in Birkenau eine Frau ihre Schönheit beschwingt und selbstbewußt zeigt? Wie zur Rechtfertigung hebt der Katalog hervor, daß die Abgebildete eine Jüdin sei – aber hängt es von der Zugehörigkeit ab, ob das Lachen am Zaun des Konzentrationslagers statthaft ist? Im Katalog sind auch Bilder eines Videos von 1999 abgedruckt, in dem Menschen, alte und junge, nackt in der Gaskammer tanzen und herumtollen. Seinerzeit war der Protest nicht nur lokal. Kaum zu ertragen, und doch oder eben deshalb prägen sich mir die Bilder ein, wie es Videokunst selten gelingt.

Aus dem Schindler-Museum, das dreidimensional die Einfühlung in die Zwangsarbeit herzustellen versucht, stürze ich nach zwanzig Minuten hinaus. In einem beigegrau ausgefärbten, als Mine ausstaffierten Raum laufen die Besucher sogar über originale Kiesel. Wahrscheinlich ziehen manche Besucher die Schuhe aus, um die Fron nachzuempfinden. Vor dem Museumsgelände werben Taxifahrer mit Plakaten für einen Ausflug: «Auschwitz Salt Mine Cheap!»

Wie schön Krakau ist, steht in jedem Reiseführer und läßt sich eindrücklicher bei Adam Zagajewski lesen, der unter den vielen Dichtern dieser Stadt der berühmteste ist. Gänzlich unbeschadet hat die Kulisse aus Renaissance, Barock, Jugendstil und Neogotik den Krieg und die kommunistische Abrißbirne überstanden. Und doch ist es nur eine Kulisse, scheint mir, je länger ich durch die Altstadt schlendere, eine Kulisse, in die

die gleichen *coffee shops, quality hamburger* und Filialen der einschlägigen Modeketten wie in Sevilla, Pisa oder Avignon eingefügt sind, die verkehrsberuhigten Zonen und getrennten Müllcontainer, eine identische Auswahl von Restaurants mit eingesprenkeltem *local food*, dieselben Fahrradverleihstationen und rollenden Bretter mit Festhaltestange, auf denen helmbewehrte Touristen durch die Gassen rollen, dieselben Fußballtrikots, Real, Barcelona, Bayern, Manchester, die Kinder aus ganz Europa tragen. Selbst die Popsongs, Opernarien und Zaubertricks der fahrenden Künstler sind überall in Europa gleich. Ein reguläres Stadtleben mit Geschäften, deren Auslagen sich an Einheimische richten, mit Handwerkern, Geschäftsleuten oder eilenden Passanten findet man in den Freizeitparks hingegen nicht, in die sich viele europäische Innenstädte verwandelt haben, statt dessen *carfour express* mit exakt der gleichen Wegzehrung wie in jedem spanischen Badeort sowie die notorischen jungen Männer aus England, die sich barbrüstig betrinken – seltsam, daß sie gleichzeitig auch in Sevilla, Pisa oder Avignon sein können.

Aus einer unscheinbaren Kirche höre ich einen weiblichen Chor und öffne die Tür: Es sind Nonnen, gar nicht so alt wie sonst in Europa, im weißen Habit verteilt auf die Bänke, jede einzeln und doch gemeinsam. Von hinten sehen sie alle gleich aus – und tatsächlich, ihre Kleidung ist schließlich auch eine Art Uniform. Wahrscheinlich kommt mir die Szenerie, die ich nicht erwartet hatte – obwohl sie, wenn irgendwo in der Welt, dann in Polen zu erwarten war –, vielleicht kommt sie mir deshalb so eigen vor, weil der klösterliche Alltag der größtmögliche Gegensatz zum polyglotten Vergnügen ist, das ringsum herrscht. Für einen Augenblick erscheint mir der Tagesablauf der Nonnen individueller als der Lebensstil in jedem *organic cafe*.

Wie überall, wo keine Juden überlebt haben, ist in Krakau das jüdische Viertel besonders angesagt. Sechzig Kilometer entfernt von Auschwitz koscher zu essen ist vielleicht auch eine Art Einfühlung, nur mit der Illusion eines Happy-End. Neben den hebräischen Schriftzeichen finden sich hier auch die meisten Signets für vegane Küche und freies W-Lan: *feel good*, wie inzwischen selbst die Zigarettenwerbung den Lebensstil anpreist, der schadstoffarm, polyglott und gewissensberuhigt ist. Natürlich hat man in diesem *Easy Jet*, der die Städte so gleich macht, wie es weltweit bereits die Strandressorts sind, nichts gegen Schwule, gegen Behinderte, gegen Schwarze, gegen die Kopftücher der arabischen Touristinnen, deren Männer die gleichen Bermudas tragen wie alle Touristen auf der Welt, verständigt sich auf englisch, weist die Wickelräume für beide Geschlechter aus und trinkt nach dem Besuch des Schindler-Museums erst mal einen Smoothie, während man gleichzeitig durch die weite Welt des Web surft. Kein Wunder, daß Europa manchen Menschen die Heimat fremdgemacht hat.

Aber Krakau hat enorm von Europa profitiert, hält der Dichter Adam Zagajewski dagegen, besonders vom Tourismus und den Fördermitteln aus Brüssel. Früher sei die Stadt schwarz gewesen vom Giftruß der Stahlwerke, schwarz von der Kohle, die sich mit jedem Herbstbeginn vor den Häusern türmte und mit jedem Regen auf die Bürgersteige ergoß, schwarz auch die Weichsel vor Schmutz. Und nicht nur das Straßenbild war trist. Mit dem Kommunismus erstarrte die Stadt «in der Grimasse der Langeweile», wie es in einem von Zagajewskis Büchern heißt, «in katatonischer Reglosigkeit eines Psychiatriepatienten, der im blaugestreiften Pyjama geduldig das Weltende erwartet».

Adam Zagajewski war der Protestpoet der Jahre nach 1968, kämpfte gegen die Diktatur und hatte Veröffentlichungsverbot, siedelte nach Paris und später in die Vereinigten Staaten über. In seinen Gedichten, Essays und Tagebüchern legte er so etwas wie ein europäisches Bewußtsein frei, ein Reich des Geistes, das sorglos und vielsprachig nationale Grenzen ignoriert und frei von ideologischen Rücksichtnahmen auf die immer schon blutige Vergangenheit blickt. Heute, über siebzigjährig und in viele Sprachen übersetzt, möchte er sein Krakau kein weiteres Mal mehr verlassen, auch wenn er mit Grauen auf die neue, nationalreligiöse Regierung blickt, die an das kommunistische Regime erinnere, indem sie ebenfalls einen ideologischen Schleier über die wirklichen Probleme der Gesellschaft ausbreitet: Nation, Kirche, Familie, Tradition. Alle Kultur wolle sie auf den Patriotismus einschwören, nur noch patriotische Theaterstücke, patriotische Filme, patriotische Museen finanzieren. Heraus komme natürlich nur unsäglicher Kitsch.

«Gegen den Kommunismus zu sein, das war noch etwas», seufzt er beim Mittagessen in einem der alten, jetzt vornehmen Literatencafés:

«Das war nicht nur riskant, das war auch intellektuell lohnend. Da mußte man sich mit einem ganzen Gebäude aus Gedanken auseinandersetzen.» Die neue Rechte hingegen biete lediglich Fetzen eines Weltbilds. Die Nation genüge doch nicht als politisches Programm, schließlich sei sie überall eine andere, so daß die Polen, die nach Großbritannien ausgewandert sind, Opfer der gleichen Rhetorik würden, mit der in Polen Stimmung gegen Einwanderer gemacht werde – mit der lächerlichen Note freilich, daß es in Polen kaum Einwanderer gebe.

«Und dann noch ein katholischer Nationalismus – das ist doch ein Widerspruch in sich. In diesem Denken wird ja sogar der Papst selbst zum Häretiker!»

Die Renationalisierung habe viele Ursachen, meint Zagajewski, da gebe es die ärmere Bevölkerung, die an dem wachsenden Reichtum der Mittel- und Oberschicht nicht partizipiere, da gebe es die Sehnsucht nach Gemeinschaft, die durch die Atomisierung des liberalen Systems aufgekommen sei. Zugleich spielten sehr alte Konflikte eine Rolle, Konflikte noch des achtzehnten und neunzehnten Jahrhunderts, als die Landadligen den Sarmatenrock trugen, um sich gegen die französische Mode aufzulehnen. Heute gehe es nicht mehr um den Schnitt des Mantels, niemand in Polen wolle sich orientalisch kleiden, am wenigsten die Nationalisten, die vor dem Orient geradezu obsessiv warnten; aber wieder greife die Furcht um sich, durch die Modernisierung und den Einfluß des Westens die Substanz des «Polentums» zu verlieren.

«Und was soll diese Substanz sein?»

«Tja», seufzt Zagajewski: «Ein volkstümlicher Katholizismus in Verbindung mit Piroggen und Barszcz, sehr viel mehr eigentlich nicht.»

Gewundert habe ich mich schon oft, indes nie darüber nachgedacht, warum so viele Polen den typisch persischen Namen Dariusch tragen. Erst bei der Vorbereitung der Reise ging mir auf, daß mit den Sarmaten, auf die sich die polnischen Romantiker ständig bezogen, die iranische Volksgruppe gemeint ist, die lange vor den Griechen die Krim besiedelte und von dort nach Norden gewandert sein soll. In Wirklichkeit waren es vor allem turksprachige Tataren und Mongolen, die sich vom Schwarzen Meer aus im ganzen östlichen Europa ausbreiteten, und das erst seit dem zwölften oder dreizehnten Jahrhundert. Während sich die Moskowiter vor den Mongolen in den Wäldern des Nordens versteckten, öffneten sich die Polen den orientalischen Einflüssen. So könnte die Aufteilung der Gesellschaft in *Herby* oder Klans ebenso nomadische Ursprünge haben, wie sich im Verhältnis zwischen polnischen Herrschern und Kolonien ausländischer Kaufleute die Koexistenz von Iraniern und Griechen am Schwarzen Meer widerspiegelt. Traditionell wurde Sarmatien als ein mythischer Begriff mit der polnisch-litauischen Rzeczpospolita und dem Lebensstil des altpolnischen Adels in Verbindung gebracht, um den grundlegenden Unterschied zur westlichen Kultur zu erklären – daher die Röcke der Männer auf alten Gemälden, der orientalische Prunk, die reichgeschmückten Waffen, die buschigen Haarschöpfe und Schnurrbärte, daher die persischen Namen. Das Sarmatentum wurde dabei im Sinne einer Überlegenheit gemeint, nicht der Minderwertigkeit. Für die aufgeklärten westlichen Herrscher und Philosophen hingegen stand Sarmatien für Rückständigkeit, Anarchie, Intrigen und Irrationalität.

Es war insbesondere der polnische Nationaldichter Adam Mickiewicz, der im neunzehnten Jahrhundert den Sarmatenkult wiederbelebte. Wann immer in den folgenden Jahrzehnten die Germanisierung durch das Habsburgerreich und den deutschen Bildungskanon überhandzunehmen drohte, wurde in der Literatur die alte polnische Adelskultur glorifiziert und drängten die Sarmatenkleider die Pariser und Wiener Mode zurück. Ob sich diejenigen, die Polen heute zu seinen Wurzeln zurückführen wollen, noch daran erinnern, daß ihre Vorfahren diese Wurzeln in Iran gesucht haben, wenn es, zugegeben, auch ein mythisches Land war? Daß ihre Könige von einer Massenversammlung von Aristokraten gewählt wurden, gilt vielen Polen heute als Vorstufe des parlamentarischen Systems und Ausweis der westlichen Identität ihres Landes, das sich immer schon vom Despotismus der Russen unterschieden habe. Tatsächlich dürfte der Brauch, der mit dem Sejm Verfassungswirklichkeit geworden ist, im späten sechzehnten Jahrhundert nach dem Muster des Qurıltai entstanden sein, der Versammlung der tatarischen Edlen und Stammesoberhäupter, die einen neuen Khan wählten. Noch der letzte von Wien ernannte Bürgermeister von Lemberg, der den schönen deutschen Namen Franz Kröbl trug, stellte seine polnische Identität heraus, indem er sich im orientalischen Gewand begraben ließ. Das käme

Jarosław Kaczyński, dem Führer der regierenden PiS, wohl nicht in den Sinn.

«Nein, niemand mehr erinnert sich an die Sarmaten», bestätigt Adam Zagajewski und rührt im Kaffee, der ... na, selbst ein Jarosław Kaczyński wird wissen, wo der Kaffee herkommt.

Nach dem Wahlsieg der Nationalreligiösen verfaßte Zagajewski nach vielen Jahren noch einmal ein Protestgedicht, satirisch, wütend, ätzend, schlug der neuen Regierung vor, einige Regisseure zu erschießen und wieder Isolierungslager zu errichten, «aber dezente, um die Vereinten Nationen nicht zu reizen». Da war er für einen Moment wieder ein Aktivist, zog den Zorn der Nationalisten auf sich, wurde für die pro-europäische Bewegung zum Helden. Doch seitdem hält Zagajewski sich mit politischen Äußerungen zurück. Man könne nicht ständig die Engstirnigkeit, die Borniertheit, die Angst bekämpfen, sagt er, das mache auf Dauer blöd. Vielmehr müsse man zeigen – in der Gesellschaft, in der Kultur, in Büchern, im alltäglichen Miteinander –, daß sich die Offenheit lohnt, daß sie Spaß macht, daß sie schön ist, daß sie einen weiterbringt als der Rückzug. Mit Langeweile rette man Europa nicht.

Abends führt mich Maria Anna Potocka, die sehr temperamentvolle und scharf denkende Direktorin des Museums für Moderne Kunst, in ein echt polnisches Restaurant, wo sie sich darüber amüsiert, daß für meinen iranischen Geschmack alles Polnische ziemlich deutsch schmeckt, Eisbein, Rotkohl und so weiter. Und die berühmten Piroggen hält ein Ignorant wie ich auch nur für Maultaschen.

Wir sprechen lange über die Frage, was ein angemessener musealer Umgang mit dem Holocaust wäre, und streiten uns über Berlins Jüdisches Museum, dessen «Holocaust-Turm», indem er die Beklemmung der Opfer simuliere, in meinen Augen lächerlich, ja geradezu unanständig ist. Für Anna Maria Potocka, die mich für ziemlich dogmatisch hält, bleibt die Schoah die interessanteste Aufgabe für die Kunst. Und Auschwitz selbst? frage ich. Dort könne man nicht viel anders machen, antwortet sie, dafür seien die Besucher zu zahlreich, die Organisation zu komplex, wenn man allein an die vielen älteren Menschen denke, die nicht mit den regulären Gruppen gehen können. «Die Nazis standen vor der Herausforderung, im Konzentrationslager anderthalb Millionen Juden zu ermorden», fügt sie

mit dem herausfordernden Ton ihrer Ausstellung an: «Aber es ist auch eine Herausforderung, jedes Jahr anderthalb Millionen Touristen durch Auschwitz zu führen.»
Ich nehme den Gedanken Adam Zagajewskis über die Gefahr der Langeweile auf und frage, ob Krakau früher nicht aufregender war.
«Ach was, in der Altstadt sind wir Krakauer sowieso nur einmal im Jahr.»

Fünfter Tag

Nach Warschau nehmen wir den langen Weg über die Dörfer, die so gar nicht dem Bild herb-herzlicher Ärmlichkeit entsprechen, das ich mir als Stasiuk-Leser von Polen gemacht habe. Nicht nur entlang der Weichsel, die viele Ausflügler anzieht, sind die Straßen hervorragend ausgebaut, die Häuser frisch gestrichen, so gut wie alle Haustüren neu, die Fensterrahmen aus Kunststoff, die Rasen akkurat gemäht und mit Hollywoodschaukeln, schmucken Gipsfiguren, manche sogar mit deutschen Gartenzwergen bestückt, fast alle Autos aktuelles westliches Fabrikat, die Tankstellen blitzblank und supermodern. Und die Grillgeräte erst, die an den Tankstellen verkauft werden! Keine Billigware, sondern durch die Bank hochwertiges Design, die Preise hundert Euro aufwärts. Fleisch ißt man hier also auch oft und gern. Ich bin kein Wirtschaftswissenschaftler, aber blühender als weite Teile der ehemaligen DDR sehen Polens Landschaften allemal aus. Die blauen Schilder, die auf eine Förderung der Europäischen Union verweisen, gehören zu den Landschaften dazu.

«Die Polen wissen genau, was sie an Europa haben», sagt der Publizist Igor Janka, den ich am Abend in Warschau treffe. Ich habe ihn angeschrieben, weil er eine wohlwollende, fast huldigende Biographie über den ungarischen Ministerpräsidenten Viktor Orbán verfaßt hat, die auch ins Deutsche übersetzt worden ist. Ich nahm an, er könne mir am besten erklären, was so viele Polen an der Europäischen Union stört.

«Stört?» fragt Janka in hervorragendem Englisch: «Wenn es hier ein Referendum gäbe, würden mindestens 70 Prozent für den Verbleib in der Union stimmen. Mindestens.»

Auch die PiS sei keineswegs gegen Europa; sie sei vor allem gegen Rußland, fährt Janka fort – anders als die FPÖ, die AfD oder Le Pen, die mit Putin sympathisierten, anders selbst als Victor Orbán, der Europa ebenfalls nach Osten rücken wolle. Die Polen hätten die «Polenaktion» nicht vergessen, die eines der blutigsten Kapitel des Stalinistischen Terrors war: Etwa einhunderttausend Polen wurden allein in den Jahren 1937 und 1938 unter dem Vorwurf der Spionage hingerichtet – bei einer Gesamtzahl von sechshunderttausend sowjetischen Polen.

«Ist das der Grund, warum sich Polens Rechtspopulisten weder nach Westen noch nach Osten orientieren?» frage ich.

Was die PiS vertritt, sei nicht rechtspopulistisch, stört sich Janka an meiner Wortwahl. Es sei konservativ und im Unterschied zu FPÖ, AfD oder Le Pen tatsächlich religiös: gegen Abtreibung und kulturelle Diversität, für die traditionelle Ehe und ein frommes Christentum. Er persönlich sei gegen die Todesstrafe, aber wenn die Mehrheit nun einmal die Todesstrafe wieder einführen wolle, bringe es nichts, das Thema zu tabuisieren. Polen bestehe nicht nur aus weltläufigen Dichtern wie Adam Zagajewski; zumal auf dem Land würden die wenigsten Menschen Fremde überhaupt kennen. Also schätzten sie den Wohlstand, den Europa gebracht hat, aber sähen im Alltag nicht die positiven Aspekte der Vielfalt, statt dessen die Nachrichten, in denen Vielfalt nur Konflikte erzeugt. Das sei provinziell und rückwärtsgewandt, ja, aber ohne dieses Beharren auf seiner unverwechselbaren Identität hätte Polen nicht die deutsche Besatzung überlebt, nicht als Staat und nicht einmal als Sprache und Kultur.

«Wir sind nicht gegen Europa», wiederholt Janka: «Wir reagieren nur allergisch, wenn jemand uns bevormunden will, wenn jemand herablassend zu uns spricht, erst recht, wenn es jemand Deutsches ist. Wir haben diese Sprache im Ohr, selbst wir Jüngeren aus den Filmen. Und dann spricht Martin Schulz! Ganz ehrlich, ich ertrage das nicht, wenn Martin Schulz über Polen herzieht, in diesem aggressiven, belehrenden Ton, mit diesem strengen Gesicht und, achten Sie mal darauf, mit diesen vorgeschobenen Lippen.»

Ich schätze Martin Schulz, den Präsidenten des Europäischen Parlaments, gerade das Kämpferische, die Leidenschaft, mit der er über Europa spricht. Aber plötzlich stelle ich mir vor, ich wäre Pole und verstünde kein Deutsch, wenn er sich aufregt.

Und die Gartenzwerge? Andrzej Stasiuk ist gerade im Ausland, deshalb kann ich ihn nicht in seinem Dorf besuchen und trage nur seine Bücher bei mir. «Hier lebte man immer im Schatten anderer», stoße ich im Hotel auf eine Stelle, die komprimiert sowohl die Gartenzwerge als auch Polens Angst vor Rußland erklärt: «Die Polen lebten im Schatten der Deutschen und Russen, die Slowaken im Schatten der Tschechen und Ungarn, die Ungarn im Schatten der Österreicher und Türken, die Ukrainer im Schatten der Polen und Russen und so weiter und so fort bis zum Wahnsinn des Balkans, bis hin zu Serbien, das bisweilen glaubt, alle Nationen ringsum seien Verräter, die ihr Serbentum leugnen. Aber was reden wir vom Balkan. Mein Land ist kein bißchen schlechter. Es wäre gern mindestens so groß und stark wie Amerika, damit sich endlich Rußland vor ihm zu fürchten beginnt. Leider ist es das nicht. Statt dessen fährt mein Land nach Deutschland, um Geld zu verdienen, obwohl es die Deutschen waren, die mein Land in Schutt und Asche legten und einen bedeutenden Teil seiner Bevölkerung ermordeten. Dennoch fährt mein Land zur Arbeit nach Deutschland. Zu allem Überfluß bringt es von dort nicht nur Geld, sondern auch Anregungen mit, wie ein besseres Leben aussehen könnte. Von dort kommt die Idee, das Gras im Garten müsse immer gemäht werden und auf dem gemähten Rasen müßten Plastikzwerge, gipserne Hunde und Miniaturmühlen stehen. In diesem Bereich ist es sogar zu einer eigentümlichen Symbiose gekommen, denn wir sind im Moment der größte Produzent von Gartenzwergen und exportieren diese auch nach Deutschland.» Das klingt wie Galgenhumor, dabei ist das Erstaunliche – man spricht immer über die unglaublichen Verbrechen im zwanzigsten Jahrhundert, aber nicht über die ebenso unglaubliche Selbstbehauptung der Völker – das Erstaunliche ist gerade, daß Polen als Nation, als Kultur, als Sprachgemeinschaft immer noch existiert. Denn nach dem Hitler-Stalin-Pakt und der Besatzung gingen die Sowjets gegen alle vor, die Polens Elite bildeten, um die Gesellschaft zu «enthaupten». Wer außer den Offizieren dazu gehörte, machte die politische Geheimpolizei, der NKWD, unter anderem am polnischen *Who's who* fest. Das gleiche geschah im deutsch besetzten Teil, wo Hitler aus den Polen eine formbare Masse machen wollte, die versklavt und nicht regiert werden sollte: «Was wir jetzt an Führerschicht in Polen haben, ist zu liquidieren.» Zwischen September 1939 und Juni 1941 ermordeten die Verbündeten Sowjetunion und Deutschland weitere zweihunderttausend polnische Bürger, größtenteils Akademiker, Offiziere, Politiker, Literaten, Musiker, Künstler. Und dann kam erst der eigentliche Krieg, die Zerstörung der Städte, der Holocaust, die Vertreibung. «Die Russen verachten wir dafür, daß sie unsere eigenen Charakterzüge zu monströsen, unmenschlichen Ausmaßen weiterentwickelt haben. Die Deutschen dagegen dafür, weil sie keine von unseren, das heißt, keine menschlichen Eigenschaften besitzen. Man kann die These riskieren, daß die Russen für uns ein bißchen wie Tiere oder Monster sind, während die Deutschen uns an Maschinen und Roboter erinnern. Dies beschreibt verkürzt und vereinfacht die komplizierte psychologische Situation der Nachfahren der Sarmaten im heutigen Europa.»

Sechster Tag

Im Zentrum von Warschau, am größten Boulevard, steht auf einer Stele die Anweisung, die Heinrich Himmler nach dem Ausbruch des Aufstands 1944 gab: «Warschau ist dem Erdboden gleichzumachen, um Europa zu zeigen, was es bedeutet, einen Aufstand gegen die Deutschen zu unternehmen.» Systematisch und vollständig zerstörte die Wehrmacht Viertel für Viertel und folgte auch dem Befehl Himmlers, die Bewohner ohne Rücksicht auf Alter und Geschlecht zu erschießen. Allein im August und September 1944 wurden in Warschau hundertfünfzigtausend Zivilisten umgebracht. Insgesamt kam etwa die Hälfte der Vorkriegsbevölkerung von rund 1,3 Millionen im Krieg um. Daß die Altstadt wieder aufgebaut wurde, obwohl so gut wie kein Haus mehr stand, war nichts anderes als ein Akt der Selbstbehauptung, ja, des Trotzes, schließlich des Triumphes. In Wirklichkeit ist keines der Häuser alt. Um so mehr preist jeder Reiseführer sie an. Auf den übrigen Stelen sind Photos von getöteten Aufständischen zu sehen.

Noch nie bin ich durch eine Stadt mit so vielen Denkmälern gelaufen. Nur zweihundert Meter neben den Märtyrern des Kriegs zeigt eine andere Freilichtausstellung das Warschau der fünfziger und sechziger

Jahre, die modernen Gebäude, das neue Lebensgefühl. Fünfzig Meter weiter – alles auf demselben, dem zentralen Boulevard – das Standbild eines Soldaten aus dem Zweiten Weltkrieg. Ich folge der Straße und lese auf einem gewöhnlichen Wegweiser, daß sechshundert Meter rechts das Monument des Warschauer Aufstandes steht, dreihundert Meter links das Monument der Helden im Ghetto und fünfhundert Meter weiter geradeaus das Monument der im Osten Gefallenen und Ermordeten. Ansonsten ist nur der Weg zur Nationalbibliothek und zur Botschaft von China angezeigt.

Ich entscheide mich für das Denkmal des Warschauer Aufstands, das bei aller Monumentalität die Dynamik ziemlich gut einfängt, mit der die Freischärler aus dem Untergrund hervorbrechen, ihre Gestalt hager, der Blick entschlossen, aber nicht zuversichtlich. Sie wußten, daß sie einer Übermacht gegenüberstehen würden und haben trotzdem dreiundsechzig Tage lang gekämpft. Daß die Rote Armee, die bereits nahe an Warschau herangerückt war, die Polen im Stich gelassen hat, wird auf einer zusätzlichen Tafel neben dem Denkmal ausdrücklich erwähnt. Nicht zur Sprache kommt, daß der Warschauer Aufstand die Befreiung von Auschwitz entscheidend verzögert hat, weil die Russen abwarteten, bis der eine Feind den anderen niedergerungen hatte. Auch für die übrigen Alliierten war der Holocaust, obwohl die Staatsführer relativ genau über dessen Verlauf informiert waren, zu keinem Zeitpunkt ein Kriegsgrund.

Im Museum des polnischen Widerstands hängt ein Bomber von der Decke herab; es ist dunkel, und im Blinklicht leuchten die Propeller auf, dazu das Geräusch von Bombendetonationen. Es ist schwer, sich ein Museum in Dresden oder Köln vorzustellen, in dem auf einer cineplexgroßen Leinwand der Bombenkrieg als Wiederholungsschleife läuft. In Warschau hingegen ist der Schmerz omnipräsent. Gleichzeitig werden gerade jetzt viele Erinnerungen entsorgt: Genau am sechzigsten Jahrestag der blutig niedergeschlagenen Proteste in Polen gegen die Sowjetmacht von 1956 gab das Institut für Nationales Gedenken bekannt, daß zweihundertneunundzwanzig sowjetische Denkmäler nach Borne Sulinowo im Nordwesten des Landes transportiert und in einem Park abgestellt würden. Die letzte derartige Aktion verglich das russische Außenministerium mit der Zerstörung historischer Stätten durch den «Islamischen Staat». Die PiS wiederum bezeichnete die russisch-deutsche Pipeline Nord Stream als Neuauflage des Hitler-Stalin-Paktes.

An vielen Kriegsmonumenten in Polen, so auch am Museum des polnischen Widerstands, sind neue Tafeln angebracht worden, die an den Absturz der Präsidentenmaschine in Smolensk am 10. April 2010 erinnern. Damit werden Lech Kaczyński und die fünfundneunzig anderen Mitglieder der Staatsführung in die Reihe der nationalen Märtyrer, der ermordeten Eliten und besonders der viertausend Offiziere gestellt, die unweit von Smolensk in Katyn vom NKWD erschossen worden sind. Zugleich suggerieren die Gedenktafeln, daß der Widerstand gegen die Usurpation weitergeht – der Vater Kaczyńskis nahm am Warschauer Aufstand teil –, nur daß der Feind inzwischen im Inneren ist; schließlich habe die damalige Regierung den Abschuß der Maschine durch Rußland verschleiert. So ist es zu verstehen, wenn Jaroslaw Kaczyński, der Zwillingsbruder Lechs, Kritikern das Polnischsein abspricht und einen persönlichen Feldzug gegen den jetzigen Vorsitzenden des Europäischen Rats, Donald Tusk, führt, der 2010 Ministerpräsident war. Für die Gegner der PiS hingegen sind die Tafeln, die an Smolensk erinnern, eine ungeheure Provokation. Sie verweisen auf das Ergebnis der offiziellen Untersuchung, wonach der Absturz ein Unfall war, kein Anschlag. Allein, wie überall schreiben auch in Polen die Sieger ihre eigene Geschichte. «Die ganze Wahrheit» verspricht der Film *Smolensk*, der gerade in den Kinos angelaufen ist. An der Premiere nahm die gesamte Staatsspitze teil. «Früher durften wir nicht wissen, wer in Katyn gemordet hat, heute haben wir Angst zu fragen, was wirklich passierte in Smolensk», heißt es in dem Film, für den das Bildungsministerium Schülervorstellungen organisiert.

Ich besuche einen, der in Polen gerade auf der Seite der Sieger steht: Paweł Lisicki, Chefredakteur der regierungsnahen Zeitschrift *Do Rzeczy*. Igor Janka hat ihn mir empfohlen, falls ich mal einen richtigen Nationalreligiösen kennenlernen will. Als Lisicki vor einem Jahrzehnt eine andere Redaktion leitete, wies er seine Mitarbeiter an, täglich das Internet nach negativen Meldungen über die Deutschen abzusuchen. In seinem neuesten Buch *Klebt Blut an unseren Händen?* deutet er die Entscheidung des II. Vatikanischen Konzils, auf die Missionierung der Juden zu verzichten, als den Beginn des verheerenden Relativismus, der Europa von seinen Wurzeln abschneiden will.

Lisicki spricht ebenfalls hervorragend Englisch, wirkt weltgewandt, höflich und smart wie der Manager eines Internetkonzerns. Dennoch ist das erste, was auch er am heutigen Europa kritisiert, der mangelnde Respekt vor der christlichen Tradition, der Individualismus und überhaupt «die zu weit reichende Säkularisierung». Religion sei in Polen ein realer politischer Faktor, in den Städten zugegeben weniger, aber auf dem Land besuchten noch 50 Prozent der Menschen sonntags die Messe – 50 Prozent! Die Liberalen, die Intellektuellen, die Dichter, die sich für Europa entflammten, kennten dieses Polen nicht, sie seien ihrem eigenen Land fremd. Sie hätten kein Gespür dafür, daß die meisten Menschen ihre eigene polnische und katholische Identität bewahren wollen und deshalb eine Einwanderung aus anderen Kulturen ablehnen.

«Aber Sie haben doch gesehen, was der Nationalismus anrichtet», wende ich ein, «das Streben nach Homogenität, eine einheitliche Identität – kein Land hat darunter so gelitten wie Polen.»

«Ganz im Gegenteil», sagt Lisicki: «Ohne den Nationalismus, den positiven Nationalismus, gäbe es Polen heute nicht.»

Ich dürfe nicht alles über einen Kamm scheren, der Nationalismus müsse nicht per se aggressiv sein. Na ja, sage ich, ich fände es schon aggressiv, wenn der Führer der PiS gegen Flüchtlinge und Muslime wettert, sie würden überall in Europa in die Kirchen urinieren. Ach, das sei nur politische Rhetorik, das mache die Gegenseite ebenso, wenn sie von Totalitarismus spreche und damit drohe, in den Untergrund zu gehen; ich sei die Schärfe nicht gewohnt, weil sich die Deutschen aufgrund ihrer Vergangenheit zur Mäßigung zwängen. Entscheidend sei doch, daß niemand hier die Grenzen neu ziehen wolle, niemand verfolgt werde, Meinungsfreiheit herrsche und die persönlichen Rechte gewahrt blieben. Das Verfassungsgericht, um das sich Brüssel jetzt sorge, sei schon von der Vorgängerregierung instrumentalisiert worden, die kurz vor dem Machtwechsel noch eilig fünf Richter ernannt habe. Die Intellektuellen reagierten nur nervös, weil sie ihre Privilegien verlieren könnten. Wenn Marine Le Pen französische Präsidentin würde, wären die französischen Intellektuellen ebenfalls nervös – na und?

«Aber vielleicht gäbe es Gründe, nervös zu sein», merke ich an: «Jedenfalls die Grundrechte der Muslime würden von einer Präsidentin Le Pen sicher angetastet. Und das wäre vielleicht nur der Anfang.»

«Ich lehne es ab, das Recht auf freie Religionsausübung einzuschränken», betont Lisicki: «Ich meine nur, daß man die extremistischen Moscheen überwachen sollte, sonst nichts. Aber zum Glück haben wir bisher nur sehr wenige Muslime in Polen.»

Mit den Intellektuellen, die wegen ihrer Privilegien nervös seien, meint Lisicki vermutlich auch und besonders Adam Michnik, der Polens berühmtester Intellektueller ist: Dissident, Solidarność-Berater, heute Chefredakteur von Polens größter Zeitung *Gazeta Wyborcza*. Sein Namensvetter Zagajewski hat beschrieben, wie er ihn 1973 zum ersten Mal traf, als man sich aus Sorge vor den Spitzeln und Wanzen des Geheimdienstes nur leise, mit vorsichtig modulierter Stimme oder mit der Hand vor dem Mund über Politik unterhalten habe. Nur Michnik habe laut gesprochen, ohne Furcht, ja, er habe Witze gemacht, Mut und Liebe zum Leben ausgestrahlt. «Adam schien mir damals einer der wenigen glücklichen Menschen in Polen (vielleicht in ganz Osteuropa). Ich meine nicht das private Glück, der Umstand, daß man eine hübsche und liebe Frau hat, eine interessante, gutbezahlte Arbeit und daß man sich bewußt ist, ein gesunder, anständiger und nützlicher Mensch zu sein, sondern ich meine das viel seltenere Glück, das aus der präzisen Erkenntnis der eigenen Berufung rührt und aus der Tatsache, daß man für sein Talent das einzig wahre Betätigungsfeld gefunden hat – nicht in der familiären, der intimen Sphäre, sondern in der Domäne der Menschengemeinschaft, der *polis*.»

Als ich Michnik zu Beginn unseres Gesprächs beichte, wie bewegt ich bin, ihm gegenüberzusitzen, da ich ihn als Jugendlicher vor dem Fernsehschirm bewundert hätte, erwidert er trocken, daß ich offensichtlich mein Handwerk gelernt hätte.

«Mein Handwerk?»

«Na, Sie fangen Ihr Interview gern mit einer Schmeichelei an.»

Mit den Haaren, die wild in die Stirn fallen, dem breitgestreiften Poloshirt, das sich über den Bauch spannt, vier Zigaretten plus einer Zigarettenpackung, die in die Brusttasche gezwängt sind, und zwei Kunststoffbändern mit Schlüsseln um den Hals sieht Michnik längst nicht so weltläufig aus wie der Chefredakteur der nationalkonservativen Zeitung oder der Biograph Viktor Orbáns. Auch ist sein Büro nicht aseptisch modern: Gefährlich große Stapel von losen Manuskripten, Poster, Photos und zwischen den Büchern nur ein paar Lücken, wo er Gäste plaziert. Englisch spricht Michnik nicht, sondern Französisch, auch hierin Old School, und als Brille trägt er ein Metallgestell, das er noch vor dem Nobelpreis an Lech Wałęsa gekauft haben könnte. Ob er mir nun glaubt oder nicht, damals war er für mich wirklich ein Held.

«Sicher ist es für uns ein Problem, daß wir keinerlei Anzeigen mehr von staatlichen Firmen oder aus dem öffentlichen Sektor erhalten», antwortet Michnik auf die Frage nach den Privilegien, die die neue Regierung beschneide. Allein im ersten Halbjahr der neuen Regierung seien die Werbeeinnahmen der Zeitung um 21,5 Prozent gesunken, während etwa die Wochenzeitung *Gazeta Polska*, die Jaroslaw Kaczyński auch familiär nahesteht, die Werbeeinnahmen um 300 Prozent gesteigert habe. So werde jede ihrer Ausgaben mit vierzigtausend Euro aus der Staatskasse finanziert. Den Ministerien der PiS-Regierung sowie den Gerichten wurde sogar ausdrücklich untersagt, die *Gazeta Wyborcza* zu abonnieren, die ihrerseits Beitrittserklärungen zum oppositionellen «Komitee zur Erhaltung der Demokratie» verteilt.

«Es kostet uns auch eine Menge Energie und Geld, daß der Chef der Geldpresse gerichtlich gegen uns vorgeht, weil wir einen Korruptionsfall aufgedeckt haben», fährt Michnik so stoisch fort, als würde er über schlechtes Wetter sprechen. «Aber dann bin ich auch erleichtert zu sehen, daß wir nicht ganz unwichtig sind. Sonst würden sie uns nicht dauernd prügeln.»

Was Michnik ansonsten über die neue Regierung sagt, läßt sich als das Gegenteil von allem zusammenfassen, was zuvor Lisicki gesagt hat: Selbstverständlich setze die Regierung den Rechtsstaat außer Kraft, und es sei lächerlich, die Richterberufungen früherer Regierungen mit dem jetzigen Frontalangriff auf das Verfassungsgericht zu vergleichen. Letztlich gehe es in Polen wie in allen Ländern, über denen «die braune Wolke schwebt» – bis hin zur Türkei mit Erdoğan oder den Vereinigten Staaten mit einem Präsidentschaftskandidaten Trump – um nichts anderes, als die liberale Demokratie durch einen autoritären, in Polen noch dazu religiös-fundamentalistischen Nationalismus zu ersetzen, in dem Wahlen nur noch eine Farce seien.

«Aber zeigt sich darin nicht die Krise der liberalen Demokratie?» frage ich: «Immerhin hat die PiS die Mehrheit bekommen.»

«Die Krise der liberalen Demokratie gibt es, seit es die liberale Demokratie gibt», antwortet Michnik: «Denken Sie nur an die dreißiger Jahre, an Hitler, an Mussolini. Und doch hat die Demokratie damals gewonnen, und sie wird erneut gewinnen.»

«Aber zu welchem Preis?»

«So weit wird es in Polen nicht kommen. Das demokratische Bewußtsein der Polen ist zu ausgeprägt, und eine Regierung, die auf Lügen basiert, wird sich nicht durchsetzen. Man wird sie durchschauen.»

«Aber seit der Wahl ist sie noch populärer geworden.»

«Hitler und Mussolini waren viel populärer, und Stalin war so was von populär. Die PiS, ich sage es Ihnen, wird schon bei der nächsten Wahl wieder verlieren.»

Überhaupt, so fährt Michnik mit einem Optimismus fort, der unerschütterlich zu sein scheint, überhaupt dürfe man nicht nur die eine Seite sehen, nicht nur Trump, sondern auch Obama, nicht nur Polens katholische Kirche, sondern auch Papst Franziskus, nicht nur den Brexit, sondern auch Londons muslimischen Bürgermeister Sadiq Khan. Die Signale weltweit seien keineswegs nur negativ, und gerade Polen habe sich in den letzten Jahren ausgesprochen gut entwickelt, ökonomisch ohnehin, aber auch zivilisatorisch, da gebe es einen regelrechten Sprung. Natürlich spiele die PiS mit der Angst, aber es sei noch längst nicht gesagt, daß sie das Spiel gewinnt. Früher habe es in Polen einen Antisemitismus ohne Juden gegeben, und so gebe es heute eine Islamfeindlichkeit ohne Islam, eine Flüchtlingshysterie ohne Flüchtlinge, das sei alles nicht neu. Auch die Religiosität sei keineswegs mehr so ausgeprägt, wie die Rechte behauptet; zumal in den Städten würden die Kirchen immer leerer, und genau wie im katholischen Spanien votiere in Polen ebenfalls die Mehrheit für ein liberales Abtreibungsrecht.

Ich frage Michnik, ob er nachvollziehen könne, was Igor Janka mir über den Eindruck der Bevormundung und die Rhetorik von Martin Schulz gesagt hat.

«Natürlich gibt es die Erinnerung an die Besatzung, natürlich haben wir die deutsche Sprache im Ohr. Aber das mit dem heutigen Deutschland in Verbindung zu bringen, dem Deutschland, das für Europa wirbt, dem Deutschland, das sich Flüchtlingen öffnet, ist kompletter Unsinn. Martin Schulz, ich bitte Sie! Aber wissen Sie, die Dummen wachsen auf der ganzen Welt von selbst nach.»

Die Nationalisten, fährt Michnik fort, instrumentalisierten die Vergangenheit, um sich der Anwürfe aus Berlin und Brüssel zu erwehren.

Aber sei es denn, hake ich nach, angesichts der Geschichte Polens nicht verständlich, daß man Angst habe, wieder fremdbestimmt zu werden.

Nein, sagt Michnik, alle Länder dieser Region hätten diesen Opferkomplex, in allen Ländern sei an allem immer nur Deutschland schuld:

«Wir Polen mögen es nicht, wenn man uns an die Verbrechen an den Litauern, den Ukrainern, den Juden erinnert, und am allerwenigsten mögen wir es, wenn man die Verbrechen an den Deutschen erwähnt. Die Vertreibung mag in der damaligen, besonderen Situation unvermeidbar gewesen sein, ja. Aber sie war doch eindeutig eine Barbarei.»

«Sie würden die Vertreibung als eine Barbarei bezeichnen?»

«Als was denn sonst?»

«Wenn das jemand in Deutschland sagen würde, gäbe es einen Skandal.»

«Deshalb muß ich das sagen, ich als Pole, dessen Verwandte im Holocaust umgekommen sind: Die Vertreibung der Deutschen war barbarisch.»

«Und ist das in Polen kein Skandal?»

«Nur ein kleiner Skandal», lacht Adam Michnik und nimmt eine Karikatur in die Hand, die auf dem Tisch liegt, gerade heute hereingekommen, aber so etwas gebe es jeden Tag: Sie zeigt ihn, wie er polnische Kinder vergewaltigt: «Ich sollte immer schon nach Israel vertrieben werden. Das haben die Kommunisten nicht geschafft, und das werden heute die Nationalisten ganz bestimmt nicht schaffen.»

Ich frage Michnik, was für ihn der Kniefall Willy Brandts bedeutet, ob sein Verhältnis zu Deutschland seither ein anderes sei.

«Ja, das war groß», sagt er: «Der Kniefall, aber auch die Anerkennung der Oder-Neiße-Grenze. Das waren ganz entscheidende Wegmarken. Dennoch ist die Kritik an der Ostpolitik der SPD ebenfalls berechtigt gewesen.»

«Inwiefern?»

«Natürlich mußte man mit den kommunistischen Eliten sprechen.

Man mußte vielleicht auch die Verträge schließen. Aber man hätte auch mit der Opposition sprechen müssen. Wenigstens sprechen. Statt dessen hat sich die SPD von uns Bürgerrechtlern radikal distanziert. So haben wir das damals empfunden. Es war ja nicht nur die Weigerung Brandts, bei dem Polenbesuch 1985 Lech Wałęsa zu treffen. Schon 1977 sollte es in Deutschland eine Begegnung mit mir geben, da sagte Brandt ebenfalls ab.»

«Und sind Sie ihm dann später begegnet?»

«Ja, 1989 bin ich Brandt begegnet, bei einem Treffen in Hamburg, zu dem auch Schmidt und von Weizsäcker gekommen waren.»

«Und?»

«Ich habe ihm meinen Dank für den Kniefall ausgesprochen.»

«Und daß Sie enttäuscht von ihm gewesen waren, haben Sie nicht erwähnt?»

«Wozu hätte ich das tun sollen? Nur, um zu triumphieren? Als wir uns begegneten, war ich doch schon der Sieger. Ihn da noch zu kritisieren wäre mir bösartig vorgekommen.»

Siebter Tag

In einer unscheinbaren Backsteinkirche im Süden Warschaus empfängt mich der Priester Adam Boniecki, der eine liberale katholische Zeitschrift herausbringt, wegen seiner kirchenkritischen Äußerungen selbst jedoch keine Interviews mehr geben darf. Dabei wirkt er alles andere als rebellisch, ein älterer Herr, der bedächtig am Stock geht und seine Worte noch bedächtiger wählt.

«Wenn Sie unser Gespräch nicht in der Form eines Interviews veröffentlichen, halte ich mich ja an das Verbot», erklärt Boniecki mit einem verschmitzten Lächeln, warum er trotzdem mit mir spricht.

Die Kirche sei für die Polen immer ein Freiheitsraum gewesen, unabhängig vom Staat. Mehr noch: Als es kein Polen gab, habe der Katholizismus die Polen geradezu definiert, sie von den protestantischen Preußen und den orthodoxen Russen unterschieden, die polnische Sprache bewahrt. Heute jedoch mache die Kirche auf viele Menschen den Eindruck, der Regierung nahezustehen, also nicht mehr eigenständig zu sein, und untergrabe so ihre eigene Autorität. Gerade die jüngeren Gläubigen engagierten sich immer häufiger in Laiengemeinschaften, weil ihnen die Priester nichts mehr sagten mit ihrem belehrenden Ton, der keine Fragen, keine Zweifel zulasse. Wenn die polnische Kirche sich vor allem damit hervortue, die Abtreibung, die künstliche Befruchtung, die Verhütung verbieten zu wollen, ohne sich den wirklichen Problemen der Gesellschaft zu widmen, werde sie über kurz oder lang die Menschen verlieren. Sicher, hier und dort setzten sich Priester für Flüchtlinge ein, aber es gebe keine einzige Äußerung eines Bischofs oder Kardinals, der die Flüchtlingspolitik der Regierung in Frage stellt. Im Rahmen des Möglichen müsse man helfen, heiße es immer nur, um weder die Regierung zu verärgern noch den Papst.

«Ist es nicht beschämend, wenn eine Kirche sich nicht eindeutig zur christlichen Botschaft bekennt?»

Natürlich hätten viele Polen Angst vor dem Terrorismus, vor dem Islam, vor den Flüchtlingen; die Erfahrungen aus Deutschland seien vielleicht auch nicht sehr ermutigend, die Kölner Silvesternacht habe jeder vor Augen. Aber dann wäre es doch die Aufgabe der Kirche, für Verständnis zu werben, Ängste abzubauen und über genau diese Themen zu sprechen, die die Menschen beschäftigen. Tatsächlich würden viele und besonders die jüngeren Gläubigen Papst Franziskus besser verstehen als ihre eigene polnische Kirche, sagt Pater Boniecki und erzählt einen Witz: Als die polnische Kirche einmal den Papst nachahmen wollte, der für seine Termine gern öffentliche Verkehrsmittel benutzt, kaufte sich jeder Bischof einen eigenen Bus.

Und seine Zeitschrift? Die dürfe er doch immerhin publizieren. Ja, antwortet Boniecki, sie werde auch viel gelesen, bis in die oberen Reihen der Hierarchie, das merke er an den Reaktionen. Aber zugleich sorge man dafür, daß die Zeitschrift bloß nicht in den Gemeinden ausliegt.

«Ist das nicht frustrierend?» frage ich.

«Für mich ist nur wichtig, daß man nicht traurig wird dabei, sondern so viel macht, wie man kann. Am Ende liegt ohnehin alles in Gottes Hand.»

Als wir zum Parkplatz gehen, bricht es aus der Übersetzerin, einer jungen, ganz und gar modern wirkenden Frau, die ich nur bei diesem einen Termin kennengelernt habe, geradezu heraus, daß sie eigentlich sehr gläubig sei, auch gläubig katholisch. Aber seit Jahren gehe sie nur noch zu Weihnachten in die Kirche, weil so wenige Priester seien wie Adam Boniecki.

«Meinen Sie seine Ansichten?»

«Nein, ich meine vor allem seine Zweifel», antwortet die Übersetzerin. «Daß er sie zuläßt und damit auch uns zugesteht.»

Meine Familie ist übers Wochenende zu Besuch, und bevor wir nach Masuren fahren, führt uns Michael Leiserowitz durch das neugebaute Museum der Geschichte der polnischen Juden, das die Vergangenheit durch spielerische Aufgaben selbst für Kinder anschaulich macht, durch Didaktik statt Einfühlung. Wieder geht mir auf, wie wenig ich über das Leben der europäischen Juden vor dem Holocaust weiß – aber nicht nur ich, sagt Leiserowitz, der als deutscher Jude Reisegruppen durch Polen führt: Auch für viele Juden beginne ihre Geschichte mit der Verfolgung. Dabei habe es gerade in Polen ein vielfältiges, übrigens auch materiell wohlhabendes jüdisches Leben gegeben, ja, Polen sei vor dem modernen Antisemitismus so etwas wie das Amerika Europas gewesen. Der Diskriminierung im Spanien der Reconquista und im deutschsprachigen Raum entkommen, hätten die Juden in Osteuropa viele Jahrhunderte lang eine sichere Heimat gefunden – daran müsse ebenfalls erinnert werden, nicht nur an Verfolgung und Tod.

Ich spreche Leiserowitz auf die Jugendlichen an, die ich in Auschwitz getroffen habe. Obwohl er sein Leben der Aufklärung über die jüdische Geschichte gewidmet hat, sieht Leiserowitz die achttägige Tour zu den Stätten der Judenvernichtung, die die meisten Israelis gegen Ende ihrer Schulzeit absolvieren, mit gemischten Gefühlen. Das Ende der Schulzeit bedeute schließlich auch, daß die jungen Leute unmittelbar vor dem Wehrdienst stehen – was mache das mit Israel?

«Ich habe erst mit fünfzig die Kraft gehabt, als Jude Auschwitz zu betreten. Im nachhinein bin ich froh, daß es so spät war.»

Natürlich solle sich eine jüdische und israelische Identität herausbilden. Aber wenn sie ausschließlich vom Holocaust ausgehe, sei das vielleicht auch nicht gesund. Obwohl sie ein so phantastisches Museum für die Geschichte der Juden in Osteuropa hätten – Europas Museum des Jahres

2016, wie Leiserowitz stolz vermerkt –, seien die Organisatoren der Jugendreisen nicht immer davon zu überzeugen, es ins Programm aufzunehmen. «Daß es auch eine gelingende Geschichte gibt, eine Geschichte des Austauschs, eine Geschichte, in der jüdisches Leben in Osteuropa aufgeblüht ist, darüber erfahren viele Israelis überhaupt nichts.»
Wir treten aus dem Museum und gehen die paar Schritte über den Vorplatz zum Denkmal des Warschauer Ghetto-Aufstands. Wo wohl das Karussell stand, von dem der Augenzeuge und spätere Nobelpreisträger Czesław Miłosz in seinem wohl berühmtesten Gedicht schrieb? Es lief während des gesamten Aufstands an der Rückseite der Mauer und wurde zum Symbol für die Verlassenheit der Juden:

> Der Wind von den brennenden Häusern
> Blies in die Kleider der Mädchen,
> Die fröhliche Menge lachte
> Am schönen Warschauer Sonntag.

Und wo lag das Konzentrationslager, in das die SS nach der Niederschlagung des Aufstands Häftlinge aus Auschwitz verlegte, um die letzten Häuser niederzubrennen, die Wertsachen der erschossenen Juden zu bergen und die Leichen von Warschauern zu verbrennen, die in den Ruinen des Ghettos hingerichtet wurden? Die Lebensbedingungen waren so fürchterlich, daß einige Häftlinge baten, nach Auschwitz zurückgeschickt und vergast zu werden. Vielleicht weil auf Bildern vom Kniefall kaum etwas von der Umgebung zu sehen war, stets nur der Platz und die Soldaten und Funktionäre im Hintergrund, hatte ich mir immer vorgestellt, daß es tatsächlich noch ein Ghetto geben müsse, irgend etwas aus dieser Zeit. Aber natürlich gibt es kein einziges historisches Gebäude, nicht einmal eine Mauer, ich hätte es wissen müssen. «Auf jeden Fall muß erreicht werden, daß der für fünfhunderttausend Untermenschen bisher vorhandene Wohnraum, der für Deutsche niemals geeignet ist, von der Bildfläche verschwindet», lautet ein weiterer Befehl Himmlers, den er bereits anderthalb Jahre vor der Zerstörung der restlichen Stadt erteilte. Es gibt nur Plattenbauten um den Platz herum. Eben deshalb ist das Denkmal so wichtig, weil es sonst kaum eine Spur der Juden mehr gibt, die sich von der Welt und wahrscheinlich auch von Gott verlassen fühlten. «Am Abgrund der deutschen Geschichte und unter der Last der Millionen Ermordeten tat ich, was Menschen tun, wenn die Sprache versagt», erklärte Willy Brandt seinen Kniefall.

Leiserowitz führt mich hinter das Museum zu einem Backsteindenkmal mit einer Bronzetafel, die an Brandts Besuch von 1970 erinnert – auch eine Seltsamkeit: ein Denkmal für eine Geste vor einem Denkmal. Und da stehen wir, ein Jude und ein Einwandererkind, und für uns beide ist der Kniefall das einschneidende Bild unserer bundesdeutschen Sozialisation. Wahrscheinlich würde es Paweł Lisicki nicht gesund finden, ein Schuldbekenntnis zum Ausgangspunkt für die nationale Identität zu nehmen. Aber fände er, der Nationalist, ein nationalistisches Deutschland etwa gesund?

Achter Tag

Das ehemalige Ostpreußen, die Masurische Seenplatte brauche ich gar nicht zu beschreiben. Es ist genauso, wie ich es so oft in der deutschen Literatur beschrieben fand, am prominentesten bei Günter Grass oder Siegfried Lenz: sanfte Hügel, weite Getreidefelder, Apfelplantagen, dazwischen Seen, deren Ufer meist zugewachsen sind, hier und da ein Dorf, einzelne Bauernhäuser. Merkwürdig, durch eine Landschaft zu fahren, die man genau zu kennen meint, aber zum ersten Mal sieht. Natürlich war es eine Barbarei, was denn sonst?, eine ganze Bevölkerung zu vertreiben, Männer, Frauen, Alte, Kinder. Wenig haben wir in der Schule gehört, wenig haben wir in der Nachkriegsliteratur gelesen über die Umstände der Vertreibung. Wie ging das überhaupt vor sich? Kam ein Beamter ins Haus oder ein Soldat oder Nachbar und gab der Familie einen Monat, eine Woche, einen Tag Zeit, ihre Sachen zu packen? Wie viele Sachen? Gab es Autos, Ladeflächen, oder konnte man nur mitnehmen, was man selbst tragen konnte? Hatte irgendwer eine Hand frei, um die Kinder aus dem Haus zu führen? Hatten die Kinder eine Hand frei? Was hat man ihnen erklärt, was mag ihnen durch den Kopf gegangen sein, wie tief ging die Erschütterung, die in den Seelen blieb?

Ich bin sicher, daß all das irgendwo steht, in Sachbüchern, in Biographien, in Tagebüchern, die veröffentlicht worden sind. Gleichwohl ist es bestimmt nicht untypisch, daß jemand wie ich, der keine Verwandten aus dem Osten hat, sich all diese Fragen kaum je gestellt hat. In der Schule hat man bestenfalls verschämt über die Gebiete gesprochen, die ehemals deutsch waren. Wir haben die Gründe der Vertreibung erfahren, aber nie etwas über den Schmerz der Vertriebenen. Die Vertriebenen selbst haben ihren Schmerz nur selten artikuliert – oder vielleicht nicht selten, aber weitgehend ungehört. Allein wegen seiner Themen hielten wir Lenz schon für restaurativ. Jedenfalls wir Schüler, wir Leser der Nachkriegsliteratur, haben so gut wie nichts von den Schreien gehört, den Ängsten, der Verspottung durch die Nachbarn, der Vergewaltigung so gut wie aller Frauen, den Entbehrungen auf den Märschen, den Schwielen an Füßen und Händen, den Toten, die am Wegrand begraben wurden. Gesund kann es nicht sein, wenn eine Gesellschaft nicht ihren Schmerz zur Sprache bringen darf. «Aber wir missen doch zurück, Siechmunt», heißt es in Siegfried Lenz' Roman *Heimatmuseum*, «wir missen, weil alles auf uns wartet: die Bäume und Seen, und der Schloßberg und die Felder und der alte Fluß, der die Flöße trägt. Nein, Simon, sagte ich, wir werden nicht mehr erwartet dort in Lucknow; die anderen, die uns hätten erwarten können – es gibt sie nicht mehr. Kein Laut, der dich erinnert, kein Gesicht, das aufglänzt bei deinem Anblick, keine Hand, die unentrinnbare Beziehungen erneuert, weil die anderen fort sind, verschollen und versunken, darum wird es den Augenblick nicht geben, auf den du hoffst.»

Bestimmt hat der Bund der Vertriebenen nicht immer die richtigen Worte gefunden, um es vorsichtig auszudrücken. Aber während wir mit dem Auto durch Ostpreußen fahren, an Feldwegen aussteigen, im See schwimmen, von ein paar Seglern aufs Boot eingeladen werden, mit deutschem Paß in einem Hotel einchecken, wird mir klar, daß der Rest der Gesellschaft und zumal wir, die wir uns irgendwie als links verstanden, ohnehin nicht zugehört hätten. Natürlich konnte und kann es nicht darum gehen, Grenzen neu zu ziehen. Der Polonisierung der Masuren ging die Germanisierung voraus, die im neunzehnten Jahrhundert kolonial und während des Nationalsozialismus ebenfalls gewalttätig war. Wie überall auf der Welt ging immer etwas voraus. Wie überall auf der Welt, wo der Nationalismus Menschen vertrieben oder auseinandergerissen hat, geht es darum, Grenzen bedeutungslos zu machen. Nicht der Revisionismus, sondern Europa hat dazu geführt, daß in Ostpreußen wieder deutsch gesprochen wird, wenn auch vorläufig nur in den Restaurants und Hotels. Und Siechmunt und Simon wenigstens als Besucher nach Masuren zurückkehren können, wenn sie nicht gestorben sind.

Bei Mikołajki, dem früheren Nikolaiken, halten wir an, um zu schauen, was in einer Dorfkirche sonntags los ist. Hat Paweł Lisicki recht, wenn er von der tiefen Religiosität besonders der Landbevölkerung spricht, oder Adam Michnik, der in Polen unaufhaltsam die Säkularisierung voranschreiten sieht? Nun, so viele Gläubige, Junge, Alte, Kinder, sind in die Kirche des kleinen Orts geströmt, daß sie nicht einmal stehend alle Platz finden und die Messe nach draußen übertragen wird. Handzettel braucht es für die Lieder nicht; alle singen auswendig mit. Damit nicht genug, erfahre ich, daß jeden Sonntag vier Messen gefeiert werden – vier! – und die Kirche jedesmal so voll ist. Und während der Woche werden täglich zwei Messen gelesen und füllen sich die Bänke wie in deutschen Kirchen zu Weihnachten nicht. Daß das Abendland ein christliches ist, klingt in Mikołajki anders, weniger sonderbar als in Dresden oder Berlin.

Neunter Tag

Ach, hier fließt die Memel. Natürlich wußte ich das irgendwie, oder es wäre mir eingefallen, wenn ich einen Augenblick nachgedacht hätte. Aber als unser Begleiter wie nebenher den Namen des Flusses erwähnt, an dem wir in Kaunas entlangfahren, ein breiter, mächtiger Strom, bin ich dennoch perplex. Memel, das war doch nur die erste Strophe, und die nahm niemand in den Mund. Als hätte es anders sein können, geht mir plötzlich auf: Es gibt die Memel ja in echt. Sie fließt durch Litauen, so weit entfernt von der Bundesrepublik.

Kaunas ist eine ganze eigene, filmkulissenhafte Stadt: In der Zwischenkriegszeit als geschlossenes Ensemble erbaut, um provisorische Hauptstadt des neuen Staats Litauen zu sein, weil Vilnius noch zu Polen gehörte, strahlt das Zentrum die Moderne aus, die heute schon wieder museal ist; viel Bauhaus, in den Lücken sowjetische Architektur und eine drei Kilometer lange Fußgängerzone, die sich schnurgerade durch die Stadt zieht. Ein Krapfengeschäft betreten wir, in dem es bis hin zu den grellen Kitteln aus Polyester noch original aussieht wie im real existierenden Sozialismus, stilecht sogar der Leibesumfang, die blonden Dauerwellen und die schlechte Laune der Verkäuferinnen. Dennoch ist das Geschäft rappelvoll. Oder eben deshalb? Ansonsten viele Cafés, die üblichen Modeketten, viele junge Menschen wegen der bedeutenden Universität und eine Gedenktafel für einen japanischen Konsul: Chiune Sugihara, der mehreren tausend Juden zur Flucht aus Litauen verhalf. Emmanuel Levinas ist in Kaunas geboren, aber zum Glück auch für die Philosophie des zwanzigsten Jahrhunderts bereits in den zwanziger Jahren mit seinen Eltern nach Frankreich emigriert.

Die Kirchen in Kaunas sind immer noch nicht alle restauriert und wirken daher wie aus der Zeit gefallen, ja wie verwunschen; in Sowjetzeiten wurden sie als Lagerhallen genutzt, zum Trocknen von Fallschirmen, die Kathedrale als Radiofabrik. Für einen Deutschen sehen sie von außen protestantisch aus, weil sie aus Backstein erbaut sind wie in Niedersachsen oder Schleswig-Holstein; innen jedoch sind sie voller Fresken und neobarock. Zwei Spielecken sind eingerichtet, eingerollt genau solche Städteteppiche aus billigem Kunststoff, auf denen auch unsere Matchbox-Autos fuhren. Daß Kinder während der Messe spielen dürfen, ist wohl auch nicht vorstellbar in Niedersachsen oder Schleswig-Holstein und weist auf ein älteres, nicht auf Einfühlung und Erbauung gründendes Konzept religiöser Praxis hin, wie es in den Orthodoxien von Christentum, Islam und Judentum noch heute anzutreffen ist. Das Beispiel, das sich mir am meisten eingeprägt hat, sind die Rabbis, die an der Klagemauer telefonierten, während sie gleichzeitig die Thora rezitierten.

Als wir die orthodoxe Synagoge geschlossen vorfinden, rufen wir den Gemeindevorsteher an, dessen Nummer auf einem Aushang steht. Bis zur deutschen Besatzung war ein Drittel der litauischen Bevölkerung jüdisch. Heute gibt es in ganz Litauen noch zwei Synagogen, eine für die orthodoxe und die andere für die Reformgemeinde, und beide sind angeblich noch zerstrittener als die jüdischen Gemeinden in Berlin. Tatsächlich, Moshe Beirak kommt, der Gemeindevorsteher, und als er erfährt, daß ich deutsch spreche, wechselt er ins Jiddische, so daß mir fast die Tränen in die Augen schießen: Zum ersten Mal höre ich die Sprache lebendig. Und ja, wir können uns auf deutsch und jiddisch einigermaßen verstehen.

Er ist Uhrmacher, erzählt Beirak, 1953 geboren. Sein Vater war der einzige von elf, der den Holocaust überlebt hat, seine Mutter die einzige von neun. Gesprochen hätten die Eltern selten über die Erfahrungen im Konzentrationslager; darüber zu reden werde noch in fünf Generationen schwierig sein. Aber natürlich habe er oft nachgedacht, was wohl in ihren Köpfen vorgegangen sein mag, als sie nach Kaunas zurückkehrten, statt wie die anderen Überlebenden nach Israel oder in die Vereinigten Staaten auszuwandern. Eigentlich seien die Beziehungen zwischen Litauern und Juden gut gewesen, habe der Vater immer gesagt. Bei Makabi, dem jüdischen Fußballverein von Kaunas, in dem Beiraks Vater spielte, hätten wie selbstverständlich auch drei Litauer zur Mannschaft gehört. Aber dann standen ausgerechnet sie, die eigenen Mitspieler, mit weißen Armbändern dabei, als die Beiraks abgeholt wurden fürs KZ.

«Warum sind meine Eltern zurückgekehrt? Wenn sie Kommunisten gewesen wären, in Ordnung, aber sie waren auch noch strikt antisowjetisch. Heute sind ja alle antikommunistisch, aber damals war das noch gefährlich, meine Eltern sind auch verfolgt worden dafür. Und dennoch sind sie geblieben. Warum, weiß ich auch nicht. Aber ich will hier auch niemals weg.»

Wer in Deutschland lebt, durch Deutschland reist, nach Deutschland einwandert, für den sind die Dimensionen des Völkermords an den Juden kaum zu fassen. In Deutschland waren die Juden eine winzige Minderheit, ein Prozent, als Hitler Reichskanzler wurde, ein Viertelprozent bei Ausbruch des Zweiten Weltkriegs. Und die wenigen, die es gab, fielen äußerlich kaum auf, trugen keine schwarzen Röcke, keine langen Bärte, sprachen nicht jiddisch und waren in ihren Sitten, Gewohnheiten und Ansichten oft sogar besonders treue, ja dezidiert patriotische Deutsche, die genauesten Kenner und besten Vertreter deutschen Kulturguts. Außerdem durften die deutschen Juden in den ersten sechs Jahren der NS-Herrschaft noch emigrieren, wenn auch gedemütigt und beraubt. Man wohnt als Deutscher selten in Häusern, in denen Juden gewohnt haben, geht nicht durch Straßen, in denen jedes Geschäft und jeder Handwerksbetrieb einen jüdischen Besitzer hatte, sieht auf der Stadtkarte keine ehemals jüdischen Viertel eingezeichnet, hat nicht von Älteren das Jiddische im Ohr. Die goldenen «Stolpersteine», die hier und dort in den Bürgersteig eingelassen sind, verstärken mindestens im naiven, im kindlichen, unwissenden oder gehässigen Gemüt den Eindruck, daß es so viele gar nicht waren. Nein, waren es auch nicht: hundertfünfundsechzigtausend jüdische Opfer sind unter fast achtzig Millionen Deutschen nicht «viel», wenn allein in Kaunas mindestens dreißigtausend Juden ermordet worden sind – von nicht einmal hunderttausend Einwohnern insgesamt. Aber auch die Westbindung der jungen Bundesrepublik, so zukunftsweisend sie war, hat den Holocaust aus dem topographischen Bewußtsein getilgt. Der eigentliche Völkermord an den Juden fand dort statt, wo man nicht hinblickte, wenn man im Westen Deutschlands aufwuchs: im Osten. Gewiß lernt man als junger Mensch in Deutschland die Zahlen. Aber es ist noch einmal etwas anderes, wenn man auf Schritt und Tritt den Geistern der Ermordeten begegnet. Würde man in Kaunas Stolpersteine in den Asphalt einlassen, oder in Minsk, Lemberg, Odessa, Brest, Riga, dann wären nicht einzelne Flecken, sondern halbe Städte aus Gold – golden wie das himmlische Jerusalem.

Wir fahren zum Park der Stille, wo die Religionen von Kaunas friedlich vereint sind und das Judentum um so auffälliger fehlt: Nicht nur die Katholiken, Orthodoxen und Lutheraner haben eine Kirche, sondern auch die Tataren seit 1930 eine kleine, sehr schöne weiße Moschee. Als wir sie betreten, hören wir von der Empore weibliche Stimmen. Eine junge Frau mit Kopftuch steigt die schmale Treppe herunter und klärt uns auf, daß gerade der Arabisch-Kurs läuft. Heute lebten noch dreihundert Muslime in Kaunas, darunter einige Studenten aus Asien. Ja, es gebe schon zunehmend Islamfeindlichkeit in Litauen, nur sie selbst habe davon noch nichts gemerkt. Ihr größtes Problem sei der Imam, der aus der Türkei entsandt sei und leider nur türkisch spreche. Seine Predigten könne deshalb kein Muslim verstehen.

Zehnter Tag

Seit langem liegt Vilnius am Rand, am Rande des Russischen Reichs, am Rande Polens, später am Rande der Sowjetunion, jetzt der Europäischen Union. Mindestens äußerlich ist das der Stadt wunderbar bekommen, eine grandiose Architektur aus Barock und Gründerzeit, die noch nicht zu einem Freizeitpark saniert worden ist, idyllische Hinterhöfe, alte Bäume, Parks, ein breiter Fluß, mitten im Zentrum ruhige, fast abgeschiedene Straßen, stille Kirchen, gute Restaurants, viel Einzelhandel, ein Europa, in dem hier und da die Zeit stehengeblieben zu sein schiene, wenn nicht die Menschen nach neuester Mode gekleidet wären. Freilich ist das nur der Blick von außen. Wie im ehemals deutschen Breslau kein Deutsch mehr gesprochen wird, ist aus Vilnius – dem Herzen der polnischen Nationalromantik um Adam Mickiewicz und Heimat des polnischen Literaturnobelpreisträgers Czesław Miłosz – das Polnische verschwunden. Und wo einmal das «Jerusalem des Ostens» war, ist das Jüdische ausgelöscht. Auch in Vilnius, wie in so vielen Städten Osteuropas, hörte das Leben auf und geht dennoch weiter. Die Stadt ist das nördlichste Glied einer Kette barocker mitteleuropäischer Städte – Lemberg, Czernowitz, Bratislava, Ljubljana, Triest und so weiter –, die vielsprachig, multireligiös und kosmopolitisch waren.

Mit dem Attentat von Sarajewo, dem südlichsten Glied der Kette, setzte bis hin zu den Balkankriegen jene brutale Klarstellung ein, durch die man nicht mehr in Parallelgesellschaften lebte, zwischen den Sprachen wechselte oder gleichzeitig mehrere Nationalitäten besaß. Vilnius war dabei einer der kompliziertesten Fälle, die das Zeitalter der Extreme auf die heutige Homogenität zurechtgestutzt hat: Lemberg und Riga beanspruchten nur zwei Völker für ihre neue Nation, Polen und Ukrainer beziehungsweise Letten und Deutsche. Vilnius jedoch betrachteten außer Polen und Litauern auch noch Weißrussen als ihre natürliche Hauptstadt. Unmittelbar vor dem Ersten Weltkrieg gab es in Vilnius fünfunddreißig polnische Zeitungen, zwanzig litauische, sieben russische, fünf jiddische und zwei weißrussische. Und es gab Zeitungen, die in mehreren Sprachen erschienen. Nicht weniger als dreizehnmal ging Vilnius im Laufe des zwanzigsten Jahrhunderts von der einen in die andere Hand.

In der Markthalle staune ich über die Herkunft des Obstes, aus Litauen natürlich, aber dann vor allem aus Ländern wie Moldau, Armenien, Georgien, Abchasien, Aserbaidschan, der Ukraine – von Vilnius aus gesehen ist Europa ein viel größerer Kontinent. Nur das Brot ist immer noch so dunkel, nahrhaft und köstlich, wie ich es von Deutschland liebe. Czesław Miłosz schreibt, daß die großstädtischste Straße im Vilnius seiner Kindheit die Niemackastraße war, «Deutsche Straße», so genannt, weil ausschließlich Juden in ihr wohnten.

Das kleine Stadtmuseum zeigt eine Ausstellung über den 23. August 1989. Klingelt da etwas? Und wenn ich hinzufüge: Baltischer Weg. Immer noch nicht? Nichts für ungut, bei mir wird die Erinnerung auch erst wach, als ich die Photos der Menschenkette von Tallinn über Riga nach Vilnius betrachte, 595 Kilometer lang und durch drei Staaten am fünfzigsten Jahrestag des Hitler-Stalin-Pakts, zwei Millionen Menschen singen Hand in Hand für ihre Freiheit. Es sind kraftvolle, ja erhebende Bilder, die staunen machen, was Völker ganz ohne Gewalt zu bewirken vermögen, wenn sie brüderlich zusammenstehen. Im Westen des Kontinents ist schon vergessen, mit welchem Mut, welcher Verzweiflung, auch mit welchen Opfern im Osten für die Zugehörigkeit zu Europa gekämpft wurde, nicht erst 1989 auf dem Baltikum oder gegen die Securitate in Rumänien, bereits 1953 in Ostberlin, 1956 in Budapest, 1967 in Prag, 1981 in Danzig, zuletzt in Kiew auf dem Maidan. Der sowjetische General, der sich weigerte, auf die unbewaffneten Demonstranten zu schießen, Dschochar Dudajev, wurde übrigens 1996 als tschetschenischer Präsident von einer russischen Drohne getötet – im Baltikum sind viele Straßen nach ihm benannt.

Zum Essen kehren wir in einem russischen Restaurant ein, dessen Einrichtung noch so original sowjetisch ist wie gestern im Krapfengeschäft von Kaunas. Anfangs ein Jazzcafé und Intellektuellentreff, war das Lokal vorm Zusammenbruch des Kommunismus der beliebteste Treffpunkt seiner Funktionäre. Heute werden das Stroganoff und der Wodka vor allem von Touristen, Diplomaten und Geschäftsreisenden bestellt, von Wessis, wie man in Ostdeutschland sagen würde, die gönnerisch die lokalen Speisen kosten wie Eroberer nach einem Sieg.

Für den Rest des Tages fahren wir aus Vilnius heraus, um noch das ländliche Litauen kennenzulernen. In den Büchern und Zeitungsartikeln, die ich zur Vorbereitung las, war immer wieder von den sagenhaften litauischen Wäldern die Rede. «Wilna, die Stadt, die thront inmitten von mächtigen Wäldern, gleichwie ein Wolf inmitten von Wisenten, Keilern und Bären», schrieb Mickiewicz in seinem großen Versepos *Pan Tadeusz*. Dabei waren die Wälder bereits zu seinen Lebzeiten zu einem Gutteil abgeholzt. Das zwanzigste Jahrhundert besorgte den Rest, nicht zuletzt, da die wechselnden Besatzer der beiden Weltkriege systematisch die Wälder niederbrannten, um die Aufständischen und Partisanen hervorzulocken.

Heute ist Litauen ein Land der Wiesen und Felder: sanfte Hügel, wenige Autos, in den Dörfern kaum Menschen, viele Fensterläden am hellichten Tag geschlossen, Seen, die gänzlich unberührt wirken, die wenigen Lebensmittelgeschäfte schaufensterlos, mit vergitterten Oberlichtern und den braunen Eisentüren noch aus der sowjetischen Zeit. «Die Selbstmordrate ist hier die höchste in Europa und Alkoholismus die Volkskrankheit Nummer eins», wirft der Fahrer ein, als ich seufze, wie idyllisch die Landschaft sei. Führen wir noch zwei, drei Stunden weiter, wäre sie wirklich wie ausgestorben, fügt er hinzu; im Umkreis von Vilnius wohnten immerhin noch Pendler. Nicht etwa die Integration, sondern die Auswanderer stellen Litauen vor ein gewaltiges Problem; nach offiziellen Angaben haben siebenhunderttausend Litauer ihr Land seit der Unabhängigkeit verlassen, inoffiziell deutlich mehr und vor allem junge Leute, bei einer Bevölkerung von nicht einmal drei Millionen. Dabei war Litauen historisch immer ein Einwanderungsland gewesen. Bereits im dreizehnten und vierzehnten Jahrhundert flohen Zehntausende anderer Balten vor den Kreuzrittern nach Litauen, das noch sicher war. Als das Großfürstentum Litauen bis an die Ufer des Schwarzen Meeres expandierte, wurden aus den eroberten Gebieten und dem Westen viele weitere Zuwanderer ins Land geholt, Ruthenen, Tataren, Juden und Deutsche. Im siebzehnten und achtzehnten Jahrhundert retteten sich Tausende russischer Altgläubiger nach Litauen, die nach der Spaltung der russisch-orthodoxen Kirche um ihr Leben fürchteten. Und zwischen den beiden Weltkriegen bot Litauen noch einmal vielen Russen Schutz, die vor den Bolschewiki geflohen waren.

In Trakai machen wir Station, wo fast ausschließlich Karäer leben, eine der ältesten jüdischen Sekten überhaupt. Sie brach im achten Jahrhundert nach Christus mit dem rabbinischen Judentum, weil sie glaubte, daß Gottes Wort in der Schrift zu finden sei, und die Hinzufügungen des Talmuds für sündig hielt. Während des Ersten Kreuzzugs aus Ägypten und Palästina vertrieben, siedelten sich die Karäer im zwölften Jahrhundert auf der Krim an. Von dort wanderten manche von ihnen weiter bis nach Nordosteuropa. Während des Zweiten Weltkriegs entschied die Rassenbürokratie in Berlin daher, daß die Karäer nicht von der «Endlösung» erfaßt werden sollten, da sie keine rassischen Juden, sondern Nachfahren chasarischer Konvertiten zum Judentum seien. Das war Unsinn, rettete aber viele Karäer vor dem Tod, was eine der absurdesten Wendungen des nationalsozialistischen Wahns war: Weil sie reiner und ursprünglicher jüdisch sein wollten als andere Juden, wurden sie von den Nazis gerade nicht für echte Juden, sondern für laue Konvertiten gehalten. Auf Anfrage der deutschen Besatzungsmacht bestätigten jüdische Gelehrte in den Ghettos von Warschau, Vilnius und Lemberg den Mythos, um ihre Brüder zu retten, wenn schon für sie selbst keine Rettung war. Heute ist Trakai ein pittoreskes Nest zwischen zwei Seen, dessen Terrassen und Gassen von Ausflüglern aus Vilnius bevölkert sind. Karäer in traditioneller Tracht treffe ich nur in den Souvenirläden an, die Kunsthandwerk und kulinarische Spezialitäten anbieten. Mit dem Fremdenverkehr scheint die Gemeinde ein gutes Geschäft zu machen, proper sehen die Holzhäuser mit ihren Blumenkästen aus. Abends tragen die Karäer dann wahrscheinlich Jeans. Irgendwo las ich, daß von den dreihundert Karäern, die es in Litauen noch gibt, drei im diplomatischen Dienst arbeiten – keine schlechte Quote! Jetzt, da es sie fast nicht mehr gibt, werden sie offenbar nicht mehr diskriminiert.

Eine junge Nonne in weißem Habit, die an der Landstraße entlangläuft, fragen wir, ob wir sie mitnehmen können. Zu unserer Verblüffung spricht sie tiefstes Amerikanisch und ist so umwerfend gutgelaunt, wie es kein Mensch der Alten Welt je wäre. *It's rrreally cool,* jubiliert sie bis übers Kinn verschleiert in jedem dritten Satz, *rrreally cool this Lithuania, rrrreally cool* ihr Johanniter-Kloster, *rrrreally cool* die Ordensschwestern, von denen drei so jung wie sie seien: *O my God, we have sooo much fun!* Und nein, wir bräuchten sie nicht mitzunehmen, *thank you sooo much,* aber sie gehe nur spazieren, die einsamen Wege, die gute Luft, *you know it's rrreally cool.*

In einem der stillen, wie menschenleeren Dörfer halten wir an einer großen, kreisrunden Kirche; die weiße Fassade ist zum größeren Teil abgeblättert, die Tür von einem rostigen Kettenschloß versperrt. Wird hier noch gebetet? Das Pfarrhaus scheint jedenfalls verlassen, auch jetzt am Tag sind alle Fensterläden zu. Unser Fahrer macht sich auf den Weg, um jemanden zu finden, der Auskunft geben kann. Er kehrt mit einem grauhaarigen, sehr kleinen Mann zurück, der ein grün-lila kariertes Hemd aus zentimeterdickem Stoff trägt, die ebenso robuste Hose mit einem Gürtel oberhalb des Bauchnabels befestigt und fleckig von der Arbeit, im Mund Goldzähne, die nackten Füße in blauen Plastikclogs. Leider spricht er genausowenig litauisch wie die amerikanische Nonne.

Das sei ein polnisches Dorf, erfahre ich dann doch, weil meine Begleiter sich in einem Mischmasch aus Polnisch und Russisch mit dem Mann halbwegs verständigen können. Er heiße Michal, wurde 1939 geboren und wuchs in der Sowjetunion auf. Als Litauen unabhängig wurde, sei er zu alt gewesen, um eine dritte Sprache zu erlernen.

«Ist es nicht seltsam?» frage ich, «in einem Staat zu leben, dessen Sprache Sie nicht verstehen?»

«Ja, gut, die Kinder lernen's ja, und wir Alten sprechen halt weiter Russisch miteinander. Wissen Sie, wir sind hier alle einfache Leute, ob Litauer oder Polen, da machen wir keinen Unterschied. Die Politiker machen einen Unterschied, nicht wir.»

Ich frage, ob seine Heimat eher Polen oder Litauen sei.

«Vorher war es Polen, jetzt ist es Litauen, und zwischendurch war es die Sowjetunion.» Dann lacht Michal, als mache das wirklich nur für die Politiker einen Unterschied.

«Und wann ist es besser gewesen», frage ich weiter, «jetzt oder unter unterm Kommunismus?»

«Jetzt», antwortet Michal ohne zu zögern: «Jetzt gibt es alles zu kaufen.»

Mit der Arbeit sei es allerdings schwieriger geworden. Er und seine Frau bezögen seit langem Rente, verdienten hier und dort ein paar Groschen hinzu, bauten im Garten Obst und Gemüse an – das genüge dann schon. Die Jungen jedoch ... nun gut, die meisten seien ja auch weg.

«Und was halten Sie von der Europäischen Union?» Den Blicken meiner Begleiter entnehme ich, daß sie Michals außenpolitische Kompetenz anzweifeln.

«Ja, gut, die EU finanziert natürlich meine Rente, das ist schon mal gut», antwortet er nach einigem Zögern. «Aber wie gesagt, Arbeit schafft sie bei uns nicht.»

«Und sonst – was bedeutet Europa für Sie? Hat Europa überhaupt irgendeine Bedeutung außer der Rente?»

«Europa bedeutet, daß die Betrunkenen am hellichten Tag durchs Dorf torkeln und es niemanden gibt, der sie bestraft. Das bedeutet Europa.

Wissen Sie, unterm Kommunismus herrschte mehr Disziplin. Deshalb war das auch mit dem Alkohol noch nicht so schlimm. Wenn man früher nicht zur Arbeit erschienen wäre, weil man sich betrunken hatte, wäre die Polizei gekommen. Heute kommt weder die Polizei, noch haben die Leute Arbeit.»

Elfter Tag

Auch hier hat der Holocaust begonnen, die sogenannte Endlösung. Hier, in diesem Waldstück nahe der Ortschaft Paneriai, zehn Kilometer von Vilnius entfernt, dessen Bevölkerung zur Hälfte jüdisch war. Die Sowjets hatten zwischen den Kiefern große Gruben ausgehoben, sechzig, siebzig Meter Durchmesser, um Heizöl zu lagern. Dann rückte am 22. Juni 1941 die Wehrmacht ein. Lastwagen um Lastwagen wurden die Juden von der SS und litauischen Freiwilligenverbänden eingesammelt, von den Ladeflächen getrieben, durch den Wald geführt oder geprügelt und an den Grubenrändern erschossen. Bis 1944 stieg die Zahl der Menschen, die in den Gruben verscharrt wurden, auf mehr als hunderttausend, außer Juden noch sowjetische Kriegsgefangene sowie politische Häftlinge. Weil immer wieder Todgeweihte aus ihrer Gruppe ausbrachen oder von den Lastwagen sprangen, kam es im Wald und seiner Umgebung zu den ungeheuerlichsten Jagdszenen, die den Anwohnern nicht verborgen bleiben konnten. Das war kein Konzentrationslager mit Gaskammer und Krematorium, der Massenmord wurde erst ab Ende 1941 industriell. Paneriai war der vergleichsweise chaotische Anfang.

Auschwitz konnte nur deshalb zum Synonym für den Holocaust werden, weil es nicht allein eine Todesfabrik, sondern gleichzeitig ein Arbeitslager war – Auschwitz wurde von hunderttausend Häftlingen überlebt. In Treblinka, wo siebenhunderttausend polnische Juden vergast wurden, waren es nur fünfzig Überlebende. Von Paneriai gab es noch weniger Zeugen. Es steht stellvertretend für Dutzende, Hunderte andere Orte, an denen die Opfer nicht erst registriert, von einem Arzt begutachtet, untergebracht und versklavt, sondern sofort umgebracht wurden. Manche dieser Orte sind noch immer unbekannt; man weiß, daß es sie geben muß, aber die Knochen wurden nie gefunden, oft nicht einmal gesucht. Andere Massengräber wurden zufällig entdeckt, aber wieder vergessen.

Die Kiefern stehen für einen Wald ungewöhnlich weit auseinander, so daß der Blick in den Himmel kaum verdeckt ist. Der Boden, über den einzelne Trampelpfade führen, ist weich. Man weiß, daß die Deutschen vor dem Rückzug jüdische Gefangene zwangen, die Gruben zu öffnen und die Leichen zu verbrennen. Der deutschen Ordnung halber mußten die Gefangenen die Leichen auch zählen, ein Strich nach dem anderen. Obwohl also von den Ermordeten buchstäblich nur die Zahl übrigblieb, wird einem bei jedem Schritt schwummrig, fast so, als sackte man selbst ein. Von der nahen Autobahn hören wir ein Grundrauschen, das an jedem anderen Ort nicht so gespenstisch klänge, ansonsten völlige Stille, kein Vogelgezwitscher. Vor allem aber treffen wir keine anderen Menschen. Obwohl Paneriai einer der ersten großen Schauplätze des Holocaust war, sind wir an einem gewöhnlichen Vormittag die einzigen Besucher.

Aus dem winzigen Museum tritt ein junger Mann, Anfang, höchstens Mitte zwanzig, schlaksig, blond, Bubikopf, ein selten unschuldiges Gesicht. Er hat Lokalgeschichte studiert und schiebt nun freiwillig an der Gedenkstätte Dienst. In der Schule sei Paneriai nicht einmal erwähnt worden, berichtet er; den Holocaust hätten sie nur im Zusammenhang mit Auschwitz behandelt, ohne zu erfahren, daß viele Litauer am Morden beteiligt waren. Allerdings sei gerade dieses Jahr ein Wandel eingetreten; wie auf einen Schlag hätten überall in Litauen Gedenkveranstaltungen für die ermordeten Juden stattgefunden, im Internet werde viel über das Thema diskutiert. Aber noch würden keine Schulklassen nach Paneriai kommen, überhaupt wenige Litauer; die meisten Besucher seien aus dem Ausland, viele aus Israel.

«Sind es Nachfahren?»

«Eher nicht, denke ich. Es gibt ja so gut wie keine Nachfahren.»

Nirgends sind prozentual mehr Juden im Holocaust umgekommen als in Litauen: 95 Prozent. Nur zögerlich erinnert sich das Land an den freudigen Empfang, den es den deutschen Truppen bereitete, ungern an die zahlreichen Kollaborateure, erst seit kurzem an die Hinrichtungsstätten, die es praktisch in jeder Stadt gab, an das Wegsehen der Nachbarn in Vilnius, obwohl die Juden am hellichten Tage, auf offenen Ladeflächen aus dem Ghetto weggeschafft wurden, an die dauernden Gewehrsalven im Wald, die Hilfeschreie, die bellenden Hunde, die im Dorf zu hören waren, den Geruch, der unerträglich gewesen sein soll, die Tonnen von Kleidern, die die Bauern am Waldrand billig kauften. Das Dixiklo, das zwischen zwei Kiefern steht, zeigt an, daß in Paneriai noch längst nicht mit Massenandrang gerechnet wird.

Ungleich mehr Besucher hat das KGB-Museum in Vilnius, in dem die Einrichtung bis hin zu den Briefbeschwerern noch original ist, die schweren schwarzen Telefone und die Abhöranlagen. Daß die Wehrmacht 1941 kaum auf Widerstand stieß, hat mit der Vorgeschichte zu tun, dem Einmarsch der Sowjets 1940. So brutal war deren Regime, daß jede andere Herrschaft zunächst wie eine Befreiung erschien. Der Zeitplan des NKWD, der wegen des Überfalls Hitlers auf die Sowjetunion «nur» zu einem Viertel umgesetzt wurde, sah die Verbannung oder Erschießung jedes siebten Litauers vor. Immer wieder ist deshalb wie zur Entschuldigung zu hören, daß es zwei Genozide gab, einen an Juden, einen an den Litauern selbst (als ob die Juden keine Litauer gewesen wären und kein Litauer ein Täter). Auf einer Schautafel wird das scheinbar durch Zahlen belegt, nebeneinander die Zahlen der Deportierten, der Zwangsarbeiter, der Ermordeten während der deutschen und der sowjetischen Besatzung. Wann die Rechnerei wohl aufhört? Die ehemalige Zentrale des KGB ist auch ohne Vergleiche erschreckend genug, die Zellen, die zu klein sind, um sich hinzuhocken, die runden Schemel im Wasserbecken, der Durchmesser keine dreißig Zentimeter, auf denen die Gefangenen Stunden, wahrscheinlich Tage balancieren mußten, eigene Verhörzimmer für Kranke, Verletzte, Ausgemergelte, die mit der Liege hineingeschafft wurden, die Erschießungskammern im Keller, der rohe Stein voller Einschußlöcher. «Eine einzige Besatzung kann eine Gesellschaft für Generationen zerbrechen, eine doppelte ist noch schmerzhafter und spaltender», schreibt Timothy Snyder in seinem Buch über die *Bloodlands*, das auf meiner Reise fast so etwas wie ein Reiseführer geworden ist: «Wenn fremde Truppen abzogen, konnten die Menschen nicht auf Frieden rechnen, sondern auf die Maßnahmen der nächsten Besatzer. Sie mußten die Konsequenzen ihrer Parteinahme unter den vorigen Besatzern tragen, wenn die neuen kamen, oder Entscheidungen unter einer Besatzung treffen, während sie auf eine andere warteten.»

Auf einer Leinwand erscheinen in rascher Folge die Ermittlungsphotos, Männer und Frauen jeden Alters, Intellektuelle, einfache Leute, auch Priester, jedesmal eine Aufnahme von vorn und eine im Profil. Die meisten Verhafteten geben sich erkennbar Mühe, sich den Schreck, die Verzweiflung, die Sorge nicht anmerken zu lassen, die Ausdruckslosigkeit als letztmöglicher Ausdruck des Stolzes. Manche lächeln sogar leicht spöttisch. Unabweisbar der Gedanke: Ein Staat, der einen solchen Unterdrückungsapparat benötigt, war es absolut wert unterzugehen. Der nächste Gedanke: Gibt es ähnliches nicht in Guantanamo auch, im Führungsland der westlichen Zivilisation? Schließlich: Wenn ein solcher Staat untergegangen ist, gut – aber was, wenn aus den Folterzellen keine Museumsräume werden, niemand die Opfer ehrt und die Täter wenn schon nicht belangt, dann wenigstens ächtet?

Am Bahnhof ergattere ich den letzten Platz nach Minsk. Im Waggon verstehe ich, warum die litauische Bahn den Sitz erst verkauft, wenn selbst die Klappstühle im Gang vergeben sind. Die Reihen sind schon eng genug, aber unter unseren Füßen steht auch noch ein Elektrokasten, so daß mein Nachbar und ich mit angezogenen Knien nach Weißrußland fahren. Immerhin sind meine Beine kürzer als seine. Als ich ihm meinen Gangplatz anbiete, gewinne ich meinen ersten weißrussischen Freund. In den Zügen der weißrussischen Bahn werde man nicht wie Sardinen in die Dose gequetscht, meint er, wenn ich sein Englisch richtig verstehe; in Litauen werde ja alles privatisiert.

«Die Bahn auch?» frage ich.

«Keine Ahnung», antwortet er, «jedenfalls zählt nur noch der Profit.»

Für die Grenzkontrolle – die erste seit meiner Abreise aus Köln – treten sechs weibliche Zollbeamte ins Abteil, schmucke Jacken, enge Röcke, schnittige Mützen, die Haare hochgesteckt, die Blicke uniform in ihrer Undurchdringlichkeit. Vorm Bauch tragen sie einen kleinen Schreibtisch mit Computer, Stempel und einer Lupe, um die Visa zu untersuchen. Viele Jahrhunderte lang war das gesamte Gebiet bis hinab zum Kaukasus, das Geflecht von Kulturen, Sprachen und Religionen, ein einziger Staat, das Großfürstentum Litauen, als dessen Erben sich weißrussische Nationalisten verstehen, und heute braucht man ein Visum, um die 170 Kilometer nach Minsk zu fahren, während man ohne Paß bis nach Lissabon käme und ohne Visum um die halbe Welt. Die strenge Zöllnerin prüft noch immer den Paß, da gesellt sich ein weiterer Beamter dazu und wühlt ungeniert in meinem Koffer. Am meisten interessiert er sich seltsamerweise für die Bücher. Einen Band über den Holocaust, den ich aus Krakau mitgebracht habe, blättert er Bild für Bild durch.

«Bei politischen Themen machen sie Probleme», sagt mein Sitznachbar, als die Grenzbeamten den Zug wieder verlassen haben.

«Und was ist Ihnen wichtiger? Bequeme Züge oder lesen, was man will?»

Ein Kopfbahnhof! Während ich mich durchs Gedränge der Ankommenden und Wartenden schlage, denke ich, daß Kopfbahnhöfe immer etwas Altmodisches haben. Weil sie der Effizienz des Durchfahrens widerstehen? Oder drückt sich in ihnen die imperiale Vermessenheit aus, daß alle Wege nach Rom respektive Paris oder Wien führen? Wenn eine Stadt Schnittpunkt eines ganzen Landes ist, dann Minsk, das anders als Rom, Paris oder Wien geographisch exakt in der Mitte liegt, von jeder Grenzstation nahezu gleich weit entfernt. Und doch könnte nichts falscher sein, als aus der verblüffenden Lage seiner Hauptstadt zu schließen, daß Weißrußland organisch aus einem Zentrum entstanden sei. Schon der Name Belarus leitet sich, als hätte sich kein eigener gefunden, von einem anderen Land ab. Und wie willkürlich das heutige Staatsgebiet ist, zeigt sich daran, daß nach dem Sturz des Zaren Smolensk, Vilnius und Grodno ebenfalls den Anspruch erhoben, Hauptstadt der weißrussischen Volksrepublik zu sein; Smolensk liegt heute in Rußland, Vilnius in Litauen und Grodno hart an der Grenze zu Polen. Ohnehin wurde die neue Nation von niemandem anerkannt und bereits ein Jahr später von den Bolschewiki zerschlagen.

Mit der Auflösung des Warschauer Pakts tat sich das Fenster zur Unabhängigkeit zum zweiten Mal auf. Aber während die Völker vom Baltikum bis Ungarn ihre nationale Souveränität feierten, war Weißrußland «wie ein Mensch, der plötzlich feststellt, daß er keinen Schatten hat», wie es Valentin Akudowitsch in seinem *Versuch, Weißrußland zu verstehen* formuliert. *Der Abwesenheitscode* lautet der Haupttitel des Buchs, weil Weißrußland eine Nation sei, der das Volk fehlt. In der kaum je unterbrochenen Folge von Kriegen und Besatzungen der Neuzeit wurde die sprachliche, kulturelle und religiöse Gemeinschaft, auf die sich Weißrußland dem Namen nach bezieht, beinah vollständig vernichtet; so kam allein in der «blutigen Sintflut» Mitte des siebzehnten Jahrhunderts, als die Truppen des ersten Romanow-Zaren einfielen, jeder zweite Bewohner um. Zuvor war der Landstrich bereits tiefgreifend polonisiert worden, und nach der Russifizierung wurde er nacheinander von Schweden, Franzosen und Deutschen besetzt, bevor er dauerhaft unter russische Herrschaft geriet, unterbrochen nur von der deutschen Besatzung im Ersten und Zweiten Weltkrieg. «Zwang und Besatzung wurden für die Weißrussen zum natürlichen Zustand», schreibt Akudowitsch: «Mit der Zeit gewöhnten sie sich an das fremde Joch und spürten es so wenig, wie wir den Luftdruck wahrnehmen.» Überlebt hatte das Weißrussische – im sechzehnten Jahrhundert die Kanzleisprache des Großfürstentums Litauen und damit eine der ältesten Verwaltungssprachen Europas – lediglich auf den Dörfern. Nationen jedoch entstehen in den Städten, und die waren in Weißrußland längst ein Babylon geworden aus Russisch, Polnisch, Weißrussisch, Deutsch, auch Tatarisch und vor allem Jiddisch, das sich als Nationalsprache eher angeboten hätte: Nach der Volkszählung des Jahres 1897 stellten Juden 57 Prozent der Bevölkerung in den urbanen Gebieten. Doch jüdisch wollte die Nationalbewegung nun gerade nicht sein, und bei den jüdischen Eliten selbst kam als Nationalbewegung der Zionismus auf.

So wurde die weißrussische Nation von Städtern geboren, die in die Dörfer ausschwärmten und dabei das polnische Geschichtsbild aus europäischer Identität und Widerstand gegen die russische Kolonisierung übernahmen – allein, es hatte diese Befreiungsversuche zuvor gar nicht gegeben. Auch mochten das Fürstentum Polazk und das Großfürstentum Litauen, das die Nationalbewegung als Vorläufer reklamierte, tatsächlich so etwas wie Außenposten der europäischen Kultur in der slawischen Welt gewesen sein; mit dem modernen Weißrußland hatten sie jedoch nicht mehr zu tun als das Seldschukenreich mit dem heutigen Turkmenistan oder Mazedonien mit dem Reich Alexanders des Großen. Wie die litauischen Nationalisten machten sich auch die Weißrussen mit der Übernahme des Herderschen Nationenbegriffs das Leben selbst schwer. Selbst die Sprache der erhofften Nation mußte – vergleichbar dem modernen Hebräisch – erst aus dem dörflichen Idiom und den alten Schriften entwickelt werden. Und gerade, als sich in der jungen Sowjetrepublik eine weißrussische Öffentlichkeit herausgebildet hatte, wurde sie in den stalinistischen Säuberungen schon wieder ausgemerzt. Von der gesamten Riege der Sprachwissenschaftler, die an dem fünfbändigen «Wörterbuch der weißrussischen Sprache» arbeiteten, überlebte kein einziger den Terror der dreißiger Jahre, und allein in der Nacht auf den 30. Oktober 1937 wurden im Lager Kurapaty am Rande von Minsk mindestens hundert, nach anderen Angaben dreihundert weißrussische Dichter und Literaten erschossen. Was vom Weißrussischen übrigblieb, wurde in den sechziger und siebziger Jahren beseitigt, als die Lehrer in den Städten nur noch Russisch unterrichten durften, die letzten weißrussischen Zeitungen schlossen und auch die weißrussischen Ortsnamen verschwanden. Paradoxerweise wird der weißrussische KP-Chef jener Zeit, der vormalige Partisanenheld Petr Mascherau, heute wie kaum ein anderer Führer des zwanzigsten Jahrhunderts in Weißrußland verehrt – ein Politiker, der die systematische Vernichtung alles Weißrussischen betrieb. Noch der Präsident des heutigen, des unabhängigen Weißrußlands, Aljaksandr Lukaschenka, spricht zu seinen Landsleuten ausschließlich auf russisch.

«Kann der Präsident nicht weißrussisch sprechen, oder will er es nur nicht?» frage ich, als ich am Abend Valentin Akudowitsch in einem Café treffe, das erkennbar angesagt ist. Auch in Minsk scheint sich, wer sich nach Europa orientiert, gern mit dem unnachahmlichen Charme einer sowjetischen Lagerhalle, vegetarischen Imbissen und elektronischer Musik zu umgeben, die ein DJ auf den Plattenteller legt. Nur Akudowitsch selbst, 1950 geboren, Philosoph und eine der Schlüsselfiguren in der widerständigen Kulturszene Weißrußlands, sieht mit seinem grauen Bart etwas fremd aus in dem hippen Ambiente.

«Er wird schon ein paar Brocken beherrschen», meint Akudowitsch, «aber Ansprachen halten kann er sicher nicht.»

«Hat er denn gar nicht versucht, es zu lernen? Ich meine, er könnte doch wenigstens vom Blatt lesen.»

«Sicher könnte er es lernen, er ist ja nicht dumm. Aber er würde es gar nicht wollen. Weißrussisch ist eine exotische Sprache geworden. Es ist wie ein Bekenntnis, daß man irgendwie oppositionell ist. Außerdem ist es die Sprache der Not.»

«Der Not?»

«Ja, weil man in der Sowjetunion nur noch in den Dörfern weißrussisch sprach. Das Dorf aber bedeutete immer Armut. Weißrussisch zu sprechen war ein Schandmal. Wer etwas auf sich hielt, sprach russisch.»

Im *Abwesenheitscode* erzählt Akudowitsch, daß ihn seine Eltern nach der achten Klasse auf eine Berufsschule nahe Moskau schickten. Als er bei der Rückkehr das Russische mit Moskauer Akzent sprach, leuchteten ihre Augen vor Glück auf – weil sie instinktiv annahmen, daß ihm nun ein besseres Leben beschieden sei. Aus einem ähnlichen Grund werde auch Mascherau bis heute geschätzt, meint Akudowitsch: Mit dem Weißrussischen habe er das Unheil aus dem Bewußtsein verdrängt. Als der Vorsitzende des Obersten Sowjets der Republik Weißrußland, Stanislaw Schuschkewitsch, das Weißrussische wieder in der Öffentlichkeit erlauben wollte, habe er bald sein Amt verloren. «Den meisten Weißrussen sagte ihr Verstand oder zumindest ihr Gefühl, daß ein Mann an der Spitze des weißrussischen Staates, der in der Sprache des Unheils spricht, nur eines bedeuten kann: Dem Land steht großes Leid bevor.»

Während es in Georgien, im Baltikum oder in der Ukraine die gesamte Zeit der Sowjetunion hindurch eine Elite gab, die die eigene Sprache sprach, mußte das Weißrussische nach der Unabhängigkeit von neuem erlernt werden. Indes verstanden die Dörfler dieses literarische Weißrussisch kaum. So war die eigene Nationalbewegung schon sprachlich den meisten Weißrussen fremd. Folglich entschied sich die neue Nation im Mai 1995 bei einem vierfachen Referendum für eine wirtschaftliche Anbindung an Rußland, die Einführung des Russischen als zweite Amtssprache, die Wiedereinführung der sowjetischen Staatssymbole und erweiterte Vollmachten für Aljaksandr Lukaschenka, der zweiundzwanzig Jahre später immer noch regiert. «Wir riefen das ‹weißrussische Volk› in ein Land, in dem außer historischen und literarischen Geistern und Phantomen niemand lebte», schreibt Akudowitsch, der dem nationalen Aufbruch selbst angehörte: «Natürlich folgte niemand diesem Ruf ins Nichts.»

«Vielleicht ist der moderne Nationalstaat einfach auch keine so gute Idee gewesen», seufze ich.

«Warum das?» fragt Akudowitsch.

«Das fragen Sie mich? Sie schreiben doch selbst, was für ein künstliches, willkürliches Gebilde Weißrußland sei.»

«Deutschland als Nation ist ein noch größeres Konstrukt.»

«Aber so viele Menschen wurden ermordet, überall, so viele Kulturen vernichtet, die ganze gewachsene Vielfalt, damit sich Nationen herausbilden konnten, und dann haben diese Nationen sich auch noch gegenseitig mit Kriegen überzogen, weil sie sich entweder überlegen oder bedroht fühlten – oder beides zugleich.»

«Nein, ich bin nicht einverstanden mit dem, was Sie sagen», widerspricht Akudowitsch: «Sie übertragen lediglich Ihr deutsches Trauma auf andere Länder.»

«Ich meine doch nicht nur den Nationalsozialismus. Ich meine auch den Kolonialismus und seine willkürlichen Grenzziehungen, Stalins Deportationen, die Vertreibungen und Säuberungen überall in Europa – daß heute keine Griechen mehr in Izmir leben und keine Türken in Saloniki, keine Deutschen in Czernowitz, keine Polen in Lemberg und keine Juden in Krakau. Ich meine die Balkankriege, ich meine Ruanda, ich meine das, was jetzt im Nahen Osten geschieht: Da geht es auch wieder darum, Homogenität durchzusetzen in Gebieten, die so bunt sind wie Minsk oder Vilnius im neunzehnten Jahrhundert – sind das nicht ebenfalls Folgen von übersteigerter oder gescheiterter oder verordneter Nationenbildung?»

«Als ob es vorher keine Massenmorde gegeben hätte! Denken Sie nur an den Mongolensturm, an die Eroberung Amerikas – ich bitte Sie. Der Nationalstaat ist nun einmal, seit sich die Fürstentümer und Imperien überlebt haben, die angemessenste Organisationsform für Gesellschaften.»

«Und macht Ihnen der Nationalismus heute keine Angst?»

«Nicht so viel wie die Entwurzelung, die Gleichmacherei, die Entmündigung.»

«Und was ist mit dem Brexit, mit Trump, mit Le Pen?»

«Das sind nur temporäre Erscheinungen, die Globalisierung schreitet unaufhaltsam voran.»

«Und was halten Sie dann von den rechtspopulistischen Parteien in Osteuropa, etwa von PiS in Polen oder Fidesz in Ungarn?»

«Wo sie nicht zu radikal werden, unterstütze ich sie. Auch den Slogan des Brexits würde ich unterschreiben: *Take Back Control*.»

«Aber das ist doch ein Widerspruch! Sie streben nach Europa und verteidigen zugleich den Nationalismus, der Europa bedroht.»

«Nein, das gehört zusammen. Wir wollen nach Europa und zugleich unsere nationale Identität entwickeln. Mit Rußland können wir das nicht. Rußland frißt uns auf.»

Zwölfter Tag

Alles in Minsk ist so weit, daß man sich als einzelner Mensch wie eine Ameise vorkommt, die keine Orientierung hat. Die Stadt wächst nicht in die Höhe wie im Kapitalismus, der Grundbesitz wertvoll macht; Minsk nimmt sich die Fläche, weil der Staat allein über den Grund verfügt. Daher sind die Straßen breit wie bei uns die Autobahnen, die Bürgersteige wie Straßen, die Gebäude in der Regel nur vier- oder fünfstöckig, dafür in die Länge gestreckt, und die leeren, steinernen Plätze so groß, wie in alten Städten einzelne Viertel sind. Allein eine Kreuzung zu überqueren kann in Minsk eine Viertelstunde dauern, und der Leninplatz ist so weitläufig, daß der Linienbus mehrmals hält. Die Statue, die ohnehin monumental ist, steht zusätzlich auf einem Podest, damit noch die Füße des Revolutionsführers weit über die Köpfe der Normalsterblichen ragen. Gut sowjetisch haben nur wenige Geschäfte Schaufenster, so daß auch die Flaneure fehlen; zum Spazierengehen sind die Distanzen ohnehin zu groß.

Genausowenig wie die amerikanische Stadt mit ihrer unbewohnten Mitte ist die sowjetische Stadt, die in Minsk ihr vorzüglichstes Modell gefunden hat, eine Metropole im Sinne der Alten Welt. Moskau hat immerhin noch alte Bausubstanz, Plätze, auf denen sich Menschen treffen, statt sich zu verlieren, Gassen, Häuser unterschiedlichster Stile und Epochen. In Minsk hingegen war nach dem Zweiten Weltkrieg kein Stein auf dem anderen geblieben, so daß die Stadt vollständig neu gebaut worden ist (zu einem guten Teil von Zwangsarbeitern übrigens, die für ihre deutsche Wertarbeit bis heute gerühmt werden, so hartnäckig hält sich das Klischee, das vielleicht sogar stimmt). Die Idee, die der weißrussischen Hauptstadt zugrunde liegt, macht den einzelnen klein und alles Gemeinsame groß. Selbst der Fluß Swislatsch ist so breit geworden, daß er einem

See gleicht, und am Ufer breiten sich große Rasenflächen aus, auf denen kein Grashalm länger als der andere ist. Eingezäunt sind sie von vielspurigen Prospekten, wie die Hauptstraßen in russischen Städten heißen, damit der Blick, wenn er von einer Häuserreihe zur gegenüberliegenden geht, über mindestens einen, wenn nicht zwei Kilometer schweifen kann – mitten im Zentrum eine gewaltige Landschaft von Menschenhand.

Xenija findet nicht, daß sie wie eine Ameise lebt, sie findet Minsk schön. Man müsse berücksichtigen, sagt sie, daß die Wehrmacht die Stadt vollständig ausgebombt habe, da könne sie nun einmal nicht wie Heidelberg aussehen. Xenija kennt Deutschland, weil ihr Mann im Ruhrgebiet arbeitet; sie selbst hat Germanistik studiert und unterrichtet nun Deutsch am Goethe-Institut. Sicher könnte sie zu ihrem Mann ziehen, aber Wanne-Eickel erscheine ihr ehrlich gesagt nicht so attraktiv. Gut, die Plattenbauten und Hochhaussiedlungen seien auch nicht eben wohnlich, das gibt sie zu, aber dafür besitze fast jede Familie eine Datscha; so gesehen gehörten die Gärten, der Rückzug, die Natur zum Leben in Weißrußland dazu. Und zu kaufen gebe es inzwischen auch alles, ohne daß man anstehen müsse. Oligarchen? Ja, hätten sie, genau gesagt drei, und die seien alle im Gefängnis.

«Zu reich darf man bei uns nicht werden», lacht sie, als sie mein verdutztes Gesicht sieht: «Natürlich gibt es Bonzen, Profiteure, fette Autos. Aber doch nicht wie in der Ukraine! Bei uns darf es nur einen einzigen Oligarchen geben, und den nennen wir Präsident.»

Wenn man nicht gerade Swetlana Alexijewitsch gelesen hat, stellt man sich den sowjetischen Menschen leicht als unkritisch, fügsam, schicksalsergeben vor. Aber das ist Xenija nicht, sie wägt nur nüchtern ab: zwischen den Wahlen, die eine Farce sind, und dem Krieg, der im Nachbarland herrscht. Zwischen ihrem Einkommen, das zum Leben reicht, und den Nebenjobs, die sie mit dem gleichen Beruf in Litauen haben müßte. Zwischen der Reinlichkeit auf den Straßen, der Sicherheit auch bei Nacht, einem Staat, der die grundlegenden Dienstleistungen bezahlbar anbietet, und Wanne-Eickel. Sie braucht nicht einmal etwas aufs Staatsfernsehen zu geben, in dessen Berichten Deutschland fast wie ein *failed state* erscheint, überflutet von gleichzeitig radikalen, sexuell übergriffigen und kriminellen Muslimen; sie muß nur an die Rente denken, die Konstanz und Überschaubarkeit der Lebensläufe, um ihr Land gar nicht so übel zu finden. Als wir mit dem Taxi an der Zentrale des KGB vorbeifahren, der in Weißrußland allen Ernstes weiter KGB heißt, zeigt Xenija mit dem ausgestreckten Finger auf die Männer, die auffällig unauffällig am Bürgersteig stehen, und kichert.

«Klar haben wir noch den Geheimdienst», sagt Xenija, «aber wir haben nicht mehr die Angst.»

Als ich frage, warum die baltischen Staaten sich mit ihrer Unabhängigkeit zugleich nach Europa wandten, während Weißrußland in wesentlichen Zügen sowjetisch blieb, führt Xenija mich ins Museum des Großen Vaterländischen Krieges: In keinem anderen Land hat Deutschland schlimmer gewütet und fiel es leichter, den Sieg der Roten Armee als Befreiung zu propagieren. Wie früher in den Volkskundemuseen sind die Schlachten mit lebensgroßen Puppen nachgestellt, originalen Panzern, einem echten deutschen Güterwaggon, der Druckerpresse der Partisanen, einem niedrigen Tunnel zum Durchlaufen, der für den Untergrund steht. Im letzten Saal begrüßen dankbare Weißrussen die Rote Armee. Die Militärparade, die in der Eingangshalle auf großen Bildschirmen läuft, ist noch genauso, wie ich sie als Kind im Fernsehen sah, nur daß nicht Breschnew auf der Ehrentribüne grüßt, sondern der hiesige Oligarch.

Das war's? frage ich mich, das soll der Krieg gewesen sein? Ein Viertel der Bevölkerung tot, ein weiteres Viertel zur Zwangsarbeit verschleppt, die Städte zerbombt, die Fabriken zerstört, die gesamte Infrastruktur zertrümmert, über tausend Dörfer von den Deutschen niedergebrannt, mit den Juden die zweitgrößte Bevölkerungsgruppe ausgerottet – und was bleibt, ist nichts als der Sieg der Roten Armee? Ich erkundige mich, wo Stalag 352 zu finden ist, das berüchtigte Kriegsgefangenenlager in Minsk, wobei Lager fast schon euphemistisch ist: Im Osten nahmen die Deutschen Kriegsgefangene, um sie zu töten; anders als in den Konzentrationslagern wurden die Gefangenen daher nur gezählt, drei Millionen sowjetische Soldaten allein im ersten Jahr, aber nicht namentlich registriert. In Stalag 352 wurden die Insassen so eng zwischen Stacheldraht gepfercht, daß sie nur stehen konnten. Als sie Ende 1941 vor dem Hungertod standen, gelang einigen die Flucht ins benachbarte Ghetto, das im Vergleich noch sicherer war.

Xenija hat keine Ahnung, wo sich Stalag 352 befand; sie hat davon gehört, aber eine Gedenkstätte kennt sie vom vermutlich größten und mörderischsten Kriegsgefangenenlager des Zweiten Weltkriegs nicht. Nach Chatyn soll ich fahren, wenn ich mehr von Weißrußland verstehen will. Allerdings muß sie selbst nach Hause, weil die Tochter – Xenija stöhnt ostentativ auf – noch eine Probe für die Parlamentswahlen hat, bei der die Regierung mit 96 oder 98 oder 99 Prozent im Amt bestätigt wird, aber man müsse halt hin. Immerhin mag ihre Tochter den Volkstanz gern, den die Klasse aufführen wird, und erklärt sich ihre Arbeitskollegin Vera spontan bereit, mich zu der zentralen Gedenkstätte für die Opfer des Zweiten Weltkriegs zu begleiten, eine Stunde nördlich von Minsk.

Unter den vielen Geschichten, die Vera auf der Autobahn von ihren Eltern, Schwiegereltern und Großeltern erzählt, prägt sich mir eine Episode der Schwiegermutter sofort ein, obwohl sie vergleichsweise harmlos ist: Die Deutschen hatten im Hof ein Klosett errichtet, da schmissen die Kinder gelegentlich einen Apfel von oben hinein. Einmal stürmte ein Soldat aus dem Klosett mit dem Maschinengewehr in der Hand, packte die Schwiegermutter, die damals acht Jahre alt war, und zerrte sie zur Oma. Er drückte den Gewehrlauf in die Brust des Mädchens und schrie so etwas wie «Noch einmal, und ich erschieße sie.»

Und was war mit Stalin? Am häufigsten hätten die Eltern, Schwiegereltern und Großeltern die «schwarzen Raben» erwähnt, die Dienstwagen des NKWD, in die man gesteckt werden konnte, ohne daß man je das Warum erfuhr oder die Angehörigen das Wohin. In den dunkelsten Zeiten landete der Vater oder der Onkel oder Nachbar nur deshalb in den Raben, damit die Quote erfüllt wurde, lese ich in den *Bloodlands* nach. Befehl 00 447 etwa vom 30. Juli 1937 – «Über die Operation zur Repression ehemaliger Kulaken, Krimineller und anderer anti-sowjetischer Elemente» – verlangte die Hinrichtung von 79 950 Sowjetbürgern durch Erschießen und die Deportation von 193 000 weiteren in den Gulag. Wie sie ihre Quoten erfüllten, lag allein bei den örtlichen NKWD-Büros, die sich an die offizielle Devise hielten: «Besser zu weit als nicht weit genug.» So fielen dem Befehl 00 447 nicht 79 950 Menschen zum Opfer, sondern fünfmal so viel. Als Stalin 1953 starb, hätten dennoch viele in ihrer Familie geweint, sagt Vera, ohne es selber zu verstehen.

Während die riesigen Äcker der Kolchosen an uns vorüberziehen, widerspricht sie Xenija, die sich mit dem System abgefunden habe, erzählt von Oppositionellen, die verfolgt würden, den zugegeben nicht zahlreichen, aber um so mutigeren Aktivisten, von den Lügen, mit denen sie aufgewachsen seien. Die Dörfer seien von den Deutschen niedergebrannt worden? Richtig, aber doch nur, weil sich in ihnen sowjetische Partisanen verschanzt hätten, die auf die Bewohner genausowenig Rücksicht nahmen. Minsk sei von den Deutschen zerstört worden? Quatsch, Minsk sei von den Deutschen kampflos eingenommen und während der vierjährigen Besatzung von der sowjetischen Luftwaffe bombardiert worden. Und was von der Stadt übriggeblieben sei, hätten die Kommunisten nach dem Krieg abgerissen, um ihr Modell einer idealen Stadt zu errichten. Stalag 352? Daß Soldaten in die Hände der Wehrmacht gefallen sind, passe nicht zum triumphalen Bild der Roten Armee. Die Gesundheitsversorgung? Ohne Beziehungen oder Geld rufe man in Weißrußland besser nicht den Notarzt an. Kostenlose Bildung? Selbst das Klopapier für den Kindergarten mußt du deinem Kind mitgeben. Xenija habe ja ihren Mann, sie könne ihre Kinder jederzeit nach Deutschland schicken, wenn es hier keine Zukunft mehr gäbe. Sie jedoch, Vera: Sollen ihre Kinder niemals in Europa leben dürfen?

Chatyn ist eines der Dörfer, welche die Wehrmacht niederbrannte. Offiziell wurde es für die Gedenkstätte ausgewählt, weil es nahe an der Hauptstadt liegt, für Besucher also gut zu erreichen ist. Aber es könnte noch einen anderen, inoffiziellen Grund geben: Der Name Chatyn sollte den Namen Katyn neutralisieren. Eigentlich hieß das Dorf nämlich Chotyn; erst nach dem Krieg hat man das «o» in der ersten Silbe durch ein «a» ersetzt. Sei's drum, auch in Chotyn oder Chatyn trieben Soldaten die Bewohner in einem Stall zusammen, zündeten den Stall an und erschossen die Fliehenden, die das Tor aufgebrochen hatten, mit Maschinengewehren. Am Eingang der Gedenkstätte steht die Skulptur eines Vaters, der seinen toten oder bewußtlosen Sohn in den Armen hält. Nichts Heldenhaftes in seiner Haltung, statt dessen die nackte Verzweiflung in seinem Gesicht. Die sechsundzwanzig Häuser standen nicht nah beieinander, sie waren über eine große Lichtung verteilt. Nun sind die Grundmauern durch Eisenstäbe und eine stilisierte Pforte markiert. Die Pforte steht offen, um an die traditionelle Gastfreundschaft der Dörfler zu erinnern. Anstelle des Schornsteins ragt ein Glockenturm in die Höhe, darauf die Namen der Ermordeten, bei den Kindern außerdem das Alter. In dem Haus aus Luft, das ich als erstes betrete, lebten drei Erwachsene und sechs Kinder, fünf, sieben, acht, neun, zehn und zwölf Jahre alt. Fünfzig Meter weiter ein Haus, das einer Frau allein gehörte. Und so weiter, sechsundzwanzig Glockentürme über das tote Dorf verteilt.

Alle dreißig Sekunden läuten die kleinen Glocken, allerdings zeitlich minimal versetzt, so daß ein langgezogenes, helles, kindliches Wimmern entsteht, das die Seele durchdringt. Unmöglich die Vorstellung, daß hier jemand herumlaufen könne wie im Denkmal für die ermordeten Juden in Berlin, Verstecken spielen oder so. Noch nie bin ich durch eine Gedenkstätte gelaufen – kreuz und quer durch das Dorf aus Luft –, in der die Gewalt, die Trauer, die Leere so physisch erfahrbar werden. Und das gelingt nicht etwa mit den Mitteln Hollywoods wie in Krakaus Schindler-Museum oder dem Turm der Stille im Jüdischen Museum Berlin, nicht durch Einfühlung, Originalaufnahmen oder Simulation des Schreckens. Es gelingt allein durch die Kraft der künstlerischen Abstraktion.

Die ermordeten Juden kommen in der nationalen Gedenkstätte freilich nicht vor, und das, obwohl der Architekt, der 2014 verstorbene Leonid Levin, selbst Jude war. Für die Sowjetunion waren alle Opfer Sowjetbürger und sonst nichts. Zurück in Minsk, führt mich Vera zum Denkmal im ehemaligen Ghetto, das vor fünfzehn Jahren dann doch errichtet wurde, einer Gruppe abgemagerter, nackter Menschen, die eine Treppe hinabsteigen. Die Skulptur beeindruckt, keine Frage; aber in einem Staat, der alles monumental macht, ist die jüdische Gedenkstätte auffällig klein geraten, dazu an einen Plattenbau gedrückt und von Bäumen verdeckt, von der Straße aus praktisch nicht zu erkennen.

Entlang einer Holzwand, hinter der die dritte U-Bahn-Linie gebaut wird, gehen wir weiter durch das ehemalige Ghetto, das nach dem Krieg in Vergessenheit geriet, obwohl es mit etwa 70 000 Juden das größte auf dem Boden der Sowjetunion war; selbst Valentin Akudowitsch, der zu den Gebildetsten gehört, erwähnte gestern abend, erst während des Studiums am Literaturinstitut in Moskau auf ein Buch gestoßen zu sein, in dem er vom jüdischen Leben und Sterben in Minsk erfuhr. An Straßenhändlern vorbei, die sich vielleicht deshalb entlang der Baustelle plaziert haben, weil die Holzwand den leeren Prospekt zu einer belebten Gasse verjüngt, gelangen wir zu einem kleinen Park. Nein, es ist kein Park, geht mir auf, es ist ein ehemaliger Friedhof, der jüdische Friedhof. Einige Grabsteine liegen beieinander, ohne daß man in der Dämmerung weiß, ob es noch eine Baustelle ist oder bereits ein Kunstwerk. Wir kommen mit einer eleganten Dame ins Gespräch, die sich – nein, solche Zufälle wagt sich kein Berichterstatter auszudenken – als die Tochter von Leonid Levin erweist. Sie heißt Galina Levina, ist selbst Architektin, spricht perfekt englisch und führt mit dem Büro auch das Lebenswerk ihres Vaters fort. Jetzt gerade ist sie mit der Gestaltung des Friedhofs beauftragt worden und hat deshalb hier zu tun.

«Es ist noch ein langer Weg», sagt sie, «bis die Menschen bei uns begreifen, besonders die jungen Menschen, daß die Juden umgebracht wurden, weil sie Juden waren.»

Ich frage, wie ihrem Vater ausgerechnet in der Sowjetunion ein so beeindruckendes, stilles Denkmal gelingen konnte. Ja, es sei schwer gewesen, antwortet Galina Levina, eigentlich unmöglich, in der damaligen Zeit, den siebziger Jahren, alles Heroische zu vermeiden. Daß ihr Vater dennoch den Auftrag erhielt, sei allein Petr Mascherau zu verdanken, dem Chef der Kommunistischen Partei in Weißrußland, ein Politiker, ein hoher kommunistischer Funktionär, aber doch ein kluger, ästhetisch sensibler Mann. Mascherau habe begriffen, daß Kunst mehr als Propaganda ist und die Weißrussen einen Ort der stillen Trauer brauchten, nicht des Sieges. Am meisten, sagt Galina Levina, habe ihr Vater kämpfen müssen, um die Glocken zu verwenden, damit eine christliche Formensprache für das nationale Gedenken. Mascherau habe als Kommunist auch die Glocken verstanden. Unter Umständen, die bis heute ungeklärt sind, starb er 1980 bei einem Autounfall.

«So viele Gedenkstätten habe ich auf dieser Reise besucht», sage ich, «so viele Gedenkstätten in Deutschland gesehen. In Chatyn hatte ich zum ersten Mal den Eindruck: Ja, es ist angemessen.»

«Ja, das hat mein Vater geschaffen», antwortet Galina Levina: «Aber die Aufgabe ist immer noch gewaltig.»

Weil wir morgen Richtung Tschernobyl fahren, decke ich mich in den kleinen Läden mit billiger Kleidung ein. Nach dem Betreten der Sperrzone werde alles entsorgt, was wir am Leib tragen, hieß es am Telefon.

Dreizehnter Tag

Entsprechend abgerissen sehen wir aus, als wir aufbrechen. Nur meine Schuhe sind mir teuer; das Paar, das ich gestern abend gebraucht gekauft habe, ziehe ich besser erst an, wenn wir angekommen sind, sonst fällt die Sohle vorher bereits ab. Entlang der Autobahn und später der Landstraße erblicken wir einen Friedhof nach dem anderen: auf dem freien Feld ein rechteckiges Stückchen Wald, das stets von dem gleichen, ausgerechnet himmelblauen Gitter eingezäunt ist. Unter den Birken drängen sich die Grabsteine wie Geschwister aneinander und blühen die Plastikblumen auch im Winter. Es sind gewöhnliche Friedhöfe, keine Massengräber, und doch ist jeder einzelne Totenacker in Weißrußland zugleich ein Denkmal des Krieges mit einer Skulptur oder einem Obelisken, mit Kränzen ebenfalls aus Plastik und den Namen der Gefallenen im nächstgelegenen Dorf. Und wo es kein Dorf mehr gibt, weil es niedergebrannt wurde, und auch keinen Friedhof, weil niemand überlebt hat, der sich an Verwandte oder Nachbarn erinnern könnte, steht ein einzelnes Denkmal ohne Friedhof auf dem Feld.

Hier war es, in diesem flachen, damals von Sümpfen und Wäldern überzogenen, inzwischen nutzbar gemachten und daher wie nackt daliegenden Land, wo die Konfrontation zwischen dem Dritten Reich und der Sowjetunion ihr Zentrum hatte und der Terror beider Systeme eskalierte, vor dem Krieg bereits der stalinistische Massenmord, nach dem Hitler-Stalin-Pakt die Vertreibung Hunderttausender Polen, dann der Durchmarsch der Wehrmacht innerhalb von Tagen, der Partisanenkrieg, der nirgends mit mehr Härte auch gegenüber der eigenen Bevölkerung geführt wurde, schließlich die letzte Stufe menschlicher Enthemmung, als die deutsche Heeresleitung für den Rückzug den Befehl ausgab, «tote Zonen» zu hinterlassen.

Andere Länder haben Mahnmale, die an die Schrecken des Krieges und des Holocausts erinnern. Wer durch Weißrußland fährt, bekommt den Eindruck, daß das Land ein einziges Mahnmal ist, so zahlreich sind die Gedenksteine, Massengräber und Hinweisschilder, die zu ehemaligen Vernichtungslagern führen. Dabei darf man sich nicht aller Opfer ohne Vorbehalt erinnern, nicht der Opfer des Stalinismus, nicht der Polen, nicht der Kriegsgefangenen und zurückgekehrten Zwangsarbeiter, nicht der Juden, insofern sie als Juden ermordet worden sind, und auch nicht der Opfer «des wichtigsten Ereignisses des zwanzigsten Jahrhunderts», wie es Swetlana Alexijewitsch genannt hat, «ungeachtet der schrecklichen Kriege und Revolutionen, die man einst mit diesem Jahrhundert verbinden wird»: der Opfer von Tschernobyl. Der Reaktor explodierte am 26. April 1986 zwar auf dem Gebiet der heutigen Ukraine, doch siebzig Prozent des radioaktiven Niederschlags fiel über Weißrußland. Obwohl vierhundertfünfundachtzig Dörfer und Kleinstädte aufgegeben wurden, lebt immer noch jeder fünfte Weißrusse auf kontaminiertem Boden. «Die Weißrussen sind heute lebendige ‹Blackboxes›», schrieb die Literaturnobelpreisträgerin in ihrem Buch über die Reaktorkatastrophe, mit dem sie Ende der neunziger Jahre berühmt wurde: «Sie zeichnen Informationen für die Zukunft auf. Für alle.»

Allein, welche Informationen sind das? Alexijewitsch hat die Wirkungen der Radioaktivität in den Seelen beschrieben. Die Zahlen jedoch, die bloßen Zahlen gehen dreißig Jahre nach der Katastrophe noch immer um drei Nullen auseinander – vor dem Komma wohlgemerkt: Recherchiert man, wieviel Menschen bisher an den Folgen der radioaktiven Strahlung gestorben sind, reicht die Spanne der Antworten von viertausend bis anderthalb Millionen. In Weißrußland selbst ist überhaupt nicht an Daten zu gelangen. Mehr noch: Wer über die Häufung von Krebserkrankungen bei Kindern berichtet, wird entlassen wie der Leiter des Nuklearinstituts in Minsk, Wassili Nesterenko, oder sogar verhaftet wie der Rektor der Universitätsklinik in der zweitgrößten, vom Reaktor lediglich 140 Kilometer entfernten Stadt Gomel, der Nuklearmediziner Juri Bandaschewski. Und während in der Ukraine private Reiseveranstalter inzwischen Kaffeefahrten nach Tschernobyl anbieten, so unverantwortlich das nun wieder sein mag, ist es in Weißrußland selbst für Wissenschaftler schwer, das Sperrgebiet zu besuchen, das verniedlichend «Radioökologisches Schutzgebiet» heißt.

Als wir in Choiniki eintreffen, einer Ansammlung von Plattenbauten an sechsspurigen, kaum befahrenen Straßen, von wo aus das Sperrgebiet verwaltet wird, ist der zuständige Beamte nicht an seinem Platz. Auch auf dem Handy meldet er sich nicht. Die freundliche Dame im Vorzimmer bemüht sich, einen Kollegen zu finden, der die Genehmigung für den Besuch unterschreibt, und bietet uns derweil Tee an. Als sich abzeichnet, daß jeder in der Behörde jemand anderen für verantwortlich hält, platzt mir der Kragen. Ständig beklage sich die Regierung, allein gelassen zu werden mit den Folgen der Reaktorkatastrophe, und jetzt interessiere sich ein Berichterstatter tatsächlich mal für Weißrußland statt für die Ukraine, beantrage ein Visum, was aufwendig genug sei, reise nach Minsk, besorge sich eine Akkreditierung des Außenministeriums, verabrede sich mit einem Beamten, fahre vier Stunden mit dem Auto – und werde unverrichteter Dinge wieder zurückgeschickt?

Natürlich erhoffe ich mir von meinem Wutausbruch, daß die Beamten an mögliche Folgen für ihre eigene Laufbahn denken, falls die Berichterstattung allzu negativ ausfällt, aber am Ende ist es wohl eher Mitleid, warum sich ein Biologe seufzend bereit erklärt, uns immerhin an den Rand des Sperrgebiets zu führen. Obwohl er Tarnkleidung trägt, strahlt er Gemütlichkeit aus, kugelrunder Bauch, Schnurrbart, Halbglatze und im Gesicht eine milde Verwunderung, was wir in dieser Gottverlassenheit zu suchen haben. Er selbst erforsche die Auswirkungen der Radioaktivität auf die Pflanzenwelt, berichtet er uns, während wir durch eine sogenannte «Kann-Zone» fahren, deren Bewohnern lediglich empfohlen wurde, ihre Häuser aufzugeben. Allerdings stelle er keine Auswirkungen fest.

«Sie stellen keine Auswirkungen fest?»

«Also, ich sehe sie nicht, will ich sagen. Natürlich stellen wir fest, daß die Werte erhöht sind. Aber sichtbare Mutationen hat es nur in den ersten Jahren gegeben. Inzwischen ist das ein ganz normales Stück Natur, das sich selbst überlassen ist. Wir haben sogar wilde Pferde jetzt.»

«Und was ist mit den Auswirkungen auf die Menschen?»

«Das gehört nicht zu meinem Forschungsgebiet. Es gibt dort ja keine Menschen.»

«Aber was ist denn mit Ihnen selbst? Ich meine, Sie und Ihre Kollegen halten sich doch vermutlich täglich im Sperrgebiet auf – haben Sie denn keine Angst?»

«Wir haben immer ein Meßgerät dabei. Außerdem werden wir regelmäßig untersucht.»

«Und was, wenn die Untersuchung negativ ausfällt?»

«Dann muß man einen Fehler gemacht haben.»

«Einen Fehler?»

«Ja, man muß unachtsam gewesen sein. Man war zum Beispiel zu lang im Wald. Oder man hat heimlich von den Beeren oder Pilzen gegessen. Man kann schon mal naschen, aber wenn man zu viele Beeren ißt, fällt das eben auf, dann gehen die Werte nach oben.»

«Und was passiert, wenn bei einem Mitarbeiter die Höchstwerte überschritten sind?»

«Dann wird er suspendiert oder sogar entlassen, je nachdem. Da sind wir sehr streng.»

«Er wird entlassen, weil bei ihm eine zu hohe Radioaktivität gemessen wird?»

«Ja, er muß schließlich einen Fehler gemacht haben.»

Es sind keine Dörfer, durch die wir fahren, es sind einzelne Häuser aus Holz, die in unterschiedlichem Abstand zum jeweils nächsten stehen, manchmal Zaun an Zaun, die meisten jedoch dreißig, fünfzig oder hundert Meter voneinander entfernt. Es waren einmal Dörfer. Die verlassenen Häuser wurden abgerissen, der Boden mehrere Meter tief abgetragen. Hierhin ziehe ohnehin niemand, erklärt uns ein Mann, den wir auf der Straße ansprechen, Förster von Beruf. Von hier ziehe man nur weg, und wenn man nicht wegziehe, werde das Haus abgerissen, sobald man stirbt.

«Von uns bleibt keine Spur.»

Fünfhundert Häuser hätten hier dicht beieinander gestanden, es sei fast schon ein kleines Städtchen gewesen mit einer eigenen Schule, mit Geschäften, einer Verwaltung und einem Gemeindesaal. Sogar einen Chor hätten sie gehabt, der in der ganzen Gegend berühmt gewesen sei. Jetzt seien nur noch dreißig Menschen übrig, und da vorne, das schöne Haus mit den verzierten Fenstergiebeln, das werde als nächstes dem Erdboden gleichgemacht; der alte Baumeister, der vor ein paar Wochen begraben worden sei, habe viele der Häuser in den umliegenden Dörfern gebaut. In den letzten dreißig Jahren habe er dann zugesehen, wie eines nach dem anderen verschwand. Strom gebe es noch, fließend Wasser nicht mehr, das holten sie sich aus dem Brunnen. Die Lebensmittel bringe zweimal die Woche ein fahrender Händler, der Bus halte schon lange nicht mehr.

Warum er geblieben sei, frage ich. Man habe ihm eine Wohnung in Choiniki angeboten, erklärt der Förster, aber das sei auch nur fünfzehn Kilometer entfernt, er sehe da keinen Unterschied, und überhaupt werde man überall auf der Welt krank. Haben sich denn die Erkrankungen nicht gehäuft? Von den Liquidatoren – Hunderttausende Freiwillige oder nicht so Freiwillige, die 1986 den Brand gelöscht und den Betonmantel um den Reaktor gebaut haben – seien viele gestorben, ja. Aber sie selbst – nein, alles im Normbereich, das werde jährlich überprüft. Mal seien die Werte höher, mal niedriger, das hänge wohl mit der Ernährung zusammen. Und die Kinder? Nein, bei den Kindern sei ihm auch nichts aufgefallen, freilich gebe es nur noch zwei. Dadurch hätten sie überhaupt erst von dem Unfall erfahren – daß eilig Kinder und Schwangere weggebracht worden seien. Er habe das damals vom Traktor aus beobachtet und sofort Schlimmes geahnt. Das Fernsehen habe erst Tage später von dem Unfall berichtet; selbst der 1. Mai sei noch wie jedes Jahr mit einer Parade gefeiert worden, nur ohne Kinder und Schwangere eben.

Eine ältere Frau stellt sich zu uns, grünes Kopftuch, Goldzähne, und erklärt, daß viele Nachbarn bereuten, fortgezogen zu sein, weil sie sich in der Stadt nicht zurechtfänden, besonders die Alten nicht. Manchmal kehrten sie zurück und küßten den Boden, auf dem ihr Haus gestanden hat. Viele hätten angefangen zu trinken, das finde sie schlimmer als die Radioaktivität. Ja, die Pilze und Beeren seien dieselben, auch die Kartoffeln schmeckten wie früher, was dächten wir denn? Daß ihnen Hörner gewachsen seien? Gut, die dunklen Beeren strahlten noch mehr als die roten, von denen lasse selbst sie die Finger.

Weil ich aus Deutschland bin, kommt die Frau auf den Krieg zu sprechen, der das Leben schon einmal in ein Davor und Danach geteilt hat. Viele aus dem Dorf seien zur Zwangsarbeit verschleppt worden, andere hätten mit den Deutschen kollaboriert, erzählt sie und zeigt auf die Stellen, an denen die Häuser der einen und der anderen gestanden haben, das Haus der Tante, die in Deutschland schuften mußte, und zwei Grundstücke weiter das Haus des Schutzpolizisten, der mit den Deutschen floh. Einmal habe ihre Mutter einen jungen Soldaten im Keller angetroffen, der bitterlich weinte. Das, was hier passiert ist, das wird mit uns passieren, habe der Soldat gesagt. Als der Befehl eintraf, auch ihr Dorf anzuzünden, hätten die Deutschen untereinander diskutiert. Das bringe doch nichts mehr, hätten einige gesagt. Am Ende hätten die Deutschen die Häuser stehenlassen, als sie abzogen, deshalb gebe es das Dorf überhaupt noch. Ans Nachbardorf erinnere nur noch ein Gedenkstein.

Ob wir den Gedenkstein sehen können, frage ich. Der Biologe zögert, weil man dafür durch den Wald gehen muß, aber der Förster sagt, es gebe einen Trampelpfad. «Ewige Erinnerung an die Opfer des Faschismus» ist in den Stein geschrieben, darunter die Namen. Die Kränze wurden vermutlich schon vor Tschernobyl auf den Sockel gelegt, so rissig sind die Plastikfäden und so vergilbt die Farben. Wie auf allen Gedenksteinen dauerte der «Große Vaterländische Krieg» von 1941 bis 1945, obwohl er für Weißrußland bereits mit dem Hitler-Stalin-Pakt 1939 begann.

Wir fahren weiter und kommen an Kuhweiden und Äckern vorbei, die offenbar frisch bestellt sind. Auch hier sei die kontaminierte Erde abgetragen worden, beruhigt uns der Biologe, und im übrigen würde jedes Gemüse und Milchprodukt auf Caesium, Strontium und andere Nuklide gemessen, bevor es in den Handel gelangt. In der nächsten Zone darf noch nichts angepflanzt, auch nicht gejagt und kein Baum gefällt werden. Knapp fünfzig Kilometer von Tschernobyl entfernt erreichen wir den Checkpoint, an dem das eigentliche Sperrgebiet beginnt, auch eine Art Todeszone, geht mir durch den Kopf. Bewacht wird die Zufahrt von zwei Wärtern in Tarnuniform, von denen einer auf einem Holzturm achtgibt, daß der Wald nirgends brennt. Ansonsten beschränkt sich ihre Arbeit darauf, für ein bis drei Autos am Tag die Schranke zu öffnen: das Auto der Biologen, das Auto des Försters, das Auto der beiden, die noch im radioökologischen Schutzgebiet wohnen.

«Da wohnen noch zwei?» frage ich verdutzt.

«Ja», sagt der Wärter und erklärt, daß die Radioaktivität nicht überall gleichmäßig verteilt sei. An den Häusern der beiden sei der Wert niedriger gewesen, da hätten die Behörden ihrem Drängen nachgegeben und sie wohnen gelassen: «Ich frage mich auch, was die dort eigentlich machen. Sie reden nicht besonders viel.»

«Jeder wählt sein Leben selbst», meint der Biologe, «und die beiden kommen halt ohne Diskothek aus.»

«Sind es Brüder?» frage ich, weil ich mir irgendeine Art der Verbundenheit vorstellen muß, damit man es in der Einsamkeit, der Stille und der Gefahr aushält.

«Nein, einfach zwei Männer.»

«Und die leben zusammen?»

«Nein, nein, in zwei Häusern», sagt der Wärter.

«So verdorben ist unser Volk noch nicht», merkt der Biologe an und lacht.

Wir fahren bereits nach Choiniki zurück, da fällt mir ein, daß ich immer noch die Trekkingschuhe trage. Muß ich sie jetzt wegschmeißen? Der Biologe hat beteuert, daß man selbst im Sperrgebiet bedenkenlos arbeiten und sogar von den Beeren naschen könne. Auch die Dorfbewohner machten nicht den Eindruck, als sorgten sie sich um jeden Schritt. Und jeden Sommer, so erzählten sie uns, kämen von weither die Leute und sammelten Pilze im Wald. Da sind die paar Meter, die ich auf dem Trampelpfad gelaufen bin, doch nichts gewesen im Vergleich.

«Was meinen Sie?» frage ich den Biologen beim Abschied: «Kann ich die Schuhe behalten? Sie waren ganz schön teuer, um ehrlich zu sein.»

«Schmeißen Sie sie weg», empfiehlt der Biologe, der ansonsten findet, daß alles im Normbereich sei.

Auf dem Rückweg biegen wir an einem der Schilder ab, die auf eine Gedenkstätte verweisen: Das Lager von Osaritschi existierte nur eine Woche und bestand aus nichts als einem sumpfigen Wald, der mit einem Stacheldrahtzaun, Wachtürmen und Minen abgesperrt war. Auf dem kleinen Parkplatz steht ein Auto mit weit geöffneten Türen und laut aufgedrehtem Techno – wahrscheinlich meinte der Biologe so etwas mit Diskothek. Als wir daneben parken, schleicht ein Liebespaar aus dem Gebüsch, schaltet die Musik aus und fährt mit schüchternen Mienen davon. Ein paar Meter hinter dem Denkmal, an das bunte Plastikkränze gelehnt sind, ist noch der Zaun zu sehen und hinterm Zaun der Sumpf, in dem die Wehrmacht bei ihrem Rückzug siebzigtausend Menschen zusammenpferchte, die nicht für den Arbeitsdienst taugten, also vor allem Alte, Kranke und Kinder – ohne Unterschlupf, ohne sanitäre Anlagen, ohne Essen und nur mit Schnee als Trinkwasser. «Der Entschluß, sich von dieser auch ernährungsmäßig erheblichen Bürde nunmehr auf diese Weise zu befreien, ist nach genauer Erwägung und Prüfung aller sich daraus ergebenden Folgerungen gefaßt worden», heißt es im Tagebuch des kommandierenden Generals. Als die Rote Armee das Lager fand, war mehr als die Hälfte der Gefangenen erfroren, verhungert oder an einem Infekt gestorben, wenn nicht beim Ausbruchsversuch am Stacheldraht verblutet oder von einer Mine zerfetzt. Ich versuche mir vorzustellen, was sich zwischen dem 12. und 17. März 1944 hinter dem Zaun ereignete, aber sehe nur den Sumpf.

Vierzehnter Tag

Die Bäume sind bereits gefällt. Wir befinden uns an den Ausläufern von Minsk: sozialistische Wohnblocks, die Autobahn, dahinter ein Acker, so groß, daß er keinem einzelnen Bauer gehören kann, und hinterm Acker ein Einkaufszentrum mit Leuchtreklamen unter anderem von Adidas, Nike und Kentucky Fried Chicken. Hätten junge Leute sich nicht an die Bagger gekettet und die Arbeiter sich nicht überraschend mit ihnen solidarisiert, wäre diesseits der Autobahn eine weitere Shoppingmall gebaut worden. Die Autobahn selbst läuft schließlich auch schon mitten durch das Gelände des stalinistischen Vernichtungslagers Kurapaty. Wie viele Menschen genau erschossen worden sind, darüber gehen die Angaben beinah so weit auseinander wie bei Tschernobyl: Siebentausend heißt es offiziell; um die zweihundertfünfzigtausend hat der Archäologe Sjanon Pasnjak berechnet, der die Massengräber 1988 entdeckte. Die Inschrift auf dem kleinen Gedenkstein nennt weder Täter noch Opfer, sondern erinnert nur allgemein daran, daß Kurapaty ein Ort der Vernichtung im Zuge der politischen Repression zwischen 1938 und 1941 gewesen sei. Vandalismus werde bestraft.

Mit der Entdeckung der Massengräber wurde Sjanon Pasnjak zum wichtigsten Führer der Nationalbewegung. Akudowitsch, der seinerzeit an den Gedenkmärschen nach Kurapaty teilnahm, schreibt, daß Pasnjak die politische Lage so geschickt beeinflußte, daß jeder, der nach dem Zusammenbruch der Sowjetunion unzufrieden war, unter den Bannern Weißrußlands marschiert sei. «So geschah das Paradox: Über der hunderttausendköpfigen Menge der Arbeiter, die sich mehrere Tage lang auf dem Platz der Unabhängigkeit in Minsk versammelte, um gegen die Auflösung der Sowjetunion, gegen die Demokratie und gegen Preiserhöhungen zu demonstrieren, wehten weiß-rot-weiße Fahnen.» Doch Pasnjaks Weißrussische Volksfront weckte Erwartungen, die sie nicht erfüllen konnte. Die Mehrheit der Weißrussen hatte nicht die Demokratie gewonnen, sondern ihre soziale Sicherheit verloren. Da waren die Wohltaten verlockender, mit denen Lukaschenka warb, jene «Fleischwurst-Ideologie», der es mehr um Löhne, Renten und alte Gewohnheiten als um Befreiung, Gewaltenteilung und nationale Größe geht. «Wenn man den Maulwurf am Fell packt und ihn gen Himmel schleudert, so wird er dies zu Recht als Gewalt empfinden und nicht als Befreiung, die ihm die Möglichkeit gibt, ein wenig zu fliegen.»

Durch eine Unterführung gehen wir auf die andere Seite der Autobahn in einen Kiefernwald, in dem Holzkreuze aufgestellt worden sind, die größeren von Aktivisten, zwei, drei Meter hoch, kleinere Kreuze von Familien für ihre Angehörigen, von Lesern für die berühmten Dichter, dazu Gedenksteine der verschiedenen Opfergemeinden. Die Inschrift der jüdischen Gemeinde ist besonders schön: «Unseren jüdischen Glaubensbrüdern, aber auch unseren christlichen und muslimischen Brüdern in der Buchreligion, die dem stalinistischen Terror zum Opfer gefallen sind, von den weißrussischen Juden». Obschon die Erde Anfang der neunziger Jahre mehrere Meter tief abgetragen worden ist, damit niemand die Skelette zählen kann, mag man sich kaum bewegen. Oder ist jeder Schritt unheimlich, eben weil man nicht weiß, wo genau die Gruben waren, in die die Menschen mit ihrer Hinrichtung fielen, und wer wann an welchem Ort? Zwanzig bis dreißig Leichen fanden in jeder Grube Platz, habe ich gelesen, dann wurden sie zugeschüttet, und so fange ich zu rechnen an, wie groß die Gruben gewesen sein müssen, wie viele es waren und bis wohin sich das Gelände erstreckte, ob tausend, zweitausend oder zehntausend Gruben weit.

Daß der Staat auf die Forderungen der Demonstranten eingegangen ist und nun selbst eine Gedenkstätte für die Opfer des Stalinismus errichten will, könnte auf eine Öffnung hindeuten. Oder eher nicht: Kurz darauf wurden politische Proteste im ganzen Land brutal niedergeschlagen und zahlreiche Oppositionelle verhaftet. Auslöser für diese Demonstrationen war das sogenannte «Schmarotzergesetz», das in guter sowjetischer Kontinuität die Wirklichkeit umdeutet, bis sie zur Vorstellung paßt: Statt den Anstieg der Arbeitslosigkeit einzuräumen, wird sie unter Strafe gestellt.

Vermutlich konnte nur ein Land wie Weißrußland, in dem sich die Traumata aneinanderreihen wie die Friedhöfe entlang der Autobahn und zugleich die Erinnerung so strikt reglementiert ist, eine Schriftstellerin wie Swetlana Alexijewitsch hervorbringen. Denn ihr Werk, darin auch formal einzigartig, besteht aus nichts als individuellen, tabuisierten, manchmal unscheinbaren, oft schockierenden, sich widersprechenden Erinnerungen. Sie ist eine stille, geradezu unauffällige Frau, deren Mut und Beharrlichkeit sich allein in der Wucht ihrer Bücher ausdrücken. Als ich sie in ihrem Lieblingscafé treffe, einem italienisch inspirierten Lokal im Souterrain eines Plattenbaus im Zentrum von Minsk, erkundigt sie sich zunächst nach meinen Eindrücken.

«Es ist unglaublich, wie präsent die Vergangenheit ist, in jedem Dorf, an jeder Straße und in jeder Familie – mit wem man spricht, jeder hat seine Geschichte, die zugleich eine allgemeine Geschichte ist. Entsteht dadurch nicht auch eine Art kollektives Gedächtnis, egal, was der Staat vorgibt?»

«Nein», sagt Alexijewitsch entschlossen, «damit das Gedächtnis kollektiv wird, müssen die Erinnerungen aufgeschrieben werden.»

Man brauche in Minsk nur auf die Straßennamen zu achten, um zu erfahren, welche Verbrecher, Mörder, Sadisten noch immer geehrt würden. Jeder könne wissen, daß es Verbrecher, Mörder, Sadisten waren, die Informationen seien nicht geheim. Nur seien sie auf Bücher im Selbstverlag beschränkt, auf das Internet oder die Erzählungen der Großeltern – es gebe die Informationen, nur Folgen hätten sie nicht.

«Und wenn doch jemand etwas anspricht, was nicht vorkommen darf, heißt es reflexhaft: Aber wir haben gesiegt. Wenn man nur über den Sieg sprechen darf, dann haben die Opfer keinen Platz.»

Ich frage Swetlana Alexijewitsch, warum sie es abgelehnt hat, den Vorsitz der Jury für die Gedenkstätte in Kurapaty zu übernehmen. Weil keiner der Aktivisten in das Verfahren eingebunden sei, antwortet sie. Außerdem sei die Ausschreibungsfrist mit einem Monat viel zu kurz, um seriöse Pläne einzureichen. Vor allem aber: «Ich habe mit dieser Regierung nichts gemein – was soll ich da?» Als sie den Nobelpreis erhielt, habe der Präsident höchstselbst sie der Verleumdung ihres Landes bezichtigt; zwei Jahre später müsse sie sich nun der Vereinnahmung entziehen.

Und wie schätzt sie heute, dreißig Jahre nach dem Größten Anzunehmenden Unfall, zwanzig Jahre nach ihrem Buch, den Umgang mit Tschernobyl ein?

«Es gibt keinen Umgang», antwortet Alexijewitsch und erinnert daran, daß der Staat anfangs Geigerzähler verteilt und überall im Land Meßstellen eingerichtet habe, an denen man seine Lebensmittel untersuchen konnte: «Da sah jeder selbst, wenn es auf dem Gerät blinkte. Und welche Konsequenz hat der Staat gezogen? Er hat einfach die Produktion der Geigerzähler eingestellt und die Meßstellen geschlossen.»

Ich frage, ob die Verdrängung von Tschernobyl aus dem öffentlichen Bewußtsein mit der Verdrängung der stalinistischen Verbrechen oder des Holocaust vergleichbar sei.

«Ja, eindeutig. Dem Staat geht es jedes Mal darum, das Monopol über die Vergangenheit zu wahren. Wenn er merkt, daß ihm die Vergangenheit entwischt und die Menschen sich ihre eigene Erinnerung nicht nehmen lassen, dann geht er auf sie ein. Dann will er plötzlich selbst ein Denkmal in Kurapaty errichten. So wie er das Denkmal im ehemaligen Ghetto errichtet hat, als die Anfragen aus dem Ausland immer dringlicher geworden waren. Aber das ist rein taktisch, damit der Druck beherrschbar bleibt.»

«Was passiert mit einer Gesellschaft, wenn sie nicht ihre Traumata zur Sprache bringen kann?»

«Sie wird krank», antwortet Alexijewitsch und verweist auf den grassierenden Alkoholismus, die hohe Selbstmordrate, vor allem aber auf die Bereitschaft, mit Lügen zu leben, die jeder durchschaue, die politische Passivität. Selbst in Kurapaty, wo es um ein Ereignis gehe, an das sich höchstens noch die Großeltern erinnern, seien es fast nur junge Leute gewesen, die gegen die Fällung der Bäume demonstrierten. Und wenn die Älteren doch einmal auf die Straße gingen wie bei den jüngsten Protesten gegen das sogenannte «Schmarotzergesetz», dann weil sie persönlich betroffen seien, nicht aus einem Interesse für das Allgemeinwohl. In ihren Interviews habe sie die Erfahrung gemacht, daß es lange dauert, bis die Menschen anfangen zu sprechen, oft müsse sie ewig und drei Tage bohren. Und wenn die Menschen ihr Herz geöffnet hätten, bereuten sie es oft schon am nächsten Tag wieder und nähmen ihre Aussagen zurück. Ihr Buch über Tschernobyl habe nur in den Jahren nach dem Zusammenbruch der Sowjetunion entstehen können, als sich die alte Ordnung noch nicht restauriert hatte. Außerdem seien damals die Folgen der Radioaktivität offenkundig gewesen, da habe der Staat gar keine Möglichkeit gehabt, Tschernobyl aus dem öffentlichen Bewußtsein zu verdrängen. Jeder hätte in seinem Bekanntenkreis jemanden gekannt, der krank wurde, starb oder sein Haus aufgeben mußte. Aber niemand könne dreißig Jahre mit der Angst leben, und so glaubten die Menschen gern, daß die Folgen von Tschernobyl bewältigt seien, und wunderten sich nicht, daß Jahr für Jahr neue Gebiete für die Landwirtschaft freigegeben werden. Ja, sie seien auch noch dankbar, wenn der Präsident den Rückkehrern Traktoren schenkt. Und jetzt werde in Ostrowez nahe der litauischen Grenze ein neuer Atommeiler gebaut, ohne daß sich vor Ort Widerstand bilde – in einem Gebiet, das bereits kontaminiert sei, wo man also am eigenen Leib erfahren habe, welche Auswirkungen die Radioaktivität hat und wie fahrlässig der Staat agiert.

«Aber haben denn Ihre Bücher nicht eine gewaltige Wirkung?» frage ich: «Immerhin haben Sie den Schmerzen, den Fragen, den Ängsten eine Stimme gegeben, die in der ganzen Welt gehört wird – das bleibt doch!»

«Als Schriftstellerin darf man sich nicht viele Hoffnungen machen», antwortet Alexijewitsch: «Unsere Erfolge sind bescheiden. Manchmal, wenn ich im Internet lese, was junge Menschen schreiben, wenn ich ihre Kühnheit bewundere, dann denke ich: Ja, vielleicht haben meine Bücher auch dazu beigetragen. Das ist alles.»

«Die Erfolge der Literatur mögen bescheiden sein», sage ich: «Aber dafür halten sie lange an.»

«Wie meinen Sie das?»

«Ihre Bücher wird man noch in hundert Jahren lesen. Wer in der Welt wird sich dann noch an Ihren heutigen Präsidenten erinnern?»

Da senkt Swetlana Alexijewitsch den Blick und lächelt versonnen, so daß ich mir nicht sicher bin, ob sie sich über das Kompliment freut oder mich einfach nur nicht ernst nehmen kann.

«Das ist fast so wie mit der Radioaktivität», füge ich dennoch an.

Der Photograph Dmitrij Leltschuk, der mich auf dieser Wegstrecke begleitet, kennt jemanden, der sofort bereit wäre, über die Vergangenheit zu sprechen: die Großmutter seines Schwagers, Oma Frida. Als Jüdin geriet sie in deutsche Gefangenschaft und wurde nach ihrer Befreiung als deutsche Spionin verurteilt. Sie könne nicht mehr gut hören, meint Dmitrij, eigentlich so gut wie gar nicht, entsprechend einseitig verlaufe ein Gespräch mit ihr. Um so mehr freue sie sich über jeden, der ihr dennoch Gehör schenkt. Während wir zu Oma Frida fahren, wird im Autoradio die Ansprache des Präsidenten übertragen, der sich über die «Schmarotzer» aufregt. Plötzlich lachen Vera und Dmitrij laut auf.

«Hat er einen Witz gemacht?»

«Nein, er hat wieder ein Wort konstruiert», erklärt Vera.

Vera und Dmitrij finden den starken Akzent komisch genug, mit dem der Präsident russisch spricht. Je mehr er sich mühe, wie ein Moskauer zu klingen, desto mehr höre man ihm die Mühe an. Aber zum Schießen sei es, wenn er im Eifer nicht auf das richtige Wort komme, dann erfinde er es einfach selbst.

«Der Präsident erfindet Wörter?»

«Erfinden ist vielleicht zu viel gesagt», meint Vera und erklärt, daß der Präsident gerade ein Nomen aus dem Verb «drücken», *zhim,* abgeleitet habe, im Sinne von ‹Druck›, den der Präsident auf die Exekutive ausüben will. Aber das Nomen gebe es gar nicht. Abgesehen davon meine *zhim* im Russischen eine sportliche Leistung, etwa wenn ein Gewichtheber die Hantel in die Höhe «stößt». Es komme auch häufig vor, daß der Präsident ein Verb mit einem Präfix beginnt, das nicht dort hingehört. Man verstehe schon, was er sagen will, aber es höre sich lustig an. Und dann duze er immer alle Leute und benutze Kraftausdrücke, richtige Vulgärwörter. «Er kommt eben aus der Kolchose.»

«Aus der Kolchose?»

«Also vom Dorf.»

«Auf dem Dorf stört man sich wahrscheinlich nicht an seinem Russisch.»

«Nein, da klingt seine Sprache sehr vertraut.»

Oma Frida fängt an zu erzählen, kaum daß ich auf dem Sofa sitze. Ihr Sohn, der inzwischen auch schon Rentner ist, verabschiedet sich derweil ins Nebenzimmer und stellt den Fernseher laut genug, um Oma Frida zu übertönen. Sie war einundzwanzig Jahre alt und arbeitete als Sekretärin im Stab der 13. Front in Kursk, als die Stellung im Oktober oder November 1941 aufgegeben werden mußte, nur leider gab es keinen Transport. Jeder mußte auf eigene Faust fliehen. Oma Frida geriet in Gefangenschaft und wurde zusammen mit Hunderten, Tausenden anderen zurück nach Kursk getrieben, das inzwischen von den Deutschen besetzt war. Zum Glück war sie gerade noch rechtzeitig ihre Uniform losgeworden, Bauern hatten sie mit Kleidung versorgt. Praktiziert hat sie das Judentum nicht, schon ihre Eltern nicht, sondern war überzeugte Kommunistin, in der Jugend bereits im Komsomol aktiv. Dennoch wußten alle Frauen vor und hinter ihr, daß sie sofort erschossen würde, wenn ihre Abstammung auffiel. Mit Verwundeten und Verletzten machten die Deutschen ebenfalls kurzen Prozeß.

«Woran hätte man erkennen können, daß Sie Jüdin sind?» möchte ich wissen, worauf Vera ihr die Frage ins Ohr brüllt.

«An den schwarzen Augen und Haaren, an der dunkleren Haut, am Gesicht, das sah man einfach. Entweder Jüdin oder Zigeunerin, eins von beiden.»

Oma Frida zeigt, wie sie das Kopftuch bis unter die Augenbrauen zog und sich die Hand beim Gehen vor den Mund hielt. Wenn sie lagerten, nahmen die anderen Frauen sie in die Mitte, damit sie keinem der Bewacher auffiel. Das tat auch wegen der Kälte gut. Angst hatte sie allerdings, daß irgendwer unter den Gefangenen sie verriet, um sich den Deutschen anzudienen. Zurück in Kursk, kam sie mit fünfzehn Frauen in eine Zelle, in der nicht mal zum Liegen Platz war. Als einzige nutzte Frida niemals den Freilauf im Hof; auch das Essen brachten die anderen ihr mit. Ab und zu trat ein junger Soldat vor die Zelle und zählte die Gefangenen ab. Zum Glück schaute er nie so genau hin. Zwei deutsche Wörter hat sie von ihm gelernt: «russisches Schwein». Eine der Gefangenen, eine Krankenschwester, konnte die Flugzeuge unterscheiden, die über dem Gefängnis hinwegflogen. Erst waren es deutsche, nach ein paar Tagen russische; da gerieten die Deutschen in Panik. Die Gefangenen mußten sich im Hof aufstellen, um auf ihre Verwendung hin geprüft zu werden. Einheimische Schutzpolizisten halfen mit, kommunistische Funktionäre und Juden zu identifizieren. Wen sie herauspickten, der wurde an Ort und Stelle erschossen, keine zwanzig Meter von Frida entfernt. Aber an ihr selbst gingen der Schupo und hinter ihm der Offizier ohne Kommentar vorüber.

«Sie haben doch eben gesagt, daß Sie als Jüdin zu erkennen waren», wende ich ein.

«Vielleicht wollte der Schupo mich nicht erkennen. Oder er hielt mich tatsächlich für eine vom Dorf. Die Juden waren ja alle aus der Stadt, und ich sah aus wie eine alte Bäuerin mit meiner Kleidung. Die Deutschen haben über mich gelacht.»

«Sind Sie nicht vor Angst gestorben, als die beiden an ihnen vorüberschritten?»

«Ja, das Herz hat natürlich geklopft», antwortet Frida und macht das Geräusch nach: «poch poch».

Am selben Tag noch wurden die Frauen in eine Halle gebracht. Dort stellte sich ein Offizier vor ihnen auf, ein gutaussehender Mann, wie Oma Frida noch mit 97 Jahren betont. Ihr Herz pochte wieder, aber der Offizier schickte die Schupos raus. Er sei Österreicher, sagte er in gebrochenem Russisch, Österreicher und Antifaschist. Österreich sei selbst ans Reich angeschlossen worden, deshalb lasse er wenigstens die Frauen jetzt frei. Sie sollten sofort zum Tor gehen, das stehe offen, und die Beine unter die Arme nehmen. Dann nannte er die Dörfer, die unter sowjetischer Herrschaft standen, und zeigte mit dem Finger die Richtung. Dort sollten sich die Frauen trennen, um nicht als Gruppe zu marschieren.

«Haben Sie dem Offizier sofort vertraut?» frage ich: «Ich meine, das war doch eine unglaubliche Geschichte, oder nicht?»

«Wir wußten auch nicht, ob wir ihm glauben sollen, aber was hätten wir denn sonst tun sollen? Zurückgehen in unsere Zellen?»

Das Tor war tatsächlich offen, es gab keine Wachen, und so rannten die Frauen in die Richtung, die der Offizier ihnen gewiesen hatte, kamen bald in ein Dorf und fragten, wie es hieß. Es war eines von denen, die er genannt hatte, und nicht von Deutschen besetzt.

«Ein Österreicher hat mir das Leben gerettet», wundert sich Oma Frida noch ein dreiviertel Jahrhundert danach. «Er war auch wirklich ein schöner Mann.»

Allein marschierte sie durch den feuchten Wald, hungrig, frierend und immer in der Angst, wieder den Deutschen in die Hände zu fallen. Sie kam in eine kleine Stadt, wo niemand auf der Straße war. Endlich entdeckte sie eine Frau, die einen Eimer trug, und sprach sie pochenden Herzens an. Sie erfuhr, daß die Stadt Ligov hieß und nicht besetzt war. In der Kommandantur stellte sie sich dem diensthabenden Offizier vor, um entweder in den Dienst oder zu den Eltern zurückzukehren. Der Offizier sagte, daß er nicht zuständig sei, und brachte ihr einen Tee, bis der Zuständige kam und dann noch einer. Bis zum Abend saß sie in dem Büro und mußte ihre Geschichte ein ums andere Mal erzählen. Aus den Befragungen wurden Verhöre, Agenten des NKWD trafen ein. Für die Nacht breitete sie auf dem Boden der Dienststube ihren Mantel aus, bevor die Verhöre am Morgen weitergingen. Schließlich wurde sie in ein Gefängnis verbracht und Anfang 1942 als Spionin zu zehn Jahren Sibirien verurteilt.

«Aber warum denn als Spionin?» frage ich.

«Anders konnte sich der NKWD nicht erklären, daß ich als Jüdin von den Deutschen am Leben gelassen worden war.»

«Die Biologen im Sperrgebiet machen sich schließlich auch selbst verdächtig, wenn sie kontaminiert sind», wirft Dmitrij spöttisch ein.

Im Arbeitslager fiel ihr ein Zahn nach dem anderen aus, Skorbut, so daß sie bald nur noch Suppe essen konnte; viel anderes gab es ohnehin nicht. Erst im zweiten Jahr durfte sie ihre Eltern benachrichtigen, die geglaubt hatten, daß sie im Krieg gefallen oder nach Deutschland verschleppt worden sei.

Gegen wen hegt sie den größeren Groll, gegen die Deutschen oder die Sowjets?

«Gegen die Deutschen», sagt Oma Frida: «Die Deutschen haben den Krieg angefangen.»

«Aber die Sowjets haben Sie in den Gulag gesteckt.»

«Die Deutschen haben mich zuerst zur Jüdin gemacht. Und wenn ich keine Jüdin gewesen wäre, dann hätten die Sowjets mich nicht deportiert.»

Nachdem sie freikam, der Krieg war längst vorbei, zwölf ihrer Angehörigen hatten nicht überlebt, setzten sie und ihre Eltern alles daran, daß sie rehabilitiert würde. Allerdings gab es keine Papiere, und weder wußte sie, was aus den Mitgefangenen geworden war, noch den Namen des Offiziers, nur wie er aussah und daß er aus Österreich kam. Ohnehin schloß Paragraph 124 in Fällen von Hochverrat die Rehabilitation aus. Egal, welche Beweise und Zeugen der Verurteilte für seine Unschuld vorbrachte, einem Verräter konnte man nicht glauben. Je überzeugender er auftrat, desto mehr mußte man ihm mißtrauen.

Frida gab nicht auf, nicht als Chruschtschow starb, nicht als Breschnew starb, nicht als ihre Eltern starben und nicht als die Sowjetunion zu Ende ging. 1992 wurde sie endlich rehabilitiert. So viel Mühe ihr das Aufstehen macht, läßt sie sich von Dmitrij zum Wohnzimmerschrank führen, in dem ein Stapel mit Briefen, Dokumenten und obendrauf die Urkunde liegt, daß sie unschuldig verurteilt worden ist. Einige Jahre erhielt sie eine monatliche Entschädigung aus einem deutschen Fonds, von der sie sich eine Pflegerin leisten konnte, die einmal am Tag kam, kochte und sie wusch. Doch die Zahlung wurde eingestellt mit dem Argument, daß sie nicht als Jüdin verfolgt, sondern von den Sowjets als deutsche Spionin verurteilt worden sei. Dafür sei Deutschland nicht zuständig. Während sie den Bescheid sucht, der aus Frankfurt gekommen ist, wird sie zornig, ihre ohnehin laute Stimme überschlägt sich fast, und mit der Hand schlägt sie auf den Stapel, ein ums andere Mal.

«Deutschland ist schuld! Deutschland ist schuld! Wenn ich nicht als Jüdin in Gefangenschaft geraten wäre, hätte ich nicht mein ganzes Leben kämpfen müssen. Ohne meine Akte hätte ich eine bessere Arbeit gefunden. Ich hätte mir eine Rente verdient, von der ich leben kann. Deutschland hat mich zur Jüdin gemacht.»

«Und Deutschland heute?» frage ich.

«Das ist etwas anderes», versichert Oma Frida und beruhigt sich. «Ich meine den Hitlerismus. Heute ist das eine andere Generation, eine andere Regierung. Ich bin jetzt siebenundneunzig. Wer erinnert sich überhaupt noch?»

Oma Frida zeigt mir ihr Photoalbum, Familienbilder, ihre Hochzeit, die Hochzeit des Sohns, die Enkel, Schnappschüsse. Unter ihren Arbeitskollegen fällt sie auf, das stimmt. Wie Kafka, denke ich, der größte deutsche Schriftsteller des zwanzigsten Jahrhunderts, der selbst vermerkte, daß er dunkel wie ein Indianer sei. Ihr längst gestorbener Ehemann war ebenfalls Jude – was denn sonst? –, obwohl niemand den Sabbat feierte oder in die Synagoge ging – in welche Synagoge denn auch? Diskriminiert worden sei sie als Jüdin nicht, versichert Oma Frida, worauf Dmitrij mit den Augen rollt. Von den Menschen nie, bekräftigt sie, nur in den Behörden manchmal.

«War die Sowjetunion also eine gute Zeit?»

«Vor dem Krieg war es gut.»

«Also wurde es mit Stalin schlecht?»

«Für mich war er Hitlers Freund», sagt sie und erzählt, daß ihre Mutter, eine einfache Bibliothekarin, bei Stalin persönlich vorsprechen wollte, als sie erfuhr, daß ihre Tochter in Sibirien war. Alle wollten sie abhalten, weil man nicht einfach zu Stalin gehen konnte, und wenn, dann kam man nicht mehr zurück. Die Mutter fuhr dennoch nach Moskau. Zum Glück nahm an der Pforte des Kreml niemand sie ernst.

«Und wurde es nach Stalin besser?»

«Ach, was weiß ich. Wir haben viel gearbeitet, und wir haben ein bißchen gelebt, das war's. Chruschtschow, Breschnew, Stalin, für mich waren sie alle gleich.»

«Und Gorbatschow?»

Oma Frida überlegt und meint dann zu meiner Verblüffung, daß sie sich kaum noch an Gorbatschow erinnern könne. Das ist offenbar nicht lang genug her.

«Nichts zu danken», sagt sie, als ich mich bei ihr bedanken möchte: «Ich habe ja so viel Zeit. Wenn Sie nicht gekommen wären, hätte ich geschlafen.»

Zurück im Auto merkt Dmitrij an, daß er als Kind durchaus zu spüren bekam, Jude zu sein, obwohl er so gut wie nichts übers Judentum wußte, eigentlich nur wegen seiner dunkleren Haare. Sein Urgroßvater war ein so glühender Kommunist, daß er nach der Oktoberrevolution von Polen zu Fuß in die Sowjetunion lief und an der Grenze den Boden küßte. Tatsächlich war die Sowjetische Volksrepublik Weißrußland neben der Unabhängigen Ukrainischen Volksrepublik das einzige Land der Welt, in dem das Jiddische jemals eine Amtssprache war. Der Urgroßvater wurde Direktor des jüdischen Theaters in Minsk und 1937 im Lager Kurapaty erschossen – offiziell als polnischer Spion, tatsächlich wohl als Vertreter der jüdischen Intelligenzija. Vergeblich hat Dmitrij sich bemüht, die Akte beim KGB einzusehen.

«Hast Du noch nicht genug von meiner Familie?» fragt er.

«Nein, erzähl weiter», bitte ich und erfahre vom Großvater, der Stellvertreter des stellvertretenden Innenministers der weißrussischen Sowjetrepublik war. 1951 erhielt er die Anweisung, Juden nicht am Umzug nach Birobidschan zu hindern. Im Klartext bedeutete das, Juden zu deportieren. Davon hatte ich bereits gelesen: In dem Jahr glaubte Stalin, eine Verschwörung aufgedeckt zu haben, wonach terroristische jüdische Ärzte prominente Kommunisten umbringen sollten – daher ließ er vorsorglich alle deportieren. Allerdings wurden Stalins Anweisungen in seinen letzten Lebensjahren nicht mehr konsequent befolgt. Vor dem Krieg hatte er viele seiner Sicherheitsleute nach den großen Säuberungen entfernt, um ihnen die Schuld an den Exzessen zu geben. Nach dem Krieg zögerten viele Funktionäre daher, die Exzesse überhaupt zu begehen. Bei Dmitrijs Großvater kam hinzu, daß er selbst jüdischer Abstammung war und bereits sein Schwiegervater unschuldig umgebracht worden war. Er legte die Anweisung scheinbar irrtümlich auf einen Stapel, von dem er wußte, daß sie von dort nicht in Umlauf kam.

«Willst du etwas von meiner Familie hören?» frage ich.

«Hast du etwa weißrussische Vorfahren?»

«Das nicht, aber erinnerst du dich an die Polen, die nach dem Hitler-Stalin-Pakt aus Ostpolen vertrieben wurden? Viele von ihnen sind nach Iran ausgewandert.»

Jetzt erinnert sich Dmitrij an die Polen, die mit Holzbooten über das Kaspische Meer fuhren und weiter über das Elburs-Gebirge zogen, in Bussen, auf Pferdekarren und manchmal zu Fuß, um über Iran nach Palästina oder in den Westen zu gelangen. Meine Mutter hat als Kind einige Jahre mit deren Kindern in Isfahan gespielt, weil die Großeltern freitags die polnischen Familien einluden. Nicht wenige blieben in Isfahan, ein junges

Mädchen hat auch in unsere Familie eingeheiratet und müßte jetzt fast so alt sein wie Oma Frida. Vielleicht kann ich sie ausfindig machen, wenn ich in Isfahan angelangt bin.

Am Abend sind wir beim Georgier verabredet, der im Osten das war, was der Italiener im Westen ist: der Südländer von nebenan. Nicht hip, sondern rustikale Gemütlichkeit, dafür schmeckt das Essen sensationell. Der Philosoph Aleksej Dsermant erforscht an der Akademie der Wissenschaften die Ideengeschichte des zwanzigsten Jahrhunderts und erklärt im weißrussischen und russischen Fernsehen regelmäßig die politische Gegenwart. Mit seinem Pferdeschwanz und dem Spitzbart erinnert er mich an einen Hippie, während Dmitrij Antisemitismus assoziiert.

«Warum das denn?» frage ich auf deutsch.

«Weil er wie ein Pope aussieht.»

Als der Philosoph eine giftgrüne Limonade bestellt, ist Dmitrij allerdings dabei: mit dem Geschmack wuchsen beide auf.

«Besser als Cola», gebe ich zu, nachdem ich genippt habe, da nicken beide zufrieden.

«Ist Weißrußland das letzte sowjetische Land?»

«In gewisser Weise schon», meint Dsermant und weist darauf hin, daß das heutige Rußland mit der wirtschaftlichen Liberalisierung der Jelzin-Jahre geboren worden sei. In Weißrußland habe es ebenfalls einen Bruch gegeben, aber längst nicht so radikal; der Gemeinsinn, die soziale Sicherheit zählten hier noch mehr.

«Und was ist mit den Verbrechen?» frage ich und verweise auf den stalinistischen Terror, unter dem Weißrußland besonders litt.

«Natürlich gab es Verbrechen, niemand bestreitet das.»

«Aber es gibt keinen Ort, um der Opfer zu gedenken, es gibt keine öffentliche Aufarbeitung, die dunklen Seiten der Sowjetunion sind nicht Teil des Schulunterrichts.»

«Offenbar haben die Menschen kein Bedürfnis, viel über die stalinistischen Verbrechen nachzudenken. Warum sollte die Sicht einiger weniger Aktivisten der Gesellschaft aufoktroyiert werden?»

«Aber woher sollen die Menschen ein Bedürfnis haben, wenn zum Beispiel die Massenerschießungen in Kurapaty nicht bekannt sind?»

«Wieso sind sie nicht bekannt? Jeder kann sich informieren.»

«Aber sie sind nur bekannt, weil sie von eben jenen einzelnen aufgedeckt worden sind, die der Gesellschaft angeblich ihre Sicht aufoktroyieren. Sonst hätte niemand davon erfahren.»

«Es ist nicht verboten, über Kurapaty zu forschen. Es wird jetzt auch eine offizielle Gedenkstätte geben. Aber warum sollte der Staat die Informationen selbst verbreiten? Er würde doch seine eigene Grundlage zerstören.»

«Gründet der Staat denn etwa auf den stalinistischen Verbrechen?»

«Nein, aber er steht in der Kontinuität der Sowjetunion, zu der die stalinistische Ära mit all ihren positiven genauso wie ihren schrecklichen Seiten gehört. Das muß wissenschaftlich untersucht werden, keine Frage, die Massenerschießungen, die Deportationen, und das geschieht in Moskau auch. Aber wir sehen leider bei uns, daß, wenn man ein Element in Frage stellt, die ganze Vergangenheit in Frage gestellt wird. Die Aktivisten haben eine politische Agenda. Sie wollte die sowjetische Geschichte entsorgen, und dazu müssen sie den Stalinismus mit dem Faschismus gleichsetzen. Aber Hitler hat einen Vernichtungskrieg gegen uns geführt, das ist nicht vergleichbar. Hitler wollte die Sowjetvölker ausmerzen, um Osteuropa mit Germanen zu besiedeln. Das waren offizielle Pläne, das läßt sich auch nachlesen. Denken Sie nur an die sogenannten Richtlinien von 1941, an den Hungerplan. Ist das schon vergessen? Stalin ging es um den Erhalt des eigenen Systems, meinetwegen auch um den Erhalt seiner Macht. Er hat fürchterliche Verbrechen begangen, aber keinen Völkermord. Viele der Opfer Stalins waren vorher Teil des Apparats, sie waren überzeugte Kommunisten, Internationalisten. Es ist unlauter, sie nachträglich auf ihre Herkunft zu reduzieren. Wir haben in der Ukraine gesehen, wohin es führt, wenn der Nationalismus entfesselt wird: Jeder hat die Nazi-Symbole auf dem Maidan gesehen. Jeder hat Sorge, daß der Krieg auf uns übergreift. Wir wollen das nicht mehr.»

Europa habe einen schweren strategischen Fehler begangen, als es den ungesetzlichen Umsturz in der Ukraine unterstützt habe, ohne an die Reaktion Moskaus zu denken. Er verteidige die Reaktion nicht oder jedenfalls nicht pauschal, er weise nur darauf hin, daß sie voraussehbar war. Und den Fehler habe Europa in Libyen und Syrien wiederholt, und wieder seien die Folge Krieg und Extremismus gewesen, nur daß Europa diesmal die Folgen in Gestalt von Flüchtlingen und von Terroranschlägen selbst spüre. Daß es in seiner jetzigen Gestalt auseinanderbreche, halte er allerdings nicht für schlimm.

«Das heißt, Sie hoffen auf den Rechtspopulismus, auf Le Pen, auf Wilders, auf die AfD?»

«Ich hoffe auf die EU-kritischen Kräfte, und die gibt es auch links. Wenn sie Le Pen und Mélenchon zusammenrechnen, haben Sie fast schon die Mehrheit.»

«Aber Sie haben doch gerade noch vor dem Nationalismus in Weißrußland und in der Ukraine gewarnt!»

«Ja, das ist ein Widerspruch, das gebe ich zu. Als Franzose würde ich Le Pen wählen, aber als Weißrusse sehe ich, daß Le Pen das Ende von Europa wäre.»

«Ja, und?»

«Man muß sich fragen, wie Europa in diese Zwickmühle geraten konnte. Und dann kommt man auf das EU-Establishment, das die Europaskepsis erst hervorgerufen hat. Es setzt den Kalten Krieg fort, statt mit Rußland zusammenzuarbeiten. Ich träume von einem einigen Europa, das von Wladiwostok bis nach Lissabon reicht.»

Ich frage, ob die europäischen Ideale für Aleksej Dsermant etwas bedeuten, ob sie anziehend für ihn sind.

«Ja, absolut», antwortet er bestimmt: «Besonders heute, wo das humanistische Projekt der Moderne vom islamischen Fundamentalismus herausgefordert wird.»

«Die meisten Muslime fliehen doch nach Europa. Sie fliehen nicht nach Saudi-Arabien oder Iran. Sie fliehen auch nicht nach Rußland. Offenbar scheint das Projekt auch für sie anziehender zu sein als der Fundamentalismus.»

«Aber was sind sie in Europa? Menschen zweiter Klasse. Und das wird dazu führen, daß sie anfällig für den Fundamentalismus sind, selbst wenn sie es vor den Kriegen nicht waren, die Europa mit befördert hat. Und der islamische Fundamentalismus wird wiederum den Nationalismus befördern. Europa schafft sich die Probleme selbst.»

Nach dem georgischen Wein, der mindestens so gut wie beim Italiener schmeckt, bestellt Dsermant zum Schluß noch einen süßlichen Sud. Für mich nicht, sage ich. Dmitrij hingegen, der noch öfter den Kopf geschüttelt hat als bei Oma Frida, ist wieder dabei.

Fünfzehnter Tag

Um doch in eine Sperrzone zu gelangen, begleitete ich Tatiana und ihren Sohn Igor, deren Dorf nicht mehr existiert. Tatiana war zweiunddreißig Jahre, als die Bewohner ins Kulturzentrum gerufen wurden, um zu erfahren, daß sie den Wald nicht mehr betreten, kein Wasser aus dem Brunnen trinken, kein Gemüse aus dem Garten essen, ihre Kinder nicht draußen spielen lassen durften. Dabei lag ihr Dorf fast 300 Kilometer nordöstlich von Tschernobyl, eigentlich weit genug weg am 26. April 1986. Sie hatten Pech mit dem Wind. Diesmal habe ich die Billigschuhe angezogen, was Quatsch ist, wie mir einfällt – bin ich nach drei Tagen schon paranoid? Wenn der Biologe in Choiniki recht hat, dann muß ich das neue Paar ohnehin wegschmeißen und stehe heute abend barfuß da. Andererseits wirkten seine Beruhigungen so zweifelhaft, daß ich auch seinen Warnungen keinen Glauben schenken mag. Zur Sicherheit habe ich heute einen Geigerzähler dabei.

Auf der Fahrt erzählt Tatiana, daß zunächst nur die Erde abgetragen, die Schulwände mit einem neuen Belag ausgestattet und alle Dorfbewohner ständig kontrolliert wurden. Ihre eigenen Werte waren fast im Normbereich; andere Mütter hingegen durften ihre Kinder nicht mehr stillen. Der Bezirksleiter betonte immer, es gebe keinen Anlaß zur Sorge, und verstarb bald darauf an Leukämie. Ihr Mann war Lehrer wie sie selbst und unterrichtete außer Mathematik noch Wehrschutz, deshalb kannte er sich ein wenig mit radioaktiven Strahlen aus und besorgte Jodtabletten. Die Bauern hingegen ließen bald schon wieder ihre Kinder vor die Tür. Einmal brachte ihr Schwiegervater, der Direktor an der Schule war, eine Zeitung aus der Tschechoslowakei mit nach Hause, die sie zu übersetzen versuchten, um an Informationen zu gelangen. Ein anderes Mal hieß es, daß Igor, der keine zwei Jahre alt war, erhöhte Strahlenwerte habe und sofort ins Krankenhaus müsse, das war der schlimmste Moment. Zum Glück fiel ihr rasch auf, daß Igor an dem Tag, der auf dem Formular stand, gar nicht untersucht worden war. Ein anderes Kind, das zufällig den gleichen Vor- und Nachnamen trug, hatte sich kontaminiert.

«Es ist schwer, mit etwas umzugehen, was du nicht siehst.»

Von Mißbildungen bei Neugeborenen hat sie nichts gehört, aber gemerkt, daß mehr Menschen an Krebs starben als früher; ob das mit Tschernobyl zusammenhing, ist für sie schwer zu beurteilen. Aufgefallen ist ihr außerdem, daß ungewöhnlich viele Selbstmorde geschahen. Anfangs fühlte sie sich oft schlapp, dann hat sich der Organismus wohl nach und nach angepaßt. Die Kinderärztin gab ihr zu verstehen, daß sie so schnell wie möglich umziehen sollten, noch vor der offiziellen Evakuierung, die erst sechs Jahre nach dem Reaktorunfall stattfand; da fiel der Entschluß, nicht auf eine Wohnung zu warten, die ihnen zugewiesen werden würde. Statt dessen suchten sie ihre neue Heimat mit dem Geigerzähler in der Hand. In Mogilov, etwa hundertdreißig Kilometer von ihrem Dorf entfernt, fanden sie ein Viertel, in dem das Gerät nicht blinkte.

In der Bezirkshauptstadt Krasnapolle legen wir Rast ein, um mit der Vorsitzenden des kommunalen Parlaments zu sprechen, die eine ehemalige Arbeitskollegin von Tatiana ist. Die Begrüßung ist so herzlich wie auf dem Dorf und der Lokalpatriotismus der Vorsitzenden rührend. 26 000 Menschen lebten früher in Krasnapolle, heute sind es keine zehntausend, obwohl die Schüler kostenlos zu Mittag essen und die Angestellten bis vor kurzem Zuschläge aufs Gehalt bekamen.

«Wir fühlen uns nicht vergessen», beteuert die Vorsitzende und verweist darauf, daß in allen öffentlichen Gebäuden regelmäßig die Strahlenbelastung gemessen werde und die Kinder die Sommerferien in einem Sanatorium oder sogar im Ausland verbrächten, um sich zu erholen. Wovon die Kinder sich erholen müssen, wenn sie gesund sind, weiß die Vorsitzende auch nicht so genau. Ein Anliegen ist es ihr, das neue Sportzentrum zu zeigen, so etwas gebe es nicht überall, und so stehen wir kurz darauf zwischen Whirlpool, Kinderbecken und einer professionellen 25-Meter-Bahn.

«Schauen Sie, wie schön es geworden ist. Und Sie haben noch gar nicht unsere Sauna gesehen.»

Anders als im Süden ist die Sperrzone, die 30 Kilometer weiter beginnt, kein abgeschlossener Bereich, sondern gleicht auf der Karte einem Flikkenteppich, weil die Strahlung nicht gleichmäßig herabfiel. Schlagbäume und Zäune gibt es nicht, nur Verbotsschilder. Erst will uns die Vorsitzende begleiten, sie ist eine freundliche, vor allem auch gastfreundliche Frau, das merkt man, aber dann geht ihr auf, daß wenigstens sie das Verbot beachten sollte. Wir hingegen könnten ruhig fahren, kontrolliert würde die Straße praktisch nicht. Bevor wir das Städtchen verlassen, wollen wir etwas essen – nur was? Am Ende entscheiden wir uns, auf dem Markt Bananen zu kaufen, weil sie nun wirklich nicht aus dem regionalen Anbau stammen können.

Wo er so gut Deutsch gelernt habe, frage ich Igor, als wir wieder im Auto sitzen. Ob ich den Ausdruck «Tschernobylkind» noch kenne, fragt er zurück. Ja, jetzt erinnere ich mich. Wie Tausende andere Kinder aus Weißrußland und der Ukraine verbrachte er die Sommer bei einer Gastfamilie in Deutschland. Deren jüngstes Kind habe mal nachts im Schlafzimmer gestanden, um zu sehen, ob Igor leuchtet. Nach dem dritten oder vierten Sommer in Deutschland nannten ihn die Eltern ihren russischen Sohn. Seinen Deutschkenntnissen verdankt er die Anstellung beim Goethe-Institut. Nein, ihn habe Tschernobyl nicht um die Zukunft gebracht.

Wir fahren an jungen Kiefernwäldern vorbei und an Feldern, die vor kurzem gepflügt worden sind. Erst nach einem Verbotsschild mit dem Zeichen für Radioaktivität ist die Natur sich selbst überlassen und vom Teer keine Spur geblieben. Am Wegrand liegen allerdings Baumstämme, die jemand weggeräumt hat, eine Försterei vermutlich. An einer Kreuzung steht ein verwittertes Denkmal aus Stein, auf dem nur noch wenige Namen zu entziffern sind, ein Ivan Saitev, ein Yuri Jakimowitsch, «gefallen im Kampf mit den deutschen Faschisten»; das dazugehörige Dorf wurde bereits von den Deutschen niedergebrannt.

Auch von Tatjanas Dorf scheint nur das Kriegsdenkmal erhalten zu sein. Aber dann zeigt sie den Wald, und mitten zwischen den Kiefern, die immerhin schon zwanzig, dreißig Jahre alt sind, erkenne ich die Grundmauern eines zweistöckigen Gebäudes. In dem Haus, dem Wohnheim der Lehrer, haben sie gewohnt. Das letzte, woran Igor sich erinnert, ist sein Vater, der die Kabel durchtrennt. Warum er das tue, fragte Igor. Damit es keinen Kurzschluß gebe, antwortete der Vater. Die Bagger rückten meist über Nacht an, damit die Bewohner keine Zeit hatten, Türen, Fenster, Böden und dergleichen auszubauen, aber irgendwie erfuhr man immer vorher, welches Haus abgerissen wird. Manche machten ein gutes Geschäft damit, ihre Häuser bis auf die letzte Holzlatte abzubauen, auf einen Transporter zu laden und in Moskau als Datscha zu verkaufen. Igor weiß nicht, warum das Wohnheim nicht unter der Erde begraben worden ist – vielleicht weil der Beton weniger Radioaktivität sammelt als das Holz, aus dem die anderen Häuser waren, oder weil der Abriß aufwendiger gewesen wäre.

Wir gehen weiter durch den Wald und kommen zum früheren Lebensmittelgeschäft, das ebenfalls aus Beton gebaut worden ist. Das Dach ist eingestürzt, die schweren Balken liegen kreuz und quer, aber an den Wänden erkennt man noch die Kacheln, wo die Käse- oder die Fleischtheke war.

«Früher gab es einen Parkplatz vor dem Geschäft», sagt Igor, «es gab Autos, das war nicht so ein abgelegenes Nest.»

Obwohl die Erde wie in Kurapaty metertief abgetragen wurde, sind die Schritte wieder unheimlich. Seltsamerweise ist der Geigerzähler still. Schließlich erreichen wir das dritte Gebäude aus Beton, gleich neben dem Eingang das Direktorenzimmer, in dem Tatiana jeden Morgen bereits ihren kahlköpfigen Schwiegervater sah, wenn sie die Schule betrat. An den Wänden stehen die Daten der nächsten Klassentreffen: Jahrgang 89 versammelt sich jeden ersten Samstag im August. Wladimir, ruf mich an, wenn du das liest. Die Holzdielen sind herausgerissen, dafür hängen in der Turnhalle noch die Basketballkörbe an der Wand. Der Geigerzähler blinkt immer noch nicht, weder im Gebäude selbst noch im Wald, der früher der Schulhof war. Nicht einmal meine Sohlen sind kontaminiert.

Auf der Rückfahrt wieder der Hinweis auf ein Vernichtungslager an der Autobahn: Mindestens 60 000 Menschen wurden in Trostenez ermordet, die meisten von ihnen Juden. Und von den wenigen Juden, die das Lager überlebten, verschwanden nach der Befreiung viele als «Spione» im Gulag. Auch eine Gruppe Minsker Juden endete dort, die 1947 einen Gedenkstein für ihre Glaubensbrüder aufstellte. Seit den sechziger Jahren erinnert ein Obelisk immerhin vage an die «friedlichen Zivilisten, Partisanen und Kriegsgefangenen der Roten Armee», die von den «deutschfaschistischen Okkupanten erschossen, vergraben und angezündet» wurden. Vom Lager selbst gibt es nicht einmal den Stacheldraht zu sehen.

Von meinem Hotelzimmer skype ich mit Juri Bandaschewksi, dem

Nuklearmediziner aus Gomel, der 1999 verhaftet und nach sechs Jahren ins Exil abgeschoben wurde. Heute forscht er in Kiew. Ich frage ihn zunächst, ob die weißrussischen Behörden keine Daten sammelten oder sie einfach nur nicht veröffentlichen.

«Das weiß ich nicht. Es gibt seit zehn, zwölf Jahren keinen seriösen nuklearmedizinischen Beitrag aus Weißrußland. Was es gibt, sind allgemeine Schlußfolgerungen: alles in Ordnung, alles im Normbereich, wir haben alles im Griff. Aber wir haben Daten aus der Ukraine. Es gibt eindeutig höhere Krebsraten, Brustkrebs zum Beispiel, und aus unserer Sicht ist der Zusammenhang mit Tschernobyl erwiesen. Dabei ist die Situation in der Ukraine vergleichbar mit Gebieten, die in Weißrußland als sauber gelten. Wenn wir nun unsere Daten hochrechnen und auf Weißrußland übertragen, das viel stärker von der radioaktiven Strahlung betroffen war, dann kommen wir zu fundamental anderen Schlußfolgerungen. Dann sehen wir, daß die Probleme nicht weniger, sondern mehr geworden sind.»

«Inwiefern?»

«Wir haben jetzt die zweite Tschernobylgeneration, also Menschen, die nach der Katastrophe zur Welt gekommen sind. Ich habe damals in Gomel viele dieser Kinder behandelt. Aufgrund der genetischen Schäden ihrer Eltern sind sie schon schwächer geboren und reagieren auf kleinere Dosen von Radioaktivität. Viele von ihnen sind inzwischen gestorben, Jahre später. Oder sie können keine Kinder zeugen. Oder wenn sie Kinder zeugen, vererben sie ihre Schäden weiter.»

«Sind die evakuierten Gebiete zu klein?»

«Ja, eindeutig, man hätte viel mehr Menschen aussiedeln müssen, eigentlich ganze Großstädte wie Mogilov oder Gomel. Aber daß man die Menschen sogar in den unmittelbar verseuchten Gebieten wohnen ließ, ist ein Verbrechen. Und das ist nicht nur meine Meinung.»

Ich berichte, daß der Geigerzähler nicht geblinkt habe, als ich im Sperrgebiet war – dann könne die radioaktive Strahlung nicht mehr so hoch sein, oder doch? Die Radioaktivität sei nicht mehr an der Oberfläche, klärt Bandaschewski mich auf. Man könne auf dem Boden stehen, aber man dürfe auf keinen Fall essen, was im Boden wächst, denn über die Wurzeln gelange die Radioaktivität in die Nahrungsmittel. Auch Waldbrände seien sehr gefährlich. Ach, deshalb der Aussichtsturm am Checkpoint zum Sperrgebiet.

«Der Biologe, der uns herumgeführt hat, versicherte, daß alle Lebensmittel geprüft würden, bevor sie in den Handel kommen.»

«Ja, man prüft sie, und wenn die Werte zu hoch sind, mischt man sie mit sauberen Lebensmitteln, bis die Norm halbwegs eingehalten wird. Und diese Lebensmittel werden im ganzen Land verteilt.»

«Aber sind die Normen selbst denn vertretbar?»

«Nein, natürlich nicht, darüber rede ich doch die ganze Zeit. Für eine Generation, deren Erbgut bereits geschädigt ist, sind bereits geringere Dosen von Radioaktivität bedrohlich. Und mal abgesehen davon: Nahrung ist etwas anderes als ein Röntgenbild. In der Nahrung dürfte es überhaupt keine Radioaktivität geben.»

«Dann ist das doch ... ich will nicht sagen Mord, aber fahrlässige Tötung, fahrlässige Massentötung.»

«Das ist nicht fahrlässig, das geschieht wissentlich. Das ist Massenmord.»

«Sollte das Ausland weißrussische Lebensmittel boykottieren?»

«Ja. So, wie Weißrußland kontaminierte mit nicht-kontaminierten Lebensmitteln mischt, dürften sie nirgends eingeführt werden.»

«Glaubt der Biologe selbst an das, was er uns gesagt hat, oder lügt er einfach?»

«Er lügt», ist Bandaschewski sicher. «Es ist unmöglich, daß ihm keinerlei Veränderungen aufgefallen sind. Falls er überhaupt ein Biologe ist, lügt er. Die Wissenschaftler, die in Weißrußland über Tschernobyl forschen, sind aufgewachsen in einem Staat, der auf der Tschernobyl-Lüge beruht, sie arbeiten für diesen Staat. Wenn sie sehen, daß man den Rektor der Universitätsklinik ins Gefängnis stecken kann, dann wissen sie, wie man mit ihnen umspringen wird, sobald sie offen reden. Das mindeste ist, daß sie entlassen werden.»

Und was mache ich nun mit den Schuhen? Muß ich beide Paare wegschmeißen, also auch die teuren, obwohl der Geigerzähler nicht geblinkt hat?

Juri Bandaschewski lacht auf dem Bildschirm. «Ihren Schuhen wird schon nichts passiert sein», beruhigt er mich: «Waschen Sie das eine Paar und behalten sie es als Andenken an Tschernobyl.»

Sechzehnter Tag

Auf der Autobahn Richtung Ukraine gebe ich in Gedanken wieder Valentin Akudowitsch recht, der zu den apokalyptischen Ereignissen des zwanzigsten Jahrhunderts auch die Bodenoptimierung zählt. Ein Erdbeben hätte das Landschaftsbild nicht stärker verändern können: «Ein Land, das sich zuvor schüchtern hinter Büschen, Sümpfen und Hainen verbarg, liegt nun nackt da. Offen und flach reicht es mit seinen auf dem Reißbrett gezogenen Gräben bis zum Horizont.» Akudowitsch schreibt, daß allein im Jahr 1976 elftausend Traktoren, mehr als dreitausend Bagger, fast dreitausend Bulldozer und viele weitere Maschinen eingesetzt worden sind, um die lebendige Erde in Ackerland zu verwandeln. Überhaupt schritt die Melioration, die mit der Kollektivierung, Urbanisierung und Industrialisierung einherging, in Weißrußland schneller voran als in jeder anderen Sowjetrepublik. Entsprechend wuchs die Industrieproduktion über viele Jahre doppelt so schnell wie im Landesdurchschnitt. «Doch das weißrussische Dorf hat für diesen Durchbruch teuer bezahlt. Es ist als sozialer und kultureller Ort verschwunden.» Vermutlich ist das zu drastisch formuliert. Aber seltsam ist schon, daß keines der Dörfer, durch das wir kommen, nachdem wir von der Autobahn abgefahren sind, noch um einen Kern herum gebaut ist. Allenfalls gibt es mal eine Querstraße, an der weitere Häuser stehen, jedoch nirgends eine Mitte, nirgends ein Dorfplatz, selten mal eine Kirche, auch keine Bürgersteige, auf denen man sich begegnen könnte, nur einen Gemeindesaal, der zu besonderen Anlässen geöffnet wird, ein Lebensmittelgeschäft ohne Schaufenster, ab und zu eine Tankstelle und immer einen Friedhof mit Kriegsdenkmal. Selbst die Häuser halten Abstand voneinander, als sei sich hier jeder genug.

Wir fahren in Swetlahorsk ein, einer Plattenbausiedlung mit siebzigtausend Einwohnern, die an der Pipeline aus Rußland erbaut wurde. «Der Lichthügel», wie Swetlahorsk übersetzt heißt, hat es in den neunziger Jahren zu einiger Berühmtheit gebracht, weil er die höchste Aidsrate, die höchste Alkoholismusrate und die meisten Drogensüchtigen von ganz Weißrußland aufwies. Daraufhin hat der Staat einige Entwicklungsprogramme aufgesetzt, die allerdings nicht eben ins Auge springen, wenn man heute durch die Stadt fährt. Es gibt ein altes und ein neues Einkaufszentrum, es gibt eine Hüpfburg und ein Trampolin, eine Buchhandlung, in deren Regalen nur Comics für Kinder ausliegen, ansonsten gibt es – nichts. Man geht nicht abends in eine Kneipe, erfahren wir, sitzt nicht tagsüber in einem Café, sondern trifft sich zum Trinken im Park oder vor den Plattenbauten, wenn man nicht Fernsehen schaut und alleine säuft. Am aufregendsten ist noch die Tankstelle, wo man sich zum Trinken ebenfalls trifft.

Wir sind mit einem Suchtmediziner verabredet, der bestätigt, daß die Suchtraten in Swetlahorsk immer noch exorbitant seien. Genaue Zahlen gebe es nicht, weil nur diejenigen Süchtigen registriert würden, die sich in stationäre Therapie begäben. Die Suchtstationen der Krankenhäuser seien nicht schlechter, die Rückfallquoten nicht signifikant höher als in anderen Ländern, das sei nicht das Problem. Das Problem sei, daß die Behandlung Geld koste; die Armen, die Bauern begäben sich deshalb so gut wie nie in Therapie. Mit ihnen hätten die Ärzte nur zu tun, wenn es schon zu spät sei.

Ich frage, ob der Alkoholismus etwas mit den vielen historischen Brüchen und Traumata zu tun haben könne, die verdrängt worden seien.

Darüber könne man nur spekulieren, sagt der Arzt, und gewiß gebe es nicht eine einzelne Ursache für das Phänomen. Gleichwohl falle auf, daß Alkohol in den Nachbarländern, die im zwanzigsten Jahrhundert ähnliche Erfahrungen gemacht hätten, ein ähnlich großes Problem sei.

«Und nicht nur Alkohol», fügt der Arzt hinzu und klappt seinen Laptop auf, um mir den Aufsatz dreier deutscher Neuropsychiatriker zu zeigen: «Suizid- und Homizidraten als Ausdrucksformen extremer Selbst- und Fremdaggressivität sind global nahezu spiegelbildlich verteilt. Reiche, modernisierte Länder mit einem hohen demokratischen Selbstverständnis und einem funktionierenden Rechtssystem haben hohe Suizid- und niedrige Homizidraten, traditionelle Staaten mit einer schwachen Zentralregierung hohe Homizid- und niedrige Suizidraten. Eine Ausnahme stellen einige osteuropäische Länder dar, die sowohl hohe Homizid- als auch Suizidraten vorzuweisen haben und sich darin von den Nachbarländern deutlich unterscheiden. Diese Staaten befinden sich auf dem Gebiet der ehemaligen Bloodlands (Snyder, *Bloodlands: Europa zwischen Hitler und Stalin*, 2011), wo zwischen 1930 und 1945 14 Millionen Menschen zivile Opfer der Sowjets und der Nationalsozialisten wurden.»

Hinter Swetlahorsk sehen wir kaum noch Menschen entlang der Straße, obwohl die Felder bewirtschaftet sind. Drei, vier, manchmal zehn Minuten vergehen, bis uns wieder ein Auto entgegenkommt. Nach und nach stellt sich die Illusion ein, die ich sonst nur von fernen Ländern kenne: der erste zu sein, der einen neuen Kontinent betritt. Etwas von diesem Gefühl muß auch den jungen Schriftsteller Andrej Horwath ergriffen haben, der in ein winziges Dorf nahe der Grenze gezogen ist und in einem vielgelesenen Blog von seinem neuen Leben erzählt. Auf dem offenen Feuer hat er Gemüse, Eier und Kartoffeln für uns gekocht.

«Nur das Salz ist gekauft», murmelt er, als er die gußeiserne Pfanne auf den Verandatisch stellt; so leise er spricht, fast ohne Betonungen, merkt man ihm dennoch den Stolz an, daß er alle anderen Zutaten selbst angebaut hat. Die Badewanne steht in einem Holzverschlag ohne Dach und wird mit Eimern gefüllt. Fließendes Wasser gibt es nicht, dafür Strom für den Computer und das Internet. Nein, Andrej redet nicht oft, das merkt man, macht lange Pausen zwischen den Sätzen, wenn ihm überhaupt eine Antwort einfällt. Ein dünner Bart, ernstes Gesicht, schlaksiger Leib. Seine Frau und die sechsjährige Tochter leben noch in Minsk, aber er selbst wollte raus aus der Stadt, weg von den Menschen, ein einfaches Leben führen, an seinem Roman schreiben. Einmal im Monat kommt Andrejs Tochter für ein paar Tage zu Besuch. Ansonsten fährt er nach Minsk, um die Familie zu sehen, nur leider kann er nie länger als eine Nacht bleiben, weil er seit neuestem eine Ziege besitzt. Das stört ihn, sagt er, er würde gern Stadt und Land verbinden. Aber das gehe nicht, wegen der Ziege.

Ich frage, wie er sich mit den Menschen unterhalte. In der örtlichen Variante des Belarussischen, die noch sehr authentisch sei, erklärt Andrej. Manchmal mischten sich russische Wörter ein, besonders wenn es um Formalitäten gehe. Und dann gebe es ein Wort, *anihadki*, das sehr oft benutzt werde, obwohl niemand genau wisse, was es bedeutet, so ein Füllwort für die Pausen, das Bestätigung, Lob oder auch fast jede andere Emotion ausdrücken könne, je nachdem, wie man das Wort spricht.

Solche sprachlichen Nuancen hätten viel zum Erfolg seines Blogs beigetragen, flicht Vera ein, während Andrej die halbvolle Pfanne abräumt. Es war lecker, allerdings erkennbar ein Festessen für uns Besucher. Er wird nicht jeden Tag einen solchen Aufwand betreiben, da soll er noch morgen und übermorgen davon zehren. Das Belarussische, das in den Städten von Intellektuellen, Kulturschaffenden, irgendwie Oppositionellen gesprochen werde, habe immer etwas Künstliches, erklärt Vera weiter; Andrej hingegen schreibe gewissermaßen an der Quelle; in seiner Sprache hörten sie noch die Welt der Großeltern. Da gehe selbst Menschen das Herz auf, die sonst vollkommen russisch seien. Vor allem die jungen Leute interessierten sich immer mehr für das Belarussische und organisierten Kurse. Kürzlich habe sogar der Präsident erwähnt, daß sein Sohn Belarussisch mag. Das sei ein Zeichen für die Funktionäre gewesen, die gelernt hätten zu ahnen, was von ihnen erwartet wird.

Das Haus gehörte Andrejs Urgroßvater, der noch ein Kulak war, ein Großbauer, und natürlich hintern Ural deportiert wurde. Immerhin sein Sohn überlebte, Andrejs Großvater. Die Großmutter war drei Jahre Zwangsarbeiterin in Deutschland und schwärmte immer, wie gut man sie behandelt habe. Wie bitte? Ja, einmal sei sie zu spät gewesen, da habe der deutsche Chef gar nicht geschimpft. Sie bastelte eine Papierblume und schenkte sie ihm zum Dank. Die Bauern hier wüßten sehr gut, daß die Dörfer niedergebrannt wurden, weil sich in ihnen die Partisanen versteckt hielten. Außerdem hätten sich die Partisanen alles genommen, was sie brauchten; die Deutschen hätten für die Hühner immerhin bezahlt. Das bedeute nicht, daß man die Deutschen gemocht hätte, aber die Partisanen seien eben auch gefürchtet gewesen, und die Kommunisten sowieso. Haß gebe es auf keinen, weder auf Deutsche noch auf Russen, Haß scheine in ihrem Gefühlsleben irgendwie nicht vorgesehen. Nach sechs Jahrzehnten lebten die Menschen immer noch in einer Art Nachkriegsstimmung, in der man schon froh sei, überlebt zu haben und nicht hungern zu müssen, egal wer an der Macht ist.

Und wie ist der Alltag hier? Die Menschen seien fauler geworden; früher seien sie zur Arbeit angehalten worden, heute erhielten sie so oder so ihr Geld. Gut, im Dorf seien ohnehin nur diejenigen geblieben, die keine Möglichkeit hätten, wegzukommen, die Alten vor allem, sowie die Jungen, die sich in der Stadt nicht zurechtfänden oder es versucht hätten und zurückgekehrt seien. Die hätten dann auch nicht so viele Ansprüche. Die Dorfschule habe seit zwei Jahren geschlossen, da es nicht mehr genug Kinder gibt. Alkohol sei auch hier das größte Problem, Wodka billiger als irgendwo sonst auf der Welt, Bier kaum teurer als Wasser. Größere Geldsummen brächten allenfalls die Saisonarbeiter mit, wenn sie aus Rußland zurückkehrten.

«Gehen die Leute wählen?» frage ich.

«Ja, zu hundert Prozent.»

«Für die Regierung.»

«Ich denke schon.»

Über Politik redeten die Menschen nicht, das habe er noch nie gehört. Sie gingen auch nicht deshalb zur Wahl, weil sie den Präsidenten mögen, sondern weil es der Ortsverwalter ihnen sage. Manchmal beklagten sie sich über den Leiter der Kolchose, aber sie täten nichts, um etwas zu ändern.

«Ist das die sowjetische Mentalität?»

«Ich glaube, es ist älter als der Kommunismus, so eine Mischung aus christlichem Glauben und Heidentum, aber die geht noch tiefer als bei den Russen. Und so ist auch die Beziehung zum Präsidenten, zum Priester, zum Kolchosenleiter – wie mit Göttern. Manchmal schimpft man über sie, aber man folgt ihnen.»

«Bedeutet Europa ihnen irgend etwas?»

«Nein, nichts. Europa ist nur ein Name, den sie im Fernsehen hören, aber er sagt ihnen nichts. Europa nehmen sie überhaupt nicht wahr.»

Andrej nimmt uns mit auf einen Spaziergang durch das Dorf, das lediglich aus zwei Straßen besteht, die eine asphaltiert, die andere aus Sand.

«Wo führt sie hin?» frage ich und zeige auf die Sandpiste.

«In das nächste Dorf, das noch entlegener ist.»

«Und wie muß ich mir das vorstellen?»

«Na ja, es sieht im Prinzip so aus wie hier, viele Holzhäuser. Nur daß noch weniger Häuser Strom haben.»

Der Lebensmittelladen, der irgendwann auch zumachen wird, bietet das Nötigste an, tiefgefrorenes Fleisch, getrockneten Fisch, Waschpulver. Die Flasche Wodka kostet umgerechnet 80 Cent und hat keinen Schraubverschluß – einmal geöffnet, werde sie grundsätzlich auch leergetrunken, sagt Andrej.

«Ich wundere mich immer über das Brot», fügt er an.

«Warum?»

«Hier wird so viel Getreide angebaut. Und dann ist das Brot das schlechteste, billigste, das man sich vorstellen kann. Ich verstehe das nicht. Wenn schon nichts anderes, könnten die Menschen doch wenigstens ordentliches Brot essen.»

Auf der Sandpiste kommt uns erst ein Pferdekarren entgegen, kurz darauf eine alte Frau in einem knöchellangen Umhang, über den langen, losen Haaren ein leuchtend rotes Kopftuch. Sie schimpft lauthals und gestikuliert, als spräche sie mit jemandem, der rückwärts vor ihr hergeht. Uns scheint sie nicht zu bemerken.

«Worüber schimpft sie?» frage ich, als wir an ihr vorübergegangen sind.

«Sie hat zwei erwachsene Söhne. Und der eine hat ihr Essen nicht gemocht. Darüber schimpft sie. Ich mag sie unter allen Dorfbewohnern am liebsten. Manchmal kommt sie mich besuchen und setzt sich auf die Veranda, dann erzählt sie mir ihr ganzes Leben. Immer wieder ihr ganzes Leben.»

«Und worüber schimpft sie jetzt?» frage ich, da die Stimme der Alten noch schriller wird.

«Jetzt gerade schimpft sie über Vera», erklärt mir Andrej und muß selbst ein wenig schmunzeln, obwohl er sonst so ernst ist: «Welche Frauen hier neuerdings herumlaufen würden, wie Puppen so sauber.»

Das sei eine untergehende Welt hier. Die kleinen Dörfer stürben alle, es brauche gar nicht Tschernobyl dafür, erst die Schule, dann die Kirche, schließlich das Lebensmittelgeschäft. Schon jetzt gebe es Dörfer in der Gegend, in denen halte der Bus nur einmal die Woche, obwohl niemand ein Auto besitzt. Wenn endlich das letzte Haus leer stehe, komme der Bagger und schütte alles mit Erde zu, damit nichts bleibt. Die Menschen hier, die die Basis für Lukaschenkas Regime bildeten, sie würden nichts ändern wollen.

«Und wenn morgen ein anderes Regime käme?»

«Das würden sie nicht einmal merken. Für sie würde nur eine Fahne ausgetauscht.»

«Und wenn morgen die EU einzöge, mit ihren blauen Schildern für Investitionen, mit Marktwirtschaft, Werbung, Freiheitsideen?»

«Dann würden sie sich genauso anpassen und im Innern bleiben, wie sie sind.»

«Aber was meinst du denn selbst?» frage ich Andrej: «Wäre es gut, wenn Weißrußland zu Europa gehörte? Ich meine, wenn der Beitritt zur Europäischen Union eine Perspektive wäre?»

«Ich bin mir nicht sicher», antwortet Andrej. «Das Dorf wäre nicht vorbereitet. Das würde nicht langsam sterben, sondern sofort hinweggefegt. Weißt du, wir befinden uns an der Kreuzung unterschiedlicher Welten, das macht uns besonders. Der Sinn unserer Kultur ist, daß wir Westen und Osten sind. Wenn wir uns nur dem Westen zuwendeten, würden wir unsere Kultur zerstören. Ich stelle mir immer vor, wir hätten nach beiden Seiten einen Zaun, nach Westen und nach Osten. Aber einen ganz niedrigen Zaun, über den man leicht steigen kann.»

Ich sage Andrej, daß es Menschen wie ihn brauche, die gewissermaßen übersetzen. Ohne ihn hätte ich, hätten nicht einmal meine Begleiter aus Minsk einen Zugang zu dieser dörflichen Welt am Rande Europas gefunden. Selbst mit Dolmetscher hätte ich nicht einfach mit den Menschen sprechen können.

«Ja, aber man muß länger bleiben, wenn man verstehen will», gibt er zu bedenken.

«Das stimmt», antworte ich. «Aber manches versteht man auch erst, wenn man reist, nicht wenn man bleibt.»

«Kann sein», sagt Andrej Horwarth, der wegen seiner Ziege immer nur für einen Tag verreisen kann.

Wir brechen auf, um die Grenze zur Ukraine im Hellen zu erreichen: eine eingezäunte Straße durch einen dichten Wald, die sich über einige Kilometer zieht, auf ihr mehrere Schlagbäume, die sich erst nach eingehender Kontrolle öffnen, und auf einem Parkplatz ein einzelnes Geschäft mit den gleichen Marken wie in jedem *Duty-free* der Freien Marktwirtschaft. Männer mit schweren Tragetaschen kommen uns entgegen, Wanderarbeiter vermutlich, auf dem Weg nach Hause – gibt es denn keine direkte Busverbindung? Schon vor der letzten Kontrolle rütteln uns die Schlaglöcher auf. Was immer man über Weißrußland sagen will – ich konnte auf der Rückbank Notizen machen, sogar in den Laptop tippen. In der Ukraine geht das nicht mehr. Paradoxerweise sind hier außerdem deutlich mehr Ladas auf den Straßen zu sehen. Anders als in Weißrußland, anders zumal als in den westlichen Nachbarländern, die der Europäischen Union beigetreten sind, ist das Durchschnittseinkommen seit 1991 kontinuierlich gesunken auf jetzt 200 Dollar im Monat. Dafür begegnen uns, als wir gegen sieben Uhr in den ersten Ort der Ukraine einfahren, Menschen auf den Bürgersteigen, es gibt Geschäfte mit Schaufenstern, Cafés, eine Dönerbude, bunte Lichter. In Weißrußland, das in der russischen oder vielleicht sogar sowjetischen Hemisphäre Europas geblieben ist, belebt der Mensch nicht den öffentlichen Raum. Ich steige aus der blitzblanken Limousine mit Diplomatenkennzeichen, die dem Leiter des Minsker Goethe-Instituts gehört, um meinen Koffer in einem hinfälligen Peugeot 304 zu verstauen, dessen Scheinwerfer mit Tesafilm befestigt sind. Auf den Wagen könne ich mich verlassen, beruhigt mich der Fahrer, als er meinen irritierten Blick bemerkt: Der leiste seit vierhunderttausend Kilometern zuverlässig Dienst. Die Plastikpantoffeln offenbar auch, die mein neuer Begleiter zu den Bermudashorts trägt.

Abends in Kiew dann die Rückkehr ins eigene Koordinatensystem. Vielleicht weil ich von Eindrücken schon entwöhnt bin – auch die Landschaft ist schließlich seit Vilnius nur noch flach und eintönig gewesen –, kommt mir das Nachtleben um so greller, anarchischer vor, die Restaurants und Bars bis auf die Bürgersteige gefüllt, die gutgekleideten jungen Menschen, die erkennbar vergnügungssüchtig sind, eine Stadt, die zugleich boomt und zerfällt, hier pittoresk heruntergekommene Altbauten, dort bereits die Gentrifizierung, die jedes Leben aus den Gassen vertreibt, die Straßenbahnen noch aus dem Kalten Krieg, wo in Minsk alles pikobello war, Schmutz auf den Straßen, der in Weißrußland nirgends lag, die Armut sichtbar und der Reichtum um so protziger ausgestellt. «Die in den SUVs sind ausnahmslos alle kriminell», murmelt Sashko, wie der Fahrer heißt, aufgewachsen in einer Lemberger Künstlerfamilie, später Taxifahrer und Barmann in New York, heute Revolutionär und glühender Patriot. «Putin versteht nur die Faust», sagt er, um im nächsten Satz die eigene Regierung zu verfluchen.

An den Gebäuden rings um den Maidan sind hier und dort noch Einschußlöcher zu erkennen, in der Mitte Photos der Märtyrer aufgestellt. Ansonsten ist der riesige Platz mit den sowjetischen Hochhäusern, der in den Nachrichtensendungen einen ganz falschen Eindruck vom historischen Stadtbild vermittelte, längst von der Freizeitgesellschaft zurückerobert worden, Touristen, Jugendliche, Familien mit Kindern, die gleichen Straßenkünstler wie in Krakau oder Barcelona, der ganze Tand, den man früher nur auf der Kirmes fand. Auf einigen Werbetafeln sind Soldaten zu sehen, die im Osten kämpfen. Der Krieg könnte nicht weiter weg sein.

Siebzehnter Tag

Konstantin Batozsky lotst mich zum Frühstück in eine der Kaffeebars der Unterstadt, die original aussehen wie Berlin Prenzlauer Berg, altes Gemäuer, aber der gebrauchte Eindruck dennoch künstlich hergestellt, *vintage* die weißgetünchten Sperrholzregale, Barhocker und Dosen, intelligente Popmusik, alle Zutaten bio, die Kekse hausgemacht und der Cappuccino vom Feinsten. Konstantin ist Politikberater, war einmal für Serhij Taruta tätig, der zu den liberaleren Oligarchen gehört, und ist trotz seiner Weltläufigkeit stolzer ukrainischer Nationalist. Dabei hat er selbst keinen Tropfen ukrainisches Blut in den Adern, wie er ironisch vermerkt, wurde 1980 in Donezk geboren, der sowjetisch geprägten Industriestadt im Osten, wo heute die Separatisten herrschen, wuchs ohne Bezug zur ukrainischen Kultur auf, beherrschte die Sprache so gut wie nicht und ging zum Politikstudium nach Moskau. Als die Revolution ausbrach, stellten sich die meisten seiner Bekannten wie selbstverständlich auf die Seite der Regierung, die das Land nach Osten ausrichtete. Konstantin zögerte kurz. Dann flog er nach Kiew und marschierte mit auf dem Maidan. Warum?

«Weil die politischen Ideale meine eigenen waren: Freiheit, Demokratie, Europa.»

«Faschist», beschimpfte ihn ein Freund, aber umgekehrt zögert Konstantin auch nicht, Putin mit Hitler gleichzusetzen, und führt Parallelen an. Inzwischen lernt er ukrainisch, und seine Kinder wachsen von Anfang an zweisprachig auf. Und was solle mit den vielen anderen Menschen geschehen, deren Eltern oder Großeltern innerhalb der Sowjetunion umgesiedelt worden sind, frage ich. Plötzlich fänden sie sich in einem Staat wieder, mit dem sie überhaupt nichts verbindet. Ja, sagt Konstantin, sicher sei das schwierig. Er verstehe auch seine Familie, die in Donezk geblieben ist: Sie hätten keine sonderlichen Sympathien für die Separatisten, doch sie seien alte Leute, konservativ, nicht willens, ihre Heimat aufzugeben.

«Was ist dann also mit den Russen, die in der sowjetischen Zeit in die Ukraine gekommen sind?» hake ich nach. «Man kann doch diese Leute nicht alle zwingen, die ukrainische Kultur anzunehmen.»

«Warum nicht?» meint Konstantin: «Mindestens für ihre Kinder müssen sie entscheiden, ob sie Ukrainer oder Russen sein sollen.»

«Und was, wenn sie Russen bleiben wollen?»

«Das wird natürlich ein Problem sein.»

«Was für ein Problem? Werden sie dann vertrieben?»

«Nein. Aber wer unter dem Einfluß der russischen Propaganda steht, wird sich kaum in die Ukraine integrieren können.»

«Dann läuft es doch auf Vertreibung hinaus.»

«Nein, nein. Aber man kann doch nicht alle Rechte eines Staates genießen und den Staat gleichzeitig ablehnen. Das würde nirgendwo auf der Welt gehen.»

Ich frage, ob seine jüdische Herkunft eine Rolle gespielt hätte bei der Entscheidung, die nicht nur ein Bruch mit vielen Freunden war, sondern auch mit der eigenen Heimat Donezk, in die er nicht mehr zurückkehren kann. Mit dem Judentum habe das allenfalls so weit zu tun, daß in der Sowjetunion der Antisemitismus natürlich virulent gewesen sei – er habe sich als Kind geängstigt, fast geschämt, als er erfuhr, daß seine Familie jüdisch ist. Vielleicht habe ihn das Versprechen der Gleichheit deshalb besonders angesprochen. Aber sei der ukrainische Nationalismus denn keine Bedrohung für ihn, möchte ich wissen. Schließlich definiere jedweder Nationalismus diejenigen, die dazugehören, und alle anderen, für die das Gleichheitsversprechen nicht gilt. Nein, das mit dem ukrainischen Nationalismus verstünde ich falsch, antwortet Konstantin und fragt, ob er mich mal zu den ganz Bösen führen soll: dem Regiment Asow.

«Sind das die mit den faschistischen Emblemen, den ausgestreckten Armen?»

«Ja, genau die», bestätigt Konstantin und lacht: «Die Nazis.»

«Sie als Jude wollen mich zu den Nazis führen?»

«Das sind keine Nazis, Sie müssen das mehr als eine Jugendkultur verstehen. Diese Symbole – die sind für die hip, damit wollen sie provozieren.

Aber es geht nicht um Hitler, es geht darum, gegen Rußland zu sein, mehr so wie Fußballfans.»

«Fußballfans?»

«Schauen Sie sich's mal an.»

Mittags bin ich in einer kleinen Schulaula, in der die Kiewer Krimtataren die Eröffnung ihrer Schule feiern, genauer gesagt einer Nachmittagsschule, denn ein eigenes Gebäude besitzt die Exilgemeinde noch nicht. Luftballons, Kinderaufführungen und die Kameras des Krimfernsehens. Die Eltern sind stolz, wie es Eltern auf der ganzen Welt sind, und die Ansprachen so zäh, daß die Kinder ungeduldig wie alle Kinder werden. Auch der Imam sagt etwas, aber ein Kopftuch trägt hier keine Frau. Außer den Gesichtszügen sind nur die Tänze eindeutig orientalisch, gleichsam schwebende Bewegungen über rasenden Rhythmen, angesichts des Alters geradezu verstörend sinnlich, dazu Trachten aus einer exotischen, sehr bezaubernden Welt. Wirklich, man muß nur die Kindertänze sehen in ihrer seltenen Mischung aus Unschuld und Körperbewußtsein, um den Verlust zu fühlen, wenn mit den Krimtataren eine weitere europäische Kultur verschwände. Der politischen Aussichtslosigkeit kann der Führer der Krimtataren, Refat Tschubarow, nur den Hinweis entgegenhalten, daß sein Volk bis jetzt noch immer alle Schläge überlebt habe. Denn realistisch ist es nicht, daß sich irgendwer auf der Welt für seine kleine Minderheit verwendet, die Ukrainer nicht, die wegen der Krim keinen zweiten Krieg gegen eine Großmacht führen werden, Europa schon gar nicht, das mit Rußland genug andere Konflikte hat, und Amerika ... ach, Amerika war mal ein Traum.

Ich besuche Tschubarow in einer unscheinbaren Hinterhauswohnung, Geschäftsstelle eines Volks, wo er mehr melancholisch als empört die Schläge der letzten zweihundert Jahre aufzählt, Vertreibungen, Deportationen, Massenmorde, Verhaftungen, Landraub, Diskriminierungen, falsche Beschuldigungen, früher der Kollaboration, heute des religiösen Extremismus. Gerade hatte sich mit der Unabhängigkeit der Ukraine und der Rückkehr der Tataren aus der Verbannung eine Zukunft abgezeichnet, eine gesicherte, friedliche und freie Existenz, in der sie die Trümmer ihrer alten Kultur hätten sammeln und neu aufbauen können, da hat die russische Annexion der Krim sie erneut zu Bürgern zweiter Klasse gemacht.

Immer habe sein Vater in Samarkand gesagt, fast wie ein Gebet: Wir werden heimkehren, wir werden heimkehren. Er kehrte heim auf die Krim und starb am 13. März 2014, als in den Straßen wieder russische Soldaten marschierten. Seine Mama – der Sechzigjährige benutzt dieses Wort: Mama – lebt noch in der Heimat, nur daß er sie nicht mehr besuchen kann.

«Stalin hat meine Eltern deportiert, Putin mir die Eltern genommen.»

Eine realistische Perspektive, wie die Krim wieder in die Ukraine zurückgeführt werden könnte, vermag Tschubarow nicht aufzuzeigen. Rußland müsse stärker unter Druck gesetzt werden, sagt er beinah verzweifelt, um selbst zu konstatieren, daß der deutsche Außenminister Steinmeier im Gegenteil die Sanktionen aufheben wolle, um Verhandlungen zu führen.

«Du gibst einem Erpresser alles, damit er mit dir in Verhandlungen tritt – worüber willst du dann noch verhandeln?»

Ob ihn der Pessimismus nicht niederdrücke, frage ich. Nein, sagt Tschubarow, nein, es gebe so viele Lösungsmöglichkeiten, man müsse nur in der Geschichte schauen.

«In der Geschichte?» frage ich. «Das zwanzigste Jahrhundert ist doch voll von Vertreibungen, und kaum eine ist rückgängig gemacht worden. Im Gegenteil: Länder wie Polen, Deutschland, auch die Griechen oder Türken konnten ihren Frieden nur machen, weil sie sich mit den Vertreibungen abgefunden haben.»

«Ja, aber Deutschland hatte noch ein Land. Die deutsche Sprache, die deutsche Kultur war nicht vom Aussterben bedroht. Die Führer der großen Nationen haben kein Gespür dafür, wie es für Minderheiten ist. Wenn wir verlieren, dann verlieren wir alles. Dann gibt es uns nicht mehr.»

Die Krimtataren seien nicht so viele, nur wenige Millionen über die ganze Welt verstreut. Daß ihre Sprache, ihre Kultur überlebt, verstehe sich nicht von selbst. Deshalb die Schuleröffnung, deshalb das Exilfernsehen – ob das langfristig reicht?

«Es gibt in der Geschichte auch andere Beispiele», sucht Tschubarow nach Gründen, zuversichtlich zu sein.

«Welche denn?»

«Nehmen Sie nur Südtirol. Die haben eine Lösung gefunden. Man muß nicht immer die Grenzen neu ziehen. Man kann auch ein bißchen kreativer sein. Europa hat das bewiesen.»

«Ist das nicht etwas zu optimistisch?»

«Nein, ich bin ein informierter Optimist.»

Abends gehe ich mit dem jungen Theaterregisseur Pavel Yurow, der den Tag über für mich übersetzt hat, noch etwas trinken. Die ganze Zeit ging es um Krieg, um Vertreibung, um die Revolution, da fällt es uns beiden schwer, die Spaßgesellschaft auszuhalten, die sich in den Kiewer Bars herumtreibt. «Interessiert sich hier überhaupt jemand für das, was im Osten des Landes geschieht?» frage ich und zeige auf die jungen Leute, die dichtgedrängt an ihren Cocktails nippen oder ein Heineken herunterkippen.

«Genauso viel oder wenig, wie sich junge Leute in Köln oder London für den Krieg interessieren», antwortet Pavel und macht klar, daß Nähe für das politische Bewußtsein keine geographische, sondern eine sinnliche Größe ist: Gleich, wie viele Kilometer entfernt man von einer der Fronten im Osten Europas wohnt, ob dreitausend Kilometer wie von London nach Aleppo oder siebenhundert wie von Kiew nach Donezk – man muß offenbar erst selbst beschossen worden, vom Terror bedroht oder Flüchtlingen persönlich begegnet sein, um zu fühlen, daß Krieg herrscht.

«Und bei dir?» frage ich, weil Pavel aus dem Donbass stammt.

«Ich habe die physische Erfahrung ebenfalls gebraucht», meint er und erzählt, wie er in Slowjansk in Gefangenschaft geriet: Zu Beginn des Krieges saß er mit einem befreundeten Kunststudenten in einem Café, sie surften im Internet, unterhielten sich, irgendwelche Sorgen wegen Spitzeln machte man sich damals noch nicht, vielleicht waren sie auch naiv; jedenfalls fielen einige sarkastische Bemerkungen über die Separatisten, die jemand bemerkt und weitergetragen haben muß, denn kurz darauf stellten sich bewaffnete Männer vor den quasselnden Freunden auf und nahmen sie als Spione fest. Erst drei Monate später kamen sie frei.

«Das war ein Trauma», sagt Pavel, der mit seiner Gruppe auch schon in Deutschland gastiert hat: «ausgesetzt zu sein, diese Hilflosigkeit». Inzwischen ist er in der Freiwilligenmiliz.

«Du kämpfst?» frage ich erstaunt, weil ich mir einen wie Pavel, einen feinsinnigen Theatermann mit weicher Stimme, der Körperbau zart, so gar nicht als Krieger vorzustellen vermag.

«Ich habe mich als Reservist gemeldet. Irgendetwas muß man doch tun, wenn man auf dem Maidan war. Auch wenn man das in Kiew nicht merkt – wir haben nun einmal Krieg. Und abgesehen davon, ist die Miliz sehr interessant.»

«Warum?»

«Das sind Leute aus allen Schichten, mit denen hätte ich sonst nie etwas zu tun. Und es ist auch interessant zu erfahren, was eine Waffe mit dir macht. Das meine ich jetzt persönlich, aber das gilt natürlich ebenso fürs Land. Du fühlst dich nicht mehr so verletzlich.»

Achtzehnter Tag

Der Legende nach, die sich längst um den Euromaidan rankt, hat ein Afghane die Revolution in der Ukraine ausgelöst: «Wir treffen uns 22 Uhr 30 unter dem Denkmal der Unabhängigkeit. Zieht euch warm an, bringt Regenschirme mit, Tee, Kaffee, gute Laune und eure Freunde.» Das sei natürlich Quatsch, beteuert Mustafa Najem, der jener Afghane ist; es sei nur zufällig sein Aufruf gewesen, auf die Straßen zu gehen, der sich in Windeseile verbreitete; genausogut hätte es ein anderer Post sein können, nachdem am 21. November 2013 der ukrainische Präsident Wiktor Janukowitsch das Assoziierungsabkommen mit der Europäischen Union widerrufen hatte. Wie auch immer, auf dem Maidan treffen kann Najem sich mit mir nicht, dort würden ihn zu viele Leute ansprechen. Deshalb setzen wir uns in einer der Seitenstraßen, hundert Meter vom Schauplatz der Revolution entfernt, auf die schmale Terrasse eines italienischen Restaurants.

Najem kam als Kind nach Kiew, als sein Vater in zweiter Ehe eine Ukrainerin heiratete. Bevor ihn der Maidan zum Helden machte, war er bereits berühmt als investigativer Journalist des Online-Magazins *Ukrainska Prawda*, «Wahrheit der Ukraine». Vor zwei Jahren nun ist er zum Politiker geworden: Auf der Liste des regierenden Oligarchen Petro Poroschenko zog er ins Parlament ein. In der Ukraine seien die Politiker alten Typs fast alle Geschäftsleute, die die Politik als eines ihrer Geschäftsfelder verstehen, erklärt Najem. Wer keinen eigenen Konzern oder keine Fabrik besitzt, gelte als schwach, der werde nicht ernst genommen. Die neuen, jungen Politiker müßten den Beweis erbringen, daß man kein Geld braucht, um Veränderungen durchzusetzen.

«Als Journalist bist du immer auf der richtigen Seite. Verantwortung zu übernehmen ist viel schwieriger. Als Politiker mußt du Dinge vertreten, bei denen du unsicher bist, die gegen deinen Instinkt gehen, du mußt Kompromisse schließen. Du siehst, wie das läuft, du siehst die ganze Korruption. Dann stellst du auch noch mit einem Mal fest, daß die Leute dir mißtrauen, ja, daß die meisten enttäuscht von dir sind. Ich höre das oft, daß ich meine Ideale verraten hätte. Ich komme nicht gut klar damit, daß mich viele für einen Verräter halten.»

«Und würdest du sagen, daß dein Wechsel in die Politik dennoch richtig war?»

«Ja, absolut. Es ist eine Evolution, im Kleinen haben wir in den zwei Jahren schon einiges geschafft. Aber klar, die Leute sind nicht zufrieden, das sehe ich, und die Leute haben ja auch recht. Wir sind noch weit entfernt von der Demokratie, die wir uns vorgestellt haben. Nur werden wir sie nun einmal nicht verwirklichen, wenn wir nicht in die Institutionen hineingehen. Wir sind jetzt dran! Unsere Generation muß nach und nach das Land übernehmen.»

Hat Najem als Afghane Probleme in der ukrainischen Politik? Nein, antwortet er, überhaupt nicht. Nicht einmal die Rechten, die ihn für seine politischen Vorstellungen kritisierten, bezögen sich auf seine Herkunft.

«Aber die radikalen Nationalisten sind doch ein Problem, oder etwa nicht?» frage ich mit Blick auf das Regiment Asow, das ich gleich mit Konstantin besuchen werde.

«Sicher gibt es Radikale», antwortet Najem, «aber im Parlament haben sie nur wenige Abgeordnete, und in der Bevölkerung vertreten sie vielleicht sieben, vielleicht zehn Prozent, nicht mehr. Vergleich das mit Frankreich, mit Österreich. Und das, obwohl wir im Krieg sind, obwohl wir mehr Flüchtlinge unterbringen müssen als irgendein anderes Land in Europa.»

Die Ukraine, fährt Najem fort, den Staat zu verteidigen, dessen Bürger er spät geworden ist, die Ukraine verkörpere wie kein anderes Land das europäische Projekt einer Einheit in der Vielfalt, so viele Völker gebe es hier, Rumänen, Georgier, Polen, Juden, Krimtataren, Weißrussen und so weiter. Vermischung sei hier die Regel, Zwei- und Mehrsprachigkeit alltäglich; ich brauche nur eine Talkshow oder eine Fußballübertragung einzuschalten, um zu staunen, wie die Sprecher zwischen Russisch und

Ukrainisch wechseln, manchmal im selben Satz. Der erste, der bei der Niederschlagung des Maidan starb, sei ein Armenier gewesen, der ersten Regierung nach dem Maidan hätten Minister aus fünf Nationen angehört. «Die Ukraine ist das Land, in dem zuletzt jemand mit der Europafahne in der Hand umgebracht worden ist. Wir waren wohl ein bißchen zu naiv, aber dafür haben wir wenigstens noch Leidenschaft, um für die europäischen Werte einzustehen. Ja, ich mag das!»

«Sprichst du eigentlich noch Persisch?» frage ich, und als Mustafa bejaht, entsteht eine etwas kuriose Situation: Ein Afghane, der Ukrainer geworden ist, hält einem Iraner, der Deutscher geworden ist, hundert Meter vom Maidan entfernt das denkbar flammendste Plädoyer für ein starkes Europa – auf persisch.

«Europa will führen, okay – aber dann mußt du auch führen, dann mußt du deine Werte verteidigen. Wenn Europa seinen größten Verbündeten, seinen treuesten Anhänger nicht unterstützt, läßt es sich selbst im Stich. Denk an 1938, als Hitler das Sudetenland ins Deutsche Reich eingliederte. Nicht unser Problem, sagten damals Frankreichs und Großbritanniens Eliten. Und was geschah? Denk an den Bukarest-Gipfel der NATO im April 2008, da lehnte Deutschland die Mitgliedschaft der Ukraine ab. Was war das Argument? Wir dürfen den russischen Bären nicht reizen. Und was passierte? Zwei Monate später führte Rußland in Georgien Krieg. Und sechs Jahre später eroberten sie Donezk. Oder Syrien! Das passiert, wenn man auf Rußlands Aggression nicht reagiert: Aleppo. Die Europäer denken, die Ukraine sei eine Pufferzone. Das ist ein großer Fehler: Die Ukraine ist die Grenze. Wenn du die Grenze nicht schützt, wird sie überrannt. Wir haben keine Wahl, wir müssen sowieso kämpfen. Aber Europa hat die Wahl. Rußland will Europa schwächen, es zettelt Kriege an, es unterstützt überall die anti-europäischen Bewegungen. Und was macht Europa? Es läßt sich schwächen. Es reagiert nicht, es läßt Rußland agieren.»

«Aber was sollte Europa tun?»

«Ich frage zurück: Was wird geschehen, wenn Europa nichts tut? Was werden die nächsten Kriege sein?»

Natürlich gehe es nicht um eine direkte militärische Konfrontation, das verlange niemand. Es gehe darum, den ökonomischen Druck aufrechtzuerhalten. Ja, mittelfristig gehe es auch darum, der Ukraine eine Mitgliedschaft in der NATO in Aussicht zu stellen, gehe es um die Europäische Union. Vor allem aber gehe es ums Selbstbewußtsein. Europa sei etwas wert, es habe eine unglaubliche Anziehungskraft. Es dürfe sich nicht so billig verkaufen.

Vom Maidan fährt mich Sashko in eines der Randgebiete von Kiew, wo sich eine Fabrik an die andere reiht, viele offenbar stillgelegt. An der angegebenen Adresse erwartet Konstantin mich mit drei anderen jungen Leuten, einer mit Hipsterbart, der andere mit zwei auffälligen Ohrringen, eine Frau im Träger-T-Shirt mit kurzen, punkigen Haaren und vielen Tattoos. Aus dem offenen Auto, das vor der Einfahrt steht, erklingt laute Rockmusik. Nein, wie Nazis sehen sie nicht gerade aus.

Das Gelände, das wir betreten, war zu sowjetischen Zeiten ebenfalls eine Fabrik und dient heute dem Regiment Asow als Hauptquartier und Übungsplatz. Weil Sonntag ist, treffe ich nur wenige Soldaten an, dafür eine Krankenschwester. Aus der Maidanbewegung hervorgegangen, hätten sie anfangs mit Turnschuhen gekämpft, berichtet Nazar Kravchenko, der den Bart trägt und offizieller Sprecher des Regiments ist; inzwischen sind sie vom Staat anerkannt, so würden nach und nach Ausstattung und Ausbildung professionell. Inzwischen hätten sie zehntausend freiwillige Kämpfer, von denen dreitausend an der Front stünden. Den Angaben in meiner Archivmappe zufolge sind es allenfalls tausendfünfhundert Milizionäre. Ob nun zehntausend oder tausendfünfhundert, bei der Rückeroberung der Stadt Mariupol hat Asow es zu nationalem Ruhm gebracht. An einer Wand hängt das Bild Stepan Banderas, dessen Milizen mit den Nazis kollaborierten, um die Sowjets zu vertreiben. 1941 rief er die «Unabhängige Republik Ukraine» aus, die Teil eines faschistischen Europas werden sollte. Seine Anhänger kämpften erbittert gegen sowjetische Partisanen und die polnische Untergrundarmee, später gegen Wehrmacht und Rote Armee zugleich, erschossen zehntausende polnische und jüdische Zivilisten und wurden umgekehrt gnadenlos von den Sowjets niedergemetzelt. 1946 gelang Bandera die Flucht nach München, wo ihn 1959 der KGB aufspürte und ermordete. Nach dem Zusammenbruch der Sowjetunion wurde er von ukrainischen Nationalisten als «Providnyk» glorifiziert, als Führer und Märtyrer, ohne daß noch von seiner Kollaboration mit den Nazis, dem Antisemitismus, der Gewalt gegen Zivilisten die Rede war. In den russischen Medien wurde «Providnyk» dagegen zu einem geläufigen Schreckenswort. Sind das also die Faschisten, auf die Rußland stets zeigt, um zu erklären, warum es der russischsprachigen Bevölkerung beigesprungen ist? Ich komme nicht dahinter, wie radikal die Miliz tatsächlich ist. Die Antworten, die ich erhalte, klingen zwar patriotisch und vor allem entschieden antirussisch, aber radikal im Sinne eines rechten, gar völkischen Gesellschaftsprojekts klingen sie nicht. Auch als ich Themen wie Homosexualität oder Abtreibung anspreche, erhalte ich nicht die unnachgiebigen Antworten, die in meiner Archivmappe stehen. Ideologisch sehe man sich keineswegs in der Nähe von rechtspopulistischen Parteien wie AfD oder Front National, beteuert Kravchenko, sondern führe lediglich einen Feldzug gegen die Korruption, die leider epidemisch sei. In der Ukraine könne es überhaupt keinen ethnischen Nationalismus geben, dafür sei die Nation viel zu heterogen.

«Und die Nazi-Symbole?»

«Ich bin nicht bereit, auf die Freudschen Ängste der Europäer Rücksicht zu nehmen», schaltet sich Alex Kovzhoon ein, der die Ohrringe trägt. Er ist ein Freund Konstantins, ebenfalls Jude, und scheint sich geradezu lustig zu machen über meinen deutschen Nazikomplex. «Wir haben hier statistisch die wenigsten Hate-Crimes in ganz Europa. Darum geht es doch. Und die Europäer regen sich über irgendwelche Symbole auf. Das sind keine Nazi-Symbole, es sind unsere eigenen. Schauen Sie sich doch um, hier gibt es keine Hitler-Porträts.»

Ehrlich gesagt, kenne ich die Statistik nicht und vermag ich schon gar nicht einzuschätzen, wie repräsentativ meine hippen Gesprächspartner für das Regiment sind. Jedenfalls ist bekannt, daß die Anführer und viele Mitglieder von Asow offen rechtsradikalen Organisationen angehören. Und die Wolfsangel mag einmal ein Forstzeichen gewesen sein, wurde aber nun einmal auch in der SS verwendet und ist heute weltweit ein Erkennungszeichen neonazistischer Bewegungen. Der US-Kongreß hat deshalb 2015 jegliche Unterstützung für Asow unterbunden.

Um wenigstens eine Stimme zu hören, die sich nicht vorab auf den Berichterstatter aus Deutschland eingestellt hat, spreche ich einen Milizionär an, der äußerlich etwas martialischer wirkt, ein muskulöser Körper, Bürstenhaarschnitt, die Schläfen ausrasiert, Militärhose und enges schwarzes T-Shirt. Serhij heißt er, einundzwanzig Jahre alt, und wollte eigentlich Architektur studieren, weil es schöner sei, Häuser zu bauen, als sie zu zerstören. Aber nun sei das Land im Krieg, die staatlichen Institutionen korrupt, deshalb habe er sich der Miliz angeschlossen, statt in die reguläre Armee zu gehen. Das Abkommen von Minsk lehne er selbstverständlich ab, und die Krim müßten sie auch noch befreien.

Ich frage Serhij, was er als ukrainischer Nationalist von Mustafa Najem hält – vielleicht daß er einmal dessen afghanische Herkunft thematisiert. Als investigativen Journalisten habe er Najem sehr bewundert, antwortet Serhij. Dann jedoch habe Najem Politiker werden, wahrscheinlich viel Geld verdienen wollen. Nun gehöre er der Regierungsfraktion an und stimme gegen die Interessen des Volkes. Nein, er halte nichts mehr von ihm.

Weil sich für morgen kurzfristig die Gelegenheit zu einem Frontbesuch ergeben hat, fahren wir vom Hauptquartier von Asow gleich weiter aus der Stadt hinaus. Schon bald wird mir auf dem Beifahrersitz des klapprigen Peugeot allzu bewußt, daß die Ukraine der zweitgrößte Staat Europas ist, und ich beginne den Bundeskanzler zu verstehen, der die Westbindung durchgesetzt hat, wohl nicht zufällig ein Kölner wie ich: Hinter der Elbe zog er die Vorhänge des Zugfensters zu, da für ihn die sibirische Steppe begann. Dann jedoch fällt mir ein Buch von Zygmunt Haupt ein, das ich zur Vorbereitung auf die Reise durch Polen las, bis ich feststellte, daß es auf einem ukrainischen Dorf spielt. Dort nämlich, in der heutigen Ukraine, damals der nordöstliche Zipfel des Habsburger Reichs, wuchs der polnische Schriftsteller auf. Ukraine, Polen, Österreich, so klar war das während seiner Kindheit nicht, das wechselte ja auch. Fährt man durch die Ebene, die sich von der Ostsee bis zum Ural, von den Karpaten bis zum Kaukasus erstreckt, wirken die Grenzen erst recht willkürlich, weil das Davor und Dahinter für die Augen keinen Unterschied macht. Aber eintönig? Selbst der Winter, farblos wie er ist, kann in dieser Landschaft einzigartig sein, «einzigartig und wunderbar, wenn auf den roten, violetten, sepiabraunen und brachschwarzen, den fuchsroten Herbst eines Tages der Schnee folgt». Vielleicht ist auch das kein Zufall, daß die schönste Beschreibung eines Wintereinbruchs, die ich je gelesen habe, von einem

Schriftsteller stammt, der in der Unendlichkeit aufwuchs, die Europa und Asien verbindet.

Auch in ihrem ukrainischen Teil gibt es Schilder entlang der Landstraße, aber mit fünfhundert Kilometern vor uns biegen wir nicht zur Schlucht Babij Jar ab, wo Hunderttausend Menschen zum Entkleiden gezwungen, an Gruben aufgereiht, erschossen und verscharrt worden sind, Juden natürlich, allein zwischen dem 26. und 29. September 1941 33 771, ordnungsgemäß gezählt, die sich vor dem Einmarsch der Deutschen nicht rechtzeitig in Sicherheit gebracht hatten, dazu Kriegsgefangene, Roma und Sinti, Partisanen, Vertreter der ukrainischen Intelligenz und der Nationalbewegung, Geisteskranke aus nahegelegenen Anstalten. Vielleicht ist das zynisch, vielleicht bezeichnend für dieses größte der *Bloodlands*, vielleicht beides: Weil ich den neuen Krieg besuchen möchte, habe ich keine Zeit für den letzten.

Weil die Fahrt ins Dunkle so lang wird, suche ich die Stelle in *Ring aus Papier* heraus, wo Haupt einen Dezembermorgen auf der Kadettenschule beschreibt: «Da begannen draußen vor der weit offenen Tür, die auf irgendeinen Kasernenhof hinausging, vor dem Hintergrund der Öde dieses Hofes und dem Zinnoberrot anderer Ziegelgebäude, die ersten Schneeflocken jenes Winters zu wirbeln. Und wie sie in der Luft kreiselten und sich vor dem Hintergrund des hellen milchigen Himmels wie Rußflöckchen drehten und vor dem dunklen Hintergrund des Hofes und des schlammigen Exerzierplatzes wie Staub, Puder, weißer Flaum schwebten, da wurde es zu einer Prophezeiung und Botschaft von irgendwoher, wo man uns gewogen ist, wo man uns achtet und an uns denkt und weiß, daß das Schlimmste, was man hier durchzumachen hat, die Aussichtslosigkeit des Immergleichen ist, und weise und wohltuend und lindernd, doch zugleich kräftig streute man nun so verwegen Faschingskonfetti über uns aus. Wie anders wurde jetzt alles, wie vielversprechend und fröhlich. Der Primus und Schleimer der Einheit nahm dienstliche, aufrechte Haltung an, und da es gerade der erste Dezember war, meldete er dienststeifrig: ‹Der Winter hat vorschriftsmäßig begonnen, Herr Hauptmann.›»

Neunzehnter Tag

Als wir an einer Tankstelle irgendwo an der Landstraße zwischen Dnipro und Donezk im Osten der Ukraine auf eine Abordnung des Bataillons Kiew-1 warten, fährt ein anderer Militärkonvoi vor. Drei dunkelbärtige Kolosse, die es auch mit einem Bären aufnehmen könnten, steigen aus einem der Lastwagen. Nahkämpfer? Nein, es sind Armeepriester, stellt sich heraus. Eine kleine, um den Bauch herum beinah kugelrunde Frau mit blonden, dauergewellten Haaren, in denen eine rosa Sonnenbrille steckt, gesellt sich zu uns und hat nach fünf Minuten jedem der Priester einen satten Kuß auf die Stirn gedrückt. Bevor ich erfahre, ob auch die übrigen Schränke von Männern Geistliche sind, fährt der Konvoi schon wieder davon.

«Ich bin Patriotin», erklärt uns die Dame fröhlich, Patriotin, wie es in dieser Gegend leider nicht genug Menschen seien, deshalb zeige sie den Soldaten um so herzhafter ihre Unterstützung. Der Graben, den der Krieg geschaffen habe, verlaufe mitten durch die Familien, auch durch ihre eigene; die Schwiegermutter zum Beispiel verbiete in ihrem Haus jedes ukrainische Wort. Ihre Klassen – sie arbeite als Lehrerin an einem Gymnasium – seien je zur Hälfte pro-ukrainisch und pro-russisch; im Kollegium hingegen begegneten die meisten Lehrer ihr inzwischen regelrecht aggressiv. Und fühle sie sich deswegen unwohl, überlege sie gar, in die Westukraine zu ziehen? Nein, nein, beteuert die Dame, ihnen gehe es bestens, ihr Mann verkaufe Reifen, da mache er durch den Krieg natürlich ein richtig gutes Geschäft.

«Bei den vielen Schlaglöchern», merke ich an.

Seit zwanzig Jahren habe hier im Osten keine Regierung mehr etwas getan, die Infrastruktur zerfalle, natürlich seien die Leute unzufrieden, das verstehe sie auch, die gleichen Gesichter, die gleichen Ansprachen, dieselbe Bürokratie, alles noch wie in der Sowjetunion. Aber dann stimmten sie bei jeder Wahl dennoch wieder für die pro-russischen Politiker, obwohl jeder wisse, daß sie Diebe sind.

«Aber warum?» frage ich.

Vor der Zapfsäule breitet die kleine rundliche Dame theatralisch wie eine Opernsängerin die Arme aus und schließt die Augen.

Endlich trifft die Abordnung des Bataillons ein, mehrere Männer in einem SUV von Audi. Einer von ihnen steigt mit in unser Auto, damit er uns an die Front lotst. Wjatscheslaw heißt er, Anfang dreißig schätze ich, ein schmaler Streifen Bart im Gesicht und Tattoos auf den Unterarmen. Sein Geschäft für Türen und Fenster hat er vorübergehend geschlossen, um sein Land zu verteidigen, und strahlt einen solchen Enthusiasmus aus, als wolle er mich ebenfalls für den Militärdienst gewinnen.

«Bastarde!» schimpft er, als wir eine Flotte weißer Landcruiser überholen, in denen Beobachter der OSZE sitzen: «Immer wenn sie irgendwo waren, beginnen dreißig Minuten später die Bombardierungen. Immer wenn sie uns die Bitte um eine Feuerpause übermitteln, wissen wir, daß die anderen ihre Truppen verlegen wollen. Und abends hängen sie in den Bars ab, machen mit Mädchen rum, leben von ihrer dicken Auslandszulage wie die Maden im Speck. Diese Landcruiser, die sind ja alle gepanzert, 110 000 Euro kosten die pro Stück. 110 000 Euro! Und warte mal ab, mit welchem Schrott wir herumfahren.»

In einem weiten, nördlichen Bogen nähern wir uns dem Kriegsgebiet, passieren Checkpoints, verlassene Häuser und eine zerstörte Eisenbahnbrücke, fahren über Nebenstraßen und auch mal kreuz und quer durch ein Feld, bis wir von einer Anhöhe aus die Hochhäuser von Donezk erblicken, in der Umgebung einige Rauchschwaden, wahrscheinlich von Mörsergranaten. Wir fahren weiter durch das menschenleere Gebiet in Richtung der Frontstadt Awdijiwka und stehen plötzlich vor einer Chemiefabrik, wo es aus allen Schornsteinen dampft.

«Die arbeitet noch?» frage ich erstaunt.

«Ja», antwortet Wjatscheslaw: «Der Oligarch bezahlt die Separatisten, damit sie die Fabrik nicht beschießen.»

«Das heißt, mit den Arbeitsplätzen in Awdijiwka wird der Krieg gegen Awdijiwka finanziert?»

«Ja, so könnte man es sehen.»

Als «Museum des Oligarchentums» hat Wolfgang Kemp in einem ebenso gelehrten wie bissigen Essay über die «größte Umverteilung von Vermögen seit der Russischen Revolution» die Ukraine bezeichnet – Museum deshalb, weil hier die großen Privatisierungsgewinner der neunziger Jahre noch weitgehend ungestört herrschen, während in Rußland Wladimir Putin nach eigenen Worten «eine große Keule in der Hand schwingt, die eine Debatte mit einem Schlag beenden kann». Der Maidan hatte sich nicht zuletzt gebildet, um die «Enteignung des Staates» zu beenden, aber der neue Präsident hat nicht einmal sein Versprechen wahrgemacht, seinen eigenen Konzern zu verkaufen, wenn er schon nicht die Macht der anderen Oligarchen brechen kann. Rinat Achmetow, der die Fabrik in Awdijiwka betreibt, ist für Kemp das Paradebeispiel für den Typus des Spekulanten, den der Übergang vom Kommunismus zur Marktwirtschaft in ganz Osteuropa hervorgebracht hat. Nicht mehr mit Immobilien oder Firmen handelt er, sondern mit ganzen Industriebranchen, ja, mit Volkswirtschaften, weshalb speziell die erste Welle des primitiven Kapitalismus nach 1991 vielen Bürgern fast wie ein neuer Einbruch von Steppennomaden vorkam. Dreihunderttausend Menschen auf beiden Seiten der Front hat Achmetow auf seinen Lohnlisten. Neben diversen Jachten, Fernsehsendern und einer Privatarmee besitzt er am Hyde Park die teuerste Wohnanlage der Welt: kein schnödes viktorianisches Stadthaus, sondern eine Gruppe extravaganter Hochhäuser, die Wikipedia einen eigenen Eintrag wert ist. Auf Wikipedia kann man auch nachlesen, wie oft und wo überall auf der Welt Achmetow erfolgreich gegen die Behauptung geklagt hat, er sei Pate der Donezk-Mafia. Im ukrainischen Parlament, in das er sich vorsorglich wählen ließ, wurde er dagegen nur einmal gesehen. Dafür hat er seinen Günstling Wiktor Janukowitsch erst zum Gouverneur der Donezk-Region, anschließend zum Ministerpräsidenten befördert. Als Janukowitsch sich selbst zum Oligarchen hochplünderte, wechselte Achmatow rechtzeitig die Seiten und unterstützte den Maidan. Mit den Separatisten freilich, die nach der erfolgreichen Revolution in der Ost-Ukraine auf den Plan traten, verdarb er es sich trotz seiner Unterstützung für die neue Regierung in Kiew nicht. Heute liegt sein Palast «unberührt und grandios inmitten der Kriegslandschaft», wie Kemp schreibt und Wjatscheslaw bestätigt: «Bastard.»

An einem vollbesetzten Werksparkplatz vorbei erreichen wir Awdijiwka, ein typisch sowjetisches Arbeiterstädtchen aus Plattenbauten, breiten Straßen, einem Einkaufszentrum und Parks. Zu meiner Verblüffung ist es tatsächlich bewohnt: Fahrradfahrer, Kinder auf den Bürgersteigen, Mütter mit Kinderwagen, ein Fußballplatz, auf dem der Ball läuft, Wäsche vor den Fenstern, die Vorgärten gepflegt.

«Was schätzt du, wie viele sind auf eurer Seite, wie viele auf der Seite der Separatisten?»

«Heute? Fünfzig zu fünfzig, schätze ich. Allerdings sind viele nach Donezk gezogen, als wir die Stadt zurückerobert haben.»

Am Ortsausgang fahren wir in den Hof eines Hochhauses, das von Einschußlöchern durchsiebt ist. Auf dem Parkplatz stehen ein altersschwacher Panzer und einige noch ältere Militärfahrzeuge. In dem Hochhaus ist das Bataillon untergebracht, hundert Kämpfer auf mehreren Etagen, jede Wohnung eine Männer-WG. Die meisten waren auf dem Maidan und hatten bis vor kurzem noch bürgerliche Berufe, der eine war Barmann, ein anderer Lehrer, bis auf den Hauptmann Laiensoldaten, so kommt es mir vor, ihre Stimmung geradezu aufgekratzt, sehr herzlich auch uns gegenüber. Es hat alles ein bißchen etwas von einem Abenteuercamp. Auf einem Helm, der herumliegt, entdecke ich die Runen der SS – aber das sei nur Spaß, beteuert der erste, der meinen erschrockenen Blick bemerkt, habe irgendwer aus Langeweile auf den Helm gemalt, weil die Russen sie immer als Faschisten bezeichneten. Vom Dach aus sehen wir einige Hundert Meter entfernt den Verlauf der Front.

Mit zehn Soldaten, die Helme und Schutzwesten angelegt haben, steigen wir in einen grauen Bulli, Baujahr 1960 plus, wegen seiner Form in der Sowjetunion «Tabletka» genannt, «Pille» – daß er überhaupt noch fährt! Gut, nach dreihundert Metern fährt die Pille tatsächlich nicht mehr. Vergebens schieben wir an, um schließlich den Weg zum Schützengraben zu Fuß zurückzulegen. Ihre Kalaschnikows sind von 1972, wie man an der Gravur erkennen kann, und ihre einzige Technologie. Seltsam genug, daß im einundzwanzigsten Jahrhundert in Europa wieder Krieg herrscht – aber noch seltsamer, daß die Ausrüstung kaum anders ist als im letzten Krieg. Der einzige, der ein modernes Gewehr trägt, ist der Personenschützer eines jungen Abgeordneten, der auf Truppenbesuch ist.

Durch die Gräben hindurch gelangen wir zu einer Gefechtsstellung, aus der das Sturmgewehr eines Kämpfers ragt, Typ Gewichtheber, auf dem kahlen Kopf ein Piratentuch statt des Helms. Drei Stunden Dienst, sechs Stunden Pause, das ist der Rhythmus, der der Gefahr und Konzentration des Einsatzes geschuldet ist. Dicht an dicht ducken wir uns an die Sandsäcke oder hocken auf der Erde, viel zu viele Menschen für den Verschlag, aber im offenen Graben sollte keiner stehen. In der Ferne hören wir Einschläge, dann Funkbefehle: Siebenhundert Meter entfernt hat ein Schußwechsel eingesetzt. Gut, solange warten wir besser hier. Ein passender Moment, denke ich, um über Europa zu sprechen.

«Für wen kämpft ihr, für die Ukraine oder für Europa?»

«Nur für die Ukraine», antwortet einer der Soldaten prompt, und ein anderer ergänzt: «Schau dir unsere Waffen an. Das einzige, was wir von Europa bekommen haben, war ein Humvee. Aber die Ersatzteile haben sie nicht mitgeliefert, deshalb steht der Humvee jetzt herum.»

«Aber bedeutet Europa denn gar nichts für euch?» hake ich nach.

«Doch, sicher», meint der Gewichtheber, «wir wollen unsere Kinder in Europa aufwachsen sehen. Aber wir können uns ja nicht einmal auf unsere eigenen Politiker verlassen.»

«Als ob es nicht genug Geld im Land gäbe, um moderne Waffen zu kaufen», ergänzt ein Dritter: «Statt dessen verkaufen sie uns.»

«Das heißt, ihr lehnt das Minsker Abkommen ab.»

«Natürlich lehnen wir es ab. Wenn die Politiker Mumm hätten, würden sie alle Verbindungen zu Europa kappen.»

«Und werdet ihr je wieder mit denen zusammenleben, die jetzt auf der anderen Seite der Front stehen?»

«Meine eigenen Freunde stehen dort», sagt ein junger Mann, der aus Donezk stammt. «Sie verstehen nicht, daß ich mich für die Ukraine entschieden habe, und ich verstehe nicht, wie sie sich für die Separatisten entscheiden konnten.»

«Sie werden uns nicht vergeben, daß wir sie getötet haben, und umgekehrt», meint der Gewichtheber: «Aber am Ende wird die Zeit heilen. Sie muß, anders geht es ja nicht.»

Als keine Einschläge mehr zu hören sind und über Funk das Okay kommt, laufen wir durch die Gräben zurück auf die Straße und spazieren zurück in die Stadt. Die Pille steht immer noch am Wegrand, als käme gleich der ADAC. Die Menschen, die uns entgegenlaufen oder vor ihren Häusern sitzen, tun so, als wären wir die normalsten Passanten der Welt, kein Gruß, aber auch keine Feindseligkeit. Einmal spreche ich einige ältere Herrschaften an, die in einem der Vorgärten die Flasche herumgehen lassen, aber mit einer Mannschaft ukrainischer Soldaten im Rücken erfahre ich in Awdijiwka nicht mehr, als daß Frieden auch eine schöne Sache wäre, Prost.

Es ist heiß, wir tragen die Helme und schußsicheren Westen, und so lade ich, als wir an einem Lebensmittelladen vorbeigehen, die Mannschaft zu einem Eis ein. Die Verkäuferin muß lachen, als sie die Soldaten am Tiefkühlschrank sieht. Als würde er in einer Komödie auftreten, läuft als letzter Sashko in den Laden ein, der zu Weste und Helm immer noch seine Bermudas und die Badelatschen trägt. Jeder ein Eis am Stil in der Hand, gehen wir weiter die Sandpiste entlang und – ja, das sieht jetzt wirklich wie der Ausflug einer, ich will nicht sagen: Pfadfindergruppe aus, aber doch so, als wäre der Krieg nur ein Spiel, das sich jemand ausgedacht hat. Das ist es ja vielleicht auch: ein Spiel, das andere spielen und in dem sie nur Figuren sind. Gestorben sind bisher dennoch mehr als zehntausend Menschen real.

Zwanzigster Tag

Siebzehn Kilometer von der Frontlinie entfernt, in der Kleinstadt Wolnowacha, bemühe ich mich, mit Menschen ins Gespräch zu kommen, vor einem Café, in einem Lebensmittelgeschäft, in einem Blumenladen. Es gelingt mir nicht. Sashko, der sonst mit jedem sofort auf du und du ist, wirkt heute unwillig, streicht in der Übersetzung meine Fragen zusammen und übersetzt mir wiederum Antworten, die vollkommen nichtssagend sind. Endlich rückt er mit der Sprache heraus:

«Die Leute sagen mir eh nicht, was sie denken.»

«Ist das die sowjetische Mentalität?»

«Nein, es ist mein Akzent.»

«Dein Akzent?»

«Ja, die merken sofort, daß ich aus Lemberg bin.»

Lemberg, das heißt aus dem Westen und offenbar, daß jemand selbstverständlich auf der ukrainischen Seite steht. Die Menschen in Wolnowacha und den anderen Städten des Donbass nicht? Auf der Durchreise, ohne Kontakte vor Ort, ist das kaum herauszubekommen, jedenfalls nicht mit einem Übersetzer, der seinen Patriotismus auf der Zunge trägt. Auf die andere Seite der Front zu wechseln ist auf die Schnelle schon gar nicht zu schaffen; das ginge nur, wenn ich von Moskau aus anreiste oder allenfalls noch, wenn ich in den gepanzerten Landcruisern mitführe. Aber die Separatisten werden der OSZE genauso mißtrauen wie die ukrainische Armee.

Im Kulturzentrum von Wolnowacha treffe ich Mitglieder eines traditionellen Frauenchors, die Leiterin, ihre beiden Töchter und zwei alte Damen. Unfaßbar leuchtende Augen haben sie alle fünf, ein extremes Hellblau, und selbst von den Gesichtszügen der Alten scheint ein kindliches Strahlen auszugehen, als ob Singen wirklich jung hielte. Und wie schön ein Kopftuch sein kann, wenn es als Schmuck getragen wird, nicht aus Scham oder gar Zwang. Allein schon die Trachten heben das schnöde Intendantenbüro, in dem sie mich empfangen, aus der Gegenwart heraus, aber als die fünf auch noch anfangen zu singen, wähne ich mich endgültig in die grasige Steppe versetzt, in der ein Wind über fünftausend Kilometer hinweg aus Asien weht. Die Stimmen leiern in unterschiedlichen, kaum zu durchschauenden Intervallen auf und ab, dringen durch die offenen Fenster in die Stadt, jede einzelne Stimme trägt weit. Ich stelle mir vor, wie jemand aus der Ferne oder sogar im Nachbardorf diesen Gesang gehört hat, der wie eine Klage klingt, obwohl es ein Hochzeitslied ist. Eine Steppe, das war schließlich einmal auch das riesige Gebiet, das wir seit Tagen durchfahren, eine Steppe, in der sich ein Volk nach dem anderen angesiedelt hat, weil Platz genug für alle da war, jedes Volk in seinem eigenen Dorf, in dem sich die Bewohner aneinander schmiegten, weil sie allein in der Ödnis verloren wären, so daß sich die Sprachen und mit den Sprachen auch die Tänze, Trachten und Sitten bis ins zwanzigste Jahrhundert erhalten haben. Die Lieder, die der Frauenchor im Büro der Intendantin vorträgt, klingen schließlich auch wie eine Zärtlichkeit.

Über hundert Nationalitäten habe es allein in dieser Gegend einmal gegeben, seufzt die Chorleiterin in die Stille, die sich nach dem Gesang im Büro und – so stelle ich's mir in meiner Ergriffenheit vor – durch das offene Fenster bis auf die Straßen ausgebreitet hat, über hundert!, wiederholt die Leiterin und beginnt die Nationalitäten so schnell aufzuzählen, daß Sashko nicht mitkommt. In wieviel Jahrhunderten, Jahrtausenden hat sich diese Vielfalt herausgebildet, wie oft schon war sie bedroht? Um sie zu zerstören hat die Moderne nur zwei Jahrzehnte gebraucht, von 1930 bis 1950. Heute, fährt die Chorleiterin fort, sei es schon schwierig genug, die ukrainische Kultur zu bewahren, die hier im Osten ohnehin nur noch auf den Dörfern existiere; abgesehen von der griechischen Volkstanzgruppe seien sie im ganzen Donbass der einzige Chor, der die alten Lieder pflegt. Und in der Stadt seien sie nicht einmal gern gesehen.

«Wie meinen Sie das?» frage ich.

«Wenn ich mit meiner Tracht auf die Straße ginge, würden die Leute mich anstarren wie einen Neger. Ich kann nicht einmal unsere Lieder ins Internet stellen, sonst werde ich überschüttet mit Haßkommentaren. In der Stadt wird unsere Kultur von den meisten Leuten vollständig abgelehnt.»

Mittags fahren wir weiter in die Küstenstadt Mariupol, die so nah an der ostukrainischen Front liegt, daß man im Zentrum häufig die Mörsergranaten hört. Weil die Separatisten hier auf größeren Widerstand stießen als in jeder anderen Stadt, hat Mariupol für ukrainische Patrioten einen mythischen Klang. Dem Asowschen Meer, nach dem die Miliz mit der hippen Wolfsangel benannt ist, wendet sich die Stadt allerdings nur an wenigen Stellen zu. Umgeben ist sie von einem Gürtel aus Industrieschloten. Um so idyllischer wirkt im Zentrum das Ensemble aus alten Gebäuden und noch älteren Bäumen. Ob das Stadttheater, das überdimensioniert wirkt wie in vielen Provinzstädten des ehemaligen Sowjetreichs, den Kapitalismus lange überleben wird? Noch bietet es nicht Musicals, sondern die russischen Klassiker an. Den Plakaten nach zu urteilen, die aus den Porträts der Hauptdarsteller bestehen, wird nicht gerade Regietheater gespielt. Wer auf deutschen Bühnen die Werktreue vermißt, kann also nach drüben gehen.

Ich bin mit Diana Berg verabredet, einer blonden, sehr zierlichen, dabei resolut wirkenden jungen Frau. Den Namen verdankt sie deutschen Vorfahren; sie selbst wuchs in Donezk auf, hatte einen guten Job als Markendesignerin, führte die örtliche Maidan-Bewegung mit an und wurde nach dem Einmarsch der Separatisten auf Steckbriefen gesucht. Ohne Gepäck floh sie aus ihrer Stadt. Die Mutter brachte ihr später die Katzen nach. Jetzt organisiert sie Ausstellungen und andere Kulturprogramme in Mariupol, weil ihr die Zivilgesellschaft wichtiger geworden ist als Markendesign. Ihr Freund hat ein literarisches Café eröffnet, nachdem er aus der Haft entlassen worden ist – der ukrainischen Haft wohlgemerkt: Nach dem zweiten Minsker Abkommen hatte er in einer illegalen Miliz gegen die Separatisten weitergekämpft. Ihr Freund habe Verhandlungen nicht grundsätzlich abgelehnt, meint Diana; er habe sich nur nicht damit abfinden können, nicht mehr nach Hause, nach Donezk, zurückkehren zu können.

«Erst denkst du, es ist nur für eine Woche, dann sagst du, okay, ein Monat. Es dauert, bis du begreifst, daß die Fremde dein Zuhause geworden ist.»

Hat sie dennoch Hoffnung? In einem weiten Sinne ja, antwortet Diana; die Maidan-Revolution habe die Menschen dazu gebracht, das Gegebene als veränderbar zu begreifen, und so streife das Land nach und nach seine Sowjetmentalität ab – kein Anliegen, für das sich nicht irgendeine Gruppe engagiere. Und der Nationalismus, bereitet er ihr keine Sorge? Doch, der bereite ihr große Sorgen, der sei toxisch, sagt sie und spricht von selbst das Regiment Asow an, das sie für brandgefährlich hält. Um deren völkischen Symbolen etwas entgegenzusetzen, habe sie bei einer Kundgebung mal die Regenbogenfahne mitgeführt.

«Und war das okay?»

«It was very very not okay.»

Ich gestehe, auf meiner Reise durch die Ukraine nicht den Eindruck gewonnen zu haben, daß der Krieg, der Mariupol weiter bedroht und Dianas Heimatstadt Donezk verschlingt, die ganze Nation bewegt. Natürlich, wenn man von Maidan-Aktivist zu Maidan-Aktivist weitervermittelt wird, kann man meinen, jeder Ukrainer engagiere sich für die Freiheit und die Anbindung an Europa. Aber ist das repräsentativ? Nein, natürlich nicht, antwortet Diana; in Kiew wolle man nicht viel von den Menschen nahe der Front wissen, da störten sie irgendwie. Deshalb könne sie auch nicht ständig Europa beschuldigen, wenn selbst aus der Ukraine die Unterstützung fehle.

«Wir sind hier auf einer Insel», sagt Diana. «Es gibt keinen Flughafen, die Hauptwege sind durch den Frontverlauf unterbrochen, die Straßen seit Jahren nicht mehr ausgebessert, es fahren nur noch zwei Züge pro Tag. Mal hören wir über Wochen nichts als die Mörsergranaten, dann scheint das Wasser zu steigen; mal gibt ein berühmter Musiker aus Kiew ein Solidaritätskonzert, dann wird die Verbindung zum Festland sichtbar.»

Buchstäblich zwischen die Fronten geraten sind die griechischen Dörfer in der Priazowija, der Gegend um Mariupol im südlichen Donbass, berichtet Oleksandra Protsenko-Pichadzhi im Kulturzentrum der griechischen Gemeinde, das einem Tempel nachgebaut ist: «Unsere Granaten fliegen oft nicht weit genug und fallen auf die Dörfer. Und wenn die anderen schießen, fliegen manche Granaten ebenfalls nicht weit genug.»

Frau Protsenko ist das Bild einer Schuldirektorin: Dutt, Bluse, knielanger Rock, korpulent und tiefe Stimme, wegen der allein schon man aufrecht sitzen will. Um so mehr berührt die Erschütterung, mit der sie vom Krieg erzählt. Die Soldaten hätten sich betrunken, und dann hätten sie in den Dörfern Dinge – der Schuldirektorin stockt die Stimme – so Dinge gemacht, ganz schreckliche Dinge. Ich erfahre nicht, welche Soldaten es waren, ob Separatisten oder ukrainische Milizen, und schließe daraus, daß die Dinge auf beiden Seiten der Front geschehen. Weil sie Lebensmittel und Kleidung in die Dörfer und auch Dorfhälften bringt, die hinter der Frontlinie liegen, wird sie in Mariupol öffentlich als Separatistin beschimpft und im Internet verleumdet; sie würde in ihrer Schule Alkohol an die Oberstufenschüler verkaufen, solcher und schlimmerer Schmutz.

«Wenn diese Leute einen Gott hätten, wüßten sie, daß sie für ihre Lügen zur Rechenschaft gezogen werden, daß die Sünde wie ein Bumerang ist. Hat unsere Regierung etwa wenig Fehler begangen? Wir müßten um jeden einzelnen Menschen werben, damit er pro-ukrainisch bleibt, statt dessen beschießen wir sie und beschimpfen sie als Russen. Aber was sollen sie denn machen? Sie können nicht sagen, daß sie zur Ukraine gehören wollen, das geht dort einfach nicht. Wir müßten sie unterstützen, statt dessen halten wir ihnen sogar ihre Rente vor, für die sie ein Leben lang geschuftet haben. In meinem eigenen Dorf gibt es seit drei Monaten kein fließendes Wasser, und das im Sommer, bei dieser Hitze.»

Die Griechen hätten immer schon darauf geachtet, unter sich zu bleiben, um ihre Identität zu bewahren. Griechisch spricht dennoch kaum jemand mehr, auch nicht Ukrainisch, sondern selbstverständlich Russisch. Während des Großen Terrors seien allein aus der Priazowija viertausend Griechen deportiert und größtenteils ermordet worden. Frau

Protsenko-Pichadzhi holt ein Buch hervor, das aus nichts als den viertausend Namen und den Urteilen des Schnellgerichts besteht: «Erschießen, erschießen, erschießen», liest sie vor. Aus dem Küstenort Jalta – ja, Jalta wie auf der Krim, das einmal ein griechischer Ort war – sei die gesamte männliche Bevölkerung abgeführt worden, nur die Alten, die Kinder und die Behinderten nicht. Es sei Spätherbst gewesen, ein Wintereinbruch, deshalb seien «Kommunisten», wie sie die Agenten des NKWD nennt, nicht mit den Schwarzen Raben, sondern mit einem Schiff gekommen und hätten die Männer gezwungen, in ihre eigenen Boote zu steigen. Die Frauen hätten am Berg gestanden – das Dorf liege auf einem Hügel, der sich über dem Meer erhebt – und so laut und durchdringend wie Wölfe geheult, als die Männer aus dem Hafen ruderten. Da hätten die Männer, um das Heulen ihrer Frauen nicht zu hören, laut angefangen, ein Revolutionslied zu singen: «Das weite Meer soll sich aufbäumen, das weite Meer soll sie verschlingen.» Mögen die Griechen der Priazowija nicht mehr Griechisch sprechen – ihre Geschichten könnten antike Mythen sein.

Im Dunkeln fahren wir aus der Stadt, damit ich nach zwanzigtägiger Fahrt einen Morgen am Meer erlebe. Im Reiseführer steht etwas von einer Landzunge, wo viele Hotels seien. Obwohl es spätsommerlich warm ist, wirkt die Landzunge wie ausgestorben; die Straßenlaternen sind ausgeschaltet, kaum ein Licht in den Fenstern, alle Hotels zu. Ist es wegen des nahen Kriegs oder bloß wegen der Nebensaison?

Einundzwanzigster Tag

Aus dem Hotel, das wir doch noch gefunden haben, finde ich nicht heraus, so daß ich den Sonnenaufgang verpasse, für den ich eigens den Wecker gestellt habe. Nicht genug, daß wir die einzigen Gäste sind – es ist auch niemand da, der uns bedient. Die hohen Zäune rings um das Gebäude wehren nicht nur Eindringlinge ab, sondern wären auch für Ausbrecher eine Herausforderung. So blicke ich von der schattigen Terrasse auf den Strand, der in der frühen Sonne strahlt, und male mir ein Bad in den spätsommerlichen Wellen aus. Als sich um halb neun immer noch kein Personal blicken läßt, nehme ich vorlieb mit einem Sprung in den moosgrünen Pool.

Schon am Abend war Sashko mit den drei Russen aneinandergeraten, die uns ins Hotel eingelassen hatten, der hochschwangeren Rezeptionistin, dem Hausmeister und dem Chef. Russen? Natürlich dürften sie einen ukrainischen Paß besitzen, aber ein Patriot wie mein Fahrer muß mit ihnen gar nicht erst über Politik sprechen, um sie dem feindlichen Lager zuzuordnen. «Wie kann ich mit Leuten in Frieden leben, die meine Vorfahren nach Sibirien deportiert haben?» schimpfte er, während er auf den Wodka wartete, nach dem er schon viermal gefragt hatte. Und als er sich endlich einschenken konnte, kam er wieder auf den «Holodomor» zu sprechen, das gezielte Aushungern der widerständigen Bevölkerung unter Stalin, dem Anfang der dreißiger Jahre mindestens 3,3 Millionen Ukrainer zum Opfer fielen, von sechs bis sieben Millionen Verhungerten insgesamt. Um Sashkos Laune nicht weiter zu verschlechtern, verzichtete ich auf den Einwand, daß Stalin kein Russe und die Sowjetunion nicht identisch mit *den* Russen sei, schon gar nicht mit der heutigen Generation. Ebensowenig fragte ich, warum er mit seinem Geschichtsverständnis dann für einen deutschen Berichterstatter arbeite, wo Deutschland während der dreijährigen Besatzung dreieinhalb Millionen Ukrainer ermordet hat und weitere drei Millionen im Kampf gegen die Deutschen fielen oder infolge des Krieges starben. Indes die Rezeptionistin, der Hausmeister und der Hotelbesitzer werden sich schon gefragt haben, warum der herrische Gast mehr Rechte haben soll, in dem Land zu leben, in dem sie geboren wurden, zumal ihre Vorfahren nicht freiwillig umgezogen sein dürften. Im Zuge seiner inneren Kolonisierungspolitik brach Stalin nicht nur mit äußerster Brutalität den Widerstand der ukrainischen Bauern gegen die Kollektivierung, sondern zwang Millionen Arbeiter aus anderen Teilen der Sowjetunion, sich in den neuen Industriezentren anzusiedeln. Die Rezeptionistin, der Hausmeister und der Hotelbesitzer werden ihre Eltern oder Großeltern kaum für Täter halten. Ein Abendessen, das liebloser zubereitet gewesen wäre, haben wir jedenfalls in keinem Sozialismus gegessen, und Frühstück ist auch nicht vorgesehen, wie sich herausstellt, als der Hausmeister endlich gegen neun das Tor aufschließt.

Ich gehe spazieren und treffe vor den leeren Hotels und Villen, die in den öffentlichen Strand, ja mitunter bis ins Meer hineingebaut wurden – wer genehmigt so etwas? –, doch einige Menschen an, Rentner vor allem, die auf Klappsesseln die Sonne genießen, Angler und alle zweihundert Meter einen Mann im schwarzen Taucheranzug. Hüfthoch im Wasser, tragen sie dicke Kopfhörer und halten eine Eisenstange in der Hand – was haben sie bloß vor? Sie suchen nach Schmuck, Münzen und Metall, geht mir beim dritten Taucher auf. Macht die schlechte Wirtschaftslage kreativ?

Auf dem Rückweg zum Hotel beobachte ich von weitem eine junge Frau, die im Wind springt und tanzt. Was für ein schönes Bild, denke ich, um beim Näherkommen festzustellen, daß sie nur für ihren Freund posiert. Er sei nicht ihr Freund, betont er, als er mich bittet, ein Erinnerungsphoto von ihnen beiden zu machen, er sei ihr frischgebackener Ehemann. Weil ich als Westeuropäer an diesem Strand, der so nah am Krieg liegt, ein ungewöhnlicher Gast bin, erst recht außerhalb der Saison, und der junge Mann etwas Englisch kann, kommen wir ins Gespräch. Sie leben in Mariupol, erfahre ich, und finden als ethnische Russen ihre Stadt keineswegs befreit, auch wenn sie mit dem Regiment der Separatisten ebenfalls unzufrieden waren. Die seien ja teilweise Kriminelle gewesen, nicht selbstlose Verteidiger des Volks. Und jetzt?

«We have become strange in our own country.»

Die Straße, die auf sechshundert Kilometern von Mariupol nach Odessa führt, ist selbst für ukrainische Verhältnisse in einem desaströsen Zustand, wie Diana also zu Recht geklagt hat. Als wir Stunde um Stunde im unbequemen Kleinwagen sitzen – an der Landschaft hat sich ebenfalls nichts geändert, seit Litauen immer die gleiche, urbar gemachte Steppe –, erwähnt Sashko, daß er seinen Führerschein für 300 Griwna gekauft hat, umgerechnet 10 Euro.

«War das schwierig?» frage ich.

«Wenn du ihn für dreihundert haben willst, mußt du schon Beziehungen haben. Ab vierhundert ist es gar kein Problem.»

«Wie, man kann sich einfach einen Führerschein kaufen?»

«Ja, das macht jeder.»

«Jeder?»

«Also nicht jeder, aber fast jeder kauft sich den Führerschein.»

«War das zu Sowjetzeiten schon so?» frage ich.

«O, nein, damals gab es so etwas nicht.»

«Das heißt, damals herrschte noch Ordnung?»

«Nein, damals gab es einfach viel weniger Autos. Da wurden nicht so viele Führerscheine gebraucht.»

Zweiundzwanzigster Tag

So gespannt war ich, in Odessa über die große Potemkinsche Treppe zu laufen, die sich nach oben verjüngt und so den Eindruck hervorrufen soll, daß sie in den Himmel rast – und nun ist sie mit roten Holzwänden abgesperrt, auf denen der Halbmond weiß leuchtet: Nicht wie in Polen oder Litauen die Europäische Union, nicht wie in Weißrußland der große Bruder, nein, die Türkei finanziert Odessas Prestigeprojekt, die Restaurierung seines berühmtesten Bauwerks. Der Kinderwagen, der in Sergej Eisensteins *Panzerkreuzer Potemkin* zwischen den Erschossenen Stufe um Stufe hinabkullert, der Mund der alten Frau, der zum lautlosen Schrei geöffnet ist, die Soldaten, die um den Kinderwagen herum nach unten marschieren, der Degen, der ins Auge des Zuschauers sticht – es ist eine Urszene menschlicher Ohnmacht in der Moderne, die jeder Kinogänger mit der Treppe verbindet. Vom Hafen aus, an dem die Welt in Odessa anlegte, gehe ich entlang der Absperrung die Treppe hoch und trete mit der letzten Stufe auf eine große Bühne: der Platz mit der Statue des ersten Gouverneurs, des Herzogs von Richelieu, und dahinter der breite Boulevard, an dem sich die Prachtbauten entlangreihen, der Gouverneurspalast, die Börse, die Oper und was eine Stadt sonst noch benötigte, die sich «zweites Sankt Petersburg», «Palmyra des Südens», «Königin des Schwarzen Meeres» und was nicht alles nannte.

An der Statue erwartet mich Oleg Filimonov, Schauspieler und populärer Moderator einer politischen Satireshow im Fernsehen. Während er mich durch die Stadt führt, breitet er auch seine eigene Geschichte Odessas vor mir aus, erzählt von den jüdischen Eltern, erinnert sich an die Sprachen, die er als Kind täglich gehört habe, Jiddisch, Bessarabisch, Ukrainisch, Türkisch und natürlich Russisch, denkt über die griechische Antike als Leitbild nach, für die der Name Odessa programmatisch gewesen sei, beschwört den kosmopolitischen Geist, der Odessa selbst in der

Sowjetzeit durchweht habe, führt die weltberühmten Künstler auf, die Schriftsteller, Maler, Geiger und Pianisten, schwärmt von den Jazzclubs, die in der Zwischenkriegszeit in ganz Europa und selbst in Amerika bekannt gewesen seien, spricht von Odessa als einer auch jüdischen Stadt. Fast alle Vordenker der jüdischen Emanzipation hätten einen Teil ihres Lebens hier verbracht. Vilnius schaut in die Vergangenheit, Odessa in die Zukunft, habe es unter Juden geheißen: Nicht Treue zur religiösen Tradition sei hier das Wichtigste gewesen, sondern Wissenschaft, Handel und Kultur.

Dreihunderttausend Juden lebten in Odessa Anfang des zwanzigsten Jahrhunderts, überproportional unter ihnen die Intellektuellen, Lehrer, Künstler, Literaten, Bildungsbürger. Das kosmopolitische Odessa, das prägten gerade auch sie, für die Heimatlosigkeit und Wanderschaft zum religiösen Archiv gehörte. Ein Großteil der bessergestellten, sozial emanzipierten Juden emigrierte nach der Russischen Revolution oder spätestens unter Stalin, der alles religiöse Leben verbot. Als die Stadt für neunhundertsieben Tage unter deutsche Herrschaft fiel, hatte Odessa noch etwa hunderttausend Juden. Nur zehntausend überlebten. Selbstverständlich waren sie traumatisiert, auch Filimonovs Eltern; jeder einzelne Jude hatte, wenn nicht die gesamte Familie, dann die meisten Verwandten in den Lagern verloren. Um so fataler war es für den Zusammenhalt der wenigen, daß sie keine der zerstörten Synagogen wiederaufbauen durften. Die jüdische Präsenz beschränkte sich auf ein unscheinbares Gemeindezentrum. Juden waren schon deshalb verdächtig, weil sie häufiger als andere auswandern wollten.

«Daß sie auswandern wollten, weil sie verdächtigt wurden, fiel offenbar keinem Funktionär ein», blitzt in Filimonov für einen Augenblick der Satiriker auf.

Seit der Unabhängigkeit blüht jüdisches Leben wieder in Odessa auf, wenn auch in viel kleinerem Maßstab als früher. Die meisten seiner Verwandten seien in den letzten Jahren nach New York oder nach Israel gezogen, berichtet Filimonov; er selbst aber, obwohl er inzwischen die finanziellen Mittel habe, überall auf der Welt zu wohnen – im Juwelengeschäft sei er auch, erwähnt er augenzwinkernd, als wisse er ums Klischee –, er selbst freue sich über jeden Tag, an dem er in Odessa erwache. Dann blickt er sich um und zeigt auf die makellose Reihe der Gründerzeitbauten, die in St. Petersburg, Wien oder Rom stehen könnten, die alten Platanen entlang des Bürgersteigs, das Kopfsteinpflaster: «Ist das etwa keine europäische Stadt?» Zufällig stehen wir auch noch vor der legendären Musikakademie.

Tatsächlich: Wenn es einen Ort gibt, an dem sich der Universalismus der Aufklärung manifestiert, ist es Odessa. 1794 von einer deutschstämmigen Zarin in Auftrag gegeben, die Rußland zum Westen öffnen wollte, wurde die Stadt von einem spanisch-irischen Admiral gegründet, maßgeblich von italienischen Architekten erbaut, die ersten Jahrzehnte von einem Franzosen regiert, von polnischen Magnaten und griechischen Reedern zu Europas wichtigstem Umschlagplatz für Weizen gemacht, von Händlern, Seeleuten und Intellektuellen vieler Nationen bewohnt. So war Odessa lange vor New York ein *melting pot* der Sprachen, Religionen und Ethnien. Selbst heute ist der Gouverneur ein Ausländer, der ehemalige georgische Präsident Michail Saakaschwili. Aber das ist nicht alles, warum Odessa phänotypisch für Europa steht, als eine Modellstadt Minsk vergleichbar, wo der Kommunismus Stein geworden ist. Es ist auch der Glaube an die Kultur, an die Größe menschlicher Gestaltungskraft, der Odessa durchdringt, die frühen Palais und die selbstbewußten Bürgerhäuser mit ihren Balkonen, den hohen Decken und vor allem den prächtigen Salons, in denen man sich die anspruchsvollsten Abendunterhaltungen vorstellt, Hauskonzerte, Rezitationen, politische oder philosophische Debatten, mag in Wirklichkeit auch nur der gleiche Tratsch wie überall besprochen worden sein. Die Parks, die wie Kunstwerke angelegt sind, verwandeln sich an warmen Abenden noch heute in Freiluftsalons, in denen man sich zum klassischen Paartanz trifft. Und dann das spektakuläre Opernhaus, die Akademien, der Kopfbahnhof mit der prägnanten Kuppel gleichsam als Einladung an die Welt, und in der Stadtmitte ein Museum neben dem anderen, ohne daß man eine Museumsmeile oder ein Museumsquartier ausrufen müßte, ein Museum für Archäologie, für Münzen, für den Seehandel, fürs Judentum, für westliche und orientalische Kunst, ein Museum allein für Puschkin und eines für alle Literaten Odessas: Mickiewicz, Babel, Achmatowa, Mandelstam – wer von den großen Dichtern Osteuropas lebte eigentlich nicht eine Zeitlang hier?

Auch heute wird Odessa von Reisenden aus aller Herren Länder besucht, nicht nur den typischen Easyjettern aus Westeuropa – seltsamerweise fliegt keine der Billigairlines die Stadt an –, eher aus Amerika und aus Ländern, die für Westeuropäer noch ferner sind, Türken, Araber, Israelis, viele Rumänen, Bulgaren, Moldawier natürlich, Russen. Die meisten Taxifahrer kommen von den östlichen Rändern der ehemaligen Sowjetunion und tragen so das ferne Asien in die Stadt. Die jungen Marinesoldaten in ihren blütenweißen Uniformen und weiß-blau gestreiften Shirts, auf den frisch frisierten Köpfen ein keckes Barett, verleihen den Bürgersteigen das polyglotte Flair einer Hafenstadt. Aber vor allem, o Wunder: Odessa ist selbst heute noch so schön, wie der Phantasiename klingt.

Konfliktfrei ist es allerdings nicht. Zwar im Südwesten der Ukraine gelegen, weit entfernt von der Front, aber eine Neugründung der Zarin Katharina, hat die Stadt anders als Kiew oder Lemberg schon vor der Sowjetunion Russisch gesprochen. Während der jüngsten Revolution eskalierte hier die Auseinandersetzung zwischen ukrainischen Nationalisten und prorussischen Demonstranten, die, analog zum Maidan, auf dem Platz Kulikow Polje Zelte aufgebaut hatten. Als Mitglieder des «Rechten Sektors» die Zelte in Brand steckten, flüchteten die Demonstranten ins angrenzende Gewerkschaftshaus. Molotowcocktails flogen durch die Fenster, in den Ausgängen wurden Brände gelegt, ohne daß die Polizei einschritt oder die Feuerwehr anrückte. Auf die Menschen, die an den Fenstern standen oder auf Wandvorsprüngen Zuflucht suchten, wurde scharf geschossen, einige stürzten sich in die Tiefe. Mindestens 48 prorussische Demonstranten starben, anderen Quellen zufolge über hundert.

Ich spreche Filimonov auf das Gewerkschaftshaus an und merke sofort, daß er das Massaker – so muß man es doch wohl nennen –, nun, nicht leugnet, auch nicht relativiert, aber zu den Untaten der anderen Seite in Beziehung setzt. Vor allem aber sei nur eine kleine Minderheit der Ukrainer extremistisch. Wie gut kenne ich es von meinen Reisen, aus Iran und auch aus Deutschland selbst, daß die Gewalt, die im eigenen Namen geschieht, lediglich von einigen Radikalen begangen wird, während für die Gewalt der anderen stets das Kollektiv verantwortlich ist.

Als wir durch den Bücherbasar streifen, der aus etlichen Buden auf dem grünen Mittelstreifen einer ruhigen Allee besteht, lacht Filimonov, daß die Bücher nur den Vorwand für alle möglichen und unmöglichen Geschäfte böten. Tatsächlich scheint an den Auslagen, obwohl der Basar voller Menschen ist, niemand sonderlich interessiert. Man kennt den Fernsehstar, ein Schwatz hier, ein Schwatz dort, und die Espressi, die wir an der Kaffeebar bestellen, gehen natürlich aufs Haus. Während wir in der Crema rühren, erwähnt Filimonov, daß er einige Bücher über Muslime in Europa gelesen habe, das Thema beunruhige ihn sehr. Den französischen Titeln nach, die er anführt, sind es die gleichen Bestseller über die Islamisierung des Abendlandes, die mir am ersten Tag der Reise im holzgetäfelten Festsaal des Restaurants «Lindengarten» vorgehalten wurden. Seien denn die Muslime nicht überall auf dem Vormarsch? fragt er, besonders in Deutschland, eroberten sie etwa nicht allerorten den öffentlichen Raum, begingen Anschläge, belästigten Frauen, breiteten ihre Gebetsteppiche auf den zentralen Plätzen aus? Und dann die Flüchtlinge, die Silvesternacht in Köln! Auch als Kölner hätte ich doch selbst erfahren, daß Europa auf einen Abgrund zusteuert. An meiner zögerlichen Reaktion scheint Filimonov zu merken, daß meine Wahrnehmung eine andere ist, da geht ihm auf, oder erinnert er sich, daß ich nicht nur als Kölner, Deutscher, Europäer angesprochen bin. Der Übergang ist interessant: Als wir durch die Stadt spazierten, waren wir beide noch Kosmopoliten, sein Schwärmen steckte mich ebenfalls an; aber plötzlich ist er ein ..., ja, was denn?, ein Jude?, ein Osteuropäer?, sicher kein Rechtspopulist, der vor dem Islam warnt, und werde ich unfreiwillig zum Muslim, der ein Kollektiv rechtfertigen müßte, wenn er Antwort gibt. Besser, wir sprechen wieder über Odessa, sonst kommt als nächstes der Nahostkonflikt dran.

Oleg Filimonov sagt, daß viele seiner Geschäftspartner in Odessa sich eher mit Rußland als mit dem Maidan identifizierten. Er treffe sich weiterhin mit ihnen, sie tränken Wodka, aber sie redeten nicht mehr über Politik, sonst schlügen sie sich die Köpfe ein.

«Ich verstehe sie nicht, sie verstehen mich nicht.»

Bis tief in die Verwaltung Odessas zieht sich die Spaltung der Ukraine. Während der gewählte Bürgermeister Gennadij Truchanow zum alten, noch sowjetisch geprägten Establishment gehört, will Gouverneur Michail Saakaschwili ausgerechnet jene Stadt zum «Schaukasten der Reform» machen, die wie keine andere im Land für Korruption und Kriminalität steht: Nicht nur stammen die bekanntesten Gauner der russischen Literatur aus Odessa; die romantische Verklärung der Odessaer Räuberkultur war auch ein gängiges Motiv der sowjetischen Populärkultur. Nach dem Zusammenbruch der Sowjetunion soll in Odessa ein großer Teil des russischen Ölexports von der organisierten Kriminalität abgewickelt worden sein und blühte im Hafen mehr als jedes andere Gewerbe der Schmuggel, dem heute sogar ein eigenes Museum gewidmet ist. Wie in den Filmen gehörten Auftragsmorde und Schießereien zur Räuberkultur der neunziger Jahre dazu.

Truchanow war damals im Wach- und Schutzgeschäft tätig und bestreitet Kontakte zur Unterwelt nicht, auch wenn er selbst nicht in kriminelle Geschäfte verwickelt gewesen sei. Auf die Frage, wie damals geschäftliche Konflikte ausgetragen wurden, antwortete er in einem Interview: «Wenn Banditen kamen und sich prügeln wollten, dann haben wir uns geprügelt.» Später vertrat Truchanow die Partei des Präsidenten Wiktor Janukowitsch in Odessa, um sich nach dessen Sturz durch die Maidan-Proteste als «unabhängig» zu bezeichnen. Michail Saakaschwili wiederum, der vom jetzigen Präsidenten Poroschenko berufen worden ist, rühmt sich seiner Freundschaft mit den amerikanischen Neokonservativen; in den russischen Medien, denen die meisten Menschen in Odessa weiter folgen, wurde er während seiner eigenen Präsidentschaft in Georgien regelmäßig als westlicher Agent, Kriegstreiber und Wahnsinniger porträtiert. Ob nun wegen seines Hangs zum Polarisieren, Enthüllungen über Folter auf Polizeistationen oder der Manipulationen seiner finanzstarken Gegner – jedenfalls haben ihn die Georgier bei den letzten Wahlen aus dem Amt und sogar aus dem Land gejagt, das er wegen diverser Anklagen seither nicht mehr betreten kann. «Es gibt eine Sache, die Sie verstehen müssen über mich», verkündete er, als er in Odessa eintraf: «Ich hasse Wladimir Putin. Ich bin in der Ukraine, weil dies hier mein Krieg ist. Das Schicksal meines Lebens entscheidet sich hier. Wir müssen ihn stoppen.» Das war nicht eben dazu angetan, den rußlandfreundlichen Teil der Bevölkerung zu beruhigen, der sich spätestens seit dem Blutbad im Gewerkschaftshaus bedrängt fühlt.

Ich besuche Luba Shepovich in der Gouverneursverwaltung von Odessa, die in einem typischen sowjetischen Betonkasten untergebracht ist, kleine

Fenster, schwarzgraue Fassade, Linoleumfußboden, klappriges Mobiliar – das Gegenteil von New York, wo die Vierzigjährige in einer Softwarefirma arbeitete, als der Maidan ausbrach. Nachdem sie im Internet eine Pressekonferenz von Saakaschwili verfolgt hatte, fand sie seine Mailadresse heraus und fragte, ob er sie in Odessa gebrauchen könne. «Du kriegst hier null Geld, du kriegst null Leute, aber du kannst tun, was du willst», so schlug er ihr im Laufe der Korrespondenz vor, in Odessa das e-gouverning einzuführen. Sie war noch nie in Odessa gewesen, aber die Aufgabe klang interessant, und für ein paar Monate unbezahlten Urlaub hatte sie Ersparnisse genug. Auf Facebook suchte sie ehrenamtliche IT-Spezialisten und erhielt allein in der ersten Woche achtzehn Bewerbungen. Neben den elektronischen Anträgen und Formularen richtete ihre Abteilung eine Website für direkte Demokratie ein, auf der Bürger Vorschläge einreichen und diskutieren können. Nach einem halben Jahr bot ihr Saakaschwili die Anstellung als Leiterin der neugeschaffenen Investitionsagentur an, vierzig Mitarbeiter, hundert Dollar Gehalt. Luba kündigte New York.

«Anfangs wollte ich mich an die Stimmung hier anpassen», erzählt Luba, «aber dann wurde ich schnell depressiv. Der Pessimismus der Leute zog mich total herunter. Also entschied ich mich, das als eine Art Businesstraining zu begreifen, das machte alles etwas leichter. Die Leute wundern sich, daß wir Neuen so viel lächeln, das sind sie nicht gewohnt. Aber wir wollen Optimismus verbreiten.»

Es gibt viele wie Luba in der Provinzverwaltung. Weil er den alten Apparat für korrupt hielt, besetzte Saakaschwili eine Reihe von Schlüsselpositionen mit jungen Auslandsukrainern. Luba ist sich nicht sicher, ob sie in Odessa Erfolg haben werden. Anfangs gelang es dem Gouverneur, mit einem Feuerwerk überraschender, sofort einleuchtender Maßnahmen unerwartet populär zu werden, so daß er bereits als künftiger Ministerpräsident gehandelt wurde. Inzwischen jedoch macht sich Ernüchterung breit, auf so viel Widerstand stößt er mit seinen neuen Ideen. Ein Drittel der Auslandsukrainer hat bereits wieder gekündigt. Aber selbst wenn Saakaschwili scheitern sollte, wird sich ihre Heimatmission gelohnt haben, glaubt Luba. Die Erwartungen und Ansprüche der Bürger hätten sich bereits verändert: Egal, wer die Verwaltung führe, sie müsse sich auch künftig als Dienstleister verstehen. Vor ein paar Tagen habe sie mit alten Freunden gesprochen, die in New York ihr normales Leben weiterführen.

«Arbeit, Urlaub, Familie, jeden Tag und jedes Jahr das gleiche – klingt langweilig, oder nicht?»

Abends sitze ich in der vollbesetzten Oper, wo das Symphonieorchester neue ukrainische Kompositionen und traditionelle Lieder spielt. Auf eine große Leinwand wird das Gesicht eines Bauernmädchens projiziert, in ihre Haare und das Kopftuch eingeflochten Wörter, auch englische darunter: «Revolution» oder «Russia's War against Ukraine». Im Hintergrund sind ukrainische Landschaften zu sehen, Ähren, Folkloretänze, Trachten, traditionelle Dörfer. Die bäuerlichen Heimatbilder scheinen nichts mit der großstädtischen, sehr bürgerlichen Gesellschaft zu tun zu haben, die sich in der Oper versammelt hat. Und doch sind sie alles andere als naiv. Im Zuge seiner inneren Kolonisierungspolitik siedelte Stalin nicht nur Millionen Arbeiter aus anderen Teilen des Reichs in den neuen Industriezentren an; mit äußerster Brutalität brach er zunächst den Widerstand der ukrainischen Bauern gegen die Kollektivierung, so durch die Deportationen und den «Holodomor». Deshalb verklärt heute die nationale Erweckung auch im kosmopolitischen Odessa das Landleben, birgt selbst die Oper das dörfliche Liedgut, während Rußland für die Fabriken, die Entfremdung, überhaupt das blutige zwanzigste Jahrhundert steht, das auch auf der Potemkinschen Treppe begonnen hat. Sie sollte herrlich sein und in den Himmel ragen.

Für einen Deutschen ist es ein sonderbarer, sogar befremdlicher Patriotismus, der sich auf der Leinwand und mehr noch in den Gesichtern und Ansprachen ausdrückt, dem demonstrativen Klatschen, wenn für das Vaterland gesungen wird. Und doch muß man sich erinnern, daß die Beschwörung der Nation nicht immer ein Mittel zur Ausgrenzung und Ausdruck der Stärke war. Es gab und gibt auch den Nationalismus der Schwachen, bei Völkern etwa, die für ihre Unabhängigkeit kämpfen, deren Kultur ausgemerzt werden sollte. Auch in Deutschland stand das Nationale einmal für Befreiung. Nur ist die Grenze nicht leicht zu bestimmen, ab wann das Lob des Eigenen toxisch wird – *very, very not okay*. Erst wenn Menschen sterben wie im Gewerkschaftshaus?

Zum Schluß des Konzerts erheben sich alle Zuhörer. Ich denke, es wird dann wohl die Nationalhymne gespielt und stehe ebenfalls auf. Doch das

Lied klingt anders, gar nicht schwungvoll und feierlich, eher traurig oder wehmütig, einfach schön. Hinterher erfahre ich, daß es ein bekanntes ukrainisches Totenlied war.

Dreiundzwanzigster Tag

Frühmorgens besuche ich den Gottesdienst in der orthodoxen Synagoge. Keine Polizeiwagen vor der Tür, keine Kontrolle am Eingang, ich kann einfach hineinspazieren. Ich habe keinen Übersetzer mitgenommen, weil Oleg Filimonov behauptet hatte, daß viele Juden englisch sprächen. Ein Irrtum, wie sich herausstellt, und so muß ich mich nach dem Gottesdienst mit den Händen und der Mimik unterhalten. Aber das eine verstehe ich, weil ich es von Filimonov im Ohr habe und jetzt unabhängig voneinander in verschiedenen Sprachen wieder höre, einmal auf Deutsch, einmal auf Jiddisch, zwei, drei Mal auf Englisch, und dabei den Gesichtsausdruck sehe, die Handflächen, die dankbar zum Himmel zeigen: 2016 ist jüdisches Leben wieder sicher geworden in Odessa. Vielleicht gibt es keinen besseren Maßstab, um zu erkennen, ob Europa doch noch gelingt.

Statt in den Kleinbus zu steigen, der mehrmals täglich auf die nahegelegene Krim fährt, nehme ich ein Taxi zum Flughafen. Für Ausländer ist die Passage gesperrt. Mit einer besonderen Genehmigung für Berichterstatter könnte ich womöglich fahren, aber den Antrag müßte ich 500 Kilometer entfernt in Kiew stellen; und wenn mir die Genehmigung erteilt würde, müßte ich mich verpflichten, über den gleichen Übergang zurückzukehren. Reise ich dennoch nach Rußland weiter, könnte ich bis auf weiteres nicht mehr in die Ukraine einreisen, da ich aus Sicht Kiews die abgebauten Grenzzäune und damit die Besatzung legitimiert hätte. Die einzige Möglichkeit, auf die Krim zu gelangen, obwohl sie von Odessa nur einen Katzensprung entfernt liegt, ist der Flug über Rußlands Hauptstadt, Luftlinie tausend Kilometer hin, tausend Kilometer zurück. Und Direktflüge nach Moskau gibt es seit dem Krieg nicht mehr.

Vierundzwanzigster Tag

Von den Gesprächen mit Bekannten und Kollegen, die ich im Januar 2017 während des Zwischenstops in Moskau treffe, bleiben mir vor allem drei Bemerkungen im Gedächtnis. Ein Fernsehreporter erwähnt, daß Menschenrechte nicht gern gekauft würden, weil die Redakteure in Deutschland keine Lust mehr auf die Zuschauerproteste hätten, die es jedesmal hagele, und die Beschwerden beim Rundfunkrat; die neuen Fahrradwege in der Moskauer Innenstadt gingen hingegen gut, überhaupt alle «weichen» Themen. Ein langjähriger Zeitungskorrespondent erinnert sich, daß in der Sowjetunion niemand die Propaganda ernst genommen habe, nicht einmal die Funktionäre selbst, die mindestens mit einem Augenzwinkern signalisiert hätten, daß die Wirklichkeit, na ja, komplizierter sei. Heute wundere er sich jedesmal, daß die Menschen tatsächlich glaubten, was das Fernsehen verkündet. Ein Intellektueller, der über Rußlands historische Stellung zwischen Asien und Europa philosophiert, gibt mir eine verblüffende Antwort, als ich ihn frage, ob Dostojewskis Gegenüberstellung von orthodoxem Slawentum und aufgeklärtem Europäertum noch relevant sei, ersteres theokratisch, bäuerlich und autoritär, geführt von einem gottbefohlenen Zaren, letzteres kosmopolitisch, individualistisch und dekadent. Sicher, sagt der Intellektuelle, genau um diesen Gegensatz gehe es heute, nur leider lehne der russische Mainstream Dostojewskis politisches Denken ab. Warum das denn? frage ich, Dostojewski feiere doch das Slawische, das Autoritäre, Rußlands östliche, gerade nicht europäische Identität. Genau deshalb werde Dostojewski abgelehnt, der Mainstream sei total westlich ausgerichtet, Putin sowieso. Der Rekurs aufs Großslawentum, die ständigen Bilder mit Popen seien lediglich Folklore, in Wahrheit spiele die Orthodoxie über Weihnachten hinaus kaum eine Rolle mehr.

«Putin ist westlich ausgerichtet?» frage ich nach.

«Ja, und achtzig, fünfundachtzig Prozent der Russen auch. Sie sind nur von Europa enttäuscht, sie haben seit zweihundert Jahren das Gefühl, Europa will sie gar nicht. Und heute meinen sie auch noch, Europa ist nicht mehr, was es einmal war. Aber im Grunde denken sie immer noch, wir Russen sitzen schließlich wie Europäer auf Stühlen, die Asiaten auf dem Boden.»

Bei minus zwanzig Grad leuchtet mir ein, warum Putin bei seinem Amtsantritt versprach, jede defekte Heizung werde künftig innerhalb von drei Stunden repariert. Und, hat er's gehalten? Das Fernsehen sagt bestimmt ja. Seltsam verwundert bin ich, da ich mich durch die Straßen zittere, welche imperiale Pracht dieses Moskau ausstrahlt, die klassizistischen Gebäude, endlosen Boulevards und kühnen Plätze, welches Völkergemisch hier auch lebt, Hauptstadt eines Riesenreichs. Noch die sieben Wolkenkratzer, die Stalin hochziehen ließ, erneuern den Anspruch, eine ganz eigene Zivilisation und Weltmacht zu sein. Und heute werden neue, noch triumphalere Geschäftstürme gebaut. Als Jugendlicher habe ich mit Rußland immer die mausgrauen Anzüge der Parteifunktionäre verbunden, die Militärparaden, eine moderne, irgendwie trostlose Architektur, im Schulatlas die riesigen Flächen, auf denen keine einzige Stadt abgebildet, keine einzige Erhebung markiert war. Jetzt verstehe ich, warum man sich nach Moskau sehnen kann wie im Westen Europas nach Paris.

Am Roten Platz gehe ich die Strecke vom Café Bosco zur Brücke ab, die Boris Nemzow am 27. Februar 2015 lief, einst Jelzins Kronprinz, dann prominentester Widersacher Putins, als ihn Angehörige des tschetschenischen Sicherheitsapparats niederschossen. «Jene, die Putin kritisieren, sind keine Menschen, sondern meine persönlichen Feinde», brüstete sich Tschetscheniens junger Präsident Ramsan Kadyrow damit, die «Schmutzarbeit» für seinen Herrn zu erledigen: «Solange Putin für mich ist, werde ich alles für ihn tun. Allahu akbar!» Zehntausende kamen zur Trauerkundgebung für Nemzov, es war das vorläufig letzte Aufbäumen einer liberalen Opposition. Der Verein für Menschenrechte, den ich besuche, kämpft ums Überleben, weil die Regierung Nichtregierungsorganisationen verboten hat, Geld aus dem Ausland anzunehmen. Aus dem Inland bietet Menschenrechtlern eher niemand finanzielle Unterstützung an.

Als ich abends nach der Landung in Simferopol das Handy anschalte, habe ich keinen Empfang. So sieht es also aus, wenn man ein Territorium betritt, das für die Internationale Gemeinschaft illegal ist: Man kann mit einer ausländischen SIM-Karte nicht einmal gegen Roaming-Gebühren telefonieren. Beim Einchecken im Hotel erfahre ich, daß auch die Kreditkarte nicht funktioniert. Die Nummernschilder sind bis auf wenige Ausnahmen alle bereits russisch, nur daß bei einigen der alte tatarische Name der Halbinsel auf der Plastikumrahmung steht: *Qırım*. Einige wenige Autos haben noch ukrainische Kennzeichen, obwohl die Frist zum Austausch, mehrfach verlängert, längst abgelaufen ist.

Fünfundzwanzigster Tag

Abgesehen vom Fabrikschlot in der Stadtmitte und den grauen Klötzen aus der Sowjetunion sieht Simferopol aus, wie sich ein Leser Tolstois die russische Provinz vorstellt, zwei- bis dreistöckige Gebäude aus dem neunzehnten Jahrhundert, als Katharina die Große und ihre Nachfolger Neurußland gründeten, breite Straßen, die ehemalige Prachtmeile mit den Verwaltungsgebäuden jetzt eine Fußgängerzone, ein imposantes Theater wie in jeder anständigen sowjetischen Stadt. Die Leninstatue steht noch an ihrem Platz, natürlich, wie schon während der gesamten ukrainischen Zeit. Ursprünglich russisch, hatte Chruschtschow die Krim aus Gründen, über die bis heute spekuliert wird – die besseren Verkehrswege, ein Schulterschluß mit dem Parteiapparat in der Ukraine, um die eigene Machtbasis zu stärken, Dezentralisierung oder vielleicht auch nur ein launischer Einfall, weil Chruschtschow zuvor Erster Sekretär der KP in Kiew war –, am 19. Februar 1954 gleichsam über Nacht der ukrainischen Teilrepublik zugeschlagen. Als die Ukraine 1991 unabhängig wurde, ging auch die Krim im neuen Staat auf, obwohl deren Bewohner in einem eigenen Referendum für einen Verbleib in der Sowjetunion gestimmt hatten.

Nach dem Sturz der prorussischen Regierung in Kiew am 22. Februar 2014 besetzte Rußland die Krim, ohne auf Widerstand zu stoßen. Das entsprach nicht dem Völkerrecht, jedoch wohl dem Wunsch der Mehrheit, mögen es auch nicht 97 Prozent gewesen sein, die bereits im März für den Anschluß votierten; die Tataren etwa, die bis zum Untergang ihres Khanats im Jahr 1783 die Krim beherrschten, boykottierten das Referendum. Rußland war nicht nur die Kolonialmacht, die die Tataren zu einer Minderheit im eigenen Land gemacht hatte. Rußland war auch die bolschewistische Revolution: Die Hälfte der Tataren, die Anfang des zwanzigsten Jahrhunderts noch auf der Krim lebten, hundertfünfzigtausend Menschen, wurde bereits vor Stalin deportiert, ausgehungert oder ins Exil außerhalb der Sowjetunion gezwungen. Was von ihren Eliten noch übrig war, der weltlichen wie der religiösen, kam während der Großen Säuberung der Jahre 1937 und 1938 um.

Auch weil sie sich an die deutsche Besatzung von 1918 als eine Phase relativer Autonomie erinnerten, neigten die Krimtataren ähnlich wie die Litauer dazu, den Einfall der Wehrmacht als Befreiung zu begrüßen. Und wie in Litauen oder in Weißrußland erlaubten die deutschen Besatzer, landessprachliche Schulen und Zeitungen zu eröffnen. Im Falle der Krim war das mehr als nur ein politisches Kalkül, um lokale Verbündete gegen die Sowjetunion zu finden. Die Krim hatte in der Nazi-Ideologie einen besonderen Platz: Auf ihr sollte das Reich der Goten restauriert werden. Das hatte es zwar so nie gegeben, schon gar keine urgermanische Krim mit einer teutonischen städtischen Zivilisation, die enthusiastische Altertumsforscher und Archäologen im neunzehnten Jahrhundert ausgemacht haben wollten; die Goten waren nur eines von vielen Völkern, die auf die Krim eingewandert waren. Aber die Krim scheint tatsächlich die letzte Region gewesen zu sein, in der noch bis in die Neuzeit Gotisch gesprochen wurde. Das genügte, um Sewastopol in Theoderichhafen umzutaufen, Simferopol in Gotenburg. «Ich werde die Krim leeren, um Platz für unsere eigenen Siedler zu machen», so verkündete Hitler im Juli 1941 das «Gotenland»-Projekt. Auch eine Bevölkerung für die Germanisierung Tauriens war bereits gefunden: die Südtiroler, die zu einem Problem geworden waren, weil die offizielle Politik für deutsche Minderheiten vorsah, sie entweder «heim ins Reich» zu holen oder ihre Gebiete wie das Sudetenland zu annektieren. Mit Mussolini als Hitlers wichtigstem Verbündeten kam keine der beiden Optionen in Frage. Warum also nicht auf die Krim mit den Tirolern? Auch dort gab es Berge, Wein, fruchtbare Täler, Wasser im Überfluß. Eine vierspurige Reichsautobahn sollte zudem Urlauber in zwei Tagen von Berlin in die Sonne bringen, damit sie «Kraft durch Freude» tankten. Die Krimtataren wurden zwar wie die Juden als rassisch «wertlos» eingestuft; ihre Deportation sollte jedoch hinausgeschoben werden, um die neutrale Türkei nicht vor den Kopf zu stoßen, die sich als die Schutzmacht aller Turkvölker verstand. Später würde man dann sehen, ob die

Tataren vernichtet, vertrieben oder von den arischen Siedlern versklavt würden. Außerdem plädierte die Wehrmacht dafür, sich ihre eingefleischte Abneigung gegen die sowjetische Herrschaft zunutze zu machen. Der oberste Zivilbeamte auf der Krim, Generalgouverneur Frauenfeld, der seinen Herder kannte, entwickelte dann auch noch eine regelrechte Vorliebe für die «kernigen» Tataren. Er stellte Geld für die Förderung der tatarischen Sprache und Bräuche zur Verfügung, ließ ein tatarisches Theater eröffnen, setzte «Moslem-Ausschüsse» ein und plante eine tatarische Universität. Auch einige Juden überlebten, weil sie sich als beschnittene Muslime ausgaben. Sehr viel häufiger wurden allerdings beschnittene Muslime als Juden erschossen. Gegen Ende der deutschen Herrschaft, als das Gotenland ebenso obsolet geworden war wie Herders Definition von «historischen Völkern», machte man keinen Unterschied mehr. 130 000 Menschen haben die Deutschen auf der Krim umgebracht, alle Roma und Sinti, alle übriggebliebenen Juden, unter Mißachtung der feinen Differenzierungen, die die Rassenbürokratie in Berlin gemacht hatte, die meisten Karäer und Zehntausende Tataren.

Die Goten waren nur eine Schublade innerhalb der Naziideologie, die Herrschaft über die Krim eine Episode deutscher Geschichte, die in Deutschland selbst so gut wie vergessen ist. Den Krimtataren bescherte der Gotenplan jedoch ihre Apokalypse. Sofort nach der sowjetischen Rückeroberung der Krim im April 1944 wurden ganze Dorfgemeinschaften hingerichtet, und an den Straßenlaternen von Simferopol hingen tote Tataren. Obwohl weit mehr Krimtataren in der Roten Armee, mit den Partisanen oder in eigenen Widerstandsgruppen gekämpft als mit den Besatzern kollaboriert hatten, wurden sie unter Stalin vollständig deportiert, und sie durften auch nicht heimkehren, als Nikita Chruschtschow 1956 auf dem XX. Parteitag den Stalinismus für beendet erklärte und ausdrücklich die Vertreibung der Krimtataren verurteilte. Erst mit der Perestroika und dem Ende der Sowjetunion, mehr als eine Generation später, kehrten die Krimtataren nach und nach auf die Krim zurück. Froh über die kulturelle Autonomie, die ihnen die Ukraine gewährte, fürchteten sie nach dem Anschluß an Rußland, wieder nur Bürger zweiter Klasse zu sein.

Ich frage unseren Fahrer Ernes, der selbst Krimtatare ist, was sich praktisch verändert hat, seit die Krim zu Rußland gehört. Nicht viel, sagt Ernes, im Stadtbild jedenfalls nicht, sehe man von den neuen Kennzeichen und Fahnen ab. Die Menschen hätten schon vor dem Anschluß russisches Fernsehen gesehen. Auch die örtliche Verwaltung sei dieselbe, die Bürgermeister, die Polizei, die Beamten in den Behörden. Nein, im Grunde sei alles gleichgeblieben. Und für die Krimtataren? Ernes überlegt. Wenn er abends nicht zur angekündigten Zeit zu Hause sei, rufe seine Frau innerhalb von Minuten an, zu viel passiere seit dem Anschluß, Verhaftungen, Entführungen, Schikanen.

In einem tatarischen Café mit angeschlossenem Souvenirshop, das an der Haupteinkaufsstraße liegt – Gastlichkeit und Folklore sind also erlaubt –, bin ich mit Nariman Dscheljal verabredet, der in Vertretung des exilierten Führers Refat Tschubarow dem Rat der Krimtataren vorsitzt. Das Parlament ist zwar als eine extremistische Vereinigung verboten, viele Mitglieder wurden verhaftet, aber Nariman Dscheljal kann man dennoch treffen, einen Mann mittleren Alters in Jeans und langärmligem T-Shirt, der helle Bart kurzgeschnitten, Hornbrille. Auch der Rat komme noch zusammen, berichtet Dscheljal, allerdings in Privathäusern, und draußen erwarte sie dann oft die Polizei, notiere sich die Namen, verhänge Geldbußen, fünfhundert bis tausend Rubel, umgerechnet keine zwanzig Euro. Es gehe den Behörden nicht um die Strafe; es gehe darum zu zeigen, daß sie jederzeit zuschlagen können. Schließlich sei jeder, der am international anerkannten Rechtsstatus der Krim festhält, über Nacht zum Separatisten geworden.

Ich frage, ob der Rat tatsächlich die Wiedervereinigung mit der Ukraine anstrebe. Nicht unbedingt, antwortet Dscheljal; so oder so blieben sie eine Minderheit, und in einem europäischen Rußland könnten sie genausogut leben. Ihr Problem sei *dieses* Rußland. Die Tataren seien Europäer seit Jahrhunderten, hätten sich immer schon zum Westen hin gewandt, während des Krimkriegs im neunzehnten Jahrhundert auf seiten Englands und Frankreichs gekämpft. Am Umgang mit der Ukraine entscheide sich, ob Europa heute zu seinen Werten steht.

«Und wenn nicht?» frage ich.

«Dann wird sich Europa an seinen Grenzen immer weiter auflösen.»

Ich komme mit einer jungen Frau ins Gespräch, die das Radio der Krimtataren geleitet, im Fernsehen außerdem eine Musikshow moderiert hat. Ihren Namen möge ich besser nicht erwähnen – mein Gott, sie hätte nie gedacht, daß sie noch einmal Angst haben müsse, aber selbst mit ihrer Angst fühle sie sich allein; die Mehrheit sei einverstanden mit den neuen Verhältnissen und vermisse daher die Meinungsfreiheit nicht. Weil seit der Annexion nur noch russischsprachige Medien erlaubt sind, unterrichtet sie jetzt Journalismus an einer privaten Hochschule der Krimtataren, die es eigentlich nicht geben darf, aber dennoch gibt, die Studenten zur Hälfte Landsleute, zur Hälfte Russen. Das Ressentiment gegen ihr Volk sei noch ein Erbe der Sowjetunion und unter den jüngeren Russen weit weniger ausgeprägt. Als sie mit den Eltern aus Zentralasien zurückkehrte, hätten die Mitschüler noch gedacht, Tataren seien Monster, richtige Monster, mit Hörnern auf dem Kopf. Und der Lehrer habe sie am ersten Schultag gefragt, ob sie lesen und schreiben könne, dabei habe sie in Usbekistan eine Eliteschule besucht und als einzige in der neuen Klasse Deutsch gelernt.

Ich überlege, woran man die Frau überhaupt als Tatarin erkennt, ihre Haare rötlich, die Gesichtsfarbe hell, kurzes Kleid, schwarze Strumpfhose, elegante Schuhe. Klar erkenne man sie, sagt sie, für die Herkunft habe jeder auf der Krim einen Blick. Ich frage nach ihrer Hoffnung. Erst spricht auch sie von Europa, von Gleichberechtigung, Demokratie, Religionsfreiheit, Pluralität, Menschenrechten. Dann jedoch erinnert sie sich an die wirkliche EU und weiß, wie fern die Krim den Europäern ist. Und hier?

«Hier waren wir einmal neunzig Prozent, jetzt sind wir nur noch zwölf. Da hülfe uns nicht einmal Demokratie viel.»

Im Historischen Museum der Stadt erinnert keine Vitrine an die ursprünglichen Bewohner der Halbinsel, geschweige denn an ihre Deportation. Dafür ist der Krimkrieg, als auf der kleinen Halbinsel die damaligen Großmächte aufeinandertrafen, in den Uniformen des neunzehnten Jahrhunderts nachgestellt. Mindestens siebenhundertfünfzigtausend Soldaten kamen innerhalb von drei Jahren um, zwei Drittel von ihnen Russen, dazu hunderttausend Franzosen, zwanzigtausend Briten. Es war der erste Krieg der Moderne, insofern brandneue, industriell hergestellte Waffensysteme zum Einsatz kamen und auch Dampfschiffe, Telegraphen, Eisenbahnen zur Kriegsmaschinerie gehörten. Außerdem nahm zum ersten Mal die Weltöffentlichkeit durch Photographen und *embedded journalists* gleichsam live an den Schlachten teil. Zugleich gilt der Krimkrieg als der erste «totale Krieg», weil die Zivilbevölkerung bewußt in die Kampfhandlungen einbezogen wurde und die humanitäre Not ein strategisches Mittel war.

Dem Zweiten Weltkrieg sind ebenfalls viele Exponate gewidmet, der «Zweiten Verteidigung», wie es in der offiziellen Geschichtsschreibung der Krim heißt. Der Anschluß an Rußland, der auf Plakaten in der Stadt als die «Dritte Verteidigung» gefeiert wird, ist im Museum noch nicht ausgestellt. Die betagten Wärterinnen, die im Halbdunkeln schlummern, meditieren oder Kreuzworträtsel lösen, freuen sich nichtsdestoweniger, daß ich ihnen die Gelegenheit verschaffe, Saal für Saal das Licht einzuschalten.

Auf dem Weg zur Gedenkstätte für die Opfer des deutschen Faschismus kommen wir an den illegalen Siedlungen vorbei, die in den neunziger Jahren überall auf der Krim entstanden, die Wege unbefestigt, viele Häuser noch immer ohne Strom und fließendes Wasser. Als sie auf die Krim zurückkehrten, fanden die Tataren ihre Häuser von Russen bewohnt. Und andere Häuser oder Wohnungen fanden sie kaum, weil Asiaten nicht gern in der Nachbarschaft gesehen wurden. Auch Arbeit erhielten sie nur vereinzelt in den größeren Betrieben und im Staatsdienst, so daß heute die meisten Tataren selbständig sind. Ernes zum Beispiel besitzt eine kleine Pension am Meer. Eine ukrainische Freundin aus Köln hat ihn mir als Begleiter empfohlen, weil er gut englisch spreche, das Land kenne und überhaupt ein netter Kerl sei. Das ist er auch, ein leiser, sehr höflicher Mann um die dreißig, nur habe ich gestern abend schon bemerkt, daß ich über ihn ausschließlich Krimtataren kennenlernen werde, was sicher interessant ist, aber nicht eben repräsentativ. Russen und Tataren hätten auf der Halbinsel immer schon mehr nebeneinander als miteinander gelebt, entschuldigt sich Ernes; seit der Annexion sei das Mißtrauen noch größer, Freundschaft noch seltener geworden. Für morgen muß ich mir etwas anderes einfallen lassen, wenn ich auch die Sichtweise der achtundachtzig Prozent kennenlernen will.

Die Gedenkstätte selbst wurde letztes Jahr an dem Graben eröffnet, in dem allein die deutschen Besatzer fünfzehntausend Menschen erschossen haben. Ernes gesteht, daß ihn der Besuch leicht nervös macht, weil die

Krimtataren in der Schule stets unter den Tätern, nicht unter den Opfern aufgeführt worden seien. Um so überraschter ist er, als er unter den Namen, die in eine große Wand eingraviert sind, auch Landsleute findet. Daß dem Faschismus vor allem Juden zum Opfer gefallen sind, wird freilich nicht erwähnt. Wie überall in Rußland haben die Deutschen auch auf der Krim nur «sowjetische Patrioten» umgebracht, wie es auf der Gedenktafel heißt.

Sie hätten nicht einzelne Völker hervorheben wollen, erklärt der Museumsleiter, der aus seinem Büro heraustritt, als er mich im Gespräch mit einer Mitarbeiterin sieht; schließlich habe es sich bei den Massenerschießungen um ein Menschheitsverbrechen gehandelt, und die Opfer zu hierarchisieren, wäre moralisch nicht richtig gewesen.

«Wir hätten die Ideologie reproduziert, aufgrund derer sie umgebracht worden sind. Aber niemand verbietet, sich an einzelne Opfergruppen zu erinnern.»

Auf meine Frage, ob sich die Zugehörigkeit zu Rußland auf die Konzeption der Ausstellung ausgewirkt hat, möchte der Museumsleiter nicht antworten, er rede grundsätzlich nicht über Politik. Exakt die gleiche Antwort hatte vor ihm bereits seine Mitarbeiterin gegeben, und heute morgen im Museum der Geschichte Simferopols gab es die Auskunft auch. Man scheint auf der Krim vorsichtig zu sein, wenn man mit Fremden über Politik spricht. Alles, was ich auf Anhieb erfahre, ist, daß man Russe und natürlich froh über die Wiedervereinigung sei. Die Mitarbeiterin nickt.

Wir fahren weiter Richtung Küste und sind nach einer Stunde unvermutet im Orient angelangt: Die Altstadt von Bachtschyssarai, einem Örtchen, das einst die Hauptstadt des tatarischen Khanats war, besteht noch aus Steinhäusern mit den traditionellen Holzdächern, schmalen Gassen, die sich den Berg hinaufziehen, Kuppeln, Minaretten, Iwanen und dem Palast des Khans, der aussieht wie aus Tausendundeiner Nacht. Aber Vorsicht: Erbaut wurde der Palast Anfang des sechzehnten Jahrhunderts von einem Italiener. Nicht erst die russischen Kolonisatoren holten sich die Architekten aus dem Westen. Leider ist der Palast geschlossen, und als wir ein Bakschisch andeuten, um ihn dennoch zu besichtigen, deutet der Wächter bedauernd auf die Videokamera, mit der seit neuestem die Korruption bekämpft wird.

In einer der Gassen sehe ich eine Katze hinterm Fenster und hinter der Katze einen Mann, der mich freundlich grüßt. «Fuck Putin» lacht er, als er das Fenster öffnet und erfährt, daß ich aus Deutschland bin. Er heißt Alex und hat bis zu einem Unfall, der ihn ein Bein kostete, im Ausland gearbeitet. Jetzt freut er sich, nach langer Zeit wieder ein paar Worte Englisch zu wechseln. Da er kein Problem zu haben scheint, über Politik zu sprechen, frage ich ohne Umschweife, ob er die Krim lieber mit der Ukraine oder mit Rußland sehe.

«Am liebsten mit Amerika», lacht Alex wieder und fügt hinzu: «Und wenn das nicht geht, dann mit Lukaschenka.» In Weißrußland gebe es wenigstens Arbeit und genügend Rente, er habe es mit eigenen Augen gesehen. Obwohl hier fast nur Russen wohnten, habe es keine Jubelfeiern gegeben beim Anschluß. Im Grunde sei es ihnen egal, in welchem Staat sie lebten, wenn er nur funktioniere. Ob ich ihm ein paar Münzen schenke, damit er etwas zu Essen kaufen könne. Ich bin irritiert, weil Alex ein eigenes Haus zu besitzen scheint, eine wohlgenährte Katze, dem Küchentisch nach zu urteilen auch Mitbewohner hat, dann vermutlich eine Familie. Sind die Menschen in Bachtschyssarai so arm, daß sie um Münzen betteln müssen, oder ist dieser hier einfach ein Säufer?

Ein paar Schritte weiter treten wir in ein kleines Museum, in dem Kunsthandwerk ausgestellt ist, Kannen, Schüsseln, Teller. Es gehört Rustem Derwisch, einem kräftigen, hochgewachsenen Tataren mit einem fein bestickten Käppi auf den grauen Haaren, der die Exponate auch selbst herstellt und Workshops anbietet. Seine Schüler seien Tataren genauso wie Russen, das sei ihm egal, Hauptsache die Schüsseln gelängen ihnen gut. Ob wir einen echten Kaffee trinken möchten, fragt er und holt eine schlanke, hohe Mühle aus Silber, in die er die Bohnen mit so großer Sorgfalt schüttet, als sei jede einzelne wertvoll. Die Flüche von Alex im Ohr, frage ich, ob viele Menschen hier unzufrieden seien mit den neuen Verhältnissen.

«Ach, die Menschen sind immer mit etwas unzufrieden», antwortet Rustem, «ob vor dem Anschluß oder nach dem Anschluß. Ich gehöre zur anderen Sorte Mensch: Ich war vorher zufrieden und bin es jetzt.»

Auch für ihn sei es schwierig gewesen, ein Haus zu kaufen, als er aus der Verbannung zurückkehrte, aber dann habe er sich als Grieche ausgegeben, und weil der Preis überteuert gewesen sei, habe der Besitzer nicht nachgefragt. Das sei noch während der Perestroika gewesen, als Chaos geherrscht habe in den Behörden. Ins Grundbuch eingetragen habe er den Kauf erst später, da habe man ihm das Haus schlecht wieder wegnehmen können. Daß es ein Haus in der Altstadt sein mußte, ein traditionelles Haus mit Innenhof, um es zu einem Museum umzubauen, das habe für ihn festgestanden. Früher habe er Kunststoffisolierungen um Pipelines gelegt.

«Es gibt Jobs, die man machen muß, und es gibt Jobs, die machen Spaß. Was ich jetzt mache, das macht mir Spaß.»

Soweit reicht Rustems Dankbarkeit, daß er selbst an der Deportation noch etwas Gutes findet: Die Entbehrungen und die Sehnsucht hätten sein Volk nur stärker, selbständiger und ehrgeiziger gemacht. Fühlt er sich denn in einer Nachbarschaft wohl, in der nur Russen wohnen? Irgendwer habe immer etwas gegen irgendwen, egal wo auf der Welt, meint Rustem, und außerdem müsse er aufpassen, was er sage, denn über Politik könne er nicht sprechen.

«Weil das gefährlich ist?» frage ich.

«Nein, weil mir die Kompetenz fehlt. Wenn du eine Frage zum Blinddarm hast, gehst du schließlich auch zum Arzt und nicht zum Schuster.»

Seine Aufgabe sei es, die Kultur ihres alten Volkes wiederzubeleben, ordentliche Kupfergefäße herzustellen, Kaffee zu mahlen und Jüngeren das Handwerk beizubringen. Dann hört Rustem auf, die Mühle zu drehen – der kleine Raum ist längst erfüllt vom Duft der Bohnen –, und holt zwei Mokkakannen aus Kupfer, die eine recht simpel und uneben, die andere verziert und ganz gleichförmig.

«Die eine Kanne haben wir vor zehn Jahren gemacht, die andere machen wir heute – siehst du den Fortschritt? So gute Kannen hatten nicht einmal unsere Vorfahren!» Zum Beweis holt Rustem eine dritte Kanne aus dem Regal.

Ohne den echten tatarischen Kaffee gekostet zu haben, der offenbar noch ein paar weitere Stunden gemahlen werden muß, folgen wir Rustem für einen Rundgang durchs Museum. Über dem Innenhof weht eine russische Fahne, die der Nachbar von seinem Grundstück aus schräg über die Mauer gehängt hat. Um meiner Frage zuvorzukommen, wiederholt Rustem, daß nur Ärzte über Blinddärme sprechen sollten. Sein politisches Engagement beschränke sich darauf, daß die Pflastersteine vor dem Haus restauriert werden. Vom Innenhof steigen wir eine schmale Treppe hoch und ziehen vor der Tür die Schuhe aus. Die obere Etage hat Rustem eingerichtet wie seine Vorfahren. Stühle findet man also nicht.

Auf der Fahrt zum Meer kommen wir an Tschufut-Kale vorbei, der in Fels gebauten, aus 170 Höhlen und 400 Häusern bestehenden Stadt der Karäer, deren Landsleute, so wenig es auf der Welt auch gibt, mir bereits in Litauen begegnet sind. Wie viele andere winzige Glaubensgemeinschaften, etwa die Albigenser in Südfrankreich, lebten sie an abgelegenen, festungsartigen Orten, um vor Verfolgung sicher zu sein, vor allem aber um nach ihren eigenen strengen Regeln zu leben. Vor den Karäern wohnten Alanen in den Höhlen und Häusern, ein aus dem Kaukasus stammendes Reitervolk, und ganz in der Nähe ist auch Theodoro-Mang, wohin sich die germanischen Goten zurückgezogen hatten, nachdem sie von den Chasaren geschlagen worden waren; deren Herrschaft über die Krim war zuvor bereits von den Hunnen beendet worden. Alanen, Karäer, Chasaren, Goten, Hunnen, alle auf ein paar Quadratkilometern. Ob Besucher auch durch unsere Städte dereinst gehen werden und sich fragen, wer wir alle waren, Deutsche, Italiener, Türken, Griechen, Juden, Serben, Iraner?

Abends in Simferopol wieder die Suche nach etwas Eßbarem und Gastlichkeit. Vergeblich. Was im Osten Europas früher die LPG gewesen sein soll, ist heute die Pizzeria: überall, überall gleich und überall gleich lieblos. In den großen Städten kann man sich zu lokaler Küche durchfragen und findet mindestens einen Georgier; in der Provinz jedoch landet man zuverlässig bei Margherita, Funghi, Salami, Schinken und Hawaii. Selbst die Einrichtung scheint im selben Katalog bestellt zu sein: braune Fußbodenkacheln, beige Kunstlederbänke, dunkle Holztische seltsamerweise unisono für sechs Gäste, auf alt gemachte Bilderrahmen mit Schwarz-Weiß-Photographien, Marilyn Monroe, die Brooklyn-Bridge und gelegentlich Muhammad Ali. Italiener selbst findet man selbstverständlich nicht. Aber man muß schließlich auch keine Muslime haben, um von der Islamisierung bedroht zu sein. Abschaffen können sich Kulturen auch selbst.

Sechsundzwanzigster Tag

Und dann stehe ich in der Antike. 421 vor Christus gründeten die Griechen in der Bucht, in der heute Sewastopol liegt, den Stadtstaat Chersones. Geblieben sind das Theater, die Säulen und von den Häusern die Grundmauern. Geblieben ist von der Halbinsel auch der Name Tauris, wo Goethes Iphigenie Rettung vor dem Vater fand. Daß sich die griechische Antike weit nach Asien ausdehnte, gar nicht so sehr nach Westen, weiß man noch halb. Aber daß der Urgrund Europas, der für die arabisch-islamische Kultur ebenfalls ein Quellgebiet ist, nördlich bis auf den Boden der ehemaligen Sowjetunion reicht, dürfte nicht einmal allen Goethe-Lesern bewußt sein. Wenn man sich dann noch erinnert, woher die Tataren kamen, aus der Mongolei, von woher die Russen, die heute die Krim prägen, die meisten blond wie Skandinavier in diesen südlichen Gefilden, daß die Zarin selbst, die Kolonisatorin, eine Deutsche war und viele Deutsche holte, die Unzahl anderer Völker, die sich an der wilden, fruchtbaren Küste ansiedelten, Skythen, Sarmaten oder Römer, dazu die gestern erwähnten Ostgoten, Hunnen, Alanen und Chasaren, und erst die berühmten Kimmerier!, wer immer die nun wieder sind, später die Byzantiner, Mongolen, Genueser, Venezianer und vor allem die Osmanen, die wiederum aus vielen eigenen Völkern bestanden, im neunzehnten Jahrhundert Briten und Franzosen, die aus dem Krimkrieg nicht mehr zurückkehrten – dann sieht die Krim beinah aus wie eine Mitte der Welt. Nur Einheimische im eigentlichen Sinne des Wortes, sogenannte Eingeborene, besitzt die Krim nicht. Gut, bei Ausgrabungen fand man auf Tauris auch das hunderttausend Jahre alte Skelett eines Neandertalers.

Wie läßt sich dennoch die Autochthonie der eigenen Nation behaupten, die seit dem neunzehnten Jahrhundert und auch heute wieder so viel gilt? Zwischen 1930 und 1934 wurden einfach 85 Prozent der Berufsarchäologen in der Sowjetunion entlassen und zu einem großen Teil in sibirische Arbeitslager deportiert – 85 Prozent! Der bloße Begriff «Völkerwanderung» war unter Stalin verboten, erfahre ich aus Neal Aschersons großartiger Kulturgeschichte des Schwarzen Meers. Gelehrt wurde statt dessen, daß das gesamte Gebiet des modernen Rußlands, der Ukraine, Ost- und Mitteleuropas mindestens seit der Eisenzeit von protoslawischen Völkern besiedelt gewesen sei. Die Krimgoten waren keine germanischen Invasoren mehr, sondern hatten sich aus den bestehenden Stämmen herausgebildet. Die Chasaren waren keine turksprachigen Nomaden, sondern Nachfahren von Mischehen am Don. In den Tataren entdeckte man die Ureinwohner der Wolga-Region. Von dort waren angeblich auch die Skythen auf die Krim eingewandert, mochte ihre Sprache auch iranisch sein, wie sie wollte. Erst recht waren die Waräger, die um Kiew den ersten «Rus»-Staat gegründet hatten, keine Wikinger mehr, sondern die wahren Slawen. Längst sind die Altertumswissenschaften an die Universitäten zurückgekehrt, und seit dem Ende der Sowjetunion floriert zumal die Byzantinistik. Politisch und wirtschaftlich mag Rußland «total westlich ausgerichtet» sein, wie ich vorgestern in Moskau hörte. In seiner Identitätspolitik ist es jedoch in die Zarenzeit zurückgekehrt, damit ans Schwarze Meer, von wo es wieder auf Konstantinopel blickt.

In Sewastopol selbst erinnern weit über tausend Denkmäler, Gedenkstätten und Museen an die beiden großen Belagerungen, die der Alliierten im Krimkrieg und die der Deutschen im Zweiten Weltkrieg, dreihundertneunundvierzig Tage und zweihundertfünfzig Tage lang. Eindrücklicher als alle Bauwerke und Tafeln hat die Literatur den Schrecken festgehalten, im besonderen Tolstoi, der als junger Soldat 1854 in Sewastopol «den Krieg nicht in seiner korrekten, schönen, glänzenden Form» erlebte, «mit Musik und Trommelschlag, mit wehenden Fahnen und stolz zu Rosse sitzenden Generälen». Tolstoi zeichnete etwa auf, wie im Hospital «die widerwärtige, aber wohltätige Arbeit des Amputierens» vonstatten ging: «Wir sehen, wie das scharfe, krumme Messer in den weißen gesunden Körper fährt; wir sehen, wie der Verwundete auf einmal mit schrecklichem, herzzerreißendem Geschrei und argen Flüchen zum Bewußtsein kommt; wir sehen, wie der Feldscher den abgeschnittenen Arm in die Ecke wirft; wir sehen, wie ein anderer Verwundeter, der im selben Zimmer auf einer Trage liegt, der Operation seines Kameraden beiwohnt, sich krümmt und stöhnt, weniger aus körperlichem Schmerz als darum, weil ihn die seelische Pein der Erwartung quält.»

Durchschnittlich achthundert Menschen starben gegen Ende der Ersten Belagerung Tag für Tag in Sewastopol; die Stadt glich einem einzigen Krankenlager, so ausgezehrt waren die Zivilisten, so erschöpft und überreizt zumal die Soldaten in ihren Schützengräben – allein schon aus Schlaflosigkeit wegen des dauernden Bombardements. Am Ende der Zweiten Belagerung lag Sewastopol ein zweites Mal in Trümmern. Von den einhundertzwölftausend Einwohnern hatten nur wenige Tausend überlebt, 99 Prozent aller Gebäude waren zerstört. Die Sowjetunion verlieh Sewastopol den Titel einer «Heldenstadt» und baute die Architektur des neunzehnten Jahrhunderts erstaunlich originalgetreu wieder auf. Als Heimathafen der Schwarzmeerflotte behielt die Stadt ihren Sonderstatus, als die Ukraine unabhängig wurde, und war noch bis 1994 für Besucher gesperrt. In gewisser Weise – für das kollektive Gedächtnis, als militärischer Stützpunkt sowie mit seiner Bevölkerung, die sich nach dem Zweiten Weltkrieg neu bildete – ist Sewastopol die sowjetischste Stadt überhaupt. An keinem anderen Ort der Krim hängen heute mehr russische Fahnen.

Fährt man von Sewastopol weiter die Küste entlang, versteht man, warum die Griechen sich auf der Krim zu Hause fühlten – sie sieht wie Griechenland aus: weit geschwungene Hügel mit karger mediterraner Vegetation, dazwischen immer wieder Weinbau, im Umkreis der Siedlungen subtropische Bäume, die von südlichen Völkern blieben, idyllische Buchten, Felsen, die ins Meer hineinreichen, und im Hinterland die hohen, jetzt im Winter schneebedeckten Berge. An der Küste reiht sich ein ehemaliges oder noch bestehendes oder zum Hotel umgebautes oder als Hotel schon wieder abgewickeltes Sanatorium ans andere. In der Sowjetunion gehörten sie meist einem Betrieb an und waren ein typischer Urlaubsort für die Werktätigen, morgens Frühgymnastik für alle, abends Folklore. «Die Krim war einer der wenigen Orte des Glücks, ohne die auch die Sowjetunion Stalins nicht auskam», schreibt der Historiker Karl Schlögel. «Dort legten Rotarmisten ihre Rangabzeichen ab und die Frauen ihren Schmuck an. Als Ort glücklich verbrachter Tage ist er auch in die Familienalben von Generationen von Sowjetbürgern eingegangen: als der Strand im Hintergrund, als weiße Treppe mit Palmen, als Park, in dem Pfirsiche und Orangen wuchsen.» Zufall oder nicht, endete die Sowjetunion ausgerechnet am Ort ihres Glücks: Vom südlichsten Punkt der Krim, nur 264 Kilometer Luftlinie entfernt von der türkischen Küste am Kap Sarytsch, blicken wir auf die Dächer der 50 Hektar großen Datscha, in der Michail Gorbatschow im August 1991 vom Putschversuch in Moskau überrascht wurde. Drei Tage hielten ihn die Putschisten mit seiner Familie fest und kappten die Telefonleitungen. Dann war der Putsch gescheitert und kurz darauf die Sowjetunion auch.

Geschätzt alle fünf Kilometer taucht eine große Werbetafel mit dem Gesicht von Wladimir Putin am Straßenrand auf, mal in Anzug und Krawatte, mal sportlich mit dunkler Sonnenbrille, mal kulant lächelnd, dann wieder grimmig, und jedesmal mit einem Zitat, das der Krim eine goldene Zukunft verheißt, Tourismus, Industrie und Sicherheit. Auf die Vergangenheit weist hingegen ein deutschsprachiges Schild: Sechzigtausend Deutsche sind auf der Krim gefallen, deren Überreste nach und nach auf einen Friedhof nahe der Ortschaft Gontscharnoje umgebettet werden. Sechzigtausend, das ist ein sehr weites Feld, das sich malerisch einen Hügel hochzieht. Über den gepflegten Rasen verteilt stehen je drei Kreuze aus Stein, das mittlere jeweils erhöht, als stünde es auf einem Siegerpodest. Entlang des Fußpfades reihen sich dicht an dicht Stelen aus Granit, in die beidseitig Namen und Daten eingeritzt sind. Warum auch immer auf einem Gräberfeld, geht mir plötzlich auf, wie schön deutsche Namen eigentlich sind: Heinrich, Johann, Albert, Nikolaus, Bruno, August, Fritz, Max, Georg, Matthias, Andreas, Berthold, August, Ernst, Valentin. Welcher Reichtum darin liegt, daß jedes Volk seine eigenen Namen hat, wird einem vielleicht erst in einem *melting pot* wie der Krim richtig bewußt. Und richtig ist es wohl auch, daß auf einem Friedhof, einem einfachen Soldatenfriedhof, nicht mehr von Schuld gesprochen wird. Statt dessen ruft die Inschrift allgemein zum Frieden auf und gedenkt der Verstorbenen, auf welcher Seite der Front sie auch standen. Auf dem Türgriff des kleinen Friedhofsgebäudes sind die russische und die deutsche Fahne ineinander verschränkt. Wer weiß, vielleicht lud Stalin die Führer der Alliierten im Februar 1945 nicht nur wegen des angenehmen Klimas auf die Krim ein, sondern weil sie wie kaum ein anderer Flecken Erde Schauplatz des Krieges «in seiner wahren Gestalt» geworden war: «in Blut, Leiden und Tod», wie es in Tolstois Aufzeichnungen heißt.

In Jalta klingen die Straßennamen über siebzig Jahre nach der Konferenz, auf der Deutschland in vier Besatzungszonen aufgeteilt wurde und das Land jenseits der Oder verlor, noch immer versöhnlich. Die Uferpromenade, die nach Lenin benannt ist, geht nahtlos in die Roosevelta über, und die Hauptverkehrsader, die sich entlang des Flusses zieht, heißt am einen Ufer Moskowskaja, am anderen Kiewskaja, als seien Rußland und die Ukraine brüderlich am Wasser vereint. Ansonsten tragen auffallend viele Straßen die Namen von Dichtern, die sich in Jalta erholt, vergnügt und getroffen haben, Pushkinskaja, Gogolja, Tschechowa und so weiter. Jalta, das war einmal Rußlands südlicher Himmel. Seit es wieder zu Rußland gehört, ist das Mondäne allerdings weitgehend museal: Die Kreuzfahrtschiffe, die für die Stadt die wichtigste Einnahmequelle waren, legen nicht mehr an. Wenigstens scheint auch die «Mallorcisierung» Jaltas gestoppt, die Karl Schlögel nach dem Ende der Sowjetunion im Zeitraffer verfolgt hatte: «Agitatoren sind von Animateuren abgelöst, statt Körperkultur am frühen Morgen gibt es Fitneß. Die patriotischen Lieder sind verstummt, jeder macht sich seine eigene, meist sehr laute Musik.»

Natalja Dobrynskaya ist Chefredakteurin des einzigen Reisemagazins der Krim und von so überbordendem, herzlichem Temperament, daß man schnell ahnt, warum sie die Gastfreundschaft zum Beruf gemacht hat. «Ja, der Tourismus ist leider eingebrochen», räumt sie ein, nur um einen Satz später von der Euphorie des 17. März 2014 zu schwärmen, als die Halbinsel über den Anschluß an Rußland abstimmte. Von Narzissen berichtet sie, die auch sie an Erstwähler verteilte, vom allgemeinen Gefühl, jetzt oder nie werde ihr Schicksal neu geschrieben.

Gab es denn auch pragmatische Gründe, sich von der Ukraine zu lösen, möchte ich wissen. Sicher, antwortet Natalja und verweist auf die Fischfabriken, bekannt in der ganzen Sowjetunion, die durch die Privatisierung zugrunde gerichtet worden seien, überhaupt den Verfall der Straßen, Schulen, öffentlichen Gebäude. Vielleicht habe die Regierung in Kiew andere Regionen ebenfalls vernachlässigt, das wisse sie nicht genau, hier jedoch habe man immer schon nach Rußland geschaut und Vergleiche angestellt. Und dann auch noch die Ablehnung des Russischen als zweite Amtssprache, die das Parlament im Februar 2014 beschloß, obwohl kaum jemand auf der Krim Ukrainisch beherrscht – das habe wie eine Ausladung gewirkt.

Am Tag des Referendums, berichtet Natalja, habe es so gestürmt, daß ihre Nachbarin, eine alte Frau, die seit sechs Jahrzehnten als Wärterin im

Tschechow-Museum arbeite – von der Schwester Tschechows persönlich eingestellt! – auf dem Weg zum Wahllokal vom Wind erfaßt worden und gegen eine Mauer geprallt sei. Im Krankenhaus habe die älteste Wärterin Tschechows dennoch ihre Stimme für Rußland abgegeben. Überhaupt sei der Tag sehr emotional gewesen, wenn auch zugegeben bitter für die Gegner des Anschlusses. Ihr eigener Bruder, der seit dreißig Jahren in Kiew lebe, habe angekündigt, die Heimat nicht mehr zu betreten, solange sie von Rußland besetzt sei. Er bleibe natürlich ihr Bruder, sie telefonierten oft und stritten dann jedesmal über Politik. Im Inneren verstehe sie ihn auch, nicht nur wegen seiner ukrainischen Frau, sondern weil er von Anfang an den Maidan unterstützt habe, genauso wie sie die Krimtataren verstehe, die in der Sowjetunion viel Leid erfahren hätten; aber sie selbst sei wie die allermeisten Bewohner der Krim nun einmal Russin und könne nicht anders, als sich über die Wiedervereinigung zu freuen. Das Haus, in dem sie wohne, hätten 1850 ihre russischen Urgroßeltern gebaut.

Ich frage Natalja nach Europa.

«Warum sollten wir zu Europa gehören?» fragt sie zurück: «Nur um leichter Visa zu bekommen?»

«Ihr Bruder würde sagen wegen der Werte, also Demokratie, Menschenrechte, Freiheit.»

«Vielleicht habe ich andere Werte. Vielleicht finde ich zu viel Freiheiten gar nicht so gut. Die Freiheit etwa, die sich Charlie Hebdo nimmt. Oder die Freiheit, Waffen zu besitzen wie in den USA. Vielleicht meine ich nicht, daß Homosexuelle heiraten müssen. Ich kenne Schwule, ich habe nichts gegen sie, trotzdem gefällt es mir besser, wie Rußland es macht, also daß man Homosexualität toleriert, aber deswegen nicht die traditionelle Familie preisgibt. Vielleicht bin ich auch religiös und glaube an das, was in der Bibel steht.»

«Worin unterscheidet sich denn Europa von ... ja, wovon? ... von Rußland?»

«Schwer zu sagen», meint Natalja und überlegt. «In Europa hält man sich ans Gesetz», fährt sie schließlich fort: «Das macht Europa vernünftig und berechenbar. Im Osten muß man dauernd mit etwas Unvorhergesehenem rechnen. Wer hier dem Gesetz gehorcht, der überlebt nicht.»

«Aber ist Gesetzestreue denn so schlecht?»

«Nein, und wir auf der Krim haben uns ja an das Gesetz gehalten, als der Maidan ausbrach. Die Revolution war der Bruch, das Chaos, die Anarchie.»

«Dann sind Sie als Russin eigentlich mehr Europäerin als Ihr Bruder, der auf dem Maidan mitmarschiert ist.»

«Ja, wenn man es so sieht, schon.»

«Und die Russische Revolution – die war dann ebenfalls östlich?»

«Ja, ebenfalls ein Gesetzesbruch, Chaos und Anarchie.»

Weil ich noch in einem Dorf außerhalb von Jalta verabredet bin, erkundige ich mich nach dem russischsten Ort, den es in Jalta gibt. Das Tschechow-Museum!, ruft Natalja spontan und bietet an, mich zu begleiten. Das Stadtbild, das sich mir auf dem Weg bietet, hat Tschechow selbst treffend beschrieben als «eine Mischung von Europäischem, das an die Ansichten von Nizza erinnert, und von etwas Billigem und Schäbigem». Mit dem Billigen und Schäbigen, damit meinte er unter anderen die vielen «Hotelkästen», die sich seither nur noch vermehrt haben. «Unglückliche Schwindsüchtige», die vor sich hin dämmern, treffe ich hundert Jahre später allerdings nicht mehr an, ebensowenig «die dreisten tatarischen Gesichter, das Gewimmel der Damen mit dem unverhüllten Ausdruck von etwas sehr Abstoßendem, die Gesichter der müßigen Reichen, die sich nach einem billigen Abenteuer sehnen, der Parfumgeruch anstelle des Duftes von Zedern und Meer, der elende, schmutzige Pier, die melancholischen Lichter weit draußen im Meer, das Geschwätz der jungen Damen und Herren, die sich hier eingefunden haben, um die Natur, von der sie keine Ahnung haben, zu bestaunen». Die guten alten Zeiten, für die Tschechow in Jalta steht, hat er selbst bereits vermißt.

Als wir an der Deutsch-Russischen Gesellschaft vorbeikommen, fragt Natalja, ob ich meinen Landsleuten Guten Tag sagen möchte. Meinen Landsleuten? Dann denke ich, ja, warum eigentlich nicht? Irgendwie gehört dann auch ein Iraner, dessen Eltern vor sechzig Jahren nach Deutschland gezogen sind, zum selben Volk wie die Deutschen, deren Vorfahren im neunzehnten Jahrhundert nach Rußland auswanderten – oder umgekehrt, sie Russen, ich Deutscher, als ob das so wichtig wäre. Die Leiterin der Gesellschaft freut sich jedenfalls ungeachtet meiner Herkunft sehr, unsere Sprache zu hören, die sie selbst mit einem entzückenden Akzent spricht. Ihre Versammlungen werden auf Russisch abgehalten, weil nicht mehr alle Mitglieder der Gesellschaft Deutsch verstehen.

Ebenso wie die Krimtataren wurden auch die Deutschen unter Stalin deportiert, durften allerdings schon fünfundzwanzig Jahre früher zurückkehren, Mitte der sechziger Jahre. Nun verschwindet ihre Kultur erneut, da die meisten Deutschen nach Deutschland ausgewandert sind. Das sei traurig, sagt die Leiterin, die ebenfalls Natalja heißt und genauso herzlich wie die Chefredakteurin des Reisemagazins ist; die Deutschen hätten unter Katharina der Großen so viel zur Entwicklung der Krim beigetragen und genössen bis heute einen guten Ruf, strebsam und fleißig, wie wir nun einmal seien. Ich glaube, Natalja meint tatsächlich mich mit. Die Gesellschaft bemühe sich, die zweihundert verbliebenen Deutschen in Jalta zu halten, und betreibe viel Aufwand für ihre deutsche Bildung. Und ja, manche Krimdeutsche seien bereits zurückgekehrt, wenn auch vorläufig nur für eine Ferienresidenz am Meer.

Als wir zum Museum weiterfahren, denke ich, daß nicht nur die Auflösung des jahrhundertealten Völker- und Sprachenmischmaschs bemerkenswert ist, die sich zwischen 1930 und 1950 in mehreren Schüben, aber insgesamt rasend schnell und brutal überall in Osteuropa vollzog. Bemerkenswert erscheint mir plötzlich auch, daß sich die Multikulturalität viel länger, viel tiefgreifender bewahrt hat als etwa im Westen des Kontinents, anders erst recht als in der Neuen Welt, wo die Herkunft oft schon nach ein, zwei Generationen nur noch Folklore und die Muttersprache unwiderruflich verloren ist. Selbst heute noch, nach der Kolonisierung durch das zaristische Rußland, nach Völkermord, Deportation, Diskriminierung und Russifizierung während der Sowjetunion, selbst heute halten Krimtataren, Rußlanddeutsche, Griechen und so weiter, obwohl sie winzige Minderheiten geworden sind, beinah verzweifelt an ihrer Sprache und ihrer Tradition fest. Halten sie fest, gerade weil sie verfolgt worden sind? Niemand würde jedenfalls von Amerikadeutschen sprechen, die noch Restbestände deutscher Kultur und Sprache bewahren wollten, obwohl doch ungleich mehr Deutsche nach Westen ausgewandert sind als nach Osten. Stalin hat die Völkervielfalt nicht einfach nur vernichtet, er wollte sie eher – wie heutige Nationalisten, die beteuern, daß sie nichts gegen andere Kulturen haben, in ihren eigenen Ländern sollten Türken, Syrer,

Mexikaner, Armenier, Rohingya oder wer auch immer glücklich und selbstbestimmt sein – Stalin wollte seinem Selbstbild nach die Vielfalt in ihre einzelnen Bestandteile auflösen. Ähnlich wie vor ihm Lenin hatte er ein geradezu Herdersches Verständnis von Völkern, die je ein eigenes Territorium benötigen, und sei es irgendwo in Sibirien; eben dort wurde für die Juden ein autonomes Gebiet geschaffen, der erste jüdische Staat der Moderne.

Ungefragt wirft Natalja – also die russische Natalja, nicht die Krimdeutsche – in meinen Gedankenstrom ein, daß sie im Herzen eigentlich noch Sowjetbürgerin sei. Sie wisse um die Verbrechen unter Stalin, die Deportationen, die Gulags, und wolle bestimmt nicht die Uhr zurückdrehen. Aber es sei doch auch schön, zu einer wirklichen Familie von Völkern zu gehören, diese Sicherheit, überall im Riesenreich zu wissen, wie man sich verhält, damit einem mit Respekt begegnet wird. Und die Krimtataren? frage ich, werden die ebenfalls respektiert? Sicher habe es Spannungen gegeben, als die Tataren zurückkehrten, sie hätten ihre alten Häuser zurückhaben wollen, Ansprüche gestellt, oft genug die Häuser einfach besetzt. Da hätten viele Russen natürlich Angst gehabt, aus ihren Häusern vertrieben zu werden, sich in ihrer eigenen Nachbarschaft wie Fremde zu fühlen. Das Land, das der Staat angeboten habe, hätten die Krimtataren abgelehnt, weil sie wie ihre Vorfahren in der Nähe des Meeres leben wollten, das verstehe sie wiederum auch. Allein, am Meer sei der Boden nun einmal am teuersten und am dichtesten besiedelt. Das sei Anfang der Neunziger auch schlicht ein riesiges Chaos gewesen, in dem jeder an sein eigenes Überleben dachte.

«Also war es aus Ihrer Sicht ein Fehler, daß die Krimtataren zurückgekehrt sind?» frage ich.

«Nein!» Natalja klingt beinah erschrocken: «Sie wollten zurück in ihr Land, das muß man verstehen. Es ist nun einmal ihr Land.»

In einer ruhigen Straße am Hang, wo der Blick aufs Meer unverstellt geblieben ist, steigen wir aus dem Auto: Hundert Jahre sind vergangen, seit Anton Tschechow seinen Garten auf einem öden Stück Land in der Nähe eines tatarischen Friedhofs angelegt hat; mehr als die Hälfte der Bäume, Sträucher und Weinreben soll er selbst gepflanzt haben. Gärten breiten sich auch in den Stücken und Erzählungen aus, die er in seinen letzten Lebensjahren auf der Krim schrieb, nicht zuletzt als der Ort, an dem sich Menschen ihre Liebe erklären. Aber auch das Schrecklichste läßt Tschechow in der Natur geschehen, die von Menschen gestaltet worden ist, so das Fällen der Bäume am Ende des *Kirschgarten*, das Anfang des zwanzigsten Jahrhunderts den Untergang einer, seiner Welt vorweggenommen hat. Was für eine Welt war das?

Ich betrete das Haus und fühle mich vom ersten Schritt an in eines seiner Stücke versetzt, ja, als ob Tschechow seine eigene dramatische Figur gewesen wäre, die Diele, in der er seinen Hut abgelegt hat, die Küche, in der er sich auch mal selbst einen Tee gekocht haben wird, der Salon, in dem kein Geringerer als der greise Tolstoi oft saß, die Schlaf- und Gästezimmer, die Porträts seiner schönen Frau, der Eßtisch mit den Stühlen, die ebenfalls noch original sind, überhaupt die Sitzgelegenheiten: Fauteuils, Sofas, Bänke, dazu die Betten – kaum etwas an der Einrichtung ist spezifisch russisch. Was Natalja den russischsten Ort Jaltas nennt, ist ein vornehmes europäisches Haus, das ähnlich in Frankreich, Deutschland oder Norditalien stehen könnte, auch in einem Gründerzeitviertel von Beirut oder Alexandria, aber eine vollständig andere Welt als in Bachtschyssarai, wo die Häuser noch einen Innenhof hatten statt eines Gartens, man die Schuhe an der Tür auszog und auf dem Teppich Platz nahm, um zu essen. Nur ein paar Kilometer und zugleich einen ganzen Kontinent entfernt.

Auch die Tataren haben der Krim eine reiche Kultur geschenkt – aber wie seltsam, daß sie, die asiatische, heute auf Europa angewiesen ist, um zu bestehen. Es ist bereits Abend, da ziehen wir wieder die Schuhe aus, bevor wir ein Haus betreten. Von Herzen freundlich, vielleicht sogar dankbar für den ausländischen Besuch, begrüßt uns die Sängerin Elwira Sarychalil, die mit ihren Eltern in das Dorf ihrer Großeltern zurückgekehrt ist, etwa fünfzig Kilometer östlich von Jalta an der Küste. Nach vielen Anträgen und weil der Bürgermeister sich wirklich bemüht hat, durfte der Vater ein Haus bauen, allerdings oberhalb der Ortschaft an einem Hang, der eigentlich viel zu steil ist. Zum Glück war er von Beruf Ingenieur und sah vor dem inneren Auge die Terrasse mit dem schönsten Meerblick weit und breit. Inzwischen wohnt bereits die nächste Generation im Haus, die beiden Söhne Elwiras, die vier Sprachen lernen, Krimtatarisch, Russisch, Ukrainisch und ein bißchen Arabisch, weil Bildung über ihre Zukunft entscheiden wird. Das haben Elwiras Eltern in der Verbannung gelernt und ihr deshalb die Ausbildung auf einem der besten Konservatorien der Ukraine ermöglicht. Heute ist sie sowohl für modernen Jazzgesang als auch für ihr traditionelles Liedgut bekannt und am bekanntesten für die Verbindung aus beidem. So wie man an ihrer Tür die Schuhe auszieht und dennoch auf Stühlen sitzt.

Nach dem Abendessen, das mich in den Fernen Osten versetzt, projiziert der stolze Vater *YouTubes* der Konzerte an die Wohnzimmerwand, in Kiew, Berlin oder Amsterdam. Auf der Krim hat Elwira lange kein Konzert mehr gegeben, und wenn sie sich im Ausland zu kritisch, also proeuropäisch äußern würde, bekäme sie wie viele andere Künstler Schwierigkeiten nach der Heimkehr oder könnte gar nicht mehr zurück.

«Hast du nie darüber nachgedacht wegzuziehen», frage ich, «nach Kiew, Berlin oder Amsterdam, wo du singen kannst?»

«Nein», antwortet Elwira, «die Landschaft hier, die dringt in meinen Gesang. Wir alle sitzen so viel wie möglich auf der Terrasse.»

Dann singt sie ein altes Volkslied, in dem die Brauen der Geliebten wie Meereswellen sind, die sich unruhig heben und besänftigt wieder senken.

Siebenundzwanzigster Tag

Als ich im Hotelzimmer den Vorhang zurückschiebe, blicke ich aufs Meer. Bis jetzt hat es auf der Krim immer nur geregnet, das habe ich gar nicht erwähnt, weil ich die Schönheit der Landschaft festhalten wollte und nicht, daß die Krim bei Regen nicht viel anders aussieht als das Siegerland, wo ich geboren bin – die Küste war in den dichten Wolken ja kaum zu erkennen. Jetzt jedoch lacht die Sonne, und weil es gestern nacht geschneit hat, sind nicht nur die weit entfernten Berge, sondern auch die Hügel, die sich im Halbrund an die kleine Bucht schmiegen, wie mit Puderzucker bedeckt. Formvollendet war sicher auch der Kieselstrand. Jetzt erträgt er eine verlassene Imbißbude aus morschen Brettern oder sogar Wellblech neben der anderen. Die etwas erhöhte Promenade und ebenso die Treppen, die zum Strand führen, sind aus nacktem Beton, und zwischen den Treppen ragen Stege unterschiedlicher Länge und Beschaffenheit ins Wasser, als habe jeder

Angler seine eigene Rumpelkammer verbaut. Die aufeinandergestapelten Tretboote wirken weggeworfen wie der Müll, der tatsächlich welcher ist. Aber dann gehe ich zum Ende der Bucht und springe, um nicht naß zu werden, von Stein zu Stein um die Klippe herum. Plötzlich stehe ich allein auf einem weiteren, unbebauten Strand. Wie Elwira schaue ich aufs Meer und vergesse die Welt, in der ich gerade bin.

Das wird selbst im Krieg so gewesen sein, in den Weltkriegen, die Mitte der beiden vorigen Jahrhunderte auf der Krim ausgetragen wurden, daß ein britischer, russischer, französischer, türkischer oder deutscher Soldat an einem ruhigen Tag aus seinem Lager hinaustrat, vielleicht weil nach langem, kaltem Regen, der mit Schnee vermischt war, erstmals wieder die Sonne schien. Dann blickte er aufs Meer und dachte an seine Liebste zu Hause, an die Kinder, an seine alltäglichen Sorgen und Nöte oder versank für einen Moment in der Landschaft, atmete das Salz, hörte die Wellen, schloß die Augen und spürte das warme Licht. Er vergaß alles ringsherum. Ob heute wieder ein größeres Unheil naht, von dem die Spannungen auf der Krim, die Kriege im nahen Donbass und auf der anderen Seite des Schwarzen Meeres nur Vorboten sind? Im Osten der Türkei, im Norden des Irak, im südlichen Kaukasus und überall in Syrien, selbst im Jemen, in Libyen und noch weiter entfernt – oder ist das bereits ein einziger, großer Krieg? Seit der Wahl Donald Trumps zum amerikanischen Präsidenten, die viele Autokraten euphorisiert hat, spricht Moskau von einem «neuen Jalta», einer neuerlichen Aufteilung der Welt in Einflußsphären, der vermutlich noch ein paar weitere Kriege vorangehen würden, damit die Bereitschaft zum kalten Frieden wächst. Vielleicht fühle ich deshalb den Impuls so stark, einfach am Strand zu bleiben, der von Menschen unberührt ist.

Wir fahren weiter die Küste entlang Richtung Rußland. Die Griechen, erzählt Ernes, haben nicht nur Mythen, Weinreben und unzählige Ruinen hinterlassen, sie haben der Krim auch viele Ortsnamen geschenkt, die geblieben sind, als Katharina die Große sie weiter nördlich in die Steppe deportieren ließ, um in ihren Dörfern Russen anzusiedeln. Das heißt also, erst jetzt geht es mir auf, daß die griechischen Dörfer, durch die ich in der Ostukraine fuhr, eine Folge erst der zaristischen Kolonisierungspolitik sind; unreflektiert hält man ja alles Griechische für antik. Auf der Krim hingegen waren die griechischen Ortsnamen zweitausend Jahre alt, als sie von der Sowjetunion ausradiert wurden.

So viele Völker, die auftauchen, wo sie dem Schulatlas nach gar nicht hingehören, die wandern, vertrieben werden oder sich miteinander, nebeneinander arrangieren, selten zu Freunden werden und wenn, dann meistens erst, nachdem sie sich die Köpfe eingeschlagen haben, Griechen, Russen, Kosaken, Tataren, Deutsche, Juden, Armenier, Italiener, auch Polen und Dutzende weiterer Völker allein auf der Krim. Am Ende hat jedes Volk, sofern es nicht ausgelöscht worden ist, Ansprüche, Vorwürfe, Traditionen, Lieder oder schlicht ein Stück Boden von seinen Vorfahren geerbt, auf das andere ebenfalls vererbtes Anrecht haben, so daß die Saat für neue Konflikte angelegt ist. Aber genau daraus, aus nichts anderem als diesem Kuddelmuddel, das gerade auf der Krim häufig genug kriegerisch war, weltkriegerisch sogar, besteht eben Geschichte, aus Menschen, die sich Völkern zuordnen oder ihnen sogar gegen ihren Willen zugeordnet werden, allerdings nicht nur Geschichte, sondern auch Kultur, die sich stets in der Abgrenzung von anderen Kulturen herausbildet, besteht der Reichtum, den man Zivilisation nennt. Es gibt keine Monokulturen, nirgends. Es gibt nur friedliche und nicht friedliche Wege zusammenzuleben, sofern man den anderen nicht auszulöschen bereit ist.

Immer zerklüfteter wird die Landschaft, immer karger die Vegetation, immer kleiner die Dörfer, die am Wegrand auftauchen. Das Smartphone, das uns Richtung Rußland navigiert, schlägt bei allen fünf Gebetszeiten Alarm, ohne daß Ernes deswegen bisher angehalten hat. Diesmal jedoch ruft es zum Freitagsgebet, und weil beinah gleichzeitig eine große Moschee auftaucht, deren Fassade weiß leuchtet, biegen wir von der Küstenstraße ab. Ich bin auch neugierig, weil in dem kleinen Dorf außerdem eine Kirche steht, die ebenfalls neu gebaut und genauso gesichtslos zu sein scheint.

Rund um die Moschee sind die Straßen unbefestigt und die Stromleitungen *do it yourself*, die Häuser dafür neu und fast überall Autos vor den Türen: Die Krimtataren wohnen hier, die aus der Verbannung in ihr Heimatdorf zurückgekehrt sind. Aber trotz der Gebetszeit finden wir die Moschee verschlossen, und die Männer marschieren in mehreren Pulks in die andere Dorfhälfte, in Richtung der Kirche, die es in der Sowjetunion ebensowenig gab. Sind hier etwa alle zum Christentum konvertiert?

Wir folgen den Krimtataren in den alten Teil des Dorfes, den ihre Eltern oder Großeltern bewohnt haben, laufen an der Kirche vorbei, die ebenfalls verschlossen ist – gut, es ist Freitagvormittag, wie gesagt –, begegnen den heutigen Bewohnern, die weder freundlich noch unfreundlich sind, und gelangen durch eine unscheinbare Passage zwischen zwei Mauern zu einer Eisentür, von der aus eine Treppe hochführt zum Gebetsraum der alten Moschee, die in der Sowjetunion ein Lagerraum war. An die vordere Fassade wurde ein anderes Haus angebaut. Die Männer berichten, daß sie vor ein paar Jahren die Tür aufgebrochen und das Lager leer geräumt haben. Niemand brauchte mehr das Zeug, Tafeln für sowjetische Festtage, kaputtes Schulinventar und was nicht alles mehr. Selbst der Ortsvorsteher drückte ein Auge zu. In dem alten Gebetsraum fühlen sie sich einfach wohler, sagen sie. Außerdem ist die neue Moschee, die mit türkischem Geld erbaut wurde, viel zu groß für die wenigen Tataren, die über die Jahrhunderte nicht ausgelöscht worden sind.

Unweit der Moschee spricht uns eine alte Frau an und fragt, ob wir Nachrichten aus der Ukraine hätten. Daß wir Reisende sind, Ausländer, scheint offensichtlich zu sein. Wieso aus der Ukraine? fragen wir. Die Frau stammt aus dem Donbass, genau gesagt aus Lugansk, und kam vor drei Jahren ins Dorf, um ihren Sohn zu pflegen, der von Banditen zusammengeschlagen worden war; da brach unversehens der Krieg aus, und der Sohn ließ sie nicht mehr zurück. Inzwischen verbietet er ihr, die Nachrichten einzuschalten. Angeblich sei alles beim Alten geblieben, ihr Haus unbeschädigt, doch das glaubt sie ihm nicht. Ob wir wüßten, wie es in Lugansk heute aussieht, wann der Krieg vorbei ist. Was antwortet man einer alten Frau?

Auf dem Rückweg zur Küstenstraße sehen wir einen Mann mit Zigarette im Mund, der die Weinreben schneidet. Ich frage ihn, ob der Wein früher besser war oder heute.

«Früher», antwortet der Mann und meint nicht etwa die Zeit vor dem Anschluß an Rußland, sondern die Sowjetunion: «Da gaben sie uns mehr Dünger.»

Er wisse nicht, warum es heute an Dünger fehlt, da er nur Angestellter der Sowchose sei, müsse 140 Reben schneiden, um seinen Lohn zu erhalten, da bleibe nicht einmal für eine Zigarettenpause Zeit. Seit dem

Anschluß an Rußland würde der Lohn immerhin pünktlich ausgezahlt, das sei früher anders gewesen. Mit früher meint er diesmal die Ukraine.

Ein paar Dörfer weiter führt uns Ernes in die Heimat, aus der seine Großeltern deportiert worden sind, ein LKW, der vor dem Haus vorfuhr, eine halbe Stunde, um die wichtigsten Gegenstände, Dokumente und den Koran der Familie einzupacken, dann auf die Ladefläche, wo die Nachbarn bereits versammelt waren, und von dort in einen überfüllten Güterwaggon, der sieben Tage bis ins ferne Asien durchfuhr, ohne daß jemand aussteigen durfte, ohne daß etwas hineingereicht wurde, Nahrung, Nachrichten oder Hoffnung, nur Wasser gelegentlich. Ernes' Vater kommt seit der Rückkehr einmal im Jahr vorbei, um das Haus seiner Eltern zu besuchen.

«Und das ist kein Problem?» frage ich.

«Nein, nein», versichert Ernes: «Die jetzigen Bewohner sind freundlich und laden uns jedesmal zum Tee ein.»

Neben dem Ortsschild aus der sowjetischen Zeit steht eine Steinsäule mit dem krimtatarischen Namen Ay Serez, der aus dem Griechischen abgeleitet ist. Fünfmal sei die Säule bisher zerstört worden, sagt Ernes, mal sehen, wie lang die sechste Säule hält.

Wir fahren durch das Dorf, das sich wie die meisten Dörfer an der Küste den Berg hochzieht, und parken den Wagen in einer der obersten Gassen. Zwei Geschosse haben die kleinen Häuser, das untere aus Stein, das obere aus Holz, und sind aufgeteilt in Wohnungen. In der Tür, an der Ernes vorsichtig klopft, erscheint eine Frau mit einer blauen Strickmütze auf den blonden Haaren. Über den Pullovern trägt sie eine leuchtend rote Skijacke. Unabsichtlich sicher, und doch sieht das blau-blond-rot auf ihrem Oberkörper beinah wie die russische Fahne aus. Mehr geschäftsmäßig als begeistert läßt die Frau uns in ihr Wohnzimmer eintreten, in dem sie auch ißt und schläft. Der einzige Gegenstand in dem vollgestellten Raum, der nicht zweckmäßig erscheint, ist ein kleines Aquarium.

Seit ihrer Geburt lebt Tatjana in dem Haus, aus dem Ernes' Familie deportiert wurde. Ihr Vater, der aus Zentralrußland stammt, bekam es 1957 zugeteilt.

«Hatte er eine Wahl?» frage ich.

«Nein, er war in einem Kinderheim aufgewachsen.»

In einem Kinderheim aufgewachsen, das könnte in der Generation, der Tatjanas Vater angehört haben muß, auch bedeuten, daß die Eltern erschossen oder deportiert wurden oder einem Volk angehörten, dessen Kultur und Sprache sie nicht lernen sollten, so daß der NKWD die Kinder entführt hatte. Ihr Vater auch? Er hat nie über die Großeltern gesprochen, sagt Tatjana. Sie wußte als Kind schon, daß in dem Haus einmal Krimtataren gewohnt hatten, aber als sechsköpfige Familie hätten sie zu viele eigene Sorgen gehabt, um sich Gedanken zu machen. Inzwischen ist sie sechsundfünfzig Jahre alt und hat fünfunddreißig davon gearbeitet, die längste Zeit als Hausmeisterin in einem der Sanatorien an der Küste. Von ihrem Mann ist sie geschieden, die Kinder leben irgendwo und haben eigene Kinder. Ihre Rente beträgt siebentausend Rubel, umgerechnet gut hundert Euro. Was gedeiht, baut sie im Vorgarten selbst an. Zum Heizen reicht das Geld dennoch nicht.

Ich frage, ob sie Sorge gehabt habe, vertrieben zu werden, als mit der Perestroika die Krimtataren zurückkehrten. Nein, sagt Tatjana, einzelne Tataren hätten sich bereits in den siebziger Jahren in ihr altes Dorf durchgeschlagen, das seien nette Leute, die Kinder hätten mit ihren gespielt. Und als der Vater von Ernes zum ersten Mal vor ihrer Tür stand?

«Das war im Sommer 1989», erinnert sich Tatjana sofort: «Er hat geweint wie ein kleiner Junge, das hat mich natürlich gerührt. Ich habe ihm einen Tee gekocht.»

«Und hatten Sie immer noch keine Angst?»

«Nein, warum denn? Er hat uns angeboten, die Wohnung zu kaufen, aber das wollten wir nicht, und das hat er akzeptiert. Wo hätten wir denn hingehen sollen? Wissen Sie, wir haben keine Spannungen mit den Tataren, wir haben ganz andere Probleme.»

«Was sind denn Ihre Probleme?»

«Daß wir nach so vielen Jahren immer noch keinen Wasseranschluß haben, zum Beispiel. Daß wir das Wasser in Kanistern ins Haus tragen müssen. Das ist wirklich ein Problem, besonders im Winter.»

«Hat sich denn seit dem Anschluß nichts verändert?»

«Gar nichts hat sich verändert.»

«Und sind Sie dennoch froh, daß die Krim wieder zu Rußland gehört?»

«Ich bin froh, daß es keinen Krieg gibt. Darüber bin ich froh.»

Die Berge links von uns ebben ab wie Wellen, und mit einem letzten Hügelchen hat uns die große Ebene wieder, die aus dem Himmel betrachtet auch wie ein Graben aussehen muß. Gegen Abend erreichen wir den östlichsten Ort der Krim: Daß Kertsch sage und schreibe zweitausendsechshundert Jahre alt ist, sieht man der Stadt nicht an – kein Wunder, wurde sie doch bereits im vierten Jahrhundert nach Christus von den Hunnen zerstört und seither ein ums andere Mal, so 1855 von Briten und Franzosen und keine hundert Jahre später von den Deutschen. Die Kirche jedoch, eine der ältesten bis heute erhaltenen byzantinischen Kirchen überhaupt, erbaut im achten Jahrhundert, die steht noch – und das, obwohl der Boden seismographisch aktiv sei, hebt der Priester stolz hervor. Selbst die Herrschaft der Tataren, die aus der Kirche eine Moschee gemacht hätten, habe die Kirche wie durch ein Wunder überlebt. Eigentlich hatte er schon die Tür abschließen wollen, aber so sehr freut er sich über die seltenen Besucher aus dem Ausland, daß er das Licht noch einmal angeschaltet hat und uns jeden Winkel zeigt. Der Gottesdienst fand im zweiten, größeren Schiff statt, das im neunzehnten Jahrhundert angebaut worden ist, als die Stadt wieder von Christen beherrscht wurde. Dabei hätte die kleine Kirche aus dem frühen Mittelalter für die wenigen Gläubigen, die an der Abendmesse teilgenommen haben, allemal genügt. Und das, obwohl nach dem julianischen, für die Orthodoxe Kirche noch gültigen Kalender morgen das neue Jahr beginnt.

Das liege nur daran, daß das Fest auf einen Werktag falle, entschuldigt sich der Priester und betont, daß die Russen selbst in der Sowjetunion fromm geblieben seien. Seither nehme die Frömmigkeit geradezu explosionsartig zu.

«Und die Jüngeren?» frage ich: «Sind die in der Kirche ebenfalls aktiv?»

«Ja», versichert der Priester, «nur an Werktagen eben nicht.»

Der Priester selbst ist noch nicht alt, keine vierzig, würde ich schätzen. Mit dem dunkelgrauen Nadelstreifenanzug, den er über einem schwarzen Hemd trägt, den hinten zum Zopf gebundenen Haaren und dem sorgfältig geschnittenen Bart könnte er auch in einem amerikanischen Film Pate stehen. In der Hand hält er ein Smartphone, einen Funkschlüssel fürs Auto und einen Rosenkranz, der um die Finger gewickelt ist.

«Rußland und Glaube, das sind praktisch Synonyme», fährt der Priester fort.

Ob es stimmt, frage ich, daß die Krim für Rußland so heilig sei wie der Tempelberg für Juden und Muslime, wie es Präsident Putin in seiner programmatischen Rede zur Lage der Nation erklärt hat. Das sei unbestreitbar, antwortet der Priester und führt nicht allein den Großfürsten Wladimir an, der im zehnten Jahrhundert auf der Krim getauft worden sei und damit die Christianisierung Rußlands eingeleitet habe. Den führte bereits Katharina die Große an, um den Anspruch auf die Krim religiös zu begründen. Der Priester jedoch spricht auch von einem Fußabdruck, den Johannes der Täufer hinterlassen habe. Es sei leider schon zu dunkel, sonst könnte ich ihn im Innenhof der Kirche sehen. Von solchen Wundern habe ich auch in Jerusalem gehört.

Der Priester löscht das Licht, verschließt die Kirche, verabschiedet sich freundlich und drückt auf den Funkschlüssel seiner Geländelimousine, die aus welchem Grund auch immer ein ukrainisches Kennzeichen hat. Die Frist zum Umtausch sei doch längst verstrichen, wundert Ernes sich, für den die Krim immer zu Europa gehören wird.

Weil das Meer unberechenbar ist, setzen wir noch am Abend aufs Festland über. Zumal im Winter kommt es vor, daß die Fähre über Stunden, wenn nicht Tage ausfällt. Bereits die Briten planten vor dem Ersten Weltkrieg, eine Eisenbahnstrecke über die Meerenge zu bauen, die bis nach Indien führen sollte. Mit dem Bau begonnen haben indes die Deutschen im Mai 1943 während der Okkupation. Zu einem Drittel stand die Brücke bereits, als sie wieder gesprengt wurde, weil die Rote Armee heranrückte. Die Sowjets, die noch reichlich Material vorfanden, stellten die Brücke dennoch fertig, nur damit sie beim ersten Eissturm ein weiteres Mal zusammenbrach. In zwei Jahren nun soll die Brücke stehen, die Präsident Putin nach der Annexion versprochen hat. Selbst in russischen Zeitungen wird kritisiert, daß die Zahl der Reisenden und die Menge der Güter zu gering seien, als daß sich der spektakuläre Bau jemals rentieren könne. Außerdem liege die Meerenge von Kertsch in einem Erdbebengebiet, wie auch der Priester bestätigt hat.

Obwohl es keine Zollabfertigung mehr gibt, dauert es ewig, bis die Fähre ablegt. Und solange sie auch gewartet hat, es sind trotzdem nur wenige Passagiere an Bord. Hier irgendwo war es, diesseits oder jenseits der Meerenge von Kertsch, wo «einst ein siamesisches Zwillingspaar zur

Welt gekommen [ist], das ‹Zivilisation› und ‹Barbarei› hieß», schreibt Neal Ascherson. «Hier war es, wo griechische Kolonisten den Skythen begegneten. Eine seßhafte Kultur kleiner, seefahrender Stadtstaaten traf auf eine bewegliche Kultur von Steppennomaden. Menschen, die ungezählte Generationen an einem Ort gelebt hatten, ihre Felder bestellten und in den Küstengewässern fischten, begegneten nun Leuten, die in Wagen und Zelten lebten und hinter Herden von Rindern und Pferden durch die endlosen Horizonte grasbedeckter Ebenen zogen. Es war nicht das erste Mal in der Menschheitsgeschichte, daß Bauern und Hirten aufeinandertrafen: seit der neolithischen Revolution, den Anfängen des seßhaften Ackerbaus, muß es zahllose Überschneidungen dieser beiden Lebensformen gegeben haben. Ebensowenig war es das erste Mal, daß Menschen aus einer städtischen Kultur das Nomadentum kennenlernten: das war eine Erfahrung, die den Chinesen an den Westgrenzen des Han-Reichs vertraut war. Bei dieser besonderen Begegnung jedoch begann die Idee von ‹Europa› mit all ihrer Arroganz, all ihren Implikationen von Überlegenheit, all ihren Annahmen von Priorität und edlerer Herkunft, all ihren Ambitionen auf ein natürliches Recht der Vorherrschaft.»

Als unser Auto aufs Festland rollt, ist es zu spät geworden, um noch bis zur nächsten Stadt zu fahren. Über das Internet buchen wir ein Hotel auf dem freien Feld. Wie sich herausstellt, ist es so frei nicht, denn nebenan steht ein Tanzlokal aus Blockholz, vor dem viele Autos geparkt sind.

«Wer seid ihr denn?» fragt der breitschultrige Türsteher belustigt, als wir nicht gerade im Ausgehlook vor ihm stehen.

«Menschen», antwortet Dmitrij ironisch, der Weißrusse, Jude und Photograph.

«Ach so», grinst der Türsteher, «ich dachte schon, ihr seid Türken.»

Im Tanzlokal selbst fühle ich mich in eine Persiflage auf Rußland versetzt: Die Frauen tragen uniform die langen, glatten Haare, den Mittelscheitel, die überdehnten Lidschatten und ein körperbetontes langes Kleid wie Frau und Tochter Trump. Und die Männer sehen, nein, nicht wie das Oberhaupt der Präsidentenfamilie aus, mehr wie seine Leibwächter. Das Rollenmodell scheint weltweit wiederzukehren, auf dem Abiball meiner Tochter wurden dieselben Haare und Kleider getragen; fragt sich nur, wer wen kopiert. Die Musik jedenfalls, zu der seltsamerweise nur die Frauen tanzen, ist zu hundert Prozent vom einstigen Klassenfeind. Die Männer ziehen lieber an der Schischa, als ob sie – zum Glück liest nicht der Türsteher mit – Türken wären. Ich denke an das Arbeitszimmer zurück, das aussah, als habe es Tschechow erst gestern verlassen, der Schreibtisch noch mit Papieren bedeckt, das Telefon so groß wie heute ein Heimcomputer, die Schale für die Visitenkarten seiner Besucher. Dort, auf jenem Stuhl, schrieb Tschechow seine großen Dramen, in denen sich jeder immerfort nach Moskau sehnt. «Und vergeht noch ein wenig Zeit», heißt es in den *Drei Schwestern*, «so zweihundert, dreihundert Jahre, und man wird auf unser jetziges Leben genauso zurückblicken, mit Schrecken und einem spöttischen Lächeln, alles Heutige wird eckig und schwerfällig erscheinen, sehr unbequem und merkwürdig. Oh, was wird das wahrscheinlich für ein Leben, was für ein Leben ...» Gewiß, die Zuversicht trog, die Tschechow dem Offizier Werschinin in den Mund gelegt hat, die Zuversicht der frühen Moderne, denn es wurden «keine Menschen geboren, die besser sind als Sie». Rustem, der entspannte Rustem aus Bachtschyssarai, würde sagen, noch seien die zweihundert, dreihundert Jahre nicht vorbei. Wir hätten ja noch Zeit.

Achtundzwanzigster Tag

Das erste, was wirklich anders ist in Rußland, sind die Radarkontrollen. Die flache Landschaft ohne jeden Hügel oder Baum, die Gesichter, die Schriftzeichen und Leuchtreklamen, die Kriegsdenkmäler, Fahnen und Uniformen, die Automarken, Nummernschilder und selbst die patriotischen Aufkleber – «Danke, Opa, für den Sieg!» –, das ist alles gleichgeblieben, seit wir aufs Festland übergesetzt sind. Doch plötzlich hält sich Ernes an die Geschwindigkeitsbegrenzungen, die in kurzem Abstand angezeigt werden. Auf der Krim ist er unbesorgt gerast. Nach der Annexion seien zwar die Hauptstraßen auf der Krim saniert, aber keine Starenkästen aufgestellt worden, erklärt er; so gut funktioniere der Staat zum Glück noch nicht.

«Und in Rußland funktioniert er?» frage ich.

«Besser jedenfalls als in der Ukraine».

Kaum gesagt, winkt uns ein Polizist zur Seite, der eine astronautendicke Uniform mit Fellmütze, Ohrenschützern und signalgelber Weste trägt. Im russischen Winter fühlt man mit jedem mit, der im Freien arbeiten muß. Ich frage mich nur, wie der wetterfeste Polizist hinters Steuer des winzigen Dienstladas paßt, der hinter ihm steht.

«Du bist doch gar nicht zu schnell gefahren», wähne ich das Unrecht herrschen, als unser Wagen auf den Standstreifen rollt.

«Ich habe beim Überholen eine durchgezogene Linie überquert», beteuert Ernes seine Schuld, als ob's ein Schauprozeß wäre: «Das wird noch teurer.»

Als er wieder einsteigt, hat Ernes dreitausend Rubel bezahlt, umgerechnet fünfzig Euro, ein Fünftel seines Monatseinkommens. Dennoch ist er erleichtert, weil der Polizist zunächst den Führerschein entziehen wollte, und zwar sofort, so daß unsere Reise vorläufig in der eisigen Steppe geendet hätte. Das sei allerdings nur eine Drohung gewesen, um ins Geschäft zu kommen, meint Ernes.

«Woran hast du das gemerkt?» frage ich.

«Er hat sich in aller Ruhe meine Papiere angeschaut, während er mit mir sprach, erst den Führerschein, dann den Fahrzeugschein, schließlich den Personalausweis. Spätestens dann weiß man, daß man fragen muß, ob es noch eine andere Lösung gibt. Wenn er gleich das Formular herausholt, ist nichts zu machen.»

«Ich dachte, das gäb's nur in der Ukraine.»

«In der Ukraine kannst du über den Betrag verhandeln, das ist der Unterschied. In Rußland mußt du ihn einfach akzeptieren, da ist der Staat zu stark.»

Gegen Mittag erreichen wir die Stadt Krasnodar, in der die Kornkammer Rußlands verwaltet wird. Auf der schnurgeraden Einfallstraße fahren wir lange Zeit an Plattenbauten und hohen Wohnblocks vorbei. Zum Zentrum hin werden die Häuser kleiner und ärmlicher; offenbar wurden sie vor dem sozialistischen Menschentraum gebaut. Der Hauptplatz ist neu gestaltet mit einem gewaltigen Denkmal für Katharina die Große und dem Nachbau der Kathedrale, die während des Menschentraums an anderer Stelle abgerissen worden war. Zarentum und Orthodoxie, das soll der Platz wohl signalisieren, bilden Rußlands neue, alte Welt.

Von den Sanktionen habe Rußland eher profitiert, meint Tatjana, die für eine deutsche Firma Kältetechnik für die Landwirtschaft verkauft. So würden die Geräte, die sie anbietet, inzwischen in Rußland hergestellt, weil sie sonst unbezahlbar wären, und für die Lebensmittel gelte das erst recht. Parmesan sei nun wirklich nicht existentiell und der russische Käse genauso gut, für den es viele neue Kühlhallen braucht, so daß Tatjanas Geschäft brummt. Daß die Preise steigen, lasteten die Menschen nicht der eigenen, sondern jenen Regierungen an, die Rußland mit einem Wirtschaftskrieg überziehen – wie die früheren Angriffe werde ihr Land auch den jetzigen überstehen. Den Krieg im nahen Donbass hält Tatjana für eine ukrainische Aggression gegen die russischsprachige Bevölkerung, der Rußland beistehen müsse, das Eingreifen in Syrien für eine humanitäre Aktion und die Krim für einen integralen Bestandteil Rußlands. Europa hingegen werde von Flüchtlingen überschwemmt.

So geht das den restlichen Tag. Ich spreche noch mit einer Deutschlehrerin, dem Besitzer einer Bäckereikette, einer Jurastudentin und einem Taxifahrer, Zufallsbekanntschaften, gut, und doch scheint es mir kein Zufall zu sein, daß sie alle die Welt von heute ziemlich genau wie ihr Präsident sehen. Entsprechend vermissen sie keine Freiheit, weil die Russen in aller Freiheit ohnehin Wladimir Putin wählen würden. Und wenn es stimmt, was sie sagen – und ich habe keinen Grund, daran zu zweifeln –, dann sind ihre Freunde, Bekannten, Geschäftspartner oder Kommilitonen mehr oder weniger der gleichen Meinung wie sie. Deshalb diskutiere man auch nicht viel über Politik.

«Nein, auch nicht in der Universität», versichert Alexandra, die Studentin, und wundert sich, daß Studenten in anderen Ländern oder zu anderen Zeiten rebellisch seien, in Rußland sicher nicht. Als Juristin stehe sie vor einer relativ sicheren Zukunft – das sei ihr wichtig und alles andere als selbstverständlich, wenn sie von ihren Eltern höre, welches Chaos noch unter Jelzin geherrscht habe. Und Gorbatschow erst – ein Verbrecher. Putin habe die Ordnung wiederhergestellt, das wiege seine Nachteile auf, die es natürlich auch gebe. Von Wirtschaft etwa, meint Tatjana, verstehe der Präsident leider nicht viel; sein Nachfolger müsse dafür sorgen, daß Rußland seine Abhängigkeit von den Bodenschätzen überwindet. Putins Mission sei eine andere, nämlich Rußlands Größe und Stabilität. Was wir bei der Verkehrskontrolle erlebt hätten, sei leider typisch, räumt Wiktor ein, der Bäckereienbesitzer, die Korruption auch in der Wirtschaft, in den Ämtern und erst recht in den höchsten Etagen der Gesellschaft ein Geschwür. Doch müsse man zugleich die Maßnahmen anerkennen, die die Regierung ergriffen habe, die vielen Gerichtsprozesse etwa, vor denen nicht einmal die Oligarchen mehr sicher seien. Und in den Polizeiautos würden seit neuestem kleine Videokameras angebracht, damit keine Schweinerei verborgen bleibt. Ach, deshalb wickelte der Polizist das Geschäft trotz der Kälte im Freien ab.

Es sind keine Wutbürger, die sich gegen ein System auflehnen oder der Lügenpresse mißtrauen; sie stehen nicht am Rande, wirken weder aufgebracht noch radikal, blicken freundlich auf den Fremden, der sie besucht, selbst wenn er einer Religion angehört, die, um das mindeste zu sagen, «problematisch» ist. Nach Tschetschenien, meinem nächsten Ziel, würden Tatjana und Alexandra niemals reisen, weil sie sich als Frauen in einem muslimischen Land nicht frei bewegen könnten. Die Haltung, die im Westen der Rechtspopulismus vertritt, zum Primat der Nation und abendländischer Identität, zu autoritärer Demokratie und Islam, zu Homosexualität und Genderwahn, zur Weltherrschaft Amerikas und zur Brüsseler Diktatur, scheint mindestens in der russischen Mittelklasse Mainstream zu sein. Daß mir ihre Ansichten wie vorformuliert erscheinen, bis in die Nebensätze voraussagbar, würden Tatjana, Alexandra, Wiktor und Mariana auch von meinen Ansichten sagen, wenn ich die Belagerung von Aleppo ein Kriegsverbrechen nenne oder behaupte, daß, egal wo in Deutschland ein Flüchtlingsheim errichtet wird, sich sofort eine Bürgerinitiative bilde – für die Flüchtlinge, nicht gegen sie. Daß die meisten Deutschen im großen und ganzen zufrieden, ja dankbar sind für die Verhältnisse, in denen sie heute leben, inklusive der kulturellen Vielfalt, können sich meine Gesprächspartner nur mit der Propaganda der gleichgeschalteten Medien erklären.

«Hier ist man für Putin», bestätigt der Taxifahrer, der als einziger meiner Zufallsbekanntschaften einer anderen Klasse angehört, und fügt selbst hinzu, daß man mit den Verhältnissen nicht überall so einverstanden sei. Der Region Krasnodar mit ihrer starken Landwirtschaft, vielen ausländischen Investoren und der Ölpipeline, die zum Schwarzen Meer führt, gehe es vergleichsweise gut. Aber auch Tatjana, Alexandra, Wiktor und Mariana beurteilen die gesellschaftliche Realität durchaus differenziert und finden am Westen Europas, den sie von Reisen kennen, vieles vorbildlich – das Gesundheitssystem etwa, überhaupt die bessere Infrastruktur. Als er vor dem Islam warnt, beteuert Wiktor, jemand wie ich sei natürlich nicht gemeint. Er ärgere sich nur über diejenigen, die sich nicht anpassen wollen.

«Aber passen sich denn die Russen sonderlich an, die in Ägypten oder Antalya Urlaub machen?» frage ich: «Oder die in London die City aufkaufen?»

«Nein», räumt Wiktor ein, «ich habe mich für meine Landsleute auch schon geschämt.»

Das Weltbild ist nicht so geschlossen, daß alles, was ihm widerspricht, deshalb schon eine Lüge sein muß. Daß Donald Trump sich damit gebrüstet hat, Frauen zwischen die Beine zu greifen, hört Tatjana zum ersten Mal, obwohl sie sich jeden Tag in den russischen Medien informiert. Eigentlich findet sie Trump einen guten Mann, der eine klare Sprache spricht und etwas von Wirtschaft versteht, sonst hätte er es nicht zu so viel Geld gebracht. Aber solchen Sexismus, nein, der wäre natürlich ekelhaft, sofern er keine Fake News sei. Alexandra, die nicht viel über Politik nachdenkt, hält Trump ohnehin für einen «Clown». Nur was Syrien betrifft, da ist sie, sind alle Gesprächspartner entschieden: Russen würden niemals Zivilisten bombardieren. Da platzt Dmitrij der Kragen, so daß er von den Verbrechen der russischen Fürsten und später der Sowjets in Weißrußland erzählt. Das glaubt Tatjana wiederum. Niemand wolle zurück, höchstens unter Älteren gebe es so etwas wie eine Sowjetnostalgie; die jüngere Generation hingegen sei europäisch ausgerichtet.

«Europäisch?» frage ich verblüfft.

«Also modern, meine ich», antwortet Marina, die Deutschlehrerin, und findet Rußland auf einem guten Weg.

Neunundzwanzigster Tag

Unterwegs nach Grosny staune ich über die Helden, die in Tschetschenien jedes Kind kennt. Der größte ist Scheich Kunta Hadschi, der im neunzehnten Jahrhundert die Liebe zu allen Geschöpfen predigte, Freunden wie Feinden, Tieren wie Pflanzen. Ein regelrechter Naturschützer war der Scheich, mahnte dazu, nirgends Müll zu hinterlassen, stets mehr Bäume zu pflanzen als zu fällen und besonders jene zu achten, die Früchte tragen oder dem Wanderer Schatten spenden. Mit Nutztieren solle man nicht anders umgehen als mit Freunden, jeden Busch, jeden Grashalm wie einen Mitbewohner behandeln. «Kühe, Schafe, Pferde, Hunde und Katzen haben keine Sprache, um ihre Bedürfnisse mitzuteilen», mahnte er und schloß daraus: «Also müssen wir ihre Bedürfnisse von selbst verstehen.» Scheich Kunta Hadschi setzte sich für die Rechte der Frauen ein und für die Trennung von Staat und Religion: «Streitet nicht mit der Macht, seid nicht bemüht, sie durch euch zu ersetzen», wandte er sich an die Religionsgelehrten: «Alle Macht ist von Gott.» Als Mystiker und Begründer des Kadirije-Ordens, der heute noch bedeutendsten religiösen Organisation Tschetscheniens, wetterte er gegen eine Frömmigkeit, die sich an äußeren Formen und Praktiken festmacht: «Habt keine Eile beim Wickeln des Turbans – umwickelt zuerst euer Herz.» Vor allem aber war der Scheich ein radikaler Pazifist und hat als solcher einen tiefen Eindruck bei Lew Tolstoi hinterlassen, der als Soldat in den Kaukasus kam und im Alter selbst zum Kriegsgegner und Naturschützer wurde. «Eure Waffen sollen eure Wangen sein, nicht Gewehr und Dolche», mahnte Kunta Hadschi die Gläubigen: «Sterben im Kampf mit einem Feind, der um vieles stärker ist, gleicht Selbstmord, und Selbstmord ist die größte aller Sünden.»

Kann das sein? frage ich mich auf der Rückbank, während am Fenster Rußlands schneebedeckte Kornkammer vorbeirauscht: Tschetscheniens berühmtester Religionsgelehrter ein früher Ökologe und Pazifist? Schließlich sind Tschetschenen heute mehr als Kämpfer, wenn nicht als Terroristen bekannt. Ja, kann sein, versichern Achmet und Magomet, die uns in Krasnodar abgeholt haben, und gehen zum nächsten Helden über: Der Wanderprediger Mansur Uschurma lehrte im achtzehnten Jahrhundert die Gleichheit aller Menschen, verurteilte die Blutrache und rief zur Unterstützung der Kranken, Waisen, Hilfsbedürftigen auf. Die Russen sandten Soldaten, um den «Lügenpropheten» zu stoppen, brannten sein Dorf mit vierhundert Gehöften ab und töteten seinen Bruder. Daraufhin rief Scheich Uschurma zu den Waffen und schlug 1785 in einer legendären Schlacht die russischen Truppen. Fürst Pjotr Bagration, der spätere Held des Krieges gegen Napoleon, wurde verwundet und gefangengenommen. Der Scheich befahl, den Fürsten zu versorgen und ins russische Lager zu tragen. Gerührt von der Großmut des Feindes wollten die Offiziere sich bei den Trägern erkenntlich zeigen. Die jedoch lehnten den Lohn ab: Gäste freundlich zu behandeln verstehe sich für Tschetschenen von selbst. Nach weiteren siegreichen Schlachten unterlag Scheich Uschurma 1791 schließlich doch der Übermacht. In einen Käfig gesperrt, wurde er wie ein wildes Tier nach St. Petersburg geschafft und in einen Kerker der Schlüsselburg geworfen, den er bis zu seinem Tod nicht mehr verließ. Gastfreundschaft war seinen Wärtern fremd.

Achmet und Magomet haben sich ihre Pseudonyme selbst ausgesucht. Kein Tschetschene, so haben sie bereits in Krasnodar angekündigt, würde mit mir frei reden, wenn er befürchten müsse, daß sein wirklicher Name veröffentlicht wird. Ich müsse mir noch viele Pseudonyme und auch abweichende Umstände, erfundene Berufe, Orte, Jahreszahlen ausdenken, wolle ich die Wahrheit über Tschetschenien schreiben. Immerhin lebten sie in einem Land, dem vielleicht einzigen Land der Welt, in dem der Präsident noch persönlich Hand an Gefangene legt. Ob das stimmt? In Berichten über Tschetschenien ist immer wieder zu lesen, daß der junge Ramsan Kadyrow, der als Nachfolger seines ermordeten Vaters seit 2007 regiert, persönlich an Folterungen teilnimmt. Achmet und Magomet sagen, daß sie Leute kennten, die im Keller des Präsidenten einsaßen; Tschetschenien sei so klein, das Vertrauen innerhalb der Sippen trotz Geheimpolizei immer noch groß, da spreche sich so etwas schnell herum. Eben deshalb – damit es sich nicht herumspreche – verschwänden auch so viele Menschen spurlos. Tatsächlich haben Menschenrechtsorganisationen in den letzten fünfzehn Jahren an die zehntausend Fälle dokumentiert. Offiziell liebten alle Tschetschenen ihren Präsidenten, sagt Magomet; inoffiziell wisse jeder, daß er nur ein Lakai Rußlands sei.

Ausgerechnet Rußlands: Da ist das Massaker von Dadi-Jurt vom 15. September 1819, um nur die nächste Geschichte zu nehmen, die ich auf der Rückbank notiere: eine der furchtbarsten Strafaktionen der zaristischen Armee. Nachdem er mehrfach erlebt hatte, daß die Tschetschenen ihre Dörfer besonders zäh verteidigen, wenn sich dort noch ihre Frauen und Kinder aufhielten, ließ der russische Befehlshaber, General Alexej Jermolow, ein Exempel statuieren: Alle zweihundert Häuser wurden dem Erdboden gleichgemacht, bis auf einhundertvierzig junge Mädchen alle Bewohner getötet. Um sich einem Leben in Knechtschaft, vermutlich auch den Vergewaltigungen zu entziehen, stürzten sich sechsundvierzig dieser Mädchen von einer hohen Brücke in den schäumenden Fluß Terek und rissen ihre Bewacher mit. Der General war dennoch zufrieden: «Das Beispiel von Dadi-Jurt verbreitete überall Schrecken», bemerkte er in seinem Tagebuch, «und wir werden wohl nirgendwo mehr Frauen und Familien vorfinden.»

Auch die übrigen Geschichten handeln vom Widerstand gegen Fremdherrscher, vormals Chasaren, Hunnen, Araber, Perser und Mongolen, seit dem achtzehnten Jahrhundert Russen beziehungsweise Sowjets. Tschetschenien ist das einzige Land des Kaukasus, das nie feudale Strukturen noch Leibeigenschaft kannte, weder Fürsten noch Könige, keine Steuern, keine Zentralgewalt. Tschetschenen definierten sich geradezu dadurch, daß sie freie Bauern auf eigenem Grund waren, keinem Herrscher, sondern ausschließlich ihrer Sippe verpflichtet. So begreife ich auf der wieder einmal langen Fahrt, warum ausgerechnet derjenige Rebell, der durch Tolstois *Hadschi Murat* in die Weltliteratur eingegangen ist, aus tschetschenischer Sicht gar kein Held ist: weil er nicht nur ein Befreier, sondern zugleich ein Usurpator war. «Ich höre, daß die Russen euch schmeichlerisch zur Unterwerfung auffordern», zitiert Tolstoi den Aufruf des Imam Schamil an die Kaukasier: «Glaubt ihnen nicht, unterwerft euch nicht, haltet aus. Es ist besser, in Feindschaft gegen die Russen zu sterben, als in Gemeinschaft mit den Ungläubigen zu leben. Haltet aus, und mit dem Koran und dem Säbel werde ich zu euch kommen und euch gegen die Russen führen.» Mit seinen Anhängern bestand Imam Schamil in mehreren Schlachten gegen die russische Übermacht und errichtete eine Theokratie, die sich 1845 zu einem nordkaukasischen Emirat ausweitete. Doch immer mehr Sippen lehnten sich gegen Schamils brutales Regime auf und schlossen einen Separatfrieden mit den Russen. Schamil suchte mit seinen letzten vierhundert Getreuen Zuflucht in der Festung Gunib. Zunächst wollte er kämpfen und sterben, aber die Liebe zu seiner Familie, die mit ihm auf der Festung war, erweichte sein Herz. Als Ehrengefangener des Zaren starb er 1871 in Medina, nachdem ihm die Hadsch gestattet worden war.

«Kein Wunder, daß er sich ergeben hat», murmelt Achmet verächtlich und verweist darauf, daß der Imam kein echter Tschetschene war, sondern gebürtig aus Dagestan. Gleichwohl ziehen sich nicht nur die Helden, sondern ebenso die Verräter durch die tschetschenische Geschichte. Immer wieder boten Stämme ihre Dienste den Zaren an, wenn es für sie vorteilhaft schien, und seltener geworden ist solcher Pragmatismus seither nicht: Als der Bataillonsführer Sulim Jamadajew beim heutigen Präsidenten in Ungnade fiel, sagten sich seine Kämpfer ohne zu zögern von ihm los. Und da sie sich nun schon von ihm losgesagt hatten, sagten sie auch gegen ihren Bataillonsführer aus – schließlich müßten sie ihre Familien ernähren, zeigte sogar Jamadajew selbst Verständnis für die Treulosigkeit.

Aber nicht nur wurden aus Helden Verräter, manchmal waren Verräter die eigentlichen Helden. Der Hadschi Murat etwa, eine historische Figur, die nicht nur bei Tolstoi so positiv erscheint, war ebenfalls ein Überläufer, beging also Verrat, allerdings nur, weil er seine Frau und seine Kinder befreien wollte, die sein einstiger Gefährte Imam Schamil als Geiseln hielt – jeder Tschetschene versteht das, ist doch die Verwandtschaft heute noch der einzige Verbund, der im Zweifel hält. Achmet und Magomet räumen selbst ein, daß die Blutrache weiterhin eine Realität in der tschetschenischen Gesellschaft sei, und so archaisch sie die Sitte auch finden, merke ich doch in anderen Zusammenhängen, daß unterschwellig Stolz auf den großen Zusammenhalt in ihren Familien mitschwingt. So müßten sie eigentlich auch den Imam Schamil etwas milder betrachten, der sich gegen den Tod und für seine Familie entschied. Aber gut, Schamil war gebürtig aus Dagestan, das ist für Tschetschenen an sich schon ein Problem.

Da soll sein engster Mitstreiter Beisungur von anderem Blut gewesen sein: Bei den Siegen über die Russen verlor er zuerst den linken Arm, dann das linke Auge, bei einer weiteren Schlacht das linke Bein. Die Wunden waren kaum verheilt, da ließ sich Beisungur einarmig, einbeinig und einäugig aufs Pferd binden und führte seine Männer in die nächste Schlacht. Als sich die feindlichen Truppen gegenüberstanden, schlug ein Hüne von Kosak einen Zweikampf vor. Sofort meldete sich Beisungur und ritt dem Kosaken entgegen. Als er mit einer Wunde in der Brust zurück ins Lager kam, fragte Schamil aufgebracht:

«Warum bringst du Schande über uns? Du bist verwundet, der Kosak sitzt im Sattel.»

«Warte, bis sich sein Pferd bewegt», antwortete Beisungur.

Als das Pferd einen Schritt nach vorne tat, fiel der Kopf des Kosaken zu Boden.

Beisungur kämpfte weiter, als der Imam Schamil das Leben gegen die Knechtschaft eintauschte. Noch einmal gelang es ihm, einen Aufstand zu organisieren, doch dann geriet Beisungur am 17. Februar 1861 in einen Hinterhalt, wurde gefangengenommen und zum Tod durch Erhängen verurteilt. Um ihn zu erniedrigen, lobten die Russen eine Belohnung für den aus, der das Urteil vollstreckt. Niemand aus der Menge, die sich vor der Kirche in Chasaw-Jurt versammelt hatte, meldete sich, bis schließlich ein Dagestaner nach vorn trat, wer sonst? Da stieß Beisungur den Schemel weg und erhängte sich lieber selbst.

Daß Achmet und Magomet von rustikaler Erscheinung sind, breitschultrig, bärtig, mit großen Händen, darf ich erwähnen, weil ihre Physiognomie ziemlich typisch für Tschetschenen mittleren Alters ist; auch der Präsident sieht wie ein Ringer aus. Ich darf auch schreiben, daß der eine vom Handel lebt, der andere von der Hand in den Mund. Er hätte die familiären Verbindungen, die es brauche, um Lehrer oder Angestellter zu werden, meint Magomet. Allein, er verstehe es nicht, sich anzubiedern, freundlich zu tun und die Bestechung auszuhandeln, die es in Tschetschenien selbst mit Verbindungen für egal welchen Posten brauche. Und einmal angestellt, müsse er von jedem Monatsgehalt zehn oder zwanzig Prozent der Kadyrow-Stiftung «spenden», die den pompösen Lebensstil der Herrscherfamilie bis hin zum Privatzoo mit Raubkatzen finanziere. Damit nicht genug, würde auch noch erwartet, daß er dem Präsidenten auf Instagram folgt – täglich Ramsans Heldengeschichten zu lesen, sei echt zuviel. 2,4 Millionen Follower hat Ramsan Kadyrow, doppelt so viele, wie er Untertanen hat. Statt enthusiastische Kommentare unter Bilder zu tippen, auf denen der Präsident teuer eingekaufte Pop- und Sportsternchen aus dem Westen begrüßt, furchtlos eine Python hochhält oder freudestrahlend Wladimir Putin umarmt, bleibt Magomet lieber ein freier Bauer auf eigenem, und sei es noch so kargem Grund. Nüchterner gesagt: Magomet hangelt sich von Job zu Job. Jetzt gerade begleitet er seinen Vetter Achmet, der lange Strecken nicht gern allein fährt.

«Weil die Landschaft so eintönig ist?» frage ich Achmet.

«Nein, wegen der Kriminalität.»

Eintönig ist die Landschaft dennoch, flach bis zum Horizont, so daß wir mit den Geschichten fortfahren, die Tschetschenien im zwanzigsten Jahrhundert geschrieben hat: Da ist Chassucha Magomadov, der letzte Abreke, wie man im Kaukasus die Mischung aus Che Guevara und Robin Hood nennt. Während des stalinistischen Terrors kämpfte er gegen die Geheimpolizei, blieb im Untergrund, als sein Volk 1944 nach Kasachstan und Sibirien deportiert wurde, und durchkämmte die menschenleeren Dörfer. Als erster betrat er das Dorf Chaibach, nachdem alle siebenhundert Bewohner in einem Pferdestall verbrannt worden waren. Aus einem Hinterhalt befreite er sich, indem er unbemerkt einen Oberstleutnant erstach und blitzschnell dessen Uniform anlegte. Ein anderes Mal sollte ein Mitkämpfer, der von den Sowjets angeworben worden war, ihn im Schlaf töten. Chassucha jedoch ahnte die Gefahr, kroch aus seinem Mantel und wartete an der Wand. Der Meuchler stand auf und schoß auf den Mantel, bevor er von Chassucha selbst erschossen wurde. Die Zeitungen behaupteten danach, der Abreke habe seinen treuesten Kameraden umgebracht. Einundsiebzigjährig und erschöpft vom Wolfsleben nach einem bitterkalten Winter, wurde Chassucha am 28. März 1976 gefaßt und auf der Stelle von zahlreichen Kugeln durchsiebt. Bis zum Abend des nächsten Tages wagte niemand, sich der Leiche zu nähern, so groß war die Angst vor dem toten Abreken, der nur noch 36 Kilogramm wog.

«Und die beiden letzten Kriege?» frage ich: «Haben die auch noch Helden hervorgebracht?» Magomet hat im ersten Krieg für Tschetschenien gekämpft. Achmet hingegen war gegen den Krieg, überhaupt gegen die staatliche Unabhängigkeit, weil er es für tollkühn hielt, sich gegen das große Rußland aufzulehnen. Für beide jedoch ist Dschochar Dudajew der letzte tschetschenische Held. Als General der sowjetischen Luftstreitkräfte verweigerte Dudajew 1990 den Befehl, in Estland gegen Demonstranten vorzugehen, quittierte den Dienst und kehrte nach Tschetschenien zurück, um sein eigenes Land in die Unabhängigkeit zu führen. «Ich habe mich mein ganzes bewußtes Leben darauf vorbereitet», sagte er später über seine Mission: «Die Ungerechtigkeit, die Gewalt, der Druck, der auf meiner Seele lastete, auf der Seele meines Volkes, und nicht nur meines, das wurde mir schon bewußt, als ich in der Erdhütte aufwuchs, unter sibirischen Bedingungen, mit Hunger, Armut und Repression. Nichts konnte mich schrecken – nicht der Hunger, nicht die Kälte, nicht die Armut. Das Schrecklichste war das Gefühl der völligen Rechtlosigkeit und der Schutzlosigkeit seitens des Gesetzes, seitens des Staates. Im Gegenteil – deine Vernichtung als Mensch, als Persönlichkeit wurde zum Ziel erklärt.»

Als 1992 eine demokratische Verfassung in Kraft trat, die mit Hilfe der dankbaren baltischen Staaten erarbeitet worden war, zog Dudajew mit 85 Prozent der Stimmen in den Präsidentenpalast. Seinen Eigensinn verlor er nicht. Nicht nur, daß er in seinem Dorf außerhalb von Grosny wohnen blieb und im Privatauto zu Staatsempfängen fuhr; früher als andere erkannte er die Gefahr des islamischen Fundamentalismus: «Wenn sich die negativen äußeren Faktoren verstärken, wird der Islam immer stärker», sagte er 1992 voraus: «Gibt es hingegen die Möglichkeit für eine selbständige Wahl, für eine selbständige Entwicklung, dann wird sich auch ein selbständiger weltlicher Staat herausbilden.» Alle Versuche Moskaus, Dudajews Regierung mit einer Wirtschaftsblockade und der Sperrung aller Verkehrswege in die Knie zu zwingen, mißlangen. Schließlich folgte am 12. Dezember 1994 «die Endlösung des tschetschenischen Problems», wie Präsident Boris Jelzin den Krieg nannte. Ohne Rücksicht auf die Zivilbevölkerung überzog Rußland das Land mit Vakuumbomben, Splitterbomben und Entlaubungsgiften. Dudajew bewies außerordentliche militärische Fähigkeiten und starb dennoch durch Leichtsinn. Als er am 21. April 1996 auf einer Fahrt übers Land telefonieren mußte, schickte er zwar seine Frau in sichere Entfernung, da das Satellitentelefon von den Russen geortet werden konnte. Den Anruf tätigte er dennoch und wurde währenddessen von einer Cruise-Missile-Rakete getroffen. Jelzin verkündete bereits in Grosny den Sieg, da formierten sich die Tschetschenen in den Bergen neu, marschierten auf die Hauptstadt und triumphierten über eine der modernsten Armeen der Welt. Mit dem Friedensvertrag von 1997 erkannte Rußland de facto die Souveränität Tschetscheniens an. Hunderttausend Zivilisten hatte der Krieg getötet, mindestens doppelt so viele zu Krüppeln, Witwen oder Waisen gemacht. Fast die Hälfte der Bevölkerung, vierhundertsechzigtausend Menschen, war in die Nachbarrepubliken geflohen und kehrte meist in zerstörte Häuser zurück. «Ringsum fiel kein Wort des Hasses gegen die Russen», schrieb Lew Tolstoi im *Hadschi Murat* über die Reaktion der Tschetschenen auf Mord, Plünderung, Zerstörung und die Schändung ihrer Moscheen: «Das Gefühl, das alle Tschetschenen, klein und groß, empfanden, war stärker als Haß. Es war nicht Haß, sondern ein Nichtanerkennen dieser russischen Hunde als Menschen und ein derartiger Widerwille und Ekel und ein so völliges Nichtverstehen der sinnlosen Grausamkeit dieser Geschöpfe, daß der Wunsch, sie zu vernichten, wie der Wunsch nach Vernichtung von Ratten, Giftspinnen und Wölfen zu einem so instinktiven Gefühl wie der Selbsterhaltungstrieb wurde.»

Der zweite Tschetschenienkrieg hat keine Heldengeschichten mehr geschrieben. Statt sich, wie im Friedensvertrag vereinbart, am Wiederaufbau zu beteiligen, sabotierte Rußland die neue, noch säkulare Regierung, nicht zuletzt durch die Unterstützung der religiösen Opposition, in der zunehmend Wahhabiten aus dem arabischen Raum den Ton angaben. Der Einmarsch des radikalen tschetschenischen Feldkommandeurs Schamil Bassajev in Dagestan im August 1999 bot den Anlaß für eine militärische Operation. Für die Wiedergeburt der russischen Armee und des Nationalgefühls müsse die Schmach der vorherigen Niederlage getilgt werden, forderte der neue Ministerpräsident Wladimir Putin. Zugleich ermöglichte der Krieg gegen den Terror praktisch die Machtergreifung des Geheimdienstes und die Inthronisierung des ehemaligen FSB-Offiziers als neuen Präsidenten. «Man muß die Tschetschenen wie Ungeziefer vernichten», erklärte Putin damals und kündigte an: «Wir werden sie in allen Ecken der Welt verfolgen und sie sogar in den Toiletten ertränken.»

Am Abend fahren wir in Grosny ein, das zum Ende des Zweiten Tschetschenienkriegs «die am meisten zerstörte Stadt der Welt» war, wie es in einem Bericht der Vereinten Nationen heißt. Grosny gab es 2001 praktisch nicht mehr. Auch andere Städte waren dem Erdboden gleichgemacht, sämtliche Fabriken ausgebombt, die gesamte Infrastruktur vernichtet worden, weitere zweihunderttausend Zivilisten tot, diesmal fünfhundertsiebzigtausend Tschetschenen geflohen. Die Unabhängigkeitsbewegung hatte sich in ihre einzelnen Bestandteile aufgelöst, in Säkulare, Traditionalisten, Überläufer, viele Kriminelle und immer mehr Dschihadisten.

Daß die Widerstandskraft gebrochen war, deutete sich spätestens 1999 an, als mit dem Mufti von Grosny, der im ersten Krieg den «Dschihad» gegen Rußland ausgerufen hatte, ein weiterer Verräter in die Geschichte einging. Aber war Achmat Kadyrow überhaupt ein Verräter? So eindeutig war es schließlich auch mit Hadschi Murat nicht gewesen. «Er war ehrlich überzeugt, daß er die Tschetschenen vor dem sicheren Tod rettet», gestand ihm selbst Ilyas Akhmadow zu, der Außenminister der separatistischen Regierung. Kadyrow habe den wahhabitischen Islam für den gefährlicheren Feind gehalten und deshalb, nicht um des persönlichen Vorteils willen, den Pakt mit den Russen geschlossen. Kadyrow sorgte für die kampflose Übergabe der zweitgrößten Stadt, Gudermes, und wurde zum Dank von Putin 2003 zum Präsidenten der autonomen Republik ernannt. Ein Jahr später starb er bei einem Anschlag in einem Fußballstadion. Obwohl er auf die Seite des Feindes übergelaufen war, nannte ihn Akhmadow in dem Interview, das er der Zeitschrift *The New Yorker* gab, einen «tatkräftigen und tapferen Mann, der sehr viel persönlichen Mut bewies».

Heute ist in Grosny keine Spur des Krieges mehr zu sehen. Mit gewaltigen Devisentransfers will Rußland den Beweis erbringen, daß die Föderation für Tschetschenien die beste aller möglichen Welten ist: Wolkenkratzer, an denen Lichtdesign in allen Farben blinkt, klassizistische Phantasiegebäude, das Theater eine Mischung aus Taj Mahal und Petersdom, der Präsidentenpalast mit mehr Säulen als das alte Rom, die große Moschee, erbaut mit Tonnen von Gold und Marmor sowie mit Kronleuchtern so schwer, daß allein ihre Anbringung eine Ingenieursleistung war. Entlang der achtspurigen Hauptstraßen stehen Wohn- und Geschäftshäuser mit Stuck, der die europäische Gründerzeit imitiert. An jeder zweiten Ecke hängen Photos von Wladimir Putin und den beiden Kadyrows, Vater und Sohn.

Nach einer ausführlichen Sicherheitskontrolle werden wir auf das Gelände eingelassen, auf dem die Wolkenkratzer abgeschirmt sind vom Rest der Stadt. Der schmächtige Portier des Fünf-Sterne-Hotels, das einen der Türme belegt, trägt eine viel zu große Schirmmütze sowie Turnschuhe unter dem roten Mantel, der eher für einen Ringer geschnitten ist. In der Lobby verteilt, vor den Boutiquen und auch an der Bar sitzen Angestellte ohne Beschäftigung, die sämtlich der Mode ihres Präsidenten folgen: der enganliegende Anzug, dessen Sakko nur bis zur Hüfte reicht, die schmale Krawatte demonstrativ lose gebunden, die Haare in die Stirn gekämmt, die Wangen rasiert, aber unter dem Kinn der Bart einige Zentimeter lang. Gästen begegnen wir in dem Hotel nicht.

«Besiegt haben wir uns selbst», meint Magomet, der mit mir aufs Zimmer gekommen ist, um Grosny einmal vom achtzehnten Stock aus zu betrachten, und erzählt die Geschichte der Familie im Dorf Alchan-Kala, die seinerzeit auch durch die westliche Presse ging. Als die dritte Tochter ins heiratsfähige Alter kam, verlangte der Sohn, daß sie ihn heiraten müsse. Ob er verrückt geworden sei, herrschte der Vater den Sohn an. Der Sohn jedoch berief sich auf ein angebliches Wort Gottes, wonach ein guter Muslim seine dritte Schwester heiraten müsse; dies habe ihm sein Emir erklärt. Deshalb werde er es nicht zulassen, daß die Schwester aus dem Haus geht.

«Wir kannten das nicht, daß ein Sohn seinem Vater widerspricht», meint Achmed, «so etwas gab es in unserer Kultur nicht.»

Der Vater packte den Sohn am Kragen, schleppte ihn in den Schuppen und erschoß ihn. Niemand im Dorf verurteilte den Vater. Die Ordnung war wiederhergestellt und doch für immer zerbrochen.

Vor dem Schlafengehen vertrete ich mir noch die Beine auf der neuen Prachtmeile, die selbstverständlich Putin-Prospekt heißt. Ich bin der einzige Fußgänger; nur gelegentlich fährt ein Auto an mir vorbei. Sorgen müsse ich mir keine machen, haben Achmet und Magomet versichert und ihrem Präsidenten immerhin zugestanden, daß Tschetschenien heute sicher sei. Die Gebäude sind von außen hell erleuchtet, in den Fenstern jedoch brennt nirgends ein Licht. Auch die Wolkenkratzer scheinen größtenteils unbewohnt. Lebt hier überhaupt jemand, oder ist ganz Grosny nur ein Potemkinsches Dorf? Die letzte Geschichte, die Achmet erzählt hat, handelt von einer alten Frau: Als er mit seiner Familie nach dem Zweiten Krieg zurückkehrte, saß sie vor seinem zerstörten Haus.

«Was machen Sie hier?» fragte Achmets Mutter.

«Ich überlebe», sagte die Frau.

«Sie überleben?»

«Ja, ich überlebe», wiederholte die Frau und zeigte auf die gegenüberliegende Straßenseite, wo einmal ein Hochhaus gestanden hatte: «Dort habe ich gewohnt.»

Als Grosny bombardiert wurde, suchte die Frau Zuflucht im Keller. Sie schlug mit den Fäusten an die Eisentür, nur um ein ums andere Mal jemanden rufen zu hören, daß sich hier bereits hundert Leute zusammendrängten, sie hätten kaum Luft zum Atmen. Vergeblich bettelte die Frau, die hunderste sein zu dürfen. Endlich trat sie auf die Straße, um irgendwo anders unterzukommen. Kaum war sie ein paar Schritte gegangen, schlug eine Bombe in dem Hochhaus ein. Alle hundert Menschen im Keller waren tot. Seitdem überlebt die alte Frau.

Dreißigster Tag

Nein, sagt die junge, zu ihrer Sicherheit namenlose Frau, die mich durchs neu entstandene Zentrum von Grosny führt, nein, hier wohne tatsächlich kaum jemand. Für normale Menschen seien die Wohnungen unerschwinglich, und die Reichen zögen eine Villa vor, deren Bau sie selbst in Auftrag gegeben hätten, statt sich mit dem Pfusch eines Bauherrn herumzuschlagen, der sich alles erlauben könne, weil er zugleich Herr im Staat sei. Der Wasserdruck in den Luxusapartments etwa sei so schwach, daß die Wellnessduschen schon im ersten Stock kaum funktionierten, die Elektrik habe bereits mehrere Gebäude in Brand gesetzt, und der opulente Stuck an den Gründerzeitimitaten, die sich am Putinprospekt aneinanderreihen, bröckele wie Schulkreide. Nur merken soll es niemand, deshalb verpflichte sich jeder Eigentümer, die Fassade laufend zu erneuern und die Kosten für die grelle Außenbeleuchtung zu tragen, die nachts die Zimmer taghell mache. Und dann die Wolkenkratzer: Wer ziehe in einem Erdbebengebiet schon freiwillig in einen Turm, den Tschetscheniens junger Präsident erbauen ließ. Ein Hochhaus stehe ganz leer, das andere belege ein Hotel, obwohl die wenigen Gäste in einer einzigen Etage unterkämen, in den übrigen würden fast nur die unteren Stockwerke für Büros, Gastronomie oder Fitneß genutzt. Die Wohnungen mit Blick auf die Residenz des Präsidenten seien ohnehin Angehörigen des Sicherheitsapparats vorbehalten. Gerechnet hat sich der Neubau Grosnys trotz der vielen Leerstände: Man muß sie nicht nutzen wollen, um Ramsan Kadyrow eine Immobilie abzukaufen. Man kauft sie, um seine Loyalität zu demonstrieren.

Vielleicht sind auch die Luxusboutiquen, Coffeeshops oder italienischen Schuhgeschäfte nur zur Demonstration geöffnet, denn Laufkundschaft sehe ich weit und breit nicht – man tut so, als sei Grosny eine Weltstadt. Als ich die Touristeninformation betrete, die von außen aufgemacht ist wie in Florenz oder Madrid, sind die Mitarbeiterinnen so überrascht, daß sie keine Auskunft herausbringen, welche Sehenswürdigkeiten es in der Stadt gibt. Dabei würden die neuen Prachtgebäude jeden Themenpark schmücken, ob Walt Disney oder Legoland: Vom alten Athen über Istanbuls Blaue Moschee bis hin zum Weißen Haus sind alle Baustile nachgeahmt. Zu allem Überfluß wird auch noch ein Wolkenkratzer gebaut, der einmal das höchste Gebäude Europas werden soll. «Danke, Ramsan, für Grosny», heißt es großflächig auf Plakaten, als hätte es die Stadt zuvor nicht gegeben.

Und tatsächlich, es gab sie ja auch nicht, 2004, als Achmat Kadyrow, Moskaus gerade erst bestellter Statthalter, bei einem Anschlag starb und sein siebenundzwanzigjähriger Sohn zum Nachfolger bestellt wurde. Auf den wenigen Bildern, die trotz der Informationssperre von den Zerstörungen des zweiten Tschetschenienkriegs nach außen drangen, sieht Grosny wie Dresden nach der Bombardierung aus. Statt die Stadt wiederaufzubauen, hat Kadyrow ein kaukasisches Metropolis erschaffen, gegen das Berlins neue Mitte rund um den Potsdamer Platz geradezu organisch wirkt. Ein russischer Frieden, denke ich, könnte in Syrien ähnlich aussehen und wäre wahrscheinlich tatsächlich besser als die Fortsetzung des Kriegs: ordentlich, blitzblank und von jeder Vergangenheit befreit. Nur sollten die Planer, die etwa Aleppo neu gründen, dann wenigstens Bäume entlang der Straßen pflanzen, Spielplätze für die Familien nicht vergessen und Parks anlegen, die nicht nur aus repräsentativen Rasenflächen bestehen.

Grosny soll einmal die grünste Stadt des Kaukasus gewesen sein, aber an Schatten für die heißen Sommertage, überhaupt an urbane Lebensqualität hat man beim Wiederaufbau nicht gedacht. Dafür gibt es riesige Plätze aus Beton, wo man keine weiteren Leerstände schaffen wollte, und an jeder Ecke Bilder von Tschetscheniens neuer Dreifaltigkeit: Vater und Sohn Kadyrow mit Putin als Heiligem Geist. Entsprechend kreuzen sich am zentralen Kadyrow-Platz, der von der nagelneuen Kadyrow-Moschee überragt wird, der Kadyrow- und der Putin-Prospekt. Wer meint, daß es unmöglich sei, einem Volk das Rückgrat zu brechen, hat Grosny nicht gesehen. Nicht einmal im Nationalmuseum wird an die beiden Kriege mit Rußland erinnert, die ein Viertel der Bevölkerung das Leben kosteten und mehr als die Hälfte vertrieben – das ist ein höherer Anteil als in Weißrußland während des Zweiten Weltkriegs, und dort gibt es wenigstens für manche Opfer Denkmäler. In Tschetschenien ist nicht einmal die Deportation des gesamten Volkes unter Stalin der offiziellen Geschichtsschreibung eine Schautafel wert. Und die Nationalbibliothek kann schon deshalb keine kollektive Erinnerung bewahren, weil im Zuge der sowjetischen Schriftreformen fast alle tschetschenischen Bücher und Manuskripte vernichtet worden sind, damit das kollektive Gedächtnis der Tschetschenen.

Und wie ist es mit der Gegenwart, kann über sie gesprochen werden? Ja, allerdings unter den konspirativen Umständen eines Agentenfilms: Der Beamte setzt sich in das verabredete Auto, das auf dem Parkplatz der Behörde steht. Sein Vorgesetzter, den er eingeweiht hat, wollte wegen der Kameras am Eingang nicht, daß wir das Gebäude betreten. Der Cousin des Beamten ist einer von zehntausend Tschetschenen, die seit dem Ende des Krieges verschwunden sein sollen. Ob er die Zahl bestätigen könne, die in Menschenrechtsberichten immer wieder auftaucht, frage ich als erstes. Ja, sagt der Beamte, etwa zehntausend Fälle seien realistisch; eine kritische Bemerkung am Arbeitsplatz, ein Witz über den Präsidenten, den der Falsche mithört, oder ein Salafistenbart genügten, um verschleppt zu werden. Wie schon unter Stalin lebten sie wieder in einem totalitären System, nur daß die Tschetschenen heute von ihren eigenen Landsleuten geknebelt würden. Das sei die «Tschetschenisierung» des Konflikts, von der Wladimir Putin immer gesprochen habe: daß die Repression an lokale Verbündete delegiert wird.

«Aber es gibt doch wirklich ein Problem mit dem religiösen Extremismus, oder nicht?»

«Ja, das gibt es», sagt der Beamte, «besonders unter den jungen Leuten. Und wenn sie oder ihre Freunde verschleppt werden, radikalisieren sie sich erst recht.»

In den letzten ein, zwei Jahren habe sich die Unterdrückung noch einmal massiv verschärft, so daß die Angehörigen ihre Vermißten nicht mehr meldeten, Menschenrechtsorganisationen keine Daten mehr sammelten und die Justiz nicht einmal der Form nach ermittele. Statt dessen gebe es eine neue Fluchtwelle aus Tschetschenien, wie wir in Deutschland vielleicht bemerkt hätten. Im besten Fall tauchten die Angehörigen in einer Gefängniszelle auf, meistens nur als Leiche am Straßenrand, wenn überhaupt.

«Was hatte Ihr Cousin denn getan?» frage ich.

«Das wissen wir ja nicht», antwortet der Beamte. «Allerdings war er schon ein impulsiver Mensch, und wir nehmen an, daß er einfach nicht die Klappe gehalten hat. Wissen Sie, er war Professor, und wenn ich mir vorstelle, daß er im Hörsaal ... das geht dann schnell, und eigentlich wußte er das auch.»

Als der Cousin des Beamten vor zwei Jahren verschwand, wandte sich sein Vorgesetzter an den Minister. Der Cousin sei verhaftet worden, hieß es, keine Sorge, er komme bald frei. Dann jedoch wurde der Familie nur die Leiche übergeben, der Oberkörper von blauen Flecken und Wunden übersät. Offiziell hatte der Cousin, der drei Kinder hinterließ, einen Autounfall. Eine Trauerfeier wurde der Familie dennoch nicht erlaubt, erst recht keine Obduktion.

Ich frage, ob es stimmt, daß die politischen Gefangenen im Keller des Präsidentenpalastes einsitzen. Das höre man oft, bestätigt der Beamte: Sie hätten ja viel mit Leuten zu tun aus dem Umfeld des Palastes, außerdem sei am Ende in Tschetschenien jeder mit jedem irgendwie verwandt; sein Vorgesetzter habe erfahren, daß Ramsan dem Cousin ins Gesicht schlug, als der ihm widersprach. Spätestens dann sei nichts mehr zu machen gewesen.

«Und dennoch arbeiten Sie für diesen Staat», wundere ich mich.

«Was soll ich denn tun?» fragt der Beamte zurück: «Sollen wir alle aufhören zu arbeiten? Wir bemühen uns um die unpolitischen Fälle, im Arbeitsrecht, im Zivilrecht können wir einiges tun. Es gibt ja alle Gesetze, das ist nicht das Problem, man wendet sie nur nicht an. Und Menschenrechtsfälle sind für die Justiz tabu.»

«Und doch haben Sie den Mut, sich in unser Auto zu setzen.»

«Ja», sagt der Beamte fast tonlos und holt Luft: «Haben Sie *Grosny Blues* gesehen?»

«Den Film?»

«Ja, den Film.»

Ja, den Film, der vor einiger Zeit in europäischen Kinos lief, habe ich gesehen, eine Dokumentation über drei Freundinnen, die ungeschminkt über ihr Leben in Tschetschenien erzählen. Vor sechs Monaten seien zwei von ihnen gekidnappt worden, berichtet der Beamte. Inzwischen seien sie Gott sei Dank wieder frei, allerdings nach schweren Mißhandlungen. Die dritte Frau habe gerade noch fliehen können, niemand wisse, wohin. Das passiere, wenn man in Tschetschenien beim Sprechen erkannt wird.

Die Soziologin, die ich kurz darauf in der Universität besuche, hat kein Problem damit, daß ihr Name genannt wird. Ich staune, daß auf dem Campus so viele Studentinnen sind. Ja, bestätigt Lida Kurbanowa, nicht nur die Mehrheit der Studenten, auch sechzig Prozent der Professoren seien weiblich. Über den Stand der Emanzipation, den sie empirisch erforscht hat, sage das allerdings nicht viel aus. So verheerend seien die Antworten auf den Fragebögen ausgefallen – «Wie hat sich Ihre persönliche Situation in den letzten zehn Jahren verändert?», «Haben Sie persönlich bereits Gewalterfahrungen in der Familie gemacht?», und so weiter –, daß sie die Ergebnisse nur in Berlin oder an der Columbia University vortragen durfte, jedoch nicht im tschetschenischen Fernsehen, wo man sie ansonsten durchaus in Talkshows einlädt.

In der Sowjetunion seien die Frauen überall im öffentlichen Leben präsent gewesen. Auch während der beiden Kriege hätten die Männer sie gebraucht. Aber nun gebe es nicht mehr genug Arbeit und werde gegen die Bedrohung durch den Wahhabismus ein so konservativer, trockener Islam in Stellung gebracht, daß zwischen beiden Auslegungen fast kein Unterschied mehr bestehe. Nicht nur das Kopftuch, selbst die Polygamie werde wieder öffentlich propagiert, obwohl sie in der Russischen Föderation eigentlich verboten sei: 16,8 Prozent der tschetschenischen Frauen zwischen achtzehn und vierzig Jahren lebten in Vielehe, hätten ihre Untersuchungen ergeben; unter den Älteren gebe es das so gut wie nicht.

Ich frage, wie es zu ihren Zahlen paßt, daß der Anteil der Frauen an der Universität höher als in Europa ist. Die Universität böte den letzten Ausweg, dem traditionellen Rollenmuster zu entkommen, erklärt Lida Kurbanowa. Allein schon ein Diplom zu besitzen mache eine Frau etwas unabhängiger von ihrem Mann. Wer allerdings wirklich emanzipiert leben wolle, müsse sich häufig gegen eine Familie entscheiden. In ihrem Kollegium etwa sei mindestens die Hälfte der Professorinnen ledig.

Als es Mittag geworden ist, frage ich meine Begleiterin, die ebenso wie der Beamte und die drei Protagonistinnen des *Grosny Blues* ihr Leben für die Wahrheit riskiert, wo man in Grosny heimisch essen kann. Bisher kamen wir nur an fremder Küche vorbei, Pizzerien, Fastfood, usbekisch und so weiter. Also fahren wir in einen der Randbezirke von Grosny, die nicht flächendeckend bombardiert worden sind: kleine, ärmliche Häuser mit Vorgarten entlang gerader, wenig befahrener Straßen, die bis in die letzten, unbefestigten Abzweigungen breit wie Boulevards sind. Platz hat man in der Steppe Eurasiens seit jeher genug, und in Grosny kommt hinzu, daß es die Hälfte seiner Bevölkerung in den beiden Kriegen mit Rußland verloren hat: Die Stadt, in der bald der höchste Wolkenkratzer Europas stehen soll, wirkt jetzt schon wie ein zu großes Hemd. Dreihunderttausend Rubel hat der russische Staat jedem Eigentümer angeboten, umgerechnet fünftausend Euro, um neu zu bauen oder die Kriegsschäden zu beseitigen. Das war nicht viel und wurde um so weniger, als die tschetschenischen Behörden die Hälfte einbehielten. Aber es war besser als nichts, zumal die Behörden damit drohten, alle beschädigten Häuser abzureißen, damit vom Krieg keine Spur bleibt. Folglich sehen wir so gut wie keine Ruinen, dafür viele Freiflächen, wo einmal Menschen gewohnt haben müssen.

Wir betreten ein Blockhaus, das sich lediglich durch seinen herzhaften Geruch als Restaurant ausweist: Obwohl die meisten Tschetschenen in der Ebene leben, sind sie ihren Traditionen, Gesängen und ihrer Küche nach ein Bergvolk geblieben; bei der Speisekarte stellt man sich die kleine Viehzucht vor, wenig Ackerland, mühsame Wege, Kartoffeln als Grundnahrungsmittel. Das getrocknete Fleisch, aus dem das Nationalgericht besteht, hält den ganzen Winter lang und schmeckt mit der deftigen Soße dennoch frisch.

Nach dem Essen komme ich mit den vier Köchinnen ins Gespräch, die das Kopftuch auf die alte Weise im Nacken zusammengebunden haben. Solange ich nach den Rezepten und Ursprüngen der Gerichte frage, geben sie fröhlich Auskunft. Auch, daß das Restaurant gut läuft, weil es eines der wenigen ist, in dem noch tschetschenisch gekocht wird, erzählen die

Köchinnen gern. Als ich jedoch wissen möchte, ob sie also zufrieden mit den Verhältnissen sind, da ihr Geschäft brummt, rühren die Köchinnen verlegen in den großen Töpfen, schälen wieder Kartoffeln oder schneiden Gemüse für die Soße. Nur die Älteste spricht weiter, die erkennbar Freude nicht nur am Kochen hat, sondern auch am Essen: Natürlich seien sie zufrieden, schließlich lebten sie endlich in Frieden nach so vielen Jahren des Kriegs. Ohne daß ich weiterfragen muß, lobt sie mit geradezu mütterlichem Stolz den jungen Ramsan, der Tschetschenien so tatkräftig wieder aufgebaut habe und sich um jede Beschwerde persönlich kümmere.

Als wir wieder im Auto sitzen, bestätigt meine Begleiterin, daß viele Tschetschenen dem Präsidenten dankbar seien, weil er so etwas wie Normalität geschaffen habe, Sicherheit und einen geregelten Alltag. Außerdem zirkuliere durch die Devisentransfers aus Moskau und den Bauboom viel Geld in Tschetschenien, von dem einiges nach unten durchsickere, so auch in die Küchen der Restaurants. Und Ramsans burschikoser Charme komme gerade bei älteren Frauen gut an. Die drei anderen Köchinnen haben gleichwohl in ihre Töpfe oder aufs Gemüse geschaut.

Je weiter wir uns vom Zentrum entfernen, desto sowjetischer wird die Stadt. Tschetschenien war einmal das industrielle Herz des Kaukasus, Grosny schon früh im zwanzigsten Jahrhundert eine moderne Stadt. Aber anders als die Häuser wurden die Fabriken nicht wieder aufgebaut, so daß es zwar die Arbeitersiedlungen noch gibt, die Arbeiter hingegen nicht mehr. Die Fassaden sind mit Wellblech verkleidet, damit man die Einschußlöcher nicht sieht. Durch den Matsch, aus dem die Nebenstraßen im Winter bestehen, fahren wir vor einen der Plattenbauten und fragen in der Eingangshalle, die mit nacktem Beton ausgelegt ist, ob wir uns umschauen dürfen. In dem Gebäude, erfahren wir, leben Flüchtlinge, die allerdings nicht mehr Flüchtlinge genannt werden, weil das Wort an den Krieg erinnert. Also sind sie Menschen mit Wohnungsbedarf. Die Leiterin des Heims nennt uns die Einkommensverhältnisse: Arbeitslose erhalten achthundert Rubel plus hundertdreißig Rubel für jedes Kind. Eine fünfköpfige Familie kommt so umgerechnet auf etwa dreißig Euro, falls beide Eltern arbeitslos sind. Allerdings haben hier nur wenige Väter überlebt, sonst wären die Familien nicht im Heim. Etwas besser dran ist ein ehemaliger Soldat, der mal in Wittenberg stationiert war und noch ein paar Worte deutsch spricht, «Guten Tag» und «Wie geht's». Achttausendvierhundert Rubel beträgt seine Pension, hundertdreißig Euro, die er im Heim teilt, weil er sonst niemanden hat. Dafür kümmern sich die Nachbarn um ihn, als wäre er ihr Großvater. Danke, Opa, für den Sieg.

Wir betreten eine der Wohnungen, die aus Zimmer, Küche, Bad besteht: vier Frauen, eine Jugendliche, drei Kinder, kein Mann und zum Glück eine Oma, die Rente bezieht. Trotzdem schlafen die Kinder jeden Abend hungrig ein, sagen die Mütter. Immerhin besteht Schulpflicht, nur daß sich die Mütter oft die Schulhefte nicht leisten können. Früher habe eine Organisation geholfen, aber seit NGOs keine Unterstützung mehr aus dem Ausland annehmen dürfen, fehle den Helfern das Geld. Immerhin kommen ab und zu gute Menschen vorbei und öffnen ihren Kofferraum. Ansonsten ist schön an ihrem Leben nur das Miteinander, acht Menschen auf fünfunddreißig Quadratmetern, das könne auch lustig sein.

«War jemand von Ihnen zuletzt mal im Zentrum?» frage ich in den Halbkreis, der sich um uns gebildet hat. Ja, die neuen Wolkenkratzer und Shoppingmalls haben alle von außen gesehen, dann sicher auch die teuren Geländelimousinen, die auf dem Putinprospekt auf- und abfahren.

«Und was ging Ihnen durch den Kopf?»

Niemand antwortet.

«Das ist keine so gute Frage», bittet die Leiterin des Heims um Verständnis und führt mich zurück in den Korridor, in dem es nach Chemikalien riecht.

In einem Dorf außerhalb von Grosny, das schon deshalb idyllisch wirkt, weil entlang der Straßen alte Bäume stehen, besuche ich Asya Umarowa. Sie gehört zu den wenigen prominenten Künstlern, die noch in Tschetschenien leben. Erst einunddreißig Jahre alt, zeichnet sie dennoch dauernd den Krieg. Dabei hat sie sich ein so helles, ja ansteckendes Lachen bewahrt, daß ich Asya kaum mit den düsteren Motiven in Verbindung zu bringen vermag. Auf einem Bild ist ein alter Mann zu sehen und ein Pferd, das davonläuft. Ist die Zeichnung ebenfalls vom Krieg? Ja, sagt Asya und erzählt von ihrem Großvater: Als seine Frau im ersten Tschetschenienkrieg starb, gab er bekannt, daß er nirgendwo mehr hinwolle, und ließ sein einziges Pferd frei. Asya lebte damals bei ihren Großeltern in den Bergen, um den Bomben zu entkommen. Zurück nach Grosny holte sie der Onkel; drei Tagen lief sie mit sieben anderen Kindern zu Fuß, überall zerstörte Gebäude, brennende Autos, Checkpoints, an denen man nicht wußte, wer hinter den Maschinengewehren stand. Im zweiten Krieg war ihr Dorf sechs Monate lang von der russischen Armee eingekesselt; militärische Operation, hieß es, nicht einmal für die nötigsten Besorgungen durfte jemand hinaus. Zum Glück hatten sie Vorräte, genügend Wasser und einen Garten, um Gemüse anzubauen. Als die Sperre aufgehoben wurde, freuten sie und ihre Freundin sich am meisten auf die Musik. Ein junger Soldat, der auf dem Rücken eine Kalaschnikow trug, versperrte ihnen den Weg, als sie mit ihren Instrumenten zum Unterricht gingen, und rief «Stop!» Die Mädchen durchfuhr ein gewaltiger Schreck. Der Russe aber legte nur eine Narzisse vor ihre Füße, schaute die beiden Mädchen kurz an und rannte weg, als ob er selbst erschrocken wäre. Kein Wunder, daß Asyas Zeichnungen alle vom Krieg erzählen. Um so schöner, daß sie sich ihr Lachen bewahrt hat.

Am Abend empfängt uns Salamat Gajew, ein ehemaliger Geschichtslehrer, der sich die Erforschung des Massakers von Chaibach zur Lebensaufgabe gemacht hat. Im Zuge der Deportation von 1944 wurden in dem Bergdorf alle siebenhundert Einwohner in einen Pferdestall getrieben und bei lebendigem Leib verbrannt. «Angesichts der Unmöglichkeit des Transports und mit dem Ziel der fristgemäßen Erfüllung der Operation» sei er gezwungen gewesen, die Menschen zu liquidieren, telegraphierte der zuständige Kommandeur an den Chef des sowjetischen Geheimdienstes, Lawrenti Beria. «Für das entschlossene Handeln im Zuge der Aussiedlung der Tschetschenen im Gebiet Chaibach sind Sie für eine staatliche Auszeichnung mit Beförderung vorgeschlagen», telegraphierte Beria zurück.

Ob man sich in Tschetschenien gern an die Geschichte erinnere, frage ich am Eßtisch, während im Wohnzimmer die Ehefrau in den Nachrichten erfährt, wo Wladimir Putin heute überall war. «Gern» sei übertrieben, antwortet Gajew, ein glattrasierter Herr von sechsundsiebzig Jahren mit wenigen weißen Haaren an der Schläfe, Hornbrille und müden Augen, der eine schwarze Bundfaltenhose und einen schwarzen Rollkragenpullover trägt. 2004 durfte er im Europäischen Parlament seine Forschungsergebnisse präsentieren, darunter historische Photos sowie Photokopien der Dekrete von Stalin und Beria. Zurück in Grosny wurde er von der russischen Armee verhaftet und sollte unterschreiben, daß er die Dokumente gefälscht habe, sonst werde man ihn umbringen. Dann sei er eben das siebenhunderteinste Opfer von Chaibach, habe er geantwortet. Die entscheidenden Dokumente seien ohnehin bekannt gewesen; es hätte den Russen überhaupt nichts gebracht, wenn er sein Buch widerrufen hätte. Das haben die Ermittler wohl auch eingesehen und ihn anderntags aus der Haft entlassen.

Heute hat Gajew keine Angst mehr, über die Deportation zu sprechen. Nicht nur ist sein Buch in zweiter Auflage erschienen, er durfte es sogar im Kadyrow-Museum vorstellen. Im Nationalmuseum wird allerdings immer noch nicht an das Massaker erinnert, obwohl der Direktor zugesagt hat, einen Schaukasten einzurichten. Dafür durfte Gajew im vergangenen Jahr erstmals Chaibach besuchen, das über siebzig Jahre später noch immer weiträumig abgesperrt ist. Gajew holt ein Album mit Photos hervor, Steinziegel verstreut über eine Bergwiese, der Sockel des Wehrturms, der 2007 gesprengt wurde, als der Krieg schon lange vorbei war. Er habe einen Pfeil ohne Schrift aufgestellt, sagt er und zeigt uns das Photo; mehr sei ihm nicht erlaubt worden, um der Opfer zu gedenken. Nächsten Sommer wolle er mit Freunden zurückkehren, um den Turm wieder aufzubauen.

Einunddreißigster Tag

Vielleicht hält ein Volk, dessen Gedächtnis so oft schon ausgelöscht werden sollte, um so stärker an seinen Geschichten fest. Fahrt in die Berge, um das Grab der Mutter von Kunta Hadschi zu besuchen, Gandhis Vorläufer in Tschetschenien. Als er 1864 verhaftet wurde, gingen Tausende seiner Anhänger aus Protest auf die Straße. Obwohl sie weiße Fahnen schwenkten, eröffneten die russischen Truppen das Feuer. Hunderte Sufis starben. Kunta Hadschi selbst blieb bis zu seinem Tod eingesperrt. Um für ihn zu beten, blieb nur das Grab seiner Mutter im Dorf Ilaschan-Jurt, in dem der Heilige aufwuchs. Die Berge hier wirken auf den ersten Blick gar nicht so wild, wie ich sie mir als Leser vorgestellt habe, Laubwälder, sanfte Steigungen und der Schnee, der noch die häßlichsten Kolchosen lieblich bedeckt. Wenn man wie Tolstoi Tage und Wochen durch die Steppe gefahren ist, kommt einem vielleicht schon das Mittelgebirge wild vor.

Als wir abbiegen, um nach Ilaschan-Jurt zu fahren, das auf einem der Berge liegt, winkt uns eine Frau zu, fünfunddreißig, vierzig Jahre alt vielleicht. Autostop gehört hier zum öffentlichen Verkehr. An den ersten Krieg hat sie keine rechte Erinnerung, der hat sie in den Bergen nicht erreicht, an den zweiten um so mehr. Von oben bombardierten die Russen, in den Wäldern trieben sich die Rebellen herum.

«Waren das gute Leute, die Rebellen?» frage ich.

«Wie soll ich jemanden gut finden, der uns nicht guttat?»

«Und die Russen?»

«Die Russen kamen ins Dorf und behaupteten, wir hätten Rebellen versteckt. Dabei haben wir die Rebellen nie gesehen. Trotzdem nahmen die Russen die Männer mit und schlugen sie. Und dann sprühten sie auch noch Gift, um die Bäume zu entlauben. Nein, die Russen waren auch nicht gut.»

«Und jetzt?»

«Jetzt ist es ruhig, Gott sei Dank. Nur daß die Kinder immer noch krank werden, wenn sie in den Wald gehen, das ist wirklich ein Problem.»

«Haben Sie genug zum Leben?»

«Nicht mehr, aber auch nicht weniger. Gott gibt genug.»

Vor dem Friedhof von Ilaschan-Jurt sprechen wir die siebenundsiebzigjährige Malkan an, die das Mausoleum der Heiligenmutter pflegt.

«Ja, ich könnte zu Hause sein», erklärt sie, warum sie noch immer arbeitet: «Aber ich habe Angst, daß ich dann sterbe.»

Fünf Jahre alt war sie, als die Bewohner ihres Dorfes wie Vieh auf Lastwagen getrieben wurden. Nicht einmal Zeit, Schuhe anzuziehen, hatten sie gehabt, geschweige denn, warme Kleidung mitzunehmen. Weil die Männer von den Familien getrennt wurden, dachte Malkan, sie würde ihren Vater nicht mehr wiedersehen. Zum Glück schlug er sich auf dem Bahnhof in Grosny zu ihnen durch. Anderen Vätern gelang das nicht, bevor der Zug abfuhr. Obwohl sie eine kleine Feuerstelle hatten, auf der sie notdürftig kochten, was andere Familien mitgebracht hatten, erfror ihr Bruder auf dem Weg, andere Kinder und Alte ebenso, so daß immer mehr Leichen im Waggon lagen. Als sie nach sieben Tagen ausstiegen, sah Malkan, die nur grüne Berge kannte, nichts als Steppe. Die Nacht draußen war noch kälter als im Zug, so daß auch ihr zweiter Bruder starb. Für die zweite Nacht errichteten sie aus Sperrholz ein kleines Barackendorf. Zum Glück war ihr Vater Ofenbauer; bald hatten sie es warm, und er fand sogar Arbeit. Allerdings hatte er immer noch keine Schuhe, der Weg zur Fabrik war weit, und als er Fieber bekam und drei Tage nicht zur Arbeit erschien, wurde er verhaftet und blieb vier Monate im Gefängnis. Da waren sie nur noch zu dritt, die Mutter, die ältere Schwester und Malkan, ohne Essen, ohne Geld. Vor den Fenstern der Häuser breiteten sie ihre Röcke aus, damit man ihnen die Abfälle zuwarf. Die wuschen sie dann, aßen sie auf und überlebten, bis die Mutter ihren Cousin fand, der eine Russin kennengelernt hatte, eine Agronomin mit Wohnung und Gehalt. Die Agronomin, die den Cousin später heiraten sollte, brachte sie alle durch. Andere starben vor Hunger, sagt Malkan, die vor dem Friedhof von Ilaschan-Jurt steht und längst weint.

«Ich sehe das alles, als ob's gestern wäre.»

Ihre Mutter gebar noch zwei Söhne, so daß sie wieder vollzählig waren, zwei Brüder, zwei Schwestern. Nun hat sie selbst fünfundvierzig Enkel.

«Und erzählen Sie ihnen von der Deportation?»

«Ja, unsere Enkel kennen alle die Geschichte.»

Ich frage Malkan, ob sie den Russen jemals vergeben könne.

«Nein», sagt sie mit fester Stimme.

«Und andere Tschetschenen, also etwa die Älteren hier im Dorf – kann es jemals etwas wie Vergebung oder gar Vergessen geben?»

«Nein, ich glaube nicht. Niemand, der das erlebt hat, kommt darüber hinweg. Die Russen sind auch Menschen, da gibt es Gute, da gibt es Böse. Eine hat uns das Leben gerettet, das vergesse ich genausowenig. Aber Rußland vergebe ich nicht.»

«Und was denken Sie, wenn Sie heute überall in Tschetschenien die Putin-Bilder sehen?»

«Was sollen wir denn tun?» fragt Malkan zurück: «Wir hatten zwei Kriege, wir haben alles versucht. Wir sind nun einmal Teil Rußlands. Aber vergeben? Ohne jede Erklärung, ohne jede Entschuldigung? Nein, das ist zuviel. Ich bin froh, daß wir jetzt Frieden haben, das ist alles. Aber ich vergebe nicht.»

Ich frage, was sie von einem tschetschenischen Präsidenten hält, der sich als «Fußsoldat Putins» bezeichnet und Tschetschenen in die Ukraine und nach Syrien schickt, damit sie für Rußland kämpfen. Ramsans Vater habe Tschetschenien befriedet, sagt Malkan mit der gleichen Inbrunst, mit der sie Rußland einen Satz vorher nicht vergeben konnte. Und Ramsan selbst sei ein guter Junge, der Straßen gebaut und der Mutter von Kunta Hadschi ein neues Mausoleum errichtet habe. Schon im Weggehen murmelt Malkan unserem Fahrer zu, er wisse schon, wie das gemeint gewesen sei.

«Zeig meine Photos in Deutschland bloß keinem Opa», ruft sie Dmitrij noch hinterher und kichert wie ein junges Mädchen. «Sonst kommt noch einer und will mich heiraten.»

Im neu gebauten Mausoleum, einem Kuppelbau, der im Vergleich zu dem Kitsch in Grosny erstaunlich schlicht und wohlgeformt ist, sitzen zwei Männer, einer Mitte Vierzig, schätze ich, der andere deutlich über Sechzig. Der Jüngere, der einen jugendlichen Kapuzenpulli trägt, hat *Deep Purple* als Klingelton und stellt sich als Sproß einer noblen Mystikerdynastie heraus. Für den offiziellen Islam hat er nur Spott übrig. Die Verantwortlichen beriefen sich nur deshalb auf Kunta Hadschi, weil der Heilige zur inneren Läuterung aufgerufen habe statt zum politischen Kampf. Passivität zu predigen gelinge ihnen zwar, die Innerlichkeit noch nicht so recht. Die Quellen des Sufismus, die Schriften von Saadi, Rumi oder al-Halladsch, kenne in Tschetschenien kaum noch jemand, in den Schulen werde nur Obskurantismus gelehrt. Der Staat tue nur plötzlich so, als sei er religiös. Aber eine neue Moschee oder ein erzwungenes Kopftuch mache noch keine Frömmigkeit aus.

«Und Ramsan selbst?» frage ich, weil der Präsident sich auf Instagram gern in Gebetshaltung zeigt: «Tut er auch nur so, oder ist er wirklich religiös?»

«Ich habe den Eindruck, daß er schon gern religiös wäre», ätzt der Mystikersproß: «Er weiß bloß nicht, wie das geht.»

Er kenne viele einflußreiche Leute, habe in diesem und jenem Gremium gesessen, wegen seiner Familie achte man ihn irgendwie auch. Intern vertrete er seine Meinung, allerdings habe er nicht den Eindruck, daß jemand auf ihn hört. Die Verantwortlichen hielten Demokratie für ein gefährliches Konzept.

«Und haben sie einen realistischen Blick auf die Gesellschaft?»

«Nein, sie glauben, daß alle glücklich sind. Das glauben sie wirklich und tun nicht nur so.»

Er sei immer gegen die Unabhängigkeit gewesen und deshalb lieber zum Studieren nach Europa gegangen, als der Krieg ausbrach. Sein Mitschüler hingegen – der Mystikersproß deutet auf den älteren Herrn, der neben ihm auf dem Teppich sitzt – habe Anfang der neunziger Jahre im anderen Lager gestanden, im Kriegslager.

«Ihr Mitschüler?» frage ich, weil der Herr fünfzehn, zwanzig Jahre älter aussieht.

«Ja, wir kennen uns, seit wir Kinder sind.»

Der Mitschüler, der einen grauen Bart, einen altmodischen Anzug mit Strickpullover über dem Hemd und die traditionelle Mütze in Grün trägt, hat im Bataillon von Dschochar Dudajew gekämpft, dem ersten Präsidenten des unabhängigen Tschetschenien. Er habe zu den letzten acht Soldaten gehört, die 1995 den Präsidentenpalast hielten, erwähnt er sichtlich stolz. Als er Dudajew in die Berge folgte, explodierte sein Wagen. Alle sechs Kameraden starben; er selbst wachte siebenunddreißig Tage später aus dem Koma auf. Weil auch die Familie seines Freundes half, wurde er nach Deutschland verlegt, wo die Ärzte ihm jedoch keine Chancen einräumten. Drei Operationen später hatte er wie durch ein Wunder überlebt. Die Narbe am Hals, wo der Atemschlauch eingeführt war, erkennt man auf den ersten Blick. Er ist langsam in den Bewegungen geworden und kann nur leise, fast tonlos sprechen, aber er dankt Gott und Deutschland, daß ihm die Seele ein zweites Mal eingehaucht worden ist. Von den Deutschen habe er nichts als Menschlichkeit und Barmherzigkeit erfahren; Christen zwar, seien sie bessere Muslime als die meisten Menschen hier. Schlimmer als die Grausamkeit der Russen schmerze der Verrat der eigenen Leute, die sich von Rußland kaufen ließen. Er schaue weg, wenn er auf der Straße ein Bild von Putin sehe; ihm falle es schon schwer, auch nur den Namen des russischen Präsidenten auszusprechen.

Ich frage, ob er auch im zweiten Krieg gekämpft hätte, wäre er unversehrt geblieben. Er glaube nicht, sagt der alte Herr; der zweite Krieg sei von vornherein zum Scheitern verurteilt gewesen, wie es Dudajew vor seiner Ermordung vorausgesagt habe.

«Dudajew hat den zweiten Krieg vorausgesagt?»

«Dudajew sagte immer, daß er sich weniger vor Rußland als vor dem fanatischen, dem falschen Islam fürchte. Die Russen brechen mit ihren Waffen nur unsere Knochen, sagte Dudajew; die Wahhabiten jedoch zersetzen unseren Geist. Und so kam es ja dann auch.»

Ob Dudajew etwa auch die Seite gewechselt hätte? Der ältere Herr würde den Gedanken wahrscheinlich empört zurückweisen, deshalb frage ich ihn gar nicht erst. Aber offenbar trieb den «Helden» Dschochar Dudajew die gleiche Sorge um wie den «Verräter» Achmat Kadyrow. Nur in Geschichten sind Gut und Böse einfach zu unterscheiden.

Einmal, kurz vor seinem Tod, hätten sie Dudajew gefragt, wie lang der Krieg noch gehen werde, fährt der ältere Herr fort, ohne meine Frage abzuwarten. Dieser Krieg werde nicht einfach aufhören, habe Dudajew geantwortet, der werde mit Unterbrechungen noch mindestens fünfzig Jahre dauern.

Die Frage, ob es aus heutiger Sicht ein Fehler war, für die Unabhängigkeit gekämpft zu haben, möchte der jüngere der beiden Männer, der in Wirklichkeit gleich alt ist, nicht mehr übersetzen. Die Antwort sei zu schmerzlich für seinen Freund.

In dem Dorf Kharachoy halten wir am Denkmal des Abreken Selimchan, dessen Widerstand gegen Rußland den Tschetschenen viele Geschichten geschenkt hat. Als fünftausend Rubel Kopfgeld auf ihn ausgesetzt worden waren, verhöhnte er die zaristische Polizei mit der Ankündigung, am 9. April 1910 pünktlich um 12 Uhr die Bank in Kislijar zu überfallen. Noch heute lachen die Tschetschenen darüber, daß Selimchan der Streich gelang.

«Das heißt, diese Geschichten sind nicht vergessen?» frage ich einen stämmigen Mann mit sehr hellen Augen, der zwei vollgepackte Plastiktüten am Denkmal vorüberträgt.

«Manche wollen, daß man vergißt», sagt der Mann und setzt die Plastiktüten ab, um eine weitere Geschichte zu erzählen: Einmal ließ Selimchan absichtlich seine Peitsche in der Bank liegen, die er überfallen hatte. Einen Kameraden, dessen Mut er testen wollte, bat er, die Peitsche für ihn zu holen, er habe sie sehr gern. Ob er verrückt sei, fragte der Kamerad zurück, weil die Bank inzwischen voll von Polizisten war. Da sprang Selimchan selbst aufs Pferd und kehrte wohlbehalten mit der Peitsche zurück. Keinen Rubel habe Selimchan je für sich behalten, betont der Mann, alle Beute an die Armen und Bedürftigen verteilt. Wir wollen schon ins Auto steigen, da folgt bereits die nächste Räuberpistole, die zu schön ist, um sie in Kharachoy zu lassen: Einmal hatten die Russen Selimchans Versteck in den Bergen umzingelt. Selimchan zog sich aus und band Hose, Hemd, Jacke und Mütze um einen mannsgroßen Holzstamm. Anschließend schlug er seinem Pferd die Hufeisen verkehrt herum an. Er ließ den Stamm den Berg hinunterkullern, und während die Russen auf den Selimchan aus Holz schossen, ritt der echte Selimchan bergauf davon. Die Russen fanden seine Fährte, aber lasen sie verkehrt. Wie so viele Geschichten Tschetscheniens endet freilich auch diese mit Verrat: Ein Kamerad, der von den Russen bezahlt war, schoß Selimchan am 27. September 1913 in den Rücken. Der Abreke konnte sich noch in ein Haus schleppen. Die Umzingelung jedoch, die durchbrach er nie mehr.

Der Mann mag nicht weitergehen, bevor er uns das Denkmal selbst gezeigt hat: mit langem Schnurrbart und Pistolengurt Selimchan, der sich am Feuer ausruht, und sein Pferd, das grast. Neben ihnen fließt Wasser entlang, das aus einem Brunnen oberhalb des Abhangs sprudelt.

«Hat der Brunnen ebenfalls eine Geschichte?» frage ich.

«Selbstverständlich», sagt der Mann, «nur handelt sie nicht vom Krieg. Wollt Ihr sie dennoch hören?»

Wie überall in der Welt durften zwei Liebende nicht heiraten, weil ihre Familien verfeindet waren. Die Liebenden wollten fliehen, doch der Vater hörte die Hufe des Pferdes, rannte nach draußen und warf der Tochter einen Dolch in den Rücken, die hinter ihrem Geliebten saß.

«Das war auch kein so gutes Ende», räumt der Mann ein.

«Wenn die Liebe ein gutes Ende genommen hätte, wäre sie längst vergessen», behaupte ich, als läge darin ein Trost.

«Das stimmt auch wieder», gibt der Mann mir überraschend recht und erzählt, daß an der Stelle, an der das Blut des Mädchens auf den Boden floß, die Quelle entsprang. Das Wasser fließt bis heute am Abreken Selimchan vorbei ins Dorf.

Wir fahren weiter ins Gebirge, das allmählich doch so wild wird wie in der Literatur. Die Steinhäuser mit den rauchenden Schornsteinen, die Kinder, die Schlitten fahren, die Sonne, die die Wolken vertrieben hat, ein altes Auto, das in der Ferne entlangfährt – das sieht jetzt wirklich nach

Frieden aus, obwohl der Krieg erst in fünfzig Jahren zu Ende sein soll. Ausnahmslos jeder, den wir nach dem Weg fragen, lädt uns zum Tee und gegen Mittag zum Essen ein. Gaststätten gibt es in der Gegend nicht, nicht einmal Pizzerien, nur hier und dort ein kleines Lebensmittelgeschäft, und so treten wir gern in ein Haus ein, von dessen Vordach das eingewickelte Fleisch herabhängt. Das Wohnzimmer, das bald schon vom Duft der Soße erfüllt ist, zeugt von einigem Wohlstand: ein großer Flachbildschirm, Satellitenanlage, Stereo, Gasheizung, eine neue Sofagarnitur. Der Gastgeber, ein großgewachsener, schlanker Mann, war Polizist und hat seit einem Überfall eine Metallschiene im Arm. Mit fünfundvierzigtausend Rubel im Monat bezieht er die höchstmögliche Pension, die es für Invaliden überhaupt gibt. Erst spricht er von gewöhnlichen Räubern, die eine Bombe legten, als er Patrouille fuhr, dann von Rebellen, die auch noch zu schießen anfingen.

«Rebellen?» frage ich dazwischen: «Eben waren es noch Banditen.»

«Banditen, Rebellen, das kommt auf die Perspektive an. Che Guevaras waren es jedenfalls nicht.»

In einem Land wie Tschetschenien gebe es nur zwei Möglichkeiten: entweder Täter oder Opfer zu sein. In Europa müsse man sich nicht entscheiden, deshalb würde er gern dorthin ziehen.

«Und wieso nicht nach Rußland?» frage ich. «Immerhin haben sie Ihren Arm und beinah Ihr Leben für Rußland gegeben.»

«Ich habe nicht Rußland gedient, sondern der Russischen Föderation, zu der Tschetschenien gehört – das ist ein Unterschied.»

«Und sind Sie zufrieden, daß Tschetschenien in der Föderation geblieben ist?»

«Hier gibt es Leute, die sagen, daß sie zufrieden sind. Und es gibt andere, die schweigen, um nicht zu lügen. Wenn man in Rußland Angst hat, seine Meinung zu äußern, hat man in Tschetschenien Panik.»

«Aber Sie haben sich doch für diesen Staat entschieden.»

«Ich sagte Ihnen ja, ich mußte mich entscheiden. Das war 2004, der Krieg war offiziell schon vorbei, ich hatte Jura studiert und mußte von etwas leben. Da stand ich vor der Frage, ob ich vernünftig bin oder patriotisch. Ich habe mir auch vor Augen geführt, wohin dieser Patriotismus führen wird. Im ersten Krieg konnte ich mich noch für die goldene Mitte entscheiden und habe einfach nicht gekämpft. Aber der zweite Krieg war nur ein großes Durcheinander, da gab es keine Mitte mehr.»

Auf dem Rückweg nach Grosny kommen wir an der Garnison vorbei, aus der ein tschetschenisches Bataillon nach Syrien verlegt wurde. Der Fahrer erwähnt, daß er jemanden kenne, der von dort zurückgekehrt ist.

«Und was hat er erzählt?»

«Nicht viel», antwortet der Fahrer. «Er hat gesagt, daß sie die ganze Zeit herumgesessen und gewartet hätten. Daß es langweilig war.»

«Das ist alles, was er gesagt hat?»

«Nein, er hat auch gesagt, daß es überall Waffen gab und die Syrer noch mehr Angst haben als wir. Wenn dort einer vom Geheimdienst auftauchte, dann hätte jeder auf den Boden geschaut.»

Vielleicht dauert der Krieg doch fünfzig Jahre, und zwischen Tschetschenien und Syrien liegt nur die Unterbrechung, von der Dschochar Dudajew gesprochen hat.

Zweiunddreißigster Tag

Der Kaukasus ist wahrscheinlich die einzige Region der Welt, in der man innerhalb von zwei Stunden durch drei verschiedene Kriege fahren kann. Gut, es sind keine wirklichen Kriege mehr; von Anschlägen, sporadischen Scharmützeln und staatlichem Terror abgesehen, stehen die Waffen derzeit still. Außerdem sind hier auf einem Gebiet kaum größer als die Bundesrepublik mehr als fünfzig Völker mit je eigenen Sprachen versammelt, da relativiert sich die Dichte der Konflikte auch. Von Tschetschenien weiß man als Europäer noch halbwegs, worum es ging; von Inguschetien und Ossetien bestenfalls, daß da irgend etwas war. Wäre ich eine Stunde östlich aufgebrochen, dann wäre ich mit Dagestan durch ein weiteres Land gekommen, in dem der Krieg aufgehört hat, ohne daß der Frieden beginnt. Und ein paar Stunden weiter westlich liegt Abchasien, eine Tagesreise südlich Bergkarabach. Was man eher nicht weiß: daß all diese Fronten durch Europa verlaufen. Es ist dann doch ein sehr westeuropäischer Blick.

Frühmorgens brechen wir in Grosny auf und erreichen über eine schnurgerade Autobahn den Checkpoint mit Soldaten und Maschinengewehren, an dem Tschetschenien zu Ende ist. Die Minarette bleiben sich auch nach dem Checkpoint gleich. Ebenso wie die Tschetschenen haben sich die Inguschen im neunzehnten Jahrhundert erbittert gegen die Russen gewehrt und wurden – auch deshalb? – unter Stalin deportiert. Als sie zurückkehren durften, hatten sie einen Großteil ihres Siedlungsgebietes an die überwiegend christlichen Osseten verloren. Der Streifen, der den Inguschen im Osten blieb, ist so schmal, daß wir nach einer halben Stunde bereits Kirchtürme sehen, aber nicht nur Kirchtürme, sondern auch Hammer und Sichel sowie großflächig die Helden des Zweiten Weltkriegs, als seien wir in die Sowjetunion zurückgekehrt. Im Unterschied zu den anderen Völkern des Kaukasus hatten die Osseten meist ein freundschaftliches Verhältnis zu Rußland, das ihnen Schutz gegen die muslimischen Nachbarn und Eroberer bot. So war es kein Zufall, daß Katharina die Große in Ossetien die Stadt errichten ließ, von der aus ihre Armee Volk für Volk unterwarf. Wladikawkas heißt sie bis heute – «Beherrsche den Kaukasus».

Eine Million Soldaten hat Rußland verloren, bis es Mitte des neunzehnten Jahrhunderts Perser und Osmanen zurückgedrängt, den lokalen Widerstand gebrochen und seine Herrschaft weit um die beiden südlichen Meere herum ausgedehnt hatte, das Kaspische und das Schwarze. «Wer die Schwierigkeiten eines Feldzuges im kaukasischen Gebirge kennenlernte, würde erstaunt sein, welches Maß von Entbehrungen dort der russische Soldat zu ertragen vermag», bemerkte Alexandre Dumas, der 1858 die gleiche Strecke in umgekehrter Richtung fuhr. Die Franzosen hätten in Algerien einen ähnlich harten Krieg geführt, aber nicht mit solchen Geländeschwierigkeiten. Außerdem seien die französischen Soldaten gut bezahlt und verpflegt worden, hätten Obdach gehabt und wenigstens theoretisch Aussicht auf Beförderung. Und ihre Schlacht hätte nur drei Jahre gedauert, während es für die Russen im Kaukasus nun schon vierzig Jahre so gehe. Oft habe der russische Soldat nichts als schwarzes, feuchtes Brot zu essen. «Er schläft auf Schnee, schleppt Artillerie, Gepäck und Munition auf Berge, welche nie von menschlichen Füßen betreten wurden und wo lediglich Adler über Granit und Schnee in der Luft schweben. Und wie wird dieser Krieg geführt! Ein Krieg ohne Gnade, ohne Gefangene, wo fast jeder Verwundete umgebracht wird und wo die erbittertsten Gegner jedem Russen den Kopf und die mildesten Feinde ihm die Hand abschneiden.»

Nicht anders als bei den westeuropäischen Vorstößen in Afrika, Asien und Amerika war auch die Expansion der Russen nach Süden ein koloniales Projekt: Die europäische Kultur und das orthodoxe Christentum sollten an die Stelle der «kaukasischen Barbarei» treten. Katharina die Große proklamierte gar das Ziel, das Osmanische Reich zu zerschlagen, Byzanz wiederherzustellen und so den «ewigen Frieden im Osten» zu schaffen. Das Vorhaben scheiterte spektakulär, weil die erhoffte europäische Koalition gegen die Hohe Pforte nicht zustande kam. Aber auch im Kaukasus selbst blieb die russische Hoheit fragil und sind nach dem Ende der Sowjetunion die Konflikte entlang den kolonialen Bruchstellen aufgebrochen: Ob in Tschetschenien, Inguschetien oder im Krieg zwischen Georgien und Ossetien, wieder wird darum gerungen und zum Teil darum gekämpft, wer den Kaukasus beherrscht. Und wie schon die Osmanen richten die Völker, die sich heute gegen Rußland behaupten wollen, ihre Hoffnung auf Europa und nicht etwa auf die islamische Welt.

Hinter Wladikawkas beginnt bereits die Kaukasische Heerstraße, auf der die Russen das schroffe Gebirgsmassiv überwanden. Anfang des neunzehnten Jahrhunderts eines der kühnsten Bauprojekte der Welt, fahren nur noch wenige Autos und noch weniger Lastwagen über den Paß, seit Georgien wieder mit Rußland verfeindet ist. Bergauf zieht sich die Straße zunächst am Fluß Terek entlang, in den sich am 15. September 1819 die Tschetscheninnen stürzten, die nicht in die Hände der russischen Soldaten fallen wollten. Der General Alexej Jermolow, der erklärte, so lange keine Ruhe zu haben, «so lange noch ein einziger Tschetschene am Leben ist», wird mit einem großen Denkmal geehrt, das demonstrativ am Grenzübergang steht. Um durchgelassen zu werden, benötigen Russen ein Visum, während uns der Schengenpaß genügt – jedesmal sonderbar, wenn man von so weit anreist und dennoch gegenüber den Einheimischen im Vorteil ist. Als wir gleich nach der Öffnung der Grenze um neun Uhr an dem Schlagbaum vorfahren, freuen wir uns, einen ganzen Tag Zeit für die vielen Sehenswürdigkeiten, Naturschauspiele und historischen Stätten entlang der Straße zu haben, die von Puschkin bis Lermontow, von Alexandre Dumas bis Knut Hamsun so oft schon besungen worden sind. Doch dann werden wir aus dem Auto gebeten und verbringen die nächsten Stunden auf einer russischen Amtsstube, die mit einem Schreibtisch, einigen Stühlen und einem Regal bereits vollgestellt ist.

Höflich zwar, versucht der Offizier zu ermitteln, was wir in Tschetschenien zu suchen hatten; er nimmt unseren Fahrer beiseite, stellt Fangfragen und spießt scheinbare Widersprüche in den Aussagen auf. Zum Glück besitzen wir alle nötigen Papiere bis hin zur Akkreditierung, lassen sich im Internet die Angaben zu unserer Person überprüfen und ist es nicht strafbar, Tschetschenien besucht zu haben, da offiziell doch wieder Normalität herrscht. Dennoch findet der Offizier, der unsere Antworten selbst in den Computer tippt, unsere Route «sonderbar».

«Wozu denn?» will er ein ums andere Mal wissen.

«Mein Gott!» rufe ich auf die fünfte Nachfrage genervt: «So viele Schriftsteller sind auf dieser Straße gereist, jetzt kommt halt ein weiterer daher.»

Immer wieder wird das Verhör von anderen Beamten unterbrochen, die mit einer Chipkarte die Tür öffnen, um eine Frage in den Raum zu werfen. Manche Kollegen setzen sich auch in unsere Runde und hören eine Weile zu, bevor sie ohne Kommentar wieder verschwinden. Ein jüngerer Beamter in Zivil schaut sich über eine Stunde lang Musikvideos auf seinem Smartphone an. Viel zu tun gibt es an der Grenze zwischen Rußland und Georgien offenbar nicht. Lediglich der Offizier klagt, daß er sich hier gleichzeitig um alles und jeden kümmern muß – «jetzt auch noch um Sie!» Im besten Fall hält er mich für einen dieser westlichen Exzentriker, die arbeitenden Menschen wie ihm die Zeit rauben. Was für eine Schnapsidee: von Deutschland übers Baltikum nach Belarus, von der Ukraine über die Krim nach Rußland, von Tschetschenien über den Kaukasus bis nach Isfahan, wo immer das nun wieder ist. Von Zeit zu Zeit klingelt eines der beiden Telefone, die auf dem Schreibtisch stehen. Das schwarze hebt der Offizier nur ab, wenn ihm danach ist; an den beigen, altmodischen Telefonklotz geht er jedesmal sofort. Welche Zentrale wohl am Apparat ist?

Als der Offizier auch die übrigen Antworten mehrfach protokolliert hat, bittet er uns vor die Tür. Vom Flur aus hören wir, daß er jemandem unser Vorhaben erklärt – am beigen Telefon dann wohl. Mehrfach seufzt der Offizier, daß er sich das auch nicht erklären könne. Schließlich holt er uns zurück ins Zimmer, um einige zusätzliche Fragen zu stellen. Unter anderem möchte er nun wissen, ob ich positiv oder negativ über Rußland schreiben werde. Daß ich meine Eindrücke nicht auf solche Kategorien zu bringen vermag, findet der Offizier wieder «sonderbar». Wie auch immer, er schlage vor, daß ich nicht gerade vom heutigen Eindruck berichte. Als er uns wieder herausschicken will – vermutlich um mit dem beigen Apparat zu telefonieren –, findet er die Chipkarte nicht mehr, die zum Öffnen der Tür auch von innen notwendig ist. Der Offizier dreht jedes Blatt um, öffnet alle Schubladen und durchwühlt seine Taschen – vergeblich. So warten wir schweigend, bis sich die Tür von außen öffnet. Aber ausgerechnet jetzt wirft kein Beamter eine Frage in den Raum. Eigentlich müßten wir jetzt alle lachen, aber das gehört sich auf einer russischen Amtsstube wohl nicht.

Mittag ist bereits vorüber, als der Offizier die Ermittlungen mit einem Seufzer der Erleichterung für beendet erklärt. Wir mögen bitte nur einmal die Akkus unserer mobilen Telefone herausnehmen, damit er sich die Registrierungsnummern notieren könne – hört uns Rußland fortan ab? Der Fahrer grummelt jedenfalls vernehmlich, daß er sich nun ein neues Smartphone besorgen müsse. Während der Offizier uns zum Auto begleitet, entschuldigt er sich für die lange Befragung; zu wissen, wer warum die Grenze überschreitet, sei notwendig im Kampf gegen den Terrorismus und diene letztlich unserer eigenen Sicherheit. Er hoffe, daß uns der Besuch der Russischen Föderation dennoch gefallen habe. Ob wir schon das Denkmal für General Jermolow besichtigt hätten?

Hundert Meter weiter sind die kyrillischen Schriftzeichen verschwunden. Die Sprache, mit der die ältere Hälfte des Volkes aufgewachsen ist, existiert in der Öffentlichkeit nicht mehr. Ich dagegen fühle mich gleich etwas heimischer, nur weil ich die Straßenschilder wieder lesen kann, die außer auf georgisch auch mit lateinischen Buchstaben beschriftet sind. Zudem ist die Paßkontrolle so flüchtig, wie man es als Bürger der Europäischen Union von den meisten Grenzen kennt – ein Blick auf die Papiere und ins Gesicht, ein Stempel, schon werden wir nach Georgien durchgewinkt. Nur hundert Meter, und der Terrorismus ist offenbar keine so große Gefahr mehr.

Die Straße führt in Serpentinen den Berg hoch. Bald schon ist das Blickfeld bis auf den Streifen Teer mit Schnee ausgefüllt. Nur wenn ich den Nacken verdrehe, sehe ich aus dem Fenster ein kleines Stück Himmel und unterm Himmel die nackten Felsen. Irgendwo dort soll die Wiege der Menschheit liegen, an einen dieser Felsen Prometheus geschmiedet gewesen sein. «Das also war der Kaukasus», schrieb Alexandre Dumas 1858 über das Panorama mit dem fünftausend Meter hohen Gipfel des Kasbek, «unähnlich den Alpen oder den Pyrenäen und überhaupt allem anderen, was wir gesehen hatten oder in unserer Phantasie erträumten. Der Himalaja und der Schimborasso sind höher, aber nur Gebirge ohne Mythen. Der Kaukasus ist das Theater, auf dem der erste dramatische Dichter des Altertums sein erstes Drama spielen ließ, dessen Held ein Titan und dessen Schauspieler die Götter Griechenlands sind.» Um so komischer muten die Dixieklos an, die im Abstand von fünfhundert Metern am Wegrand stehen, immer abwechselnd eins links, eins rechts.

Hinterm Paß, der so schmal ist, daß einige wenige Soldaten ein ganzes Heer aufhalten können, wie vor zweitausend Jahren bereits der römische Reiseschriftsteller Plinius notiert hat, öffnet sich die Schlucht zu einer sanft abfallenden Hochebene. Daß vor den Russen die Eroberer meist aus dem Süden kamen, nicht aus dem Norden, erklärt sich vielleicht auch durch die Topographie: Nur vom Norden her ist der Kaukasus so schroff, so abweisend. Bereits mit den ersten Häusern, Dörfern, Menschen meine ich, in einer anderen Klimazone zu sein: plötzlich im Süden. Die Physiognomien, Speisen und Sitten des kontinentalen Europa scheinen sich mit der russischen Kolonisierung nur bis nach Wladikawkas oder auf die Krim, aber nicht mehr hinter den Kaukasus ausgebreitet zu haben. Die dunkleren Gesichter und schwarzen Haare, die energischen Gesten der Straßenhändler, die Wein, Granatapfelsaft oder exotische Leckereien verkaufen, das lustvolle Feilschen, wenn man die butterweich kandierten Walnüsse am Stiel im Dutzend zu kaufen bereit ist, auch die Kopftücher und schwarzen Kleider der alten Frauen – es ist, als wäre ich von Deutschland direkt nach Süditalien eingereist. Aber nicht nur südlich – in den Boutiquen und Supermärkten des Skiressorts Gudauri ist die gesamte westliche Konsumwelt zu finden. Georgiens Oberschicht braucht nicht in die Alpen oder nach Colorado zu fliegen, um Heliski zu fahren und das

Après zu genießen. Dabei ist der Westen erst nach der «Rosenrevolution» in Georgien eingezogen; dreizehn Jahre sind für eine Wiege der Menschheit so gut wie nichts. Die Schilder, die an der Straße nach Tiflis stehen, zeigen die alte Orientierung an: Teheran 1240 Kilometer. An der Festung Ananuri, die während der persischen Besatzung im siebzehnten Jahrhundert wiederaufgebaut wurde, legen wir den einzigen Halt ein, den die knapp gewordene Zeit erlaubt. In der Kirche beten außer den Nonnen, die bis übers Kinn verschleiert sind, nur junge, westlich gekleidete Leute. Die Arabesken am Portal zeugen vom safawidischen Einfluß selbst auf die christliche Architektur.

«Die Liebe Georgiens und die Liebe Irans sind doch gleich», heißt es in Kurban Saids Roman *Ali und Nino* über die Liebe zwischen einem Aserbaidschaner und einer Georgierin Anfang des zwanzigsten Jahrhunderts: «Hier an dieser Stelle stand vor tausend Jahren euer Rustaveli, der größte Dichter. Er sang von der Liebe zur Königin Tamar. Und seine Lieder sind wie persische Rubajats. Ohne Rustaveli kein Georgien, ohne Persien kein Rustaveli.»

«Wir sind nicht Asien. Wir sind das östlichste Land Europas», widerspricht Nino ihrem Geliebten. «Weil wir dem Timur und dem Dschingis, dem Schah Abbas, dem Schah Tahmaap und dem Schah Ismail getrotzt haben, deshalb gibt es mich, deine Nino. Und nun kommst du, ohne Schwert, ohne trampelnde Elefanten, ohne Krieger, und doch nur ein Erbe des blutigen Schahs. Meine Töchter werden den Schleier tragen, und wenn das Schwert Irans wieder scharf genug sein wird, werden meine Söhne und Enkel zum hundertsten Mal Tiflis verwüsten. Oh, Ali Khan, wir sollten doch in der Welt des Westens aufgehen.»

An einer endlosen Kette europäischer Warenhäuser vorbei schieben wir uns nach Tiflis hinein, das wie jeden Abend im Stau steckt. Gab es in der eurasischen Steppe Platz im Überfluß, kämpft der Fahrer nun um jeden Zentimeter. Sosehr das Warten enerviert, macht es die Stadt doch sofort vertraut: einfach weil es eine Stadt im gewohnten Sinne einer Metropole ist, zu viele Menschen auf zu wenig Raum. Das Hotel ist mit Iranern belegt, die Kurzurlaub von der Islamischen Republik machen. Und nicht nur das Hotel, wie ich beim ersten Rundgang staune: Das historische Zentrum sieht aus wie Teheran auf Photos des neunzehnten und frühen zwanzigsten Jahrhunderts, elegante, ja filigran anmutende Gebäude aus rötlichem Ziegelstein, an deren Vorderfront hölzerne Balkone mit schlanken Säulen und verzierte Erker über die Gassen ragen. Mein eigener Urururgroßvater, zum ersten Mal seit Jahren fällt es mir ein, ist in Tiflis geboren und an der Wende zum neunzehnten Jahrhundert nach Isfahan ausgewandert oder womöglich geflohen, als die Stadt unter russische Herrschaft fiel. Was nur eine abstrakte Information war, vergleichbar wahrscheinlich, wie wenn heute ein deutsches Kind erfährt, daß seine Vorfahren aus Schlesien oder Ostpreußen stammen, formt sich in den Gassen von Tiflis zu einem konkreten, irgendwie auch plausiblen Bild: Von hier also, auch von hier komme ich her. In ganz Iran gibt es keine Stadt, in der die iranische Frühmoderne mit ihrer originären Verschmelzung orientalischer Bautraditionen und europäischer Einflüsse erhalten ist. Teheran, die Hauptstadt dieses Aufbruchs, wo mit der Konstitutionellen Revolution von 1906 früher als in Deutschland der Durchbruch zur Demokratie zu gelingen schien – Teheran ist heute ein gesichtsloser Moloch, der von der eigenen Gründerzeit nur hier und dort einen Palast übriggelassen hat.

Die Iraner aus meinem Hotel scheinen freilich weniger an Baudenkmälern als an der Gastronomie interessiert: Keine andere Küche ist der iranischen so nah wie die georgische mit ihren Walnüssen und Granatäpfeln, Kräutersymphonien und süßsäuerlichen Aromen, nur daß man hier noch den Wein zum Essen bestellen kann, der bei Hafis und Omar Chayyam nicht nur metaphorisch zu verstehen ist. Am zentralen Platz der Altstadt, der wie in Kiew den persischen Namen Meidan trägt, muß einmal das Labyrinth des Basars begonnen haben, in das Nino ihren Ali führte, um symbolisch Abbitte zu leisten für ihren Ausbruch an Wut, Trauer und Angst: «Verzeih mir, Ali Khan. Ich liebe dich, einfach dich, so wie du bist, aber ich fürchte mich vor der Welt, in der du lebst. Ich bin verrückt, Ali Khan. Ich stehe auf der Straße mit dir, meinem Bräutigam, und werfe dir sämtliche Feldzüge Dschingis Khans vor. Verzeih deiner Nino. Es ist dumm, dich für jeden Georgier verantwortlich zu machen, den je ein Mohammedaner umgebracht hat. Ich werde es nie wieder tun.»

Beim Anblick des bunten Durcheinanders ist Nino schon wieder halb mit dem Orient versöhnt: ein kurdisches Mädchen, das mit hellen, verwunderten Augen aus der Hand liest, als wäre es selbst über seine Allwissenheit erstaunt, eingerahmt von dicken Teppichhändlern aus Armenien, ein Schritt weiter persische Köche und ossetische Priester, hier Russen, dort Araber oder Inguschen, auch Inder, ja, fast alle Völker Asiens friedlich oder nicht so friedlich im Handel vereint: «Im Schatten einer Bude ist ein Tumult. Die Händler umgeben die Streitenden. Ein Assyrer zankt erbittert mit einem Juden. Wir hören gerade noch: ‹Als meine Ahnen deine Ahnen in die babylonische Gefangenschaft führten ...› Die Umstehenden brüllten vor Lachen. Auch Nino lacht – über den Juden, über den Assyrer, über den Basar, über die Tränen, die sie auf das Tifliser Pflaster vergossen.»

Jetzt ist der Meidan von jungen Leuten, Nachtschwärmern, Touristen bevölkert, die sich nicht anders bewegen oder gekleidet sind als in jeder anderen europäischen Stadt. Die Kuppeln und Holzbalkone an den Häusern scheinen nur noch Kulisse für die Kneipenszene zu sein, die bis hin zum Irish Pub und Quality Hamburger alle Bedürfnisse erfüllt. Um so mehr bin ich erstaunt, daß die beiden Literaten, mit denen ich in einem Jazzlokal verabredet bin, sich zweihundert Jahre nach der persischen Besatzung noch mit dem persischen *Salâm* begrüßen. Es sei ihnen gar nicht bewußt gewesen, daß das der gewöhnliche persische Gruß sei, wundern sich Anna Kordsaia-Samadaschwili und Lascha Bakradze, sie Schriftstellerin, er Leiter des Tifliser Literaturmuseums – aber jetzt, da ich's sage: stimmt. Den Schildern nach Teheran sind sie auch schon gefolgt. Häufiger jedoch fliegen sie nach Europa und meinen Westeuropa damit. Hingegen von Tschetschenien, überhaupt von der Welt nördlich des Kaukasus, der Georgien in ihrer Jugend noch angehörte, dringen kaum noch Informationen zu ihnen durch. Über die Kaukasische Heerstraße sei schon lange keiner mehr gereist.

Dreiunddreißigster Tag

Weil Micheil Saakaschwili, den die Rosenrevolution ins Amt brachte, vom Reichstag so begeistert war, hat der Palast des georgischen Präsidenten nun ebenfalls eine Glaskuppel auf dem Dach. Saakaschwili ist bereits wieder Geschichte, nicht bloß abgewählt, sondern vor den Nachstellungen der Justiz ins Ausland geflohen, aber die Kuppeln sind immer noch beliebt. Selbst die strengen, hermetisch wirkenden Betonklötze aus dem Stalinismus tragen jetzt häufig einen durchsichtigen Hut. Auch einen veritablen Wolkenkratzer gibt es seit neuestem, der mitten in das wunderbare Ensemble klassizistischer Architektur in der Tifliser Neustadt gestellt worden ist. In Westeuropa käme kein Investor mit einer solchen Monstrosität durch. Dagegen sind die Bemühungen, die Altstadt vor dem Verfall zu retten, im wahrsten Sinne des Wortes auf halber Strecke steckengeblieben: Während die untere Hälfte zu einem Walt Disney-Orient für Touristen gentrifiziert wird, wirken die oberen Häuser so, als könnten sie jeden Moment einstürzen. «Manchmal helfen die Investoren auch nach», ärgert sich Anna Kordsaia-Samadaschwili, die sich den Vormittag genommen hat, um mir Tiflis zu zeigen.

Anna, die neben dem Schreiben an der Universität Literatur lehrt, hat einige Jahre in Deutschland gelebt und sieht die kuriosen Aspekte der Verwestlichung unter dem abgewählten Präsidenten Saakaschwili: die Glaskuppeln oder daß die zentrale Straße zum Flughafen nach George W. Bush benannt ist, den man nicht einmal mehr in Texas für einen Helden hält. Sie sieht auch die Schattenseiten einer Marktwirtschaft, die wie überall nach dem Ende der Sowjetunion kaum reguliert und also von Oligarchen beherrscht wird. Dennoch meint sie, daß Georgien unter Saakaschwili vorangekommen sei. Als sie 1992 nach den Kriegen um Abchasien und Ossetien mit einem der ersten Flugzeuge aus dem Ausland zurückkehrte, habe sie bei der nächtlichen Landung in Tiflis nichts als Schwarz unter sich gesehen. Lediglich die Landebahn sei mit Petroleumlampen markiert gewesen. Noch bis 2004 seien Stromausfälle an der Tagesordnung gewesen, und mit dem Ende der Sowjetunion habe auch die Zentralheizung ihren Dienst eingestellt. Und dann die Korruption – keine Fahrt übers Land, auf der man nicht mehrfach angehalten und von Polizisten höflich oder bestimmt zur Kasse gebeten worden wäre. Das alles sei jetzt nicht gut, jedoch unvergleichlich besser als vor der Rosenrevolution, die von den prorussischen Medien und dem Klerus als Machwerk westlicher Geheimdienste hingestellt werde. Und immerhin: 2012 hat Georgien den ersten parlamentarischen Regierungswechsel in einer postsowjetischen Republik außerhalb des Baltikums vollbracht.

Ich frage, ob es einen Ort gibt, der an die Revolution erinnert. Ja, den gibt es, sagt Anna, allerdings werde er ständig verlegt. Anfangs war es der zentrale Platz von Tiflis, wo die Menschen im November 2003 gegen die Wahlfälschungen unter dem damaligen Präsidenten Schewardnadse demonstriert hatten; inzwischen sei nur noch eine häßliche Kreuzung nach der Rosenrevolution benannt. Zwar nicht in Tiflis, aber auf dem Land und in seiner Heimatregion Gori werde selbst Stalin wieder rehabilitiert. An Nächte in völliger Finsternis erinnere man sich nicht mehr gern. Bei den Jüngeren, bei ihren eigenen Studenten beunruhige sie allerdings eine andere, noch radikalere Geschichtsvergessenheit: Manche wüßten nicht einmal mehr, wer Stalin war.

Wir sind in einem Café eingekehrt, das ebenso wie die Jazzkneipe von gestern abend wirklich mal cool ist. Schon in Vilnius fiel mir auf – auch in Berlin-Mitte gab es nach der Wende diesen Moment –, wie reizvoll es ästhetisch sein kann, sein könnte, wenn der Freie Markt mit seinem Kult des Individualismus in den Sozialismus fährt. Für eine solche Patina, wie sie die sparsam umgestalteten Lagerhallen, Werkstätten und Ladenlokale aus der Sowjetzeit von selbst haben, die Kreuzung aus modernem Design und Arbeiterkunst, wird in London oder Berlin viel Geld investiert, nur damit die unverputzten Ziegelsteine, abgetretenen Holzdielen und russischen Filmplakate am Ende genauso auswechselbar wie eine Kücheneinrichtung von Ikea sind. Vielleicht sei die Nostalgie für die Sowjetunion deshalb noch ausgeprägt, bemerke ich beim Caffè Latte, der mir dann doch lieber ist als die einheimische Brühe, die im Sozialismus als Kaffee durchging – vielleicht sei die Nostalgie für die Sowjetunion in Georgien auch deshalb so ausgeprägt, weil Stalin selbst Georgier war. Nein, sagt Anna entschieden und zieht die Augenbrauen hoch: In Georgien habe jede Familie den Terror hautnah erlebt, die Panik, grundlos festgenommen zu werden, die verschwundenen Angehörigen, nach denen man sich nicht einmal erkundigen durfte, die lähmende Unsicherheit. Der Hungergenozid gegen die Landbevölkerung, die sich gegen die Kollektivierung wehrte, habe in Georgien nur deswegen nicht drei Millionen Leben gekostet wie in der Ukraine, weil der Boden fruchtbarer sei. Und für einen Schriftsteller habe es unter Stalin auch in Georgien nur zwei Möglichkeiten gegeben: tot oder ein Spitzel zu sein. Nein, bekräftigt

Anna, sie halte nichts von einem Wettbewerb der Sowjetvölker, wer die meisten Opfer zu beklagen hat.

«Aber haben denn nicht manche Völker tatsächlich mehr als andere gelitten?» frage ich: «Jedenfalls habe ich nicht gehört, daß die Krimtataren, die Tschetschenen oder Inguschen besonders nostalgisch wären, die Juden und Rußlanddeutschen auch nicht.»

«Das stimmt, die Deportation war noch einmal eine andere Erfahrung», gibt mir Anna recht. Vor einiger Zeit habe sie ein großes Photo von Refat Tschubarow in der Zeitung gesehen, dem exilierten Führer der Krimtataren, der die Hand zum Hitlergruß ausgestreckt zu haben schien. Tatsächlich stand er, wie sie später im Internet herausfand, auf einem Podium und grüßte die Anhänger, die unter ihm versammelt waren. So werde bis heute Propaganda gegen jene Völker gemacht, die bereits unter den Zaren am meisten drangsaliert worden seien.

«Aber wenn man schon Unterschiede macht, muß man auch an die Völker erinnern, die völlig vernichtet worden sind», fährt Anna fort. «Von den Tscherkessen oder Mescheten zum Beispiel blieb nur noch der Name übrig. Und dann gibt es Völker, von denen nicht einmal der Name blieb.»

Von den Schwaben, die im neunzehnten Jahrhundert nach Tiflis kamen, blieb immerhin eine Partymeile. Das Viertel, in dem sie sich ansiedelten, ist so herausgeputzt, daß kaum noch jemand darin wohnt. Schade eigentlich, denn es sind hübsche Häuschen, zweistöckig, wie aus einer schwäbischen Kleinstadt nach Georgien gebeamt. Daß sie auch in ihrer neuen Heimat als besonders fleißig galten, hat die Schwaben 1941 nicht davor geschützt, nach Kasachstan deportiert zu werden. Wer es sich heute leisten könnte, in ihren Häusern zu leben, möchte nicht jede Nacht Feierlärm hören.

Einen Straßenzug weiter verfällt Tiflis wieder melancholisch. Die gußeisernen Balkongeländer an den Altbauten hat der russische Gouverneur Woronzow angeordnet, den Tolstoi-Leser aus der Erzählung «Hadschi Murat» kennen. Die zaristischen Behörden wollten Tiflis in eine moderne europäische Stadt verwandeln, da störte der ornamentale Bauschmuck aus Holz. Die Tifliser mochten das Eisen allerdings nicht; gegen die Anordnung konnten sie nicht viel tun, da verlegten sie ihre hölzernen Balkone und Erker nach hinten. So blickt man in vielen Straßen auf europäische

Fassaden und ist in den Höfen von orientalischen Formen umgeben. Eine typisch persische Miniaturmalerei mit Liebenden, die sich bei Wein und Musik kosen, erweist sich als christlich, als ich das Schwein entdecke, das über dem Feuer gebraten wird. Auch die Liebe zu Gärten scheinen sich die Tifliser aus der iranischen Zeit bewahrt zu haben, so grün, wie ihre Hinterhöfe sind, mit Sofas, Stühlen und Tischen auch liebevoll möbliert. Wie in der traditionellen iranischen Stadt scheint sich das Leben nicht auf der Straße abzuspielen, sondern blüht hinter den Mauern auf. Von so viel Verwandtschaft in meiner iranischen Seele bewegt, frage ich, wie meine Landsleute in Georgien angesehen seien – mindestens so hoch wie die Schwaben, nehme ich doch wohl an.

«Ehrlich gesagt nicht so gut», antwortet Anna und erinnert an die Hunderttausenden Georgier, die von Schah Abbas II. nach Iran verschleppt worden sind. Und Schah Agha Mohammed Khan – stimmt, jetzt erinnere ich mich wieder – plünderte 1795 Tiflis erbarmungslos, schändete die Kirchen, brannte fast alle Häuser ab und nahm zweiundzwanzigtausend Bewohner als Sklaven mit. Als müsse sie mich über die blutige Geschichte meiner Vorfahren trösten, betont sie, daß sie selbst Iran sehr mochte; Menschen, Küche und Architektur seien wunderbar gewesen, nur die Islamische Republik fand sie einen Graus. In der Region von Feridan, wo bis heute die größte georgische Minderheit lebt, seien ihr die Tränen in die Augen geschossen, als sie ihre Landsleute sprechen hörte – in einem Georgisch des achtzehnten Jahrhunderts, das von den russischen Einflüssen fast unberührt gewesen sei.

«Und?», frage ich wieder erwartungsfroh, «dann fühlen sich die Georgier also in Iran wohl?»

Doch Anna enttäuscht mich ein weiteres Mal: In Georgien sage man, daß sich alle Wünsche erfüllten, wenn man durch einen Regenbogen geht. In Iran hingegen sagten die Georgier, daß hinter dem Regenbogen Dschordschestan liegt – was der persische Name der verlorenen Heimat ist.

Weil nicht mehr viel Zeit ist vor meinem Abflug nach Köln, bitte ich Anna, mir noch die Moschee und wenigstens eine, ihre liebste Kirche zu zeigen. Anna hat es nicht so mit der Religion und muß deshalb einen Augenblick überlegen. Die berühmte Zionskirche ist ihr zu touristisch, deshalb führt sie mich zur Antschischati-Kirche, der ältesten Kirche der Stadt. Weil sie eine Hose trägt, wartet sie vor dem Tor; sie habe keine Lust, von einem Popen zurechtgewiesen zu werden.

In der Kirche, die so ursprünglich ist, wie Anna es versprach, feiert man das Fest der Taufe Jesu. Allerdings ist nichts an der Atmosphäre feierlich. Die meisten Gläubigen stehen in Grüppchen beieinander und plaudern, lachen, schauen sich um. Andere sind im stillen Gebet, psalmodieren aus einem Buch oder sind mit einem Seelsorger im ernsthaften Gespräch. Zwei kräftige Priester, die sich die Ärmel hochgekrempelt haben, füllen das Weihwasser in Plastikflaschen ab, die die Gläubigen mitgebracht haben. Ein älterer Priester telefoniert mit dem Handy, während er aufpaßt, daß kein Tropfen verschüttet wird. Es ist eine andere, vermutlich sogar ältere Form der Frömmigkeit, als man sie aus dem nachreformatorischen Europa kennt, nicht getragen, sondern mehr geschäftig wie jene Rabbis, die an der Klagemauer telefonierten, während sie gleichzeitig die Thora rezitierten. Es kommt ihr nicht so sehr auf den inneren Zustand des Gläubigen an, sondern daß sein frommes Werk geschieht. Denn das Ritual dient nicht der eigenen Läuterung, sondern Gott. Ob es schön aussieht, ist sekundär; deshalb genügt eine Plastikflasche, um das Weihwasser nach Hause zu tragen.

Vor der Juma-Moschee muß Anna nicht warten. Hosen seien völlig in Ordnung, versichern die Männer im Vorraum, die sich untereinander auf türkisch unterhalten; nein, ein Kopftuch brauche es nicht. Auf Socken betreten wir die Gebetshalle, in die das Tageslicht durch große Fenster hell strahlt – ein weißer, geradezu modern wirkender Sakralbau, der einzig vom roten Teppich und von himmelblauen Miniaturen mit Farben versorgt wird.

Anna erschrickt kurz, als eine ältere Frau sie an der Hand faßt; doch die Alte hat nur beobachtet, daß Anna friert, und möchte ihr zeigen, wo die Heizung steht. Überhaupt ist die Atmosphäre entspannt; während die einen plaudern, machen andere Gläubige ein Nickerchen oder verrichten ihr Ritualgebet. Einen abgetrennten Bereich für die Frauen gibt es in dieser Moschee nicht. Dennoch ist die Halle durch einige Säulen in zwei Hälften mit jeweils einer eigenen Gebetsnische unterteilt, die die Richtung nach Mekka anzeigen – zwei Mihrabs nebeneinander habe ich noch in keiner Moschee gesehen. Und während die eine Längswand mit sunnitischen Aussprüchen bemalt ist, werden auf der anderen die schiitischen Imame gepriesen. Es gab im zwanzigsten Jahrhundert eben nur noch eine Moschee, eine zweite erlaubten die sowjetischen Behörden nicht. Da verständigten sich Sunniten und Schiiten darauf, sie sich brüderlich zu teilen. Jeder hat seinen eigenen Mihrab, alle ein gemeinsames Dach.

Ich komme mit einer iranischen Familie ins Gespräch, die auf dem schiitischen Teil des Teppichs sitzt.

«Haben Sie so was schon mal gesehen?» frage ich: «ein sunnitischer und ein schiitischer Mihrab?»

«Nein», sagt der Familienvater, der es anders als Anna oder die Iraner in meinem Hotel noch mit der Religion zu haben scheint: «Überall schlagen sich Sunniten und Schiiten die Köpfe ein, im Irak, in Syrien, in Saudi-Arabien und im Jemen. Und hier beten wir nebeneinander.»

«Das ist doch gut, oder nicht?»

«Ja, schon. Aber vielleicht kennt man die Unterschiede hier einfach nicht so genau.»

«Oder nimmt sie nicht so wichtig.»

«Ja, vielleicht nimmt man sie nicht so wichtig.»

Mehr als fünfzig Völker leben im Kaukasus auf einem Gebiet kaum größer als die Bundesrepublik. Tiflis allein hat fast jede Form der Feindseligkeit erlebt, geschändete Kirchen, zerstörte Moscheen, Terror, Krieg, Völkermord und Deportation, alles Unheil zumal, das aus Heilslehren hervorgehen kann, den christlichen wie den muslimischen, den religiösen wie den säkularen. Aber zugleich hat Tiflis, hat der Kaukasus insgesamt wie kaum eine andere Region auch das Zusammenleben der Völker gelernt. So wie neben vielen Kirchen eine Moschee steht, wird auch in der Moschee selbst kein Unterschied gemacht zwischen den Gläubigen oder zwischen Mann und Frau.

«Das ist ein bißchen übertrieben», frotzelt Anna wieder.

Mag sein, denke ich und verzichte darauf, an die drei Kriege zu erinnern, durch die ich gestern in zwei Stunden fuhr. Wer über die Kaukasische Heerstraße nach Tiflis kommt, wird schnell nostalgisch, wenn er so etwas wie Frieden findet.

Vierunddreißigster Tag

Das Hotel, in dem ich nach meiner Rückkehr im Juni 2017 frühmorgens einchecke, ist von jüdischen Großfamilien belegt, Auswanderern nach Israel auf Heimatbesuch, nehme ich an, die Männer mit Kippa zum Freizeitlook, die Frauen im knielangen Kleid, bis hin zu den Kindern alle von derselben bulligen Physiognomie, als wären sie mehr als nur vom selben Volk, nämlich vom selben Stamm, laut plappernd und raumgreifend, wie Orientalen oft sind. Sind sie Orientalen? Seit die Menschen sich über so etwas Gedanken machen, verläuft die Grenze zwischen Europa und Asien irgendwo durch den schmalen Streifen Land zwischen Schwarzem und Kaspischem Meer. Bei Herodot, der den Boden des heutigen Georgien vermutlich nie betrat, obwohl er ausführlich über seinen Besuch schrieb, verläuft die Grenze am Fluß Rioni; dann läge Tiflis in Asien, was die Tifliser vermutlich nicht so gern hören oder jedenfalls ihr Staat nicht, der praktisch neben jeder Nationalfahne die goldenen Sterne auf blauem Grund hißt. Ja, so auffällig viele Europaflaggen wehen in Tiflis, daß die EU bereits protestiert haben soll, aber sicher nicht, weil man in Brüssel Herodot gelesen hat, sondern weil man keinen weiteren Hungerleider aufnehmen will. Außerdem könnte der russische Bär beunruhigt sein.

Als mich einer der Israelis vor dem Aufzug auf russisch anspricht, kann ich nur mit den Schultern zucken. Mit Händen verständigen wir uns, daß wir beide nach oben fahren wollen. Die Fahrstuhltür ist schon zu, da zeigt der Israeli fragend mit dem Finger auf mich; offenbar möchte er wissen, wo ich herkomme. Eine Sekunde überlege ich, welche Antwort die interessantere Reaktion hervorrufen wird, und entscheide mich dann für das Land, in das mein Urururgroßvater ausgewandert ist.

«Iran?!» schreit der Mann beinah und schaut mich, nein, nicht bloß fassungslos, sondern entsetzt an. Welche Erinnerungen, Drohungen, Ängste ihm wohl bei dem Wort «Iran» in den Sinn gekommen sind?

«Iran», wiederhole ich und lächle betont friedfertig, damit sich die Anspannung in seinem Gesicht löst.

«Iran?!» hofft er wohl immer noch, sich verhört zu haben.

«Yes, Iran», bekräftige ich und füge sicherheitshalber ein «Schalom» hinzu, um klarzumachen, daß ich ihm nicht an die Gurgel will.

«Schalom Schalom», murmelt er erleichtert, als die Fahrstuhltür wieder aufgeht.

Im prächtigen, dabei sympathisch abgeblätterten, noch von der alten und sogar der vorrevolutionären Zeit durchwehten Literaturmuseum, das auf dem Boden der ehemaligen Sowjetunion noch immer eine Selbstverständlichkeit für jede größere Stadt zu sein scheint, werden die Dichter Georgiens mit überlebensgroßen Büsten geehrt, ihre Totenmasken wie Ikonen verwahrt, dem Besucher ihre Manuskripte und Habseligkeiten wie Reliquien vorgeführt. Wie anders das Verhältnis zur Literatur in diesem Teil der Welt ist, der schon halb zu Asien gehört! Wo Marbach, um das einzige Literaturmuseum Deutschlands zu nehmen, das vergleichbar imposant daherkommt, der historisch-kritischen Forschung dient, wird in Tiflis auch dem Kultus gefrönt. Ehrfürchtig holt die Archivarin die beiden Gewehre aus dem Schrank, mit denen Hadschi Murat bis zum letzten Atemzug auf die Überzahl russischer Soldaten geschossen hat. Auf eine Lanze gespießt, wurde sein Kopf zunächst auf dem Tifliser Freiheitsplatz aufgestellt. Wir sind doch ein zivilisiertes Land, empörte sich der Gouverneur Woronzow, den Tolstoi, sosehr er sonst mit dem kaukasischen Freiheitskämpfer sympathisiert, als vergleichsweise aufgeklärten Politiker porträtiert. Woronzow ließ den Kopf einholen und schickte ihn in einem Spiritusbad nach St. Petersburg, wo er bis heute aufbewahrt wird. Immer wieder haben dagestanische Abgeordnete gefordert, den Schädel zurück in die Heimat zu bringen, aber die Sorge ist groß, daß er dann nicht mehr für Literaten, sondern für Islamisten ein Wallfahrtsziel wäre.

Im Café, dessen Terrasse der heimelig verfallene Hof des Museums ist, tippen die Smarten in ihr Notebook, halten die Engagierten eine Sitzung ab und fläzen sich die Alternativen ostentativ auf den Stühlen. Auf Anhieb unterscheide ich vier Sprachen, die gesprochen werden, teilweise im selben Gespräch oder sogar im selben Satz, der georgisch beginnen und russisch enden oder vom Englischen ins Türkische wechseln kann; so polyglott dürfte Tiflis zuletzt vor dem Ersten Weltkrieg gewesen sein. Ich komme mit zwei der Engagierten ins Gespräch, Irakli, einem Stadtplaner, und Natalia, die sich als Mitglied der georgischen Grünen vorstellt, wer immer die nun wieder sind. Beide gehören sie einer großen, stetig wachsenden Gruppe von Aktivisten an, die sich gegen die Vernichtung der historischen Bausubstanz wehren. Im Kommunismus, so klagen sie in hervorragendem Englisch, seien die Altbauten vernachlässigt, Verkehrsschneisen durch die Stadt geschlagen, die Flußufer betoniert, häßliche Trabantenstädte gebaut worden, ja – aber erst der Freie Markt zerstöre das Zentrum unwiderruflich in seiner gewachsenen Struktur, als Wohnort, als atmenden, durchlässigen, sich um die Menschen schmiegenden Organismus. Ohne Rücksicht auf die Bewohner oder den Denkmalschutz würden die Gebäude aufgemotzt oder durch geschmacklosen Protz ersetzt, der mit billigem Stuck auf alt macht oder futuristisch wie Dubai sein will. Die stillen Plätze, die für den Durchgangsverkehr zu schmalen Gassen, die unzähligen Treppchen und grünen Hinterhöfe der Altstadt, all das, was ihre Lebensqualität ausmache, weil es Orte der nachbarschaftlichen Begegnung seien, falle Stück für Stück dem durchökonomisierten Denken zum Opfer, das in Straßen ausschließlich Autowege sehe, in wenigen Baudenkmälern touristische Highlights oder Luxussuiten, in den meisten Altbauten hingegen nur Abbruchobjekte, in Grundstücken die Anzahl der Apartments, die verkauft werden können.

Sonderbar, daß die Bautradition und zumal der orientalische Charakter der Stadt von jungen Georgiern verteidigt und immer wieder auch durch Sitzblockaden physisch geschützt wird, die ihrem ganzen Habitus, ihren Sprachkenntnissen, ihrer Weltläufigkeit nach selbst Träger jener zugleich bekämpften Globalisierung sind. Wie selbstverständlich orientieren sie sich nach Europa, verstehen darunter aber etwas anderes als die Fördertöpfe, an die der Staat heranwill, verstehen darunter mehr eine geistige Welt, deren Wesen gerade nicht die Gleichmacherei, sondern das friedliche Nebeneinander, Übereinander, Ineinander des Unterschiedlichen und je Eigenen ist. Zu einer geistigen Welt kann jeder gehören, egal auf welcher Seite des Flusses er lebt.

Auch die sozialistische Architektur habe ihre Schönheit, meinen Natalia und Irakli und führen mich zum ehemaligen Historischen Institut, das in den dreißiger Jahren erbaut worden ist. Leider ist es rundum mit Holzplatten eingezäunt und mit Planen bedeckt, nachdem sich einige Aktivisten an das Gebäude gekettet hatten. Und alle paar Meter sind blau uniformierte

Wachleute auf dem Bürgersteig postiert. Natalia schwärmt von den großzügigen Balkonen, den hohen Decken, dem Formbewußtsein des frühen Kommunismus. Wo eine der Planen heruntergefallen ist, erkenne ich, daß bereits die Fenster und Balkone aus den braungrauen Wänden gerissen worden sind. Wie Lumpen sehen die Planen aus, löchrige Lumpen, die lose über einem erschöpften, faltigen, jetzt auch noch mit Wunden übersäten Körper herabhängen. Bald soll hier strahlend das neue *Ramada Inn* in den Himmel ragen. Zu unserer eigenen Sicherheit bittet uns ein Wachmann weiterzugehen, da Mauerstückchen auf unsere Köpfe fallen könnten.

Im Garten des Schriftstellerhauses, das neben dem Museum die zweite grandiose Institution des literarischen Tiflis ist, betört mich wieder die Symbiose von vorrevolutionärem Glanz, sowjetischem Formalismus, orientalischer Melancholie und wenigen, ausgesuchten Tupfern westlichen oder global verstandenen Geschmacks, dazu der Hedonismus, der sich in der Speise- und der Weinkarte manifestiert. Was eigentlich ist an dieser Gleichzeitigkeit des Ungleichzeitigen so anziehend, die derzeit noch typisch für die Stadt ist? Eben das, was der Kern des europäischen Projektes, wie es sich im neunzehnten Jahrhundert gegen den Nationalismus herausgebildet hat, womöglich sogar jedweder Zivilisation ist: Daß ein Ort seine Geschichte nicht leugnet, das Vorangegangene, das Gewachsene weder abreißt noch übermalt, sondern nebeneinander bestehen läßt und damit auch die Gegenwart als vergänglich relativiert. Nur Ideologien machen mit der Vergangenheit tabula rasa.

Im großen Salon der Gründerzeitvilla, der heute bis auf die letzten Stehplätze gefüllt ist, weil eine Lyrikerin ihren Debütband vorstellt – was passiert eigentlich, wenn ein berühmter Dichter liest, wird dann ein Stadion angemietet? –, sprang der Chef des georgischen Schriftstellerverbandes Paolo Iaschwili während einer Sitzung im Sommer 1937 auf, da er seinen Freund Tizian Tabidse nicht beschuldigen wollte, wie es ihm für das üblich gewordene Ritual von Kritik und Selbstkritik angeordnet worden war. Wie jeden Abend wartete draußen bereits der Schwarze Rabe des NKWD, um den Denunzierten in die Folterkammer oder direkt zur Hinrichtung zu fahren. Iaschwili lief über die breite Treppe in den ersten Stock und erschoß sich zwischen zwei ausgestopften Vorderhälften eines Tigers und eines Löwen. Als die Leiche entdeckt wurde, versuchten seine

Kollegen der Kollektivstrafe zu entgehen, indem sie den Selbstmord eilig als «einen provokativen Akt» verurteilten, der «Abscheu und Empörung in jeder anständigen Versammlung sowjetischer Schriftsteller» hervorrufe. Auch Tizian Tabidse stimmte der Resolution zu und wurde kurz darauf dennoch umgebracht. Vom Blut gereinigt, sitzen der Löwe und der Tiger immer noch hälftig im ersten Stock des Schriftstellerhauses und reißen stumm ihr Maul auf.

«Man kann Geschichte nicht überspringen», sagt der Schriftsteller Giwi Margwelaschwili, der in zwei totalitären Systemen gelebt, beiden widerstanden und beide überlebt hat. Als Sohn des bekannten Intellektuellen Titus von Margwelaschwili, der 1921 vor den Bolschewiki geflohen war, kam er 1927 in Berlin zur Welt, verlor mit sechs Jahren die Mutter und baute sich innerhalb der georgischen Parallelgesellschaft des Vaters mit Büchern eine eigene, wiederum deutsche Welt auf.

«Wurden Sie als Georgier im Nazideutschland diskriminiert?»

«Nein, das nicht», antwortet Margwelaschwili, «aber der Name fiel natürlich auf, auch das Aussehen, und als Kind schämt man sich nun einmal, wenn man anders als die anderen ist.»

Später schloß er sich der Swing-Jugend an, die keine Partisanen, nicht einmal sonderlich politisch, aber im Nazi- und Kriegsdeutschland natürlich subversiv waren und immer wieder verhaftet wurden, wenngleich Margwelaschwili nicht von «Verfolgung» sprechen mag. «Verfolgung» habe damals etwas anderes, etwas viel Schlimmeres bedeutet. Viele Nazis hätten selbst gern «Negermusik» gehört und ein Auge zugedrückt. Nach Kriegsende lockte ein Kommilitone Titus von Margwelaschwili in den sowjetischen Sektor, wo der NKWD auf ihn wartete und bei der Gelegenheit auch den Sohn in Sippenhaft nahm. Während der Vater nach Tiflis verschleppt und dort hingerichtet wurde, saß Giwi im Konzentrationslager Sachsenhausen ein, das die Sowjets von den Nazis übernommen hatten. Erst Anfang 1947 kam er frei, durfte allerdings nicht nach Berlin zurückkehren, sondern wurde nach Georgien abgeschoben, wo er zwar aussah wie alle anderen, aber die Sprache kaum beherrschte, nicht Georgisch und schon gar nicht Russisch.

«Da war ich noch viel fremder als in Berlin.»

Er studierte Germanistik, wurde in die Akademie der Wissenschaften berufen und baute seine Welt aus deutschen Büchern neu auf, die er sich in Moskau besorgte, wenn er sie in Tiflis nicht fand. 1968 besuchte ihn Heinrich Böll und wollte den autobiographischen Romanzyklus *Kapitän Wakusch* mit nach Köln nehmen, um ihn zu veröffentlichen. Das Schicksal seines Vaters vor Augen, schreckte Margwelaschwili in letzter Sekunde zurück, sonst hätte er Jahrzehnte früher bereits seine Leser erreicht. 1969 besuchte er erstmals wieder Ost-Berlin, aber weil er dort auch Wolf Biermann traf, erhielt er nach der Rückkehr ein Ausreiseverbot. Nach dem Zusammenbruch der Sowjetunion zog er mitsamt seinen Romanen nach Berlin zurück, wo sie endlich erscheinen konnten; er wurde mit dem Italo-Svevo-Preis und einem Ehrenstipendium des Bundespräsidenten geehrt, ging auf Lesereisen und verkehrte unter Kollegen, die seine Sprache verstanden.

«Da fühlte ich mich zuhause.»

Wie war es, nach so vielen Jahrzehnten endlich Leser zu finden?

«Meine Bücher sind positiv aufgenommen worden, aber nicht enthusiastisch. Das war schon ein Dämpfer. Ich bin selbstkritisch genug zu erkennen, daß das auch an den Büchern selbst liegt.»

Das stimmt wohl, denke ich, auch wenn das nicht gegen die literarische Qualität spricht: So mitreißend Margwelaschwilis Lebensgeschichte ist, so sperrig erzählt er davon. Die beiden Bände von *Kapitän Wakusch* sind mehr eine philosophische Reflexion über eine Biographie als Biographie selbst. Vor allem aber spielt Margwelaschwili so oft auf Gelesenes an, daß man sich fragt, ob das Leben für ihn eigentlich nichts anderes als eine Deutung oder Folge der Literatur sei. «Eine gute Textweltwirklichkeitsverdrehung», hat er selbst eine seiner Erzählungen programmatisch genannt.

«Sie hätten einen Bestseller schreiben können, wenn Sie eine schlichte Autobiographie geschrieben hätten», sage ich: «Mit dem Leben, das Sie haben.»

«Ehrlich gesagt, hatte ich erwartet, daß meine Bücher Bestseller werden. Aber dafür ist es wohl zu verwinkelt in meinem Kopf.»

Inzwischen lebt Margwelaschwili wieder in Tiflis, weil es in seinem Alter ohne Hilfe nicht mehr geht, gebeugt zwar, gebrechlich, die weißen Haare schulterlang, aber hellwach sein Geist.

«Man kann Geschichte nur vollziehen», sagt er mit Berliner Zungenschlag, als ich ihn abends in der kleinen, mit deutschen Büchern bis unter die Decke gefüllten Wohnung besuche, in der seine Tochter nach ihm sieht: «Wenn man ein Kapitel überspringt, fängt sie einen mit Gewalt wieder ein.»

Ich frage nach dem heutigen Georgien. Margwelaschwili findet die Entwicklung nicht so schlecht.

«Warum das?» frage ich verwundert, weil ich den Tag über so viele Klagen gehört habe.

«Jetzt redet jeder hier wie ein Wasserfall. Da wird unglaublich viel Banales gesagt, der reine Blödsinn, gut. Aber die Menschen reden, sie reden selbst. Das war früher nicht so. Wissen Sie, Stalin las ja gern Rustaweli, den großen georgischen Dichter, oder er behauptete es jedenfalls. Und er hat eine halbe Zeile von Rustaweli verinnerlicht: Aus Angst entsteht Liebe. Genau das ist geschehen. Die Menschen liebten Stalin, nicht weil er freundlich, sondern weil er schrecklich war, weil es jeden treffen konnte. Deshalb waren alle wie erstarrt, vor Liebe erstarrt, wenn Sie so wollen, oder vor Schreck, das konnte man gar nicht mehr unterscheiden. Aber jetzt plappern die Menschen ungeniert. Besser so.»

Als wir auf den deutschen Historikerstreit zu sprechen kommen, bei dem es um einen Zusammenhang von Nationalsozialismus und Stalinismus ging, frage ich, ob er die beiden Ideologien, unter denen er gelebt hat, für vergleichbar hält.

«Sie sind beide gleich widerwärtig», antwortet Margwelaschwili.

«Aber sind sie sich ähnlich?»

«Das Ähnliche ist ihr Militarismus. Beide heben sie das Gebot auf: Du sollst nicht töten. Die Legitimierung des Todes ist das Übel.»

«Hätte Hitler ohne Krieg besiegt werden können?»

«Werden müssen.»

«Aber wie?»

«Indem man ihn gelesen hätte. Er hatte doch in Landsberg genau aufgeschrieben, was er vorhatte, auch das mit den Juden. In *Mein Kampf* stand schon alles drin. Wenn man ihn gelesen hätte, hätte man ihn vorher schon aufgehalten. Ich will damit sagen, der Grundfehler im Umgang mit Hitler ist viel früher geschehen. Der Grundfehler war die Ignoranz, war das Wegsehen, war das Nicht-wahr-haben-Wollen. Als der Krieg kam, war es schon zu spät.»

«Dann sind Bücher nicht die Folge von Ereignissen, sondern lassen sich die Ereignisse aus Büchern herauslesen?»

«Ja, genau darum geht es in meinen Romanen: Wie sich Realität aus Büchern ableitet und nicht umgekehrt.»

Indem er in der Literatur ein geradezu prophetisches Medium sieht, ist der deutsche Schriftsteller Giwi Margwelaschwili dann doch wieder sehr georgisch.

Fünfunddreißigster Tag

«Istanbul 1715 km» steht an der Autobahn, die Tiflis mit der westlichen Landeshälfte verbindet. Anfangs verläuft sie hart an der Grenze zu Südossetien, besser gesagt an der Linie, bis zu der russische Truppen 2008 vorgerückt sind. In keinem der Staaten, die nach dem Zusammenbruch der Sowjetunion unabhängig wurden, deckte sich die Bevölkerung nahtlos mit der neuen Nation. In Georgien etwa leben außer Georgiern noch Abchasen, Osseten, Russen, immerhin 6,5 Prozent Aserbaidschaner, 5,7 Prozent Armenier, dazu Adscharier, Mingrelier, Swanen, Kisten, Emeretier, Juden, Jesiden, Mescheten, Griechen, Tschetschenen und so weiter – mindestens sechsundzwanzig Volksgruppen auf einem Gebiet von der Größe Bayerns mit zumeist eigenen Sprachen und unterschiedlichen Religionen. Sie alle fanden sich 1991 in einem Staat wieder, der nach einem einzelnen Volk benannt ist, auf der Fahne fünffach das Symbol einer einzelnen Kirche trägt. Manche Minderheiten hatten in der Sowjetunion so viel gelitten, daß die Freude über deren Untergang überwog. Abchasen und Osseten hingegen waren schon in der Zarenzeit so weit russifiziert, daß sie mehr mit dem fernen Moskau als mit dem nahen Tiflis verband. Und weil Anfang der neunziger Jahre auch der russische Nationalismus aufbrandete, für den alle zu Rußland gehören, die russisch sprechen, brachen gleichzeitig zwei Kriege aus, die das viel kleinere, kaum gefestigte Georgien nur verlieren konnte. Ein Fünftel des Landes gehört seither praktisch zu Rußland. Der Versuch Micheil Saakaschwilis, wenigstens Südossetien wiederzugewinnen, endete 2008 binnen Tagen damit, daß russische Truppen bis fast an die Autobahn vorrückten. Aus dem Fenster sehen wir die Siedlungen der Binnenflüchtlinge, billige Fertighäuser senkrecht und waagerecht nebeneinander gereiht auf dem freien Feld. Ihre Dörfer haben die Separatisten längst dem Erdboden gleichgemacht. Georgiens neue Regierung, die um ein gutes Verhältnis zu Rußland bemüht ist, weckt lieber keine Hoffnung auf Rückkehr. Und Saakaschwili selbst ist auch kein Hoffnungsträger mehr: inzwischen auch als Gouverneur von Odessa zurückgetreten und nach seiner Flucht aus Georgien aus der Ukraine ebenfalls geflohen. Immerhin lauern auf der Autobahn keine uniformierten Wegelagerer; die Korruption hat der Anführer der Rosenrevolution erfolgreicher bekämpft als den äußeren Feind.

Nach einer knappen Stunde erreichen wir Gori, wo 2008 die meisten russischen Bomben herabfielen, obwohl in der Stadt niemand anderes als Iosif Jugashvili geboren wurde, der als Josef Stalin für die alte Größe der Sowjetunion steht. Erst 2010 trauten sich die Behörden, seine Statue vom zentralen Platz zu entfernen, und das auch nur in einer Nacht-und-Nebel-Aktion, geschützt von der Polizei. Sein Geburtshaus, auf das die zentrale Verkehrsachse zuläuft (das Zentrum Goris wurde nach Stalins Tod eigens dafür verlegt), wagte noch niemand anzurühren. Um die einfache Hütte herum hat die Sowjetunion einen griechisch anmutenden Tempel gebaut, als hätte darin ein Halbgott das Licht dieser Welt erblickt. Das imposante Museum, das während unseres Besuches mit Jugendgruppen gefüllt ist, stellt Saal für Saal die Devotionalien Stalins aus, auch die Jubelgemälde und Marmorbüsten, die Huldigungen der Dichter, Station für Station sein Lebensweg wie eine dreidimensionale Hagiographie. Man kann sich außerdem in den Waggon setzen, in dem der Diktator durch sein Riesenreich fuhr, kann das Bad öffnen, in dem er sich wusch, kann in die kleine Küche blicken, in der auf den Fahrten gekocht wurde. Sonderlich luxuriös reiste Josef Stalin nicht.

45 Prozent der Georgier haben ein positives Bild von Stalin, so hat eine Umfrage ergeben, weit mehr als in Rußland. Dennoch versichert Lascha Bakradze, der mich heute begleitet, daß sich nur wenige Georgier die Sowjetunion zurückwünschten und der Stolz auf Stalin mehr dem Georgier als dem Sowjetführer gelte. Das klingt widersinnig, das weiß der Leiter

des Literaturmuseums selbst, denn erst Stalin hat – vielleicht weil er beweisen wollte, daß er an keiner Heimat, keiner Muttersprache hängt – die Sowjetunion russifiziert und wie andere nationale Kulturen auch das Georgische unterdrückt. Aber Lasha erinnert an die Massenkundgebungen von 1956 nach dem zwanzigsten Parteitag, auf dem Nikita Chruschtschow mit der Politik seines Vorgängers abgerechnet hatte. Was als Protest gegen die Reform der Sowjetunion begann, verwandelte sich innerhalb von Tagen in den Ruf nach der Unabhängigkeit Georgiens. Als die Demonstranten versuchten, in die Radiostation und das Telegrafenamt einzudringen, eröffnete die Rote Armee das Feuer. Mindestens achtzig, anderen Quellen zufolge hundertfünfzig oder achthundert Menschen starben für – ja, wofür eigentlich? Zugleich für Stalins Sowjetunion und für Georgiens Unabhängigkeit.

Im Museum wird die nationalistische Heldenverehrung natürlich nicht erwähnt und Stalin ausschließlich als Führer der Sowjetunion gefeiert, der aus dem Agrarland eine führende Industrienation geschaffen und den deutschen Faschismus besiegt hat, als junger Draufgänger, volksnaher Genosse, geachteter Staatsmann, Kinderfreund und Liebhaber der Literatur. Neu gestaltet sind lediglich zwei winzige Kammern im Untergeschoß, in denen allgemein daran erinnert wird, daß es auch Opfer gegeben hat – ohne Namen, Zahlen, weitere Erklärungen. In einer Broschüre, die kostenlos ausliegt, sind Würdigungen Stalins von Persönlichkeiten der Weltgeschichte zusammengestellt, Roosevelt, de Gaulle, Churchill, Hitler, Picasso. «Die alten Philosophen», heißt es auf der letzten Seite, «beendeten ihre Arbeiten mit den Worten: Ich tat, was ich konnte. Wenn Ihr könnt, macht es besser.»

Von Gori aus fahren wir eine dreiviertel Stunde Richtung Südossetien, bis wir das Dorf Nikosi erreichen, wo seit dem fünften Jahrhundert eine Kirche aus Sandstein aus den Bauernhütten herausragt. Für georgische Verhältnisse ist sie nicht einmal sonderlich alt, schließlich hat das Land nach Armenien die älteste Staatskirche überhaupt. Der Bischof trägt eine Kutte, die nach Arbeit aussieht, denn für die Renovierung ist immer noch viel zu tun. Bevor sie wieder zum Gotteshaus wurde, war die Kirche über Jahrzehnte ein Lager für Getreide gewesen. Das Kloster wurde ebenfalls instandgesetzt, aber 2008, Bischof Jesaia hat mitgezählt, von achtundzwanzig russischen Bomben zerstört. Vom Balkon seines bescheidenen Palasts kann man auf den Teil Georgiens hinabsehen, den Georgier nicht einmal mehr betreten können: auf einen Wald, einige Ruinen, einen Feldweg, der ins Nichts führt, und hinter Feldern, die schon lange nicht mehr bestellt worden sind, auf die Plattenbauten der Kleinstadt Zchinwali, die eine Hauptstadt geworden ist.

Bei Anna und Lasha, überhaupt allen, mit denen ich in Tiflis gesprochen habe, hat die Kirche einen miserablen Ruf: homophob, frauenfeindlich und überhaupt in jeder Hinsicht reaktionär. Und auch auf *YouTube* läßt sich beobachten, daß der Mob, der jeden Anlauf einer Gay-Pride-Parade niederknüppelt, fast immer von Priestern angeführt wird. Aber dieser hier, Bischof Jesaia, ich kann mir nicht helfen, ist von solch einnehmender Freundlichkeit und hat unter dem langen, irgendwie hippiehaft wilden Bart ein so keckes Lächeln, daß ich in den Urteilen sofort Vorurteile sehen will. Daß ich aus Iran stamme, freut ihn besonders.

«Warum das?» frage ich.

«Weil wir in Iran so viele Märtyrer haben», antwortet der Bischof gutgelaunt und führt mich zum Bild des Heiligen Rajden, der als iranischer Konvertit im Dienste des georgischen Königs stand, bis er bei einem Feldzug der Sassaniden umgebracht wurde.

Aus Sorge, nicht mehr zurückkehren zu können, hat Bischof Jesaia nach dem Krieg auf der anderen Seite der Front ausgeharrt, wo die Hälfte seiner Gemeinde wohnt. Nicht einmal den sterbenskranken Bruder und dessen Begräbnis wagte er zu besuchen. Erst nach über zweieinhalb Jahren erlaubten ihm die Separatisten, zwischen beiden Teilen seiner Gemeinde zu pendeln, allerdings keinen Schritt weiter nach Südossetien hinein. Zchinwali, so nah es liegt, hat er seither nicht mehr betreten.

Vor dem Krieg habe man oft nicht einmal gewußt, ob man dies oder das war, bestätigt Bischof Jesaia, was nach so vielen Bürgerkriegen zu hören ist. Georgier und Osseten hätten untereinander geheiratet, sie hätten zusammen gefeiert, zusammen gebetet, seien nebeneinander begraben worden. Erst der Krieg habe zur Entscheidung gezwungen. Es sind nicht viele, die sich für Georgien entschieden haben und dennoch in ihren Häusern geblieben sind. Der Bischof, der sie betreut, mag nicht recht sagen, wie es ihnen ergeht, weil er fürchtet, nicht mehr nach Südossetien einreisen zu können, wenn er sich in die Politik einmischt. Lieber zeigt er uns das Gemeindezentrum, das er in eine Schule für Kunst und Musik verwandelt hat. Er selbst hat als junger Mann Animationsfilm studiert, bevor er anfing, sich für den Glauben zu interessieren.

«Wie entstand das Interesse?» frage ich.

«Wie das entstand?» fragt der Bischof zurück: «Haben Sie den ganzen Tag Zeit?»

Kurzgefaßt beginnt die Geschichte seines Glaubens, als er einen sowjetischen Film sieht, der sich über Mönche und Priester lustig macht; obwohl er nicht einmal getauft ist, mehr aus instinktivem Mitgefühl, stößt ihm die Häme auf. Kurz darauf trifft er in seinem Heimatdorf eine alte Frau, die zwanzig Mitunterzeichner braucht, um einen Antrag auf die Wiedereröffnung der Kirche zu stellen. Aber die Nachbarn haben alle Angst. Da hilft er der Frau, die Unterschriften zu sammeln, und obwohl die Hilfe der alten Frau gilt, gar nicht dem Gotteshaus, wird sie zum eigenen Glaubensschub. Neugierig geworden, schnuppert er in Abchasien ins Klosterleben, als der Krieg ausbricht. Er wird Zeuge, wie das friedliche Zusammenleben in Haß umschlägt, wie Nachbarn sich bekämpfen, die gestern noch miteinander angestoßen haben, wie sie im Kugelhagel oder auf der Flucht vor Erschöpfung sterben. Da weiß er, daß es Seelsorger gerade dringender als Animationsfilme braucht.

Daß Bischof Jesaia im Herzen Künstler geblieben ist, merke ich im Gemeindezentrum, wo ein ganzes Heer von Kindern Schattentheater, Volkstänze, Lieder oder Musikinstrumente probt. Ich erinnere mich an die Aufführung in der Exilschule der Krimtataren in Kiew, die bunten, exotischen Gewänder, die fließenden Bewegungen, die kreisenden Hüften – wie anders sieht die Tradition in Georgien aus: Die Kinder tragen schwarze, enganliegende Kostüme und blicken demonstrativ streng, strecken das Rückgrat beim Tanz und wirbeln nur mit den Beinen und Füßen, den Armen und Fingern; allenfalls mal, daß der Kopf ruckartig zur Seite schwingt. Und wie unterschiedlich die Traditionen klingen: Holte in Kiew der zittrige, fragile Klang der Lauten das ferne Asien in die Aula hinein, klingen hier die dumpfen Schläge der Trommeln und die schrillen Bläser fast schon wie Balkanbeat. Ich könnte nicht sagen, was mir besser gefällt, die weichen oder die zackigen Bewegungen, die hellen oder die dunklen Töne;

es sind zwei verschiedene Welten, obwohl sie beide am Schwarzen Meer liegen. Die Völker tun gut daran, die je eigenen zu bewahren. «Wenn man alle Menschen vor die Wahl stellte, sie sollten sich die besten Bräuche auslesen aus allen Bräuchen, schrieb bereits Herodot, «so würden [...] alle ihre eigenen vorziehen, so sehr gelten allen ihre eigenen Bräuche bei weitem für die besten». Das war gegen den Dünkel von Herodots Athener Landsleuten gerichtet. Aber man muß den Satz nicht unbedingt kritisch verstehen: Der Stolz in den Kinderaugen ist nach Aufführungen überall auf der Welt gleich.

Die Tradition Georgiens, von der ich am häufigsten las, dürfte bei den muslimischen Tataren allerdings keine Entsprechung haben: das rituelle Gelage, bei dem reihum Trinksprüche aufgesagt, Gedichte rezitiert, Lieder gesungen werden und zwischen den Gängen auch mal getanzt wird. Wir wollen uns schon verabschieden, da führt uns der Bischof zurück in seinen Palast, in den eine lange Tafel voller Speisen gezaubert worden ist, frische Kräuter und ungeahnte Gerichte aus Gemüse, gebratene Kartoffeln und aromatische Soßen, Walnüsse und Granatäpfel, Käse und Brot. «Gäste schickt der liebe Gott», fegt der Bischof unseren Einwand weg, daß wir nur kurz bleiben und auf keinen Fall Umstände machen wollten. So schnell kann ich den Teller gar nicht wegziehen, wie er gefüllt wird, wann immer ein Eckchen leer ist. Der Wein tut sein übriges, damit aus dem Gespräch ein Fest wird, bei dem auf die Freundschaft, die Liebsten zuhause, den Frieden und was nicht alles sonst angestoßen wird. Berichterstatter, der ich nun einmal bin, möchte ich noch ansprechen, was ich Kritisches über die Kirche gehört habe. Allein, in die gute Stimmung hinein, bei solcher Gastfreundschaft nach Homophobie, Rußland und Geschlechterverhältnissen zu fragen, das verbietet sich irgendwie. Also versuche ich es zunächst mit Europa:

«Manche Georgier scheinen nicht so froh zu sei, daß Georgien sich nach Europa orientiert. Was denken Sie?»

«Warum sollten sie nicht froh sein?» fragt Bischof Jesaia zurück.

«Vielleicht weil sie Angst haben, daß die Sitten verfallen oder Georgien seine Identität verliert. Sehen Sie die Gefahr nicht?»

«Nein, überhaupt nicht.»

«Aber wie erklären Sie sich dann die Angst?»

«Es ist leichter, als Sklave zu leben als in Freiheit. Für die Freiheit muß man etwas tun, da ist man selbst verantwortlich.»
«Ist die Angst nicht in der Kirche besonders verbreitet?»
«Es gibt die Angst, das stimmt, aber sie ist nicht so ausgeprägt, wie Sie vielleicht meinen. Sie wird nur besonders laut artikuliert. Ich selbst genieße es, daß sich unser Land öffnet. Mir geht das Herz auf, wenn ich einen iranischen Film sehe.»
«Aber die Perser haben so viele Ihrer Heiligen umgebracht.»
«Genau das zeigt doch unsere Verbindung. Georgien war immer nach Süden orientiert, nach Persien, in den Orient, später auch nach Westen, nach Konstantinopel, nach Europa. Die Wege nach Norden sind relativ neu, hundert, zweihundert Jahre alt vielleicht, das ist für so ein altes Land wie unsres nicht viel. Ich finde es wunderbar, daß sich die Grenzen öffnen. Jetzt kommen Sie uns besuchen, aus Deutschland, aus Iran, was weiß ich – aber Sie kommen uns besuchen. Das ist ein Segen.»

Später, als reihum gesungen wird, rückt mein Unheil Stuhl um Stuhl näher. Weil der Bischof jede Entschuldigung, nicht singen zu können, weglächeln würde, überlege ich hektisch, welches Lied ich vortrage. Als guter Deutscher beherrsche ich höchstens ein paar amerikanische Songs auswendig, die passen nun wirklich nicht hier hinein. Auch Deutschland interessiert hinterm Kaukasus, wo die Wehrmacht keine Massengräber hinterließ, nicht so sehr. Während Dmitrij sich mit einer weißrussischen Weise wacker schlägt, googele ich auf seinem Smartphone den Text eines klassischen Chansons, den ich als Kind oft im Auto meiner Eltern gehört habe: *Marā bebus*. Ein iranischer Kommunist habe es in der Nacht seiner Hinrichtung für die Geliebte geschrieben, hieß es immer, «Küß mich, küß mich zum letzten Mal», und obwohl ich längst weiß, daß das nur eine Legende ist, gebe ich sie den Mönchen zum Besten, als ich in das Lied einführe. Mit dem Kommunismus haben sie es nicht so, aber mit dem Martyrium sehr wohl und auch mit der Liebe. Schließlich hebe ich zum ersten Mal seit der Grundschule zum Gesang an, nur um nach der ersten Strophe, weil das Lächeln des Bischofs nun doch allzu angestrengt wirkt, wieder nach dem Smartphone zu greifen. Die Hand in die Höhe gestreckt, spiele ich *Marā bebus* auf *YouTube* ein. Das ist eigentlich zu leise, aber die Mönche sind so aufmerksam und in dem großen Saal verhallt die Stimme des

Sängers noch wehmütiger und weint die Geige so bitterlich, daß sich die Not des Liebenden, der in den Tod geht, allein durch den Klang überträgt. Ich denke, das ist jetzt ein bißchen lächerlich, aber dann werde ich Zeuge, wie sich nach und nach die Köpfe der Mönche im persischen Gesang wiegen: «Küß mich, küß mich zum letzten Mal, und dann schütze dich Gott.»

Nach dem Essen laufen wir die paar Meter bis zum Friedhof, hinter dem dieser Tage die Grenze verläuft. Dieser Tage? Ja, die Grenze bewege sich, sagen die Soldaten, die offiziell Polizisten sind, weil die Grenze offiziell keine Grenze ist; mal rückten die Russen über Nacht zwei Äcker vor, die fortan ebenfalls brachlägen, mal zögen sie sich ein paar Baumreihen zurück. Auch Grenzüberschreitungen seien an der Tagesordnung, ja, geradezu eine reguläre Einnahmequelle der Separatisten: Ein Bauer, der auf die andere Seite der Front verschleppt wird und nur gegen Lösegeld freikommt. Vor dem Friedhof stehen hohe Gefechtsstellungen aus Autoreifen, die mit Netzen bespannt und rasch zu verlegen sind. Kugelsichere Westen tragen die Grenzschützer nicht, obwohl sie sich vor den schwarzen Wänden aufgestellt haben, die mehr nach Kunst als nach Krieg aussehen; mit Schießereien rechnen sie offenbar nicht. Zwischen den Gräbern stehen Tische und Bänke, weil man in Georgien gern auch die Toten zum Gelage einlädt. Auf den meisten Grabsteinen sind die Gesichter der Verstorbenen eingraviert, bei einigen seltsamerweise auch das Auto, das sie fuhren. Oder sind sie damit verunglückt? Auf der anderen Seite der Wiese, vielleicht 800 Meter entfernt, wehen an einem baufälligen Gebäude zwei Fahnen, die ossetische und die russische wahrscheinlich, außerdem sind einige Menschen zu sehen. Ich borge mir ein Fernglas und erblicke einen Soldaten, der mit dem Fernglas nach mir blickt.

Auf der Rückfahrt halten wir an der Höhlenstadt Uplisziche, zehn Kilometer östlich von Gori. Seit dem sechsten Jahrhundert vor Christus hatten die Iberier, die Herodot unbesehen als friedliches, zivilisiertes Volk rühmt, hier eines ihrer politischen und religiösen Zentren; zwanzigtausend Menschen wohnten einst im Berg und beteten die Sonne an. Im ersten vorchristlichen Jahrhundert kamen die Römer, im siebten nachchristlichen die Araber, im dreizehnten Jahrhundert die Mongolen, um nur einige Eroberer zu nennen, die weniger friedlich waren. Die Bewohner verschanzten sich dann jedes Mal in ihren Höhlen und konnten lange überleben, weil ein Tunnel durch den Berg zum Mtkwari führt, dem größten Fluß des Kaukasus, außerhalb Georgiens als Kyra oder griechisch Kyros bekannt, wo sie unbemerkt Wasser schöpften. Durch den Tunnel kann man immer noch herabsteigen, aber der Mtkwari hat seinen Lauf verändert und fließt heute etliche hundert Meter vom Ausgang entfernt. Vor den nächsten Invasoren böten die Höhlen keinen Schutz.

Abends in Tiflis berichtet Lascha von einem älteren Schriftstellerfreund, der im Gulag ständig geträumt habe, daß Stalin gestorben sei. Dann seien einige Tage die Anweisungen und Ansprachen ausgeblieben, da hätten die Häftlinge schon etwas geahnt. Schließlich habe der Lagerleiter die Häftlinge zusammengerufen und Stalins Tod verkündet. Alle seien weinend auf die Knie gesunken, selbst Lashas Freund. Er habe geweint und sich gleichzeitig gefragt, warum er weint, wo er sich nichts sehnlicher gewünscht hatte, als daß «dieses Schwein» endlich stirbt.

Sechsunddreißigster Tag

Es gibt noch eine Tradition in Georgien, von der Reisende aller Jahrhunderte schwärmen: das öffentliche Bad. Anna hat mir eins empfohlen, das nicht für Touristen hergerichtet worden ist und einen höheren, in der Nase fast unangenehmen Schwefelgehalt hat, das ehemalige Soldatenbad, früher das billigste der Stadt. Nachdem der Bademeister den Dreck ohne Rücksicht auf meine Schmerzensschreie aus der Haut geschrubbt, mich wie ein Baby von Kopf bis Fuß mit Schaum bedeckt und die Seife noch aus den Nasenlöchern gespült hat, plätschere ich benommen im wohlig warmen, modrig riechenden Wasser, gefühlt von einer zentimeterdicken Hautschicht befreit. Wie muß sich diese tiefe Reinlichkeit erst früher angefühlt haben, vor zweihundert oder zweitausend Jahren, wenn man nach schweißtreibenden Strapazen, nach der harten Wochenarbeit auf dem Feld oder in einer Werkstatt, nach tausenden Kilometern durch Wüsten und Hochgebirge wie neugeboren dalag? Plötzlich denke ich an die Grenze, für die Herodot unbesehen den Fluß Rioni nahm und die für Kurban Said zwischen Georgien und Aserbaidschan verlief: die Grenze zwischen Europa und Asien. Nicht nur die Griechen hielten sich selbst für Beschützer der Zivilisation gegen die

Barbarei; das Römische und das Byzantinische Reich rechtfertigten ihre Kriege ebenfalls mit der Verteidigung einer hochentwickelten Ordnung gegen einen rohen, geradezu tierähnlichen Primitivismus, ebenso das Heilige Römische Reich und alle Kolonialmächte der Moderne. «In der Mitte des zwanzigsten Jahrhunderts gab es nur wenige Nationalstaaten in Europa, die sich nicht irgendeinmal als ‹Außenposten der westlichen christlichen Zivilisation› empfunden hatten», setzt Neal Ascherson in seiner Kulturgeschichte des Schwarzen Meeres die Liste der Westmächte fort: «Frankreich, das kaiserliche Deutschland, das Habsburgerreich, Polen mit seinem Selbstbild als *przedmurze* (Bastion), sogar das zaristische Rußland. Jeder dieser nationalstaatlichen Mythen identifizierte die ‹Barbarei› mit dem Zustand oder der Ethik ihres unmittelbaren Nachbarn im Osten: für die Franzosen waren die Deutschen barbarisch, für die Deutschen die Slawen, für die Polen die Russen und für die Russen die Mongolen oder Turkvölker Mittelasiens und letzten Endes die Chinesen.»

Stimmt das? Schon der Kolonialismus expandierte in alle Himmelsrichtungen, hielt sich also nicht an die Topographie der antiken Literatur, wonach die Barbarei mit dem östlichen Nachbarn beginnt, den Skythen bei Herodot, den Persern bei Aischylos, den Tauriern bei Euripides oder in Kolchis im heutigen Georgien, wohin der gleiche Dichter den Geburtsort der mordenden Medea verlegt, in Thrakien, wo der verbannte Held Tereus sich bei Sophokles in einen Vergewaltiger, Menschenfresser, Tyrannen verwandelt; das Zarenreich breitete sich mitsamt seinen Opernhäusern und Bibliotheken nach Süden aus; und jetzt, da ich in einem Hammam liege, das mit seiner Kuppel aussieht wie eine Moschee, fällt mir ein, daß der Orient die Barbarei gerade nicht im noch ferneren Osten ansiedelte, etwa in China oder Indien, sondern in Europa, das nach den Römern keine Bäder mehr besaß. Daß die Franken stinken, zieht sich als Topos durch die arabischen Reiseberichte des Mittelalters, und stets war das Naserümpfen auch im übertragenen Sinne gemeint. Wenn der Aufstieg Europas mit dem Reinlichkeitskult einhergeht, der eine Renaissance erlebte, wird der Niedergang der islamischen Welt in den zugemüllten Straßen und dem Zustand öffentlicher Sanitäranlagen manifest. In Tiflis, das sich Europa zuwendet, wird der Dreck noch auf orientalische Weise aus der Haut geschrubbt.

Als ich aus dem Bad trete, umfängt mich die Luft wie ein kalter, die Sinne sofort belebender Strom, als wäre sie ein weiterer Duschgang. Ich weiche den sanierten Ecken der Altstadt aus und laufe durch Straßen, in denen beide Häuserreihen mit hohen Gerüsten verbunden sind, damit sie nicht aufeinanderstürzen. Autos kommen hier nicht mehr durch, der Asphalt ist abgetragen, die Fassaden gleichen Großgemälden eines Neuen Wilden, der mit Farbe um sich geworfen hat. Die finger-, sogar handbreiten Linien sind allerdings keine genialischen Striche, sondern Risse, die sich durch die Wände ziehen. Dennoch scheinen die Häuser bewohnt; an der Wäsche ist es zu erkennen, an den Blumen hinter den Fenstern, die einen Sprung haben oder mit Klebeband zusammengehalten sind, die Rahmen morsch, auch an den Alten, die sich hier und dort über die Brüstung lehnen, dem Kinderlärm in den Hinterhöfen. Mitten auf dem Gudiashvili-Platz, auf dem Irakli und Natalia ebenfalls schon Investoren blockiert haben, steht die Skulptur eines Pilzes oder eines Schirms, unter dem zwei Liebende sich zu einem einzigen Leib umschlingen. Ringsum die Bürgerhäuser, die mit Mühe noch aufrecht stehen, nach keiner Ordnung verteilt die Bäume, die ebenfalls tief wie Greise gebeugt oder krumm und quer gewachsen sind, der Platz halb aus Pflastersteinen, halb aus dunkler Erde, zwei rostige Kinderspielgerüste, die noch sowjetisch sein dürften, und Parkbänke aus noch älterer Zeit. Auf einer sitzt eine schwarzgekleidete Frau, die ihren beiden Enkeln erzählt. «Das Vergessen ist nach Ansicht von Kapitän Wakusch ein Schwarzes Meer, das die Ufer unseres Gegenwartsbewußtseins umbrandet und in dem man gerne schwimmen geht», heißt es gegen Ende von Giwi Margwelaschwilis autobiographischem Roman: «Doch eigentlich ist das Schwarze Meer des Vergessens zum Tauchen da, zum sich Hinablassen auf die früheren Zeitbewußtseinsetagen und zum Verweilen bei Gewesenem. Dann erinnern wir uns und lokalisieren auf einem niedrigen temporalen Stockwerk unseres Daseins ein Manko, etwas Vergangenes, das in unserem heutigen Leben fehlt, das wir wehmutsvoll oder sehnsüchtig und vielleicht mit neuen Augen betrachten.»

Lascha hat vorgeschlagen, daß wir auf der Fahrt nach Aserbaidschan im Geburtsort des Schriftstellers Giorgi Leonidze Halt machen, eine knappe Stunde östlich von Tiflis, um noch ein echtes Gelage zu erleben. Das Mittagessen im Kloster sei bei aller Gastfreundschaft doch eher protestantisch gewesen. Gut, denke ich, wenn das protestantisch gewesen sein soll, bin ich auf die Orgien gespannt.

Leonidze, der in den Sechzigern und Siebzigern fast zwanzig Jahre Direktor des Literaturmuseums war, wurde zwar im Dezember geboren, aber weil der Winter sich nicht für Feste eignet, hat man das jährliche Gedenken einfach auf den Juni gelegt. Als wir kurz nach Mittag in dem Dorf eintreffen, ist das literarische Programm bereits beendet – so schnell, wundert selbst Lasha sich – und sitzt die Gesellschaft bereits an sechs langen Tischreihen, die in zwei Schichten gedeckt sind: unten die Speisen von festerer Konsistenz wie Kartoffeln, Bohnen oder Oliven, darüber gelegt kleinere Schälchen mit Soßen, Spinat, Auberginenmuß, Hummus und dergleichen. Zwischen die Platten quetschen sich große Karaffen mit Wasser, Limo für die Kinder und Wein. Alle paar Minuten steht einer der Herren auf – die Trinksprüche sind offenbar die letzte Männerdomäne Georgiens –, deklamiert mit großer Geste sein Gedicht oder hält eine Ansprache, singt allein, mit den übrigen Literaturfreunden im Chor oder lädt einen der Knaben zum Gesang ein. Mit ihren Schals, die sie trotz der Wärme lässig über die Schulter geworfen haben, oder den schulterlangen weißen Haaren zu hellen Dandyanzügen, unter denen das Hemd vier Knöpfe weit offen steht, sieht man manchen Gästen schon von weitem das Dichten an. Für die Trinksprüche gibt stets einer das Thema vor, Liebe, Freiheit oder die Schönheiten der georgischen Natur, über das reihum improvisiert wird. Mangels Sprachkenntnissen geht wenigstens dieser Kelch an mir vorüber. Nach und nach werden auch Instrumente hervorgeholt, eine Trommel oder ein Akkordeon, und zwischendurch noch große Platten mit Fleisch, Würsten und Fisch serviert, die als dritte Lage gekonnt auf den übrigen, halbleeren Schalen balanciert werden. Der Schnaps zur Verdauung geht seit der Vorspeise bereits herum. Und nach jedem Vortrag, jedem Trinkspruch, jedem Lied oder Gedicht erheben wir uns alle und stoßen mit durchgestrecktem Rückgrat und zackigen Bewegungen auf etwas an, was mir Lasha nicht mehr im Einzelnen übersetzt, weil am Ende doch alles auf eine Feier der Dichtung, des Lebens oder der Heimat hinausläuft, des Ortes, an dem man nun einmal lebt. Speziell die Verse seien auch von eher dürftiger Qualität, zwinkert mir der Leiter des Literaturhauses zu: Manchen Georgiern sehe man das Dichten besser nur von weitem an.

Später als geplant und viel zu fröhlich brechen wir Richtung Aserbaidschan auf. Besser, ich erkundige mich nicht, ob Maka jedesmal mit angestoßen hat. Sie ist unsere Fahrerin, seit fünfundzwanzig Jahren bereits in diesem Beruf, und von eben jenem starken, fast schon einschüchternd dominanten, nebenher auch trinkfesten Typus Frau, der mir in Georgien häufiger als irgendwo sonst begegnet ist. Einen Mann hat sie nicht mehr, aber vier Kinder, die jetzt bei der Oma sind, und, ach ja, als Lehrerin arbeitet sie außerdem. Mit nur einem Gehalt lassen sich in Georgien nicht vier Kinder so aufziehen, daß sie es mal besser haben werden. Durch ein Gebirge, das im Vergleich zum schroffen Kaukasus eher lieblich anmutet, führt uns die Straße tiefer nach Kachetien hinein, das für seinen Wein und seine alten Kirchen bekannt ist. Vom Wein haben wir bis auf weiteres genug, indes an den Kirchen kann man sich nicht satt sehen. Daß sie sich so harmonisch in die Landschaft einfügen, als wären sie aus der Erde emporgewachsen, liegt nicht nur an dem Sandstein oder ihren menschlichen Dimensionen, die Kuppeln kaum höher als der höchste Baum; es liegt auch am Zustand nach ihrer Wiedereinweihung. Den Reichtum, den die Kritiker der Kirche vorhalten, merkt man den Restaurierungen nicht an, die nicht mehr als das Nötigste instandgesetzt, freigelegt, geputzt, statisch gesichert haben. Aber gerade dies: das Gebrechliche, Imperfekte, nur viertel Erneuerte macht ihre Aura aus. Jedes einzelne Fresko, auf dem mühsam die Figuren zu erkennen sind, jeder der Steine, auf denen sich Feuchtigkeit und Rauch, die Hammerschläge und Nageleinwölbungen der Hirten und Obdachsuchenden, Revolutionäre und Invasoren abzeichnen, der Putz, der über den Ziegeln seit wieviel Jahrhunderten wohl schon abblättert, jede Kachel, die auf dem Boden fehlt – alles zusammen erzählt von dem Leben, das vergangen ist, ohne zu Ende zu sein.

Nein, der Staat tue nicht viel für den Erhalt der Kirchen, und auch die Gemeinden hätten kaum Geld, meint Schwester Mariani, die wir vor der Alawerdi-Kathedrale ansprechen. Ohne private Mäzene und die Arbeit der Freiwilligen hätte nicht einmal das Nötigste gemacht werden können. Die Nonne erzählt von den Fremden, die über die Jahrhunderte einfielen, von den Persern, die das Kloster als Garnison nutzten und den Gläubigen nur zu Festtagen erlaubten, in der Kirche zu beten, von den Sowjets, die in der Kathedrale Getreide lagerten oder Schweine mästeten. Wer schlimmer war? Die Perser hätten bloß mit Pfeil und Bogen gekämpft, die Sowjets hingegen auf die Gedanken und die Seelen der Menschen gezielt. Außerdem hätten die Perser auch etwas Schönes hinterlassen, fügt Schwester Mariani hinzu und zeigt auf einen Gartenpavillon, dessen Gitterwerk sich als safawidisch erweist. Den heutigen Bischofspalast hat ebenfalls der Gouverneur von Schah Abbas gebaut.

Woher sie sich so gut in der persischen Architektur auskennt, frage ich. Sie habe in Tiflis Orientalistik studiert, antwortet Schwester Mariani, und nicht zuletzt durch die Begegnung mit einer fremden Kultur zu ihrer eigenen Religion gefunden; das sei zum Ende der Sowjetunion gewesen und, nein, nicht ungewöhnlich, schließlich gehörten Ferdousi, Hafis und die anderen großen Perser zum georgischen Kanon, in ihrer Generation jedenfalls. Immerhin auf Bildung habe der Kommunismus Wert gelegt. Sie beherrscht noch ein paar Brocken Persisch, die sie freudig vorträgt, und hat sich vorgenommen, eine Geschichte ihres Klosters zu schreiben, die auch in Iran erscheinen soll. Dann zitiert sie – man soll das Bild ruhig vor Augen haben: eine bis übers Kinn und über die Augenbrauen verschleierte Nonne in einem abgelegenen Kloster südlich des Kaukasus – zitiert sie Goethe, nach dem Ost und West nicht mehr zu trennen seien, was für alle Himmelsrichtungen und erst recht für die Literatur gilt. Zwischendurch wandelt der Bischof vorüber und küßt erst Schwester Mariani, dann uns wie ein Yogi stumm lächelnd auf den Kopf. Richtig, mit Fragen zu Homophobie, Rußland und Geschlechterverhältnissen komme ich auch in dieser Kirche nicht weit. Wo Liebe ist, ist für Gewalt kein Platz, antwortet Schwester Mariani nur sehr allgemein, als ich mich nach den Ausschreitungen gegen Homosexuelle erkundige. Als Dmitrij fragt, ob er trotz des Verbotsschilds in der Kirche photographieren dürfe, schließlich verwende er keinen Blitz, der die Fresken verbrennen könnte, schüttelt sie freundlich, aber bestimmt den Kopf:

«Die Fresken verbrennen sich nicht am Blitz; sie verbrennen sich an der Eiligkeit.»

Siebenunddreißigster Tag

Beim Aufstehen fällt mir ein, daß gestern der erste Tag meiner Reise war, an dem ich nicht über Politik gesprochen habe, überhaupt wenig über die Gegenwart und über die Geschichte nur, soweit sie einige hundert Jahre zurückliegt. Habe ich überhaupt den amtierenden Präsidenten erwähnt? In Kachetien, wo mehr Kühe als Menschen auf den Straßen unterwegs sind und der Kommunismus verschwunden ist, aber nichts Neues an seine Stelle getreten zu sein scheint, keine Werbetafeln, keine gläsernen Bürogebäude, nirgends Sterne auf blauem Grund, weder Neubau- noch Gewerbegebiete, kein Lidl und kein Carrefour, kaum westliche Autos, aber auch keine Checkpoints, Militärs oder Banden mehr, die ihr eigenes Gesetz sind – in Kachetien stellt sich nicht dauernd die Frage, wo der Fluß entlangfließt, an dem Europa beginnt. Man ist hier ohnehin auf seinem eigenen Kontinent. Und auch dem zwanzigsten Jahrhundert, das uns so gewalttätig vorkommt, obschon Geschichte seit Kain und Abel aus Kriegen, Massakern und Vertreibungen besteht, begegne ich endlich nicht mehr auf Schritt und Tritt. Zumindest stechen mir keine Hinweisschilder auf Vernichtungslager, Massenfriedhöfe, ehemalige Ghettos, Schlachtfelder ins Auge, und auch die Industriebrachen, Plattenbausiedlungen und Kolchosen, die der Aufbruch in die Moderne sonst im Osten hinterließ, sind in diesem Hinterland Georgiens nur selten zu sehen. Wir bewegen uns in noch älterer Zeit.

Am frühen Morgen brechen wir auf, um rechtzeitig zur Sonntagsmesse im Kloster Nekressi zu sein. Der georgische Ritus ist einer der frühesten christlichen Riten überhaupt. 1801 vom Zaren durch den russisch-orthodoxen Ritus ersetzt, ab 1894 verschriftlicht, um das kulturelle Erbe zu bewahren, 1917 mit der georgischen Unabhängigkeit mühsam wieder hergestellt, wurde er unter Stalin erneut verboten (seltsam, daß man die Religion für alles Unheil verantwortlich macht, das in ihrem Namen geschieht, aber die Gottlosigkeit nie). Um so gespannter bin ich, wie sich der Ritus über zweihundert Jahre nach der Abschaffung der georgischen Autokephalie und nach siebzig Jahren Staatsatheismus erhalten hat, denn eigentlich, so habe ich in Serbien gelernt, ist die orthodoxe Liturgie nichts, was sich anhand von Büchern leicht wieder einstudieren ließe, wenn die Tradition einmal abgebrochen ist; dafür sind die Abläufe zu kompliziert, nicht nur die Rezitationen, sondern auch die korrekte Modulation, nicht nur die Gänge, sondern auch die Kniebeugen an den genau vorgesehenen Stellen, nicht nur der Gesang des einzelnen, sondern auch die Antwort des Chors, nicht nur, bei welchen Worten der Weihrauch von wo und mit welchen Rasseltönen in die Kirche weht, sondern auch das Anzünden und Verlöschen der Kerzen, die mit so großer Bestimmtheit von hier nach dort getragen werden, daß man versteht, daß nur ein Weg der richtige sein kann. Warum ausgerechnet dieser Gang oder jene Geste, weiß man länger, als die Erinnerung zurückreicht. Die orthodoxe Liturgie wird nicht in Seminaren gelehrt, sondern von Generation zu Generation weitergegeben, in den Klöstern zumal, wo man den Gottesdienst jeden Tag über Stunden einübt. In der Sowjetunion gab es zwar hier und dort Kirchen, aber es gab die Orden nicht mehr, die über die Jahrhunderte den Erhalt der Liturgie sicherstellten. Schwester Mariani sagte gestern, daß die Tradition nur von einzelnen Priestern und kleinen Gemeinschaften bewahrt worden sei, die sich in privaten Räumen versammelt hätten. Unter Stalin seien Angehörige der Kirche häufiger als Intellektuelle erschossen worden.

Man wird die Macht der Orthodoxie in den Ländern der ehemaligen Sowjetunion nicht begreifen, wenn man nur auf ihre weltliche Rolle oder ihre Führungskräfte schaut, die zumeist vom Staat ernannt worden sind, auf die Pfründe, die politischen Einflußnahmen, den Antisemitismus, der virulent sein soll, die rigiden Moralvorstellungen, den Nationalismus, für den die Geistlichkeit gegen die innerste Lehre Jesu heute oft steht. Diese Kirche ist durch siebzig Jahre Unterdrückung gegangen, siebzig Jahre, in denen es alles andere als vorteilhaft war, sich als Gläubiger zu bekennen, siebzig Jahre der Heimlichkeit, der Vorsicht, des Beharrens, der Armut, der Seelsorge ohne Lohn und Anerkennung, des inneren Widerstands, siebzig Jahre, in denen alle von der Gegenwart bedrängt wurden, von dem Dasein, wie es dort und dann war, und einzelne dennoch in einer anderen, einer Himmelszeit rechneten. Und was heißt siebzig Jahre? Seit zweihundert Jahren behauptet sich die georgische Kirche gegen die Russifizierung und seit 1400 Jahren gegen den Islam. Es ist nicht nur das Alter der immer noch genutzten, also nicht museal gewordenen Gebäude, das man im Westen nicht kennt, fünftes, sechstes, gar viertes Jahrhundert; es ist etwas an den Gesichtern, das ich richtig oder falsch mit dem frühen Christentum verbinde, eine schon metaphysische Konzentration, eine Weltabgewandtheit, aber auch jene Heiterkeit, die aufkommen mag, wenn einem alles Irdische flüchtig erscheint. Zugegeben, entrückt, weltabgewandt, heiter wirken die Priester nicht, die auf *YouTube* den Mob anführen. Und doch wird das Wort Liebe nicht abtun können, wer mit Schwester Mariani oder Bischof Jesaia spricht.

Als wir kurz nach acht an dem Kloster eintreffen, das seit dem sechsten Jahrhundert einsam auf einem Berg über die fruchtbare Ebene von Kachetien ragt, weist uns der Wärter schroff ab, da wir nicht orthodox getauft sind. Wie würde er uns wohl anschauen, wenn wir ihm sagten, daß er einen Juden und einen Muslim vor sich hat und im Auto unsere Fahrerin wartet, weil sie Hosen trägt? Zum Glück hat uns Schwester Mariani die Nummer des Abtes aufgeschrieben, der auf unseren Anruf hin sogleich aus der Kirche tritt; offenbar telefoniert man hier während des Gottesdienstes ebenso unbeschwert, wie ich es an der Klagemauer beobachtet habe. Wir seien herzlich eingeladen, an der Messe teilzunehmen, versichert der Abt, ohne sich lange mit uns aufzuhalten, weil bereits die Gebete begonnen haben; nur für die Eucharistie selbst, das bitte er uns zu verstehen, müßten wir die Kirche verlassen, jemand werde uns ein Zeichen geben. Ja, das verstehe ich gut, daß man nach den siebzig Jahren die Regeln um so ernster nimmt. Die Aufführung aus Stimme, Licht, Geruch, Gewändern, Bewegungen, Mimik und Architektur kommt mir weniger komplex und artistisch, bei weitem auch nicht so ausführlich vor, wie ich es von den serbischen Klöstern kenne. Weil sich die georgische Liturgie früher herausgebildet hat, daher womöglich schlichter ist? Oder weil der Ritus nur in einer vereinfachten Form wiederbelebt werden konnte? Keiner der acht Mönche ist so alt, daß er bereits in der Sowjetunion Träger der Überlieferung war; die Generation fehlt, von der sie die Tradition hätten lernen können. Manchen Mönchen unterlaufen Fehler in der Rezitation, mehr als nur Winzigkeiten, die vom Abt leise korrigiert werden, und ein Meßdiener hält einen Ablaufplan oder vielleicht auch einen Spickzettel bereit, der in Plastik eingeschweißt ist. Die Fragilität des Vorgangs, die ich zu erkennen meine, wird seltsam durch die Fragilität des Raums akzentuiert, der sein Alter auf keinem Stein verbirgt, durch die Zartheit zumal der Fresken, gerade weil sie nicht herausgeputzt sind, sondern nur matt im Kerzenlicht schimmern, von Rissen durchzogen wie ein uraltes Gesicht, für das siebzig Jahre kaum mehr als ein Blitz waren, auch wenn sie fast an ihm verbrannt wären.

Mindestens so sehr wie ich ist Dmitrij beeindruckt, der in Weißrußland nicht mit der Religion aufgewachsen ist.

«Das war ja ein Konzert», murmelt er, als wir den Berg zum Auto hinabsteigen, «eine Symphonie – Wahnsinn.»

«Sag ich doch», erwidere ich leise triumphierend, weil Dmitrij mir vorher nicht geglaubt hat, wie schön, wirklich: im alltagsprachlichen Sinne schön, künstlerisch wertvoll und einfach auch überwältigend Gottesdienste sein können: «Da kannst du doch die ganze Documenta für in die Tonne kloppen», gebe ich Reaktionär der Gegenwartskunst noch einen mit.

«Aber ein Rockkonzert hält schon mit», bekennt sich Dmitrij zu seiner Musik.

Gegen Mittag läßt uns Maka an der Grenze raus. Uns bis zur nächsten Stadt zu bringen kommt ihr gar nicht erst in den Sinn. So klein die Länder in diesem Teil der Welt sind, kleiner als Nordrhein-Westfalen oder Hessen und mit weniger Einwohnern, so viele Jahrzehnte sie auch demselben Staat angehörten – man fährt nicht rasch mal zum Nachbarn. Nicht mehr? Nur vier LKWs mit türkischen Kennzeichen warten darauf, abgefertigt zu werden, kein einziger PKW. Maka bittet uns, sie von Aserbaidschan aus anzurufen, erst dann fahre sie los.

«Warum das?» fragen wir.

«Man weiß ja nie.»

Immerhin kommt man über die Grenze, das ist ja schon mal was. Nach Dagestan, das wir auf dem Weg nach Osten als nächstes Reiseziel ausgemacht hatten, weil es auf der Landkarte über viele Zentimeter mit Georgien verbunden ist – nach Dagestan gibt es keinen einzigen Übergang. Ossetien und Abchasien sind ebenfalls gesperrt, die Grenze zwischen Aserbaidschan und Armenien beziehungsweise Bergkarabach sowieso. Von Armenien geht es außerdem nicht weiter in die Türkei und ebensowenig in die autonome Republik Nachitschewan. Links und rechts zwei Meere, da bleiben gar nicht so viel Möglichkeiten, um zu verreisen. Das einzige Land der Region, von dem aus man überall hinkommt, ist ausgerechnet ein sogenannter «Schurkenstaat», nämlich die Islamische Republik Iran. Wir rollen unsere Koffer durch einen überdachten Gang, der sich etwa fünfhundert Meter an der vielspurigen Fahrbahn mit den verwaisten Kontrollposten entlangzieht. Hin und wieder kommen uns andere Fußgänger mit schwerem Gepäck entgegen. Die letzte Staatsgrenze, die ich zu Fuß überquert habe, war die zwischen Syrien und Libanon, fällt mir ein, und das war im Krieg; die vorletzte wahrscheinlich im geteilten Berlin.

Hinter der Grenze stehen mehrere Taxis, aber nur einer der Fahrer spricht russisch, so daß sich Dmitrij mit ihm verständigen kann. Daß er humpelt, liegt am Krieg, wie er uns vorsorglich mitteilt; 1993 sei er in Bergkarabach auf eine Mine getreten. Aber keine Sorge, die Kupplung könne er auch mit der Prothese treten.

«War denn der Krieg gegen Armenien notwendig?» frage ich, um in Aserbaidschan gleich mit der Politik zu beginnen.

«Ach was», sagt der Fahrer. «Den Krieg haben die Mächtigen geführt. Wir haben nur unsere Toten dazugegeben, unsere Häuser und unsere Gliedmaßen.»

«Aber es gab doch auch Haß, oder nicht?»

«Der Krieg ist nicht wegen des Hasses ausgebrochen, sondern der Haß wegen des Krieges.»

Die Landschaft ist vorläufig dieselbe wie in Georgien, linker Hand das waldige Gebirge, rechts die weite, hier noch fruchtbare Ebene; Türkisch ist schon vor der Grenze gesprochen worden, die Kühe und Schafe sind sich ebenfalls gleichgeblieben, und Moscheen und Kirchen gibt es hüben wie drüben. Also was ist eigentlich anders außer den Flaggen, wenn schon so ein Aufwand betrieben wird für die Grenze? Die Teehäuser, geht mir auf; in den Dörfern und Städtchen reihen sie sich aneinander, als sollten alle männlichen Einwohner gleichzeitig darin Platz finden können. Das ist kein geringer Unterschied zu Georgien, wenn man bedenkt, wofür das Teehaus alles steht: für die Zeit, von der man genug hat, dann vermutlich auch für die Arbeit, die es nicht gibt, für die Geselligkeit, die keine des Weins, also des Genusses, der morgen schon vergessenen Umarmung ist, sondern aus nüchternen Gesprächen und allenfalls noch Karten- und Brettspielen besteht; früher auch für die Kultur, die eine des Epos, weniger der Dichtung und der Mystik war; für den öffentlichen Raum, den das Teehaus freilich nur für die Männer schafft, überhaupt für die Trennung der Geschlechter, auch wenn in den Straßen keine der Frauen ein Kopftuch trägt.

«Aber wird denn nirgends der Ramadan eingehalten?» frage ich, weil ich mich aufs Fasten eingestellt habe.

«Doch, doch», versichert der Fahrer: «Im Ramadan wird kein Alkohol ausgeschenkt.»

Abends spazieren wir durch das alte, für den Tourismus hergerichtete Karawanenstädtchen Scheki. Die Architektur hat hier nichts Persisches mehr, es gibt weder die filigranen Säulen, auf denen die hölzernen Balkone ruhen, noch die manierierten Geländer; sie ist eher von robuster Erscheinung, eckige Steinhäuser mit Ziegeldächern und schmucklosen Fenstern, selbst die Paläste funktional. Als Khanat blieb Scheki sowohl unter den Schahs als auch unter den Zaren immer türkisch geprägt, und so erinnert die Altstadt mehr an Mostar als ans benachbarte Tiflis. Auch die Restaurants, die trotz des Ramadans gut gefüllt sind, bieten ähnliche Speisen an wie in Istanbul oder beim Türken in Köln, also keine Granatäpfel und Walnüsse mehr, keine Kompositionen aus Kräutern und Gewürzen, sondern Şiş Kebab, Hähnchenspieße, Lammkoteletts und dergleichen Herzhaftes, zu dem Brot und Joghurt gereicht wird. Das ist auch sonderbar, daß man nach Osten fährt, aber die Welt westlicher wird.

Ein Musikhändler führt uns freudig seine Instrumente vor. Das Interesse an der Tradition sei gewachsen, erklärt er uns, gerade bei den jungen Leuten. Sein Vater habe nur bei Hochzeiten auftreten können, aber nun gebe es richtige Konzerte, es gebe Akademien und private Musikschulen. Die religiösen Wurzeln der Maqam-Musik seien freilich in der Sowjetunion verdorrt; ganze Wagenladungen mit Büchern in arabischer Schrift hätten die Kommunisten im Kaspischen Meer versenkt, alle Orden aufgelöst, unter Stalin Tausende Sufis ermordet oder deportiert. Es gebe keine Mystik mehr in Aserbaidschan. Heute gingen die jungen Leute nach Prag oder nach Istanbul und kehrten als Salafisten zurück – und das, obwohl sie doch eigentlich Schiiten seien; den Widerspruch bemerkten sie nicht einmal. Dennoch ist der Musikhändler zufrieden mit der neuen Nation, die seine Lauten und Trommeln kauft.

Achtunddreißigster Tag

Gegen Mittag fahren wir schon wieder an eine Grenze, allerdings finden wir sie nicht. Wen wir auch fragen, niemand weiß, wo es Richtung Armenien geht. Wozu auch? Grenzen, die geschlossen sind, schaffen einen ganz eigenen Raum: Es leben Menschen davor und vermutlich auch dahinter, aber niemand muß mehr zu ihnen hin, niemand zieht an ihnen vorbei, für niemanden liegen sie noch auf dem Weg. Nach und nach ziehen die Menschen selbst weg, so daß nur die Alten zurückbleiben, jedoch keiner, der sich für ihre Erinnerung interessiert. Wenn sie gestorben sind, gibt es niemanden mehr, der sich fragen könnte, was aus den Nachbarn geworden ist, weil auf der anderen Seite niemals Nachbarn gewohnt haben. Das war am Sperrgebiet um Tschernobyl so, an der Mauer, mit der Israel sich Palästina fernhält, früher an der innerdeutschen Grenze. Es gab auch in Deutschland Flecken auf der Landkarte, Zonenrandgebiete hießen sie, die fern jeder Route und jedes Interesses waren.

Jetzt sind wir in Tartar, weil es auf der Karte am nächsten an der Waffenstillstandslinie liegt. Zu der Linie kommen wir nicht hin, hören wir ein ums andere Mal. Gut, sagen wir, aber man muß doch bis zu einer Stelle fahren können, ab der es nicht weitergeht, zu einem Checkpoint, einem Verbotsschild, einer Straßensperre – irgendwo müssen die Straßen zu Ende sein. Das stimmt theoretisch, aber praktisch ist niemand, den wir ansprechen, schon einmal in westlicher Richtung aus der Stadt gefahren. Im Rathaus nimmt mich eine Beamtin mit in einen Konferenzsaal, statt mich hinter ihrem Schreibtisch zu empfangen, und schaut mich lange ungläubig an, bis sie mein Anliegen überhaupt versteht. Dann murmelt sie etwas von Genehmigungen – nein, er möchte keine Genehmigung, ruft der Übersetzer vergeblich dazwischen, er will dorthin, wo man ohne Genehmigung noch hinkann –, telefoniert mit ihrem Vorgesetzten, geht aus dem Konferenzsaal hinaus und kommt wieder herein. Wir könnten gern einen Antrag stellen, sagt sie, aber die Bearbeitung werde ... komm, hol nochmal dein Smartphone heraus, flüstere ich dem Übersetzer zu.

Auf Google Maps, wo auch die Feldwege markiert sind, finden wir das Dorf Tap Qaragoyunlu, das genau an der Waffenstillstandslinie liegt. Auf dem Bildschirm ist es nur einen Zentimeter entfernt, doch müssen wir einen weiten Bogen fahren, weil dazwischen eine Stiefelspitze – je nach Sichtweise – armenisches oder besetztes Gebiet liegt. Sieht man von Tschetschenien ab, ist der Konflikt um Bergkarabach der schwerste, den die Union der Sowjetvölker hinterließ. Fünfzigtausend Tote, Pogrome auf beiden Seiten, weit mehr als eine Million Vertriebene, zwei Völker, die sich voneinander abschotten, obwohl sie noch vor dreißig Jahren durch ihre wichtigsten Verkehrswege und Versorgungsleitungen, durch gemeinsame Siedlungsgebiete, eine größtenteils gemeinsame Geschichte, dieselben Herrscher, noch im frühen zwanzigsten Jahrhundert durch einen gemeinsamen Aufstand gegen Rußland und seit jeher durch Familienbande miteinander verbunden, ja, fast ineinander verschlungen waren. Und anders als in Tschetschenien dauert der Krieg zwischen Armenien und Aserbaidschan noch immer an; zuletzt im April 2016 sind wieder heftige Kämpfe ausgebrochen mit weit über hundert Toten. Bald geht das Sterben ins vierte Jahrzehnt. Dies alles für ein Gebiet von der Größe des Saarlandes mit hundertvierzigtausend Bewohnern, die verblieben oder aus Armenien neu dazugekommen sind.

Bevor wir uns auf den Weg machen, schauen wir uns in Tartar um. Vom Ölboom, der Aserbaidschan in den neunziger Jahren über Nacht reich gemacht haben soll, sieht man in den Straßen nichts, die gerade wie mit dem Lineal gezogen sind: wenig Verkehr, leere Betriebe, und auch an den Läden scheint die Schöne Neue Warenwelt vorbeigegangen zu sein. Selbst der Fluß ist ausgetrocknet – weil Armenien das Wasser gekappt hat, wird uns erklärt. Bei Thomas de Waal, der mit *Black Garden* das Standardwerk zum Krieg geschrieben hat, las ich, daß jeder, der ein paar Tage durch Aserbaidschan reist, anschließend Armenien, und jeder, der durch Armenien reist, anschließend Aserbaidschan für den Aggressor hält, so viele unabweisbare Argumente wird er in beiden Ländern hören, wer den Krieg begonnen hat und warum Bergkarabach historisch zu dem einen oder anderen Land gehört. De Waal selbst hat immerhin so sorgfältig recherchiert, daß sein Buch in beiden Ländern erschienen und gelobt worden ist. Zu einem Schiedsspruch kommt er nicht.

Wir fahren schon wieder aus Tartar hinaus, da sehe ich doch noch so etwas wie einen Ölboom: An der Tankstelle lädt ein Mann große Plastikcontainer mit Benzin in seinen Lada, auf die Rückbank, den Beifahrersitz, in den Kofferraum und aufs Dach. Fernab der Städte sei dem Benzin Wasser beigemischt, so daß er die Kanister für gutes Geld loswerde, erklärt er uns. Möge er der erste Aserbaidschaner sein, der nicht im Auto raucht.

In der Markthalle der Nachbarstadt Barda entdecke ich, wo die Frauen sind, wenn die Männer Tee trinken: bei der Arbeit. Einfache Bäuerinnen, denke ich, der Kleidung und den Furchen im Gesicht nach zu urteilen, um zu erfahren, daß die eine Lehrerin war, die andere Vorarbeiterin in einer Fabrik, eine dritte Putzfrau in einem Sanatorium. Das waren noch Gehälter!, seufzen sie, und krankenversichert waren sie in der Sowjetunion auch. Geblieben ist ihnen nur das Stückchen Land hinter ihrem Haus, auf dem sie Obst anbauen oder eine Ziege halten, im besten Fall eine Kuh. Manche Frauen haben nicht mehr als eine kleine Küche oder auch nur eine Küchenzeile, dort stellen sie Eingemachtes her, Pasten, Marmelade oder Soßen, von denen sie am Tag mit Glück zwei oder drei verkaufen. Andere haben Männer, die als Fahrer arbeiten oder Angestellte sind, so kommen sie irgendwie durch. Gehen sie wählen? Immer nur dann, wenn jemand es von ihnen verlangt. Und die Kinder? Ziehen weg nach Rußland oder in die Türkei. Nicht nach Baku? Nein, dort ist das Leben zu teuer geworden durchs Öl.

Als ich Aprikosen und Kirschen kaufen möchte, eine Tüte Nüsse, Schafskäse, auch etwas von dem Eingemachten, muß ich erst den Marktaufseher herbeiholen, den einzigen Mann, damit eine der Frauen von mir Geld annimmt, schließlich sei ich doch ein Gast. So oft schreibe ich über Unterdrückung, Kriege, die blutige Geschichte, auch auf dieser Reise an vielen Tagen. Zu selten erwähne ich die Freundlichkeit der Welt. Speziell die Gastfreundschaft wird um so selbstverständlicher, je ärmer die Menschen sind. Wahrscheinlich geriete mir jede Erklärung zu kitschig, sozialromantisch oder völkerpsychologisch. Oder ich habe mich einfach schon an die Beschämung gewöhnt.

Den Nachmittag über stecken wir in einer Baustelle fest. Einer der beiden jungen Arbeiter in gelber Signalweste, die den Verkehr regulieren sollen, hat nicht aufgepaßt, so daß die Autos aus beiden Richtungen auf die schmale Spur gefahren sind. Nun haben sich die Kolonnen unauflöslich ineinander verkeilt. Während beide Jungen ihre Hände in Unschuld waschen, bedecken die Bagger jeden Fahrer, der aussteigt, um sich zu beschweren oder einen Vorschlag zu machen, wie das Chaos aufzulösen wäre, mit einer Staubschicht.

Es ist bereits früher Abend, als wir in Tap Qaragoyunlu eintreffen. Das war wahrscheinlich auch eine Schnapsidee, erst zwei Stunden nach Süden und anschließend in einem östlichen Bogen zurück nach Westen zu fahren, nur um einmal die Front zu sehen. Vielleicht gibt es die Front gar nicht! Ja, vielleicht findet der Krieg nur noch im Fernsehen statt, wie man es aus Hollywood-Satiren kennt. Denn selbst Tap Qaragoyunlu, das auf Google Maps nur Millimeter von der Waffenstillstandslinie entfernt liegt, wirkt auf den ersten Blick friedlich: Hühner auf der unbefestigten Straße, ein Teehaus, das nur aus einem Garten mit Wellblechhütte besteht, ratternde Mopeds, schlichte, einstöckige Häuser mit einem Stückchen Land dahinter, in dem dann wahrscheinlich das Marktübliche wächst. Doch am Ende des Dorfes stoßen wir auf eine zwei bis drei Meter hohe Mauer, die sich die Querstraße entlangzieht. Davor haben einige Frauen Tücher unter einem Baum ausgebreitet und schaukeln Kinder auf den Zweigen, so daß die Maulbeeren herunterfallen. Vor den Häusern sitzen die Bewohner und schauen dem Tag zu, wie er zu Ende geht. Noch immer wirkt die Szenerie entspannt, doch als wir den Wagen auf der anderen Straßenseite parken, ruft uns ein Mann zu, daß wir besser nicht aussteigen sollen.

«Warum?» fragen wir.

«Weil die Mauer dort keinen Schutz bietet.»

Jetzt fällt mir auf, daß sich alles Leben nur auf der einen Seite der Straße abspielt. Beinah täglich komme es zu Schußwechseln, sagt der Mann und fügt – pflichtschuldig oder ehrlich? – hinzu, daß stets die Armenier mit der Gewalt begännen. Auch Scharfschützen seien drüben postiert, erst letzte Woche sei ein Bewohner verwundet worden.

«Kann man die Armenier von hier aus sehen?» frage ich.

«Kommt mit», meldet sich eine Frau mit hochgesteckten Haaren, die Lider auffällig geschminkt, und führt uns in den Hof, wo ihr Mann am Traktor beschäftigt ist. Merkwürdiges Land oder merkwürdige Zeit: In der Stadt sitzen Bäuerinnen hinter den Marktständen, die in Wirklichkeit Angestellte, Vorarbeiterinnen oder Putzfrauen sind, und hier auf dem Dorf treten die Frauen herausgeputzt wie Städterinnen auf. An einer Stelle ist ein Stückchen Beton aus der Mauer herausgebrochen, und so lugen wir durch das Loch. Vielleicht tausend, vielleicht zweitausend Meter entfernt meine ich einen Gefechtsstand zu erkennen, die Soldaten selbst allerdings nicht. Tap Qaragoyunlu sei immer schon aserisch gewesen, erklärt der Mann; die Armenier hätten im Nachbardorf Talesch gewohnt, das nun im Niemandsland liege. Vor dem Krieg seien die Beziehungen normal gewesen, fügt die Frau hinzu, eigentlich sogar freundschaftlich. Ob sie Talesch noch einmal besuchen würde, wenn es die Mauer nicht mehr gibt?

«Sie meinen, wenn Frieden herrscht?» fragt die Frau zurück.

«Ja, wenn Talesch wieder bewohnt wäre.»

«Nein, ich würde da nicht mehr hingehen. Es wäre ja dann von unseren Feinden bewohnt.»

Mehr Auskunft geben möchte das Ehepaar nicht, weder seinen Namen aufgeschrieben haben noch davon sprechen, was während des Krieges in Tap Qaragoyunlu geschah. Wir versuchen noch auf der Dorfstraße mit dem einen oder anderen ins Gespräch zu kommen, aber ebenfalls ohne Erfolg. Die Menschen sind nicht unfreundlich, sie antworten einfach nicht viel. Nur einer klagt, daß in Schuscha, der alten Hauptstadt von Bergkarabach, nun Schweine in der großen Moschee gehalten würden – wie solle er denn mit solchen Leuten wieder zusammenleben, die sein Volk vertrieben, massakriert und beleidigt hätten?

«Wissen Sie das sicher mit der Moschee?» frage ich.

«Ja, es stand doch in allen Zeitungen, und ich habe die Bilder von den Schweinen gesehen.»

Solche Bilder ließen sich doch leicht nachstellen oder fälschen, möchte ich noch einwenden, aber der Übersetzer weist mich auf einen Mann hin, der uns aus einiger Entfernung beobachtet, während er in sein Mobiltelefon spricht. Wir sollten jetzt rasch verschwinden, fügt der Übersetzer hinzu, weil ich nicht auf Anhieb verstehe: Das sei hier eine Sicherheitszone, und offenbar werde jemand gerade über unseren Besuch informiert, wenn wir nicht längst schon beobachtet würden.

«Bekommen wir sonst Probleme?»

«Ihr nicht, aber ich.»

Weil wir auf dem Rathaus und auf der Baustelle viel Zeit verloren haben und an der Front offenbar auch nicht recht weiterkommen – sie entweder nicht finden oder, wenn wir sie finden, als Ausländer nicht viel erfahren –, beschließen wir, in Gandscha den Nachtzug zu nehmen. Aber ist es nicht allein der Tag, den wir gewinnen. Es ist auch die bloße Vorstellung, die mich fasziniert: der Nachtzug nach Baku.

Für einen letzten Schlenker bleibt noch Zeit: Mit Göygöl, zwanzig Kilometer südlich von Gandscha gelegen, besuchen wir eine Stadt, die von Deutschen mal nicht zerstört, sondern erbaut worden ist. Es waren Armutsflüchtlinge, denen der Zar 1830 diesen entlegenen Flecken seines Riesenreichs zugewiesen hat, damit sie ihn kultivieren. Helenendorf haben sie ihre Siedlung genannt, Weinstöcke gepflanzt und Giebelhäuser errichtet von so guter Qualität, daß sie bis heute Schmuckstücke sind. Als hätten sich die Siedler nach Amerika gesehnt, haben sämtliche Häuser eine filmreife Veranda aus Holz. Nein, wahrscheinlich war die Veranda einmal typisch deutsch und wurde sie in beide Himmelsrichtungen exportiert. Die Kirche hat aus Deutschland das Giebeldach, die ovalen Fenster, die rötlichen Ziegel, den spitzen Turm und sogar die Turmuhr mitgebracht. Und anders als das schwäbische Viertel von Tiflis ist Helenendorf noch immer ein lebendiger Ort. Auf den baumgesäumten Straßen, die für ein kaukasisches Nest ungewöhnlich breit sind, und dem ebenfalls schattigen, anmutigen Platz sitzen die Bewohner vor ihren Häusern oder gehen in Grüppchen spazieren. Es gibt kaum Verkehr, der Abend ist gerade so warm, daß man im Hemd noch nicht friert, und wenn ich nicht wüßte, daß ich nahe des Kaspischen Meers bin, würde ich meinen, durch eine norddeutsche Kleinstadt zu laufen, in der freilich der Migrationsanteil hundert Prozent erreicht. Zufall oder nicht, werden gerade sogar zwei Autos vor den Haustüren gewaschen, als hätten die Neubürger die deutsche Leitkultur adaptiert.

Gleich der erste, den wir ansprechen, ein Herr mittleren Alters mit gemütlichem Vollbart und warmen Augen, Imran Isajew sein Name, Fahrer von Beruf, erzählt uns, daß der Großvater seiner Frau in erster Ehe mit einer Deutschen verheiratet gewesen sei, die nach Kasachstan deportiert wurde, die beiden Kinder auch.

«Sprach der Großvater über seine erste Frau?»

«Nein, nicht viel. Er hat nur gesagt, daß er die Deutsche geliebt hat und die Trennung nicht freiwillig war. Und daß er seine beiden ersten Kinder vermißt.»

«Gab es denn nie wieder einen Kontakt?»
«Nicht, daß ich wüßte. Das wäre vielleicht auch schwierig geworden für seine zweite Frau. Wissen Sie, der Opa war so einer, der liebte die Frauen. Wenn dann auch noch die erste Frau wieder aufgetaucht wäre ...»
«Dann haben Sie sozusagen von den Deportationen profitiert?»
«Warum das?»
«Na ja, sonst hätte der Großvater nicht noch einmal geheiratet. Und dann gäbe es die Enkelin nicht, die Ihre Frau geworden ist.»
«Wenn man es so sieht, ja. Aber Opa hat nie schlecht von seiner deutschen Frau gesprochen, nie, und er hat sich bis zum Schluß nach seinen beiden ersten Kindern gesehnt. Meine Frau fragt sich auch manchmal, wie ihre Halbcousins aussehen mögen, ob sie blonde Haare haben oder schwarze wie wir. Es wäre doch für alle bewegend, wenn sich die Nachfahren einmal träfen. Nach so vielen Jahren.»

Ich frage zwei Frauen, die auf der Treppe zu ihrer Veranda sitzen, ob ich mir ihr Haus einmal anschauen dürfe; ich käme aus Deutschland, füge ich an und brauche nicht weiterzusprechen, da bittet die ältere der beiden mich schon herein. Gülbahar heißt sie und ist besonders stolz auf den schrankgroßen Ofen, der noch von meinen Landsleuten sei: Selbst Schaschlik könne man darin braten, und wenn man ihn ausgehen lasse, sei das Haus noch über Stunden wohlig warm. Sie selbst sei mit ihrem Mann und den beiden Töchtern erst 2004 aus Rußland zurückgekehrt und habe sich bei der Wohnungssuche sofort in die deutschen Häuser verliebt. Die Holzdielen, die hohen Decken, die massiven Wände, die Veranda: zweihundert Jahre alt, aber immer noch tiptop. Und der Keller erst: praktisch ein Kühlhaus. Leider ist ihr Mann kurz nach dem Einzug gestorben, die ältere Tochter hat geheiratet, nun lebt sie mit der jüngeren allein in dem Haus, das viel zu groß geworden ist. Was wird erst, wenn Lamia ebenfalls wegzieht? Hoffentlich verliebt sich auch der Schwiegersohn ins deutsche Haus.

Ob sie wisse, wer die Vorbesitzer waren, frage ich, als wir schon wieder auf der Straße stehen. Nein, nur daß eine armenische Familie hier gewohnt habe, nachdem die Deutschen nach Kasachstan deportiert worden seien. Bis wann?

«Bis 1988, danach ging es ja nicht mehr.»

«Und wie war das, als die Armenier hier wegzogen? Die hatten das Haus bestimmt auch gern.»

«Ich weiß nicht, wir wohnten ja in Moskau.»

«Wir haben hier gut mit den Armeniern gelebt», wirft Imran Isajew ein, der auf dem Bürgersteig gewartet hat. Auch gemischte Ehen habe es in Göygöl oft gegeben: Bei den Armeniern durften die Frauen, bei den Aseris die Männer außerhalb ihrer Religion heiraten, insofern hätten die Traditionen gut zusammengepaßt. Und selbst auf Hochzeiten, die nicht gemischt waren, habe man erst ein aserisches, dann ein armenisches Lied gesungen oder umgekehrt. Einige Armenierinnen lebten immer noch in Göygöl mit ihrem aserischen Mann, auch wenn man es eher nicht anspreche.

«Und erinnern Sie sich, wie das war, als die Armenier aus Göygöl vertrieben wurden?»

«Es war einfach die Zeit. Die Aserbaidschaner mußten aus Armenien raus, die Armenier aus Aserbaidschan. Das kam alles über uns wie eine Naturkatastrophe.»

«Gab es denn keine Feindschaft?»

«Offenbar gab es die, aber ich selbst habe sie nie erlebt. Im nachhinein denke ich, wir hätten etwas sagen sollen.»

«Zu wem?»

«Zu den Armeniern. Ich meine, sie waren gute Nachbarn, es gab doch überhaupt keine Probleme. Wir haben uns nicht einmal verabschiedet. Und jetzt will sich niemand erinnern.»

An Viktor hingegen, wie der letzte Deutsche hieß, würden sich alle in Göygol gern erinnern; er sei so ein spezieller, dabei liebenswerter alter Herr gewesen, gertenschlank und einen Kopf größer als die Aseris, ein Junggeselle, der bis zu ihrem Tod mit der Mutter gelebt und im Sommer stets einen Panamahut getragen habe. Ein bißchen Deutsch habe er wohl noch gesprochen, Wert gelegt auf seine deutschen Wurzeln, sich allerdings besser auf Russisch und Aserisch verständigt. Vor vier oder fünf Jahren sei er gestorben.

«Vor vier oder fünf Jahren?» wundere ich mich, daß nach dem Weltkrieg überhaupt noch Deutsche in Göygöl gewohnt haben.

«Sicher haben hier noch Deutsche gewohnt. Als ich ein Kind war, hatten wir bestimmt noch fünfzehn Familien mit blonden Haaren.»

Ob sie der Deportation entkommen oder zurückgekehrt sind, weiß Herr Isajew nicht, dafür war er zu klein. Viele in Göygöl wünschten sich, daß Viktors Haus als Museum erhalten bleibt, deshalb sei es noch nicht verkauft worden. Von der Veranda leuchten wir mit dem Smartphone in die beiden vorderen Zimmer, Viktors Schlafzimmer und das Wohnzimmer, in dem ein großes Bücherregal und ein Klavier stehen. Nicht nur für Göygöl wäre es schön, wenn von Helenendorf diese deutsche Erinnerung bliebe.

Eine halbe Stunde später sind wir in Gandscha, aber wir sehen von Gandscha so gut wie nichts. Die Stadt, immerhin die zweitgrößte und historisch bedeutendste Aserbaidschans, Hauptstadt der kurzen Demokratischen Republik von 1918, liegt im Dunkeln. Es ist jedesmal gespenstisch, beinah wie im Krieg, bei einem Umsturz oder sonst einem Ausnahmezustand, nächtens durch eine Großstadt zu fahren, die keine Straßenbeleuchtung hat. In den Fenstern und manchen Geschäften brennt Licht, ein Stromausfall kann es also nicht sein. Eine Sparmaßnahme? Ein technischer Defekt? Eine Boomtown scheint Gandscha nicht zu sein. Erst in der Stadtmitte leuchten die Laternen, wie herausgeputzt die Plätze, die breiten Straßen, der moderne Bahnhof so groß wie ein Flughafenterminal, obwohl es täglich nur fünf Verbindungen gibt, davon zwei in der Nacht. Der Nachtzug nach Baku! Unsere Kinder wissen nicht einmal mehr, was Nachtzüge sind, dabei standen die fahrenden Hotels einmal für alles, was die Moderne an Verheißungen bot, die Mobilität, den Komfort. Ja, mehr noch als Strom oder Ottomotoren und lange vor dem ersten Flugzeug waren sie wie Zauberei: in dem einen Land einzuschlafen und im anderen aufzuwachen. In Gandscha ist der Nachtzug noch nicht wieder eine Sensation. Niemand hat Eile, als die ehrwürdige Lokomotive aus Tiflis eintrifft, die wahrscheinlich selbst eine Ruhepause braucht. Ein Schaffner holt uns aus der Bahnhofshalle ab und führt uns gemächlich zum Gleis. Dort hat er noch Zeit für Küßchen und Tee mit den Kollegen, die aus dem Zug gestiegen sind. Am Schlafwagen erwartet uns ein müder Steward in einer löchrigen Livrée, der die Koffer annimmt. Später bringt er uns Bettwäsche und Handtücher ins holzgetäfelte Abteil. Sehr viel anders sah der Waggon auch nicht aus, in dem Stalin durch die Sowjetunion fuhr.

Neununddreißigster Tag

Nicht nur aus Müdigkeit reibe ich mir die Augen, als ich aus dem Fenster blicke: die Wüste. So weit nördlich? Gestern morgen, an den südlichen Ausläufern des Kaukasus, war noch alles grün, da gab es Wälder, Quellen, Flüsse, Berge. Die Wüste begann in meinem inneren Atlas immer erst in Iran und setzte sich südlich nach Arabien und Belutschistan fort; dabei entwickelt Kurban Said, dessen Roman ich in der Nacht zu Ende gelesen habe, ganze Theorien über den Unterschied von Waldmenschen und Wüstenmenschen, der zugleich der Unterschied von Georgien und Aserbaidschan, Westen und Osten, überhaupt der wichtigste Unterschied zwischen den Zivilisationen sei: «Die trockene Trunkenheit des Orients kommt von der Wüste, wo heißer Wind und heißer Sand den Menschen berauschen, wo die Welt einfach und problemlos ist. Der Wald ist voller Fragen. Nur die Wüste fragt nichts, gibt nichts und verspricht nichts. Aber das Feuer der Seele kommt vom Wald. Der Wüstenmensch – ich sehe ihn –, er hat nur ein Gefühl und kennt nur eine Wahrheit. Der Waldmensch hat viele Gesichter. Der Fanatiker kommt von der Wüste, das Schöpferische vom Walde her.»

Das liest sich nun wie Orientalismus pur, also das Bild oder auch Selbstbild eines Orients, der nach den exotischen Erwartungen des Westens geformt ist. Ist es deswegen ganz falsch? Da ich jetzt durch den Staub, den Sand, die Kratzer, das Fett, die Wischspuren und die Fingerabdrücke schaue, die sich auf dem Zugfenster abbilden, denke ich, daß es die Wüste ist, nichts anderes, die den Orient über alle Zeitläufte hinweg von Europa unterschieden hat. Natürlich liegen zwischen Marokko, Jemen, Indien unterschiedliche Klimazonen, es gibt fruchtbare Ebenen, tiefgrüne Flußdeltas wie am Nil, Steppen, Meeresküsten und Seen, Gebirge mit Wiesen, blumenübersäten Hängen oder ewigem Schnee, im Norden Irans sogar Urwälder. Aber die Wüste ist doch, wenn mein innerer Atlas nicht ein weiteres Mal irrt, nirgends weiter als zwei, drei Tagesmärsche entfernt, und eben das macht den Orient aus, seine Teppiche wie Gärten, seine Kunst als Abbild einer tatsächlich gegenstandslosen Welt, seine Ornamentik als Formel für den unendlichen Horizont, seine Gastfreundschaft eine

Notwendigkeit, Lebensversicherung für den Gastgeber selbst. Womöglich lassen sich sogar manche der Schwierigkeiten, die die Demokratie im Orient hat, mit der Wüste erklären, da sie den Kontrast zwischen Stadt und Land verschärft – keine größere Oase, die je vor Räubern, Eroberern, Vandalen sicher war. Die Entstehung einer bürgerlichen Gesellschaft beschränkte sich schon aufgrund der Topographie auf wenige Zentren, deren Gefüge zudem permanent durch die Landflucht durcheinandergeriet. So ist die Wüstengesellschaft bis in die Städte hinein nach Clans und Stämmen segregiert. Heute setzt sich der mythische Gegensatz zwischen Nomaden und Siedlern in den Elendskokons um die Metropolen fort. Alle Städte und selbst die Gärten – nein, gerade sie – sind als Zuflucht und paradiesische Gegenwelt vom Nichts ringsherum geprägt, das man als Möglichkeit in Europa allenfalls in unzulänglichen Gletscherregionen kennt. Es wird schon kein Zufall sein, daß die Propheten biblischen Zuschnitts, diese Warner, Sonderlinge, Dichter, Visionäre, die ihren Zeitgenossen als Fanatiker galten, wenn nicht aus der Wüste selbst, dann doch aus ihrer Nähe kamen, in die Wüste auszogen, die Wüste überlebten, aus der Wüste heraus predigten, paradigmatisch die Wendung von Jesaja 40, «Es ist eine Stimme eines Predigers in der Wüste ...», die auch in der Bibel selbst oft zitiert wird. Wohl nirgends sieht sich der Mensch so unmittelbar einer höheren Gewalt ausgesetzt, die er in Not, Bitte oder Klage anruft, als wo seine Bedürftigkeit mit jeder Tagesetappe, jedem Wetterumschwung, jeder Fata Morgana wächst. Und nirgends empfindet er das Leben stärker als Schöpfung, damit als Geschenk, als wo er vom Nichts umgeben ist. «Die Wüste ist wie die Pforte zu einer geheimnisvollen und unfaßbaren Welt.»

Dmitrij, der die Abläufe noch aus der Sowjetunion kennt, reißt mich aus meinen Gedanken: Wir stellen uns vor der Toilette an, um die Zähne zu putzen, und trinken aus Pappbechern den Beuteltee, den der Steward uns ins Abteil gebracht hat, obwohl sein Blick jedem von uns persönlich vorwirft, daß er der einzige arbeitende Mensch im Waggon ist (dabei war sein Schnarchen noch am anderen Ende des Gangs zu hören). Dann falten wir bereits Bettzeug und Handtuch zusammen, klappen die Liege hoch, um die Koffer hervorzuholen, und fahren in Baku ein. Größer als der Kontrast zwischen den tristen Betonsilos am Rand und den Skyscrapers im Zentrum können die sozialen Unterschiede an der Wende zum zwanzigsten Jahrhundert kaum gewesen sein, als das Öl schon einmal einige Magnaten steinreich machte und die Arbeiter abends in ihren Baracken nicht mehr die Kraft hatten, den Dreck aus der Haut zu bürsten. Jahrzehnte später als Tiflis, dafür berauscht vom schwarzen Gold, stürmte Baku in die Moderne: Villen, Konzerthäuser, Industrieanlagen, Klassenkämpfe und auf den Boulevards nicht mehr nur Asien, sondern die halbe Welt.

Kurban Said selbst war mit seinem phantastischen Lebensweg ein fast schon wieder typisches Kind der damaligen Stadt: 1905 als Lew Abramowitsch Nussimbaum geboren, die Eltern Juden, der Vater aus Rußland, die Mutter aus Georgien, erhielt er eine deutsche Erziehung, wie es in den besseren Kreisen häufig vorkam. Wie Giwi Margwelaschwili aus Tiflis floh Lew mit seinem Vater vor den Bolschewiki und gelangte nach einer Odyssee durch den ganzen Orient und halb Europa 1921 nach Berlin. An der Universität studierte er Islamwissenschaft und konvertierte bald darauf selbst, wurde unter dem Pseudonym Essad Bey Starautor der *Literarischen Welt* und schrieb Bestseller über den Nahen Osten, die sich des schweren Orientalismus schuldig machen und doch lesenswerter, auch mitreißender geschrieben sind als die meisten heutigen Bücher zum Islam. Nach dem Veröffentlichungsverbot unter den Nazis besorgte ihm eine österreichische Adlige ein weiteres Pseudonym und landete er als Kurban Said mit *Ali und Nino* einen letzten Erfolg, bevor er 1942 in Italien auf seiner zweiten Flucht starb. Der Roman erschien später sowohl in Georgien als auch in Aserbaidschan ohne Hinweis darauf, daß er aus dem Deutschen übersetzt worden war. Und wirklich versteht man, warum beide Länder den Autor für sich reklamiert haben: *Ali und Nino* ist nicht bloß farbenfroh und souverän erzählt; bei allen Stereotypen fängt der Roman wie kein anderer die Atmosphäre im Kaukasus Anfang des zwanzigsten Jahrhunderts ein mit seinen mondänen Städten und archaischen Dörfern, Kriegen und Aufständen, sterbenden Traditionen und der beginnenden Industrialisierung. Nebenher entwirft er mit wenigen Strichen Charaktere, die ich noch hundert Jahre später wiedergefunden habe. Ich denke an Bischof Jesaia, der gutgelaunt von den Märtyrern erzählte, an den Fahrer hinter der Grenze, der die Prothese verächtlich in die Kupplung trat, auch an den Tschetschenen Magomet, der lieber ein freier Bauer auf eigenem, und sei es noch so kargem Grund bleibt: So viele Kriege und so wenige Sieger, so kleine Länder und so reiche Kulturen, der Alltag mühselig und die Feste um so länger.

«Arslan Agha, was soll bloß aus dir werden?» ruft Ali zu seinem betrunkenen Freund, der ein rechter Tunichtgut ist.

«König.»

«Was?»

«Ich will König werden in einem schönen Land mit viel Kavallerie.»

«Und sonst?»

«Sterben.»

«Wieso?»

«Bei der Eroberung meines Königreichs.»

Als ich im Juni 2017 die ersten Schritte durch Baku mache, begegne ich allerdings weder den ursprünglichen Wüstenmenschen noch den neu hinzugezogenen Waldmenschen, in die Kurban Said die Bewohner aufteilt, sondern Angehörigen einer ganz anderen Spezies, geradezu Lebewesen von einem anderen Stern: Sie tragen orange oder hellbraune Overalls aus knittrigem Kunststoff oder kurze Hosen und Poloshirts, die entweder türkis oder sonnengelb sind, aber jedenfalls mit Werbung vollgedruckt; und alle haben sie rote Schirmmützen auf dem Kopf, Stöpsel in den Ohren und eine Plastikkordel um den Hals, die sie als Angehörige derselben Besatzung ausweist: Am Wochenende steigt hier die Formel 1. Nicht nur ist die Rennstrecke seit Tagen mit hohen Zäunen, Betonklötzen und Plastikplanen abgedeckt, damit kein kostenloser Blick auf die Gladiatorenwagen fällt; auch viele weitere Straßen sind für den Verkehr gesperrt, so daß eine gespenstische oder dann doch wieder wüstenähnliche Stille herrscht.

Ich versuche, ans Kaspische Meer zu gelangen, das auf dem Stadtplan nur einen Straßenzug entfernt liegt. Nach einer Stunde im Zickzack finde ich endlich die Unterführung der U-Bahn, die unter der Zielgeraden hindurchführt. Auf der breiten Uferpromenade hat die Besatzung ihr Lager aufgeschlagen: Mediacenter, VIP-Lounge, Kinderbetreuung, Roter Halbmond, abgetrennt die Bereiche für die Piloten, ihre Mannschaft und die Mechaniker, außer Pizza und Pasta, Hotdogs und Hamburger auch ein Zelt mit lokaler Gastronomie. Eine ganze Armada aus Golfwägelchen steht für den Transport bereit oder fährt bereits hin und her, und in vielen Ecken werden die jungen Teams zweisprachig von ihren Instruktoren eingewiesen, Service, Security, Fahrdienst, Statistik, Rennaufsicht, Ticketing oder Sanitäter. Die einzigen Alten, die ich weit und breit sehe, fegen sinnlos den Asphalt. Noch kann ich über die Promenade spazieren, die mit ihren Grünanlagen, Wasserspielen und Palmen fast schon etwas von Florida hat; spätestens mit dem ersten Training kommen nur noch zahlende Besucher in diesen Bereich hinein. Neunzig Euro ist das Minimum, um überhaupt mal einen Ferrari oder Silberpfeil zu Gesicht zu bekommen; Qualifyings und das Rennen selbst kosten entsprechend mehr. Tickets sind noch in allen Kategorien zu haben, das Interesse scheint bei einem Durchschnittslohn von vierhundert Euro begrenzt. Den Außerirdischen kann es egal sein: Mutmaßlich sechzig Millionen Dollar sind für die Landung als Garantiehonorar festgelegt; auch die anfallenden Kosten muß der Gastplanet übernehmen, der dem Universum seine Fortschrittlichkeit auch mit anderen Gladiatorenkämpfen demonstriert, dem Eurovision Song Contest, Kunstbiennalen oder den ersten Europaspielen.

Ein schlauchförmiges Gebäude aus Metall, das mitten auf dem Boulevard steht, könnte glatt als Raumschiff durchgehen. Tatsächlich entpuppt es sich als Teppichmuseum, das in der Form eines eingerollten Teppichs gebaut worden ist. Weil es auch innen keine geraden Wände hat, hängt die traditionelle Knüpfkunst schräg im futuristischen Raum. Sei's drum, von solcher Schönheit und handwerklicher Vollkommenheit sind die alten Teppiche, in ihrer Abstraktheit auch von solcher Modernität, daß sofort meine reaktionäre Ader durchschlägt: Was ist mit dem Kunstsinn seit dem frühen zwanzigsten Jahrhundert nur geschehen? Alles, was danach geknüpft worden ist, seit der Geschichte von Ali und Nino, die folglich kein Aufbruch, sondern das Endspiel einer Kultur gewesen wäre, tendiert auffällig zum Kitsch, zur Nachahmung westlicher Kunst und zu einer Gegenständlichkeit, die heute schon wieder veraltet ist. Für die Architektur scheint das erst recht zu gelten, wenn ich aus der Teppichrolle auf die Stadt blicke: so stimmig die Silhouetten der orientalischen und der frühen europäischen Stadt sind, so harmonisch sie sich bei aller Unterschiedlichkeit zueinanderfügen, so monströs wirken die *Flame Towers*, die als neues Wahrzeichen Bakus errichtet worden sind: drei Wolkenkratzer, die Ölflammen nachgebildet und nachts wie Feuer beleuchtet sind. Obwohl, zu den orangen Overalls und roten Schirmmützen passen die lodernden Glastürme, mit denen Baku Dubai und Abu Dhabi Konkurrenz macht, dann doch. «Land des Feuers» ist denn auch der Slogan des Fremdenverkehrsamts, weil es außer dem Öl noch einen zoroastrischen Tempel als Sehenswürdigkeit anführen kann. Vulkane gibt es auch, allerdings quillt aus ihnen keine glühende Lava, sondern nur brauner Schlamm hervor.

Durch die Unterführung kehre ich zurück in die Stadt, die im alten Glanz erscheint: Die Bürgerhäuser, Theater, Akademien und Plätze sind ebenso herausgeputzt wie die engen Gassen der orientalischen Altstadt. Als ich genauer hinblicke, merke ich allerdings, daß auch die Gründerzeitarchitektur oft nagelneu und entsprechend luxuriös ausgestattet ist: Statt sich mit den Mühen der Renovierung oder gar des Denkmalschutzes herumzuschlagen, hat mancher Bauherr das Alte durch ein Imitat ersetzt. So aseptisch wird also Berlins historische Mitte ebenfalls aussehen, wenn erst einmal das Hohenzollernschloß und als nächstes dann wohl Schinkels Bauakademie nachgebaut sind. Die Volksbühne wird gerade auch von aller Vergangenheit befreit. Anschließend könnte man mit dem Neubau der Altbauten beginnen, die unglücklicherweise im Krieg stehengeblieben sind. Baku geht voran.

Einen «Gürtel des Glücks» gebe es in jeder Stadt, meint Khadija Ismayilova. In den anderen Städten konzentriere sich die Entwicklung auf einige Straßenzüge, Einkaufscenter und Parks, gerade genug, damit der Präsident sein Land blühen sehe, wenn er zu Besuch sei. In Baku hingegen, wo sich der Reichtum, die Geschäftswelt und der Tourismus konzentrieren, sei der «Gürtel des Glücks» besonders lang: vom Flughafen dreizehn Kilometer nördlich der Stadt bis zum Flaggenmast im Süden, dem zweithöchsten der Welt, an dem 162 Meter hoch die aserbaidschanische Fahne weht. Eigentlich sollte er der höchste sein, aber dann holte ihn acht Monate nach seiner Errichtung der tadschikische Fahnenmast ein. Es sei schwierig, sagt Khadija, eine selbstbewußte Gesellschaft zu werden, wenn der Staat auf einem *faked victory* gründe: dem Krieg mit Armenien, der ein Sieg gewesen sein soll, obwohl 20 Prozent des Landes verlorengingen.

Khadija ist investigative Journalistin, hat zahlreiche Korruptionsfälle und lange vor den Panama Papers die Vermögensverhältnisse in der Familie Aliyew aufgedeckt, die in zweiter Generation herrscht; sie wurde bedroht, verleumdet, verhaftet und 2014 zu siebeneinhalb Jahren Haft verurteilt. Nachdem sich internationale Organisationen und Prominente bis hin zu Amal Clooney für sie eingesetzt hatten, kam sie im vergangenen Jahr auf Bewährung frei. In Aserbaidschan selbst hatten sich Dutzende Kollegen zu einem *Khadija Project* zusammengetan, um die Recherchen ihrer Kollegin fortzusetzen.

«Die Regierung hat gemerkt, daß zwei neue Kritiker auftauchen, wenn sie einen verhaften», meint Khadija, «dazu der Imageschaden im Ausland – der Preis für meine Inhaftierung wurde ihr zu hoch.»

Ich treffe Khadija in einem Straßencafé gut sichtbar vor einem Brunnen an einem der vielen schönen Plätze in der Fußgängerzone. Man solle ruhig sehen, mit wem sie sich trifft. Ihre Anwältin ist auch mit dabei. Khadija darf nicht arbeiten, seit sie aus dem Gefängnis entlassen worden ist, sie darf nicht ausreisen, sie muß sich regelmäßig bei der Polizei melden, sie wird überwacht und ihr Internet ist gestört, auch ihre Geschwister verloren ihre Arbeit, eine Schwester ist deswegen nach Ankara gezogen – und doch ist sie mehr als nur ungebeugt, nämlich entschlossener denn je, eine Frau, die so jung ist, gerade einmal vierzig, daß man sich angesichts ihres Lebenslaufes fragt, ob sie bereits in der Schülerzeitung mit den Enthüllungen begonnen hat. Beinah amüsiert berichtet Khadija, wie sie vor ihrer Verurteilung bereits durch *Sex Tapes* mundtot gemacht werden sollte. Sie wurde angeklagt, einen Geliebten so sehr bedrängt zu haben, daß er versucht habe, sich selbst umzubringen, und dann tauchte auch noch ein Video im Internet auf, das in ihrem Schlafzimmer aufgenommen worden war.

«Eine unverheiratete Frau beim Sex – sie dachten, damit sei ich in unserer konservativen Gesellschaft erledigt.»

Es kam anders: Khadija schloß aus der Perspektive des Videos, wo in ihrem Schlafzimmer die Kamera angebracht worden sein mußte. Dort brach sie die Wand auf und fand eine Öffnung, in der ein loses Kabel hing. Sie rief die Telefongesellschaft an und meldete eine gewöhnliche Störung. Als sie dem Techniker das Kabel zeigte, sagte der sofort, das habe er selbst verlegt. Er war schockiert, von dem Video und den Verleumdungen zu erfahren, hatte wie jeder Aserbaidschaner selbst jeden Tag mit der Korruption zu tun und beteuerte, keine Ahnung gehabt zu haben, daß an dem Kabel eine Überwachungskamera angebracht werden sollte. Er habe sich selbst gewundert, sagte der Techniker, daß die Firma ihn angewiesen hatte, den Auftrag außerhalb der Dienstzeit zu erledigen, damit er nicht in den Büchern auftaucht.

«Wie kamst du überhaupt auf die Idee, bei der Telefongesellschaft anzurufen?» frage ich.

«Ich bin nun einmal investigative Journalistin», antwortet Khadija: «Ich wußte, daß für jeden Bezirk die gleichen drei Techniker zuständig sind. Da habe ich es einfach probiert.»

Der Telefontechniker sagte aus, der Liebhaber ebenso, der sich weder von Khadija bedrängt gefühlt noch einen Selbstmord versucht hatte, und als auch noch eine Reihe von Freitagspredigern und sogar die islamistische Partei sich auf die Seite Khadijas stellten, hatte sie erfolgreich einen weiteren Skandal aufgedeckt. Im Geheimdienst wurden Beamte entlassen, und kurze Zeit später trat auch noch der Minister zurück. Sie selbst wurde bald darauf wegen etwas anderem verurteilt: Steuerhinterziehung geht in allen Diktaturen.

Ich frage, warum die Freitagsprediger und Islamisten sie unterstützt hätten.

Das habe sie sich selbst gefragt, antwortet Khadija. Sie sei bekennende Atheistin und habe die Geistlichkeit immer wieder kritisiert.

«Ich glaube, es hatte zwei Gründe: Zum einen haben sie – Verzeihung, das klingt jetzt unbescheiden – meinen Mut anerkannt. Zum anderen waren sie selbst unzufrieden mit der Regierung und wußten, daß das nicht nur mir passiert. Mein Fall folgte ja einem Muster, es hatte davor schon solche Verleumdungen und auch eine Reihe von *Sex Tapes* gegeben, die anonym ins Internet gestellt worden waren. Ich war nur die erste, bei der die Drohung nicht funktioniert hat. Ich habe gesagt: Stellt ins Internet, was Ihr wollt, ich weiche nicht zurück. Und das führte dazu, daß die Praxis aufgehört hat. Das rechnen mir auch jene an, die es selbst hätte treffen können, auch wenn sie sonst ganz andere Ansichten haben als ich.»

«Ist das ein Fortschritt?»

«Ja, natürlich. Früher wäre eine Frau gesteinigt worden für so etwas.»

Einen demokratischen Aufbruch sieht Khadija dennoch nicht in ihrem Land. Zu viele Menschen seien abhängig vom Staat, um sich aufzulehnen. Ein Beispiel, eines von vielen: Allein in Baku seien um die fünfhunderttausend Wohnungen nicht beim Katasteramt registriert, Folge der chaotischen Umstände der Privatisierung von 1989 und der irregulären Bebauung während des Ölbooms. Mal vier ergebe das zwei Millionen Bewohner, die den Mund halten müßten, um ihre Wohnungen nicht zu verlieren. Oder die vielen Lehrer, die den Unterricht bewußt vernachlässigten, damit die Schüler Privatstunden bei ihnen nehmen: Das funktioniere nur, solange der Direktor oder die Schulbehörde wegsehen. Umgekehrt sähen die Lehrer in den Wahlkommissionen weg, in die sie bevorzugt berufen würden.

«Es ist nicht einfach eine Diktatur. Es ist ein System der Komplizenschaft.»

Khadija bricht ab. Mir war schon aufgefallen, daß die Anwältin, die noch jünger als sie selbst ist, unruhig auf ihr Smartphone tippt. Nun erklärt mir die Anwältin, daß sie seit drei Stunden nichts von ihrem Mann gehört habe, der ebenfalls mit Menschenrechten befaßt sei. Den einen Mandaten habe er noch besucht, den nächsten Termin jedoch gegen alle Gewohnheit verpaßt. Drei Stunden – bestimmt gebe es einen harmlosen Grund. Khadija verspricht mir, eine SMS zu schicken, sobald ihre Anwältin Nachricht von ihrem Mann habe.

Abends besuche ich eine Vernissage. Die Galerie, die sich über drei Stockwerke eines Palastes in der Altstadt erstreckt, ist voll von eleganten, schrägen, oft schönen, vornehmlich jungen Leuten. Auch einige Westler fühlen sich ganz wie zu Hause. Man kennt sich und stößt auf der Terrasse mit Weißwein oder Campari an. Nur leider finde ich die Exponate wieder einmal schrecklich banal, Videokunst, die niemand länger als zwei Minuten beachtet, und Aufklebersprüche, die auf Leinwände gepinselt sind. Vielleicht fehlt mir einfach das Gespür fürs Neue, denke ich, als ich die Gegenwartskunst mit der georgischen Messe oder den Teppichen vergleiche, die mich heute morgen im Museum begeisterten; vielleicht bin ich zu sehr auf den Verfall gepolt. Vielleicht sind Schriftsteller überhaupt diejenigen, die immer auf der hinteren Plattform des letzten Waggons stehen. Während alle anderen sich auf die Ankunft freuen, schreiben wir mit, was der Zug hinter sich läßt – da ist die Nostalgie berufsbedingt. Fürs Neue sind andere zuständig, die Forscher, die Technologen, die Geschäftsleute, die Eroberer, Erfinder und Zugführer, überhaupt die Jüngeren, nicht die Alten, die schon deshalb der Vergangenheit den Vorrang geben, damit sie beruhigt sterben. Aber so viel erkenne selbst ich von der hinteren Plattform aus, daß in der schicken Altstadtgalerie das Neue ganz sicher nicht zu besichtigen ist.

«Das Beste ist noch der Blick von der Terrasse», rollt auch Sabina Shikhlinskaya die Augen, die selbst Videokünstlerin ist, und bietet an, mir morgen eine Ausstellung aktueller kasachischer Kunst zu zeigen, die tatsächlich lohnend sei. Warum nicht auch noch Kasachstan? denke ich und bin neugierig vor allem darauf, was Sabina selbst zu erzählen hat. Sie gehört zur ersten Generation von Videokünstlern und beschäftigt sich in ihren Arbeiten mit der jüngeren Geschichte ihres Landes, eine warmherzige, temperamentvolle Dame, die international so erfolgreich ist, daß sie sich aussuchen kann, mit wem sie in Aserbaidschan zusammenarbeitet. Ohne sich als Aktivistin zu verstehen, hält sie Abstand vom Staat, der die Kunst entdeckt hat, um sich der Welt zu präsentieren.

«Ich kann nicht für das ‹Land des Feuers› werben, während sich junge Leute vor Verzweiflung selbst anzünden.»

Der Mann von Khadijas Anwältin ist zum Glück wohlbehalten aufgetaucht.

Vierzigster Tag

Als ich zum Joggen an die Promenade will, finde ich die Unterführung nicht mehr. Ich bin nicht der einzige Jogger, der sich zwischen den Absperrungen verirrt. Die Formel 1 scheint viele Sportskanonen nach Baku gebracht zu haben, die den Tag mit einem Morgenlauf am Meer beginnen wollten. Nun rennen wir in Signalfarben auf und ab an den tarngrünen Soldaten vorbei, die seit heute die Rennstrecke bewachen. Es sind Tausende, im Abstand von zehn oder allenfalls fünfzehn Metern entlang des Sichtschutzes postiert und ziemlich gelangweilt, weil hinter ihnen nicht einmal Motorengeräusche zu hören sind, und vorne sind nur wir. Berücksichtigt man die Ablösungen, die es für die Wachen geben muß, wird die Formel 1 von einer ganzen Armee geschützt. Und wenn dieses Wochenende der Feind ins Land einfiele? Wären die Rennautos mehr wert oder Dörfer wie Tap Qaragoyunlu?

Auf der Fahrt zum Yarat, Bakus neuem Zentrum für Gegenwartskunst, weist Sabina mich auf die modernen Fassaden hin, mit denen die sowjetische Architektur an den zentralen Stellen überdeckt wird. In der staatlichen Erinnerungspolitik beginne die Geschichte des modernen Aserbaidschan weder mit der Demokratie von 1918 noch mit der Sozialistischen Sowjetrepublik 1920 oder der erneuten Unabhängigkeit 1991, sondern erst 1993 mit der Wahl Heydar Aliyews zum Staatspräsidenten. Über Jahrzehnte Erster Sekretär des Zentralkomitees der Kommunistischen Partei von Aserbaidschan, wurde er nach dem Ende der Sowjetunion zunächst kaltgestellt und setzte sich in den Wirren der Staatsgründung und des Kriegs mit Armenien schließlich doch als Vater auch des unabhängigen Aserbaidschan durch. Vierzehn Jahre nach seinem Tod hängt sein Bild großflächig überall im Land, als würde er noch regieren. Sein Sohn Ilham, der seit 2003 die Wahlen mit sowjetischen Ergebnissen gewinnt, ist mit Pausbäckchen und Doppelkinn deutlich weniger photogen. Während die sowjetischen Kriegsdenkmäler fast alle abgebaut und keine Denkmäler hinzugekommen sind, die an den Krieg von 1918 gegen die Rote Armee erinnern, ist die Gedenkstätte des Krieges gegen Armenien so weiträumig, daß man meinen könnte, jeder einzelne Tote werde geehrt: mehrere Promenaden mit Gräbern, geboren 1973, 1970, 1969, 1974 und alle gestorben 1992, so weit ich gehe. Dabei gehört es zu den bedeutendsten Leistungen Heydar Aliyews, daß er mit dem Waffenstillstand von 1994 zumindest das tägliche Sterben beendet, damit seinem Land so etwas wie Normalität beschert hat, eine ganz normale Autokratie.

Vom Hügel aus, auf dem die Gedenkstätte steht, ist die Insel Nargin zu erkennen, die sowohl unter den Zaren als auch in der Sowjetunion ein Gefängnis wie Alcatraz oder das Château d'If war. Beim Kollaps der Demokratischen Republik retteten sich zweitausend aserbaidschanische und türkische Soldaten auf die Insel, um sich bald zu fragen, ob es nicht besser gewesen wäre, im Kugelhagel gestorben zu sein. Seit die Sowjetunion ebenfalls kollabiert ist, stand die Insel leer. Sabina kennt die Geschichte so genau, weil sie für ein Kunstprojekt 2004 eine Woche heimlich auf der Insel gelebt hat. Nun sind ihre Aufnahmen historisch, denn vor drei Jahren wurden sämtliche Gebäude abgerissen und die Hinterlassenschaften des Gefängnisses beseitigt, damit aus der Insel ein Vergnügungspark wird. Das Disneyland ist dann doch nicht gebaut worden: Die Türkei empörte sich, daß auf der Insel «ihre» Soldaten begraben lägen, die für «eure» Unabhängigkeit gestorben seien. So liegt Nargin weiter brach, und es gibt nicht einmal die Ruinen mehr.

Solche Orte gebe es unzählige in Aserbaidschan, sagt Sabina, Orte, an denen Erinnerung systematisch verhindert werde. Wo noch? Wir fahren in einem südlichen Bogen aus der Stadt und kommen am Schlachtfeld vorbei, auf dem 1918 die Rote Armee die nationalen Streitkräfte besiegt hat, im Volksmund «Blutsee» genannt, Ganli Gol, eine abfallende, trockene Ebene zwischen zwei Hügelketten. Brachland in der Sowjetunion, ist sie jetzt ein Gewerbegebiet mit Lagerhallen und zollfreien Waren.

Kaum haben wir das Schlachtfeld hinter uns gelassen, auf das kein Schild hinweist, deutet Sabina auf die Mauer entlang der Autobahn. Schallschutz, denke ich zuerst, aber dafür ist die Wand eigentlich zu niedrig. Durch die Öffnung zwischen zwei Mauerabschnitten erkenne ich zudem, daß dahinter keine Häuser stehen, sondern die Wüste beginnt. Solche Mauern gebe es überall im Land, meint Sabina, und biegt von der Autobahn ab, um durch eine schmale Straße zu fahren, die links und rechts von Wellblechwänden begrenzt wird. Gewöhnlich verdeckten die Mauern die ärmlichen Viertel und irregulären Siedlungen, an der Flughafenautobahn etwa, da verstehe sie die Logik noch. Viele Mauern führten jedoch an Gewerbegebieten oder Friedhöfen vorbei – was möge an ihnen wohl peinlich sein? Und wieder andere verdeckten gar nichts, also nur die Wüste oder einen Berg – seien sie also ihr eigener Zweck? Dafür spricht, daß viele Mauern geradezu kunstvoll gestaltet sind, mit Marmorplatten oder Bandornamenten, durch die man hindurchsehen kann. Das ist tatsächlich seltsam, gebe ich Sabina recht, als wir wieder auf die Autobahn eingeschert sind: auf einer mehrspurigen Straße zu fahren, an der beidseitig Mauern stehen – aber hinter den Mauern ist überhaupt nichts.

«Vielleicht weiß man schon, was einmal hinter der Mauer gebaut wird», überlege ich, «und man hat sie vorsorglich aufgestellt.»

«Ich erklär's mir eher so, daß man einfach nicht in den Horizont schauen soll.»

Zurück am Meer sehen wir in der Ferne die gewaltigen Plattformen, die in den letzten Jahren errichtet worden sind, am Ufer aber auch noch die kleinen Ölpumpen aus der industriellen Frühzeit, als Aserbaidschan die Hälfte des weltweiten Ölbedarfs lieferte – man kann sich ausmalen, welchen Kämpfen, Einflüssen, Interventionen der Großmächte das kleine Land ausgesetzt war. Ausgerechnet die Ölpumpen, die nun wirklich Museumsstücke wären, scheinen noch in Gebrauch zu sein, jedenfalls hebt und senkt sich der Kopf mit dem dicken Rohr an der Spitze, das wie der Schnabel eines Urvogels aussieht, in den Boden. Irgendwo hier, in den Ölfeldern südlich von Baku, müssen die Baracken der Arbeiter gestanden haben, denen die liberalen Ideen der Unabhängigkeitsbewegung nicht viel sagten und die ihre Hoffnungen auf den Kommunismus setzten, damit die Welt einmal eine gerechtere wird. Nicht nur für die Bolschewiki war Baku eine Bastion, in der ein junger Anführer namens Josef Stalin genial agitierte; auch für die kommunistische Bewegung Irans, die sich immer wieder in Griffweite der Macht wähnte, war Baku mit mehr als hunderttausend iranischen Arbeitern ein Zentrum und später der wichtigste Zufluchtsort. Als Reza Schah die Repression verschärfte, floh die Führungsriege der kommunistischen Tudeh-Partei ins sowjetische Exil, die meisten nach Aserbaidschan. Dort vollendete Stalin das Werk seines Nachbardiktators, indem er fast alle iranischen Kader hinrichten ließ. So gehört der Große Terror zu den dunkelsten Kapiteln auch des iranischen Kommunismus, der über die Ermordung und Deportation seiner eigenen Führer kaum je ein Wort verloren hat. Endgültig vernichtet, ja ausgerottet wurde die Tudeh-Partei Anfang der achtziger Jahre von Ajatollah Chomeini, dessen Furor dem stalinistischen kaum nachstand. Kurz zuvor, während der Islamischen Revolution, für die sie mitmarschiert waren, hatten sich die iranischen Kommunisten wieder einmal der Macht ganz nahe gewähnt. Wirklich wie Vögel sehen die Ölpumpen aus, vor Fett triefende, schwarz glänzende Vögel auf dürren Beinen und mit langem Hals, die den Schnabel nicht voll bekommen von den Schätzen, die im Boden begraben liegen.

Die Welt ist nicht genug ist in der apokalyptisch wirkenden Szenerie gedreht worden, der Bond-Film von 1999, und demnächst soll der autofreie Boulevard bis hierhin fortgeführt werden mitsamt Palmen, Stränden und Cafés, damit Baku noch ein paar Kilometer länger für Miami gehalten werden kann.

Wir fahren an der Küste entlang zurück Richtung Stadt, bis wir das ehemalige Gelände der Marine erreichen, das in eine Kulturmeile verwandelt worden ist. Mitsamt dem Nachtclub, der eine der großen Hallen belegt, gehört sie für Sabina zum besten, was das neue Baku zu bieten hat. Mögen dort auch nicht ihre Platten aufgelegt werden, sondern elektronische Musik, bekomme sie mit, wie wichtig der Club für viele junge Aserbaidschaner geworden sei. So ähnlich könnte ich es über die Ausstellung sagen, durch die mich der Direktor von Yarat führt, der Belgier Björn Geldhof: Mögen Videos und Installationen nicht eben meinen Kunstsinn treffen, spüre ich dennoch, wie ernsthaft die ausgestellten Arbeiten sind. Fast alle beschäftigen sie sich mit der jüngeren Geschichte Kasachstans, die wie in den meisten ehemaligen Sowjetrepubliken mit zahlreichen Tabus belegt zu sein scheint. Alaksandr Ugay hat ein großes Holzboot hochkant aufgestellt, das mit Schubladen gefüllt ist wie ein alter Büroschrank; öffnet man sie, findet man Briefe, Photos und andere Dokumente der Koreaner, die 1938 von Stalin nach Kasachstan deportiert wurden. Nurahmet Nurbol hat drei Gesichter mit geschlossenen Augen oder leeren Augenhöhlen auf eine Leinwand gemalt, in ihrer Ästhetik christlichen Ikonen ähnlich, drei mal dreieinhalb Meter groß und in einem Eck aufgehängt, die ein beklemmendes Sinnbild der Angst, der Repression, der Sprachlosigkeit ergeben. Baxit Bubinakova stellt mit ihrem nackten, ausgemergelt wirkenden Körper in ihrem kleinen Apartment heroische Posen sowjetischer Geschichtsgemälde nach. Wie immer man die Ausstellung findet, drastisch, plakativ oder obszön, stiftet sie jedenfalls zur Nachfrage, zur Diskussion und sei es zum Widerspruch an, und genau das ist es, was sie bezwecken will, sagt Björn Geldhof, der ein sehr enthusiastischer Museumsdirektor ist. Siebentausend Besucher hätten sie inzwischen im Monat, dazu zweitausend Schulkinder, und immer stünden junge, aufgeweckte Mitarbeiter bereit, um Fragen zu beantworten oder selbst welche zu stellen. Auch in den angrenzenden Vierteln, die unter der Gentrifizierung leiden, schwärmten die Mitarbeiter aus, um den Bewohnern zu vermitteln, daß Yarat auch ihr Zentrum sei, ein Ort der Begegnung und des nachbarschaftlichen Austauschs, der bei allem ästhetischen Anspruch nichts Abgehobenes habe. So wenig ich von Museumspädagogik verstehe, merke ich rasch, daß Geldhofs Enthusiasmus etwas Ansteckendes hat.

«Wäre eine Ausstellung denkbar», frage ich, «die sich ähnlich wie die kasachische mit der aserbaidschanischen Geschichte auseinandersetzt?»

«Vermutlich nicht über alle Aspekte. Anderseits läßt sich vieles aus der Ausstellung auf Aserbaidschan übertragen.»

«Das heißt, den Krieg in Bergkarabach könnte eine Ausstellung nicht thematisieren? Oder die Pogrome gegen Armenier?»

«Es gibt Grenzen, innerhalb derer wir als Museum tätig sein können, das ist ganz klar. Man kann sagen: Das akzeptiere ich nicht. Dann arbeite ich wieder in Europa oder sonstwo auf der Welt. Aber man kann auch dazu beitragen, diese Grenzen nach und nach zu verschieben. Womit hat man mehr für die Freiheit getan? Wir sind kritisch, aber wir sind keine Partisanen. Das ist nicht unsere Rolle.»

Wir sind schon wieder im Auto, da sagt Sabina, daß so viel Geld verpulvert werde für Megaprojekte, Stadien für Wettkämpfe, die einmal und nie wieder ausgetragen würden, eine Konzerthalle allein für einen idiotischen Schlagerwettbewerb oder der jährliche Umbau der Innenstadt zu einer Rennstrecke, an der kaum ein Aserbaidschaner steht. Aber das Yarat und überhaupt die Kulturmeile südlich des Fahnenmastes gehörten zu den Orten in Baku, die von dieser Zeit blieben, wenn die Herrscher schon wieder Geschichte sind.

«Gibt es noch andere?»

«Ja», meint Sabina entschieden und fährt zu einem Monument, das von dieser Herrschaft für die Welt bleiben wird: ein strahlend weißes Gebäude, das aus einigen Blättern turmhoch gewellten Papiers zu bestehen scheint; dabei gehen die Betonlagen in den Boden über, so daß man als Betrachter praktisch auf den Wänden entlanggeht. Es ist das Heidar-Aliyew-Kulturzentrum, das die irakisch-britische Architektin Zaha Hadid 2012 entworfen hat, ein atemberaubend eleganter Palast, den selbst ein Reaktionär wie ich in die Reihe der großen Bauwerke der Architekturgeschichte stellt. Mag sein, daß er mitten in Baku ebenfalls wie ein Unbekanntes Flugobjekt wirkt. Aber anders als die Teppichrolle und erst recht als die Formel 1 ist Zaha Hadids Bau von einem wunderschönen Stern.

Um so mehr ernüchtert das Innere des Kulturzentrums. Nicht nur scheint Zaha Hadid die Inspiration ausgegangen zu sein, so daß die Hallen recht beliebig wirken, hohe Decken und breite Treppen, die Kaffeebar mit halbrunder Theke und alles in Weiß, wie Museumsarchitektur heute eben ist. Vor allem sind die Ausstellungen selbst von einer grotesken Einfallslosigkeit. Da geht man an blinkenden Schaukästen und technisch hochgerüsteten Projektionen vorüber, die Aserbaidschans schmerzensreiche Vergangenheit zu einem Triumphmarsch umdeuten. Die Niederlage der ersten unabhängigen Republik blendet die Ausstellung ebenso aus wie den Großen Terror; dafür wird das Massaker der armenischen Armee in Chodschali, bei dem 1992 nach unterschiedlichen Angaben zweihundert bis sechshundert Aserbaidschaner starben, in einem eigenen *Memorial Complex* zu einem Genozid erklärt und Haydar Aliyew als Telos der Geschichte gefeiert. Dessen Devotionalien sind gleich auf mehreren Etagen zu besichtigen, von seinem Smoking über seinen Schreibtisch bis hin zu seinen Dienstwagen und den albernen Geschenken, die man als Präsident von Staatsgästen erhält. In einer weiteren Ausstellung sind die Sehenswürdigkeiten Bakus als Modelle nachgebaut, und im Museumsshop werden Halstücher und Hüllen fürs iPhone verkauft, die von der Präsidententochter persönlich entworfen worden sind. Eine Zaha Hadid wird vermutlich nicht aus der jungen Frau.

«Das läßt sich alles austauschen», denkt Sabina Shikhlinskaya bereits an die Zukunft, wenn in dem Museum einmal Kunst ausgestellt werden wird: «Hauptsache, das Gebäude steht.»

Zum Essen bin ich mit dem Schriftsteller Akram Aylisli verabredet, der 2012 mit dem Roman *Steinträume* jenes Tabu gebrochen hat, an das kein Museum sich traut: Er hat von den Armeniern erzählt, die nach dem Beschluß der Partei- und Gebietsorgane Bergkarabachs, sich Armenien anzuschließen, Ende der achtziger Jahre in Aserbaidschan vertrieben oder totgeprügelt worden sind. Als der Held des Romans, der Schauspieler Sadai Sadygly, bei einer Menschenjagd einschreiten will, wird er selbst zusammengeschlagen. Auf der Intensivstation träumt Sadai von seiner Kindheit im Dorf Aylis, dem Heimatdorf von Akram Aylisli selbst, in dem

Christen und Muslime einst in Freundschaft zusammenlebten. Nachdem der Roman in Moskau erschien, erkannte Präsident Aliyew dem Schriftsteller den höchsten Orden des Landes ab und strich ihm die Ehrenrente. Politiker riefen zu seiner Verfolgung auf, im Fernsehen hagelte es Beleidigungen, er wurde mit einem Ausreiseverbot belegt und aus dem Schriftstellerverband ausgeschlossen, seine Bücher nicht nur verboten, sondern öffentlich verbrannt und aus allen Bibliotheken entfernt, seine Stücke von den Bühnen verbannt. Auch Aylislis Frau und sein Sohn verloren ihre Arbeit. Dabei dürfte die provokanteste Szene des Romans nicht einmal das Pogrom selbst sein, ebensowenig die Erinnerung an den Völkermord nach 1915: «Wenn man für jeden getöteten Armenier eine Kerze anzünden würde, dann wäre das Licht dieser Kerzen heller als das Licht des Mondes.» Es ist eine Art Konversion: Sadai träumt auf der Intensivstation, daß er das Gebet der alten Aikanisch versteht, die als eine der wenigen Armenierinnen im Dorf den Einmarsch der türkischen Soldaten überlebt hat – und ohne es zu merken, bekreuzigt er sich selbst. «Nie wieder sollte Sadai Sadygly die Welt in so unvorstellbar hellem Licht sehen, aber auch nie den Glauben verlieren, daß in Aylis ein Licht existierte, das es eben nur in Aylis gab. Nach Sadais fester Überzeugung mußte es einfach da sein: Das obere Aylis erstreckte sich in Länge und Breite wahrscheinlich nur sechs oder sieben Kilometer. Und wenn die Menschen, die einst auf diesem überschaubaren Flecken zwölf Kirchen errichtet und neben jeder ein kleines Paradies geschaffen hatten, wenn sie nicht wenigstens ein Quentchen von ihrem Licht hinterlassen hatten, wozu brauchte der Mensch dann Gott?»

Aylisli, der für seine Literatur einen so hohen Preis gezahlt hat, ist auch im Privaten ein großzügiger Mensch. Statt mir seine Adresse zu geben, bestand er darauf, mich selbst aus der Innenstadt abzuholen, wo wir nichts Vernünftiges zu essen bekämen, sondern nur so ein neumodisches Zeug. Und als ich die Kreuzung, an der wir verabredetet sind, erst mit einer dreiviertel Stunde Verspätung erreiche, weil ich mich ein ums andere Mal in den Absperrungen der Formel 1 verlaufen habe, ist Aylisli kein bißchen schlecht gelaunt: ein kleiner Herr mit schmalen, tiefdunklen Augen und Seitenscheitel im weißen Haar, Bundfaltenhose und kurzärmeligem Hemd, der jeden Satz lächelnd ausspricht. Welcher deutsche Schriftsteller hätte solche Langmut mit einem ausländischen Berichterstatter, der ihn eine dreiviertel Stunde in der Sommerhitze warten läßt? Ich sicher nicht.

Wir setzen uns in eines der Taxis, die warum auch immer in Baku so aussehen wie Londoner Cabs, verlassen auf Schleichwegen die Innenstadt und fahren an Plattenbauten vorbei, die keine neuen Fassaden erhalten haben. Und selbst jetzt, da er davon erzählt, wie er vom geachtetsten Dichter des Landes über Nacht zum Paria geworden ist, hört Akram Aylisli nicht auf zu lächeln. Am tiefsten habe ihn die Reaktion seiner Kollegen und des Schriftstellerverbandes getroffen, der ihn zum «Feind der Nation» ausgerufen und sein Photo im Verbandshaus abgehängt habe.

«Die Schriftsteller, der Verband – das war doch meine eigene Familie.»

Nur einige jüngere Autoren hätten sich auf seine Seite gestellt, wie überhaupt die Jugend viel mutiger als seine eigene Generation sei. Vor noch Schlimmerem hätten ihn vermutlich die Proteste im Ausland bewahrt.

«Haben Sie mit diesen Reaktionen gerechnet, als Sie den Roman veröffentlichten?»

«Ich wußte natürlich, daß da einiges auf mich zukommen würde, aber daß es so weit geht – nein, das habe ich mir nicht vorstellen können. Um ehrlich zu sein: Ich dachte, meine Prominenz würde mich schützen, mein Orden, auch mein Alter. Mit einem jüngeren Autor würden sie so etwas machen, aber nicht mit mir. Eben deshalb dachte ich, ich müsse vorangehen.» Aylisli schaut aus dem Fenster, als überlege er, ob er dennoch richtig gehandelt habe. «Nun gut», seufzt er dann mehr kopfschüttelnd als empört, «am Ende ist es für einen Schriftsteller eine größere Ehre als jeder Orden, wenn ihm widerfährt, was einem Pasternak widerfahren ist.»

Als wir aus dem Taxi steigen, spricht der Fahrer Akram Aylisli mit Namen an.

«Sie kennen ihn?» frage ich den Fahrer.

«Jeder kennt Herr Aylisli», antwortet der Fahrer mit Inbrunst, worauf Aylislis Lächeln zu einem glücklichen Lachen wird.

Im Restaurant – einem Gartenlokal, das zwischen Wohntürmen aus der Sowjetunion eine unverhoffte Idylle schafft – lädt der Schriftsteller die Kellner mit großer Geste ein, den Tisch zu füllen mit allen vorrätigen Spezialitäten. Kurz wägt er meinen Vorschlag ab, einen einheimischen Wein zu bestellen, um dann zu entscheiden, daß man besser gut als patriotisch trinkt. Das Essen in Baku ist mit seinen süßen oder säuerlichen Reisgerichten fast schon identisch mit der iranischen Küche. Nein, umgekehrt, würden die vielen Aserbaidschaner in Iran sagen: Die Perser haben unsere Gerichte übernommen.

Ich frage Akram Aylisli, ob er in seinem Roman das wirkliche Aylis beschrieben hat oder eines, das nur in der Phantasie existiert.

«Es ist eins zu eins die Wirklichkeit. Es ist das Aylis, das ich als Kind gesehen habe, das Aylis, von dem meine Mutter erzählt hat.»

«Erzählte sie auch vom Herbsttag 1919, als türkische Soldaten die Armenier von Aylis in einem ‹See aus Blut› ertränkt haben?» Der Ausdruck ist aus dem Roman selbst.

«Ja, natürlich, das hatten alle vor Augen. Sie hat ja nie unfreundlich von den Armeniern gesprochen, im Gegenteil: Meine Mutter hat die Armenier vermißt.»

«Würden Sie die Ereignisse ab 1915 als ‹Genozid› bezeichnen?»

«Ja, ich denke schon. Nazim Hikmet hat das Wort ausgesprochen, Orhan Pamuk ebenso. Die Klügsten in der Türkei haben es Genozid genannt. Nur in Aserbaidschan niemand. Und das war bereits 1988 ein Problem: Kein Armenier hatte vergessen, was zwischen 1915 und 1919 geschehen war. Das erklärte ihr Verhalten: Sie wollten nicht, daß sich die Geschichte wiederholt.»

Aylisli erinnert daran, daß die armenische Bevölkerung in der Autonomen Republik Nachitschewan, die südwestlich von Armenien liegt, aber zu Aserbaidschan gehört, über die Jahrzehnte fast vollständig verdrängt worden war.

«Die Aseris hatten überhaupt kein Bewußtsein dafür, was die Armenier erlitten hatten. Deshalb verstanden sie die Reaktion nicht. Ja, die Armenier fingen den Konflikt an, indem sie Bergkarabach für sich beanspruchten. Aber zur Wahrheit gehört, daß unsere Leute sie zuerst attackiert haben, nicht sie uns.»

«Und haben Sie das ebenfalls mit eigenen Augen gesehen?»

«Ich kann nicht über etwas schreiben, was ich nicht selbst erlebt habe. Alles, was im Buch steht, habe ich mit eigenen Augen gesehen. Alle haben es gesehen.»

«Wie erklären Sie sich den Ausbruch von Haß?»

«Das war wie ein kollektiver Wahn, eine Psychose. Keiner hat verstanden, was er gerade macht. Alle rannten plötzlich in dieselbe Richtung, wie eine Herde, die blind einem Leittier folgt. Es waren ja auch die Gorbatschow-Jahre, das darf man nicht vergessen; alles war teurer geworden, nur Menschen waren nichts mehr wert. Jeder konnte sie sich kaufen, und ein paar haben genügt, um die Gewalt zu entfesseln. Ich begreife nicht, warum man Gorbatschow in Deutschland so verehrt. Für mich war jeder Tag zwischen 1988 und 1990 eine persönliche Tragödie. Jeder einzelne Tag.»

«Inwiefern eine persönliche Tragödie? Wurden Sie auch selbst attakkiert?»

«So viele meiner Freunde mußten gehen. Meine Freundschaften mit Armeniern sind mir mehr wert als die Unabhängigkeit.»

«Sie sagten, daß alle das gesehen haben. Was passiert mit einer Gesellschaft, wenn sie etwas Schreckliches sieht, manche sogar Schreckliches begehen – und niemand darüber spricht?»

«Sie wird teilnahmslos. Sie wird apathisch. So wie meine Generation. Wie meine Kollegen.»

Er habe nicht anklagen oder ein Urteil über seine Gesellschaft fällen wollen, fährt Aylis fort: Er habe die Möglichkeit eröffnen wollen, zur Sprache zu finden. Deshalb sei der Held des Buches kein Armenier, sondern ein Aserbaidschaner, der sich menschlich verhält. Mit ihm könne sich jeder identifizieren. Und deshalb spreche der Roman auch das Leid der Aserbaidschaner an, die sämtlich aus Armenien und Bergkarabach vertrieben worden sind.

Ja, das ist eine weitere großartige Szene der *Steinträume*: Sadai selbst, der sich bis hin zur Sprache und zur Religion den Opfern anverwandelt, will zwar nichts davon hören, aber seine Frau erinnert ihn daran, daß Haß und Gewalt auf beiden Seiten existieren und die Armenier «auf uns spukken, nur weil sie uns auch für Türken halten. Wenn die Türken euch massakriert haben, dann geht hin und rechnet mit ihnen ab, was haben wir mit ihnen zu tun? Was macht diese armenischen Schreihälse besser als unsere eigenen? Warum denkst du nicht darüber nach, mein Lieber? Du bist ja gar nicht mehr du selbst, seit das alles angefangen hat.»

Gewiß ist Sadai traumatisiert und seine Sicht auf die Ereignisse subjektiv. Er klagt nur eine Seite an, nämlich die eigene. Aber ist das nicht die Aufgabe der Literatur: die Kritik am Eigenen, nicht am anderen, erst recht, wenn der andere ohnehin zum Feind, zur Bedrohung, zum Barbaren erklärt wird? Und gleichzeitig schafft Literatur einen Raum, in dem sich verschiedene Stimmen erheben: auch die Stimme von Sadais Frau, die in ihrem Widerspruch ebenfalls recht hat.

«Ja, es gibt viele Wahrheiten», sagt Akram Aylisli, da ist unser Tisch längst mit den Süßspeisen bedeckt, aber das Lächeln dann doch aus seinem Gesicht verschwunden: «Jeder hat etwas anderes gesehen. Und zugleich weiß jeder, was geschehen ist. Jeder weiß es. Ich wollte nicht sterben, ohne es endlich ausgesprochen zu haben.»

«Glauben Sie, daß sich die Grenze zu Armenien je wieder öffnen wird?»

«Ja, aber ich kann kein Datum nennen. Erst müssen wir uns selbst ändern. Solange wir einen Staat haben, in dem zehn Prozent Diebe über den Rest der Bevölkerung herrschen, wird überhaupt nichts geschehen.»

«Ist es in Armenien anders?»

«Nein, dort ist es genauso», sagt Aylisli und lacht wieder: «Da sind wir uns sehr ähnlich.»

«Werden Sie die Öffnung der Grenze noch erleben?»

«Ich wünsche es mir», antwortet der Schriftsteller und macht eine Pause, während der sein Gesicht ein weiteres Mal ernst wird: «Ich glaube, ich wäre längst tot, wenn ich nicht daran glauben würde.»

«Auf Ihre Gesundheit also», erhebe ich das Glas georgischen Weins, den ich als braver Deutscher gegen den französischen durchgesetzt habe, damit wenigstens die Ökobilanz stimmt, wenn schon nicht der Patriotismus.

Da lächelt Akram Aylisli wieder: «Meine Bücher wurden verbrannt, meine Frau und mein Sohn haben ihre Arbeit verloren, ich wurde bedroht und beschimpft, meine Kollegen und Freunde haben sich von mir abgewandt. Aber sehe ich wie ein trauriger Mensch aus?»

«Nein, das tun Sie wirklich nicht. Auch wenn ich das erstaunlich finde. Wie gelingt Ihnen das?»

«Ich habe doch schon gewonnen: Das Buch ist erschienen, das kann niemand mehr rückgängig machen. Es wurde sogar in viele Sprachen übersetzt. Am Ende hat es dem Buch wahrscheinlich sogar genutzt, daß sein Autor attackiert worden ist. Ich habe gewonnen: Es ist endlich gesagt, was geschehen ist. Das war alles, worum es mir ging.»

Und ich denke, daß Akram Aylisli recht tut, jeden, fast jeden Satz mit einem Lächeln zu sprechen. Und daß seine *Steinträume* ebenfalls zu den Büchern gehören, die man noch in hundert Jahren lesen wird, wenn niemand in der Welt sich mehr an den Präsidenten erinnert.

Einundvierzigster Tag

Vor dem Literaturmuseum blickt der Dichter Nizami über die Absperrungen hinweg grimmig auf die Rennstrecke herab. Zwar verfaßte er seine Versepen auf persisch, aber weil er 1141 in Gandscha zur Welt kam, wird er in Aserbaidschan als Nationaldichter verehrt. Auch die Literaten des neunzehnten und frühen zwanzigsten Jahrhunderts, die an den Außenwänden des Museums auf Bildern und Büsten verewigt sind, gehören zu einem guten Teil der persischen Literatur an. Dennoch hat Aserbaidschan allen Grund, sie zu feiern, schließlich haben sie nicht nur auf dem Boden des heutigen Staates gelebt, sondern überhaupt erst die Grundlage für die Nation geschaffen. Wie Deutschland oder Weißrußland war auch Aserbaidschan anfangs eine sehr literarische Idee. Sie verstanden sich als Nationalisten, die Dichter, Romanciers und Dramatiker, die ihr Volk in die Moderne führen wollten, ja, und doch in einem anderen Sinne, als es im Laufe von zwei Weltkriegen üblich geworden ist; allein schon das Wort Volk hatte noch einen anderen, emanzipatorischen Klang, als es noch nicht zum Völkischen mutiert war, das mit Gemeinschaft ausschließlich die eigene Rasse, Sprache und Religion meint. Mirza Fathali Akhundov etwa, nach dem heute die Nationalbibliothek benannt ist, hat nicht nur das erste lateinische Alphabet für Turksprachen entworfen und mit seinen Romanen Mitte des neunzehnten Jahrhunderts die aserische Prosa begründet. Er war zugleich ein führender Vertreter der persischen Nationalromantik und wird als Mirza Akhundzadeh von den säkularen Kräften in Iran bis heute als Aufklärer und Religionskritiker verehrt. Daß er die europäische Philosophie und Literatur bewunderte, verstand sich für einen orientalischen Nationalisten des neunzehnten Jahrhunderts von selbst. Alles, was in St. Petersburg oder Moskau geschrieben oder übersetzt wurde, haben auch die Intellektuellen in Baku verschlungen, die russisch lasen, türkisch sprachen, persisch schrieben. Nationalismus bedeutete also nicht, sich für eine einzige Nation zu entscheiden, das eigene Land über andere zu stellen oder sich nur mit Angehörigen der eigenen Ethnie, Sprache oder Religion zu verbünden; es konnte einmal das Bekenntnis zu einer Humanität sein, die sich aus vielen Kulturen speiste und gegen jedwede Unterdrückung wandte, ob sie kolonial oder autochthon war.

Nicht nur aus Paris oder Istanbul, sondern auch aus Baku, Gandscha oder Tiflis, wo die persische Kultur tiefe Wurzeln geschlagen hatte, aber die Zensur des Schahs nicht hinreichte, drangen die Ideen der Moderne nach Iran. So kam es, daß nicht die Hauptstadt Teheran, sondern Täbris, das im aserbaidschanischen Teil Irans liegt, zum Umschlagplatz der Aufklärung in Iran wurde und 1906 zum Zentrum der Konstitutionellen Revolution. In den Vitrinen sind die persischen Zeitungen Bakus ausgestellt, die sich mit einer heute kaum noch glaublichen, seinerzeit selbst in Europa seltenen Radikalität für Freiheit, Säkularisierung und die Rechte der Frau einsetzten. Die Zeitschrift *Molla Nasreddin*, benannt nach dem Eulenspiegel der volkstümlichen Literatur, verbreitete die ersten religionskritischen Satiren und Karikaturen der Islamischen Welt. Ein Besucher, der mich vor der Vitrine auf persisch anspricht, als er erkennt, daß ich die Schrift lesen kann, erzählt, daß der Chefredakteur von *Molla Nasreddin*, Mirza Jalil, zusammen mit seiner Frau vor den Russen nach Iran geflohen war. Dessen Rückständigkeit dort mißfiel ihm jedoch so sehr, daß er sich weigerte, persisch zu sprechen. Schon an der Grenze war er entsetzt zu sehen, daß die Frauen tief verschleiert waren und hinter den Männern hergingen. Zu allem Überfluß war auch noch Ramadan, und das ganze Land fastete. Mirza Jalil kehrte zurück nach Baku und gründete *Molla Nasreddin*, um den Mullahs hundert Jahre vor Salman Rushdie und *Charlie Hebdo* auf der Nase herumzutanzen.

Ist den Menschen noch bewußt, wie eng Aserbaidschan und Iran einmal miteinander verflochten waren? Nein, sagt der kundige Besucher, Professor für Geschichte an der Universität, heute gebe es kaum noch Austausch; selbst das großartige iranische Kino werde in Baku nur selten gezeigt. Man wisse mehr über die Zeit von Nizami oder europäische Autorenfilmer als über die iranische Gegenwartskultur.

Das liegt nicht nur an der Sowjetunion, die Aserbaidschan gründlicher russifiziert hat als die hundertjährige Herrschaft der Zaren, sondern hat auch einen aktuellen politischen Grund: Obwohl beide Länder schiitisch sind und Aseris nach den Persern die größte Volksgruppe Irans bilden, hat sich die Islamische Republik im Konflikt um Bergkarabach von Beginn an auf die Seite des christlichen Armenien gestellt. Daß Iran den Genozid an den Armeniern lange vor dem Deutschen Bundestag anerkannt und sogar den 24. April als offiziellen Gedenktag mit Umzügen der armenischen Gemeinden im Kalender hat, drückt nicht nur den Respekt vor der eigenen armenischen Minderheit aus, die seit jeher in hohem Ansehen steht; es ist zugleich ein realpolitischer Affront gegen Aserbaidschan, dem Iran vorwirft, den Separatismus der aserischen Iraner zu befördern (so wie umgekehrt Aserbaidschan Iran unterstellt, seinen Staatsislam zu exportieren). Bei Kurban Said alias Lew Abramowitsch Nussimbaum alias Essad Bey hingegen kämpft derselbe Ali, der die Georgierin Nino liebt, gegen die russische Kolonialherrschaft in Aserbaidschan und wird in Iran Teil der Bewegung, die sich gegen das reaktionäre Regime der Kadscharen auflehnt: «Persien ist wie die ausgestreckte Handfläche eines greisen Bettlers. Ich will, daß die ausgedörrte Handfläche zur geballten Faust eines Jünglings wird.» Beide Aufbrüche scheiterten, die aserbaidschanische Unabhängigkeit wie die Parlamentarische Demokratie in Iran: Während Baku nach dem kurzen Intermezzo der Demokratischen Republik, die säkular verfaßt war und früher als viele europäische Staaten das Frauenwahlrecht einführte, in der Sowjetunion aufging, verwandelte der Kosakenführer Reza Pahlewi die konstitutionelle Monarchie in Iran 1925 zurück in eine Diktatur. «Vater, Asien ist tot, unsere Freunde sind gefallen und wir vertrieben», klagt Ali, kurz bevor er auf dem Schlachtfeld stirbt und die Liebe so tragisch endet, wie es sich für einen Roman gehört. «Du bist ein tapferer Mann, Ali Khan», tröstet ihn der Vater. «Aber was ist Mut? Auch Europäer sind mutig. Du und alle, die mit dir kämpften, ihr seid ja keine Asiaten mehr. Ich hasse Europa nicht. Mir ist Europa gleichgültig. Du haßt es, weil du selbst ein Stück Europa in dir trägst. Du besuchst eine russische Schule, du kannst Latein, du hast eine europäische Frau. Bist du noch in Asien? Hättest du gesiegt, würdest du selbst, ohne es zu wollen, Europa in Baku eingeführt haben.»

Nicht weit von der Statue Nizamis, im Marionettentheater, das auf der anderen, der inneren Seite der Altstadtmauer liegt, wird gerade sein Versepos *Leila und Madschnun* geprobt; Üzeyir Hacıbəyov hat aus der tragischen Geschichte der Nachtgleichen, *leylâ*, die einem feindlichen Stamm angehört, und des Prinzen, der vor Liebe verrückt, *madschnun*, geworden ist, 1908 die erste aserische Oper überhaupt komponiert. Die instrumentalen Passagen flechten überraschend schlüssig die orientalischen Intervalle und Saiteninstrumente in die europäische Symphonik ein, und dazwischen liegen die Gesangsimprovisationen über die Verse von Nizami, die jedem das Herz zerreißen, der die Maqam-Musik liebt. Natürlich hat die Oper die Gesten des neunzehnten Jahrhunderts konserviert, die in «werktreuen» Aufführungen heute oft falsch oder gar albern wirken, aber dadurch, daß es so schöne wie zerbrechliche Marionetten sind, die sich an die hölzerne Brust greifen oder vor der Geliebten klapprig auf die Knie gehen, durch die Verfremdung also (die Marionettenspieler sind durchgehend auf der Bühne zu sehen), können die Gefühle so groß bleiben, wie sie es in der persischen Liebesmystik und der frühen Verliebtheit nun einmal sind; sie müssen nicht auf Fernsehspielmaß heruntergedimmt werden, wie es in modernen Inszenierungen häufig geschieht, um dem Pathos zu entgehen. Im dunklen, leeren Parkett des Bakuer Marionettentheaters stelle ich mir ein Bayreuth vor, in dem Tristan und Isolde jung und kompromißlos von Marionetten gespielt würden statt von ältlichen Sängern in Businessanzügen, die hinterm Schreibtisch verschämt den Liebestod sterben.

Vom Gesang und den Puppen noch ganz verzaubert, nehmen wir uns ein Taxi, um weiter in der Geschichte zurückzufahren als je auf dieser Reise: Die Steinmalereien von Qobustan, etwa dreißig Kilometer südlich von Baku, sind bis zu fünfzehntausend Jahre alt. Auf der Autobahn behindern zum Glück nur wenige Mauerabschnitte die Sicht, so daß wir links aufs Meer und rechts auf die Wüste schauen, links auf die Ölplattformen, rechts auf die hohen Gasflammen. Solch ein Panorama aus Natur und Technik haben wohl nur wenige Länder zu bieten. Die Malereien, die Ende der dreißiger Jahre ein Arbeiter zufällig entdeckt hat, just als Archäologen überall in der Sowjetunion erschossen wurden oder in den GULAGs verschwanden, liegen in einem zerklüfteten Gebirge, das sich über der Küste erhebt. Bis dahin habe es in Aserbaidschan praktisch keine Archäologie gegeben, erklärt der Leiter des Museums, Fikrat Abdullayev, warum der Staat die Ausgrabungen seinerzeit geduldet hat; vermutlich hätten die verantwortlichen Kommissare in Baku schlicht nicht gewußt, daß die Archäologie subversiv sei. Schließlich habe nicht in der Zeitung gestanden, wen die Schwarzen Raben abholen.

Nachdem mich Abdullayev zu den Tänzern, Müttern, Jägern, Trauernden oder Betern geführt hat, die auf die großen Felsen gemalt sind, frage ich, ob man ein anderes Zeitgefühl bekomme, wenn man sich jeden Tag zwischen den Zeugnissen von vor achttausend-, zehntausend- oder sogar fünfzehntausend Jahren bewegt. Nichts ist von den Menschen geblieben, die hier getanzt, Kinder geboren, Eltern begraben, für ihren Lebensunterhalt gesorgt und Götter verehrt haben, keine Siedlungen, keine Sprachen, keine Geschichten, nicht einmal ihre Namen sind bekannt oder auch nur der Name ihres Volks, nur einige Zeichnungen, die sie hinterlassen haben, und so unscheinbar, daß man als Wanderer an ihnen vorübergehen würde, wenn keine Tafel auf sie hinwiese.

«Ja, natürlich», antwortet Abdullayev: «Sie bekommen einfach das Gefühl, daß es alles schon immer gab.»

«Aber im zwanzigsten Jahrhundert ist so viel passiert, gerade in dieser Gegend der Welt: Revolutionen, Kriege, Systemwechsel, Vertreibungen, was weiß ich.»

«Das meine ich ja: Von hier aus betrachtet, ist das alles nur ein kurzer Augenblick. Und ich bin sicher, daß es das alles auch schon früher gegeben hat, Revolutionen, Kriege, Systemwechsel, Vertreibungen.»

«Das heißt, die Welt wird auch nicht besser oder schlechter.»

«Nun, seit fünfzehntausend Jahren glaubt man, daß die Vergangenheit besser war.»

«Aber an der Wende zum zwanzigsten Jahrhundert sah man in der Zukunft das Heil.»

«Wie gesagt, so ein Jahrhundert ist nur ein winziger Augenblick, der zählt überhaupt nicht.»

«Und was glauben Sie selbst?»

«Was meinen Sie?»

«Glauben Sie auch, daß die Vergangenheit besser war?»

«Ich bin jetzt alt, früher war ich jung. Deshalb glaube ich ebenfalls, daß die Vergangenheit besser war. So einfach ist das.»

Abends streife ich zum letzten Mal durch Bakus Neustadt, die gerade mal hundert Jahre alt ist. Inzwischen kenne ich den Verlauf der Rennstrecke und weiß, wie ich von hier nach dort gelange und wo die Formel 1 nicht stört. Und ja, ich bin dann doch eingenommen von den Plätzen und Boulevards, obwohl sie für mein sentimentales Gemüt weiterhin zu herausgeputzt sind. Nach dem anarchischen Kapitalismus von Tiflis, der an jeder Ecke etwas anderes aus dem Boden schießen läßt, wäre ich fast so weit, die Vorteile einer autoritären Stadtplanung anzuerkennen, wenn nur der Denkmalschutz genauso ernstgenommen würde wie das Andenken des Präsidentenvaters. Sicher, bei einem Preis von drei Euro für ein Bier und acht Euro für eine Wasserpfeife ahnt man, daß nicht das gemeine Volk in den Cafés und Restaurants sitzt – aber war das etwa anders, als Baku in die Moderne trat? Und die Tische in den unzähligen Terrassen sind alle belegt, die Promenaden jeden Abend voll. Jedenfalls dort, wo sich der Tourismus konzentriert, wirkt die Stadt auch fast wieder so kosmopolitisch wie einst, Iraner, Russen, Türken, Israelis, Araber, Westeuropäer und diese Woche die Besucher der Formel 1, die ein ganz eigenes Völkchen sind, betucht genug, um den Rennautos nachzufliegen, aber das Gegenteil von glamourös, Männer wie Frauen selbst im vorgerückten Alter noch mit Trägershirts, Bermudas und Tattoos. Den Einheimischen ist es gleich, zumal den jungen, die sich vielleicht nur ein Eis leisten können oder mit Getränken aus dem Supermarkt der Gitarre zuhören, die einer von ihnen auf einer Parkbank spielt; was immer sie über diese Zeit und ihre Herrschaft denken mögen, sie genießen sichtbar den Glanz, in dem Baku wieder erstrahlt oder jedenfalls das Zentrum, die Promenade am Kaspischen Meer und die Strecke bis zum Flughafen, wo sie nicht zwischen Mauern hindurchführt.

Zweiundvierzigster Tag

Vor dem Abflug bin ich wieder in einer Synagoge. Neben allem, was die Künstlerin Sabina Shikhlinskaya kritisiert, findet sie in Aserbaidschan ausgerechnet das jüdische Leben mehr als nur toleriert, nämlich sicher und entspannt. Dabei sind ihre eigenen Eltern wie viele Juden Hals über Kopf aus Baku geflohen, als Ende der achtziger Jahre der Nationalismus aufflammte, aber das lag weniger an ihrer Religion, meint Sabina, genau gesagt der ihres Vaters (Sabinas Mutter ist muslimisch), als am Russischen, das zu sprechen plötzlich gefährlich gewesen sei. Sabina ist geblieben und bereut die Entscheidung nicht. Sie mag ihr Land, sie mag auch das heutige Baku sehr, deshalb ist es ihr wichtig, mir nicht nur den Schatten zu zeigen, in dem Aserbaidschans Geschichte liegt. Nachdem ich das Jiddische als lebendige Sprache gehört hatte, schrieb ich in Odessa mit einigem Pathos, daß es vielleicht keinen besseren Maßstab als das jüdische Leben gebe, um zu beurteilen, ob Europa doch noch gelingt. Aber so einfach ist es wohl nicht, sehe ich in Aserbaidschan ein, das seinen Bürgern zwar keine Freiheit, den Juden jedoch eine sichere Heimat gibt. Die Regierung hat nicht nur den Neubau der Synagoge unterstützt, sondern pflegt beste Beziehungen zu Israel, während sie den Islamismus mit eiserner Faust bekämpft. Benjamin Netanjahu war auch schon zu Besuch, wie ein großes Photo in der Eingangshalle zeigt. Einträchtig sind die aserische und die israelische Flagge nebeneinander gehißt – in welchem islamischen Land gäbe es das sonst?

«Alle Juden hier haben zwei Pässe», sagt Milikh Yewdayew fröhlich, der zugleich Rabbiner und Gemeindevorsteher der Bergjuden in Baku ist: «Alle.»

Anders als die aschkenasische Gemeinde, auf die Yewdayew etwas abschätzig zu blicken scheint, legten sie Wert auf ihre Tradition, ihre Sprache und auch ihre Heimatdörfer; deshalb kehrten selbst jene regelmäßig zurück, die heute in Israel leben. Da die Bergjuden seit jeher wohlhabend seien, könnten es sich die meisten auch leisten. Dann führt Yewdayew mich stolz durch alle Räume und zeigt mir auch die Küche, wo muslimische und jüdische Angestellte schnackend das Frühstücksgeschirr spülen. So selten ich in Aserbaidschan Kopftücher gesehen habe, auf der gesamten Reise seltener als an einem einzigen Nachmittag im Kölner Eigelstein – beim interreligiösen Spülen sind alle Haare bedeckt.

«Und welche Sprache sprechen Sie?» frage ich naiv, als Yewdayew mich einigen Männern vorstellt, die Tee trinken, während die Frauen arbeiten (offenbar sind die Geschlechterrollen genauso verteilt wie bei den Muslimen).

Die Bergjuden seien um das siebzehnte Jahrhundert herum aus Iran eingewandert, erklärt Yewdayew, und so sprächen sie einen persischen Dialekt, der nicht wie das Neupersische mit dem Arabischen vermischt sei.

«Persisch?»

«Ja, Persisch, aber das jüdische Persisch, sehr anders, als man es heute in Iran spricht.»

Da redet mich der Rabbiner und Gemeindevorsteher in seiner, unserer Sprache an, und ich verstehe gerade so viel, wie ich in Odessa vom Jiddischen verstand.

«Ein Stock hat zwei Enden», sagt der Ich-Erzähler Ali über seine äußerlichen Verwandlungen, nachdem er Nino zu lieben begonnen hat, und schrieb Lew Abramowitsch Nussimbaum alias Essad Bey alias Kurban Said vielleicht auch über sich selbst, den Sohn eines Russen und einer Georgierin, der in Aserbaidschan eine deutsche Erziehung erhielt, den Juden, der zum Islam konvertierte und doch zeitlebens der jüdischen Welt verhaftet blieb, den Muslim, der von Glaubensbrüdern als «jüdischer Geschichtsfälscher» beschimpft wurde, obwohl er den Islam bis zum Tode ernstgenommen und gelebt hat, den Orientalen, der in Berlin zum Starautor der *Literarischen Welt* avancierte, den Europäer, der als Jude 1942 in den Tod getrieben und als Muslim im italienischen Positano begraben wurde, betrauert von John Steinbeck, Gerhart Hauptmann und dem größten Teil der Dorfbevölkerung, die vor den Behörden die jüdische Herkunft des Staatenlosen schwejkisch verschleiert hatte: «Ein Stock hat zwei Enden. Ein oberes und ein unteres. Dreht man den Stock um, so ist das obere Ende unten und das untere oben. Am Stock indessen hat sich nichts geändert. So ergeht es mir.»

Dreiundvierzigster Tag

Nicht nur sind Grenzübergänge eine Besonderheit auf dem kleinen Stück Erde zwischen dem Schwarzen und dem Kaspischen Meer, auf dem so viele Staaten, abtrünnige Gebiete und autonome Republiken liegen. Man kann sich auch die Reihenfolge nicht immer aussuchen, in der man die Grenzen überquert. Von Georgien aus läge es nahe, zunächst nach Armenien und Bergkarabach zu reisen, wenn das Ziel Isfahan ist, aber dann würde man in Aserbaidschan abgewiesen, das Bergkarabach für besetzt hält. Also muß man von Tiflis aus zunächst östlich nach Baku fahren, bevor man das westlicher gelegene Armenien besucht, um dort die Reise wieder nach Osten über Bergkarabach nach Iran fortzusetzen. Da die Grenze zwischen Aserbaidschan und Armenien geschlossen ist, muß man, um zurück nach Westen zu gelangen, entweder einen nördlichen Bogen über Georgien machen, wo ich allerdings schon war, oder einen südlichen Bogen über Iran, wo ich erst am Ende sein möchte. Deshalb bin ich in Baku ins Flugzeug gestiegen und – Direktflüge gibt es nicht mehr – an einem frühen Julimorgen 2017 in Eriwan gelandet. Daß sich Armenier von keinem Fremden mehr etwas sagen lassen, nachdem sie von Römern, Parthern, Byzantinern, Sassaniden, Arabern, Seldschuken, Mongolen, Tataren, Mamluken, Safawiden, Türken und Russen unterworfen waren, mußten bei der Zwischenlandung in Wien auch die Österreicher erfahren: Die Stewardessen hatten alle Mühe, die Matronen zur Raison zu bringen, die im Flugzeug auf- und abgingen, als *Austrian Air* bereits auf die Startbahn einschwenkte. Die eine mußte der Verwandten in der hintersten Reihe noch etwas sagen, das nicht bis zur Flughöhe aufzuschieben war, die andere auch für das vierte Stück Handgepäck einen Platz in der Gepäckablage finden, und eine dritte Armenierin wollte den Tumult, den die ersten beiden verursachten, aus der Nähe verfolgen. «Elle est débile» war noch das Freundlichste, was die Kabinenchefin zu hören bekam.

Daß ich, kaum angekommen, als erstes zum Denkmal für den Völkermord an den Armeniern fahre, ja, geradezu pilgere, denn es liegt gleich einem Tempel auf einem Hügel vor der Stadt, nur daß die Aussicht auf den Ararat wegen Dunst eine Verheißung bleibt, hielte Hajk Demojan womöglich für keine so gute Idee. Die Diaspora neige dazu, Armenien durch den Völkermord zu definieren, meint der Direktor des Genozid-Museums, das 1995 in die Bergkuppe gebaut worden ist; in Armenien selbst hingegen gebe es noch andere Paradigmen für die nationale Identität, die Unabhängigkeit natürlich, Bergkarabach, das Christentum und Armeniens uralte Schriftkultur, aber auch den Stalinismus, dem dreißigtausend Armenier zum Opfer gefallen sind, sowie den Zweiten Weltkrieg mit dreihunderttausend Gefallenen von sechshunderttausend armenischen Soldaten insgesamt. Für die Diaspora sei jeder Tag ein 24. April 1915, weil ihre Existenz fern der ursprünglichen Siedlungsgebiete auf den Beginn des Genozids zurückgehe, als binnen Stunden zweihundertfünfzig Repräsentanten der armenischen Gemeinschaft von Istanbul verhaftet wurden, Literaten, Politiker, Komponisten, Geistliche, Offiziere; die Einheimischen hingegen lebten auch am 23. und am 25. April und alle anderen Tage in ihrer Nation. Die Diaspora könne sich ewige Feindschaften leisten; Armenien selbst müsse über kurz oder lang mit seinen Nachbarn auskommen.

Ich frage, inwiefern sich die armenische Erinnerungspolitik von der israelischen unterscheidet. Die Armenier, antwortet Demojan, hätten schon vor 1915 über Jahrtausende kontinuierlich in diesem Land gelebt und ihre erste unabhängige Republik bereits 1918 gegründet, als Folge der Revolution in Moskau und des Abzugs der zaristischen Truppen, nicht des Völkermords.

«Und was bedeutete das, als Sie die Ausstellung konzipierten?»

«Wir haben uns natürlich mit allen vergleichbaren Ausstellungen beschäftigt, nicht zuletzt mit Yad Vashem. Für uns kristallisierte sich ein Aspekt als zentral heraus: nicht nur an den Verlust zu erinnern, sondern auch zu bewahren, was geblieben ist.»

Als wir aus dem Büro gehen, denke ich an das Museum für jüdische Geschichte in Warschau zurück und daß es auch für die israelischen Jugendgruppen wichtig wäre, wie Michael Leiserowitz meint, in Osteuropa beides in den Blick zu nehmen, nicht nur den Holocaust, sondern auch das jüdische Leben davor. Die Ausstellung selbst überrascht mich durch ihre Sachlichkeit, mit der sie den sowjetischen Pomp hinter sich läßt, ohne die Erinnerungskultur deswegen zu amerikanisieren wie im Schindler-Museum in Krakau oder mit dem Turm der Stille im Jüdischen Museum in Berlin: weder Propaganda noch Einfühlung, statt dessen Information.

Dennoch gibt es Momente, da einen die Gefühle überwältigen, aber gerade sie beruhen auf nichts als der dokumentierten, wenn auch durch den historischen Abstand notwendig unscharfen Realität, Schwarz-weiß-Photographien, auf denen die Gekreuzigten, Erhängten, Verhungerten, Gedemütigten oder ihre entgeisterten Kinder oft nur schemenhaft zu erkennen sind. Der Einbildungskraft, die allein in der Lage ist, das Unvorstellbare zu sehen, nämlich das absolut Böse, das dem Menschen die Individualität und damit die Seele rauben will – der Einbildungskraft öffnet gerade das Unscharfe, Vergilbte, manchmal auch Zerknitterte der alten, für die Ausstellung vielfach vergrößerten und von hinten angeleuchteten Aufnahmen ein Einfallstor, durch das die Bilder tief ins Gemüt dringen.

Wer einmal in Yad Vashem war, wo Israel sich an den Holocaust erinnert, der kann nicht anders, als Vergleiche anzustellen. Ein wesentlicher Unterschied in Eriwan: Die Ausstellung dient nicht allein oder sogar weniger der nationalen Selbstvergewisserung, als daß sie einlädt, das Verbrechen als Tatsache anzunehmen. Nicht nur listet sie Beleg für Beleg auf: Bevölkerungszahlen, die Anzahl der Kirchen, die Lage der armenischen Dörfer, Zitate, Dokumente, Photographien, Erfahrungsberichte, Zeugenaussagen, als wolle sie jene Zweifel ausräumen, die ein Armenier ohnehin nicht hat; indem sie über die «Gerechten» hinaus, die Armenier vor dem Tod gerettet haben, auch Türken und andere Muslime zu Wort kommen läßt, die mit den Armeniern Mitgefühl zeigten oder die Täter anklagten, vermeidet sie es dezidiert, die Völker gegeneinander in Stellung zu bringen. Hajk Demojan weist darauf hin, daß das Museum mehr türkische Besucher habe, als man angesichts der schlechten politischen Beziehungen vielleicht meine, nicht nur Touristen, auch regelmäßig Journalisten, Akademiker, Literaten. Der Ausstellung merkt man in ihrer betonten Differenziertheit an, daß man froh über sie ist. In Jerusalem hingegen fand ich bei meinem Besuch 2002 – der Eingangsbereich soll inzwischen neu gestaltet worden sein – zu Beginn des Rundgangs noch markant den Großmufti von Jerusalem plaziert, der mit den Nationalsozialisten sympathisierte. Indem Yad Vashem als offizielle Gedenkstätte die Komplizenschaft des arabischen Geistlichen mit Adolf Hitler an den Anfang stellte, signalisierte der Staat, in welcher Nachfolge er seine arabischen Bürger und den heutigen Konflikt mit der islamischen Welt sieht. Gerade im Vergleich fällt das Bemühen des Genozid-Museums in Eriwan auf, sich über die Geschichte zu verständigen, statt sie als Grund anzuführen, warum eine Verständigung unmöglich erscheint.

Ebenso wie die Unterschiede fallen die Ähnlichkeiten ins Auge: Wie Yad Vashem den Aufstand im Warschauer Ghetto hervorhebt, um Juden nicht nur als Opfer zu zeigen, so betont auch das Museum in Eriwan den heroischen Kampf, denn mit der Leidensgeschichte allein ließe sich weder in Israel noch in Armenien an die Bereitschaft appellieren, den jungen Staat gegen neue Bedrohungen zu verteidigen. Eine besondere Rolle kommt im Museum – und überhaupt in Armenien, wo Schulen und Plätze nach ihm benannt und ihm postum die Staatsbürgerschaft verliehen worden ist – daher Franz Werfel zu, der dem armenischen Widerstand das größte Denkmal gesetzt hat. In einer Vitrine liegt die Erstausgabe der *Vierzig Tage des Musa Dagh* von 1933 aus, die neun Jahre später – wieder die Verbindung zu Yad Vashem – im Warschauer Ghetto herumgereicht wurde, als sich die Bewohner für den Aufstand wappneten, der ähnlich hoffnungslos war: «Sooft die Türken zum Angriff ansetzten, schossen die Leute mit solcher, man kanns nicht anders nennen, gelangweilten Sicherheit, als seien sie im Tode und im Leben gleicherweise zu Hause und es bekümmere sie nicht sehr, welchen von diesen zwei Aufenthaltsorten sie künftig bewohnen würden.» Und wie Werfel den Völkermord an den Armeniern in den Kontext nationalistischer Ideologien stellt statt ihn als Folge eines archaischen Konfliktes der Völker oder Religionen zu orientalisieren, so zeichnet auch die Ausstellung die Dynamik aus dem Scheitern des osmanischen Imperialismus, dem eifernden Modernismus der Jungtürken und europäischer Interessenpolitik nach. Der 24. April 1915 steht nicht für einen Heiligen Krieg, sondern mehr noch als das Attentat von Sarajewo am 28. Juni 1914 für den Beginn des zwanzigsten Jahrhunderts als eines Zeitalters der Völkermorde. «Wer redet heute noch von der Vernichtung der Armenier?», wird in der Ausstellung ein Satz Adolf Hitlers von 1939 zitiert, der Franz Werfel recht gibt, daß er im Schicksal der Armenier so früh bereits ein Menetekel für die Juden erblickte. «Deutschland besitzt glücklicherweise keine oder nur wenig innere Feinde», hält der Kriegsminister Enver Pascha, das Mastermind des Völkermords, dem deutschen Pastor Johannes Lepsius in ihrem Gespräch entgegen, das der

Roman nach der historischen Überlieferung wiedergibt. «Aber gesetzt den Fall, es besäße unter anderen Umständen innere Feinde, nehmen wir an Franco-Elsässer, Polen, Sozialdemokraten, Juden, und zwar in größerer Menge, als das der Fall ist. Würden Sie da, Herr Lepsius, nicht jegliches Mittel gutheißen, um ihre schwerkämpfende, durch eine Welt von äußeren Feinden belagerte Nation vom inneren Feinde zu befreien?»

Man kann die Sätze, 1915 von Enver Pascha auf deutsch gesprochen, nicht lesen, ohne darin die krude Rationalität auch der deutschen Judenvernichtung zu erkennen. Franz Werfel selbst erkannte in dem osmanischen Politiker einen Typus wieder, auf den er erstmals 1914 gestoßen war, als Franz Kafka ihm die unveröffentlichte Erzählung *In der Strafkolonie* vorgelesen hatte. Der Offizier, der die Foltermaschine beaufsichtigt, wirkt nicht so sehr grausam oder roh; im Gegenteil, in seinen Umgangsformen und seinen Worten tritt er ausnehmend zivilisiert auf. An ihm sticht etwas anderes hervor: Er kennt keine Moral im althergebrachten Sinne, also Werte, an denen ungeachtet ihres pragmatischen Nutzens festzuhalten wäre; seine Argumentation ist ohne jedes Erbarmen rein funktional. «Wäre dieser Mensch dort nur böse», heißt es auch über Enver Pascha, «wäre er der Satan. Aber er ist nicht böse und nicht der Satan, er ist kindhaft-sympathisch, dieser große unerbittliche Massenmörder.» Für Werfel waren beide, der Kriegsminister wie Kafkas Offizier, Beispiele einer «atemberaubenden Gattung», die «außerhalb der Schuld und ihrer Qualen steht», da sie «alle Sentimentalität überwunden hat». Nach der genozidalen Ideologie Enver Paschas konnte es aus Gründen bedauerlicher, aber nun einmal «unvermeidlicher Staatsnotwendigkeiten» im Volkskörper keinen Platz für einen «Pestbazillus» wie die Armenier geben. Ihre Vertreibung und Vernichtung war kein Selbstzweck und entsprang schon gar nicht schierer Mordlust; sie war Mittel einer «modernen» Bevölkerungspolitik, die einen homogenen türkischen Nationalstaat schaffen wollte. Und so wie Enver die Nationalstaaten vor Augen hatte, die durch ethnische Säuberungen während der Balkankriege entstanden waren, so führte Adolf Hitler 1924 vor dem Münchner Volksgericht als Vorbild für das «erwachende» Deutschland neben Mussolini Enver Pascha an, der das Gomorrha Konstantinopels erfolgreich entgiftet habe.

Als ich den Kaukasus überquert hatte, glaubte ich für einen Augenblick, die Geschichte hinter mir gelassen zu haben, die Deutschland im zwanzigsten Jahrhundert geschrieben hat. Aber nun merke ich, daß das Museum von Eriwan ebenfalls ein deutscher Gedenkort ist, und zwar nicht nur wegen der stillen Billigung des Völkermords durch die kaiserliche Regierung in Berlin und der aktiven Beteiligung zahlreicher deutscher Offiziere, die an Schlüsselstellen der osmanischen Armee tätig waren. Hier wird daran erinnert, was dem Holocaust an Bevölkerungspolitik und behördlich geregeltem Massenmord vorausging. Zugleich ist es berührend zu sehen, erst recht, wenn man als Deutscher zuvor in Georgien und Aserbaidschan war, daß in allen drei Ländern des Transkaukasus so etwas wie ein moderner Nationalroman von einem Schriftsteller deutscher Sprache und jüdischer Herkunft verfaßt worden ist. Daß Werfel das Moderne des Genozids betont, den Rassismus, den die Jungtürken in Europa gelernt hatten, ihren «Fanatismus des Religionshasses» und ihre Haltung eines «erbitterten Westlertums, der fassungslosen Verehrung für alle Formen des europäischen Fortschritts», könnte eine Brücke auch für türkische Leser sein, *Die vierzig Tage des Musa Dagh* als ihren eigenen Roman zu begreifen – und die Ermordung und Vertreibung der Armenier nicht länger als Teil einer weiteren westlichen Demütigungs- und Unterwerfungsstrategie abzutun, die schon gegen das Osmanische Reich angewandt worden sei. Das gälte zumal für jenes soziale Milieu, aus dem die herrschende AKP hervorgegangen ist. Denn fast schon verklärend liest sich heute, was Werfel über die «einfachen türkischen Menschen» schrieb, «mochten es nun Bauern oder das niedre Stadtvolk sein», und auch über die traditionellen, insbesondere die sufischen Islamgelehrten, die ihr Land vom Völkerhaß als der «gefährlichsten Seuche» der modernen Zeit angesteckt fanden. «Es ist die böseste Lehre, die eigene Schuld im Nachbarn zu suchen», klagt der Agha Rifaat Barakat und prophezeit den Untergang nicht nur der Armenier, sondern auch des türkischen Volks, wenn «das lächerliche Nachahmerpack in Stambul» siegt und «die Nachahmer dieser Nachahmer, die Affen in Frack und Smoking, diese Verräter, diese Atheisten, die das Weltall Gottes vernichten, nur um selbst zu Macht und Geld zu kommen».

Gegen die Armenier wurde nicht zuletzt in den Moscheen gewettert, sie wurden auch von Dorfnachbarn geschlagen, ermordet und ausgeplündert;

das zeigt die Ausstellung und schildert der Roman in aller Drastik. Dennoch erinnert Werfel ein ums andere Mal daran, daß es vor allem der laizistische, europäisch ausgerichtete Mittelstand war, der «sich restlos hinter Envers Armenienpolitik» stellte. «Oft staunte der Müdir auf seinen Rundreisen, wenn in einem Dorfe, wohin er den Austreibungsbefehl gebracht hatte, sich Türken und Armenier zusammenscharten, um miteinander zu weinen. Und er verwunderte sich, wenn vor einem armenischen Hause die türkische Nachbarsfamilie schluchzend stand und den Tränenlos-Erstarrten, da sie, ohne sich umzuschauen, aus ihrer alten Tür traten, nicht nur ein ‹Allah möge euch barmherzig sein› zurief, sondern Wegzehrung und große Geschenke mit auf den Weg gab, eine Ziege, ja selbst ein Maultier. Und der Müdir konnte auch erleben, daß diese Nachbarsfamilie die Elenden mehrere Meilen weit begleitete. Und er konnte erleben, daß sich seine eigenen Volksgenossen vor seine Füße warfen und ihn anflehten: ‹Laß sie bei uns! Sie haben nicht den richtigen Glauben, aber sie sind gut. Sie sind unsre Brüder. Laß sie hier bei uns!» Das schrieb der Jude Franz Werfel, dem das Genozid-Museum in Eriwan unter allen Gerechten einen besonderen Rang zuweist, das schrieb er in Wien, während in Deutschland Adolf Hitler die Macht ergriff, und könnte doch heute noch versöhnend sein.

Wir gehen hundert Meter durch einen Gang, an dessen Wand die Namen der ausgerotteten Gemeinden eingraviert sind. Dann treten wir auf den Platz, auf dem 1965 das Denkmal des Völkermords errichtet worden ist – eine Sensation in der damaligen Sowjetunion, die ihren Republiken nie ein eigenes Gedenken erlaubt hatte. «Unter Stalin wäre es noch ein Ticket nach Sibirien gewesen, öffentlich vom Genozid zu sprechen», meint Haik Demojan und verweist darauf, daß etwa hunderttausend Flüchtlinge aus Westarmenien, kaum angekommen, mitsamt ihren Erinnerungen als türkische Spione nach Sibirien deportiert worden sind. Um die Beweise für künftige Generationen zu bewahren, hätten viele Armenier Metallkisten voller Unterlagen in ihre Häuser eingemauert. Das sei auch eine komische Situation für einen Historiker, wenn ein Haus abgerissen würde, in dem Menschen leben, um an ihre Geschichte zu gelangen. Nach Chruschtschows Sturz ließ sich das Recht auf Erinnerung nicht mehr unterdrücken: Hunderttausende Armenier demonstrierten am 24. April 1965 vor dem Opernhaus für eine offizielle Gedenkstätte. In Georgien waren nationalistische Kundgebungen zuvor noch brutal niedergeschlagen worden. Warum in Armenien nicht? Die Armenier hätten ihre Sprache, Religion und Kultur vergleichsweise gut bewahren können, meint Demojan, sei es, weil die Sowjetunion sich nach außen als Heimstatt für alle Armenier gab, sei es, weil umgekehrt der Kommunismus unter Armeniern seit jeher besonders viele Anhänger hatte. Vielleicht fiel auch ins Gewicht, daß die Sowjetrepublik mit 96 Prozent Armeniern bei weitem die homogenste der gesamten Union war, so daß Moskau keine Spannungen zwischen verschiedenen Volksgruppen befürchten mußte. So oder so waren die Demonstranten selbst überrascht, als sich erst die Kirche, dann die sowjetarmenische KP die Forderung zu eigen machte und bald aus Moskau die Einwilligung eintraf, eine Gedenkstätte zu errichten, die *Mets Jerern* heißen sollte, «Großes Verbrechen» oder «Großer Frevel». Um so schnell wie möglich Tatsachen zu schaffen, schrieb die Führung in Eriwan noch in derselben Woche den Architekturwettbewerb aus.

Auf Photos ist zu sehen, wie sich die Menschen freiwillig am Bau beteiligen – und wie sie dann fassungslos vor dem fertigen Denkmal stehen. Denn auch das Skulpturenensemble selbst, das der junge Architekt Arthur Tarkhanyan entworfen hatte, war in seiner Abstraktheit und Stille für die damalige Sowjetunion sensationell, zwölf kreisförmig angeordnete graue Pylonen, die sich über eine ewige Flamme wölben; daneben ragt ein Obelisk vierundvierzig Meter zum Himmel, der die Selbstbehauptung der Armenier, mit der zerbrochenen Spitze aber auch ihre Teilung in Diaspora und Heimat symbolisiert. Kein einziges Wort, kein Bild, nicht einmal ein Ornament oder sonst eine Verzierung, nur gerade Linien und der graue, gleichförmige Stein, als leise Hintergrundmusik allerdings ein Chor, der dann doch ziemlich martialisch vom Krieg, vom Widerstand und «unserem Blut» singt. Jedes Jahr am 24. April pilgern Hunderttausende zu dem Denkmal, das von jener Avantgarde ist, die von den Jahrzehnten nicht überholt wird. Bei klarer Luft blicken sie auf ihren Nationalberg Ararat, der hinter der geschlossenen Grenze zur Türkei liegt. Dann gehen sie zurück, und am 25. April setzt das Leben wieder ein, was für den Direktor des Genozid-Museums ebenfalls wichtig ist.

Zwischen den beiden größten Völkermorden des zwanzigsten Jahrhunderts liegt eine Generation und also zwischen denen, die Zeugnis ablegen können. Was auch in Israel, in Deutschland, in Osteuropa geschehen wird, wenn die Erinnerung verlischt, erlebe ich in einem Vorort von Eriwan; es geschieht nicht auf einmal, es zieht sich hin, bis die Allerletzten gestorben sind, und muß auch nicht mit ihrem Tod enden, sondern kann davor schon nach und nach zum Ungefähren verblassen. Hovhannes Balabanyan war zwei Jahre alt, als er mit der Mutter in die Wüste verschleppt wurde. Heute ist er hundertvier und einer der letzten Überlebenden des Genozids, womöglich sogar der letzte. Nicht nur, daß er zu klein war, um sich selbst noch an den Marsch zu erinnern, und sein Gedächtnis nur bis zum syrischen Hama zurückreicht, an die Arbeit der Mutter in einer Teppichfabrik, um die Miete zu zahlen, an die Sorgen um den Vater, der mit der Hälfte der männlichen Dorfbewohner auf den Musa Dagh gezogen war, um sich zu wehren, an den Verlust der Heimat, der die Gespräche der Erwachsenen beherrschte, und die Schwärze, in die alles Künftige gehüllt schien. Inzwischen schießen die Bilder auch kreuz und quer durch Balabanyans Kopf, und wenn man ihm zuhört, weiß man oft nicht, ob es sich um selbst Erlebtes handelt, etwas, das er als Kind aufgeschnappt hat oder um später Gelesenes.

«Er will erfahren, was du mit eigenen Augen gesehen hast, Pappi», schreit die Enkelin, weil sie sich besser als die Übersetzerin verständlich zu machen weiß, aber schon ist Balabanyan wieder auf dem Musa Dagh, wo er zweijährig nun wirklich nicht selbst gekämpft haben kann. Es ist, als wäre die ganze Geschichte seines Volks ununterscheidbar zu seiner eigenen geworden. Da ist der Hafen von Alexandrette und ein französisches Schiff, da sind Rufe, Schreie, Hilfe, wir sind in Gefahr, Hilfe, wir sind Armenier, wir sind Christen, da sind Jüngere, die sich ins Meer stürzen, um das Schiff zu erreichen, und Ältere, die dann doch von Beibooten geholt werden, da sind Mütter mit Kindern – unter denen er vielleicht doch selbst war? Nein, er war in Hama, erinnert er sich dann wieder, wo die Mutter in der Teppichfabrik arbeitete.

«Konnte sich Ihr Vater ebenfalls auf die Jeanne d'Arc retten?» frage ich, um zu signalisieren, daß mir die Rettungsaktion der französischen Marine bereits aus der Literatur bekannt ist.

«Ich sag's ihm gleich», antwortet Hovhannes Balabanyan seiner Enkelin, «ich will ihm die ganze Geschichte erzählen.» Aber er ist hundertvier Jahre alt, und so verliert er sich in Details, weil jedes davon gleich wichtig ist und es irgendwann aufs Gleiche hinauszulaufen scheint, ob es selbst erlebt, aufgeschnappt oder nachgelesen ist. «Nur verfolgte und unterdrückte Völker sind so gute Stromleiter des Schmerzes», schreibt Franz Werfel: «Was einem Einzelnen geschieht, ist allen geschehen.»

«Was ist seine früheste Erinnerung?» bitte ich die Enkelin zu fragen, um irgend etwas zu erfahren, was nicht bereits in den *Vierzig Tagen des Musa Dagh* steht, aber Balabanyan – «ich erzähl's ihm gleich» – muß noch von einem Abkommen berichten, das die Armenier mit den Franzosen geschlossen haben.

«Pappi, das ist doch alles aus Büchern», schimpft jetzt sogar die Enkelin ein bißchen mit ihm: «Der Herr ist gekommen, weil du einer der letzten Überlebenden bist. Er will deine Geschichte hören.»

«Ja, da komme ich gleich dazu», gibt sich Balabanyan unbeirrt und fährt mit den Franzosen fort. So viel erfahre ich dann doch, allerdings mehr von der Enkelin als von ihm selbst, der in seinen Gedanken wieder auf dem Musa Dagh ausharrt, daß er nach vier Jahren in Hama mit der Mutter und den anderen Flüchtlingen in ihr altes Dorf Bithias zurückkehren konnte, von dem auch Franz Werfel erzählt. Das Dorf ist von den Türken umbenannt worden, wirft Balabanyan in den Bericht der Enkelin ein, ansonsten sei alles aber normal gewesen.

«Auch das Zusammenleben mit den Türken?» wundere ich mich.

«Ja, ja, alles normal», erklärt Hovhannes Balabanyan, um wieder auf Alexandrette zu kommen, das heutige Iskenderun, wo sein Vater von den Franzosen gerettet worden zu sein scheint. 1939 sei dann wieder die türkische Armee gekommen, springt er unvermittelt zu seinem eigenen Leben zurück, und die armenischen Bewohner des Dorfes mußten zurück nach Hama fliehen. 1939? Von dieser zweiten Vertreibung steht in meinen Büchern nichts, sie wird auch von Balabanyan trotz Nachfrage nicht weiter erklärt. Von Syrien zogen sie weiter in den Libanon, wohnten sechs Jahre in der Bekaa-Ebene in Zelten, bevor sich die Armenier von Bithias endgültig in alle Winde verstreuten. Er selbst war inzwischen Lehrer, obwohl er die Schule selbst nur vier Jahre besucht hatte, wenn seine vorherige Erinnerung nicht trügt, und siedelte 1949 nach Armenien über, wo sie mit vier Familien eine Wohnung zugewiesen bekamen. So sei das damals in der Sowjetunion gewesen, die auch alle anderen Versprechen gebrochen habe.

«Was denken Sie heute über die Türkei?» frage ich und erhalte zur allgemeinen Verblüffung eine direkte Antwort.
«Die Türkei wird den Genozid niemals anerkennen. Niemals.»
«Und was denken Sie über die Türken?»
«Das sind keine Menschen», sagt Balabanyan mit noch größerer Entschiedenheit und wechselt ins Türkische: «Die Türken sind geboren, um zu töten, zu verbrennen, zu stehlen und zu zerstören.»
«Und wenn jetzt ein Türke vor Ihnen säße?»
Hovhannes Balabanyan schaut mich aufmerksam an und scheint mit den Gedanken kein bißchen mehr anderswo zu sein, nicht auf dem Musa Dagh, nicht in Alexandrette, sondern nur auf dem Sofa seiner Enkelin, auf dem er sonst meistens döst.
«Wenn jetzt ein Türke vor mir säße? Ich würde ihm meinen Haß nicht zeigen. Ich würde ihn freundlich empfangen und türkisch mit ihm reden.»
Wir fahren zurück in die Stadt, wo mich Tigran Mansurian im Séparée eines auch sonst sehr altmodischen Cafés erwartet, ein älterer Herr mit eckiger Metallbrille und schmalem Gesicht, in das bei jeder Drehung die schneeweißen Haare fallen. Er ist Komponist, der berühmteste seines Landes, steht weltweit auf den Spielplänen von Philharmonien und Festivals für Neue Musik. Dabei klingen seine Quartette, Sonaten, Konzerte und Chöre ganz anders, als es ein westliches Publikum von Neuer Musik erwartet, gefühlvoll, ja, sogar oft tragisch, ohne je melodramatisch zu sein, wie eine einfache Weise oder ein Kinderlied tragisch klingen kann, allerdings mit dem vollen, mächtigen Klang eines Symphonieorchesters, das alle Register zieht. Ist es etwa harmonisch? Ja, oft ist es sogar harmonisch, ohne daß man über längere Strecken Melodien erkennt, mehr wie ein Teppich harmonisch ist, der aus einzelnen ornamentalen Elementen oder sogar gegenständlichen Miniaturen besteht und doch als Ganzes abstrakt wirkt.

Seine CDs im Ohr, möchte ich fragen, ob das musikalische Erbe des Orients eine natürliche Verbindung zur Neuen Musik bietet, insofern es die Töne innerhalb ihrer Skala nicht hierarchisiert. Aber kaum habe ich mich gesetzt, bin ich wieder beim Aghet, der «Katastrophe», wie der Genozid in Armenien heißt, nur weil das Wort Erbe fällt. Mansurians Mutter war wenige Monate alt, als türkische Soldaten seinen Großvater mitsamt den anderen Männern ihres Dorfes Marasch in einer Scheune einsperrten und sie anzündeten. Die Großmutter und die Tante starben auf dem Marsch nach Syrien. Nur die Mutter überlebte, wenige Monate alt, und wuchs in einem amerikanischen Waisenhaus in Beirut auf. So viel zum Erbe eines Armeniers seiner Generation.

Ob die Mutter davon erzählt habe, frage ich, und meine ihre Kindheit im Waisenhaus. Ja, natürlich, antwortet Mansurian, er sei aufgewachsen mit ihren Erzählungen vom Todesmarsch. Aber sie selbst sei doch noch ein Baby gewesen, wundere ich mich. Ein Onkel habe ebenfalls überlebt, ein paar Jahre älter als die Mutter und später nach Brasilien emigriert; dem habe alles vor Augen gestanden, als wäre es gestern erst passiert. In Beirut wurde auch Mansurian geboren und zog mit den Eltern 1947 nach Armenien, da war er acht. Was seine stärkste Erinnerung an Beirut war, frage ich.

«Das Meer!» antwortet Mansurian, der in der Sowjetunion ein Ausreiseverbot hatte, «das Meer gibt es in Armenien leider nicht.»

Und wieso haben die Eltern Beirut verlassen? Sie hätten sich sicher gefühlt, erklärt Mansurian, die Stadt habe unter französischer Verwaltung gestanden und sei sehr kosmopolitisch gewesen. Ja, alles sei gut gewesen, auch ihr Lebensstandard. Allein, der Vater habe in einem eigenen Land leben wollen und an die Versprechen der Sowjetunion geglaubt, rundherum falsche Versprechen, wie Mansurian hinzufügt, um einen Witz zu erzählen, den jeder Armenier kennt: Ein Armenier, der in die Sowjetrepublik übersiedeln will, macht mit seinen Freunden und Verwandten in der Diaspora aus, daß er ihnen ein Photo schicken wird. Wenn er steht, ist alles gut und sollen ihm die Freunde und Verwandten folgen. Wenn er sitzt, sollen sie fortbleiben. Als die Freunde und Verwandten den Briefumschlag mit dem Photo öffnen, liegt der Mann auf dem Boden.

«Ich bin dennoch dankbar, daß es kam, wie es kam», sagt Mansurian in das traurige Schmunzeln hinein.

«Bei all dem Leid?»

«Wenn wir einsehen, daß Leben nun einmal aus Verlusten besteht, dann war es das beste, was mir unter den gegebenen Umständen passieren konnte, daß ich als Flüchtlingskind nach Armenien kam. Es war der *best loss*. Ich hätte als Komponist niemals das Gerüst gehabt, wenn ich in einem anderen Land aufgewachsen wäre.»

Das Gerüst, das Mansurian meint, ist mehr als tausendsechshundert Jahre alt. Ja, man denkt, man hätte bei den Lebensdaten die eins am Anfang überlesen, bis man sich versichert, daß dieser oder jener armenische Komponist tatsächlich im fünften Jahrhundert gestorben ist.

«Und die gab es wirklich?» frage ich: «Ich meine, sind das verbürgte Namen und Kompositionen, die damals schon niedergeschrieben und seither erhalten sind?»

«Aber natürlich gab es die», antwortet Mansurian belustigt und fängt mit seiner kehligen Stimme so laut zu singen an, daß noch im Nachbarséparée die Melodie zu hören sein müßte, die Mesrob Maschtots im fünften Jahrhundert in Noten festgehalten hat. Und tatsächlich, ich meine in dem Singsang, der in seinem ständig wiederholten Auf und Ab monoton und zugleich traurig klingt, Strukturen wiederzuerkennen, die ich von Mansurians CDs im Ohr habe. Das tonale System, das die europäische Avantgarde zerstört habe, habe es im Osten nie gegeben, setzt er seine geduldige Einführung fort; das sei für ihn eine ganz andere Ausgangslage.

«Gilt das für die gesamte orientalische Musik?» frage ich.

«Ja, aber wenn ein arabischer Komponist aufhört, in seinem musikalischen System zu denken, dann hört er auf, arabische Musik zu machen. Es klingt dann womöglich dennoch gut, aber eben nicht arabisch. Bei einem armenischen Komponisten ist das anders.»

«Weshalb?»

«Weil sich die armenische Musik den Westen viel früher angeeignet und sich ihm anverwandelt hat. Lange vor meiner Zeit. Das heißt, genau das macht sie inzwischen aus, daß sie mit beiden Systemen arbeitet.»

Mansurian, der anfangs einen stillen, kontemplativen Eindruck gemacht hat, wird jetzt immer lebhafter, gestikuliert mit den Händen und singt weitere Proben vor.

«Man muß die eigene Tradition ernstnehmen», ruft er, «in ihr liegt alles, was man heute zur Musik beizutragen hat, was spezifisch ist. Der Reichtum der Welt liegt in der Vielfalt, nicht im Einerlei. Diese Vielfalt, die kommt nicht von einem selbst, die kommt aus der Vergangenheit.

«Und kann die Musik die Grenzen ihrer eigenen Tradition überwinden?»

«Ja, absolut», ist Mansurian überzeugt und verweist auf die Aufführung seiner Werke in Istanbul. «Wir haben so viele Grenzen in unserem

Teil der Welt, so viele neue Grenzen, die es früher nicht gab. Aber so wenig man Franzose sein muß, um Debussy zu verstehen, so wenig muß man Armenier sein für armenische, Türke für türkische, Iraner für iranische Musik. Die Musik braucht nicht einmal eine Übersetzung wie die Literatur. Das ist das utopische Moment an ihr.»

Ich blicke Mansurian an, dem wieder die Haare ins Gesicht gefallen sind, und stelle mir vor, daß einmal auch sein großes Requiem über den Genozid, das 2011 in Berlin uraufgeführt wurde, in Istanbul verstanden wird. Wenn wir einsehen, daß das Leben nun einmal aus Verlusten besteht, dann wäre es unter den gegebenen Umständen das beste, *the best loss*, wie Mansurian selbst es genannt hat, daß aus der Katastrophe etwas Verbindendes entsteht.

Abends streife ich endlich durch Eriwan, das nicht im pittoresken Sinne schön, aber dennoch eine angenehme Stadt ist. Als Armenien 1918 zur Republik und 1922 zur Sowjetrepublik wurde, gab es zwar ein Land, es gab auch eine Bevölkerung, aber es gab keine Hauptstadt im eigentlichen Sinne, weil die städtischen Siedlungsgebiete der Armenier auf der anderen, der türkischen Seite der Grenze lagen. Eriwan hingegen war nur ein weiteres orientalisches Garnisonsstädtchen von vierzehntausend Einwohnern an der langen Grenze zu Iran, das der Zar dem Schah 1828 abgenommen hatte und zum größeren Teil von Muslimen bewohnt war, mit weit mehr Moscheen als Kirchen. Die Sowjetunion riß die Lehmhäuser, Karawansereien und Basare ab, um zwanzig Jahre vor Minsk schon einmal eine Modellstadt zu bauen, die allerdings noch nichts von dem Bombastischen und Neo-Historistischen des Stalinismus hatte. Aber Gebäude sind an einem Sommerabend auch gar nicht so wichtig, die Eriwaner scheinen ohnehin ausnahmslos vor den Türen zu sein – die Innenstadt gleicht einem einzigen Straßencafé, in dem jeder Tisch belegt ist. Auch die Plätze und Promenaden sind voller Menschen, alt, jung, Kinder, und unter den Touristen viele, die wie Armenier aussehen, aber breites Amerikanisch sprechen, Diaspora also. Ansonsten haben die Iraner Eriwan zurückerobert, wenn auch als zahlende Gäste diesmal. Wo anderswo für Zahnpasta oder Autos Reklame gemacht wird, leuchten an den Litfaßsäulen Photos berühmter Dichter und Sänger, von denen meines Wissens nur Charles Aznavour noch lebt.

Eine Galeristin schimpft auf die Allmacht der Investoren, die mit dem Alten so wenig anzufangen wissen wie in Baku oder Tiflis. Ja, die kleinen Parks, die bei der Neugründung Eriwans überall in der Stadt angelegt wurden, seien wunderschön – doch nicht mehr lange, dann werde der letzte mit einer Mall zugebaut sein. Aber es gebe doch so viele kultivierte Armenier, rufe ich dazwischen und denke an meine armenischen Bekannten in Deutschland und Iran, die alle alte Schule sind. Ach was, eine Intelligenzija gebe es nicht oder wenn, dann fände ich sie auf den Flohmärkten, wo sie gebrauchte Bücher oder ihr Inventar verkaufen, um über die Runden zu kommen. Am sowjetischsten in ganz Armenien seien ausgerechnet die Kunstakademien geblieben, wo selbst Picasso noch zu modern sei.

Einen iranischen Armenier lerne ich kennen, der vor zehn Jahren emigriert ist, nein, nicht aus politischen Gründen oder gar Verfolgung, wie er betont, mehr wegen eines persönlichen Zerwürfnisses mit dem Land, nachdem Präsident Mohammad Chatami mit seinen Reformen gescheitert war. Er sei wütend gewesen, wenn er durch die Straßen lief, wütend auf Teheran, auf die Mitmenschen, auf jeden Taxifahrer. Nicht einmal die Berge habe er mehr genießen können. Dann sagte er sich, er ziehe besser weg, bevor es endgültig zum Zerwürfnis mit seinem Geburtsland kommt. Europa oder Amerika hätten nahegelegen, aber Armenien erschien ihm irgendwie abenteuerlicher. Jetzt besucht er Teheran von Eriwan aus und übersetzt mit Erfolg persische Gegenwartslyrik. Bereut er seine Entscheidung? Nein, überhaupt nicht. Warum? frage ich. Weil er wieder angefangen hat, Iran zu mögen, seit er in Armenien ist. Über kurz oder lang wäre er ohnehin ausgewandert, eine Zukunft hätten die Armenier in Iran nicht. Von fünfhunderttausend, die es vor der Revolution gegeben habe, seien nur noch fünfzigtausend geblieben, und die übrigen stürben bald oder zögen weg. Weil sie Bürger zweiter Klasse sind? Nein, sagt er, weil die Jungen alle gehen wollten, aber die Armenier hätten die Möglichkeiten dazu.

Ein Intellektueller, typischer Vertreter der Intelligenzija, würde ich meinen, schwärmt als erster Gesprächspartner auf der ganzen Reise von den Gorbatschow-Jahren. Die Leute erinnerten sich nicht mehr richtig, hätten immer nur das Chaos vor Augen, als die Sowjetunion zusammenbrach, die Stromausfälle, keine Heizung im Winter, Wegelagerer entlang den Überlandstraßen und jedes Amt ein Haifischbecken; und dann erst die Gewalt, die unvermittelt ausbrach, der Haß auf die anderen, wer immer die anderen waren. Aber davor! ruft der Intellektuelle, noch vor dem Chaos, aber nachdem die Erstarrung sich gelöst hatte – das, genau das sei die große Zeit gewesen, in der die Menschen erst zu sprechen und dann zu lächeln anfingen, Kunst und Literatur blühten und alles möglich schien.

Solche Gedanken sind es, die ich am Abend aufschnappe, repräsentativ oder eher nicht. Nur ich bleibe außen vor, nachdem ich den Tag über hundertvier Jahre zurückgegangen bin. Das wird Armenien nicht gerecht, ausschließlich an die «Katastrophe» zu denken, da hat Hajk Demojan recht. Deshalb vorm Schlafengehen noch ein Wort zum Essen, mit dem es auch gutgeht in Eriwan; man ißt libanesisch, persisch, türkisch, Steak frites oder Hamburger, aber draußen steht immer, daß es original armenisch sei – wenigstens für die Küche ist es wunderbar, wenn drei Viertel des Volkes in der Welt verstreut sind. Selbst aserisch heißt in Eriwan armenisch.

Vierundvierzigster Tag

Als Lektüre habe ich nicht Franz Werfels *Vierzig Tage von Musa Dagh* mitgebracht, das ich vor Jahren bereits gelesen habe, sondern Ossip Mandelstams *Reise nach Armenien*. Etwa zur selben Zeit geschrieben, 1931 und 1932, setzt er Armenien, «diese jüngere Schwester der judäischen Erde», in Beziehung zu seinem eigenen jüdischen Volk. Allerdings ist es weniger eine böse Vorahnung, die sein Buch durchzieht, als Rückschau, Verklärung, Flucht aus einer bereits vom Terror durchdrungenen Wirklichkeit. Armenien wird für Mandelstam zum «Gelobten Land»:

> Zuvor jedoch hab ich es noch gesehen,
> Das Tischtuch, biblisch, meines reichen Ararat –
> Zweihundert Tage war ich in dem Sabbatland,
> Das man wohl Armenien nennt.

Die Reise war ein letztes Aufatmen, bevor der Dichter wieder verhaftet wurde, die letzten Jahre seines Lebens in Armut und Ächtung, Verfolgung und Fron verbrachte und schließlich 1938 unter den elenden Umständen eines sibirischen Arbeitslagers starb. In Armenien bekam er «einen einzigen zusätzlichen Tag» geschenkt, wie es im Schlußsatz seiner vorletzten Notiz seines letzten veröffentlichten Buches heißt, «einen Tag voller Klänge, Speisen und Düfte, wie es früher war».

Die Notiz besteht aus der Nacherzählung einer Legende aus dem fünften Jahrhundert und trug entscheidend zum Skandal bei, den die *Reise nach Armenien* in der Sowjetunion auslöste. Der Armenierkönig Arschak, von dem die Legende handelt, wird vom Sassaniden Schapur II. in den Verliesen von Anjusch eingekerkert, der «Festung des Vergessens». «1. Der Körper Arschaks ist ungewaschen, und sein Bart verwildert. 2. Die Nägel des Königs sind abgebrochen, und über seinem Gesicht kriechen Asseln. 3. Die Stille hat seine Ohren verdummt, die einst griechische Musik gehört haben. 4. Seine Zunge ist räudig geworden von der Kost der Kerkermeister, doch es gab eine Zeit, wo sie Weintrauben gegen den Gaumen preßte und flink war wie die Zungenspitze eines Flötenspielers. 5. Der Samen Arschaks ist in seinen Hoden verkümmert, und seine Stimme ist dünn wie das Blöken des Schafes. 6. König Schapur, so denkt Arschak, hat mich bezwungen und – noch schlimmer – hat sich meine Atemluft genommen. 7. Der Assyrer hält mein Herz fest.» Schon 1923 hatte Mandelstam den Totalitarismus, den er früher als andere kommen sah, mit Assyrien verbunden. Indem er Schapur II. in der Nacherzählung zum Assyrer macht, deutet er an, für wen der grausame König steht: für Stalin, und für wen des Armeniers Herz: Mandelstams eigenes. Seiner eigenen Verfemung eingedenk, identifizierte sich der Dichter mit den Armeniern als einem Urvolk, das sich trotz Besatzung, Vertreibung und Massenmord bis hin zum Genozid der Jahre 1915 bis 1919 behauptet hatte.

Der Morgenspaziergang bestätigt den Eindruck, daß Eriwan eine ganz eigene, allein dadurch schon lohnende Stadt ist. Zum Glück herrscht auch tagsüber nicht viel Verkehr auf den breiten Straßen, die in der Mitte oft eine schattige Promenade mit Sitzbänken oder Cafés haben. So gleichförmig die Häuser sind, die in den zwanziger Jahren nach dem Entwurf des armenischen Architekten Alexander Tamanjan aus demselben braunroten, mit natürlichen Reliefs durchzogenen Stein gebaut wurden, hat doch das knappe Jahrhundert jeder Fassade eine besondere Geschichte aufgemalt. Und alles hatte noch menschliche Dimensionen, als die Sowjetunion begann, sie schuf eine Stadt für ihre Bewohner, nicht umgekehrt Bewohner für die Verwirklichung einer Idee: die Größe der Plätze und Gebäude, die warme Farbe der Fassaden, die vielen Parks und Grünstreifen, die Bäume entlang den Straßen. Eriwan, das ist nicht Mittelalter oder Renaissance, nicht einmal Gründerzeit; Eriwan ist die Zwischenkriegszeit, wie sie mir als Ensemble zum ersten Mal in Kaunas begegnet ist, dort jedoch nördlich, strenger, abweisender und schon weitgehend restauriert. Wie alles andere in Armenien ist auch die Moderne die älteste hier. Das Ocker an der Kinderbelustigung muß einmal gelb gewesen, das Moosgrün einmal wie Gras, das blasse Rosa einmal rot. Ist das handbetriebene Karussell etwa noch in Betrieb? Was einmal eine Vorform unseres Autoskooters war, ist mit Gartenwerkzeugen zugestellt. Wann wohl die letzte Fahrt der kleinen, mechanischen Karossen gewesen sein mag, die immer noch auf ihren Plätzen geparkt sind? Im Matenadaran, dem Manuskriptmuseum, das einem weiteren Tempel gleich auf einer Anhöhe mitten in der Stadt liegt, sind Schriften aus dem fünften, sechsten Jahrhundert ausgestellt, die namentlich unterzeichnet und immer noch leicht zu lesen sind. Deutsche oder Franzosen tun sich schwer, ihr spätes Mittelalter zu verstehen, und in Iran reicht das sprachliche Kontinuum nur bis zum neunten Jahrhundert zurück. Versteht sich, daß auch die armenische Kirche die älteste Staatskirche der Welt ist. Gäbe es Armenien überhaupt ohne sie?

«Mit Sicherheit nicht», meint Bischof Anushavan Andranik Zhamkochyan, der mich in seinem großen Amtszimmer in der Theologischen Fakultät empfängt: «Einen armenischen Staat gab es nur selten, die armenische Kirche immer.» Er ist ein freundlicher, offenbar auch optimistischer Mensch, der das gute Verhältnis seiner Kirche zur eigenen Regierung, zu Iran, zu Europa, zum Vatikan, zu den Muslimen preist und selbst an der Sowjetunion, die mit der armenischen Kirche noch vergleichsweise mild umgegangen sei, gern das Positive betont. Auch wenn er von Aserbaidschan sagt, daß es im Unterschied zu Armenien oder Iran schließlich keine historische Nation sei, sondern nur ein künstliches Gebilde, klingt das mehr mitleidig als aggressiv. Allerdings sitzt zufällig ein Professor der Archäologie im Zimmer, der einen anderen Ton anschlägt. Kein einziger Türke – Aserbaidschaner gibt es in seiner Diktion nicht – sei aus Armenien vertrieben, kein Zivilist getötet, keine Moschee zerstört worden. Und das Massaker von Chodschali? Sei keines gewesen, sondern Selbstverteidigung. Und die Hunderttausende Aseris, die vor dem Krieg in Armenien und Bergkarabach gelebt haben? Haben sich alle freiwillig in ihre Autos gesetzt und sind nach Hause gefahren. Umgekehrt war natürlich alles Massaker, ethnische Säuberung und Folter, wie man es von Türken nicht anders kennt: «Wenn die Türkei in die EU kommt, werden sie Europa ebenfalls vernichten. Dann wird vom Christentum nichts übrigbleiben.»

Meine westdeutsche Generation in Deutschland und erst recht die Jüngeren haben nicht mehr gelernt, wie sich Feindschaft in Gesprächen ausdrückt. Man kennt Ressentiment gegen diese oder jene kleinere oder größere Gruppe, auch Haß, Gewalt; die Feindschaft jedoch, Feindschaft im Sinne einer Gegnerschaft zweier Kollektive, die sich gegenüberstehen, hat sich ins Sportliche verlagert, wo man die Fahne der gegnerischen Mannschaft verbrennt oder sich prügelt. In Eriwan erfahre ich, wie es ist, wenn allein der Name eines anderen Landes Zorn, Ekel, Trotz freisetzt. Und das ist vielleicht auch das Ungleiche, schwer Aufzulösende an diesem Krieg um das kleine Bergkarabach. Auf der einen Seite der Front ist er keine dreißig, auf der anderen Seite mehr als hundert Jahre alt. Die einen haben zwanzigtausend Tote zu beklagen, die anderen anderthalb Millionen, von jenen sind Hunderttausende vertrieben, von diesen drei Viertel des Volks in alle Welt verstreut. Geschweige denn, daß man sich verantwortlich fühlte, kennen heutige Aserbaidschaner die Geschichte kaum, die jedem Armenier für immer auf der Seele brennen wird. Richtig oder falsch, führt Armenien immer noch gegen die Türken Krieg. Vielleicht hat sich die armenische Armee im Krieg gegen Aserbaidschan auch deshalb als die stärkere erwiesen, weil wie alles in Armenien auch die Feindschaft älter ist.

«Das ist der Meine-Großmutter-Araksi-Krieg, meine Großmutter-Hriopsimé-Krieg, das ist der Deyr az-Zohr-Krieg», sagt der Regisseur Sarkis Hatspanian, der Anfang der achtziger Jahre noch an den Friedensmärschen in Deutschland teilnahm, um sich ein paar Jahre später in Armenien freiwillig zum Kriegsdienst zu melden. Er kennt seinen Familienstammbaum bis ins Jahr 1792 und weiß von sechsundachtzig Verwandten, die 1915 lebten. Nur drei haben den Völkermord überlebt, sein Großvater und zwei Großtanten. Heute sind es wieder neunundachtzig Verwandte, Sarkis Hatspanian hat die Zahl stets vor Augen: drei mehr als vor dem Genozid.

Ich habe gestern bereits gelernt, wie dramatisch Familiengeschichten zwischen 1915 und heute in Armenien sind, Trauer, Vertreibung, Hunger, Auswanderung, Kriege, GULAG, Systemwechsel, Neuanfänge ein ums andere Mal. Aber die Biographie, die Hatspanian mir in einem der vielen Gartencafés im Zentrum gleichsam atemlos erzählt, schlägt noch einige Kapriolen mehr. Ja, er scheint sich selbst zu wundern, wieviel in ein einzelnes Leben paßt; jedenfalls schüttelt er selbst immer wieder die weißen Haare, zu denen er ein schwarzes T-Shirt mit armenischem Agitprop und Jeans trägt. Manchmal gibt er durch ein schalkhaftes Grinsen auch zu verstehen, daß es gleich noch toller kommt. Geboren wurde er 1962 im Südosten der Türkei, wohin der Großvater mit seinen beiden Schwestern 1919 zurückgekehrt war. Zurück? Das hatte mich schon gestern bei Hovhannes Balabanyan gewundert, warum er mit der Mutter 1919 zurückgezogen ist. Zwar waren die Vertreibung und Ermordung der Armenier in den Jahren zwischen der Niederlage des Osmanischen Reichs und der Machtübernahme Atatürks vom Parlament und in den Zeitungen zum «Menschheitsverbrechen» erklärt und die Hauptverantwortlichen zum Tode verurteilt worden, in Abwesenheit auch Enver Pascha – aber ich fragte mich, woher die Dorfbewohner den Mut nahmen, so kurz nach dem Völkermord wieder unter Türken zu leben. Jetzt lerne ich, daß das Gebiet um Alexandrette zum französischen Mandat gehörte und den Überlebenden gesagt worden war, sie könnten wieder sicher in ihren Dörfern sein; allerdings hatten die Häuser längst neue Bewohner, und die versicherten, daß sie bestimmt nicht wieder auszögen. Also fingen die Geschwister bei Null an. 1939 überließen die Franzosen das Gebiet der Türkei, um sie davon abzuhalten, mit Deutschland zu paktieren. Deshalb, jetzt verstehe ich, standen 1939 türkische Soldaten auch in Hovhannes Balabanyans Dorf.

Obwohl er eine armenische Schule besuchte, hatte Sarkis vor allem türkische Freunde, engagierte sich politisch und wurde nach dem Militärputsch von 1980 dreimal verhaftet, als Oppositioneller, wie er betont, nicht als Armenier. Er konnte nach Köln fliehen, wo er als einziger Armenier dem Komitee gegen den Militärputsch angehörte. Für Günter Wallraffs Enthüllungsbestseller *Ganz unten* gab er sich als türkischer Arbeiter aus, der für die Deutschen den Dreck erledigte. Er lernte Heinrich Böll kennen, war an der Universität im Spartakusbund aktiv, in dem vor allem Iraner saßen, und wäre über kurz oder lang vermutlich in der deutschen Politik gelandet, so schnell, wie er unter den Kölner Linken heimisch geworden war. Dann jedoch klingelte 1982 der Verfassungsschutz an seiner Wohnungstür und legte ihm nahe, Köln zu verlassen, weil die rechtsradikalen Grauen Wölfe aus der Türkei ihn auf die Liste gesetzt hätten. Die Beamten gaben ihm einen Monat, ein neues Exil zu finden, danach wäre die Ausreise keine Empfehlung mehr, sondern eine Ausweisung.

Hatspanian wandte sich an die Behörden in Armenien, um zu emigrieren, aber erhielt nicht einmal eine Antwort aus der Sowjetrepublik, die er für eine Heimat hielt. Geh nach Frankreich, riet ihm der sehr freundliche Bundesnachrichtendienst, in Frankreich leben fünfhunderttausend Armenier, da tauchst du schon unter. Leider konnte er kein Wort Französisch, aber das mußte er dann eben genauso schnell erlernen wie zuvor Deutsch. Zwei Polizisten fuhren ihn über Saarbrücken nach Paris, wo er nach anderthalb Monaten ein Reisedokument ausgehändigt bekam. Mit dem kehrte er als erstes zurück nach Köln, um sich von seinen deutschen, türkischen und iranischen Freunden zu verabschieden, Genossen allesamt; Silvester war zufällig auch und also ein Grund mehr, einen zu heben.

In Paris arbeitete er für Yilmaz Güney, der mit *Yol – Der Weg* in Cannes die Goldene Palme gewonnen hatte. Über ihn, den Türken, lernte er den sowjetarmenischen Regisseur und Dissidenten Sergei Paradschanow kennen, dessen Film *Die Farbe des Granatapfels* von 1968 zu den Avantgarde-Klassikern des zwanzigsten Jahrhunderts zählt. Paradschanow bot ihm eine Assistenz für seinen Film *Bekenntnis* an, so daß Hatspanian am 26. März 1990 schließlich doch nach Eriwan flog. Er hatte sich ein One-Way-Ticket besorgt, ohne zu fragen, ob *return* womöglich billiger gewesen wäre, denn er wollte gar nicht erst Franzose werden, sondern endlich Armenier sein. Aber kaum war Hatspanian gelandet, erkrankte Paradschanow an Krebs. Jean-Luc Godard besorgte ein Regierungsflugzeug, das den Regisseur zur Behandlung abholte, und so fand sich auch sein Assistent auf dem Rückweg nach Paris.

Nur vier Passagiere waren sie über den Wolken, Paradschanow, Hatspanian sowie ein armenischer und ein türkischer Regisseur, während sich auf dem Boden Armenier und Aseris gegenseitig vertrieben. «Flieg du zurück», riet ihm Paradschanow, als die Behandlung nicht anschlug, «versuch's noch einmal, es ist dein Land, dort kannst du nützlich sein». «In Ordnung, Meister», antwortete Hatspanian, «ich fliege zurück nach Armenien und versuche mein Glück, aber erst wenn du mir drei Wünsche nennst.» Paradschanow wünschte sich, vor seinem Tod das Grab Andrei Tarkowskis in Paris zu besuchen, den Eiffelturm zu sehen und die Schriftstellerin Françoise Sagan kennenzulernen.

Nachdem er die drei Wünsche erfüllt hatte, flog Hatspanian das zweite Mal *one-way* nach Eriwan, nur daß ihn diesmal niemand erwartete. Er kannte keinen Menschen, fiel durch seinen westarmenischen Akzent auf und konnte mit den Filmleuten nichts anfangen, die braves sowjetisches Kino machten. Bald sah er auf der Straße vor seinem kleinen Apartment die Nachbarschaft versammelt. «Komm mit, wir ziehen nach Bergkarabach», riefen die Männer, und Hatspanian zog mit, ohne auch nur das T-Shirt gewechselt zu haben. Niemand wußte genau, was geschehen war; es hieß nur, daß die Türken angegriffen hätten, und sie waren die vierte Generation nach dem Genozid. «Stell dir vor, es ist Krieg, und alle gehen hin», beschreibt Hatspanian die Stimmung mit einem Satz, der jedem Friedensmarschierer von Bonn in den Ohren klingt.

Auch Hatspanian beteuert, daß die Armenier keinerlei Gewalt gegen Zivilisten verübt hätten. Weil er türkisch sprach, sei er Kontaktoffizier für die Bewohner gewesen, die aus ihren Häusern gebeten worden seien, habe also den Überblick gehabt. Allein in fünf Tagen seien sechzigtausend Aseris deportiert worden, ohne daß ein lautes Wort gefallen sei, im Gegenteil: Viele Aseris hätten sich noch für die Höflichkeit der Armenier bedankt, die sie von ihren Soldaten nicht gewohnt gewesen seien. Siebenundzwanzig aserbaidschanische Dörfer habe seine Einheit in vier Jahren befreit, ohne einen einzigen toten Zivilisten. Hatspanian, der immer noch hervorragend deutsch spricht mit der weichen rheinischen Färbung, Hatspanian sagt tatsächlich «befreit». Ich stutze. Befreit? Dann geht mir auf, daß natürlich nicht die aserbaidschanischen Dörfer befreit worden sein können, sondern die Dörfer von Aserbaidschanern.

Und Armenien heute?

«Oh, das darfst du mich nicht fragen, ich gehöre hier zur radikalen Opposition.»

Das türkische Gefängnis kannte er bereits, und das armenische lernte er 2008 kennen. Mit Tausenden hatte er vor dem Opernhaus tagelang gegen den «KGB-Putsch» demonstriert, wie er die Wahl Serge Sarkissians zum Präsidenten nennt. Er war nicht der einzige, der verurteilt wurde, aber der einzige Ausländer, und blieb deshalb dreieinhalb Jahre in Haft. Nach der Entlassung sollte er sofort abgeschoben werden, doch Hatspanian flüchtete sich in die französische Botschaft und trat erst wieder auf die Straße, als die Diplomaten die Aufenthaltsgenehmigung für ihn ausgehandelt hatten. Seit 2013 ist er endlich Bürger Armeniens und muß bis 2023 warten, bis bis er sich politisch betätigen darf.

«Und dann?»

«Dann gründe ich eine Partei. Wir brauchen eine Regierung, die Frieden will.»

«Frieden?»

«Ja, Frieden, wir müssen mit den Türken Frieden schließen, es gibt keinen anderen Weg.»

«Und wie soll das gehen?»

«Das weiß ich auch nicht. Ich weiß nur, was die Voraussetzung ist: die Demokratie. Denn die zehn, zwölf Oligarchen, die sich das Land unter den Nagel gerissen haben, die profitieren ja vom jetzigen Zustand. Die spüren nicht, wie schlecht es den Menschen geht. 2023, das ist das Jahr, dann werde ich eine Partei gründen.»

«Und was wird die Partei machen?»

«Wir werden nach Baku marschieren.»

«Nach Baku?»

«Ja, wir werden einen Friedensmarsch organisieren, einen Friedensmarsch nach Baku.»

Das klingt nun, wie soll ich sagen?, etwas verwegen angesichts der Feindschaft zwischen beiden Völkern, dem Nationalismus beider Regierungen und dem Scheitern aller diplomatischen Bemühungen. Aber dem Leben von Sarkis Hatspanian ist auch dies noch zuzutrauen, daß es ihn 2023 wieder auf einen Friedensmarsch schickt wie 1981 in Bonn.

Er habe noch mehr zu erzählen, sagt er, von Paris, von Köln, vom Kampf gegen die Diktatur – und wenn er erst mit der Verwandtschaft anfinge, den Eltern, die noch in der Türkei leben, den fünf Geschwistern –, allein, ich muß aufbrechen, wie ich in eine Atempause hineinrufe, sonst versäume ich meinen Termin bei jener Regierung, gegen die Sarkis Hatspanian 2008 vergeblich demonstriert hat. Der Politiker ist ein geübter Diplomat, bei dem ich nicht weit komme mit Fragen nach Korruption, Oligarchie und politischen Gefangenen. Deshalb sind wir rasch bei den heutigen Religionskriegen, der Vertreibung der Christen aus dem Orient und der Rolle Irans, das an der Seite Armeniens steht, obwohl es ein schiitisches Land wie Aserbaidschan ist. Seinen Namen nennen kann ich allerdings nicht, weil er mir bei der Autorisierung jedes Zitat zu einer Pressemitteilung umschreiben wird. Da lasse ich ihn lieber anonym und bleibe bei dem, was er im Gespräch wirklich sagt.

«Die Aserbaidschaner möchten den Konflikt um Bergkarabach zum Religionskrieg machen, um die Unterstützung der islamischen Welt zu gewinnen, selbst von sunnitischen Extremisten, aber das ist er nicht, und die Behauptung ist auch gefährlich.»

«Für Armenien?»

«Ja, für uns. Wir Armenier sind eine Minderheit im Orient, seit es den Islam gibt. Wir mußten immer beweisen, daß wir gute Nachbarn, gute Bürger sind. Und schauen Sie, überall wo wir leben, im Libanon, in Iran, in Syrien, überall sind wir akzeptiert.»

«In Iran sind Sie mehr als akzeptiert, Armenier sind hochangesehen.»

«Das ist doch nicht selbstverständlich. Es liegt daran, daß wir gar keine andere Wahl haben, als uns mit der Mehrheit zu verstehen. Wir sind zu wenige, um einen Krieg gegen den Islam oder die Muslime zu führen, dann würden wir überrollt.»

«Im Westen gibt es viele, für die Armenien die letzte Bastion des Christentums im Orient ist.»

«Das hilft uns aber nicht.»

«Und jetzt gibt es die Renationalisierungswelle in Europa, es gibt Trump, es gibt den Dschihadismus, es gibt Menschen, die den Westen im Krieg mit dem Islam sehen.»

«Wie gesagt, das ist eine sehr gefährliche Denkweise.»

«Fürchten Sie, vereinnahmt zu werden?»
«Ich sagte Ihnen, wir Armenier haben ein langes Gedächtnis. Wir erinnern uns auch an die Kreuzzüge. Da sollten wir schon einmal vom Islam befreit werden, und das Ergebnis war, daß wir gemeinsam mit den Muslimen umgebracht worden sind.»

Manche Städte haben so viel Geschichte, daß die Gegenwart sich Mühe geben kann, wie sie will, sie wirkt stets weniger interessant. Dabei ist Eriwan keine historische Metropole wie Rom, Kairo oder Tiflis. In alten Chroniken wird es nur beiläufig erwähnt, und kaum eines der heutigen Gebäude ist älter als ein Menschenleben. Und dennoch werde ich, wenn ich durch Eriwan gehe und erst recht, wenn ich mit Bewohnern spreche – selbst mit dem weltgewandten Diplomaten –, dennoch werde ich auch heute den Eindruck nicht los, mehr in der Vergangenheit als in der Gegenwart zu sein. Vielleicht ist das so in einem Land, dessen Kultur, Sprache, Schrift, Religion und Musik sich bei allen dramatischen Umbrüchen und Umstürzen kaum verändert haben oder jedenfalls weniger, als man es von Europa oder dem Nahen Osten kennt – vielleicht ist es so, daß die Vergangenheit keine physische Gestalt haben muß, sondern mehr etwas Ätherisches sein kann. Ossip Mandelstam hat das empfunden, und damals war Eriwan eine nagelneue Stadt: «Aufgrund einer falschen, subjektiven Einstellung hatte ich die Gewohnheit, in jedem Armenier einen Philologen zu sehen.» Statt revolutionären Fortschritt zu preisen, wie es von ihm erwartet worden war, fand er allerorten die Kontinuität eines Volkes, das nach der Landung der Arche Noah vom Berg Ararat herabgestiegen war, wie es selbst in persischen Legenden anerkennend heißt:

Ich liebe sein mühvolles Leben,
Gebären und Rufen, weither:
Ein Volk, auf die Erde geknebelt –
Und ein einziges Jahr ist ihm hundertfach mehr ...

Um endlich etwas auch von der Gegenwart mitzubekommen, genau gesagt jenen jüngsten Entwicklungen, die während meiner Reise immer wieder mit Europa in Verbindung gebracht wurden, habe ich mich bei *Pink Armenia* angekündigt, einer Nichtregierungsorganisation, die sich für die Rechte von LGBT einsetzt, also Lesben, Schwulen, Bisexuellen und Transgender. Gerade dieser Tage mußte nach Protesten und Drohungen eine Reihe innerhalb des Internationalen Filmfestivals abgebrochen werden, weil in ihr eine Dokumentation über armenische Homosexuelle laufen sollte. Nun wird eilig eine Aufführung außerhalb des Festivals organisiert, so daß mein Termin eine halbe Stunde nach hinten gerückt ist. Weil also noch etwas Zeit ist – was für ein Kontrastprogramm, das der Zufall mir erstellt! –, schaue ich rasch bei der einzigen Moschee vorbei, die es seit der Vertreibung der Aserbaidschaner gibt. Die himmelblaue Kuppel erinnert daran, daß Eriwan einmal eine persische Provinzstadt war. Die Renovierung hat die Islamische Republik finanziert, und so ist die Moschee auch der passende Ort für den Sitz des armenisch-iranischen Freundschaftsvereins.

Noch kein Land auf der Welt habe ich besucht, in dem ich so viel Gutes hörte über – nein, nicht bloß über Iran, das ist für einen Iraner im Ausland schon ungewohnt genug, sondern über die Regierung in Teheran. Allein heute: Der Bischof lobte die Islamische Republik, weil sie die Kirchen der Armenier renoviert, der Politiker zeigte sich dankbar für die brüderlichen Beziehungen zu Teheran, und selbst Sarkis Hatspanian, der Linke mit Vergangenheit im Kölner Spartakus, meinte, daß Armenien den Krieg um Bergkarabach verloren hätte ohne die Unterstützung aus Iran. Und im Matenadaran ist gleich der Eingangssaal Manuskripten aus Iran gewidmet, darunter prominent die Toleranzedikte der Schahs. Die ausgeprägte Religiosität der Armenier und die herausgehobene Rolle der Kirche im öffentlichen Leben dürften den guten Beziehungen zur Islamischen Republik jedenfalls nicht abträglich sein: Eher als im schiitischen, aber laizistischen Aserbaidschan fühlt sich ein Mullah im christlichen, dafür frommen Armenien zu Hause. Die iranischen Touristen scheinen indes nicht so sehr an Glaubensdingen interessiert: Ich bin an diesem frühen Nachmittag der einzige Besucher in der Moschee. Zum Glück hat die Finanzierung nicht für den Garten gereicht, so daß der Innenhof herrlich verwunschen aussieht. Das Himmelblau der Kuppel, das Grün der Bäume und Sträucher, in das Blumen eingesprenkelt sind wie auf einer Miniatur, fern der Straßenlärm und als einziges Geräusch das Wasser, das im Brunnen plätschert, die Tore offen und kein Mensch weit und breit – ausgerechnet eine Moschee strahlt in Armenien fast so etwas wie himmlischen

Frieden aus. Leider kann ich nicht verweilen oder gar mich zum Nickerchen hinlegen, sonst verpasse ich meinen Termin bei *Pink Armenia*, wo man Religion vermutlich eher nicht mit Frieden assoziiert.

Eine gewöhnliche Wohnung in einem mehrstöckigen Gebäude ohne ein Schild an der Haustür – das ist der einzige überdachte Ort außerhalb der eigenen vier Wände, an dem sich Homosexuelle in Armenien umarmen können. Öffentliche Aktivitäten seien ausgeschlossen, sagt Mamikon Hovsepyan, der mit fünfunddreißig schon einer der Ältesten in den drei oder vier karg möblierten Zimmern ist. Umfragen zufolge seien neunzig Prozent der Armenier homophob. Der Krieg habe den Nationalismus und Chauvinismus, der in der Tradition verwurzelt sei, noch einmal verschärft. Die Regierung? Der Chef der Zeitung, die am heftigsten gegen Homosexuelle wettert, sei Abgeordneter der Regierungspartei im Parlament. Die Polizei? Nehme *hate crimes* nicht einmal auf. Die Kirche? Immer die gleichen Priester in den Talkshows, die alles mit allem vermengten, Werteverlust, Armut, Materialismus und obendrauf die Ausbreitung der Homosexualität als das ultimative Anzeichen westlicher Dekadenz. So oft, wie sie die biblischen Strafen anführten, immer mit dem Hinweis, daß man das heute natürlich nicht wörtlich umsetzen wolle, brauche man sich nicht zu wundern, daß manche Zuschauer dennoch zur Tat schritten. Und er selbst? Seit er einmal in einer dieser Talkshows aufgetreten sei, gehe er nicht mehr gern auf die Straße, und inzwischen wüßten zu viele Leute, wo er wohnt. Demnächst werde er wohl umziehen und über kurz oder lang ganz auswandern müssen oder sich jedenfalls aus dem Aktivismus zurückziehen. Auf Dauer wolle man nicht als öffentlicher Schwuler leben in Armenien.

Finanziert wird *Pink Armenia* vor allem aus Europa. Mamadow weiß, daß damit das homophobe Klischee bedient ist, aber ohne die Gelder aus Holland oder Schweden gäbe es das Büro nicht, in dem Homosexuelle Beratung finden oder einfach einen geschützten Raum. Hinzu komme, daß viele Europäer tatsächlich nur an diesem einen Thema interessiert seien, wie es ein weiteres Klischee will. Auf Konferenzen im Ausland erkläre er dann immer, daß er schwul sei, ja, aber sein Leben sich nicht aufs Schwulsein beschränke und es andere Probleme gebe, politische und gesellschaftliche Probleme etwa, die für ihn mindestens genauso wichtig seien. Aber mit Hinweisen auf die sozialen Verwerfungen, die Oligarchie, den Nationalismus oder den nicht enden wollenden Krieg fände man kaum Gehör in Europa. Statt dessen werde er immerfort nach der gleichgeschlechtlichen Ehe gefragt. Als ob die Homo-Ehe der einzige Indikator für Entwicklung sei! In Ländern wie Armenien die Homo-Ehe einzuführen wäre wie ein Dach, das man ohne Haus baut. Dringlicher sei es, die Gesellschaft aufzuklären, für ein neues Bewußtsein zu arbeiten. Ein Jugendlicher, der als schwul auffällt oder sich gar offen bekennt, werde normalerweise mit physischer Gewalt «zur Vernunft gebracht» oder zum Therapeuten geschickt, der ihn «heilen» soll. Noch schlimmer ergehe es homosexuellen Mädchen, denn die würden häufig vergewaltigt, um wieder «normal» zu werden. Wo *Pink Armenia* von einem Fall erfahre, sprächen die Aktivisten die Eltern direkt an und hätten überraschend oft sogar Erfolg. Hingegen mit dem Gestus des Ultimativen diese oder jene Regelung als Bedingung zu stellen für Anerkennung oder Geld, das verschaffe vielleicht Politikern oder Aktivisten in Berlin oder Brüssel ein gutes Gefühl, aber hier in Armenien litten die Homosexuellen unter den Aggressionen, die solche Forderungen jedesmal auslösten.

Wir nehmen ein Taxi, um zur Vorführung des Films zu fahren, der auf dem Festival nicht gezeigt werden durfte. Ob die Männer geschockt seien, wenn hinterm Steuer eine Frau sitzt, frage ich die Fahrerin, die ihre Leibesfülle zwischen Lehne und Lenkrad des kleinen Opels gezwängt hat.

«Aber ja doch!» ruft sie und lacht so schallend, daß der Wagen kurz von der Fahrbahn abkommt: «Wollen Sie etwa auch aussteigen?»

Noch bevor ich antworten kann, versichert sie, nur gescherzt zu haben. Niemand wolle aussteigen, allenfalls seien die Männer etwas verunsichert, das lege sich rasch. Sie ist fünfundvierzig, hat früh geheiratet, wurde neun Jahre nicht schwanger, und als sie es zum zweiten Mal wurde, starb kurz darauf der Mann. Da hat sie sich hinters Steuer gesetzt, damit es den Kindern einmal besser geht. Vorher nicht? Nein, ihr Mann habe ihr verboten zu arbeiten.

«Und wenn er Sie jetzt sähe?»

«Würde er es mir immer noch verbieten.

«Und was würden Sie tun?»

«Ich würde gehorchen.»

«Warum das denn – Sie sind doch eine so selbstbewußte Frau!»
«Weil mein Mann immer gut zu mir war. Weil er die neun Jahre mitgetragen hat, in denen ich nicht schwanger geworden bin.»

Emanzipiert oder nicht, Temperament hat die Fahrerin jedenfalls, gestikuliert unentwegt oder schlägt schon mal, wenn sie sich über andere Fahrer ärgert, Männer natürlich, beide Hände gleichzeitig aufs Lenkrad. Ob sie zufrieden sei mit dem Leben in Armenien?

«Ich bin zufrieden mit meinen beiden Kindern.»

Im überfüllten *media center*, das sich mehrere Nichtregierungsorganisationen für Veranstaltungen und Konferenzen teilen, ist die Stimmung angespannt trotzig. Gegnerische Aktivisten sollen von der Aufführung erfahren haben, jemand will draußen einige grimmige Gestalten ausgemacht haben. Zur Sicherheit sind die Türen von innen versperrt. Das Publikum ist jung, kaum jemand älter als dreißig, und, wie man so sagt, westlich gekleidet, also nicht anders als in Berlin oder Brüssel, die Frisuren, die Jeans, die Tattoos, auch die Körperlichkeit im Umgang untereinander und das Selbstbewußtsein der Frauen. Wen immer ich anspreche, er oder sie versteht Englisch, was in Armenien alles andere als selbstverständlich ist. Und soweit ich es auf die Schnelle in Erfahrung bringe, werden alle beteiligten NGOs mindestens teilweise von europäischen Institutionen gesponsert, darunter der Verein für die Normalisierung der türkisch-armenischen Beziehungen. Was Wunder, daß für die grimmigen Gestalten auf der Straße der europäische Kulturimperialismus hier ein Stelldichein feiert. Aber sollte Europa deswegen diese jungen Armenier nicht unterstützen, die der Homophobie die Stirn bieten? Ein Mann mittleren Alters, rasiert, Bügelfaltenhose und kurzärmeliges Hemd, bemerkt in dem Film beiläufig, daß er schon dankbar sei, wenn jemand ihm nicht unfreundlich begegnet. Warum dankbar? frage er sich selbst. Freundlichkeit im Umgang zwischen den Menschen sei doch etwas Selbstverständliches. Wenn sie sich nicht von selbst verstehe – gelte er also nicht als Mensch?

Als ich aus dem Gebäude trete, erblicke ich keine grimmigen Gestalten, sondern auf der anderen Straßenseite einen schmächtigen Burschen, keine dreißig, schätze ich, so alt wie die Besucher des *media center*, die er photographiert. Erst wende ich ihm wie alle anderen den Rücken zu, nicht verängstigt, aber doch mit dem Gefühl, wehrlos seiner Linse ausgesetzt zu sein. Dann drehe ich mich um und gehe über die Straße. Als der Mann begreift, daß ich zu ihm will, scheint er zu überlegen, ob er fortrennt, deshalb beschleunige ich den Schritt. Jetzt ist er es, der Angst hat, oder vielleicht nicht Angst, sondern irritiert und nervös ist. Zu seiner Überraschung schlage ich einen freundlichen Ton an, so daß er, anfangs zögerlich zwar, aber nach und nach immer bereitwilliger Auskunft gibt. Haik Ayvazian heißt er und meint, daß Armenien ein christliches Land sei, deshalb stehe er hier. Die Bibel lasse keinen Zweifel, daß Homosexualität eine Sünde ist, todeswürdig sogar. Wolle er denn, frage ich, daß die jungen Menschen auf der anderen Straßenseite auch die biblische Strafe trifft?

«Nein, wir haben nichts gegen diese Leute. Wir haben nur etwas dagegen, daß für Homosexualität auch noch geworben wird.»

«Wen meinen Sie mit ‹wir›?»

«Wir Armenier. 98 Prozent lehnen so etwas ab.»

Sie – womit Haik weiterhin «sie, die Armenier» meint – wollten die Homosexualität nicht kriminalisieren, darum gehe es nicht, schon gar nicht um Gewalt. Es gehe nur darum, die ausländische Propaganda zu stoppen, die von der Regierung geduldet werde und gegen die nicht einmal die Kirche deutlich genug Stellung beziehe. Deshalb habe er sich einer Organisation angeschlossen, *Luus* («Licht»), in der junge Menschen die christliche Identität Armeniens verteidigten.

«Und wieso machen Sie die Photos?» frage ich.

«Ich möchte wissen, wer sich so einen Film anschaut.»

«Dann stellen Sie sich halt an den Eingang und schauen Sie sich die Menschen an. Aber warum die Photos?»

«Die sind nur für mich.»

«Aber wozu denn?»

«Wozu wollen Sie das wissen?»

«Ich bin mindestens so neugierig wie Sie.»

«Vielleicht möchte ich wissen, ob jemand von der Regierung hier ist.»

«Um ihn dann anzuschwärzen?»

«Habe ich denn kein Recht, zu wissen, was die Regierung unterstützt?»

Für Haik sind die Altersgenossen auf der anderen Straßenseite nicht die eigentlich Schuldigen; sie seien Opfer der Europäischen Union, der sich die Regierung willenlos unterwerfe.

Auf mich hätten die Zuschauer sehr selbstbestimmt gewirkt, wende ich ein: Wie er darauf komme?

«Weil die EU ständig von den Rechten der Homosexuellen spricht. Ständig. Warum denn nur? Wieviel Leute betrifft das denn hier? Wieso ist ihr das Thema so wichtig? Was bezweckt sie damit?»

«Was denken Sie?»

«Weil sie uns von unserer eigenen Kultur entfremden und uns gegen unsere Religion aufbringen will.»

«Hat das nicht eher die Sowjetunion gemacht?»

«Die Sowjetunion hat uns mit Waffen besiegt, aber Europa will an unsere Köpfe heran.»

«Aber wie kommen Sie denn darauf? Sie müssen doch Belege haben für Ihre Behauptung.»

«Schauen Sie, in Deutschland werden Kinder von ihren Eltern getrennt, wenn die Eltern den Sexualunterricht kritisieren, wenn sie sagen, daß Homosexualität etwas Schlechtes ist.»

«Ich komme aus Deutschland, ich habe noch nie davon gehört, daß man deswegen Kinder von ihren Eltern trennt.»

«Aber das ist belegt!»

«Und woher wissen Sie, daß Ihre Belege stimmen?»

«Ich kann Ihnen die Berichte zeigen, mit Photos und allem, das sind alles belegte Fälle», versichert Haik und schreibt sich meine Mailadresse auf.

Abends bin ich auf einer Party, die gerade so viele Gäste hat, daß sie noch spontan wirkt. Außer den einen oder anderen *doing nothings*, die mal dies, mal das, und am liebsten nichts tun, haben sich einige Literaten eingefunden, darunter die Übersetzerin von Orhan Pamuk, sowie eine Gruppe lesbischer Aktivistinnen aus Istanbul, deren Besuch womöglich der Anlaß für die Party ist. Bezeichnend, daß die Verständigung mit der Türkei in denselben Kreisen vertreten wird, die sich für die Rechte der Homosexuellen einsetzen, als ob das eine mit dem anderen zusammenhinge. Vielleicht hängt es zusammen: Ob Frauen weniger nationalistisch als Männer sind, weiß ich nicht, aber LGBT sind es bestimmt; sie wissen, daß in egal welcher Nation mit den anderen immer auch sie selbst gemeint sein können. Ich frage nach Akram Aylisli, den alle Armenier in der Runde kennen, von *Steinträume* lägen gleich mehrere Übersetzungen vor. Was ihm nach der Veröffentlichung widerfuhr, sei in Armenien nicht recht denkbar, im Vergleich dazu seien die Verhältnisse hier noch liberal. Andererseits: Einen wie Aylisli, der einen großen Roman über die Leiden der anderen geschrieben habe, der Feinde, den gebe es in Armenien nicht.

Im Bett klicke ich mich durch die Links, die Sarkis Hatspanian und Haik Ayvasian mit freundlichen Grüßen gemailt haben. Auf einem Pressephoto, das 1993 in der *Liberation* erschien, hockt Sarkis, das Haar noch voll und schwarz, mit einem Sturmgewehr neben einer Greisin, die ihn herzt. In einer Bildzeile wird sie als aserische Dorfbewohnerin vorgestellt und mit dem Satz zitiert, daß sie diesen armenischen Offizier mehr liebe als ihren eigenen Sohn, der sie im Stich gelassen habe. Am Tag nach der Veröffentlichung in der *Liberation* habe die türkische Zeitung *Milliyet* das Photo nachgedruckt, aber in der Bildzeile behauptet, daß eine alte Aseri ihren Enkel küßt und ihn bittet, Rache zu nehmen bei den Armeniern, die den Rest ihrer Familie massakriert hätten. Er, Sarkis, habe beide Veröffentlichungen an die Europäische Union geschickt als ein Beispiel für türkische Propaganda. Ich habe keinen Grund zu zweifeln, daß er oder seine Einheit die Zivilisten mit Respekt behandelt haben. Aber daß in diesem Krieg die Schurken nicht nur auf der einen Seite der Front stehen können und die Helden auf der anderen Seite, das will ihm nicht in den Kopf, das widerspricht seinen Erfahrungen, und das wäre 2023 vermutlich ein Problem, wenn er nach Baku marschierte, weil er dort Menschen träfe, die an ihre eigenen Erinnerungen glauben.

Haik deckt mich nicht mit Propaganda ein, sondern überrascht mich mit Links zur *Deutschen Welle* und zum *Guardian*. Die Berichte informieren über die Reform des Sexualunterrichts in Baden-Württemberg. Es ist nicht die Rede davon, daß Kinder von renitenten Eltern getrennt würden, aber ich kann mir schon vorstellen, daß man es aus den Artikeln herauslesen kann, wenn man den Kontext nicht kennt, schließlich wird die Teilnahme am Sexualunterricht als zwingend dargestellt. Haik hat auch YouTubes verlinkt, die mit versteckter Kamera zeigen sollen, wie deutsche Jugendämter mit Hilfe der Polizei Kinder aus ihren Elternhäusern abholen. Er bietet an, mich morgen noch einmal zu treffen und seinen Freunden vorzustellen, damit ich besser verstehe, wie sie die Welt von heute sehen. Es wäre lohnend, mit ihm weiterzureden, denke ich, denn er hört zu und versucht, sich begreiflich zu machen. Ob er auch mit den Gleichaltrigen reden würde, die aus der Filmvorführung gekommen sind? Und sie mit ihm? Ich werde es nicht herausfinden, denn in aller Herrgottsfrühe brechen wir auf, damit wir für die Fahrt nach Bergkarabach den Umweg über den See Sewan nehmen können, über den Ossip Mandelstam einige seiner bewegendsten Notizen hinterlassen hat. Auf die Frage, die ihm kurz nach der Rückkehr 1933 bei seiner letzten öffentlichen Lesung provokativ gestellt wurde, wodurch sich seine Dichtung denn überhaupt charakterisiere, antwortete er knapp: «Sehnsucht nach Weltkultur».

Fünfundvierzigster Tag

Die Strandtücher, die an der Landstraße nach Sewan zum Verkauf aushängen, zeigen kurvenreiche Frauen in knappen Bikinis, Stars and Stripes oder Dollarnoten – schwierig, wenn man nach Iran weiterreist und sich damit auch am Kaspischen Meer abtrocknen will. Am dritten Stand finde ich immerhin ein Strandtuch, auf dem Mickey Mouse lacht. Das müßte gehen. Entlang des Sees stehen Halbwüchsige in dichter Folge an der Straße, die die Arme ausbreiten wie Christus am Kreuz. Warum das? frage ich. Sie zeigen die Größe des Fisches an, den sie oder wohl eher ihre Väter geangelt haben, klärt mich der Fahrer auf. Die besonders Pfiffigen haben eine nackte Schaufensterpuppe aufgestellt, die Arme schräg in die Höhe gedreht. Manchen hängt der Kopf herab, als übten sich in Armenien selbst die Puppen in der Passion.

Dann die Ernüchterung: Die Insel, auf der Ossip Mandelstam 1930 einen Monat gewohnt hat, existiert nicht mehr. Sie ist jetzt eine Halbinsel, weil der Wasserspiegel zwanzig Meter gesunken ist, eine Katastrophe für das Ökosystem, erfahren wir: Von 1933 an verringerten sowjetische Ingenieure die Wasserfläche mutwillig um vierzig Prozent, damit an den Ufern fruchtbarer Boden gewonnen und durch die geringere Verdunstung mehr Wasser nutzbar wird. Man zieht auf dem Berg, aus dem die Insel bestand, noch den gleichen salzfreien Wind pfeifend in die Lungen und geht durch die hochgewachsenen Steppengräser, «so kräftig, saftvoll und selbstsicher, daß man sie mit einem eisernen Kamm hätte kämmen mögen». Von der unvergleichlichen Fülle von Vogel- und Pflanzenarten ist jedoch wenig geblieben. Auch ist es auf der Insel, die keine mehr ist, nicht mehr annähernd so ruhig und abgeschieden wie vor einem knappen Jahrhundert. Hinzugekommen sind die Erholungsheime der Sowjetunion sowie die Villen und Ferienapartments des Kapitalismus am gegenüberliegenden Ufer, ist der Lärm der Jetskis, die Popmusik der Strandlokale und von weitem das Rauschen der Autos. Aber auch Mandelstam wachte bereits frühmorgens vom Rattern eines Motors auf. Ein Leuchtturm wurde errichtet, der inzwischen wieder abgerissen zu sein scheint, während seines Aufenthaltes oder kurz danach außerdem ein Schriftstellerhaus, das noch steht und renoviert werden soll. «Überall, wohin ich auch gelangte, traf ich auf den festen Willen und die Hand der Bolschewikenpartei», schrieb er: «Doch mein Auge, versessen auf alles Seltsame, Flüchtige und schnell Verfließende, hat auf der Reise nur das lichtbringende Zittern der Zufälligkeiten, das Pflanzenornament der Wirklichkeit eingefangen.» Die Kirchen treffe ich noch an, die älteste Ruine von 301, und stehe vor den feuerroten, namenlosen Grabplatten, die die Erde buchstäblich auspflastern, wie Mandelstam notierte. Den Sozialismus besser überdauert als die Natur haben die Tempel und die Gräber, die in Armenien fast schon zur Natur geworden sind.

Wir trinken unseren Morgenkaffee auf der Terrasse des Clubs, der 1964 als Muschel aus Glas und Beton freischwebend in den Hang neben das Schriftstellerhaus gebaut worden ist – ein, ja, wirklich wieder sensationelles Beispiel sowjetischer Avantgarde, das als Ausflugslokal noch immer geöffnet ist. Von den Autoren, die sich auf der Insel oder Halbinsel erholt haben, hängen Bilder im holzgetäfelten Saal. Leider kenne ich keinen einzigen, so ehrfurchtsvoll der Hausmeister ihre Namen ausspricht. Wie man so schön sagt, sind sie in Armenien weltberühmt. Nur Ossip Mandelstam fehlt, dem der Assyrer den Atem genommen hat.

Wir fahren weiter am östlichen Ufer entlang durch die baumlose Landschaft und erreichen dann doch die Abgeschiedenheit, in der vor hundert

Jahren der ganze See gelegen haben muß. Riesig ist er, noch immer einer der größten Hochgebirgsseen der Welt und für die kleinen geographischen Verhältnisse Armeniens fast schon das Meer, das Tigran Mansurian vermißt. Gleichwohl umfängt einen das Wasser mit der Klarheit, Kälte und leblosen Stille von zweitausend Höhenmetern. Und Mickey Mouse dürfte kaum je so gestrahlt haben wie auf dem matten, von der Sonne bereits aufgewärmten Steppengras, das sich in einem weit ausholenden Schwung vom See einen Berg hochzieht.

Die Straße ist in keinem guten Zustand – wozu auch, wenn so gut wie niemand sie befährt? –, und so ist Mittag schon vorüber, als wir Varteniz erreichen, das südlich des Sees liegt. Die ehemaligen Wohnblocks der Arbeiter sind aus dem gleichen dunklen Stein, mit dem auch die Dörfer gebaut sind; der schöne Naturziegel muß hier billiger als Beton sein. Ansonsten sieht es aus wie in Hunderten, Tausenden Industriestädtchen der ehemaligen Sowjetunion, breite Straßen im Quadrat, Geschäfte ohne Schaufenster, von denen viele wohl nicht nur zu Mittag geschlossen sind, ein paar Imbisse, ein Markt, wenige Fußgänger und noch weniger Autos, hier und dort teure Geländelimousinen. Keine Trinker auf den Straßen, so etwas fällt einem nach den Bloodlands schon auf. Die Russen seien alle weggezogen, als Armenien unabhängig wurde, erzählen die Männer, die am Nebentisch ihr Kebabsandwich essen.

«Weil die Fabriken zumachten?» frage ich.

«Und weil sie russisch sprachen.»

«Und die dicken Autos?»

«Gehören sehr reichen Leuten.»

«Wie kommt man hier zu Geld?»

«Nicht, wenn man sich ans Gesetz hält.»

Irgendwo hinter Varteniz verlassen wir Armenien. Wir merken es nicht, es gibt kein Schild, daß wir auf aserbaidschanischem Boden sind, genau gesagt in der bergigen Provinz Kelbajar, die zwischen Armenien und der Enklave Bergkarabach liegt. Vor dem Krieg war die Bevölkerung ausschließlich muslimisch, Kurden vor allem, Bauern und Hirten. Jetzt treffen wir überhaupt keine Menschen an, auch keine Autos. Die Männer im Imbiß haben uns empfohlen, mit vollem Tank zu fahren, da weit und breit keine Tankstelle zu finden sei und selten jemand, der einem aushelfen könne. Ohne daß uns Armenien jemals verabschiedet hat, taucht schließlich doch ein Schild auf, auf dem uns die Republik Nagorny-Karabach willkommen heißt. Auf *google maps* beginnt sie etliche Kilometer weiter östlich, hinterm Kloster Dadi Vank erst, aber anders als zwischen Georgien und Süd-Ossetien gibt es niemanden mehr, der Alarm schlagen könnte, wenn sich die Grenze verschiebt. Im nächsten Tal steht auch ein Grenzhäuschen, allerdings kein Zöllner an der Straße. Der Schlagbaum besteht aus einer simplen Holzstange, an der eine Kordel hängt, und ist hochgefahren. Um sicherzugehen, daß wir nicht illegal die Grenze überqueren, parkt der Fahrer dennoch den Wagen.

Nun scheint ein deutscher Reisepaß eine Seltenheit auf dieser Nebenstrecke nach Bergkarabach zu sein, und so betrachtet der Beamte, den wir hinter seinem Schreibtisch vorfinden, sogar die leeren Seiten mit Hingabe und nickt bedeutungsvoll. Ohne nach dem Grund der Reise gefragt zu haben, händigt er den Paß ungestempelt wieder aus und sagt, ich müsse in Stepanakert ein Visum beantragen. Dann begleitet er uns zum Auto, verabschiedet sich mit Handschlag und schaut uns lange nach. Seltsamer Staat, denke ich, wo man die Erlaubnis zur Einreise erst erhält, nachdem man eingereist ist. Kurz darauf bricht der Handyempfang ab wie bereits auf der Krim. Folglich werde ich auch nicht mit Kreditkarte zahlen können. Auf der Landkarte, die der Fahrer auf dem Lenkrad ausbreitet, ohne deswegen anzuhalten, haben die nächsten Dörfer ganz andere Namen als auf *google maps*, sie beginnen alle mit «Nor»: Neu-Karachmar, Neu-Manasha, Neu-Bradjur. Alt-Karachmar und so weiter werden dann vermutlich in Aserbaidschan liegen und heute türkische Namen tragen.

Wir halten beim Kloster Dadiwank an, das einer Legende zufolge im ersten Jahrhundert nach Christus gegründet worden sein soll. Die heutigen Gebäude mitsamt der Kirche wurden im vierzehnten Jahrhundert auf einer Anhöhe in ein steiles, waldiges Gebirge gebaut, das heute noch genauso einsam und sich selbst überlassen wirkt, als wäre seitdem nichts auf Erden geschehen. Ja, mit ihren verwitterten Mauern, dem Moos und den Sträuchern, die auf dem Dach und der Kuppel gewachsen sind, hat die Kirche selbst etwas von einem uralten, gekrümmten und wild verästelten, nicht mehr viel Laub tragenden, riesigen Baum. Wie die meisten armenischen Kirchen ahmt der Grundriß ein fast gleichschenkeliges Kreuz nach, und wie in Georgien scheint gerade so viel renoviert, daß die Mauern nicht einstürzen. Weder verbergen die Fresken ihr Alter, noch sind die Kabel hinterm Putz oder auch nur einer Fußleiste versteckt. Eine Wand ist vollständig von Ruß bedeckt, an einer anderen zeichnen sich die Umrisse einer Treppe ab, die einmal zu einer Empore geführt haben muß. Der Hirte, der zur Zeit der Sowjetunion mit seiner Familie in der Kirche gewohnt hat, soll sich gesorgt haben, daß seine Kinder von der Treppe fallen, deshalb riß er sie ab. Am Ruß erkennt man, wo der Herd stand, der zugleich Ofen war. Auf den alten Perserteppichen, die den Boden heute bedecken, haben schon viele Gläubige und ebenso die Vögel im Dachstuhl ihre Spuren hinterlassen. Wieder frage ich mich, was den Zauber dieser Räume ausmacht, die doch viel besser, viel authentischer restauriert worden sein könnten. Es ist nicht nur, daß sie ihre Geschichte zeigen, alle Erfahrungen, Schmerzen und Glück wie ein uraltes Gesicht oder eben die Rinde eines Baums. Es ist auch das Zufällige, das Unvollkommene, das die Jahre zusammengewürfelt haben, selbst die Kabel, der Ruß, die Löcher im Teppich, sind der Lichteinfall und die Vögel, die jeder Sekunde eine andere Wendung geben, weil nur Gott ewig und vollkommen ist.

Pater Hovhannes Houhamesyan, ein hochgewachsener, athletischer Mann mit sorgsam geschnittenem Bart und nach hinten gekämmten Haaren, erklärt uns, daß er einen Vertrag mit den Vögeln habe.

«Einen Vertrag?»

«Ja, daß sie überall wohnen können, nur nicht in der Kirche.»

«Und?»

«Sie halten sich einfach nicht daran.»

Pater Hovhannes hat ein geradezu intimes Verhältnis zu seiner Kirche, weil es in der Einsamkeit weder eine Gemeinde im eigentlichen Sinne gibt noch ein klösterliches Leben, nur die Gottesdienste an Sonn- und Feiertagen für die umliegenden Dörfer und einzelne Beter, gelegentlich armenische Touristen, den Kiosk einer alten Frau und die Bauarbeiter, die nach vierundzwanzig Jahren immer noch nicht fertig sind mit der Renovierung. Vor der Befreiung sei die ganze Region noch von Türken besiedelt gewesen. Daß es wohl eher Kurden waren, die unter den Türken selbst viel gelitten haben, und mit den Türken aber auch gar nicht Türken, sondern

Aserbaidschaner gemeint sind, solche Differenzierungen scheinen dem Pater nicht bewußt zu sein oder verwischen sich im Krieg.

«Es gibt kein Land, das Aserbaidschan heißt», beharrt er, als ich frage, warum er die Aserbaidschaner Türken nennt.

Daß die Bewohner ihre Häuser aufgeben mußten, findet er nur folgerichtig, schließlich hätten lange vor den Türken bereits Armenier hier gelebt. Man müsse nur das Alter der Kirchen und der Moscheen vergleichen, beinah zweitausend gegen allenfalls zweihundert Jahre, um zu wissen, wem dieses Land gehört. Vergeblich versuche ich Pater Hovhannes ein empathisches Wort für die Menschen zu entlocken, die ihre Heimat verloren haben, einfache Bauern und Hirten. Heimat? fragt der Pater, der als Armeepriester an der Front gedient hat. Ja, Heimat, sage ich, für den einzelnen sei es doch Heimat, wenn man an einem Ort geboren und aufgewachsen ist, egal, was vor zweihundert oder zweitausend Jahren war. Der Pater jedoch mag nicht auf einzelne eingehen, er spricht von den Türken nur als Kollektiv, das die Armenier vertrieben und massakriert habe. Ich versuche es über die Feindesliebe, die das eigentlich Spezifische am Christentum sei: Was bedeute sie an der Front? Wie auf einer Kanzel erhebt der Priester die Stimme und erklärt feierlich, daß man als Christ niemals einen Krieg anfangen dürfe.

«Gut», sage ich, «aber wenn man nun einmal im Krieg ist – hat die Feindesliebe dann irgendeine Bedeutung?»

«Wir mußten unser Land verteidigen gegen den Feind.»

«Aber liebten Sie den Feind?»

«Es gibt eine Regel», sagt der Priester langsam und lehnt im Stehen den Oberkörper zurück, als verschaffe er sich damit Luft: «Der Feind muß wenigstens eine Chance bieten, damit man ihn liebt. Aber das tun die Türken nicht. Sie sind dazu erzogen worden, uns zu hassen, uns zu töten. Sie geben uns keine Chance, sie zu lieben.»

«Dann wäre es ja einfach!» entfährt es mir nicht sehr ehrfurchtsvoll: «Wenn der Feind Ihnen eine Chance böte, ihn zu lieben, dann wäre er kein Feind mehr. Das Besondere an Christus ist doch, daß er sagt, du sollst nicht nur deinen Nächsten lieben, sondern deinen Feind. Also den, der dich haßt oder dir schaden will oder dich jedenfalls ablehnt. Den sollst du lieben. Ist das möglich?»

«Ja, wenn wir friedlich mit ihnen zusammenleben würden, also die verschiedenen Religionen, dann könnten wir sie auch lieben. Aber im Krieg geht das nicht.»

«Warum nicht?»

«Du kannst keinen Menschen töten, den du liebst.»

«Und wie war das dann für Sie, als Sie an der Front waren?»

«Wenn du dir in dem Augenblick, wo du auf jemanden zielst, sagst, daß du ihn liebst, dann kannst du nicht abdrücken, das geht einfach nicht. So war das für mich. So ist das im Krieg.»

Auf der Karte suchen wir Chodschali, kennen allerdings nicht den heutigen Namen der Kleinstadt, bei der es in der Nacht vom 25. zum 26. Februar 1992 zum größten Massaker des Krieges kam. Sie war von den armenischen Truppen bereits im Oktober 1991 von Aghdam abgeschnitten worden, der nächsten Stadt auf aserbaidschanischem Gebiet, ohne Strom, fließend Wasser, Heizung oder Telefon, versorgt nur von Helikoptern, die selten über die feindlichen Stellungen flogen, weil sie jederzeit abgeschossen werden konnten. Die hundertsechzig leichtbewaffneten aserischen Soldaten, die zur Verteidigung von Chodschali verblieben waren, hatten keine Chance, als die Armenier, unterstützt von russischen Panzerwagen, zum Sturm bliesen. Der aserische Kommandant rief die Bewohner auf, zu Fuß nach Aghdam zu fliehen, und so machten sich spät in der Nacht dreitausend Zivilisten und einige Soldaten, die zu ihrer Begleitung abgestellt waren, bei dichtem Schneetreiben auf den Weg. Im Morgengrauen marschierten sie auf dem offenen Feld, als sie von einem Hügel aus beschossen wurden. Die aserbaidschanischen Soldaten erwiderten das Feuer, waren jedoch hoffnungslos in der Unterzahl, dazu ohne Schutz, und wurden rasch getötet. Als einige Tage später internationale Berichterstatter das Feld erreichten, war es von Leichen übersät, unter ihnen viele Kinder und Frauen. Die Zahl von 485 Toten, die eine Untersuchungskommission des aserbaidschanischen Parlaments ermittelt hat, hält Thomas de Waal in *Black Garden*, dem maßgeblichen Buch über den Krieg in Bergkarabach, für realistisch. Bis dahin wurden die Armenier weithin als Opfer gesehen, und ihr Kampf um Bergkarabach hatte zumal in linken Kreisen den Nimbus einer Befreiung. Die Nachrichten von Chodschali und ein Jahr später die Eroberung von Kelbajar, das nie zu Bergkarabach gehört hatte und an der ebenfalls reguläre russische Truppen beteiligt waren, führten zu einem Umschwung der öffentlichen Meinung in der Welt. Die armenische Regierung leugnete zunächst die Berichte, räumte aber schließlich den Tod von Zivilisten ein, obschon nicht in so hoher Zahl. Am offensten äußerte sich der armenische Militärführer und spätere Verteidigungsminister Sersch Asati Sargsjan: «Vor Chodschali dachten die Aseris, daß wir Witze machen, sie dachten, daß wir ein Volk sind, das niemals die Hand gegen die Zivilbevölkerung erhebt. Wir mußten ein Ende machen damit. Und das ist, was geschehen ist.» Die Regierung hingegen bestand darauf, daß der Angriff von irregulären Milizen verübt worden sei, denen Flüchtlinge aus Sumgait angehört hätten. Dort war es 1988 zu einem Pogrom mit offiziell sechsundzwanzig armenischen Toten gekommen, eine Zahl, die de Waal ebenfalls realistisch nennt, in der armenischen Öffentlichkeit jedoch über die Jahre auf vierhundertfünfzig anwuchs. Es müssen mehr Opfer gewesen sein als in Chodschali, so wie umgekehrt Aserbaidschan in Chodschali seinen eigenen Genozid reklamiert.

Aber es ist nicht allein ein Streit über Zahlen. Kaum jemand in Aserbaidschan, vor allem nicht unter den Jüngeren, weiß etwas Konkretes über Sumgait, schon gar nicht, daß dort Aserbaidschaner ihre armenischen Nachbarn geschlagen, gefoltert, vergewaltigt, gedemütigt und mindestens sechsundzwanzig von ihnen getötet haben. Wer sich überhaupt an die Unruhen erinnert, schreibt sie sowjetischen Agents provocateurs zu. Kaum ein Armenier kennt Chodschali. Wie Liebende erinnern sich die Völker lange an das, was ihnen angetan wurde, und vergessen um so rascher ihre Schuld. Sie leugnen sie nicht einmal, sie vergessen sie einfach, und das ist eigentlich viel schlimmer, weil irgendwann nicht einmal eine Narbe zurückbleibt. Die Iraner zum Beispiel, um die andere Nation zu nehmen, der ich angehöre, die Iraner pflegen den Mythos, daß sie stets nur attackiert worden seien, von Assyrern, Babyloniern und Griechen, von Arabern und Mongolen, von Türken und Russen, von Briten und Amerikanern, von Irakern und Wahhabiten. Wie viele meine Vorväter selbst im Kaukasus getötet, wie viele als Sklaven sie verschleppt, wie viele Kirchen sie geschändet haben, geht mir erst auf dieser Reise auf, Jahrhunderte später, da die Erinnerung niemanden mehr schmerzt.

Mit Hilfe von Thomas de Waals *Black Garden*, das in Bergkarabach zu meinem Reiseführer geworden ist, wie es Timothy Snyders *Bloodlands* zwischen Polen und der Ukraine war, ermitteln wir die ungefähre Lage von Chodschali und fragen uns durch. Aber je näher wir kommen, desto weniger Menschen haben den Namen je gehört. Das ist auch eine Schwierigkeit, in jedem Krieg, wenn man die widerstreitenden Erinnerungen einmal zusammenbringen will: Je mehr Menschen von einem Ort vertrieben worden sind, desto mehr Neuankömmlinge gibt es, die seine Geschichte nicht kennen. In Chodschali selbst, das wir schließlich erreichen, keine wirkliche Stadt, sondern eine weitläufig verstreute Siedlung, finden wir überhaupt niemanden, der etwas von den Umständen der Eroberung weiß. Daß armenische Soldaten Zivilisten erschossen, gar ein Massaker begangen hätten, ist für die Bewohner unvorstellbar.

In einem Lebensmittelgeschäft berichtet der Besitzer, daß alle Häuser in Chodschali abgebrannt gewesen seien, als sie hier eintrafen.

«Von wem?»

«Von den Türken, nehme ich an.»

«Waren Sie dabei?»

«Nein, natürlich nicht. Als wir ankamen, war ja schon alles zerstört.»

Bis zum Krieg hätten sie in Aghdam gelebt, das damals hinter der Grenze und heute in der Pufferzone zwischen Bergkarabach und Aserbaidschan liegt. Unter Aseris zu leben, sei immer schon beschwerlich gewesen, aber als es mit der Sowjetunion zu Ende ging, hätten sich Armenier abends nicht mehr auf die Straße getraut.

«Sind Sie erleichtert, daß die Aseris fort sind?»

«Was soll man machen, wenn das Miteinander nicht funktioniert?» fragt der Vater zurück und kommt auf seinen Wehrdienst zu sprechen, wo er in der DDR stationiert war. Damals seien dort die Grenzen geschlossen gewesen und hier offen, jetzt sei es eben umgekehrt, so sei nun einmal der Weltenlauf.

«Ja, wir sind glücklich», meldet sich eine der beiden Töchter zu Wort, die mit ihren Eltern hinter der Theke stehen, und schildert den eingeborenen Haß der Türken auf die Armenier, ihre Brutalität und Mordlust. Sie ist achtzehn, allenfalls zwanzig Jahre, also ohne eigene Erinnerung an den Krieg oder an Aserbaidschaner. Halb an uns, halb an seine Familie gewandt, schaltet sich der Vater wieder ein, dem die Tochter offenbar zu apodiktisch urteilt, und erzählt von seinem letzten Besuch in Krasnodar, wo seine Schwester lebt. Auf einer Hochzeit habe sie mehr scherzhaft auf einige Gäste gezeigt und gesagt, das seien Aseris. Er habe nicht gewußt, was er machen soll, bleiben oder gehen, es seien die ersten Aseris überhaupt gewesen, denen er seit dem Krieg begegnet war.

«Was hättet Ihr gemacht?» frage ich die Töchter.

«Es sind Türken, es bleiben Türken», sagt die jüngere schroff, die mit ihrer Schwester einig zu sein scheint: «Ich wäre gegangen.»

«Und was haben Sie gemacht?» frage ich den Vater.

«Ich bin geblieben, natürlich bin ich geblieben und habe gefeiert, was denn sonst?»

«Haben Sie auch angestoßen mit den Aseris?»

«Nein, das nicht», beruhigt der Vater seine Töchter und lacht. Dann schreibt er uns die Nummer von Armen auf, der als einziger Bewohner bereits vor dem Krieg in Chodschali gelebt habe und sicher mehr sagen könne, wie es befreit wurde.

Eine knarzige Stimme meldet sich, die selbst ich noch höre, obwohl der Fahrer mit ihm telefoniert, und beschreibt den Weg, der fast schon aus Chodschali hinausführt. An einem Schutthaufen, der aus einem Gestrüpp ragt, erkundigen wir uns, ob das die Überreste einer Moschee sind. Ja, bestätigt eine Frau mit offenen grauen Haaren, die schon lange hier zu stehen scheint. Weitere Fragen beantwortet sie mit einem verwirrten Blick. Kurz darauf geht die Straße in einen Feldweg über und erwartet uns Armen, der trotz des Alters immer noch ein kräftiger Mann ist mit dichten weißen Haaren, buschigen Augenbrauen und kernigen Bartstoppeln. Er trägt eine fleckige Jogginghose, ein Hemd, das bis zum Bauchnabel aufgeknöpft ist, und so viel Nikotin auf den Stimmbändern, daß jedes Husten zum Konzert wird. Schäfer sei er gewesen, krächzt er, sein ganzes Leben lang Schäfer, und nimmt uns mit in sein Haus, das aus einem Vorraum für das Gerümpel sowie einem Wohnraum mit verdunkelten Fenstern besteht. Eine Frau mit noch schwarzen Haaren, die sich auf der Bettkante einen indischen Liebesfilm anschaut, dreht sich grußlos zu uns um, als wir das Zimmer betreten. Ihr ärmelloses rosa Kleid könnte ebenso ein Schlafrock sein. Sie sei seine zweite Frau, aber erste Liebe, stellt Armen sie uns vor; die andere Frau hätten wir vielleicht an der Straße getroffen, richtig, an der ehemaligen

Moschee. Er sei in dem Dorf geboren, in dem es noch fünfzehn, sechzehn andere armenische Häuser gegeben habe, ansonsten hätten hier nur Aseris gelebt. Wie war es mit Hochzeiten? In all den Jahrzehnten habe es zwei gemischte Paare gegeben, nicht mehr. Und besuchte man sich gegenseitig zu den Festen oder den Begräbnissen? Die Aseris seien häufig zu den Armeniern gekommen, die Armenier so gut wie nie zu den Aseris. Warum? Weil es bei den Armeniern immer reichlich Essen gegeben habe, sagt Armen und lacht so mitleiderregend, daß man ihn am liebsten gleich zum Arzt bringen möchte. Die dritte Zigarette hat er in den wenigen Minuten dennoch bereits geraucht und trotz der späten Uhrzeit auch den Mokka auf den Tisch gestellt, der nichts für schwache Herzen ist.

«Wir waren ja alle arm, aber die Aseris waren auch bei Festen nicht so großzügig, die haben das nicht in ihrer Tradition. Das hat sich dann für uns nicht gelohnt.»

Abgesehen von den mageren Gastmahlen der Aseris sei das Zusammenleben einigermaßen harmonisch gewesen, aber etwa seit 1968 hätten die Behörden keine freiwerdenden Häuser mehr an Armenier vergeben. Das habe natürlich zu Konflikten geführt und ihnen das Gefühl gegeben, sie seien im eigenen Land nicht mehr willkommen, zumal sie auch auf den Ämtern benachteiligt worden seien, bei der Vergabe von Aufträgen, Lebensmitteln und Jobs. 1982 sei es dann nicht mehr auszuhalten gewesen, und Armen zog in ein Dorf um, in dem ausschließlich Armenier wohnten, nicht weit entfernt. Hier bei Chodschali seien nur die beiden Armenierinnen verblieben, die mit Aseris verheiratet waren. Als der Krieg ausbrach, habe der Sohn des Vorstehers seine Mutter umgebracht; die andere Armenierin sei mit ihrem Mann noch rechtzeitig geflohen. Dort, wo Armen wohnte, seien vier Bewohner getötet und fünfhundert Schafe gestohlen worden. Das Massaker von Chodschali hat er mitbekommen und ist noch ein viertel Jahrhundert später überzeugt, daß die Aseris von ihren eigenen Soldaten erschossen worden sind, weil sie die Flucht ergriffen hatten. Für die armenische Armee habe es gar kein Motiv gegeben, Aseris zu töten, die bereits auf dem Weg nach Aserbaidschan waren; außerdem brächten Armenier grundsätzlich keine Frauen und Kinder um. Dann greift Armen nach hinten und legt ein langes Messer auf den Tisch.

«Wir bringen nur Männer um.»

«Mit diesem Messer?»

«Ja, mit diesem Messer», sagt Armen und hält es sich an den Hals: «So.»

Er und die anderen Männer des armenischen Dorfes hätten zwei Aseris gefangengenommen, ob Soldaten oder nicht, das wird nicht recht klar. Eine Frau aus Sumgait, die das Pogrom knapp überlebt hätte, sei nach vorn getreten und habe einem der beiden Gefangenen ein Küchenmesser in den Hals gerammt. In Sumgait hätte sie gesehen, wie Armenierinnen die Brüste und die Ohren abgeschnitten worden sind.

«Hatten denn die Gefangenen etwas mit Sumgait zu tun?»

«Nein, natürlich nicht, sie waren ja von hier.»

«Aber weshalb wollte die Frau sie dann umbringen?»

«Das ist nun mal Vendetta», meint Armen, er selbst benutzt das italienische Wort, und macht eine wegwerfende Geste, als komme es auf ein Menschenleben mehr oder weniger nicht an.

«Und dann?»

«Das Küchenmesser prallte an der Haut ab, es war nicht scharf genug. Da habe ich ihr meins gegeben.»

«Dieses Messer hier?» frage ich und zeige auf den Tisch.

«Ja, dieses Messer», sagt Armen und hält es sich wieder an die Kehle. «Danach hat sie sein Blut getrunken.»

Lang ist's her, 1930, da schwamm jemand in den See Sewan und ward nicht mehr gesehen. Eine Expedition wurde ausgesandt, die den kältestarrenden, jedoch lächelnden Schwimmer herbeiführte. Er war auf einem Fels liegend gefunden worden. Die Bewohner der Insel empfingen den Geretteten mit Applaus. «Es war die herrlichste Beifallsbezeugung, die ich in meinem Leben zu hören bekommen habe», schreibt Ossip Mandelstam: «Man bejubelte einen Menschen für die Tatsache, daß er noch kein Leichnam war.»

Sechsundvierzigster Tag

«Was macht der Außenminister eines Staates, den niemand anerkennt?»

«Anerkannt oder nicht, das ist kein großer Unterschied», winkt Karen Mirzoyan ab, der Bergkarabachs Außenminister ist: «Wie jeder andere

Außenminister vertrete ich mein Land in der Welt. Ich kann nur nicht die traditionellen Mittel der Diplomatie nutzen. Dadurch bin ich aber auch freier. Ich existiere ja praktisch nicht.»

«Und wieso sind Sie freier, wenn Sie nicht existieren?»

«Nun, ich kann viel direkter kommunizieren. Ich kann nach Berlin fahren und bei Bier und Würstchen mit den Menschen sprechen. Ich kann ihnen erklären, daß wir ein normales Land sind und nichts anderes wollen, als ein normales Leben zu führen.»

So besonders sei Bergkarabach auch gar nicht: Gerade sei er zehn Tage in Transnistrien gewesen, die hätten ganz ähnliche Probleme wie sie. Und was hält er von anderen separatistischen Bewegungen, ob nun in der Ost-Ukraine oder auf der Krim, in Abchasien oder in Süd-Ossetien, in Katalonien oder in Schottland, gebe es da eine natürliche Verbundenheit? Ja, natürlich, die Karabachen fühlten sich jedem Volk verbunden, das um sein Recht auf Selbstbestimmung kämpft.

«Gründen Sie doch eine Union der nicht-anerkannten Staaten!»

«Das ist der falsche Ausdruck», scheint Karen Mirzoyan den Vorschlag nicht einmal abwegig zu finden: «Richtiger wäre Union der behinderten Staaten. Es gibt viele Staaten, die lange um ihre Anerkennung kämpfen mußten. Selbst Staaten, die heute Supermächte sind, waren einmal nicht-anerkannt.»

Karen Mirzoyan ist ein umgänglicher Mensch, bärtig und mit Professorenbrille, der selbst schmunzeln würde, wenn er läse, daß sein Bauch die Vorliebe für Bier und Würstchen nicht verbirgt. Das Massaker von Chodschali bestreitet er nicht rundweg, sondern sagt, daß die Dinge komplizierter seien, als sie oft dargestellt würden – aber richtig, auch Armenier seien keine Engel und Kriege eben schmutzig. Später, wenn es eine politische Lösung gebe, könne man beginnen, die widerstreitenden Narrative zusammenzuführen. Sei es nicht eher umgekehrt, frage ich, setze eine Lösung nicht voraus, die Leiden der anderen anzuerkennen? Der Außenminister, der selbst Orientalistik studiert hat, also die historischen Hintergründe kennt, ist nicht sicher. Vor Chodschali habe es Sumgait gegeben, vor Sumgait etwas anderes und immer weiter zurück, bis man in der Zarenzeit sei, bei den Persern oder den Mongolen. Ich müsse nur Ferdousis *Königsbuch* lesen, schon dort sei von Bergkarabach als Heimat der

Armenier die Rede, in einer persischen Dichtung des zehnten Jahrhunderts. Gut, erwidere ich, die Aserbaidschaner würden darauf verweisen, daß Bergkarabach der Geburtsort ihrer berühmtesten Sänger und Dichter sei und nicht erst in der Sowjetunion zu Aserbaidschan gehörte, sondern über Jahrhunderte ein Khanat war. Er würde es anders formulieren, meint der Außenminister: Bergkarabach sei nach Jahrhunderten endlich frei. Ich erinnere daran, daß viele Armenier erst im neunzehnten Jahrhundert von den Russen in Bergkarabach angesiedelt worden sind. Ja, eben, ruft der Außenminister, jeder finde in der Geschichte eine Episode, die zu seiner Deutung paßt. Wie weit solle man denn noch zurückgehen? Am Ende gelange man zum mythischen Konflikt zwischen Nomaden und Siedlern. Nein, er bezweifle, ob es hilfreich sei, über die Geschichte zu streiten; wichtiger seien pragmatische Lösungen, und daß die Aseris in ihre Häuser zurückkehren, gehöre sicher nicht dazu.

Stepanakert ist keine schöne, dafür aber auch keine arme Stadt. Man sieht den Straßen an, daß viel Geld nach Bergkarabach geflossen ist, mehr jedenfalls als in andere Kleinstädte Armeniens. Denn klein ist Stepanakert mit gerade mal fünfzigtausend Einwohnern, obwohl es nun Hauptstadt ist, klein wie alles in Bergkarabach außer den Bergen, die die Hochebene von drei Seiten umfassen. Besonders Diaspora-Armenier beweisen ihren Patriotismus, indem sie sich für den Aufbau des jungen Staates engagieren; sie spenden, investieren, verbringen ihren Urlaub dort oder leisten einen Freiwilligendienst wie junge amerikanische Juden in Israel. An vielen öffentlichen Gebäuden sind die Namen der Stifter vermerkt. Auch eine Autobahn gibt es, die quer durchs Land führt, und einen neuen Flughafen, von dem noch nie ein Flugzeug abgehoben hat. Zu unserer Überraschung schwingen die Türen dennoch auf, so daß wir in den blitzblanken Terminal spazieren können. Wir können uns an die Counter stellen, einen Gepäckwagen nehmen, auch die Toiletten benutzen. Auf der Anzeige steht, daß der Check-in um 15.30 Uhr beginnt, aber das ist nur ein Test, erfahren wir vom Flughafenmanager, der vielleicht auch nur ein gutgekleideter Hausmeister und jedenfalls die einzige anwesende Person im gesamten Gebäude ist. Bereitwillig führt er uns durch die Sicherheitsschleuse, die piept, ohne daß ein Beamter da wäre, den es interessiert. Das Handgepäck brauchen wir nicht in den X-Ray zu legen, um in die Abflughalle zu gelangen, von der wir weiter auf die ebenfalls leere Startbahn laufen dürfen. Die immerhin wird von zwei Soldaten bewacht, die sich fragen, was wir hier zu tun haben, was umgekehrt eine ebenso gute Frage ist.

«Könnte heute mittag ein Flugzeug landen?»

«Ja, absolut», versichert der Manager, für den ich ihn mal halten will, und erklärt, daß einmal die Woche eine Übung abgehalten werde, um eine Landung zu trainieren. Dann zeigt er auf den Kontrollturm, von dem tatsächlich – ich glaub's nicht – zwei Fluglotsen herabwinken.

«Und was tun die Fluglotsen?»

«Sie warten», sagt der Manager und hofft, daß ich für die nächste Reise nach Bergkarabach das Flugzeug nehmen kann: «Das wünschen wir jedem Besucher zum Abschied.»

Leider haben wir keine Genehmigung für die Pufferzone rund um Aghdam erhalten, die zum aserbaidschanischen Kernland gehört und 1993 dennoch von armenischen Truppen eingenommen worden ist. Wie von der anderen Seite der Grenze aus versuche ich daher selbst mein Glück und schaue, wie weit wir kommen. Aber zu unserer Verblüffung hält uns niemand an und gelangen wir weder an eine Mauer noch an einen Checkpoint. Wir können einfach ins Niemandsland fahren. Links und rechts der schlechter werdenden, mit einem löchrigen Zaun eingegrenzten Piste sind Ruinen von einstöckigen Steinhäusern über die Ebene verstreut, von dichtem Gestrüpp zugewachsen, die Dächer und manche Mauern eingestürzt, alle Fenster herausgerissen, dazwischen immer wieder ein Autowrack, das wie Papier zusammengeknüllt ist, als gäbe es in der Leere ein Platzproblem. Einige wenige Feldwege zeigen an, daß immer noch Menschen zwischen den Häusern entlanggehen, und zu Fuß gelange ich zu Äckern, auf denen Mais oder Kartoffeln wachsen. Mitten in die Stille, die durch den Anblick der überstürzt verlassenen Bauernhäuser und letzter Überbleibsel wie leeren Konservendosen oder Plastikpuppen geradezu dröhnend wird, mitten in den Krieg, nach dem das Leben nicht mehr zurückgekehrt ist, vibriert in der Hosentasche das totgeglaubte Handy und gibt einen, nein zwei, nein drei, eine ganze Serie von Signaltönen von sich. «Willkommen in Aserbaidschan», lautet die erste der eingegangenen SMS: «In Ihrem Tarif kostet jede Minute ...» Ich nutze die Gelegenheit, um zu Hause anzurufen. «Wo bist du gerade?» fragt die zehnjährige Tochter, und ich versuche es ihr zu erklären.

Je weiter wir fahren, desto näher stehen die Ruinen aneinander. Es gibt Bäume, die einmal eine Allee bildeten oder Schatten spendeten in einem Park, und immer öfter haben die Gebäude mehrere Stockwerke; das werden dann wohl die Behörden von Aghdam gewesen sein, das einmal eine Provinzhauptstadt von fünfzigtausend Einwohnern war. Wenn ich die Fassaden richtig zuordne, stammen sie noch aus der Anfangszeit der Sowjetunion. Plattenbauten sehen wir nicht; vielleicht haben sie dem Lauf der Zeit nicht standgehalten, obwohl sie neuer waren. Während der Exilclub FC Karabach Aghdam gerade aserbaidschanischer Meister geworden ist und nächste Saison Champions League spielt, laufen zwischen den Ruinen von Aghdam Schweine herum. Auf einem leeren Feld, das einmal der Hauptplatz gewesen sein könnte, hackt ein Trupp junger Soldaten Holz, ohne viel Ehrgeiz an den Tag zu legen. Dem Alter nach Rekruten, tragen sie zur Tarnhose T-Shirts und an den Füßen Turnschuhe oder Plastikpantoffeln. Wir sprechen sie vorsorglich nicht an, um nicht gefragt zu werden, was wir hier suchen. Sonderlich interessiert scheinen sie zum Glück nicht zu sein.

Wir kommen zur großen Moschee, 1868 erbaut, die vom Staat Nagorny-Karabach geschützt wird, wie es auf einem freilich selbst schon verwitterten Schild heißt. Tatsächlich ist sie vergleichsweise gut erhalten, insbesondere die beiden prächtigen Minarette aus zweifarbigem Ziegelstein. Von den Ornamenten, die einst den Gebetsraum ausgeschmückt haben, sind hingegen nur ein paar Fetzen übriggeblieben. Auf den nackten Wänden haben die Eroberer ihre Namen hinterlassen, die sicher kunstvollen Fenster sind herausgerissen, der Boden ist ein Geröllfeld. Vom Minarett blicke ich auf die Stadt hinab, die nicht bombardiert, die nicht einmal beschossen worden ist, sondern am 23. Juli 1993 kampflos an Armenien fiel. Die Preisgabe von Aghdam kam einem Kollaps der aserbaidschanischen Armee gleich, die durch den Machtkampf in Baku praktisch ohne Führung war. Kurz darauf setzte sich Aserbaidschans früherer KP-Chef Haidar Alijev als Präsident durch und stoppte mit dem Waffenstillstand den Krieg, allerdings auch die Demokratie. Heute sieht Aghdam aus, wie man sich Städte nach dem Abwurf einer Atombombe oder nach einem Giftgasangriff vorstellt. Es ist alles da, was zu Menschen gehört, es gibt nur kein menschliches Leben mehr. Hat nicht Enver Pascha, der nach der Niederlage des Osmanischen Reiches nach Deutschland floh, dann seinen

Panturkismus nach Zentralasien trug und 1922 im Kampf gegen die Rote Armee in Tadschikistan fiel – haben seine Ideen nicht dennoch gesiegt? «Hier wie überall in der Welt war der herrschende Nationalismus am Werke, um ideenerfüllte, ja, religiöse Reichsgebilde in ihre biologischen Bestandteile aufzulösen», heißt es in den *Vierzig Tagen des Musa Dagh*. Städte, in denen ein babylonisches Sprachengewirr herrschte, Länder, in denen die Völker mehr schlecht als recht, aber immerhin zusammenlebten, eine frühe Moderne, in der sich der Kosmopolitismus von selbst verstand, Dörfer, in denen die Religionen gute oder schlechte, aber jedenfalls Nachbarn waren, sie sind in Armenien und Aserbaidschan wie an kaum einem anderen Ort, nicht einmal in der Türkei selbst und trotz der Judenvernichtung nicht einmal in Deutschland, zu reinrassigen Gemeinschaften geworden. Das ist es, was ich dem Außenminister des Staates Nagorny-Karabach hätte entgegenhalten sollen, als er die Khanate als Fremdherrschaft abtat, das ist es aber auch, was gegen die mutigen Aufklärer spricht, die in Baku eine Nationalkultur begründeten, das ist es, was man der Moderne ins Stammbuch schreiben möchte, wenn man vom Minarett auf das verlassene Aghdam blickt: «Die Paschas der alten Zeit wußten genau, daß der Gedanke der übergeordneten geistigen Einheit, der Gedanke des Kalifats erhabener sei als der besessene Fortschrittswahn einiger Streber. In der verlästerten Trägheit des alten Reiches, in dem Geschehenlassen, in der verschlafenen Käuflichkeit lag eine behutsam weise und entsagende Staatsräson, die ein kurzsichtiger Westler, dem es um schnelle Wirkung ging, gar nicht begreifen konnte. Die alten Paschas wußten mit feinstem Gefühl, daß sich ein edler, aber verfallener Palast nicht allzu viele Verbesserungen gefallen lasse. Den Jungtürken aber gelang es, das Werk von Jahrhunderten zu zerstören. Sie taten das, was gerade sie als Beherrscher eines Völkerstaats niemals hätten tun dürfen! Durch ihren eigenen Nationalwahn erweckten sie den der unterworfenen Völker.» Auch Franz Werfel war bereits bis zum Anstößigen nostalgisch, dabei stand 1933 das Schlimmste noch bevor.

Die ehemalige Straße setzt sich hinter einem unbewachten Schlagbaum noch östlich fort, aber ich traue mich nicht, mehr als zwei-, dreihundert Meter übers offene Feld zu gehen, weil irgendwo doch Schützengräben sein müssen, Stacheldraht, Minen oder was immer Armenien und Aserbaidschan voneinander fernhält. So fahren wir Richtung Norden und entdecken am Rande Aghdams ein Auto, das vor einem Haus parkt. Und wirklich, im Hof treffen wir eine kleine Familie an, Vater und Mutter, die das Haus renovieren, und ein behinderter Sohn. Vor fünf Jahren kam er mit 920 Gramm auf die Welt, erklärt uns die Mutter, die uns sofort zum Kaffee einlädt. Hühner rennen durch den Hof, Truthähne und ein Lamm, das dem Sohn zu entkommen sucht. Aus dem Stall blöken noch weitere Tiere. Der Vater meint, daß die Spannungen in Bergkarabach mit der Kollektivierung begonnen hätten, also vor seiner Zeit, aber auch nicht bereits mit dem Genozid, im Mittelalter oder gar in mythischer Zeit; so weit zurück denkt er nicht. Er ist in Askeran geboren, achtzehn Kilometer westlich, arbeitet dort als Koch und hat vor ein paar Jahren den Hof in Aghdam aufgetan, der am ehesten noch zu gebrauchen war. Niemand fragte, als er ihn sich zur Datscha nahm. Obst, Gemüse und Eier, seit kurzem auch Milch und Fleisch verkaufen sie auf dem Markt. Gerade achtzehn geworden damals, hat er für die Befreiung nicht selbst gekämpft, aber für den Aprilkrieg im letzten Jahr wurde er zu den Waffen gerufen. Deshalb wisse er den Frieden mehr als alles andere zu schätzen.

«Meinen Sie, die Aseris werden je zurückkehren?»

«Ich bin nur ein Arbeiter», sagt der Mann, «wenn Frieden herrscht, können sie auch zurückkehren. Warum nicht?»

«Und wenn die Besitzer vor der Tür stünden – würden Sie den Hof zurückgeben?»

«Wenn es gute Leute sind – sicher. Er gehört ja ihnen. Ich würde ihnen sagen, daß ich den Hof für sie wiederaufgebaut habe.»

Ein paar hundert Meter weiter kommt uns eine blonde oder wohl blondierte, auffällig geschminkte Frau entgegen, die Arme kräftig genug, um zwei große Wasserkanister zu tragen. Sie zog erst 1998 nach Bergkarabach, weil ihr Mann hier eine Stelle fand; seit er vor zwei Jahren starb, ist sie allein im fremden Land, und zum Zurückgehen ist es auch zu spät. In Aghdam wohnt sie, weil es kostenlos ist und sie einen großen Garten hat. Außerdem gibt es hier überall Soldaten, die ihr Obst und Gemüse kaufen; von dem Geld besorgt sie das Wenige, was sie nicht selbst anbauen kann. Von der Regierung erwartet sie nichts mehr und vom Schicksal nur, daß es sie endlich in Ruhe läßt.

Daß wir die Pufferzone verlassen, erkennen wir am Teer, der die Straße wieder vollständig bedeckt, an den Strommasten und den Häusern, die keine Ruinen mehr sind. Das erste Dorf, in das wir gelangen, heißt Neu-Maragha und hat neben dem sowjetischen Ehrenmal für die Gefallenen des Zweiten Weltkriegs, das mehr vergessen als erhalten ist, einen Gedenkstein für die verlorene Heimat. Einige Frauen, die vor den zwei einzigen Läden hocken, fragen wir, wer aus dem alten Maragha kommt, und werden in einen Verhau geführt, in dem Amirian Ruzik auf neunundsiebzig Jahre zurückblickt. Vom eingeborenen Haß der Aseris auf die Armenier will er nichts wissen, in Maragha hätten sie gut zusammengelebt, vielleicht auch, weil die Aseris dort eine kleine Minderheit waren. Warum es dennoch zur Gewalt kam? Aus dem Nichts! meint Ruzik wie so viele Menschen nach einem Bürgerkrieg. In seiner Erinnerung hat der damalige aserische KP-Chef Abdurrahman Vezirov 1989 im Fernsehen dazu aufgerufen, Armenier zu töten, und kurz darauf ist ihr Dorf von Panzern beschossen worden. Die Rote Armee half den Bewohnern, Maragha zu verlassen, und Ruzik schlug sich mit Bussen und Sammeltaxis nach Samarkand durch, wo seine Schwester lebte. Als er zurückkehrte, waren alle Häuser zerstört, das Dorf von der aserischen Armee besetzt und beide Söhne auf der armenischen Seite im Krieg. Der Dorfvorsteher suchte alle Bewohner zusammen, die er ausfindig machen konnte, zwölf Familien, und so zogen sie in die Häuser hier, die von Aseris verlassen waren. Weil er alleine war, bekam er nur diese Bruchbude zugeteilt, in der es nicht einmal fließend Wasser gibt, und ärgert sich noch immer über diese Ungerechtigkeit. Neu-Maragha wie überhaupt die Welt werde von den Falschen regiert. Daß der Konflikt auf die Kollektivierung zurückgeht, hält er für Unsinn, im Gegenteil: Wäre die Sowjetunion nicht zusammengebrochen, lebte er heute gut in Maragha statt in einem fensterlosen Loch mit sechzig Dollar Rente, die gerade für Zigaretten reichten. Etwas weniger zu rauchen wäre allerdings auch kein Fehler.

«Und die Kinder?» frage ich.

«Meine Tochter Nune hat ein Haus in Neu-Maragha.»

«Wieso ziehen Sie nicht zu ihr?»

«Zum Essen gehe ich rüber, aber den Rest des Tages – ach, ich liebe es, allein zu sein.»

Inzwischen ist auch die Tochter da, selbst schon vierundfünfzig Jahre alt und gern bereit, uns das Haus zu zeigen, in dem ihr Vater trotz guten Zuredens nicht wohnen will. Ob es noch den alten Friedhof gibt, den muslimischen? Nein, sagt Nune, auch nicht die Moschee. Es gebe einen noch älteren Friedhof, ein paar Kilometer außerhalb des Dorfes, dort stünden noch viele Grabsteine mit arabischer Schrift.

«Warum sind sie erhalten geblieben?»

«Jemand hat einen von den alten Grabsteinen zerstört, und am nächsten Tag starb jemand in seiner Familie. Seitdem rühren wir den alten Friedhof nicht mehr an.»

«Und was ist mit den Bäumen?» fällt mir plötzlich ein.

«Die Bäume auch nicht», antwortet Nune, die die Frage nicht abwegig zu finden scheint: «Die Bäume haben keine Nationalität.»

Nachdem wir den alten Friedhof besucht haben, dessen Tote noch in einer anderen Zeitrechnung begraben worden sind, 1328 oder 1305 nach der Hidschra, nimmt uns Nune mit in das Haus, in dem sie mit ihrer Familie wohnt. Es hat dem Imam des Dorfes gehört, der kein armer Mann gewesen zu sein scheint. Die grüne Farbe der Zimmer ist abgeblättert, die dunklen Holzdielen sind abgetreten, die Fensterrahmen nie ausgewechselt worden. Im Garten steht ein alter Apfelbaum, der voller Früchte ist.

«Was für ein schönes Haus!» rufe ich und frage, weshalb sie es nicht renovierten.

«Meine Söhne sind dagegen.»

«Warum das denn?»

«Sie denken, daß der Krieg jeden Tag wieder ausbrechen könnte, dann müßten wir ein zweites Mal alles stehen- und liegenlassen.»

Zum Abschied schenkt Nune uns eine große Tüte Äpfel von dem Baum, den der Imam oder vielleicht dessen Vater oder Großvater gepflanzt hat.

Siebenundvierzigster Tag

Für die dreieinhalbtausend Menschen, von denen die meisten ärmere armenische Flüchtlinge aus Aserbaidschan sind, ist Schuscha viel zu weitläufig. Noch im neunzehnten Jahrhundert eine der bedeutendsten Städte des Transkaukasus, berühmt für seine neuen Kirchen, Moscheen und Theater, wohlhabend als Knotenpunkt der Handelsrouten, viersprachig mit Armenisch, Aseri-Türkisch, Persisch und Russisch, wurde es seitdem dreimal niedergebrannt, 1905, 1920 und 1992, zuletzt von Armeniern, davor von Aserbaidschanern und das erste Mal von beiden. Schon Osip Mandelstam war erschrocken über die breiten, menschenleeren Straßen, die sich steil den Hang hochziehen.

Und in Nagorno-Karabach,
in der zerstörten Stadt Schuscha
sah ich Dinge, die ebenso
schrecklich für die Seele waren.

Vierzigtausend tote Fenster
gähnen auf jeder Seite, und der
leere Kokon der ehemaligen Arbeit
als Friedhof auf dem Berg liegt.

Als Chodschali 1992 längst gefallen war, harrte die aserische Artillerie in Schuscha aus und bombardierte die nahegelegene Hauptstadt Stepanakert, die sechshundert Meter tiefer liegt. Unter schweren Verlusten nahmen die Armenier Schuscha, das zu neunzig Prozent von Aseris bewohnt war, schließlich am 8. und 9. Mai 1993 ein und überließen es Plünderern und Marodeuren. Es war ein bewußter, öffentlich gemachter Akt der Rache: Im kurzen Krieg zwischen Armenien und Aserbaidschan, als die beiden Nationen nach dem Ende der Romanow-Dynastie zum ersten Mal unabhängig gewesen waren, hatten aserische Soldaten drei Tage lang in der Stadt gewütet, das Armenierviertel zerstört und Hunderte armenische Zivilisten massakriert. Daß die zwei Hauptmoscheen noch stehen, ist einer Gruppe alteingesessener Armenier zu verdanken, die sich nach der Eroberung den Panzern entgegenstellten und sich anschließend noch sieben Tage im Stadtmuseum verbarrikadierten, um die wertvollen Teppiche, Bilder und Krüge zu schützen. Inzwischen sind viele der noch erhaltenen Steingebäude saniert, um Besucher anzulocken, aber an Bewohnern fehlt es ebenso. Die Kirchen strahlen, als seien sie neu gebaut, und an den beiden Moscheen stehen Schilder, daß sie mit iranischer Hilfe restauriert würden, auch wenn davon nicht viel zu sehen ist. Von den Schweinen, von denen aserbaidschanische Zeitungen berichten, allerdings auch nicht.

Der junge Presseoffizier, mit dem wir Richtung Front fahren, erklärt uns, daß nicht einmal er vorab erfahre, zu welchem Abschnitt Berichterstatter geführt würden.

«Warum nicht?» frage ich.

«Weil die Aseris uns abhören.»

«Aha.»

«Umgekehrt aber auch! Einmal hörten wir, wie ein General sich mit seiner Geliebten verabredete. Anschließend sagte er seiner Frau, daß er sich wegen eines wichtigen Meetings verspäte. Na, dann haben wir mal die Frau angerufen und ihr Bescheid gegeben, wo ihr Mann gerade ist.»

«So gewinnt Ihr also den Krieg!»

«Das nennt man psychologische Kriegführung», sagt der Offizier und signalisiert durch sein Lachen, daß es mehr ein Lausbubenstreich war, falls die Geschichte denn stimmt.

In der Kaserne von Martakert im Nordosten Karabachs herrscht gelöste Stimmung, weil Sonntag ist und damit Ausgang. Draußen warten Eltern, um den Tag mit ihren Söhnen zu verbringen, drinnen läuft armenische Popmusik über die Lautsprecher und spielen die Rekruten Fußball. Der Major bestellt uns Kaffee unter der Bedingung, daß wir nach dem Frontbesuch mit ihm anstoßen. Eine Merci-Praline gibt es obendrauf. Als ich erwähne, daß ich von der aserischen Seite aus ebenfalls an die Grenze gefahren bin, will jeder im Büro erfahren, wie es dort aussieht. Ich berichte von meinem Besuch in Tap Qaragoyunlu und daß es dort immer wieder zu Schußwechseln kommt.

«Ja, die fangen jedesmal an», meint der Major.

«Das sagen die Aseris auch.»

Auf Feldwegen werden wir «an die nördliche Waffenstillstandslinie» gebracht, wie ich schreiben soll, damit der genaue Standpunkt unerwähnt bleibt. Tap Qaragoyunlu liegt jedenfalls irgendwo an der Silhouette von Häusern und Bäumen, die vielleicht zwei, vielleicht vier Kilometer entfernt ist. Zu Scharmützeln komme es trotz des Waffenstillstands regelmäßig, meint der Soldat, der mir das Fernglas reicht; erst gestern hätten die Aseris wieder zwanzigmal geschossen, ohne daß die Armenier das Feuer erwidert hätten. Verletzt werde in der Regel niemand, man müsse nur streng darauf achten, die Deckung der Sandsäcke und Gräben niemals zu verlassen. Bis zum Jahr 2000 habe man mit der anderen Seite telefoniert, sich sogar zum Essen getroffen. Inzwischen könnten sie nur noch die Bewegungen des Feindes beobachten; das erhöhe die Gefahr von Zwischenfällen, die nicht gewollt sind.

Anders als an der Front in Georgien oder in der Ost-Ukraine sieht man der Stellung an, daß sie auf Dauer angelegt ist; die Gräben sind sorgsam befestigt und mit Steinplatten ausgelegt, und es gibt überdachte Kammern entlang der Laufwege, um sich auszuruhen oder für die Verpflegung. Zwei Wochen bleiben die Soldaten hier, dann kehren sie zurück in die Kaserne. Der Wehrdienst dauert zweieinhalb Jahre, und nach sechs Monaten geht es an eine Front. Ob sie glauben, die Öffnung der Grenze noch zu erleben, möchte ich von den Rekruten wissen, die sich zu uns in die kleine Kaffeeküche gesetzt haben. Nein, ihre Generation nicht, sagt einer, ihre Enkel vielleicht. Auf die Frage nach ihren Zielen kommen die üblichen Antworten: Arbeit, Familie, Sicherheit, ein anständiges Leben; manche streben auch ins Ausland. Ob sie denn glaubten, daß die jungen Leute in Aserbaidschan andere Ziele hätten, möchte ich wissen, die Rekruten etwa, die gerade jetzt ihren Dienst im Gefechtsgraben auf der anderen Seite leisteten. Ja, meint einer der Rekruten, er glaube schon, daß seine Altersgenossen auf der anderen Seite andere Ziele hätten. Sie, die Armenier, wollten Häuser bauen, die anderen wollten Häuser zerstören. Ob sie im Ernst glaubten, daß es das Lebensziel junger Aseris sei, Häuser zu zerstören? Ja, bekräftigt der Rekrut, bereits die Kinder dort würden zum Haß erzogen. Ich berichte von der Erbfeindschaft zwischen Franzosen und Deutschen und daß es noch zu meiner Schulzeit schwer gewesen sei, für die Klassenkameraden eine französische Gastfamilie zu finden, weil sich viele Großeltern geweigert hätten, einen Deutschen ins Haus zu lassen. Und für heutige Jugendliche sei die Erbfeindschaft nur noch ein Wort aus dem Geschichtsunterricht.

«Es gibt einen großen Unterschied», meldet sich der Kommandant zu Wort, der zehn oder fünfzehn Jahre älter als die Rekruten ist.

«Welchen denn?»

«Deutsche und Franzosen sind beide Europäer. Wir aber, wir sind hier, genau hier in diesem Graben, am östlichsten Rand Europas. Dort drüben» – er weist mit der Hand in Richtung der Silhouette aus Häusern und Bäumen, zwei oder vier Kilometer entfernt – «dort drüben beginnt Asien.»

«Und das heißt?»

«Das heißt, daß wir es mit Schafen zu tun haben.»

Ich versichere mich, ob ich die Übersetzung richtig verstanden habe. *Sheep*? Nicht *ship* oder so, oder irgendetwas anderes?

«Schafe sind das», schließt der Kommandant selbst jedes Mißverständnis aus: «Man sagt ihnen, sie sollen alle dorthin laufen, dann laufen sie alle dorthin. Das ist der Unterschied.»

Nicht nur schießt immer die andere Seite zuerst, vermutlich in allen Kriegen. Es sind grundsätzlich auch die anderen, die hassen, während man selbst nur ein ganz normales Leben führen will, Arbeit, Familie, Sicherheit.

Den Rest des Tages fahren wir in Serpentinen die verschiedenen Bergketten hinab und wieder hinauf, erst auf der Hauptstrecke ins armenische Kernland, dann Richtung Iran. Je weiter südlich wir kommen, desto mehr persische Schriftzüge tauchen am Wegrand auf, für Hotels, Restaurants oder *Disco Dancing*, und desto schäbiger werden die sozialistischen Wohnblocks. Das Orientalischste an den Städten und Städtchen ist das Gewimmel auf den Straßen und Bürgersteigen, das es bei gleicher Architektur nördlich des Kaukasus nirgends gab. Daß die Szenerien so dörflich wirken, liegt außerdem an den wenigen Autos und dem Schwarz, das die alten Frauen tragen. Ich stelle mir vor, wie der erste Eindruck ist, wenn man aus umgekehrter Richtung kommt: ernüchternd, weil man die Armut nicht mit Armeniern verbindet, die in Iran zum Mittelstand gehören, und unter *Disco Dancing* sich etwas anderes vorgestellt hat als eine Kaschemme im Erdgeschoß eines Plattenbaus, dessen Fassade ansonsten gütig von trocknender Wäsche versteckt wird.

Als wir den Fluß Arax erreichen, hinter den das zaristische Rußland Iran zurückgedrängt hat, erblicke ich eine andere, die mir so vertraute Landschaft: das warme Braun der weiten, kahlen Hänge, das in der Abendsonne aufglüht, scharf getrennt vom leuchtenden Grün der Täler, durch das sich das rauschende Wasser wie eine Silberkette zieht. Der Kaukasus mit seinen tiefen Schluchten und steilen Bergen, die mit Wäldern, Sträuchern oder Gräsern überzogen sind, könnte keine natürlichere Grenze haben als diese, so willkürlich sie im neunzehnten Jahrhundert auch gezogen worden ist. Nach der armenischen Paßkontrolle laufe ich mit meinem Koffer wie in einem Agentenfilm mutterseelenallein über die breite Brücke, an deren Ende indes keine schwarze Limousine wartet, sondern ein Zöllnerpaar, wie es das nur in der Islamischen Republik Iran geben kann. Während der Jüngere, der Uniformierte, der meine Daten in den Computer tippt, schmale Koteletten und zu einem Spitzdach gegelte Haare trägt, als träte er nachher noch bei MTV auf, fläzt sich der Ältere, der Vorgesetzte offenbar, im Jogginganzug von Adidas auf dem Stuhl und scheint auf seinem Bildschirm die Einträge mitzulesen, falls er sich nicht irgendwelche *YouTubes* anschaut. Beide sind glattrasiert, was allein für iranische Beamte lange Zeit undenkbar war, weil die revolutionäre Ideologie mindestens einen Dreitagebart verlangte. Demnächst binden sie sich noch Krawatten um, dann ist die Revolution am Ende.

Etwas ist mit meinen Daten nicht in Ordnung, so daß der Vorgesetzte auf seinen Sneakers davonschlurft. Als er zurückkehrt, fordert er mich auf mitzukommen. Das Du zwischen Staat und Bürger, das mit den zirzensischen Floskeln persischer Konversation radikal gebrochen hat, ist noch von der Revolution geblieben. Im Eingangsbereich des Amtszimmers, in das ich geführt werde, ist der Teppichboden ausgeschnitten, damit man auf dem Linoleum seine Schuhe auszieht wie vor einer Moschee. Durch die offene Tür entdecke ich im Nebenzimmer zwei Beine, die in Pyjamahose auf dem Schreibtisch liegen. Bauern, denke ich in meiner bourgeoisen Arroganz, nicht mal ein Arbeiter-, sondern nur ein Bauernstaat: Die Zöllner, ich bin sicher, der schnieke MTVler wie der legere Sportler und erst recht der Fromme, zu dem die beiden Beine in Pyjamahose gehören, ebenso die Minister, Botschafter, Generäle, Staatssekretäre, millionenschweren Chefs der staatlichen und religiösen Betriebe, sie haben ein, zwei, allenfalls drei Generationen nach der Landflucht noch die Sitten und Lebensweise der Provinz. Ihr Du, das ist nicht der Genosse, das ist noch das Dorf.

«Yâ Ali!» höre ich, womit der erste Imam der Schiiten angerufen ist, und kurz darauf tritt ein bärtiger Offizier ins Zimmer, ohne Uniformweste, das grünbraune Diensthemd halb über der dunklen Hose, und entschuldigt sich als erstes, daß ich die Schuhe ausziehen müsse. Falls mir das Umstände bereite, käme er nach draußen, aber hier drinnen hätten wir's gemütlicher. Dann lädt er mich ein, auf einem der Sofas Platz zu nehmen, und fragt mit dem beruhigenden Sie in der Anrede und im Tonfall so unterwürfig, wie es das persische Höflichkeitsritual verlangt, nach Beruf, Ausbildung, Familie, Reiseroute, Adresse in Deutschland, Adresse in Iran, Telefonnummer in Deutschland, Telefonnummer in Iran und so weiter. Es sind Routinefragen, das merke ich rasch, also kein Verhör. Ich erkundige mich, ob ich derweil mein Handy aufladen darf, da zieht der Offizier den Stecker des Fernsehers aus der Dose, in dem der staatliche Nachrichtenkanal CNN zu kopieren versucht, nur daß die Anchorwoman einen schwarzen Tschador trägt. Einmal bittet der Offizier mich um Rat, was noch zu fragen wäre, da nenne ich ihm das Jahr, in dem meine Eltern aus Iran ausgewandert sind. Wieso er das alles aufschreibt, möchte ich wissen. Das sei leider eine Vorschrift bei Auslandsiranern; er bitte vielmals um Nachsicht, daß er mir meine kostbare Zeit stehle. Offenbar gehört zur Vorschrift seit neuestem auch, Auslandsiranern freundlich zu begegnen. Der Bürger, den man beschimpfte, der will man jetzt selbst sein.

Das war die letzte Grenze, die ich auf dieser Reise überschritten habe, fällt mir ein, als ich mit dem erstbesten Taxi am südlichen Ufer des Arax in die Nacht fahre. Nach ein paar Kilometern ist es nicht mehr Armenien, das auf der anderen Seite liegt, sondern die Autonome Republik Nachitschewan, die ein Kapitel für sich wäre. So viel für die europäische Einigung spricht, so schwierig die Lebensverhältnisse und politischen Zustände nach Osten und Süden werden, hat es doch auch etwas Schönes, wenn Grenzen noch Grenzen sind und es einen Unterschied macht, ob man diesseits oder jenseits ist, einen wirklichen Unterschied nicht nur der Sprache, sondern der Systeme, Lebensweisen, Kulturen und Erfahrungen, wie es ihn so tiefgreifend innerhalb der Europäischen Union nicht mehr gibt und nicht einmal innerhalb des Westens insgesamt. Nur offen müssen die Grenzen sein, sonst lernt man die Unterschiede gar nicht kennen und also auch nicht sich selbst.

Achtundvierzigster Tag

Kaum habe ich die Verschiedenheit der Länder hervorgehoben, da beginnt Iran, wie Armenien aufgehört hat: mit einer Kirche. Fern der sogenannten Zivilisation, die im Vergleich roh wirkt, spiegelt sie inmitten des Grüns das karge Braun der Hänge, mahnt sie inmitten des Paradieses an die Wüste. Daß das Christentum eine orientalische Religion ist, wird an der Stephanus-Kirche manifest, die angeblich vom Apostel Bartholomäus gestiftet wurde. Das Stalaktitengewölbe im Portal oder die fortlaufenden Ornamente im Innern der Kuppel, welche die Unendlichkeit des Himmels evozieren, sehen typisch islamisch nur aus; sie sind genausogut christlich, und wenn typisch, dann für die orientalische Sakralarchitektur insgesamt. Wird man irgendwann sagen, das Christentum *war* eine orientalische Religion? Die Messe wird in Sankt Stephanus nur noch an Feiertagen gelesen, weil es weder Mönche noch ringsum Gemeinden mehr gibt; dafür ist die Kirche besser erhalten und sorgsamer restauriert als die Klöster, die ich in Armenien selbst besucht habe. In Europa werden Synagogen auch erst wertgeschätzt, seit es kaum noch Juden gibt. Es braucht keinen Völkermord dafür, die Minderheit kann aus anderen Gründen verschwunden sein – Vertreibung, Geringschätzung, Unfreiheit, allgemeine Not –, damit man sie plötzlich vermißt. Der Heilige Stefan ist freilich auch ein sehr genehmer Heiliger für ein schiitisches Land, wird er doch im Christentum als erster Märtyrer verehrt. Daß das Christentum die eigentliche und frühere Religion der Blutzeugenschaft ist, auch daran erinnert die Stephanus-Kirche, die gleichsam am Eingang von Iran steht.

In Dscholfa, der ersten Stadt nach der Grenze, stelle ich mir den ersten Eindruck vor, den ein Armenier von Iran hat. Natürlich das Übliche: die Kopftücher der Frauen oder die eckigen Kleinwagen, die aussehen, als wären sie nach einer Kinderzeichnung designt – kein Wunder, daß niemand sie importieren mag. Kein *Disco Dancing*, dafür Coca Cola, Burger und die Wiederkehr der Pizzerien. Dann wird der Armenier denken: Mehr Verkehr und bessere Straßen, mehr Waren und mehr Werbung, mehr Reichtum und mehr Armut. Wer in Eriwan um den Erhalt der historischen Bausubstanz kämpft, dem wird die brachiale Funktionalität der

Architektur in Dscholfa auffallen, die an Häßlichkeit dem sozialistischen Wohnungsbau nicht nachsteht. Ich könnte den Armenier nicht trösten: Wo von ihrer Geschichte nichts geblieben ist, und das ist viel weniger als im modernen Westen, sehen Kleinstädte überall in Iran gleich trist aus, also trist auf die gleiche Weise: entlang einer vielspurigen Durchgangsstraße eine Aneinanderreihung von Ladenlokalen in zwei- bis dreistöckigen Klötzen aus Betonstein, die oft nicht einmal verputzt oder aber mit einer Fassade aus buntem Plastik bedeckt sind. Eine neue Fußgängerzone hat Dscholfa, immerhin; womöglich hat ein Verantwortlicher die Idee von der Dienstreise nach Europa mitgebracht, die in der Islamischen Republik ein Bonus für Linientreue ist.

Auf der gut ausgebauten Autobahn bin ich in nicht einmal zwei Stunden in Täbris, früher eine halbe Tagesreise. Mit den Eltern und Brüdern sind wir manchen Sommer mit dem Auto von Deutschland nach Isfahan gefahren, da hatte die Stadt fast etwas Heimeliges, Beschauliches vor der nächsten Station Teheran. Jetzt ist Täbris ein weiterer Millionenmoloch, der sich in die Wüste frißt, durchzogen von Stadtautobahnen, gesäumt von modernen Apartmentblocks, gespickt mit Shoppingmalls, umringt von Trabantenstädten. Damals hatte Iran dreißig Millionen Einwohner, heute sind es über achtzig Millionen bei anhaltender Landflucht – so laut hört sich Bevölkerungswachstum also an, so unangenehm riecht es in der Luft.

Vor der hochsommerlichen Hitze und dem Smog rette ich mich in den labyrinthischen Basar, der noch meiner Kindheitserinnerung gleicht, so daß er angesichts der Veränderungen ringsum vierzig, fünfundvierzig Jahre später viel exotischer geworden ist, die wundersam kühle Luft und die meterweise wechselnden Gerüche der Kräuter, Gewürze, Seifen, Milchprodukte, Fische, Fleischwaren, Teppiche und Werkstätten, die mattgewordenen Strahlen aus den winzigen Oberlichtern und die Auslagen, die dennoch in allen Farben leuchten. In einem Teehaus bestelle ich Bakhlawa und Wasserpfeife, nur damit sich nach dem ersten Zug bereits alles in meinem Kopf zu drehen beginnt. Vom starken, nicht aromatisierten Tabak habe ich mich in den Schischacafés am Kölner Eigelstein offenbar entwöhnt. Tapfer ziehe ich den Rauch ein, bis sich eine angenehme Entrückung einstellt, die ringsum das Leben um zehn Prozent verlangsamt, der ohnehin träge Wirt mit seinem faulen Gehilfen, die ebenfalls lethargischen Händler, aber auch die Alten, die mit den zweirädrigen Lastkarren durch die schmale, von Passanten bevölkerte Gasse pesen, als würde jede Sekunde Zeitersparnis belohnt. Von den Gesprächen an den Nebentischen verstehe ich kein Wort – nicht wegen der Dröhnung, sondern weil alle türkisch sprechen, aseri-türkisch, um genau zu sein. Etwa 16 Millionen Aserbaidschaner leben in Iran, doppelt so viele wie in der Republik Aserbaidschan. Daß der Wirt mich leicht paternalistisch behandelt, als müsse er mir selbst das Teetrinken noch erklären, liegt nicht daran, daß er mich für einen Ausländer, sondern für einen Perser hält.

Was ich da schreiben würde, erkundigt sich der Mann, dessen Wasserpfeife neben meiner auf dem Tisch steht. Ich sei Schriftsteller, erkläre ich, da machte ich mir eben ständig Notizen, das gehöre zu meinem Beruf.

«Schreibst du etwa über uns?» fragt er amüsiert und weist auf die Männer neben sich, mit denen er sich bis eben unterhielt.

«Würde ich gern, aber ich verstehe kein Wort», gebe ich ehrlich zu und frage das erstbeste, was mir einfällt, da ich schon einmal auf persisch angesprochen worden bin: «Will man hier eigentlich lieber zu Iran oder zu Nord-Aserbaidschan gehören?»

«Das läßt sich nicht mit einem Satz beantworten», erwidert einer der Männer, die sich vom Nebentisch zu uns beugen.

«Dann antworten Sie in zwei Sätzen.»

«Früher war ich stolz, Iraner zu sein. Aber inzwischen bin ich *untarafi*.» Den Ausdruck höre ich zum ersten Mal; wörtlich bedeutet er jenseitig, zur anderen Seite gehörig und scheint ein feststehender Begriff zu sein für die Anhänger einer Vereinigung mit dem Norden.

«Aber Ihr kontrolliert doch das Land», verweise ich darauf, daß selbst der Teheraner Basar, seit jeher das wirtschaftliche Herz des Landes, fest in den Händen von Aseris ist und sie auch im Staatsapparat bis hinauf zum Revolutionsführer Ajatollah Chamenei entscheidende Posten besetzen.

«Nein!» widerspricht mein Nebenmann: «Der Führer ist kein Aseri, das wird nur behauptet. In Wirklichkeit sind seine Eltern aus dem Irak eingewandert.»

«Selbst wenn – es gibt doch so viele Aseris in den Ämtern.»

«Die verleugnen ihr Türkischsein, die sprechen nicht Aseri, oder wenn, dann nur zuhause.»

«Schau dir doch nur das Land an», stöhnt einer der anderen verächtlich, als würde das als Erklärung genügen, warum er *untarafi* geworden ist.

«*Untaraf* herrscht doch ebensowenig Freiheit.»

«Aber *untaraf* kannst du wenigstens Freude haben. Hier hast du weder Freiheit noch Freude.»

«Allein schon, was sie mit dir machen, wenn sie dich mit einer Flasche Whiskey erwischen.»

«Und wenn du deinen Mund aufmachst, machen sie *kun-tschubi* mit dir.» Das ist noch so ein neuer Ausdruck, der sich in der Islamischen Republik eingebürgert zu haben scheint. Wörtlich bedeutet er so etwas wie: «Hintern-Holzen» im Sinne von «Stock in den Hintern einführen» und meint einen gängigen Umgang mit politischen Gefangenen, den selbst die Justiz einräumen mußte, nachdem bei den Massenprotesten von 2009 versehentlich der Sohn eines hohen konservativen Funktionärs unter den Gefolterten war. Zur Wirklichkeit gehört allerdings auch: Der Mann macht seinen Mund sehr vernehmbar gegenüber einem Fremden auf, der sich Notizen macht, zwischen einem halben Dutzend Männern im Basar, der tausend Ohren hat.

Ich frage mich zum Haus der Konstitutionellen Revolution durch, das vor einem der Tore des Basars liegt und immerhin jeder in Täbris noch kennt. Es ist der zweistöckige Wohnpalast eines vermögenden Händlers, erbaut 1868 mit Ziegelsteinen, hölzernen Balustraden, schlanken Säulen, vielfarbigen Oberfenstern und dem obligatorischen Springbrunnen im grünen Innenhof. Die Porträts der Konstitutionalisten, die sich Anfang des zwanzigsten Jahrhunderts in dem Haus versammelten, hängen an den Wänden, und ihre persönlichen Gegenstände und Waffen sind in Vitrinen ausgestellt. Auch die Zeitungen aus Baku sind zu besichtigen, die dort im Literaturmuseum auslagen, bis hin zur religionskritischen *Mollah Nasreddin* und einer Druckerpresse, die nicht schneller, aber wirkungsvoller war als Facebook und Twitter beim Aufstand von 2009. Der Gegensatz zwischen Modernisten und Religiösen, der zum Ende des Osmanischen Reiches eskalierte, war in der konstitutionellen Bewegung Irans weniger prägnant. Die Modernisten traten mit ihren orientalischen Gewändern und kräftigen Schnurrbärten ziemlich traditionell auf, und viele, darunter die ranghöchsten Ajatollahs, setzten sich für liberale Reformen ein. Ein großes Photo zeigt das erste iranische Parlament von 1906, in dem die Abgeordneten entweder Fes oder Turban trugen, aber eine Verfassung verabschiedeten, die selbst für europäische Verhältnisse fortschrittlich war. Mit dem armenischen Widerstandskämpfer Yeprem Khan wird daran erinnert, daß eigene armenische Einheiten für die erste Demokratie Irans kämpften, und ein halbes Zimmer mitsamt einer bronzenen Büste ist dem Amerikaner Howard Baskerville gewidmet, der als Lehrer an der Presbyterianischen Missionarsschule von Täbris in den politischen Strudel geriet. So viel Mühe sich der amerikanische Konsul gab, ihn abzuhalten, unterstützte Baskerville nicht nur die Revolution, sondern wurde zu einem ihrer militärischen Führer, der mit seinem Regiment das belagerte Täbris 1909 gegen die royalistischen Truppen zu verteidigen half. «Der einzige Unterschied zwischen diesen Leuten und mir ist der Geburtsort», sagte er einmal einem Landsmann, vermutlich dem Konsul, «und das ist kein großer Unterschied.»

Als der Amerikaner nach zehn Monaten – die Bewohner hatten schon Gras zu essen begonnen – mit einer Gruppe Studenten am 20. April 1909 den Belagerungsring zu durchbrechen versuchte, wurde er zum Märtyrer Irans, nur vierundzwanzig Jahre alt. «Das junge Amerika gab in der Person des jungen Baskerville dieses Opfer für die Verfassung Irans», sagte ein Parlamentsabgeordneter bei der Beerdigung, zu der halb Täbris zum armenischen Friedhof gepilgert war. Fünf Tage später fiel Täbris an die Royalisten, hinter deren Aufmarsch Rußland und Großbritannien standen. Im Vertrag von Sankt Petersburg hatten die beiden Großmächte Iran kurz zuvor in zwei Einflußzonen aufgeteilt und sich auf Mohammed Ali Schah verständigt als gemeinsamen Büttel. Gleichwohl schlugen die Konstitutionalisten noch im selben Jahr zurück und vertrieben Mohammed Ali Schah. Als das Parlament im November 1909 seine Arbeit wiederaufnahm, begann die Sitzung mit einer Gedenkrede für Howard Baskerville. Sein Gewehr wurde, eingehüllt in eine iranische Flagge, an die Eltern nach Minnesota geschickt: «Persien bedauert zutiefst den ehrenvollen Verlust Ihres lieben Sohnes, der für die Sache der Freiheit gefallen ist, und wir geloben, daß die künftige persische Nation ihn wie einen Lafayette stets im Gedächtnis bewahren und sein ehrwürdiges Grab immer beschützen wird.»

Ein weiterer Saal ist den Frauen gewidmet, die an der Revolution beteiligt waren, und zwar keineswegs nur ideell. Regelmäßig schützten sie die Versammlungen oppositioneller Geistlicher durch Sit-ins vor den Moscheen, und bei einem einzigen Gefecht waren unter den gefallenen Konstitutionalisten zwanzig Frauen. Eine andere Partisanin tötete einen schahtreuen Geistlichen, der auf dem Kanonenhausplatz in Teheran eine Ansprache hielt, und wurde an Ort und Stelle hingerichtet. Da ist Bibi Khanoum Astarabadi, die mit ihrem Pamphlet über «Die Mängel der Männer» bereits Ende des neunzehnten Jahrhunderts das herrschende Bild der Geschlechter auf den Kopf stellte und 1907 die erste muslimische Mädchenschule Irans eröffnete. Da ist Zeynab Pascha, die in Täbris die Proteste gegen die Tabakkonzession anführte. Der fast ein halbes Jahrhundert regierende Nasser ad-Din Schah hatte 1890 einem britischen Geschäftsmann ein Monopol auf die Herstellung, den Verkauf und den Export von Tabak eingeräumt, bis zur Entdeckung des Öls eines der einträglichsten Geschäftsfelder Irans. Daraufhin rief die Opposition zum Boykott auf, und die Geistlichkeit erließ eine Fatwa, daß Rauchen vorübergehend Sünde sei. Mit einer Gruppe bewaffneter Frauen stürmte Zaynab Pascha die Geschäfte, die dennoch Tabak verkauften, und ebenso das staatliche Warenhaus in Täbris. «Wenn Ihr Männer keinen Mut habt, gegen die Unterdrücker zu kämpfen, nehmt Euch unseren Schleier und haut ab», rief sie auf einer Versammlung: «Behauptet nur ja nicht, Männer zu sein. Wir werden an Eurer Stelle kämpfen.» Dann riß sie ihren Schleier herunter – eine unerhörte Provokation an der Wende zum zwanzigsten Jahrhundert – und warf ihn den zögerlichen Männern zu. Nach ihrem Vorbild stellten sich einige Teheraner Frauen 1906 der Wagenkolonne von Nasser ad-Dins Nachfolger Mozaffar in den Weg und deklamierten eine Protesterklärung: «Wehe dem Tag, an dem das Volk Dir Deine Krone und Deinen Herrschermantel nimmt.» Da ist die erste iranische Frauenzeitschrift *Dânesch* («Wissen») von 1910, der weitere folgten, *Dschahân-e zan* («Die Welt der Frau»), *Schokufeh* («Blüte»), *Zabân-e zan* («Die Sprache der Frauen») und *Zanân-e Irân* («Die Frauen Irans»). Da sind die Aushänge der Frauenorganisationen, die sich im Laufe der Revolution überall im

Land bildeten, «Gesellschaft für die Freiheit der Frauen», «Geheime Gewerkschaft der iranischen Frauen», «Verein der Damen des Heimatlandes», «Gesellschaft für das Wohlergehen der iranischen Frauen», «Frauen von Iran», «Gewerkschaft der Frauen», «Verein der jüdischen Frauen», «Botschafter des weiblichen Wohlstands», «Gesellschaft der christlichen Absolventinnen» und so weiter. Als Rußland der gewählten Regierung Irans Ende 1911 ein achtundvierzigstündiges Ultimatum stellte, den Schatzkanzler William Morgan Shuster auszuweisen, einen amerikanischen Finanzbeamten und Schriftsteller, der das feudale Steuersystem reformierte und die Knebelverträge mit dem Ausland auflöste, drangen dreihundert Frauen ins Parlament ein, rissen sich die Schleier herunter und forderten die Abgeordneten auf, dem Druck zu widerstehen: Der Amerikaner müsse bleiben. Andernfalls würden sie ihre Ehemänner, ihre Kinder und sich selbst umbringen. Und wirklich, das Parlament bot Rußland die Stirn. Das ist alles unglaublich genug, was man über den frühen iranischen Feminismus lesen kann, aber nun sehe ich die Photos der Revolutionärinnen und bin noch perplexer: Sie sind alle tiefverschleiert, also nicht nur mit Kopftuch, sondern mit dem traditionellen Tschador, der den ganzen Körper bedeckt. Natürlich sind sie verschleiert, geht mir auf, sonst hätten sie sich den Tschador nicht vom Kopf reißen können.

Weil die Exponate kaum mit Erklärungen versehen sind, erkundige ich mich, ob jemand mich durch die Ausstellung führen könne. Nein, einen Führer gibt es nicht. Ebensowenig gibt es Broschüren, gar einen Museumsführer oder Katalog. Es gibt überhaupt nichts Näheres zur Konstitutionellen Revolution.

«Was ist denn das für ein Museum ohne Erklärungen!» schimpft ein Herr mit Krawatte, der sich im Innenhof ausruht.

«Man muß schon froh sein, daß sie es haben stehen lassen», tröste ich ihn.

«So gesehen muß man dankbar sein, das stimmt.»

Ich möchte noch die Häuser der berühmtesten Schriftsteller von Täbris besuchen, gebe jedoch nach dem ersten auf. Das Haus von Parvin Etesami – der Lieblingsdichterin meiner Mutter, deshalb habe ich ihre Verse im Ohr – ist mit einem solchen Abgrund an Lieblosigkeit gestaltet, daß ich mich stellvertretend für meine Mutter schäme. Die Ausstellung beschränkt sich auf einige billig vergrößerte Photos, kopierte Gedichte und das Abschlußzeugnis der amerikanischen Schule in Teheran, die in zwei Kammern im Souterrain des alten Wohnhauses ausliegen. Der gewiß prächtige Salon im Erdgeschoß, der zu dem ehemals wohl blühenden Innenhof hinausgeht, ist nicht zugänglich, weil darin der Museumsdirektor residiert.

Abends bin ich bei dem Historiker Rahim Raisnia zu Gast, einem Gelehrten alter, noch vorrevolutionärer Schule, obwohl er gar nicht so alt ist und 1979 noch Student gewesen sein dürfte. Altmodisch an ihm ist eher der Typus des stillen, selbstverständlich säkularen Historikers, der ungeachtet der Stürme ringsum die Vergangenheit zu ordnen versucht. Für die «Enzyklopädie der islamischen Welt» betreut er die Kultur und Geschichte der Turkvölker, und so unterhalten wir uns im Kellergeschoß seines Hauses, das bis unter die Decke mit Büchern zugestellt ist, zunächst über die Aufklärer und Sozialisten, die vom Kaukasus in den Iran wirkten. Nein, die Deportation und Ermordung Tausender iranischer Kommunisten unter Stalin sei in Iran niemals aufgearbeitet worden, schüttelt Raisnia den Kopf über die Geschichtsblindheit, zu der alle Ideologien neigen, nicht nur die Islamische Republik.

Und die Arbeit für die Enzyklopädie? Sei relativ frei, sagt Raisnia, obwohl der Herausgeber Gholam Ali Haddad-Adel zu den führenden Konservativen und engsten Vertrauten des Revolutionsführers gehört. Nach der Niederschlagung der Grünen Bewegung 2009 habe Haddad-Adel die Mitarbeiter der Enzyklopädie eigens versammelt, um ihnen zu versichern, daß er zwischen seinem Amt als Parlamentspräsident und der Herausgeberschaft der Enzyklopädie trenne; sie sollten ihrer Forschung wie bisher nachgehen. Weitgehend habe sich Haddad-Adel daran gehalten, meint Raisnia, und die roten Linien, die es gebe, müsse auch die andere islamische Enzyklopädie einhalten. Es gibt zwei islamische Enzyklopädien? Ja, sagt Raisnia, die Reformer hätten ihre eigene. Und die roten Linien? Über den Bab und die Religion der Bahai etwa, die in Iran heute verfolgt werden, müsse negativ geschrieben werden, egal welchem Lager man angehört. Allenfalls könne man den Ton mildern oder sich knapp halten. Auf seinem eigenen Gebiet hingegen, der türkischsprachigen Geschichte Irans, unterliege er keinen sonderlichen Einschränkungen. Und die Konstitutionelle Revolution? Ginge einigermaßen, seit der radikale

Mahmud Ahmadinedschad nicht mehr Präsident ist, allerdings nicht in dem Ton, den die andere Enzyklopädie anschlägt. Der Unterschied werde am Jahrestag der Konstitutionellen Revolution noch deutlicher: Da versammelten sich die Reformer stets im Museum, während die Konservativen anderswo in Täbris eine Konferenz über Scheich Fazlollah Nuri abhielten, der 1909 die Krone des Martyriums erlangte, als er öffentlich gehängt wurde. Er hatte alle Anhänger des Parlaments zu Ketzern erklärt.

Wie ist es mit Mohammed Mossadegh, dem demokratisch gewählten Premierminister, der das Öl verstaatlichte und 1953 von der CIA gestürzt wurde? Allmählich besser, meint Raisnia. Auch die Rolle der Geistlichkeit, die den Putsch unterstützte? Wenn man es sehr akademisch und zurückhaltend formuliert, könne man das Thema einflechten, wenngleich nur an abgelegenem Ort, in einem Zeitschriftenartikel oder ähnlichem, schließlich sei es immer noch Ajatollah Kaschani, der Lehrer Chomeinis und Widersacher Mossadeghs, der mit Straßennamen und Briefmarken geehrt werde. Ich erinnere daran, daß Barack Obama sich 2009 in einer Ansprache zum iranischen Neujahr als erster amerikanischer Präsident direkt an das iranische Volk wandte und für eine Aussöhnung warb; Chomeinis Nachfolger Ajatollah Chamenei wies die Initiative unter anderem mit dem Hinweis zurück, daß die Vereinigten Staaten Mossadegh gestürzt hätten. Ja, meint Raisnia, der Putsch von 1953 sei für Iraner mehr noch als das Scheitern der Konstitutionellen Revolution von 1921 das traumatische politische Ereignis des zwanzigsten Jahrhunderts und werde deshalb selbst von denen instrumentalisiert, die den Namen Mossadegh sonst nicht einmal aussprechen würden.

Die frühen Feministinnen? Seien regelrecht in Mode gekommen, findet Raisnia, allerdings nicht an den Universitäten, an denen ohnehin nur noch selten seriöse Geisteswissenschaft betrieben werde. Jede Kleinstadt habe inzwischen eine, wenn nicht mehrere Universitäten, und durch die Vielzahl der kommerziellen Hochschulen, die Diplome gegen Geld oder Gefälligkeiten vergäben, hätten die akademischen Titel ihren Wert eingebüßt. Als ob all die Politiker und Militärführer, die sich mit einem Doktortitel brüsten, auch nur ernsthaft studiert, geschweige denn eine Arbeit geschrieben hätten wie Doktor Mossadegh, der ein Jurist von eigenem Rang war, promoviert in der Schweiz. Hinzu kämen natürlich die diversen Entlassungswellen, zuletzt 2009, und die Auswanderung gerade der klügsten Köpfe und engagiertesten Lehrer. Die gerade mit vierzig Jahren verstorbene Mathematikerin Maryam Mirzakhani, die als erste Frau überhaupt die Fields-Medaille erhielt und nach Amerika emigrierte, weil sie in Iran keine Perspektive mehr sah, sei nur eine von Tausenden, Abertausenden, Iran das Land mit dem höchsten *brain drain* weltweit.

Ich frage nach dem Separatismus. Präsident Rohani habe bei seinem Amtsantritt eine Akademie für die türkische Sprache und Kultur versprochen, sich aber wie mit so vielem anderen auch damit nicht durchsetzen können, berichtet Raisnia; der Nationalismus, in dem sich einmal alle Religionen und Ethnien Irans trafen, werde im herrschenden Diskurs immer stärker ans Persertum gekoppelt, obwohl nur die Hälfte der Iraner persische Muttersprachler seien. Die Kultur und Literatur der Aseris werde allein in privaten Vereinen gepflegt, durch Vorträge, Lesungen und Kurse, die in Eigeninitiative stattfänden. So entstehe ein gefährlicher Graben. Einerseits dürfe in den Schulen nicht auf aseri-türkisch unterrichtet werden, andererseits schaue jeder, wirklich jeder Aseri türkisches Fernsehen; die iranischen Sender seien schließlich nicht auszuhalten, die verwechselten das Studio mit einer Kanzel. Gleichzeitig nehme im türkischen Fernsehen der Nationalismus zu, und was die Republik Aserbaidschan betrifft, so unterstütze sie kaum verhohlen den Separatismus mit Propaganda und Geld. Immer noch seien viele Aseris *intarafi*, wünschten sich also lediglich eine vernünftige Autonomie innerhalb Irans. Immer mehr jedoch hingen dem Panturkismus an oder seien *untarafi*. Und weil viele Aseris die Wahlen boykottierten, schnitten in den aserbaidschanischen Gebieten die Konservativen vergleichsweise gut ab, die jedwede kulturelle Autonomie ablehnten – ein Teufelskreis.

Und er selbst? Als die Grenzen noch geschlossen waren, habe er einmal einem Vogel hinterhergeschaut, der Richtung Norden flog. Da habe er gedacht, daß er ein Auge hergäbe, nur um zu erfahren, wie es *untaraf* aussieht. Aber als er Ende der achtziger Jahre unter den ersten war, die nach Nord-Aserbaidschan fuhren, sei er doch froh gewesen, beide Augen behalten zu haben, um sowohl den Fortschritt als auch die Zurückgebliebenheit zu sehen. Die Musik etwa sei aufgrund der Konservatorien sehr stark gewesen, das habe ihn beeindruckt. Und daß die Literatur gefördert worden sei, gefördert!, habe er kaum glauben können, da habe es Gehälter für Schriftsteller gegeben und Schriftstellerresidenzen im Grünen, damit sie den Kopf frei haben, frei, nicht ab! Andererseits hätten die Schriftsteller dort auch viel Überflüssiges geschrieben, das habe er ebenfalls bemerkt. Kein Wunder, denn bezahlt worden seien sie nach Wörtern, das fördere nicht die Stringenz. Und was kam ihm rückständig vor in Aserbaidschan? Bücher über die aserische Rasse, die in den Buchhandlungen auslagen, und Intellektuelle, die gegen Armenier wetterten, antwortet Raisnia. «Unsere Aufgabe ist es, Feuer zu löschen, nicht, sie zu entfachen», habe er deshalb Anar ermahnt, damals der bekannteste Schriftsteller Aserbaidschans und heute noch Vorsitzender des Verbandes, der Akram Aylisli ausgeschlossen hat. «Sie haben recht, aber das geht hier nicht», habe Anar geantwortet und von einem Vortrag berichtet, in dem er eine Zeile aus einem alten Volkslied zitierte: «Ich liebe dich, auch wenn du mich haßt.» Empört hätten die Zuhörer reagiert, hätten laut ihren Unmut geäußert nur wegen dieser einen Zeile aus einem bekannten Lied, so daß er gezwungen gewesen sei, etwas gegen die Armenier vorzubringen, um nicht in Schwierigkeiten zu geraten. Die Feindesliebe war also auch in Aserbaidschan ein Ideal und eine Unmöglichkeit.

In dem Funktaxi, mit dem ich ins Hotel zurückkehre, fällt mir auf, daß alle Durchsagen persisch sind. Das sei eine neue Regelung, erklärt der Fahrer; wenn jemand auf türkisch etwas ins Mikrophon sage, werde er von der Zentrale sofort gemaßregelt, nach mehreren Wiederholungen sogar entlassen. Dabei seien sie alle Türken, selbst die Frau in der Zentrale, und manchmal verstehe er ihr Persisch einfach nicht.

Neunundvierzigster Tag

Ein Frühstück zu finden entlang der Autobahn ist gar nicht so einfach. Die Raststätten, die nach europäischem Vorbild gebaut sind plus Minarett, bieten Sandwich und Croissant, Pizza und Hamburger an, aber nichts, was der Fahrer für eßbar hält. Daß zwischen Täbris und Teheran keine Sülze aus Hammelköpfen und Hammelfüßen zu finden sein soll, das *kalleh-pâtscheh*, mit dem sich Arbeiter und Reisende für den Rest des

Tages stärken, will ihm nicht in den Kopf, so daß er einen Rasthof nach dem anderen anfährt. Während er wieder einmal in einem Restaurant nachfragt, fällt mein Blick auf einen Gärtner, der mit äußerster Sorgfalt ein Stück Rasen zwischen den Parkplätzen bewässert. Anfangs kommt er mir noch normal vor, aber je länger ich zuschaue, desto irrealer wird die Situation. Der Gärtner scheint jeden Grashalm einzeln zu gießen, ja, er spricht offenbar mit dem Rasen, er spricht den Rasen an, während er den Schlauch in Zeitlupe bewegt. Dann denke ich: Nein, er ist real, der Gärtner, der nur mit besonderer Sorgfalt tut, was ein Gärtner tun muß, während ringsum das Land verrückt spielt: ein Minarett an der Zapfsäule, aber kein *kalleh-pâtscheh*, sondern Pizza und Hamburger. Am Ende begnügt der Fahrer sich mit einem Tomatenomelette, obwohl er schon vor der Bestellung weiß, daß es nicht richtig, nicht wie in Aserbaidschan zubereitet wird.

«Die Tomaten hätten länger vorbraten müssen», beschwert er sich denn auch nach dem Essen.

«Dann hätten Sie bei der Bestellung nicht sagen dürfen, ich soll mich beeilen», rechtfertigt sich der Kellner.

«Wo er recht hat, hat er recht», gebe ich dem Fahrer den Rest.

«Ihr Perser steckt alle unter einer Decke», klagt er in seinem türkischen Akzent, der allein Perser zum Lachen bringt.

Gegen Mittag biegen wir von der Autobahn ab, die so gerade ist wie die Überlandstraßen nördlich des Kaukasus, nur daß nicht einmal Gras die unendliche Weite bedeckt.

«Wo geht es nach Ahmadabad?» fragt der Fahrer vier junge Männer, die an einer Kreuzung warten, obwohl weit und breit kein anderes Auto zu sehen ist. So unangenehm ist dem Staat die Erinnerung, daß nicht einmal das Dorf beschildert werden darf.

«Zu Mossadeghs Grab?» wissen die Männer sofort, warum wir nach Ahmadabad wollen.

«Ja», sagt der Fahrer.

«Gott habe ihn selig», rufen die Männer beinah im Chor und zeigen uns die Richtung.

Wir schauen uns um: In dieser windigen Öde also, nutzbar nur dort, wo sie aufwendig bewässert wird, stand Mohammed Mossadegh die letzten Jahre seines Lebens unter Arrest, hier lebte er mit seinem Personal, den Bauern seines Dorfes und den hundertfünfzig Bewachern, hier durften ihn einmal die Woche seine Frau und die Kinder besuchen, hier liegt er begraben, und ich hatte gedacht, daß wenigstens die Natur ihm kein Gegner mehr gewesen wäre. Hier schrieb er seinem Sohn am 9. Februar 1962: «Die Einsamkeit quält mich. Den Sommer verbrachte ich meist außerhalb des Gebäudes und wechselte ein paar Worte mit jedem, der vorbeikam. Aber im Winter, wenn es kalt ist, bleibe ich im Zimmer und geht es sehr schlecht. Ich konnte auch niemanden finden, der vertrauenswürdig ist und mit dem ich reden kann. Um die Wahrheit zu sagen, ich möchte nicht mehr leben.»

Die Bilder des iranischen Premierministers, der das Erdöl verstaatlichte und damit den Briten entzog, gingen Anfang der fünfziger Jahre um die Welt: der renitente Führer eines Entwicklungslandes, das geltende Verträge mit einer Weltmacht bricht, aufrecht im Bett über Papieren sitzend, in Hemd und Pyjamahose aus billigem iranischem Material, wie es die einfachen Leute tragen. Es war sein bevorzugter Arbeitsplatz. Auch Besucher, darunter ausländische Emissäre und sogar Minister, hat er an diesem Bett empfangen, und das war nicht nur ein Signal, nie mehr vor dem Westen strammzustehen, wie es in Iran verstanden wurde, oder die Unverschämtheit eines Irrsinnigen, der Weltpolitik zu spielen versucht, wie es die westliche Presse darstellte, selbst linksgerichtete Magazine wie der *Spiegel* übrigens, auf dem Titel Mossadeghs Kopf von unten photographiert mit verzerrtem Mund und durch die Perspektive mit riesiger Hakennase wie in der Ikonographie des Nationalsozialismus.

Mossadegh war krank, er litt an einer seltsamen, nie aufgeklärten Nervenkrankheit, hatte oft Fieber und konnte stundenlang seine Magengeschwüre erörtern, die kein Arzt richtig diagnostiziert habe. Außerdem hielt er sich von seinem Amtssitz fern, weil dort zu viele Leute mit verdächtigen Interessen auf ihn einredeten. Von so ausgesuchter Höflichkeit er war, wie alle Zeitzeugen berichten, so wenig ertrug er die Ziererei auf Empfängen und Bällen. Ja, er verachtete die Gespreiztheit der Aristokratie, wie nur ein Aristokrat sie verachten kann. Als Sprößling der Kadscharen bekämpfte er während der Konstitutionellen Revolution seine eigene gesellschaftliche Klasse, sogar seine eigene Verwandtschaft. Vor großen

Kundgebungen, die er immer wieder einberief, um sich öffentlich zu erklären, wenn seine Gegner intrigierten, fürchtete er sich eigentlich – und das, obwohl er ein so mitreißender Redner war, daß er Hunderttausende zum Weinen bringen konnte. Vor Ergriffenheit kamen ihm dann oft selbst die Tränen, oder er sank hinterm Pult ohnmächtig zu Boden. Im Parlament geriet er einmal in solche Wut, daß er aus dem Ehrenstuhl des Regierungschefs die hölzerne Armlehne herausbrach und wild damit herumfuchtelte. «Der Löwe» nennen ihn die Iraner bis heute wegen seiner Kraft. Dabei klagte er ständig über seine Gebrechen, sein Alter, seine Schwäche, las auf internationalen Konferenzen sein medizinisches Bulletin vor und drohte immerzu, die Last, die sein Amt bedeute, sofort und für immer abzuschütteln – falls man seine Forderung nicht erfülle. Tatsächlich hat Mossadegh in seiner langen politischen Laufbahn, die mit vierzehn Jahren begann, als ihn der Kadscharenkönig zum Schatzmeister der riesigen Provinz Chorasan ernannte, und ihn mehrfach ins Gefängnis, ins Exil, aber genausooft in Ministerämter führte, tatsächlich hat er mehr als einmal kurz entschlossen auf offener Bühne seinen Rücktritt erklärt, weil ihm etwas nicht paßte, hat sich in seinen türkisfarbenen Pontiac gesetzt und von seinem Fahrer mit Vollgas zu seinem Landsitz in Ahmadabad bringen lassen, wo er für Wochen nicht einmal das Telefon abhob.

Am 19. August 1953 belagerten die Putschisten Mossadeghs Haus in der Teheraner Kach-Straße. Der Radiosender war besetzt, in den Straßen standen Panzer, dennoch hätte der Premierminister Wege finden können, das Volk zu rufen. Wie so oft, wären Zehntausende, Hunderttausende auf die Straßen geströmt und hätten die zusammengewürfelte Menge aus dem Süden Teherans davongejagt, die nicht ihre eigene Sache vertrat. Er tat es nicht, er hatte sich ergeben. Manche Bücher meinen, Mossadegh hätte ein Blutvergießen vermeiden wollen, andere stellen ihn in die Tradition der schiitischen Märtyrer, die den Untergang als ihr Schicksal annehmen. «So schlecht ist alles gelaufen, so schlecht!» seufzte einer seiner Minister, während sie sich im Keller eines Nachbarhauses versteckt hielten. «Und doch ist es so gut – wirklich gut», erwiderte Mossadegh. Er wurde vor Gericht gestellt, wo er sich und die Demokratie mit der Genauigkeit eines Juristen und der Redegewalt eines erfahrenen Parlamentariers verteidigte.

Wenn er saß: alt und über die Balustrade der Anklagebank gebeugt. Wenn er seine Stimme erhob: immer noch ein fauchender, mit dem Zeigefinger und bestechenden Argumenten um sich schlagender Löwe. Er weigerte sich, den Schah um seine Begnadigung zu bitten, wie es ihm mehrfach nahegelegt wurde, und ebenso, sich wenigstens zur Ruhe zu setzen für den Fall eines Freispruchs. Er bestand darauf, recht zu haben, und wurde zu drei Jahren Gefängnis verurteilt mit anschließendem Arrest in Ahmadabad, etwa hundert Kilometer nordwestlich von Teheran.

Von Zeit zu Zeit sahen die Iraner Photos von dem Mann, der einmal ihre Hoffnung war, wie er immer schwächer, aber ungebrochen auf seinem Bett saß oder mühevoll, auf einem Stock gestützt, durch den Hof seines Landguts ging. 1967 starb er fünfundachtzigjährig an genau der Krankheit, einem Magengeschwür, die er seit seiner Schweizer Studienzeit regelmäßig in der Öffentlichkeit selbst diagnostiziert hatte. Der Schah verbot jegliche Trauerfeier. Weniger als einen Monat nach dessen Sturz, am 5. März 1979, reisten über eine Million Menschen in Bussen und Autos, auf Lastern und viele zu Fuß nach Ahmadabad, um zum ersten Mal den Todestag Doktor Mossadeghs zu begehen.

Das Grundstück ist leicht zu erkennen, weil es als einziges im Dorf noch mit Lehm ummauert ist. Einlaß fänden wir mit Hilfe von Herrn Takdustar, dessen Haus in der ersten Straße rechts liege, ruft eine Frau im Tschador von der anderen Straßenseite, als wir an das Eisentor klopfen. Herr Takdustar ist ein schlanker, großgewachsener Mann mit schneeweißem Haar, Schnurrbart und Bartstoppeln, der seine staubige Hose mit einer Leine um das zerknitterte Hemd gebunden hat. Sein Vater war einer der Bauern, die Mossadegh bat, seine Leiche zu waschen, er selbst der Koch, der die Linsen zubereitete, die Mossadegh als sein letztes Gericht aß. Jetzt ist es genug, sagte Mossadegh, als der Teller leer war, und starb am nächsten Tag.

«Es soll keins geben», beantwortet der Koch unsere Frage nach den fehlenden Ortsschildern. «Dieser Mann hat alles für seine Nation geopfert, sein Vermögen, seine Gesundheit, seine Freiheit, sogar seine Tochter» – die bei dem Putsch vor Sorge und Aufregung verrückt geworden ist –, «nicht einmal Gehalt hat er als Premierminister beziehen wollen, nicht einmal Benzingeld, selbst das Essen für die hundertfünfzig Soldaten, die ihn bewachten, hat er aus eigener Tasche bezahlt, damit er der Allgemeinheit keine Unkosten bereitet – nun schauen Sie, was die Nation ihm gibt: nicht einmal ein Klingelschild.» Nicht einmal der Ort darf ein Schild haben. Selbst die Nachbarn werden fünfzig Jahre nach seinem Tod noch bestraft.

Als Mossadeghs Sohn, der zugleich sein Arzt war, ihm eröffnete, daß seine Krankheit nur in Europa behandelt werden könne und der Schah eine Ausreise bereits erlaubt habe, auch das Visum bereitliege, lehnte Mossadegh ab. Er ziehe es vor zu sterben, als die iranische Ärzteschaft durch eine Behandlung im Ausland zu beleidigen. So gesetzestreu war Mossadegh, berichtet der Koch, daß er bei seinen Spaziergängen im Garten darauf achtete, nicht einen Schritt über die Grenze seines Grundstücks zu setzen, selbst wo die Mauer ein paar Meter jenseits verlief.

«Man schämt sich, wenn man all das erzählt, man schämt sich, Iraner zu sein.»

Mehrfach ist der Koch, nachdem Besucher dagewesen waren, ausgefragt und aufgefordert worden, keine weiteren mehr ins Haus zu lassen.

«Ich habe das Brot dieses Mannes gegessen. Solange ich den Schlüssel besitze, werde ich jeden in sein Haus lassen, der es betreten möchte.»

Der Besitzer des kleinen Ladens gegenüber, der dasselbe Brot gegessen hat, verdient sein Zubrot heute, indem er die Nummernschilder der Autos notiert, die vor dem Haus parken. Als sich einer der Dorfbewohner, der wie alle Dorfbewohner damals zugleich Mossadeghs Angestellter war, einmal darüber beschwerte, von einem der beiden Geheimdienstagenten, einem Herr Schahidi, geschlagen worden zu sein, stellte Mossadegh den Agenten im Wohnzimmer zur Rede. Der Bauer sei drogensüchtig und schade der öffentlichen Moral, verteidigte sich Herr Schahidi. Der Koch, der zusammen mit anderen Bediensteten durch die angelehnte Tür spähte, erinnert sich, daß Mossadegh den Griff seines Gehstocks um den Hals des Agenten legte und ihn kreuz und quer durch das Wohnzimmer zog.

«Ich weiß selbst, daß der Bauer Opium raucht, aber das ist nicht Ihre Angelegenheit», schrie Mossadegh: «Sie sind hier ausschließlich zu *meiner* Bewachung.»

«Ich hab einen Fehler begangen, ich hab einen Fehler begangen», wimmerte der Agent.

Obwohl er schwor, nie wieder einen Bauern zu behelligen, gab sich der alte Herr, der auch als Greis, Gefangener und Demokrat noch ein Herrscher war, nicht zufrieden.

«Gib den Agenten kein Essen mehr», wies er den Koch an.

Eine Woche lang mußten Herr Schahidi und sein Kollege, Herr Yussofchani, in die weit entfernte Stadt fahren, um sich Nahrungsmittel zu besorgen, die sie selbst zubereiteten, oder die Soldaten anbetteln, ihnen etwas abzugeben, bis Mossadegh den Bann wieder aufhob. Aus dem ganzen Land schlugen sich die Kranken, die mittellos waren, nach Ahmadabad durch, weil sie darauf vertrauen konnten, daß Mossadegh ihnen ein wenig Geld und eine Behandlung in dem Teheraner Krankenhaus besorgen würde, das von seinem Sohn geleitet wurde.

«Ich habe Ihnen nur das berichtet, was ich mit eigenen Augen gesehen habe», sagt der Koch, bevor er uns zu dem Haus führt.

Auf dem Grundstück stehen Bäume, die Mossadegh selbst gepflanzt haben dürfte. Ein befahrbarer Kiesweg führt zu dem zweistöckigen roten Ziegelhaus mit dem unüblich gewordenen Spitzdach, das nicht mehr als vier Zimmer, eine Terrasse und einen Balkon hat. Während des kurzen politischen Frühlings Ende der neunziger Jahre, zu Beginn der Präsidentschaft Mohammed Chatamis, baute Mossadeghs Enkel ein kleines Museum auf dem Grundstück. Auch Abfalleimer aus Plastik wie in deutschen Parkanlagen stehen entlang des Kieswegs, und das Wohnhaus, von dem heute wieder niemand erfahren soll, wurde unter Denkmalschutz gestellt. Hinter einer Glasscheibe ist der Pontiac zu sehen, mit dem Mossadegh aus Teheran davonraste, wann immer er mitten in einer Sitzung seinen Rücktritt erklärt hatte. Die Fensterläden und Türen seines Hauses, fällt mir auf, haben exakt die gleiche türkise Farbe. Mossadegh ist unter dem Wohnzimmer begraben, einem kahlen Raum mit einem schönen Teppich auf schlichten Kachelfliesen. Nicht einmal als Leiche durfte er Ahmadabad verlassen. An den Wänden hängen Dokumente, Zitate und Photos: Mossadegh mit Stock bei seiner Verteidigungsrede im Gerichtssaal, die zur Anklage wurde, Mossadegh mit Stock von hinten beim Spaziergang, Mossadegh mit Stock erschöpft auf dem Boden, in der Mitte der Grabstein, der von einem bestickten Tuch bedeckt ist, darauf der Koran, Blumen und Kerzen. Nacheinander legen wir jeder eine Hand aufs Grab und beten dreimal die Fatiha. Warum Iran Amerika bis heute vorwirft, Mossadegh gestürzt zu haben, wenn nicht einmal sein Dorf beschildert sein darf? Und in ganz Iran ist keine einzige Straße nach Mossadegh benannt, fügt der Fahrer hinzu. Dafür hielten 2009 unzählige Demonstranten das Bild von Mohammad Mossadegh in die Höhe. Mit manchen wurde *kuntschubi* gemacht.

Die Sonne steht noch hoch, und ich habe das Strandtuch aus Armenien im Koffer, das ich eigens fürs Kaspische Meer gekauft habe, um eine weitere Kindheitserinnerung aufzufrischen. Außerdem wird es dem Land nicht gerecht, wenn man nur seine Wüste sieht, und bin ich noch lang genug in Teheran, das schon in meiner Kindheit ein Moloch war, was ist es also jetzt? Die Landkarte weist eine Piste aus, die ins Elburs-Gebirge hinaufführt und hinab zum Meer. Auf dem Weg liegen die Ruinen der Festung Alamut, die ebenfalls geschichtsträchtig ist, zuletzt auch fürs deutsche Feuilleton: Sie ist der von Legenden umrankte, uneinnehmbare Rückzugsort der Assassinen, die im zwölften und dreizehnten Jahrhundert überall im Orient politische und geistliche Würdenträger ermordeten, ohne sich um ihr eigenes Weiterleben zu scheren. Nach dem 11. September 2001 erschienen unzählige Artikel, die Mohammed Atta und die anderen Selbstmordattentäter in die Nachfolge der Assassinen stellten. Parallelen wurden gezogen zwischen deren Führer Hassan ibn Sabah und Osama bin Laden, der seine Festung ebenfalls in den Bergen hatte, und eine Phalanx westlicher Schriftsteller und Journalisten reiste zum Alamut, um mehr über den 11. September in New York zu erfahren. Erhellendes brachten sie meiner Erinnerung nach nicht mit zurück, nur daß die Natur dort oben herrlich sei.

Und wie: Mit der ersten Anhöhe mehren sich die Farben, noch nicht von Bächen und Schnee durchtränkt. Die von Mal zu Mal höheren, spärlich von Gräsern oder Gestrüpp bedeckten Bergketten liegen weit auseinander, so daß je nach Gesteins- und Pflanzenart beinah monochrome Gemälde entstehen, durch die sich die schmale Asphaltspur schlängelt. Und je tiefer wir ins Gebirge dringen, desto öfter blicken wir in den Tälern auf jenes Grün, das nur im Kontrast mit den trockenen Hängen so leuchten kann. Auch durch Reisfelder kommen wir, in denen sich die Sonne spiegelt, und vor Alamut ist die Landschaft von Obstplantagen geprägt, Kirschbäumen vor allem, die rot glitzern. Obschon von der Festung nur die Grundmauern übrig sind, lohnt der Aufstieg – erst recht, wenn man nach den Tagestouristen eintrifft und den Gipfel für sich allein hat. Wie ein Aussichtsturm ragt er über die schmucken Dörfer, Wälder und Felder ringsum, die wie bunte Mosaiksteine ins braune Gebirge gesprenkelt sind. Geht man um die Festung herum, blickt man am gegenüberliegenden Hügel auf eine jener Leinwände des Schöpfers, vielfarbig allerdings. Allein schon die Schattierungen von Braun, je nachdem, ob unter der Erde ein Wasser fließt oder nicht, oder die Übergänge vom Grün zum Ocker und Gelb der Gräser, aber auch Rot, überall Rot, das der Grundton der Steine ist. Sogar Orange meine ich zu sehen, auch wenn das offenbar nur eine optische Täuschung ist, die das Zusammenspiel der anderen Farben erzeugt. Rot, Gelb, Grün, Braun und Orange – alle Farben einer Palette, nur Blau nicht, aber Blau hat der Himmel genug.

Beim Abstieg kommt mir dann doch eine Busladung älterer Holländer entgegen, denen der Reiseführer etwas über 9/11 sagt. In Iran selbst sind die Assassinen völlig vergessen, eine von vielen Sekten, die den Anbruch der Endzeit verkündeten, ohne daß die Welt zu Ende ging. Daß ihr Name erhalten blieb, «die Haschischrauchenden» im Sinne von «die Bekifften», der deutlich pejorativ ist, verdankt sich allein den Polemiken zeitgenössischer Gelehrter, denen die Sekte als der Ausbund des Bösen erschien, ja als eine Verschwörung zur Abschaffung des Islams. Über Marco Polo und andere Reisende gelangten die Polemiken bis nach Europa und gingen in Phantasyromane, Hollywoodfilme und Computerspiele ein, nur daß die Assassinen nicht mehr als Gegner des Islams auftraten, sondern als der Inbegriff seiner Gewalttätigkeit.

Für die Nacht kommen wir in dem Dorf unter, das zu Füßen des Alamut liegt. Die Chefin der Pension hat alles im Griff, die drei Söhne und die Schwiegertochter mit dem Verband der Schönheitsoperation, die inzwischen auch auf dem Dorf *en vogue* zu sein scheint – in den Großstädten gehören die jungen Frauen mit Nasengips zum Straßenbild –, drei französische und zwei türkische Backpacker, mit denen sie sich ohne gemeinsame Sprache dennoch unterhält, eine Gruppe Teheraner, die sich bei Tee und Wasserpfeife verquasselt haben und den Weg zurück nun im Dunkeln fahren müssen, die Küche, die Hausaufgaben des Jüngsten und den eigenen Haushalt. Sie kocht, befiehlt, rechnet, erzieht, empfängt und beruhigt, alles gleichzeitig, als sei sie eine ganze Belegschaft. Der Vater sei hundert Kilometer entfernt auf der Arbeit in Qazwin, berichtet der Jüngste, vierzehn Jahre alt, der mich auf einen Spaziergang durch die Plantagen und über die Bergkuppen mitnimmt, damit er die Hausaufgaben später beenden darf. Nein, den Bauern gehe es nicht so schlecht hier, Obstbäume seien das Einträglichste an der Landwirtschaft, guter Verdienst und wenig Aufwand, so daß man die meiste Zeit des Jahres in der Stadt Geld verdienen könne. Siebentausend Toman bringe ein Kilo Kirschen, das in Teheran für zwölftausend verkauft werde, 1,70 beziehungsweise 3 Euro; zwei, drei Bäume besitze hier jede Familie mindestens, und wer nicht, der helfe für siebzigtausend am Tag beim Pflücken mit. Obwohl das Schulgeld nicht billig sei, gebe es nur unter den Alten noch Analphabeten; die Eltern nähmen die Bildung ernst, alle Eltern, meint der Junge, das sei hier normal. Die Prügelstrafe sei abgeschafft, aber der Unterricht noch frontal und die Schulen nach Geschlechtern getrennt, so daß der Junge Bauklötze staunt, wie anders man in deutschen Klassenzimmern lernt. Als nächstes möchte er wissen, wie es in einer Kirche ausschaut. Daß es in Deutschland Juden gibt, davon hat er noch nie gehört, also auch nicht vom Holocaust. Dafür hängen in allen Dörfern, durch die wir spazieren, die schwarz-weißen Photos der Märtyrer entlang der Hauptstraße, vergrößerte Paßbilder, oft mit Weichzeichner, wie es Anfang der achtziger Jahre Mode war, so daß die Haut blütenweiß wirkt, die Frisuren auf dem Dorf oft noch aus den Siebzigern, Koteletten oder schulterlang. Mehr als eine halbe Million Iraner starben bei der «Heiligen Verteidigung», als Saddam Hussein mit der Billigung des Westens Iran überfiel, um die Revolution zu stoppen. Statt dessen wurde die Demokratie gestoppt, für die es unter Abolhassan Banisadr noch Ansätze gab. Von siebzig Prozent der Iraner gewählt, schaffte es der erste Präsident der Islamischen Republik mit einem Tschador überm Kopf gerade noch rechtzeitig über die Grenze, als den Islamisten der Krieg in den Schoß fiel. Kurz darauf wurde das Kopftuch, das bei der Revolution von 1906 gefallen war, den Frauen wieder aufgezwungen.

Einen Alten spreche ich an, der im Nachbardorf vor seinem Haus sitzt, aber er versteht nur Tusi, wie die Sprache hier oben heißt, und zuckt mit den Schultern. Dafür komme ich mit einer Gruppe Kirschenpflücker ins

Gespräch, die das Übliche fragen und beklagen, wie ist es in Deutschland und was für eine Korruption hier, was für eine Inflation und Willkür. Ob es jemanden gebe, der für das System sei, frage ich. Nein, niemand weit und breit; die Dörfer hier wählten alle Rohani, als ob eine Stimme für den Staatspräsidenten Ausweis der Systemfeindlichkeit wäre.

«Aber wählen geht Ihr schon?»

«Ja, zwischen schlecht und schlechter.»

Immerhin: Die Reformen, die im Land nicht gelingen, hat es mit der Einführung der Kommunalparlamente unter Präsident Chatami auf den Dörfern schon gegeben. Ja, sagen die Pflücker, das sei schon eine Verbesserung, wenn man die Leute kennt, die die Angelegenheiten regeln, und wenn man sie wieder abwählen kann.

Als wir weiterziehen, frage ich, ob die Dörfer ihre Eigenheiten hätten. Aber hallo! ruft der Junge: In dem Dorf eben hätten alle lange Nasen, ob mir das nicht aufgefallen sei, und dort drüben in dem Dorf, da quatschten die Leute ohne Ende, da gingen wir besser nicht hin. Man merkt, daß ihm die Sommer in den Bergen Spaß machen, mehr als die anderen neun Monate des Jahres, es hat ein bißchen etwas von Bullerbü, nur daß man statt auf Elche auf Bären treffen kann.

«Was glaubst du», frage ich, «war es früher besser oder heute?»

«Auf dem Dorf, meinen Sie?»

«Ja, als man noch nicht in die Stadt ging.»

«Früher waren die Häuser besser gebaut, also wegen der Winter, das ist klar. Aber es herrschte eben auch eine große Armut, wenn ich das von meinem Großvater erzählt bekomme. Es gab keine Schulen, keine Ärzte, keinen Strom, und die Winter waren richtig hart. Nein, ich glaube, heute ist es schon besser als früher.»

Nun, er ist ja noch jung, würde der Museumsleiter Fikrat Abdullayev sagen, der jeden Tag zwischen den Steinmalereien von Qobustan umhergeht. Ein Verhängnis wäre es, wenn man mit vierzehn schon glaubte, daß die Vergangenheit besser war.

Abends sitze ich vor meinem Zimmer auf dem Altan und lausche dem Schnattern und Gackern im Hof, darunter der Stimme der Mutter, die immer noch Anweisungen gibt – ob ihr Mann deswegen ausgebüchst ist? Gerade, als ich mich schlafen legen will, fährt ein gelbes Taxi mit einem

Sack vor, der das ganze Dach ausfüllt. Auch der Kofferraum ist so vollgeladen, daß die Klappe mit einer Schnur zugebunden ist. Ich trete ans Geländer und sehe, daß der Familienvater mit Vorräten aus der Stadt eingetroffen ist, spindeldürr und der Rücken gebeugt, sein Gesicht von einer solchen Erschöpfung gezeichnet, unfähig zur Freude offenbar, unfähig zu mehr als einem geächzten *Salâm*, die Lider halb gesenkt, daß es einem von oben das Herz bricht. Jung ist er auch nicht mehr.

Fünfzigster Tag

Durch Schluchten und über grasgrüne Hochwiesen, vorbei an Gletschern und immer wieder Wildpferden, überqueren wir den Elburs auf einer Karawanenstraße, die unbefestigt blieb, seit sie Anfang des siebzehnten Jahrhunderts unter Schah Abbas erbaut wurde als Teil eines landesweiten Fernstreckennetzes. Die Rasthöfe, Karawansereien genannt, liegen noch gut erhalten am Wegrand, ohne Minarett. Die einzigen Menschen, die wir antreffen, sind Imker, die für den Sommer ihr Lager mit den Bienenkästen aufgeschlagen haben. Zehn Euro und mehr kostet das Halbliterglas, das wäre selbst in Deutschland ein stattlicher Erzeugerpreis; Honig scheint also ebenfalls einträglich zu sein an der Landwirtschaft. Der Imker, bei dem wir uns schließlich eindecken, weil er ein regelrechter Bienennarr und Experte ist, klagt allerdings, daß ihm die unlautere Konkurrenz das Leben schwermacht; Honig, der mit Zucker, Farbstoff oder billiger Supermarktware angereichert sei, werde auf den Märkten als reines Naturprodukt aus dem Elburs verkauft. Die ehrlichen Imker hätten sich schon oft beschwert, die Lebensmittelaufsicht habe auch Proben entnommen, aber dann sei doch alles im Sande verlaufen, wahrscheinlich weil jemand Verbindungen gehabt hätte, aus einer Märtyrerfamilie stamme oder Geld geflossen sei. Inzwischen würden die Beschwerden nicht einmal mehr angehört.

Die Küste, die in meiner Kindheitserinnerung aus Urwäldern, Maisfeldern, einsamen Stränden, Fischerdörfern und hier und dort Villen besteht, ist von den Bergen aus gesehen eine einzige, endlos sich hinziehende Stadt, durch die eine Autobahn führt. In den lärmenden Urlaubsorten wirkt der Mantel und das Kopftuch der Urlauberinnen noch einmal irrealer, weil der Rest der Familie in Strandkleidung durch die Straßen spaziert, die Kinder in Shorts und T-Shirts, der Gatte mit dem Plastikkrokodil unterm Arm. An einem privaten Strandbad, das hoffentlich etwas weniger vermüllt ist als die öffentlichen Strände, hole ich meine Mickey Mouse aus dem Koffer. Es gibt drei schmale Bereiche, schlauchartig fast, die bis weit aufs Meer durch übermannshohe Plastikplanen abgetrennt sind, einen Bereich für Männer, einen für Frauen und dazwischen den Familienbereich. Während ich auf dem offenen Meer meine Bahnen ziehe, um nicht alle fünfzig Meter vor einer Plane wenden zu müssen, kommt es am Strand zu einem Aufruhr. Zwei Männer schreien etwas und schwenken wild die Arme, andere stehen um sie herum. Die Entfernung ist zu groß, um die Worte zu verstehen, und ohne Brille erkenne ich nicht viel. Ertrinkt da jemand? Es dauert eine Weile, bis ich ahne, daß die Rufe mir gelten, aber da ich gerade so schön schwimme nach den Stunden und Tagen im Auto, tue ich mal so, als hätte ich nichts bemerkt. Ertrinken werde ich schon nicht. Nach ein paar weiteren Bahnen nähert sich ein Schwimmer, ruft japsend etwas und gestikuliert, bis er beim besten Willen nicht mehr zu ignorieren ist: Ich müsse sofort zurück zum Strand, sonst käme die Polizei. Am Ufer erwartet mich der wohlbeleibte, nicht gerade als Rettungsschwimmer taugliche Bademeister, der vor Wut oder Anstrengung rot angelaufen ist: Was mir denn einfiele, in den Frauenbereich zu schwimmen?

«Wieso Frauenbereich?» frage ich mit meinem deutschen Akzent: «Ich war doch weit draußen im Meer.»

«Ja, aber Sie haben die Planen überschritten!»

«Verzeihung, auf dem Meer gibt es überhaupt keine Planen.»

«Mein Gott, Sie müssen sich die Verlängerung eben selbst denken, das ist ja wohl nicht so schwer.»

«Das ist doch Quatsch! Dann muß ich ja alle zwanzig Meter wenden! Wofür schwimme ich denn dann im Meer?»

«Sie habe nach den Frauen gesehen, das habe ich genau beobachtet!»

«Ich sehe überhaupt nichts aus der Entfernung», beteuere ich und hole zum Beleg das Brillenetui unter der Mickey Mouse hervor.

«Ist ja gut, ist ja gut», gibt sich der Bademeister zufrieden. Offenbar erwecke ich nicht den Eindruck eines Sittenstrolchs, der von der Polizei abgeführt werden muß, bin zu alt, aus dem Ausland und habe mir die Intellektuellenbrille auf die Nase gesetzt. «Ehrlich gesagt ist es mir, Verzeihung, scheißegal, wo Sie schwimmen. Wegen mir können Sie bis nach Baku schwimmen, mein Herr. Wir müssen nur wegen der Sittenwache so streng sein. Die machen uns den Laden sofort dicht, wenn sich hier jemand nicht an die Regeln hält.»

Daß ich sehr wohl in die verbotene Zone gelugt habe, verrate ich dem Bademeister besser nicht. Und Frauen im Badeanzug, ich kann mir nicht helfen, sind tatsächlich *shocking*, wenn man sie auf den Straßen immer nur mit Mantel und Kopftuch antrifft. Schade nur, daß ich nicht mit Brille geschwommen bin.

Am Stau vorbei, der sich auf der gegenüberliegenden Fahrbahn mehr als hundert Kilometer Richtung Meer zieht, überqueren wir wieder das Elburs-Gebirge. Vor dem Wochenende liegt günstig ein Feiertag, einer von so vielen: Neben den islamischen und nationalen Festen gibt es nämlich noch die schiitischen Trauertage, die sämtlich an ein Martyrium erinnern, das Martyrium des ersten Imams oder des zweiten, dritten, vierten bis elften sowie das Verschwinden des zwölftes Imams, für dessen Wiederkehr der vormalige Präsident Ahmadinedschad wohl das Weltende herbeizuführen suchte mit seinen Drohungen gegen Israel. Kein Wunder, daß mit dem Islam kein Staat zu machen ist, wenn dem Volk ständig zum Weinen freigegeben wird! Und da habe ich noch gar nicht das Neujahrsfest mit sage und schreibe dreizehn weiteren Feiertagen erwähnt, die sich kein Perser von egal welcher Regierung nehmen läßt. Ölvorkommen tragen eher nicht zu einer protestantischen Arbeitsmoral bei.

Daß es die Straße überhaupt gibt, die durch unwegsamstes Gelände führt, ist Reza Schah zu verdanken, der 1925 die Demokratie beendete, aber Teheran mit der Küste verband. Die Verkehrswege, Bahnhöfe, Kraftwerke, Stauseen, auf denen Irans Infrastruktur bis heute beruht, sind im wesentlichen aus seiner Zeit, die 1941 zu Ende ging, weil England und Rußland plus der neuen Großmacht Amerika seinen jungen Sohn Mohammed Reza für gefügiger hielten. Vor den Wochenenden braucht man inzwischen wieder so viel Zeit wie mit dem Kamel, weil zwei Spuren viel zu wenig sind für die zehn, fünfzehn Millionen, die Teheran heute bevölkern. Die Islamische Republik arbeitet ungefähr seit ihrer Gründung an einer parallelen Autobahn. Schneller gelingen die Schreine, die im ganzen Land für die Nachfahren der Imame entstehen, immer wieder taucht ein Schild auf.

«Wo immer ein Araber bei der Eroberung gefallen ist, wird er zum Nachfahren eines Imams erklärt», schimpft der Fahrer aus Täbris, dem *intaraf* oder *untaraf* egal ist, Hauptsache er wird nicht mehr von Pfaffen regiert: «Erst überfallen sie uns, und jetzt sollen wir auch noch ihre Soldaten anbeten.»

Um nicht in den Stadtverkehr zu geraten, biegen wir vor Teheran auf den Gürtel ab, der an den Hängen des Elburs entlang in einem weiten nördlichen Bogen um das tieferliegende, im Dunst der Abgase gleichsam farblose Häusermeer führt. Das ist auch so ein Eindruck, der jeden Besucher überrascht, ob er nun aus Armenien oder mit dem Flugzeug anreist: daß Teheran ausschließlich aus modernen Gebäuden zu bestehen scheint, die ältesten aus den sechziger Jahren, vier- oder sechsstöckig aus beigen Ziegeln, und zahllose Bürotürme und Apartmentblocks, zwanzig, dreißig Etagen hoch, dazu die Hochhaussiedlungen, neu oder noch im Bau, die die Stadt wie einen Ring einfassen. Und das Netz der achtspurigen Stadtautobahnen ist so engmaschig, daß der Besucher eher an Los Angeles als an den Orient denkt.

Besuch bei einem hohen Funktionär, jetzt kaltgestellt. Immer noch wohlhabender als, sagen wir, der deutsche Bundestagspräsident, der in einem Bochumer Reihenhaus wohnt. Zwei afghanische Diener, die vom Frühgebet bis zur Bettruhe arbeiten, die neueste italienische Espressomaschine, Geschirr von WMF, das sind noch die Selbstverständlichkeiten, wenn auch sündhaft teuer in Iran. Spektakulär hingegen die alten Miniaturen an allen Wänden; eine so exquisite, ästhetisch herausragende Sammlung habe ich zuvor nicht einmal in einem Museum gesehen. Der Funktionär ist vor ein paar Tagen erst aus dem Krankenhaus entlassen worden und deshalb im Pyjama, über den er einen afghanischen Mantel trägt, grün-glänzend. Wie Hamid Karsai!, frotzelte die kleine Runde. Die Diener freuen sich, wenn er ihn überzieht, erklärt der ehemalige Funktionär, sie hätten den Mantel vom Heimaturlaub mitgebracht. Der freundliche, vertraute Umgangston im Gespräch zwischen Dienstherr und Bediensteten fällt auf, das ist nicht immer so. Er spricht langsam, mit langen

Pausen auch, nicht oder nicht nur wegen der Krankheit, die schwer sein muß – auf der Anrichte ein Wasserdampfgerät zur besseren Atmung –, sondern weil er immer schon ein nachdenklicher, ja melancholischer Mensch war. Das vergißt man häufig, weil die Praxis der Islamischen Republik oft so grobschlächtig ausfällt: daß die Revolution von 1979 eine echte ideologische war, die einen jahrzehntelangen gedanklichen Vorlauf hatte und auf der Auseinandersetzung mit marxistischen, islamischen, philosophischen, postkolonialistischen und existentialistischen Theorien beruhte. In der Folge traf man in den Ämtern immer wieder Revoluzzer an, die durch ihre Bildung beeindruckten, religiöse Intellektuelle, die klagten, daß sie lieber Rumi oder Heidegger läsen als sich mit Wirtschaftsplänen herumzuschlagen oder diplomatischen Bulletins. Viele von ihnen sind längst im Gefängnis, im Hausarrest, noch mehr im Exil; mein Gastgeber führt immerhin sein Privatleben weiter, auf hohem Niveau, ist damit auch Gastgeber für andere, die im System weniger reich geworden sind, seine Kinder mit Sicherheit im Ausland. Einer der bekanntesten Journalisten des Landes züchtet jetzt Forellen. Es läuft nicht schlecht, sagt er, wie früher seine Artikel finden auch die Fische reißenden Absatz. Man trifft sich immer erst ab neun, halb zehn nach dem Gebet, das Abendessen gegen elf, tiefreligiöses Milieu, das man ohne Schuhe betritt, aber der Diener versicherte einer Besucherin aus dem Ausland beim Eintreten, sie könne ganz entspannt sein, womit er meinte, daß sie im Haus kein Kopftuch und keinen Mantel tragen müsse. Die Besucherin hat beides anbehalten, weil sie sich die Religiösen nicht so entspannt vorzustellen vermochte, und wunderte sich, daß der ehemalige Funktionär ihr bei der Begrüßung herzlich die Hand schüttelte. Noch ein Säkularer sitzt am Tisch, vielleicht auch ein Mystiker, jedenfalls keiner aus dem System, da er längere Haare trägt und Koteletten wie ein alt gewordener Rockmusiker.

Was die kleine Nachtgesellschaft über den Staat sagt, ist an Deutlichkeit nicht zu überbieten: Korruption, Betrug und Mißwirtschaft offen und institutionalisiert, der Islam als Schmierstoff benutzt, um das Rad am Laufen zu halten, das vom Sicherheitsapparat gedreht wird, die Propagierung und Finanzierung dreisten Aberglaubens als Opium für die verbliebenen Anhänger, die zu mehr Nachwuchs angehalten werden, die Geburtenkontrolle gestrichen, zum Teufel mit der Überbevölkerung, dem

Wassermangel, der Umweltverschmutzung. Wahrscheinlich glauben die Herrschenden selbst nicht daran, daß sie morgen noch da sind, also verprassen sie die Zukunft. Kaltgestellt, redet selbst der hohe Funktionär kaum mehr anders als diejenigen, die noch nie etwas zu sagen hatten. Trennung von Staat und Religion versteht sich von selbst, falls überhaupt etwas vom Islam bleibt. Über den Bahai wird gesprochen, der vor ein paar Tagen in Yazd ermordet worden ist: Der Mörder verstand ehrlich nicht, worin seine Schuld liegen könne. Er wird glimpflich davonkommen, prophezeit der Funktionär, der in seinem Amt kein Wort über die Bahai verlieren durfte; Blutgeld müsse der Mörder ohnehin nicht zahlen, weil Bahai nach dem islamischen Recht vogelfrei seien.

Falls überhaupt etwas vom Islam bleibt: Als ich einwerfe, daß die jungen Leute, auch diejenigen, die sich politisch engagieren, den Islam als Ganzes hinter sich ließen, meint der Funktionär, ja, das stimme, aber es sei nicht schlimm. Daß die Jugendlichen ein reines Herz hätten, sei wichtiger. Auch der Mörder des Imam Hussein, Schemr, habe eifrig sein Gebet verrichtet, das habe ihn nicht zum besseren Menschen gemacht. Ja, die Jugend: Auf sie setzen alle in der Runde ihre Hoffnung. Andere seien jetzt dran, sagt der Journalist, der nicht mehr veröffentlichen darf, jüngere, sie selbst hätten die Islamische Republik leider nicht zu reformieren vermocht. Dennoch sei er zuversichtlich wie eh und je, nur brauche es einen zu langen Atem für eine Generation allein.

Die Miniaturen möchte der Funktionär nicht für sich behalten, sondern einem Museum übergeben, dreißig Jahre habe er für diesen Traum gesammelt. Offenen Mundes schauen wir uns um. Vor zwei Werken aus der Kadscharenzeit, Geschwisterwerken, sagt er uns voraus, daß wir sie nicht mehr vergessen würden. Indem er es sagt, stimmt es, vier große Wellen aus Pflanzen und Vögeln, Bewegung festgehalten. Sinnbild der Welt, die ist und vergeht im selben Augenblick.

Einundfünfzigster Tag

Schon oft habe ich gedacht: Die Verwandten, die in Iran geblieben sind – die wenigen –, haben eine ganz eigene Güte, die ich unter uns Auslandsiranern nicht finde. Schwer ist sie zu beschreiben – die Festessen, die sich jagen, die Tage, die man sich eigens für Besuch frei nimmt, die Nachsicht gegenüber unseren Macken und Marotten, das Glas frischen, kalten Melonensafts, das schon beim Eintreten aus der heißen, knochentrockenen Stadtluft auf dem Garderobentisch steht – und noch schwerer zu erklären. Sind es die tieferen Einschnitte eines Lebens mit Revolution und Krieg, und nicht nur des Lebens, sondern auch der kollektiven Erinnerung an Unterdrückung und vergebliches Aufbegehren, Opfer und jedesmal neuen Niedergang? Ja, die Vergeblichkeit ist es wahrscheinlich; wer auswandert – erst recht, wer in die Neue Welt auswandert wie der größte Teil meiner Verwandtschaft –, achtet vielleicht eher auf die Möglichkeiten, beginnt bei null, und dann geht es aufwärts. Hier lebt man seit fünfzig Jahren oder sechzig oder, wie meine Tante, fünfundneunzig Jahren und hat jedenfalls subjektiv den Eindruck, daß noch jede Hoffnung getrogen hat. Das erzeugt vielleicht auch eine Freundlichkeit gegenüber denen, die sich dennoch interessieren, den Touristen und Verwandten aus dem Ausland. Sicher, unsere Familie ist kaum repräsentativ, gehört sie doch der bürgerlichen Schicht an, deren Ansichten, alltägliche Abläufe, Wohnungseinrichtungen, Geschlechterverhältnisse, Lektüren, amerikanische Serien nicht so viel anders sind als die eines westliches Bürgertums. Selbst den Alkohol nimmt man sich inzwischen in die besseren Restaurants mit, natürlich nicht mit Etikett, sondern in Wasser- oder Limonadenflaschen, die man zum Einschenken aus der Plastiktüte hervorholt. Man muß also nicht einmal mehr nach Baku oder Tiflis, Eriwan oder Antalya fliegen, um wie in Europa auszugehen. Entlang der Stadtautobahnen kündigen die Leuchtreklamen ein Konzert der *Gipsy Kings* an.

Daß das Bürgertum immer noch die Großstädte prägt, mag Besucher sosehr erstaunen wie Teherans modernes Stadtbild; tatsächlich konnte es die anti-westliche Revolution ja nur geben in einem Land, dessen Bildungseliten mehr als in jedem anderen im Nahen Osten verwestlicht waren.

Aber inzwischen hat jeder von uns einen Großteil der Familie im Ausland, und das Schlimme ist: Fast jeder sucht nach einer Möglichkeit, die Kinder spätestens zum Studium fortzuschicken. Die Wohlhabenden können das auch leicht; in Kanada und bis zuletzt in den Vereinigten Staaten werden Iraner gern aufgenommen, haben sie doch unter allen Bevölkerungsgruppen die meisten akademischen Titel, die geringste Arbeitslosigkeit und weit überdurchschnittliche Einkommen.

Und wer nicht das Vermögen und den Abschluß für Übersee hat, kann sich immer noch als Christ oder Homosexueller ausgeben, um nach Deutschland zu gehen. Während sich Kirchen, Schwulenverbände und Asylbehörden inzwischen den Kopf zerbrechen, woran man ein echtes Bekenntnis erkennt, wird in iranischen Wohnzimmern über das Massenouting im Ausland herzlich gelacht. Für die Christen selbst, die überwiegend unserer Schicht angehören, wird die Ausreise von einer effizienten amerikanischen Organisation, die offenbar bestens mit den iranischen Behörden zusammenarbeitet, sogar offen betrieben, gefördert und belohnt, weshalb das armenische Leben in Teheran oder Isfahan gerade regelrecht zusammenbricht. Den Staat freut es, dann hat er noch mehr Platz für seine armen Leute, die inzwischen oft in Geländelimousinen durch Teheran fahren und in den wohlhabenden Norden der Stadt ziehen, die Wohnungen der Bürger also benötigen, reich geworden sind, aber immer noch ihre Arme-Leute-Kultur haben mit ihren Buß- und Trauerritualen. Daß der riesige See, der am Rande von Teheran angelegt worden ist, wörtlich übersetzt «See der Märtyrer des Persischen Golfs» heißt, finden die Neubürger für ein Naherholungsgebiet ganz normal und breiten ihre Decken, Thermoskannen, Grillgeräte und Wasserpfeifen gern am Wasser aus, das in der Landwirtschaft immer knapper wird.

In Teheran selbst trifft man die aufsteigenden Schichten in einem neuen Park beidseits der Stadtautobahn, über die eine grellgrün angeleuchtete, dreistöckige Fußgängerbrücke führt, «Brücke der Natur» genannt. Unter einer zeltartigen Konstruktion, die an den Münchner Olympiapark erinnert, herrscht an den Wochenenden Rummel noch nachts um zwei. Einerseits ist es gut, daß sich das jetzt mischt, daß auch die Tschadoris da sind, wo die Skateboarder mit den gewagten Frisuren hin- und herspringen, daß der Stadtraum nicht mehr nur dem alten Bürgertum gehört. Aber dann sucht man in der Foodcorner, die so groß wie der Viktualienmarkt ist, nach einem verlockenden Essen, für uns verlockend, meine ich, die bürgerliche Schicht, und findet ausschließlich Steaks, Nachos und westliches Fastfood. Und die Polizei hält in diversen Formationen die Knüppel bereit, falls aus dem Rummel eine Versammlung wird.

Der Schriftsteller Amir Hassan Cheheltan kann schon seit Jahren kein Buch mehr in Iran veröffentlichen. Er lebt gut von den ausländischen Ausgaben, so traurig er ist, iranischer Schriftsteller zu sein ohne Bücher auf persisch. Ich rate ihm, die Hoffnung auf eine Druckgenehmigung in Iran aufzugeben und die Originale in einem Exilverlag zu veröffentlichen oder online, dann würden die Interessierten sie schon lesen, und Geld verdienen könne man mit Büchern ohnehin nicht in Iran, mit guten Büchern jedenfalls nicht. Die Auflagen sind dramatisch gesunken; statt drei- bis fünftausend als Standard für die Erstauflage eines anspruchsvollen Werkes sind es jetzt manchmal nur dreihundert. Dreihundert bei einer Bevölkerung von fast achtzig Millionen. Nur die Ungebildeten wachsen nach.

Der Staat ist viel geschickter geworden: Wenn er die Schriftsteller töten würde wie zuletzt bei den Serienmorden Ende der neunziger Jahre, gäbe es einen Aufschrei, Widerstand, Tumult; er tötet statt dessen das Lesen, lehrt in den Schulen Ferdousi und Hafis häufig nur noch als Wissenspakete, moderne Literatur schon gar nicht, hält die besten Schriftsteller von ihrem Publikum fern, bis sie irgendwann vergessen sind. Dafür ist das Internet jetzt weitgehend frei, so gewöhnen sich die Leute das Lesen ebenfalls ab. Nicht die Informationen werden unterdrückt, sondern das Denken wird lahmgelegt. Das gesteht auch der Herausgeber einer Literaturzeitschrift ein, zu dem ich anschließend fahre. Dennoch ist er optimistisch, weil er beobachtet, wie sich das Bewußtsein weitet. Nichts bliebe mehr unter der Oberfläche, dank des Internet werde jede Schweinerei aufgedeckt und bis in die Dörfer verbreitet, aktuell der Koranrezitator des Führers, der reihenweise seine Schüler mißbraucht hat. Nachdem die Familien der Schüler – die allerärmsten Leute – sich fünf Jahre lang die Füße wund gelaufen hatten, um den Koranrezitator zu belangen, faßten sie sich ein Herz und wandten sich an die Exilsender, sprachen alles aus, jede Unappetitlichkeit und jede Gewalttat, enthüllten jede Tür, an die sie vergeblich geklopft hatten, jeden Einschüchterungsversuch. Der Großajatollah Makarem Schirazi mag verkünden, daß es bereits Sünde sei, die Angelegenheit auch nur zu erwähnen – das Land spricht über nichts anderes, insbesondere die allerärmsten Leute. Die mißbrauchten, inzwischen herangewachsenen Schüler sind jetzt Helden, wirklich wahr, statt wie früher selbst schuld an ihrem Mißbrauch zu sein. Und welche Witze gemacht werden! Um nur das letzte Tiervideo zu nehmen, das auf Millionen Smartphones angeklickt wird: Ein putziges Murmeltier, das einem anderen Murmeltier in der Wiederholungsschleife sanft den Rücken massiert, darunter der persische Text: der Umgang der Justizbehörden mit dem beschuldigten Koranrezitator Saíd Tusi. Und so etwas ist der harmlose Teil. Alle Massenhinrichtungen, die ermordeten Schriftsteller, die verfolgten Bahai, die Foltergefängnisse, der Krieg, der ohne Sinn und Verstand sechs Jahre zu lang geführt wurde, nachdem die Iraker längst zurückgeschlagen worden waren, die Kindersoldaten, die Korruption, die Zensur, die Zerstörungen der Natur und die Wasserknappheit, die Verschwendungen unerhörten Ausmaßes etwa für das Grab Ajatollah Chomeinis – es gibt nichts, was in den Satellitensendern nicht diskutiert und mit Bildern, O-Tönen, Dokumenten belegt würde.

«Nur, was folgt aus dem Bewußtsein?» frage ich.

«Nicht viel», gesteht der Herausgeber ein.

«Geben sich die Leute mit dem Anschein von Freiheit zufrieden?»

«Politisch aktiv werden sie jedenfalls nicht.»

«Setzen sie sich mit der Ideologie auseinander, entwickeln sie einen Gegenentwurf?»

«Es ist wahr, die Massen hatten auch 79 keine Bücher, aber es gab Vordenker in alle Richtungen, es gab die vielen dezidiert politischen Intellektuellen, es gab Bürgerkinder, die einen Partisanenkampf führten, es gab Gegenentwürfe zur Wirklichkeit. Wir trinken weiter unseren Tee, weil alle Gegenentwürfe längst gescheitert sind. Nein, nicht weil sie gescheitert sind, weil die großen Entwürfe nur Unheil angerichtet haben.»

Im Filmmuseum hängt prominent das Plakat von Jafar Panahis *Taxi Teheran* mit dem Signet der Berlinale. Aufgrund einer Dokumentation über die Proteste von 2009 zu sechs Jahren Haft, Ausreisesperre und zwanzig Jahren Berufsverbot verurteilt, hat der Regisseur, nachdem er auf

Kaution vorzeitig freigekommen war, den Film heimlich gedreht und auf einem USB-Stick nach Berlin geschmuggelt, wo er im Wettbewerb lief. Wegen der Aufführung protestierte die iranische Regierung scharf, fast kam es zu einem diplomatischen Eklat. In Teheran jedoch, im staatlichen Filmmuseum, ist man stolz auf den Goldenen Bären, den Jafar Panahi gewann, und jeder, den ich frage, hat *Taxi Teheran* auf DVD oder als Stream gesehen.

Zweiundfünfzigster Tag

Teheran ist nicht zum Aushalten, eine ganz schlimme Stadt, so aufregend angeblich viele ihrer Parallelwelten sind, die Kunstszene, die Filmszene, die Technoszene, die Rockmusikszene, sogar die Modeszene, leider nicht mehr die Literaturszene. Am größten ist allerdings die Drogenszene, und die meiste Zeit sitzt man ohnehin im Stau, was soll also der Hype? Aber: Man fährt raus, eine, anderthalb Stunden in die Berge, nicht weiter, dann hört der Teer auf, dann ist die Straße abgesperrt, und ein Ranger klärt auf, daß außer der lokalen Bevölkerung nur Zugangsberechtigte weiterfahren dürften: Naturschutzgebiet.

«Und was für Tiere gibt es hier so?» fragen wir.

Der Ranger leiert routiniert, zugleich ein bißchen stolz die Liste runter; nicht alle Namen verstehe ich, jedoch Bär und Tiger. Bären, okay, aber Tiger? Ja, gibt es, Tiger, eine, anderthalb Stunden von Teheran entfernt.

Zurück in Teheran, melde ich mich an der Zufahrt zu einer der modernen Apartmentsiedlungen im Norden Teherans bei Mahmoud Doulatabadi an, der mit seinen Romanen über das iranische Dorf weltberühmt geworden ist. Geboren 1940 in einem Dorf im Nordosten Irans, hat er als Schafhirte und Landarbeiter Geld verdient, er war Bauarbeiter, Kartenabreißer im Kino, Schuhmachergehilfe, Fahrradmechaniker, Friseur, Baumwollwäscher und Anzeigenakquisiteur. Dann schaffte er es auf die Teheraner Theaterakademie und stand eine Zeitlang auf der Bühne, bis er anfing zu schreiben und nicht mehr aufhören konnte. Allein sein Epos *Kelidar* über einen staubigen Berg in der nordöstlichen Wüste hat fünf Bände und dreitausend Seiten – ein gewaltiges Panorama des ländlichen

Iran am Übergang von der Feudalherrschaft über die Landreform von 1963 zur Landflucht, in deren Folge die Elendsviertel etwa im Süden Teherans entstanden. Diese wiederum, die Slums, bildeten die Masse, die Ajatollah Chomeini 1978 auf die Straße rief. Wurde die Revolution ursprünglich von der Mittelschicht vorangetrieben, deren ökonomischer Aufstieg nicht mit politischen Freiheiten einherging, von Liberalen, Sozialisten, Marxisten, Trotzkisten, Linksislamisten, Kommunisten, Nationalisten, religiösen Reformern und vor allem Studenten, waren es am Ende die Ärmsten, die den Schah stürzten. Doulatabadis Bücher enthalten so etwas wie eine Tiefengeschichte Irans seit dem Putsch gegen Mohammed Mossadegh, eine Geschichte, die unter den politischen Ereignissen herläuft oder sie geradezu im Wortsinn hervorbringt: von *Kelidar*, dem Monument des iranischen Landlebens an der Schwelle zu seiner Zerstörung, über *Der leere Platz von Ssolutsch*, der von einer bäuerlichen Familie nach der Flucht des Vaters erzählt, bis zu *Der Colonel* als der denkbar schärfsten Abrechnung mit der Revolution.

Ja, sagt Doulatabadi, die Geschichte des iranischen Dorfes habe nur er aufschreiben können, weil nur er unter den Schriftstellern sie erlebt habe, weil es seine eigene Geschichte sei, obschon sie bei ihm einen anderen Verlauf nahm, seit er wie ein Besessener zu lesen begann und schon vor der Landreform in die Stadt zog.

«Ich mußte aus dem Dorf, ich wußte einfach zu viel.»

Heute lebt Doulatabadi mit seiner Frau und beinah achtzig Jahren, die man ihm unmöglich ansieht, ausgerechnet neben dem Evin-Gefängnis, wo er wie die meisten bedeutenden Schriftsteller seiner Generation unterm Schah einsaß. Seine einzige Bedingung sei, daß die Fenster zur anderen Seite hinausgehen, habe er seiner Frau gesagt, die sich die *gated community* vor zwölf Jahren ausgesucht hat, damit sie abends in Ruhe spazierengehen und den täglichen Bedarf in nächster Nähe einkaufen kann. Zum Schreiben zieht er sich ohnehin auf das kleine Stück Land zurück, das er sich ein, zwei Stunden entfernt von Teheran gekauft hat.

Doulatabadi möchte zunächst von meiner Reise erfahren, weil Osteuropa auch für Iraner ferner als Paris, London oder die Vereinigten Staaten liegt. Als ich bei den Zollbeamten an der Grenze zu Armenien angelangt bin, die ich mehr kurios als unangenehm fand, schüttelt er verächtlich den

Kopf. Jedesmal regt er sich von neuem auf, wenn er auf einer Behörde geduzt wird wie vor siebzig Jahren im Dorfladen, und einmal ist er in der Wartehalle des Flughafens Teheran umgekehrt, weil er so wütend war auf den Beamten der Paßkontrolle, der ihn jovial fragte: «Na, Hadschi, wo willste hin?» «Ich bin kein Hadschi!» erwiderte der Schriftsteller scharf, «sparen Sie sich das», und verwickelte sich in ein solches Wortgefecht, daß man ihn sogar zum Verhör abführte. Als ihm der Paß wieder ausgehändigt wurde, hatte er keine Lust mehr auf die Reise und schon gar nicht auf die Paßkontrolle bei der Rückkehr.

«Ich war immer schon etwas zu impulsiv», gibt Doulatabadi zu, der mich in sein kleines Arbeitszimmer geführt hat, und kommt von den iranischen Zöllnern auf die Landreform von 1963 zu sprechen, die unter allen Fehlern des Schahs der folgenschwerste gewesen sei: «Er zog sich damit selbst die Klasse heran, die ihn aus dem Land jagte.» Jetzt regierten die Enkel derer, die 1963 ein Stückchen Boden geschenkt bekamen, es bald aber billig verkaufen mußten und ihr Glück in der Stadt versuchten. Aber dort habe es nur Elend, und nicht nur Elend, sondern eben auch Entfremdung gegeben. Sie hätten ihr Leben aufgegeben, das mühselig gewesen sei, gut, aber dem Leben auch ihrer Väter und Vorväter geglichen hätte, das eine Kultur gehabt hätte, eine zweitausend-, dreitausendjährige Tradition, und mit der Natur verbunden gewesen sei. Und was hätten sie dafür eingetauscht? Eine Wellblechhütte an einem Abwasserkanal.

Doulatabadi hält die Landreform nicht grundsätzlich für falsch, aber der Schah hätte besser, durchdachter vorgehen, auch mehr Geld ausgeben müssen. Statt dessen habe er mit dem Ölreichtum die Mittelklasse umgarnt, die Bauern hingegen mit einer Parzelle abgespeist, die zu groß zum Sterben und zu klein zum Leben gewesen sei. Irgendwelche Anstrengungen, die Bauern etwa in Genossenschaften zusammenzuführen, habe es nicht gegeben, und nicht einmal die Linke habe sich um die Landbevölkerung geschert, die Linke hätte lieber über Bakunin diskutiert.

Ich frage, was den Schah überhaupt bewogen habe zur Landreform. Die Angst vor einem Bauernaufstand wie in China oder in Südamerika, antwortet Doulatabadi. Außerdem habe der Schah seine Widersacher schwächen wollen, neben der Geistlichkeit auch die Großgrundbesitzer. Im Ergebnis hätten sich beide gegen ihn verbündet. Als er im Gefängnis saß, habe er sich unter den Mithäftlingen umgeschaut, fährt Doulatabadi fort. Nur zwei von ihnen seien Arbeiter gewesen oder vom Land, alle anderen Bürgersöhne, die Nachfahren der Gutsherren, die mit Beginn der Moderne in die Stadt gezogen waren, ihre Kinder auf die säkularen Schulen oder ins Ausland geschickt und von der Stadt aus ihren Grundbesitz verwaltet hatten. Praktisch alle Minister nach der Konstitutionellen Revolution seien Großgrundbesitzer gewesen, ebenso Mossadegh oder zuvor Amir Kabir und die anderen Reformer des neunzehnten und frühen zwanzigsten Jahrhunderts; das seien noch, gut oder schlecht, echte Patriarchen gewesen, deren Wort unbedingt Gültigkeit hatte. Selbst Reza Schah habe bei aller Tyrannei das Land auch aufgrund seiner rigiden Autorität nach vorne gebracht, habe Schulen, Staudämme, Eisenbahnlinien, Raffinerien und Straßen gebaut, während sein Sohn Mohammed Reza Pahlewi, der bereits in der Stadt, im Palast geboren war, letztlich nur ein bißchen Geld verteilt habe, von dem die Armen nichts investiert, sondern ihre Pilgerreise nach Maschhad bezahlt hätten.

Und sein Roman über die heutige Epoche, *Der Colonel*, der vom Scheitern und Sterben eines ehemaligen Offiziers in der Islamischen Republik erzählt – eines Colonels jener nationalen Armee, die Reza Schah geschaffen hat, damit sie alle Völker und Schichten der Nation in einer Institution vereint? Doulatabadi schüttelt wieder den Kopf, mehr resigniert jetzt als verächtlich, weil im ganzen Land Raubkopien verkauft werden, die aus der deutschen Übersetzung zurück ins Persische übersetzt worden sind. Immer noch fassungslos erzählt er, wie es dazu kam: Nach der Wahl Mohammad Rohanis zum Präsidenten 2013 lud ihn der stellvertretende Kulturminister zu einem Gespräch ein und schickte sogar einen Dienstwagen. Tolles Buch, sagte der Minister über den *Colonel*, er habe es im Flugzeug nach Kerbela gelesen – ausgerechnet auf der Pilgerreise! faßt sich Doulatabadi an den Kopf. Unbedingt müsse es in Iran veröffentlicht werden, fuhr der Minister fort und verkündete seinen Plan. Am Vorabend des Neujahrsfests, wenn fünfzehn Tage keine Zeitungen erschienen, werde man es klammheimlich ausliefern, dann klappe das schon. Bis dahin möge sich der Schriftsteller in Schweigen hüllen. Doulatabadi gab sein Einverständnis, nur um anderntags von einer Zeitung angerufen zu werden: Sie hätten gehört, daß *Der Colonel* veröffentlicht wird, ob das stimmt? «Fragen Sie das Ministerium», antwortete Doulatabadi und runzelte bereits die Stirn.

Sein Verleger bereitete die Veröffentlichung dennoch vor, aber kaum war die Erstauflage gedruckt, wurde der Markt mit den rückübersetzten Raubkopien überschwemmt – eine Katastrophe für einen Schriftsteller, dessen Werk von der originären persischen Prosa lebt. Das Ministerium bot an, alle Raubkopien zu verbrennen, derer es habhaft werden könne, aber Bücher verbrennen, dazu kann ein Schriftsteller sich beim besten Willen nicht durchringen, zumal wenn er weiß, daß die Raubkopien aus dem Ministerium selbst oder jedenfalls aus dem Staatsapparat gekommen sind, genauso wie zuvor das Durchstechen der Nachricht an die Presse, um die Veröffentlichung des Romans zu hintertreiben. Von der war allerdings ohnehin keine Rede mehr.

«Sie werden niemals zulassen, daß *Der Colonel* offiziell erscheint, niemals. Warum? Weil er vierzig Jahre ihrer Lügen aufdeckt. Lieber bringen sie eine schlechte Nacherzählung in Umlauf, damit der Roman niemandem gefällt.»

Ob er 2017 dennoch für die Wiederwahl Rohanis gestimmt habe, frage ich.

«Was soll man denn sonst tun?» fragt Doulatabadi zurück und verweist auf die Kriege in der Region, im Irak, in Afghanistan, in Syrien, auch auf die Eskalation im Verhältnis zu Saudi-Arabien, den Wahlsieg Donald Trumps. «Im Augenblick geht es nur darum, zu verhindern, daß das Land explodiert. Um nichts anderes. Also mußten alle Rohani wählen. Sie haben doch einen solchen Hardliner wie Raissi nur deshalb als Gegenkandidaten aufgebaut, damit er den Leuten Angst einjagt und so die Wahlbeteiligung in die Höhe treibt. Ja, hat funktioniert, und sie können wieder behaupten, wir hätten eine Demokratie.»

Doulatabadi schlägt vor, daß wir essen gehen; nach dem Ausflug müsse ich noch hungriger sein als er; sein Stammlokal sei nicht schnieke wie die neuen Restaurants, habe jedoch den besten Kebab der Stadt. Nicht umsonst stehe der Besitzer der Gilde der Fleischbrater vor.

«Fahren wir mit Ihrem Auto?» frage ich, weil ich vom legendären Chevrolet gehört habe, den Doulatabadi besitzt.

«Das ist doch das halbe Vergnügen.»

Während wir auf der Straße warten, bis Doulatabadi aus der Tiefgarage fährt, erzählt seine Frau, daß sie immer noch Angst habe, jedesmal wenn er abends aus dem Haus geht. Auch deshalb habe sie sich für eine geschlossene Siedlung entschieden, weil ihr Mann hier geschützter sei und ihn jeder Nachbar kennt. Das merke ich sofort, als Doulatabadi mit der roten Limousine, einem Hochseetanker im Vergleich zu den iranischen Kleinwagen, aus der Garage gleitet und links und rechts die Mütter mit den Kinderwagen, die Jugendlichen, die älteren Leute ehrfürchtig «Salâm, Herr Doulatabadi» rufen. Beinah huldvoll winkt der Schriftsteller aus dem offenen Fenster und erwidert den Gruß. Nicht nur der alte Chevi, auch sein buschiger Schnurrbart, die hohe Stirn und die tiefe Stimme geben ganz schön was her. Mit den einfachen Leuten könne er noch besser, sagt seine Frau, mit den Handwerkern, den Kellnern, den Ladenbesitzern und Bediensteten.

Daß er auch anders kann, führt Doulatabadi vor, als er hinterm Lenkrad mit dem Hausmeister auf dem Landsitz telefoniert, der wieder einmal etwas falsch gemacht hat, mit dem Wasser, mit den Handwerkern oder dem Garten. So, wie Doulatabadi schimpft, könnte man auch meinen, daß der Hausmeister alles im Leben falsch gemacht hat.

«Man muß mit diesen Leuten so sprechen», entschuldigt Doulatabadi sich, nachdem er mit einem Fluch zum Abschied aufgelegt hat: «Anders verstehen sie einen nicht.»

«Aus Ihnen wäre aber auch ein rechter Patriarch geworden.»

«Ganz bestimmt», lacht Doulatabadi und ist von einer auf die andere Sekunde wieder gutgelaunt: «Ich hatte ja genügend Gelegenheiten, um mir das bei unserem Gutsherrn abzuschauen.»

Das Restaurant ist wirklich sehr einfach, die Teller aus Blech, die Tischdecken aus Plastik, die Stühle eng zusammengerückt und dennoch voll besetzt. Beim Essen erzählt Doulatabadi, daß er, nachdem er die Eltern nach Teheran geholt hatte, nur noch einmal in sein Dorf zurückgekehrt ist. Als der Vater starb, wollte die Mutter ihre Verwandten wiedersehen; die Einsamkeit in der Großstadt hielt sie kaum aus. Doulatabadi fuhr die Mutter hin, aber fand das eigene Haus nicht, fand sich überhaupt nicht zurecht, so viel hatte sich verändert. Doulatabadi bekam – «ich sagte ja, ich bin zu impulsiv» – einen Wutanfall und kehrte mit der Mutter unverrichteter Dinge nach Teheran zurück.

«Das verzeihe ich mir nie», meint er heute, «daß ich mir nicht mehr Mühe gegeben habe.»

«Wann war das?»

«1980 muß das gewesen sein, und fünf Jahre später ist sie gestorben. Ich glaube, die Einsamkeit in Teheran war einer der Gründe für ihren Tod.»

Dreiundfünfzigster Tag

Ich träumte, einen schmalen, sehr hohen Turm entdeckt zu haben, von dem aus ich die Stadt beobachten konnte, die Menschen, die ihren wichtigen Tätigkeiten nachgehen oder sich zum Sport versammeln, die Autos wie Spielzeuge. Ich weiß nicht, ob es Teheran war; es hätte auch jede andere oder einfach eine Phantasiestadt sein können. Ich weiß nur, daß ich zu Besuch war und mich in den Turm verliebt hatte, so daß ich ihn immer wieder bestieg; es waren noch andere mit mir in die Stadt gereist, die wunderten sich schon, daß ich immer wieder zu dem Turm zurückging und wer weiß wie lange oben blieb. Selbst die Abreise – einen Abflug, glaube ich – hätte ich fast verpaßt, weil ich mich kaum losreißen konnte von der Plattform, die so winzig war und eine so niedrige Decke hatte, daß ich mich nicht bewegen und auch nicht stehen, geschweige denn herumgehen, sondern nur knien oder liegen konnte. Es gab auch keinen Zaun oder keine Brüstung, vielleicht spielte die kleine Gefahr mit ins Vergnügen hinein. Erhabenheit oder gar Macht war es jedenfalls nicht, was ich fühlte, als ich von oben auf die Menschen hinabschaute; mir war bewußt, daß ich die Aussicht nur für den Augenblick genoß und ich spätestens zum Wasserlassen oder wenn ich Hunger bekäme oder meine Reisebegleiter anfingen, besorgt zu sein, wieder hinabsteigen und in der Menge mich auflösen würde, die ich jetzt wie auf einem Gemälde betrachtete, einer im Detail beweglichen oder vielleicht nur wegen des Lichteinfalls flimmernden Leinwand oder einem Film mit so weiter Perspektive, daß man die Details kaum erkennt und das Leben wie ein stilles Bild aussieht, eine Miniatur oder ein Teppich.

Das Mausoleum Ajatollah Chomeinis, das im äußersten Süden Teherans bei seiner treuesten Anhängerschaft liegt, ist gar nicht so prächtig, wie ich es mir vorgestellt hatte. Natürlich von außen, ja, eine goldene und eine himmelblaue Kuppel, vier goldene Minarette, der ganze Komplex mit Hotel, Büros, Restaurants, Theologischer Hochschule und Konferenzzentrum, da wurde geklotzt. Aber dann blickt man auf die häßlichen Kräne und fragt sich, warum der Schrein nach dreißig Jahren immer noch nicht fertig ist, wenn der Staatsgründer doch so verehrt wird. Und im Schrein selbst sind es mehr die Dimensionen, die beeindrucken, die Ausmaße der Halle, die Höhe der Decke, die Massivität der Pfeiler, aber nicht die Gestaltung, die seltsam uninspiriert, fast lieblos einem neureichen Rokoko-Orientalismus frönt: ein cremefarbener Samtteppich und ebensolche Wände, darauf goldene Druckornamente wie in einem Louis XV-Salon und glitzernde Spiegel für die Prise zusätzlichen Kitsch. Und die Wächter erst: tragen dunkelblaue, knielange Livrees mit goldenen Knöpfen, als würden sie in einem Grand Hotel arbeiten, nur daß sie auf Socken stehen, die nicht immer lochfrei sind. In der Hand halten sie große Staubwedel aus bunten Plastikfedern, die mehr nach Jahrmarkt als nach Grabmal aussehen. Mitten durch den Schrein verläuft eine Wand aus Wellblech, die nicht etwa einen Frauenbereich abtrennt, vielmehr wegen allfälliger Reparaturen aufgestellt worden ist – kein Wunder, wenn man sich die Verarbeitung der Türen, Fenster und Stukkaturen anschaut. Obwohl wieder Feiertag ist, eines der elf Martyrien, ist der Schrein nur mäßig gefüllt, einige Frauen in schwarzem Tschador, Väter, die beten, während ihre Kinder herumtollen, hier und dort eine Gruppe Schiiten aus Pakistan (weiße Galabiyya), aus dem Irak (schwarze Gewänder) oder der eigenen Provinz (bunte Tschadors). Die Stimmung ist nicht ehrfürchtig oder gar trauerverzückt wie in Maschhad, Kerbela oder wo immer ein Imam begraben liegt, sondern eher nüchtern geschäftsmäßig, als würde man einen Programmpunkt absolvieren.

Mag sein, daß die schiitische Volksfrömmigkeit kein rechtes Verhältnis zu jemandem findet, der eines natürlichen Todes gestorben ist. Zugleich bestätigt sich der Eindruck, daß Ajatollah Chomeini für die Islamische Republik eine durchaus ungemütliche Erinnerung ist, nicht nur weil sich seine treuesten Gefolgsleute bis aufs Blut bekämpfen – viele der politischen Häftlinge von heute gehörten einst zum engsten Umfeld des Revolutionsführers, und wenn von seinen Söhnen und Enkeln etwas zu hören war oder ist, dann scharfe politische Kritik. Spätestens mit seinem Begräbnis, das noch eine Massenhysterie in Teheran ausgelöst hat, ist das Land aus dem Rausch von Revolution und Krieg erwacht. Bei allem Charisma, das ihm selbst seine Gegner zuschreiben, ist Ajatollah Chomeini nicht als die Lichtfigur ins kollektive Gedächtnis eingegangen, als die ihn die staatliche Propaganda verklärt. Jeder weiß oder kann es wissen: die Massenhinrichtungen, die Foltergefängnisse, der Waffenstillstand, den die Iraker bereits 1982 angeboten hatten, als Iran militärisch besser dastand als sechs Jahre später, die Kindersoldaten. Und niemand kann mehr behaupten, daß Chomeini nichts wußte, seit bekannt ist, daß sein designierter Nachfolger Ajatollah Montazeri ihn persönlich darauf angesprochen hat. Montazeri wurde zwei Monate vor Chomeinis Tod 1989 geschaßt und in Ghom unter Hausarrest gestellt, wo er 2009 starb. Aber seine Memoiren haben als Raubkopien überall im Land Verbreitung gefunden, zumal im Staatsapparat selbst, und die Tonbänder, in denen er dezidiert von Chomeinis achselzuckender Reaktion auf die Vorwürfe spricht, hat sein Sohn Ahmad 2016 ins Netz gestellt. Ahmad wurde zu 21 Jahren Haft verurteilt, aber die Tonbänder sind in der Welt. Ajatollah Chomeini wird als Revolutionsführer immer noch von vielen Iranern respektiert und genießt ein höheres Ansehen als die heutige Staatsführung. Die Anhänger der Islamischen Republik verehren ihn auch, und die staatliche Propaganda stilisiert ihn zu einem dreizehnten Imam – aber geliebt, wie Imam Ali geliebt wird, der Imam Hussein, wie Rumi oder Hafis oder Doktor Mossadegh, geliebt als einer, dessen Erinnerungsstücke man sammelt und dessen Worte man im Herzen trägt, den man ins Gebet einschließt und an den man sich im Selbstgespräch wendet wie an einen Freund, Vater und Lehrer, geliebt wird Ajatollah Chomeini nur von den treuesten Anhängern seiner Revolution. Als wir den Schrein wieder verlassen, frage ich einen Beamten, der von seinem Schreibtisch aus Aufsicht führt, ob die Kuppel wirklich aus Gold ist. Nein, nein, versichert der Beamte, als wollte er mich beruhigen, das sei nur ein ganz billiges Material.

Einen ungleich stärkeren Eindruck als der Schrein des Staatsgründers macht das Behescht-e Zahra, das Paradies der Prophetentochter Zahra, ein Friedhof so groß wie eine Stadt, nach dem ebenfalls schiitischen Friedhof in

Nadschaf der zweitgrößte der Welt, mit Straßen, Bushaltestellen, Restaurants, Ampeln, Geschäften und Verkehrsschildern, nur daß die Lebenden ausschließlich Besucher sind. Während des Krieges stand dort, wo die Gräber der Märtyrer beginnen, ein großer Brunnen, aus dem das Wasser blutrot sprudelte. So dick das auch aufgetragen war, so effekthascherisch, habe ich das Bild vor Augen, seit ich mit dreizehn oder vierzehn Jahren das letzte Mal den Friedhof besuchte, der in Iran Paradies genannt wird. Die Gräber liegen so dicht beieinander, daß man über die Steine und zwischen den Stellwänden hindurchgehen muß, in denen die schwarz-weißen Porträtphotos mit Weichzeichner aufgehängt sind. Endlos geht das, die Grabreihen mit Blech überdacht wie Parkplätze. Siebzehn, achtzehn, neunzehn, zwanzig Jahre sind die Gefallenen, einzelne Erwachsene darunter oder auch mal ein alter Mann. Oft steht zwar der Todestag, aber nur das Geburtsjahr auf dem Grab, vielleicht weil man auf dem Dorf keinen Geburtstag feierte, ihn oft nicht einmal selbst wußte. Pick-ups fahren umher, aus denen schiitische Trauergesänge erklingen, mit monotonen Trommelschlägen fast wie von einem Technobeat unterlegt. Auf einem Ehrenfeld liegen Eltern, die der Nation mehrere Kinder geopfert haben. «Zwei aufwärts und fünf abwärts haben wir», sagt ein Wärter, als würde er sein Sortiment erklären. Auch an die Zehntausende Giftgasopfer wird erinnert; daß es deutsche Firmen waren, die Saddam Hussein während des Krieges Gasfabriken bauten, hat sich tief ins Bewußtsein der Iraner eingegraben. So ist Beheschte Zahra, in gewisser Weise, auch ein deutscher Gedenkort, der letzte auf dieser Reise, von dem in Deutschland allerdings niemand etwas weiß.

Anders als Ajatollah Chomeinis Schrein ist der Märtyrerfriedhof voller Menschen, und zwar nicht nur den üblichen Getreuen mit Tschador respektive Bart, sondern aus allen Schichten. Der Gedanke kommt mir: Dreißig Jahre ist der Krieg vorbei, aber die meisten Gefallenen sind so jung, daß sie kaum schon Frauen, kaum Kinder gehabt haben werden. Wer trauert dann um sie? Ihre Eltern müßten doch selbst schon verstorben oder jedenfalls sehr alt sein.

«Solange die Flammen der Märtyrer glühen, brennt der Hochofen der Islamischen Republik», sagt ein Mann von vielleicht fünfzig Jahren, der Wasser über eine Grabplatte schüttet und mit einem Tuch den Staub wegwischt. Mit Jeans, Polo-Shirt und frisch rasierten Wangen sieht er nicht aus, als würde er sich selbst am revolutionären Feuer erwärmen. Sein Bruder fiel 1985, als der Feind längst zurückgeschlagen war. «Fast eine Million Märtyrer, das muß man sich vor Augen halten, eine Million Familien, die sich von den Zuwendungen, Vergünstigungen und Posten nähren, dazu die Versehrten, nochmal eine Million oder zwei plus deren Familien: Das ist ihr Kapital. Nicht umsonst hat Chomeini den Angriff Saddam Husseins eine göttliche Gnade genannt.»

«Und Sie selbst?»

«Nichts bekommen wir, nichts.»

«Warum?»

«Na, wir sind doch nicht *chodi*.»

Das ist auch so ein Ausdruck aus dem Wörterbuch der Islamischen Republik: *Chodi* und *gheir-e chodi* bedeutet «Eigene» und «Nicht-Eigene» und teilt die Iraner in jene auf, die ihrer sozialen Herkunft, ihrer Kleidung, der Art ihrer Frömmigkeit nach zum System gehören, oder eben nicht. Die Bürgerlichen sind als Klasse *gheir-e chodi*, deshalb gar nicht so relevant, während die Kritik der «Eigenen», der Reformer, von Ajatollah Montazeri oder den islamischen Studentengruppen, die sich 2009 an die Spitze der Proteste gestellt haben, den Nimbus des Verrats hat. Entsprechend machen *chodi* heute das Gros der politischen Gefangenen aus und wurde auch mit Kindern hoher Funktionäre *kun-tschubi* gemacht.

Einen alten Herrn mit weißem Stoppelbart, der zwei volle Gießkannen trägt, frage ich nach der Blutfontäne. Nein, die gebe es schon lange nicht mehr, antwortet er und stellt die Gießkannen ab. Ob ich etwa zum ersten Mal hier sei? Er hat seinen Sohn verloren und findet nicht, daß es einen Unterschied macht, ob jemand am Anfang oder am Ende des Krieges fiel. So oder so hat sein Sohn die Krone des Martyriums erlangt.

«Viele meinen, der Krieg hätte früher beendet werden müssen», wende ich ein.

«Da irren sich die vielen», erwidert der Alte: «Wir hatten bis zum Ende alle Chancen auf Sieg.»

«Aber warum hat der Revolutionsführer dann den Schierlingsbecher getrunken?» frage ich in Anspielung auf Chomeinis berühmten Satz, daß die Einwilligung in den Waffenstillstand für ihn wie das Trinken eines Giftbechers gewesen sei.

«Das meine ich ja, das Ende kam überraschend, wir waren doch kurz vorm Sieg.»
«War es etwa falsch?»
«Die Leute waren einfach erschöpft, das ist die Wahrheit», sagt der Alte und erinnert an die schweren Giftgasangriffe und den Abschuß einer iranischen Passagiermaschine durch ein amerikanisches Kriegsschiff über dem Persischen Golf: «Wir hätten gewinnen können, aber die Füße trugen nicht mehr. Ich meine, das ist vielleicht auch menschlich, und der Imam hat unsere Schwäche gesehen.»

Mit dem heutigen Staat ist er nur halb zufrieden, genau gesagt mit der Hälfte der Konservativen: Die Wirtschaft liege am Boden, das Land werde schlecht verwaltet – daran trägt natürlich Präsident Rohani die Schuld, der das Land, wenn er könnte, an den Westen verkaufen würde. Dafür traue sich kein Land der Welt, nicht einmal Amerika, Iran anzugreifen – dafür bürgt «unser» starkes Militär, das dem Führer nahesteht.

«Wir haben unsere Lektion aus der Geschichte gelernt», ist der Alte froh, daß Iran die Atombombe bauen kann.

Der Imam-Hussein-Platz, den der Münchner Bildhauer und Freund Karl Schlamminger neu gestaltet hat, soweit man ihn ließ, ist jetzt eine Fußgängerzone, ebenso eine breite Straße, die zum Platz führt. Eine der vielbefahrensten Kreuzungen Teherans hat sich in eine stille Fläche verwandelt, die von langgezogenen Ornamentskulpturen umgeben ist. Durchlässig zwar, schließen sie den Platz vom Lärm der übrigen Zugangsstraßen und von der billigsten Gebrauchsarchitektur der Häuser ringsum ab. Karls Handschrift ist noch erkennbar, wenn auch nur lückenhaft, weil zum größeren Teil verhüllt oder verdeckt von den Insignien des Märtyrergedenkens, einem großen Zelt für die Trauerversammlungen, schwarzen Flaggen, Transparenten. Es gibt auch eine Bühne, die für die Kulturveranstaltungen vorgesehen ist, wie ein Plakat der Stadtverwaltung erklärt. Wahrscheinlich sind Passionsspiele damit gemeint. Ein Witzbold hat außerdem eine Art Völkerkundemuseum entworfen, einen Pappmachéberg mit höhlenartigen Eingängen, vor dem lebensgroße Puppen in mittelalterlichen Kostümen stehen, paßgenau das Gegenteil von Karls abstrakter Kunst, die der Tradition ungleich treuer ist. In all dem Wirrwarr hat der Platz dennoch etwas eigenes beziehungsweise macht ihn der Wirrwarr eigen. Die plötzliche Ruhe in dem Arme-Leute-Viertel, an einem der ehemals belebtesten, staubigsten, häßlichsten Flecken der Stadt, hätte ich nicht für möglich gehalten und müßte doch ein Segen sein. Gut, wahrscheinlich wäre den Leuten ein Park lieber gewesen als moderne Kunst oder schiitische Trauer, Bäume, unter denen sie ausruhen, ein Rasen, auf dem ihre Kinder spielen könnten.

In den Gassen des Viertels, die unbedachten Basaren gleichen, suche ich nach einem Teehaus, um wieder angenehm zu entrücken. Nicht einmal in der Arme-Leute-Gegend tragen viele Frauen den Tschador, wobei selbst Taschadoris die erstaunlichsten Ansichten haben können, wenn man sie kennenlernt; die jungen Tschadoris kennen vielleicht auch gar keine andere Kleidung für die Öffentlichkeit, oder dank des Tschadors dürfen sie auf die Universität, dürfen einen Beruf ergreifen, dürfen mehr als nur Frau und Mutter werden. Die Reformerinnen tragen ebenfalls Tschador, oft gerade sie. Wo wohnen die Tschadoris dann, wenn nicht um den Imam-Hussein-Platz? Noch weiter im Süden Teherans, wo unterm Schah die Slums waren, in den Vorstädten, in den Kleinstädten. Der Imam-Hussein-Platz ist eine alte Gegend, und alt bedeutet religiös in Teheran, aber nicht unbedingt im Sinne des Systems.

Um die Uhrzeit sitzen nur drei andere Männer auf den Kissen. Der Wirt ist zu mir besonders beflissen, wie man es früher gegenüber Bürgerlichen war, erst seit der Revolution nicht mehr überall. Ich kann von mir aus schlecht die Politik ansprechen, ahne ohnehin, was sie denken, daß sie schimpfen wie alle Iraner, auch weil es zum Iranersein gehört, sich zu beschweren. Die Leute, die mir in den letzten vierzig Jahren gesagt hätten – wie man es in einem Land wie Deutschland doch oft hört –, sie seien im großen und ganzen zufrieden mit den Zuständen, könnte ich an zwei Händen abzählen. Ein Taxifahrer war nicht darunter, kein einziger, bei so vielen Taxifahrten in Iran, und schon bei meinen ersten Reisen als Berichterstatter, als noch niemand von Reformern sprach, konnte es geschehen, daß ich die bittersten Klagen im Vorzimmer eines Ministers zu hören bekam. Aber hier am Imam-Hussein-Platz könnten sie vor Unzufriedenheit Ahmadinedschad gewählt haben, der sich als Underdog ausgab, als wahrer Vertreter der revolutionären Massen, der gegen das Establishment antrat. Das würde ich sie fragen, wenn es nicht zu plump wäre, um in Iran etwas zu erfahren. Lieber frage ich nach dem Platz – ob die Leute hier in der Gegend glücklich seien mit der Umgestaltung? Der Platz sei eine Katastrophe, antworten die Männer unisono, über ihre Köpfe hinweg entschieden und rücksichtslos gebaut. Warum eine Katastrophe? Weil keine Autos mehr über den Platz fahren dürften; bei den Händlern sei deswegen der Umsatz eingebrochen, viele müßten jetzt verkaufen, die Immobilien hätten an Wert verloren. Würde der Staat sie doch wenigstens in Ruhe lassen mit seinen neumodischen Ideen. Eine Fußgängerzone brauche kein Mensch in Iran.

Abends ziehe ich durch die neuen Cafés in Südteheran. Südteheran? Ja, die Künstler, die coolen Gastronomen und Teherans Jeunesse dorée haben den Süden entdeckt, wo die Immobilien noch bezahlbar sind und die Patina sich von selbst einstellt. Alt heißt in Teheran allerdings sechziger, frühe siebziger Jahre, allenfalls mal ist ein Gebäude aus der Zeit von Schah Reza unter den Galerien und Szenekneipen dabei, in denen Funkmusik läuft, auf der Speisekarte traditionelle Gerichte stehen und Kräuterlimonaden getrunken werden nach altem iranischem Hausrezept. In einem der Einfamilienhäuser mit Innenhof, das in ein Café verwandelt worden ist, hängen an den Wänden die schwarz-weißen Familienphotos der ersten Bewohner. Sie sehen wie Bilder aus dem heilen Amerika aus, der Vater im Anzug mit schmaler Krawatte, den geschniegelten Sohn an der Hand, der Sohn auf dem ersten Fahrrad, die Mutter im knielangen Rock, ohne Kopftuch natürlich, strahlend vor Glück, Hausfrau zu sein. Der Wirt hat die Familie, die nach der Revolution ausgewandert ist, irgendwo in Amerika aufgetan und um Erlaubnis gebeten, ihre Photos auszustellen.

Vierundfünfzigster Tag

Zwei, drei Millionen sollen es in diesem Muharram sein, die nach Kerbela fliegen, fahren, zum Teil sogar zu Fuß laufen, zwei, drei Millionen, die bestimmt nichts von einem Umsturz halten, die Reise hochsubventioniert, in den Straßen Aushänge. Die Shoppingmalls in Nadschaf und Kerbela habe ich selbst gesehen: auf zwei, drei Millionen eingerichtet. Mein Flug geht drei Stunden früher, dennoch gerate ich in die Schlange der beiden

Flugzeuge in den Irak, auffällig nicht nur die Kleidung, die nach Islamischer Republik förmlich riecht, die Frauen mit schwarzem Kopftuch bis übers Kinn und darüber Tschador sowieso, aber auch die Männer ostentativ unrasiert, in den billigen Anzügen und häufiger noch in den Blazern, die Ahmadinedschad gern trägt, niemals Jeans, noch auffälliger die dunklen Gesichter. Staatstreue scheint in Iran auch etwas Ethnisches zu sein.

In der Schlange unterhalten sich die Pilger über die Gebetszeiten wie andere Leute über die Börsenkurse, 5:18 Uhr oder 5:19 Uhr, und wie ist es mit den Gebetszeiten im Irak?, landen wir rechtzeitig, oder verrichten wir das Gebet während des Flugs? Aus den Toiletten, die selbst im nagelneuen Terminal verdreckt sind, als hätte der Islam nicht Sauberkeit gelehrt, stapfen sie mit nassen, hochgekrempelten Ärmeln, die Schuhe an den Fersen heruntergetreten, damit man schneller rein- und rausschlüpft. Kaum je habe ich im verglasten Gebetsraum des Flughafens Menschen beten sehen, aber heute nacht sind die Plastikteppiche bis in die Wartehalle ausgebreitet. Vor einem weiteren Gebetsraum füllen Frauenschuhe das Regal. Wo sind diese Menschen, wenn sie nicht gerade nach Kerbela pilgern? In den Straßen sind sie kaum anzutreffen, nie in dieser Häufung, höchstens bei Demonstrationen, die der Staat organisiert. Wo wohnen sie? Sie gehören gerade nicht zum traditionellen Milieu der Altstädte, das ebenfalls religiös ist, wenn auch bei weitem nicht so konsequent. Oder sind sie vielleicht gar nicht so religiös, sondern frömmeln nur in der Pilgergruppe, interessieren sich im Irak mehr für die Shoppingmalls, freuen sich am subventionierten Auslandsflug, kämen bei allen Bedrängnissen, aller Kritik, die auch sie haben werden an den Verhältnissen, nicht auf die Idee, sich gegen einen Staat aufzulehnen, der ihnen den Urlaub finanziert? Ich weiß es nicht, habe keine Ahnung, wer sie sind. Zwei, drei Millionen Pilger, das ist, hochgerechnet auf die Bevölkerung und alle anderen Pilgerziele – Mekka, Nadschaf, Maschhad und Damaskus –, eingedenk auch, daß selbst die Treuesten nicht jeden Muharram nach Kerbela fliegen, schon mal ein ganz schönes Pfund, um eine Volksherrschaft zu reklamieren.

Mit der Familie in Isfahan

Der Fluß fließt nicht, nicht einmal ein Rinnsal, das ist das Schlimmste. Der lebenspendende Fluß, Zâyandehrud. Was die iranischen Landschaften und früher auch die Städte ausgemacht hat: die Farben, die der Wüste abgetrotzt waren, die Platanen, die alle Hauptstraßen in Alleen verwandelten, die schmalen, auch im Sommer kühlen Kanäle, die sich in die Gassen einschmiegten, jedes Haus um einen Garten gebaut, in dessen Mitte ein Wasserbecken, somit ein Spiegel des Himmels lag, rings um die Städte das satte Grün der Felder und Obstplantagen, wie Paradiesblumen auf einer Wiese verteilt die türkisen oder gelben, bunt verzierten Kuppeln der Moscheen. Nirgends berühren Farben so tief, wie wenn man aus der Wüste kommt. Die ganze fünftausendjährige Zivilisation Irans beruht auf Techniken, das Wasser von den vier-, fünftausend Meter hohen Bergketten, die das Land durchziehen, so geschickt zu verteilen, daß die Städte blühen und die entlegensten Dörfer sich selbst ernähren können. Wenn Iran für etwas bewundert, zum Vorbild genommen wurde in der alten Welt, bis nach China, bis nach Rom, wenn das Land der Menschheit etwas geschenkt hat, dann seine Kunst, die Erde fruchtbar zu machen. Und am herrlichsten leuchtete Isfahan, durch das der breite, hier bereits handzahme, gleichsam zivilisierte, aber immer noch Leben spendende Fluß strömte, darüber wie Goldreifen die zwei anmutigsten Brücken der Welt.

Daß Isfahan die «Hälfte der Welt» genannt wird, *Esfahân nesf-e dschahân*, habe ich nicht nur irdisch verstanden, als Ausdruck der Vielfalt, des Alters und der Pracht, sondern immer auch so, daß die menschengemachte Stadt für die paradiesische Hälfte des Universums steht, während die Wüste, das unzugängliche Gebirge, die Naturgewalt die andere Hälfte ausmacht. Isfahan den Fluß zu nehmen ist – nein, kein Massaker, so viele Wunden sind Isfahan bereits zugefügt worden in den letzten Jahrzehnten, Abrisse, Schnellstraßen mitten durch die Altstadt, der Verkehr, all der Trubel, die Hektik, die Überbevölkerung, die Auswanderung oder innere Migration der Gebildeten, Künstler, Literaten – Isfahan den Fluß zu nehmen ist der Todesstoß, so kommt es mir vor. Natürlich wird Isfahan weiterleben; zu Nouruz, wenn die Stadt von Touristen überrannt wird, läßt man auch das Wasser, das jetzt für andere, ebenfalls rasant gewachsene Städte abgezweigt wird, wieder ein paar Wochen lang durch Isfahan fließen. Sollte die UNESCO drohen, den Titel Weltkulturerbe zu entziehen, oder der nächste Führer aus Isfahan stammen, wird man die Schleusen vielleicht sogar das ganze Jahr aufdrehen, ausgeschlossen ist das nicht. Dann müßten die anderen Städte eben schauen, wie sie zurechtkommen. Aber ich weiß jetzt, wie der Fluß ohne Leben aussieht, das Bild bekomme ich nicht mehr aus dem Kopf. Ich weiß, daß ich das nächste Mal nicht gern zurückkehren mag.

Dennoch gehe ich jeden Morgen am Fluß joggen, der keiner mehr ist. Auch die vielen anderen, die sich morgens die Beine vertreten, wenn sich die Luft noch am ehesten atmen läßt, auch die anderen tun so, als gäbe es den Fluß noch. Dabei ist er nur ein Skelett, eine lange, nicht enden wollende Aneinanderreihung von Knochen. Ich sehe so wenig wie möglich hin. Übrigens habe ich gehört – sicher, die Leute erzählen sich viel –, daß das Wasser nicht nur für die Städte abgezweigt wird, die bis vor ein paar Jahren noch Käffer waren, nicht nur für die Industriebetriebe, die in der Hand des Militärs oder einer religiösen Stiftung sind. Angeblich wird das Wasser des lebenspendenden Flusses außerdem für einen künstlichen See in Ghom abgezweigt, wo das geistige Zentrum dieser Herrschaft liegt.

Wenn es nur die Unterdrückung wäre, die Unfreiheit. Das ist für den Moment schlimm. Aber sie können nicht regieren, sie lernen's einfach nicht. Allein schon ein Amt, ein gewöhnliches Amt, auf dem man ein Papier braucht, irgendeine Bescheinigung, kann einen fünf Tage Lebens- und Arbeitszeit kosten. Von der Justiz gar nicht erst zu sprechen, die ein Basar geworden ist, lärmend, überfüllt, die Urteile gegen Geld. Überbevölkerung hin oder her, stoppen sie auch noch die Familienplanung, die bis vor kurzem noch islamisch geboten war, und zwar aus dem einzigen

Grund, daß die, die viele Kinder bekommen, zu ihrer eigenen Klientel gehören. Das Lügen, das Kindern von klein auf eingeimpft wird, von den Eltern, die sich zuhause anders verhalten, anders reden als vor der Haustür, von Lehrern, die sich nicht einmal mehr bemühen, daß man ihnen glaubt, vom Fernsehen, das jeden Abend ein anderes Land zeigt, als man es mit eigenen Augen sieht. Die Käuflichkeit von allem und jedem, damit der Verfall von Werten, Idealen, von Altruismus überhaupt. Drogen breiten sich ungehemmt aus, längst epidemisch. Ganze Seen vertrocknen, darunter der riesige Urumiye-See, überhaupt die Zerstörung der Umwelt. Um nur beim Wasser zu bleiben: Heute morgen erst las ich im Internet, daß die Vereinten Nationen empfehlen, 20 Prozent der erneuerbaren Wassermenge zu nutzen; die ökologisch rote Linie liege bei 40 Prozent, 60 Prozent Verbrauch bedeute «Wasserstreß» (das heißt wirklich so), 80 Prozent «kritische Wasserkrise». Iran dagegen entnehme seinen Reservoirs 110 Prozent, dreimal mehr als das gerade noch verkraftbare Maximum, eine Ausbeutung, für die es, so hieß es in dem Bericht weiter, «in der internationalen Klassifikation gar keine Kategorie mehr gibt». Und das trotz des Klimawandels, der die Wüsten noch größer werden und die Gletscher abschmelzen läßt. Kein Plan, was passieren soll, wenn die Einnahmen aus dem Öl wegfallen. Die Minderheiten, die vor den Kopf gestoßen, aus dem Land oder in den Aufstand getrieben werden. Eine Herrschaft, die für die Ewigkeit angetreten war, aber nur in den Tag lebt, weil sie offenbar selbst nicht damit rechnet, morgen noch da zu sein.

Jetzt, da ich den siebten Tag in Isfahan bin, habe ich den Eindruck, daß die Luft allmählich besser wird. Das ist natürlich eine Täuschung, ich habe mich einfach nur an die staubtrockene, von Abgasen durchsetzte Luft gewöhnt. Als wir vorgestern aus der Stadt hinausfuhren, bekam ich Migräne vor lauter Sauerstoff. Die Leute sagen, daß die Luft auch deshalb so schlecht geworden sei, weil es den Fluß nicht mehr gibt, der den Staub schluckt. Die Krankheiten hätten zugenommen, das habe sogar in den Zeitungen gestanden. Die Bauern hätten protestiert und dafür so viele Knüppelschläge eingesteckt, daß sie sich bis auf weiteres nicht mehr auf die Straßen trauen. Die Wasserpfeifen sind auch verboten, die ich immer abends im Teehaus unter der Si-o-se Pol rauchte, der Brücke der dreiunddreißig Bogen, die Füße fast im Wasser, sind verboten in der ganzen Stadt – ausgerechnet in Isfahan darf das Leben nicht mehr 10 Prozent verlangsamt sein, konsequent eigentlich, weil es ja auch gar kein Leben mehr ist.

Daß es viele neue Restaurants gibt, hübsche Restaurants, in den alten Paradieshäusern, wie ich es mir immer gewünscht habe, ist kein Widerspruch. Wer in die Restaurants geht, der hat ja schon Geld, eine Familie. Die Reichen sollen ruhiggestellt werden mit ein paar Extrafreiheiten hier und dort, kein Kopftuch auf der Skipiste, wo sie unter sich sind, die Wasserflasche mit Wodka zum teuren Menü. Auch der Tourismus wird jetzt gefördert und zugleich gelenkt zu den Highlights, wo seit neuestem ein Audioguide ausgegeben wird, wenn auch nur auf gebrauchten Handys. Die stillen Gassen braucht kein Mensch mehr, die unscheinbaren Heiligtümer, die Hinterhöfe, die Stadt als zu erlaufendes Terrain.

Aber zurück zu den Wasserpfeifen: Zu den Wasserpfeifen trafen sich die jungen Leute, weil es so wenig andere Orte zum Treffen gab, öffentliche Orte, meine ich. Auch entlang des Flusses trafen sie sich, das ist jetzt alles nicht mehr oder nur noch neben einem Skelett. Daß es die Armen mittrifft, die ebenfalls den Fluß liebten, die kleinen Leute aus den anderen Städten, die am Ufer campierten, die Männer, die auch in ihren eigenen, den traditionellen Männerteehäusern, angeblich wegen der Gleichberechtigung, nicht mehr Wasserpfeife rauchen dürfen – egal. Wenn's hart auf hart kommt wie mit den Bauern, werden eben die Knüppel hervorgeholt.

*

Minute um Minute blicke ich in die Kuppel der Lotfollah-Moschee, wie betrunken. Stehe am Rand, an die Wand gelehnt, den Kopf im Nacken, Minute um Minute. Wenn der Nacken zu sehr schmerzt, schaue ich mich um, entdecke etwas anderes, das ebenfalls wunderbar ist, aber eben nicht die Kuppel, deshalb lege ich den Kopf rasch wieder zurück. Eine halbe Stunde sicher, eher eine ganze, obwohl ich schon so oft in der Lotfollah stand, die bei jeder Rückkehr die erste Moschee ist. Ich kann das Muster kaum in Worte fassen, es ist schließlich nicht wie ein Gemälde von Rembrandt oder Caravaggio, man fängt nicht einmal an zu assoziieren. Man fängt an zu vergessen. In gewisser Weise ist der Eindruck noch stärker als von Gottes Firmament. Der menschengemachte Himmel besteht nicht nur aus Sternen, und dazwischen ist das Nichts, das auch Angst einflößt, Schrecken, ein Mysterium bleibt. Der menschengemachte Himmel ist an jedem einzelnen Punkt mit Schönheit gefüllt. Und die Sterne sind nur Lichter, während der menschengemachte Himmel noch vieles andere enthält, einen ganzen Garten aus Figuren, Linien, Farben.

Ich käme von Zeit zu Zeit hierher, wenn ich die Gegenwart nicht mehr aushalte, lüge ich einem französischen Touristen vor, der mir – als wolle er mich persönlich loben – auf englisch zuruft, daß er noch nie eine herrlichere Moschee betreten habe. Offenbar mache ich auf ihn den Eindruck, als verstünde ich englisch. Er fragt mich auch nach dem Fluß, und ich erzähle ihm alles, das komplette Desaster, meinen Schmerz. Bereits an der Kasse stand ich hinter ihm; er fragte den Kassierer, wie man auf persisch *danke* sagt, und hörte als Antwort das komplizierte Wort, zugegeben korrekt, *sepâsgozâram*; er versuchte es auszusprechen, ohne rechten Erfolg. Ich sage ihm, daß die Iraner einfach *merci* sagen, ja, das französische *merci*, wie es überhaupt etliche französische Wörter im Alltagspersisch gebe, weil Frankreich einmal die Kulturnation war für die Iraner, Paris für uns die große Welt. Der Kassierer, der zuhause ebenfalls *merci* sagen würde, wollte dem Franzosen nur ein persisches Wort aufgeben, ob aus Patriotismus oder Linientreue.

Ich berichte dem Franzosen, wie Isfahan aussah, als ich noch ein Kind war, daß es in meiner Erinnerung ein einziger Garten ist, vierzig Jahre erst her, das kann der Franzose kaum glauben. Er ist der Reisende, nicht ich. Der Reisende bewundert, was immer noch ist; der Einheimische vermißt, was nicht mehr ist. Und der Reisende, der an einen Ort zurückkehrt?

*

Man fängt an zu vergessen. Hört auf zu denken, wird nur noch Blick, dankbar. Auf welches Detail die Augen auch schauten, nichts hatte eine Bedeutung, Bedeutung im Sinne von Sprache. Alles zusammen ein Sinnbild – für was? Blumen, könnte man meinen, wenn man anfangs noch nachdenkt, ein Garten. Aber den vergißt man auch. Für die Schöpfung? Nein, selbst das ist zu konkret, die Schöpfung ist etwas Gemachtes, von jemand also, nicht aus sich selbst. Bach hören, Scarlatti, die Barockmusik (selbe Zeit!), manchmal auch Mozarts Klaviersonaten kommen dem Eindruck der Lotfollah am nächsten, wenn ich in einem westlichen Kontext nach einer Entsprechung suche. Aber nichts der Zärtlichkeit für die Augen, obwohl der Westen die Bildkultur ist.

Später dachte ich doch wieder an etwas, an einen Körper, der ebenfalls vollkommen ist, nackt vor dir liegt, ein Gesicht, in dem alles stimmt, selbst die winzige Narbe, eine Einkerbung nur, wie das Muttermal auf alten Miniaturen, weil die Vollkommenheit ungebrochen nicht mehr menschlich wäre. Dort konnte ich den Blick genausowenig lösen, brachte es kaum über mich, sie zu berühren, fühlte zwar die Lockung, doch die Freude überwog, nur zu schauen. Interesseloses Wohlgefallen, war es das? Das Wort kommt mir gerade in den Sinn. Wahrscheinlich ja, etwas davon war es, allein, der Ausdruck stimmt nicht, ist nicht nur zu abstrakt, zu schwach, zu biedermeierlich. Man will es schließlich besitzen, verzehrt sich danach, will darin versinken. Ist gebannt. Nicht interesselos. Glücklich. Ich versuche mir die Muster in der Kuppel ins Gedächtnis zu rufen; die Grundfarbe habe ich vor Augen, ein vorsichtiges und doch kräftiges Gelb, wie Lehm von der Abendsonne beschienen, darauf die anderen Farben, die um die Wette leuchten. Hingegen die Muster sind aus dem Gedächtnis verschwunden, wie in Luft aufgelöst, und hätte ich noch zwei Stunden in die Kuppel geblickt. Sie zu behalten, aufzuschlüsseln, wäre nur möglich gewesen, wenn ich aus der Gegenwart herausgetreten wäre; indem ich in der Moschee geschrieben hätte zum Beispiel oder am Schreibtisch Photos zur Hand nehmen würde. Mindestens eine großartige Analyse der Kuppel gibt es, im Isfahanbuch von Henry Stierlin, aber wahrscheinlich noch andere. Allerdings ist das ein anderer Vorgang, ebenfalls wichtig, grundsätzlich möglich: verstehen. Das andere ist nur schauen. Nicht verstehen, nur schauen, lediglich eine Stunde in meinem Fall, eher weniger. Ich habe den Franzosen nicht angelogen: Es ist wie Kraftstoff, fühlte mich danach neu belebt, kein Bedürfnis diesmal, zur Schah-Moschee hinüberzugehen, die größer, auf Anhieb beeindruckender ist; als Kind mochte ich die Schah-Moschee mehr.

Der Franzose lud mich zum Tee ein, wollte mich sogar überreden, als ich dankend ablehnte. Wenn ich auf Reisen bin, versuche ich ebenfalls, mit den Einheimischen ins Gespräch zu kommen, zumal wenn sie etwas zu sagen haben wie ich, übersetzen können. Ich hätte gut in die Reise des Franzosen gepaßt. Ich hätte auch mit mir gesprochen.

Jetzt sitze ich am Fluß, wollte mich ihm aussetzen, den es nicht mehr gibt. Die Leute gehen immer noch am Ufer spazieren, obschon seltener als früher, meine ich. Ältere Herren, weiße Haare oder mit Schirmmütze, durchweg glattrasiert, jeweils drei auf einer Bank. Der Gesang von einem kommt zu mir herüber, alter Gesang. Woran merkt man, daß man stirbt – und alles stirbt schließlich einmal, jede Zivilisation, auch eine fünftausendjährige? Daß nur das Vergangene schön ist, nichts von dem Neuen. Gott, klingt das sentimental. Dabei ist es doch nicht überall so, nicht früher in Iran, nicht heute anderswo. Es ist nur so, wo etwas nicht mehr weitergeht, lebendig weitergeht, meine ich, wo es nicht mehr fließt.

*

Besuch bei einem Trommler, Sproß einer alten, bis ins Mittelalter genealogisch verbürgten Mystikerfamilie. Fast der gesamte Orden ist jetzt in Europa; die Derwischklöster, die es vor zehn oder fünfzehn Jahren noch gab – es waren ohnehin nur unscheinbare Gebäude irgendwo am Stadtrand, moderne Wohnhäuser mit salonartigen Zimmern, in denen sich Männer und Frauen getrennt, aber bemerkenswert gleichberechtigt versammelten, der Pir lebte dort mit seiner Familie und lehrte nicht nur an den Festtagen –, die Derwischklöster sind samt und sonders verlassen, zerstört, beschlagnahmt. Viele Mystiker waren im Gefängnis, wenn sie nicht sogar hingerichtet worden sind, alles unter Ahmadinedschad, dessen schiitische Volksfrömmigkeit gerade nicht traditionell ist, tausende neugebaute Emamzadehs, also Gräber von Angehörigen der Imame, von deren Existenz vor fünfzehn Jahren noch niemand etwas ahnte, südlich von Teheran der Brunnen, an dem angeblich der Mahdi erscheinen soll, der schiitische Messias, urplötzlich erinnert und im Handstreich zur Massenpilgerstätte erklärt, zu der die Armen in Bussen gebracht werden, Kebab, Cola, alles kostenlos, und neben dem Landeplatz des Messias bereits die Kirmes, nehme ich an.

Wie auch immer: Der eine Sohn ist in Isfahan geblieben. In Privathäusern treffen sich noch Mystiker, aber als Sohn und damit Statthalter des Pirs taucht er dort besser nicht auf, zu gefährlich. Er hat jetzt andere Projekte, bereitet das alte Erbe multimedial auf, trommelt weiter, aber jetzt mit einem Ensemble aus jungen Frauen in Synthesizerwolken, auch mit neuen, ausgedachten Trommeln, selbst Kastagnetten, dazu Landschaftsphotos auf dem Bildschirm, Computeranimationen, die Verse aus dem Königsbuch immerhin gut vorgetragen von einem der besten Geschichtenerzähler Isfahans.

Die jungen Frauen bewegen sich auch, wiegen den Oberkörper rhythmisch hin und her, stehen auf, tänzeln trommelnd umeinander, werfen etwas angestrengt die drehenden Trommeln in die Luft, wie es die Mystiker absichtslos taten, einfach nur aus der Hand, wie es eben passierte. Es ist gut, daß der Trommler den jungen Leuten das Erbe weitergeben möchte, es ist eine bedeutsame Aufgabe. Daß er die jungen Frauen einbezieht, macht es politisch brisant, es ist auch richtig. Und doch ist es kaum auszuhalten, wenn ich daran denke, wie grandios, unverwechselbar und ekstatisch er früher mit seinen Brüdern und den traditionellen Musikern getrommelt hat, die alle mehr oder weniger Mystiker sind, heute in Europa.

Nach dem Privatkonzert fragt der Trommler uns, was wir empfunden hätten. Weil ich nicht unhöflich sein möchte, antworte ich, daß die Musik, die er früher gespielt hat, mich ins Innere versenken ließ, die jetzige mich hingegen auf tausend Gedanken bringt; im Stillen denke ich, so wie der Unterschied zwischen der Lotfollah-Kuppel und dem übrigens genau gleichzeitig malenden Caravaggio, nur daß diese Multimediaschau mit Trommeln und dem Playback von Synthesizersymphonik natürlich kein Caravaggio ist, sondern irgendetwas. Zum Glück kann der Trommler etwas mit meinem Gedanken anfangen, spinnt ihn weiter. Ja, seine frühere Musik gehe nach innen, die heutige nach außen, überlegt er, alles zu seiner Zeit. Nach innen könne er heute nicht reisen; der Orden im Exil, er selbst getrennt von den verbliebenen Mystikern, abgehalten von den Riten. Immerhin merke ich ihm das Bedauern an; daß die Tradition nicht multimedial erzeugt werden kann, sieht er wohl.

Als sein Vater starb, der Pir, wurde die Leiche nach Isfahan gebracht. Zehnmal wurde der Sohn vorgeladen, erinnert sich der Trommler, zehnmal, mindestens; einmal war der Raum voll mit Sicherheitsbeamten. Er ist doch schon tot, sagte der Trommler, wieso der ganze Aufwand? Die Behörden sorgten sich um das Begräbnis, wollten jeden Schritt jedes einzelnen im voraus wissen, bevor sie die Genehmigung erteilten, wollten sogar wissen, was auf dem Grabstein steht. Weil sie jeden Spruch ablehnten, den der Trommler vorschlug, weil jedes Wort eine Andeutung und selbst der bloße Name des Verstorbenen beziehungsreich war, sagte der Trommler endlich, okay, dann machen wir einen Grabstein ohne alles; nicht einmal der Name soll darauf stehen, nichts, nur die nackte Fläche. Man fängt an zu vergessen. Aber selbst das Nichts war den Behörden zu viel. Nach zehn Vorladungen, mindestens zehn, wurde das Begräbnis erlaubt; der Trommler war mit den Bedingungen einverstanden, damit sein Vater nur endlich bestattet werden konnte. Und dann holten die Mystiker auf dem Friedhof plötzlich ihre Daf hervor, ihre großen, flachen, so sehnsüchtig hallenden Trommeln, und fingen an zu tanzen, der ganze, in Isfahan verbliebene Orden, und viele einfache Leute tanzten mit. Damit hatten die Behörden nicht gerechnet, nicht einmal geahnt, daß bei einem Begräbnis getanzt werden könnte. Es gab nicht genug Beamte, um die Trommeln einzusammeln, auch keine Anweisungen. Der Vater wurde tanzend zu Grabe getragen.

Bei der nächsten Vorladung wurde der Trommler gefragt, geradezu neugierig, was das denn gewesen sei. Wieso denn Tanzen bei einem Begräbnis, wieso ein Konzert? Das war kein Konzert, sagte der Trommler, das kam von innen, die Fortsetzung des Empfindens. Es war ohne Absicht, sozusagen interesseloses Wohlgefallen. Wenn die schiitischen Büßer sich die Ketten auf den Rücken peitschten oder sich über Stunden, bis zur Ekstase, die Faust gegen die Brust schlügen – das sei doch auch Bewegung. Ja, schon, sagten die Beamten, aber das sei doch etwas anderes, das komme doch aus der Trauer. Ja, sagte der Trommler, aber bei ihnen tanze man eben, statt sich zu schlagen, verwandle die Herzschläge in Rhythmus, in Schönheit, dankbar für das Leben, das Gott schenkt und wieder zu sich nimmt, dankbar für den Atem, durch den Er zum Menschen spricht und ihn erhört. Man fängt an zu vergessen.

*

An einem Baumstamm ziehe ich die Ferse an den Po, um den Oberschenkel zu dehnen, als ich in meinem Rücken eine Stimme höre: *chodâ qowwat bedeh*. Gott gebe Kraft! – eine Freundlichkeit, wie die Leute überhaupt freundlich sind am Morgen, wenn ich jogge, grüßen einen, lächeln, wie ich es tagsüber auf den Straßen selten beobachte, in Teheran schon gar nicht. In Teheran beobachtet man vom Auto aus, in dem man jedenfalls als Besucher die meiste Zeit des Tages sitzt, eher Prügeleien als lachende Gesichter, so angespannt sind die Leute inzwischen. Aber es ist mehr als freundlich, was der alte Mann, zu dem die Stimme gehört, mir zuruft, es ist feinsinnig, eine Aufmunterung, eine gewisse Anerkennung sogar und zugleich die Erinnerung, daß die Kraft letztlich von Gott kommt. Eine leise Verspottung also, weil ich mich in seltsamer Kleidung am hellichten Tag strecke, wie es ein einfacher Mensch wie er nicht täte? Ja, vielleicht ist auch etwas Spott dabei, freilich zart, kaum merklich, wie man einen Verwandten, einen Freund verspottet. Anerkennung, Aufmunterung, Ermahnung, Erinnerung, Spott – alles in drei Wörtern, während er vorübergeht.

Der Gruß an sich ist immerhin noch obligatorisch – zwei, die sich in der Einsamkeit begegnen, die selbst ein Flußufer in der Stadt am Morgen sein kann, grüßen sich. Der Prophet selbst sagte, daß der einzig statthafte, sogar notwendige Grund, ein Gebet zu unterbrechen, eine Begrüßung sei. Von meinem Vater, der nicht gestört werden wollte beim Gebet, hörte ich als Kind oft, daß man selbst einen Einbrecher unbehelligt ins Haus lassen müsse, während man betet; ich fragte mich dann jedesmal, ob man den Einbrecher nicht einfach grüßen könne, um den Diebstahl zu verhindern. Allerdings hätte der Alte tausend andere Ausdrücke verwenden können, die den Gruß im Allgemeinen belassen hätten, hätte dem Gruß tausend andere Nuancen geben können, so differenziert ist selbst das Alltagspersisch noch und zumal das religiöse Vokabular. Unbedacht oder nicht sagte er: Gott gebe Kraft, als er sah, wie ich mich um Kraft bemühte. Als ich ihn kurz darauf joggend überhole, wünsche ich ihm nochmals einen guten Tag, das freut ihn, das spüre ich im Rücken. Manche dieser modernen Herren wissen immerhin noch, was die Höflichkeit gebietet und der Prophet angemahnt hat.

*

«Es lebt eine Rhythmik in den Flächen, eine Schwingung in den Raumformen und Volumen in Isfahan, die dieser Stadt ihren Charme verleihen», schrieb Henri Stierlin noch 1976: «Sie empfängt den Besucher wie ein großes Abenteuer und verzaubert ihn durch ein ewiges Spiel zwischen Licht und Schatten, durch eine ständige Bewegung, als atme sie ein und aus, als eilte sie davon oder hielte zurück, als verengten sich ihre Volumina, bevor sie regelrecht explodieren. [...] Während im Abendland der Erdboden die einzige Bezugsebene darstellt, auf der die Bauwerke errichtet werden und die sich in Form von Plätzen und Straßen ausweiten oder verengen kann, schöpft der persische Stadtplaner beträchtliche Variationsmöglichkeiten aus den verschiedenen, zu unerwarteten Effekten und genialen Kontrastwirkungen einladenden Bezugsebenen. Denn diese zeichnen sich tatsächlich klar voneinander ab, wenn man einerseits an das ins Dämmerlicht getauchte, ganz in sich abgeschlossene Wirrwarr des Basars denkt, andererseits an die freie Welt, die sich über den Dächern öffnet, wo man aus der Abendbrise, die durch das mächtige Laubwerk ringsum streicht, unter der gestirnten Unendlichkeit des Himmelszeltes einen Hauch von Frieden einatmet.»

Und zu den Moscheen: «So darf abschließend gesagt werden, daß die persische Moschee mit ihrem Hof als eingeschlossenem Paradiesgarten, ihren vier Liwanen als kühlen Grotten, von deren Stalaktiten herab das Wasser wie aus einer ewigen Quelle der vier Flüsse im Garten Eden zu rieseln scheint, mit dem Himmelsgewölbe, das sich im ewigen Wasser des reinigenden Beckens wiederspiegelt und das ganze Universum in seiner kosmischen Kugel einfängt, mit ihrer Kuppel schließlich, die dem Lebensbaum mit dichtem, Schatten spendendem, ewig frischem Laubwerk gleicht, daß diese Moschee die Stätte der Ewigkeit heraufbeschwört, wie sie von den Mystikern des schiitischen Islams erschaut wird. Und diese Umdeutung der Gebetsstätte kann nur dank der Polychromie der herrlichen Fayenceornamentik vollzogen werden. Aus dieser Farbsymphonie bezieht die persische Moschee einen unerschöpflichen Symbolreichtum, der vom Reichtum des Paradieses kündet.»

*

Mit dem alten Fahrrad meines Cousins fahre ich entlang des Flusses, den es nicht mehr gibt. Vielleicht ist wirklich er es, der Fluß, warum ich während dieses Aufenthaltes alles traurig finde. Die Freunde in Teheran waren gar nicht so hoffnungslos, verwiesen auf die Nischen allerorten und die

Umwälzung, die sich ungehindert oder sogar beschleunigt durch den Machtmißbrauch unterhalb der Erdoberfläche vollzieht. Welche Erde noch? fragte ich mich dann stets. Der Fluß drückt auf meine Stimmung, das merke ich, drückt auch auf die Stimmung in Isfahan, lastet bemerkt oder unbemerkt auf den Gesprächen unter den Verwandten, in den Geschäften, im Taxi. In Teheran haben sie nicht solche Schönheiten, die vernichtet werden können, da hat es das Neue leichter. Ich fahre und fahre, an den Parkanlagen vorbei, die belanglos geworden sind, immer weiter, bis die regulären Wege auf der Höhe des alten Feuertempels aufhören. Ich überlege, zum Tempel der Zoroastrier hochzusteigen, von oben auf Isfahan zu schauen, von ganz früher aus. Entscheide mich dagegen, bin schon melancholisch genug; möchte mich weiter dem Fluß aussetzen, den es nicht mehr gibt, radle auf einer Schotterpiste und noch weiter, als es keine Piste mehr gibt. An der großen Fabrik, deren Absperrung in den ehemaligen Fluß hineinragt, wäre ich früher nicht mehr weitergekommen; jetzt kann ich das Fahrrad durch das Flußbett schieben und am anderen Ufer nach einem Trampelpfad Ausschau halten. Es geht immer weiter, durch Haine, quer über Felder, dann wieder über Feldwege, mitten durch Schafherden mit Hirten, die aussehen wie in alten italienischen Spielfilmen, schwarz-weiß, und die gleichen Stöcke halten.

So schnell ist man hier hinaus aus der überfüllten Stadt mit ihren Stadtautobahnen und Apartmentblöcken, die innerhalb kürzester Zeit ganze Viertel neu erschaffen haben. Speziell an den ehemaligen Rändern ist Isfahan kaum wiederzuerkennen: Wo Wüste war, steht jetzt eine Shoppingmall, wo eine Obstplantage, jetzt ein Freizeitpark. Wenn ich am Rhein entlangradle, bin ich in Porz, Niederkassel oder Bad Honnef. Hier schlägt man sich irgendwie durch, mitunter das Fahrrad tragend oder quer durch das Flußbett, um am anderen Ufer nach einem Trampelpfad Ausschau zu halten, und radelt nach einer dreiviertel Stunde durch das vorindustrielle Zeitalter, nur daß man zwischendurch an einer Fabrik vorbeikommt, die freilich auch sehr altmodisch ist, noch aus der Zeit des Schahs, oder in der Ferne die neuen Trabantenstädte erblickt, die der Inbegriff der Trostlosigkeit sein müssen. Das ist auch etwas, was in einer allein westeuropäischen Biographie meiner Generation nicht vorkommt, nicht nur der Krieg, die Revolution, die Unfreiheit, Angst, Folter, ermordete Schriftsteller, bitterste

Not, Flucht, Vertreibung, *brain drain*, Ferngespräche als die gängige Kommunikation innerhalb einer Familie, Bestechung als gängige Form des Umgangs mit Behörden. In Iran habe ich noch eine Welt wie vor der russischen Revolution kennengelernt, die krassen, zementiert scheinenden Klassenunterschiede, eine kosmopolitische Bourgeoisie und Dörfer ohne Strom und fließend Wasser, nur ein paar Kilometer von zuhause entfernt.

Ich radle weiter, immer weiter, mache Rast in einem Dorf, das jetzt eine Stadt mit Wegweisern ist, esse in einem der leeren Imbisse einen Hamburger, der gar nicht mal so schlecht ist; selbstgemacht kostet die Frikadelle dreißig Cent Aufpreis. Der Koch würde gern erfahren, was für einer ich bin, ein Bürgerlicher mit Intellektuellenbrille, staubig und hungrig, weit weg von der Stadt, mit so einem komischen Akzent, auf einem uralten Fahrrad, wie es nur die armen Leute fahren, die Bauern zumal, während die Jungen, Reichen und Heutigen sich alle auf dem Mountainbike krümmen. Ich verrate es ihm nicht, warum auch?, das Geheimnis wird ihm viel länger nachgehen, als wenn ich die banale Auflösung zurückließe. Komme durch Gegenden, die aussehen wie in meiner Kindheit, Esel, Pferdekarren, die Bauern in Pluderhosen, Frauen in bunten Kleidern bei der Feldarbeit, auch Wasser, Brunnen, aus denen es sich in die Felder ergießt, in kleine Kanäle, sogar Wasser, das sprudelt, an einer Stelle so viel, daß die Leute dort ihre Autos waschen. Also gibt es noch Wasser, nicht weit von Isfahan, im Boden, nicht im Fluß, der irgendwo vorher leergepumpt wird.

Weiter und weiter, kann mich trotz des Flusses oder wegen des Flusses kaum losreißen. Er ist ja nicht tief gewesen hier, ein, zwei Meter höchstens, außerhalb Isfahans nicht einmal sonderlich breit, für Kölner eher ein Flüßchen. Wie gesagt, die Wüste ringsum machte ihn so kostbar, so schön, die Berge am Horizont in der Nachmittagssonne, auf denen keine Pflanze wächst. Eine schönere Fahrradtour könnte es kaum geben als am Fluß entlang, wenn es ihn noch gäbe. Einmal beobachte ich zwei Familien mitten im Flußbett beim Picknick; eines der beiden Ehepaare streitet sich, der Mann rennt weg, die Frau heult im Schneidersitz, die übrigen versuchen zu schlichten oder zu trösten. In einem Skelett zu picknicken kann ja nur schiefgehen. Weiter, unvorsichtig weit, weil ich vor Anbruch der Dunkelheit wieder in Isfahan sein sollte, bis plötzlich ein Nagel in meinem Reifen steckt, ein richtig großer Nagel.

Zum Glück fahren die Leute hier noch Fahrrad; selbst in den Dörfern, die noch welche sind, gibt es immer jemanden, der nichts anderes tut, als Fahrräder zu reparieren. Ich frage mich durch zu einem alten Mann, der erst den Schlauch eines Jungen flicken muß, der vor mir da war – so viel Betrieb heute. Die Frage, ob ich es eilig habe, kommt ihm nicht in den Sinn, und ich weiß nicht, wie ich in dieser Verlassenheit Eile formulieren kann. Gut, notfalls werde ich irgendeinen Pickup anhalten, um nicht im Dunkeln auf der Landstraße zu radeln. Ich bleibe also geduldig vor dem Alten stehen, der auf einem leeren Kanister sitzt, und schaue seinen langsam gewordenen, aber immer noch geübten Griffen zu. Ein großes Loch, mit dem bloßen Auge sichtbar – wo haben Sie denn Ihre Augen gehabt, mein Herr? Wie in Zeitlupe schneidet er einen Streifen Latex ab und klebt ihn mit großer Sorgfalt auf den Schlauch, prüft anschließend mehrfach in einem Wassereimer, ob noch Luft entweicht. 3000 Tuman kostet das Reifenflicken am Ende, 75 Cent, keinen Tuman mehr will der alte Mann nehmen, wo die Preise in der Stadt fast schon so hoch wie in Europa sind, die Einkommen hingegen vielleicht ein Fünftel oder Achtel, wenn nicht weniger. Das Fahrrad auf den Sattel zu stellen und nach getaner Arbeit zurück auf die Reifen, ist meine Aufgabe. 1A Qualität sagt der Alte, englisches Modell, mindestens vierzig, fünfzig Jahre alt. So etwas werde heute nicht mehr gebaut.

Als ich wieder die Parks erreiche, raucht alle paar Meter ein Grüppchen Wasserpfeife, auch gemischte Grüppchen und junge Frauengrüppchen gibt es, obwohl überall Schilder aufgestellt sind, daß sie verboten seien, die Wasserpfeifen, meine ich, aber die gemischten Grüppchen wahrscheinlich auch. Schwimmen ist ebenfalls verboten, offenes Feuer auch, Zelten sowieso, schlafen im Freien erst recht. Ja, schlafen ist ausdrücklich verboten, im Gras liegen dann wohl gerade noch erlaubt. Und was, wenn einem die Augen zufallen? Lachen ist nicht verboten, jedenfalls gibt es kein Schild.

*

Als wir die Berge östlich von Isfahan erkunden – auf der Suche zunächst nach den letzten armenischen Dörfern, die sich dann als genauso unscheinbar wie alle anderen Dörfer erweisen, kein bißchen pittoresk, kein bißchen weniger ärmlich, nur daß die Frauen ohne Kopftuch vor den Häusern sitzen, die mehr Baracken gleichen –, staunen selbst meine Tanten, daß sich auf dem Land in vierzig Jahren so wenig getan hat. Es ist noch genauso wie in meiner Kindheitserinnerung, genauso elend, von den Stromkabeln abgesehen, die damals mancherorts noch fehlten, den Schulen für die Kinder, die es jetzt tatsächlich bis in die hintersten Täler und entferntesten Steppen gibt, den Exilsendern über Satellit, in denen man vom Koranrezitator des Führers erfährt, diesem Schweinehund. War denn die Revolution nicht für sie gemacht worden? Nein, nicht für sie, die auf den Dörfern geblieben sind, sondern für die neuen Städter, nicht für die Landbevölkerung, sondern für die Landflüchtlinge also, die ihren Anteil am Wohlstand verlangten und endlich Respekt. Sie waren die revolutionäre Masse, sind immer noch der Kern. Das Land hat noch nie etwas zu sagen gehabt in Iran. Keine achtzig Kilometer südwestlich von Isfahan entfernt sehen wir Nomadenzelte, wirkliche Nomadenzelte, an der Tankstelle Frauen, deren Sprache nicht einmal meine Tanten verstehen, ihre herrlichen Gewänder, die Hände tätowiert. Für sie wurde die Revolution bestimmt nicht gemacht, die immer noch keine gedeckten Farben tragen, sich gegen allen Fortschritt sperren und damit gegen jede Form von Ideologie, allerdings auch gegen die Emanzipation, gegen das Neue, was immer es ist.

*

Reitstunde. Auch die jüngere Tochter soll möglichst viel Schönes mit Iran verbinden, deshalb nehmen wir den Aufwand in Kauf, sie ab jetzt jeden Nachmittag, an dem wir noch in Isfahan sind, mit dem Taxi eine Stunde zum Reiterhof zu fahren und nach der Reitstunde wieder eine Stunde zurück. Immerhin ist der Reiterhof still und geradezu idyllisch, abgesehen von den großen Koppeln fast ein Wald, und es gibt ein Café, dessen Wasserpfeifen allerdings nur noch auf der Karte angeboten werden. Auch einen Helm haben wir der Tochter gekauft, ohne zu wissen, wie wir den nun wieder in den Koffer kriegen.

Die Reitlehrerin ist eine junge Frau, höchstens Mitte zwanzig, schlank, sehr hübsches Gesicht, lässiger Kapuzenpulli überm langen Hemd, das Kopftuch wie üblich hinter dem Haaransatz, sehr feste Stimme, immer wieder mal mit ihrem Smartphone beschäftigt nebenher. Wir schauen zunächst zu, wie sie einem Mann Reitunterricht gibt, das ist schon beeindruckend genug, ihre eindeutige Autorität und seine Bereitschaft, sie zu akzeptieren. Aber gut, der Mann ist ebenfalls jung, ein paar Jahre älter als sie, dieselbe verblüffend emanzipierte Generation, zumindest im bürgerlichen Milieu. Wie die Reitlehrerin meine Tochter anspricht, die nicht so gut persisch kann und Herzklopfen vor dem großen Schimmel hat, ist vom ersten Satz an richtig: klar, bestimmt, ermutigend. Gleichzeitig mit ihr unterrichtet sie noch zwei erwachsene Männer, die schon selbständig reiten. Das Pferd der Tochter hingegen läuft noch an der Longe im Kreis, zunächst mit der Reitlehrerin in der Mitte, dann, als die Tochter die Anweisungen richtig befolgt, mit dem Gehilfen der Lehrerin, der ebenfalls älter ist. Die Selbstsicherheit, mit der sie die Anweisungen über die Koppel ruft, sanft zu meiner Tochter, streng zu den Männern – einen solchen Ton von einer jungen Frau gab es früher nicht, egal in welchem Milieu, zumal die beiden anderen Schüler nicht irgendwelche Intellektuellen oder Schikkimickis sind, sondern ihrer Kleidung, ihrem Gestus, ihren Stimmen nach mehr so Kerle im alten Sinne, vor allem der eine, unrasiert, mit Joggingjacke, Bier- beziehungsweise Kebabbauch und einem eigenen Diener am Rande der Koppel, dem er befiehlt, von irgendwoher (dem Auto, der Umkleide, was weiß ich) die Peitsche zu holen, weil das Pferd nicht spurt (wenn schon die Frauen nicht mehr spuren). Händlermilieu vermute ich, traditionell, wenn auch nicht regimetreu, aber wer ist das schon? Der jungen Reitlehrerin ordnet der Kerl sich widerspruchslos unter, lächelt nur etwas verlegen beziehungsweise betont überlegen, wenn sie über 50 Meter hinweg spottet, daß ein Pferd nicht gleichzeitig zwei Befehle verstehe: In den Bauch treten und gleichzeitig Zügel anziehen – könne das funktionieren? Darüber möge er einmal nachdenken. Es gab auch selbstbewußte Iranerinnen in früheren Zeitaltern, es gab Königinnen, Prinzessinnen, Dichterinnen, Mystikerinnen, Korandeuterinnen, es gab Feministinnen bereits im neunzehnten Jahrhundert und auch in religiösen Familien oft Mütter, die sich von ihrem Mann schon mal gar nichts sagen ließen. Aber die Selbstverständlichkeit, mit der eine junge, nebenher mit dem Smartphone beschäftigte Frau zwei deutlich ältere Männer im Reiten unterweist, ihr geradezu herrischer, dabei immer charmanter, überlegen lächelnder Ton – nein, das wäre eine Generation früher genauso unvorstellbar gewesen wie

Taxifahrerinnen oder Managerinnen oder alleinstehende Frauen um die dreißig, die überhaupt nicht daran denken zu heiraten, sondern ihre Unabhängigkeit feiern. Das ist die größte Umwälzung, die der Herausgeber der Literaturzeitschrift meinte, sie wird das gegenwärtige System umstürzen: vor der Jugend bereits die Frauen.

*

Ein Lehmdorf in der Wüste: Neben Backpackern aus Europa – sahen wir genauso abgerissen aus? – eher befremdet iranische Mittelschicht, berufstätig, mit oder ohne kleine Kinder, von Hikern bis Schickimicki und sogar Etepetete, dazwischen die Bewohner des Wüstennests als Personal, das sich an die unterschiedlichsten Kunden gewöhnt hat. Als ob die Oase ihr privater Garten wäre, legen die weiblichen Gäste ihr Kopftuch ab, die Iranerinnen zuerst und die Europäerinnen nach einem fragenden Blick ihnen nach. Das ist nicht nur Bequemlichkeit, das ist mehr noch ein Zeichen, sich Freiräume zurückzuerobern, egal was in der Politik geschieht oder bis auf weiteres eben nicht geschehen wird. Die Kopftücher rutschen schließlich nicht nach und nach auf die Schulter, sondern werden abgelegt; das ist ein anderer Vorgang. Die Einheimischen stört es offenbar nicht, Hauptsache, sie können den gebratenen Mais, die gekochten Erdäpfel, den Dattelsirup, den Granatapfeldicksaft an den Mann bringen, außerdem die Bastarbeiten.

Das Dorf ist noch gut erhalten, mit Gassen, die zu schmal für Autos sind, Verbindungstunneln, Windtürmen, die die Häuser mit kühlender Luft versorgen, mehrere Gebäude renoviert als Unterkünfte mit Innenhof, kein Mobiliar darin, nur Teppiche und Kissen. Bisweilen hat man den Eindruck, die europäischen Backpacker sind es eher als die iranischen Bürger gewohnt, auf dem Boden zu sitzen, zu essen, zu schlafen. Gut, manchmal auch nicht, wenn ich nur die beiden Berliner nehme, die ihre Reise vor den Freunden und Bekannten rechtfertigen mußten, wie sie uns berichten. Ihre Hipsterlässigkeit ist nicht ganz so ausgeprägt wie beim Afterwork, wenn sie mit ausgestreckten Beinen den Teller an den Mund führen, statt sich wie die Gelenkigen im Schneidersitz zum Teller vorzubeugen. Wie auch immer, es ist eine verrückte, seltene Mischung, die allein schon die Übernachtung lohnt, zumal wenn man beide Sprachen beherrscht, die fremde wie die einheimische, wobei die iranischen Bürger auf dem Dorf beinah genauso fremd sind wie die Berliner Hipster. Seltsamerweise nehmen die Iraner, die grundsätzlich nur in Kleingruppen zu verreisen scheinen, den Ort viel mehr in Beschlag, allein schon durch ihre Lautstärke, ihre Fröhlichkeit, ihre Große-Leute-Attitüde auf dem Dorf; die Backpacker sind beflissen darin, sich an die Gegebenheiten anzupassen, hätten nur an etwas gepflegtere Kleidung denken sollen, aber das haben wir als Backpacker vermutlich genausowenig getan. Die einzige Sprache, die nicht einmal ich verstehe, ist der lokale Dialekt; bis vor drei, vier Jahrhunderten noch zoroastrisch, ist das Dorf inzwischen vollständig islamisiert, leider mit so einem trockenen Islam, wie der Chef der Taxiagentur uns erklärt, der uns zum Salzsee fährt, nichts Mystisches, Musik nur zu Hochzeiten, ansonsten Trauer. Wie stehen sie zum System? Zu den Wahlen gehen alle Leute, weil sie um ihre Rente und die anderen Alimente des Staates fürchten, wenn der Stempel im Personalausweis fehlt, aber viele geben einen leeren Wahlschein ab. Sind sie gegen das Regime? frage ich. Nein, sie sind neutral. Das ist auch mal eine originelle Überzeugung, denke ich: neutral. Ohnehin wohnen hier wie überall nur noch die alten Leute in den Dörfern; die jungen sind alle weg. Lediglich der Tourismus hat einige neue Jobs geschaffen, an Wochenenden kommen vierzig, fünfzig Busse täglich, die an der Oasenquelle einen Halt einlegen, dazu die Gäste in den Hotels; ansonsten gibt es hier außer Dattelpalmen und Granatapfelbäumen – nichts.

Aller Tourismus verdankt sich einem Langbärtigen, Langhaarigen, der als einziger traditionelle Kleidung trägt. Vor siebzehn Jahren ist er mit seiner Frau, einer halben Französin, in den Heimatort seines Vaters gezogen, um als erster weit und breit eines der alten Lehmhäuser zu einem Gasthof umzubauen. Inzwischen gibt es sechzig davon nur in dieser Gegend, sagt Maziar nicht ohne Stolz, den hier alle zu mögen scheinen und wie einen Dorfvorsteher respektieren. Allein schon mit der tiefen, vollen Stimme, den kräftigen Händen und der großen, fast übergroßen Gestalt, dazu den wilden Haaren würde er sich wohl in Respekt setzen, dafür bräuchte es die Jobs gar nicht, die er geschaffen hat. Die Sommer sind kaum auszuhalten, knurrt er, bis zu fünfundfünfzig oder sogar sechzig Grad, die verbringt er mit seiner Frau und dem neunjährigen Sohn in Europa, auch damit der Sohn die zweite Sprache nicht verlernt.

Es ist gut, daß die Iraner anfangen, die Schönheit ihrer Landschaften und ihrer Vergangenheit zu entdecken; traditionelle Gasthöfe, Teehäuser, Wohnhäuser, Lehmdörfer kommen ebenso in Mode wie Ausflüge in die Natur. Ein paar Dörfler werden abgehalten, in die überfüllte Stadt zu ziehen, ein paar Familien mehr verdienen ihr Brot, ein paar Häuser weniger werden abgerissen, ein paar Trabantenstädte weniger gebaut (nein, letzteres ist nur Wunschdenken, so viele Arbeitsplätze wird der Agrotourismus niemals schaffen, um auch nur eine Stadt überflüssig zu machen). Maziars Bruder, der genauso groß ist, aber keinen Bart trägt, hat ein Teehaus eröffnet, in dem er abends trommelt; ansonsten läuft klassischer persischer Maqam vom Band, manchmal auch andere Ethnomusik. Ihre beiden Frauen haben diese wunderbare Mischung aus Weltläufigkeit und Heimatverbundenheit, sind über alle Maßen freundlich, entschieden selbstbewußt, dabei diskret, mehr hilfsbereit als beflissen. Unterm Schah hätte es vielleicht die Chance gegeben, Weltläufigkeit und Heimatverbundenheit zu verbinden, mit der Einsicht von außen begreiflich zu machen, wie wertvoll das Innen ist. Immerhin herrschten Leute, die in Europa ausgebildet worden waren. Aber damals hat man die alten Lehmdörfer verachtet, wurde die Landwirtschaft zugrunde gerichtet und mit ihr die traditionelle Lebenswelt, saßen in den Teehäusern nur die Kerle, während alle anderen sich nach dem Westen sehnten oder nach einer Rückkehr zu irgend etwas, das es nie gegeben hat. Und das, was es heute gibt, ist nur noch Ethno. Immer noch besser als die Trabantenstädte und unbedingt sehenswert für die ganze Welt. Bei Studiosus liegt Iran bereits auf Platz eins der Reiseziele, weiß einer der deutschen Gäste im Hotel.

Der junge Gehilfe, der sich um alles kümmert, das Gepäck, die Ziegen und Kamele, die Frühstückseier, den Tee und mit besonderer Liebe um unsere Tochter, die sich mit der kleinen Tochter der Küchenhilfe bestens versteht und ihrerseits wiederum zur Babysitterin geworden ist, also im Haus mithilft – der junge Gehilfe fragt, woher diese Europäer alle so viel Zeit hätten zu reisen; er sei sein ganzes Leben nicht aus dem Ort weggekommen, und frei habe er auch noch nie gehabt. Ich erkläre ihm das Wesen des Backpackers und seine finanziellen Möglichkeiten, also daß vier Wochen Iran inklusive Flug weniger kosten, als zwei Wochen in Europa zu reisen. Daß kein Alkohol ausgeschenkt werden darf, störe manche

Touristen, das merke er schon, sagt der Gehilfe; dafür kommen die Touristen, wenn ich die Andeutungen der Berliner richtig verstehe, um so leichter an Gras heran, gute Qualität. Weniger der fehlende Alkohol als das Kopftuch halte viele ab, erkläre ich dem Gehilfen, der fragt, was zu tun sei, damit noch mehr Ausländer Iran besuchen. Außerdem gebe ich zu bedenken, daß Massentourismus ein Land auch entstellen könne. Die Menschen, die jetzt Iran bereisen, seien ehrlich interessiert; wenn die Touristen alles dürften, ginge es sehr schnell nur noch darum, Party zu machen, das verändere dann auch die dörfliche Kultur. Das stimmt, sagt der Gehilfe, in Mesr sei das schon so, also dort, wo die Sanddünen beginnen, im Irantourismus der letzte Schrei; dort gehe es jetzt schon nur ums Saufen. Echt?, frage ich und denke für einen Augenblick gegen alle Wahrscheinlichkeit, daß Mesr von britischen Easyjettern heimgesucht wird. Aber der Gehilfe meint die Iraner, die nur zum Feiern nach Mesr kommen.

*

Einen solchen Rundblick habe ich noch in keiner Wüste gehabt, fast 360 Grad. Mit dem Four-Wheel Drive des langbärtigen, langhaarigen Hotelbesitzers sind wir in die Sanddünen am Rande der Dascht-e Kavir gefahren, dem hundertfünfzig Kilometer breiten, vierhundert Kilometer langen Nichts, das sich im Nordosten Irans ausbreitet, keine Oase, kein menschliches Leben, vierhundert Mal hundertfünfzig Kilometer nur bräunliche, steinige Ebene (und durch den Südosten Irans breitet sich die noch größere Dascht-e Lut aus). Es gibt in der vielfarbigen Landschaft zwei langgezogene Hügel aus weißem Kalkstein, sanft ansteigend an den voneinander abgewandten Seiten, klippenartig abfallend an den sich gegenüberliegenden Längsseiten, den «Thron der Prinzessin» und noch einen anderen Thron. Man steht dort oben und schaut auf eine Welt so anders, so eigen, so fremd wie der Mond, die Klippe, die sich zehn oder zwanzig Kilometer gegenüber aus der Landschaft erhebt, das finstere, im Winter sicher schneebedeckte Gebirge südöstlich, die Sanddünen beinah künstlich wie eine Computeranimation, die Schluchten, die bei Regen zu Flüssen werden, die Furchen, die sich durch den Sand ziehen, durch den Sandstein, durch den Kalk, die Schattierungen von weiß bis goldbraun unendlich fein ausschraffiert, wie Pünktchen darauf widerborstige, spindeldürre Bäumchen mit einem furchtsamen Grün, zur offenen Seite hin die endlose Ebene bis zum Horizont. Absolute, ja fast hörbare Stille, kein Tiergeräusch, kein Wind, eben: das Nichts. Spontan der Wunsch, niemals mehr ein menschliches Werk zu sehen, nicht einmal ein Kunstwerk, weil nichts schöner sein kann als dieses Bild, das keinen Rahmen hat.

Maziar war Töpfer in Teheran, genau gesagt so etwas wie ein Töpfereiprofessor, bildete Kunsthandwerker aus. Je lauter Teheran nach der Revolution wurde, je schwieriger auch die politischen Verhältnisse, desto stärker wurde der Wunsch, nah der Natur zu sein, nahe dem Ursprung, auch dem eigenen, statt wie viele seiner Freunde zu emigrieren. Das Dorf des Vaters, der nach Teheran gezogen war, um Luftfahrttechnik zu studieren, hatte er zum ersten Mal mit sieben Jahren besucht und sich immer wohlgefühlt dort, immer wohler als in der Stadt, obwohl es damals weder Strom noch fließend Wasser gab, weit und breit keine geteerten Straßen, so daß die Anreise Tage dauerte. Über tausend Menschen lebten damals in den Lehmgebäuden, jung und alt mit ihrer eigenen Sprache, ihrer eigenen Kleidung, ihren eigenen Sitten, lebten von dem, was sie selbst anbauten, wie sich Iran überhaupt bis vor ein paar Jahrzehnten trotz der Trockenheit selbst versorgte und sogar Lebensmittel ausführte, Getreide, Reis, Pistazien, im ganzen Orient berühmt war für sein saftiges Obst. Dann kam nach und nach der Fortschritt, erst langsam und dann wie ein Wirbelwind nach der Revolution, die den Ehrgeiz hatte, allen Iranern die Segnungen der modernen Zivilisation zu bringen statt nur dem Mittelstand. Heute führt Iran mehr als neunzig Prozent seiner Lebensmittel ein.

Wenn man ein krankes Kind hat, ist ein Arzt tatsächlich gut, sieht Maziar selbst ein. Auch ein Telefon ist gut, mit dem man den Arzt anruft, eine Straße, auf der man in wenigen Stunden ein Krankenhaus erreicht, Medikamente. Sicher wollen die Leute den Fortschritt, Fernseher, Kühlschränke und so weiter – mit welchem Recht könnte man sie davon abhalten? Außerdem – Selbstversorgung hin oder her – haben die Leute früher oft genug gehungert, sagt Maziar, um nicht etwa nostalgisch zu wirken, richtig gehungert. Das gebe es heute nicht mehr, da lebten die Leute von der Rente oder der Yarane, einer Art Grundeinkommen, mit der dem der Staat den Ölreichtum an sein Klientel verteilt. Natürlich sei es angenehmer, alles Notwendige im Supermarkt kaufen zu können, statt die Nahrung mit den eigenen Händen anzubauen und dennoch Hunger zu leiden, wenn der Regen ausbleibt, jeden Infekt des Kindes zu fürchten. Natürlich sei das Leben im Dorf hart gewesen, oft genug unerträglich, dazu die Knute des Lehnsherrn, wenn er ein Schuft war. Natürlich wurde der Fortschritt freudig begrüßt. Nur im Ergebnis habe er das Dorf nicht entwickelt, sondern zerstört; nur noch zweihundert Menschen lebten hier, und nur die Alten. Und die lebten nicht mehr lang.

Es hätte auch gutgehen können, sagt Maziar, das Dorf hätte vorsichtiger in die Gegenwart geführt werden können, schon unterm Schah, dessen Weiße Revolution gut gemeint gewesen sei, sein Mut, den Lehnsherrn das Land zu nehmen und an die Bauern zu verteilen. Nur im Ergebnis brach damit das Chaos aus. Ein Beispiel: Wer wieviel Wasser aus dem Boden pumpen durfte für welchen Acker, das bestimmte der Lehnsherr; das mochte ungerecht sein, manche Lehnsherrn waren gut, manche waren schlecht, aber es war eine Ordnung, und als sie zusammenbrach, reichte das Wasser für niemanden mehr. Deshalb gab es eine weitere Revolution, eine von unten diesmal, und seither herrscht im Staat eben jene dörfliche Kultur, die nicht einmal imstande ist, in einem Dorf selbständig das Wasser aufzuteilen. Egal, in welche Behörde man schaut, nicht die Fähigen sitzen in den Ämtern, sondern die Angehörigen der Märtyrer und Kriegsversehrten. Immerhin ist das Land sicher geblieben, keine gering zu schätzende Leistung der Islamischen Republik angesichts des Zusammenbruchs der öffentlichen Ordnung im Irak, in Syrien, in siebzehn Jahren kein einziges Verbrechen in der Oase. Die Leute sind ihrem Wesenskern nach Bauern, haben das Stehlen nie gelernt, anders als in der Dasht-e Lut, wo es schon früher keine rechte Landwirtschaft gab und die Menschen sich anders ernähren mußten, durch Schmuggel, durch Wegelagerei. Wenn hier ein Auto am Wegrand stehenbleibt, erklärt Maziar, hält der nächste Autofahrer mit Sicherheit an, um zu helfen.

Maziar müßte nicht mit Touristen in der Wüste übernachten; er kennt inzwischen genug andere Führer und wüstenbegeisterte Freunde aus Teheran, die gern die Ausflüge übernähmen. Aber er genießt die Ruhe, freut sich an der Begeisterung für die Natur, die er bei anderen auslöst, ist stolz auf seine Landschaft. Am nächsten Tag will er selbst kaum weg, fährt uns noch zu dieser und jener Stelle, die wunderbar ist, beschenkt uns reich mit seinen Einsichten, Beobachtungen, Entdeckungen, widmet sich mit Hingabe unserer Tochter, zeigt ihr die Aufführungen des Sandes, wenn man Formationen gräbt, die der Wind wieder verweht, und läßt sie den ganzen Vormittag auf seinem Schoß den Four-Wheel Drive lenken, sogar die Dünen rauf und runter, wenn Autofahren zum Wellenreiten wird. Den Kamelritt einmal rund um Mesr findet sie im Vergleich richtig langweilig, ist schon mal drei Tage durch die marokkanische Wüste geritten und setzt sich mehr der Mutter wegen aufs Kamel, für die es das erste Mal ist. Während ich auf die beiden warte, trinke ich Tee mit einer Gruppe junger Leute aus Teheran, die anderswo in der Wüste übernachtet haben, zwei richtige Punker unter ihnen, oder vielleicht nicht Punker, irgendeine andere Mode, Springerstiefel, schwarze Kleidung, die junge Frau mit blaugefärbten Haaren. Nicht einmal Berliner Hipster könnten in der Wüste exotischer sein.

*

In der Stadt gibt es nur wenige Werkstätten, die Fahrradschläuche flicken. Das wieder einmal platte Rad schiebend, frage ich mich durch und werde jedesmal zweihundert Meter weitergeschickt, immer weiter, jedesmal nur zweihundert Meter, dann sei ich schon da, als wolle man mir die traurige Wahrheit nicht zumuten, daß mein Schieben so bald kein Ende haben wird. Schließlich kehre ich zu dem letzten Laden zurück, bei dem ich gefragt habe, und beschwere mich, daß zweihundert Meter weiter keine Fahrradwerkstatt sei, auch nicht vierhundert Meter oder sechshundert Meter. Vielleicht sind es auch achthundert Meter, erwidert der Ladenbesitzer ohne Schuldbewußtsein und empfiehlt mir, mich aufs Rad zu setzen und mit dem platten Vorderrad vorsichtig zu fahren, dann sei es nicht mehr so weit. Im Ergebnis ist der alte Reifen durch die vielen Bordsteine und Buckel auf dem Bürgersteig so zugerichtet, daß der alte Fahrradmechaniker ihn mitsamt dem Schlauch, der nicht mehr zu flicken ist, in den Müll wirft. Seltsam, in Iran scheinen alle Fahrradmechaniker uralt zu sein und dieselbe winzige Werkstatt zu besitzen, im Grunde nur einen kleinen Raum – das war früher schon so. Der alte Herr empfiehlt einen iranischen Schlauch statt der Billigware aus China. Daß etwas Iranisches besser sein soll, ist mal eine ganz neue Empfehlung. Das englische Fahrrad gefällt ihm ebensogut wie seinem Kollegen auf dem Dorf.

Den Versuch, die neugebauten Fahrradwege zu nutzen, gebe ich nach ein paar Kreuzungen auf. Es gibt die Wege, es gibt auch Schilder, die sie für Fahrräder ausweisen, aber dann hört der Weg an einem schienbeinhohen Bordstein einfach auf oder wird durch eine metallene Absperrung unterbrochen, über die man das Rad heben muß. Immer wieder parkt auch ein Moped auf dem Weg, so daß man das Fahrrad über den Grünstreifen zwischen Fahrradweg und Bürgersteig tragen muß. Eigentlich müßten die doch auf dem Dorf gelernt haben, wie ein Fahrradweg auszusehen hat, die jetzt im Land herrschen! Aber nein: Die das Land beherrschen, fahren seit zwei, drei Generationen Autos, wenn's sein muß auch das iranische Modell, das kein Mechaniker der Welt für besser als ein ausländisches hält.

Daß die Autofahrer Rücksicht auf Radler nehmen, habe ich nicht erwartet. Tatsächlich aber achten sie auf jedes Hindernis, das aus dem Nichts auftaucht, das sind sie gewohnt, schieben sich an ihm vorbei oder treten auf die Bremse, wenn sie sonst eine Beule oder auch nur ein Menschenleben riskieren. So kommt man auf dem Rad durch den dichtesten Verkehr, man muß sich nur trauen, sich den Autos in den Weg zu stellen, und ihr Hupen ignorieren. Es sind nicht viele Radler, immerhin auch Frauen darunter, das gab es beim letzten Aufenthalt noch nicht. Selbst mir wird das Rad verleidet durch die Abgase, die zu vielen Autos, weiche nach Möglichkeit auf die Nebenstraßen und Gassen aus, wo Bordsteine, parkende Autos, Wasserkanäle und Bäume mitten auf der Straße die Strecke zu einem Parcours machen, recht unterhaltsam, aber zu langsam, wenn man schnell irgendwo sein möchte. Viele Fahrradfahrer haben sich einen Mund- und Nasenschutz vors Gesicht gebunden, das sieht mehr nach Krankenhaus als nach Vergnügen aus. Nach der Rückkehr aus der reinen Wüstenluft nähme ich auch mit einer Gasmaske vorlieb.

Alles, was mir am Alltag in Isfahan gefiel, was meine Orte waren, der Fluß, die Brücken, die Teehäuser, die Buchläden, die stillen Gassen entlang der Kanäle, das Armenisch in unserer Nachbarschaft, ist wie von einem Dämon weggezaubert. Ich wäre vollends deprimiert, wenn ich nicht die Familie wiedersähe, die Tochter nicht ihren Spaß hätte und nicht

Glücksmomente wie die Wüste dazwischen wären, die Lotfollah-Moschee oder manche kleine Entdeckungen, die ich nach so vielen Jahren immer noch in der Altstadt mache.

✶

Nicht einmal von den Polen finde ich noch eine Spur. Ja, sagt meine Tante, in ihrem Bekanntenkreis gab es einige Polinnen, die Männer aus Isfahan geheiratet hatten, aber nach der Revolution emigrierten ihre Familien nach und nach, nein, nicht nach Polen, polnisch sprachen deren Kinder eher nicht, sondern nach Amerika vor allem. In Neuseeland, ausgerechnet Neuseeland, sollen auch viele Polen aus Isfahan sein. Man muß nur einmal googeln, schon stößt man auf unzählige Links, auf Bücher, auf Filme, auf Erinnerungen der hundert- oder dreihunderttausend Polen, größtenteils Frauen und Kinder, die Anfang der vierziger Jahre in Iran Zuflucht gefunden haben, als Stalin sie 1942 aus dem Gulag gehen ließ. Die Berichte, wie die kleinen, heillos überfüllten Holzboote am Ufer des Kaspischen Meers landeten, wie manche Boote bei der Landung kenterten, weil sich alle gleichzeitig in Sicherheit bringen wollten, wie Kinder in Panik schrien, Mütter klitschnaß ihre Babys an Land trugen, heimische Fischer die Alten unter den Flüchtlingen auf ihre Schultern nahmen, wie die Durchnäßten in Decken gehüllt wurden, wie sie am Strand noch von der Furcht gezeichnet oder ob der Rettung kurz euphorisch waren – genau solche Situationen hat Europa im Herbst 2015 auf Lesbos gesehen. Auf *YouTube* kann man zuschauen, wie blonde Frauen und Männer, barfuß oft, erschöpft, Babys auf dem Arm oder Kinder an der Hand, das Gepäck in Rucksäcken oder auf Eselskarren, durch die typischsten iranischen Landschaften wandern, über kahle Berge, durch fruchtbare Täler, die nur deshalb nicht tiefgrün leuchten, weil es Schwarzweißaufnahmen sind. Man kann zuschauen, wie sie versorgt und mit Kleidung ausgestattet werden. Die Iraner scheinen freundlich gewesen zu sein, jedenfalls klingt es in den Erinnerungen der Polen so, die auf *YouTube* in einem Englisch zu hören sind, das noch den polnischen Akzent hat. «Die Schuld und Dankbarkeit, die von den Flüchtlingen für ihr Gastland empfunden wurde, zieht sich als warmer Strom durch die gesamte Erinnerungsliteratur», schreibt ein polnischer Autor, der sich mit der Flucht seiner Landsleute nach Iran beschäftigt hat: «Ständig wird von der Freundlichkeit und dem Mitgefühl der einfachen iranischen Bevölkerung gegenüber den Polen gesprochen.»

Dreitausend Waisenkinder, so las ich, wurden nach Isfahan geschickt und auf Heime und Familien in der ganzen Stadt verteilt. Das waren sie also, die Kinder, mit denen meine Mutter jeden Freitag gespielt hat, weil Großmutter sie aus dem Heim in unser großes Haus einlud, damit sie sich im grünen Innenhof austobten und im Wasserbecken schwammen, wie ich es als Kind auch getan habe, genau im gleichen Becken. Meine Tante berichtet, daß nicht alle polnischen Waisenkinder in Isfahan glücklich geworden seien; es habe durchaus auch böse, ablehnende Worte gegeben, und nicht wenige der Mädchen seien später in der Prostitution gelandet, weil sie es ohne Eltern natürlich schon schwerer gehabt hätten als die iranischen Kinder in der gutbürgerlichen Nachbarschaft. Das habe auch etwas Unappetitliches gehabt, als die Polinnen älter wurden, sie seien von Zuhältern gezielt angesprochen, angeworben worden. Blonde Frauen hätten die iranischen Freier besonders gerne gekauft, meint meine Tante und macht ein angewidertes Gesicht. Gut, sagt sie dann, aber viele hätten auch die Schule abgeschlossen, hätten studiert und geheiratet, während die Männer, überhaupt die Erwachsenen, soweit sie weiß, gleich nach dem Krieg weitergezogen seien. Im Internet stieß ich auf eine polnische Briefmarke, die ein blondes Kind vor einem Perserteppich zeigt: «Isfahan – Stadt der polnischen Kinder», steht auf der Marke, die vor ein paar Jahren gedruckt worden ist. Ob da bereits die nationalreligiöse Regierung im Amt war, die keine Flüchtlinge aufnehmen will?

*

Mein Cousin lehrt mich, wie man in Isfahan Fahrrad fährt, kennt jede Passage, die zwei Gassen verbindet, jedes Brückchen, jedes Metall, das über einen Abfluß führt, jede kleine Rampe, die jemand an den hohen Bordstein betoniert hat, um nicht absteigen zu müssen – ein großes Vergnügen und zumal in der Altstadt die schnellste Verbindung von Sehenswürdigkeit zu Sehenswürdigkeit, die in keinem Reiseführer steht, Heiligengräber, Minarette, jene entfernten, verwinkelten Ecken des Basars, die sich in vierzig Jahren nicht verändert haben, exakt die gleichen Alten, obwohl es ihre Söhne sein müssen, der vertraute Isfahaner Akzent, der wie jeder Dialekt auf der Welt irgendwann aussterben wird, dieselben kunstvollen, rund um den Basar religiös, also arabisch angereicherten Begrüßungsrituale, wenn der eine Händler am anderen vorübergeht oder ein guter Kunde in den Laden tritt. Weil Muharram ist, der Monat, in dem Imam Hussein in der Schlacht von Kerbela ermordet wurde, haben viele Händler Tee und Kandis gespendet, der auf der Straße ausgeschenkt wird – so lausche ich alle zweihundert Meter dem Nachbarschaftsplausch. Ich kaufe für eineinviertel Euro zwei Bastfächer für den Grill, die es an Effizienz mit jedem Fön aufnehmen. Ich solle für seine arme Seele beten, wann immer ich in Deutschland die Kohlen zum Glühen bringe, bittet mich der Flechter, der die gesamte Verkaufsprozedur mit melodischen Basmalas unterlegt.

Der Philosoph Abdolkarim Sorusch hat einmal gesagt, daß der schiitische Islam in Iran so tief verwurzelt gewesen sei, daß nur eine schiitische Revolution die Wurzel ausreißen konnte, und tatsächlich habe ich während des gesamten Aufenthalts erst einen einzigen Menschen beten sehen, einen einzigen Beter in zwei Wochen Isfahan – aber hier, in jenen Winkeln der Altstadt, die kein Tourist betritt, versteht sich die Frömmigkeit noch von selbst. Auch an den Heiligengräbern und kleineren Moscheen, jede einzelne eine Kostbarkeit, überrascht mich der Anblick von Männern und Frauen, die ins stille Zwiegespräch mit Gott versunken sind oder in ihrem kecken Isfahaner Akzent, der jedes Satzende in die Höhe führt, den Koran rezitieren. Die Religion ist in der Islamischen Republik sosehr von der Politik in Beschlag genommen, ja, beschmutzt, daß jede gewöhnliche, nicht politisch gemeinte oder konnotierte Frömmigkeit, die öffentlich gezeigt wird, schon überrascht. Typischer sind die blinkenden, großflächigen Leuchtreklamen für den Führer, die mitten im herrlichsten Iwan der Welt hängen oder neben der Gebetsnische, dem Mihrab. In einem der Heiligengräber haben die Hüter des Morgenlandes die seldschukische Fassade durch zwei riesige Mosaiken Chomeinis und Chameneis verunstaltet. Die Safawiden waren auch Gewaltherrscher, erinnert mein Cousin – aber wenigstens bewahrten sie, was schön war, und wetteiferten darum. Die jetzigen Gewaltherrscher produzieren nicht nur Müll, das wäre schon schlimm genug, sondern verunstalten auch noch, was früheren gelungen ist – als ob sie eifersüchtig seien oder die eigene Minderwertigkeit spürten. Hast du in Teheran schon den Schrein Ajatollah Chomeinis gesehen? Wenigstens hat die Stadtverwaltung zuletzt viele alte Häuser vor dem Abriß bewahrt, die sie zu Museen umgebaut hat, wenn auch mit Exponaten, die am Ende immer auf den Ruhm des Führers hinauslaufen, egal worum es in der Ausstellung geht. Die Verwaltung hat außerdem in einzelnen Gassen, durch die Touristen kommen könnten, den Teer durch Steinböden ersetzt wie in einer italienischen Altstadt. Wohnpaläste aus kadscharischer oder sogar safawidischer Zeit – nicht so neumodische Villen, die man in Teheran für alt hält – werden jetzt als Hotels genutzt, oder kunstsinnige Privatleute haben sie angekauft und für den eigenen Bedarf renoviert. Vierzig Jahre nach der Revolution, die das Land zurück zu seinen Ursprüngen bringen sollte, hört man endlich auf, die Ursprünge abzureißen, viel zu spät natürlich; Isfahan ist bereits so verschandelt, daß nur Fremde noch begeistert sein können, die nicht wissen, was in so kurzer Zeit alles verlorengegangen ist. Und die Verantwortlichen haben's immer noch nicht gelernt, restaurieren zwar endlich alte Karawansereien oder Bäder, aber hauen weiterhin breite Schneisen mitten durchs Geflecht aus Gassen, Häusern und Hinterhöfen, reißen ganze Straßenzüge ab, um Plätze zu schaffen, die wohl mit den alten konkurrieren sollen, aber nur ein billiger Abklatsch sind. Die Parks mitten in der Altstadt, die hier und dort angelegt wurden, sind sicher nützlich für die Anwohner, aber natürlich auch ein Eingriff, den zu verbieten die iranische Denkmalbehörde leider weitere dreißig, vierzig Jahre braucht. Die *kutschehâ* und *paskutschehâ*, die Gassen und Fußwege, in denen man sich früher über Stunden verlieren konnte – manche so schmal, daß zwei Personen nicht aneinander vorbeikommen, oder übertunnelt –, führen heute nach einigen Minuten, spätestens nach einer Viertelstunde zu einer Hauptstraße oder einer Freifläche. Nur der Basar – mit über zehn Kilometern der längste der Welt, wenn ich mich richtig erinnere – ist noch intakt, wenn auch nicht mehr überall belebt, weil die besseren Geschäfte in die Shoppingmalls gezogen sind. Die größte heißt *Citycenter*, auch auf persisch. Aber *merci* soll man nicht mehr sagen, wie es unsere Großeltern getan haben. Auch zu dem

Haus, in dem meine Brüder geboren sind, führt mich mein Cousin; Mitte der fünfziger Jahre gebaut, also eigentlich bereits ein Abbruchobjekt, ist es nur deshalb keinem Apartementblock gewichen, weil der Besitzer dann ein Viertel des Grundstücks verloren hätte, das an zwei Seiten in die längst verbreiterten Gassen ragt.

*

Jedesmal verblüffend, wenn man die Mullahs einmal ohne Politik erlebt, in ihrem ureigenen Element beim *Rouzechâni*, also dem Märtyrergedenken: als Prediger, nein, als Elegen, Erzähler, Theaterkünstler. Die Zeremonie hat gerade begonnen: Erst zwanzig, dreißig ältere Herren, die an den Wänden sitzen, die ältesten auf Stühlen, alle anderen an Kissen gelehnt, der Prediger dann wahrscheinlich nur das Vorprogramm. Aber was für eins, wenn man die Aufführung nicht kennt! Im Schneidersitz auf der türhohen Kanzel, in einen schwarzen Umhang gehüllt, weißer Turban und dichter schwarzer Bart bis über die Wangenknochen wie auf Prophetenkarikaturen, die Hände reglos auf den Armlehnen, erzählt er heute von Zeinab, der Schwester Husseins, die als einzige das Massaker in Kerbela überlebt hat, erzählt von ihrer letzten Nacht neben dem Zelt des Bruders und von der Geschwisterliebe, erzählt von der Liebe überhaupt und daß kein Liebender ist, wer in der Nacht schläft, erzählt vom Wesen der Nacht, in der allein sich die Geheimnisse offenbaren, und schließlich schöner als je gehört von Madschnun, der nachts vor Leilas Tür wartet, eine Stunde, zwei Stunden, bis er es nicht mehr aushält und klopft. Wer da? fragt Leila barsch hinter der Tür. Ich bin's, Madschnun, was kein Name ist, sondern wörtlich bedeutet, daß er verrückt nach ihr ist: Bitte öffne die Tür nur einen Spalt, bitte zeige dich mir für einen einzigen Augenblick. Wart' noch etwas, bescheidet ihm Leila und läßt Madschnun vor der Tür stehen, eine Stunde, zwei Stunden, bis der es wieder nicht mehr aushält und klopft. Wart' noch etwas, läßt Leila Madschnun ungerührt stehen, eine Stunde, zwei Stunden ... und immer so weiter, die ganze, in der Erzählung endlos werdende Nacht, Madschnun wartet, hält es nicht mehr aus, klopft und muß weiter vor der Tür stehen, eine Stunde, zwei Stunden, bis er wieder pochenden Herzens klopft, nur um zu hören, daß er sich weiter gedulden muß. Wie der Prediger sich nach vorne beugt und flüsternd das Pochen im Herzen Husseins nachahmt – flüsternd, ja hauchend nur, aber so laut, weil er die Lippen ans Mikrophon geführt hat, das Mikrophon förmlich verschlingt, daß es die Zuhörer durchdringt: poch poch das Herz, wenn Hussein im sicheren Wissen seines bevorstehenden Todes in das Zelt der Schwester lugt –, wie der Prediger den Mund vom Mikrophon wegführt, wann immer er die Stimme erhebt oder den Atem anhält und die Spannung steigert, eine Stunde, zwei Stunden, wie er in die Parallelgeschichte, die Leila und Madschnun zur religiösen Passion werden läßt, weitere Handlungsstränge oder einen Vers von Rumi einflicht, dabei stets die Besucher im Blick behält, die nach und nach eintrudeln, Notabeln eigens mit einem Segenswunsch für den Propheten und dessen Familie begrüßt, dann weitererzählt oder über einen, der mit seinen Gedanken und Blicken nicht bei der Sache ist, freundlich spottet, wie der Prediger vor einem dramatischen Höhepunkt unerwartet eine Hand in die Höhe streckt und über seinem Kopf verharren läßt, die Handfläche ausgebreitet, als sei er selbst von der Geschichte gebannt – das ist die ganz große Erzählerkunst. «In Ghom machen sie ja auch nichts als reden und disputieren lernen», murmelt mein Cousin ärgerlich, der allein niemals zu einem Rouzechâni gehen würde und selbst verblüfft ist, wie spannend der Mullah spricht, mit was für einer brillanten Vortragstechnik. Am Ende schläft Madschnun ein und findet beim Aufwachen einige Walnußkerne in seiner Hand. Er freut sich, daß Leila ihm Zuwendung gezeigt, an seinen Hunger gedacht hat, und bedankt sich ergriffen. Da öffnet Leila die Tür und sagt verächtlich, daß er noch ein Kind sei, deshalb habe sie ihm die Walnüsse in die Hand gelegt, aus Mitleid; wenn er ein Liebender wäre, interessierten ihn keine Nüsse, dann brächte er ohnehin keinen Bissen herunter. Aber wie kommst du denn darauf, daß ich dich nicht liebe? fragt Madschnun verzweifelt. Ein Liebender schläft nicht vor der Tür der Geliebten ein, antwortet Leila.

Als der Prediger noch in seiner Heimatstadt für die Seelen sorgte, brachten einmal Leute ihren Sohn mit, dreiundzwanzig, fünfundzwanzig Jahre alt, ein Gesicht wie der Mond, der sich unsterblich in ein Mädchen verliebt hatte. Die Eltern waren gegen die Verbindung, seine Eltern genauso wie ihre, aus welchem Grund auch immer, schirmten die Liebenden voneinander ab. Obwohl: ob sie ihn liebte, das erwähnt der Prediger gar nicht, es tut nichts zur Sache, der Liebende liebt, gleich, ob seine Liebe erwidert wird oder nicht. Der junge Mann war krank, abgemagert, fahl, Furchen im schönen Gesicht, sprach kaum noch, und wenn, dann daß er das Mädchen sehen, es heiraten wolle. Bitte reden Sie mit ihm, baten die Eltern und anderen Verwandten des jungen Manns, bringen Sie ihn mit welchen Worten auch immer von seinem Verhängnis ab. Der Mullah schickte die Eltern und alle Verwandten aus dem Zimmer, die irritiert waren, aber zögerlich der Anweisung folgten. Als der Mullah mit dem jungen Mann allein war, küßte er ihm den Scheitel, küßte ihm die Stirn, küßte ihm die Hände, die Füße sogar. Was tun Sie? fragte der junge Mann verwirrt, warum küssen Sie meine Hand? Weil du mich lehren kannst, was Liebe ist, erwiderte der Mullah: Ich behaupte den Imam Hussein zu lieben, aber schau mich an, ich esse, ich schlafe nachts, sieh meinen Bauch. Ich behaupte nur zu lieben, der Liebende bist du. Deshalb küsse ich dir die Füße.

Sofort wieder zurück ins Zelt von Imam Hussein in der Nacht vor seinem Tod. Zeinab liegt im Zelt daneben, genau gesagt nur durch einige Tücher getrennt, die von einer Stange herabhängen. Ab und zu lugt er herüber, wissend, daß er am Morgen sterben wird. Ab und zu lugt sie zwischen den Tüchern hindurch, wissend um die ungleiche Schlacht, in die ihr Bruder am Morgen ziehen wird. Wenn Hussein an der Zeltwand steht, stellt sich die Schwester schlafend, damit er nicht noch besorgter wird. Und umgekehrt stellt er sich schlafend, wenn Zainab lugt, immer abwechselnd, die ganze Nacht. Unglaublich, wie lang Nächte sind.

Von der letzten Nacht Zainabs mit Hussein kommt der Prediger zurück zum Wesen der Nacht, zu den Geheimnissen der Nacht. In der Nacht zeigt sich, wer ein Liebender ist. Einmal treffen sich die Blicke von Hussein und Zeinab, nur die Pupillen, die in der Dunkelheit zwischen dem Stoff aufblitzen. Längst weinen die Zuhörer, selbst die würdigsten Herren schluchzen auf. Der Prediger bleibt ruhig, zieht lediglich die Pausen zwischen den Sätzen in die Länge, die Arme reglos auf den breiten Lehnen. Erst als die Stunde des Abschieds kommt, stockt auch seine Stimme, die letzte Umarmung der Liebenden, da muß er schlucken, die Tränen schießen ihm nun ebenfalls in die Augen, aus den Zuhörern bricht der Schmerz vollends heraus. Aber während des ganzen Vortrags hat er wie ein Schauspieler auf der Bühne die ganze Szene und bereits den nächsten Auftritt im Blick, gibt dem Gehilfen vor den ersten Tränen mit den Augen ein Zeichen, ein Taschentuch auf die Armlehne zu legen, nicht etwa versteckt, nein, ganz offen. In diesem epischen Theater wird die Einfühlung durch Verfremdung nicht entstellt, sondern ermöglicht, wird sie gerade durch die Konzentration auf den seelischen Vorgang verstärkt, den Verzicht auf äußerliche Illusionen.

Nach der Klimax kehrt der Prediger rasch wieder in seinen alten, um so ruhigeren Erzählfluß zurück. Die Zuhörer wischen sich die Tränen aus den Augen, und ihre Gemüter beruhigen sich vollends, als sie etwas Tröstendes hören, eine anmutige Abschweifung. Er hat auch die Uhr im Blick, erwähnt sie, tritt somit aus der Haupthandlung heraus und behauptet, daß er Zainabs Leiden noch zu Ende erzählen müsse, bevor der nächste Prediger an der Reihe sei, der Höhepunkt komme erst. Aber dann flicht er doch nur eine weitere Nebengeschichte ein. Die Tränen müssen sich erst wieder sammeln, bevor sie am Ende so richtig fließen, denn auf die Tränen kommt es an, an den Tränen mißt sich sein Erfolg. Und sie fließen, als er nah am Mikrophon flüstert, wie Hussein stirbt und Zainab trauert, sie fließen, wie auch der Fluß in Isfahan eines Tages wieder fließen mag, Gott gebe Kraft. Als auf den Teppichen alle hemmungslos heulen und nur mein Cousin unlustig mit den Augen rollt, da schnellt die Hand ein letztes Mal in die Höhe, die auf der breiten Armlehne der Kanzel geruht hat, doch diesmal ist nur der Zeigefinger ausgestreckt. Der inzwischen wieder weinende Mullah zieht den Mund vom Mikrophon zurück und hebt die Stimme: Wischt euch die Tränen aus dem Gesicht und zeigt dem Himmel, daß Ihr Liebende seid!

*

Vor der Politisierung durch die Islamische Republik war das Martyrium defensiv wie im frühen Christentum – man tötete nicht, sondern wurde getötet. Das ist der Kern: Jemand gibt sein Leben für andere hin. Bei dem *Rouzechâni* war noch etwas vom Martyrium als einem Akt der Aufopferung zu erleben, wo nur alte Leute sind, fromm zwar, aus einfachen Verhältnissen, aber anders als das revolutionäre Klientel rasiert, ohne den

Habitus der Funktionäre mit ihren uniformen Anzügen oder gar den Blazern, wie Ahmadinedschad sie trägt. In der abendlichen Geselligkeit, bei Whisky und der allabendlichen politischen Kritik, sind die Freunde fast angewidert, daß ich ein *Rouzechâni* besucht habe, aber ich fand's beeindruckender als die meisten modernen Theateraufführungen oder einen aktuellen Film. Die Zuhörer weinen schließlich nicht nur um den Imam Hussein, sie weinen auch um Madschnun, sie weinen um jeden Liebenden, weinen ihre eigenen Tränen, damit sie danach gelöst, ja heiter nach Hause gehen. Das Leid ist kein Selbstzweck, es soll überwunden werden, zumal ursprünglich nicht nur das Martyrium zur Tradition gehörte, sondern ebenso der Spaß, nicht nur das *Rouzechâni*, sondern auch das *Ruhouzi*, eine Art Commedia dell'arte, die leider nicht das zwanzigste Jahrhundert überlebt hat. Einer der Freunde berichtet, daß kürzlich ein Geistlicher die Zuhörer bei einem staatsnahen oder staatlich organisierten, jedenfalls im Fernsehen übertragenen *Rouzechâni* aufforderte, mit dem Fluchen auf die Mörder Imam Husseins aufzuhören, was immer auch etwas Anti-Sunnitisches hat. Schon der Imam Ali habe seinen Feinden, habe auf dem Sterbebett sogar seinem Mörder vergeben, mahnte der Geistliche. Die Menge beruhigte sich keineswegs, im Gegenteil, der Geistliche wurde ... gut, nicht verflucht, aber beleidigt, und einer der Zuhörer stand auf und brüllte, daß es ihm egal sei, wenn der Imam Ali seinem Mörder verziehen habe, er verzeihe niemals dem Mörder Imam Husseins. Ob der Zuhörer ebenfalls heiter und erleichtert nach Hause ging?

*

Mit einem Cousin, der aus Amerika zu Besuch ist, steige ich auf den Berg, der sich über Isfahan erhebt, den *Kuh Soffeh*. Die erste Ernüchterung bereitet mir eine junge, offenbar religiöse Frau, deren Gruppe wir ein *chasteh nabâschid* zurufen, als sie uns von oben entgegenkommt, den üblichen Ausdruck, wenn jemand etwas Anstrengendes tut: «Mögen Sie nicht müde sein!» Was soll das heißen, ruft die Frau schnippisch: *chasteh nabâschid*, darum gehe es doch nicht, beziehungsweise das hänge nicht von einem selbst ab, ob man müde ist oder nicht. Korrekt müsse es heißen *chodâ qowwat bedeh*, Gott möge Kraft geben!, weil alles von Gott abhänge.

Chasteh nabâschid signalisiere Atheismus, nichts anderes. «Puh», pfeifen mein Cousin und ich im Gleichklang, als die Gruppe an uns vorübergegangen ist. Ihm ist ebenfalls neu, daß selbst das gewohnte schlichte «Mögen Sie nicht müde sein!» nicht mehr auf Linie ist. Das wirft womöglich auch ein neues Licht auf den alten Herrn, der mir beim Dehnen wünschte, daß Gott mir Kraft gebe.

Während wir keuchend den Berg erklimmen, erzählt der Cousin vom Wehrdienst, den er länger geleistet hat als irgendwer im Land, weil aus immer einem anderen Grund eine Dienstverlängerung kam, erst für seinen Jahrgang, dann für seinen Sanitätsdienst, danach für seinen Einsatzort, für seine Blutgruppe wahrscheinlich auch. Immerhin war er nie an der Front, nur anfangs in Kurdistan auf einem Berggipfel, wo sie wie die Tiere gelebt hätten. Dabei war der Gipfel ihr Glück, denn so genau zielten die irakischen Flieger nicht; bei den steilen Abhängen genügte es, daß die Bomben ein paar Meter entfernt herabfielen, um tief genug zu landen. Ansonsten waren die Monate auf dem Gipfel natürlich hart, wenn auch niemals so hart wie an der Front selbst, wo viele seiner Freunde gestorben sind. Ein Freund meines Cousins, der eingeteilt war, die Leichen zu bergen, ißt seither kein Fleisch mehr und flippt beim Anblick von Blut bis heute aus. Solche Freunde hat man, wenn man in meiner Generation in Iran großgeworden ist.

Erst von oben wird klar, was aus dem stillen, so grünen Isfahan geworden ist, ein schmutziggrauer Moloch, der die Dörfer und Kleinstädte ringsum verschlungen hat. Der Platz, der zu Recht «Abbild der Welt» heißt, *Meidan-e Nachsch-e Dschahân*, siebenmal so groß wie der Markusplatz, ist nur noch ein Fleck, nach dem man lange Ausschau halten muß, bevor man ihn im Stadtbild findet. Auch die alten Kuppeln sind plötzlich klein im Vergleich zur Betonkugel und den beiden hochhaushohen Minaretten der Moschee, die neu gebaut wird. Immerhin breiten wir das leckerste Frühstück der Welt aus, Tee aus der Thermoskanne, die in Iran zu jedem Ausflug gehört, frisches Fladenbrot, Schafskäse, Kräuter, Walnußkerne und Tomaten, die, wenigstens die Tomaten!, in Iran immer noch besser sind als sonstwo auf der Welt. Nicht nur die Fahrradschläuche.

*

Von den Polen finde ich keine Spur, aber bei einem polnischer Autor, dem ich zu Beginn meiner Reise begegnet bin, Adam Zagajewski, finde ich eine Bemerkung, die über Isfahan geschrieben sein könnte, das verwundete, ausgetrocknete, überlaufene und immer noch zauberhafte Isfahan, aber auch viele andere Städte im Osten, durch die ich gekommen bin. Tatsächlich meinte er Lemberg damit, das nicht auf meiner Route lag – ausgerechnet Lemberg, ausgerechnet Galizien, aber es soll schließlich immer schöner sein, wo wir nicht sind. Proust sage zwar, schreibt Zagajewski in seinem Tagebuch ohne Datum (was für ein wunderbares Genre!), die Vorstellungskraft richte sich immer auf abwesende, entfernte Orte, während wir die Straße, auf der wir gehen, den Raum, in dem wir uns befinden, die Person, mit der wir reden, uns nicht vorstellen könnten. Aber Proust habe noch in der klassischen Epoche gelebt, vor der Katastrophe, und nicht wissen können, daß es einmal Städte geben würde, die nur halb existieren, halb verlassen und mit einer Plane von Häßlichkeit bedeckt sind, verlorene und nur halb wiedergewonnene Städte. Abgesehen von den Luftangriffen im ersten Golfkrieg blieb Isfahan von den großen Katastrophen des zwanzigsten Jahrhunderts verschont; seine Bevölkerung wurde nicht vollständig ausgetauscht wie die Bevölkerung Lembergs oder Breslaus; es ist keiner sozialistischen Stadtplanung ausgesetzt gewesen, sondern bloß der brachialen Funktionalität moderner iranischer Gebrauchsarchitektur, dem Wahn der autogerechten Stadt und dem orientalisierenden Kitsch der Islamischen Republik; es hat nur die Landflucht einerseits und die Emigration weiter Teile des Bürgertums und speziell der religiösen Minderheiten andererseits erlebt, die zusammen freilich auch einen halben Bevölkerungsaustausch ergaben, es wurde lediglich durch die Bevölkerungsexplosion in ein lärmendes, stinkendes Tohuwabohu verwandelt. Aber dafür hat Isfahan seinen Fluß verloren, seinen lebenspendenden Fluß, der zu einem Skelett geworden ist. Proust habe nicht voraussehen können, daß es nach dem zwanzigsten Jahrhundert für manche Städte – Zagajewski meint Lemberg, könnte aber genauso Breslau oder Isfahan gemeint haben – einen neuen Typus der Vorstellungskraft braucht: «Er konnte nicht ahnen, daß in solchen Städten die Vorstellungskraft zu einem zusätzlichen Sinn wird – werden muß – halb Vorstellungskraft, halb Sinnesapparat, weil die gewöhnlichen, medizinischen und empirisch bestätigten Sinne hier nicht ausreichen und der Unterstützung durch halb geschlossene Augen und Intuition bedürfen.»

*

Es ist ein großes Land. Es besteht nicht nur aus Teheran, Isfahan, den anderen immer volleren Städten. Es gibt weite, kaum oder gar nicht besiedelte Gebiete, Regenwälder, Wüsten, Steppen, Gletscher. Von Mahan im Südosten, wo wir für das verlängerte Wochenende hingeflogen sind, fahren wir eine Stunde in die Berge, höchstens anderthalb. Wasserfälle, Dörfer, in denen wie überall auf der Welt die letzte Bäckerei geschlossen hat und der Esel in der letzten Generation ein Transportmittel ist – genau an diesem Übergang: die Lastesel gibt es noch, aber die Bäckereien schon nicht mehr. In den Tälern schmale Wälder, an den Hängen ausgetrocknete Wiesen. Im Sommer sei es hier so grün wie in den Alpen, meint der Hotelchef, der uns in seinem Pickup zwei Tage durch die Gegend fährt – und im Frühjahr die Hänge ein Gemälde aus Blumen. Könnte man aus dem fruchtbaren Boden nicht mehr machen? Früher wurden viel mehr Felder bewirtschaftet, bestätigt unser Gastgeber. Und warum heute weniger? Die Arbeitskräfte fehlen. Wie bitte, die Arbeitskräfte? Ja, die Jungen ziehen weg, und die Alten leben lieber von den Renten, der *Yarane* und den Prämien, die der lokale Kandidat des Führers verteilt, wenn er den Wahlkreis gewinnt.

Es ist ja gut, daß der Ölreichtum nun selbst die Dörfer erreicht. Allein, nun liegen die Äcker brach, weil es bequemer ist, Lebensmittel zu kaufen, als selbst welche anzubauen, und für die Zukunft des Landes, das in zwanzig, dreißig Jahren keine Öleinnahmen mehr zu verteilen hat, ist damit schon gar nicht gesorgt. Hier in der Gegend gebe es immerhin noch Landwirtschaft, fügt der Hotelchef an, es gebe noch das traditionelle Leben, die reiche Kultur, die sehr eigenen Sitten, diese Gegend sei noch *bekr*, «unschuldig», auch deshalb liebe er sie so sehr. Tatsächlich haben die Bauern, die wir antreffen, nicht nur freundliche, sondern auch lachende Gesichter, sind nicht nur herzlich, sondern auch fröhlich: Bitte beehren Sie uns mit Ihrer Anwesenheit, so wenig es ist, was wir Ihnen anbieten können, Ihrer nicht im Geringsten wert, das Brot, den Joghurt, den Tee, das Obst, die Nüsse, bitte treten Sie doch ein. Auffallend die Selbstsicherheit der Frauen, die noch bunte Gewänder und ihre traditionellen Kopftücher tragen statt der Einheitsmäntel der Revolution. Gut, sie arbeiten schließlich auf dem Feld. Mit dem Mantel würde das kaum gehen.

Im vorletzten Hof, der noch Strom hat, kaufen wir acht große Gläser Honig, mal sehen, für wen in Isfahan. Und nach dem letzten Hof gibt es weitere Höfe, Frauen, die Wasser aus einem Brunnen holen, Schafhirten mit Herden, Bienenstöcke und dann lange nichts, bis wir auf über dreitausend Meter Höhe auf einer Ebene mit weiteren Bergen ringsum die Spuren der Nomaden finden, die den Sommer hier verbracht haben, womöglich ebenfalls die letzte Generation. Wir breiten unser eigenes Frühstück aus, Fladenbrot, Schafskäse, Walnüsse, Tomaten, Honig und sogar Spiegeleier, die der Hotelchef über dem Campingkocher brät.

Als wir satt sind, wandern wir den Bach entlang, bis sich die Hochebene zu einem schmalen Tal verengt. Unten haben uns alle Bauern gefragt, warum wir so spät nach oben führen, es sei doch schon alles verblüht. Wir lieben es gerade mit den wenigen Farben, den unscheinbaren Übergängen der Färbung auf weiten Flächen, vom Sonnenlicht in Bewegung gesetzt. Es ist, als schauten wir auf ein Meer, grünbraun und so ruhig, nein, als liefen wir übers Meer.

Zurück ins Tal stehe ich mit der jüngeren Tochter und dem älteren Bruder auf der Ladefläche des Pickups, die Oberkörper übers Dach gelehnt, unsere Gesichter im Wind. Solch einen Spaß bietet Deutschland Kindern nicht, keine Kletterhalle, kein Freizeitpark, auch nicht erwachsenen Kindern. Es ist wie früher, als wir ins Dorf des Großvaters fuhren, vor vierzig Jahren allerdings zu zehnt auf der Ladefläche. Damals besaßen Großväter noch Dörfer.

*

In der Wüste Lut hat der Wind aus der Erde spektakuläre Skulpturen geschaffen, hügelhoch, an den Rändern oft senkrecht wie Klippen abfallend, mit Spitztürmen, Giebeln, geschwungenen Terrassen. Die Oasen werden wie vor Jahrtausenden durch das unterirdische Kanalsystem bewässert, in dem man im Sommer, wenn Temperaturen bis zu siebzig Grad gemessen werden können – von der NASA bestätigter Weltrekord –, Zuflucht findet. Es ist nicht nur die atemberaubende Natur. Iran ist zu einem guten Teil Kulturlandschaft, der Natur abgerungen, die klimatisch idealen Lehmbauten mit den Kuppeln, die im Sommer die Hitze abhalten und im Winter die Wärme speichern, die Windtürme, die ganze Dörfer mit Aircondition versorgen, mancherorts immer noch in Betrieb, die Naturheilmittel, die man jetzt nach und nach wiederentdeckt, das Wissen um jedes einzelne Kraut. Und jeder Krug war ein Kunstwerk, jede alte Tür und zumal jedes Haus; was immer früher gemacht wurde und heute immer noch so – es ist schön, nicht häßlich. Hat man das früher auch so empfunden? Wahrscheinlich hat man nicht darüber nachgedacht. Anderswo ist das Alte ebenfalls schön, aber es gibt doch auch Neues, das für sich steht, Errungenschaften, Entwicklungen. Wie nennt man eine Zivilisation, in der alles Neue häßlich gerät?

In Mahan finden wir noch etwas von dem alten, stillen, so wasserreichen und deshalb grünen Isfahan vor, eine Kleinstadt rund um eines der bedeutendsten Sufigräber weltweit, in dem kein Sufi mehr tanzen, singen, beten darf. Wegen des Muharrams ist der Innenraum auch noch mit schwarzen Bannern verhängt. Immerhin wirkt der Innenhof versunken wie eh und je, mit vielen Bäumen und einem großen Wasserbassin, das den Iwan und die weiße Kuppel verdoppelt. Ein kleiner Shop bietet Touristen Sufi-Musik an. Mein Bruder überlegt ernsthaft, eines der alten Häuser mit Innenhof und Brunnen zu kaufen, zumal die Preise hier im Südosten Irans noch bezahlbar sind. Isfahan muß man vergessen, meint mein Bruder. Da merkt er, merke ich, wie der Lokalpatriotismus aus mir herausbricht, für den die Isfahanis oft verspottet werden.

*

Bei jeder Rückkehr fällt das Atmen in Isfahan schwerer. Den Fluß, den es nicht mehr gibt, versuche ich nicht mehr zu beachten, aber daß ich die Luft nicht wie gewohnt einatmen kann, läßt sich beim Joggen nicht ignorieren. Der Hauptgrund, daß ich es mir angewöhnt habe, ist nicht die Gesundheit; es ist die geradezu meditative Entspannung, in die mich der

Atemrhythmus versetzt, durch die Nase ein, durch den Mund aus, tiefer als im Alltag, aber nicht angestrengt, trotz der beschleunigten Schritte niemals schnell. Wer jedoch am Skelett eines Flusses joggt, merkt die Kurzatmigkeit, die das Leben in Iran hat. Nur bis zum Hals ziehe ich die Luft ein. Ich bin mir sicher, daß sich nicht nur die physischen Erkrankungen häufen, wie alle beobachten und sogar die Presse mit Statistiken belegt, sondern auch die Nervosität zunimmt, die Aggression. Kaum eine Taxifahrt, kein Gespräch beim Abendessen, kein Plausch mit einem Händler, in dem nicht beklagt wird, daß es das alte Isfahan nicht mehr gibt.

*

Den Nachmittag über führe ich zwei Freunde aus Deutschland durch die Altstadt, hemmungslos nostalgisch, wo kaum ein Stein auf dem anderen geblieben ist. So viele neue, breite Straßen jetzt, Plätze, kleine Parks, Gentrifizierung à la Islamische Republik, damit die kinderreiche Klientel Auslauf hat und mit ihren neuen Kleinwagen vors Haus fahren kann. Ich muß mich selbst durchfragen, wenn ich zu den Kleinodien finden will, die Isfahan immer noch zahlreicher bietet als irgendeine andere Stadt im Nahen Osten, geschweige denn ein Nest wie Mahan. Aber es gibt sie noch alle, fast alle, die Heiligengräber, die Minarette, alle Seitenhöfe und früheren Karawansereien im Basar. Es macht immer noch Spaß, merke ich, die berückten, erstaunten Gesichter der Ausländer zu beobachten, die hinter einer unscheinbaren Wand nicht solchen Reichtum vermutet hätten, von Iran nicht solchen Feinsinn. Eigentlich möchte ich ihnen auch einige der zwölf oder vierzehn Synagogen in Dschubare zeigen, dem ältesten Viertel der Stadt, habe die Telefonnummer des Gemeindevorstehers auf dem Handy gespeichert, nur leider fällt mir erst jetzt ein, daß fromme Juden am Sabbat nun einmal nicht ans Telefon gehen. Dafür müßte es morgen mit den Kirchen klappen, wenn ich die Deutschen nach Dscholfa führe, Neu-Dscholfa, um genau zu sein, ins christliche Isfahan.

Als wir nach einem langen, verwinkelten Weg durch den Basar auf den Meidan treten, haben die fremden Blicke Isfahan auch für mich wieder etwas schöner gemacht. Weil ich selbst Abschied nehmen möchte, führe ich die Besucher in die Scheich Lotfollah-Moschee, die voll mit Touristen ist. Wieder lehne ich mich schräg an die Wand, den Kopf im Nacken, und starre Minute um Minute in die Kuppel. Es gibt keine bessere Welt.

*

Daß auch die jüngere Tochter einmal ihre eigene Kindheitserinnerung an Iran hat, war der wichtigste Grund, vier Wochen in Isfahan zu sein – daß sie die Sprache besser versteht, andere Kinder kennenlernt, schöne Erlebnisse mitnimmt. Sie soll nicht nur wissen, sondern erfahren, daß ihr ein zweites Land gehört (keinem Land sie). Der Empfang in der Schule war überwältigend, so etwas kannte sie weder aus Deutschland noch aus den Vereinigten Staaten, wo wir ebenfalls mal einige Monate wohnten – daß die Mitschülerinnen sie sofort in ihre Reihen aufnahmen und vom ersten Tag an darüber stritten, wer neben ihr sitzen darf. Überhaupt die Herzlichkeit, überbordend, die Zärtlichkeit und übrigens auch Gewandtheit der Erwachsenen im Umgang mit Kindern. Daß sie nach vier Wochen bereits mit Geschenken aus der Schule verabschiedet wird, jede einzelne Lehrerin sie herzt und küßt, die Mitschülerinnen sie nicht ziehen lassen wollen – das genau, das wird sich eingraben ins Gemüt, allerdings auch, daß der Unterricht selbst viel langweiliger als an der Montessori-Schule ist, frontal eben und ohne Diskussion. Die Schuluniform mitsamt Kopftuch war für sie noch mehr eine Verkleidung, zumal die Schülerinnen der vornehmen Privatschule ihre Montur bereits auf dem Weg vom Klassenzimmer zum Tor ablegten. Die Mütter sahen auch nicht eben aus, als pilgerten sie morgen nach Kerbela, die Stöckel wie auf dem Laufsteg, dem Anschein nach sämtliche Nasen operiert, viele Haare blondiert, wenn nicht naturblond; wie gesagt, wer hell ist, hält per se nichts vom Regime. Und wie die Mädchen alle hießen, mein Gott, Elvira, Diana, Tamara, Janine. Da bemühen wir uns im Ausland nach Kräften, unseren Kindern schöne persische Namen zu geben, blättern das Königsbuch von Ferdousi durch, schlagen in der persischen Übersetzung der Bibel nach, um vielleicht sogar etwas Völkerverbindendes zu finden, konsultieren Namensbücher, damit es kein Allerweltsname wird, und in Iran selbst heißen die

Mädchen wie in RTL. Ein Mädchen im Tschador wäre auf der Schule kaum so herzlich aufgenommen und von den Mitschülern umgarnt worden wie ein seltener Gast aus Deutschland. Die Tochter freut sich jetzt sehr auf Köln, hat aber auch nichts dagegen, in den nächsten Ferien wieder nach Isfahan zu fliegen.

Zwei Generationen vor mir war eine Reise von Isfahan nach Teheran nichts Gewöhnliches, der Zustand der Wege miserabel, die Gefahr von Wegelagerern groß, an Hilfe im Notfall nicht einmal zu denken. Das brandneue Verkehrsmittel, über das alle Menschen staunten, war ein Vierspänner, dessen Pferde alle vierzig oder fünfzig Kilometer ausgetauscht wurden, wie Großvater in seinen Erinnerungen schrieb, die leider niemals gedruckt worden sind. Auch nachts fuhr die Kutsche nach Möglichkeit durch. So Gott wollte, erreichte man auf diese Weise Teheran nach vier Tagen und Nächten. Heute sind es mit dem Auto vier oder fünf Stunden, wobei wir die Strecke immer fliegen. Großvater erschien es, wie er schreibt, nicht abwegig hinzuzufügen, daß die Kutsche kein Dach hatte. Die Reisenden mußten also die heiße, grelle Sonne des Sommers und die Kälte und den Regen der anderen Jahreszeiten ertragen, im Winter nicht selten den Schnee. Schwierig war es auch mit dem Schlaf: Wegen des Geschaukels gelang er meist nur für Minuten oder halbe Stunden. Mehr Zeit verbrachten die Reisenden vor Müdigkeit oder Schmerz, vor Hitze oder Kälte in einer Art Dämmerzustand, der Gespräche und Gedanken ausschloß. Schlimmeres passierte in der Regel nicht, als daß ein Hut aus der Kutsche fiel oder ein Umhang auf den Boden. Nur wenn der Kutscher einschlief, drohte Verhängnis. Dann konnten die Pferde vom Weg abkommen, die Kutsche sich überschlagen, ein Reisender auf den anderen fallen und obendrauf das schwere Gefährt. Viele Male hat Großvater einen solchen Unfall selbst erlebt, und der Leser könne sich, wie er schreibt, ausmalen, wie unbehaglich die Reisenden sich in der Wildnis fühlten, in der Steppe, in der Wüste oder auf dem Bergrücken. Die Fahrt kostete pro Person einen Rial, außerdem fünf Schahi Trinkgeld für den Pferdetreiber in jeder Karawanserei, in der die Pferde ausgetauscht wurden, und ein oder zwei Toman

435

für den Postbeamten, der die Kutsche in Empfang nahm. Was die Beträge bedeuteten?

Großvater beschrieb siebzig Jahre später die Szene seiner ersten Abreise aus Isfahan, die damals für die Verwandtschaft hochdramatisch gewesen sei, einen heutigen Leser jedoch eher zum Lachen bringe – «sie sind nur noch Namen», heißt es in seinen Erinnerungen, die leider niemals gedruckt worden sind. Die Tanten, Cousins, Cousinen und anderen Verwandten, die in der Eingangshalle standen, um den Jungen zu verabschieden und ihm Gebete mitzugeben, von ihnen allen sind nur die Namen übrig. Dreimal wurde die Sure Ya-Sin rezitiert, mehrfach der Koran in die Höhe gehalten und Großvater angeschubst, drunter herzugehen. Die Verwandtschaft begleitete ihn bis zum Basar, wo die Kutsche abfuhr, ein Pulk von fünfzig, sechzig Menschen. *Wo geht's hin?* wunderten sich die Nachbarn, Passanten und Händler. *Der Junge fährt nach Teheran!* rief einer aus dem Pulk zurück: *Er wird die Schule besuchen, die Schule der Franken! Franken,* farangihâ, nennen die Iraner bis heute die Menschen aus dem Westen. Der verstorbene Norouz Ali Gomaschteh hob ihn auf die Kutsche. Rasch verstaute der Junge das Gepäck und suchte sich einen Platz. Da saß er nun, es sollte noch dauern, bis die Kutsche abfuhr, um ihn herum alle Verwandten in Tränen, so schien es ihm, am lautesten die Schluchzer der Mutter. «Und was soll ich es Ihnen verbergen?» schreibt Großvater in seinen Erinnerungen, die leider niemals gedruckt worden sind. «Obwohl es mein eigener Wunsch war, nach Teheran zu reisen, konnte ich mich nicht mehr beherrschen. Ich heulte wie ein kleines Kind.»

Auf dem Platz neben dem Kutscher, der als Logenplatz gilt – Großvater benutzt das französische Wort, heute würde es Business Class heißen –, sitzt zufällig ein Engländer, Mister Allanson, wenn ich den Namen richtig zurück ins Englische transkribiere (in der persischen Schrift muß man sich die Vokale hinzudenken), Lehrer an der Bischofsschule im Stadtteil Dscholfa, wo heute meine Tante lebt; die Wohnung der Eltern liegt nicht weit entfernt, es ist wegen der Christen, die noch geblieben sind, eines der beliebtesten Wohnviertel Isfahans. Als Mister Allanson den Jungen weinen sieht, holt er ihn zu sich nach vorn, legt den Arm um seine Schulter und beginnt ihn zu trösten und abzulenken. Schau her, hast du je so kräftige Pferde gesehen? Und guck mal die Uniform. Das Persisch kommt dem Jungen so komisch, so gestelzt vor, daß er unter anderen Umständen darüber gelacht, in der Gruppe den Fremden vielleicht sogar ausgelacht hätte. Jetzt spürt er dankbar den Arm, der seine Schulter mehr brüderlich denn wie ein Vater umfaßt, ja wie ein großer Bruder, obwohl Mister Allanson viel älter ist, ein richtiger Herr. Längst ist die Kutsche abgefahren, sie haben die Stadt hinter sich gelassen, die Äcker und Plantagen, fahren auf der Schotterpiste durch die Wüste, da spricht er dem Jungen weiter Mut zu. Mach dir keine Sorgen, sagt er, als erstes werden wir so Gott will Kaschan erreichen, wo wir uns im Paradies-Garten ausruhen werden, der noch herrlicher ist als der Park der Vierzig Säulen in Isfahan, du wirst sehen; anschließend Ghom, wo du so Gott will an Fatimas Grab beten wirst für Vater und Mutter, und dann werden wir so Gott will bald schon in Teheran eintreffen, Teheran wird dir gefallen. So Gott will. Enschâ'allâh, wie der Lehrer an der Bischofsschule mit seinem britischen Akzent gesagt haben wird.

Nicht daß Mister Allanson den Jungen oder dessen Eltern oder einen seiner Verwandten oder Lehrer vorher gekannt hätte; aus reiner Freundlichkeit hat er sich seiner angenommen, wird der Junge siebzig, achtzig Jahre später hervorheben, aus Menschenliebe. Obwohl Großvater politisch immer Nationalist war, glühender Anhänger Doktor Mossadeghs, der den Briten den Kampf ansagte, indem er die Anglo-Persian Oil Company verstaatlichte, und noch als Greis gegen den Schah vor allem deshalb demonstrierte, damit die Vorherrschaft Amerikas ein Ende fand, ist mir als Kind schon aufgefallen, mit welcher Verehrung er vom Westen sprach, speziell von Europa, am emphatischsten natürlich von Frankreich, der Kulturnation, die anders als die Briten, Amerikaner und Russen Iran in Frieden gelassen hatte (wobei er wie selbstverständlich unterschied zwischen den Staaten und den Menschen). Auch am Respekt für die armenische Kirche in Dscholfa und die ausländischen Priester, Nonnen, Missionare, die Krankenhäuser und Schulen errichteten, wurde in seinem Haus nie gerüttelt. Es war etwas Kosmopolitisches an ihm, das Bewußtsein, um es simpler auszudrücken, daß es überall solche und solche gibt. Wenn wir etwas von diesem Bewußtsein haben, wenn ich es habe, dann nicht oder nicht nur, weil wir um die Welt gereist oder von Kant und Kapital aufgeklärt worden sind. Es hat auch andere, ferne Ursprünge, eine lange Geschichte, die ich gerade lese. Es verdankt sich meinem Großvater, der mit der Kutsche von Isfahan nach

Teheran fuhr, verdankt sich meinem Urgroßvater, diesem Menschen auf dem Photo, das ich mit ins Büro genommen habe, wo es neben dem Schreibtisch hängt, dem Mann in der Mitte mit Turban und Zahnlücke im lachenden Gesicht, der den Jungen zum Lernen an die amerikanische Schule schickte, obwohl ihm beim Abschied genauso zum Weinen war wie allen anderen – und bei ihm kam die Frage hinzu, ob er für seinen Sohn die richtige Entscheidung getroffen hatte –, verdankt sich Mister Allanson, dessen Freundlichkeit den Jungen lebenslang davor bewahrte, in einem Menschen den Feind zu sehen, nur weil dessen Staat sich feindlich verhält.

Als ich im Staatstheater Darmstadt saß, erste Reihe Mitte, und der Präsident bekanntgab, daß ich in die Deutsche Akademie für Sprache und Dichtung aufgenommen worden sei, durchlief mich in all der Banalität der Umstände – hinter mir ein mißgünstiger Kollege, links neben mir die Politikergattin, vor mir drei Photographen und einer buchstäblich auf meinem Schoß, um die Berühmtheit rechts neben mir besser ins Bild zu bekommen – doch ein Schauer der Rührung und des Stolzes. Mir war, als würde nicht ich ausgezeichnet, nicht ich aufgenommen, sondern meine Vorfahren, ihr Wissensdurst, ihre Sehnsucht nach der Welt, ihr Mut, sie zu entdecken, ihr Ehrgeiz ebenso wie ihre Tugendhaftigkeit und meinetwegen Großvaters Ernst und seine Humorlosigkeit, die sie von Generation zu Generation weitergaben, damit am Ende einer ihrer Söhne in die Akademie der Franken aufgenommen wird. Jetzt sehe ich Großvater, wie er weinend in der Kutsche sitzt, die gleich nach Teheran abfährt, und denke, dort zum Beispiel, auch dort und damals hat unsere Reise begonnen. Der Junge wischt sich die Tränen aus dem Gesicht und findet allmählich zurück zu der Zuversicht, mit welcher er gestern nachmittag seine Tasche packte. Nun will er auch etwas von seinen Fähigkeiten zeigen, er ist doch keine Heulsuse, will wenigstens zwei, drei Sätze auf englisch sagen, nur haben sich die englischen Vokabeln verflüchtigt, die ihm Herr Armani in der Aliye-Schule so mühsam eingetrichtert hat. Mister Allanson lacht nicht, er lächelt. Soviel bringt der Junge schließlich doch auf englisch zustande, daß er nach Teheran reise, um auf die Amerikanische Schule zu gehen. Ach, da muß ich auch hin, ruft Mister Allanson. Doktor Jordan hat ihn eingeladen, der Direktor der Amerikanischen Schule. Ich werde dich dort vorstellen, es wird dir gefallen, so Gott will. Enschâ'allâh. Daß Mister Allanson zum Persischen zurückge-

kehrt ist, löst dem Jungen endgültig die Zunge. «Ich werde nie vergessen, wie wir in der ersten Nacht, weil die Straße so unsicher war, in Nezamabad blieben. Die Karawanserei, in der eigentlich nur die Pferde ausgewechselt werden sollten, war halb verfallen. Wir suchten uns eine Ecke auf dem Dach des Gebäudeflügels, der noch stand, und breiteten nebeneinander unsere Decken aus. Solange ich wach war, hat dieser ehrenwerte Franke mit dem komischen persischen Akzent mir die Sorgen vertrieben, hat spannende Geschichten erzählt und ebenso spannend von Teheran berichtet, von der Schule, von England, von den Franken, bis ich Gott sei gepriesen endlich einschlief.»

Gegen Abend des vierten Tages erreicht die Kutsche die Lalehzarstraße in Teheran und hält vorm Postamt am Kanonenhaus-Platz, dem damaligen Herz der Stadt, heute eine unfarbige Kreuzung wie viele im Süden Teherans. Die Reisenden entladen ihr Gepäck und verabschieden sich voneinander. Mister Allanson versichert sich noch, daß der Junge eine Unterkunft hat. Ja, sagt der Junge, die Adresse hat mir mein Vater aufgeschrieben. Er wartet, bis Mister Allanson in der Menge verschwindet, ruft einen Träger und holt aus seiner Umhängetasche den Brief, auf dem die Adresse steht. Es ist ein Empfehlungsschreiben seines bisherigen Schuldirektors Mohaseb ol-Douleh an dessen Freund Mirza Abdolwahhab Chan Djawaheri. Obwohl er sie schon auswendig kennt, studiert der Junge von neuem die Adresse, als ihm plötzlich der Brief entrissen wird. Der Junge blickt auf und sieht einen feisten Polizeibeamten vor sich stehen, blaue Uniform, blitzende Manschetten, Pickelhaube und gezwirbelter Schnurrbart, der abwechselnd ihn und den Brief drohend mustert. Der Brief hat keine Briefmarke, beschuldigt der Beamte ihn: Das ist eine Ordnungswidrigkeit! Ohne einen Einwand zu wagen oder darauf hinzuweisen, daß er den Brief schließlich selbst aus Isfahan mitgebracht hat, zahlt der Junge die verlangte Strafe. Dann macht er sich zusammen mit dem Träger auf den Weg zu Herrn Djawaheri.

Die Sonne ist schon lange untergegangen, als sie vor dem Haus stehen: Es ist das Ladenlokal des Herrn Djawaheri, ein Süßwarengeschäft, die Fensterläden zugeklappt, die Tür verschlossen. In der Dunkelheit fragt der Junge sich durch, bis er einen anderen Träger findet, der weiß, wo Herr Djawaheri wohnt, nämlich vor dem Ghazwin-Tor, am anderen Ende der Stadt. Zum Glück hat sein Vater ihm genügend Geld mitgegeben. Beinah *besinnungslos vor Aufregung, Angst und Erschöpfung, es ist schon Nacht, klopft der Junge schließlich an die Tür. Herr Djawaheri, der selbst aus Isfahan stammt, muß den Brief nicht erst lesen, um einen Jungen aus der Heimat bei sich aufzunehmen, noch dazu einen Schüler seines alten Freundes Mohaseb ol-Douleh. Er gibt Anweisung, das Gepäck zu entladen, und läßt kein Widerwort gelten, als er dem Träger den Lohn auszahlt. Frau Djawaheri, die sich einen Tschador übers Nachthemd geworfen hat, führt den Gast ins Wohnzimmer. Kaum daß er auf dem Teppich sitzt – mitten im Gespräch –, schläft der Junge ein. Als die Djawaheris ihn wecken, wartet schon das Abendessen des nächsten Tages auf ihn. Wer ihn zu Bett gebracht, ihm die Kleidung ausgezogen, das weiß der Junge nicht, aber er hat es gerade so bequem, daß er die Augen noch einmal schließt, kurz nur, und sofort wieder einschläft.*

Aus *Dein Name*

Dank

Genaugenommen besteht die Reise, von der das vorliegende Buch erzählt, aus mehreren Reisen, die ich zwischen September 2016 und August 2017 für das Nachrichtenmagazin *Der Spiegel* unternommen habe, sowie einem vierwöchigen Aufenthalt in Isfahan im Oktober und November 2016. Außerdem bin ich im April 2017 für ein verlängertes Wochenende nach Weißrußland zurückgekehrt, um mich über die Folgen der Reaktorkatastrophe von Tschernobyl zu informieren. Der Bericht darüber erschien in der Wochenzeitung *Die Zeit*. Die Erstveröffentlichungen in der Presse entsprechen insgesamt knapp einem Drittel des Buches. Dem Roman *Dein Name*, dessen Fäden ich bereits in anderen Büchern weitergesponnen habe, sind nicht nur Prolog und Epilog entnommen; auch die Schilderung des neunundvierzigsten Tages beruht im mittleren Teil auf Eindrücken, die ich in *Dein Name* bereits aufgeschrieben habe.

Der größte Dank gilt meinem Redakteur beim *Spiegel*, Lothar Gorris, der mit mir die Reise ausgeheckt und die Redaktion des Nachrichtenmagazin überzeugt hat, einer Welt hinter den Nachrichten so viel Platz und Ressourcen zu widmen. Aber auch den anderen Kolleginnen und Kollegen im Kulturressort, in der Dokumentation, im Archiv, in der Photoredaktion, in der Moskauer Redaktion und bei der Reisestelle des *Spiegel* danke ich für die phantastische Zusammenarbeit, insbesondere Gordon Bersch, Andrea Curtaz-Wilkens, Christian Esch, Sebastian Hammelehle, Ulrich Klötzer, Walter Lehmann-Wiesner, Nadine Markwaldt, Christian Neef, Elke Schmitter, Claudia Stodte und Anika Zeller. Natürlich hätte ich auch auf eigene Faust reisen können, aber ohne einen redaktionellen Apparat, ohne Fachleute, die mir ebenso kompetent wie engagiert zur Seite standen, und ohne die finanziellen Mittel, die ein einzelner kaum aufbringen kann, wäre es ein anderes Buch geworden: weniger dicht, weniger informativ, weniger relevant und mit viel mehr Fehlern. Möge es Institutionen wie den *Spiegel* noch lange geben, die für die Berichterstattung einen enormen, für den Leser oft unsichtbaren Aufwand zu leisten bereit sind. Die Öffentlichkeit wäre um vieles ärmer ohne sie.

Danken möchte ich auch meinem Mitarbeiter Florian Bigge, der mich vor und während der Reisen laufend mit Informationen und Kontakten versorgte. Im Verlag C. H.Beck danke ich meinem langjährigen Lektor Ulrich Nolte und seiner Mitarbeiterin Gisela Muhn. Mein herzlicher Dank gilt auch den Gesprächspartnern, Begleitern und Ratgebern in Deutschland und entlang der Route. Zusätzlich zu denen, die im Buch namentlich erwähnt sind, sind das die folgenden Personen: Katajun Amirpur (Köln), Mariana Sadovska (Köln), Illias Uyar (Köln), Osman Okkan (Köln), Mikhail Shishkin (Basel), Nilufar Taghizadeh (Heidelberg), Marcus Bensmann (Essen), Milos Djuric (Berlin), Nora Bossong (Berlin), Almut Sh. Bruckstein Çoruh (Berlin), Ekkehard Maas (Deutsch-Kaukasische Gesellschaft, Berlin), Daniel Göpfert (Goethe-Institut Krakau), Georg Blochmann (Goethe-Institut Warschau), Ruth Leiserowitz (Warschau), Vitautas Bruveris (Vilnius), Leonidas Donskas † (Vilnius), Detlef M. Gericke und Aukse Bruveriene (Goethe-Institut Vilnius), Frank Baumann, Vera Dziadok und Nelly Golenischtschewa-Kutusowa (Goethe-Institut Minsk), Oleg Aizberg (Minsk), Sashko Sadovskij (Lemberg), Rüdiger Bolz (Goethe-Institut Moskau), Irina Scherbakowa (Memorial, Moskau); Kerstin Kaiser und Wladimir Formenko (Rosa-Luxemburg-Stiftung, Moskau), Golineh Atai (Moskau), Ernes Mambetov (Simferopol), Alexandra Podolskaya (Krasnodar), Tatiana Kamynina (Krasnodar), Stephan Wackwitz und Tamta Gochitashvili (Goethe-Institut Tiflis), Tamara Janashia (Tiflis), Elvin Adigozel (Goranboy), Khalida Khalilzade (Baku), Altay Guyoshov (Baku), Nazik Armanakian (Eriwan), Vaghinak Ghazaryan (Eriwan), Behzad Veladi (Täbris), Fariba Vafi (Teheran), Thomas Urban (Madrid).

Aus dem Verlagsprogramm

Navid Kermani bei C.H.Beck

Einbruch der Wirklichkeit
Auf dem Flüchtlingstreck durch Europa
Mit Photographien von Moises Saman
4. Auflage. 2016. 96 Seiten mit 12 Photographien
und 1 Karte. Klappenbroschur
C.H.Beck Paperback Band 6241

Wer ist Wir?
Deutschland und seine Muslime
Mit der Kölner Rede zum Anschlag auf Charlie Hebdo
9. Auflage. 2016. 189 Seiten. Broschiert
C.H.Beck Paperback Band 6223

Ausnahmezustand
Reisen in eine beunruhigte Welt
8. Auflage. 2016. 301 Seiten mit 11 Karten. Klappenbroschur
C.H.Beck Paperback Band 6150

Schöner neuer Orient
Berichte von Städten und Kriegen
3. Auflage. 2015. 240 Seiten mit 6 Abbildungen. Broschiert

Iran
Die Revolution der Kinder
3. Auflage. 2015. 288 Seiten mit 13 Abbildungen. Broschiert
C.H.Beck Paperback Band 1485

Verlag C.H.Beck München

Navid Kermani bei C.H.Beck

Morgen ist da
Reden
3. Auflage. 2020. 368 Seiten. Gebunden

Ungläubiges Staunen
Über das Christentum
13. Auflage. 2016. 304 Seiten mit 49 farbigen Abbildungen.
Gebunden

Zwischen Koran und Kafka
West-östliche Erkundungen
6. Auflage. 2016. 365 Seiten. Gebunden

Der Schrecken Gottes
Attar, Hiob und die metaphysische Revolte
Mit Kalligraphien von Karl Schlamminger
2. Auflage. 2015. 335 Seiten. Broschiert
C.H.Beck Paperback Band 6017

Gott ist schön
Das ästhetische Erleben des Koran
Broschierte Sonderausgabe
6. Auflage. 2018. 546 Seiten

Verlag C.H.Beck München